美国名校学生喜爱的心理学教材

Educational
Psychology
Active Learning Edition, 13th Edition

教育心理学

主动学习版

（原书第13版）

[美] 安妮塔·伍尔福克（Anita Woolfolk）著
伍新春 董琼 程亚华 译

机械工业出版社
CHINA MACHINE PRESS

图书在版编目（CIP）数据

教育心理学：主动学习版：原书第13版 /（美）安妮塔·伍尔福克（Anita Woolfolk）著；伍新春，董琼，程亚华译 . -- 北京：机械工业出版社，2021.10（2025.6重印）

书名原文：Educational Psychology: Active Learning Edition，13th Edition

美国名校学生喜爱的心理学教材

ISBN 978-7-111-69245-4

I. ①教… II. ①安… ②伍… ③董… ④程… III. ①教育心理学–教材 IV. ① G44

中国版本图书馆 CIP 数据核字（2021）第 197637 号

北京市版权局著作权合同登记　图字：01-2020-5620 号。

Anita Woolfolk. Educational Psychology: Active Learning Edition, 13th Edition.
ISBN 978-0-13-432452-4
Copyright © 2017 by Pearson Education, Inc.
Simplified Chinese Edition Copyright © 2021 by China Machine Press.
Published by arrangement with the original publisher, Pearson Education, Inc. This edition is authorized for sale in the Chinese mainland (excluding Hong Kong SAR, Macao SAR and Taiwan).
No part of this book may be reproduced or transmitted in any form or by any means, electronic or mechanical, including photocopying, recording or any information storage and retrieval system, without permission, in writing, from the publisher.
All rights reserved.

本书中文简体字版由 Pearson Education（培生教育出版集团）授权机械工业出版社仅限在中国大陆地区（不包括香港、澳门特别行政区及台湾地区）独家出版发行。未经出版者书面许可，不得以任何方式抄袭、复制或节录本书中的任何部分。

本书封底贴有 Pearson Education（培生教育出版集团）激光防伪标签，无标签者不得销售。

《教育心理学：主动学习版》（原书第13版）延续了理论与实践紧密结合的风格，强调有关儿童发展、认知科学、学习、动机、教学和评估等各方面研究中所蕴含的教育启示和应用。本书提供了大量的案例、课堂片段、个案研究和实践指南，归纳了有经验的教师自己总结的教学法宝。本书是优秀的核心教材，同时可以作为心理学、教育学专业学生考试的重要参考资料。教育领域相关人士可以了解如何将教育心理学研究中获取的信息和理念运用于日常的教学问题的解决，有助于将探索研究与实践相结合。本书的内容深入浅出，也是大众读者了解教育心理学的不错选择。

适用于心理学、教育学专业学生、教育工作者及对教育心理学感兴趣的大众读者。

出版发行：机械工业出版社（北京市西城区百万庄大街22号　邮政编码：100037）			
责任编辑：朱婧琬		责任校对：马荣敏	
印　　刷：北京建宏印刷有限公司		版　次：2025年6月第1版第3次印刷	
开　　本：214mm×275mm　1/16		印　张：33	
书　　号：ISBN 978-7-111-69245-4		定　价：129.00元	

客服电话：(010) 88361066　68326294

版权所有·侵权必究
封底无防伪标均为盗版

Foreword ｜译者序

一

亲爱的读者朋友，你正在捧读的《教育心理学：主动学习版》（原书第13版）已经是我组织团队翻译的原书的第5个版本了。此前，我们对英文版第11版的"经典教材版"进行了翻译，并改编了"双语教材版"，还翻译了英文版第12版的"经典教材版"和"主动学习版"。

事实上，我国大陆和台湾的诸多出版机构和学界同人也曾先后翻译或改编过英文版的许多版本，至今我国已发行过英文版第8、10、11、12版的英文影印版，出版过本书第8~12版的中文翻译版，受到了我国高等学校师生和广大一线教师的普遍关注和高度评价。英文版的不断再版和中译本的不断更新，既展现了英文版不断发展完善的历程，也证明了其旺盛的生命力和长期的畅销性。

众所周知，由美国俄亥俄州立大学安妮塔·伍尔福克（Anita Woolfolk）教授撰写的《教育心理学》，是目前国际教育心理学领域中最具代表性和影响力的教材，也是使用范围最广、最为畅销的心理学教材之一。安妮塔·伍尔福克教授1972年在得克萨斯大学奥斯汀分校获得教育心理学博士学位，1973~1993年任教于罗格斯大学，1994年后任教于俄亥俄州立大学，曾担任美国心理协会（APA）教育心理学分会主席、美国教育研究协会（AERA）教学与教师教育分会副主席，是国际著名的教育心理学家。英文版从1980年的第1版到目前的第13版，一直深受全球读者欢迎，其影响力经久不衰。尤其是从第10版开始，英文版不仅出版了按章节结构化呈现的"经典教材版"，还推出了按主题模块化呈现的"主动学习版"，以供广大读者选择。

二

本书之所以能够成为一部经典的教育心理学教材，是因为它系统全面、脉络清晰、立足前沿、观念新颖，科学严谨、突出实践，文道统一、兼容并包，案例翔实、通俗易懂。具体而言，本书具有以下几个特点。

第一，本书主题全面、内容丰富，几乎涵盖了教育心理学的所有重要领域和核心主题。全书15个章节可以划分成4个部分。第1章介绍了当今时代学习和教学的特点，讨论了教育心理学研究对于实际教育教学的帮助，让我们站在时代需求的角度来审视教育心理学的发展。第2~6章着重介绍了学生心理。作者不仅向我们介绍了学生的认知与语言发展、社会性与道德发展的普遍规律，还重点介绍了智力落后、智力超常、学习风格、学习障碍等学生的个体差异，以及社会经济地位、种族和民族、双语环境、性别歧视等学生的群体差异。第7~12章着重介绍了学习心理。作者不但向我们介绍了经典的行为主义学习理论和记忆、学习策略、问题解决与迁移、创造性与批判性等复杂认知的研究成果，而且重点介绍了学习科学的新发展，尤其是对建构主义学习理论以及学习的社会认知观点进行了深入的探讨，并对学习动机的理论观点和实际应用进行了翔实的介绍。

第13~15章则着重讨论了教学心理。作者不仅向我们介绍了创建和维持良好学习环境、处理纪律问题和预防校园欺凌等的方法,分享了制订教学计划、选择教学方法、实施差异教学等促进学生发展的教学策略,还介绍了课堂测验、标准化测验等经典测评形式和真实性评估、档案袋评估等新型评估形式。作者正是遵循这种"学生—学习—教学"的内在逻辑关系,逐步建立了本书的结构框架,同时也帮助读者建立起了教育心理学的理论体系。

第二,本书内容的时代感强,资料来源与时俱进,充分反映了教育心理学的最新进展。事实上,作者在论述每一部分内容的时候,不仅详细阐述了各种经典的理论学说,还力图尽揽百家之言,向读者展示和介绍了大量最新研究进展和前沿动态。例如,第2章对大脑皮质的发展和教育神经科学的阐述,第4章对有特殊需要的学生的介绍,第5章对双语环境的探讨,第6章对性别偏见的讨论,第7章对积极行为支持研究的分享,第9章对批判性思维和论证的讨论,第10章对学习科学和数字化学习的介绍,第11章对自我调节学习的探讨,第13章对网络欺凌行为和恢复性正义的讨论,第15章对增值性评估和准备度评估的补充等,都大量渗透了近年来的最新研究成果。作为一本教材,能有如此严谨而高效的更新速度,说明作者对教育心理学各个研究领域的前沿动态都具有极敏锐的把握。这一点也无疑将大大提高本书的阅读价值。

第三,全书的编排和语言无不体现出教育心理学的原理,具有强烈的读者中心取向。如果说教材的写作就是对教学过程中教师的言行进行文字记录,那么学生阅读本书的过程正是对学习过程的动态模拟。想象一下,你的读者就是讲台下方坐着的学生,你会如何向他们教授教育心理学的专业知识?作为一名教育心理学家,安妮塔·伍尔福克教授无疑对学生的思维特征、学习规律、阅读习惯、信息加工倾向等非常了解,这种专业素养能帮助作者以最有效的方式进行教育心理学的教学。

作者的人称选择体现了其从小处着眼的写作风格。本书通篇采用第一、二人称,随处可见"你能做些什么""对你来说,是不是……""回忆一下,你以前是否接触过……""……是否让你感到紧张""就我个人而言,我希望……""让我们一起来分析一下……""停下来,想一想……"之类的互动性语言,通过营造面对面交流的文字氛围,为读者勾画出一个真实、互动、轻松的学习情境——这不正与一般教师在真实课堂情境中所做的努力有异曲同工之妙吗?

就整体而言,不难发现作者在内容的编排组织上,俨然渗透了自主学习、探究学习、体验学习、合作学习等方法和学生中心的理念。这些教学方法(或称"写作方法")已经摆脱了传统讲授式教学的单一性,本书的行文风格本身就为读者提供了丰富的教学示范。用教育心理学的原理和技巧教授教育心理学——这不正是一个有趣而迷人的逻辑命题吗?

第四,与一般的同类教材相比,本书的另一个显著特点是其开放包容的学术态度。能够进入教材的观点,大多经过了大量研究者多年的严谨考证。但即便如此,教育心理学领域仍然存在众多尚未解决的难题。如何引导读者对这类问题进行学习呢?在每个章节里,读者都可以发现"正方观点/反方观点"专栏。它们一般涉及教育心理学领域目前仍然广受争议的重要话题,如学校开展自尊教育活动是否真的有效,让学习有趣是否意味着学习效果更好,是否应该因为学习而奖励学习,教师的教学效能感是否越高越好,等等。对于这些问题,作者并没有给出简单的非此即彼的回答,而是保持了严谨、中立、全面的态度,同时收集整理了来自不同研究者的多种观点,留待读者在反思中摸索自己的立场。安妮塔·伍尔福克教授的这一做法无疑也给读者树立了一个榜样——开放的视野、全面的了解和严谨的判断,才是我们面对纷繁复杂的信息时应保持的科学态度。

第五,强烈的实践导向是本书区别于国内绝大部分教材的一个重要特点。在写作本书的过程中,安妮塔·伍尔福克教授甚少使用专业性太强的词语,而是努力使这一最新版本的《教育心理学》更加清晰、实用和有趣，具有强烈的实践导向。本书高度重视理论和实践的紧密结合，强调有关儿童发展、认知科学、学习、动机、教学和评估等各方面研究中蕴含的教育启示和应用。你从本书中可以了解到如何将从教育心理学研究中获取的信息和理念运用于解决日常的教学问题。为了帮助你探索研究与实践之间的联系，本书提供了大量的教学案例、课堂片段、个案研究和实践指南，甚至归纳了那些有经验的教师自己总结的教学法宝。因此，本书是美国教师资格考试的主要参考教材，并受到了广大教师的普遍欢迎。我相信只要你认真阅读本书，你一定可以感受到教育心理学巨大的实用价值，它能为那些热爱教学和热爱学习的人提供独到的思想见解和重要的知识来源。

第六，主动学习版还有一个区别于经典教材版的重要特点，那就是其组织的模块化。本书根据主题相似性，将全书的内容划分成了43个学习模块。这种模块化的教材组织结构，有助于读者对内容进行分散学习，有利于读者对知识的深度理解，能帮助读者及时达成学习目标，并检测自己的掌握情况，从而促进学习动机的提升。另外，这种模块化的教材组织形式，也和当今时代正日益流行的"慕课"课程具有某些相似之处，有利于读者利用碎片化时间阅读，这也许更切合读者个人的日程安排，可以帮助读者拥有更好的自我调节能力，能更有效地管理自己的学业。

三

应该说，翻译这样一本教育心理学经典教材，对于长期从事教育心理学教学和研究工作的我而言，是一个非常令人愉悦的旅程。这不仅是一次难得的与高手直接"对话"的机会，也是一次对自身学术知识进行重新梳理和修正完善的过程。不过，由于安妮塔·伍尔福克教授是持有"积极入世"态度的教育心理学家，书中大量内容涉及美国教育体系、教育政策和文化背景等信息。如果读者对这些信息缺乏必要的了解，可能会在阅读某些具体案例时感到些许困惑。但是，为了培养读者的全球化视野，并借鉴美国的成功经验，我们保留了全部的相关内容，并如实地进行了翻译。事实上，虽然我国不是移民国家，我国的教育政策也与美国有异，但我国流动儿童和留守儿童群体庞大，具有各种身心障碍的孩子为数不少，教育和课程改革正在进入深水区，升学考试和学业质量评估体系也正在重建……我相信本书提供的相关研究成果和宝贵的实践经验，一定会对我国相关工作的开展大有裨益！

英文版已配备完整的配套教学资源，如美国的各种网站资源等，考虑到我国读者获取这些资料不太方便，在翻译过程中我们进行了删除；为了节省篇幅，对于那些虽赏心悦目但与正文关系较远的图片，我们也忍痛割爱了。当然，正文中的全部图表一个不少！此外，原书的附录非常丰富，包括美国教师资格考试学习指导、术语表、参考文献、人名索引、主题索引等，洋洋洒洒82页。考虑到美国教师资格考试与我国的实际情况相差较远，人名索引和主题索引对一般读者实用价值不大，术语表与正文的内容略显重复，我们对其进行了删除；同时，我们将"参考文献"部分放到了华章公司的网站上，便于读者在需要时查阅，不占用宝贵的版面。也就是说，在保持全书框架体系不变、主体内容不变的前提下，根据中国读者的阅读需要和尽量使内容精练实用的原则，我们进行了适当的删改。希望这一调整能得到作者和出版者的理解，并令广大读者满意！

本书的翻译工作是由我和我的研究团队合作完成的，翻译本书的过程也是我们师生合作进行学术探讨的过程。各章节的初译安排分别为：目录、前言、第1章、第12章，伍新春翻译；第2～7章，董琼（北京师范大学心理学部博士，现任教于安徽大学）翻译；第8～11章、第13～15章，程亚华（北京师范大学心理学部博士，现任教于宁波大学）翻译。在翻译过程中，我们不仅沟通和统一了名词术语，还互相进行了批判性阅读，相信本版的翻译质量有进一步的提升。当然，作为本书的主译，我逐章、逐节、逐段、逐句地对译稿进行了认真的修改和完善，对全书的体例和风格进行了统一，并最终定稿。因此，译稿中的任何错误和纰漏都应由我负责。

最后，需要特别说明的是，如前所述，原书第11版的"经典教材版"、第12版的"主动学习版"和"经典教材版"的中译本也是由我和我的研究团队合作翻译出版的，本版（第13版）的翻译是建立在第11版和第12版工作的基础之上的。除继续参与本版工作的董琼和程亚华之外，我还要特别表达对第11版和第12版的合译者张军（北京师范大学珠海校区）、季娇（中南大学）、赖丹凤（厦门大学）和尚修芹（中国儿童中心）的感谢，衷心感谢他们奠定的良好基础！

此外，为了保证本译本的可读性，在定稿过程中，我还邀请在美国留学的儿子伍宇杰作为第一个读者，进行了挑剔性阅读。在此，也感谢爱子的支持！

四

在长期从事教育心理学研究和教学的过程中，我一直将伍尔福克的《教育心理学》作为重要的教学参考和命题依据。今天将这本我们认真翻译而成的最新中译本奉献给各位读者，相信它会对你学习和了解教育心理学，并最终成为一名优秀的教师有所帮助。因此，我非常乐意向你推荐本书，它不仅可以作为本科教学和教师教育的核心教材，也可以作为各种考试（如全国研究生考试和教师资格证书考试）的重要参考资料。

实事求是地说，虽然在翻译的过程中我们精益求精，以求尽可能地贴近作者原意，并尽可能地符合我国读者的阅读习惯，然而由于文化的差异和理解的不同，翻译中仍难免存在某些不足，敬请读者朋友批评指正！

伍新春
北京师范大学心理学部
2021年8月2日

Preface | 前言

读者朋友们，我相信你们当中的大多数人都参加了教育心理学课程的学习，因为这是你们在教学、咨询、言语治疗、护理或者心理学等领域内获得专业发展的一项准备。也许你是一名来自护士学校的志愿者，也许你是一个成年残疾人社区项目的指导者，但无论你来自哪里，只要你关注教育和学习，那么这本书中的内容对你而言，就应该是很有意思的。要理解这本书的内容，你并不需要具备太多心理学和教育学方面的专业背景知识。我们尽量避免在本书中使用专业性太强的词语，努力让这一版本的《教育心理学》更加清晰有趣。

本版本保留了之前"主动学习版"中新颖、独特的自主学习形式。如果你没有读过之前的版本，那么这本教材可能与你以往所见的任何教材都不同。本书被划分成了 43 个易于阅读的模块。关于这种形式为何能够帮助学习，教育心理学的研究提供了如下依据：第一，将学习材料分解为小的组块，将学习活动分散在较长的时间周期内进行的分散学习，相比于在短时间内往头脑中塞进太多学习材料的集中学习，其学习速度更快，学习效果也更持久；第二，如果能够在原有的知识与现在的新知识间建立连接，将原有知识运用到对当前所学内容的理解上，那么将实现更深层次和更有意义的学习；第三，如果有具体的学习目标、适度挑战性的学习任务以及合理的时间与精力投入，那么学习动机会更强烈；第四，经常测量和评估自己的理解，将会帮助你修正错误概念，防止你记住错误的信息。最后，我们知道你的生活很忙碌，每天都有各种各样的事情需要处理，篇幅短小和合理谋篇的读本也许更切合你个人的日程安排。如果你掌握了这些自主学习模块，你会变得更有自我调节的能力，更能有效地管理自己的学业。因此，欢迎大家以一种基于研究的方式来学习教育心理学这门我最喜欢的学科。

自从《教育心理学》第 1 版出版发行以来，这个领域取得了众多振奋人心的发展成果。本书的第 13 版继续沿用以往的风格，强调有关儿童发展、认知科学、学习、动机、教学和评估等各方面研究中蕴含的教育启示和应用。在本书中，我们不会分开介绍理论与实践，而是同时兼顾两者。你从本书中可以了解到如何将从教育心理学研究中获取的信息和理念运用于日常教学问题的解决。为了帮助你探索研究与实践之间的联系，本书提供了大量的案例、课堂片段、个案研究和实践指南，甚至经验丰富的教师总结的实用技巧。当你认真阅读本书时，我相信你可以感受到教育心理学巨大的实用价值，它能够为那些热爱教学和热爱学习的人提供独到的见解和重要的知识。

第13版增加的新内容

纵观全书，你会发现书中增加了数个重要主题。
- 在第 1 章以及后面的多个章节中，我们对当前有关教学和专家型教学模型的研究进行了新的探索。
- 在第 2 章以及后面的多个章节中，我们增加了有关脑、神经科学与教学关系的阐述。

- 增加了有关技术和虚拟学习环境对当今学生生活及教师教学影响的内容。
- 更加强调当今课堂的多元化（请见第1~6章）。对教育环境中的学生的描述，能让读者对多元化有更加真实和人性化的感受。

具体每一章重要内容的变化如下。

- 第1章：我们期望这本教材能提供相关的知识和技能，从而帮助你打下坚实的基础，以建立起在任何情境下、面对任何学生都能开展有效教学的真实的自我效能感，因此第1章新增了三种优质教学模型的信息。这三种优质教学模型分别是夏洛特·丹尼尔森（Charlotte Danielson）的教学框架，密歇根大学TeachingWorks确定的高阶教学实践，以及由比尔和梅琳达·盖茨基金会（Bill and Melinda Gates Foundation）赞助的有效教学测量。此外，有关研究的部分还讨论了不同类型的定量研究与定性研究，以及从不同类型的研究中你能学到哪些知识。
- 第2章：新增了有关大脑、突触可塑性、执行功能以及对教学的启示等内容，其中对教学的启示还涵盖了一种以维果茨基（Vygotsky）理论为基础的、被称为"心智工具"的教学法。
- 第3章：新增了有关游戏中的文化差异、体育锻炼和残疾儿童、进食障碍和致力于改善该情况的网站、自我概念和乔纳森·海特（Jonathan Haidt）的道德心理学模型等内容。
- 第4章：新增了有关9种可能的多元智能、根据504条款⊖进行的调整、自闭症谱系障碍、学生药物滥用以及识别超常和天才学生的方式等内容。
- 第5章：增加了有关学会阅读、读写萌芽和语言多样性、掩蔽教学，以及学生主导的会议等方面的新信息。
- 第6章：新增了有关无家可归的和高度流动的学生等内容，并对贫困与学业成就、机会差距和刻板印象威胁等方面的内容进行了扩充。
- 第7章：扩充了行为主义学习观的教学启示等内容。
- 第8章：更新了有关工作记忆、发展差异以及认知主义学习理论的教学启示等方面的内容。
- 第9章：更新了元认知和学习策略、创造性和迁移等部分的内容，并新增了保罗（Paul）和埃尔德（Elder）的批判性思维模型。
- 第10章：新增了有关探究学习和数字世界中的学习等方面的资料，其中包括"贝蒂的大脑"（Betty's Brain）——虚拟学习环境的范例，教学中游戏的使用以及主动对计算思维和编码进行教学等。
- 第11章：更新了有关自我效能、自我调节学习等方面的内容，并新增了情绪自我调节方面的信息。
- 第12章：更新了有关自我决定理论和目标理论的内容，对帮助学生应对焦虑的相关内容进行了扩充，并新增了心流和动机方面的信息。
- 第13章：增加了有关课堂管理的信念、营造关爱的关系、欺凌、恢复性正义、马文·马歇尔（Marvin Marshall）关于后果和惩罚的观点等方面的内容。
- 第14章：增加了近期有关教学的研究，以及"共同核心"和"通过设计来理解"等新的内容。
- 第15章：新增了教师对高利害测验、增值性评估以及入学入职准备度评估合作伙伴（PARCC）测验的看法的内容。

⊖ 20世纪六七十年代美国掀起的民权动运动带来了诸多影响，其中包括美国联邦政府通过了《1973年职业康复法案》。其中504条款（section 504）保护残疾个体在所有接受联邦资助的计划中（如公立学校）不会受到歧视。——译者注

清晰明了地描述了教育心理学领域及其未来发展方向

第 13 版《教育心理学》沿用了本书一贯的简明笔调。本书不仅准确地、与时俱进地涵盖了教育心理学研究的核心领域，如学习、发展、动机、教学和评估，并且对目前在这一领域和社会中不断涌现出来的、影响学生学习的新趋势进行了理性的梳理，如学生的多元化、对有特殊学习需要的学生的全纳教育、教育和神经科学、教育政策和技术等。

为始终如一地强调教育心理学对课堂中教师教学和学生学习产生的实际作用，本书包含了大量当前教育中存在的问题及争论、教学案例、课程片段、个案研究以及来自经验丰富的教师的实践意见。

"正方观点 / 反方观点"。每一章出现的"正方观点 / 反方观点"专栏都会列举一个与各章主题有关的争议性话题，并从正方观点和反方观点的角度进行解释。这些主题包括：指导教育的研究类型（第 1 章）、基于脑的教育（第 2 章）、自尊运动（第 3 章）、注意缺陷多动障碍（ADHD）儿童的药物治疗与技能训练（第 4 章）、英语学习者的最佳教学方法（第 5 章）、分层教学（第 6 章）、运用奖励来促进学生学习（第 7 章）、机械记忆之正误（第 8 章）、批判性思维和问题解决方法的教学（第 9 章）、基于问题的教育（第 10 章）、教师效能感（第 11 章）、让学习变得有趣的价值（第 12 章）、对欺凌行为的零容忍（第 13 章）、家庭作业（第 14 章）、留级的利弊（第 15 章）等。

除第 1 章外，每章还包含"实践指南"，这部分内容提供了一些理论或原则的具体实践应用。

"与家庭和社区建立合作关系的实践指南"部分提供了一些具体方法，以鼓励所有家庭都参与到学生的学习中——特别是现在，对父母投入的要求空前地高，家校合作的需求也极为重要。

"教师的案例簿"在每章的开头呈现，它们会描述真实的课堂状态，并会问"你会怎么做"。它实际上给学生提供了一次机会，将本书中所有的重要主题运用到解决实际问题的过程中。

每章的"关注到每个学生"主要提供一些用于评估、教育和激发全纳课堂中所有学生的理念。

"对教师的启示"部分提供了以研究为基础的简明、实用的教学原则。

致谢

在我撰写这本书的岁月里，从最初的草稿到如今最新的版本，很多人给予了帮助。没有他们的帮助，这本教材是无法完成的。

很多教育工作者对第 13 版和先前的版本做出了贡献。Carol Weinstein 撰写了第 13 章中有关学习空间的章节。Nancy Perry（英属哥伦比亚大学）和 Philip Winne（西蒙弗雷泽大学）撰写了第 11 章中有关自我调节的内容。Brad Henry（俄亥俄州立大学）精心创作了两章中有关技术的内容。Michael Yough（普渡大学）仔细检查了包括第 5 章"语言发展、语言多样性与移民教育"在内的多个章节，第 5 章也因俄亥俄州立大学 Alan Hirvela 的建议而得以改进。鲍尔州立大学的 Jerrell Cassady 为第 11 章"学习与动机的社会认知观"和第 12 章"学习动机与教学"提供了宝贵的指导。第 1 章和第 6 章中对相关学生的描述是由 Nancy Knapp（佐治亚大学）提供的。Raye Lakey 负责整合媒体以及更新测验库、课件、教师资源手册。

在我决定如何修订这一版本的过程中，我受益于全国各地很多同行的想法，他们花费了不少时间完成调查、回答我的问题以及审阅有关章节。

感谢内华达大学拉斯维加斯分校的 Gregg Schraw、库茨敦大学的 Theresa M. Stahler、得克萨斯 A&M 大学的 Jeff Liew、华盛顿州立大学的 Heather Welsh-Griffin、南卡罗来纳大学的 Kate Niehaus、纽约州立大学奥尼昂塔分校的 Nithya Iyer 和俄亥俄州立大学的 Alan Hirvela 等人的修订和评论。

全国乃至世界各地的很多教师为教师案例簿贡献了他们的经验、创造力和专业知识。我非常享受自己与这些富有经验的教师的联结，我很感激他们为这本书带来的新的视角。这些教师分别是：

Aimee Fredette，马萨诸塞州，沃波尔市，费希尔小学 2 年级教师；

Allan Osborne，马萨诸塞州，昆西市，舒适港湾（Snug Harbor）社区学校副校长；

Barbara Presley，纽约州，鲍德温斯维尔市，C.W. 贝克高中，过渡/工作学习协调者；

Carla S. Higgins，俄亥俄州纽瓦克市，莱詹德小学，学前班－小学 5 年级读写项目协调人；

Dan Doyle，伊利诺伊州，霍夫曼市，圣约瑟夫学院，11 年级历史教师；

Danielle Hartman，密苏里州，鲍尔温市，克莱蒙特小学，2 年级教师；

Nancy Sheehan-Melzack 博士，马萨诸塞州，昆西市，舒适港湾社区学校，艺术和音乐教师；

Jacalyn D. Walker，犹他州，帕克城，宝山初中，8 年级科学教师；

Jane W. Campbell，新泽西州，达内林市，约翰·P. 法伯尔小学，2 年级教师；

Jennifer L. Matz，宾夕法尼亚州，塔城，威廉姆斯谷小学，6 年级教师；

Jennifer Pincoski，佛罗里达州，迈尔斯堡市，李县（Lee County）校区，学前班至 12 年级学习资源教师；

Jessican N. Mahtaban，新泽西州，克利夫顿市，伍德罗·威尔逊初中，8 年级数学教师；

Jolita Harper，俄亥俄州，枫树高地（Maple Heights）市，未来学术领袖培育学院，3 年级教师；

Karen Boyarsky，新泽西州，海茨敦市，沃尔特·C. 布莱克小学，5 年级教师；

Katie Churchill，伊利诺伊州，芝加哥市，奥里奥尔·帕克小学，3 年级教师；

Katie Piel，爱达荷州，莫斯科市，西园学校，幼儿园至 6 年级教师；

Keith J.Boyle，新泽西州，达内林市，达内林高中，9 年级至 12 年级英语教师；

Kelley Crockett，得克萨斯州，沃思堡市，梅多布鲁克小学；

Kelly L. Hoy，加利福尼亚州，门洛帕克市，菲利普斯布鲁克斯学院，5 年级教师；

Kelly Mcelroy Bomin，得克萨斯州，斯普林市，克莱因橡树高中，高中辅导员；

Lauren Rollins，俄亥俄州，谢克海茨市，布勒瓦德小学，1 年级教师；

Linda Glisson 和 Sue Middleton，路易斯安那州，巴吞鲁日市，圣詹姆斯圣公会日校，5 年级团队教师；

Linda Sparks，马萨诸塞州，比勒利卡市，约翰·F. 肯尼迪学校，1 年级教师；

Lou De Lauro，新泽西州，达内林市，约翰·P. 法伯尔小学，5 年级语言艺术教师；

M. Denise Lutz，俄亥俄州，哥伦布市，格兰德维尤高地（Grandview Heights）高中，技术协调员；

Madya Ayala，墨西哥，新莱昂州，蒙特雷，Eugenio Garza Lagüera，加尔扎·萨达（Garza Sada）校区，预备高中教师；

Marie Hoffman Hurt，俄亥俄州，皮克林市，皮克林当地学校，8 年级外语教师（德语和法语）；

Michael Yasis，明尼苏达州，明尼通卡市，L. H. 汤伦（L. H. Tanglen）小学；

Nancy Schaefer，俄亥俄州，辛辛那提市，辛辛那提山基督教学院高中，9~12 年级教师；

Pam Gaskill，俄亥俄州，都柏林市，河滨小学，2 年级教师；

Patricia A.Smith，得克萨斯州，圣安东尼奥市，厄尔·沃伦高中，高中数学教师；

Paul Dragin，俄亥俄州，哥伦布市，哥伦布东高中，9~12 年级英语作为第二语言教师；

Paula Colemere，亚利桑那州，坦佩，麦克林托克高中，特殊教育教师（英语、历史）；

Sara Vincent，华盛顿州，麦克莱恩市，兰利高中，特殊教育教师；

Thomas Naismith，得克萨斯州，埃尔克哈特市，斯洛克姆独立学区，7~12年级科学教师；

Valerie A. Chilcoat，马里兰州，巴尔的摩市，格伦蒙特学校，5、6年级高级学者。

许多人为出版该书这一重大项目做出了重要的贡献。Carrie Mollette、Jorgensen Fernandez和Janet Woods总是辛勤地工作，常常周末都在加班，使我们获得了这本教材和补充材料中复制的材料的许可。教材设计师Diane Lorenzo让本书的外观在迄今为止的所有版本中看起来最棒，要知道这本书已历经12个版本，能做到如此是非常困难的。来自S4Carlisle的Roxanne Klaas和来自培生集团的Lauren Carlson这两位项目经理以惊人的技巧、优雅而不失风趣的方式，让项目的各个方面都不断向前推进。他们总能理性地应对那些可能变得混乱的局面，为单调乏味的工作带来乐趣。现在，这本书在Christopher Barry和Krista Clark两位优秀的营销经理的手中。我已经迫不及待地想看到他们为我所做的规划。这是一个多么能干、富有创造力的团队，我很荣幸能与他们所有人共事。

在这个新版本中，我再次有幸与一个出色的编辑团队合作。透过这本书的每一页，我们都能看到这个团队的才智、创造力、明智的判断力、风格以及对质量的持久承诺。出版商Kevin Davis以艺术家的眼光、学者的头脑以及高性能计算机般的运筹能力，指导这个项目从审稿到出版的全部环节。事实证明，他是一位出色的合作者，对这一领域有清晰的把握，并对未来充满想法。编辑助理Caitlin Griscom让所有事情顺利进行，并一直与我保持电子邮件联系。Luanne Dreyer Elliott细心而专业地编辑加工了每一页——他知道我可以发明出多么"富有创造性"的拼写。在这个版本中，我很幸运地得到了Gail Gottfried的帮助，她是一位杰出的内容编辑，完美结合了丰富的知识、组织能力和创造性思维。没有她的不懈努力，本书的特色——教师案例簿以及出色的教学支持是不会存在的。Lauren Carlson是本书最初的项目经理，Kathy Smith负责处理所有最终的制作细节——多么杰出的女性！我喜欢和她们一起工作。

最后，我想感谢我的家人和朋友在我为这本书工作的漫长日夜里给予的善意和支持。我想对我的家人Marion、Bob、Eric、Suzie、Lizzie、Wayne K.、Marie、Kelly、Tom、Lisa、Lauren、Mike和最新成员Amaya说："你们真棒！"

当然，我还想对我的朋友、同事、挚爱、丈夫Wayne Hoy说："你是最好的！"

安妮塔·伍尔福克

简明目录 | Brief Contents

译者序
前言

第1章　学习、教学与教育心理学　/1
第2章　认知发展　/23
第3章　自我、社会性与道德发展　/59
第4章　学习者差异与学习需要　/101
第5章　语言发展、语言多样性与移民教育　/143
第6章　文化与多元化　/175
第7章　学习的行为主义观点　/210
第8章　学习的认知观点　/241
第9章　复杂认知过程　/271
第10章　学习科学和建构主义　/305
第11章　学习与动机的社会认知观　/339
第12章　学习动机与教学　/365
第13章　学习环境的创设　/404
第14章　为每个学生而教　/439
第15章　教学评估与测验　/474

参考文献　/510

Contents 目 录

译者序
前言

第1章 学习、教学与教育心理学 /1

模块1 学习与教学 /2
- 1.1 当今的学习与教学 /2
- 1.2 什么是优质教学 /6
- 模块1小结 /11

模块2 教育心理学的研究与理论 /12
- 1.3 教育心理学的作用 /12
- 1.4 教育心理学的研究 /14
- 1.5 教学理论与学习促进 /19
- 模块2小结 /21

第1章复习思考题 /22

第2章 认知发展 /23

模块3 发展的一般规律 /24
- 2.1 发展的概念 /24
- 2.2 脑与认知发展 /26
- 模块3小结 /35

模块4 皮亚杰主义与信息加工理论 /35
- 2.3 皮亚杰的认知发展理论 /35
- 模块4小结 /47

模块5 维果茨基的社会文化观 /48
- 2.4 维果茨基的社会文化观 /48
- 模块5小结 /53

模块6 皮亚杰和维果茨基理论对教师的启示 /53
- 2.5 皮亚杰和维果茨基理论对教师的启示 /53
- 模块6小结 /57

第2章复习思考题 /57

第3章 自我、社会性与道德发展 /59

模块7 生理成长：个性与社会性发展的背景 /60
- 3.1 生理发展 /60
- 模块7小结 /66

模块8 发展的社会背景 /66
- 3.2 布朗芬布伦纳：发展的社会背景 /66
- 模块8小结 /79

模块9 自我 /80
- 3.3 同一性和自我概念 /80
- 模块9小结 /91

模块10 理解他人和道德发展 /92
- 3.4 理解他人和道德发展 /92
- 3.5 个性与社会性发展研究对教师的启示 /98
- 模块10小结 /98

第3章复习思考题 /99

第4章 学习者差异与学习需要 /101

模块11 智力与思维风格 /102
- 4.1 智力 /102
- 4.2 学习和思维风格 /112

模块 11 小结 / 115
模块 12 全纳教育：教育每一个学生 / 116
    4.3 个体差异与法律 / 116
    4.4 面临学习挑战的学生 / 120
    模块 12 小结 / 135
模块 13 超常和天才学生 / 137
    4.5 超常和天才学生 / 137
    模块 13 小结 / 141
第 4 章复习思考题 / 142

第 5 章 语言发展、语言多样性与移民教育 / 143

模块 14 语言发展与读写萌芽 / 144
    5.1 语言的发展 / 144
    模块 14 小结 / 150
模块 15 语言的多样性 / 151
    5.2 语言发展的多样性 / 151
    5.3 班级中的语言差异 / 157
    模块 15 小结 / 158
模块 16 移民学生和英语学习者 / 159
    5.4 移民学生的教学 / 159
    5.5 特殊的挑战：有障碍和特殊天赋的英语学习者 / 171
    模块 16 小结 / 172
第 5 章复习思考题 / 173

第 6 章 文化与多元化 / 175

模块 17 社会和经济的多元化 / 176
    6.1 当今的多元化课堂 / 176
    6.2 经济和社会阶层的差异 / 180
    模块 17 小结 / 186
模块 18 民族、种族和性别 / 187
    6.3 教学中的民族和种族问题 / 187
    6.4 教学中的性别问题 / 194
    模块 18 小结 / 199
模块 19 多元化与教学：多元文化教育 / 200
    6.5 多元文化教育：创建文化融合的课堂 / 200
    模块 19 小结 / 208
第 6 章复习思考题 / 208

第 7 章 学习的行为主义观点 / 210

模块 20 学习的行为主义解释 / 211
    7.1 科学地理解学习 / 211
    7.2 早期对学习的解释：邻近学习和经典性条件作用 / 213
    7.3 操作性条件作用：尝试新的反应 / 215
    模块 20 小结 / 220
模块 21 行为主义学习理论的应用 / 220
    7.4 应用行为分析 / 220
    7.5 当代应用趋势 / 231
    7.6 挑战、警告与批判 / 235
    模块 21 小结 / 238
第 7 章复习思考题 / 240

第 8 章 学习的认知观点 / 241

模块 22 认知观的基础 / 242
    8.1 认知观的构成要素 / 242
    8.2 记忆的认知观 / 244
    模块 22 小结 / 253
模块 23 长时记忆 / 254
    8.3 长时记忆 / 254
    8.4 促进知识的深度理解和长久保存：基本原则与应用 / 261
    模块 23 小结 / 269
第 8 章复习思考题 / 270

第 9 章 复杂认知过程 / 271

模块 24 元认知和学习策略 / 272
    9.1 元认知 / 272
    9.2 学习策略 / 275
    模块 24 小结 / 282
模块 25 问题解决和创造性 / 282
    9.3 问题解决 / 282
    9.4 创造性 / 291
    模块 25 小结 / 296

模块 26　批判性思维、论证和迁移　/ 297
  9.5　批判性思维和论证　/ 297
  9.6　为迁移而教　/ 300
  模块 26 小结　/ 303
第 9 章复习思考题　/ 304

第 10 章　学习科学和建构主义　/ 305

模块 27　学习科学和建构主义概述　/ 306
  10.1　学习科学　/ 306
  10.2　认知建构主义和社会建构主义　/ 307
  模块 27 小结　/ 313
模块 28　建构主义取向的教与学　/ 314
  10.3　建构主义理论观点的应用　/ 314
  模块 28 小结　/ 328
模块 29　课堂外的学习　/ 329
  10.4　服务性学习　/ 329
  10.5　数字世界中的学习　/ 331
  模块 29 小结　/ 337
第 10 章复习思考题　/ 338

第 11 章　学习与动机的社会认知观　/ 339

模块 30　社会认知理论及应用　/ 340
  11.1　社会认知理论　/ 340
  11.2　示范：通过观察他人进行学习　/ 342
  11.3　自我效能感与主体性　/ 345
  模块 30 小结　/ 350
模块 31　自我调节学习与教学　/ 351
  11.4　自我调节学习　/ 351
  11.5　以提高自我效能感和自我调节学习为目的的教学　/ 359
  11.6　学习理论的整合　/ 362
  模块 31 小结　/ 363
第 11 章复习思考题　/ 364

第 12 章　学习动机与教学　/ 365

模块 32　动机基础与需要层次　/ 366
  12.1　动机　/ 366
  12.2　需要　/ 370
  模块 32 小结　/ 374
模块 33　目标与信念　/ 375
  12.3　目标定向　/ 375
  12.4　信念与自我图式　/ 378
  模块 33 小结　/ 384
模块 34　兴趣、好奇与情绪　/ 385
  12.5　兴趣、好奇与情绪　/ 385
  模块 34 小结　/ 393
模块 35　学校中的学习动机　/ 393
  12.6　学校中的学习动机：TARGET 模型　/ 393
  模块 35 小结　/ 402
第 12 章复习思考题　/ 402

第 13 章　学习环境的创设　/ 404

模块 36　积极的学习环境　/ 405
  13.1　课堂管理的内涵与价值　/ 405
  13.2　创设积极的学习环境　/ 409
  13.3　维持良好的学习环境　/ 416
  模块 36 小结　/ 421
模块 37　预防问题和鼓励沟通　/ 422
  13.4　处理纪律问题　/ 422
  13.5　沟通的必要性　/ 430
  13.6　多样性：文化回应管理　/ 436
  模块 37 小结　/ 437
第 13 章复习思考题　438

第 14 章　为每个学生而教　/ 439

模块 38　制订高效的教学计划　/ 440
  14.1　关于教学的研究　/ 440
  14.2　制订教学计划　/ 442
  模块 38 小结　/ 448
模块 39　教学方法　/ 449
  14.3　选择教学方法　/ 449
  模块 39 小结　/ 461
模块 40　差异教学与适应性教学　/ 462

14.4 实施差异教学 / 462
14.5 教师的期望 / 468
模块 40 小结 / 472
第 14 章复习思考题 / 473

第 15 章 教学评估与测验 / 474

模块 41 教学评估 / 475
15.1 教学评估的基本含义 / 475
模块 41 小结 / 480
模块 42 课堂评估、测验和评分 / 480
15.2 课堂测验评估 / 480
15.3 真实课堂评估 / 484
15.4 评分 / 490
模块 42 小结 / 496
模块 43 标准化测验 / 497
15.5 标准化测验概述 / 497
模块 43 小结 / 508
第 15 章复习思考题 / 508

参考文献 / 510

Chapter 1 | 第 1 章

学习、教学与教育心理学

■ 教师的案例簿：你会怎么做

不让一个孩子掉队

你已经在东戴维斯校区工作两年了。过去四年中，你所在的学校招收了大量来自移民家庭的孩子。在你所教的班级中，有两个学生说索马里语，一个说老挝语，一个说波斯语，还有三个说西班牙语。他们当中有些人会一点英语，但大多数孩子除了"OK"外，对英语几乎一窍不通。如果在学校里说某种外语的学生较多，地方管理部门就会为学校提供一些额外的课程资源或特殊的教学项目。但现在说每种语言的学生的数量并没有达到要求。此外，你的班里还有几个学生有特殊的需求，最常见的问题是学习障碍（尤其是阅读困难）。根据州和学区的要求，你必须确保班里所有的孩子都能为春季的成就测验做好准备，国家则强调学生应在高中毕业前为大学学习或职业生涯做好准备。而你唯一可能有的额外资源是一名来自当地大学的实习生。

想一想

:: 你能做些什么来帮助班里所有的学生，让他们都能取得进步并且准备好参加成就测验？
:: 你将怎样利用实习教师这一资源来帮助班里学生学习，并让这个实习教师获得个人成长？
:: 你将怎样与母语不是英语或有学习障碍的学生的家长合作，让他们来支持这些学生的学习？

■ 概览与目标

和大多数学生一样，你也许正抱持着期待而又谨慎的心态开始这门课程的学习。你之所以选择教育心理学，可能是因为在教师教育、言语治疗、护理或咨询等行业的培训中，它是必不可少的一门课程；也可能仅仅因为它是你的一门选修课。无论你学习的原因是什么，你可能对教育、对学校、对学生，甚至对自己都存在一些困惑，期望这门课程能够帮助你解答这些问题。带着这些问题，我撰写完成了本书。

在第 1 章里，我们先谈谈教育的现状。教师有时候被公众指责"不尽职"，有时候又被歌颂为年轻学子未来的希望。教师真的能对学生的学习产生影响吗？优质的教学应该具备什么样的特征？真正有效的教师是如何思考和行动的，他们如何看待学生、学习和他们自己？只有了解了当今教学和学习中的机遇和挑战，你才能领会教育心理学的贡献。

在简要介绍教师的职业世界后，我们将回过头来讨论教育心理学本身的问题：教育心理学家发现的原理如何对教师、治疗师、家长及其他热衷于教育和学习的人产生益处？教育心理学包含的确切内容是什么，从何而来？最终我们将建构起一个可以整合教育心理学研究的宏观模型，以此来确认与学生学习有关的、关键的学生和学校方面的因素（J. Lee & Shute，2010）。我的目标是帮助你逐渐成长为一个有信心和有能力的新手教师，因此，学完这一章后，你就能：

目标1.1 描述《不让一个孩子掉队》（No Child Left Behind，NCLB）法案的关键要素及其变化。

目标1.2 讨论有效教学的核心特征，包括阐述优秀教师的不同理论框架是如何做的。

目标1.3 描述教育心理学领域使用的研究方法以及每种方法能解决的问题类型。

目标1.4 了解发展与学习领域的理论和研究是如何与教育实践相联系的。

模块1　学习与教学

1.1　当今的学习与教学

欢迎来到我最喜欢的教育心理学领域，这是一门研究学校内外学生的发展、学习、动机、教学与评估的学科。我相信，在你成为学校教师或教育顾问的过程中——无论你未来的学生是儿童还是成人，无论你将需要教授学生如何阅读还是怎样改善饮食，教育心理学都能为你提供坚实的基础。事实上，有证据表明，接受过有关"儿童发展与学习"课程训练的新手教师在教学岗位上的留任率，是没有接受过此类训练的教师的两倍（National Commission on Teaching and America's Future，2003）。对你来说，这可能是一门必修课，因此我将首先向你介绍当今的课堂状况，以帮助你找到学习教育心理学的理由。

1.1.1　今日的学生：显著的多元化与卓越的科技

当今美国课堂中的学生是什么样的呢？这里有一些有关美国和加拿大学生的统计数据（Children's Defense Fund，2012；Dewan，2010；Freisen，2010；Meece & Kurtz-Costes，2001；National Center for Child Poverty，2013；National Center for Education Statistics，2013；U.S. Census Bureau，2010a）。

- 2010年，美国居民中13%的人是在其他国家出生的，20%的人在家中除了英语外，还说其他语言——其中60%左右的家庭说西班牙语。美国18岁以下的孩子中有22%是拉丁裔。到2050年，拉丁裔人口将占美国总人口的1/4（U.S. Census Bureau，2010b）。
- 预计到2031年，加拿大每3个人中就有一个属于有色少数族裔，南亚人将成为最大的一个族群。据报道，大约17%的加拿大人的第一语言不是法语或英语，而是其他百余种语言中的一种。
- 2011～2012学年，60%左右患有某种障碍的学生大多数时间是在普通教学班级（general education classrooms）里度过的。
- 按照美国卫生部（the United States Department of Health and Human Services）2013年所提出的，以四口之家年收入23 550美元为鉴定标准（阿拉斯加为29 440美元，夏威夷为27 090美元），超过1 600万名美国儿童生活在贫困中，占美国儿童总数的22%左右。在这超过1 600万名儿童中，超过700万生活在赤贫中。在全世界经济发达国家中，美国的儿童贫困率是第二高的，仅低于罗马尼亚。冰岛、斯堪的纳维亚国家、塞浦路斯和荷兰的儿童贫困率最低，约为7%或更低（UNICEF，2012；U.S. Census Bureau，2010a）。
- 白人家庭的平均财富是西班牙裔家庭平均财富的18倍，是黑人家庭平均财富的20多倍。这是 25 年前这一数据首次被公布后，数值最高的一次（Children's Defense Fund，2012）。
- 在美国，每 6 名儿童中就有大约 1 名儿童患有轻度至重度的发展性障碍，如言语和语言障碍、智力障碍、脑性瘫痪或自闭症（Centers for Disease Control，2013）。
- 2013 年，每 100 名高中毕业生中约有 71 名经历过身体暴力；51 名在过去 30 天内使用过酒精、香烟或毒品；7 名每天吸食大麻；48 名性生活活跃，但只有 27 名在上一次性生活中使用了保险套；20 名每天看电视的时间超过 4 小时；17 名被雇用；16 名去年曾携带过武器；12 名患有注意缺陷多动障碍（ADHD）；4 名患有进食障碍（Child Trends，2013）。

与此相反的是，由于大众媒体的影响，现今这些多元化的学生也具有很多相似之处，特别是大多数学生具有比他们的老师更高的技术素养。例如：

- 从婴儿到 8 岁的儿童，平均每天花将近 2 小时的时间看电视或视频，花 29 分钟听音乐，花 25 分钟使用电脑或玩电脑游戏。2013 年，在家里有 8 岁以下儿童的家庭中，有 75% 的家庭拥有一部智能手机、平板电脑或其他移动设备（Common Sense Media，2012，2013）。
- 77% 的青少年拥有一部手机，其中 1/3 使用的是智能手机。13~17 岁的青少年中，有 90% 使用社交媒体（Common Sense Media，2012）。

这些统计数据虽然令人印象深刻，但也仅仅是冷冰冰的数据而已。无论你的身份是一名教师、咨询师、娱乐工作者、言语治疗师，抑或是一名家庭成员，你都需要面对真实的、有血有肉的孩子。在本书中，你将看到很多鲜活的个案，比如费利佩，他上 5 年级了，来自一个说西班牙语的家庭，现在在一个新的语言环境中学习文化课程，并结交了新的朋友；特妮丝是一个性格开朗的非裔美国女孩，在城里一所中学上学，习惯于隐藏自己的才能；本杰明是一个优秀的高中运动员，家境殷实，他和他的老师都被父母寄予厚望，但他被诊断患有注意缺陷多动障碍（ADHD）；特雷弗是一个 2 年级学生，他对"符号"的理解有困难；阿莉森是一个黑帮小团伙的头目，常常虐待流浪者斯特凡妮；戴维比较腼腆，在阅读方面有困难，他已经跟不上 2 年级的课程了；艾略特是一个聪明的 6 年级学生，但存在严重的学习障碍；杰西在一所农村高中上学，她的平均成绩越来越差，却无动于衷。

虽然教室里的学生在种族、宗教信仰、语言、经济水平上的多元化程度日益加深，但是教师之间的差异却没有这么大——白人教师的比例在上升（目前大约为 91%），而黑人教师的比例在下降，仅为 7% 左右。显然，对所有教师而言，深入了解自己的每个学生并且有效地和学生合作是很重要的。为此，本书将有多个章节帮助教师理解学生的多样性。此外，在各章中，我们也将多次通过研究、案例或实践应用等来探索学生的多样性和复杂性。

1.1.2 自信无处不在

学校是教与学的主要场所，学校中的其他活动都从属于这个主要目标。但我们在上文中提到的新情境下的教与学，会同时对老师和学生提出挑战。本书的主要目的就在于帮助你了解发展、学习、动机、教学和评估的复杂过程，从而使你成为一个有能力且自信的教师。

我自己的很多研究都聚焦于**教师效能感**（teachers' sense of efficacy）。所谓教师效能感，是指一个教师坚信他有能力帮助任何一个学生，甚至是有学习困难的学生学习。这种自信的信念是为数不多的能够预测学生学业成就的教师的个性特点之一（Çakıroğlu, Aydın, & Woolfolk Hoy, 2012；Tschannen-Moran & Woolfolk Hoy, 2001；Tschannen-Moran, Woolfolk Hoy, & Hoy, 1998；Woolfolk & Hoy, 1990；Woolfolk Hoy, Hoy, & Davis, 2009）。即使学生很难教，效能感高的教师在工作时也会非常努力，并具有更强的韧性，其中部分原因在于这些教师不仅对他们自己有信心，也对学生抱有信心。同时，效能感高的教师较少体验到职业倦怠感，并且对自己工作的满意度更高（Fernet, Guay, Senécal, & Austin, 2012；Fives, Hamman, & Olivarez, 2005；Klassen & Chiu, 2010）。

我的研究发现，教育实习任务的完成可以增强实习教师的个人效能感，但这种效能感在真正做教师的第一年后会有所下降，这也许是因为原本在教育实习过程中能获得的支持现在没有了（Woolfolk Hoy &

Burke-Spero，2005）。当学校管理者和其他教师对某教师的学生抱有高期望，且这位教师能从学校领导那里获得解决教学和管理问题的帮助时，其效能感往往是比较高的（Capa，2005）。另一个从我们的研究中获得的重要结论是：效能感的增强来自教学的真正成功，而非来自专家或同事的精神支持或鼓励。任何能够真正帮助你胜任日常教学工作的经验或培训，都会为你在教师职业生涯中获得效能感提供支持。我们写作本书的目的就在于提供一些相关的知识和技能，为培养教学中真实的效能感奠定坚实的基础。

1.1.3 对教师和学生的高期望

2002年1月8日，布什总统签署了《不让一个孩子掉队》法案（简称为 NCLB 法案）。实际上，这是自1965年颁布《中小学教育法》(Elementary and Secondary Education Act, ESEA) 以来最为权威的教育政策法规。简言之，《不让一个孩子掉队》法案要求3～8年级的所有学生每年都必须参加阅读和数学的标准化成就测验，进入高中后必须再测试一次。除此之外，每个年级段的学生（3～5年级段，6～9年级段，10～12年级段）每年都必须参加一次科学测验。通过这些测验成绩，学校可以判定其学生是否取得了适当年度进步（Adequate Yearly Progress，AYP），逐渐在考试科目上达到熟练水平。虽然不同州政府在界定"熟练水平"和设置 AYP 的标准时存在一些分歧，但不管州政府怎样制定这些标准，NCLB 法案要求在2013～2014学年末，必须实现所有在校学生都在考试科目上达到熟练水平的目标。此外，每个学校必须制定适当的年度进步目标，并分别报告不同群体学生的测验分数，这些群体包括来自不同种族和少数族裔的学生群体、学习障碍学生群体、母语不是英语的学生群体以及低收入家庭的学生群体等。

一时间，NCLB 主导了美国的教育，测试得到了极大的发展，但常常有学校和教师因为没有执行 NCLB 而受到惩处，致使 NCLB 受到了广泛的批评。"迄今为止，NCLB 以测验成绩为基础的问责制（accountability）和状态标准（status bar），以及要求百分之百达到熟练水平的目标已经偏离了最初的设定，失去了精确性和有效性，从而导致了不准确的结果、不正当的激励措施以及令人们始料未及的恶果"（Hopkins et al.，2013，p.101）。例如，期望母语不是英语的学生在英语环境中达到与母语为英语的学生相同的表现水平，这无疑只能给学生带来失败和沮丧。根据 NCLB，太多的学校被贴上"渐趋失败"的标签。很多教育工作者建议，问责测量应该关注成长，而非狭义的成就（McEachin & Polikoff，2012）。

按照原计划，NCLB 法案理应在2007年或2008年进行修订，但直到2010年3月13日奥巴马政府发布《改革蓝皮书：〈中小学教育法〉的重新授权》(*A Blueprint for Reform: The Reauthorization of the Elementary and Secondary Education Act*)，才对 NCLB 法案进行了调整。其中最主要的改变是：从基于惩罚的教育体系转变为奖励杰出教学和学生成长的系统。《改革蓝皮书》描述了以下五个需要优先实现的目标（U.S. Department of Education，2010）。

（1）**为学生的升学或就业做好准备。** 无论其家庭收入、种族、民族、语言背景或残障状况如何，每个学生都必须高中毕业，并做好上大学或就业的准备。为达成这一目标，蓝皮书建议设立"提高评估成绩和做好生涯准备的专项拨款"，以提升学校的办学水平。除此之外，美国前教育部长阿恩·邓肯（Arne Duncan）宣布不再要求所有州的学生都达到百分之百的熟练水平，允许各州采取各自的测验和问责程序，以促使所有学生在高中毕业时为上大学或就业做好准备（Dillon，2011）。

（2）**为每个学校配备优秀的教师。** "研究表明，一流的教师可以对他所教学生的成绩产生巨大影响。即使是较差的学生，如果他有幸被分配到一个优秀教师执教的班级，那么几年之后，他与其他学生之间的成绩差距也会大大缩小。"（U.S. Department of Education，2010，p.13）为了支持这一目标，蓝皮书建议设立一项名为"教师和领导者提升基金"（Teacher and Leader Improvement Fund）的竞争性资助体系，以探索培养未来教师的新途径。本书的核心目的就是为每个学校打造优秀的教学精英。

（3）**注重教育公平，保证每个学生机会均等。** 所有的学生都应被纳入上述以升学与就业标准为基础的问责体制之中，该体制将不断奖励学生的进步与成功，并对那些表现很差的学校实施严格的教育干预。

（4）**逐渐提高标准，鼓励优秀者脱颖而出。** 作为一个针对学校的竞争性资助体系，"力争上游"（Race

to the Top）计划鼓励各州和地方的领导者共同致力于宏大的改革，进行艰难的抉择，开发综合性计划来改变各种政策和实践，以提高学生的学习成绩，最终鼓励优秀者脱颖而出。

（5）**促进教育创新和持续性的提高**。作为对"力争上游"计划的专项基金的补充，"创新投资基金"（Investing in Innovation Fund）将支持地方和非营利组织的领导者开发和扩展各种业已证明成功并已有了进一步改革对策的创新性项目。

时间将会告诉我们这些计划究竟开展得如何，尤其是在经济环境面临巨大挑战的情况下。NCLB法案下一次重新授权时可能进行的一个改变或许聚焦在处于最底端的5%的学校，这些学校每年的成绩都很差（McEachin & Polikoff, 2012）。一个有能力和自信的教师似乎应该达成这些目标。这是真的吗？教师真能起到重要作用吗？这确实是个好问题。

1.1.4 教师的重要作用

上面呈现的统计数据表明，美国有许多孩子生活在贫困家庭中。早期的一些研究发现，是家庭的经济和社会地位而不是教师的教学，决定着学生在校的学习效果（e.g. Coleman, 1966）。事实上，这些研究大多是由教育心理学家发起的。不过，这些教育心理学家大都拒绝接受"教师在面对贫穷和社会问题时无能为力"的观点（Wittrock, 1986）。

你如何看待教学的重要作用？也许曾经有一位对你影响很大的老师，使你立志成为一名教育者。即使你有这样的老师——我也希望你有，你也要知道教育心理学的主要目的是超越个人经验和个体陈述，去研究更大的群体，这也是这本教材的目的。很多研究确实证实了教师在学生生活中的重要作用。接下来你会看到一些例子。

1. 教师与学生的关系

布里奇特·哈姆雷和罗伯特·皮安塔（Bridgett Hamre & Robert Pianta, 2001）曾调查了一个学区内所有幼儿园的入学儿童，并追踪这批孩子直到8年级。研究者发现，幼儿园时期师生关系的质量（以"师生冲突水平""儿童对教师的依赖"以及"教师对儿童的情感"为指标）能够预测8年级学生的学习和行为表现，尤其是对那些存在严重问题行为的学生，预测效果更加明显。即使将学生的性别、种族、认知能力、学生行为评定方法等因素的作用都剔除，师生关系依然可以预测学生在学校各方面的成就。因此，对于那些早期有严重行为问题的学生而言，如果他们的启蒙教师能够敏锐地感知到他们的需要，并经常提供一致性的反馈，他们在接下来的学校生活中出现问题行为的可能性就会降低。另一项研究对小学3年级学生进行持续的追踪，直至他们5年级，结果皮安塔及其同事发现，有两个因素可以帮助那些数学学习能力较弱的孩子缩小与其他同学之间的成绩差距，那就是教师对学生高级思维（而不是基本技能）的指导和学生与教师之间的积极关系（Crosnoe, Morrison, Burchinal, Pianta, Keating, Friedman, & Clark-Stewart, 2010）。

目前已经有越来越多的证据显示，师生关系的质量与学生的学习结果之间有着广泛的联系。德博拉·鲁达（Deborah Roorda）及其同事（2011）回顾了世界各地共99个探讨师生关系与学生投入之间关系的研究。结果发现，与老师的积极关系能预测每个年级学生的积极投入，而这种关系对于那些处于学业危险之中的学生以及年长的学生来说尤为重要。可以说，有大量证据表明师生关系的质量与学生的学业表现之间有很强的关联。

2. 劣质教学的代价

在一项备受关注的研究中，研究者探讨了学生是如何受到教学水平不同的教师的长期影响的（Sandres & Rivers, 1996）。研究者考察了来自田纳西州两个大城市学校系统内的5年级学生。结果发现，在两个学区中，那些3~5年级都接受优秀教师教学的学生，在标准化数学成就测验中成绩最好，平均成绩分别为83%和96%（百分数计分法，满分是99%）。相比之下，这3年中都由能力最差的老师教育的学生，在标准化数学成就测验中成绩很差，平均成绩分别为29%和44%——在两个学区中，差值都不止50个百分点。而在3年中分别接受了能力弱、中等、强的教师教学的学生，取得的成绩介于上述二者之间。由此，桑德斯（Sanders）和里弗斯（Rivers）得出结论：优秀的教师能促使所有学生在学业上获得更加出色的表现，尤其是原本成绩比较差的学生，他们更能从优秀教师的教学中获益。然而，教学的效果不但具有累积性，也具有延续性。也就是说，即使高年级的有效教学能够弥补低年级时劣质教学的不足，它也无法完全消除低年级的劣质教学造成的所有缺憾。事实上，有研究发现，学生考试成绩的差异至少有7%是教师的作用（Hanushek, Rivkin, & Kain, 2005；Rivkin, Hanushek, & Kain, 2001）。

另一项对洛杉矶公立学校测验成绩的研究，你可能会很有兴趣。罗伯特·高登（Robert Gordon）及其同事（2006）测查了新手教师所教的小学生的测验成绩。首先，他们根据新手教师头两年所教学生的表现水平将这些教师分成四组。接着，研究者考察了在第三年的教学中，前25%教师和后25%教师的学生的测验成绩。在控制了学生的先前测验成绩、家庭经济状况以及其他因素后，与其他学年初期测验成绩相近的学生相比，接受前25%教师教学的学生会多获得平均5个百分点的分数；而接受后25%教师教学的学生会损失平均5个百分点的分数。因此，由低效教师教学的学生会比由优质教师教学的学生落后平均10个百分点。如果这些损失不断累积的话，那么由低效教师教学的学生将会越来越落后。事实上，研究者推测，"连续4年接受前25%的教师教学足以填补黑人学生与白人学生在测验分数上的差距"（大约为34个百分点）(R. Gordon, Kane, & Staiger, 2006, p.8)。

既然能与学生建立积极师生关系的优质教师会对学生的成长产生重大影响，而且问题学生能从优质的教学中获益更多，那么，重要的问题来了：怎样才能成为优秀的教师，什么才是优质的教学？

1.2 什么是优质教学

什么才是优质的教学？教育者、心理学家、哲学家、小说家、记者、电影制作人、数学家、科学家、历史学家、政策制定者和家长（当然肯定不止这些人）都思考过这个问题，答案不计其数。优质教学不局限于教室内，同样可能发生在家庭、医院、博物馆、会议厅、治疗师的办公室和夏令营中。在本书里，我们主要关注课堂内的教学，但是其中涉及的大多数知识也可应用于其他教育场所。

1.2.1 三个教学案例

为了了解什么是优质教学，让我们先到三位优秀教师的课堂里去看看吧。这是三个真实的教学情境。前两位教师与我的实习生在当地一所小学和中学工作，我的同事卡罗尔·韦恩斯坦（Carol Weinstein）曾对他们进行过研究（Weinstein & Romano, 2015）。第三位教师在一名咨询师的协助下，成为帮助学生解决严重学习困难问题的专家。

1. 案例1：一年级双语班

维维安娜所在的班级里有25名学生，大多数学生刚从多米尼加共和国移民过来，其他的孩子则来自尼加拉瓜、墨西哥、波多黎各和洪都拉斯。虽然这些孩子刚来学校的时候几乎不会讲英语，但当他们6月离校时，维维安娜已经帮助他们顺利掌握了学区设置的一年级课程。为了帮助学生理解，维维安娜刚开始时用西班牙语进行教学，然后逐渐引入英语教学。维维安娜不想让自己的学生被贴上"差生"的标签，她鼓励他们以讲西班牙语为荣，但同时抓住每个机会来鼓励学生学习英语，以达到熟练程度。

维维安娜对学生的期望和承诺都很高。她很乐观，而这正展现了她的奉献精神，"我一直希望我能影响别人，并让别人由此而变得有所不同"（Weinstein & Romano, 2015, p.15）。对维维安娜而言，教学不仅仅是工作，还是一种生活方式。

2. 案例2：一所郊区小学的五年级班级

肯在新泽西州中部的一所郊区小学担任五年级教师。班上的学生来自不同种族，具有不同宗教信仰，家庭收入差异很大，语言背景也不同。肯很重视"过程性写作"。他的学生完成第一版草稿后，需要与班里同学进行讨论、修改、校订，最后"出版"自己的作品。学生们几乎每天都记日记，并且常常就日记中一些个人关心的问题与肯进行交流。他们会与肯讨论很多问题，比如自己的家庭状况，或者对战争、对恐惧的看法。肯常常以书面形式对学生的问题进行反馈。此外，肯也会运用一些技术手段将课程与真实生活联系起来。比如，引导学生使用一种叫作"海洋之旅"的软件来学习海洋生态系统；引导学生通过两个历史模拟游戏来学习社会科学知识，其中一个游戏与美国土著文明的发展有关，另一个与美国的殖民主义有关。

在这一年中，肯很关注学生的社会性发展和情感发展。除了科学课和社会课的学习外，他也让学生学习责任心和公平感。我们从他开学之初制定的班规中就可以清楚地看到这一点。他没有在班规中具体规定什么能做、什么不能做，而是和学生们一起修订了一个"权利法案"，法案中规定了学生的权利，这些权利涵盖了大部分可能需要"规则"的情况。

3. 案例3：全纳课堂

埃利奥特非常聪明并且口齿伶俐，当他还是孩子的时候，他就能轻而易举地记住故事情节，但是他无法自己阅读故事。他的问题源于严重的学习障碍，这些障碍是由视听整合困难和长时视觉记忆缺陷造成的。当他尝试写作的时候，一切都变得很混乱。南希·怀特（Nancy White）博士和埃利奥特的老师米亚·罗素（Mia Russell）一起，根据埃利奥特的学习模式和错误特点，为他量身制订了一套缜密的辅导计划。在老师几年的帮助下，埃利奥特最终成为一名学习能手和独立学习者，他清楚地知道自己在何时需要运用何种策略。在埃利奥特看来，学习材料虽然不好玩，但是很有用（Hallahan & Kauffman, 2006, pp.184-185）。

从这三个不同的课堂中你看到了什么？教师们对学生是尽职尽责且充满信心的，他们面对着学习能力不同的学生，接受着学生不同语言背景、不同家庭环境、不同能力和障碍的各种挑战。针对学生不同的需求，他们必须采取适宜的指导和评估方式。对于一部分学习困难的学生，他们需要把最抽象的概念（如积分）变得具体而容易理解。在这段时间里，这些专家型教师不仅教授了学生知识，还关注了学生的情感需求，注重提高学生的自信心，帮助他们树立责任感。如果我们从上课的第一天起就追踪这几位教师，我们就会看到，他们事先做了精心准备，然后在课堂中教授学生有关生活与学习的基本技能。他们能高效地收集和批改学生的家庭作业，重新对学生进行分组，指导学生，发放材料，收取午餐费和处理一些破坏性行为——并且在做这些事情的同时，他们还能留心到班上有个孩子为何表现得如此疲惫。此外，他们还是**反思型**（reflective）教师——他们常常通过回顾教学情境来分析自己做了什么以及为什么那么做，进而思考应该如何改善教学来促进学生的学习。

那么，什么才是优质的教学呢？优质教学究竟是科学还是艺术？它是对一般性理论的应用还是具体实践后的创造发明？优秀的教师是专业的解说者、"讲台上的圣人"，还是伟大的引导者、"学生身旁的向导"？这些争论已经持续了很多年。在你选修的其他教育学课程上，你可能会听到很多对传统教学的批判，也可能听到教学并非仅仅基于科学理论，并非以教师为中心的说法。更有可能的是，你会被鼓励成为一位有创造性的、以学生为中心的引导者。不过，我认为你应该清楚这两种观点各有利弊。教师应该兼博学与创造性于一身：他们能够灵活使用各种策略，并且会发明新的策略；他们应该懂得一些基于研究的班级管理常规策略，但是当情境发生变化时，他们应该主动从常规管理模式中跳出来；他们不仅需要了解学生发展的相关研究，还要知道由文化、性别及地理环境塑造的学生的个体特异性。就我个人而言，我希望，无论你在哪里教学，都能同时成为很好的"说教者"和"引导者"。

另一个有关"什么是优质教学"的回答涉及优质教学应当有哪些不同的模型和框架。下面我们就来具体看一看。

1.2.2 优质教学的模型

过去几年间，教育工作者、政策制定者、政府机构和慈善家花费了几百万美元，用以鉴别什么因素会在教学中发挥作用，尤其是如何鉴别优质教学。这些努力导致了一些教学模型和教师评价体系的出现。我们将简要评述其中的三个，以回答"什么是优质教学"这一问题。考虑这些模型的另一个原因是，当你成为一名教师后，你使用的评估体系可能正是以这些模型中的某一种为基础的，或是与这些模型相近的。现在，教师评价可是非常热门的主题！接下来，我们来看看夏洛特·丹尼尔森的教学框架、密歇根大学TeachingWorks的高阶教学实践、由比尔和梅琳达·盖茨基金会资助的有效教学测量等。

1. 丹尼尔森的教学框架

丹尼尔森的教学框架于1996年首次发布，迄今已修订了三次，最近的一次修订是在2013年（想了解夏洛特·丹尼尔森及其教学框架的相关信息，请浏览danielsongroup.org）。夏洛特·丹尼尔森（2013）认为：

教学框架确定了教师职责的不同方面，这些方面已被实证研究和理论研究证实，能促进学生学习的提高。尽管教学框架不是对教学实践唯一可能的描述，但这些职责能明确教师在其专业工作中应该了解什么以及能做什么。(p.3)

丹尼尔森的教学框架认为教师的职责涉及四个维度或领域：教学设计与备课、营造教学环境、实施课堂教学和完备教师职能。每个维度都可以进一步划分为不同的部分，如图1-1所示。

丹尼尔森的教学框架将复杂的教学任务划分为22个部分，而这22个部分可以聚类为教师职责的四个维度：教学设计与备课、营造教学环境、实施课堂教学和完备教师职能。其中营造教学环境和实施课堂教学这两个维度可以通过教师的实际教学观察到，但只有这四个维度都获得成功，才有可能实现优质的教学。

维度1：教学设计与备课
1a 展示与内容相关且能体现教学法的知识
1b 展示与学生相关的知识
1c 设置教学目标
1d 展示与资源相关的知识
1e 设计连贯的教学
1f 设计学生评估

维度2：营造教学环境
2a 创造尊重、融洽的环境
2b 创设一种学习型文化
2c 管理课堂流程
2d 管理学生行为
2e 组织物理空间

维度3：实施课堂教学
3a 与学生进行沟通
3b 使用提问和讨论技巧
3c 鼓励学生投入学习
3d 在教学中使用评估
3e 展示灵活性和反应性

维度4：完备教师职能
4a 对教学进行反思
4b 保持准确的记录
4c 与学生家庭沟通
4d 参与专业共同体
4e 专业成长和发展
4f 展现职业水准

图1-1　丹尼尔森的教学框架

资料来源：Danielson, C. (2013). *The Framework for Teaching Evaluation Instrument: 2013 Edition.* Princeton, NJ: The Danielson Group. Retrieved from http://www.danielsongroup.org/article.aspx?page= frameworkforteaching.

当这一框架被用于教师评价时，这22个部分都可以再细化成不同的要素（共计76个），并且每个部分都有特定的几个指标。例如，1b "展示与学生相关的知识"就包括以下几个要素：①儿童与青少年发展；②学习的过程；③学生的技能、知识和语言能力；④学生的兴趣与文化遗产；⑤学生的特殊需求（p.13）。

"展示与学生相关的知识"的指标包括教师在备课时收集的有关学生的正式和非正式信息，教师确认的学生的兴趣和需求，教师对社区文化活动的参与情况，教师为学生家庭创造的分享他们文化遗产的机会，以及教师为有特殊需要的学生提供的数据库资源（Danielson, 2013）。

评估体系进一步明确了这22个部分中每个部分的四种熟练水平：不尽如人意、基本、熟练和杰出。每种熟练水平都有相应的定义、重要属性以及相关的实例，即每种熟练水平在实际行为中的表现。就"展示与学生相关的知识"这部分而言，这里有两个处于杰出水平的教师的实例。一名教师在备课时会设计三个不同的后续活动，旨在匹配不同学生的能力；另一名教师借参加当地的墨西哥文化活动的机会，与学生的大家庭成员进行了会面。当然，还有其他可能的实例，但这两个例子能让我们看到教师精通与学生相关的知识是什么样子的。

你可能已经看出，要很好地将这一框架应用于教师评估需要大量的培训。当你成为一名教师后，你可能会学到更多关于优质教学这一概念的知识，因为你的学区可能正在使用它。不过，现在请放心，你要在本书中学习的是这22个部分的相关知识和技能。例如，你会在第2~6章学到与学生相关的知识。

2. TeachingWorks

TeachingWorks 是一项在密歇根大学进行的国家项目，致力于改善教学实践。项目成员与经验丰富的教师合作，已经确定了 19 种高阶教学实践。高阶教学实践被认为是对教学至关重要的，并且对大多数年级、学科和教学情境都有效的行为。TeachingWorks 的研究者将这些教学实践称为"被研究证据、实践智慧和逻辑所证实的一系列'最好的措施'"（teachingworks.org/work-of-teaching/high-leverage-practices）。这些实践非常具体，能被教授和观察，因而可以作为教师教育和评估的基础。图 1-2 列出了 19 种高阶教学实践。需再次说明的是，你可以在本书中学到所有与这些教学实践相关的技能和知识（有关 19 种高阶教学实践的更加完整的叙述，可以登录 teachingworks.org/work-of-teaching/high-leverage-practices 获取）。

这些高阶实践是以研究证据、实践智慧和逻辑为基础的。

(1) 通过解释、示范、表征和实例等方式使内容（如特定的文本、问题、想法、理论和过程等）清晰。
(2) 引导全班讨论。
(3) 引发和解读学生的个人思维。
(4) 建立课堂对话和活动的规范和惯例，这是特定主题领域的核心。
(5) 认识到某个主题领域中学生思维和发展的特定和常见模式。
(6) 确定和实施一个教学反应或策略以回应学生思维的一般模式。
(7) 教授一节课或组织一个教学活动。
(8) 实施组织常规、程序和策略来改善学习环境。
(9) 设置和管理小组活动。
(10) 与学生进行战略关系建设的对话。
(11) 以外部基准为参考为学生设置长期和短期学习目标。
(12) 针对一个特定的学习目标评估、选择和修改相关的任务和文本。
(13) 为一个特定的学习目标设计一系列课程。
(14) 选择和使用特定的方法来检查学生的理解情况，并监控学生在某门课程内和跨课程的学习情况。
(15) 编写、选择、解释和使用来自小考、测试和其他总结性评估方法的信息。
(16) 为学生的作业提供口头和书面的反馈。
(17) 与学生的家长或监护人就该学生的相关情况进行沟通。
(18) 为改进教学而对教学进行分析。
(19) 与其他专业人员沟通。

图 1-2 TeachingWorks 的 19 种高阶教学实践

资料来源：TeachingWorks (2014), High-leverage practices. Retrieved from http://www.teachingworks.org/work-of-teaching/high-leverage-practices.

现在请比较一下图 1-2 中的 19 种高阶教学实践和图 1-1 中丹尼尔森教学任务的 22 个部分，你能看出它们之间有什么相似和重叠之处吗？

3. 有效教学的测量

2009 年比尔和梅琳达·盖茨基金会启动了教学有效性测量（Measure of Teaching Effectiveness, MET）项目，3 000 名教师和几十个机构的研究团队参与其中。这个项目的目标非常清晰，从名字就能看出来，即建立和检验教学有效性的测量指标。比尔和梅琳达·盖茨基金会之所以试图解决这一问题，是因为研究表明教师是影响教学成效的最重要的因素，他们比技术、资金或学校设施都重要得多。在实现这一目标的过程中，项目成员做出了一个关键的假设——教学是复杂的，需要多种不同的测量方法才能全面地测查有效教学，并为人事决策和专业发展提供有用的反馈。除了学生在州立测验上的学习成绩外，教学有效性测量的研究人员还检测了很多已有的和新近的教学有效性测量方法，包括哈佛大学罗恩·弗格森（Ron Ferguson）发展出的三脚架学生知觉调查（Tripod Student Perception Survey）（R. F. Ferguson, 2008），密歇根大学的教学内容知识（Content Knowledge for Teaching，CKT）测验（Ball, Thames, & Phelps, 2008），以及其他几个课堂观察系统，如前面介绍的丹尼尔森的教学框架、第14章将要介绍的课堂评估评分系统（Classroom Assessment Scoring System，CLASS）（Pianta, LaParo, & Hamre, 2008）。教学有效性测量的研究人员也检测了其他几个针对特定学科的观察法，如斯坦福大学的语言艺术教学观察方案（Stanford University's Protocol for Language Arts Teaching Observations, PLATO）(Stanford University, 2013) 以及用于评估数学和科学教学的得克萨斯州立大学 Uteach 教师观察方案（University of Texas UTeach Teacher Observation Protocol, UTOP）(Marder & Walkington, 2010)。教学有效性测量项目的最终报告（MET Project, 2013）指出，同时使用下列三种测量方法能有效、可靠地对引导学生学习的教学进行评估。

（1）学生在州立测验上的成绩。

（2）学生对教师的知觉的调查。三脚架学生知觉调查要求学生回答是否同意相关的陈述，如"我的老师会花时间帮我们记住我们所学的内容"（针对学前班至2年级学生），"课上我们学习如何纠正自己的错误"（针对小学高年级学生），以及"在这个班里，我们的老师最认可的是我们的全力以赴"（针对初中生）（摘自剑桥教育，tripodproject.org/student-perception-surveys/sample-questions；想了解更多有关三脚架学生知觉调查的信息，请访问 tripod project.org/student-perception-surveys）。

（3）使用丹尼尔森的教学框架进行课堂观察。

请记住，教学是复杂的。要想全面地测查教学有效性，这些测验必须准确并同时使用。此外，想要既可靠又有效地预测学生在州立测验和高阶思维测验上的表现，那么学生在标准化测验上的表现应该只占教学有效性评估 33%～50% 的权重，学生的感知和课堂观察的结果则负责提供余下的信息（MET Project, 2013）。

你是否感到惊奇，为什么教师在所授学科领域的内容知识并没有被归入教学有效性的测量中？迄今为止，数学好像是唯一一个被发现教师知识与学生的学习有关的领域。不过，如果我们能对教师知识进行更好的测量，或许我们会发现更多的关系（Gess-Newsome, 2013; Goe, 2013; MET Project, 2013）。

这些关于专家型教师和有效教学的论述，是不是让你感到有点紧张？维维安娜、肯和米亚都是教学科学和教学艺术方面的专家，也有多年的教学经验。你呢？

1.2.3 新手教师的成长

> **停下来 想一想**
>
> 想象这是你开始教学的第一天。列出你关心的以及令你感到担心、恐惧的事情。对于这项工作，你的优势是什么？哪些因素能让你建立教学的自信？

来自不同地方的新手教师可能会面临相似的顾虑，比如如何维持课堂纪律、如何激发学生的学习动机、如何适应不同学生的差异、如何评估学生的作业、如何与家长沟通、如何处理与其他教师的人际关系等（Conway & Clark, 2003; Melnick & Meister, 2008; Veenman, 1984）。此外，许多教师在开始第一份工作时，往往会遭受"现实的打击"，因为他们确实还没有能力完全尽到责任。工作的第一天，新手教师就需要承担与经验丰富的教师一样的工作任务。面对一个即将开始的新学年，为了指导好一个新班级，新手教师需要好好准备教学。虽然这确实很重要，但仅仅这样还不够。如果你在上面的"停下来 想一想"环节中列举了这些担忧，那么你不必感到困扰，这些令人担忧的事情是每个教师刚开始工作时都无法回避的（Borko & Putnam, 1996; Cooke & Pang, 1991）。

随着积累经验、努力工作和不断获得有力支持，经验日益丰富的教师就能够关注到学生的需求，根据学生的成绩来评估自己的工作成就了（Fuller, 1969; Pigge & Marso, 1997）。有位经验丰富的教师曾这样描述自己从之前关注自我到后来关注学生的转变："新手教师和有经验的教师的一个主要区别在于，新手教师常常会问'我做得怎么样'，而有经验的教师却会问'我的学生都做得怎么样'。"（Codell, 2001, p.191）

本书的一个重要目的就是帮助你随着经验的积累成为一位专家型教师。专家型教师常做的一件事情就是倾听学生的话。表1-1列举出了一群1年级学生对班里实习教师的建议，看起来学生似乎也很清楚什么是优质教学。

本章一开始我就讲过，教育心理学是你上过的最为重要的课程。当然，这可能是我的偏见，因为我教授这门课已经40多年了。让我来告诉你更多关于我最喜欢的主题的信息吧。

表 1-1 学生对实习教师的建议

阿马托是一名小学实习教师，在她实习的最后一天，班里的学生给她提了很多很好的建议和意见，并将这些建议和意见作为礼物送给了她。

（1）尽你所能地教导我们
（2）给我们布置家庭作业
（3）帮助我们解决学习中遇到的问题
（4）帮助我们做正确的事情
（5）帮助我们在学校找到家的感觉
（6）读书给我们听
（7）教我们怎样阅读
（8）指导我们写一些以"遥远的地方"为主题的作文
（9）多表扬我们，比如"啊，你做得太棒了"
（10）多朝我们微笑
（11）带我们出去走走和旅行
（12）尊重我们
（13）帮助我们得到适当的教育

资料来源：Nieto, Sonia, Affirming Diversity: The Sociopolitical Context of Multicultural Education, *MyLabSchool Edition*, 4th edition, © 2004. Reprinted by permission of Pearson Education, Inc. Upper Saddle River, NJ.

模块1小结

当今的课堂是什么样的

2010年，美国居民中13%的人是在其他国家出生的，20%的人在家中除了英语外，还说其他语言——其中60%左右的家庭说西班牙语。到2050年，美国将不会存在多数种族或主流宗教，每一个美国人都会成为一个少数群体的成员。22%左右的美国儿童现在生活在贫困家庭中。2011～2012学年，60%左右患有某种障碍的学生接受的大部分教育都来源于普通教学班级。虽然教室里的学生在种族、宗教信仰、语言、经济水平上的多元化程度日益加深，但是教师之间的差异却没有这么大——白人教师的比例在上升，而黑人教师的比例在下降。这本书的主要目的是帮助你了解发展、学习、动机、教学和评估的复杂过程，从而使你成为一个有能力且自信的教师，拥有高水平且真实的效能感。

什么是《不让一个孩子掉队》法案

2002年的《不让一个孩子掉队》法案要求，3～8年级的所有学生每年都必须参加数学和阅读的标准化成就测验，进入高中后还必须测试一次；除此之外，学生需要在小学、初中和高中分别参加一次科学测验。通过这些测验成绩，学校可以判定其学生是否取得了适当的年度进步，逐渐在考试科目上达到熟练水平。NCLB法案要求在2013～2014学年末，必须实现所有在校学生都在考试科目上达到熟练水平的目标。但这一目标并没有实现。按照原计划，NCLB法案理应在2007或2008年进行修订，但直到2010年3月13日奥巴马政府发布《改革蓝皮书：〈中小学教育法〉的重新授权》，才对NCLB法案进行了调整。其中关于测验的两个想法是：评估成长而非绝对的成绩；关注处于最底端的5%的学校。

什么证据表明了教师的重要性

多个研究表明了教师在学生生活中的作用。第一项研究发现，幼儿园时期的师生关系质量有效地预测了学生8年级时在学校各方面的表现。第二项研究在学前至5年级的学生身上发现了相似的结论，这个发现由以来自世界各地不同国家的近百名学生为对象的研究所证实的结论。第三项研究检验了两个不同学区的学生3、4、5年级时的数学学业成就，印证了教师素养起到的作用——3年均由优秀教师教学的学生的成绩，遥遥领先于接受过1年或更长时间能力较低的教师教学的学生的成绩。一项对3年级学生进行持续追踪，直至他们5年级的研究发现，两个因素能帮助那些数学学习能力较弱的儿童逐渐缩小与同伴间的成绩差距：高级思维（不仅仅是基本技能）的教学以及学生与教师之间的积极关系。对新手教师的研究也得到了类似的结论。

优秀教师对学生尽职尽责，他们必须面对学习能力不同的学生，接受学生不同语言背景、不同家庭环境、不同能力和障碍的各种挑战。他们必须根据学生不同的需求采用适宜的指导和评估方式。这些专家型教师在教授知识的同时，也会关注学生的情感需求，注重提高学生的自信心，帮助他们树立责任感。从上课的第一天起，这些教师就事先精心准备，然后在课堂中教授学生有关生活与学习的基本技能。

有哪些基于研究的有效教学模型

夏洛特·丹尼尔森描述了一个教学框架，其中22个部分组成了教学职责的四个维度或领域：教学设计与备课、营造教学环境、实施课堂教学和完备教师职能。这一框架是一个广泛使用的教师评估体系的基础。TeachingWorks 是一项在密歇根大学进行的国家项目，致力于改善教学实践。目前，这一项目已经确定了19种高阶教学实践，这些高阶教学实践被认为是对教学至关重要的，并且对大多数年级、学科和教学情境都有效的行为。另外，比尔和梅琳达·盖茨基金会启动了教学有效性测量项目，3 000名教师和几十个机构的研究团队参与其中。这一项目确定了一种优质教学的评估体系，该体系由三部分组成，分别是州立测验（权重为33%～50%）、学生对教师的知觉以及借助丹尼尔森的教学框架进行的课堂观察（后两者权重为66%～50%）。

新手教师担忧什么

学习如何教学是一个循序渐进的过程。随着教师的成长，他们担忧的问题和面临的困难也会发生变化。在刚开始的几年工作中，教师常常将很多时间用于维持课堂纪律、激励学生、适应学生之间的差异、评价学生作业、与家长沟通、与其他教师融洽相处等。虽然有这些担忧，许多新手教师仍然能够使自己的教学具有创造性和活力，让工作日渐得到改善。相比较而言，经验丰富的教师会更关注专业发展以及如何对多元化的学生进行有效教学。

模块2 教育心理学的研究与理论

1.3 教育心理学的作用

在教育心理学的正式研究出现后的一百多年时间里，似乎一直存在着一个争论——究竟什么是教育心理学？有些人认为，教育心理学只不过是将心理学中的知识简单运用到课堂实践中；还有人认为教育心理学就是运用心理学的研究方法，探讨课堂学习和学校生活（Brophy，2003）。如果大家快速回顾一下这段历史就会发现，教育心理学与教学从一开始就是密不可分的。

1.3.1 初期：教育心理学与教学的联系

从某种意义上说，教育心理学存在的历史非常悠久。很早以前，柏拉图（Plato）和亚里士多德（Aristotle）就讨论过关于教师角色、师生关系、教学方法、学习的本质和顺序，以及学习中情感的作用等主题，这些主题至今依然是教育心理学的研究热点。让我们快速回顾一下教育心理学初期的发展历史。最初在美国，心理学就和教学有所联系。1890年，威廉·詹姆斯（William James）在哈佛大学开辟了美国本土心理学领域，并开展了名为"与教师们谈心理学"的一系列讲座。这些讲座最初是为美国教师的暑期培训开设的，讲座文稿于1899年出版。威廉·詹姆斯的学生霍尔（G. Stanley Hall）创建了美国心理学会。霍尔的博士论文研究了学生对世界的理解，在研究过程中，很多教师帮助他搜集了数据。霍尔鼓励教师们深入观察学生的发展——他的母亲教书的时候就是这样做的。霍尔的学生杜威（John Dewey）在芝加哥大学设立了实验学校，并被公认为"进步教育运动之父"（Berliner，2006；Hilgard，1996；Pajares，2003）。威廉·詹姆斯的另外一个学生桑代克（E.L.Thordike）于1903年撰写了第一本教育心理学教材，并在1910年创办了《教育心理学杂志》。

1940年到1950年，教育心理学关注个体差异、教育评估和学习行为。1960年至1970年，研究重点转向了学生的认知发展和学习，关注学生怎样进行概念学习和记忆。近年来，教育心理学家开始探索文化和社会因素对学生学习与发展的影响，以及教育心理学在制定公共政策中的作用（Anderman，2011；Pressley & Roehrig，2003）。

1.3.2 当今的教育心理学

当今的教育心理学是什么样的？目前一个被普遍认可的观点是，教育心理学是一门独立的学科，有自己的理论、研究方法、研究问题和研究技术。教育心理学家研究学习和教学，同时努力改善教育政策和实践（Anderman，2011；Pintrich，2000）。为了更好地理解学习和教学，教育心理学家探索了教育提供者（如教师、家长或电脑）、教学内容（如数学、编织技术或舞蹈）、受教育者（如单个学生或一个团体）、教学环境（如教室、剧场或健身房）之间的相互作用（Berliner，2006；Schwab，1973）。因此，教育心理学家研究儿童和青少年的发展，关注学生学习阅读或数学等不同学科的方法，社会与文化因素对学习的影响，教学与教师、教学评估与测验等有关学习与动机的主题（Alexander & Winne，2006）。

虽然教育心理学家对如此多的主题进行了长时间的研究，但是这些研究结果真的会对教师的教学有帮助吗？毕竟，不少人认为教学原理只不过是一些常识，真的是这样吗？让我们花几分钟时间来分析一下这个问题。

1.3.3 教育心理学的结论仅仅是常识吗

很多时候，教育心理学家花费了大量时间、精力和经费进行研究，得出了很多教学原理，然而这些原理看起来似乎都是显而易见的常识。因此，人们往往会忍不住说："这些每个人都知道！"事实是否都是如此？请看看下面的例子。

1. 案例1：帮助差生

在成绩较差的学生完成作业的过程中，教师应该何时提供帮助？

常识性的答案：

教师应该经常提供帮助，因为这些成绩较差的孩子可能并不知道自己什么时候需要帮助，或者他们可能不太好意思来寻求老师的帮助。

基于研究的答案：

桑德拉·格雷厄姆（Sandra Graham，1996）研究发现，如果教师在学生寻求帮助之前就去帮助他，那么这名学生和其他的旁观者会倾向于认为这名学生缺乏取得成功的能力。这名学生可能会把失败归因于能力问题，而不是缺乏努力，这样一来，这名学生的学习动机就会受到损害。

2. 案例2：优生跳级

学校应该鼓励那些特别聪明的孩子跳级或者提前进入大学吗？

常识性的答案：

当然不行！如果跳级，这些孩子会比同年级的孩子小1~2岁，有可能出现社会交往上的不适应，他们在生理上和心理上都没有准备好与年龄比自己大的孩子相处。在这样的社会情境中生活和学习会很痛苦，因为社交是学校生活中的重要主题之一，年级越高越是如此。

基于研究的答案：

跳级或许是可以的。《国家的欺骗：美国学校如何阻碍最聪明的学生的发展》（A Nation Deceived: How Schools Hold Back America's Brightest Students）报告的头两个结论是：①对天才儿童而言，加速学习是最有效的课程干预；②对那些聪明的学生来说，加速学习对于他们的学习成绩和社会交往都有着长期的有益影响（Colangelo, Assouline, & Gross, 2004）。这种长期有益影响的一个例子是，如果有数学天赋的学生在小学或中学时跳级，那么他们更有可能攻读硕博士学位，并在科学期刊上发表引用率很高的文章（Park, Lubinski, & Benbow, 2013）。加速学习是否为天才学生的最佳教育方案，取决于很多特定的个体特征，如智力、成熟度以及其他可能的变量。对一些学生来说，快速学习教学内容并和年长的学生一起学习高级课程，确实是非常好的选择。如果你想了解更多关于如何根据学生能力调整教学的信息，请参阅第4章。

3. 案例3：给予学生控制权

是否应该给予学生更多的权力来掌控自己的学习——提供更多的选择来促进他们的学习呢？

常识性的答案：

当然！能自己选择学习材料和任务的学生在学习中会更加投入，因此会学得更多。

基于研究的答案：

不要太快这么做！给予学生更多的控制权和选

择有时候能促进学习，但有时候并不会。给予能力弱的学生学习任务上的选择权，往往意味着这些学生只会不断练习他们已经熟练掌握的内容，而不是处理更难的任务。例如，当学习美发的学生有了更多的选择时，就可能发生上述情况。低能力的学生总是练习洗头发等简单的任务，而拒绝尝试更加困难的项目，如烫发。但是，当他们使用档案袋来监控自己的进展，并接受教师定期的指导和建议时，这些学生会做出更好的选择。因此，有指导的选择和适度的教师控制在某些情况下是很有用的（Kicken, Brand-Gruwel, van Merriënboer, & Slot, 2009）。

回到刚才的问题，教育心理学原理都是显而易见的常识吗？从上面几个案例中可以看到，答案并非如此。多年之前，莉莉·翁（Lily Wong, 1987）就曾指出，只要研究结果通过书面形式呈现给读者，就会让读者觉得这些结果都是"显而易见"地正确的。她从有关教学的研究中选出了12个研究结论，以正确的形式描述了其中的6个结论，并将剩余的6个结论改编为相反的错误结论，然后将这12个结论同时呈现给了大学生和教师。结果表明，实际上错误的那些结论都被判定成了"明显正确"的。在后续研究中，研究者向另一组被试同时呈现了这12个结论的正确表达和错误表达，要求被试挑选出正确的结论。结果发现，在这12个结论中，其中有8个的错误表达常常被判定为正确的。

保罗·克施纳和约伦·范麦里恩博尔（Paul Kirschner & Joren van Merriënboer, 2013）在挑战关于"学习者（就像前面提到过的学习美发的学生）最清楚如何学习"这一主张的几个"都市教育传奇"时，提出了类似的观点。很多人坚定地秉持着这样一些信念：如今的学生是可以自我教育的数字原住民，能一心多用，有独特的学习风格，总能就如何学习做出很好的选择。尽管这些信念没有任何坚实的研究基础，却很受欢迎。

在此之前，你可能觉得教育心理学家花了大量的时间研究了许多显而易见的问题。以上研究结果指出了这种想法的危险性。如果将复杂的原理以简单的形式呈现出来，它看起来就会很简单。一个天才演员或运动员的表演看起来很容易，因为这些训练有素的专业人员总是将动作做得很到位。但是我们只看到了训练的结果，却没有看到他们为掌握每一个动作付出的努力和代价。我们应该牢记，任何研究结果（或者与它对立的观点）可能看起来都是普通的常识。问题的关键并不在于哪些研究结果听起来是合理的，而是当这些原理被付诸实践时，能说明什么问题——这是我们的下一个话题（Gage, 1991）。

1.4 教育心理学的研究

停下来 想一想

请迅速列举你知道的所有研究方法。

1.4.1 运用研究去理解和促进学习

教育心理学家设计并实施了各种不同类型的研究。其中一些是**描述性研究**（descriptive study），这些研究的目的在于描述发生在一堂课或几堂课中的教学事件。

1. 相关研究

描述性研究的结果常常会显示出一些相关关系。让我们花几分钟的时间来看看相关关系，因为在接下来的章节中你会遇到很多与它有关的问题。**相关**（correlation）是一个用于表明两个事件或者测量结果之间关系强度和方向的数值。相关值的范围在 -1.00 到 1.00 之间。相关值越靠近 1.00 或者 -1.00，说明两者相关程度越高。比如，身高和体重的相关值为 0.70（强相关），身高和掌握的语种数量的相关值为 0.00（完全不相关）。

相关值的正负表明了关系的方向。**正相关**（positive correlation）表明两个变量同时增加或同时减少。也就是说，如果其中一个变量增加，另一个变量就会随之增加。比如，身高和体重就是正相关关系，随着身高的增加，体重也会上升。**负相关**（negative correlation）表明一个变量增加，另一个变量会随之减少。比如，在剧院里，你买的票越便宜，你离舞台的距离就越远。值得注意的是，相关并不能表明存在因果关系（见图1-3）。身高和体重呈正相关意味着高个子的人可能比矮个子的人更重，但是体重增加并不意味着你会长高。知道一个人的体重，只能让你对此人的身高做一个大致的判断。教育心理学家找出这些相关的目的，就在于对课堂中发生的重要事件进行预测。

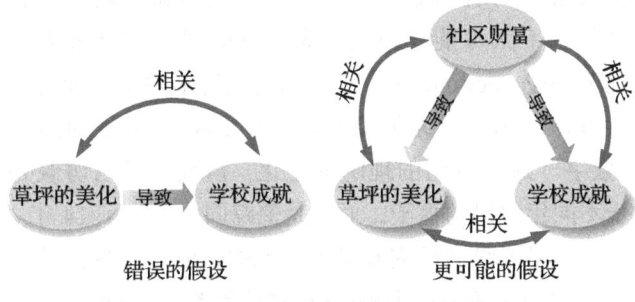

图 1-3　相关并不表明存在因果关系

研究结果表明，学校草坪的美化和学校的成就相关，但这并不能说明两者之间存在因果关系。社区财富作为第三变量，也许才是学校成就和草坪的美化的原因。

2. 实验研究

第二种研究——**实验研究**（experimentation），能让教育心理学家超越预测，真正研究因果关系。与对现存情境进行观察和描述不同，在实验研究中，研究者会引入一些变化并记录结果。首先，研究者会设置几个基本匹配的参与组。在心理学研究中，**参与者**（participant）通常指的是被研究者，也被称为**被试**（subject），比如教师或 8 年级的学生。确保每组被试基本同质的常用方法就是把每一个被试随机分配到每一个实验组中。**随机**（random）意味着每一个被试被分配到每个实验组的机会是均等的。**准实验研究**（quasi-experimental study）虽然满足了大部分真实验的要求，但它与真实验的一个重要区别在于被试不是随机分组的，而是以现存的组别，如班级或学校，来参加实验的。

在实验或准实验研究中，无论是设置一个实验组还是多个实验组，研究者都会试图改变研究情境的某些方面，并观察这一变化是否会带来预期的影响。然后，研究者会对不同组的结果进行比较。此时通常需要通过统计手段来分析组间差异是否显著，若差异达到**统计显著性**（statistically significant），则表明这个差异并非偶然出现。比如，当你在一项研究中看到"$p<0.05$"时，这表明这一结果是偶然出现的可能性小于 5%；同理，"$p<0.01$"表明这一结果是偶然出现的可能性小于 1%。

在本书中，我们将考察的许多研究都试图确定变量之间的因果关系。这些研究通常会问类似的问题：如果一组教师接受了使用单词的组成部分来进行拼读教学的培训（原因），那么该组教师所教学生的生词拼读能力是否会比没有接受过这一培训的老师所教的学生强（结果）？实际上，这一研究是一个现场实验，因为它发生在真实的教室里，而不是在模拟的实验室情境中。同时，这一研究也属于准实验研究，因为学生是以现存的班级作为一组，而不是随机分组的，所以我们不能确定在老师们接受培训之前，实验组和控制组的条件是否相同。研究者可通过观察学生们在拼读方面的进步而不仅仅是最后的拼读成绩来处理这种由分组带来的误差。结果表明，教师接受的培训真的起作用了（Hurry et al., 2005）。

3. 单一被试实验设计

单一被试实验设计（single-subject experimental study）的目的在于确定一种治疗方式、一种教学方法或一种干预手段的效果。它通常包括以下步骤：首先观察个体的基线水平（A），评估个体令研究者感兴趣的行为；然后尝试对个体进行干预（B）并记录结果；接着移除干预，使个体回到基线水平（A）；最后再进行一次实验处理（B）。这种单一被试实验设计常被称作 ABAB 实验。例如，教师记录一周内学生未经老师允许擅自离开座位的时间（A）；然后忽视这一行为，对留在座位上的学生提出表扬，并且记录这一周内学生擅自离开座位的情况（B）；接下来，教师会撤销处理，使学生回到基线水平（A）并记录结果；最后，恢复之前的干预策略（B）(Landrum & Kauffman, 2006)。事实上，这一干预策略在第一次被检验时，就被证明是行之有效的：这种表扬与忽视相结合的策略，能够有效延长学生停留在自己座位上的时间（Madsen, Becker, Thomas, Koser, & Plager, 1968）。

4. 临床访谈和个案研究

让·皮亚杰（Jean Piaget）开创了一种被称为**临床访谈**（clinical interview）的方法，用来理解儿童的想法。临床访谈采用开放式询问的方式来探查儿童的反应，并对儿童的回答进行深入的追问，所提的问题依儿童的反应而定。下面是一个 7 岁儿童接受临床访谈的实例。皮亚杰试图理解儿童对谎言和真相的想法，因此他问儿童："什么是谎言？"
"什么是谎言？——不是真的事情。他们说的那些自己没做过的事情。——猜猜我几岁？——20岁。——不对，我30岁了。……你刚才对我的话是个谎言吗？——我不是故意那么说的。——我知道，但它仍然是个谎言，对不对？——对，它仍然是个谎言，因为我没有说对你的年龄。——它是个谎言？——是，因为我没有说实话。——那你应该被惩罚吗？——不。——这是不是调皮的行为？——没那么调皮。——为什么？——因为我后来说实话了！"（Piaget, 1965, p.144）

研究者也会采用个案研究。**个案研究**（case study）能深入地调查一个个体或情境。例如，本杰明·布鲁姆（Benjamin Bloom）及其同事对取得高成就的钢琴家、雕塑家、奥运会游泳选手、网球运动员、数学家和神经学家进行了深入的研究，试图了解哪些因素能促进优秀人才的发展。这些研究者访谈了上述参与者的家庭成员、教师、朋友和教练，为这些取得高成就的个体建立了相应的、内容丰富的个案研究（B.S. Bloom et al., 1985）。一些教育工作者推荐采用个案研究方法来为天才课程招生，因为这样搜集到的信息远比单一的测验成绩能提供的信息丰富。

5. 民族志

从人类学中借鉴的**民族志方法**（ethnographic method）涉及研究群体生活中的自然事件，以了解这些事件对牵涉其中的人的意义。在教育心理学研究中，民族志可能会被用于研究来自不同文化群体的学生是如何被他们的同伴看待的，或教师关于学生能力的信念是如何影响课堂中的师生互动。在一些研究中，研究者使用**参与观察**（participant observation）的方法，即真正参与到某个群体中，以当事人的视角来理解行为。教师可以进行自己的非正式民族志研究，以此来理解他们的课堂生活。

6. 时间在研究中的作用

心理学家关注的很多问题，如认知发展（参阅第2章），会持续几个月甚至数年的时间。在理想的情况下，研究者需花费数年的时间来观察参与者，以研究他们的改变和发展，这被称为**纵向研究**（longitudinal study）。这种研究方法能提供大量的信息，可是耗时耗钱，而且有的时候不太实际——随着参与者的成长或者参与者的家庭搬迁，要与他们保持数年的联系似乎不太可能。因此，大多数的研究都是**横断研究**（cross-sectional study），同时关注不同年龄段的学生群体。比如，为了研究儿童在3岁至16岁期间对"数字"这一概念的理解的变化，研究者可以访谈处于不同年龄段的孩子，而不是追踪同一批孩子14年。

如果说纵向研究和横断研究的目的是考察很长一段时间内的变化，那么**微观发生研究**（microgenetic study）的目的则在于集中研究变化过程中的认知加工过程——在变化发生的过程中进行研究。比如，研究者分析孩子在几周的课时内掌握两位数加法的特殊策略。微观发生研究方法有三个基本特征：①从变化开始到变化相对稳定的整个过程中，研究者都在进行观察；②研究者使用多种多样的形式进行观察，观察结果可通过视频、访谈等方法进行记录，也可以对被观察者的话语进行转录；③将被观察的行为"放在显微镜下"，也就是说，被观察的行为会被反复检验。微观发生研究的目标是解释变化的潜在机制，比如，是什么新知识或新技能的发展使变化得以发生的（Siegler & Crowley, 1991）。由于这种研究范式很耗费金钱和时间，所以每次研究通常只研究一到两个孩子。

7. 定量研究与定性研究

在学习教育心理学的过程中，你会遇到定量研究与定性研究的区别。它们是范围很大的类别，像很多其他的类别一样，它们的边界有些模糊，但这里还是列出了两者的一些简单差异。

定性研究（qualitative research）。个案研究和民族志都是定性研究的实例。这种类型的研究将词语、对话、事件、主题和图像作为数据。访谈和观察是其重要的研究程序。其目的不是发现一般原理，而是深入探索特定的情境和人员，以及理解事件对于牵涉其中的人员的意义，从而讲述他们的故事。定性研究者假定理解意义的过程不可能完全客观，他们更感兴趣的是解释主观的、个体的或社会建构的意义。

定量研究（quantitative research）。相关研究和实验研究一般是定量研究，原因在于研究进行了测量和计算。定量研究使用数字、测量和统计来评估变量间关系或不同组别间差异的水平或大小。定量研究者试图尽可能地保持客观，并将自己的偏见从结果中剔除。好的定量研究的一个优势是其得出的结论能泛化或应用到其他类似的情境或人员上。

1.4.2 什么是基于科学的研究

1. 科学研究的特点

具有里程碑意义的《不让一个孩子掉队》法案的其中一项要求是接受联邦政府资助的教育项目和实践必须"基于科学的研究"。具体而言，《不让一个孩子掉队》法案指出，基于科学的研究应该：①通过观察和实验系统收集可靠且有效的数据；②运用严谨、适当的程序分析数据；③描述清晰，具有可重复性；④经过相应专家的严格独立评审。

上述对"基于科学的研究"的表述，似乎更符合前文提到的定量的实验研究方法，而非民族志研究和个案研究等定性研究方法。但正如你将在下面的"正方观点/反方观点"中看到的那样，实际上关于"基于科学的研究"的含义，始终存在争议。

正方观点/反方观点

应该采用哪种类型的研究来指导教育？

过去十几年来，无论是在身体健康的照护还是在心理问题的治疗方面，所有的相关政策均强调循证实践（McHugh & Barlow，2010）。美国心理协会将**心理学循证实践**（evidence-based practice in psychology，EBPP）定义为"在充分考虑患者的特征、文化与偏好的情况下，将最好的研究与实践者的临床经验整合起来（American Psychological Association Task Force on Evidence-based Practice for Children and Adolescent，2008，p.5）。那么，对于教育而言，这意味着什么呢？

正方观点：研究应该具有科学性，教育改革应该建立在可靠证据的基础上

根据罗伯特·斯莱文（Robert Slavin，2002）的观点，医学、农业、交通和科技等领域都取得了巨大的进步，原因在于：

> 在上述每个领域中，发展的进程、严格的评价体系和传播机制带来了史无前例的创新和改进……这些创新改变了世界。然而，教育没有赶上这一变化。结果，教育只是从一种思潮转换到另一种思潮。教育实践确实也随着时间的推移发生了变化，但是其变化过程更类似于艺术或时尚品位的摇摆（想想裙摆的高度），而不是像科学和技术那样逐步完善。（2002，p.16）

根据斯莱文的观点，医学和农业之所以能实现空前发展，主要原因就在于这些领域内的实践是建立在科学证据基础之上的。实验的随机性和可重复性，是这些证据的来源。

在国际心智、脑与教育协会的第一届大会上，作为大会主席，库尔特·费希尔（Kurt Fischer，2009，pp.3-4）在致辞中说：

> 教育怎么了？如果研究为世界上大多数行业和企业带来了有用的知识，那么它为什么不能同样在教育领域发挥作用呢？我不知道为什么教育莫名其妙地被免除了这种研究基础。杜威（1896）早就提出了建立实验学校的设想，他希望通过将相关研究整合到学校实践中去，并保证形成性评价和民主的反馈，使教育实践建立在科学研究的基础之上。非常可惜的是，他的愿望一直没有实现，至今在教育中没有任何用于定期进行教学研究，以评估教学有效性的基础工具。如果露华浓和东芝能够将数百万美元投资于产品的研发，那么学校怎么能一直沿用那些约定俗成却缺少足够证据证明其有效性的所谓"好做法"呢？

《纽约时报》发表的一篇文章表明，缺乏研究证据仍然是教育的一个问题。

> 大多数因其有效性而被兜售出去的[教育]课程，背后并没有很好的研究证据。这些课程在小型的、非科学的研究中被证实是很有前景的，但如果进行严格的研究，这些课程中多达90%对学业成就没有影

响,甚至会导致学业成就变得更差。例如,美国研究协会(一个行为与社会科学研究组织)副会长迈克尔·加雷特(Michael Garet)主导了一项研究,指导参与暑假研修的7年级数学教师,帮助他们理解自己所教的数学知识,比如在进行分数除法时为什么以及何时将除数的分子分母颠倒后再相乘等。结果发现,经过上述培训后,虽然教师关于数学的知识增加了,但学生的成绩并没有提高。(Kolata, 2013, p.3)

反方观点:实验不是证据的唯一来源,它甚至不是证据的最好来源

戴维·奥尔森(David Olson, 2004)强烈反对斯莱文的观点,他认为我们不能简单地用医学来类比教育。在教育领域内,实验条件的"处理"比医学领域内对药物的监控更具有复杂性和不可预测性,并且每一种教学项目都会因班级条件和实施方式的不同而变化。正如我的一位来自俄亥俄州的同事帕蒂·拉瑟(Patti Lather)所言:"在提高实践质量的过程中,不能不充分考虑实践情境的复杂性和无序性。如果不顾这些去鲁莽地行动,那不仅不会带来提高,反而会导致严重的退步。而这一损失将不得不由孩子、教师和学校的管理人员来承担。"(Lather, 2004, p.30)戴维·伯利纳(David Berliner, 2002)也提出了类似的观点:

> 在教育中进行科学研究或应用科学研究的成果都是非常困难的,因为学校中的个体都嵌在复杂而不断变化的社会互动网络体系中,这些网络中的参与者日复一日地在不同程度上相互影响,生活中的普通事件(一个生病的孩子、一次糟糕的离婚、一场充满激情的恋爱、偏头痛、潮热、生日聚会、酗酒、一位新校长、班里一位新来的同学、一场阻止学生外出活动的大雨等)都会限制教育研究结果的推广性,从而对在学校进行的科学研究造成影响。与设计桥梁和电路、分解原子或基因相比,致力于改变学校和班级的科学研究更困难,因为其中的情境无法控制。(p.9)

伯利纳由此得出结论:"政府不应该鼓励教育研究者只使用单一的研究方法。"(Berliner, 2002, p. 20)

因此,在教育研究中我们应谨防非此即彼,教育中的复杂问题需要各式各样的研究方法。定性研究能具体告诉我们在某个或某些情境下发生了什么,其结论可以被深入应用,但仅限于其研究的内容。定量研究能告诉我们在特定的条件下通常会发生什么,其结论的应用范围更为广泛。现在很多研究者使用混合方法或互补方法——既有定性研究又有定量研究,以广泛而深入地研究问题。归根结底,研究采用的方法——定量研究、定性研究或两者兼而有之,应该与研究问题相契合。正如你能在表1-2看到的,根据不同的研究方法,研究者能提出不同的研究问题,并得出不同的答案。

表1-2 我们能学到什么

根据不同的研究方法,研究者能提出不同的研究问题,并得出不同的答案。

研究方法	目的/希望解决的问题	范例
相关研究	评估两个变量间关系的强度和方向;做出预测	每周的作业完成量与学生在单元测验中的表现是否有关,如果是,这种关系是正向的还是负向的
实验研究	确定因果关系;检验自变量影响因变量的可能机制	布置更多的家庭作业能使学生在科学课上学到更多知识吗
单一被试实验	确定某个处理或干预对单一个体的影响	如果埃米莉(Emily)记录每天晚上读了多少页书,她会阅读更多页吗?如果她停止记录,她的阅读量会回落到以前的水平吗
个案研究	深入理解一个或多个个体或情境	一个男孩如何从一所小的农村小学升学到一所大的中学呢?他主要的困惑、担忧、问题、成就,以及他害怕的事和他拥有的支持分别是什么
民族志	从参与者的视角理解某一经验对他们的意义是什么	新教师如何理解新学校的规范、期望和文化,以及他们会如何反应
混合方法	回答涉及原因、意义和变量间关系的复杂问题;深入而广泛地研究问题	在深入研究10个课堂的基础上,选择行为问题最少的班级,然后通过师生访谈和分析上课初期的录像带,探索这些班级里的教师是如何营造积极的学习氛围的

2. 作为研究者的教师

研究可以是改进班级或学校教学的途径。大型研究项目中运用的深入观察、干预、数据收集与分析等方法，也可以运用到教室内，以解决各种课堂问题。比如，"哪种写作提示能鼓励我的学生写出最具创造性的作文""凯尼恩（Kenyon）什么时候最难将注意力集中到学业上""在科学小组中，是否可以通过分派任务的方式，让男生和女生拥有同样的参与机会"等以解决问题为目的的研究，被称作**行动研究**（action research）。通过关注具体的问题，并进行深入的观察，教师能够学到很多关于教学和学生的知识。

你可以在本书参阅的各类期刊中找到各种相关研究报告。我在这些期刊上发表过一些文章，也审阅过这些期刊的许多稿件。多年来，我一直在担任《从理论到实践》（*Theory Into Practice*）的编辑。在我看来，这是一本极为优秀的期刊，能激发和指导教师在课堂上开展行动研究。《从理论到实践》创刊50周年的专刊对过去50年的教育研究和教育实践进行了很好的回顾（Gaskill，2013）。

1.5 教学理论与学习促进

1.5.1 教学原理与理论

正如前文所述，教育心理学的主要目标是理解当一个人（通常是教师）在某一情境（教学环境）中教授另一个人（通常是学生）某一事情（教学内容）时，究竟发生了什么（Berliner，2006；Schwab，1973）。但是，达到这一目标相当不容易。目前还不存在能够彻底回答这一问题的标志性研究，因为学生、教师、教学任务和教学环境都是复杂多样的，人本身就很复杂。为了应对这种复杂性，一项教育心理学研究往往只能研究其中的某几个方面——有时是一次研究几个变量，有时是观察一两个教室里的日常生活片段。如果在某一领域内进行了足够多的研究，并且研究结论具有一致性和可重复性，那么我们最终会发现有效教学**原理**（principle）。原理就是在两个或多个变量之间已经确定的关系，比如某种教学策略与学生成就之间的关系。

另一种能够帮我们更好地理解学习和教学过程的工具是**理论**（theory）。很多人以为理论只是猜测或预感（如人们常说"啊，这只是个理论而已"），然而理论的科学含义是完全不同的。"科学理论是相互联系的一组概念，用于解释一组数据，并对未来的实验结果进行预测。"（Stanovich，1992，p.21）通过已经确定的原理，教育心理学家已经对许多变量之间的关系，甚至是关系的整个系统进行了阐释。目前已经有理论可以解释人类语言如何发展、智力差异如何产生以及前面提到的人类如何学习等问题。

在本书中，你会遇到很多有关发展、学习和动机的理论。理论是建立在系统研究的基础之上的，同时又是研究环路中的起点和终点。在开始阶段，理论为研究提供用于验证的假设或有待检验的问题。所谓**假设**（hypothesis）是以理论和先前研究为基础做出的、对将要发生什么的预期。两个不同的理论可能会导致两个相互竞争但又都能被检验的假设。例如，依据皮亚杰的理论，我们会假设"教学不能发展年幼儿童的抽象思维能力"；而根据维果茨基的理论，我们可能会提出"教学可以促进儿童思维发展"的假设。当然，有时由于先前经验积累的不足，心理学家无法进行预期，只能提出研究问题。例如，"对于不同种族群体而言，男女青少年的网络使用存在差异吗"就是一个研究问题。

提出假设或问题只是系统研究的一个环节，真正的研究是一个持续的循环过程，包含以下环节：①以现有知识和理论为基础，提出清晰的研究假设、问题或疑惑；②在仔细选择的情境中，从精心筛选的参与者身上，系统收集和分析与研究问题相关的所有信息；③采用合适的方法来解释和分析收集到的数据，从而解答疑惑或解决问题；④依据分析结果对解释性理论进行修改和完善；⑤在所完善的理论的基础上形成新的和更深入的问题。如此循环往复。

事实上，这种通过收集数据来验证和完善理论的实证过程是反复、循环进行的。**实证**（empirical）的意思就是以数据为基础。当研究人员声称找到一种有效的抗生素或一种有效的阅读教学方法是个实证问题时，他们的意思是你需要用数据和证据来给出证明。根据对实证数据的分析来建构结论，可以使心理学家免受个人偏见、社会传言、内心恐惧、错误信息或个人偏好等的影响（Mertler & Charles，2005）。以认真搜集的数据为依据回答问题，意味着科学是可以自我修正的。如果假设没有得到证明或者证据不足以支持现有的认识，那么理论就应该被修正。与学生在一起时，你可以尝试使用这种系统的、自我修正的思维方法。

当然，很少有理论在解释和预测上都做得很完美。在本书中，你会看到在许多案例中，教育心理学家采取了不同的理论立场，在对学习与动机等广泛主题的全面阐释上也未达成一致。因为没有哪一个理论可以提供全部答案。因此，认真考虑每一个理论能提供什么是非常有意义的。

你可能会问，那还有必要讨论理论吗？为什么不仅关注原理？我的答案是：理论和原理都很重要。比如，有关班级管理的原理可以帮助你处理具体的问题，一个先进的课堂管理理论则能够为你提供新的思考方式，为你提供认知工具，以创造性地解决各种问题，并对新环境中哪些方法可能有用做出预测。本书的一个主要目的就是为你提供有关发展、学习、动机和教学的最好的和最有用的理论——这些理论背后都有强有力的证据支持。尽管你可能会对某些理论有所偏爱，但请记住，所有这些理论都有助于你理解教师面临的各种挑战。

在本章的开始，我已提出教育心理学是我最喜欢的学科，也是教学知识和技巧的一个重要源泉。在本章的结尾，我会向你证明我对它的热情。教育心理学能帮助你有效支持学生的学习，而这正是所有教学的目标所在。

1.5.2 促进学生的学习

在教育心理学领域的重要期刊《教育心理学家》的一篇文章中，李知炫和瓦莱丽·舒特（Jihyun Lee & Valerie Shute，2010）对60年来数千份研究学生学习的报告进行了筛查，挑选出了那些直接测查学生阅读或数学成绩的研究报告。他们进而缩小范围，重点关注那些有关学习效果的研究。最终，他们筛选出150份符合他们所有严格标准的研究报告。透过这些研究的结果，李和舒特发现有12个左右的变量能直接影响中小学学生的学习成绩，并把这些因素归为学生个人因素、学校和社会情境因素两大类，如表1-3所示。当我读到这篇研究报告的时候，我很高兴地看到我喜欢的教育心理学几乎为每个领域（除校长领导力之外）的知识和技能提升都提供了基础（关于校长领导力这一主题，可以参阅我和我的丈夫写给校长这一教学领导者的书（Woolfol Hoy & Hoy, 2013））。

表1-3 基于研究得到的对中小学生学习成绩有促进作用的个人因素与学校和社会情境因素

学生个人因素	范 例	本书相关章节
学生投入		
行为层面的投入	确保学生出席每节课，遵守纪律，参加学校活动	第5、6、7、13章
认知和动机层面的投入	设计具有挑战性的任务，激发内在动机，对学生的学习投入给予支持，培养学生的自我效能和其他积极的学业信念	第2、3、10、12章
情感层面的投入	将教学与学生的兴趣相联系，激发好奇心，培养学生的归属感及与班级的联结，减轻焦虑，增加学习的乐趣	第3、5、6、10、12章
学习策略		
认知策略	直接教授知识和技能，以帮助学生学习重要信息、进行深度加工（如总结、推理、应用及论证）	第7、8、9、14章
元认知策略	直接教授学生作为学习者应如何监控、调节和评价自己的认知过程、优势和不足，并指导学生在何时、何种情境下，为何以及如何使用特定的策略	第7、8、9、11章
行为策略	直接教授学生对其行为、动机、情感以及环境进行管理、监控和评估的方法和策略，如管理时间、应对考试、寻求帮助、记笔记、处理家庭作业的方法	第7、8、9、10、11、12、13、14章
学校和社会情境因素	**范 例**	**本书相关章节**
学校氛围		
对学业的重视	对学生抱持高期望，号召全校采取同样的做法；重视与学校这一共同体之间的积极关系	第11、12、13章
教师变量	尽可能在有较高的集体效能感、教师自主性和较强的归属感的学校执教	第1、11、13章
校长领导力	尽可能在校长能够明确传达目标、促进同事间的合作、互动，并使士气高昂的学校执教	参阅Woolfolk Hoy & Hoy (2013)

(续)

学校和社会情境因素	范 例	本书相关章节
社会与家庭的影响		
家长投入	为家长帮助孩子学习提供支持	第3、4、5、6、12章
同伴影响	创建一套尊重学业成就、鼓励同伴支持和减少同伴纷争的班级和学校规范	第3、10、13、15章

资料来源：Lee, J., & Shute, V. J. (2010). Personal and social-contextual factors in K–12 academic performance: An integrative perspective on student learning. *Educational Psychologist*, 45, 185-202.

正如你在表1-3中所看到的，这些信息可以帮助你成为一名有能力和自信的老师，从而使学生尽快进入一个成员彼此尊重的班级学习共同体。这本书也将有助于你帮助学生成为一个兴趣盎然的、富有动力的、善于自我调节的和充满自信的学习者。你将对你的学生抱持高期望，唤起学生家长的支持，并建立起你作为一名老师的自我效能感。

模块2小结

什么是教育心理学

早在一个世纪以前，教育心理学在美国出现的时候，它就与教学联系在一起。教育心理学的目标是理解并改善教与学的过程。教育心理学家发展了本学科独特的知识和方法，也运用心理学及其他相关学科的知识和方法来研究日常情境中的教与学。教育心理学家致力于探索教育提供者（如教师、家长或电脑）、教学内容（如数学、编织技术或舞蹈）、受教育者（如单个学生或一个团体）、教学环境（如教室、剧场或健身房）之间的互动过程及其结果。

教育心理学的研究方法有哪些

相关研究能确定变量间的关系，以便进行相应的预测。相关是一个用于表明两个事件或者测量结果之间关系强度和方向的数值。相关值越靠近1.00或者-1.00，说明两者相关程度越高。实验研究能探查变量间的因果关系，而不仅仅是做出预测。它能帮助教师及时且有效地改变某些行为。与只对现实情况进行观察和描述不同，在实验研究中，研究者要引入变化并记录相应的结果。准实验研究满足真实验研究的大部分条件，但与真实验研究相比，它最重要的特点是其被试不是随机分组的，而是以现存的组别（如班级或学校）为单位参加实验的。在单一被试研究设计中，研究者通过基线-干预-基线-干预（即ABAB）的实验过程，检验某干预方式对单个被试的影响。临床访谈、个案研究和民族志会详细研究一些个体或群体的经验。如果对参与者进行长期研究，那么该研究被称为纵向研究。如果研究者集中地研究变化过程中的认知加工过程——在变化发生的过程中进行研究，时间跨度为几堂课或几周，那么该研究就是微观发生研究。无论采用什么方法，研究结果都会被用来进一步发展和完善理论，以便提出更好的研究假设和问题来指导未来的研究。

定性研究和定量研究有什么区别

定性研究和定量研究之间有一个大致的区分。这两者都是范围很大的类别，像很多其他的类别一样，它们的边界有些模糊。个案研究和民族志都是定性研究的实例。这种类型的研究将词语、对话、事件、主题和图像作为数据。访谈和观察是重要的研究程序。其目的不是发现一般原理，而是深入探索特定的情境和人员，以及理解事件对于牵涉其中的人员的意义，从而讲述他们的故事。相关研究和实验研究一般是定量研究，原因在于研究进行了测量和计算。定量研究使用数字、测量和统计来评估变量间关系或不同组别间差异的水平或大小。不同类型的研究可以解答不同的问题。

定量研究更符合基于科学的研究的要求，因为它会通过观察和实验系统地收集可靠且有效的数据；运用严谨、适当的程序分析数据；描述清晰，因而具有可重复性；经过相应专家的严格独立评审。如果教师或学校进行系统的观察或对教学方法进行检验，以改善教学和学生的学习，那么他们就是在做行动研究。

原理和理论有何区别

原理是已经确定的两个或多个因素之间的联系——比如某个特定教学策略和学生学业成就之间的关系。理论是一组相互关联的概念，用于解释一组数据并进行预测。原理为回答具体问题提供了许多可能的解释，而理论提供了可以分析几乎任何情境的观点。研究是一个不断持续的循环过程，包含以下环节：在一个好理论的基础上提出清晰的研究假设或问题，系统地收集和分析数据，根据数据对原有理论进行修正和完善，再以修正后的理论为基础提出新的、更好的问题。

什么是有利于促进学生学习的关键因素

对 150 份研究学生学习的报告进行综合分析后发现，有两大因素影响学生的学习，那就是学生个人因素、学校和社会情境因素。当我读到这篇文章时，我很高兴地看到我喜欢的教育心理学几乎为每个领域（除校长领导力之外）的知识和技能提升都提供了基础知识和理论。

第 1 章复习思考题

多项选择题

1. 新手老师面临很多任务和情境，他们之前没有太多经验。对于刚刚踏入这个领域的教师，下面的哪一个是他们不太可能遇到的挑战？
   A. 与老师相比拥有更出色的技术技能的学生
   B. 日益多元化的学生及其家庭
   C. 缺乏足够的资源，无法确保在课堂上使用科技时学生的安全
   D. 因生活贫困而面临挑战的学生

2. 当学生和老师具有较强的自我效能感时，他们会更加努力，更能坚持。下面哪一项不会增强老师和学生的自我效能感？
   A. 只关注技能的严肃的师生关系
   B. 在完成任务的过程中取得的每一点进步
   C. 来自外界环境的高期望
   D. 来自知识更加渊博的同伴的协助

3. 克莱尔女士执教的 3 年级的所有学生每周都会进行复习测验，克莱尔女士相信这样的复习可以帮助学生在春季的标准化测验中取得好成绩。根据《不让一个孩子掉队》法案的要求，下面哪一个学生的分数需要单独报告？
   A. 刚被确认为有学习障碍的苏珊·弗雷泽
   B. 阅读时需要戴矫正眼镜的布伦丹·金凯德
   C. 英语很好，父母十年前从墨西哥来到美国的米兰达·鲁伊斯
   D. 天才儿童之一的 3 年级学生劳伦·斯通

开放论述题

案例：在从事教师工作的第二年，桑德拉·查普曼决定提高自己的教学技能。作为一名高中老师，她在第一年的工作中遇到了意料之外的挑战。她所在的学校位于城市中心，学生有着不同的生活背景，经济状况也迥异。去年她接受历史课的教学任务时曾希望她的学生都能掌握这门课，但她的一些学生时有缺勤。为了保证出勤，她给那些缺勤的学生扣分，并且在这些学生返回课堂的时候刻意忽略他们。她相信通过不关注他们的逃课行为，这一行为就不会被强化。查普曼还认为持续不断地提醒学生他们有多少不懂的知识，这样能激发他们学习的动力。不幸的是，这些方法没有奏效，且出勤率继续下滑。查普曼目前正在设法制定一些新的方案。

4. 找出查普曼为提高学生出勤率而采取的方法，并解释这些方法为什么没有奏效。
5. 你会给查普曼的新方案提什么建议？

Chapter 2 | 第 2 章

认 知 发 展

■ 教师的案例簿：你会怎么做

象征和钹

根据地方课程大纲的要求，你的教学内容中必须包含一个单元的诗歌课，其中需要对诗歌中的象征手法进行教学。你有些担心，大部分4年级学生可能还没办法理解象征这样的抽象概念。为了解学生的水平，你找来了几个学生，想看看他们对象征有多少了解。

"'象征'（symbol）有点像一块很大的金属，你们可以一起撞击它（即'钹'（cymbal））。"特蕾西一边说，一边像一个乐队指挥一样挥舞着自己的手。

"没错！"肖恩补充道，"就和我姐姐在高中乐队里玩的乐器一样。"

你发现他们理解错了，于是你又试了一次。"我说的'象征'和你们说的不一样，比如戒指代表着婚姻，心是爱的象征等。"

学生们呆愣愣地看着你。

特雷弗小心翼翼地说："你说的'象征'是不是有点像奥运火炬？"

"那奥运火炬象征什么？"你问道。

"就像我说的，一个火炬呗。"特雷弗在想你怎么这么笨。

想一想

:: 从学生们的反应中，你能看出儿童是如何进行思维活动的吗？
:: 你会如何完成这个单元的教学？
:: 为了使教学符合学生的思维水平，你应该如何更好地"倾听"学生的想法？
:: 你如何让学生对"象征"有具体的感受？
:: 如果学生的发展水平还不足以使他们接受这样的教学内容，你会怎么做？

■ 概览与目标

特雷弗为什么会这么说？你将在本章中找到答案。首先，我们会对"发展"进行界定，并对心理学家争论多年的三个理论问题——先天与后天、连续性与阶段性，以及发展的关键期与敏感期进行介绍。接下来，我们将探讨人类发展的一般规律。为了理解认知发展，我们会先从大脑是如何工作的开始，然后介绍最有影响力的两位认知发展理论家和他们的观点，他们就是皮亚杰和维果茨基。皮亚杰的观点能够帮助教师了解学生在想什么以及他们能学会什么。我们也会谈到对皮亚杰理论的批评。维果茨基是一位苏联心理学家，他的观点越来越具有影响力。他的理论强调了教师和家长在儿童认知发展中起到的重要作用。学完这一章后，你就能：

目标 2.1 根据人类发展的三个基本规律，提出"发展"的定义；论述关于"发展"的三个长期存在争议的理论问题，以及现阶段研究者达成的一些共识。

目标 2.2 概述现有大脑生理发展的相关研究及其在教学中可能的应用。

目标 2.3 阐述皮亚杰认知发展理论中提出的发展规律和发展阶段。

目标 2.4 阐述维果茨基认知发展理论中提出的发展规律。

目标 2.5 探讨皮亚杰和维果茨基的观点如何影响了当今的教育研究和实践。

模块 3　发展的一般规律

2.1　发展的概念

在接下来的几章中，我们将探讨学生是如何发展的，同时我们会看到他们在发展过程中出现的一些令人惊奇的现象。

- 利娅今年 5 岁了。她很肯定地认为：如果把一个泥球搓成长条形，就要用到更多的泥土。
- 一个居住在瑞士日内瓦的 9 岁儿童坚持认为，自己不可能既是瑞士人，又是日内瓦人："我已经是瑞士人了，所以不可能是日内瓦人。"
- 贾迈勒（Jamal）是一个很聪明的小学生，但他无法回答"如果人不睡觉，生活会有什么不同"这个问题，因为他认为："人就得睡觉！"
- 一个小女孩在讲述自己脚受伤的事情时，刚开始使用的英语单词是 feet，马上改成了 foots，后来变成了 footes，最后又改回了 feet。
- 一个 2 岁大的小男孩看到朋友哭泣，就拉着自己的妈妈去安慰这个朋友，而事实上这个朋友自己的妈妈当时就在现场。

怎么解释这些有趣的现象呢？很快你就能找到答案，因为你即将进入儿童和青少年发展的世界。

发展这一术语，在心理学中通常指人类（或动物）从受精卵至死亡的这一过程中发生的变化。这一术语并不适用于所有的变化，而是特指那些按一定顺序发生，并会持续一段时间的变化。例如，短期的病痛引起的暂时性的变化就不能被看作一种发展。人类的发展可以分为多个方面：**生理发展**（physical development），指个体身体上发生的变化；**个性发展**（personal development），指个体人格上的变化；**社会性发展**（social development），指个体与社会其他成员间关联方式的变化；**认知发展**（cognitive development），指个体在思维、推理和决策等能力上的变化。

发展过程中出现的很多变化只是简单的生长和成熟。**成熟**（maturation）指自然和自发出现的变化，它在很大程度上是由基因决定的。这些变化随时间的推移而出现，除非营养不良或患有严重疾病，这些变化相对来说不怎么受外在环境的影响。大部分生理发展可以归为这一类。其他的变化往往是由学习，即个体与环境之间的互动引起的。在个体的社会性发展中，这些变化扮演了主要的角色。那个体思维和个性的发展呢？绝大多数心理学家认为，在个体思维和个性的发展过程中，成熟和个体与环境之间的互动（有时也被称作先天和后天）都很重要，但对于这两者各自起到的作用的大小，心理学家的意见并不一致。先天与后天的争论也是发展理论持续存在争议的三个问题之一。

2.1.1　发展理论关注的三个问题

心理学中存在诸多理论流派。关于发展的关键问题，不同理论流派之间始终存在着很多争议。

1. 发展的源泉：先天与后天

在发展过程中，个体的先天因素（遗传、基因、生理过程、成熟等）和后天因素（教育、父母的教养、文化、社会政策等）相比，哪个更重要？这一争论已经持续了两千多年，其间这一争论也被称为有关"遗传与环境""生理与文化""成熟与学习"以及"先天能力与习得能力"的争论。早期，哲学家、诗人、宗教领袖和政治家争论过这一问题；如今，科学家采用新的技术来探讨这一问题，例如绘制基因地图或追踪药物对大脑活动的影响（Gottlieb, Wahlsten, & Lickliter, 2006）。即便如此，对于先天与后天哪个作用更为重要的探讨，仍未得出定论（Cairns & Cairns, 2006; Overton, 2006）。

目前看来，环境对于发展有着至关重要的作用，但生理因素和个体差异对发展也有着十分重要的作用。实际上，一些心理学家认为，行为百分之百由生理决定，同时百分之百由环境决定——两者不能分离（P. H. Miller, 2011）。现今的观点强调，先天和后天之间存在复杂的**协同作用**（coaction）。例如，与经常紧张、难以安抚的儿童相比，性情随和、平静的儿童引发的父母（或者玩伴、教师等）的行为反应也有所不同，这一现象表明个体在主动地建构自己的环境。但环境也能改变个体，否则教育还有什么意义？因此，现在的教育心理学家、发展心理学家不再片面地强调某一方面的重要性。正如一百多年前一位高瞻远瞩的发展心理学家所言，"更令人兴奋的是，我们应该去了解这两个因素是如何共同作用的"（Baldwin, 1895, p.77）。

2. 发展的轨迹：连续性与阶段性

个体发展是一个连续性的、能力逐渐增长的过程，还是一个飞跃式的、能力发生阶段性改变的过程呢？通过系统锻炼逐步提高跑步的耐力，这是一个连续性的过程，而个体在青春期发生的许多变化都属于非连续性的过程（也称为质变），比如生殖能力——一种完全不同的能力。质变与单纯的量变相对，比如青少年身高的增长。

你可以把量变看作爬斜坡的过程：水平在不断地变高，同时整个过程是稳定的。非连续性的变化或质变则更像走楼梯的过程：不同时期有不同的水平，你会一下子踏上另一个台阶。下一节中将会提到的皮亚杰的认知发展理论，就是将儿童思维能力看成一个质变的、非连续性的过程。但一些基于学习理论的认知发展观则更强调渐进的、连续性的、数量上的变化。

3. 发展的时机：关键期与敏感期

语言等个体能力的发展是否存在关键期？如果儿童错过了能力发展的关键期，后期还能否赶上？这些问题与个体发展及其时机有关。很多早期的心理学家，特别是那些深受西格蒙德·弗洛伊德（Sigmund Freud）影响的心理学家，往往认为儿童的早期经验对个体发展，尤其是对情绪/社会性和认知发展起着至关重要的作用。但早期的如厕训练真的能够决定我们今后的生活轨迹吗？未必。更多的近期研究表明，后期经验也是很重要的，它能够改变个体发展的方向（J.Kagan & Herschkowitz, 2005）。现在绝大多数心理学家会讨论敏感期而非关键期。所谓敏感期是指个体已经准备好经历特定事件或对特定事件做出反应的时期。

对于上文谈到的三个有关发展的争论，我们一定要谨防"非此即彼"。你可以想象得到，如果仅仅关注某一方面，这些争论都将难以得到解决（Griffins & Gray, 2005）。如今，绝大多数心理学家将发展、学习、动机看成一系列交互影响、共同作用的结果，个体内在的生理结构和过程（如基因、细胞、营养、疾病）及许多外在因素（如家庭、邻居、社会关系、教育和卫生机构、公共政策、历史时期、历史性事件等）都会影响个体的发展。因此，对于出生在16世纪的贫困家庭，接受放血或水蛭吸血治疗的儿童，与出生在2016年的富裕家庭，采用当下最好的治疗手段的儿童而言，同一种疾病造成的影响很可能是不同的。在本书接下来的内容中，我们将在介绍发展、学习、动机和教学时，尽量避免片面地看待问题。

2.1.2 发展的一般规律

虽然在发展的发生方式上还存在分歧，但几乎所有心理学家都认同以下有关发展的一般规律。

1. 发展速度因人而异

想想班上的学生，你会发现他们的发展速度不同。其中一些学生更高大一些，动作协调性更好，或者在思维和社会交往方面更成熟一些；而另外一些学生可能在这些方面成熟得较慢。除了极少数发展过快或迟滞的特例，这些学生在发展速度上的差异都是正常的，并且这些差异在任何一个大的学生群体中都会存在。

2. 发展是相对有序的

个体能力的发展是遵循一定逻辑顺序的。在婴儿期，儿童学会走路之前会先学会坐；先开始牙牙学语，然后才学会说话；先学会通过自己的眼睛观察周围的世界，然后才开始想象别人是如何看待这个世界的。在学校里，儿童先掌握加法再学习代数；先了解哈利·波特，再学习莎士比亚。但是，"有序"发展并不意味着发展是线性的或者是完全可预测的——个体可以超前发展，也可以在一段时间内保持不变，甚至出现倒退。

3. 发展是逐步发生的

极少有变化是在一夜之间发生的。一个不会用铅笔或是不能回答假设性问题的学生，或许最终能将相关能力发展得很好，但这需要时间，而非一蹴而就。

2.2 脑与认知发展

如果你上过心理学导论课，那你一定读到过有关大脑和神经系统的内容。你可能还记得大脑有几个不同的区域，特定的区域有着特定的功能，如图2-1所示。例如，看上去轻软的小脑负责协调身体平衡和完成熟练动作——从摆出优美的舞蹈姿势，到吃饭时不让叉子刺伤鼻子。小脑对学习等高级认知功能的发挥也具有一定的作用。在回忆新信息和新经验时，海马体扮演着十分重要的角色。情绪由杏仁核控制。丘脑与学习新信息尤其是口头信息的能力有关。

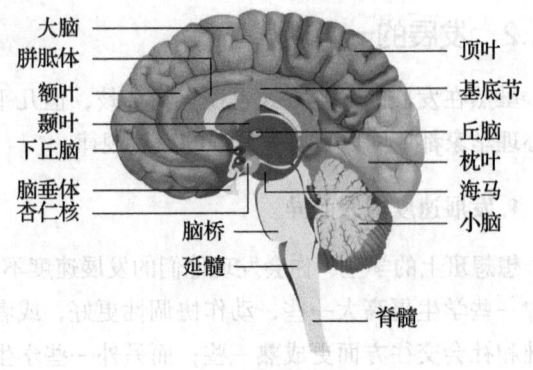

图 2-1 大脑区域示意图

脑成像技术的飞速发展，使得科学家对大脑的功能有了更深入的认识。例如，**功能性磁共振成像**（functional magnetic resonance imaging，fMRI）能够显示儿童或成人处理不同认知任务时，其大脑中血液流动的不同模式。**事件相关电位**（event-related potential，ERP）能够测量个体阅读或学习单词等认知活动时，经过其头皮或颅骨的脑内电流的活动。**正电子发射断层扫描**（positron emission tomography，PET）能在不同情况下追踪大脑的活动。

接下来，我们先从神经元、突触以及胶质细胞这些微小的大脑成分说起。

2.2.1 神经元的发展

新生儿的大脑约重0.45千克，仅为成人大脑重量的1/3。然而此时，新生儿的大脑中已有数以亿计的**神经元**。神经元指在大脑和其他神经系统中专门用于存储和传递信息（以电流活动的方式）的神经细胞。神经元是浅灰色的，因此有时它们也被称为"脑灰质"。单个神经元处理信息的能力相当于一台小型电脑。因此，重量达1.36千克的成人大脑加工信息的性能远超过世界上任何一台电脑。当然，电脑在计算大数字的平方根等很多方面，速度快于人脑（J. R. Anderson，2010）。这些极为重要的神经元细胞是非常微小的，大概3万个神经元才能填满大头针的针头（Sprenger，2010）。科学家曾认为新生儿在出生时就拥有了个体所需的所有神经元，不过，后来的研究发现，**神经形成**（neurogenesis），即新神经元不断产生的过程，会一直持续到成人时期，尤其是在海马区（Koehl & Abrous，2011）。

神经元向外伸出两种纤维，一种呈细长状，被称为轴突；另一种呈树枝状，被称为树突。通过这两种突起，神经元与其他神经细胞连接。来自不同神经元的纤维实际上并不会彼此触碰，它们之间有着微小的间隙，而这些长约1纳米的间隙被称为**突触**（synapses）。神经元通过使用电信号和释放能穿过突触的化学物质来共享信息。轴突负责将信息传递给肌肉、腺体或其他神经元；树突负责接收信息，并将信息传向神经元本身。不同神经元之间通过这些突触传递它们的通信，其传递效果可能会增强也可能会减弱，取决于其使用模式。因此，通过突触建立的连接的强度是动态的，总在不断变化。这一现象被称为**突触可塑性**（synaptic plasticity）或**可塑性**（plasticity）。正如你即将在后文中看到的，对教育工作者而言，这是一个非常重要的概念。神经元之间的连接会因使用或练习而增强，而不再被使用时，这些连接会减弱（Dubinsky, Roehrig, & Varma, 2013）。图 2-2 为神经元系统的结构示意图（J. R. Anderson, 2010）。

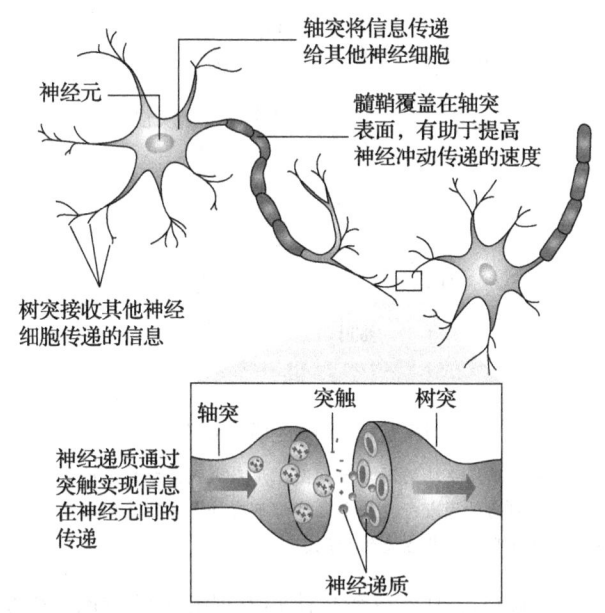

图 2-2 单个神经元系统

每个神经元（神经细胞）都含有树突和轴突。其中树突负责接收信息，轴突负责向外传递信息。图中所示的是单个神经元，但在神经网络中，神经元是彼此连接的。

新生儿出生时，就已经拥有 1 000 亿~2 000 亿个神经元，每个神经元有约 2 500 个突触。这些神经元伸出的纤维以及纤维间的突触会在新生儿出生后的一年内大量增长，并且这种增长可能会持续到青春期或青春期以后。到了 2~3 岁，每个神经元大约有 15 000 个突触，远远多于成年人拥有的数量。事实上，儿童拥有的神经元和突触的数量超过了他们将来适应环境所需的数量。但是只有那些被使用的神经元才会被保留下来，其他未使用的则会被"修剪"掉。这种"修剪"对于维持个体发展是必要的。实际上，一些发展性障碍之所以出现，就是因为某些特定的基因缺陷阻碍了"修剪"过程的进行（Bransford, Brown, & Cocking, 2000; J. L. Cook & Cook, 2014）。

神经元这种过度生产和修剪的过程可分为两种类型。一种被称为经验预期型，主要指在某一特定时期内，特定脑区的突触因为等待（期望）刺激的出现而产生的过度生长的现象。例如，在出生后的几个月内，大脑期望视觉和听觉的刺激。如果正常范围内的景象和声音出现，那么大脑的视觉区和听觉区会随之发展。但那些患有先天性耳聋的儿童，由于接收不到任何听觉刺激，他们脑中的听觉加工区域会转化成视觉加工区域。与之类似，患有先天失明的儿童脑中的视觉加工区域会用于听觉加工（C. A. Nelson, 2001; Neville, 2007）。

大部分脑区的一般发展是由经验预期型的过度生产和修剪造成的，这可以解释为什么成人在发出非母语语音时存在困难。例如，语音"r"和"l"的辨别对于英语学习是非常重要的，但两者的差别在日语中并不明显。因此，到大约 10 个月大时，日本婴儿就失去了辨别语音"r"和"l"的能力——相关的神经元被"修剪"掉了；而这最终导致日本成人在学习英语时，需要对"r"和"l"等语音进行大量的练习（Bransford et al., 2000; Hinton, Miyamoto, & Della-Chiesa, 2008）。

另一种类型的过度生产和修剪被称为经验依赖型。在这种情况下，突触的连接是基于个体的经历形成的。为回应大脑局部区域的神经元活动，新的突触得以形成，例如学习骑自行车或使用电子表格。大脑并没有"预期"这些行为，这些经验刺激了新的突触的形成。这时新形成的突触数量同样将多于修剪后保存下来的突触数量。经验依赖型的过度生产和修剪与学习过程有关，比如学习第二语言时掌握那些不熟悉的语音。

刺激性的环境对儿童早期的修剪过程（经验预期型）有很重要的作用，对于成年期的突触发展（经验依赖型）也有重要的意义（J. L. Cook & Cook, 2014）。事实上，有关动物的研究表明，在丰富刺激环境中（有玩具、学习任务，与其他老鼠和人类接触）成长的老鼠，比那些在贫乏刺激环境中成长的老鼠，多发展和保存了 25% 的突触。尽管这一研究结论不能直接应用到人类身上，但极端的刺激剥夺会对大脑的发展造成极其负面的影响，这一结论已经毋庸置疑。但是，对那些已拥有足够刺激量的儿童来说，施加过多的刺激来促进其发展是没有必要的（Byrnes &

Fox，1998；Kolb & Whishaw，1998）。因此，花钱买昂贵的玩具或是参与婴儿教育项目可能只是提供了多余的、不必要的刺激。壶和盘、木块和书、沙和水等就已经提供了足够的刺激——如果父母或教师能与幼儿进行富有爱心的谈话，刺激就更充分了。

回顾图 2-2，似乎两个神经元之间除了空气外，空无一物。但事实并非如此，这些间隙中充满了**胶质细胞**（glial cell）——大脑中的"脑白质"。这些胶质细胞数以万亿计，数量远远超过神经元。胶质细胞具有多种功能，如抵制感染，调控神经元之间的血液流动与信息传递，以及提供髓磷脂构成髓鞘，用以覆盖轴突，如图 2-2 所示（Ormrod，2011）。其中，胶质细胞提供髓磷脂用以覆盖轴突的过程，就是**髓鞘化**（myelination）。所谓髓鞘化，就是用一层绝缘的、脂质的胶质覆盖物包裹轴突的神经纤维，这一过程会影响个体的思维和学习。它有点类似于用橡胶或塑料包裹住裸露的电线。髓鞘能够使信息的传递更快、更有效。髓鞘化早期就已发生，但一直会持续到青春期。这一过程同时伴随着儿童大脑体积的变化——在出生后一年内翻倍，到了青春期再次翻倍（J. R. Anderson，2010）。

2.2.2 大脑皮质的发展

现在，让我们从神经元回到大脑本身吧。覆盖在大脑外层，约 3 毫米厚的部分是大脑皮质，这是大脑中面积最大的部分。它由一层很薄的神经元细胞组成。成年人的大脑皮质的面积接近 0.28 平方米。为确保这样大小的大脑皮质能被人类头部容纳，大脑皮质是有褶皱的，有很多的沟和回（J. R. Anderson，2010）。人类大脑皮质的面积远远大于低等动物大脑皮质的面积。成人的大脑皮质约占大脑重量的 85%，含有的神经元细胞最多。正是大脑皮质的存在使得人类取得了解决复杂问题和使用语言等最伟大的成就。

皮质是大脑最晚发育的部分，因此一般认为这部分比大脑其他部分更容易受到环境的影响（Gluck，Mercado，& Myers，2008；Schacter，Gilbert，& Wenger，2009）。皮质各部分的成熟速度不同。最早成熟的是控制躯体运动的皮质；然后是控制复杂感知的皮质，如视觉和听觉皮质区；最后成熟的是控制高级思维过程的额叶。而在情感、判断和语言中起重要作用的颞叶，直至读高中甚至更晚才能发育充分。

大脑皮质的不同区域似乎有不同的功能，如图 2-3 所示。但研究也发现，大脑特定区域具有的不同功能相对单一和初级，要想实现更复杂的功能，比如言语或阅读，大脑皮质的不同区域就必须协同作用（J. R. Anderson，2010；Byrnes & Fox，1998）。

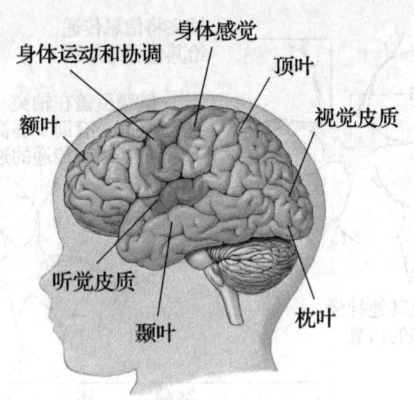

图 2-3 大脑皮质示意图

这是人脑左半球的简单示意图，用来说明大脑皮质结构。皮质被分为不同的区域或叶，每个区域都拥有许多具有不同功能的小区块。这里注明了一些主要的功能。

大脑功能中另一个与认知发展有关的方面是**偏侧化**（lateralization），也被称作大脑两半球的功能特异化。大家都知道，大脑一侧的半球控制对侧的躯体，所以大脑右半球受到损伤会影响左侧肢体的运动，反过来也一样。另外，大脑的特定区域会影响特定的行为。对于大多数人来说，大脑左半球主要负责语言加工，右半球则负责处理空间-视觉信息以及情绪等非言语信息。对于一些左利手的人来说，情况可能正好相反。但总体上，绝大多数左利手的人和女性的偏侧化程度较低（J. R. Anderson，2010；O'Boyle & Gill，1998）。与年长的儿童或成人相比，幼儿大脑的可塑性（适应性）更强，这是因为他们大脑的特异化或偏侧化程度相对较低。例如，幼儿能克服大脑左半球的损伤，继续发展语言能力，因为此时局部皮质的损伤可通过其他皮质接替损伤区域皮质的功能而得到补偿。但若年长的儿童或成人大脑左半球受到损伤，那么这种补偿发生的可能性会很低。

不过，大脑两半球表现出来的这些功能上的差异是相对的，而非绝对的；只是在特定的功能方面，一侧半球可能要比另一侧半球发挥的作用大些。对于语言信息，大脑两半球是通过协同分工进行加工的（Alferink & Farmer-Dougan，2010，p.44）。几乎所有任务，尤其是教学中教师关注的那些复杂技能和能力，都需要大脑不同区域持续的相互协调才能完成。例如，右半球更擅长理解故事的意义，但左半球的语法和句法理解能力较强，因此在阅读过程中需要两半球的协调合作。请记住，没有任何一个心理活动是由一侧大脑半球独立完成的。因此，没有所谓的"用右脑学习的学生"，除非他的左半球被切除了——这是治疗癫痫病时才可能用到的罕见且激进的治疗方法。

2.2.3 青少年的发展与大脑

大脑的发展过程贯穿整个儿童时期和青少年时期。在青春期，正是大脑的变化使个体能在低压力和高压力情境下更好地控制自己的行为，有更强的计划性和条理性，并能更好地抑制自己的冲动性行为（Wigfiled et al.，2006）。不过，这些能力一般要到20多岁才能完全发展成熟。因此，虽然在低压力情境下青少年"看似"与成年人一样，但实际上他们的大脑尚未发展成熟。他们通常很难完全规避危险和真正控制自己的冲动。因此，人们常将青少年的大脑称为"脱缰的野马"（Organization for Economic Cooperation and Development [OECD]，2007，p.6）。

对于这种难以规避危险和抑制冲动性行为的现象，一种解释认为，这是由边缘系统和前额皮质这两个大脑关键部位的发展速度不同导致的（Casey, Getz, & Galvan，2008）。边缘系统的发展相对较早，它与情绪、奖赏寻求行为、新颖性寻求行为、冒险行为以及感觉寻求行为有关；前额皮质的发展历程相对更长，它与判断、决策有关。随着边缘系统的成熟，青少年对快乐寻求和情绪性刺激日趋敏感。事实上，与儿童或成年人相比，青少年可能需要更加强烈的情绪性刺激，因此他们喜欢冒险和寻求刺激。冒险和新颖的行为可能会促进青少年的发展，因为当他们得到鼓励去尝试新的想法和行为方式时，学习也就发生了（McAnarney，2008）。当然，由于青少年的前额皮质还不够成熟，不足以警示他们"哦！这个刺激太危险了"，在特定情绪的情境中，寻求刺激的渴望的作用会远远超过那些"危险警示"的作用。这种现象会持续存在，直至前额皮质逐渐成熟，最终在青少年后期能与边缘系统协同工作。此时，青少年不再将冒险看成一种即时性的刺激，而能根据更长远的效果来对冒险进行评估（Casey et al.，2008；D. G. Smith, Xiao, & Bechara，2012）。当然，这个过程也存在个体差异，某些个体可能始终比他人更喜欢冒险行为。

面对这些青少年学生，教师可以引导他们将精力和热情投入政治、环境或社会事业等领域（L. F. Price，2005），帮助他们与历史或文学作品中的人物建立情感联系，从而有效地利用他们丰富而强烈的情绪的积极力量。同时，家庭、学校和社区的有效联结和积极的信念系统，也能帮助青少年对鲁莽和危险的行为进行"刹车"（McAnarney，2008）。

青春期神经系统的变化也会影响个体的睡眠。研究表明，青少年每晚需要约9小时的睡眠，但很多学生的生物钟已经被调整，以至于他们只能在午夜后入睡。而在美国很多地区，高中早上7点半上课，因此多数学生很难睡足9小时，他们长期处于睡眠被剥夺的状态。上课时，学生长时间坐在座位上记笔记，教师的话语很可能成为他们的摇篮曲，伴他们入睡。另外，由于没时间吃早餐，午餐的时间也很短暂，因此青少年常常处于营养不良的状态（Sprenger，2005）。

2.2.4 整合的观点：大脑是如何工作的

在你看来，大脑是什么样的呢？它是一个文化中立的容器，每个人的知识存储方式都一样，还是像一个收录事实的图书馆或是装满各种信息的计算机？它是早上醒来后下载完一天所需的所有东西，然后就可以欢乐地度过一天了，还是像一个管道，将信息从一个人的大脑传递到另一个人的大脑里，比如从教师的大脑传递到学生的大脑里？库尔特·费希尔是发展心理学家和哈佛大学的教授，他根据神经科学的研究提出了不同的观点（Kurt Fischer，2009）。他认为，知识的获得是一种主动建构意义并采取行动的过程，知识源自我们的活动，大脑在不断变化：

当动物和人类在各自的世界中从事各项活动时，他们塑造了自身的行为。脑相关研究表明，通过这些活动，动物和人类也塑造了他们大脑（以及身体）的生理解剖结构。当我们主动控制自身的经验时，这

些经验也塑造着我们大脑的工作方式，从而促使神经元、突触和大脑活动发生改变。(p.5)

所有的经验都在塑造着大脑——游戏和有意识的练习、正式和非正式的学习（Dubinsky et al., 2013）。你在前文遇到过的"可塑性"这个术语，描述了大脑在神经元、突触和活动等方面不断变化的能力。大脑活动的文化差异很好地说明了世界中的互动是如何通过可塑性来塑造大脑的。例如，一项研究发现，母语为汉语的个体在进行阿拉伯数字加法运算和大小比较时，大脑的运动区域会有明显的活动；而母语为英语的个体在进行相同任务时，大脑的语言区域有明显的活动（Tang et al., 2006）。其中一种解释是，母语为汉语的个体在学习数学时会使用算盘这种计算工具，这种工具涉及运动、空间位置等。长大成人后，他们仍保留了有关数字的视觉-运动感（Varma, McCandliss, & Schwartz, 2008）。语言影响阅读的方式也存在文化差异。例如，母语为汉语的个体在阅读时，大脑中一些额外的、与空间信息加工有关的区域会活跃起来，这可能是由于汉字带有图形的性质。而当他们阅读英语时，这些与空间信息加工有关的脑区也会活跃起来，这表明个体在阅读时会使用多条神经通路（Hinton, Miyamoto, & Della-Chiesa, 2008）。

因此，由于具有可塑性，大脑在不断变化，被个体的活动、文化和环境所塑造着。我们通过从事某项活动，在生理上与心智中操作客体和观念，从而建构出我们的知识。如你可以想象到的那样，教育工作者已经试图将这些神经科学的研究应用于教学实践。而这引发了倡导基于脑的教育的激进教育工作者和对此持怀疑态度的神经科学研究者之间的激烈争论，这些神经科学研究者认为对大脑的研究并不能真正解决主要的教育问题。很多针对家长和教师的出版物提供了很多关于大脑与教育的有用观念，但请谨慎采纳那些过分简单化的建议。很多"基于脑"的教育计划的科学性还存在争议（Beauchamp & Beauchamp, 2013）。在下面的"正方观点/反方观点"中，你能了解到争论双方的部分观点。

正方观点/反方观点

基于脑的教育

近年来，教育工作者听到了越来越多"基于脑的教育"的"声音"，如早期刺激对大脑发展的重要作用、"莫扎特效应"、左脑相关的活动与右脑相关的活动。的确，一些研究发现，聆听10分钟莫扎特的音乐能短暂提高个体的空间推理能力（Rauscher & Shaw, 1998; Steele, Bass, & Crook, 1999）。因此，美国佐治亚州前州长制定了一项计划——给每个新生儿发放一张莫扎特的CD。那些发现"莫扎特效应"的科学家可能难以相信自己的科学研究是如此应用到教育实践中的（Katzir & Paré-Blagoev, 2006），因为这位州长错误地将对成人的研究与婴幼儿大脑发展的相关实验混为一谈（Pinker, 2002）。目前这些基于脑的神经科学研究是否有明确的教育意义呢？

正方观点：基于脑的教育的应用前景不明朗

凯瑟琳·比彻姆和米丽娅姆·比彻姆（Catherine & Miriam Beauchamp, 2013）指出，现在神经科学在教育中实际上被滥用了。原因在于，神经科学的研究结论常常被孤立地看待，缺乏与认知科学、教育心理学等其他学科知识的联系，从而无法被放置到具体的教育情境之中。令滥用这一问题恶化的是，教育工作者和神经科学研究者对"学习"有不同的界定，并且不能理解彼此的实际情况——神经科学家不理解学校，也鲜有教育工作者拥有神经生物学背景。

詹姆斯·S.麦克唐奈基金会主席约翰·布鲁尔（John Bruer）撰写了多篇文章抨击对基于脑的教育的狂热（Bruer, 1999, 2002）。他指出，很多所谓的基于脑的教育实践，最初源于坚实的科学研究，但后来演变成了毫无依据的推断，最终形成了一种吸引人的关于脑与学习的"神话"。布鲁尔建议教育工作者在面对每个所谓基于脑的教育的观点时，都理性地审视其科学性与臆断性。左脑学习与右脑学习观念就是其中一种，布鲁尔对其十分怀疑。

关于大脑的"神经神话"的声音一直不绝于耳，"左脑还是右脑"是其中流行的一种观念。近30年来，有关大脑偏侧化对教育的意义的臆断始终占据着教育类文章的重要位置。尽管心理学家和脑科学家不断地抨击与澄清，这种臆断依旧存在。戴维·苏泽（David Sousa）撰写了《大脑如何学习》(How the Brain Learns)中的一章，专门用来阐释大脑偏侧化，并为教师提供了一些教育策略，以确保学生在学习过程中能同时使用大脑左右两半球。现在让我们看看脑科学如何或者说能否支持苏泽推荐的那些教学策略。为使右脑参与学习过程，苏泽写道，教师应当鼓励学生产生和使用心象（mental imagery）。如同诸多"神经神话"一样，脑科学家现有的关于空间推理和心象的知识恰恰反驳了上述过分简单的观点。这些所谓的基于脑的观念源自大脑偏侧化的民间理论而非神经科学理论。大脑的不同区域有其特定的功能，对应不同的任务。然而这种专门化分工发生在更精细的分析层次，而非"使用视觉表象"的层次。使用视觉表象可能是一种有效的学习策略，但即便它真的有效，其原因也不在于另有一个未曾被使用的大脑右半球参与了学习过程（Bruer, 1999, 653-654）。

十年后，国际心智、脑与教育学会主席库尔特·费希尔感叹道：

> 人们对神经科学和遗传学塑造教育实践和教育政策的殷切期望，已经远远超出心智身体教育（mind body education, MBE）这一新兴领域的现有状态以及关于大脑和遗传学工作原理的现有知识水平所能达到的程度。很多"神经神话""正逐渐进入大众话语，然而这些被广泛接受的关于大脑和身体的工作原理的观念是错误的"(OECD, 2007)。多数所谓的基于脑的教育建立在不准确的"科学神话"的基础上，它们与神经科学的联系可能仅仅在于每个学生都有大脑。作为一个年轻的领域，神经科学并没有支持上述所谓的基于脑的教育观念。

当然，大脑在学习中的重要作用已经毋庸置疑。正如哈佛大学心理学教授史蒂芬·平克（Steven Pinker, 2002）所言，没有人相信学习是发生在胰岛等器官中的。但是了解学习对大脑的影响并不能告诉我们应该如何教学。任何学习都会影响大脑。"这是显而易见的，然而现今，任何关于学习的陈词滥调都可以披上神经科学的外衣，并被看作貌似科学的重大发现。"(Pinker, 2002, p.86)实际上，所有被誉为最优秀的基于脑的教育实践都只是简单地重述了什么是好的教学，而这些好的教学都是以人们对个体如何学习而非大脑如何工作的理解为基础的。例如，一百多年前我们就知道，与冗长的、填鸭式的学习相比，多次简短的练习会有更好的学习效果。将这一事实与树突的增加联系起来并不能为教师提供任何新的教学策略（Alferink & Farmer-Dougan, 2010）。理查德·海尔和雷克斯·荣格（Richard Haier & Rex Jung, 2008）对此做了展望，他们说："我们相信，终有一天，神经科学的相关知识会融入教育系统中，尤其是备受关注的智力的相关知识。但是我们如何从现有水平发展到那个阶段尚不清晰。"(p.177)

反方观点：教学必须基于大脑

《新闻周刊》等众多主流杂志上的多篇文章声称，"关于大脑的诸多发现对于理解人类如何学习毫无意义，这种说法无疑是极其幼稚的"(Begley, 2007)。科学家是否赞同这一观点？2006年，塔米·卡齐尔（Tami Katzir）和朱丽安娜·保雷-布拉戈耶夫（Juliana Paré-Blagoev）在《教育心理学家》期刊上发表《认知神经科学研究在教育中的应用》一文，总结道："如果应用正确，脑科学将作为有效的工具，促使我们更好地应用已有的关于学习和发展的认知。脑研究将挑战我们关于教学和学习的常识和经验，为我们提供一种新的涉及特定任务和活动的教育体系。"(p.70)如果我们要防范对脑研究与教育实践之间联系的夸大，那么我们要问的问题不是"是否要教"，而是"如何更好地将神经科学的观点教授给职前教师"(Dubinsky et al., 2013, p.325)。包括哈佛大学、剑桥大学、达特茅斯学院、得克萨斯大学阿灵顿分校、明尼苏达大学、南加州大学、北京师范大学、东南大学（南京）和约翰斯·霍普金斯大学在内的很多大学正作为先行者推进这一进程。这些大学目前均已开展相关的教师培训计划，以帮助教师了解脑与教育等方面的研究（Dubinsky et al., 2013; Fischer, 2009; Wolfe, 2010）。也有其他教育心理学家正在呼吁创立一个新的专业岗位——神经教育工作者（Beauchamp & Beauchamp, 2013）。

脑研究也有助于我们更好地理解学习困难。例如，关于阅读困难的神经科学研究发现，阅读困难个体可能在语音和语音模式的加工方面存在困难，或是在提取非常熟悉的字母名称时存在困难，因此阅读困难可能存在不同的成因（Katzir & Paré-Blagoev, 2006）。

脑研究的相关知识在教育中的应用有很多成功的实例。例如，神经科学家迈克尔·梅策尼希（Michael Merzenich）博士和保拉·塔拉尔（Paula Tallal）博士研发的FastForword旨在提高个体的阅读能力。目前，这一产品已被广泛地应用于美国的课堂教学（详见scilearn.com/results/success-stories/index.php）。它利用神经可塑性这一发现，试图改变大脑阅读书面词汇的能力（Tallal & Miller, 2003）。

在国际心智、脑与教育学会的首届学术研讨会上，哈佛大学教授、发展心理学家库尔特·费希尔发表了主席致辞，他说：

> 心智、脑与教育这一新兴领域的主要目标是整合生物学、认知科学、发展和教育等多门学科，为教育提供富有借鉴意义的研究。这场蓬勃发展的、全球性的运动需要避免对脑与遗传学的常见观念的"神话"化和曲解，需要将研究与实践进行最佳的整合，最终创造出一个坚实的基础，促使科学家与教师协同作战，共同研究教育情境中的有效学习与教学问题（2009, pp.3-16）。

库尔特·费希尔指出，我们可以先了解大脑是如何工作的，然后发现其对应的认知加工过程，最后发展出合适的教育实践。但若直接从大脑相关知识一步跨越到教育实践，这中间可能会出现太多的臆断。

当然，这并不是非此即彼的问题。学校不可能仅仅根据大脑的生物基础来设计课程，但是无视我们已有的关于大脑的知识显然也是极不负责任的做法。对于那些希望教学更具目的性、更有依据的教师而言，基于脑的学习为他们提供了一个方向。至少，神经科学研究能够帮助我们了解诸如分散练习等有效的教学策略是如何起作用的。

资料来源：*Podcast on understanding the brain*:http://www.oecd.org/edu/ceri/understandingthebrainthebirthofalearningscience.htm.

那么教师能从神经科学中学到什么呢？我们接下来就谈谈这个。

2.2.5 神经科学、学习与教学

让我们先来明确一下神经科学没有告诉教师什么。正如表2-1所示，目前存在很多非常流行的"神经神话"（关于大脑的普遍但错误的观念）。当我们接触到相关信息时，需要谨慎对待。

教学活动能改变大脑的组织和结构，这不是一个神话。例如，与那些不使用手语的聋人相比，使用手语的聋人有着截然不同的脑电活动模式（Varma, McCandliss, & Schwartz, 2008）。教学活动对大脑还有什么其他影响？

表2-1 大脑的"神经神话"

常见的"神经神话"	真 相
（1）我们只使用了10%的大脑	（1）100%的大脑都在发挥着作用，这也是为什么脑卒中的危害如此巨大
（2）聆听莫扎特的音乐能让小孩变得更聪明	（2）听音乐不会让人变得更聪明，但是学习一种乐器能促进儿童的认知发展
（3）一些人是"右脑人"，其他人则是"左脑人"	（3）我们从事的多数活动需要大脑两半球的协同工作
（4）幼儿的大脑一次只能学习一种语言	（4）全世界所有的儿童都能同时学习两种语言
（5）我们无法改变大脑	（5）我们的大脑无时无刻不在发生变化
（6）一旦大脑受到损害，这种损害就是永久性的	（6）多数大脑受到过轻微损害的个体能很好地恢复
（7）玩数独等游戏能阻止大脑老化	（7）玩数独能让你更擅长玩数独和其他类似的游戏。但说到减缓衰老，锻炼身体可能是更好的选择
（8）人类拥有世界上所有生物中最大的大脑	（8）抹香鲸大脑的重量约为人类大脑重量的5倍
（9）酒精类饮料会杀死脑细胞	（9）酗酒不会杀死脑细胞，但它会损害神经末端的树突，从而导致大脑中信息传递的过程出现问题。这种损害几乎是不可逆的
（10）青少年的大脑与成年人的大脑相同	（10）青少年的大脑与成年人的大脑存在明显的差异，被称为"脱缰的野马"（K. W. Fischer, 2009）

资料来源：改编自Aamodt & Wang（2008）；K. W. Fischer（2009）；Freeman（2011）；OECD（2007）。

1. 教学与大脑的发展

一些研究发现,教学可能导致大脑活动的变化。例如,密集的康复教学和练习能帮助脑卒中患者在大脑中建立新的联结或使用新的大脑脑区,从而重新习得相应的功能(Bransford, Brown, & Cocking, 2000;McKinley, 2011)。再如,玛格丽特·德拉泽(Margarete Delazer)和她的同事(2005)对比了两组学生在学习新的数学运算时大脑活动的差异。一组学生只是机械地记住了答案,另一组学生则学习了相应的运算法则。利用功能性磁共振成像技术,研究者发现,机械地记住了答案的学生,其与提取语言信息相关的特定脑区活动更活跃;而学习了相应运算法则的学生,其与视空间加工过程相关的特定脑区相对更活跃。

关于教学是如何影响大脑发展的另一个富有戏剧性的案例来自费希尔(2009)的研究。他的研究对象是两名因严重的癫痫病而切除了一侧大脑的儿童。尼科 3 岁时被切除了大脑右半球,他的父母被告知,尼科的视空间能力将不会很好。然而,伴随着持续有效的支持和教学,长大后的尼科成了一名优秀的艺术家。布鲁克 11 岁时被切除了大脑左半球,他的父母被告知,布鲁克将失去言语表达的能力。同样地,伴随着持续有效的支持,布鲁克再次习得了口语表达和书面阅读的能力,完成了高中学业,并在社区大学继续求学。

2. 大脑与阅读习得

脑成像研究发现,熟练阅读者和阅读困难个体在学习新单词时,大脑会有不同的活动模式。例如,一项脑成像研究利用事件相关电位技术来测查大脑的电流活动,结果发现阅读困难个体很难在大脑中建立关于新单词的高质量表征。当阅读困难个体再次看到某个新单词时,他们很难意识到这个单词曾经出现过,即便它是上一节课学过的。再次遇到学过的单词却没有印象,又何谈理解书面文字的意义呢(Balass, Nelson, & Perfetti, 2010)!

在另一项研究中,本内特·谢维茨(Bennett Shaywitz)和他的同事(2004)对 28 名 6~9 岁的熟练阅读儿童和 49 名阅读困难儿童进行了研究。利用功能性磁共振成像技术,研究者发现了两组儿童大脑活动的差异。阅读困难儿童没有充分利用大脑左半球的相关脑区,并且有时过分使用了大脑右半球。经过 100 多个小时密集的字母-语音组合强化教学,阅读困难儿童的阅读能力提高了,其大脑的活动模式也开始趋同于熟练阅读的儿童,且在一年后仍保持着相同的大脑活动模式。而接受常规的学校补救措施的阅读困难儿童,则没有表现出大脑功能的变化。

阅读不是天生的技能,也不是必然会掌握的技能——每个大脑都必须接受教学才能学会阅读(Frey & Fisher, 2010)。阅读是一个复杂的过程,需要同时调动大脑的多个系统,以识别语音、书面符号、语义和序列信息,并在其与阅读者已有的信息之间建立联系。这一过程必须是快速、自动化的(Wolf et al., 2009)。大脑的相关研究能否帮助我们更有效地进行阅读教学?曾经的神经生物学家、如今的科学教师朱迪斯·威利斯(Judith Willis, 2009)指出:"利用神经成像和其他大脑监测系统进行的阅读相关研究,其结果只能推测大脑的学习方式与氧气、葡萄糖等新陈代谢过程,生物电传输以及细胞密度变化等方面的关系,并非绝对的实证性结论。"(p.333)

尽管根据大脑相关研究提出的阅读教学策略有时可能缺乏新意,但这些研究可以帮助我们了解相关阅读教学策略是如何发挥作用的。那么大脑相关研究竟能为阅读教学提供什么建议呢?教师可以通过阅读、写作、讨论、解释、引导和示范等多种方式,采用多种途径对语音、拼写、语义、序列信息及词汇进行教学。当然,不同学生的学习方式可能存在差异,但他们都需要针对读写能力进行练习。

3. 情绪、学习与大脑

脑与课堂学习关系密切的另一个领域是情绪和压力领域。让我们近距离接触一下高中数学课堂,以欣顿、宫本和德拉-基耶萨(Hinton, Miyamoto, & Della-Chiesa, 2008, p.91)的描述为例:

帕特里夏(Patricia)是一名高中女生,她不太擅长数学。前几次被提问到数学问题时,她都答错了。她觉得特别丢脸,而这导致她在数学与负面情绪间建立起联结。这次,数学老师让她走到黑板前解答问题。先前几次经历建立起的数学与负面情绪的联结迅速传递到杏仁核，引发恐惧。与此同时，一个相对缓慢的、由皮质执行的对情境进行认知评估的过程也在进行：她想起了昨晚她面对数学家庭作业的窘境，注意到黑板上的数学题有着复杂的图表，意识到她暗恋的男生正坐在第一排看着她。这些想法汇聚到一起，最终使她认定自己正处于一种威胁性情境。而这种认知更强化了她的恐惧反应，使她无法集中注意力去解决问题。

在第 7 章中，你会学习到情绪是如何与特定情境建立联结的；在第 12 章中，你会了解到焦虑是如何阻碍学习过程的，挑战、兴趣以及好奇心又是如何促进学习的。当学生感到不安全和焦虑的时候，他们可能很难将注意力集中在学业上（Sylvester, 2003）。而当学生觉得学习情境没有任何挑战性或对内容不感兴趣时，学习过程同样会受到阻碍。确保学习情境的挑战性和相应的支持都"恰到好处"，对教师而言是一个挑战。另外，帮助学生学会调节自己的情绪和动机也是重要的教育目标（详见第 11 章）。简言之，如果教师等教育工作者能有效地减少学校情境中的压力和恐惧情绪，教授学生情绪调节的策略，并提供一种积极的、能激发学生动机的学习环境，教学就会变得更加有效（Hinton, Miyamoto, & Della-Chiesa, 2008）。

停下来 想一想

作为教师，你肯定不愿意盲目听信那些过分简单化的"基于脑的教育"的口号。但是，学习与大脑显然有着密切的关系，这不足为奇。那么，如何才能成为一个明智的、具有神经科学素养的教师呢（Murphy & Benton, 2010）？

2.2.6 脑研究对教师的启示：一般原则

神经科学对我们的教学究竟有何启示呢？首要的一个观念是，教师和学生应该改变对学习的观念，从"使用你的大脑"到"改变你的大脑"——拥抱大脑惊人的可塑性（Dubinsky et al., 2013）。这里，我们摘录了德里斯科尔（Driscol, 2005）、杜宾斯基（Dubinsky）及其同事（2013）、墨菲和本顿（Murphy & Benton, 2010）、施普伦格（Sprenger, 2010）以及沃尔夫（Wolfe, 2010）等人提出的一些概括性的教学启示。

（1）人类的能力，如智力、沟通、问题解决等，都源自每个个体独特的突触活动，它们覆盖在个体的基因赋予的大脑结构上；先天和后天因素始终在协同活动。大脑的神经通路或结构若是出现异常，会在一定程度上限制个体的学习。但是通过其他替代的神经通路，学习依旧可以发生（如前文中的尼科和布鲁克）。因此，有多种途径可以教授或学习一门技能，具体情况要依据学生而定。

（2）不同认知功能之间存在差异，它们分别与特定脑区相关。因此，学习者可能偏爱某种加工模式（例如视觉或言语），在不同加工模式上的能力也可能存在差异。通过一系列的教学和活动模式，调动各种感觉的参与，可以有效促进学习。例如，教师可使用地图和歌曲等来教授地理。由于学习者存在差异，教学评估也应当因人而异。

（3）大脑具有很好的可塑性，因此多样、活跃的环境以及灵活的教学策略能很好地促进幼儿的认知发展，增强成人的学习效果。

（4）某些学习困难有其神经生理学基础，因此神经测验有助于这些学习困难的诊断和矫治，以及不同矫治方案效果的评估。

（5）大脑会发生改变，但需要时间。因此，正如尼科和布鲁克的家长和教师所说，教师必须有恒心、耐心和热情，尝试多种不同的方式进行教学和重复教学。

（6）从真实的日常生活问题和具体经验中学习能够帮助学生建构知识，也能为他们提供学习和提取相关信息的多种途径。

（7）大脑会寻找意义模式，并与已有网络进行联系。因此，教师应当将新信息与学生已有的知识联系起来，帮助他们建立新的联结。未与已有知识建立联系的信息，容易被学生遗忘。

（8）学习和巩固知识需要耗费很长的时间。使知识在不同情境下多次出现，而非一次学习，有助于学生建立坚固、复杂的联结。

（9）与细小的、具体的事实相比，教师应当强调大的、一般性的概念，这样学生才能建立起持久、有效的知识类别和相对稳定的联结。

（10）教学可以借助故事这一形式。故事会激活大脑的多个区域——记忆、经验、情感和信念等。故事应当是精心组织好的，有其内在顺序——开头、中间、结尾。与毫不相关、缺乏组织的信息相比，这样的方式更有助于学生记住信息。

（11）帮助学生理解活动（练习、解决问题、建立联结、探索等）如何改变他们的大脑，以及情绪和压力如何影响注意和记忆，这能激发他们的学习积极性，从而产生更高的自我效能感，自我调节学习（我们将在第11章中详述这一主题）。教师应该给学生传递的一个重要信息是：他们有责任去改变自己的大脑，他们必须通过工作和游戏来学习。

接下来，我们将目光从脑与认知发展转向有关认知发展的主要理论。首先我们将介绍由生物学家转为心理学家的让·皮亚杰提出的理论。

模块3小结

发展有哪些种类

人类发展可以被划分为生理发展（身体的变化）、个性发展（个体人格的变化）、社会性发展（个体与社会其他成员间关联方式的变化）和认知发展（思维能力的变化）。

关于发展的三个问题和三个一般规律

几十年来，心理学家和公众一直在争论：发展更多地取决于先天因素还是后天因素，发展是一个连续的过程还是质变，以及是否存在发展的关键期。现在我们已经了解到"非此即彼"的简单答案是无法解释人类发展的复杂性的，发展其实是一系列因素交互影响、协同作用的结果。心理学家一般认为：每个人是以不同的速度发展的，发展是相对有序的，发展是逐渐发生的。

大脑的哪些部位和高级心理机能相关

有着褶皱的大脑皮质布满了神经元细胞，它有三种主要功能：从感觉器官接收信号（比如视觉或听觉信号），控制随意运动，以及形成联结。控制躯体运动的那部分皮质最先成熟；其次是控制复杂感知的皮质，比如视觉和听觉皮质区；最后是额叶，控制高级思维过程。

什么是偏侧化，偏侧化为什么重要

偏侧化是大脑两半球的功能特异化。对大多数人来说，大脑左半球在语言加工中起重要作用，右半球主要处理空间-视觉信息。即使特定功能和大脑特定的部位相关，大脑的各个部分也得相互协作才能完成复杂的活动，比如阅读和意义建构。

脑研究对教师有哪些启示

近年来，神经科学在方法和研究结论上的进展为我们提供了有关学习过程中大脑的活动，以及大脑的活动模式因个体自身的能力、面临的挑战、所处的文化而存在差异等诸多令人兴奋的信息。这些发现对教育实践有一定的启示意义，然而"基于脑的教育"的倡导者提供的教学策略往往仅仅是对好的教学的重述。不过，神经科学的研究可能有助于我们理解这些教学策略为何能起作用。

模块4　皮亚杰主义与信息加工理论

2.3　皮亚杰的认知发展理论

瑞士心理学家皮亚杰是一位天才。少年时，他就发表了很多软体动物（如牡蛎、蛤蜊、章鱼、蜗牛、乌贼等海洋生物）方面的论文。日内瓦自然历史博物馆曾邀请他担任软体动物收藏的负责人，但他婉拒了，理由是他希望能先完成高中学业。有段时间，皮亚杰曾到巴黎参与阿尔弗雷德·比奈（Alfred Binet）实验室的儿童智力测验研发工作。在工作过程中，"儿童为什么会给出错误答案"这一问题深深吸引了皮亚杰，促使他开始研究答案背后的思维过程，而这正是他随后的人生中始终追寻的问题（Green & Piel, 2010）。在84岁去世之前，他一直笔耕不辍（P. H. Miller, 2011）。

在漫长的职业生涯中，皮亚杰架构出一个模型，用以描述人类是如何通过收集和整理信息来理解世界的（Piaget, 1954, 1963, 1970a, 1970b）。接下来我们将深入探讨皮亚杰的理论，该理论能很好地解释个体从婴儿到成人的思维发展过程。

---停下来 想一想---

你能同时出现在匹兹堡、宾夕法尼亚州和美国这三个地方吗？你觉得这个问题难吗？你花了多长时间回答出这个问题？

根据皮亚杰的观点（1954），那些对成人来说特别简单的思维方式，如思考上述匹兹堡问题的方式，对儿童而言可能不那么简单。比如本章开头提到的那个9岁的小男孩，当被问到他是不是日内瓦人时，他说："不，那是不可能的。我已经是瑞士人了，不可能也是日内瓦人。"（Piaget, 1965/1995, p.252）想象一下教这个学生地理知识的情境吧，他很难理解一个概念（日内瓦）可以是另一个概念（瑞士）的子集。除此之外，成人和儿童的思维方式之间还存在很多差异，如儿童对于时间概念的理解可能也与你的理解有区别。例如，他们可能认为，自己的年龄总有一天可以赶上哥哥或姐姐，或者他们可能对过去和未来这样的概念感到迷惑不解。让我们来分析一下原因。

2.3.1 影响发展的因素

认知发展不是简单地往已有的知识库里增加新的事实和想法的过程。皮亚杰认为，为了不断努力了解这个世界，人类的思维过程从出生到成熟，一直在发生着根本性的变化，虽然这种变化是相当缓慢的。皮亚杰指出，正是四个因素（成熟、活动、社会传递和平衡（equilibration））的相互作用影响了思维的变化（Piaget, 1970a）。下面我们先简要介绍一下前三个因素，平衡将在下一小节中介绍。

影响我们理解世界的最重要的因素之一就是成熟。成熟主要指个体表现出来的生理变化，这些变化由遗传决定。除了确保儿童获得充足的营养和关心他们的健康，家长和教师对这一部分的认知发展几乎没有任何影响。

活动是另一个影响因素。随着生理上的成熟，儿童的能力也在不断增长，并通过与环境互动得以学习。例如，当一个幼儿的协调能力得到适当的发展时，他就可能通过玩跷跷板发现一些关于平衡的原理。这样，当我们作用于环境时——当我们探究、检验、观察，最后组织信息时，我们的思维过程也得以改变。

在发展过程中，我们也在不断地与周围的人互动。皮亚杰认为，社会传递或者向别人学习均会影响认知的发展。如果没有社会传递，我们就得自己重新摸索已经被我们的文化创造出来的所有东西。认知发展的阶段不同，个体从社会传递中获得知识的量也有所不同。

成熟、活动和社会传递共同影响认知的发展。那么我们是如何应对这些影响的呢？

2.3.2 思维的基本倾向

根据早期生物学的研究，皮亚杰指出所有物种都通过遗传获得了两种基本的倾向或"恒定功能"。第一个倾向是**组织**（organization），通过组合—排列—再组合—再排列将行为和思想纳入一个具有连贯性的系统；第二个倾向是**适应**（adaptation），也就是根据环境变化做出调整。

1. 组织

每个人生来就有一种把思维过程内化成心理结构的倾向，这些结构就是我们理解世界并与世界互动的系统。原本简单的结构经过不断的组合和调整，会变得越来越复杂和有效。例如，把一个东西放到非常幼小的婴儿的手里，他们可能会盯着看或是抓握，但他们不能同时完成看和抓握这两个动作。然而，随着婴儿不断成长，他们逐渐可以将两个分离的行为结构整合成一个更高级的结构——看并伸手够，然后抓住物体。当然，他们也可以完成单个动作（Flavell, Miller, & Miller, 2002; P. H. Miller, 2011）。

皮亚杰将这些结构称为**图式**（scheme）。他认为图式是思维的基石，这些组织化的动作和思想系统使我们得以在头脑中表征和思考世间的事物。图式可能很小、很专门化，例如用吸管吸东西的图式或是辨认玫瑰的图式；图式也可以很大、很一般化，例如喝的图式或是园艺的图式。随着思维过程越来越有条理和新的图式不断建立，个体的行为也变得更加复杂，更能适应环境。

2. 适应

人类除了具有整合心理结构的倾向外，还天生具有适应周围环境的倾向。这种适应包含两个基本过程——同化和顺应。

同化（assimilation）是在人们利用已有图式理解周围世界发生的事件时产生的，它指人们试图通过将新的信息纳入原有的知识体系来理解事物的过程。然而，将新信息纳入原有图式的过程，有时也是歪曲新信息的过程。例如，很多儿童第一次看到浣熊时，会把它叫作"小猫"。他们试图将新经验与已有的辨认动物的图式匹配起来。

顺应（accommodation）是在人们不得不为适应新情境而改变原有图式时产生的。如果新信息与任何已有的图式都不匹配，就必须产生更加合适的图式。与调整信息来适应思维不同，现在我们是通过调整思维来适应新信息。儿童为了辨认动物，在已有图式的基础上增加了一个辨认浣熊的图式，这就是顺应的过程。

一般而言，人们是通过同化和顺应这两个过程来适应日益复杂的环境的。当已有图式有效时，人们就利用已有图式来适应环境（同化）；当需要新知识时，人们就修正已有图式或增加新的图式来适应环境（顺应）。事实上，大多数情况同时需要这两个过程。即使是使用已经建立的图式，例如用吸管吸东西这个动作，要是吸管与你平常用的不太一样——型号或长度有所改变，也是需要适当顺应的。如果你试过喝盒装的果汁，那么你肯定知道必须在吸的图式上增加一些新的技能，如不能挤压果汁盒，否则果汁会从吸管里喷出来，溅到你的身上。无论何时，只要新的经验被同化到已有的图式中，这个图式就会扩大并发生一些变化。因此，同化过程包含了部分顺应（Mascolo & Fischer, 2005）。

当然，也有既不出现同化也不出现顺应的情况。如果遇到的信息太过陌生，人们就会选择忽略它们。在特定时间里，人们会对信息进行过滤，使得到的信息适合他们当时的思维方式。例如，你无意中听到有人在用一种外语交谈，除非你对这种语言有一些了解，否则你不会想花力气去弄明白他们谈话的内容。

3. 平衡

根据皮亚杰的理论，组织、同化和顺应都可以被看作一种复杂的平衡行为。他认为，思维的变化实际上是通过**平衡**（balance）这一过程来实现的。所谓平衡，即寻求一种平衡的行为。皮亚杰认为，人们在不断地检测自己的思维过程是否恰当，以获得平衡。简单地说，平衡的过程是这样的：如果我们将特定的图式应用到事件或情境时，已有图式起作用，那么平衡就建立起来了；如果这个图式不能产生满意的结果，那么就存在**失衡**（disequilibration），我们会感到不舒服。这种不舒服会驱使我们通过同化和顺应不断搜索解决方法，由此，我们的思维得以改变并向前发展。当然，这种失衡的程度必须是适当的或是最佳的——程度太低，我们对变化没有兴趣；程度太高，我们可能会沮丧或焦虑，也不会发生改变。

2.3.3 认知发展的四个阶段

现在，我们来看看皮亚杰提出的儿童发展过程中发生的实际变化。皮亚杰认为，所有人都按照相同的顺序经历了相同的四个发展阶段。这些发展阶段与特定的年龄段有关，具体见表2-2。不过，这些只是一般性的概述，不能代表处于一定年龄段的所有儿童。皮亚杰认为个体可能会在不同阶段间经历较长的过渡期，也有可能在某一情境下表现出一个发展阶段的特征，但在另一情境下又表现出更高或更低阶段的特征。因此，知道一个学生的年龄绝不意味着你就了解了他的思维方式（Orlando & Machado, 1996）。

表2-2 皮亚杰的认知发展阶段

阶　　段	大约年龄	特　　征
感知运动阶段	0～2岁	通过反射、感觉和动作等与环境的互动来学习 开始出现模仿和记忆，逐步向符号思维过渡 开始意识到物体被藏起来时虽然看不到，但仍然存在——客体永久性 从反射性动作向目的性行为转化

(续)

阶段	大约年龄	特征
前运算阶段	儿童开始说话~7岁左右	发展语言，并开始使用符号来表征事物 难以对未来或过去进行思考，思维是当下的 能够进行单向的逻辑思维 难以理解其他人的观点
具体运算阶段	小学1年级左右~青少年早期，11岁左右	能用逻辑的方式解决具体的（需要动手的）问题 能理解客体守恒的规律，能分类和排序 能进行逆向思维，从而在心理上"消除"动作 能理解过去、现在和未来
形式运算阶段	青少年时期~成人	能用假设和演绎的方式思考问题 思维更具科学性 能用逻辑的方式解决抽象的问题 能从多个角度看待问题，开始关注社会问题、个人认同以及公平公正

1. 婴儿期：感知运动阶段

认知发展的最初阶段被称为**感知运动**（sensorimotor）阶段，这是因为这一时期的孩子是通过看、听、移动、触摸及品尝等方式来思考的。在这一阶段，孩子逐渐发展出"**客体永久性**"（object permanence）概念，意识到不管他们能否感知到物体，物体始终存在于环境中。这一概念的获得表明个体开始具有构建心理表征的能力。正如大多数家长注意到的，在婴儿发展出客体永久性之前，尝试分散他们的注意，然后趁他们没看见的时候把东西拿走是很容易的。因为对婴儿而言，"看不见，即不存在"。大一点的婴儿会去寻找滚出自己视线的球，这表明他们已经意识到即使他们看不到某个物体，该物体仍然存在（M. K. Moore & Meltzoff, 2004）。研究表明，3~4个月大的婴儿可能已经意识到消失的物体仍然存在，但他们缺乏记忆能力，记不住物体的位置，或缺乏运动技能，无法协调搜索行为（Baillargeon, 1999；Flavell et al., 2002）。

孩子在感知运动阶段获得的另一个主要的进步是出现了有逻辑的**目的性行为**（goal-directed action）。想想那种婴儿常玩的塑料容量玩具，上面有个盖子，里面有一些彩色的物体，这些物体可以从容器里倒出来，也可以替换成其他的物体。6个月大的婴儿可能会因为拿不到里面的玩具而感到沮丧。大一点的、已经具备了感知运动阶段基本特征的儿童，或许能通过建立一个"容器-玩具"图式而有序地解决这一问题：①打开盖子；②把盒子倒过来；③如果物体塞住了，就摇一摇容器；④看着物体掉下来。为达到目标，这些分离的低水平图式会被整合成一个更高水平的图式。

孩子很快就能反过来，将容器重新塞满。学会反向动作也是孩子在感知运动阶段的一个基本的进步。但我们接下来会发现，学会逆向思维，即学会从心理上逆转动作的顺序，需要更长的时间。

2. 儿童早期到小学早期：前运算阶段

到了感知运动阶段晚期，儿童已经能使用很多动作图式了。然而，因为这些图式仍和具体的身体动作相联结，所以它们对回忆过去、追踪信息和制订计划等毫无帮助。因此，儿童需要发展出皮亚杰所说的**运算**（operation）能力。运算指在心理上而非身体上能够完成和逆转的动作。在**前运算**（preoperation）阶段，儿童还未能精通这种心理运算，但已经在逐渐掌握中（所以思维是前运算式的）。

皮亚杰认为，最早和动作分离的思维方式就是将动作图式符号化。这种形成和使用符号（单词、手势、标记、表象等）的能力是儿童在前运算阶段的主要进步，有助于儿童进一步掌握下一阶段的心理运算。这种运用符号来表征一个不在现场的物体的能力，如使用单词"马"或是一幅马的图片，又或者假装骑在"扫帚马"上来表征一匹实际上并未出现的真正的马，被称为**符号功能**（semiotic function）。事实上，儿童最早使用符号往往是在扮演游戏中。那些还不会说话的儿童经常会使用动作符号——假装喝空杯子里的水或假装拿着梳子梳头发，以此来表示他们知道每个物体的用途。这种行为也表明儿童的动作图式越来越概括化，越来越少地依赖于具体的动作。例如，吃的图式可以在过家家时用到。在前运算阶段，语言这一非常重要的符号系统也得以快速的发展。从2岁到4岁，多数儿童的词汇量会从200个左右扩展到2 000个。

在这一阶段，儿童利用符号形式分析客体的思维能力始终聚焦在一个方向，或者说只发展出单向的逻辑能力。对这一阶段的儿童来说，"反向思考"或是想象如何逆转一个任务的步骤是很困难的。很多处于前运算阶段的儿童难以完成包含**逆向思维**（reversible thinking）的任务，例如守恒问题。

守恒（conservation）是一种客观规律，即如果没有增加新的东西并且没有拿走任何东西，那么无论事物的排列或外观如何变化，事物的数量（或总量）都不会改变。无论把一张纸撕成几片，碎纸片的总面积和原来整张纸时是一样的。为证明这一点，你可以把整个过程反过来，把碎纸片重新粘在一起。前运算阶段的儿童在理解守恒上还存在困难，下面是个典型的例子：利娅今年5岁，当给她看两个高度和粗细都一样，里面盛有同样多的彩色墨水的相同的杯子时，利娅同意"两个杯子里的水一样多"。然后实验者将一个杯子里的水倒进另一个更高、更细的杯子里，然后问利娅："现在是其中一个杯子里的水多些还是两个杯子里的水一样多？"利娅回答说高杯子里的水多些，因为"高杯子里的水面更高些"（她指着高杯子里较高的水面）。

关于利娅的回答，皮亚杰的解释是，利娅将注意的焦点和中心放在高度这一维度上。她很难做到在同一时间内考虑一个情境的多个方面，很难做到**去中心化**（decentering）。前运算阶段的儿童不能理解"直径的减少抵消了高度的增加"，因为这需要同时考虑两个维度。因此，前运算阶段的儿童很难将思维从对物体外在表现的直接知觉中摆脱出来。

这让我们看到了前运算阶段的另一个重要特点。皮亚杰认为，前运算阶段的儿童有一种**自我中心**（egocentric）的倾向，他们总是倾向于从自己的想法出发去看待别人眼中的世界和经验。皮亚杰指出，自我中心并不意味着自私，只是儿童常常认为别人的感觉、反应和看法和自己应该是一样的。例如，一个处于前运算阶段的小女孩害怕狗，那么她可能会认为所有的小朋友都怕狗。正如本章一开始提到的那个2岁的小男孩，他会让自己的妈妈去安慰正在哭泣的朋友，即使那个小朋友自己的妈妈也在场，这是因为他只能简单地从自己的角度考虑这个情境。非常年幼的儿童都是以他们自己的理解和他们看到的情境为中心的，正因如此，当你面对这些儿童时，他们很难理解你的右手和他们的右手为什么不在同一边。

然而研究表明，幼儿不是在所有情境下都是自我中心的。2岁大的儿童在向父母描述一个情境时，如果父母当时不在场，他们的描述会比父母在场的情况下更加详细。因此，至少在某些情形下，幼儿似乎也能考虑到别人的需要与自己不同（Flavell et al., 2002）。对幼儿公平点儿，即使是成年人，也有可能认为别人的感受或想法与自己相同，想想所有相信"人民赞同我的观点"的政客。下面与家庭和社区建立合作关系的实践指南，将为教师提供一些与处于前运算阶段的儿童打交道的方法，以及家长如何促进儿童认知发展的建议。

| 与家庭和社区建立合作关系的实践指南 |

帮助家庭照顾处于前运算阶段的儿童

鼓励家庭尽可能地使用具体的道具和视觉上的帮助。

例如：

（1）当家庭成员使用"部分""整体"或"一半"等词语时，鼓励他们使用家里的物品来进行演示，如将苹果或比萨切成几块。

（2）让孩子用小棍、小石块或彩色的薄片来学习加减法。这种技巧对处于具体运算阶段早期的学生同样有效。

指示要相对简短——不要一次讲解太多步骤，边说边示范。

例如：

（1）在教授如何养宠物等时，可以先示范整个过程，然后让孩子自己尝试。

（2）以演示其中一个部分的方式讲解游戏。

帮助儿童发展站在他人角度看世界的能力。

例如：

（1）要求儿童想象"如果你把妹妹的玩具弄坏了，她会有怎样的感受"。

（2）向他们解释清楚分享或使用材料的规则。帮助儿童理解规则的重要性，要求他们思考一下希望别人如何对待自己这个问题，以培养他们的共情能力。避免进行关于"分享"或"友善"的长篇大论。

让儿童进行大量的基本技能的动手练习，为将来掌握更为复杂的技能（如阅读理解或合作）奠定基础。

例如：

（1）用冰箱贴上的字母串或字母磁石来让儿童组词。

（2）安排需要测量或简单计算的活动，如烹饪或平分一些爆米花。

为儿童提供获得广泛的实际经验的机会，为概念学习和语言发展打下良好的基础。

例如：

（1）到动物园、公园、剧场、音乐厅等地方进行实地考察参观，或是鼓励儿童讲故事。

（2）提供给儿童词汇，帮助儿童学会用不同单词描述他们正在干什么、听什么、看什么、摸什么、尝什么、闻什么。

3. 小学到初中：具体运算阶段

皮亚杰用**具体运算**（concrete operation）来描述这个阶段的"动手"思维。这个阶段的基本特征就是对物理世界逻辑稳定性的认知，意识到变化或者转化了的元素仍保有它们原有的特征，并且这些改变是可逆的。

图2-4中列出了一些要求儿童评估守恒的任务。皮亚杰认为，学生能否解决守恒问题，取决于他们对推理的三个基本方面是否理解：**同一性**（identity）、**补偿性**（compensation）和**可逆性**（reversibility）。当学生完全掌握了同一性时，他就会知道没有增加或减少，物体的量就不会变化。当学生理解了补偿性时，他就会知道一个维度上的外观变化可以通过另一个维度的改变得到补偿。也就是说，玻璃杯变细了，杯中液体的高度也就随之上升了。当学生理解了可逆性，学生就能从心理上抵消已发生的变化。很显然，利娅知道换了杯子的水是相同的水（同一性），但她仍缺乏对补偿性和可逆性的理解，因此她解决守恒问题的能力尚未发展完全。

	初始情境	→	改变后的情境	→	询问儿童的问题
质量守恒	A B		将泥球B搓成长条状		A和B哪个泥球更大
重量守恒	A B		将泥球B搓成长条状		A和B哪个泥球更重
体积守恒	A B		将泥球从水中取出，然后将泥球B搓成长条状		如果我将这些泥球重新放进盛了水的高脚杯中，哪个高脚杯的水面会更高些

图 2-4　皮亚杰的一些守恒任务

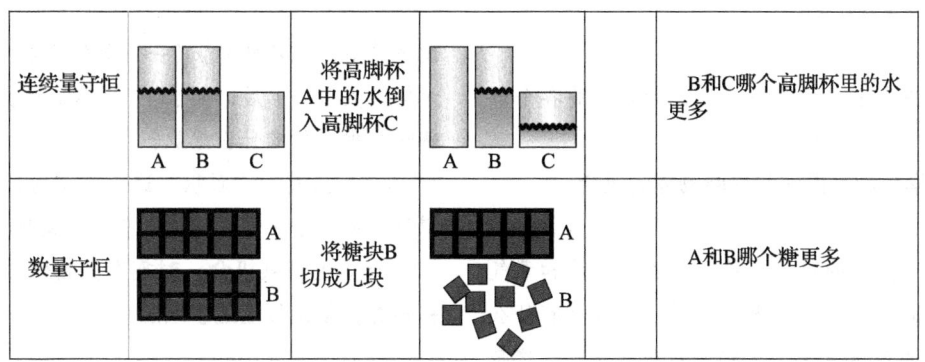

图 2-4 （续）

注：除了这里介绍的任务外，还有其他涉及数量、重量以及体积等方面的守恒任务。这些任务均能在具体运算阶段完成。
资料来源：Woolfolk, A., & Perry, N. E., Child Development (2nd ed.), 2015 by Pearson Education, Inc. Reproduced by permission of Pearson Education, Inc. All rights reserved.

本阶段的另一种重要的运算是**分类**（classification）。分类取决于学生是否具有找出一系列物体中蕴含的某个单一特性（如颜色），并根据这个特性进行分组的能力。具体运算阶段中更高水平的分类是把一个类别纳入更高一级的类别中去。一个城市可能在一个州或省内，也可能在某个特定的国家内，就像我们在前面提到的"匹兹堡、宾夕法尼亚州和美国"的问题。当儿童应用这种高水平分类法解决位置问题时，他们通常会热衷于描述出"完整的地址"，例如，李·雅里（Lee Jary）可能会说出这样的完整地址：宇宙银河太阳系地球北半球北美加拿大安大略省列治文山市森林山街区 5116 号。

分类与可逆性也有关系。在心理上逆转一个过程的能力能够帮助处于具体运算阶段的学生认识到我们可以从多个角度对物体进行分类。例如，学生知道可以按颜色将纽扣分类，也可以根据大小或扣眼的多少将它们重新分类。

排序（seriation）是指按照从大到小或从小到大的顺序进行有序排列的过程。对次序关系的理解有助于儿童建立起逻辑序列，如 A < B < C（A 小于 B，B 小于 C）等。与处于前运算阶段的儿童不同，处于具体运算阶段的儿童能够理解"B 大于 A，但仍小于 C"。

掌握守恒、分类、排序等运算能力后，具体运算阶段的学生终于能建立起一个完整的、非常有逻辑的思维系统。然而，这种思维系统仍然是与物理现实联系在一起的。这种逻辑是以可以被组织、分类或操作的具体情境为基础的。因此，处于这一阶段的儿童在规划自己的房间时，已经能在实际搬动家具前，想象出几种不同的安置方式，而不必通过实际搬动进行尝试或纠正错误。但是，处于这一阶段的儿童仍然不能对假设性、抽象性的问题进行推理，因为这需要同时协调多个因素——皮亚杰认为这将是在下一阶段（也就是最后阶段）发展的能力。

无论你教哪个年级，有关具体运算阶段的知识都对你有所帮助（见"实践指南：处于具体运算阶段的儿童的教育"）。低年级时，学生正朝着这一逻辑性思维发展；中年级时，他们的具体运算思维处于发展的高峰，可以通过你的教学得到应用和拓展；进入高年级甚至成人后，他们仍然会经常使用这种逻辑性思维，尤其是当他们需要进入新的、不熟悉的领域时。

| 实践指南 |

处于具体运算阶段的儿童的教育

继续使用具体的道具和视觉上的帮助，在处理复杂问题时更应如此。

例如：

（1）教历史时使用时间轴，教科学时使用三维空间模型。

（2）使用图表来说明等级关系，如政府的各个部门以及各部门的下属机构。

继续给予学生动手操作和检验物体的机会。

例如：

（1）做一个简单的科学实验，如探讨火焰和氧气的关系。当你试图从远处吹灭火焰时，火焰会有什么变化？（如果你没有吹灭它，火焰会短暂地变旺，这是因为它获得了更多的氧气助燃。）如果你用瓶子罩住火焰，又会出现什么现象？

（2）让学生把烛芯浸入蜡中制成蜡烛，用简单的织布机制衣，烤制面包，用手塑造模型，或者开展一些其他手工活动，从而体验工业发展初期人们从事的日常工作。

保证你的讲解和你提供给学生的阅读材料都是简短且结构性强的。

例如：

（1）将故事或书分为短的、有逻辑的章节供学生阅读，等他们具备了相应的能力后，再布置较长的阅读任务。

（2）分步讲解，每讲完一步就给学生练习的机会。

用熟悉的事例来解释复杂的观点。

例如：

（1）将故事中人物的生活与学生的生活进行比较。读完《蓝色的海豚岛》（一个女孩独自在一座荒岛上长大的真实故事）后，问学生："你试过长时间一个人待着吗？那时你有什么感觉？"

（2）在教授"面积"这一概念时，可以让学生去测量校内两个不同大小的教室来帮助理解。

给学生提供机会，对复杂的物体或观念进行分组和归类，复杂程度逐步增加。

例如：

（1）给学生看写有不同句子的纸片，要求学生将句子连成段落。

（2）把人类身体系统比喻成其他系统，如大脑和计算机、心脏和泵。

（3）将故事分成从一般到具体的几部分：作者、故事、人物、情节、主题、地点和时间。

提出一些需要逻辑思维和分析思维的问题。

例如：

（1）讨论开放性问题，激发学生思考。如"大脑和思想是一回事吗""城市应当如何处理流浪动物""最大的数字是几"。

（2）利用与运动相关的图片或是危急时刻的照片（如红十字会在灾难中的救援活动、贫困或战争的受害者、需要援助的老人等），激发学生就如何解决相关问题展开讨论。

4. 高中和大学：形式运算阶段

有些学生在整个学校学习期间甚至一生都停留在具体运算阶段。但是，新的经历，通常是那些发生在学校里的新的经历，最终会给他们带来一些用具体运算解决不了的问题。

— 停下来 想一想 —

你即将去长途旅行，而你希望轻装出行。如果你往你的行李箱中放入了三件衬衫、三条休闲裤以及三件夹克，那么你将有几种不同的三件套搭配法呢（假设它们搭配起来都很完美）？给自己计时，看你需要多长时间来回答这个问题。

当多个变量相互作用，比如进行实验操作或是上面的问题发生时，会出现什么情况？这时我们需要一个能够控制这些变量，并在众多可能性中起作用的心理系统。这些就是皮亚杰所说的**形式运算**（formal operation）。

在形式运算水平上，思维的焦点可以从"是什么"转向"可能是什么"。有些情境不需要经历，就能想象出来。你应该还记得本章开始时提到的贾迈勒。尽管他是个很聪明的小学生，但他回答不了"如果人不睡觉，生活会有什么不同"这个问题，因为他认为"人就得睡觉"。相反，已经掌握了形式运算的青少年就可以考虑这个与事实相反的问题了。他们对这个问题的回答能体现出形式运算的特点——**假设-演绎推理**（hypothetico-deductive reasoning）。掌握了形式运算的人能思考一个假设的情境（人不睡觉），并进行演绎推理（从一般假设推论到具体内容，如工作时间变长，更多的钱被花在能源和照明上，更小的、没有卧室的住宅或新的娱乐产业）。形式运算也包括归纳推理，即通过特殊个案归纳出一般规律。例如，经济学家观察股票市场上多次特殊的变化，尝试找出经济循环的一般规律。

形式运算是一种新的推理方式，涉及"对思维的思维"或"对心理运算的心理运算"（Inhelder & Piaget, 1958）。例如，儿童能运用具体运算根据动物的身体特征或栖息地对它们进行分类，但运用形式运算的儿童能根据分类进行"二阶"运算，以此来推理动物栖息地和其身体特征之间的关系，如理解动物皮毛厚这一身体特征与其北极栖息地有关（Kuhn & Franklin, 2006）。抽象的形式运算思维是顺利完成许多高中和大学课程所必需的。例如，大多数数学问题都和假设性情境、预先的假设或给定的条件有关，如"令 $x=10$""假设 $x^2+y^2=z^2$"或"给出两条边和一个直角"。学习社会学和文学同样需要抽象思维，如"威尔逊说，第一次世界大战是'结束一切战争的战争'，这句话是什么意思""在莎士比亚的十四行诗中有哪些表示'希望'和'绝望'的隐喻""在爱略特的《荒原》中，什么象征着逝去的岁月""《伊索寓言》是如何用动物表现出人类的品质的"。

有条理的、科学的形式运算思维要求学生系统地认识某一特定情境的不同可能性。例如，当被问到"现有衬衫、休闲裤、夹克每种各3件，每样各取1件，有多少种不同的搭配方式"时，学生使用形式运算，能系统地确定27种可能的搭配。（你做对了吗？）而一个只拥有具体运算思维的人可能只能说出其中几种搭配方式，可能一件衣服只用了一次，这是因为他还没有掌握基本的组合方法。

这个阶段的另一个特征就是**青少年自我中心**（adolescent egocentrism）。与幼儿的自我中心不同，青少年并不否认其他人可能有不同的观点和信念，他们只是开始变得非常关注自己的想法。他们着迷于分析自己的信念和态度，这就导致了艾尔金德（Elkind, 1981）所谓的"假想的观众感"，即一种人人都在注视自己的感觉的出现。因此，青少年往往认为别人都在分析他们，"别人肯定发现我这件衬衫一周内已经穿了两次了""全班同学肯定都在想我的回答有多愚蠢"。当你认为"人人都在注视着自己"时，那些社交上的失误或是外表上的缺憾将是毁灭性的。幸运的是，尽管在陌生情境中我们可能仍会觉得自己的失误已经被注意到，但这种"在舞台上"的感觉在青少年初期，即14~15岁之后，就会逐渐减弱。

拥有假设性思维，选择性思考，确认所有可能组合，分析自己思维的能力，会对青少年产生很多有趣的影响。因为他们能思考并不存在的世界，所以他们往往对科幻小说很感兴趣；因为他们能从一般规律推论到具体行动，所以他们经常批评那些和自己的原则相悖的行为；他们能演绎出"最好"的可能性，并想象出一个理想的世界（或理想的父母、教师）。这就解释了为什么这个时期的学生大多热衷于乌托邦、政治抱负和社会问题。他们希望设计出更理想的世界，而他们的思维也让他们有能力这样做。青少年也会设想自己的未来，并试图确定哪种未来是最好的，他们对这些理想的感受往往会非常强烈。

5. 所有人都能发展到第四个阶段吗

多数心理学家同意存在一个比具体运算更为复杂的思维水平，但即使在成人中形式运算是否普遍存在，也仍然是个有争议的问题。大多数人认为，皮亚杰理论的前三个阶段是基于物理现实的。物体的确具有永久性，把水倒进另一个杯子不会改变水的总量。但是，形式运算与物理环境的联系就没有那么紧密了。能运用形式运算可能是练习解决假设性问题和运用形式科学推理的结果。读写文化很重视这些能力，尤其是在大学教育中，有专门的课程对这种能力进行教学。但即便如此，并不是所有的高中生都能执行皮亚杰的形式运算任务（Shayer, 2003）。下面的实践指南或许能帮助你学会如何促进学生形式运算能力的发展。

| 实践指南 |

帮助学生运用形式运算

继续使用具体运算阶段使用的教学策略和教具。

例如：

（1）使用图表和插图等视觉辅助材料，必要时还可以使用更为复杂的曲线图和图表。在教授新内容时更应如此。

(2) 将学生的经历和故事中人物的经历进行比较。

提供机会，让学生探索假设性问题。

例如：

(1) 让学生就当今的社会问题——环境、经济、国民健康保险等写下自己的见解，然后和意见相反的同学交换想法，并展开讨论。

(2) 让学生把自己心中的乌托邦写出来，如描述一下没有性别差异的世界会是什么样子，人类灭绝后地球会是什么样子。

给学生提供解决问题和科学推理的机会。

例如：

(1) 组织小组讨论，让学生设计一些实验来回答相关问题。

(2) 给出有关动物权益的两种对立观点，要求学生合理地论证每种观点。

尽可能地借助与学生生活密切相关的材料和观念，教学生一些包摄性强的概念，而不要只是告诉他们一些具体事实（Delpit, 1995）。

例如：

(1) 在讨论美国内战时，让学生想一想种族主义或其他因素是如何导致南北方的对立的。

(2) 进行诗歌教学时，让学生在流行歌曲中寻找能阐明诗歌技巧的歌词，探讨这些歌词能否有效地传达歌曲创作者的想法和感受。

皮亚杰（1974）自己也认为，多数成年人只能在他们极为熟悉或极为感兴趣的少数领域中使用形式运算思维。大学的特定课程可能只能培养出个体在相应学科领域的形式运算能力，但对其他学科的形式运算能力影响甚微（Lehman & Nisbett, 1990）。因此，初中生或高中生难以假设性地思考问题是很正常的，在学习新内容时，他们更可能表现出这样的困难。有时，学生会发现一些捷径，如死记硬背公式或解题步骤，以解决那些超出他们能力范围的问题。但是，这种方法只对通过考试有帮助，对真正地理解并没有好处。只有当学生能超越对知识的简单记忆时，真正的理解才可能发生。

2.3.4 认知发展的信息加工、新皮亚杰主义与神经科学视角

正如你将在第 8 章中看到的，有些心理学家从注意、记忆容量、学习策略等认知加工技能发展的角度，对儿童为何难以完成守恒任务和其他皮亚杰任务进行了解释。随着生理的成熟和大脑的发展，儿童能更好地集中注意力，更快地进行信息加工，在记忆中储存更多的信息，更容易也更灵活地使用学习策略（Siegler, 2000, 2004）。其中一个得到发展的关键方面是执行功能的提高。**执行功能**（executive functioning）包括所有我们用来组织、协调和执行目的性、有意的行为的过程。执行功能技能包括集中注意力、抑制冲动性反应、制订和改变计划、运用记忆来保持和操作信息等（Best & Miller, 2010；Raj & Bell, 2010）。随着儿童发展出更加复杂有效的执行功能技能，他们在积极推进着自身的发展，并在建构、组织和改善着自身的知识和策略（Siegler & Alibali, 2005）。例如，一个经典的皮亚杰任务是向儿童展示 10 朵雏菊和 2 朵玫瑰，然后问他们是雏菊多还是花多？幼儿看到了更多的雏菊，因此立即给出了答案"雏菊"。随着他们的成熟，儿童变得更善于抵抗（抑制）基于表象的第一反应，开始能根据"雏菊和玫瑰都是花"这一事实来回答问题。不过，即使是成人也需要花一点时间才能抵抗显而易见的表象，因此抑制冲动性反应对于在整个人生中发展复杂知识都是很重要的（Borst, Poirel, Pineau, Cassotti, & Houdé, 2013）。

一些发展心理学家提出**新皮亚杰理论**（neo-piagetian theory），他们保留了皮亚杰关于儿童知识建构及儿童思维发展趋势的深刻见解，但加入了信息加工研究中有关注意、记忆和策略等如何促进发展的新发现（Croker, 2012）。可能最广为人知的新皮亚杰理论是由罗比·凯斯（Robbie Case, 1992, 1998）提出的。他对认知发展进行解释时，认为儿童在特定领域内是按阶段发展的，如数字概念、空间概念、社会任务、故事讲述、对具体物体的推理以及动作发展等。儿童不断地练习使用某一特定领域的图式（例如在数字概

念领域中使用计算图式),于是使用该图式所需的注意力随之减少;图式变得更加自动化,儿童也就无须费力去想;这样,就释放出更多的心理资源和记忆去做更多的事情;最终,儿童就能将简单的图式整合成更复杂的图式,以及必要时建立新的图式(行动中的同化和顺应)。

库尔特·费希尔(2009)则将不同领域中的认知发展与大脑的相关研究联系起来,探讨了阅读或数学等不同领域的发展。还记得前文中我们提到过的尼科和布鲁克吗?这两个儿童都由于严重的癫痫病而被切除了某一侧大脑,却通过大脑其他的神经通路,奇迹般地重新习得了一度失去的视觉和言语能力。正如前文中提到的,大脑相关研究对教育的一个重要启示就是:学习有多条通道。

费希尔发现,尽管儿童在发展说话、阅读和数学等技能时,其大脑会采用不同的神经通路,但这些技能的发展都表现出一系列相似的急速增长,并遵循着严格的发展顺序。儿童在学习某一技能时,其技能的发展会先后经历感知动作、表征与抽象三个阶段。而在每一个阶段中,技能的发展都遵循着相同的发展模式:起初是完成单一动作;然后是将两个动作对应或协调起来,如在数学中同时使用加法和乘法;最后是建立起一个整合的意义系统。到了抽象阶段,儿童将最终建构出解释性原则。这可能会让你联想到前文中提到的皮亚杰认知发展理论的感知运动、前运算、具体运算和形式运算等四个发展阶段。在表2-3中,我们将描述个体是如何从感知动作阶段逐步过渡到表征阶段,再发展到抽象阶段的。

每发展到一个新的技能水平,大脑都在重新组织。表2-3描述了个体从出生到45岁的发展过程。需要说明的是,表中有一列被标记为"达到理想水平的年龄",即个体在获得有效支持并伴有练习的条件下,技能发展到理想水平的年龄。相对地,在缺乏有效支持和练习的情况下,技能自然涌现的相应年龄如表2-3最右侧的一列所示。在随后我们将介绍的维果茨基的认知理论中,我们会看到支持和练习是影响儿童认知发展的关键因素。

表2-3 个体从出生到45岁认知发展的模式

说话、阅读和数学等技能的发展表现出一系列相似的急速增长,并遵循着严格的发展顺序。儿童在学习某一技能时,其技能的发展会先后经历感知动作、表征与抽象三个阶段。

阶段	水平	达到理想水平的年龄	呈现功能水平的年龄
抽象阶段	4 原则	23~25岁	30~45岁
	3 系统	18~20岁	23~40岁
	2 对应	14~16岁	17~30岁
	1 单一抽象=表征阶段第4水平	10~12岁	13~20岁
表征阶段	3 系统	6~7岁	7~12岁
	2 对应	3.5~4.5岁	4~8岁
	1 单一表征=感知动作阶段第4水平	2岁	2~5岁
感知动作阶段	3 系统	11~13个月	11~24个月
	2 对应	7~8个月	7~13个月
	1 单一动作	3~4个月	3~9个月

资料来源:Fischer, K. W. (2009). Mind, brain, and education: Building a scientific groundwork for learning and teaching. Mind, Brain, and Education, 3, p. 10.

2.3.5 皮亚杰理论的局限

尽管大多数心理学家认同皮亚杰关于儿童如何开展思维的深刻见解,但很多人不同意他对儿童认知为何如此发展的解释。

1. 发展阶段存在的问题

一些心理学家虽然同意儿童的确会经历皮亚杰描述的那些变化,但他们质疑认知发展四个彼此独立的阶段的存在(Mascolo & Fischer, 2005;P. H. Miller,

2011)。阶段模型的一个问题就是儿童思维缺乏一致性。例如，在获得数量守恒（积木被重新排列后，其数量不会发生改变）的认知1~2年后，儿童才发展出重量守恒（泥球被压扁后，其重量不会发生改变）的认知。为何他们不能将守恒一致地应用于每种情境中？这里应当指出，在皮亚杰后期的著作中，他也较少强调认知发展的阶段，而更多地关注思维是如何通过平衡发生变化的（P. H. Miller，2011）。

另一个关于阶段独立性的问题是，认知发展的过程可能比表面看起来的更为连续。当我们以较长的时间尺度观察时，这些变化看上去是非连续的、定性的飞跃。玩具滚到沙发底下，3岁的儿童会不断地去寻找这个丢失的玩具，婴儿则似乎会遗忘这件玩具，不会去寻找它，这两者之间可能存在着质的差别。但是，当我们密切关注一个发展中的儿童，时刻观察他的发展变化时，就会发现事实上这些变化都是渐进的、连续的。"玩具是被藏起来的"这一认知并非瞬间出现，而是年长儿童记忆更为全面发展的结果：年长儿童之所以知道玩具在沙发底下，是因为他记得自己曾看到玩具滚到那里，婴儿则不能保持这些记忆。儿童在搜索前等待的时间越长，他们要记住物体的时间越长，成功完成任务的年龄就越大（Siegler & Alibali，2005）。

正如数学的一个分支"突变理论"所描述的那样，变化既是连续的，又是非连续的。那些突然出现的变化，就像一座桥的倒塌，是许多缓慢发展的变化累积的结果，例如渐进、持续的金属结构的腐蚀。同样，儿童身上的渐进、持续的变化也可能导致突然出现能力上的巨大改变（Dawson-Tunik, Fischer, & Stein，2004；Siegler & Alibali，2005）。

2. 低估了儿童的能力

结合目前的情况来看，皮亚杰低估了儿童的认知能力，尤其是幼儿的认知能力。他给幼儿提出的问题可能太难，指导语太含糊不清了。在解决问题时，被试对问题的理解可能比他们表现出来的要多。例如，吉尔曼（Gelman）及其同事的研究表明，虽然学前儿童有时会犯错误或者感到困惑，但他们对数字概念的理解要比皮亚杰设想的深入得多（Gelman，2000；Gelman & Cordes，2001）。如果学前儿童一次只操作3~4个物体，无论物体被分得很散，还是被密集地堆在一起，他们都能判断出物体数量没有发生变化。米丽娅姆·埃伯斯巴赫（Mirjam Ebersbach，2009）的研究发现，当被要求估计木块的体积时（实际的问题是，需要多少块小立方体才能组成更大的、不同体积的木块），绝大多数德国幼儿能同时考虑到长、宽、高三个不同的维度。换句话说，我们天生就具有的"认知工具储藏库"可能比皮亚杰设想的要大。一些基本概念或核心知识，如客体永久性或数量感，可能是我们发展的装备的一部分，在认知发展过程中可以随时备用（Geary & Bjorklund，2000；Woodward & Needham，2009）。

皮亚杰理论并未解释为何幼儿能在他们擅长的某些领域内"超前思维"。例如，一个9岁的专家棋手能够抽象地思考棋子的移动，而一个20岁的新手或许不得不借助更具体的策略去计划和记忆棋子的移动（Siegler，1998）。

另外，皮亚杰认为守恒或抽象思维等认知操作不会因外在影响而得以加速发展，学习是在发展之后发生的。然而相当多的研究表明，如果给予有效的教学指导，儿童就能学会守恒等认知操作。他们无须独自一人等到成熟后才能习得这些思维方式，特定情境下的知识和经验能促进其思维方式的发展（Brainerd，2003）。

3. 认知发展与文化

对皮亚杰理论的另一个批评是它忽视了文化和社会环境对儿童的重要影响。尽管跨文化研究一致证实了皮亚杰关于儿童思维发展阶段先后顺序的准确性，但各发展阶段的年龄范围在不同文化中并不相同。西方社会的儿童一般比非西方社会的儿童早2~3年进入下一个阶段。然而，更为严谨的研究表明，不同文化间的这些差异可能与被试取样或维度选择，以及不同文化是否重视并教授特定维度的知识有关。例如，那些辍学在街头卖糖果的巴西小孩不能顺利完成某一特定的皮亚杰任务，如类包含问题（图片中的雏菊、郁金香和花，哪个较多）。但如果用他们能懂的概念（卖糖果）来描述任务，他们比同年龄上学的巴西儿童表现得更好（Saxe，1999）。如果某一文化或社会环境强调某一特定的认知能力，那么在该文化背景下长大的儿童,该特定认知能力的发展会更快。一项研究以1、3、5年级的中国和美国儿童为对象,采用守恒任务,考察不同文化中儿童关于距离、时间和速度关系的认知发展情况。结果发现,中国儿童先于美国儿童两年时间很好地掌握距离、时间和速度间的关系。这可能是由于教育体系的差异,中国非常重视小学低年级的数学和科学教育(Zhou, Peverly, Beohm, & Chongde, 2001)。

即使像分类这样的具体运算,在不同文化下的发展也有差异。例如,当要求来自非洲的克佩列人(Kpelle)对20个物体进行分类时,他们会创建出他们认为有意义的组别——锄头和土豆,刀子和橘子。实验者无法劝服克佩列人改变他们的类别划分,因为他们认为这是智者的做法。实验者绝望地问道:"好吧,那傻瓜会怎么做?"随后,这些克佩列人迅速地将物体分成四堆,如食物、工具等,这恰恰是实验者原先期望的结果(Rogoff & Morelli, 1989)。

目前,另一种认知发展观的影响力正在日益扩大。它是由列夫·维果茨基在多年前提出来的,近些年重新得到了重视,这一理论将认知发展和社会文化联系了起来。

模块4小结

影响认知发展的主要因素有哪些

皮亚杰的认知发展理论基于这样一种假设:个体总是试图理解外界,并在对物体、人和观念的直接经验中主动创造知识。成熟、活动、社会传递、平衡都会影响思维过程和知识的发展。作为对这些影响因素的回应,思维过程和知识通过思维组织的变化(图式的发展)和适应而发展,其中适应包括同化(纳入已有图式)和顺应(改变先前已有的图式)这两个互补的过程。

什么是图式

图式是思维大厦的基石,这些组织化的动作和思想系统使我们得以在头脑中表征或思考世界中的物体和事件。图式可能很小、很专门化(如抓、辨认正方形),也可以很大、很一般化(如在一个陌生的城市使用地图)。个体就是通过不断增加和组织自身的图式来适应环境的。

儿童从感知运动阶段发展到形式运算阶段的过程中发生了哪些主要的变化

皮亚杰认为儿童发展经历了四个阶段:感知运动阶段、前运算阶段、具体运算阶段和形式运算阶段。在感知运动阶段,婴儿通过直接感觉和动作来探索世界,掌握客体永久性和目的性行为;在前运算阶段,儿童逐渐掌握符号思维和逻辑运算;在具体运算阶段,儿童能对具体情境进行逻辑思考,获得守恒、逆向思维、分类和排序的能力;运用假设-演绎推理,协调一系列变量以及想象其他世界,则是形式运算阶段的标志性进步。

新皮亚杰理论和信息加工理论如何解释儿童随时间而发生的思维变化

信息加工理论主要关注注意、记忆容量、学习策略以及其他加工技能的发展,并以此来解释儿童为了理解世界和解决问题是如何发展出规则和策略的。新皮亚杰理论也关注注意、记忆和策略以及思维在不同维度(如数字或空间关系)是如何发展的。神经科学研究表明,当儿童学习一门新的技能时,会先后经历三个不同的阶段:感知运动、表征和抽象。而在每一个阶段中,技能的发展都遵循着相同的发展模式:起初是完成单一动作;然后是将两个动作对应或协调起来,如在数学中同时使用加法和乘法;最后是建立起一个整合的意义系统。

皮亚杰理论有哪些局限

皮亚杰理论受到批评的原因在于儿童和成人经常表现出与所处认知发展阶段不符的思维方式。另外,皮亚杰明显低估了儿童的认知能力,他认为儿童只能依靠自身获得发展,不可能通过教学获得下一阶段的运算能力。

模块 5 维果茨基的社会文化观

2.4 维果茨基的社会文化观

现代心理学家意识到，文化决定了儿童学习哪些关于外在世界的知识以及如何学习，也就是思维的内容和加工过程，从而塑造着儿童的认知发展。例如，一位住在墨西哥南部的印第安小姑娘会从周围成人的非正规教育中学会各种复杂的织布方法。重视合作和分享的文化早早地教授儿童协作能力，鼓励竞争的文化则培养儿童的竞争能力（Bakerman et al., 1990; Ceci & Roazzi, 1994）。正如前文中格贝列人告诉我们的那样，皮亚杰观察到的那些发展阶段可能并不适用于所有儿童，因为这些阶段在一定程度上只反映了西方文化的期待和活动特征（Kozulin, 2003; Kozulin et al., 2003; Rogoff, 2003）。

这种**社会文化理论**（sociocultural theory, 也被称为社会历史理论）的代表人物是1934年逝世的俄罗斯心理学家列夫·维果茨基。他因肺结核逝世时年仅38岁。在他短暂的一生中，维果茨基撰写了逾百部著作和论文，其中一部分现在已有英译本（e.g., Vygotsky, 1978, 1986, 1987a, 1987b, 1987c, 1993, 1997）。最初，维果茨基研究学习和发展是为了提高自身的教学水平。此后，他不断进行研究，撰写了多部语言与思维、艺术心理学、学习与发展、特殊儿童教育等方面的著作。他的著作因为提及西方的心理学家而被苏联政府封禁了许多年。然而在最近50年里，他的著作被重新认识，他的思想逐渐成为心理学和教育领域的主流思想，对皮亚杰的许多理论做出了有益补充（Gredler, 2009a, 2009b; Kozulin, 2003; Kozulin et al., 2003; Van Der Veer, 2007; Wink & Putney, 2002）。

维果茨基认为，人类活动是在一定的文化环境中发生的，不能脱离这些文化环境去理解人类的活动。他的一个主要思想是：我们特有的心理结构和思维过程来自我们与他人的社会互动，这些社会互动不只影响认知发展，事实上正是它们创造了我们的认知结构和思维过程（Palincsar, 1998）。实际上，"维果茨基将发展界定为社会共享活动转化为内部心理活动的内化过程"（John-Steiner & Mahn, 1996, p.192）。下面我们将探讨维果茨基著作中的三个主题，以说明社会互动过程是如何塑造个体的学习和思维的。这三个主题分别为：个体思维的社会源泉，文化工具（cultural tool）（尤其是语言）在学习和发展中的作用，以及最近发展区（zone of proximal development）（Driscoll, 2005; Gredler, 2012; Wertsch & Tulviste, 1992）。

2.4.1 个体思维的社会源泉

维果茨基认为：

在儿童文化发展过程中，每种功能会出现两次：首先在社会活动水平上，随后在个体水平上；首先是人际的（人际心理），随后是儿童内部的（内在心理）。这一规律同样适用于有意注意、逻辑记忆以及概念习得等过程，所有的高级功能都源于人类个体之间真实的关系。（Vogotsky, 1978, p.57）

换句话说，高级心理过程，如控制注意力和思考问题等，首先是在人和人之间的共享活动中被共同建构出来的。随后，这些**共同建构过程**（co-constructed process）被儿童内化，成为其认知发展的一部分（Gredler, 2009a, 2009b; Mercer, 2013）。例如，儿童首先会在和其他人的交往活动中使用语言，用以调节其他人的行为（"不要睡觉"或"我想要饼干"）。随后，儿童能用自我言语（private speech）来调节自己的行为（"小心，不要弄洒了"）。我们将在后面的章节中详述这一现象。因此，对维果茨基而言，社会互动不仅仅是一个简单的影响因素，还是儿童高级心理过程（如问题解决）的起源。请看下面的例子。

一个6岁的小女孩把玩具弄丢了，向父亲求助。父亲问她最后一次看到这个玩具是在什么地方，小女孩说："不记得了。"父亲又问了许多问题：你是否把它放在了房间里、外面或隔壁了？每次问，小女孩都回答"没有"。当父亲问："那汽车里呢？"她说："我想是在那里。"于是，她跑去取玩具。（Tharp & Gallimore, 1998, p.14）

"玩具在汽车里"是谁记起来的？既不是父亲也不是女儿，而是他们两个人一起想起来的。这种回忆和问题解决是在两个人的互动中被共同建构出来的。孩子（和父亲）可能会对这些策略进行内化，下次东西丢了就能用上了。到了一定时候，孩子就能够独立解决这类问题了。因此，就像找回玩具的策略一样，高级功能首先出现在儿童和一个"指导者"之间，然后才在儿童个体内部出现（Kozulin，1990，2003；Kozulin et al.，2003）。

这里还有一个关于个体思维的社会起源的例子。理查德·安德森（Richard Anderson）和他的同事（2001）研究了4年级学生是如何在课堂小组讨论中内化（学习并使用）讨论中出现的论证图式的。论证图式通常有某个特定的形式，如"我认为……（观点），因为……（原因）"，学生需要往里面填充观点和原因。如，一个学生可以说："我认为人不应该捕捉狼，因为它们现在没有伤害到任何人。"另一种形式是"如果……（行动），那么……（坏结果）"，如"如果不捕捉狼，那么狼会吃掉牛"。还有一种用于引导参与的形式，如"你认为怎么样，……（姓名）"或"请……（姓名）说说"。

安德森的研究确认了13种有助于讨论进行的论证策略，它们能促使每个人都参与进来，表达观点，辩解，解决困惑。研究者发现，这些不同的谈话和思维策略在使用时出现了"滚雪球效应"：一旦一个学生使用了一种有效的论证图式，这种论证图式就会在学生中散播开来，在讨论中被频繁地使用。与教师主导的讨论相比，开放性讨论——学生互相提问和回答问题——更有利于这些论证图式的发展。随着时间的流逝，这些表达、批评和辩解的方式就会内化成为学生个体的心理推理和决策能力。

皮亚杰和维果茨基都强调社会互动在认知发展中的重要性，但皮亚杰看到的是社会互动的另一种功能。他认为，社会互动通过产生失衡状态来促进认知发展，即认知冲突激发改变。因此，皮亚杰认为最有效的互动应该发生在同伴之间，因为同伴的认知水平相似，能对彼此提出异议。维果茨基则认为儿童的认知发展是在与更善于思考、思维水平更高的人（如家长或教师）的互动活动中展开的（Moshman，1997；Palincsar，1998）。当然，学生既可以向成人学习，也可以向同伴学习，还可以利用互联网进行学习。如今，互联网正跨越地域和语言的限制，在支持有效的人际沟通方面发挥重要作用。

2.4.2 文化工具与认知发展

维果茨基认为，**文化工具**包括物质工具（如印刷机、尺子、算盘、方格纸，现在还要加上移动设备、计算机、互联网、为移动设备和聊天软件服务的实时翻译软件、搜索引擎、文件整理器、电子日历、为面临学习挑战的学生提供的各种辅助技术等）和心理工具（手势和符号系统，如数字和数学系统、盲文和手语、地图、艺术作品、代码和语言），它们在认知发展中起到了非常重要的作用。例如，如果我们只知道用罗马数字来表示数量，一些特定的数学思维方式——从长除法到微积分，是难以甚至不可能形成的。直到我们开始知道数字系统中有零、分数、正负值和无穷数，更多的思维才成为可能。数学系统是支持学习和认知发展的一个文化工具，它改变了思维过程，这种符号系统通过成人与孩子或孩子与孩子之间的正式和非正式的互动和教学活动得以传递下去。

1. 数字时代的技术工具

计算器、拼写检查器等技术工具的使用在教育界引起了一些争议。科技正在越来越多地帮助我们进行检查。我常常会依赖文字处理系统中的拼写检查器来避免写错字的尴尬，同样，我也看过一些借助拼写检查器完成的学生作业。这些作业中的"拼写替换"完全依赖于文字处理系统，而缺乏自主进行的有意义的检查。计算器、拼写检查器等技术的使用是促进了学生的学习，还是阻碍了学生的学习？不能因为过去学生在学习数学时需要纸笔和练习，就认为这种学习方式是最有效的。例如，第三次国际数学和科学评测报告（TIMSS，1998）指出，与很少使用或从未使用计算器的学生相比，每天使用计算器完成数学课程作业的学生在每项高难度测试中都有更好的表现。事实上，过去十多年的研究表明，使用计算器不仅不会损害儿童的基本技能，而且对学生的问题解决技能和数学学习兴趣都有积极的影响（Ellington，2003，2013；Waits & Demana，2000）。但这里有个玄机。解决一个简单数学问题的更好方式应该是在使用计算器之前，先尝试计算这个答案。在求助计算器之前自我生成答案能促进数学知识的学习，提高运算的流畅性（Pyke & LeFevre, 2011）。

2. 心理工具

维果茨基认为所有的高级心理过程，如推理和问题解决，都是以心理工具为中介的，即心理工具支持高级心理过程的发展，高级心理过程借助心理工具得以完成。心理工具能够帮助儿童逐渐掌控自身的认知过程，并改变自身的思维，因此儿童使用这些工具也是在促进其自身的发展。事实上，维果茨基认为，认知发展的实质就是学会使用语言等心理工具，从而实现更高水平的思维过程和问题解决。而这些高水平的认知能力的发展，在不借助心理工具的情况下是不可能实现的（Gredler, 2012；Karpov & Haywood, 1998）。这一过程差不多可以这样描述：儿童在与成人或更有能力的同伴进行活动的过程中，彼此交流想法、思维方式或表征概念的方式，比如用地图来代表空间和位置；然后，儿童内化这些共同建构的想法。这样，儿童的知识、思想、态度、价值观就通过内化或吸取社会文化及群体成员提供的行为和思维方式得以发展（Wertsch, 2007）。

在这个用符号、象征和解释来进行交流的过程中，儿童开始建立起一种"文化工具箱"，以此来理解和学习周围的世界（Wertsch, 1991）。这个文化工具箱中不仅有图形计算器、尺子等直接指向外部世界的技术工具，还有用于心智行动的心理工具，如概念、问题解决策略以及前文中提到的论证图式。儿童不只是接受从别人那里传递来的工具，他们在建构自己的表征、符号、模式和理解的同时，也在改造工具。在儿童随后继续参与社会活动，继续尝试理解周围世界的过程中，这些理解也会不断发生变化（John-Steiner & Mahn, 1996；Wertsch, 1991）。在维果茨基的理论中，语言是儿童文化工具箱中最为重要的符号系统，正是语言帮助其他工具进入了文化工具箱。

2.4.3 语言和自我言语的作用

语言在认知发展中有着十分重要的作用，它提供了表达思想、请教问题、思考类别与概念、联结过去和未来的工具。正是语言使我们得以摆脱现实情境的束缚，去思考过去曾经怎样，以及想象未来可能会怎样（Driscoll, 2005；Mercer, 2013）。维果茨基认为：

> 人类特有的言语能力给儿童提供了解决困难任务的辅助工具，帮助他们克服冲动性行为，学会在解决问题前先进行计划，并在解决问题的过程中控制自己的行为。（Vygotsky, 1978, p.28）

维果茨基比皮亚杰更强调学习和语言在认知发展中的作用，他认为"思维是由语言、思维方式和儿童的社会文化经验共同决定的"（Vygotsky, 1987a, p.120）。维果茨基认为，语言以自我言语（与自己对话）的方式引导着认知发展。

如果你曾花时间和幼儿相处过，你肯定知道他们玩的时候经常会自言自语。这种情况不只会在孩子一个人玩的时候出现，当一群孩子在一起玩的时候，这种情况反而出现得更频繁——每个孩子都热热闹闹地说着话，但没有任何实质性的交流和对话。皮亚杰将这种情况称为**集体独白**（collective monologue），同时将每个孩子指向自己的对话叫作"自我中心言语"。他认为，这种自我中心言语表明了儿童不能从别人的角度看待世界，因此在谈话过程中他们不会考虑到听众的需要和兴趣。皮亚杰认为，随着儿童的不断成熟，尤其是当他们与同伴发生分歧时，他们的社会言语也会随之发展，他们将开始学习倾听和与别人交流（或争论）。

对于儿童的**自我言语**，维果茨基有着截然不同的观点。他认为这些喃喃自语并不是一种认知不成熟的表现，它们在认知发展中有很重要的作用，能促进儿童自我调节能力（计划、监控、指导自己的思维和问题解决的能力）的不断发展。最初，儿童的行为是由其他人调节的，通常需要借助语言和其他符号，如手势。例如，当儿童把手伸向蜡烛的火苗时，父母会说："不行!"下一次，儿童就会用同样的语言来调节其他人的行为。当其他孩子要拿走玩具时，儿童会说"不行"，甚至常常还会模仿父母的语气。在学会用外部言语调节他人行为的同时，儿童也开始学着用自我言语来调节自己的行为，在想摸火苗时会轻轻地对自己说"不行"。最后，儿童学会用无声的内部言语来调节自己的行为（Karpov & Haywood, 1998）。

例如，在每个学前班里，当儿童在玩拼图时，你都会听到四五岁大的孩子说："不行，不合适。试试这里。转一下。转一下。可能这个行。"到7岁左右，儿童这种指向自己的言语变得隐蔽起来，从讲出来变成说悄悄话，再到做出无声的唇部动作。最后，儿童将只是在头脑中思考这些指导性词句。这种自我言语的使用在9岁左右达到顶峰，随后逐渐消失。但也有研究表明，11~17岁的某些人在解决问题时仍然会不自觉地使用自我言语（McCafferty，2004；Winsler, Carlton, & Barry, 2000；Winsler & Naglieri, 2003）。维果茨基将这种内部言语称为"言语思维的内在平台"（Vygotsky，1934/1987c，p.279），认为其是个体高级思维过程发展历程中一个重要的成就。

这种从可以听见的自我言语发展到无声的内部言语的一系列过程，再次说明了高级心理功能是如何出现的——首先出现在人与人之间的交流和彼此调节的行为中，然后作为一种认知过程出现在个体思维内部。通过这一基本过程，儿童学会使用语言来完成重要的认知活动，如定向注意、问题解决、计划、形成概念、获得自我调控等。有很多研究支持了维果茨基的理论（Berk & Spuhl，1995；Emerson & Miyake，2003）。儿童和成人感到困惑、有困难和犯错误时，倾向于使用更多的自我言语（R. M. Duncan & Cheyne，1999）。你可能也这样对自己"说过"："让我想想，第一步是……""我最后一次用眼镜是在哪儿？""读完了这页，我就可以……"这些时候，你在用内部言语来回忆，用以提示、鼓励和指导自己。

这种内部的言语思维大约到12岁以后才趋于稳定。因此，小学生在解决问题时仍需要不停地说话，阐述自己的推理，帮助自身学会控制思维过程（Gredler，2012）。正因为自我言语能帮助学生调节思维，因此我们应该允许甚至鼓励学生在学校中使用自我言语。如果教师要求学生在解决难题时保持绝对的安静，可能会使学生更难解决这个问题。要注意，课堂上孩子的喃喃自语多起来的时候，正是他们需要帮助的时候。

表2-4比较了皮亚杰和维果茨基关于自我言语的理论。请注意，皮亚杰后来接受了维果茨基的部分观点，他认同自我言语既可以是自我中心的表现，又可以用于帮助解决问题（Piaget，1962）。

表2-4 皮亚杰和维果茨基关于自我中心言语或自我言语的观点的差异

	皮 亚 杰	维 果 茨 基
	代表儿童还不能接受他人观点，不能与他人交流	代表外化的思维；它的功能在于自我交流，以实现自我指导和自我定向
发展的进程	随年龄增长逐渐减少	年幼时增长，然后逐渐减少，从有声言语转向内部言语
与社会言语的关系	消极的；儿童的社会化程度和认知成熟度越低，使用自我中心言语越多	积极的；自我言语是从与他人的互动活动中发展起来的
与环境背景的关系		随任务难度的增大而出现得越发频繁。在需要付出更多认知上的努力才能解决问题的情境中，自我言语能够帮助儿童进行自我指导

资料来源：From "Development of Private Speech among Low-Income Appalachian Children," by L. E. Berk and R. A. Garvin, 1984, *Developmental Psychology*, 20, p. 272. Copyright © 1984 by the American Psychological Association. Adapted with permission.

2.4.4 最近发展区

维果茨基认为，不论处于哪个发展点，儿童总会遇到这样一些问题：它们似乎并不太难，但总处在自己解决能力的边缘上——"当时尚未成熟但处于成熟期的加工过程"（Vygotsky，1930—1931/1998，p. 201）。此时他们只需要一些结构、线索、提示，或是对他们记住细节或步骤的帮助，又或是对他们坚持尝试的鼓励等。当然，还有另一类问题：即使每一步都已经解释得很清楚，还是超出了儿童的能力范围。儿童现有的表现水平（在没有帮助的情况下儿童能独立解决的问题）和儿童在成人的引导或发展更充分的同伴的协助下所能达到的水平之间的差距，就是**最近发展区**（p. 202）。由于学生和教师总在不断地互动交流，因此最近发展区是一个动态的、不断变化的区域。在这个区域里进行的教学可能是成功的。凯瑟琳·伯格尔（Kathleen Berger，2012）将这一区域称为"魔法中心"——介于学生已经知道的和还没有准备好学习的知识之间的区域。

1. 自我言语与最近发展区

维果茨基对自我言语在认知发展中起作用的认识非常符合最近发展区的观点。成人经常用口头言语提示和结构化指导来帮助学生解决问题或者完成任务。在后面的章节中，这种类型的帮助被称为"支架"（scaffolding）。随着儿童自主程度提高，先是通过自我言语提示，随后通过内部言语来指导自己，这种帮助可以渐渐减少。想想前文例子中那个丢玩具的小姑娘。让我们来到几年后，此时那个小姑娘已经成了学生。当她意识到一本教科书不见了的时候，让我们听听她的想法，她的想法可能是这样的：

"数学课本呢？我上课的时候用了它，下课后把它放进了书包，坐公交车的时候书包掉在了公交车的地面上，笨蛋拉里踢到了我的书包，所以可能……"

这个小姑娘已经可以不靠他人的帮助，自己有条理地思考那本书的下落了。

2. 学习的作用与发展

皮亚杰将发展定义为知识的主动建构，而学习只是被动地形成联结（Siegler, 2000）。他很关注知识的建构，认为认知发展必须先于学习——学生必须在认知上为学习做好准备。他说："学习服从于发展，而非相反。"（Piaget, 1964, p.17）例如，即使学生能记住"日内瓦在瑞士"，但他仍然可能坚持自己无法同时出现在日内瓦和瑞士。只有当儿童发展出类包含的运算能力——一个类别可以从属于另一个类别，才能真正理解"日内瓦在瑞士"。但正如我们在前文所见的，研究并未支持皮亚杰的"认知发展必须先于学习"这一观点（Brainerd, 2003）。

相反，维果茨基认为学习是一个主动的过程，不需要被动地等待认知的发展。事实上，"恰当组织的学习能促进心理发展，并引发大量无法脱离学习的发展过程"（Vygotsky, 1978, p.90）。他将学习视为发展的一个工具——学习推动发展进入更高水平，而社会互动在学习中起着关键作用（Bodrova & Leong, 2012; Gredler, 2012; Wink & Putney, 2002）。维果茨基关于学习推动发展进入更高水平和更高级思维形成的观点，意味着他人（包括教师）在儿童认知发展中扮演着重要的角色。但这并不代表维果茨基相信记忆就是学习。当教师试图直接传递他们的理解时，其结果往往是"毫无意义的词汇习得"和"纯粹的语言表达"（Vygotsky, 1934/1978b, p.356），而这实际上掩盖了理解的空白（Gredler, 2012）。用维果茨基的话说，教师"解释、告知、询问、矫正和强迫学生去解释"，对于个体的发展毫无益处（p.216）。

2.4.5 维果茨基理论的局限

维果茨基的理论指出了一些重要的影响因素，即强调文化和社会过程对认知发展的作用，但他或许有些矫枉过正了。正如我们在本章所见的，我们生来就具有一个认知工具器的储藏室，其容量可能超出了皮亚杰和维果茨基的设想。我们对事物有一些基本的理解，如"添加"能增加数量，这可能是一种生理倾向，用来指导我们的认知发展。幼儿在向社会或教师学习之前，似乎已经对这个世界有了一定的了解（Schunk, 2012; Woodward & Needham, 2009）。维果茨基理论最主要的缺陷在于，它更多只停留在一般性的理念上。由于维果茨基英年早逝，他未能获得足够的时间对其理论做进一步的拓展与完善。此后，虽然维果茨基的学生对他的思想做了进一步的研究，但这些著作在20世纪五六十年代之前一直受到政府的查禁（Gredler, 2005; Kozulin, 1990, 2003; Kozulin et al., 2003）。维果茨基理论的最后一个局限就是，尽管他本人对教学十分感兴趣，但他没有足够的时间详述如何将他的理论应用到实际的教学中。因此，大部分关于维果茨基理论在教学中的应用的观点，都是由其他学者提出来的，我们甚至不知道维果茨基是否会赞同这些观点。一个很明显的事实是：维果茨基提出的一些概念，如最近发展区，曾不时地被曲解（Gredler, 2012）。

模块5小结

根据维果茨基的观点，影响认知发展的三个主要因素是什么

维果茨基认为必须将人类活动置于其文化背景中去理解。他认为，我们特有的心理结构和思维过程来自我们与他人的社会互动；文化工具，尤其是语言，是个体发展的关键因素；最近发展区是使学习和发展成为可能的一个区域。

什么是心理工具，为什么心理工具很重要

心理工具指符号和象征系统，如数字和数学系统、代码和语言，它们会促进学习和认知发展。它们通过激发和塑造思维来改变思维过程。许多心理工具都是成人通过正式和非正式的互动和教学活动传递给儿童的。

解释人际心理发展如何转变成内在心理发展

高级心理过程首先出现在人与人之间，是在共享活动中被共同建构出来的。当儿童与成人或更有能力的同伴共同参与活动时，他们彼此交流想法，以及思考或表征概念的方式。这些在活动中共同建构出来的想法最终被儿童内化。这样，儿童的知识、思想、态度和价值观就通过内化、吸取社会文化，以及更有能力的群体成员提供的行为和思维方式而得以发展。

皮亚杰和维果茨基对于自我言语及其在发展中的作用有什么不同看法

维果茨基的社会文化观认为，认知发展取决于社会互动和语言的发展。例如，他描述了儿童的自我言语在引导、监控思维和解决问题的过程中的作用。而皮亚杰认为，自我言语是儿童的自我中心的体现。维果茨基比皮亚杰更强调成人和更有能力的同伴在儿童发展中的作用。这种成人辅助为学生后期建立独立解决问题所需要的理解，提供了早期的支持。

什么是学生的最近发展区

不论处于哪个发展点，总有一些问题是儿童有可能解决的，还有一些问题是超出儿童能力范围的。最近发展区就是儿童不能独立解决问题，但在成人或者更有能力的同伴的指导或帮助下能成功解决的这样一个区域。

维果茨基理论的两大局限是什么

维果茨基可能太过于强调社会交往在认知发展中的作用了，其实儿童依靠自身就可以发展出不少能力。另外，由于维果茨基英年早逝，他没有足够的时间对其理论做进一步的拓展与完善。所幸的是，此后，维果茨基的学生和其他学者继承了他的思想，并进行了相关研究。

模块6 皮亚杰和维果茨基理论对教师的启示

2.5 皮亚杰和维果茨基理论对教师的启示

虽然皮亚杰并未对教育提出明确的建议，维果茨基没有足够的时间发展出一套完整的应用措施，但是我们仍然能从他们的理论中得到一些启示。

2.5.1 皮亚杰的理论对教师的启示

与指导教师的教学相比，皮亚杰对了解学生的思维更加感兴趣，但他也提出了一些有关教育哲学的一般性观点。他认为教育的主要目的应当是帮助儿童学会学习，教育应当帮助学生形成自己的思维方式，而不是提供给学生一种思维方式（Piaget，1969，p.70）。皮亚杰告诉我们，只要我们仔细聆听和观察学生解决问题的方式，我们就能了解关于儿童思维特点的许多知识。了解了儿童的思维后，我们就能使教学方法和学生已有的知识、能力更加匹配。换句话说，教师就能更好地因材施教了。

尽管皮亚杰并没有根据自己的想法设计出教

育方案，但他对现代教育实践的影响是极其巨大的（Hindi & Perry, 2007）。例如，美国国家幼儿教育协会已经将皮亚杰的观点融入发展适应性教育实践（developmentally appropriate practive, DAP）的指导方针（Bredekamp, 2011; Bredekamp & Copple, 1997）。

1. 理解学生的思维，并以此为基础进行教学

即使在同一个班上学习的学生，认知发展和理论知识水平也会有所不同。作为教师，当你发现学生遇到困难时，你怎么判断该困难的出现是因为他们缺乏必需的思维能力，还是因为他们不知道一些基本事实？要判断这一点，凯斯（1985）建议在学生尝试解决教师给出的问题时，仔细观察他们，看看他们使用的是哪一种逻辑，是不是只注意到了问题情境的一个方面，是不是被事物的表象误导了？他们是在有步骤、系统地解决问题，还是只是在猜，猜完就把已经试过的内容忘记了？问问学生他们是怎样考虑的，倾听他们使用的策略。如果学生重复出现同一个错误或问题，那么这意味着什么？要想了解学生的思维，学生本身就是最佳的信息来源（Confrey, 1990）。

皮亚杰理论对教学的一个重要启示是亨特（Hunt, 1961）多年前提出的"匹配问题"：教学不应当让学生因为学的东西太简单而厌倦学习，也不应该让学生因为学的东西太难以理解而弃之不理。亨特认为，不平衡状态必须恰到好处才能促进发展。创设一些容易犯错误的情境有助于营造合适的不平衡状态。当学生在情境中感到应该发生的（这么大的木头应该沉到水里）和实际上出现的（木头是漂着的）有冲突时，他们就会重新思考，并从中学习新的知识。

事实上，许多材料和课程都能找到与不同发展阶段的认知能力相匹配的表现形式，从而让处于不同认知发展阶段的学生都能理解。《爱丽丝梦游仙境》等经典著作、神话和童话故事，可以在具体和符号化两种理解层次上供儿童阅读。教师也可以向学生介绍一个主题，并在随后的活动中按照学生的学习需求进行个别化教学。这种使用多层次课程的教学被称为差异化教学（Hipsky, 2011; Tomlinson, 2005b）。在第14章中我们将详细介绍这种教学方法。

2. 活动与知识建构

皮亚杰的基本观点是个体建构自己的理解，学习是一个建构的过程。无论在哪个认知发展水平，我们都希望能看到学生积极地参与学习过程。皮亚杰认为：

> 知识不是对现实的简单复制。了解一个物体，了解一个事件，不能只是观察它，然后形成心理表征或表象。对一个物体的了解应该在活动中进行。了解就是要去调整、改变物体，并理解这一改变过程，最终理解物体是如何被建构的。（Piaget, 1964, p.8）

例如，对数学教学的研究表明，从幼儿园到大学，无论哪个年级的学生在学习基本事实时，与只使用抽象符号相比，操作教具都能促进其更好地记住这些基本事实（Carbonneau, Marley, & Selig, 2012）。不过，这种主动的活动体验，即使在低年级也不应只局限于对物体进行物理操作，还可以包含对课程或实验中蕴含的观点进行心理操作（Gredler, 2005, 2012）。例如，在讲授一堂关于不同职业的社会课时，小学教师可以拿出一张图片，上面有一个女性，问："这是一个什么样的人？"在得到诸如教师、医生、秘书、律师、售货员的答案之后，教师再次提示："她是不是一个女儿？"接下来的答案可能就是姐姐、妈妈、阿姨、孙女等。这有助于学生变换思维的角度，注意问题情境的另一方面。下一步，教师再提示"美国人""慢跑者""白肤金发碧眼的女人"。大一点的学生可能会用一定的等级类别来描述这个女性：这是一张女性的图片，画中的女性是一个人，人是灵长类动物、哺乳类动物、动物、一种生命形式。

所有的学生都需要与教师和同伴进行互动，以检验自己的思维，接受反面意见的挑战，接受各种反馈，并观察他人是如何解决问题的。如果教师或其他同学提出了一种新的思维方式，不平衡的状态自然会产生。一般而言，学生应该采取行动、动手操作、仔细观察，然后向教师或同伴说出和／或写出自己的体会。具体的经验能为思维提供待加工的内容和对象，而与别人的交流能帮助学生进行应用、检测，有时甚至能改变他们的思维策略。

2.5.2 维果茨基理论对教师的启示

与皮亚杰相似，维果茨基认为教育的主要目的是发展高级心理功能，而非简单地记住一些事实。因此，维果茨基很可能会反对那些"它有1英寸①深，1米宽"或类似的教授琐碎事实的课程。例如，玛格丽特·格莱德勒（Margaret Gredler，2009）曾列出了这样一个案例：教师为9周的科学课程准备了一系列的材料，涉及水溶液、氢键结合、分离结晶等61个术语。然而，教学材料对这些术语的解释极为简短，只有一两句话。这一案例就是典型的琐碎事实课程。

高级心理功能是借由文化工具得以发展的，并在人际间进行传递。完成这一过程至少有三种不同的方式：模仿学习（个体试图模仿其他人）、指导性学习（学习者把教师的指导内化，并用这些指导来自我调节）、合作学习（同伴团体的所有成员在互相理解的过程中共同学习）（Tomasello, Kruger, & Ratner, 1993）。维果茨基更关注的是第二种，即指导性学习，主张通过直接指导或提供结构性经验，帮助另一个人学习。但他的理论也支持模仿学习和合作学习。因此，维果茨基的观点对于那些采用直接教学，有意识地采用示范教学和致力于创设合作学习氛围的教育者都会有所帮助（Das, 1995; Wink & Putney, 2002）。当然，这其中也包括我们。

1. 成人和同伴的作用

维果茨基认为，儿童不是独自发现守恒、分类等认知操作的，家庭成员、教师、同伴，甚至软件工具等都会协助或中介这一发现过程（Puntambekar & Hubscher, 2005）。大部分时候，指导是通过语言交流实现的，至少在西方是这样的。但在某些文化中，最主要的指导方式不是口头指导，而是让儿童观察熟练者的示范，以此来指导儿童的学习（Rogoff, 1990）。一些学者将这种成人的帮助称为**支架**。这一概念最早是于1976年由伍德（Wood）、布鲁纳（Bruner）和罗斯（Ross）提出的。它巧妙地说明了这样的过程：儿童尚未建立稳固的理解时，利用这种帮助作为支持；而当他们建立起稳固的理解后，他们终将离开这些支持，独立解决问题。事实上，伍德和他的同事第一次使用这一概念时，关注的是教师如何建立或架构学习环境。而维果茨基的理论更强调教师与学生之间更加动态的交流，这种交流让教师能够协助学生完成他们不能独立完成的任务，实际上就是下面将会介绍的辅助学习（assisted learning）中的互动（Schunk, 2012）。

2. 辅助学习

为了让学生成为独立的学习者，维果茨基认为教师除了设置学习环境外，还需要做许多其他的工作。我们不能也不应该期望儿童重新创造或重新发现文化中已有的知识；相反，我们应该在他们学习的过程中提供指导和帮助（Karpov & Haywood, 1998）。

辅助学习或有指导的参与，指首先根据学生的需要确定学习内容，接着在恰当的时候给予适量的信息、提示、提醒和鼓励，然后逐渐让学生独立去做。教师可以通过多种方式辅助学生进行学习，如根据学生的水平调整材料或任务，示范解题技巧或思维过程，带领学生一步步解决复杂问题，替学生完成一部分任务（例如，在代数学习中，学生建立方程，教师进行具体计算，或者反过来），给予详细的反馈并允许学生修改，通过提问集中学生的注意等（Rosenshine & Meister, 1992）。第10章中将介绍的认知学徒制（cognitive apprenticeship）就是辅助学习的一种形式。表2-5举例说明了适用于所有课程的辅助学习策略，可供你参考。

表2-5　为学生提供支架的辅助学习策略

- 为学生示范思维过程，例如，在解决问题或构思文章框架时将自己的思维过程大声地说出来
- 为学生提供一些诸如"谁、什么、为什么、怎么样、接下来是什么"等提示语或引入语
- 替学生完成部分任务
- 给学生提供暗示或线索
- 鼓励学生设定短期目标和采用小步骤
- 将新知识与学生的兴趣或已有的学习经验联系起来
- 鼓励学生使用时间轴、航海图、表格、类别图、核查表和曲线图等图表
- 简化任务，阐明目的，给予清晰的指示
- 教授关键词，并举例说明

3. 课程范例：心理工具

德博拉·莱昂和叶连娜·博德罗娃（Deborah Leong & Elena Bodrova, 2012）多年来一直致力于根据维果茨基的理论设计针对学前班至小学二年级的儿童的课程。博德罗娃博士在苏联时曾与维果茨基的学生和同事一起学习，并希望将维果茨基的观点带给一

---

① 1英寸=0.025米。

线教师。其结果就是"心理工具"项目的诞生，它包括针对幼儿园、学前班和有特殊需要儿童的课程理念（详见 toolsofthemind.org）。这一项目从维果茨基那里借用了一个关键观念，即随着儿童发展出心理工具，如集中注意力的策略，他们不再是环境的囚徒，被任何新的景象或声音"抢走"自己的注意力；相反，他们将学会控制自己的注意力。另一个关键观念是游戏，特别是假装性的戏剧游戏，在促进幼儿的发展上是最为重要的活动。通过戏剧游戏，儿童将学会集中注意力、控制冲动性、遵循规则、使用符号、调节自身的行为，并学习与他人合作。因此，针对幼儿的心理工具课程的一个关键要素是游戏计划，这个计划要由学生自己制订。儿童可以画一幅画来说明他们当天计划如何游戏，然后将这幅画描述给教师听，教师可以在纸上记笔记，并据此来示范读写活动。随着儿童成为更好的计划者，他们的计划会变得越来越复杂和详细。图 2-5 展示了布兰登 3 岁初时做的简单游戏计划，以及 4 岁末时做的另一个计划。后一个计划显示出了更精细的动作控制、更成熟的绘画技巧、更丰富的想象力和更高水平的语言运用。

4. 教育每一位学生：在"魔法中心"教学

维果茨基和皮亚杰都认为，教育应该在学生的"魔法中心"（Berger，2012）或"匹配"（J. Hunt，1961）空间中进行。在这样的区域里，学生既不会觉得无聊，也不会感到受挫。我们应该把学生放在他们需要努力去理解，同时能得到同伴或教师的帮助的情境中。有时，能帮助一位学生解决问题的最好的"教师"，恰恰是另一位刚好能解决这个问题的学生，因为他可能正处在前者的最近发展区内。让一位学生和另一位稍稍比他（她）强一点的同伴一起学习是个不错的想法——两者都能从相互解释、说明和质疑中受益。另外，应当鼓励学生使用语言去组织自己的思维，谈论他们正在尝试完成的任务。对话和讨论是非常重要的学习途径（Karpov & Bransford，1995；Kozulin & Presseisen，1995；Wink & Putney，2002）。下面的实践指南总结了更多基于维果茨基观点提出的教学建议，可供你参考。

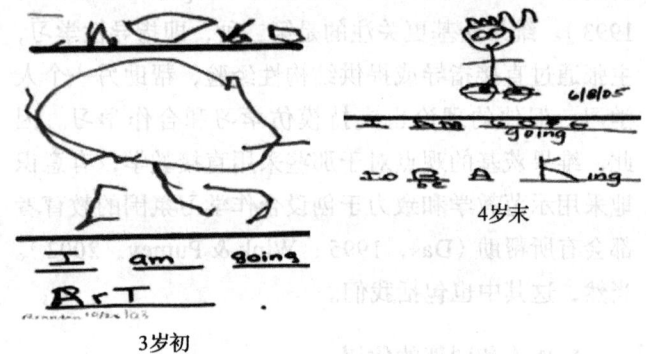

图 2-5 布兰登的游戏计划

注：3 岁初，布兰登的游戏计划表明他想去艺术中心。到了 4 岁末，布兰登计划假装自己是一个国王。他开始以书面形式使用声音。
资料来源："Brandon's Plan, Beginning Age 3 Preschool". Tools of the Mind. http://www.toolsofthemind.org/curriculum/preschool. Used by permission.

| 实践指南 |

维果茨基理论在教学中的应用

建立适合学生需要的支架。

例如：

（1）当学生刚开始新的任务或主题时，提供示范、提示、引入语、训练和反馈。随着学生逐渐掌握相关的知识和能力，减少对他们的帮助，给他们更多独立学习的机会。

（2）让学生自己选择任务的困难水平和完成任务的独立程度，鼓励他们挑战自己，但真的进行不下去的时候，要教会他们如何寻求帮助。

确保学生获得促进思维发展的有效工具。

例如：

（1）教学生使用学习和组织策略、研究工具、语言工具（维基百科、字典或电脑搜索）、电子制表软件以及文字处理程序。

（2）示范如何使用工具。例如，向学生展示你是如何使用记事本或电子记事本制订计划和管理时间的。

以学生的文化知识库为基础进行教学（N. Gonzalez, Moll, & Amanti, 2005; Moll et al., 1992）。

例如：

（1）让学生互相家访，了解彼此父母的职业和关于每个学生家庭的丰富信息（农业生产、经济、工业生产、家庭管理、医疗和疾病、宗教、儿童教养、烹饪等）。

（2）根据这些知识库设计学习任务，并请社区专家来评估这些任务。

利用对话和小组学习。

例如：

（1）让同伴当小老师；教学生如何提出好的问题，如何给出有帮助的解释。

（2）应用第10章中提到的合作学习策略。

想了解更多关于维果茨基及其相关理论的信息，请访问 http://tip.psychology.org/vygostsky.html。

2.5.3 认知发展研究对教师的启示

尽管认知发展存在文化差异，关于发展也有不同的理论，但也存在一些趋于一致的观点。皮亚杰、维果茨基和近期探讨认知发展与大脑的研究者可能都会同意以下重要观念。

（1）认知发展需要物理和社会的刺激。

（2）为了发展思维，儿童在心理上、物理上和语言上必须主动。他们需要试验、谈论、描述、反思、书写和解决问题。当然，他们也能从教学、指导、提问、示范和对他们思维的挑战中受益。

（3）学生已经知道的教学内容会让他们感到无聊，而试图教给学生他们尚未准备好学习的内容，则会让他们感到沮丧，并且这样的教学是无效的。

（4）有支持的挑战不会让学生感到害怕，反而会使他们始终参与其中。

模块6小结

亨特提出的"匹配问题"是什么

匹配问题指学生会因为学的东西太容易而产生厌倦，也会因为教师教的东西太难理解而放弃。亨特认为，不平衡状态必须恰到好处才能促进发展。创设一些容易犯错的情境有助于营造合适的不平衡状态。

什么是主动学习，主动学习为什么符合皮亚杰的认知发展理论

皮亚杰的基本观点是个体在建构自己的理解，学习是一个建构的过程。无论在哪个认知发展水平上，学生都必须能把信息纳入他们自己的图式。要做到这一点，他们必须以某种方式对信息进行加工。这种主动的活动体验，即使在入学的最初阶段，也应该包括对物体的物理操作和对观点的心理操作。一般而言，学生应该采取行动、动手操作、仔细观察，然后说出或写出自己的体会。具体的经验能为思维提供待加工的内容和对象，而与别人的交流能帮助学生进行应用、检测，有时甚至能改变他们的思维策略。

什么是辅助学习，支架在其中起什么作用

辅助学习或有指导的参与需要支架：理解学生的需要，在适当的时候提供适当的信息、提示、提醒和鼓励，然后逐渐让学生独立去做。教师可以通过多种方式辅助学生进行学习，如根据学生的水平调整材料或任务，示范解题技巧或思维过程，带领学生一步步解决复杂问题，替学生完成一部分任务，给予详细的反馈并允许学生修改；通过提问来集中学生的注意等。

第 2 章复习思考题

多项选择题

1.温斯特尔先生很担心他的学生拉蒙。拉蒙曾经是一名明星学生，但自从上7年级后，他就沉迷于花式滑板，并因此违反校规，经常被叫到校长办公室训话。此外，拉蒙还喜欢尝试一些危险动作。最近，拉蒙的父母向温斯特尔先生反映，拉蒙经常逃课，和附近的一些年长的男生混在一起。下列哪个选项能最好地解释拉蒙的这些行为？

A. 拉蒙身处的文化要求男孩到了他这个年龄，做出一些展现自己勇敢的行为。

B. 拉蒙的边缘系统正在逐渐成熟，但他前额叶皮质的发展相对滞后。

C. 拉蒙希望通过这种类似于小孩哭闹的异常行为来唤起父母的注意。

D. 拉蒙正在经历一个突触修剪期，而这正是导致青少年做出冒险行为的原因。

2. 麦克林托克小姐最近发现，她班上有五名学生有些超前发展。这些学生的语言能力正在爆炸式提升。当班上很多学生还没学会分享时，这五名学生就已经能意识到，分享会让每个人都感到快乐。其中一名学生甚至能够解决守恒问题。根据皮亚杰的理论，你认为麦克林托克小姐班上的学生处于哪个发展阶段？

A. 形式运算阶段

B. 具体运算阶段

C. 前运算阶段

D. 感知运动阶段

3. 在讲解说服性广告时，下列哪种方法会让学生印象深刻？

A. 确定学生对于该主题已有哪些知识经验，将新知识与他们先前的知识建立联系。

B. 让学生先看一些广告，并做笔记。

C. 讲解几种主要的说服他人的技术，并用一个小测验来评估学生的学习情况。

D. 让学生分组研究说服他人的技术。

4. 根据脑与学习的相关研究，下列哪种说法是错误的？

A. 没有所谓的"左脑思维"或"右脑思维"。

B. 新神经元不断产生的过程会一直持续到成年期。

C. 教师可以采用多种教学和活动模式来调动学生不同的感觉，从而促进他们学习。

D. 修剪过程会损害我们经常使用的认知回路。

开放论述题

案例：格辛先生知道在做教学内容计划时，教学内容既不能让学生感到无趣，也不能让他们感到沮丧，他也是这样做的。但是在第二学期教语言艺术课时，他还是有点不知所措。因为他班上学生的水平参差不齐，有些学生的英语还不是很熟练，而有些学生已经准备参加学校一年一度的莎士比亚戏剧节了。他知道如果将不同能力水平的学生混合分组，那么他有时可以借助优秀的学生来帮助那些发展相对较慢的学生。他也知道，如果没有任何指导，学生是无法完成学习任务的。

5. 案例刚开始，格辛先生使用了哪种学习理论？这种理论的代表人物是谁？

6. 为使发展相对较慢的学生获得成功，小组中优秀的学生可能会提供一定的帮助。请用一个专业术语来描述这种同伴间的帮助，并列举出一些相应的策略。

Chapter 3 | 第 3 章

自我、社会性与道德发展

■ 教师的案例簿：你会怎么做

刻薄的女孩

或许以前你也见过这种情形，但今年在你就职的中学里，这种情况似乎特别严重：一群学校里受欢迎的女生，正在合伙极力排挤某些女孩，而这些女孩曾经也是这个女生群体的一分子。她们被排挤的主要原因是她们"不合群"，例如穿得不够时尚、长得不够漂亮、对男生不感兴趣等。为了和"不合群"的女孩划清界限，那些受欢迎的女孩会散布一些不利的谣言来攻击她们昔日的好友，并泄露她们还是好朋友时对方分享给自己的秘密。最近，你发现一个被排挤的女孩斯特凡妮给她曾经最好的朋友阿莉森写了一封很长且感情真挚的邮件，询问她为什么要这样对自己。令人意料之外的是，受欢迎的阿莉森将这封邮件转发给全校学生，这让斯特凡妮倍感羞辱。自从这件事情发生以后，斯特凡妮已经三天没来上学了。

想一想

:: 你会怎么处理斯特凡妮和阿莉森？
:: 你还会对其他学生说些什么？
:: 如果你在你的教学过程中遇到这种情况，你会怎么处理？
:: 回想过去的求学经历，你是否也遭遇过类似阿莉森或斯特凡妮的情形？

■ 概览与目标

除了认知发展，学校教育还涵盖很多方面。当你回想自己的求学经历时，什么令你印象最深刻？是那些最重要的学术知识，还是关于情感、友谊、恐惧的记忆？我们将在本章讨论后者，它包含了个性、社会性和道德的发展。

首先，我们将探讨发展的一个基本方面——随学生成熟而发生的生理变化，这一变化影响着其他方面的发展。接着，我们会介绍尤里·布朗芬布伦纳（Urie Bronfenbrenner）的生态系统理论，并以此为框架探讨影响儿童个性和社会性发展的三个主要因素——家庭、同伴和教师。今天的家庭经历了许多转变，这些变化影响了教师的角色。随后，我们将探讨个体是如何通过自我概念（self-concept）和同一性（identity，包括种族-民族同一性）来认识自己的。埃里克·埃里克森（Erik Erikson）的心理社会理论为我们观察这些发展提供了很好的理论视角。最后，我们会探讨道德发展。哪些因素决定了我们的道德观？教师如何培养诚实、合作等个人品质？为什么有些学生在完成作业时会作弊？教师应当如何处理这种情形？

学完这一章后，你就能：

目标 3.1 描述从孩童时期至青春期个体生理发展的一般趋势、群体差异以及挑战。

目标 3.2 论述布朗芬布伦纳的生态系统理论中的各个成分是如何影响个体发展的，尤其是家庭、父母教养方式、同伴以及教师的影响。

目标 3.3 描述自我概念和自我同一性发展的一般趋势及其群体差异。

目标 3.4 阐述柯尔伯格（Kohlberg）、吉利根（Gilligan）、努奇（Nucci）和海特等人的道德发展理论，明确教师该如何处理学生面临的（如作弊等）道德挑战。

模块 7　生理成长：个性与社会性发展的背景

3.1　生理发展

本章将主要探讨个性和社会性发展，但我们将先从生理发展这一备受个体和家庭关注的发展开始谈起。

停下来　想一想

你现在多高？你是几年级时长到现在这么高的？在中学阶段，你属于班上个子高的学生、个子矮的学生，还是中等身高的学生？你知道有些学生经常因为外表被其他同学取笑吗？对你来说，生理上的发展对你的自我感觉有多重要？

3.1.1　生理与运动发展

对大多数儿童来说，至少在最初几年中，成长意味着长得更高大、更强壮和更协调，这些变化可能使人感到惊慌、失望、兴奋和困惑。

1. 学前阶段

学前阶段的儿童非常活跃。在最初的几年中，他们的大运动（大肌肉）技能发展得很快。在两岁到四五岁之间，学前儿童的肌肉变得更强壮，大脑能更好地整合与动作相关的信息，平衡感增强，身体重心下移，因此他们能做到跑、跳、爬和单脚跳。一般而言，2岁之前的儿童都在蹒跚学步，他们的步伐非常笨拙，走路会左右摇摆。而到了2岁，大多数儿童都能很平稳地走路了，他们的步伐日趋流畅，富有律动。3岁的儿童大多能完成跑、投掷和跳等动作，但这些动作直至4~5岁才能变得娴熟。如果儿童的生理机能正常并有玩耍的机会，大多数运动能力会自然发展起来；但那些有生理缺陷的儿童可能需要特殊训练才能发展这些能力。因为儿童还不会判断什么时候应该停下来，因此在长时间运动后他们需要有规律的休息（Darcey & Travers, 2006；Thomas & Thomas, 2008）。

至于精细运动技能，如穿鞋或系纽扣，则需要细小动作的协调。这些技能在学前阶段同样发展得很快。学校应提供大的画笔、粗的铅笔和蜡笔、大的乐高玩具、大张的画纸和松软的黏土供学前儿童使用，以适应他们未发育完善的技能。这一期间，儿童将表现出他们对左手或右手的偏好，这一偏好将伴随他们一生。到了5岁，90%左右的儿童倾向于使用右手，10%左右的儿童倾向于使用左手，并且偏好左手的男孩多过女孩（R. S. Feldman, 2004；E. L. Hill & Khanem, 2009）。这种偏好是有遗传基础的，因此不要轻易尝试改变儿童的偏好。

2. 小学阶段

在小学阶段，大多数儿童的生理发展相对稳定，他们变高了、变瘦了，也更强壮了，因此他们能更好地从事体育运动和游戏。然而，不同的儿童存在很大的差异。某些儿童可能长得比平均水平要高很多或矮很多，但仍然非常健康。这个年龄阶段的儿童已经意识到生理上的差异，但他们说话比较直接，不够婉转，因此你可能会经常听到他们在谈论"你太小了，不应该上5年级，你是不是有什么毛病"或是"你怎么这么胖"。

整个小学阶段，很多女孩会和班上的男孩一样高或更高一些。平均而言，11~14岁的女孩比同龄的男孩更高且更重一些。这种差异使女孩在生理活动方面占据优势，但有些女孩对此感到很矛盾，因此并不看重自己的体能（Woolfolk & Perry，2015）。

3. 青春期

青春期标志着性成熟的开始。它并不只涉及某个单一方面的发展，而是涉及身体几乎每个部分的一系列变化。那些在小学后期出现的生理发展中的性别差异，到了青春期早期将表现得更加明显。但这些变化需要时间。女孩进入青春期后，最先被觉察到的变化就是乳头的生长和乳房的发育，欧裔美国女孩和欧裔加拿大女孩开始发育的时间大约是10岁。差不多在同年龄，男孩也开始发育，他们的睾丸和阴囊会逐渐变大。一般而言，在12~13岁，女孩会经历人生的第一次月经期，即**初潮**（menarche），但初潮来临的年龄范围很大，从10岁到16岁半都有可能。男孩则会在12~14岁经历人生的第一次射精，即出现**遗精**（spermarche）。而在随后的几年里，男孩开始长胡子。有些男孩可能会迟迟不长胡子，但不用太担心，胡子发育的时间最晚可能会到十八九岁，甚至有一些人可能需要更久的时间才会长出胡子。青春期也会带来一些令人不太愉快的变化，比如皮肤出油、长痘和体臭。

就身高而言，女孩的个子长得很快，到十五六岁就基本达到顶峰了。这种性别的差异导致在小学后期，很多女孩的个子会超过班上的男同学。男孩的发展则相对滞后，在十五六岁后还需要几年身高才能逐渐趋向顶峰，很多男孩到了19岁左右才不再长高。但无论是男孩还是女孩，在25岁之前都有可能缓慢地长高（Thomas & Thomas，2008；Wigfield，Byrnes，& Eccles，2006）。非裔和拉美裔的美国青少年达到身高顶峰的年龄相对较早，而亚裔美国青少年则相对较晚。

4. 早熟与晚熟

心理学家很关注早熟和晚熟的青少年在学业、社会性和情感上的差异。早熟对女孩来说可不是件好事。因为长得比班上同学更高大或更"成熟"，并不符合很多文化鼓励的女性形象（D. C. Jones，2004；Mendle & Ferrero，2012）。在很多国家，尤其是那些以瘦为美的国家，早熟常常会给女孩带来各种问题，如抑郁、焦虑、学业成绩落后、药物和酒精滥用、意外怀孕和自杀，而且她们在以后的生活中患乳腺癌及进食障碍的概率更高等，至少欧裔美国女孩是这样。研究发现，早熟给非裔女孩带来的问题较少，但针对这一群体的研究非常有限（DeRose，Shiyko，Foster，& Brooks-Gunn，2011；Stattin，Kerr，& Skoog，2011）。成熟的时间不是影响女孩的唯一因素，社会的影响力也很强大。在一项以美国原住民和加拿大原住民女孩为对象的研究中，梅利莎·沃斯和莱斯·惠特贝克（Melissa Walls & Les Whitbeck，2011）发现，早熟的女孩更可能滥用酒精和毒品，但这种联系会受到社会因素的影响，如早期约会和同伴对毒品的态度。早熟的女孩时常约会和与朋友相处，而在这些环境中，她们很难对毒品说不。此外，至少有一项研究表明，早熟女孩面临的各种问题其实在青春期之前就已经出现了，因此可能是生活压力导致了早熟和情绪问题的出现（DeRose et al.，2011）。

另外，研究还发现来初潮的年龄与成年后的**体质指数**（body mass index，BMI，国际常用的量度体重与身高比例的工具）有关。平均而言，女性越早经历初潮，成年后的体质指数越高（M. A. Harris，Prior，& Koehoom，2008）。晚熟的女孩遇到的困难可能会少一些，但她们会担心自己有什么毛病，为什么迟迟未发育。此时，成人的安慰和支持是非常重要的。

对男孩而言，早熟意味着受欢迎。比同伴相比，早熟的男孩身体更高一些，肩膀更宽一些，体形也更符合传统的理想男性形象。晚熟的男孩则相对不太符合理想男性的标准，他们体格比较小，也不够强壮。而这可能会使晚熟的男孩有些自卑（Harter，2006）。即便如此，研究发现，对男孩而言，早熟弊大于利。

对白色人种、非裔和墨西哥裔的美国男孩来说，早熟可能意味着更多的违法行为。另外，早熟的男孩更可能出现抑郁、被欺凌、进食障碍、早期性行为，以及滥用酒精、非法药物和香烟等情况（Cota-Robles, Neiss, & Rowe, 2002；Mendle & Ferrero, 2012；Westling, Andrews, Hampson, & Peterson, 2008）。

对晚熟的男孩而言，他们刚开始可能会面临更多的困难。但有研究表明，晚熟的男孩成年后会更有创造性、容忍性和洞察力。可能正是晚熟带来的考验和焦虑使得这些男孩成为更好的问题解决者（Brooks-Gunn, 1988；Steinberg, 2005）。如果能意识到成熟的"正常年龄范围"其实很大，而早熟和晚熟各有优势，那么所有青春期的学生都能受益。关于如何应对班上学生的生理差异，下面的实践指南会给你一些建议。

| 实践指南 |

应对班上学生的生理差异

重视学生的生理差异，但不必过分关注。

例如：

（1）不要明显按身高来安排座位，但要尽量安排个子矮的学生坐在合适的位置——既能看到黑板，也能很好地参与班级活动。

（2）可以玩一些依靠体形、力量获胜的游戏和运动，同时也要组织一些展示学生认知、艺术、社交、音乐等方面能力的游戏和运动，如根据动作猜字谜的游戏或画画等。

（3）教师不要根据学生的身体特点来给学生起外号，也要禁止学生之间这样做。

（4）确保班上有足够的专供左利手学生使用的剪刀。

帮助学生获得有关生理发展差异的正确信息。

例如：

（1）开设讲授生长速度的性别差异的科学课程。

（2）提供一些有关早熟和晚熟差异的信息、方便学生阅读的图书或材料，确保学生理解每种情况的优点与缺点。

（3）了解学校在性教育和对学生进行非正式指导方面的政策。例如，一些学校鼓励教师和那些因第一次月经而烦恼的女孩谈心，另一些学校则希望教师将这些女孩送到校医院的护士那里，让护士与她们交谈。

（4）在文学作品或学生群体中寻找那些虽不具备理想的生理特征，但仍然取得了高成就的个体，为学生提供榜样。

理解青少年对外表和异性的关注会占用他们很多的时间和精力。

例如：

（1）允许学生课后花一些时间进行社会交往。

（2）根据课程相关资料讨论这些与生理差异有关的主题。

想了解更多关于如何适应班级学生生理差异的信息，请浏览 dos.claremontmckenna.edu/PhysicalLearningDiff.asp。

3.1.2 游戏、休息和体育活动

蒙台梭利曾说过"游戏就是儿童的工作"，皮亚杰和维果茨基想必也赞同这样的观点。近期，美国儿童科学院宣称"游戏对个人发展来说是必不可少的，它有利于儿童和青少年认知、生理、社会性和情感等方面的健康"（Ginsburg, 2007, p.182）。我们知道大脑的发展需要适当的刺激，而游戏能够在不同年龄阶段为发展提供刺激。事实上，一些神经系统学家认为游戏有利于儿童时期大脑的突触"修剪"过程（Pellis, 2006）；还有一些心理学家则认为游戏能让儿童安全地体验、了解周围的环境，尝试新行为，解决问题以及适应新环境（Pellegrinim, Dupusis, & Smith, 2007）。处于感知运动阶段的婴儿通过探索、吮吸、拍打、摇晃、投掷等方式与环境互动。前运算阶段的学前儿童喜欢玩假装游戏（make-believe play），通过假装来形成符号、使用语言，以及与他人互动。他们开始进行一些简单的、有固定规则的比赛。小学阶段的儿童也喜欢幻想，但这种幻想游戏会因为儿童创造的角色和规则而变得更加复杂，比如如何鞠躬和服从"万物之王"的规则。他们也开始玩更为复杂的游戏和运动，在这个过程中他们学习合作、公平、协商，体验成功与失败，并发展出更为复杂的语言。随着儿童进入青春期，游戏对他们的生理和社会性发展依然有着重要的作用（Woolfolk & Perry, 2015）。

1. 游戏中的文化差异

与他对其他很多主题的看法一致，维果茨基可能也会强调游戏中的文化差异。在美国或土耳其等文化中，成人，特别是妈妈，通常是孩子的游戏玩伴。但在其他文化中，如东印度群岛、印度尼西亚或玛雅，成人并不会被视为儿童合适的游戏玩伴，兄弟姐妹和同伴才是指导幼儿如何参与游戏活动的人（Callaghan et al., 2011; Vandermass-Peler, 2002）。在一些家庭和文化中，儿童会花更多的时间帮忙做家务，而花更少的时间独自玩游戏或参加集体游戏。不同文化群体会使用不同的材料和"玩具"——从昂贵的电子游戏到小木棒、石头和香蕉叶等。儿童使用其所处文化提供的材料来进行游戏。此外，不同文化背景下的儿童在游戏过程中解决冲突的方式也不同。例如，一项研究发现，与加拿大儿童相比，中国儿童在要求玩具时更加果断自信，同时也愿意分享，更可能自发地为另一名儿童提供玩具（French et al., 2011）。此外，与挪威、瑞典、新西兰和日本等将"游戏教学法"纳入课程的国家相比，美国和澳大利亚的教师对于游戏对儿童学习的价值的重视可能相对更少（Lillemyr, Søbstad, Marder, & Flowerday, 2011; Synodi, 2010）。

2. 体育锻炼和课间休息

参与体育锻炼对所有学生的健康、幸福、领导技能、社会关系都有好处。由于如今大多数青少年在日常生活中没有进行充足的体育锻炼，因此学校有必要促进学生主动锻炼。关于课间休息和体育锻炼的作用，目前已有很充足的学术依据。菲利普·托波罗夫斯基（Phillip Tomporowski）和同事（2008）回顾了已有关于体育锻炼和认知发展的研究，总结出"系统的运动计划的确能促进某些心理过程的发展，这些心理过程将有助于个体克服学业和人生道路上的挑战"（p.127）。另一些研究者则发现，亚洲国家的学生在阅读、科学和数学测验中的表现普遍优于美国学生，部分原因可能是亚洲学生每天课间休息的次数多于美国学生。一项研究以 11 000 名八九岁的学生为被试，发现与没有课间休息或课间休息时间很短的儿童相比，每天有 15 分钟或更长的课间休息时间的儿童在课堂上的表现更好。即使在控制了学生性别、民族、公立或私立学校背景以及班级规模等因素以后，这种差异仍然存在（Barros, Silver, & Stein, 2009）。然而，非常不幸的是，为了腾出更多的时间应对考试，学校正在不断地缩短体育课的时间（Ginsburg, 2007; Pellegrini & Bohn, 2005）。

3. 体育锻炼和患有障碍的儿童

在大多数学校，患有障碍的儿童的运动参与度是非常有限的。课间休息对于那些患有注意缺陷多动障碍的儿童尤为重要。事实上，课间休息次数更多时，可能被诊断为患有注意缺陷障碍的学生（尤其是男孩）更少（Pellegrini & Bohn, 2005）。但这种情况可能会改变。美国联邦法律规定，所有年级的学生有平等的机会参加体育课和课外体育活动。具体而言，学校有法定义务"为患有障碍的学生提供平等的机会，与其他同学一起参加课后体育运动和社团……如果学生在其他方面'合格'，那么学校不能阻止患有智力、发展性、身体或其他方面的障碍的学生参加团队选拔及在团体中运动"（Duncan, 2013）。虽然法律并没有要求学校改变它们组建团队和成员留在团队的标准，但它们需要做出合理的调整，比如在有失聪的参与者的比赛中使用视觉起动器而不是发令枪。此外，轮椅篮球等一些患有障碍的个体能参与的体育活动，也可以添加到课外活动中。

我们之所以关注体育锻炼，很重要的一个原因是有越来越多的儿童患上肥胖症。我们将在下面介绍这方面的内容。

3.1.3 生理发展中的挑战

生理发展是没有秘密可言的，每个人都能看到你有多高、多矮、多胖、多瘦，肌肉发不发达，或是体型协调不协调。随着学生进入青春期，他们感觉自己

"站在舞台上",好像每个人都在评价自己,生理的发展也是被评价的一部分。因此,生理发展会影响到心理发展(Thomas & Thomas, 2008)。

1. 肥胖症

如果你稍微留意一下新闻,就会了解在美国肥胖症是个日趋严重的问题,尤其是儿童患者的概率越来越高。事实上,自1971年以来,2～19岁期间各个年龄阶段的儿童患肥胖症的概率都翻了一番(Centers for Disease Control, 2009)。患有肥胖症的儿童的体重通常比年龄、性别和体格均相同的儿童的平均体重高20%以上。图3-1显示了美国各州县的肥胖率。

肥胖症会给儿童和青少年带来很多疾病和危害:糖尿病、骨与关节紧张、呼吸方面的问题,他们成年后还会更容易出现心脏方面的问题。肥胖症也会影响儿童与同伴玩耍,以及参加体育运动。另外,患有肥胖症的儿童经常会被同学取笑和嘲讽。与儿童发展的其他方面一样,众多相互影响的因素共同导致了肥胖症发病率的增高,其中包括不正常的饮食、遗传因素、看电视和玩电子游戏的时间增长,以及缺乏运动等(Woolfolk & Perry, 2015)。

然而对很多儿童来说,生理发展还面临着另一种挑战——体重不是太高,而是太低了。

2. 进食障碍

处于青春期的青少年非常在意自己的身体,这本来是很正常的。但当今社会对身材和形象的重视,使得青少年太在意自己的身材是否符合"标准"。青春期男孩和女孩都可能对自己的身材不满意,因为自己不符合杂志和电影中理想男人或女人的形象。纽约市在2013年承认了这一普遍存在的问题,面向7～12岁的女孩推出了自己的女孩计划(Hartocollis, 2013;nyc.gov/html/girls)。另一个由美国妇女健康办公室(US Office on Women's Health)资助的项目GrilsHealth.gov推出了如图3-2所示的海报,其座右铭是"健康、快乐、真实的自己最美!"

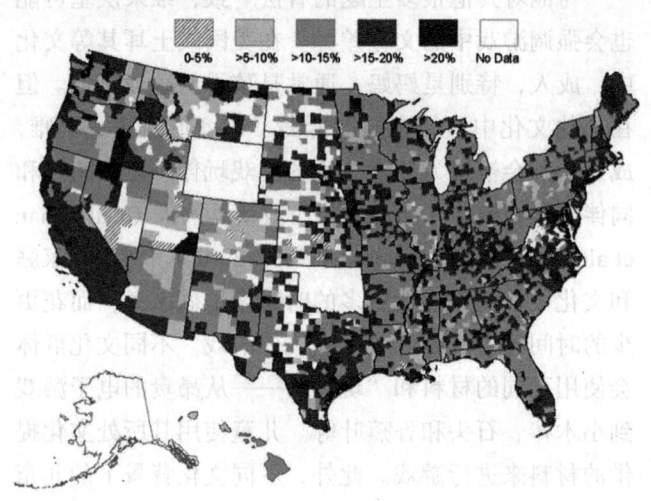

图3-1 2009～2011年美国各州县低收入家庭中2～4岁儿童的肥胖症患病率

资料来源:Centers for Disease Control and Prevention. Data retrieved from http://www.cdc.gov/obesity/downloads/pednssfactsheet.pdf. Map retrieved from http://www.cdc.gov/obesity/childhood/lowincome.html

图3-2 GirlsHealth.gov项目的海报

注:美国妇女健康办公室发起了一项旨在促进10～16岁女孩的健康和积极行为的举措。
资料来源:http://www.girlshealth.gov/.

对身体意象的过于关注可能是产生进食障碍，如**贪食症**（bulimia，暴饮暴食后催吐或导泻、禁食或过度运动）和**神经性厌食症**（anorexia nervosa，自我饥饿）的一个因素。

贪食症患者常常暴饮暴食，一次性吃下一桶冰淇淋或是整个蛋糕，但为了防止变胖，吃完后他们会迫使自己呕吐，或是服用泻药，以排除多余的热量。虽然这样做能使贪食症患者维持正常的体重，但他们的消化系统会受到永久性损伤。约有2%的美国人患有贪食症（Downs & Blow，2013）。厌食症是一种更为严重的进食障碍，因为厌食症患者经常拒绝吃东西，或几乎不吃任何东西，但同时经常过量运动。在这个过程中，他们的体重可能会减轻20%～25%，其中一些人（5%左右）甚至会活生生把自己饿死（Crow et al.，2009）。厌食症最常影响青少年和年轻的成年人。超过1%的美国人患有厌食症（Downs & Blow，2013）。患有厌食症的学生会变得很纤瘦，看起来脸色很苍白，指甲非常脆弱，身上的毛发细而发暗。他们很容易觉得冷，因为体内脂肪太少，无法使身体保温；也常感到沮丧、缺乏安全感、闷闷不乐、孤独；一些女生甚至会停经。

美国精神病学会发布的《精神疾病诊断和统计手册（第五版）》（DSM-5），在进食障碍中增添了**暴食症**（binge eating），并将其视为一种由两个指标定义的障碍："在短时间内反复发作的暴食，进食量明显大于大多数人在类似情况下所吃的食物量；发作时还伴有缺乏控制感等症状"（American Psychiatric Association，2013b）。暴食症是比单纯的饮食过量更加严重的问题，原因在于它与重大的生理和心理问题有关。在美国，约有5%～6%的人患有暴食症（Downs & Blow，2013）。

进食障碍正变得越来越普遍，有时还会被pro-ana（赞成神经性厌食症）和pro-ima（赞成贪食症）的社交网络、博客和网站所鼓励和支持。pro-ana和pro-ima运动常常很激进地支持"选择患上神经性厌食症或贪食症是一种'生活方式'"（Casilli，Tubaro，& Araya，2012）。支持进食障碍的相关数字媒体会提供非常瘦的模特的照片，快速而不健康的减重的观念及隐藏它的方式，激励性的语句和社会支持，虚拟社区和在线讨论，以及一种属于特定群体的归属感——这往往会给人一种假象，似乎这个特定的群体特别能理解你，会对抗你的孤独感和孤立感（Rodgers，Skowron，& Chabrol，2011）。pro-ana网站提供了很多国家和语言的版本，2012年仅使用法语的pro-ana网站就有近300个（Casilli，Pailler，& Tubaro，2013）。

不幸的是，当那些着迷于身体意象、总是试图控制自己体重的青少年在网络上搜索节食和减肥策略时，可能就会看到这些网站。频繁使用这些网站的人可能会觉得，虚拟社区中的人才是真正理解和接受他们的人——只有在虚拟社区里他们才是"真实的"（Peebles et al.，2012）。不过，目前有些社交网站已经认识到了这个问题。2012年，Tumblr和Pinterest决定禁止所有分享不健康减肥的图像和信息等"鼓励纤瘦身材"的内容（Casilli et al.，2013）。

应该说，所有这些学生通常都需要专业的帮助。不要忽视这些疾病的征兆，事实上，只有不到三分之一的进食障碍患者得到了真正的治疗（Stice & Shaw，2004）。教师可能是最早发现并帮助学生解决这些问题的关键人物。下面的实践指南将告诉你该如何帮助青少年建立积极的身体意象。

| 实践指南 |

帮助学生建立积极的身体意象

聆听学生谈论自身健康。

例如：

（1）当他们谈到自己打算减肥的时候，适时加入他们的谈话，和他们一起探讨健康体重、身体意象、文化对年轻人的影响等方面的话题。

（2）当他们谈到自己或朋友打算节食的时候，适时加入他们的谈话，从营养健康的角度为他们阐释当下流行的各种节食方法的迷思、误解以及危害。

> （3）留心学生的话语，一旦青少年对健康方面的问题发表了一些自己的见解，教师就可以把握机会，就身体意象与他展开有意义的对话。
>
> **询问学生一些问题。**
>
> 例如：
>
> （1）你是否很在意自己的体重（身材或体形）？你觉得身边的朋友在意他们的体重吗？你或你的朋友会经常谈论你的体重吗？
>
> （2）你知道节食是减肥或保持体重最差的一种方法吗？你节食过吗？为什么？
>
> （3）你知道只食用低脂或无脂食物是不健康的饮食方式吗？你知道我们需要从食物中摄取脂肪吗？你知道没有脂肪，我们会出现各种健康问题吗？
>
> **确保学生在遇到身体意象方面的困扰时，有足够的资源寻求帮助。**
>
> 例如：
>
> （1）提供准确的、适合年轻人的资源，供他们阅读、网上浏览或在图书馆查阅。
>
> （2）鼓励学生在遇到身体意象方面的困扰时，与你、健康专家、其他信任的教师或关心自己的、有智慧的长者进行交流。
>
> （3）将一些身体意象方面的话题纳入日常的课程教学。
>
> 想了解更多关于青少年和身体意象的信息，请查阅 epi.umn.edu/let/pubs/img/adol_ch13.pdf。
>
> 资料来源：Based on Story, M., & Stang, J. (2005). Nutrition needs of adolescents. In J. S. M. Story (Ed.), *Guidelines for Adolescent Nutritional Services* (pp. 158–159). Minneapolis, MN: University of Minnesota.

当然，个体的发展绝不仅限于生理方面。接下来，我们将介绍个性和道德的发展。首先，我们会探讨尤里·布朗芬布伦纳的理论，看看他是如何在环境背景中考察个体的发展的。

模块7小结

描述儿童在学前、小学及中学阶段生理发展方面的变化

在学前阶段，儿童的大运动技能和精细运动技能快速发展。整个小学阶段，儿童的生理发展仍在持续，女孩的体形通常比男孩更为高大。青少年进入青春期后会变得情绪化，并会努力应对青春期带来的所有变化。

早熟和晚熟对男孩和女孩有什么影响

女性比男性提前两年成熟。早熟的男孩可能会拥有更高的社会地位，他们可能更受欢迎，更容易成为领袖。但对白种人、非裔和墨西哥裔的美国男孩来说，早熟可能意味着有更多的违法行为。对女孩来说，早熟并不是一件好事。

课间休息和体育锻炼对发展有什么作用

游戏促进大脑、语言和社会性的发展。在游戏中，儿童能够释放压力，学会解决问题，适应新的环境，学会合作与协商。儿童肥胖率的不断增高与儿童缺乏运动，以及看电视节目、玩电子游戏和网络游戏的时间增长有关。

进食障碍有哪些征兆

厌食症的学生看起来脸色很苍白，指甲非常脆弱，身上的毛发细而发暗。他们很容易觉得冷，因为体内脂肪太少，无法使身体保温；也常感到沮丧、缺乏安全感、闷闷不乐和孤独；一些女生甚至会停经。

模块 8　发展的社会背景

3.2　布朗芬布伦纳：发展的社会背景

尤里·布朗芬布伦纳（1917—2005）的理论强调将发展中的个体置于其社会背景中进行考察。布朗芬布伦纳出生于俄罗斯莫斯科，6岁时随家人迁往美国，1938年在康奈尔大学获得心理学和音乐双学位，

1942年在密歇根大学获得心理学博士学位。在漫长的职业生涯里，他曾担任美国军队的临床心理学家，也曾是密歇根大学和康奈尔大学的教授。此外，他还是美国"开端计划"（Head Start，针对学前儿童）的创始人之一。

3.2.1 背景的重要作用和生态系统模型

"学生通常不是独自学习的，而是在与老师的合作中、同伴的陪伴下，以及家庭成员的鼓励下学习的。"（Durlak, Weissberg, Dymnicki, Taylor, & Schellinger, 2011, p. 405）教师、家庭和同伴都是学生背景中的一部分。所谓**背景**（context），指环绕在个体的思维、情感和动作周围，并与个体的这些活动相互作用，最终决定个体的发展和学习的所有环境因素。发展中的个体既会受到内部环境的影响，也会受外部环境的影响。例如，身体内的激素是大脑等器官发育的环境，也是青春期青少年自我概念发展的环境。但在本书中，我们主要关注个体以外的环境因素。儿童成长于家庭，但同时也是某个特定民族、语言、宗教和经济群体中的一员。儿童与邻居们生活在同一社区，但他们也会接受学校教育，成为某个班级、球队或合唱团的一员。另外，社会工程、教育计划以及政府制定的相关政策也会影响儿童的生活。这些环境因素为儿童提供了学习和发展的基石——资源、支持、奖励、惩罚、期望、教师、榜样、工具等，并以此影响着儿童行为、信念和知识的发展（Dodge, 2011; Lerner, Theokas, & Bobek, 2005）。

背景也会影响人们对行为进行解释的方式。例如，当陌生人接近一个7个月大的婴儿时，如果周围环境是陌生的，这个婴儿很可能会哇哇大哭；但如果陌生人出现在家里，婴儿可能就不会哭了。再比如，与生活在大城市的成年人相比，生活在小城镇的成年人更愿意帮助陌生人（J. Kagan & Herschkowitz, 2005）。现在请你设想一下"电话铃响"的情境。电话铃是在下午3点还是在凌晨3点响起的？你是否之前打给过别人并留下口信让他打过来？你此前已经接过无数个电话了，还是说这是今天的第一通电话？你是否刚坐下来准备吃饭？你会发现，背景不同，电话铃声的意义和你的感受也会有所变化。

布朗芬布伦纳提出的个体发展的**生态系统模型**（bio-ecological model）（Bronfenbrenner, 1989; Bronfenbrenner & Morris, 2006）认为，我们所处的物理和社会环境是一个生态系统，系统中各成分总是在持续不断地交互作用和相互影响着。正如图3-3所示，我们每个人都生活在一个微观系统中，这个微观系统包含于中间系统，中间系统又嵌入外部系统，这三个系统都是宏观系统中的一部分——就像俄罗斯套娃（一种玩具），层层嵌套。此外，所有的发展都发生在特定的时间段内，并受到时间段的影响。因此，生态系统还包括历时系统。

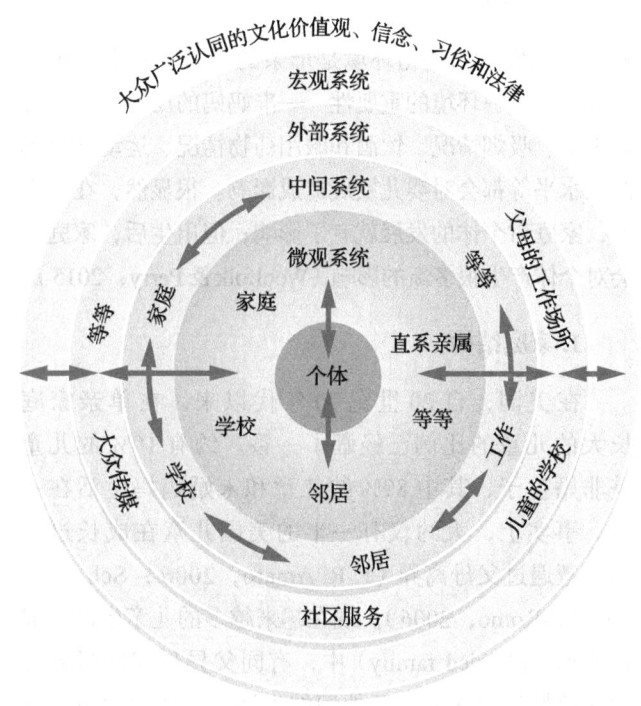

图3-3 尤里·布朗芬布伦纳提出的个体发展的生态系统模型

注：*个体的发展是在一个微观系统（家庭、学校和邻居等）中进行的，这个微观系统包含于中间系统（微观系统中所有元素的相互作用），中间系统又嵌入外部系统（尽管儿童并未直接参与，但仍会对他们的发展产生影响的社会环境，如社区服务、父母的工作场所等）；这三个系统都是宏观系统（更大的拥有特定法律、习俗和价值观的社会环境）中的一部分。此外，所有的发展都发生在特定的时间段内，并受到时间段的影响。因此，生态系统还包括历时系统。*

微观系统包含个体直接的人际关系和活动。对儿童而言，微观系统可能就是直系亲属、朋友、教师以及游戏、学习等活动。微观系统中的各种关系都是双向的，即个体与其他元素是相互影响的。例如，儿童影响父母，父母同样会影响儿童。中间系统指微观系统中各种元素之间一系列的相互作用和关系——家庭成员间的相互作用或家庭成员与教师的相互作用。同样，这些关系也是双向的——教师影响父母，父母对教师也有影响，父母和教师的相互作用最终会影响儿童。外部系统包括所有对儿童产生影响的社会环境，即使儿童并不直接参与该系统，例如教师与行政人员、学校董事会的关系，父母的工作，社区提供的卫生、工作或休闲等方面的资源，家庭的宗教信仰等。宏观系统是更大的社会环境，包含相应的价值观、法律、政策、习俗和传统。

3.2.2 家庭

个体发展的最初环境是母亲的子宫，科学家正逐渐认识到这一环境的重要性——准妈妈的压力水平、营养水平、吸烟情况、饮酒和服用药物情况、运动和总体健康水平等都会对婴儿发展造成影响。很显然，在出生前，家庭对个体的发展就有了影响；但出生后，家庭还会对个体产生很多新的影响（Woolfolk & Perry, 2015）。

1. 家庭结构

在美国，自20世纪70年代以来，在单亲家庭长大的儿童的比例已经翻了一番。约有10%的儿童是非婚生子，其中89%的儿童和未婚妈妈生活在一起。事实上，大约仅有一半的美国儿童在成长过程中未遭遇过父母离异（P. R. Amato, 2006；Schoen & Canulas-Romo, 2006）。现在越来越多的儿童生活在**混合家庭**（blended family）中，有同父异母或同母异父的兄弟姐妹加入或离开他们的生活。一些学生可能和姑妈、爷爷奶奶、父母一方，或寄养家庭、收养家庭，甚至某个哥哥或姐姐住在一起。在亚洲、拉丁美洲或非洲等文化中，儿童通常生活在**扩展家庭**（extended family）中，和爷爷奶奶、姑姑、叔伯以及堂兄弟姐妹生活在同一屋檐下，或者至少每天都有密切的接触。此外，美国还有数百万的同性恋家庭（由于同性恋家长为使自己的孩子免受歧视和偏见，会隐瞒自身的性取向，因此很难获得准确的统计数据）。由于上述种种情况，教师在和学生交谈时，最好不要用"你的父母""你的妈妈和爸爸"，而要用"你的家人"。

2. 教养方式

研究发现，无论儿童由谁抚育，抚育者之间的确存在不同的教养方式。

戴安娜·鲍姆林德（Diane Baumrind, 1991, 1996, 2005）基于自己的研究提出了著名的**教养方式**（parenting style）理论。她早期主要从事一个以100名学前儿童（主要来自欧裔美国中产阶级家庭）为对象的纵向研究。通过对儿童、父母的观察以及对父母的访谈，鲍姆林德及其他以她的研究为基础的研究者都发现，根据父母在温暖和控制两个维度上的高低水平，可以划分出四种不同的教养方式。

（1）**权威型父母**（高温暖，高控制）会给儿童设定明确的界限，要求儿童遵守规则，期望儿童有成熟的行为。但与此同时，父母能给予儿童很多的温暖。他们能倾听子女讲自己关心的事情，告诉儿童遵守规则的原因，给予儿童更多的民主选择权。这种类型的父母较少惩罚儿童，而会更多地给予指导，并帮助儿童学会认真思考自己的行为会导致什么后果（Hoffman, 2001）。

（2）**专制型父母**（低温暖，高控制）在与儿童相处时看起来很冷酷无情，而且控制欲很强。这种类型的父母总是期望儿童能很快成熟起来，并且按父母的话办事："我怎么说，你就得怎么做！"父母与儿童之间没有太多的情感交流。父母对儿童的惩罚很严厉，但不会滥用惩罚。他们很爱儿童，只是没有表达出来。

（3）**放纵型父母**（高温暖，低控制）会给儿童温暖并且养育儿童，但他们很少制订规则或者告诉儿童行为的后果，对儿童能做出成熟的行为不抱太大的希望，因为"他们只是孩子"。

（4）**拒绝型/忽视型/不作为型父母**（低温暖，低控制）对儿童漠不关心，也不会费心控制儿童的行为，与儿童沟通或教育他们。

专制型、权威型和放纵型的父母都很爱他们的子女，并且尽力做到最好，只是他们对什么是最好的教养方式存在不同的看法。一般而言，这三种不同的教养方式可能会导致儿童产生不同的感受和行为。至少对欧裔美国中产阶级家庭的儿童而言，权威型父母的子女在学校里表现出色，对自己很满意，与他人相处融洽；专制型父母的子女更容易产生负罪感和抑郁情绪；放纵型父母的子女往往不能处理好与同伴的关系，因为他们习惯了我行我素（Berger, 2006；Spera, 2005）。

当然，极度的放纵会变成溺爱。溺爱型父母会满足子女每一个无理取闹的要求——他们可能感觉顺着孩子的意愿比违背孩子的意愿更轻松、更容易。溺爱型和拒绝型/忽视型/不作为型的教养方式对儿童的发展都是有害的。

3. 文化与教养

如果教养方式是严格的、指导性的，会告知明确的规则和行为后果，同时具有高水平的温暖和情感支持，那么在这种教养方式下成长的城市儿童会拥有更高的学业成绩，情绪也会更加成熟（P. W. Garner & Spears, 2000；Jarrett, 1995）。但如果生活在不同的文化价值观下，或生活在治安情况较差的郊区，父母更高的控制性可能是合理的，甚至是必需的（Smetana, 2000）。此外，在那些强调尊敬长辈，以集体为中心，而不崇尚个人主义的文化中，如果把父母要求孩子服从命令的做法看作"专制"，显然是不对的（Lamb & Lewis, 2005；Nucci, 2001）。实际上，露丝·赵（Ruth Chao, 2001；Chao & Tseng, 2002）的研究对鲍姆林德有关亚洲家庭的结论提出了挑战。赵认为，"孝顺"（赵用它表示"训练"）或许能更好地表述亚洲和亚裔美国家庭的教养方式。

有关拉丁裔家庭的研究也对欧裔美国家庭教养方式的普适性提出了质疑。通过一个精心设计的观察系统，梅拉妮·多梅内奇·罗德里格斯（Melanie Domenech Rodríguez）及其同事发现了教养方式的第三个维度——父母是否给予儿童足够的自主权（能够自由地做决定）。研究者发现，她们研究的所有家庭几乎都可以被划分为保护型（高温暖、高控制/高要求、给予儿童较小的自主权）或权威型（在所有维度均为高水平，高温暖、高控制/高要求、给予儿童较大的自主权）。此外，研究者还发现，这些拉丁裔家庭会对女孩有更高的要求，并给予她们较小的自主权（Domenech Rodríguez, Donovick, & Crowley, 2009）。

无论你所面对的学生来自何种家庭，下面与家庭和社区建立合作关系的实践指南或许都能给你一些帮助，有助于你与学生的家庭进行良好的沟通。

| 与家庭和社区建立合作关系的实践指南 |

与家庭建立联系

（1）与家长合作，共同找出家庭参与教育的方法。提供一系列可能的计划，确保这些计划适合你面对的家庭，并切实可行。

（2）记住，有些家长可能在学校有过不愉快的经历，或是害怕、不信任学校和教师。尝试在学校之外的地方和他们沟通，如在球赛开始前或结束后，或是在当地的教堂、休闲中心。去那些家长可能去的地方，不要总是期望他们会来学校。

（3）通过电话或便条等方式定期与学生家庭保持联系，如果有些家庭没有电话，则需要确定一个联系人（该家庭的亲戚或朋友）帮助传递信息。如果家长不识字，可以借助图画、符号和代码进行书面沟通。

（4）确保每次交流都是积极正面的，强调发展、进步和成就。

（5）和家长一起设计家庭活动，以庆祝学生的努力和成功，活动可以是一场电影、一顿特别的饭菜、去公园或图书馆、外出吃冰淇淋或比萨等。

（6）通过便条，以文字或图画的方式定期向家长报告学生取得的进步。要求家长写明他们是如何庆祝这些进步的，并将便条返还给教师。

（7）给学生家里打电话，讨论学生取得的进步，回答家长提出的问题，征求家长的意见，并对学生家庭给予的支持和帮助表达谢意。

（8）鼓励家长参观学校并观摩课堂教学。

想了解更多关于家校合作的消息，请查阅gse.harvard.edu/hfrp/projects/family.html。

资料来源：From "Effects of Parent Involvement in Isolation or in Combination with Peer Tutoring on Student Self-Concept and Mathematics Achievement," by J. Fantuzzo, G. Davis, and M. Ginsburg, *Journal of Educational Psychology*, 87, pp. 272–281. Copyright © 1995 by the American Psychological Association. Adapted with permission of the APA.

4. 依恋

人与人之间形成的情感联结被称为**依恋**（attachment）。最初的依恋是建立在儿童和父母或其他照顾者之间的，这种联结的质量可能会影响随后人生中其他关系的建立（R. A. Thompson & Raikes, 2003）。与照顾者之间形成安全型依恋的儿童在有需要时会及时得到安慰，他们更有自信去探索世界，这可能是因为他们知道自己可以依赖照顾者。而形成不安全型或紊乱型依恋的儿童，在与照顾者互动时可能会表现出害怕、难过、紧张、过分依赖、拒绝或生气。一些研究表明，专制型的教养方式与不安全型依恋的形成有关。但正如上面所提到的，很多因素会影响教养方式发挥作用（Roeser, Peck, & Nasir, 2006）。

依恋的质量对教师也有影响。例如，在学前阶段与父母形成安全型依恋的儿童较少依赖教师，并能与其他小朋友相处融洽。进入学校后，安全型依恋与成就测验分数、教师对其社会胜任力的评估，甚至低辍学率均呈正相关（Roeser et al., 2006）。在后面的章节中，我们将介绍研究者近来关注的依恋议题，即学生对教师、学校的依恋会如何影响学生的发展。

5. 父母离异

美国是世界上离婚率最高的国家之一。一些分析者估计，在20世纪90年代第一次结婚的夫妻中，有40%～50%已以离婚告终，而第二次或第三次婚姻的离婚率甚至更高（P. R. Amato, 2001; Schoen & Canulas-Romo, 2006）。正如我们很多人从自己家庭的经历中了解到的，即使在最好的环境下，分居和离异也会给所有当事人带来压力：要么父母真正分居之前，家庭矛盾已经持续了很多年，要么分居显得非常突然，让所有人都感到震惊，包括朋友和孩子。在离婚的过程中，财产和监护权的协商可能会使冲突加剧。父母离异后，更多的变化可能会扰乱孩子的生活，比如获得监护权的父亲或母亲可能不得不搬进新的社区，可能需要工作更长的时间。对孩子来说，这意味着在他们最需要支持的时候，却不得不离开原来的邻居和原来学校里的好朋友。即使在一些少见的案例中——夫妻之间很少发生冲突，家庭有良好的经济基础，离异后仍能获得很多朋友和扩展家庭的支持，离异对他们来说也不是件轻松的事情。但对于儿童来说，与其在一个充满矛盾、冲突的家庭中长大，也许父母离异是更好的选择。"对于任何家庭来说，毁灭性冲突都会伤害父母和儿童的健康。"（Hetherington, 2006, p.232）

不管对男孩还是女孩来说，父母离异后的前两年可能都是最困难的时期，而这对刚进入青春期的青少年（10～14岁）而言尤为艰难。有研究发现，与女孩相比，男孩更难适应父母的离异。这可能是因为母亲通常会获得监护权，导致男孩在家中缺乏一个男性榜样（Fuller-Thomson & Dalton, 2011）。父母离异后，孩子在学校里可能会出现很多问题，或者干脆逃学，还可能出现体重不正常地增加或减少、失眠和其他方面的问题。但对父母离异的适应是因人而异的，一些孩子可能会因此变得更有责任感，更加成熟，应变能力也有所提高（P. R. Amato, 2006; L. F. Amato, Loomis, & Booth, 1995; American Psychological Association, 2004）。随着时间的流逝，75%～80%左右的离异家庭儿童都能逐渐适应，并且在一定程度上适应良好（Hetherington & Kelly, 2003）。下面的实践指南是对教师如何帮助离异家庭学生的建议，你可以参考。

| 实践指南 |

帮助离异家庭的孩子

记录学生任何突如其来的行为变化，它们可能表明该学生的家庭出现了问题。

例如：

（1）关注学生的身体症状，如反复的头疼或胃痛、体重剧增或剧减、疲乏或精力过剩等。

（2）对学生的不良情绪及其征兆保持警觉，如喜怒无常、脾气暴躁、注意力无法集中等。

（3）让家长了解学生有压力的信号。

与学生单独交谈，讨论他们态度和行为上的变化，借此了解是否发生了不寻常的压力事件，如父母离异。

例如：

（1）做一个好的聆听者，因为可能没有其他成年人愿意倾听他们的心声。

（2）让学生了解你可以和他们交谈，并让学生来决定谈话的时间。

注意你的语言，避免学生形成对"幸福"（双亲）家庭的刻板印象。

例如：

（1）课堂上尽量使用"你的家人"，而不是"你的父亲和母亲"。

（2）避免使用"我们需要妈妈的协助"或"你爸爸会帮你"这类语句。

帮助学生维持自尊。

例如：

（1）对学生的出色表现表示认可。

（2）确保学生能理解作业，并能完成作业。这个时期不适合增添新任务或加大任务难度。

（3）学生可能对自己的父母不满，却把火气撒在教师身上，所以不要太在意学生的愤怒。

寻找学校可利用的资源。

例如：

（1）与学校心理学家、辅导咨询师、社会工作者或校长谈论特别需要帮助的学生。

（2）考虑建立一个讨论小组，由受过训练的成年人主持，帮助学生度过父母离婚的阶段。

明确了解父母双方的知情权。

例如：

（1）如果父母双方有共同监护权，他们都有权利了解孩子的情况和出席家长会。

（2）没有监护权的家长可能仍然关心孩子在学校的进步。与校长一起了解无监护权的父母有哪些法律权利。

了解学生因辗转于离异父母双方家庭而产生的一些长期问题。

例如：

（1）学生与离异父母一方共同生活时，可能会将书本、作业、运动服遗忘在另一方的家里。

（2）离异父母可能收不到学校通知，因此没有按时到学校接孩子或是错过了家长会。

要了解更多关于如何帮助儿童理解离婚的观点，请查阅 muextension.missouri.edu/xplor/hesguide/humanrel/gh6600.htm。

3.2.3 同伴

儿童的成长离不开同伴团体。鲁宾（Rubin）及其同事（Rubin, Coplan, Chen, Bushirk, & Wojslawowicz, 2005）区分了两种同伴团体：小团体（clique）和群体（crowd）。

1. 小团体

小团体通常是由3～12名儿童以友谊为枢纽组成的小集团，这种同伴团体在儿童中期和青春期早期更为常见。这些小团体通常包括拥有相同兴趣和参加相似活动的同性别和同年龄的同伴。通过提供一个稳定的社会环境，群体成员彼此熟悉并形成了亲密的友谊，小团体满足了年轻人的情感和安全需要（B. B. Brown, 2004; Henrich, Brookmeyer, Shrier, & Shahar, 2006）。

> **停下来 想一想**
>
> 回想高中生活，你的朋友中是不是有一些来自某些同伴团体，如"普通人""受欢迎的人""聪明人""运动员""派对党""瘾君子"以及其他的群体？你们学校最主要的群体有哪些？你的朋友是如何影响你的？

2. 群体

群体是相对没有那么亲密的，组织相对松散的，由于共同的兴趣、活动、态度或名声等形成的团体。尽管这些群体可能在不同的学校里有不同的名字，但最常见的群体是运动员、聪明人、书呆子、瘾君子、喜欢哥特摇滚的人、受欢迎的人、普通人、无名之辈和孤独者。学生不一定必须加入群体，但其他学生往往会根据其名声和刻板印象将这个学生与特定的群体联系起来或将其视为某个群体中的一员（J. L. Cook & Cook, 2014）。实际上，群体成员间可能会互动，也可能不会。与群体的联系通常发生在青春期早期和中期（Rubin et al., 2005）。W. 安德鲁·柯林斯和劳伦斯·斯滕伯格（W. Andrew Collins & Laurence Steinberg, 2006, p.1022）将群体称为"父母赋予的个性和建立连贯的人格同一性之间的同一性'站点'或占位符"。

到了青春期后期，群体变得没那么重要了。有意思的是，对自身同一性相对更有信心的青少年往往不像那些仍在探讨自身同一性的同龄人那样重视是否隶属于某一群体。到了高中，很多青少年认为隶属于某一群体会扼杀他们的同一性和自我表达（W. A. Collins & Steinberg, 2006）。

3. 同伴文化

在任何年龄，学生都有自己的一套规则，如穿衣风格、说话方式、发型、沟通方式等，这些被称为**同伴文化**（peer culture）。同伴团体会决定哪些活动、音乐或学生是他们喜欢的或讨厌的。例如，杰西卡（Jessica）是一名受欢迎的高中女生，当询问她所在团体的规则时，她能毫不费劲地说出：

"好的。第一点：衣服，除了星期五，其他时间都不能穿牛仔裤；一周以内扎马尾和穿运动鞋的次数不能超过一次；星期一是特别的日子，可以穿黑色的短裤或短裙，让别人知道你有多么可爱，免得他们过了周末就忘了。第二点：派对，当然，我们会坐下来讨论去哪个派对，因为我们不想打扮得漂漂亮亮地去参加一些没有意思的派对。"（Talbot, 2002, p.28）

同伴文化鼓励成员遵从团体的规则。如果杰西卡所在团体中的一个女孩星期一穿了牛仔裤去上学，杰西卡就会问她："为什么你今天穿了牛仔裤？你忘了今天是星期一吗？"（Talbot, 2002, p.28）杰西卡说，如果发生这种情况，她所在的团体就会惩罚这个"叛徒"，不允许她和团体成员一起吃午饭。这种惩罚已经实施好几次了。

为了了解同伴的力量，我们有必要看看当父母的价值观及兴趣与同伴文化发生冲突时，哪个的影响会更大。在这些比较中，同伴通常在时尚及社交方面的影响更大，而父母在道德、职业选择及宗教上有更大的影响（J. R. Harris, 1998）。当然，并不是同伴文化的所有方面都不好，一些团体的规范是积极的，因此能够促进学生获得学业上的成功。

4. 友谊

友谊是所有年龄阶段学生生活的重心。当学生与朋友吵架或发生争执时，当其他人散播流言并且联合起来排挤某个学生时（就像本章开头介绍的阿莉森和斯特凡妮），被排挤的学生可能会受到毁灭性的伤害。除了"进入"或"退出"团体带来的直接的精神创伤，同伴关系还会影响学生在学校里的动机和成就（A. A. Ryan, 2001）。一项研究表明，与至少拥有一个朋友的学生相比，没有朋友的6年级学生表现出了更低的学业成就、更少的积极社交行为以及更多的不良情绪，这一结论两年后依然成立（Wentzel, Barry, & Caldwell, 2004）。朋友的个性和友谊的品质也很重要。与有社交能力且成熟的朋友保持稳定的、相互支持的关系，能够促进学生社会性的发展，使学生免受情绪问题的困扰，支持学生度过困难时期，如父母离异或刚刚转学时（W. A. Collins & Steinberg, 2006）。

但友谊的作用并不总是积极的。斯滕伯格（1998）对威斯康星州和加利福尼亚州的20 000名学生进行了为期3年的调查，结果发现，每5个学生中就会有1个学生说，他的朋友曾经捉弄过那些想在学校里当"好学生"的同学。40%左右的学生学习只是在做做样子，90%左右的学生曾经抄过别人的作业，66%的学生在最近一年的考试中作过弊。学生学习不够投入的部分原因可能是同伴压力，因为对于大部分青少年而言，"同伴，而非父母，是决定他们多么积极投入学校生活并努力学习的最主要因素"（p.331）。

5. 受欢迎程度

受欢迎是什么意思？我们可以通过观察学生或根据家长和教师的评定得到答案。但评定学生受欢迎程度最常见的方法是询问学生两个问题：你喜欢这个孩子吗？你眼中的这个孩子是什么样的？根据上述两个问题的答案，我们可以区分出四种儿童（如表3-1所示）。

正如表3-1所示，受欢迎的儿童（评定中得分较高的儿童）可能有积极或消极的行为表现。被拒绝的儿童由于攻击性较高，不够成熟，社会技能比较差，在交往中会表现出退缩等，在评定中得分较低。有争议的儿童得到的评价则是彼此冲突的，他们既表现出积极社会行为，又表现出消极社会行为。被忽视的儿童几乎是"透明人"，因为他们的同伴很少提及他们。但"被忽视的儿童很焦虑或容易出现社交退缩"的说法，目前还没有定论（Rubin et al., 2005）。

表3-1 怎样才能受欢迎

受欢迎的儿童
受欢迎的亲社会儿童：这些儿童在学业和社交上均有优秀的表现。他们在学校中表现良好，与同伴相处融洽。当他们与其他儿童意见不合时，他们会有恰当的反应，并能采取有效的策略化解冲突
受欢迎的反社会儿童：有攻击性的男孩通常会被归入这种类型。他们的体格可能比较健壮，而他们那些欺凌同学、挑衅成人权威的行为，在其他同学看来很"酷"
被拒绝的儿童
被拒绝的攻击型儿童：这类儿童常与同伴发生冲突，行为上多表现出多动和冲动的特点。这些儿童的观点采择能力很差，自控力也较弱。他们常常误解他人的意图，推卸责任，在生气和受到伤害时会用攻击性行为来表达自己的情绪
被拒绝的社交退缩型儿童：这类儿童比较害羞和孤僻，常常是被欺凌的对象。他们不太懂得如何与人交往，常常在社交中表现出退缩行为，以此来避免别人的嘲笑和攻击
有争议的儿童
正如其名称所示，这类儿童既有积极的社交行为，也有消极的社交行为，因此他们在群体中的社会地位是随时间发生变化的。他们会在某些情境下表现出敌对和破坏性行为，但随后在与他人的互动中又表现出积极的亲社会行为。这类儿童有自己的朋友，并且通常对自己的同伴关系感到满意
被忽视的儿童
可能令人惊奇的是，这类儿童大多适应良好。与其他儿童相比，他们的社交能力不算差。同伴会认为他们比较害羞，但他们自己并不觉得孤独或对现有的社交状况感到不满。因此，他们不会像社交退缩型儿童那样，经历极端的社交焦虑或在社交过程中过分谨慎小心

资料来源：Woolfolk, A. & Perry, N. E. (2015). *Child and adolescent development*, *2nd Ed*. Reprinted by permisison of Pearson Education.

6. 被拒绝的原因和后果

儿童和青少年并不总能容忍差异。5%~10%的儿童经历过某些形式的同伴问题——拒绝、欺凌和其他困难（Boivin et al., 2013）。我们会在这一部分讨论被拒绝的儿童，在第13章中讨论欺凌和网络欺凌这些非常真实且危险的问题。

当班上的学生已经形成了固定的小团体或群体后，那些在体形、智力、民族、种族、经济或语言上有所不同的新学生会受到排挤。而那些带有攻击性、性格内向、散漫多动的学生，则更有可能受到排斥。班集体的气氛也很重要，尤其对于那些有攻击性、性格内向的学生，更是如此。如果班级总体的攻击性水平很高，那么有攻击性的学生受到的同伴的排斥可能会更少；如果班上的学生更习惯于独自玩耍和工作，那么性格内向未必会招来同伴的排斥。因此，受排斥的部分原因可能仅仅是这些学生与班上大部分人不同。无论班集体的气氛如何，分享、合作和友好的互动等亲社会行为都可以帮助学生融入集体。很多有攻击性或性格内向的学生缺乏这些社交技能。散漫多动的学生经常误解社交线索，或没办法控制自己的冲动，这最终导致他们也缺乏这些社交技能（Coplan, Prakash, O'Neil, & Armer, 2004；Stormshak, Bierman, Bruschi, Dodge, & Coie, 1999）。

如果学生被拒绝，他们可能会产生抑郁、自杀念头等情绪问题，行为或身体健康问题，以及在学校中的困难（Boivin et al., 2013）。那些被同伴排挤的儿童可能更少参与课堂学习活动，因此他们的学业成就较低；到了青春期更可能辍学；成年时也可能面临更多的问题。例如，被排挤的有攻击性的学生，成年后出现犯罪行为的可能性更大（Buhs, Ladd, & Herald, 2006；Coie & Dodge, 1998；Fredricks, Blumenthal, & Paris, 2004）。教师应当了解每个学生与团体相处的情况，是否有被排挤的情况。正如我们接下来即将看到的，成年人的细心介入，尤其是在小学高年级和中学阶段的介入，通常能很好地纠正这些问题（Pearl, Leung, Acker, Farmer, & Rodkin, 2007）。

有时拒绝会变成攻击行为。

7. 攻击行为

请注意,不要把攻击性行为和自表行为(assertiveness)混为一谈,自表行为只是为了明确或维护自己的合法权利。如,一个孩子说"你坐了我的椅子",这是自表行为;而如果他把坐在自己椅子上的同学推开,则是攻击性行为。攻击有多种形式,其中最常见的形式是**工具性攻击**(instrumental aggression),这种攻击是为了获得一样东西或某种利益,例如推开别人好让自己有个座位,或是把书从别的同学那里抢过来。尽管这种行为本身是为了获得自己想要的东西,而非伤害别人,但伤害随时随地都可能发生。攻击的另一种形式是**敌意性攻击**(hostile aggression),即故意造成伤害。敌意性攻击可以是**外显攻击**(overt aggression),如恐吓或身体攻击(如"我要痛打你一顿"),也可以是**关系攻击**(relational aggression),包括威胁或破坏社会关系(如"我再也不会跟你说话了")。男孩更倾向于使用外显攻击,而女孩,尤其是上了中学以后,更倾向于使用关系攻击,就像前文中的阿莉森一样(Ostrov & Godleski, 2010)。此外,还有一种敌意性攻击正逐渐受到人们的关注,它就是**网络攻击**(cyber aggression)。这种攻击主要是借助电子邮件、社交博客、社交网站及其他社交媒体来传播谣言、威胁他人,当然也可以恐吓同伴,就像本章教师案例簿中的阿莉森那样。

有攻击性的儿童相信使用暴力能得到好处,他们通过攻击性行为获得自己想要的东西。对他们而言,用暴力进行报复是可以接受的:"当你很愤怒的时候,推倒别人是很正常的。"(Egan, Monson, & Perry, 1998)看到暴力行为没有受到惩罚,他们的这种想法会得到证实和强化。此外,一些有攻击性的儿童,特别是男生,有时候很难理解别人的意图(Dodge & Pettit, 2003; Zelli, Dodge, Lochman, & Larid, 1999)。当他们的积木城堡被别人不小心推倒,他们在车上偶然被别人推了一下,或者发生了一些其他意外时,这些儿童会认为别人是"故意这样做的"。然后,他们会进行报复,攻击性行为就这样恶性循环下去。

若儿童出现更严重的品行问题,通常会在小学阶段被鉴别出来。但这些严重的品行问题往往不是这些儿童身上突然冒出来的新行为,而是因早期发展受阻而遗留下来的(Petitclerc, Boivin, Dionne, Zoccolillo, & Tremblay, 2009)。因此,等待儿童自行"克服"攻击性行为的做法并不奏效。例如,芬兰的一项研究要求教师对学生的攻击性进行评定,教师需要判断学生某些行为的发生频率,如"生气时会伤害其他同学"是"从不""有时"还是"经常"发生。如果学生在8岁时被教师评定为具有攻击性,就预示着他们在青少年早期可能会有学校适应问题,成年后可能会长期失业(Kokko & Pulkkinen, 2000)。在加拿大、新西兰和美国做的研究也发现了类似结果。在小学时期经常对他人进行身体攻击的男孩(而非女孩),整个青春期都存在实施暴力和非暴力形式违法行为的风险(Broidy et al., 2003)。

帮助学生学会处理攻击性行为,可能会改变他们的一生。防止后期出现攻击性行为的最好方法就是尽早地进行干预。例如,一项研究发现,教师教会有攻击性的儿童一些冲突管理的策略,有助于这些儿童开始新的人生,让他们的生活不再充满着攻击和暴力(Aber, Brown, & Jones, 2003)。桑德拉·格雷厄姆(1996)曾成功地帮助5、6年级有攻击性的儿童学会更好地判断他人的意图。格雷厄姆通过让学生进行角色扮演,参加与个人经验有关的讨论,解读图片中的社交线索,玩哑剧游戏,拍摄录像以及续写故事结局等方式来进行训练。经过12个阶段的训练,这些有攻击性的男孩在理解他人意图上有了明显的改善,也较少表现出攻击行为了。

8. 关系攻击

侮辱、说闲话、排斥、嘲笑,这些都属于关系攻击。有时候关系攻击也被称为社交攻击,因为这些攻击行为的意图是伤害社会关系。小学2、3年级以后,女孩比男孩更常使用关系攻击,这也许是因为女孩开始意识到性别刻板印象,开始压抑自己的外显攻击行为,转而使用言语的而非身体的攻击。关系攻击可能会造成比身体攻击更大的伤害,无论是对受害者还是攻击者。受害者,如本章开始时提到的斯特凡妮,通常会在情感上受到很大的伤害;在教师和其他同学眼中,关系攻击者的问题可能比身体攻击者更严重(Crick, Casas, & Mosher, 1997; Ostrov &

Godleski, 2010）。在学前阶段，儿童就需要学习如何不使用攻击性行为来调节社会关系。研究者对青少年进行访谈的结果发现，他们基本上不指望教师和学校里的其他成年人来保护自己（Garbarino & deLara, 2002）。在第13章（学习环境的创设）中，我们将介绍处理欺凌和网络欺凌的更加具体的课堂策略。

9. 媒体、模仿与攻击性行为

模仿在攻击性行为的发生中起着重要的作用（Bandura, Ross, & Ross, 1963）。在充斥着严厉惩罚和家庭暴力的家庭环境中成长的儿童，更有可能通过暴力来解决问题（G. R. Patterson, 1997）。

如今，几乎每个美国家庭都有电视，电视是儿童模仿的暴力行为的一个重要来源。6到11岁的儿童平均每周会花28个小时看电视，这远远超过了其他活动的时间（睡觉除外）（Rideout, Foehr, & Roberts, 2010）。正是由于上述结论，电视中的暴力可能造成的影响是一个需要关注的问题。在美国，82%的电视节目存在或多或少的暴力镜头。而在儿童节目中，暴力镜头的出现率更高——平均每小时有32个暴力动作，卡通片尤其严重。然而，在超过70%的暴力场景中，施暴者并没有受到惩罚（Kirsh, 2005; Mediascope, 1996）。观看含有暴力内容的电视节目会增强儿童的攻击性吗？美国卫生与公共服务部部长组织了一个专家小组，专门探讨媒体和暴力的关系，最终得到了一个稳定而清晰的结论："针对有暴力内容的电视、电影、电子游戏及音乐的研究明确地证实了，媒体中的暴力内容会增加即时的和长期的攻击性行为与暴力行为的可能性。"（C. A. Anderson et al., 2003, p.81）

作为教师，你可以通过强调以下三点来降低电视上暴力内容的负面影响。首先，大多数人不会像电视上那样使用暴力；其次，在电视上看到的暴力场面都不是真实的，是经过特殊效果创造出来的；最后，有很多更好的非暴力的方法可以用来解决矛盾冲突，这些才是现实中大部分人解决问题的方法（Huesmann et al., 2003）。同时，要避免将电视作为奖惩的工具，因为这会让电视更加吸引孩子（Slaby et al., 1995）。但电视并不是儿童模仿的暴力行为的唯一来源。在市中心长大的儿童可能目睹过帮派暴力，报纸、杂志和广播里也都充斥着有关谋杀、强奸和抢劫的报道，很多受欢迎的电影中亦充满了"英雄"拯救世界的暴力镜头。那么电子游戏呢？

10. 电子游戏与攻击性行为

研究者回顾了来自美国、澳大利亚、德国、意大利、荷兰、葡萄牙、英国等西方国家以及日本的130份研究报告，涉及的被试人数超过13万（C. A. Anderson et al., 2010）。结果发现，玩暴力电子游戏会导致个体攻击性观念、情绪和行为的增多，同时会导致共情能力的下降，而且这种影响不限于特定的文化或性别。但值得注意的是，玩积极的电子游戏也能增加亲社会行为。因此，电子游戏这种形式本身并没有问题，关键是游戏的内容。我们会从自己所玩的游戏中学习，而现在市面上充斥着各种暴力的电子游戏，亲社会电子游戏的数量很少。因此，摆在教师、家长和整个社会面前的一个重要议题就是，如何降低儿童周围环境的负面影响。下面的实践指南就如何处理攻击性行为和鼓励学生合作提出了一些建议（Anderman, Cupp, & Lane, 2009; T. A. Murdock & Anderman, 2006），你可以参考。

| 实践指南 |

处理攻击性行为和鼓励学生合作

注意自己的言行，为学生树立一个无攻击性的榜样。

例如：

（1）不要使用攻击性的威胁来逼迫学生服从。

（2）问题发生时，示范非暴力的冲突解决策略（参见第13章）。

确保教室里每个学生都有足够的空间和恰当的资源。

例如：

（1）避免教室过分拥挤。

（2）确保有足够的奖励性玩具和资源。

（3）拿走或没收那些会引发攻击性行为的物品，如玩具枪。

（4）避免使用竞争太过激烈的活动和评价方式。

确保学生无法从攻击性行为中获益。

例如：

（1）安慰被攻击的受害者，并且忽视攻击者。

（2）必要时使用合理的惩罚，尤其是对年龄较大的学生。

直接教导积极的社会行为。

例如：

（1）将社会伦理道德教学融入阅读和讨论。

（2）讨论偷窃、欺凌及散播谣言等反社会行为造成的影响。

（3）提供示范和鼓励，以角色扮演的方式示范恰当的冲突解决方法。

（4）帮助学生通过提高技能水平、增长知识的途径来建立自尊。

（5）为那些受到孤立和攻击的学生寻求帮助。

提供机会，让学生学会容忍和合作。

例如：

（1）强调人与人之间的相似性，而非差异性。

（2）设计鼓励学生合作的小组课程。

想了解更多信息，请查阅 National Youth Violence Prevention Resource Center: safeyouth.gov/Resources/Prevention/Pages/PreventionHome.aspx。

3.2.4 关注到每个学生：教师的支持

一周当中的多数时间，学生都是与教师一起度过的，因此教师在学生的个性和社会性发展中扮演着十分重要的角色。有时候，教师是帮助学生解决情感或人际问题的最好人选。那些生活在混乱、不稳定家庭中的学生需要温暖而稳定的学校环境；需要教师设定明确的规则，并且前后一致、坚定（但非惩罚性）地执行规则；需要教师尊重他们，真诚地关心他们。中学阶段，教师的喜爱能消除被同伴孤立的负面影响。对那些只有一两个朋友的学生而言——他们并没有被孤立，只是被忽视了，如果能得到教师的喜爱和支持，他们仍然能在学业和社交上适应良好。

作为教师，你可以与学生讨论个人问题，但不要强迫他们进行这种讨论。我有一个当教师的学生，曾经将一本名为"痛苦想法"的日记本送给她班上的一个男孩，让这个男孩写下对父母离异的感受。有时候这个男孩会与教师分享日记的内容，但有时男孩只是独自记录自己的感受，而这位教师也非常注意尊重男孩的隐私。

1. 教师对学生的关心

什么样的教师是一位好教师？有研究者对此问题进行了探索。研究者曾要求学生描述出自己心目中的"好教师"，结果发现学生心目中的"好教师"应当具备以下三个特质：首先，拥有良好的师生关系，关心自己的学生；其次，有效地管理和组织班级，拥有教师权威，但不会采取过于严格或"卑鄙"的手段；最后，能很好地激励学生，通过创新和改革让学习变得有趣，激发学生学习兴趣。与权威型的教养方式类似，权威型的教学策略有助于建立良好的师生关系，激发学生的学习动机（Noguera, 2005; Woolfolk Hoy & Weinstein, 2006）。我们会在第12章谈到动机的问题，在第13章谈到班级管理的问题，现在我们先来谈谈关心和教学的问题。

众多研究已经证实，良好的师生关系对每个年龄段的学生都具有重要意义（Allen et al., 2013; R. I. Chapman et al., 2013; Crosnoe et al., 2010; Hamre & Pianta, 2001; Shechtman & Yaman, 2012）。教师可以用眼神交流、放松的身体姿势和微笑等行为来表达对学生的喜爱和尊重，这样能有效地培养学生对教师的喜爱、对课程的兴趣以及完成学业的动机（Woolfolk & Perry, 2015）。例如，我的一位博士生曾对中学数学课堂进行研究，发现学生感受到的教师对自己的情感支持和关心，与他们学习数学的努力程度有很大关系（Sakiz, Pape, & Woolfolk Hoy, 2008）。塔梅拉·默多克和安吉拉·米勒（Tamera Murdock & Angela Miller, 2003）发现，即使控制了父母及同伴对学习动机的影响，8年级学生感知到的教师对自己的关心与其学习动机仍存在显著的相关。在高中，教师对学生需要和看法的敏感程度可以预测学生在年末标准化测验上的表现（Allen et al., 2013）。

学生将教师的关心分为两种：一种是对学业的关心，即建立高的、合理的期望，帮助学生达到这些目标；另一种是对个人的关心，即对学生有耐心，尊重学生，有幽默感，愿意倾听学生的心声，关心学生遇到的小麻烦和个人生活中的重大问题。成绩好的学生认为教师对学业的关心特别重要；而那些成绩很差、经常逃课的学生则认为，教师对个人的关心才是最为重要的（Cothran & Ennis, 2000；Woolfolk Hoy & Weinstein, 2006）。实际上，对得克萨斯州一所高中的研究表明，墨西哥学生或墨西哥裔美国学生认为教师的关心是自己关心学校的先决条件。换句话说，在他们关心学校之前，他们需要被关心（Valenzuela, 1999）。但不幸的是，在那所高中，绝大部分非拉美裔的教师希望在他们对学生投入关心之前，学生能够关心学校。而对于很多教师而言，对学校的关心就意味着学生的行为举止要更像"中产阶级"。

教师与学生对关心有着不同的看法，这最终导致了师生间的不信任。在感受到教师发自内心的关心前，学生是不愿意配合教师工作的；而在学生表现出尊重和合作之前，教师也不愿意增加对学生的关心。这些被忽视的学生往往会预期自己将受到不公正的待遇，因此只要感受到一点点不公正，他们就会出现反抗教师的防卫性行为。面对这种情况，教师会变得更加严格，并惩罚学生。而教师的这些行为会让学生更加不信任教师，更加警戒和挑衅。相应地，教师也会觉得自己不信任学生是正确的，从而进一步采取控制和惩罚的措施，如此便进入了恶性循环（Woolfolk Hoy & Weinstein, 2006）。

当然，学生需要教师关心他们的学业，但他们也需要教师关心其个人问题。1999年，卡茨（Katz）访问了八名从拉丁美洲移民来的中学生，得出以下结论：

教师对学生怀有高期望但不给予关心，就是给学生设定了一个缺乏成年人支持和帮助、无法独立完成的目标；教师一味地给予关心，但缺乏应有的期望，这就变成了危险的家长式教育，这种作风的教师只为那些"处境困难"的年轻人感到遗憾，但从不要求他们在学业上有所成就；既对学生抱有高期望，又给予他们关心，则会令学生的人生发生巨大的改变。（p.814）

总之，关心不仅仅是在课堂上示范和教学时友善地对待学生，更为重要的是绝不放弃自己的学生（H. A. David, 2003）。

2. 教师与受虐儿童

毫无疑问，关心学生的一个重要方面就是保障他们的权益，及时介入和保护那些受虐儿童。在美国，很难统计出受虐儿童的准确数字，因为有很多个案未被报告。但相关部门每年都会接到大约300万例虐待和忽视儿童的报告，最终被证实的有90万例。也就是说，每47秒就会有一个儿童被虐待或忽视（Children's Defense Fund, 2013b）。当然，并不一定都是父母虐待儿童，兄弟姐妹、其他亲戚，甚至教师也有可能对儿童实施身体虐待和性虐待。

作为教师，你的职责之一就是如果发现可疑的虐待情况，必须报告校长、学校心理学家或学校社会工作者。在美国的50个州、哥伦比亚特区和海外属地，法律要求某些专业人士（通常包括教师）报告可疑的虐待儿童事件。在许多州，法律对虐待的定义已经扩展到忽视以及没有提供恰当的照顾和监护。教师应确保自己充分了解所在州或省这方面的法律法规和相应的道德责任。在美国，每天至少有四个儿童死于虐待或成年人的忽视，其中很多是因为没有人愿意介入（Children's Defense Fund, 2013a）。即使有些受虐儿童幸免于难，他们也付出了很大的代价：仅就学校表现而言，与非受虐儿童相比，这些身体受虐的儿童在课堂上表现出了更强的攻击性，难以理解社交情境和识别他人情绪，更容易留级，也更需要接受特殊教育服务（Luke & Banerjee, 2013；Roeser, Peck, & Nasir, 2006）。如何发现儿童受虐待的征兆呢？表3-2列出了一些可能出现的征兆。

表 3-2　儿童受虐待的征兆

下面是儿童受到虐待的一些征兆。当然,并不是每一个出现这些征兆的孩子都受到了虐待,但一旦发现这些情况,就需要格外注意。想要了解谁必须举报儿童受虐待,请查阅 childwelfare.gov/systemwide/laws_policies/statutes/manda.cfm。

	身体征兆	行为征兆
身体虐待	• 儿童没来上学或过完周末后,会定期出现原因不明的淤青和鞭痕（处于不同的愈合阶段）,皮带扣或电线形状的伤痕,人咬过的伤痕,刺伤,或者头上秃了一块 • 原因不明的烧伤或烫伤,烟头烫伤,熨斗形状的烫伤,因绳子摩擦导致的烧伤,浸泡式烧伤（袜子或手套形状） • 原因不明的骨折、撕裂伤或擦伤（处于不同的愈合阶段） • 使儿童举止"笨拙"或"更容易发生意外"	• 行动不自在,抱怨疼痛 • 自残 • 退缩和攻击等极端行为 • 不喜欢身体接触 • 很早到校、很晚离校,好像很害怕 • 习惯性离家出走（青少年） • 穿不合时令的衣服,用高领、长袖遮掩身体 • 频繁地逃学
身体忽视	• 被遗弃 • 无人注意其生理问题或就医需要 • 长期疲劳,缺乏精力 • 十分缺乏甚至没有监护 • 总是饥饿,衣着不当,个人卫生糟糕 • 长有虱子,胃部胀大,身体消瘦	• 在课堂上打瞌睡 • 偷东西吃,向同学乞讨 • 说在家里无人照管 • 经常不上学或迟到,或者尽可能在学校里待到很晚 • 自残 • 违法
性虐待	• 走路或坐下有困难 • 生殖器官疼痛或瘙痒 • 内衣被撕裂、弄脏或有血迹 • 外生殖器有瘀伤或出血 • 性病,尤其是在进入青春期之前 • 经常性的泌尿系统感染或宫颈感染 • 怀孕	• 不愿意去健身房或上体育课 • 退缩,长期消沉 • 角色颠倒,过分关心兄弟姐妹 • 滥交,过于招摇和具有诱惑性 • 同伴问题,不爱参与群体活动 • 体重大幅度变化 • 有自杀倾向（尤其是青少年） • 玩不适宜的性游戏,或性早熟,频繁手淫,与玩具娃娃或填充动物玩具发生性行为 • 学业上突然出现困难

3.2.5　社会与媒体

作为教师,你要面对的每一个学生都是在一个充满各种媒体、移动设备和机械的世界里成长起来的。如今 75% 的 0~8 岁儿童的家庭中至少有一个移动设备——智能手机、iPod 和平板电脑,这些孩子中很多还有自己的移动设备（Common Sense Media, 2013）。2010 年,12~17 岁的青少年中有 75% 的个体拥有自己的手机。很多学生有自己的电脑,甚至很小的时候就有了。他们对科技的使用每年都在增加（Common Sense Media, 2013；Nielsen Company, 2010；Rideout et al., 2010；Turkle, 2011）。图 3-4 呈现了 12 岁、14 岁和 17 岁的青少年使用不同科技产品联系朋友的情况。

青少年平均每个月发送和接收 3 339 则短信,也就是每天超过 100 则短信（Nielsen, 2010）。他们还有时间做其他的事情吗？这些短信要求即时的注意。一个高二学生告诉雪莉·特克（Sherry Turkle, 2011）,

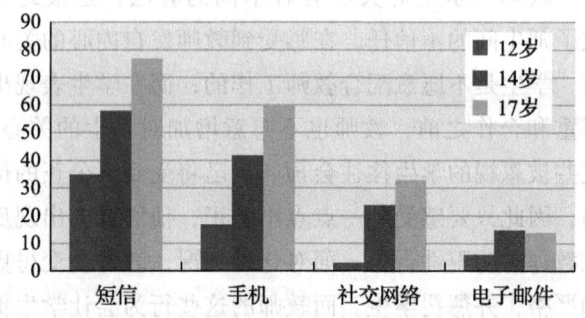

图 3-4　青少年使用科技产品联系朋友的情况

注：图中为 12 岁、14 岁、17 岁的青少年日常联系朋友时使用科技产品的情况。他们还有时间学习吗？

资料来源：Based on data from Lenhart, A. (2010). Teens, cell phones and texting: Text messages become the centerpiece communication. Washington, DC: Pew Research Center.

在他的朋友圈中,一旦收到短信必须尽快回复,最迟不能超过 10 分钟。正如这名高中生所说,"短信给人带来压力"（p. 266）。这种压力意味着同伴甚至家长"总是在线"。一旦他们发来短信,这名学生就必须马上回复,哪怕他在上课,他都得偷偷在桌子底下或把手放在书包里发短信。现在，学生和成年人会把更多的时间花在科技上，而非彼此身上。事实上，这种借助手机、电脑、iPad以及其他电子设备建立起的即时的、肤浅的联系，是无法帮助学生与他人形成更深的亲密关系的。但现实情况是，这种联系整天占据着我们的思想，使我们不停地分心（Turkle，2011）。每天发送和接收超过100则短信，学生怎么可能认真听课？Pinterest（著名的设计作品分享网站）上出现一则帖子，就能导致他们不能专心听讲。面对这样的学生，教师该如何进行教学呢？这些是作为教师的你在教学前必须解决的问题。

模块8小结

描述布朗芬布伦纳关于发展的生态系统模型

这一模型认为影响发展的因素既包括个体内在的生物特点，也包括嵌套结构的社会与文化环境。每个人都生活在一个微观系统中（直接的关系和活动），这个微观系统包含于中间系统（微观系统中各元素之间的关系），中间系统又被嵌入外部系统（对儿童产生影响的社会环境，如社区）；这三个系统都是宏观系统中（文化）的一部分。此外，所有的发展都发生在特定的时间段内，并受到时间段的影响。因此，生态系统还包括历时系统。

家庭的哪些方面会影响学生在学校里的表现

学生可能会经历不同的教养方式，教养方式会影响学生的社会适应。至少对欧裔美国中产阶级家庭的儿童而言，权威型父母的子女更可能对自己满意，与他人相处融洽；专制型父母的子女更容易产生负罪感和抑郁情绪；放纵型父母的子女往往处理不好与同伴的关系。但教养方式存在文化差异。对亚裔和非裔美国学生而言，父母的控制程度越高，儿童的学习成绩可能越好。

父母离异会如何影响学生

在离婚的过程中，父母可能会因财产和监护权的协商而使家庭冲突加剧。父母离异后，获得监护权的父亲或母亲可能不得不搬进便宜一些的住房，初次进入职场，或工作更长的时间。对孩子来说，这些变化意味着在他们最需要支持的时候，却不得不离开自己重要的朋友；尽管与父亲或母亲生活在一起，但彼此相处的时间比以前更短；父母再婚时还得去适应新的家庭结构。

为什么同伴关系很重要

同伴关系对个性、社会性的健康发展有重要作用。强有力的证据表明，与拥有孤独童年的成年人相比，童年时拥有亲密朋友的成年人有更高的自尊（self-esteem），更能维持与他人的亲密关系。童年时被拒绝的成年人往往会有辍学或犯罪等更多问题。

什么是同伴文化

学生团体发展出自己的、有关外表与社会行为的规则。对团体的忠诚会导致某些学生遭到排挤，这会使被排挤的学生感到不安、难过。

有哪些不同类型的攻击性行为

攻击可能是工具性的（旨在获得一样东西或某种利益），也可能是敌意性的（旨在造成伤害）。敌意性攻击可能是恐吓或身体攻击等外显攻击，也可能是涉及威胁或破坏社会关系的关系攻击。男孩更倾向于使用外显攻击，女孩更倾向于使用关系攻击。如今，众多社交媒体应用程序和网站为关系攻击提供了新的渠道。

媒体无处不在，它会如何影响个体的攻击性行为和共情能力

周围环境和媒体提供了很多负面行为的榜样。随着时间的推移，儿童会逐渐内化那些指导他们的权威人士的道德准则和原则。如果指导者能向儿童说明行为的理由和他们的行为可能给他人造成的影响，儿童就能理解自己的行为为什么会被纠正，从而更可能内化道德原则。一些学校已经设置了专门的教学计划，用以提高学生关爱他人的能力。

教师对学业的关心和对个人的关心是如何影响学生的

学生重视来自教师的关心。这种关心可以是对学业的支持，也可以是对个人问题的关注。对于学业成就更高、社会经济地位更高的学生来说，教师对学业的关心更为重要；但对那些被学校边缘化的学生来说，教师对个人的关心更为重要。

儿童受虐待的征兆有哪些

儿童受到虐待、忽视，会有以下征兆：原因不明的淤青、烧伤、咬伤或其他伤口，疲倦，抑郁，经常不上学，个人卫生糟糕，衣着不当，同伴问题等。一旦发现可疑的儿童受虐情况，教师必须及时上报相关部门，并协助学生应对其他危险。

模块 9　自我

3.3　同一性和自我概念

什么是同一性？同一性和自我概念或自尊有差别吗？我们是怎样开始了解他人和我们自己的？在本模块中，我们将探讨个体的同一性及其对自我的感觉是如何形成和发展的。你会发现，这些方面的发展与第 2 章所讲的认知发展遵循相同的模式。儿童对自己的了解起初是具体的，有关自我和朋友的早期观念都是从直接的行为和外表中获得的，他们认为他人与自己有着同样的情感和知觉。他们对自己和他人的想法通常是简单的、分割的、教条的、不灵活的或无法整合的。但终有一天，他们能够抽象地思考内部过程——信念、目的、价值观和动机。随着思维的这些发展，儿童可以将更多的抽象特质纳入他们对自我、他人和情境的认识（Harter, 2003；Woolfolk & Perry, 2015）。

在本模块中，你会经常看到"同一性"和其他一些关于自我的术语，如自我概念、自尊和自我价值等。其实这些概念之间并没有很大的差别，而且不同心理学家对于每个概念的界定还存在争议（Roeser et al., 2006）。总体而言，与其他关于自我的术语相比，同一性是一个更为广泛的概念，包括个体对自己的总体感觉及其所有的信念、情绪、价值观、承诺和态度，它整合了自我的不同方面和不同功能（Wigfield et al., 2006）。但研究者通常将自我概念和同一性这两个概念混用，本书也将如此。现在，让我们在埃里克森的理论框架下探讨同一性或自我概念这一主题。

3.3.1　埃里克森：心理社会发展的阶段

与皮亚杰一样，埃里克森最初也不是一位心理学家。他并未接受大学教育，而是游历欧洲各国，并最终在维也纳落脚，成为一名教师。也正是在那里，埃里克森跟随安娜·弗洛伊德（Anna Freud，西格蒙德·弗洛伊德的女儿）学习精神分析。在完成精神分析的训练后不久，为了躲避纳粹的迫害，他不得不逃离维也纳。由于丹麦政府拒绝收留他，埃里克森来到了他的第二个目标居住地——纽约。尽管他从未受过大学教育，但由于他那创新性的研究工作，他最终成为一名倍受尊敬的哈佛大学教授。在他随后的职业生涯中，他同本杰明·斯波克（Benjamin Spock）一起工作。斯波克是一名著名的儿科医生，其著作广为流传，是美国"婴儿潮"一代出生的父母养育儿童的重要指南，这其中也包括我的父母（Green & Piel, 2010；P. H. Miller, 2011）。

埃里克森提供了一个基本的理论框架，以解释青少年的需要，以及这些需要与青少年在其中成长、学习，随后为之做出贡献的社会之间的联系。埃里克森的**心理社会**（psychosocial）理论强调自我的出现、同一性的追寻、个体与他人的关系，以及文化在整个生命历程中所起的作用。

与皮亚杰一样，埃里克森将发展看成历经一系列阶段的过程，阶段之间相互影响，但每个阶段都有它特定的目标、关注的问题、任务和危机。埃里克森认为，在每一阶段，个体都将面临一个**发展危机**（developmental crisis）。每个危机都可以通过两种方式得到解决，一是接受两种极端反应的某一端，二是以更健康、更有成效的方式在两种极端反应中寻求一种平衡。个体在某一阶段解决危机的方式将影响后续阶段危机的解决,并对个体的自我形象以及个体对社会的观念产生持久的影响。接下来我们将简要探讨埃里克森理论中所说的心理社会发展的八个阶段(如表3-3所示),他的理论也被称作"人生八阶段论"。

表3-3 心理社会发展的八个阶段

阶 段	年龄范围	重要事件	描 述
(1)信任对不信任	出生至12~18个月	哺育	婴儿必须与照料者建立最初的爱和信任的关系,否则会形成不信任感
(2)自主对羞愧和疑虑	18个月~3岁	如厕训练	儿童的精力多用于发展运动技能,如走路、抓握、排便等。若能控制自如,则发展顺利,否则会导致羞愧和疑虑
(3)主动对内疚	3~6岁	独立	儿童变得更加自信和主动,但过分自信和主动可能会导致内疚感
(4)勤奋对自卑	6~12岁	上学	儿童必须学会新的技能,以满足自身需要,否则会产生自卑感、失败感和不胜任感
(5)同一性对角色混乱	青春期	同伴关系	青少年必须在职业、性别角色、政治和宗教等方面获得同一性
(6)亲密对孤独	成年早期	恋爱	青年人必须建立亲密关系,否则会感到孤独
(7)繁殖对停滞	成年中期	抚养、教育后代	每个成年人都必须发现一些满足和支持下一代的方法
(8)自我整合对绝望	成年晚期	反思和接纳自己的人生	完善感是一种自我接纳和自我实现的感受

资料来源:Lefton, Lester A., *Psychology*, 5th Edition, © 1994. Reprinted by permission of Pearson Education, Inc. Upper Saddle River, NJ.

1. 学前阶段:信任、自主与主动

埃里克森将"信任对不信任"视为婴儿期最基本的冲突,他认为此时如果照顾者能够回应并满足婴儿对食物、照顾的需要,婴儿就会发展出信任感。在出生后的第一年,婴儿正处于皮亚杰所说的感知运动阶段,刚开始懂得将自己与周围世界区分开来,这种意识使得信任更为重要:婴儿必须信任这个他无法控制的世界(P. H. Miller, 2011; Posada et al., 2002)。形成安全的依恋(前面已介绍过)能够帮助儿童发展信任,并让儿童明白在什么情况下表现出不信任是合适的。无论是极端的信任,还是极端的不信任,都是功能失调的表现。

埃里克森所说的第二阶段——**自主**(autonomy)对羞愧和疑虑,标志着自制和自信的开始,儿童开始承担自己照顾自己(比如吃饭、上厕所和穿衣)的责任。在这一阶段,父母必须把握好分寸,给予必要的保护,但不过分保护。如果父母没能对儿童掌握基本动作和认知能力的努力进行强化,那么儿童可能会感到羞愧,开始怀疑自己应对世界的能力。埃里克森认为,如果在这一阶段儿童经历了太多的疑虑,他们可能会终生对自己的能力缺乏自信。当然,当任务过于困难或危险时,适当的疑虑是必要的——这里再次强调了平衡的必要性。

埃里克森指出,下一阶段的**"主动"**(initiative)比自主更进了一步,主动性还涉及"为积极推进活动而承担责任、制订计划并着手实施的品质"(Erickson, 1963, p.255)。这一时期的挑战是既要维持对活动的兴趣,又要明白并不是每件想做的事都能付诸行动。同样,成人要把握好分寸,进行监控,但不要干涉。如果不允许儿童独立做事,他们会产生内疚感,可能会渐渐相信自己想做的事情总是"错"的。下面的实践指南提出了一些关于如何培养儿童主动性的建议,你可以参考。

| 实践指南 |

培养主动性和勤奋

鼓励儿童做出选择并付诸行动。

例如:

(1)给儿童自由选择活动或游戏的机会。

(2)当儿童正在全神贯注地做事时,尽量避免打

扰他们。

（3）当儿童提议开展某种活动时，尽量接纳他们的建议或是在正在进行的活动中融入他们的想法。

（4）提供积极的选择，不要说"你现在不能吃饼干"，而是问"午餐或午觉后再吃饼干，好吗？"

确保每个儿童都有体验成功的机会。

例如：

（1）介绍一种新游戏或新技能时，采取小步子教学法。

（2）如果班上学生的能力水平差别很大，避免进行竞争性游戏。

鼓励儿童扮演各种不同的角色。

例如：

（1）准备好儿童喜欢的故事中的服装和道具，鼓励儿童表演故事或是为喜爱的人物编写新的冒险故事。

（2）对儿童的游戏进行监控，确保没有人独揽"教师""妈妈""爸爸"或"英雄"的角色。

容忍意外和错误，尤其是当儿童正在尝试独立做事的时候。

例如：

（1）使用杯子和水罐，这样倒水比较容易，而且不易外溢。

（2）即使结果并不如人意，也要对儿童的尝试给予肯定。

（3）如果错误已经发生，那么教导儿童如何清理、修复或重做。

（4）如果某个学生经常表现出不正常或怪异的行为，应该寻求学校心理咨询师或心理学家的帮助。帮助学生解决心理社会问题的最佳时机是童年早期。

确保学生有机会设定合理的目标并为之努力。

例如：

（1）先从短期的任务开始，然后再转向较长期的任务。通过任务进程核查表，随时了解学生的进步。

（2）教导学生设定合理的目标，要求学生写下这些目标，并记录下自己为之不断努力和进步的过程。

给学生展现独立性和责任感的机会。

例如：

（1）容忍诚实的失误。

（2）委派给学生一些任务，如浇灌班级植物、收集和分发材料、管理计算机实验室、评定家庭作业、记录回收的表格等。

当学生受挫时，给予适当的支持。

例如：

（1）针对每个学生，使用个别化的图表来展示学生的进步。

（2）保留学生以往的作品，使其能够看到自己的进步。

（3）对进步最大的、最乐于助人的、学习最勤奋的学生进行奖励。

2. 中小学阶段：勤奋对自卑

接下来我们将进入下一阶段。绝大多数儿童5～7岁开始上学，他们的认知能力在这一时期得到快速发展。他们能够更快地加工更多的信息，记忆容量也大幅扩大，正从前运算阶段逐渐迈向具体运算阶段。伴随着这些内在的变化过程，儿童每天有大量的时间生活在学校里，探索周围的物质环境和社会环境。此时他们必须在陌生的学校环境中重历埃里克森的心理社会发展阶段：学会信任新认识的成年人，在这个更为复杂的情境中自主地行动，进行符合学校规定的主动行为。

在求学阶段，儿童面临的下一个心理社会挑战是埃里克森所说的**勤奋**（industry）对自卑。这一阶段的儿童开始了解毅力与完成工作带来的喜悦之间的关系。在现代社会，儿童在家庭、邻里间和学校的适应能力与他们处理学业、小组活动和朋友关系的能力，关系着他们的胜任感，如果儿童难以应对这些挑战，将会产生情绪上的自卑感。儿童必须掌握新的技能，为新的目标努力，但同时他们会被拿来与他人比较，可能会体验到失败。由于学校在一定程度上反映的是中产阶级的价值观和行为规范，因此来自其他经济条件或文化背景的儿童可能会更不适应学校生活，更难面对勤奋对自卑的挑战。前文中的"实践指南：培养主动性和勤奋"就如何培养勤奋提出了一些建议，你可以参考。

小学毕业进入中学后，学生会有一段适应环境的过渡时期，他们会越来越关注自己的成绩和表现，以及在学业、社交和运动方面的竞争。在他们渴望能自已做决定和更加独立的同时，他们也面临更多的规则、必修课程和学习任务。他们与教师的关系也会发生变化，从长期与一个教师保持亲密的关系，转变为一年中与多门课程的教师有联系，但彼此的感情比较冷淡。这些学生曾经是各自那个小且熟悉的小学中最成熟和地位最高的学生之一，如今却变成了一个大而"没有人情味"的中学中的"小婴儿"（T. B. Murdock, Hale, & Weber, 2001；Rudolph, Lambert, Clark, & Kurlakowsky, 2001；Wigfield, Eccles, MacIver, Rueman, & Midgley, 1991）。在这要求众多的环境中，学生将面临另一个挑战——同一性。

3. 青少年时期：寻求同一性

步入青春期，学生在发展抽象思维、理解他人观点等认知能力的同时，生理上会发生更大的变化。随着心理和生理上的发展，青少年会面临这一时期的核心问题——**同一性**的建构，它将为成年时期的发展打下坚实的基础。自婴儿时期，个体就已经开始发展自我意识，直至青春期，他们才第一次有意识地去回答这个迫在眉睫的问题："我是谁？"这一阶段的冲突是"同一性对角色混乱"。同一性指由个体的动机、能力、信念和经历组成的一个一致的自我形象，它涉及深思熟虑的选择和决定，尤其在工作、价值观、意识形态、对他人的承诺及看法等方面（P. H. Miller, 2011；Penuel & Wertsch, 1995）。如果青少年没有整合好这些方面和选择，或是感到茫然，不知如何抉择，就会感受到角色混乱的威胁。

停下来 想一想

你想好将来做什么工作了吗？你考虑过其他各种选择吗？什么人或是什么事可能会影响你的决定？

詹姆斯·玛西亚（James Marcia, 1991, 1994, 1999；Kroger, Martinussen, & Marcia, 2010）进一步阐述了埃里克森理论中同一性的形成过程。他认为，要形成成熟的同一性，必然要经历两个基本的过程：探索和承诺。所谓**探索**（exploration），指青少年考虑并尝试多种可能的信念、价值观和行为，并最终做出判断——哪种信念、价值观或行为能给予他们最大的满足感。**承诺**（commitment）指个体在政治信念和宗教信仰等方面的选择，通常是探索多种选择后的结果。随后，玛西亚根据个体是否曾经探索多种选择以及是否做出了承诺，将个体同一性的状态分为四种不同的类别。

第一种是**同一性获得**（identity achievement），即个体在探索现实的选择后，已经做出决定并为之不断努力。很显然，只有很少的学生能在高中毕业之前达到这种状态，而且即使上了大学，也可能需要经历较长时间的探索才能做决定。个体在二十来岁的时候仍在探索同一性是很正常的。大约80%的学生至少换过一次专业（就像我妈妈）。还有一些成年人在人生的某一时期获得了自我同一性，但之后又会选择另一种同一性。因此，对每个人而言，已形成的同一性可能并不是一成不变的（Adams, Berzonsky, & Keating, 2006；Kroger et al., 2010；Nurmi, 2004）。

在选择中挣扎的青少年正经历着埃里克森所说的**同一性延缓**（identity moratorium）。埃里克森用这个术语来表示青少年在探索个人及职业选择时延缓承诺的状态。这种延缓对现在的青少年来说是很普遍的，而且可能是有益的。埃里克森认为处于复杂社会的青少年在延缓时期会面临同一性危机。但如今，这一时期不再被认为是一种危机，因为对大部分人来说，这种经历是一个渐变的探索过程，而不是带来心理创伤的巨变（Kroger et al., 2010；Wigfield, Byrnes, & Eccles, 2006）。同一性获得和同一性延缓都被认为是一种健康的状态。

同一性早闭（identity foreclosure）指个体未经过探索就做出了承诺，这些青少年没有体验过不同的同一性或探索过各种不同的选择，只是要求自己服从他人的目标、价值观和生活方式。这里的他人通常是他们的父母，有时也可能是某种教派或极端组织。同一性早闭的青少年容易变得刻板、偏执、武断和自我防御（Frank, Pirsch, & Wright, 1990）。

当个体没有对任何选择进行探索，也没有采取任何行动时，就会发生**同一性混乱**（identity diffusion）。他们不知道自己是谁，也不知道自己有生之年想做什么。这些同一性混乱的青少年可能会成为冷漠、退缩和对未来不抱希望的人，也可能公开叛逆。他们经常成群结党，因此更可能滥用药物（Archer &

Waterman, 1990; Kroger, 2000)。

学校应向青少年提供社区服务、实践工作、实习以及家教等机会，以促进学生同一性的形成（Cooper, 1998）。下面的实践指南对如何促进学生同一性的形成提出了一些建议，你可以参考。

| 实践指南 |

促进同一性的形成

给学生提供职业选择的范例和其他成年人角色的榜样。

例如：

（1）从文学作品、历史人物中选出一些榜样，在日历上标出杰出女性、少数族裔领袖或对你所教学科做出贡献的人物的生日，在这些人的生日当天，简短地讨论他们的成就。

（2）邀请嘉宾来讲述他们如何选择了以及为什么选择了自己的专业，确保这些嘉宾能涵盖各个专业领域。

帮助学生寻找解决个人问题的资源。

例如：

（1）鼓励学生与学校心理咨询师谈话。

（2）讨论可利用的校外服务机构。

只要青少年的流行文化不冒犯他人或不干扰学习，就对其保持包容的态度。

例如：

（1）讨论早期的流行文化（霓虹灯似的头发、卷状假发、可爱的珠子项链）。

（2）不给学生的着装和发式强加任何严格的限制。

为学生的学业提供切实可行的反馈，促使他们进步。青少年可能需要很多次"重新开始"的机会。

例如：

（1）当学生有不良行为或表现不佳时，确定他们了解该行为的后果，即该行为对自己及他人的影响。

（2）给学生提供标准答案或早年间其他学生创作的作品，使他们能将自己的作品与好的榜样进行比较。

（3）教师可以利用其他各种资源来收集负面的例子，这其中也可以包括教师自身所犯的错误。但是，绝对不要将学生的作品当作"反面教材"。

（4）学生可能只是在"尝试扮演"某些角色，不要将行为和个人混为一谈。可以批评学生的行为，但不要批评他们个人。

想了解更多关于如何使用埃里克森的理论来与青少年打交道的内容，请访问cde.ca.gov/ls/cg/pp/documents/erik-son.pdf。

---

4. 同一性与科技

一些科技方面的学者认为，如今的青少年想要建立起独立的同一性是非常困难的，因为他们总是与其他人联系在一起。父母通常会在孩子7~10岁的这段时间内给孩子一部手机，有些父母甚至更早。当然，前提是孩子需要经常接听父母的电话。雪莉·特克（2011）将很开心自己能收到新手机的孩子称为"被拴住的孩子"。有了手机，父母就会很放心孩子去商场或海滩消耗时间。而在没有手机这条安全的拴绳前，孩子是不被允许做这些事情的。但是这样的代价是，这些孩子从未有过完全独立的社会空间和物理空间，可以自由地支配，因为父母、朋友与他们只有"快速拨号"之遥。而有机会独立地解决问题，体验自主和应对特定状况，是个体获得同一性、做出成熟判断的前提条件。这些被拴住的孩子从不曾独自一人解决问题，而短信更让拴绳变得更短。特克访谈过的很多高中生告诉她，教会父母使用短信或即时通信软件是他们犯的一个"大错误"。我的朋友是一所大学校医院的内科医生，当她询问大学生"你今天哪里不太舒服"时，很多大学生的回答是"我妈妈在电话那头，她会告诉你"，然后大学生就会把手机递给我的这位医生朋友。可以说，无时不在的连通性使独立的同一性和自主性的获得变得极为复杂。

当然，这种连通性也"为个体体验同一性提供了新的可能，尤其是在青少年时期。这种连通性为个体提供了一种自由空间的感觉，即埃里克森所说的"延缓"（Turkle，2011，p.152）。在第二人生（Second Life）、模拟人生（The Sims Online）或其他生活模拟网站上，青少年可以创造出全新的同一性，并确保多个不同的人格"并存"。一些人甚至会讨论他们"混合的生活"——线上虚拟世界的生活与真实世界的生活的融合。对于一些青少年来说，虚拟世界的生活与真实世界的生活之间并没有清晰的界限，他们很容易在两种生活之间切换。青少年在Facebook等社交网络上创建的档案是一个"真实的"个体，还是如同一个高三学生所说，是一个"设计好"的呈现给世界的身份？个体这种线上的自我展示，全世界的人都可以看到，由此便引发了一个重要的问题："我所呈现的自我会被其他人如何评价？"对如今时刻被联系着、被拴住的青少年而言，艾尔金德（Elkind）所说的"假想观众"（详见第2章）已经变成了真实的线上观众，而这确实会带来一些负面的影响。正如另一名高三学生很痛苦地说的那样：

> 你不得不意识到，你放在网上的所有东西都很有可能会被其他人非常仔细地阅读。因此你必须想清楚什么可以放在网上，以及你想呈现出什么样的自己。而当你不得不思考自己看起来是什么样子时，这实际是另一种方式，一种不好的反思自己的方式。（Turkle，2011，p.184）

5. 离开学校以后

在埃里克森的理论中，成年时期各阶段的危机都涉及人际关系的品质。**亲密**（intimacy）对孤独指个体是否有意愿与他人建立深层的、高于双方需求的关系。那些没有获得充分同一性的人倾向于害怕被他人征服或压制，因此选择退缩到孤独中去。**繁殖**（generativity）对停滞则指个体是否具有照顾他人以及关心、指导后代的能力。生产性和创造性是繁殖的基本特征。到了**自我整合**（integrity）对绝望这一阶段，个体面对的主要是能否整合自我意识，完全接受自己独特的、已无法改变的过去的问题（Hearn, Saulnier, Strayer, Glenham, Koopman, & Marcia, 2012）。

埃里克森的工作开启了毕生发展（life-span）的研究取向，他的理论对理解青少年以及自我概念的发展尤为重要。但也有女权主义者批评他"同一性先于亲密"的观点，因为他们的研究表明，对女性来说，同一性的获得是与对亲密的追求融合在一起的（P. H. Miller，2011）。接下来，我们将提到最近的研究焦点——种族和民族同一性，埃里克森并未对此进行全面探讨。

3.3.2 种族和民族同一性

早在1903年，W. E. B. 杜波依斯（W. E. B. DuBois）就写过关于非裔美国人"双重意识"的文章。实际上，和其他民族或种族一样，非裔美国人在争取成为美国大文化环境中的一员时，也意识到了自己的民族同一性问题。少数族裔学生不得不"在两种文化价值观和同一性选择间徘徊"，以获得稳定的同一性，因此他们需要更多的时间去探索，经历更长的埃里克森所说的"同一性延缓"（Markstrom-Adams, 1992, p.177）。但这种探索是非常重要的。一些心理学家认为民族同一性具有"首要地位"，即在个体进行自我判断时，民族同一性决定了其他方面的同一性（Charmaraman & Grossman, 2010; Herman, 2004）。

1. 民族同一性：结果与过程

琼·菲尼（Jean Phinney，1990，2003）指出，少数族裔青少年寻求同一性可能出现四种结果：第一，他们可以尝试同化，完全接纳主流文化的价值观和行为方式，拒绝所属民族的文化；第二，与之相反，他们也可能与主流文化隔离，只与所属民族文化中的成员建立联系；第三是边缘化，他们生活在主流文化中，却感觉自己被主流文化所疏远，生活在其中并不自在，但同时也脱离了自己民族的文化；第四是拥有双文化（有时被称为整合），与两种文化均维持紧密的联系。研究表明，至少有三种途径可以实现双文化：你可以在两种文化间随时转换，在一种情境中遵循主流群体的行为方式，但在另一种情境中遵循所属民族的行为方式；你也可以把两种文化结合起来，寻找并遵循两种文化中共同的价值观和行为；你还可以将两种文化融合在一起，真正形成一种全新的文化（Phinney & Devich-Nevarro, 1997）。

无论你寻求同一性的结果如何，保持心理健康的一个重要因素是对自己所属的民族有强烈的积极情感

(J. L. Cook & Cook, 2014; Steinberg, 2005)。事实上，埃米·马克斯（Amy Marks）及其同事发现（Marks, Patton, & Coll, 2011），与拥有单一民族同一性或尚未形成多民族同一性的同伴相比，形成了坚定的、积极的多民族同一性的青少年自尊水平更高，心理健康问题更少，学业成就更高。

一些心理学家用玛西亚的同一性状态来理解民族同一性的形成过程。儿童刚开始可能只拥有一种未经检验的民族同一性，因为他们从未探索过（同一性混乱）或是已经接受了他人支持的同一性（同一性早闭）。很多欧裔美国青少年可能符合上述情况。经过一段民族同一性的探索时期（延缓），他们就可能找到解决冲突的方法（同一性获得）。

2. 种族同一性：结果与过程

威廉·克罗斯（William Cross, 1991; Cross & Cross, 2007; DeCuir-Gunby, 2009）等曾提出一个理论框架，专门用于解释非裔美国人种族同一性的形成。他认为黑人化（nigrescence）的过程可以分为以下五个阶段。

（1）遭遇前。克罗斯认为，在这一阶段，非裔美国人的态度是多元化的，有的直接忽视种族，有的对种族保持中立，也有的真的反感黑人种。这一阶段的非裔美国人可能接纳了美国白种人的某些信念，包括倾向于认为"白种人"是更优越的，而这些信念可能会导致某种程度的自我贬低。在遭遇前阶段，非裔美国人更重视其他方面的同一性，如宗教、专业或社会地位。

（2）遭遇。这一阶段常常是由公开的、隐蔽的或制度上的种族歧视引起的。例如，一个非裔美国人在高级商店里被店员跟随，被警察殴打，又或是看到类似殴打事件的新闻报道，他会开始意识到现实——美国社会中存在种族问题。由此，非裔美国人开始意识到自己是黑种人。

（3）沉浸/再现。克罗斯认为这一阶段是一个过渡的阶段，也就是中间状态，这种状态中的人们可能会为"成为一个真正的黑人"而感到焦虑（Cross, 1991, p.202）。为回应自己遭遇的歧视，这些非裔美国人会让自己的生活充满黑种人的标记，比如他们会去买有关黑人历史的书，主要与其他非裔美国人来往等。他们渴望更加深入地了解自己的种族传统。

（4）内化。此时，非裔美国人坚持自己的民族同一性，并感到安全。他们不担心朋友或外人会怎么想——他们对自己黑人民族性的标准很有自信。

（5）内化-承担义务。这一阶段与内化阶段关系紧密，主要的区别在于个体持久关注黑人事务，并愿意承担义务。这些人在绘制自己的人生蓝图时会将其与种族同一性联系起来。比如，某个画家用一生的时间描绘黑人形象，某个研究者一生都在研究非裔美国人的教育经历。

对于出身于两个或多个种族的混血青少年来说，确定种族同一性就更加困难了。和他们一起生活的父母、邻居的构成情况、个人的外表以及生活中受歧视或鼓励的经历，都会影响这些青少年种族同一性的形成。一些心理学家认为这些挑战有利于出身于多个种族的混血青少年发展出更强大、更复杂的同一性，但也有研究者认为在原本已经很艰难的同一性形成过程中，这些挑战可能是一种额外的负担（M. Herman, 2004）。而种族同一性的形成，很可能部分取决于青少年在面对这些挑战时能否得到有力的支持。

3. 种族和民族自豪感

对于所有学生来说，对家庭和社区的认同感都是建立稳定同一性的基础。花时间激发学生的**种族和民族自豪感**（racial and ethnic pride）是非常重要的，这样学生在检视自己的同一性时，才不会接收到"差异就是缺陷"等不适当的信息。一项研究发现，家里非裔美国人文化氛围浓厚的非裔美国学前儿童拥有更多的事实性知识，解决问题的能力也更强。鼓励儿童为自己的民族传统自豪的父母，其孩子出现行为问题的情况也更少（Caughy, O'Campo, Randolph, & Nickerson, 2002）。另一项研究则发现，无论是非裔美国儿童还是美国白种人儿童，积极的种族自豪感都与更高的自尊、更少的情绪问题相联系（DuBois, Burk-Braxton, Swenson, Tevendale, & Hardesty, 2002）。

我们每个人都有自己的民族传统。珍妮特·赫尔姆斯（Janet Helms, 1995）曾写过有关白种人同一性发展阶段的文章。H. 理查德·米尔纳（H. Richard Milner, 2003）曾指出种族同一性的发展和种族意识的重要性，尤其是在教学当中。当多数青少年了解自己的文化传统并感觉安全时，他们也会更尊重其他人的传统。因此，探索学生的种族和民族根源，能培养个体的自豪感，提高个体对他人的接受程度（Rotherham-Borus，1994）。

接下来，我们将不再关注同一性的多个方面，而是专门探讨自我概念。在教育心理学中，很多研究都非常关注自我概念和自尊。

3.3.3 自我概念

我们在日常交流中常常使用"自我概念"这个词，我们会说一些人自我概念"低"或是自我概念"不强"，就好像"自我概念"是汽车的油位或是腹部的肌肉，这实际上误用了这个概念。在心理学中，**自我概念**一般指个体对自身的认知——我们如何看待自己的能力、态度、特征、信念和期望（Harter，2006；Pajares & Schunk，2001）。我们可以这样理解"自我概念"，它是我们关于"我们是谁"的心理图像，是我们向自己解释自己的尝试，我们以此来建构一个关于自己的印象、态度和信念的图式（皮亚杰的术语）。但这种模式或图式并不是永久性的、统一的或是一成不变的，我们的自我知觉会随着情境的改变和生活阶段的变迁而发生变化。

1. 自我概念的结构

自我概念是多维的。学生的总体自我概念是由多个具体的概念构成的，包括学业自我概念和非学业自我概念；这些自我概念又是由更具体的概念组成的，如数学和语言、外表及在朋友中的受欢迎程度等方面的自我概念。赫伯特·马什（Herbert Marsh）及其同事（Marsh, Craven, & Martin，2006）指出，在非学业领域和学业领域共有17个不同的自我概念，其中学业领域的自我概念涉及言语、数学、问题解决、艺术、计算机等，非学业领域的自我概念包括外表、受欢迎程度、可信赖性、与父母的关系以及情绪稳定性等。

对学科而言，自我概念包括对能力（我擅长科学）和情感态度（我喜欢科学）的认识（Arens, Yeung, Crave, & Hasselhorn，2011）。对青少年来说，总体的学业自我概念（他们学习的效率以及在学校里的总体表现）和特定学科的学业自我概念（他们数学学得怎么样，他们对数学的态度）都会影响他们的行为和动机。例如，你在教育方面的志向和目标（如是否继续接受高等教育）是由总体的学业自我概念决定的，但你在大学选择什么专业则主要受你特定学科的学业自我概念的影响（Brunner et al.，2010）。

对那些已经结束了正式教育的成年人而言，这些单独的、特定学科的学业自我概念没有必要整合成总体的学业自我概念，因为他们不再处于接受特定学科的教学和测试的情境中。因此，成年人的自我概念更具有情境特定性（Marsh et al.，2006；Schunk, Meece, & Pintrich，2014）。

2. 自我概念的发展

自我概念是通过在不同情境中不断进行自我评价而形成的。实际上，儿童和青少年总是不断地问自己："我现在做得怎么样？"他们会根据重要他人对自己的言语和非言语的反应来进行判断。早期的重要他人是父母和其他家庭成员，之后朋友、同学和教师也会成为个体的重要他人（Harter，1998，2006）。

年龄较小的儿童倾向于对自己持积极、乐观的看法。他们不会将自己与同龄人比较，他们只会将自己现有的技能与之前自己在生活中能做的事情进行比较，看到自己的进步。在某种程度上，这种自信能使他们免于失望，并能坚持不懈，这对发展中的儿童来说是件好事（Harter，2006）。年长的学生则相对没那么乐观，他们更加实际，甚至有些愤世嫉俗。无论哪种情况，对年龄较小的和年长的学生而言，自我评价都有利于个体在任何特定领域中自我概念的形成，也有利于总体自我价值感的形成。总体自我价值感也被称为自尊，我们将在后面的章节中介绍。

经历学校生活后，儿童会根据自己的进步来评价自我概念。这一过程在入学初期就会开始。有研究者曾对新西兰60名学生进行追踪研究，从入学一直追踪到3年级中期（J. W. Chapman, Tunmer, & Prochnow，2000）。在入学的头两个月里，学生在阅读方面的自我概念开始产生差异，这是因为一些学生觉得阅读很容易，另一些学生则觉得很难。那些入学时拥有较好的语音、字母知识的学生，学习阅读会更容易，因此发展出了更为积极的阅读自我概念。随着时间的推移，阅读自我概念不同的儿童在阅读表现上的差异越来越大。因此，学校里阅读学习的早期经验对学生的自我概念有重要的影响。

随着学生的成熟，他们会变得更加现实，但仍然有很多学生对自己的能力判断得不准确，甚至一些学生会有"我完全没有能力"的错觉，严重低估自己的能力（Phillips & Zimmerman, 1990）。到了中学阶段，学生的自我意识增强。在这个年龄段，自我概念与个人的外表、社会接纳度以及学业成就紧密联系在一起，因此，对于本章开头提到的斯特凡妮这类学生来说，经历这一阶段将会十分困难（Wigfield, Eccles, & Pintrich, 1996）。

对年长的学生来说，自我概念的形成源于个体的自我比较以及与他人的比较，至少在西方文化中是这样。学生在数学方面的自我概念是通过与自己以往在数学上的表现进行比较而形成的；当然，他们也会将自己同其他学生进行比较（Altermatt, Pomerantz, Ruble, Frey, & Greunlich, 2002；Schunk et al., 2014）。一般而言，在普通学校中表现出较强数学能力的学生，比那些在重点学校里表现平平的学生（其实二者能力相当），对自己数学能力的感觉更好。马什及其同事（2008）称这种现象为"大鱼小池塘效应"（Big-Fish-Little-Pond, BFLP）。研究者对全球41个国家10 221个学校中的265 180名15岁学生进行调查后发现，每个国家均会出现大鱼小池塘效应（Seaton, Marsh, & Craven, 2009）。另一项对57个国家中近40万名高中学生进行的研究也得出了类似的结果（Nagengast & Marsh, 2012）。关于大鱼小池塘效应，有个很有趣的例子。在比利时的中学生被转到学生平均能力更弱的班级后，尽管他们实际上成绩降低了，但他们的学业自我概念更加积极了（S. Wouters, De Fraine, Colpin, Van Damme, & Verschueren, 2012）。而那些参与天才儿童教育计划的学生似乎遇到了相反的情况：与留在常规班级中的天才儿童相比，他们的学业自我概念将越来越不如以往积极，但非学业自我概念没有受影响（Marsh & Craven, 2002；Preckel, Goetz, & Frenzel, 2010）。

在我们转向讨论自我概念与成就之前，这里有一个重要的告诫，敬请留意。事实上，自我概念的发展在每个文化中并不遵从相同的路径。大多数西方，特别是欧洲的父母希望他们的孩子发展出强大的自我和独立精神，但亚洲的父母希望他们的孩子发展出强烈的相互依存感，并且以他们与生活中的重要他人（家庭、群体和文化）的关系来定义自己（Peterson, Cobas, Bush, Supple, & Wilson, 2004）。此外，并非西方社会中的所有亚文化群体都会像主流文化那样强调独立性，也有很多族群对家庭或群体相互依存性的重视高于独立性。例如，很多拉丁裔儿童被教导说，他们的人格同一性与他们的家庭同一性密不可分。还有很多印第安家庭，即使生活在城市，也经常与自己的亲戚生活在一起或住得很近，整个家庭就像一个公社制村庄在运行（Parke & Buriel, 2006）。

3. 自我概念与成就

很多心理学家将自我概念看作社会性和情绪发展的基础。研究发现，自我概念与多个方面的成就有关，从竞技体育的表现到工作满意度，再到学生在学校里的成就（Byrne, 2002；Goetz, Cronjaeger, Frenzel, Ludtke, & Hall, 2010；Marsh & O'Mara, 2008；Möller & Pohlmann, 2010）。一些研究证实了自我概念与学业成就的关系：学生在特定学科方面的表现与他在该学科领域的特定自我概念有关，但与社会或生理方面的自我概念无关。例如，一项研究发现，数学自我概念与数学测验成绩的相关系数为0.77，与成绩等级的相关系数为0.59，与课程选择的相关系数为0.51（Marsh et al., 2006；O'Mara, Marsh, Craven, & Debus, 2006）。

上述结论的最后提到数学自我概念与课程选择相关，这揭示了自我概念影响学生学习的一个重要途径。回想你的高中生活，如果你有机会选择课程，你会选你表现最差的那门课吗？可能不会吧。1997年，赫伯特·马什和亚历山大·杨（Alexander Yeung）考察了澳大利亚悉尼的246名男生在高中早期是如何选择课程的。结果发现，对特定学科的学业自我概念（如数学、科学等）是预测课程选择的最重要因素，比这门学科先前的成绩或总体自我概念都更为重要。高中时期选择的课程会影响学生今后的发展，因此特定学科的学业自我概念可能会影响个体的一生。

但不幸的是，某些大学录取标准对平均成绩点数（grade point average，GPA）的着重强调会影响课程的选择，尤其是当学生认为自己在数学、科学、外语或其他有挑战性的课程上做得"不够好"时，他们会避免选择这些课程，以保持良好的GPA。当然，正如我们在第1章中提到的，相关关系并不能说明两个变量之间的因果关系。积极的自我概念可能会促进学业成就的提高，高学业成就也可能导致自我概念的提升。因此，这种因果关系可能是双向的（Pinxten, De Fraine, Van Damme & D'Haenens, 2010）。

3.3.4 学业自我概念的性别差异

男孩和女孩的自我概念有差异吗？有研究对761名中产阶级美国学生（主要为欧裔美国人）进行了研究，从小学1年级一直追踪到高中（Jacobs, Lanza, Osgood, Eccles, & Wigfield, 2002）。由于纵向研究的数据很难取得，因此这个研究极具价值。小学1年级时，男孩和女孩对自己语言能力的感知没什么差异，但男孩在数学和运动能力方面明显更自信。随着年级上升，男孩、女孩的胜任感都在逐渐下降，但男孩在数学方面的胜任感下降得更快，因此到了高中，男孩和女孩的数学胜任感基本持平。在语言方面，1年级以后男孩胜任感下降的幅度明显大于女孩胜任感下降的幅度，但到了高中，男孩和女孩的胜任感基本都处于稳定状态。在运动方面，男孩、女孩的胜任感均有所下降，但在小学1年级至高中这12年间，男孩在运动方面始终明显比女孩更自信。

其他研究也发现，女孩认为自己在阅读及亲密友谊上优于男孩，男孩则认为自己在数学和运动方面优于女孩。当然，这种自信上的差异可能部分反映了不同性别的个体在成就上的真实差异，比如女孩的阅读能力比男孩强。但正如前文所说，很多方面的自信与成就是相互关联的，它们相互影响（Eccles, Wigfield, & Schiefele, 1998；Pinxten et al., 2010）。将上述结果同赫伯特·马什和亚历山大·杨（1997）的结论综合在一起，我们不难发现，学业自我概念影响课程的选择，而很多学生在做出课程相关决定的同时，也永远限制了自己未来的可能性。

对于绝大多数族群来说（非裔美国人除外），男性对自己在数学和科学方面的能力更为自信。遗憾的是，目前尚无其他族群的纵向研究，因此这一结论可能只局限于欧裔美国人。

3.3.5 自尊

> **停下来 想一想**
>
> 你在多大程度上同意或不同意下面的陈述？
> 总体上，我对自己满意。
> 我觉得我有很多优秀的品质。
> 我希望我能更尊重自己。
> 有时，我会觉得自己一无是处。
> 我有时会觉得自己很没用。
> 我对自己抱有积极的态度。
> "停下来 想一想"中的这些题目选自一份应用非常广泛的自尊测量问卷（Rosenberg, 1979；Hagborg, 1993）。

自尊是一种对自我价值的总体判断，包括个体对自己作为一个人感到自豪或羞愧。如果个体对自己的判断是积极的，即如果他喜欢自己眼中的自己，我们就说他拥有高自尊（Schunk et al., 2014）。通过"停下来 想一想"的问题，你能看出自己的自尊水平吗？

自我概念和自尊经常被混用，尽管它们有不同的含义。自我概念是一种关于自己是谁的认识，例如你认为自己是个优秀运动员的信念。自尊是一种对自我价值的总体的、一般的感觉。自我概念是"我是谁"，自尊是"我对自己的感受如何"（O'Mara et al, 2006）。正如你在前面的"停下来 想一想"中看到的，那些问题都是一般意义上的，而不涉及学业或外表等特定的领域。个体所在的文化是否重视他特有的个性和能力，会影响到个体的自尊（Bandura, 1997；Schunk et al., 2014）。

一百多年前，威廉·詹姆斯（1890）就指出，自尊取决于我们能否成功完成任务，或能否达成自己看重的目标。如果一项技能或成绩对个体来说不重要，那么不擅长该领域的活动并不会威胁个体的自尊。个体解释自己成功或失败的方式也是非常重要的。要建立自尊，学生必须把他们的成功归因于自己的行为，而不是运气或特定的协助。

学校会影响学生的自尊吗？学校对学生自尊的形

成重要吗？正如你将在"正方观点/反方观点"中看到的，关于学校在学生自尊发展中扮演着什么样的角色，研究者争论得非常激烈。

教师的反馈、等级评定、评价以及基于关心与学生进行的交流等，都能改变学生对特定学科的自我胜任感。但只有当学生在自己重视的领域中的能力得到增长时，其自尊才会得到最大程度的提高，这其中也包括社交领域，该领域对于青春期的学生非常重要。因此，对于教师来说，最大的挑战在于帮助学生获得某些重要领域的理解能力和技能（Osborne & Jones，2011）。

正方观点 / 反方观点
为了鼓励学生的自尊，学校应该怎样做

目前有关如何提升自尊的著作已经超过2 000本，学校和心理健康机构仍在不断研发提升自尊的项目（Slater，2002）。提升学生自尊的方法主要有以下三种形式：①个人能力提升活动，如敏感性训练；②自尊项目，通过特定的课程直接提升学生的自尊；③改进学校结构，更强调合作、学生参与、社区参与和民族自豪感。这些努力是否有用呢？

正方观点：自尊提升运动存在很大的问题

一些人对学校的自尊发展项目表示不满，因为这些项目的目标只是"给予大量的赞美，却不在乎实际的成就表现"（Slater，2002，p.45）。弗兰克·帕哈雷斯和戴尔·申克（Frank Pajares & Dale Schunk，2002）指出自尊提升运动还存在另一个问题："在儿童很小的时候，我们就开始给他们灌输'没什么比自尊和自信更重要'的思想，却同时相信环境迟早能教会他们'谦虚'这门棘手的课程。自我意识的迷茫会导致抑郁及其他心理问题的极速增加。"（p.16）敏感性训练和自尊课程认为我们可以通过改变个体的信念，让年轻人更努力地与各种困难进行抗争，以提升他们的自尊。但如果学生身处的环境是不安全的、弱势的、无助的呢？或许有些人能克服，但如果期望每个学生都能做到，只能说"忽视了一个事实，即在当今社会，要那些被迫面临不公平待遇而处境凄苦的年轻人拥有积极的自尊是不太可能的"（Beane，1991，p.27）。

更糟的是，一些心理学家认为自尊过低并不是问题，自尊过高才是。比如，他们认为高自尊的个体更可能把痛苦和惩罚施加在他人身上（Baumeister, Campbell, Krueger, & Vohs, 2003；Slater, 2002）。另外，高自尊并不能预测学习成果。一项大型的青少年调查发现，总体的自尊与测量的九项学业成就均不相关（Marsh et al., 2006）。当人们把自尊作为主要目标时，他们会不惜付出长期的代价来追逐这个目标，例如，他们可能会回避别人建设性的批评或是逃避挑战性的任务（Crocker & Park, 2004）。心理学家劳伦·斯莱特（Lauren Slater, 2002）在她的文章《自尊的麻烦》中建议我们重新思考自尊，努力诚实地进行自我评价，以发展出良好的自我控制。她认为，"或许自我控制应该取代自尊成为我们追求的首要目标"（p. 47）。

反方观点：自尊提升运动前景乐观

很多年前，埃里克森就警告说："儿童不会被空洞的赞美和居高临下的鼓励蒙骗。儿童可能不得不接受他们自尊虚假的提升，而不是其他更好的东西。"埃里克森进一步解释，强烈而积极的同一性只能来自"对自己取得的实际成就的真诚、一致的认同，也就是说，只能来自其所在文化中被认为有价值的成就"（p.95）。一项研究追踪了322名6年级学生两年，结果发现，学生对学校的满意度、对课程的兴趣、体会到的教师的关心和教师的反馈与评价都会影响学生的自尊。在体育教学中，教师的看法对学生运动能力方面的自我概念的形成有着特别强有力的影响（Hoge, Smit, & Hanson, 1990）。被分到低能力组或者在学校受到压抑，对学生自尊的形成有负面影响；而在协作或合作情境中学习，似乎对自尊有积极影响（Covington, 1992；Deci & Ryan, 1985）。有趣的是，那些特殊的培训项目，如"每月之星"或数学提高班，对学生自尊的影响不大。

除了包含所谓的"让心理感觉良好"等方面，自尊提升运动还包含这样一个基本事实：自尊是每个人不可剥夺

的基本权利。我们每个人都应当尊重自己，社会和学校不应该削弱个体对自己的尊重。回想前文提到过的女孩计划，这个计划是为了提醒女孩，她们的价值、她们的自尊应该建立在她们的个性、技能和特质的基础上，而不是建立在外表上。如果我们将自尊看作个体思想和行动——包括我们的价值观、想法、信念以及与他人的互动——的产物，那么我们就能了解学校的重要作用。允许实际参与、合作、解决问题和取得成就的教育实践，应当替代那些损害自尊的教育政策，如根据学生能力分班和竞争性的评分制度等。

当然，这可能并不是一个非此即彼的问题。另一种可能是调整焦点，更关注特定的自我概念，因为特定领域的自我概念与该领域的学习有关，如数学自我概念与数学学习有关（O'Mara et al., 2006）。由于自我概念与成就可能是相互影响的，因此研究者总结道：

总的来说，短时间内提升自我概念的最好的方法就是直接针对自我概念进行教学干预。但当教学干预的目标是同时提升自我概念和成绩时，教学干预不仅要结合对自我概念的直接提升和成绩的提高，还要辅以恰当的反馈和鼓励，这样才会更有效（Marsh et al., 2006, p. 198）。

模块9小结

埃里克森的心理社会发展阶段是什么

埃里克森强调社会与个体的关系，因此他的理论是一种关于发展的心理社会学观点——将个体发展（心理的）与社会环境（社会的）联系在一起的理论。埃里克森认为个体要经历八个生命阶段，每个阶段都涉及一个主要危机。如果能够顺利地克服危机，儿童的个性以及社交能力将会得到极大的发展，并会为解决下一个危机提供更加坚实的基础。在前两个阶段，婴儿必须形成信任感，克服不信任感；形成自主感，克服羞愧和疑虑。第三个阶段开始于童年早期，其焦点在于形成主动性，避免内疚感。处于小学时期的第四个阶段涉及获得勤奋感，避免自卑感。在第五个阶段，个体需要面对同一性对角色混乱的挑战，青少年需要不断努力以统合他们的同一性。根据玛西亚的观点，这些努力可能导致同一性混乱、同一性早闭、同一性延缓或同一性获得。埃里克森认为成年人要经历的三个阶段涉及实现亲密、繁殖与自我整合。

描述民族和种族同一性的形成过程

少数族裔的学生面临着生活在两个世界中如何形成同一性的挑战。他们既有所属群体的价值观、信念和行为，也会受到大文化环境中价值观、信念和行为的影响。大多数关于民族和种族同一性形成的解释，都认为个体最开始并未觉察到少数群体与主流群体间的差异，接着通过不同的方式调和这些差异，最终实现不同文化的整合。

随着儿童的发展，自我概念是如何变化的

自我概念（对自我的定义）会随着个体的成熟，逐渐变得复杂、差异化和抽象。自我概念是通过持续不断的自我反省、社会交往以及学校内外的各种经验逐渐形成的。学生通过将自己与个人的（内在的）标准和社会的（外部的）标准相比较来发展自我概念。高自尊与较好的总体学校体验相联系，该体验包括学业和社交两方面。此外，性别与族群刻板印象也是影响自尊的重要因素。

区别自我概念与自尊

自我概念和自尊都是关于自我的信念，自我概念是我们建构一个用于组织关于自己的印象、感觉和态度的图式的尝试。但这个图式不是固定的、永久不变的，我们的自我知觉会随着情境的改变和生活阶段的变迁而发生变化。自尊是对自我价值的评价，如果个体积极地评价自我价值，我们就说他拥有高自尊。自我概念和自尊经常被混用，尽管它们有不同的含义。自我概念是一种认知结构，自尊是一种情感评价。

自我概念是否存在性别差异

从小学1年级到高中12年级，男孩和女孩在数学、

语言和运动方面的胜任感都在逐渐下降。到了高中，男孩和女孩表现出相近的数学胜任感，女孩在语言方面的胜任感更强，而男孩在运动方面的胜任感更强。至于总体的自尊，男孩和女孩的总体自尊在进入初中前的过渡时期均有所下降，但到了高中阶段，男孩的自尊逐渐增高，女孩的自尊则保持继续下降的趋势。

模块 10 理解他人和道德发展

3.4 理解他人和道德发展

当我们寻求自我同一性、形成自我形象时，我们也在学习是非对错。道德发展的一个重要方面是理解我们周围的"重要他人"。我们是如何学会解读他人的想法和感觉的呢？

3.4.1 心理理论和意图

两三岁的时候，儿童开始发展**心理理论**（theory of mind），即理解他人也是人，有他们自己的心智、想法、情感、信念、愿望和感觉（Astington & Dack, 2008；Flavell, Miller, & Miller, 2002；Miller, 2009）。儿童需要应用心理理论去理解他人的行为。为什么莎拉在哭？她难过是不是因为没人陪她玩？正如我们将在第4章看到的，对自闭症的一种解释是自闭症儿童缺乏心理理论，因此他们难以理解自己或他人的情绪和行为。

2岁左右，儿童有了对"意图"的理解，至少开始理解自己的意图。他们会说："我想要花生酱三明治。"当儿童发展出心理理论后，他们也能理解他人也有自己的意图。那些能与同伴和谐相处的学前儿童能区别有意行为和无意行为，并做出不同的反应。例如，当其他小孩不小心撞倒了他们的积木时，他们不会生气。但有攻击性的儿童在评估他人意图方面存在困难，他们可能会攻击每一个碰倒他们积木的人，即使对方不是故意的（Dodge & Pettit, 2003）。随着不断地成熟，儿童能更准确地判断和考虑他人的意图。

随着心理理论的发展，儿童逐渐能理解他人有不同的感觉和体验，因此可能会有不同的观点或看法。这种**观点采择能力**（perspective-taking ability）一直在随年龄发展，直至成年时达到高度复杂的水平。总体而言，理解他人的想法和感受在促进合作和道德发展、减少偏见、化解冲突、激励亲社会行为等方面都很重要（Gehlbach, 2004）。如果学生虐待同伴的行为不是出于深层的情绪或行为障碍，那么教师只需对他进行观点采择方面的训练（"如果……你会有什么感受""为什么你认为查里斯……"），就可能使其获得明显的改善（Woolfolk & Perry, 2015）。

3.4.2 道德发展

随着心理理论和对意图的理解的进一步发展，儿童也逐渐发展出是非观。道德发展的相关理论和研究开始聚焦在儿童的**道德推理**（moral reasoning），即他们对是非的看法上。以社会和进化心理学及神经科学的见解为基础的一些新观点认为，道德不只是思维而已（Haidt, 2013），稍后你在本章中也会看到。现在让我们先来看看关于基于推理的道德发展的最为著名的观念——柯尔伯格的理论。

1. 柯尔伯格关于道德发展的理论

相当长时间以来，劳伦斯·柯尔伯格关于道德发展的理论（1963，1975，1981）在心理学和教育领域占据统治地位。这一理论部分源于前面介绍过的皮亚杰的思想。

> **停下来 想一想**
>
> 一个男人的妻子快要死了。现在有一种药可以救她，但是这种药很贵，而发明该药的药剂师又不愿意降价，因此这个男人买不起这种药。最后这个男人绝望了，决定铤而走险，为妻子去偷药。他应该怎么做？为什么？

柯尔伯格评估儿童和成年人道德推理的方法是向

其呈现**道德两难问题**（moral dilemmas），或像"停下来 想一想"中那样的假设性情境，要求其在这个情境中做出艰难的选择并说明理由。

根据他们的推理，柯尔伯格提出了道德发展或是非判断发展的六个阶段，并进行了详细描述。

（1）前习俗水平：道德判断基于个人自己的需要和感知。

阶段1：服从取向——遵守规则以避免惩罚和不好的后果。

阶段2：奖赏/交换取向——以个人的需要和愿望决定是非对错，"我想要的都是对的"。

（2）习俗水平：道德判断会考虑社会期望和法律。

阶段3：好孩子/关系取向——好意味着"乖"，令他人高兴。

阶段4：法律和秩序取向——必须遵守法律和尊重权威，社会秩序必须得到维持。

（3）后习俗水平（原则水平）：道德判断基于抽象的、更人性化的公平原则，这些原则未必受制于法律。

阶段5：社会契约取向——行为的好坏取决于社会普遍认同的标准，"为最多的人谋求最大的幸福"。

阶段6：普遍道德原则取向——无论法律或其他人如何说，个体都坚持关于个人尊严和社会公平的普世原则。

道德推理与认知发展、情感发展有关。随着儿童的抉择从依据绝对规则转向依据公平、仁慈等抽象原则，抽象思维在道德发展的较高阶段变得更加重要。理解他人观点，判断行为意图，利用形式运算思维去想象法律和规则的可变性——这些都将融入较高阶段的道德判断中。

2. 对柯尔伯格理论的批评

在现实中，柯尔伯格归纳的道德发展阶段未必是独立、连续和一致的。人们对道德选择的解释往往会同时反映多个不同阶段的道德推理水平；或者个体在某个情境下的选择可能符合某一阶段的特征，但在其他情境下的决定可能又符合另一阶段的特征。对柯尔伯格理论最激烈的批评之一是，该理论的道德发展阶段偏重于强调个人主义的西方男性价值观。柯尔伯格的道德发展理论是在仅以美国男性为对象的纵向研究的基础上发展起来的，因此其观点不能代表西方女性及其他文化中个体道德推理的发展过程（Gilligan，1982；Gilligan & Attanucci，1988）。

卡罗尔·吉利根（1982）提出了不同的道德发展顺序，即关爱的道德的发展。吉利根认为，个体会从关注自我利益发展到对特定个体和特定关系负责的道德推理，然后发展到道德的最高水平，即对所有人负责和关爱的原则。一些研究证实了这种关爱道德，并发现女性在解决道德问题时更倾向于关爱道德取向，尤其是在对个人和现实生活方面的问题进行推理时（Garmon, Basinger, Gregg, & Gibbs, 1996）。但是，一项元分析回顾了113个相关研究的结果，发现男性和女性在吉利根所说的道德取向上仅有微小的差异（Jaffee & Hyde, 2000）。这项元分析表明，男性和女性在面对人际方面的两难问题时，都会采用关爱道德取向来进行道德推理；在面对社会方面的两难问题时，则都会采用公平原则来进行道德推理。因此，道德推理在很大程度上受情境和两难问题的内容的影响，而非推理者的性别。

很多教育家已经开始关注"关爱学生和帮助学生学会关爱"这一教育主题。例如，内尔·诺丁斯（Nel Noddings, 1995）强烈呼吁将"学习关爱"编入课程。课程可能的主题包括"关爱自我""关爱家庭和朋友""关爱陌生人和世界"，其中"关爱陌生人和世界"主题可包含犯罪、战争、贫穷、宽容、生态或科技等单元。美国龙卷风或飓风肆虐造成巨大损失，或者中东地区的内战导致数以千计的居民流离失所，都是学习上述单元的契机。

3.4.3 道德判断、社会习俗和个人选择

> **停下来 想一想**
>
> 如果没有法律的约束，就可以使别人失明吗？
> 如果没有规则的约束，就可以上课嚼口香糖吗？
> 谁能决定你最爱吃的蔬菜或你的发型？

我们可能都认为使别人失明、违反班级规则、决定他人的食物偏好或发型等行为是不对的，但每种情况下的"不对"是有差别的。第一个问题涉及内在的

不道德行为，这个问题的答案与公平、公正、人权、人类福祉等概念有关。即使是幼儿也知道，无论有无法律的约束，伤害别人或偷别人东西都是不对的。但是有些规则，例如第二个问题中的上课不嚼口香糖，属于**社会习俗**（social convention），即在特定情境下，人们普遍赞同的规则和做事方式。当班级规则（习俗）要求上课不准嚼口香糖时，学生（大多数）就不会那样做了。嚼口香糖不是一种内在的不道德行为，它只是违背了规则。一些班级，尤其是大学中的班级，会使用很多不同的规则。不喜欢吃青豆或是女生剪短发，都不属于内在的不道德行为（至少我希望不喜欢吃青豆不算不道德），这些都仅是个人的选择，是个人偏好和隐私问题。

另一个对柯尔伯格理论的批评在于，它混淆了道德判断与社会习俗，也忽视了个人选择。拉里·努奇（Larry Nucci, 2001, 2009; Lagattuta, Nucci, & Bosacki, 2010）认为道德发展涉及三个维度或领域：道德判断、社会习俗和个人选择。儿童的思维和推理在这三个维度上均有所发展，但发展速度可能有所不同，甚至道德判断和社会习俗维度（简称道德和习俗维度）的判断涉及的认知（神经）过程也不同（Lahat, Helwig, & Zelazo, 2013）。世界各地的儿童到了4岁左右都能对道德和习俗问题进行相当严格的区分（Nucci, 2009）。

对教师而言，最常见的"是非对错"情境会涉及道德和习俗维度。

1. 道德和习俗维度

道德维度的两个基本问题是公平和福祉/同情（Nucci, 2009）。最初的课堂教育主要涉及分发和分享材料，或**分配公平**等道德议题（distributive justice）（Damon, 1994）。对幼儿（5~6岁）来说，公平分配就是基于"平等"进行分配。因此，教师经常听到"克肖恩拿得比我多，这不公平"之类的话。在随后的几年中，儿童逐渐意识到基于"功绩"，一些人应该获得更多，因为他们工作更努力或表现得更好。8岁左右，儿童已经能考虑别人的需要，并基于"善意"进行推理。因此，他们能理解一些学生能从教师那里获得更多的时间或资源，因为他们有特殊的需要。可以说，儿童经历了道德问题推理的各个阶段：

领悟到公平意味着平等对待所有人；理解公平和他人的特殊需要；形成更为抽象的、整合的关于公平与平等的概念，同时在人际关系中融入关爱的意识；最后，成年时意识到道德包含仁慈和公平，道德准则是独立于任何特定群体的规则而存在的（Nucci, 2001, 2009）。

在习俗维度上，儿童最初会相信规则是理所当然的客观存在。如果有机会与幼儿相处，你会发现在某些时期当你说"不准在卧室里吃东西"时，儿童会乖乖遵守。皮亚杰（1965）将这一阶段称为"**道德现实主义**"（moral realism）。在这一阶段，儿童相信行为规则或游戏规则是绝对的、不能改变的，如果违反了规则，就该受到惩罚，并认为惩罚取决于行为后果的严重性，而不是根据行为的意图或其他情况。因此，在他们看来，不小心打破三个杯子比故意打破一个杯子更糟糕，并且应该受到更重的惩罚。

随着儿童与他人社会互动的深入，他们开始了解不同的人有不同的规则，并将逐渐转向**合作的道德**（morality of cooperation）。儿童逐渐意识到规则是人制定的，也能被人改变。当规则被打破时，需要同时考虑造成的损失和触犯者的动机两个方面。

随着自身的不断成熟，儿童认识到尽管规则是人制定的，但是它们是用来维持秩序的，并且规则是由那些负责相关事务的人制定的。随着学生进入青少年阶段，他们对习俗的认识会在不同的看法间左右摇摆，可能会认为习俗是某一社会系统中恰当的活动方式，也可能会认为习俗只是一种社会标准，它之所以被建立起来是因为它被广泛地应用，又很少受到挑战。成年后，他们开始意识到习俗有利于协调社会生活，但同时也是可以被改变的。因此，年长的青少年和成年人通常比幼儿更能接受那些思想异于习俗和传统的人。

2. 对教师的启示

拉里·努奇（2009）在其著作《"好"远远不够》（Nice Is Not Enough）中描述了很多K-12（从学前班到高中毕业的）课程，这些课程将学业内容与道德判断、社会习俗和个人选择这三个维度的发展结合在一起。其中的一节代数课请参见图3-5。

> 给学生一个场景，要求学生结对进行讨论：
> 约翰、马克、萨莉、玛丽4个孩子是邻居，他们打算一起送报纸来赚钱。约翰和玛丽都是15岁，读高中；马克和萨莉都是12岁，读7年级。第一周结束时，他们赚了48美元。但现在他们遇到了一个问题。他们事先没有决定好如何分配他们赚到的钱。
> （1）萨莉认为最公平的办法是平分这些钱。
> （2）玛丽认为萨莉很懒，送出报纸的数量只有自己的一半，所以萨莉只能拿到其他每个孩子的报酬的一半。
> （3）马克认为他和约翰比玛丽和萨莉这两个女孩更强壮，他们俩比两个女孩多完成了25%，因此男孩应该比女孩多拿25%的报酬。
> （4）约翰同意萨莉比玛丽送得少的原因是萨莉比较懒。他还觉得，即使玛丽没有男孩强壮，但她同样很努力地工作。但他也认为，年长的孩子（他和玛丽）应该比年幼的孩子多得25%的报酬，因为年长孩子的支出更多。因此，他的想法是他和玛丽应该拿相同的报酬，并且比马克的报酬多25%，而萨莉因为懒惰，只能拿到马克报酬的一半。
>
> 作业：
> （1）请为上述每种分配方案创建相应的代数方程式。
> （2）你和你的搭档认为哪种分配方案是最公平的？将你们的答案记录下来。
> （3）解释为什么你们觉得那是最公平的分配方案，并说明为什么你觉得其他方案不公平。

图 3-5　一节同时鼓励儿童做出道德判断的代数课

资料来源：Nucci, L. (2009). *Nice is not enough: Facilitating moral development* (pp. 156-157). Upper Saddle River, NJ: Pearson.

努奇（2001）也就如何营造班级道德环境提出了一些很好的建议。首先，建立一个相互尊重、彼此温暖，且能公平、一致地执行规则的集体是非常重要的。如果缺乏这样的集体氛围，任何营造班级道德环境的努力都会徒劳无功。其次，教师应当针对不同的维度——道德维度或习俗维度，对学生的行为做出恰当的反应。例如，针对道德问题的反应可以是以下几种（Nucci，2001，p.146）。

（1）当一个行为具有伤害性或不公平时，强调这种行为给他人带来的伤害："约翰，你那样真的会伤到贾迈勒。"

（2）鼓励观点采择："克里斯，如果有人偷了你的东西，你会有什么感受？"

（3）重申规则："莉萨，开会期间不可以离开自己的座位。"

（4）命令："豪伊，不要再骂人了！"

在以上四种情况中，教师针对不同维度做出了恰当的反应。如果把（1）或（2）的反应与（3）或（4）的反应调换，就是不恰当的反应了。例如，若老师问："莉萨，如果开会时别人都离开自己的座位，你会有什么感受？"莉萨可能会觉得"还好"。对一个违背道德的行为说"约翰，打人是违反规则的"，这种反应是软弱无力的，因为这种行为不仅违反了规则，还会伤害到他人，因此是错误的。

在面对第三个维度——个人选择维度时，儿童必须区分哪些选择和行为是他们的个人选择，哪些不是。这一过程是发展出与个人权利、公平及民主等有关的道德概念的基础。这里需要注意的是，不同文化对个人选择、隐私以及大社会环境下的个体角色可能会有迥然不同的理解。

3.4.4　道德推理的多样性

一些广泛的文化差异可能会影响道德推理。较传统的文化往往更加重视传统和惯例，传统和惯例随时间而变化的进程很缓慢；相反，在较现代的文化中，传统、惯例会更快速地发生改变。努奇（2009）认为在那些更为传统的文化中，传统可能被"道德化"了。例如，某些文化中戴头巾的行为在外人看来应该属于习俗领域，但在身处这些文化中的成员看来更像是属于道德领域，尤其是涉及宗教信仰时。因此，要理解什么是个人选择，什么是社会习俗，或者什么是伦理道德，我们必须了解不同文化的信仰。

在以家庭为中心或集体取向的文化（经常被称为集体主义文化）中，最高水平的道德价值观可能包括把集体意见放在基于个人良知所做的决定的前面。研究发现，不同文化中儿童关于道德、习俗、个人选择等维度的推理是相似的。例如，即使在中国等提倡尊重权威的社会中，儿童也赞同西方儿童的观点：成人没有权利决定儿童如何利用自己的空闲时间。另外，这些儿童还认为：只要别人要求自己做的事是公平、公正的，那么即使这个人不是拥有权威的成年人（甚至也只是儿童），自己也应当服从；而当别人命令自己做的事情是不道德或不公正的时候，就应当拒绝服从（Helwig, Arnold, Tan, & Boyd, 2003；K. M. Kim, 1998）。

3.4.5 超越推理：海特的道德心理学的社会直觉模型

在日常生活中，做出道德选择不仅仅涉及推理。情绪、直觉、竞争目标、关系和现实考量因素等都会影响选择。乔纳森·海特（2012，2013）认为，柯尔伯格过分强调了道德的认知推理。海特的社会直觉模型是以社会心理学、进化心理学以及神经科学的研究为基础的。它有三个主要原则。

1. 直觉先出现，然后才是推理

只有在最初自动化的、情绪性的反应（我们称它为直觉）推动我们做出一个正确或错误的道德判断之后，我们才会进行道德推理。在对某个情境或两难问题做出反应时，我们会直觉地感到同情-厌恶，喜欢-不喜欢，被吸引-反感等。接着，当我们准备向他人辩护自己的选择时，我们会推理为什么我们的反应是正确的。因此，推理实质上起到了社会性的作用，用以维持我们在群体中的地位以及他人对我们的尊重。正如我们即将在本书中多次看到的，目前关于认知决策的观点是以神经科学为基础的，其中包括双加工模型，即一个系统是快速的、自动化的，并且受情绪的强烈影响，另一个系统相对更慢，更具分析性和反思性。双加工系统在人类所有的决策和选择中都会起作用，包括道德判断。

2. 道德不仅仅涉及公平和伤害

目前大多数关于道德推理的理论都是以公平（公正/欺骗）和福祉（关心/伤害）的道德价值为基石的。海特认为，只关注这些价值反映了一种 WEIRD（western, educated, industrialized, rich, democratic，即西方的、受过教育的、工业化的、富裕的、民主的）的道德体系。在 WEIRD 文化中，公平和人类福祉确实是道德的核心，但海特在对世界各地的被试进行广泛的研究后发现，还有其他四个重要的道德价值观或道德基础。

（1）忠诚/背叛（loyalty/betrayal）是为群体利益自我牺牲、爱国主义、"我为人人，人人为我"和"不让一个士兵掉队"等观念的基础。

（2）权威/颠覆（authority/subversion）是领导和追随的基础，即对合法权威的尊重。

（3）神圣/玷污（sanctity/degradation）是努力过上更高贵、更纯洁的生活，避免被玷污的基础。神圣决定了哪些目标或观念是值得崇敬的，以及哪些是令人厌恶的。

（4）自由/压抑（liberty/oppression）是憎恨和抵制统治的基础，如对恶霸和独裁者的仇恨。

事实上，这些道德基础存在于所有文化中，因为它们是在人类的群体生活和为生存奋斗的过程中，历经数千年演变而来的，只是不同的文化可能会以不同的方式来实践这些道德基础。例如，生活在印度的很多人认为牛是神圣的，而生活在美国的很多人认为美国国旗是神圣的。因此，很多印度人会对伤害母牛的行为感到厌恶，而很多美国人在看到美国国旗被烧时会感到厌恶。如果你对有关道德基础的描述感兴趣，请参阅 moralfoundations.org。

3. 道德束缚和盲目

当某一群体中的个体共享"神圣、英雄、领袖、关于对与错的观念"等符号时，也就是当他们共享相同的道德观念时，这个群体就凝聚在了一起。他们对彼此忠诚——"我为人人，人人为我"。他们尊重他们的领袖，也彼此尊重。但当他们凝聚在一起时（当然，他们因此更可能生存下来），他们往往会对其他群体的道德观念视而不见，甚至会认为这些观念是极其"错误"的。

社会直觉模型是非常新的理论，因此目前在教育中的应用还很少。这一模型的好处是它符合神经科学、社会心理学和社会生物学的观点。这一模型提醒我们，道德不仅仅是推理。关于什么是对错，我们有即时的直觉反应，然后我们进行"推理"来证明我们的选择是正确的。证明我们的选择是正确的，能维持我们在群体中的地位，这有助于人类在较长的时间里生存下来。道德教育可能需要承认在公平和福祉之外还存在其他的道德基础，并理解不同文化实践这些道德信念的方式。现有的**社会情绪学习**（social emotional learning）取向在强调个人感受的同时，也强调价值判断和人际关系（Shechtman & Yaman, 2012）。

3.4.6 道德行为：以作弊为例

影响道德行为的三个重要因素是模仿、内化和自我概念。首先，拥有富有同情心的、宽宏大量的成年人榜样的儿童，更倾向于关注他人的权利和感受（Eisenberg & Fabes, 1998；Woolfolk & Perry, 2015）。其次，多数道德行为理论均假设起初幼儿的道德行为是他控的，即他人通过直接教导、监控、奖赏和惩罚以及纠正等来对幼儿进行控制，但之后儿童将内化（internalize）那些指导他们的权威人士的道德准则和原则。也就是说，儿童采纳外在准则作为自己的道德标准。在纠正儿童的行为时，如果能向他们解释为什么该行为必须被纠正，尤其是向他们解释这样的行为对他人造成的影响，儿童更可能内化道德原则，学会即使在无人监督的情况下也能做出道德的行为（Hoffman, 2000）。

最后，我们必须将道德信念、价值观整合到我们总体的自我意识、自我概念中。

个体做出道德行为的倾向在很大程度上取决于道德信念、价值观整合到人格以及自我意识中的程度。因此，道德信念对我们生活的影响取决于我们是否重视它们——我们必须认同它们是自我的一部分，并尊重它们（Arnold, 2000, p.372）。

1. 谁会作弊

80%～90%的高中生和大学生曾作过弊。事实上，学业作弊的比例在过去30年里持续增高，这可能是由于压力日益增大，以及各种测验被赋予的利害关系越来越重要等（T. A. Murdock & Anderman, 2006）。

作弊存在个体差异。多数关于青少年和大学生的研究发现，男性比女性更可能作弊；低成就的学生比高成就的学生更易作弊；持表现目标（获得好成绩、看起来很聪明）的学生比持掌握目标的学生更易作弊；低学业效能感（认为自己在学校不可能有好的表现）的学生更可能作弊。另外，冲动型的学生更可能作弊。

当然，作弊不只是个体差异的问题，情境也会起到一定的作用。以数学为例，一项研究发现，当学生从原先重视竞争和表现的班级转到重视理解和掌握的班级后，其作弊频率会有所下降（Anderman & Midgley, 2004）。并且，如果学生认为教师是可靠的知识来源，他们的作弊频率也会下降。当学生认为教师可靠时，他可能会更重视教师教授的内容，因此更希望真正地学会它（Anderson, Cupp, & Lane, 2009）。此外，当学生成绩落后、"临时抱佛脚"，或认为教师不在乎他们时，学生更可能作弊。例如，埃丽卡认为：

> 我是一个诚实的高中生，我认为存在不同程度的作弊。我是一个认真的学生，但当我的历史老师一口气布置了50道问题，并且明天要交时，或晚上老师布置了一份填空卷子，而我本来就已经很忙了，要做游泳练习、有氧运动，参加教会活动，还有其他作业——我会选择抄同学的答案……我在迫不得已时才会作弊，所以不算是一个习惯。每个小孩在紧急关头都会这样做。（L. A. Jensen, Arnett, Feldman, & Cauffman, 2002, p.210）

塔梅拉·默多克和埃里克·安德曼（Tamera Murdock & Eric Anderman, 2006）曾提出一个模型，用于整合已有的关于作弊的认识，这有助于以后的研究。他们认为学生在决定作弊之前，会问自己三个问题：我的目标是什么？我能做到吗？作弊的代价是什么？表3-4列出了对上述三个问题的一些回答，这些回答与是否作弊的决策有关，同时表中还列出一些防止作弊的策略。

表3-4 学生何时会作弊

塔梅拉·默多克和埃里克·安德曼提出了一个学业作弊模型，学生是否作弊取决于他们对三个问题的回答。

问题	不太可能作弊的回答举例	很可能作弊的回答举例	教师策略举例
我的目标是什么	目标是学习，变得更聪明，尽可能做到最好 这是我的目标	目标是看起来很棒，比其他人都出色 这目标是别人强加在我身上的	与全班学生讨论、交流对学习的看法——学习能让每个人变得更优秀
我能做到吗	通过适当的努力，我能做到	我怀疑自己不能做到	根据小步子原则，让学生成功地完成每个小步骤，以此帮助他们建立自信心 指出学生过去取得的成就
作弊的代价是什么	如果作弊，我会被逮到，受到惩罚 如果作弊，我会觉得自己有道德问题，感觉很丢脸	如果作弊，我可能不会被逮到或受到惩罚 每个人都这样做，所以这没什么不对 压力实在太大了，我不能失败，只能作弊	把错误当作一次学习的机会 允许修改，以此来减轻作业带来的压力 监督学生，防止作弊，给予作弊行为适当的惩罚

资料来源：Adapted from Murdock and Anderman（2006）。

2. 应对作弊

上面的例子对教师有很直接的启示。为防止作弊，教师应尽量不要让学生处于高压情境之中，确保他们已经做好测验、课题或作业的准备，确保他们无须作弊也能做得很好。教师也要成为值得信任的、可靠的知识来源。关注学习而非成绩，鼓励学生在作业、实验等中进行合作，并采用开卷、合作性或在家完成等形式的测验。我常常告诉我的学生哪些概念会考，并鼓励他们在考试前对这些概念及这些概念的应用进行讨论。教师可以给予需要帮助的学生额外的、恰当的帮助。明确关于作弊的规定，并且始终如一地执行它们。在测验中认真地监督学生，帮助他们抵御作弊的诱惑。

3.5 个性与社会性发展研究对教师的启示

很明显，埃里克森和布朗芬布伦纳都强调个体会受到社会和文化背景的影响。下面列举的是他们的核心观点。

（1）那些父母离异的学生能从权威型教师那里获益。权威型教师指既让学生感觉温暖，又对学生有明确要求的教师。

（2）对所有学生来说，自我概念都会随时间不断地分化——他们可能会觉得自己能胜任某一学科，但不擅长其他学科；或是认为自己是一个非常称职的朋友或家庭成员，但不擅长学校的学业。

（3）对所有学生来说，整合自己关于职业、宗教、民族、性别角色以及与社会的联系等方面的决定，最终形成有意义的同一性，都是极具挑战性的。教师能够促进学生同一性的发展。

（4）对所有学生来说，被同伴拒绝都会造成伤害。很多学生需要帮助他们发展社交能力的指导，以更准确地理解他人的意图，更好地处理冲突以及应对攻击性行为。同样，教师可以提供这样的指导。

（5）当学习压力很大、学习负担不合理，且作弊被发现的概率很小时，多数学生会作弊。这就需要教师和学校共同避免这些情况的发生。

模块10 小结

什么是心理理论，它为什么很重要

心理理论指理解他人也是人，有他们自己的心智、想法、情感、信念、愿望和感觉。儿童需要应用心理理论去理解他人的行为。当他们发展出心理理论后，他们就能理解他人也有自己的意图。

随着学生的成熟，他们的观点采择能力如何变化

随着儿童逐渐成熟，其理解意图的能力在不断发展，但有攻击性的儿童在理解他人意图上存在困难。随着儿童逐渐成熟，其社会性观点采择也在逐渐改变。年幼的儿童认为每一个人的想法和感觉都与他们一样；之

后，他们才渐渐了解到他人是不同的个体，因此会有不同的感觉和看待事物的观点。

道德推理的前习俗水平、习俗水平和后习俗水平之间有何重要差异

柯尔伯格的道德发展理论归纳了道德发展三个水平：①前习俗水平，此时道德判断基于个人利益；②习俗水平，此时道德判断会考虑传统的家庭价值观和社会期望；③后习俗水平，此时道德判断基于更抽象、更个人化的道德准则。批评者认为，柯尔伯格未考虑道德推理可能存在的文化差异，以及道德推理和道德行为之间的差异。

描述吉利根的道德推理水平理论

卡罗尔·吉利根认为，柯尔伯格的阶段理论只是基于男性的纵向研究，它很可能无法恰当地解释女性的道德推理及其发展阶段，因此她提出了"关爱的道德"。吉利根认为，个体会从关注自我利益发展到对特定个体和特定关系负责的道德推理，然后发展到道德的最高水平，即对所有人负责和关爱的原则。研究表明，女性在某种程度上更可能采用关爱道德取向，但男性和女性都能采用这两种取向。

道德维度和习俗维度的思维如何随时间变化

关于道德的信念是从幼儿的观念（公平就是平等对待所有人）逐渐发展为成年人的理解（道德涉及仁慈和公平，道德准则独立于任何特定群体的规则而存在）的。在社会习俗维度方面，儿童一开始会相信他们了解到的规则是真实正确的。经过几个阶段，成年人会意识到习俗有利于协调社会生活，但同时也是可以被改变的。

什么会影响道德行为

幼儿的道德行为是他控的，他人通过直接教导、监控、奖赏与惩罚以及纠正来对幼儿进行控制。另一个影响儿童道德行为发展的因素是榜样的示范。拥有富有同情心的、宽宏大量的成年人榜样的儿童，更倾向于关注他人的权利和感受。

学生为什么会作弊

作弊是学校内涉及道德议题的一种常见行为问题。是否作弊取决于学生对三个问题的回答：我的目标是什么？我能做到吗？作弊的代价是什么？作弊是由个体和情境因素共同造成的，如果压力太大、被逮到的概率很小，很多学生会作弊。

第3章复习思考题

多项选择题

1. 学生心目中的"好老师"通常会使用权威型教学策略。下列选项中，哪位教师在课堂上使用了权威型教学技巧？
   A. 马库斯没有进教室坐下来，托马斯小姐提醒他班规及违反班规的后果。
   B. 保罗是一名新来的学生，他很害羞。但他第一天到学校的时候，霍尔先生要求他给班上的同学讲讲他在危地马拉的经历。
   C. 迪娜的老师允许她不参加课间的休闲和游戏活动，可以待在教室里自娱自乐，原因是迪娜没有朋友。
   D. 在新学年刚开始的时候，克拉尔先生会给学生两天自由时间来熟悉班上的同学。

2. 泰勒女士是一名初中教师。今年她的班上新转来了一名学生。泰勒女士知道，新转来的学生刚开始通常都会有适应问题。因此，泰勒女士会给每名新生配一个搭档，以帮助他们适应学校。此外，她还会照顾新生心理社会方面的需要。下列哪个策略能帮助泰勒女士班上转来的新生？
   A. 允许学生自主安排他们在学校一天的活动。
   B. 鼓励学生自行解决自己的个人需求。
   C. 提供支持，让新生体验到胜任感和成功。
   D. 让学生了解到，他们在初中建立的人际关系在很大程度上决定了他们今后人生中情绪的健康

和快乐。

3. 研究表明，多数学生曾作过弊。下列选项中哪种做法不能降低班上学生作弊的可能性？
   A. 明确规则，让学生了解作弊引发的各种严重的不良后果，以此来威慑他们。
   B. 降低对分数的关注，确保考试内容是学生熟悉的。
   C. 为提供必要的支持，减轻焦虑，鼓励学生在完成作业时相互协作。
   D. 确保学生已做好完成作业和测验的准备。

开放论述题

案例：苏珊·威尔逊是秋天转到沙利文女士班上的，这个孩子没有朋友。当很多同年级（3年级）学生在操场上一起玩游戏的时候，苏珊会站在旁边，但没有人叫她一起玩。在班上，苏珊总是表现得很幼稚，紧张时会咬拇指，也不愿意在团体活动中分享。12月，沙利文女士决定采取一些措施来改善苏珊的状况。沙利文女士邀请了苏珊的父母来学校，就苏珊的情况交流想法。当威尔逊夫妇出现的时候，苏珊正陪在他们的身边。接下来发生的事情让沙利文女士大吃一惊：当她希望苏珊回避，好单独与威尔逊夫妇交谈时，苏珊开始大哭大闹，拒绝离开。威尔逊夫妇只好道歉，并表示哪天苏珊同意配合了，他们再过来学校。

4. 威尔逊夫妇的教养方式是哪一种？为什么？
5. 你会建议沙利文女士使用什么策略来帮助苏珊实现情绪发展？

Chapter 4 | 第 4 章

学习者差异与学习需要

■ 教师的案例簿：你会怎么做

涵盖每一个学生

又到了一个新学年，你所在学区的教育政策有一些调整。原先的特殊教育计划被终止，现在所有的学生都将接受全日制的普通教学。通过之前章节的学习，你知道未来你面对的学生会在能力、社交技能以及学习动机方面表现出很大的差异，但现在你还需要面对更多复杂的情况：有个学生患有严重的哮喘，有个学生相当聪明但患有亚斯伯格综合征，有个学生有严重的学习障碍，还有两个学生正在接受注意缺陷多动障碍的药物治疗。你不清楚有哪些资源可以帮助到你。但即便如此，你仍满怀信心和效能感地接受了这个挑战，希望能教育好每一位学生。

想一想

:: 你会怎样基于标准来设计课程，以便让所有学生都能发挥出他们最大的潜能进行学习，并熟练掌握课程标准要求的内容？
:: 当班上有特殊需要的学生遇到某些特殊问题时，你会如何处理？
:: 遇到新的情况时，你会如何保持自己的自信心？

■ 概览与目标

要回答上述问题，你必须了解个体差异。到目前为止，我们几乎没怎么讨论过个体差异。前面介绍的主要是可以应用到每个人身上的发展规律——阶段、过程、冲突和目标。人类的发展在很多方面都是类似的，但不是在所有方面都如此。即使是同一家庭中的成员，在外表、兴趣、能力和性格上也会有明显的差异，这些差异对教学有着十分重要的意义。在本章中，我们将讨论智力（intelligence）与学习风格（learning style），因为这些概念经常被误解。另外，无论你教哪个年级，都可能遇到有特殊需要的学生，因此我们也将探讨一些学生或多或少会遇到的学习问题。在讨论每一种学习问题时，我们都将讨论教师怎样才能意识到问题，如何寻求帮助并针对个体的需要制订教学计划，其中包括如何使用干预反应模型。

学完这一章后，你就能：

目标 4.1 描述现有的智力理论，包括标签化的优点与缺点，智力层次理论和多元智能理论，智力是如何测量的以及这些测量方式对教师的启示。

目标 4.2 论述在教学中考虑学生学习风格的意义及其局限。

目标 4.3 论述《残疾人教育促进法》(IDEA) 和 "504 条款" 对当代教育的实践意义。

目标 4.4 理解在学习上面临挑战的学生可能存在的特殊教育需要。

目标 4.5 认识到超常与天才儿童的特殊教育需要。

模块 11 智力与思维风格

4.1 智力

智力这一概念在教育中非常重要，但又很容易引起争议和误解，因此我们将用一些篇幅来讨论它。但在此之前，让我们先来考察一下根据个体智力、能力或障碍等个别差异来给学生贴标签的做法。

4.1.1 用语与标签

每个儿童都有自己独一无二的天赋、能力与不足。一些学生可能存在学习障碍、沟通障碍、情绪或行为障碍、智力障碍、生理缺陷、视觉受损或听觉困难、自闭症、创伤性脑损伤，甚至存在综合障碍，而有些学生有着非凡的天赋与才能。虽然我们在本章中使用了这些术语，但请注意：给学生贴标签是一种存在广泛争议的做法。

标签并不能告诉我们该用什么方法对待学生个体。比如，行为障碍得到"诊断"并不意味着可以使用某些固定的具体的"治疗方案"，针对不同情况使用多种不同的教学策略和教材可能比较合适。而且标签可能会成为自我实现预言。每个人——教师、父母、同学，甚至学生自己，都可能把标签看作一个不可改变的特征。例如，有证据表明教师和辅导员会引导那些被贴上"学习障碍"标签的高中学生选择要求不高的课程。这看起来似乎很合理，但这种对低水平课程的引导并不是以学生的实际能力为依据的，是"学习障碍"这一标签本身影响了这种引导。事实上，高中选修的课程是通往大学和高等教育的门户，对学生更低的期望导致他们选修要求不高的课程，这可能会改变他们的一生（D.Rice & Muller, 2013）。另外，标签常常被错误地用来解释学生的行为，就像这样："圣地亚哥常常打架是因为他有行为障碍。""你怎么知道他有行为障碍？""因为他常常打架。"（Friend, 2014）

不过，一些教育者认为至少对于年幼的学生，给他们贴上"有特殊需要"的标签是在保护他们。例如，如果同学们知道某个学生有智力障碍（有时被称为精神发育迟缓），他们就更容易接纳这个学生的古怪行为。当然，诊断性的标签也能带来一些特殊的方案、有用的信息、特别的技术与设备或财政援助。标签对学生来说可能是种污辱，但也有可能帮助学生。

1. 残疾与障碍

"残疾"（disability）这个词的含义是不具备做某种特定事情的能力，如读单词、看东西或走路；而**"障碍"**（handicap）指在某些情境下的缺陷，某些残疾会导致个体在特定情境下存在障碍，但不针对所有的情境。例如失明（视觉残疾），如果你去开车，它就是一种障碍；但如果你去作曲或接电话，它就不是一种障碍。斯蒂芬·霍金（Stephen Hawking）这位已经离世的伟大物理学家，因患有卢伽雷氏症而无法走路和说话。他曾说很庆幸自己成为一名理论物理学家，因为"研究它用头脑足矣，我的残疾在这方面并没有成为一种障碍"。重要的是，我们不要因自己对他人残疾的反应而给他人造成障碍。一些教育者建议不再使用"障碍"这个词，因为这个词的来源有贬低他人的含义。障碍来自短语 "cap-in-hand"（手里拿着帽子），用来形容那些因生存所迫而行乞的残疾人（Hardman, Drew, & Egan, 2014）。

我们可以将人类所有的特征都看成连续体。例如，人的听力是从非常敏锐到完全失聪的一个连续体。我们的听力处在这个连续体的某个位置上，并且会随着生命的进程而变化。当我们逐渐变老时，我们的听力、视力甚至智力的某些方面都会发生变化。这些，你将在本章后面看到。

当谈论某方面有残疾的个体时，要尽量避免使用那些"怜悯"的语句，诸如"只能待在轮椅上"或"艾滋病的受害者"之类的。轮椅并不是一种限制，它能让那些某方面有残疾的个体自由地走动。使用"受害者"或"受苦"这类说法会让人觉得那些有残疾的个体软弱无力。美国脊髓联合会在其资源网站上提供了一个免费的PDF格式的小册子，其中包含很多关于残疾的正确观念，每位教师都应当读读。图4-1就是其中一则建议。

图 4-1　与某方面有残疾的个体打交道时需要注意的礼仪

资料来源：Reprinted from "Disability Etiquette" © Permission granted by United Spinal Association. Go to www.unitedspinal.org for a free download of the full publication. Illustrations by Yvette Silver.

另一种尊重某方面有残疾的个体的方式是使用"以人为本"的语言。

2. "以人为本"的语言

因为每个个体都有很多方面的能力，因此应当避免使用这样的标签，如"情绪失调的学生"或"处在危险中的学生"。用简单的一两个词来描述一个复杂的个体，就意味着被标记的那个方面是该个体最为重要的方面。实际上，个体有很多特质与能力，有残疾的方面并不能恰当地代表该个体。比较好的表达方式是使用"以人为本"的语言，如"这个学生有行为失调的问题"或"这个学生正处在危险中"。这里强调的首先是学生。

学生有智力障碍	而非	有智力障碍的学生
学生接受特殊教育	而非	接受特殊教育的学生
一个人患有癫痫症	而非	一个癫痫症患者
一个儿童有生理缺陷	而非	一个残疾儿童
儿童被诊断为患有自闭症	而非	自闭症儿童或自闭症患者

3. 使用标签可能带来的偏见

现在，我们可以借助很多优秀的测验和严谨的测验程序来判断学生是否存在某方面的障碍，并保证我们能准确地使用标签。少数族裔在有残疾的学生中所占的比率过大，而在为超常和天才学生设计的课程中所占的比率过小。例如，根据不同族群的实际学生数计算可知，非裔美国学生被诊断为心理不健康的可能性是其他群体的两倍，被诊断为智力障碍的可能性则是其他群体的3倍。与欧裔和亚裔的美国学生相比，非裔学生在学校里更可能被排除在普通教育体系之外。拉丁裔和亚裔的美国学生情况则恰恰相反，除听力损伤外，他们被诊断为其他类型障碍的可能性明显小于其他群体。另一个例子涉及非裔美国学生在天才课程中所占比率过小的问题。尽管非裔学生占全美学生总人数的14%～15%，但他们中参加那些支持超常学生发展的课程的人却只有8%左右。拉丁裔学生占全美学生总人数的16%左右，但他们中参加这些课程的比率也只有8%～9%（Friend，2014；U.S. Department of Education，2011）。

几十年来，教育工作者试图找到导致"比率过大"和"比率过小"等现象的原因。对此有众多解释，其中包括非裔和拉丁裔的家庭贫困率更高，而这会导致产前照料、营养状况和健康护理更差；教师的态度、课程、教学及校方推荐学生的程序中都有着根深蒂固的偏见；教师也不知道如何与少数族裔的学生沟通，从而有效地进行教学（Friend，2014）。为避免校方推荐学生的程序中可能存在的不公正问题，教育者建议校方在给予正式的推荐前对学生进行更多的了解。他来美国已经多长时间了？他英语怎么样？他有没有一些不寻常的压力，如无家可归？课程的设计是否考虑到了学生已有的语言和文化知识（第5章）？班级气氛是文化兼容的（第6章）、积极的（第12章）吗？教师是否了解并尊重学生的文化？教师是否借助了创造性测验、档案袋和行为表现等来评估学生的能力（第15章）？对学生及其校外环境了解得越多，越有利于做出恰当的教学决策（Gonzalez, Brusca-Vega, & Yawkey, 1997；National Alliance of Black School Educators, 2002）。

智力被广泛用于人员安置，而在生活中，智力也作为一个标签被广泛地使用。下面让我们先从一个基本的问题开始。

4.1.2 智力意味着什么

> **—停下来　想一想—**
> 谁是你们高中最聪明的人？写下他的名字，并列出当你想到他时，你最先想到的4～5个词语。是什么原因使你选择了这个人？

长期以来，人们对我们称之为"**智力**"的事物的看法各不相同。早在两千多年前，柏拉图就讨论过类似的一些差异。许多关于智力本质的早期理论都涉及下面三个主题中的一个或多个：①学习的能力；②个体获得的所有知识；③成功适应新情境和一般环境的能力。近期对智力的界定则既涵盖了上述三个主题，又强调了高级思维过程，认为智力是"进行演绎与归纳推理、抽象思维、使用类比以及整合信息的能力，并能将上述能力应用到新的维度"（Kanazawa, 2010, p.281）。

智力：单一能力还是多种能力

所有智力测验的分数间均存在中度或高度相关。这种一致性的发现实际上"可以说是智力心理学研究中最著名和最引人注目的现象"（van der Mass et al., 2006. p.885）。正是由于这些稳定的内在相关的存在，一些心理学家认为智力是一种一般能力（general intelligence），会影响个体在所有认知任务上的表现，从解决数学问题到诗歌赏析，再到完成历史论文。那么究竟该如何解释这一结果呢？查尔斯·斯皮尔曼（Charles Spearman, 1927）认为心理能量，他称之为g因素，在任何智力测验中都会用到。斯皮尔曼还补充道，除了这种一般能力，这些智力测验还需要一些特殊能力。也就是说，完成任何智力任务都必须运用g因素以及与特定任务相关的能力。如今，心理学家一般赞同：我们可以通过数学计算的方法算出认知测验中的共同因素（g因素），但这种计算所得的因素只是一般能力的指标或测量结果，而非一般能力本身（Kanazawa, 2010）。仅有智力的总体数学指标，对理解智力这一人类特有的能力并没有多大帮助，g因素这一概念似乎没有太多的解释力，因为它无法告知我们智力是什么或是智力由何而来（Blair, 2006）。

雷蒙德·卡特尔（Raymond Cattell）和约翰·霍恩（John Horn）提出的流体智力（fluid intelligence）与晶体智力（crystallized intelligence）理论能提供更好的解释（Cattell, 1963, 1998；Horn, 1998；Kanazawa, 2010）。**流体智力**指心理效率和推理能力，前文中引述的金泽（Kanazawa）也认为推理能力是智力的主要成分（Kanazawa, 2010）。流体智力的神经生理基础可能与大脑容量变化、髓鞘化（神经纤维被脂质包裹，让加工过程变得更快）、多巴胺受体的密度或大脑前额叶的加工能力有关，其中大脑前额叶的加工能力主要包括选择性注意，尤其是工作记忆等（Waterhouse, 2006）。工作记忆是大脑机能的一个方面，我们将在第8章中进行介绍。流体智力会随着大脑的发展而提高，在青少年晚期（22岁左右）达到高峰，然后随着年龄逐渐下降。流体智力对疾病非常敏感，也容易受到损害。

晶体智力指在特定文化情境中应用恰当的问题解决方法的能力，类似于金泽在其智力的定义中提到的"应用到新维度的能力"。这种能力在人的一生中持续增长，因为它包括已获得的技能和知识，如阅读、了解事实的能力，以及如何搭出租车、缝制棉被、设计关于诗歌中的象征手法的教学单元等。我们在解决问题时运用流体智力，并以此发展出自己的晶体智力；生活中许多任务的解决，如数学推理，同时需要流体智力和晶体智力（Ferrer & McArdle, 2004；Finkel, Reynolds, McArdle, Gatz, & Pederson, 2003；Hunt, 2000）。

现在被人们最广为接受的一种心理测量观点是：智力像自我概念一样存在很多方面，是不同层次的能力体系。这个体系的顶端是一般能力，下面是特殊能力（Schalke et al., 2013; Tucker-Drob, 2009）。约翰·卡罗尔（John Carroll, 1997）认为，智力包含一种一般能力、几种广泛能力（如流体智力与晶体智力、学习与记忆、视觉与听觉的感知能力、加工速度等）和至少70种特殊能力，如语言发展、记忆广度、简单反应时等。一般能力可能与前额叶的成熟及其功能有关，特殊能力可能与大脑的其他部位有关（Byrnes & Fox, 1998）。

4.1.3 多元智能

霍华德·加德纳（Howard Gardner）是一位发展心理学家，当他从事哈佛大学零点计划以及波士顿退伍军人管理中心的相关工作时，他发现自己面对着两个截然不同的群体：哈佛大学零点计划吸纳的都是极其有艺术天赋的学生，波士顿退伍军人管理中心则主要聚集了有脑部损伤的病人。正是这样的工作经历激发了他对智力的思考，并最终提出了一种全新的智力理论。长期在波士顿退伍军人管理中心工作，让加德纳有机会见到很多不同的脑损伤病人。一些病人因脑部损伤失去了空间能力，但他们能完成所有言语任务；有些病人的情况则恰恰相反，他们失去了言语能力，但能完成所有与空间相关的任务。而在哈佛大学零点计划中，加德纳发现一些儿童尽管绘画技术很精湛，却组织不出一个优美的句子；当然，相反的情况也存在。根据对众多儿童和脑损伤病人的观察，加德纳坚信存在着几种独立的心理能力，并提出了著名的**多元智能理论**（theory of multiple intelligences, MI），认为至少存在八种独立的智能（1983, 2003, 2009, 2011）。

1. 多元智能的具体内容

多元智能理论提到的八种智能分别是言语（语言）智能、音乐智能、空间智能、逻辑-数学智能、肢体-动觉（运动）智能、社交智能（理解他人）、自知智能（了解自己）和自然观察智能（观察与理解自然的和人工的模式与系统）。不过，加德纳强调可能存在更多的智能种类——"八"并不是确切的数字，他甚至推断可能存在精神信仰智能和存在智能（思考关于生命意义等重大问题的能力）（Gardner, 2009, 2011）。早期对学生和退伍军人近距离的观察使加德纳意识到，一些个体可能在这八个领域中的某个领域表现突出，但在其他几个领域表现一般，甚至出现困难。表4-1对这八（或九）种智能进行了总结。

表4-1 八（或九）种智能

加德纳的多元智力理论认为个体拥有八或九种能力，每个个体可能在一种或多种能力上表现出优势或劣势。

逻辑-数学智能：	言语智能：
• 具有分辨逻辑与数字模式的敏感度和能力 • 处理连锁推理的能力 范例/职业道路： • 科学家 • 数学家 • 工程师	• 对声音、韵律和词义敏感 • 对语言的不同功能敏感 范例/职业道路： • 诗人 • 记者 • 小说家
音乐智能：	空间智能：
• 欣赏与创作韵律、音调、音高及音色的能力 • 对不同音乐表现形式的鉴赏 范例/职业道路： • 作曲家 • 钢琴家 • 鼓手	• 对视觉和空间世界的精确感知能力 • 能够对上述感知进行转化 范例/职业道路： • 雕刻家 • 航海家 • 建筑师
社交智能：	自知智能：
• 能辨别他人的情绪和动机 • 能理解他人的愿望和需要，并做出恰当的反应 范例/职业道路： • 治疗师 • 销售员 • 调停者	• 了解自己的优缺点、能力和需要，并能利用这些指导自己的行为 • 了解自己的感受 范例/职业道路： • 具有细致而准确的自我知识的个体

(续)

自然观察智能： • 识别动物、植物的能力 • 能利用类别和系统来理解自然世界 **范例/职业道路：** • 农民 • 园丁 • 追踪动物者	**肢体-动觉智能：** • 控制身体动作和了解自身身体处于空间何处的能力 • 熟练操作物体的能力 **范例/职业道路：** • 舞蹈家 • 体操运动员 • 魔术师
存在智能： • 思考和研究更深入或更宏大的关于人类存在和生命意义的问题的能力 • 理解宗教观念和灵性观念的能力 **范例/职业道路：** • 哲学家 • 神职人员 • 人生导师	

资料来源："Multiple Intelligences Go to School," by H. Gardner and T. Hatch (1989), *Educational Researcher*, 18(8), and "Are There Additional Intelligences? The Case for the Naturalist, Spiritual, and Existential Intelligences," by H. Gardner (1999) in J. Kane (Ed.), *Educational Information and Transformation*, Upper Saddle River, NJ: Prentice-Hall.

加德纳认为，智能有其生物学基础。所谓智能是"一种生理心理的可能性，即为解决问题或创造有价值的产品而以特定方式加工信息的可能性。其中'有价值的产品'必须至少在一种文化或一个社会群体中有价值"（Gardner, 2009, p.5）。不同文化和历史时期，人们对八种智能的重视程度不同，如在农耕文化中，自然观察智能是极为重要的，而在技术文化中，言语智能和逻辑-数学智能很重要。事实上，加德纳（2009）认为，工业文化中人们常说的"智力"只不过是言语能力和逻辑-数学能力的结合，尤其是那些在现代的非教会学校中教授的能力。

2. 对多元智能理论的批评

尽管有很多教育工作者非常支持加德纳的多元智能理论，但该理论目前还没有被学术界广泛接受。林恩·沃特豪斯（Lynn Waterhouse, 2006）指出，目前尚未有公开研究证实多元智能理论的有效性，八种智能并不是相互独立的，彼此之间存在相关性。事实上，逻辑-数学智能和空间智能高度相关（Sattler, 2008）。因此，这些"独立能力"可能并不那么独立。音乐智能和空间智能存在相关的证据也促使加德纳考虑这些智能之间可能的联系（Gardner, 1988）。此外，一些批评者认为这些智能实际上是一些才能（肢体-动觉技能，音乐能力）或个人特质（社交能力）。有些"智能"并非新概念，许多研究者都已经把言语能力和空间能力确定为智力的成分。丹尼尔·威林厄姆（Daniel Willingham, 2004）则批评得更加直白："最后，加德纳的理论并不是那么有用。对学者来说，这个理论几乎完全错误；对教育工作者来说，打着加德纳理论的旗号进行的教学实践（当然，加德纳并不赞同其中某些应用）很难帮到学生。"(p. 24）

确实，到目前为止，尚未有强有力的证据表明基于多元智能理论的教学能够促进学习。在1997年一项少有的精心设计的评估中，卡拉汉（Callahan）、汤姆林森（Tomlinson）和普拉克（Plucker）发现，那些参加START项目的学生，无论在学业成就还是自我概念上均未有显著的增长。所谓START，是一种基于多元智能理论的教学方法，用于识别那些处在失败危险中的学生，并促进他们才能的发展。

3. 加德纳的回应

针对这些批评，多元智能理论的拥护者指出，批评者对智能以及有关智能的研究均抱有一种非常狭隘的观点。加德纳的多元智能理论是建立在对不同领域的心理学研究成果进行整合的基础之上的。加德纳界定特殊智能的标准来源于：①脑损伤造成的潜在的（智能）隔离现象；②天才和其他特殊的个案的存在（在某些领域达到专家水平，但在其他领域的表现平平，甚至很差）；③可识别的核心运算或系列运算；④从新手到达专家水平的独特的发展轨迹；⑤进化历史和进化的可塑性；⑥实验心理学任务完成情况的支持；⑦心理测量研究的证据；⑧便于在符号系统中进

行编码（Gardner, 2009, p.5）

加德纳的拥护者认为，一些关注动态模型和在文化背景中研究智能的新近研究方法能有效地支持多元智能理论（J.-Q. Chen, 2004; Cardner & Moran, 2006）。此外，加德纳（2003, 2009）也对这些批评做出了回应，指出了一些对多元智能理论和学校教育的错误看法和误用。例如，他强调智能并不等同于某种感觉系统，并不存在听觉智能或视觉智能。另外，智能也不是学习风格（加德纳认为，实际上并不存在固定不变的学习风格）。还有一种错误观念是，多元智能理论反对一般能力（g因素）理论。事实上，加德纳并未否定一般能力的存在，只是质疑g因素对人类成就的解释力究竟有多大。当然，多元智能理论也有待进一步发展。

4. 多元智能理论在学校中的应用

让我们先了解一下多元智能理论在学校教育中的一些误用。加德纳特别谴责了澳大利亚的一项教育计划，因为这项计划宣称不同的族群拥有一些特定的智能，缺乏其他一些智能。加德纳在澳大利亚的电视节目上公开指出，这项计划是伪科学的，也是一种"隐蔽的种族歧视"（2009, p.7）。最终这项计划被取缔。另一种误用是一些教师生搬硬套加德纳的理论，无论合适与否，他们都要使每节课涵盖所有的智能。

事实上，应用这一理论的有效方法是在课程设计中关注六种教学切入点——叙述的、逻辑-量化的、审美的、体验的、人际的、存在的/基础的切入点（Gardner, 2006; Wares, 2013）。例如，在进行"进化"的教学时，教师可以采用以下教学切入点（Kornhaber, Fierros, & Veenema, 2004）：①叙述的切入点，讲述达尔文前往加拉帕戈斯群岛的航海历程中的奇闻逸事或有关不同动植物的传统民间故事；②逻辑-量化的切入点，讨论达尔文就绘制物种分布图所做的努力，或就某一物种消失会对生态系统造成什么影响等相关逻辑问题进行讨论；③审美的切入点，讨论达尔文以自己在加拉帕戈斯群岛上研究的物种为主题的绘画作品；④体验的切入点，进行一些实验室活动，如喂养果蝇或完成进化过程的数字模拟；⑤人际的切入点，形成研究团队或举行辩论；⑥存在的/基础的切入点，思考"物种为何会消失""物种多样性的意义是什么"等问题。

5. 多元智能理论对教师的启示

经过多年对多元智能理论的研究，加德纳认为，这一理论对教师有两点最为重要的启示（Gardner, 2009）。首先，教师应当慎重对待学生间的个体差异，并针对每个学生制定差异化的教学策略。本书将用大量篇幅来帮助你完成这一过程。其次，教师在教授任何学科知识、技能或概念时，都应采用多种恰当的方式（但并非每次都使用八种方式）。任何有价值的信息都有多种不同的表征方式，也适用于多种不同的思维方式。另外，对信息的理解可以通过词汇、图像、动作、表格、示意图、数字、公式、诗歌等多种方式表达出来。教师应当用这两个重要的启示来指导自己的教学。不过，加德纳强调多元智能理论本身并不是一种教学模式。多元智能理论拓展了我们对能力的认识以及教学的途径，但即使有多元的学习方式来习得知识，学习仍是一件很困难的事情。

4.1.4 智力过程

正如你所看到的，斯皮尔曼、卡特尔和霍恩、卡罗尔和加德纳的智力理论都倾向于描述个体在智力内容上存在何种差异，即不同的能力。认知心理学研究则强调所有个体共有的信息加工过程，关注人类是如何收集和利用信息来解决问题，并做出明智的行为的。由此，新的智力观产生了。《行为与脑科学》2006年的专题讨论中曾强调，工作记忆容量、集中注意与抑制冲动的能力、情绪的自我调节是流体智力的基本成分。

罗伯特·斯滕伯格提出的**成功智力的三元理论**（triarchic theory of successful intelligence）是从认知加工的角度来理解智力的（Sternberg, 1985, 2004; Stemler, Sternberg, Grigorenko, Jarvin, & Sharpes, 2009）。斯滕伯格喜欢使用"成功智力"这一术语，以强调智力远不止心理能力测验测得的那些内容，他认为智力指"在特定文化背景下基于个体对成功的定义而达到人生的成功所需要的能力"。

斯滕伯格认为，智力涉及的加工过程是人类共有的，这些加工过程被称为成分。根据成分的功能及其概括水平，可以将不同成分进行分类，并且至少存在三种不同的功能。第一种功能，即制订计划、选择策略和监控过程等高级功能，是由元成分（也可称之为执行过程，详见第 8 章）来执行的。第二种功能，即执行个体选择的策略，是由操作成分负责的，例如在课堂上为集中注意力而记笔记。第三种功能，即获得新的知识，是由知识获得成分来执行的，例如在理解新的概念时将相关信息和无关信息区分开来。斯滕伯格认为，这些成分中的一些过程是特异性的，只有完成某一任务时才需要，例如解决类比问题；另一些过程则是一般化的，如监控过程和转换策略等，几乎每种认知任务都涉及这些过程，这有助于解释为什么不同的智力测验间均存在持久、稳定的相关。能有效地选择好的解决问题的策略，监控认知过程，以及当一种方法不奏效时及时改用新的方法，这样的个体更有可能在各种测验中取得成功。

个体就是通过应用元成分、操作成分和知识获得成分来解决不同情境中的问题的，并以此为基础发展出三种成功智力：分析性智力、创造性智力和实践性智力。分析性智力涉及在问题相对熟悉的情况下应用成功智力的三种成分。创造性智力则是个体成功应对新经验所必需的，应对方式主要有两种：①**顿悟**（insight），即有效应对新情境和发现问题解决新方法的能力；②**自动化**（automaticity），使思维和问题解决变得有效与自动化的能力，即快速将新的解决方法放入自己的认知工具箱的能力。

另一种成功智力是实践性智力，它强调了个体选择可能成功的环境，适应这个环境，并在必要时改造环境的重要性。成功人士通常会选择能体现出自己能力价值的环境，然后努力工作，以从这些能力中受益，并弥补其他弱点。因此，智力在第三个意义上包括职业选择、社交技能等实践性内容。埃琳娜·格里戈连科（Elena Grigorenko）和罗伯特·斯滕伯格（2001）在俄罗斯沃罗涅日（Voronezh）进行的现场研究发现，实践性和分析性智力水平越高的个体，越能较好地从心理上和生理上应对世界快速变化带来的压力。

2009 年，斯滕伯格在原先对成功智力的解释的基础上增添了一个新的概念——智慧，并由此提出了 WICS（Wisdom, Intelligence, Creativity Synthesized，即智慧、智力、创造力的整合）理论。根据 WICS 理论，教育的目的在于帮助每个个体"①使用创造性智力去产生新的想法、问题及其可能的解决方法；②使用分析性智力去评估这些解决方法的品质；③使用实践性智力去执行自己的决定，并说服别人接受自己的价值；④使用智慧去确保这些决定有助于实现长期效益和短期效益的共赢"（Grigorenko et al., 2009, p.965）。

尽管有众多关于智力的理论，但对于校长、教师、学生和家长来说，他们最熟悉的智力的含义就是智力测验的一个数值或分数。

4.1.5　智力的测量

> **停下来　想一想**
>
> 1 英寸和 1 英里[⊖]有什么相同点？"吵闹的"是什么意思？倒数这些数字：8、5、7、3、0、2、1、9、7。电灯在哪两个方面比蜡烛更有优势？

以上题目引自萨特勒（Sattler, 2001, p.222），它们与一般的儿童个别智力测验中的口语问题很类似。萨特勒测验的其他部分还要求儿童使用积木复制出特定的形状，找出测验图片中缺了哪一部分，或是从一堆图片中找出两张可以拼在一起的图片。对于智力是什么，尽管心理学家们不能达成一致，但他们都同意通过标准测验测出来的智力与学校中的学习有关。为什么会这样呢？这在一定程度上和智力测验最初形成的方式有关。

1. 比奈的困境

1904 年，身在巴黎的阿尔弗雷德·比奈遇到了法国教育部长给他出的难题：如何在入学初期鉴别出那些需要特殊教育和额外帮助的学生，以帮助他们避免在常规班级里经历失败？比奈也是一个政治活动家，非常关注儿童的权利。他认为对学习能力进行客观测量能保护那些面临退学的贫困家庭的学生，因为他们一直被歧视，被看作学习迟缓者。

比奈和他的合作者西奥多·西蒙（Theodore Simon）

⊖　1 英里＝1 609.344 米。

希望不只测量学业成绩，还要测量在学校里表现出色所需要的各种智力技能。在尝试了许多不同的测验以及删除了一些不能区分成功和不成功的学生的题目后，比奈和西蒙最终确定了58个项目，不同的项目适用于3~13岁不同年龄分组的儿童。比奈量表能让施测者确定儿童的**心理年龄**（mental age），如果一个孩子通过了大多数6岁儿童能通过的测验项目，那么不管这个孩子实际是4岁、6岁还是8岁，他的心理年龄都会被认定为6岁。

智力商数（intelligence quotient，IQ，简称智商）的概念是在比奈量表被传到美国后被提出的，比奈量表也由斯坦福大学修订为斯坦福-比奈量表。IQ的分数是心理年龄和生理年龄的比值，公式如下：

智商（IQ）= 心理年龄 / 生理年龄 × 100

早期的斯坦福-比奈量表共进行了五次修订，最近的一次是在2003年（Roid, 2003）。心理年龄的计算被证明是有问题的；因为IQ是在心理年龄的基础上被计算出来的，因此随着儿童年龄的增长，其意义也会有所变化。为解决这一问题，心理学家提出了**离差智商**（deviation IQ）的概念。离差智商是和同年龄组的其他人相比，得出的一个表示高于或低于平均水平多少的数字，后面的章节将会详细介绍。

2. IQ分数意味着什么

大多数智力测验都是经过精心设计的，因此它们有一些明确的统计特征。例如，测验的平均分数是100，也就是说，50%参加测验的个体的得分是100分或以上，而另外50%得分在100分以下；大约68%的个体得分在85分到115分之间，只有16%左右的个体得分在85分以下，也只有16%的个体得分在115分以上。但需要注意的是，这些统计数字只对美国本土出生的，并且母语是标准英语的白种人有意义。对于能否将IQ测验应用于少数族裔的学生身上，还存在很大的争议。

3. 团体智力测验与个别智力测验

斯坦福-比奈量表是一种个别智力测验，它必须由受过训练的心理学家施测，并且一次只测量一个学生，完成测验的时间大约为2小时。大多数问题都是口头问答，不需要阅读或书写。当直接接受一个成年人的测试时，学生的注意力通常会更加集中，也更愿意努力做到最好。

除个别智力测验外，心理学家还发展了团体智力测验的方法，用于对整个班级或学校的学生进行测量。与个别智力测验相比，团体智力测验可能难以精确描述一个人的能力。当学生以团体的方式进行测验时，他们可能会做得比较差，因为他们可能不理解指导语，存在阅读困难，弄断铅笔，在答题纸上写错位置，因别的学生分心，或是不懂如何答题（Sattler, 2008）。作为一名教师，你必须谨慎对待通过团体智力测验得到的IQ分数。下面的实践指南将帮助你根据实际情况来解释IQ分数。

| 实践指南 |

解释IQ分数

确认分数是来自个别智力测验还是团体智力测验，谨慎对待团体智力测验的分数。

例如：

（1）个别智力测验包括韦氏量表（韦氏幼儿智力量表 WPPSI-Ⅲ、韦氏儿童智力量表 WISC-Ⅳ、韦氏成人智力量表 WAIS-Ⅳ）、斯坦福-比奈量表（the Stanford-Binet）、麦卡锡儿童能力量表（McCarthy Scales of Children's Abilities）、伍德科克-约翰逊心理教育成套测验（Woodcock-Johnson Psycho-Educational Battery）、Naglieri非言语能力测验（个人版）（Naglieri Nonverbal Ability Test—Individual）以及考夫曼儿童成套评价测验（Kaufman Assessment Battery for Children）。

（2）团体智力测验包括奥蒂斯-列侬学校能力测试（Otis-Lennon school abilities test）、斯劳森智力测验（Slosson Intelligence Test）、瑞文推理测验（Raven Progressive Matrices）、Naglieri非言语能力测验（团体版）（Naglieri Nonverbal Ability Test—Multiform）、区别能力量表（Differential Abilities Scales）以及大年龄

跨度（4~85岁）智力测验（Wide Range Intelligence Test）。

请记住，IQ分数只是对学习的一般能力的估计。

例如：

（1）忽视学生分数间的细小差异。

（2）切记个别学生的分数可能因为很多原因改变，包括测量误差。

（3）请注意，总分往往是多个问题得分的平均分。处于中间或平均水平的分数可能意味着学生在每种问题上表现平均，也可能意味着学生在某些领域（如口语任务）表现优异，但在其他领域（如量化任务）表现很差。

请记住，IQ分数反映的是学生过去的经验和学习成果。

例如：

（1）把这些分数看作对学生学习能力的预测，而不是对先天智能的测量。

（2）如果你班上有个学生一向表现不错，不要只因为他的IQ分数比较低就改变你对他的看法，或降低你对他的期望。

（3）谨慎对待少数族裔和母语非英语的学生的IQ分数。即使在那些所谓"文化公平"的测验中，处于不利环境的学生的得分也往往较低。

（4）请记住，适应性技能和IQ测验的得分都是用来确定智力正常或智力障碍的。

想了解更多关于如何解释IQ分数的信息，请查阅wilderdom.com/personality/L2-1UnderstandingIQ.html。

4. 弗林效应：我们正在变得越来越聪明吗

自20世纪初发展出IQ测验以来，在20个工业化国家和其他一些更传统的文化中，人们的IQ分数都在不断地增长。实际上，十多年间，标准化IQ测验的平均分数上升了3分左右。也许你真的比你的父母聪明，至少你在IQ测验上的成绩可能会比你的父母高出10分。这一现象以它的记录者詹姆斯·弗林（James Flynn，政治学家）命名，被称为**弗林效应**（Flynn effect）（Daley, Whaley, Sigman, Espinosa, & Neumann, 2003；Folger, 2012）。那么，我们真的变得越来越聪明了吗？詹姆斯·弗林（2012）对此的解释是：

如果你的意思是"我们的大脑在先天上是不是比我们祖先的大脑有更多的潜力"，那么我们不是。如果你的意思是"我们是不是正在发展心理能力，使得我们能更好地应对现代世界的复杂性，包括经济发展的问题"，那么我们是的（p.1）。

对这一现象的解释包括：儿童和父母有了更好的营养和医疗护理，环境的日益复杂化刺激了思维能力的发展，结构更小的家庭能给予儿童更多的关心，父母文化水平有所提高（尤其是受过良好教育的母亲），学校教育更丰富、更好，以及儿童为测验进行了更充分的准备等。弗林效应的一个结果是：必须不断地修订用来确定分数的常模（第15章会对常模进行详细的介绍）。换句话说，为保持平均分为100，必须加大测验问题的难度。这种难度增加的情况对使用IQ分数作为入学条件之一的做法有一定的启示。例如，上一代那些"中等水平"的学生现在可能会被鉴定为有智力障碍儿童，因为测验问题变难了（Folger, 2012；Kanaya, Scullin, & Ceci, 2003）。

5. 智力与成就

对不同族群而言，IQ测验上的高分数都与学校成就有关。事实上，英国研究者发现，儿童8岁时的IQ分数与其14岁时标准化数学、英语和科学测验的成绩有很高的相关性（相关系数为0.64）。上述研究结论来自阿冯（Avon）对家长和儿童的纵向研究，这是一项广泛的调查，涉及1991年4月至1992年12月在英国布里斯托尔及周边地区出生的14 000多名儿童（Bornstein, Hahn, & Wolke, 2013）。为挖掘出该研究数据中的惊人价值，研究者不仅测查了IQ，还测查了孩子4个月时的信息加工能力、36个月时的行为问题、母亲和孩子全面的健康数据、父母教育水平等。想了解更多信息，请查阅 bristol.ac.uk/alspac/。

IQ分数和学校成就之间的关系是很有趣的，但标准化智力测验所调查的仅仅是分析性智力，缺乏对实践性智力或创造性智力的考察。埃琳娜·格里戈连科及其同事（2009）曾研究过用常见的标准化智力测验得分以及平均成绩来预测中学生高中阶段学业成绩的准确性这一问题。在该研究中,他们也测量了学生管理自身学习和动机的能力、实践性智力与创造性智力等变量。通过广泛考察学生的各种能力,研究者不仅能更好地预测学生高中时的学业成绩,而且能更好地预测学生成绩的提高率。在一组系列研究中,安吉拉·达科沃斯(Angela Duckworth)及其同事(2012)发现,IQ分数能预测标准化测验成绩,但在自我调节上的得分是学校学习成绩更好的预测指标。因此,IQ分数与某些学业成就有关,但如果将自我调节的学习技能、实践性智力及创造性智力作为变量同时进行考察,能更好地预测其学业成绩。

IQ分数与离开学校后的生活的关系如何呢?IQ测验中得分高的人会在他的一生中取得更大的成就吗?这个问题的答案就不那么明确了,因为生活中的成功与"教育"是缠绕在一起的。与高中未毕业的个体相比,高中毕业的那些人一生中平均会多赚20万美元,大学毕业生会多赚110多万美元,博士毕业生会多赚240万美元,而专业学位的毕业生(如医生、律师)可以多赚340多万美元(Cheeseman Day & Burger, 2002)。在智力测验中得分较高的个体,倾向于接受更长时间的教育,因而也往往拥有社会地位更高的工作。然而,当受教育的年限相同时,IQ分数与日后的收入和成功并不具有高相关。正如格里戈连科及其同事(2009)所发现的,个体的自我调节能力、动机、社交技能、机遇和运气等其他因素,都可能会影响其生涯的成功(Alarcon & Edwards, 2013; Neisser et al., 1996)。

4.1.6 智力的性别差异

多数研究未发现从婴儿直至学前阶段,男孩和女孩在总体心理发展、动作发展以及特定能力方面存在显著差异。心理学家采用标准化测验,也未发现在学校阶段以及日后的生活中男性和女性在一般智力上存在差异——这些测验经过精心设计并标准化,使性别差异最小化了。但是,一些特定能力的测验发现了性别差异。总体而言,男性得分的离散程度更高,也就是说与女性相比,男性在得分非常高和非常低的群体中所占的比例更大(Halpern et al., 2007; Lindberg, Hyde, Peterson, & Linn, 2010),而且被诊断为患有学习障碍、注意缺陷多动障碍和自闭症的男性更多。戴安娜·哈尔彭(Diane Halpern)和她的同事(2007)在总结研究时指出:

> 从小学高年级开始,女性在言语能力测验中就表现得更为优异,原因在于在这些测验中,写作占了很大的分量,语用方面的测验项目包含的主题也是女性十分熟悉的;与不涉及写作的言语能力测验相比,女性在有写作任务的测验中的性别优势更为明显。与之相对,男性更擅长视觉空间能力测验。(p.40)

然而需要注意的是,多数关于智力的性别差异的研究都未考虑种族和民族等因素的影响。例如,当单独研究某一种族时,人们发现,白人男性高中和大学时期的数学成绩会比白人女性略高一点(差异非常小);但是在其他少数族群中,却是女性的数学成绩略优于男性。此外,研究还发现,男性高中时期解决复杂问题的能力略优于女性,这可能是由于与数学相比,在物理课堂上,教师会教授更多解决问题的方法,而与女性相比,男性更喜欢学习物理。因此,有必要鼓励所有学生为今后的科学学习奠定良好的基础(Lindberg et al., 2010)。

近年来,几项国际性的元分析(对同一主题的众多不同研究的数据加以整合与分析)研究发现,男性和女性的数学成绩的确存在一些性别差异。例如,萨拉·林德伯格(Sara Lindberg)及其同事对242项研究的数据进行了分析,分析共涉及近130万小学生和中学生。结果发现,在美国和其他一些国家,男生和女生在数学上的总体表现是相当的;但在有些国家,存在性别差异——在俄罗斯、巴林和墨西哥等国家,女生的成绩高于男生,而在瑞士、荷兰,以及一些非洲国家等,男生的成绩高于女生(Else-Quest, Hyde, & Linn, 2010; Lindberg et al., 2010)。此外,一项针对4年级学生阅读能力的国际比较研究(Mullis, Martin, Gonzalez, & Kennedy, 2003)发现,在34个国家中,4年级男生的阅读能力得分低于同年级女生。总体而言,女生的数学成绩也要高于男生。

男性在某些特定测验上表现得更为优秀。例如,在被要求对空间中的图形进行心理旋转,预测运动物体的轨迹以及动手操作等的测验中,男生的表现明显优于女生。一些研究者认为,是进化导致了男性更擅长这些技能（Buss，1995；Geary，1995，1999）；其他研究者则认为，男性更为活跃的游戏风格、更多玩电子游戏和组装玩具（如乐高）的体验、在空间任务上的更强烈的自信以及更加积极的体育运动参与，才是导致男性更擅长相关技能的原因（Else-Quest et al., 2010；Maeda & Yoon，2012；Stumpf，1995）。一些教育心理学家认为，由于学校课程几乎忽略了对空间能力的培养，因此一点点指导和帮助就会让学生发生巨大的改变（Uttal, Hand, & Newcombe, 2009）。

跨文化的比较研究表明，数学成绩的性别差异多源自后天的学习，而非生物学因素。有研究者要求成年人对一份数学试卷进行5点评分，当他们被告知答题人是约翰·麦凯（典型的男性名字）时，他们评定的分数比被告知答题人是琼·麦凯（典型的女性名字）时足足多出了1分，这表明性别歧视和刻板期望会起到一定作用（Angier & Chang, 2005）。对此，林德伯格及其同事进行了很好的总结："很明显，在美国和其他一些国家，女生在数学上的总体表现与男生相当。将这一信息广为传播是非常重要的，因为这有助于消除家长、教师等'守门员'（有权决定谁可以得到资源和机会）以及学生自身持有的女性不擅长数学的刻板印象。"（2010, p.1134）消除这些刻板印象很重要，这一点我也赞同。梅兰妮·斯蒂芬斯（Melanie Steffens）及其同事（2010）发现，在德国，女生到了9岁就已经发展出了内隐的（无意识的）数学-性别刻板印象：女生认为数学是男生的事情。这些内隐的观念到了青少年时期会更加强烈，能直接预测女生的数学成绩，并会影响她们选修数学课程的决定。

1. 遗传或环境

没有哪个领域像智力领域这样，对其遗传与环境因素的探讨如此激烈。智力应该被看作一种潜能，受制于我们的遗传特质，还是说个体智力机能的当前水平受到经验和教育的影响？

实际上，这两者并非完全对立的两面，将"遗传基因"中的智力和"由经验得来"的智力区分开来几乎是不可能的。如今，大多数心理学家认为智力的差异是遗传和环境共同作用的结果；对儿童来说，它们所起的作用可能也大致相同（Petrill & Wilkerson, 2000）。环境的影响包括很多方面，从孩子母亲孕期的健康状况，到儿童家里的铅污染程度，再到儿童所受教育的质量。例如，与美国学生相比，日本和中国学生了解的数学知识更多，但他们的智力测验得分却极为接近。这一差异可能与这三个国家的数学教学与学习方式的差异有关，也与很多亚洲学生善于进行自我激励有关（Baron, 1998；Stevenson & Stigler, 1992）。此外，与选择职业方向相比，选择学术方向（一个高质量和高要求的学习环境）的德国高中生的一般认知能力（智力）更高（Becker, Lüdtke, Trautwein, Köller, & Baumert, 2012）。

2. 明智地对待智力测验

从前文中我们了解到，最初发展智力测验，部分是为了保护来自贫困家庭的儿童的权益，防止他们因为"来自贫困家庭的儿童没有能力学习"这种错误观点而失去教育机会。同样，我们也了解到，对于不同族群和家庭收入水平的学生而言，智力测验能同等准确地预测他们在学校的成功。尽管如此，智力测验还是不可能完全脱离特定的文化内涵，因此它们有着一些固有的偏见。当你看到学生的任何智力测验得分时，请不要忘记这一点。此外，请牢记，对每一个学生进行的每一次评估的目的都在于为学生的学习和发展提供帮助，促进有效的教学实践，而非剥夺学生获取资源或有效教学的机会。对所有关心孩子的成年人——父母、教师、行政官员、辅导员、医务工作者来说，最重要的是要认识到：认知能力与其他技能一样，是可以不断提高的。智力是当前的一种心理状态，受过去经验的影响，并对将来的变化保持开放。

现在你已经对什么是智力有所了解了，接下来我们将讨论另一种个体差异——学习风格。这种个体差异也经常被误用和误解。

4.2 学习和思维风格

多年来，心理学研究一直关注个体风格上的差异，包括认知风格、学习风格、问题解决风格、思维风格、决策风格……名单还在不断加长。张丽芳和罗伯特·斯滕伯格（2005）对有关个体风格的研究进行了整理，将个体风格划分为三个取向：①以认知为中心的个体风格，重视评估个体加工信息的方式，如个体做出反应的过程是反思型的还是冲动型的（Kagan，1976）；②以人格为中心的个体风格，强调评估个体更为稳定的人格特质，如外向或内向，思维型或直觉型（Myers & McCaully，1998）；③以活动为中心的个体风格，评估认知和人格作为一个整体会如何影响个体活动。正因为如此，教师可能会对这些个体风格有特殊的兴趣。

以活动为中心的个体风格的一个重要主题是个体在学习情境中加工信息的不同倾向——深层加工与浅层加工的差异（R. E. Snow, Corno, & Jackson, 1996）。采用浅层加工方式的学生看重的是记住学习材料，而非理解学习内容。这些学生倾向于从一些外在的动机因素中得到激励，如奖励、分数、外在标准、他人的积极评价等。而那些采用深层加工方式的个体，则将学习活动看作一种理解基本概念或意义的方法。这些学生倾向于为了获得知识而学习，较少考虑别人怎样评价他们的学习表现。深层加工与更好的学习和记忆有关。当然，学习情境会鼓励学生进行深层或浅层加工，但有研究表明，个体确实有以某种特定方式处理学习情境的不同倾向（Biggs, 2001；Coffield, Moseley, Hall, & Eccestone, 2004；Komarraju, Karau, Schmeck, & Avdic, 2011）。

4.2.1 学习风格／偏好

你可能曾经听过或用过这种有关风格的术语——学习风格。**学习风格**通常被界定为个体进行学习和研究的方式。但请注意：有些关于学习风格的观点拥有坚实的研究基础，但还有一些缺乏研究的支持，你必须谨慎地对待"学习风格"。

1. 有关学习风格的注意事项

从20世纪70年代末到现在，已经有大量关于学生学习风格差异的研究（Dunn & Dunn, 1978, 1987；Dunn & Griggs, 2003；Gregore, 1982；Keefe, 1982）。但我认为**学习偏好**（learning preferences）是更为准确的说法，因为大部分研究是在描述个体对特定学习环境的偏好，这些偏好可能是学习的地点、时间、伙伴，学习时的灯光、食物或音乐等。许多工具可以用来评估学生的学习偏好，如学习风格调查表（Dunn, Dunn, & Price, 1989）、学习风格调查表修订版（McLeod, 2010）和学习风格测量表（Keefe & Monk, 1986）。

那么，这些工具是否有用呢？学习风格测验一直以来都受到反对者强烈的批评（Pashler, McDainel, Rohrer, & Bjork, 2009）。事实上，根据一项针对学习风格测量工具进行的大规模调查，英国学习技能研究中心的研究者指出，"我们对邓恩（Dunn）和邓恩、格雷戈克（Gregorc）及赖丁（Riding）等人编制的学习风格测量工具的信度、效度进行了检验，结果表明，这些测量工具根本不应该被用于教育或商业"（Coffield et al., 2004, p. 127）。大多数研究者质疑学习偏好的价值。"研究者之所以会质疑学习风格，是因为没有任何证据表明，对学生的学习风格进行评估并以此选择相匹配的教学方法，会对学生的学习有任何帮助。"（Stahl, 2002, p.99）事实上，一项实验研究曾让大学生判断自己的学习风格（听觉型、视觉型、运动知觉型），然后根据不同的学习风格对他们进行教学（Kratzig & Arbuthnott, 2006），结果表明，匹配学习风格进行的教学并未改善学生的学习状况。当研究者考察学生如何确定自己的学习风格时，他们发现人们的判断更多地代表了个体的偏好，并不表示个体在使用听觉、视觉或触觉等方面具有高超的技巧。如果在确定自己的学习风格时大学生都存在问题，更何况4年级或9年级的学生！

一项关于学习风格研究的综述也在其结语中总结道："在我们看来，'针对不同学习风格进行教学'这一思想在教育中受欢迎的程度，与这种教学方式的有效性缺乏可信的证据支持这一现实形成了强烈的对比，令人担心。根据学习风格将学生进行分类的这种教育实践的有效性还有待证实。"（Pashler et al., 2009, p.117）

但为什么"针对不同学习风格进行教学"这一思想会如此受欢迎呢？部分原因是"通过确定学生的学习风格，给教师、导师和管理者提供建议，这已经发展成为一个被广泛使用的商业模式。这一产业多由自吹自擂的观点和武断的结论所支撑，而事实上这些结论早已超出现有知识的基础"（Coffield et al., 2004, p. 127）。真是有钱能使鬼推磨啊！此外，多模式学习的观念似乎也很受欢迎。例如，人们喜欢视觉材料和动画演示，但动画可能会导致理解错觉（illusion of understanding）现象的出现。学生认为他们理解了，因为有了动画后，内容似乎没那么难了。但由于他们过于乐观,他们不会监控自己的学习或使用其他元认知技能来进行深入的加工。研究表明,能力低的学习者尤其容易因为动画演示而产生理解错觉(Paik & Schraw, 2013)。

2. 考虑学习风格的价值

有一种学习风格的差异确实得到了研究的普遍支持。理查德·迈耶(Richard Mayer, e.g., Mayer & Massa, 2003)对视觉型学习者和言语型学习者之间的差异进行了研究,探讨两者在以计算机为基础的多媒体学习中的差异。在这项研究中,研究者对学习风格进行了谨慎的评估,与那些根据商业测量工具进行的评估相比,这些评估更为有效。梅耶发现存在视觉型-言语型这一维度,并且这一维度有三个方面的特征:空间认知能力(低或高)、认知风格(视觉型或言语型)以及学习偏好(视觉型学习者或言语型学习者),如表4-2所示。因此这比简单区分视觉型学习者和言语型学习者更为复杂。一个学生可能喜欢利用图片学习,但可能因为空间认知能力低而不能有效地学习。事实上,情况可能更加复杂。空间认知能力对于利用静态图片学习很重要,但对利用动态图片学习的作用相对较弱。因此,学习材料的类型也很重要(Hoffler & Leutner, 2011)。客观地说,虽然这一研究的结果具有很好的信度,但研究并未说明针对这些学习风格进行教学的效果。但显然,采用多种感觉通道呈现信息可能是有用的。

表 4-2 理查德·迈耶的视觉型-言语型维度的三个方面

视觉型-言语型学习存在三个方面的特征:空间认知能力、认知风格和学习偏好。个体可能在某一两个方面或所有方面表现出较高或较低水平。

方面	学习者的特征	定义
空间认知能力	高空间认知能力	良好的创造、记忆以及操作图像和空间信息的能力
	低空间认知能力	较差的创造、记忆以及操作图像和空间信息的能力
认知风格	视觉型	利用图像和视觉信息进行思维
	言语型	利用文字和言语信息进行思维
学习偏好	视觉型学习者	喜欢使用图片的教学
	言语型学习者	喜欢使用文字的教学

因此,在你试图适应每个学生的学习风格前,请记住:学生,尤其是年幼的儿童,可能并不能很好地判断自己应该如何学习。对某一特定风格的偏好并不意味着采用这种风格就是有效的。有时候学生,特别是那些成绩比较差的学生,喜欢简单和舒适的学习(如用动画来解释困难的材料),但实际的学习可能是困难而艰苦的。有时候学生喜欢以某种特定的方式学习,可能是因为他们没有其他的选择,或是他们只知道用这种方式来完成任务。帮助这些学生发展新的、更有效的学习方式会让他们获益。学习风格可能只是一个对学习影响较小的因素,教学策略、班级中的社会关系等背景性的因素可能有更为重要的作用(Kratzig & Arbuthnott, 2006)。

4.2.2 超越非此即彼

尽管不可靠的测量和夸大其词的宣传导致多数关于与学习风格和偏好匹配的教学的研究不太可信,但在教学中考虑学习风格仍具有一定的价值。首先,帮助学生思考自己是如何学习的,有助于他们形成全面的自我监控能力和自我意识。在下面的章节中,我们将介绍这些自我知识对于学习和动机的重要性。其次,考虑每个学生的学习方式可能会帮助教师欣赏、接受和适应学生的个体差异,并实行个别化教学(Coffeild et al., 2004;Rosenfeld & Rosenfeld, 2004)。

学校可以为学习提供多种选择:安静、私密的角落和适合多人工作的大桌子;舒适的靠垫和直背靠椅;明亮的课桌和光线比较暗的区域;用于听音乐的耳机和耳塞;结构化和开放式的作业;DVD、录像带和书本等信息呈现形式。做出这些改变能让学习变得更好吗?答案并不明确。比较聪明的学生需要的结构化任务可能更少,他们喜欢安静地独自学习(Torrance, 1986),视觉型-言语型的区分似乎是有效的。即便没有其他效果,适应学生的学习风格也会让你的班级更具吸引力、对学生更加友好,同时向学生传递这样一个信息:你关心他们每一个人。

到目前为止,我们主要关注学生能力和风格上的差异。在本章接下来的内容中,我们将探讨那些干扰学习的因素。对每个教师来说,了解有关这些主题的信息非常重要,因为自20世纪70年代中期以来启动的法律和政策的变化,要求教师在面对所有学生时承担更多的责任。

模块 11 小结

贴标签有什么好处和问题

标签和诊断性分类很容易成为一种污辱和自我实现预言，但它们也为特殊教育方案开了一扇门，能帮助教师制定恰当的教学策略。

什么是"以人为本"的语言

"以人为本"的语言（"学生存在智力障碍的情况""学生正处在危险之中"等）是对贴标签的有益替代。先前的标签是用简单的一两个词来描述一个复杂的个体，这意味着被标记的那个方面是该个体最为重要的方面。而"以人为本"的语言强调的首先是学生，而不是他们面对的特殊挑战。

请简述残疾与障碍的区别

残疾指不具备做某种特定事情的能力，如看东西或走路；障碍是在某些情境下的缺陷。某些残疾会导致特定情境下的障碍，但不针对所有的情境。教师必须避免将障碍一词强加在残疾学生身上。

什么是 g 因素

斯皮尔曼认为存在一种心理特质，在任何智力测验中都会用到，他称之为 g 因素或一般能力。当然，完成任何一个测验都需要一些特殊能力。"一般智力 + 特殊能力"这一观点的一大代表是卡罗尔的层次理论，他认为智力除一般能力外，还包括一些广泛的能力（如学习与记忆、视觉感知、口语流畅性）和 70 多种特殊能力。流体智力和晶体智力在多数研究中被认为是两种广泛的能力。

加德纳的智能理论是什么，他对 g 因素有什么看法

加德纳认为智能是一种解决问题及在特定文化情境中创造有价值的产品的生物和心理潜能。智能在个体所处的环境中作为经验、文化和动机因素的结果已经被或多或少地认识。智能可以分为言语、音乐、空间、逻辑-数学、肢体-动觉、社交、自知和自然观察等智能，可能还包括存在智能。加德纳并不否认一般能力的存在，但质疑 g 因素对人类成就的解释力究竟有多大。

斯滕伯格智力理论中的成分是什么

斯滕伯格的三元智力理论从认知加工的角度来理解智力：①分析性/成分性智力包括根据成分定义的心理加工过程，元成分、操作成分和知识获得成分；②创造性/经验性智力通过顿悟和自动化来应对新经验；③实践性/情境性智力需要个体选择在一个可能成功的环境中生活和工作，适应这个环境，并在必要时改造这一环境。实践性智力主要由在日常生活中习得的、行动导向的缄默知识组成。

怎样测量智力，IQ 分数意味着什么

对智力的测量可采用个别智力测验（斯坦福-比奈量表、韦氏量表等）以及团体智力测验（奥蒂斯-列侬学校能力测试，斯劳森智力测验、瑞文推理测验、Naglieri 非言语能力测验（团体版）、区别能力量表、大年龄跨度智力测验等）。与个别智力测验相比，团体智力测验可能难以精确描述一个人的能力。智力测验的平均分是 100，人群中大约 68% 的个体的 IQ 分数为 85~115，只有 16% 左右的个体得分在 85 分以下，也只有 16% 的个体得分在 115 分以上。不过，这些统计数字只对在美国本土出生的、并且母语是标准英语的白种人才有意义。智力能预测个体在学业上的成功，但在预测一生的成就状况时，若控制教育水平等因素，其预见性就差了。

什么是弗林效应，它对教育有什么启示

自 20 世纪初期以来，人们的 IQ 分数在不断提高。为保持平均分为 100，必须加大测验的难度。这种难度增加的情况对使用 IQ 分数作为入学条件之一的做法有一定的启示。例如，上一代那些"中等水平"的学生现在可能会被鉴定为有智力障碍的儿童，因为测验问题变难了。

不同性别在认知能力上有差异吗

女孩似乎在言语能力测验中表现得更优异，尤其是那些涉及写作的测验；男性则在要求对某个物体进行心理旋转等的特定任务上表现得更好。总体而言，男性的得分离散程度更大。因此，与女性相比，男性在得分非常高和非常低的群体中所占的比例更大。目前关于认知能力的性别差异的成因还没有定论，但研究表明，学业社会化和教师对男女生数学学习的区别对待可能有一定的影响。

区分学习风格与学习偏好

学习风格是个体特有的学习与研究方式，学习偏好是个体对特定学习方式和学习环境的偏爱。尽管学习风格和学习偏好与个体的智力或努力无关，但它们仍会影响个体的学业表现。

教师的教学应该适应个人的学习风格吗

一些研究表明，学生在他们偏好的环境中以自己喜欢的方式进行学习时能学得更多，但多数研究并未证实这一点。通过发展出新的、可能更有效的学习方式，很多学生应该会表现得更好。

哪些学习风格的差异得到了研究的有力支持

一种被研究重复证实的学习风格差异是深层加工与浅层加工：采用深层加工方式的个体将学习活动看作一种理解基本概念或意义的方法；采用浅层加工方式的学生看重的是记住学习材料，而非理解学习内容。另一种得到反复证实的差异是梅耶的视觉型－言语型维度，该维度有三个方面的特征：空间认知能力（低或高）、认知风格（视觉型或言语型）以及学习偏好（视觉型学习者或言语型学习者）。

模块 12　全纳教育：教育每一个学生

4.3　个体差异与法律

> **停下来　想一想**
>
> 你是否曾有过这样的经历，做一件事时，小组中其他人都做得很好，只有你一个人遇到了困难？如果你每天在学校里遇到的都是同一种困难，而其他人似乎都比你做得轻松，你会有什么样的感受？当你不断努力尝试时，你需要哪些支持和教学？

4.3.1　《残疾人教育促进法》

美国于 1975 年通过了"94-142 公法"（PL 94-142，Education of All Handicapped Children Act），此后又通过了一系列相关的法律，这些举措彻底改变了残疾儿童教育的状况。这一法规现在被称为《残疾人教育促进法》，曾在 1990 年、1997 年和 2004 年进行过修订。在一般意义上，这一法案要求美国各州为所有参加特殊教育的残疾儿童提供**免费的、适当的**公立教育（free, appropriate public education, FAPE），没有任何例外——这一法案要求**零拒绝**（zero reject），因此也适用于那些患有传染病的儿童，如艾滋病儿童。满足这些学生的特殊需要带来的支出，是全社会的共同责任。在美国，每个州都设有"发现孩子"（child find）系统，用以提醒和向公众普及残疾儿童可享有哪些服务等方面的知识。此外，这一系统也用于发布有用的相关信息。

《残疾人教育促进法》对残疾进行了具体的界定，包括 13 种类别的残疾，如表 4-3 所示。表 4-3 中还列出了 2011—2012 学年不同类别残疾学生的数量。事实上，这些学生中的绝大多数也会接受一部分普通教育课程。例如，2011 年就有超过 60% 的残疾学生在普通教育环境中接受 80% 甚至更多的教学。由此可以看出，无论你教哪个年级或哪门学科，你都会面对这些有特殊需要的学生。

在探讨不同类型的残疾前，我们先来了解一下《残疾人教育促进法》的要求。这里介绍的是家长和教师较为关心的三个主要的要求：最少受限制的环境（least restrictive environment, LRE）；个别化教育方案（individualized education program, IEP）；保护残疾学生及其家长的权利。

表 4-3　符合《残疾人教育促进法》条件的 3~21 岁学生的数量

根据《残疾人教育促进法》，共有 13 种类别的残疾人可接受相应的服务。表中列出了 2011~2012 学年不同类别的残疾学生的数量。

残 疾 类 别	2010~2011[①]年的学生数量
特殊学习障碍	2 303 000
言语/语言障碍	1 373 000
其他健康障碍（非肢体障碍）	743 000
自闭症	455 000
智力障碍（精神发育迟缓）	435 000
发育迟缓	393 000
情绪障碍	373 000
多重障碍	132 000
听觉受损	78 000
肢体障碍	61 000
视觉受损	28 000
脑外伤	26 000
聋-盲	2 000
总计	6 402 000

①此为原书数据，疑有误。——编者注

1. 最少受限制的环境

《残疾人教育促进法》要求美国各州确保每个残疾学生都能在**最少受限制的环境**中得到教育。这也意味着残疾学生的教育环境应该尽可能接近普通教育班级的环境。多年来，促成这一目标的方法从**回归主流**（mainstreaming，在条件允许的情况下让有特殊需要的儿童进入少数常规教学班级），向**一体化教育**（integration，将有特殊需要的儿童放入现有的班级结构中）转变，再转向**全纳教育**（inclusion，重建教育环境，提升所有学生的归属感）（Avramidis, Bayliss, & Burden, 2000）。尽管《残疾人教育促进法》并不使用"全纳"一词，但现在看来，最少受限制的环境正意味着"全纳"。当然，成功的"全纳"可能取决于教师知识是否渊博，准备是否充分，教学是否得到支持，是否相信"全纳"并为之努力。然而，对标准化测验的强调可能会妨碍教师教育好那些被纳入的残疾学生（Friend, 2014; Idol, 2006; Kemp & Carter, 2006）。

2. 个别化教育方案

《残疾人教育促进法》的起草者意识到每个学生都是独一无二的，需要给他们专门设置不同的学习方案以促进他们的学习。**个别化教育方案**是学校与家长就提供给学生的服务达成的协议。个别化教育方案是由一个团队共同制定的，这个团队包括学生的家长或监护人、一名负责该学生的普通教师、一名从事特殊教育的教师、一名学区代表（通常是校长）、一名有资格对学生的评估结果进行解释的人（通常是学校心理学家），还有可能包括学生本人。对于 16 岁及更年长的学生而言，该团队还应包括校外机构的代表，这一校外机构帮助他们在结束学校教育后适应生活，并提供相关的服务。如果学校和家长同意，这个团队最好还能包括一些了解该学生特定信息的人员（如治疗师）。教育方案每年都需要更新。想要获取个别化教育方案的范例，请查阅 education.com/reference/article/individualized-education-program-IEP/，或者在网络上检索"IEP 范例"。

个别化教育方案必须以书面形式呈现以下信息。

（1）学生当前的学业成就和功能性表现水平（有时简称为 PLAAFP）。

（2）制定可测量的年度目标。面对有强烈需求或多重障碍的学生，也可以制定一些短期目标或确定一个基线水平，以确保学生有持续的进步。这项方案必须说明如何达成制定的年度目标，以及如何测量短期目标。让家长及时了解学生的进展，每次将成绩单送到所有学生家里的同时，必须附上学生的目标达成进展报告。

（3）说明为学生提供的具体特殊教育和相关服务，并详细说明这些服务从何时何地开始以及何时结束。这项方案也可以对附加的帮助和辅助技术加以说明，如借助 Dragon 等语音识别软件口述答案、写作文，或使用电脑写作。

（4）说明学生的教育方案中有多少内容不能在常规班级和学校环境中进行，并对此做出解释。

（5）说明学生将如何参加所在州或学区的统一评估，特别是"不让一个孩子掉队"法案中要求的那些学生。

（6）这项方案还需对 14~16 岁的学生需要的过渡服务进行说明，以便为学生成年后进一步的学习和工作做准备（Friend, 2014; D. C. Smith, Tyler, & Smith, 2014）。

图 4-2 就是一个为就业制订的个人过渡计划（individual transition planning，ITP）的例子。

为就业制订的过渡计划

学生：罗伯特·布朗
会面日期：2003年1月20日
毕业日期：2004年6月

个别化教育方案/过渡计划团队成员：罗伯特·布朗（学生），布朗夫人（家长），吉尔·格林（教师），迈克·韦瑟比（职业教育专家），迪克·罗斯（康复专家），苏珊·马尔（发展性障碍机构代表）

过渡计划领域：就业

学生的偏好和毕业后期望的目标：	罗伯特希望能在杂货店里当一名进货员。
现有的表现水平：	罗伯特曾在当地的几家杂货店实习过，有一定的工作经验（见附件中的实习总结）。他需要用一份用符号标记的自我管理清单来帮助自己完成分配的工作任务。罗伯特的任务完成率比合格员工低。
需要的过渡服务：	罗伯特需要一份工作和相关培训，这包括一位职业教育专家的追踪-陪同服务。此外，为了顺利前往工作地点，罗伯特还需要学会乘坐公交车。
年度目标：	罗伯特将成为史密斯美食中心的一名进货员，每周工作时间为周一至周五的下午1点到4点，并且能连续十周不依靠职业教育专家的帮助，独立地完成所有分配给他的工作任务。

活动	负责人	完成日期
1.帮罗伯特在州政府的求职候选人名单上登记	苏珊·马尔	2003-5-1
2.获得一张公交车月票卡	布朗夫人	2003-2-1
3.安排罗伯特参加员工入职培训		2003-2-16

图 4-2　ITP 案例

注：这份个人过渡计划是为一个打算去杂货店工作的学生制订的。这份计划详细说明了需要为学生提供哪些服务，以帮助他顺利过渡到支持性就业阶段。

资料来源：McDonnell, J., Hardman, M. L., & McDonnell, A. P. (2003). *Introduction to Persons with Moderate and Severe Disabilities: Educational and Social Issues*, 2nd Ed. Reprinted by permission of Pearson Education, Inc.

3. 保护残疾学生及其家长的权利

《残疾人教育促进法》中有一些条款保障了家长和学生的权利。学校必须采取措施保证学校记录的保密性。测验程序必须平等地对待不同文化背景的学生。家长有权利查看所有与其子女的测验、安置及教学有关的记录。如果需要，家长还可以获得一份针对其子女的独立的评估报告。在制定个别化教育方案时，家长可邀请律师或有关代表参与会议。如果家长不能参与制定个别化教育方案，必须指定一名代理家长参与其中。在对学生进行任何评估或对学生的安置进行调整之前，家长必须接到相应的书面通知，并且这份通知需要用家长的母语书写。此外，家长有权利质疑为其子女制定的方案，这一权利受到正当法律程序的保护。由于校长和教师会经常与学生家庭开讨论会，因此在下面的实践指南中，我会对如何更加高效地开展讨论提出一些建议，但请注意，这些实践指南针对的是所有类型的学生和家长。

与家庭和社区建立合作关系的实践指南

富有成效的讨论会

为使讨论会富有成效，预先做好相应的计划和准备。
例如：

（1）明确讨论会的目的，收集所需的信息。如果你希望讨论学生的进步情况，用学生的一些作业进行举例说明。

（2）给家长准备一些问题寄到他们家里，要求他们讨论时提供相关信息。下面列出了一些样题（Friend & Bursuck，2002，p.89），可供你参考。

- 您觉得这个学年孩子的教育应该最优先考虑什么？
- 您觉得我需要了解哪些信息，以便更好地理解和指导您的孩子？您的孩子在学习方面有哪些强项，有什么独特的需要？
- 您倾向于以下哪种沟通方式：电话或语音信箱，电子邮件或短信，面对面交流，还是书面说明？
- 关于孩子的教育，您有什么疑问？
- 为了使您的孩子在今年取得最大成功，我们学校应该提供什么样的帮助？
- 会上您还希望讨论哪些主题？我可能需要准备一些资料。如果有，请告知。
- 您想让其他人参与这个讨论吗？如果是，请给我列一个名单，这样我可以邀请他们。
- 您还希望了解哪些特定的学校信息？如果有，请告知。

在讨论过程中，营造和维持一种合作与相互尊重的氛围。

例如：

（1）准备一间会客室，在门上贴上防止打扰的标牌。为了更好地交流合作，大家最好围绕圆形会议桌而坐。准备一些纸巾。

（2）称呼家庭成员时请用"先生""女士"，不要随学生用"妈妈""爸爸""奶奶"这类词。提到学生时，请说出学生的名字。

（3）倾听家长关心的问题，认真考虑他们关于孩子的建议。

讨论结束后，做好记录并追踪结果。

例如：

（1）做好笔记，并将它们整理好。

（2）以书面形式总结相关的活动或决定，并将复印件寄给学生的家人以及参加讨论的其他教师或专家。

（3）在其他场合与家长进行交流，尤其是在有好消息要分享的时候。

想了解更多有关讨论会的信息，请查阅content.scholastic.com/browse/home.jsp，并使用"父母教师讨论会"作为关键词检索。

4.3.2 504条款的保护

《残疾人教育促进法》并没有涵盖所有在学校中需要特别帮助的儿童，也不是所有学生都能符合该项法律的要求，从而得到相关的服务。不过，所幸的是，这些学生的教育需要可能会受到其他法律的保护。20世纪六七十年代美国掀起的民权运动带来了诸多影响，其中包括美国联邦政府于1973年通过的《职业康复法案》。其中的**504条款**要求残疾个体在所有接受联邦资助的计划中（如公立学校）不受到歧视。

由于504条款对残疾的界定比较宽泛，因此它保证了所有学龄儿童都有平等的机会参与学校活动。如果某个学生自身的某项条件限制了他参与学校的活动，那么即使在没有任何额外资助的情况下，学校也必须制订相应的计划，以帮助学生获得教育。不过，学生如果想要通过504条款得到帮助，就必须接受相应的评估，这种评估通常由一个团队制定方案和实施的。与《残疾人教育促进法》不同，504条款并没有太多"一定要如何"的规定，因此每个学校可以自主设计相关的训练课程或方案（Friend，2014）。表4-4呈现了一个根据504条款为学生进行调整的例子，其中的很多观点似乎只是"好的教学"应该做的。但我也曾惊奇地看到很多教师不让学生使用计算器或录音机，因为教师认为"他们应该像其他人一样学习"。符合504条款标准的学生主要有两大类：有医疗需要或健康需要的学生（如患有糖尿病、药物成瘾、严重过敏、传染病，或存在酗酒状况、因意外造成的暂时性障碍的学生）和患有多动症的学生。目前，《残疾人教育促进法》尚未涵盖这两类儿童。

1990年颁布的《美国残疾人法》（American with Disabilities Act of 1990，ADA）禁止工作、公共交通、公共设施使用、地方政府、电信服务中对残疾人的歧视。这一综合性法律将504条款对残疾人的保护从学校和工作场所扩展到了图书馆、地方和州政府、饭店、旅馆、剧院、商店、公共交通和其他许多场所。

表 4-4　根据 504 条款为学生进行调整的例子

写入 504 条款计划中的调整方式没有种类的限制，其中一些调整方式可能与学习环境的物理变化有关，例如安装空气过滤器以消除过敏原，但很多参与 504 条款计划的学生存在学习或行为方面的功能性损伤，他们的需要在某种程度上类似于那些残疾学生。下面是可以被纳入 504 条款计划的教学调整的一个例子。

- 让学生坐在离教师讲台最近的地方。
- 提供钟面等线索来提示教学开始和结束的时间。
- 建立家校沟通系统以监控学生的行为。
- 把作业减半，以免学生被大量的作业压垮。
- 给予学生电报式的指示，即简洁、清晰的指示。
- 将课程录下来，这样学生能再听一遍。
- 使用多感官呈现技术，包括同伴辅导、实验、游戏和合作群体。
- 标记出正确的答案，而不是错误的答案。
- 提供一套课本让学生放在家里，这样他们就不用从学校带书回家了。
- 提供有声书，使学生能够听作业，而不需要阅读它们。

回顾这几点，你可以看出它们可以使教学变得更有意义，是非常有效的教学实践，可以帮助有特殊需要的学习者在你的课堂上取得成功。

资料来源：From Friend, M. & Bursuck, W. D. (2012). *Including Students with Special Needs: A Practical Guide for Classroom Teachers*, 6th Ed. Reprinted by permission of Pearson Education, Inc.

4.4　面临学习挑战的学生

在讨论面临学习挑战的学生之前，我们先来回顾一下有关学习困难的神经科学研究。在众多神经科学研究中，关于大脑与学习障碍的研究正在指数级地增长。

4.4.1　神经科学与学习挑战

早期对学习障碍的一个解释是轻微脑功能失调（minimal brain dysfunction）。如今我们知道有很多其他因素会导致学生在学习时出现困难，但脑损伤或脑疾病确实会导致个体在语言、数学、注意力或行为等方面出现障碍。此外，一些研究表明，大量的教学干预能改变个体的大脑功能（Simos et al., 2007）。研究还发现，存在学习障碍和注意缺陷的学生在大脑结构和活动方面与正常儿童存在差异。例如，与没有注意缺陷的个体相比，存在注意缺陷的个体的某些特定脑区体积更小，小脑和额叶的血流量比正常水平低，而特定脑区的脑电活动水平也有所不同（Barkley, 2006）。有特殊语言障碍的小学生的听觉系统相对不够成熟，其大脑加工听觉信息的方式与那些比其年幼 3 至 4 岁的儿童类似（Goswami, 2004）。不过这些有关大脑差异的发现与应用到教学实践中还有一段距离，目前还很难说清楚学习问题和大脑差异究竟谁是因、谁是果（Friend, 2014）。

相当多关于学习问题的研究在关注工作记忆（我们将在第 8 章中介绍），部分原因在于工作记忆容量是一系列认知技能的有效预测指标，这些认知技能包括语言理解、阅读和数学能力、流体智力（Bayliss, Jarrold, Baddeley, Gunn, & Leigh, 2005）。此外，研究表明，那些在阅读和解决数学问题方面存在障碍的儿童，有明显的工作记忆困难（Melby-Lervåg & Hulme, 2013; H. L. Swanson & Jerman, 2006; H. L. Swanson, Zheng, & Jerman, 2009）。具体来说，一些研究表明存在学习障碍的儿童在使用工作记忆系统方面存在困难，他们很难记住言语和听觉信息。由于存在学习障碍的儿童很难记住词汇和语音，他们很难将词语组合在一起去理解句子的意义或弄明白某道数学应用题到底在问什么。

一个更为严重的问题是，存在学习障碍的学生很难从长时记忆中提取所需的信息，因此这些儿童很难做到在加工新信息的同时记住原先的信息。例如代数中的乘积问题，一旦新增加了一个乘数，存在学习障碍的学生就很难记得原先两个数字的乘积。重要的片段信息在不断地丢失。最后，在数学和问题解决方面存在学习障碍的学生，可能在保存视觉-空间信息上也存在问题，如绘制数轴或在工作记忆中比较数量多少。因此对他们来说，创建"谁比谁少""谁比谁多"等问题的心理表征也是一种挑战（D'Amico & Guarnera, 2005）。

正如你在表 4-3 中所看到的，在公立学校中接受特殊教育服务的儿童中，超过 40% 被诊断为存在学习障碍——这是目前美国残疾儿童所患的障碍中最大的一个类别。下面我们将从这些学生开始说起。

4.4.2　学习障碍

如果一个学生在阅读、写作、拼写或数学学习方面存在困难，但他没有智力障碍、情绪问题或教育劣势，还拥有正常的视觉、听觉和语言能力，你会如何解释这种情况？——这个学生可能有**学习障碍**，但目前关于学习障碍尚没有一个统一的定义。一本有关学习障碍的专著列举了 11 种学习障碍的定义（Hallahan et al., 2012），其中包括《残疾人教育促进法》使用的定义："与个体理解或运用语言（口头或书面语言）有关的一个或多个基本心理过程存在障碍，这种障碍可能表现为个体在听、想、说、读、写、拼读或数学计算等方面的能力缺陷……"（p.138）不过，多数定义认同存在学习障碍的学生的表现与自身其他方面的能力不匹配，其表现显著低于预期水平。

大多数教育心理学家认为学习障碍有其生理基础和环境基础，如神经功能障碍、出生前接触了毒素（母亲怀孕时吸烟或喝酒）、早产、营养不良、家中的含铅油漆，甚至是不良的教学等。当然，遗传因素也有一定的影响。如果父母有学习障碍，那么他们的子女存在学习障碍的概率是 30%～50%（Friend, 2014；Hallahan et al., 2012）。

1. 存在学习障碍的学生的特征

存在学习障碍的学生的情况并不完全一样。其最普遍的特征包括：在一个或多个学业领域有特定的困难；协调能力很差；注意力方面有问题；多动和冲动；在组织问题以及解释视觉和听觉信息方面存在困难；缺乏动机；很难建立和维持友谊（Hallahan et al., 2012；Rosenberg et al., 2011）。正如你所看到的，很多有其他障碍（如注意缺陷多动障碍）的学生和很多正常的学生也或多或少有一些这样的特征。情况更为复杂的是，并不是所有存在学习障碍的学生都有上述所有问题，他们中只有很少一部分有上述所有问题。例如，一个学生可能在阅读方面落后同龄人三年，但在数学方面却超过一般的学生；另一个学生则刚好相反，阅读很好，但数学很差；还有一个学生在组织和学习方面有问题，而这会影响他所有的方面。

大多数有学习障碍的学生在阅读方面存在困难。表 4-5 列出了一些最常见的问题，但这些问题并不一定总是学习障碍的表现。对存在英语学习障碍的儿童而言，出现这些困难可能是因为他们的音位意识比较落后，即在建立语音和字母（词的组成部分）之间的对应关系上存在困难，从而导致拼写也存在困难（Lyon, Shaywitz, & Shaywitz, 2003；Willcutt et al., 2001）。对说汉语的儿童而言，阅读障碍似乎与语素意识有关，即将语素组合成词的能力。语素是表示意义的最小独立单位。例如，books 有两个语素——"book" 和 "s"，"s" 也有意义，它将 "book" 变成了复数。识别汉字的意义单位有助于学习这门语言（Shu, McBride-Chang, Wu, & Liu, 2006）。

表 4-5　存在学习障碍的学生在阅读方面遇到的问题

你的学生有这些表现吗？这些可能是学习障碍的征兆。

因阅读感到焦虑
- 不愿意读书
- 通过哭或其他行为来回避阅读
- 读书时很紧张

在识别单词或字母方面存在困难
- 插入一个错误的单词；用一个单词替代原来的单词；省略单词
- 颠倒字母或数字（如将 24 读成 48）
- 发错单词的读音（如将 "cope" 读成 "cape"）
- 混淆语句中单词的顺序（如将 "我会骑车" 读成 "我会车骑"）
- 读得很慢、不流利，经常停顿

口语词汇技能落后
- 不能读新的口语词汇
- 词汇量非常小

不能理解或记住读过的内容
- 不能回忆基本事实
- 不能做出推论或理解文章大意

数学，包括计算和问题解决，是存在学习障碍的儿童中第二大普遍的问题领域。存在英语阅读障碍的学生在建立语音和字母的联结上存在困难，存在数学障碍的学生则很难自动地将数字（如 1、2、3）与正确的数值对应起来，例如 28 是多少。因此，在学习数学计算前，一些年幼的学生可能需要额外的练习，使他们最终能够自动地将数字和它代表的数值联系起来（Rubinsten & Henik, 2006）。

正如你将在图 4-3 中所看到的，一些存在学习障碍的学生写的东西根本没办法阅读，讲话也结结巴巴、杂乱无章。存在学习障碍的学生通常缺乏完成学业任务的有效途径。他们不知道如何注意、组织相关的信息，不知道如何运用学习策略和学习技能，也不知道当一种学习策略不奏效时，如何去尝试其他学习策略以及评估自己的学习。他们通常是消极的学习者，部分原因是他们不知道如何学习——他们总是失败。独立工作对他们来说更是一种挑战，因此他们常常不能完成家庭作业和课堂作业（Hallahan et al., 2012）。

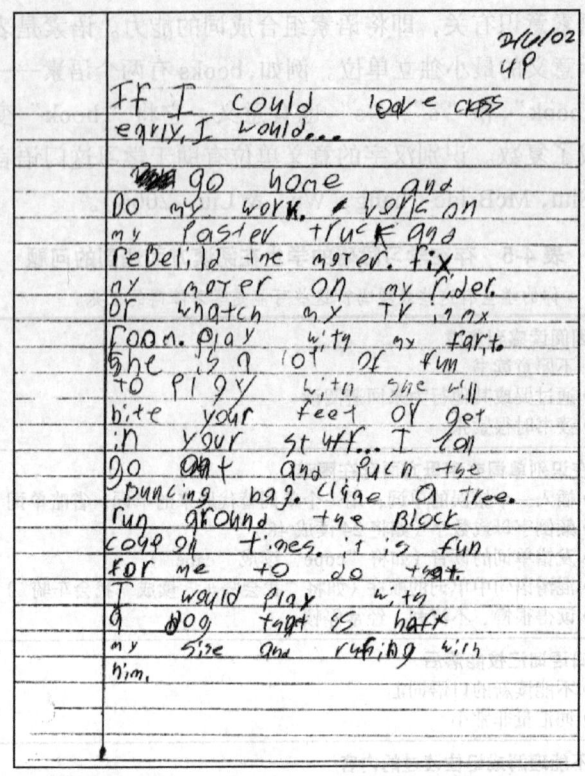

图 4-3　一名患有学习障碍的 14 岁学生的书写材料示例

资料来源：From Friend, M. & Bursuck, W. D. (2012). *Including Students with Special Needs: A Practical Guide for Classroom Teachers*, 6th Ed. Reprinted by permission of Pearson Education, Inc.

2. 对存在学习障碍的学生进行教学

学习障碍的早期诊断非常重要，能避免那些存在学习障碍的学生变得非常受挫和沮丧。他们并不明白自己为什么会有这些困难，他们可能会成为**习得性无助**（learned helplessness）的牺牲品。这种现象最早是在动物学习实验中发现的：把动物放在接受惩罚（电击）的情境中，这种情境是动物本身不能控制的；后来，当情境发生变化，动物可以逃避电击或关闭电击时，动物却连试都不试（Seligman, 1975），它们已经成为习得性无助的牺牲品。存在学习障碍的学生可能也会渐渐相信他们不能控制或改善自己的学习。这是一种很强的信念，这些学生从来没有努力尝试着去发现他们自己能在学习中起到怎样的作用，所以他们一直很悲观、很无助。

存在学习障碍的学生也可能尝试掩饰自己的问题。在这个过程中，他们会逐渐形成不良的学习习惯，或是因为害怕不能完成任务而回避特定的学科。

为了避免这些情况的发生，教师应当及早将学生送到学校相应的专业人员那里，以寻求帮助。

目前有两种教学方法（一般推荐同时使用）对存在学习障碍的学生很有效（Friend, 2014）。第一种是直接教学（我们将在第 14 章中详细介绍）。这种方法的基本要素是：对新材料进行清晰的解释和示范；小步子教学，每个步骤后都有相应的练习；及时反馈；教师的引导与帮助。第二种是策略教学（我们将在第 9 章中详细介绍）。这些策略主要是用于集中注意力和完成任务的特殊规则，例如用于帮助小学生完成议论文写作的 TREE 策略：①主题句（Top sentence），说出你的观点；②理由（Reasons），给出三个或更多的理由来支持你的观点——"你的读者也会这么认为吗"；③结尾（Ending），总结你的文章；④检查（Examine），检查上述三个部分。当然，这些策略的教学必须借助优秀的直接教学——解释、举例和有反馈的练习。我们将在第 9 章和第 14 章中详细介绍这两种教学方法。

这里还有一些其他的一般性策略，可用于对存在学习障碍的学生进行教学：在学前和小学阶段，坚持使用简短的口头指示；要求学生向你重复指示，以确保他们真正理解了；提供多元的例子，多次重复教学重点；允许他们比其他人进行更多的练习，特别是在学习新材料的时候。这些策略大部分到中学时仍然适用。此外，还可以直接教导高年级学生自我监控策略，如提示学生问自己："我刚刚集中注意力了吗？"或教学生使用一些外在的记忆策略（如记笔记）和手段（如任务书、任务清单、电子日历等）（Hardman et al., 2014）。在对任何一个年级的学生进行教学时，教师都可以鼓励学生将新材料与他已有的知识、经验建立联系。你可能在想，对那些需要额外辅导和直接教授学习技能的学生来说，上述教学策略也是非常有用的。你想得没错！

4.4.3　多动症与注意缺陷

停下来　想一想

如果一个学生在时间管理和问题组织方面存在困难，你会提供什么样的帮助？

你可能听过甚至使用过"多动症"这一术语。这是一个现代的概念，在五六十年前并没有所谓的患有多动症的孩子。这样的孩子就像马克·吐温笔下的哈克贝利·费恩，被看作叛逆、懒散或"坐立不安的"（Nylund，2000）。今天，注意缺陷多动障碍已经非常普遍了。2010年，我翻开报纸，看到这样一则标题："近四年来被诊断为患有ADHD的人数急剧增长"。据美国疾病控制中心（2011）统计，如今美国3~17岁男孩中被诊断为患有ADHD的比率为12%；对女孩来说，这一比率接近5%。但这种情况并不是美国所独有的。在第二届ADHD国际会议上，有报告（Thome & Ready，2009）指出，越来越多的证据显示ADHD是全球性的问题，而ADHD患者在所有文化中均有鲜明而一致的特征。目前，不同文化中ADHD的发病率在4%到10%之间（Fabiano，Pelham，Coles，Gnagy，Chronis-Tuscano，& O'Connor，2009；Gerwe et al.，2009）。而环顾身边，我发现很多参与我课程学习的教师班上往往有五六个被诊断为患有"多动症"的学生，其中一个班级竟有十个这样的学生；甚至在我的直系亲属中也有几位患上了ADHD。

1. 定义

实际上，多动症并不是一种特定的状况，它包含注意缺陷和冲动-多动这两个问题，两者可能同时出现，也可能不同时出现。在美国，近一半被诊断为患有多动症的儿童同时存在这两种问题。如今，大多数心理学家同意那些被贴上"多动症"标签的儿童的主要问题在于注意力的集中和保持，而不仅仅是身体活动的控制。美国精神病协会已经确定将拥有这种问题的儿童诊断为患有注意缺陷多动障碍，并将这种障碍描述为一种神经发育障碍，认为其不仅会影响儿童，而且会影响成年人。它是一种持续的或不断发展的注意力不集中和多动-冲动的模式，会妨碍个体的日常生活或正常发展（American Psychiatric Association，*DSM-5*，2013b）。其具体指标如下。

（1）**注意力不集中**：不能密切注意班级活动、任务细节、教师的指示以及课堂上的讨论；不能组织任务，不能整理笔记本、书桌和作业；容易分心和遗忘；老丢东西。

（2）**多动/冲动**：坐立不安，身体动来动去；不能坐在自己的座位上；没办法缓慢移动，总是像"被马达驱动着"快速移动；话太多；不假思索地说出答案；等不及轮到自己；经常打断别人。

所有儿童都可能在某种情况下表现出上述的一些行为，但患有ADHD的儿童可能在7岁之前就有上述的一些行为，这些行为不仅出现在学校，还出现在其他很多情境中。这些行为会导致儿童在学习方面存在困难，并难以与其他人和睦相处。ADHD通常是在小学阶段被诊断出来的，但有研究表明，这种注意缺陷和多动问题可能早在3岁时就会表现出来（Friedman-Weieneth，Harvey，Youngswirth，& Goldstein，2007）。在被诊断为患有ADHD的儿童中，男孩的数量大约是女孩的2~3倍，但这一差距正在日益缩小。患有ADHD的女孩的症状与男孩相同，但她们常常以较为隐蔽的方式表现出这些症状，因此她们通常很难被发现，从而很可能错过获得适当帮助的机会（Friend，2014）。

20世纪初，多数心理学家认为儿童进入青春期后，其ADHD会有所减轻。但如今有证据表明，至少对一半的ADHD患者来说，其问题会持续到成年（Hirvikoski et al.，2011）。青少年时期，个体面临着日益增大的青春期压力：即将进入初中或高中，学业任务的要求增加，开始接触更加使人着迷的社会关系——这对患有ADHD的学生来说是一个极为艰难的阶段（E. Taylor，1998）。被诊断为患有ADHD的儿童进入成年期后，约有30%不会出现更多的症状；25%会有持续的行为问题，如吸毒或犯罪；25%左右会患上严重的抑郁（Rosenberg et al.，2011）。

2. 使用药物治疗ADHD

现在，对ADHD的治疗越来越依赖药物。但正如"正方观点/反方观点"中所述，这种治疗方式还存在很多争议。

正方观点/反方观点

我们该为患有ADHD的儿童提供药物还是技能

大约有3%的学龄儿童和青少年（6~18岁）在服用治疗ADHD的药物。我们该不该为这些患有ADHD的儿童提供药物呢？

正方观点：药物确实能帮助患有 ADHD 的儿童

哌甲酯（Methylphenidate）和其他相关处方药，如阿得拉尔（Adderall）、叶酸（Folacin）、右苯丙胺（Dexedrine）、二甲磺酸右苯丙胺（Vyvanse）以及匹莫林（Cylert），都属于兴奋剂。如果服用特定的剂量，这些药物会对许多患有 ADHD 的儿童产生看似矛盾的影响：合作、注意和服从等社交行为在短期内可能会有所改善，研究表明，70%～80% 患有 ADHD 的儿童在服用药物后会变得更容易管理，在服药期间能更好地从教学干预和针对社会性的干预中获益（Hutchinson, 2009）。事实上阿得拉尔、哌甲酯等兴奋剂类药物和托莫西汀（Strattera）等非兴奋剂类药物会给很多患有 ADHD 的儿童和青少年带来一些有利的影响（Kratchovil, 2009）。一些报告发现，丁螺环酮（Buspar）这种通常用于治疗焦虑的药物，甚至碧萝芷（Pycnogenol）等保健类药物，也会带来一些积极的影响（Trebaticka et al., 2009）。还有研究发现，托莫西汀有助于改善工作记忆、计划和抑制等功能，至少对其研究的中国患有 ADHD 的儿童而言是如此（Yang et al., 2009）。德国研究者则对长效型药物哌甲酯制剂（Concerta）的效果进行了考察：要求患者每天服用一次哌甲酯制剂，结果发现，与短效型兴奋剂类药物相比，哌甲酯制剂能显著地提高患者在多个生活领域的日常功能，减轻疾病的严重程度，提升生活品质（Gerwe et al., 2009, p. 185）。

反方观点：药物不应当成为治疗 ADHD 的首选

很多儿童服用药物时会有不良的反应，如心率提高、血压升高、生长速度受到干扰、失眠、体重下降、恶心等（D. C. Smith et al., 2014）。对多数儿童而言，这些不良反应是轻微的，并且能通过调整药物的剂量来加以控制。但关于药物治疗的长期效果，目前还所知甚少。一种被称为"托莫西汀"的新药物虽然不是兴奋剂，但可能会增加儿童自杀的倾向。作为家长或教师，你需要时刻关注有关 ADHD 治疗的研究动向。

很多研究表明，使用药物会给患有 ADHD 的儿童带来行为方面的进步，但很少能带来学业或同伴关系方面的改善，而患有 ADHD 的儿童在这两个方面都有很大的问题。因为这些学生似乎在行为方面有了显著改善，家长和教师看到这些变化后也就松了一口气，可能就会认为问题已经得到根治。但其实不然，这些学生在学习方面仍然需要特殊的帮助。尤其对在阅读或表述过程中联系不同成分，从而建立起有条理的、准确的信息表征等方面的教学干预而言，更是如此。（Bailey et al., 2009; Doggett, 2004; Purdie, Hattie, & Carroll, 2002）

事实上，使用药物治疗 ADHD 并不是一个非此即彼的问题。应坚守的底线是：即使你班上的学生正在接受药物治疗，他们也应该学习将来生存所需的学业技能和社交技能。他们需要学习如何以及何时应用学习策略和学习技能。他们也需要鼓励——在面对困难任务的挑战时，他们需要有人来鼓励他们坚持下去，需要有人来鼓励他们控制自己的学习和行为。仅有药物治疗是不够的，但药物治疗会有一定的帮助。为了促使学习行为发生，药物治疗应该与其他有效的教学干预相结合。

3. 药物治疗之外的选择

格雷戈里·法比亚诺（Gregory A. Fabiano）及其同事（2009）对 1967～2006 年的 174 项有关 ADHD 行为治疗的研究进行了分析。这些研究涉及的被试接近 3 000 人，所有研究都达到了质性研究的严格标准。研究中采用的行为治疗方法主要是后效管理、隔离、塑造、自我调节和行为示范等从行为主义学习理论（详见第 7 章和第 11 章）中衍生出的干预方法。这些研究或采用未接受治疗的个体作为控制组，与实验组进行比较；或将个体接受一种或多种不同治疗前后的状态进行比较。那么，这些研究得出了什么结论呢？应该说，其发现是非常清晰有力的——"这些研究为用行为治疗方法治疗 ADHD 的有效性提供了强有力的、一致的支持"（Fabiano et al., 2009, p.129）。格雷戈里在一次访问中说道，"这项分析的结果提示我们，今后的努力方向应该从争论行为治疗的有效性，转向传播、促进和改善这些方法在社区、学校和心理健康机构的应用"（Hirvikoski et al., 2011）。对瑞典患有 ADHD 的成年人的研究也发现，注重接纳和改变 ADHD 症状间的平衡的行为治疗方法是有效的。

通过上面的介绍，你可能会有这样的想法："我们应该从各个方面来解决这个问题。"澳大利亚的一项大型研究证实了这种想法。

从长期效果的角度看，多种方式的综合干预是最有效的。对多数（并非全部）患有 ADHD 的儿童和青少年而言，服用精神兴奋药，同时根据情况提供补救性的课程指导和咨询，辅以家长和教师的必要的行为管理，多管齐下，可能会有较好的治疗效果。因此，听取不同领域的专家建议是很有必要的（van Kraayenoord, Rice, Carroll, Fritz, Dillon, & Hill, 2001, p.7）。

总之，即使你班上的学生正在接受药物治疗，他们也应该学习将来生存所需的学业技能和社交技能。再次强调，即使药物治疗能带来行为方面的改善，但学业技能和社交技能不会自动随之提高（Purdie et al., 2002）。

4. 对患有学习障碍和 ADHD 的学生的教学建议

作业过多可能会把存在学习障碍和注意缺陷的学生压垮，因此最好每次只给他们布置几个问题或几段文章，并附上清晰的完成步骤。另一种好的方法是将对学习和记忆策略的教学与动机训练结合起来。这种方法的目的是帮助学生提高相关的"技能和意愿"，从而改善自己的学业成就。此外，教师还要教会这些学生监督自己的行为，鼓励他们不断坚持，并且相信自己能够"自我控制"（Pfiffner, Barkley, & DuPaul, 2006）。

"自我控制"的观念是 ADHD 治疗策略中的一部分，它强调个人自身的力量。戴维·尼兰德（David Nylund, 2000）提出，不要把问题儿童作为治疗的对象，而应利用儿童本身的力量来克服自己的问题，即实现自我控制。相应地，尼兰德希望大家认识到，ADHD、学习中的困难、厌倦情绪和其他"学习的敌人"，都不是来自儿童自身的，而是存在于儿童之外的因素，是儿童在完成任务的过程中需要解决的一群"恶魔"，或是需要征服的一些任性的精灵。关注的重点应是问题的解决。

作为一名教师，你要寻找患有 ADHD 的学生全神贯注的时间段，哪怕只是很短的一段时间。这些时间能有什么作用呢？它们能让你发现患有 ADHD 的学生的优点，为之感到惊奇，并促使你在教学中进行一些调整，以此来支持学生为改变付出的努力。尼兰德给出了下面这个例子：克里斯（9岁）和他的老师贝克女士合作，共同帮助他在学校里控制自己的注意力。贝克女士将克里斯的座位移到了教室的前面，她和克里斯共同设计了一个明显的信号，用于提醒克里斯集中注意力，克里斯也整理了自己凌乱的书桌。这些措施听起来很像表 4-4 中根据 504 条款进行的调整。在克里斯的注意力得到改善后，他会在班会上得到奖励。克里斯讲述了自己是如何学习上课听讲的："你必须有坚定的意志，告诉 ADHD 和厌倦情绪不要来打扰你。"（Nylund, 2000, p.166）正如你将在表 4-6（摘自 Nylund, 2000, pp.202-203）中看到的，患有 ADHD 的学生对教师也有一些建议。

表 4-6 患有 ADHD 的学生对教师的一些建议

患有 ADHD 的学生对教师有下列建议（Nylund, 2000）	
• 大量使用图片（视觉线索）以帮助我们学习 • 注意文化认同和种族同一性 • 根据情况适时调整规则 • 及时注意到我干得不错 • 不要告诉其他同学我在吃哌甲酯 • 给我们提供一些选择	• 不要只是讲课，那太无聊了 • 知道我其实很聪明 • 允许我在教室里来回走动 • 不要布置那么多家庭作业 • 更多的课间休息 • 耐心

4.4.4 沟通障碍

在 6~21 岁接受特殊教育的学生中，沟通障碍是第二大主要的障碍类别。这些学生可能患有语言障碍、言语障碍，或上述两种障碍。在接受服务的学生中，这类学生所占的比率约为 19%。很多因素会导致沟通障碍，这主要是因为语言的学习和言语的使用涉及个体许多不同的方面。如果一个儿童的听觉有损伤，他就不可能正常地学会说话。一些损伤会导致神经方面出现问题，也会影响儿童的言语行为或语言获得。没有人听儿童讲话，或是情绪障碍导致他感知的世界是扭曲的，这些问题都会反映在他的语言发展上。说话还涉及运动，因此与言语有关的运动功能出现任何障碍都会导致语言障碍。语言的发展与思维密不可分，因此认知功能有任何问题，也会影响个体运用语言的能力。

1. 言语障碍

如果学生在说话时不能有效发音，就会被认为存在**言语障碍**。大约5%左右的学龄儿童有言语方面的障碍。发音问题和流畅性障碍（口吃，stuttering）是两种最常见的言语障碍。

发音障碍（articulation disorder）包括歪曲一个语音，好像口齿不清（将 sometimes 读成 thumtimes）；用一个语音替代另一个语音（将 chair 读成 shairp）；添加一个语音（将 chair 读成 chuch air）；省略语音（将 chair 读成 chai）（Rosenberg et al.，2011）。然而，请记住，大多数儿童要到6~8岁才能发出日常对话中出现的所有英语语音。其中 l、r、y、s、v、z 常发的辅音和 sh、ch、ng、zh、th 所需的辅音连缀是最后学会的（Friend，2014）。由地域差异导致的不同方言的差异并不属于发音障碍。如果你班上某个来自新英格兰的学生将 idea 读成 ideer，他并没有发音障碍。

口吃一般出现在3~4岁。目前出现口吃的原因还不清楚，但口吃可能涉及情绪或神经问题、习得行为等。如果口吃持续了一年左右，甚至更长，这个孩子就应该接受言语治疗。早期的干预会带来巨大的改变（Hardman et al.，2014）。当你的班上有口吃的学生时，你可以私下多与这个学生交谈，但在交谈过程中不要催促、打断或补充学生所说的词语和句子。学生说完后，可以停顿一会儿。在这个过程中，你和学生要达成共识——在说话前花些时间思考是合适的行为。要注意学生什么时候更容易口吃，什么情境下则不易口吃。不要催促学生说快些。在课堂讨论中，可以让学生早点发言，这样不容易紧张。问问题时，也尽可能选择答案简短（只需几个词语）的问题。此外，可以经常和学生坦诚地讨论口吃，让学生认识到口吃没什么可耻的，很多成功人士（包括一些国王）都有口吃，但是通过学习，他们口吃的情况都得到了改善（Friend，2014；Rosenberg et al.，2011）。

声音障碍（voicing problem）是第三种言语障碍，包括用不恰当的音高、音质、音量或单语调说话。有上述问题的学生应该尽快接受言语治疗。要认识到问题的存在，注意那些在发音、音量、音质、言语流畅性、表达范围、速度等方面异于同龄人的学生，也要注意那些经常不说话的学生，了解他们不说话只是因为害羞，还是存在言语方面的障碍。

2. 语言障碍

语言差异并不一定都意味着语言障碍。有**语言障碍**的学生指那些与相同文化背景下的同龄人相比，在理解或表达语言方面有明显缺陷的学生（Owens，2012）。一些学生可能很少说话，只会用很少的词语或说非常简短的句子，甚至只能依靠手势进行交流。这样的学生都应当及早地接受专业人士的观察或测试。表4-7中列出了一些促进所有学生语言发展的建议。

表4-7　促进语言发展的建议

- 讨论学生感兴趣的话题。
- 跟随孩子的指引，对他们的指导和意见做出回应，分享他们的喜悦。
- 不要问太多的问题，如果必须要问，就问这样的问题：怎么了、为什么、发生了什么……这样孩子会说出较长的解释性答案。
- 鼓励孩子问问题，真诚开放地做出回答。如果你不想回答某个问题，可以直接拒绝，但需要说明理由。（"我不想回答这个问题，因为这是很私人的问题。"）
- 用愉快的语气说话。你不需要是个喜剧演员，但你可以轻松幽默地说话。孩子有时喜欢笨一点的成年人。
- 不要评判或取笑孩子的语言。如果你老是批评孩子的发音，或试图找出并纠正孩子所犯的每一个错误，他们将再也不想和你聊天。
- 允许孩子有足够的时间做出反应。
- 礼貌地对待孩子，不要在他们说话的时候打断他们。
- 允许并鼓励孩子参与家庭会议和课堂讨论，倾听他们的想法。
- 接纳孩子和他们的语言。包容和接纳对他们的语言学习很有帮助。
- 提供机会让孩子使用语言，让他们学会利用语言来实现自己的目标。

资料来源：Based on Owens, Robert E., Jr., *Language Disorders: A Functional Approach to Assessment and Intervention*, 5ed. Published by Allyn and Bacon, Boston, MA. Copyright © 2010 by Pearson Education. Adapted by permission of the publisher.

4.4.5　情绪或行为障碍

在常规班级中，有**情绪和行为障碍**（emotional and behavioral disorder）的学生是最难教的，他们令很多新手教师感到焦虑（Avramidis, Bayliss, & Burden, 2000）。如果得不到恰当的帮助，患有情绪和行为障碍的学生前景将很不乐观：约有1/3的患者在读书期间被拘留过；离开学校后，有一半的学生会失业3~5年（Rosenberg et al., 2011）。因此，对情绪和行为障碍的早期干预非常重要。

教育专家将行为障碍界定为行为严重偏离了正常的标准，以至于极大地阻碍了儿童的成长与发展，并可能妨碍其他人的生活。《残疾人教育促进法》将情绪障碍定义为：有不恰当的行为，痛苦或抑郁，害怕且焦虑，在人际关系方面存在问题。表4-8列出了《残疾人教育促进法》对情绪障碍的界定。

表4-8 《残疾人教育促进法》对情绪障碍的界定

情绪障碍指儿童长期表现出下列一种或多种特征，达到一定程度，以至于危害了其教育表现的一种状态。
（1）无法学习，且这种情况不能用智力、感官或健康因素来解释。
（2）无法与同伴和教师建立或维持良好的人际关系。
（3）在正常情况下有不恰当的行为或感觉。
（4）不快乐或抑郁情绪广泛存在。
（5）出现与个人或学校问题相关的躯体症状或恐惧倾向。
（6）情绪障碍包括精神分裂症，但这一术语并不适用于社交失调的儿童，除非他们已被确认患有情绪障碍。

资料来源：IDEA Regulations, Sec. 300.8 c4, Child with a disability. Retrieved from http://idea.ed.gov/explore/home U.D. Department of Education.

无论如何定义，作为教师，你所看到的是一个有攻击性、焦虑、回避或抑郁的学生，一个很难遵守规则、集中注意力或与其他人互动的学生。目前，美国有超过40万名学生患有情绪障碍，使得患有这一障碍的人成为接受特殊服务的第五大群体。这一数字自1991~1992年起就不断增加，增幅约有20%。与学习障碍和ADHD一样，更多的男孩被诊断为患有这种障碍——在被诊断为患有情绪与行为障碍的儿童中，男孩的数量至少是女孩的3倍。令人担忧的是，非裔美国学生在这种障碍的患者中占有很大的比例，他们大约占总人口的13%，但其中26%左右的学生都被诊断为患有情绪与行为障碍。

很多学生可能会表现出潜在的情绪与行为障碍，并且患有其他障碍的学生（如学习障碍、智力障碍或ADHD）在适应学校的过程中也可能会出现情绪或行为方面的问题。应用行为分析（第7章中将会介绍）或直接对自我调节技能进行教学（第11章中将会介绍），都是比较有效的方法。另外，还有一种方法已被证实能帮助这些患有情绪与行为障碍的儿童，那就是提供良好的结构、有组织的工具以及多种选择。对此，特里·斯旺森（Terri Swanson, 2005）提出了如下建议。

环境的结构化：尽量减少视觉和听觉刺激；若期望学生在不同区域做出不同的行为，可以在不同区域之间建立清晰的视觉界限；整理日常所需的材料，并放入方便使用的容器里。

日程的结构化：将每个月和每天的日程张贴出来，并用清晰的标志来表示开始和结束，明确提交作业的步骤。

活动的结构化：使用有颜色代码的学科文件夹（如蓝色代表数学）；张贴指导语并附上视觉提示；将某个活动所需的所有材料放入一个"科学箱"中。

规则和日常安排的结构化：可以教学生一套标准用语，用于询问其他学生是否愿意和他一起玩游戏；以积极的方式制定规则；帮助学生应对日常安排的变化，例如通过展示一些图片来帮助学生了解春假期间会发生什么。

提供选择：提供几个作业或课题的不同选择。

由于有情绪与行为障碍的学生经常有破坏规则和逾矩的行为，因此教师会发现自己经常在惩罚这些学生。要注意，惩罚有严重情绪问题的学生会引发法律诉讼（Yell, 1990）。当你面对这些情境时，下面的实践指南可能会对你有些帮助。

| 实践指南 |

惩罚有情绪问题的学生

注意不要侵犯学生的正当权利，学生和家长必须知道哪些是期望的行为以及不良行为的后果是什么。

例如：

（1）向学生清楚地说明哪些是期望的行为，并把它们写下来。

（2）让家长和学生在班级规则的副本上签名。

（3）把班级规则和违反班规的后果张贴出来，并放在班级的主页上。

非常谨慎地使用让学生长时间离开教室的严厉惩罚措施。如果需要改变儿童的个别化教育方案，需要遵循一定的正当程序。

例如：

(1) 停学10天以上需要正当程序。

(2) 持续很长时间的隔离（在校的停学）需要正当程序。

对有严重情绪问题的学生的惩罚必须有明确的教育目的。

例如：

(1) 将学生的某一行为与他的学习或其他学生的学习联系起来，为惩罚或纠正措施提供恰当的理由。

(2) 使用书面的行为契约，其中包括对惩罚目的的说明。

确保规则和惩罚是合理的。

例如：

(1) 考虑学生的年龄和生理状况。

(2) 针对学生的过错采取的惩罚是否恰当，是否与对待班上其他学生的方式一致？

(3) 面对类似的情境，其他教师是否也会采取相同的处理？

(4) 先尝试低强制性的惩罚措施，要有耐心。不严厉的惩罚方式失败后，再考虑用一些更严格的处理方式。

做好记录并与他人合作，使所有相关人员均能了解真实的情况。

例如：

(1) 在日记或记录簿上将对所有学生的惩罚记录下来。列出学生受惩罚的原因、采用的程序、惩罚持续的时间、惩罚的结果、对惩罚的调整以及新的结果。

(2) 在与家长、特殊教育教师及校长进行会谈时做记录。

(3) 和家长、其他教师共同修改管理计划。

给学生负面反馈的同时，也进行一些积极的反馈。

例如：

(1) 如果学生因违反规则而丢分，给他们机会，使他们能通过积极的行为再得到分数。

(2) 认可学生真正的成绩和细小的进步。不要说"时间差不多了，你……"

想了解更多有关惩罚有障碍的学生的信息，请查阅 nasponline.org/communications/spawareness/effdiscipfs.pdf。

接下来我们讨论另一个问题——自杀。教师应当及时发现并采取措施，避免悲剧的发生。

1. 自杀

当然，不是所有有情绪或行为问题的儿童都会想到自杀，但抑郁通常和自杀联系在一起。10%以上的青少年曾经尝试过自杀，更多的人曾想过自杀。如今美国青少年的自杀率是20世纪50年代美国青少年自杀率的5倍。印第安人和生活在乡村的学生更可能实施自杀。自杀有一些普遍的危险因素：抑郁与药物滥用，家族自杀史，正处在压力情境中，更容易冲动或完美主义，相信死后人会去更好的地方，被家庭遗弃或有家庭冲突，并且这些因素似乎适用于所有处于青春期的非裔、拉丁裔、美国白人男性和女性。个体如果同时存在上述因素中的多个因素，自杀的危险性将非常高（Arnett, 2013; Friend, 2014; Steinberg, 2005）。此外，一些治疗抑郁或ADHD的处方药可能会增强青少年自杀的倾向。

自杀常常源于生活问题，而对于这些问题，父母和教师有时未予重视。有很多信号在警告我们不幸正在酝酿，要注意儿童在饮食和睡眠习惯、体重、成绩、性情、活动水平、药物或酒精使用情况、对朋友或曾喜爱的活动的兴趣等方面的变化。具有自杀风险的学生有时候会突然扔掉平时自己最珍爱的收藏，如iPad、书、衣服或宠物。他们可能看起来很沮丧或亢奋，而且可能说一些这样的话："什么都不重要了""我不应该在这儿""如果我死了，他们就会更爱我""你不用再为我担心了""我想知道死是什么样子"。他们可能会逃课或不做作业。如果学生不但谈论到自杀，而且还有了具体的实施计划，那就极其危险了。需要特别留意的是：有时随着抑郁症状的好转，自杀风险反而会增加，原因可能在于处于严重抑郁状态的年轻人深陷其中无法自拔，没有精力去计划或尝试自杀（Arnett, 2013）。

如果你怀疑某个学生有潜在的自杀危险，就应直接找他谈话，询问他有什么疑虑。企图自杀的人往往会觉得没有人真正在意他们。询问细节问题，并且认真地对待学生。当学校管理人员、家长或其他成年人忽视了这些预警信号时，你需要成为学生的支持者。同时，要小心自杀的连锁反应，在一个学生出事之后，或者在一起自杀事件被媒体报道后，其他青少年可能会效仿这种行为（Lewinsohn，Rohde，& Seeley，1994；F. P. Rice & Dolgin，2002）。表4-9列出了有关自杀的一些误区和事实。

表4-9 有关自杀的误区和事实

误区：说要自杀的人实际上不会自杀，他们只是想引起别人的注意。
事实：自杀的人采取行动前通常会与别人讨论这个问题。他们很痛苦，渴望能寻找到帮助，因为他们不知道该怎么做，他们已经绝望了。要始终认真对待有关自杀的言论，始终！

误区：只有特定类型的人才会自杀。
事实：所有类型的人都有可能自杀，不论男性还是女性，年轻还是年老，富有还是贫穷，居住在农村还是城市，自杀可能发生在任何一个种族、民族和宗教团体中。

误区：不要问有自杀倾向的人他们是否想自杀或者他们是否想到了自杀的方法，因为谈论这些问题会让他们有自杀的想法。
事实：询问别人是否想自杀并不会让他们有自杀的想法，并且与自杀的人讨论自杀是非常重要的，因为你可以更了解他们的心态和打算，也能让他们释放一些导致他们有想自杀的情绪的压力。

误区：多数自杀的人确实想死。
事实：绝大多数自杀的人都不想死。他们只是生活在痛苦中，希望能摆脱痛苦。自杀往往只是希望能得到帮助。

误区：年轻人不会想到自杀，他们的人生才刚刚开始。
事实：自杀是15~24岁的青年人死亡的第三大原因。有些10岁以下的小孩也死于自杀。

资料来源：Based on Caruso, K., Suicide Myths. Retrieved from http://www.suicide.org/suicide-myths.html.

2. 药物滥用

尽管有情绪或行为问题的人并不一定会滥用药物，很多没有这些问题的人也会滥用药物，但的确有很多存在情绪问题的青少年会滥用药物。研究发现，药物滥用对非裔美国男性来说尤其危险。一项研究曾持续追踪19岁的非裔美国男性至27岁，结果发现，约有33%滥用药物的年轻男性在27岁时就去世了，而欧裔美国男性滥用药物的致死率为3%，非裔美国女性和欧裔美国女性因滥用药物而死亡的比率都是1%（D. B. Clark，Martin，& Cornelius，2008）。

现代社会使得青少年的成长过程充满了困惑。留意电影和广告牌上的信息，你会发现那些"美丽"、受人欢迎的人似乎都会喝酒和抽烟，似乎一点都不在乎自己的健康。男性会被鼓励"像个男人一样喝酒"。几乎所有的常见疾病都有非处方药，药物公司也在不断通过广告来宣扬新的处方药的益处，咖啡或"能量饮料"帮我们提神，安眠药帮我们入睡，然后我们却告诉学生要对药物说"不"。

除了这些相互矛盾的信息，还有很多其他的原因会导致药物滥用。这已经成为学生要面对的一大问题。关于药物滥用，很难找到精确的统计数据，但密歇根大学的研究者进行的"监测未来"调查（Johnston，O'Malley，Bachman，& Schulenberg，2013）估计，7.7%的8年级学生、18.6%的10年级学生、25.2%的12年级学生在过去30天里曾使用过违禁药物。他们并没有意识到使用违禁药物会对自己造成伤害，甚至导致自己死亡。例如，烟草会导致口腔癌、咽喉癌、喉癌、食道癌、胃癌以及胰腺癌，造成牙龈萎缩和齿龈疾病（最终导致牙齿脱落、口腔癌前期病变），引发尼古丁成瘾，还可能导致心脏病和脑卒中（American Cancer Society，2010）。

3. 预防

研究发现，通过知识介绍或是"恐吓手段"（如药物滥用防治教育，DARE）来预防毒品使用似乎没有多大效果，甚至可能会激发学生的好奇心和尝试行为（Dusenbury & Falco，1995；Tobler & Stratton，1997）。

那什么是更有效的方法呢？亚当·弗莱彻（Adam Fletcher）及其同事对全球范围内的学校教育项目进行了分析。其中一个惊人的、不断重复出现的发现是：在控制了学生先前的药物使用情况和个性特点后，"对学校的疏离和不良的师生关系，与学生后续使用药物的情况和其他危害健康的行为都有显著的相关性"（Fletcher，Bonell，& Hargreaves，2008，p. 217）。例如，研究者描述了其中一项研究，发现对年幼的青少年而言，与学校关系的疏离能预测他们未来2~4年内的药物使用情况。这就给了我们一个启示：让青少年参与校园生活，与他们建立积极的关系，以及帮助学生与关心他们的成年人和同伴建立联系，这些措施是非常重要的，能为学生创造一个具有保护性的环境。

4.4.6 智力障碍

有很多术语都是用来描述这一障碍的，但与精神发育迟缓相比，**智力障碍**是目前更为常用的名称，当然，你可能还听过"认知缺陷""一般学习障碍""发展障碍"或"认知障碍"等术语。"智力障碍"更受欢迎，是因为"精神发育迟缓"有一些伤害和侮辱的含义，但美国《残疾人教育促进法》和很多学校仍在使用这一名称。2007年美国精神发育迟缓协会（American Association on Mental Retardation, AAMR）改名为美国智力和发展障碍协会（American Association on Intellectual and Developmental Disabilities, AAIDD），反映了对"精神发育迟缓"这一名称的排斥。美国智力和发展障碍协会对智力障碍的界定是"主要表现为智力功能和适应性行为上的明显局限的障碍，所谓适应性行为指在概念、社会和实践等方面的适应性技能；这种障碍出现于18岁之前"（AAIDD.org）。

智力功能通常是用智力测验进行测量的，其中测验分数低于70分是智力障碍的一个指标。但仅凭智力测验分数在70分以下，还不足以认定受测者存在智力障碍，存在智力障碍的人可能在适应性行为、日常独立生活、社会功能等方面也存在问题。这一点在解释不同文化背景下学生的智力测验分数时尤为重要。如果只靠智力测验的分数来诊断智力障碍，就会造成某些批评者所称的"6小时落后"，即学生只有在学校的那段时间里会被看作患有智力障碍。

只有大约1%的人符合美国智力和发展障碍协会的定义，在智力功能和适应性行为方面均存在障碍。多年来，智力障碍被进一步划分为轻度智力障碍（IQ范围为50～69）、中度智力障碍（IQ范围为35～49）、重度智力障碍（IQ范围为20～34）、极重度智力障碍（IQ在20以下）。目前很多地区仍在使用这一分类系统，甚至包括世界卫生组织。但这些IQ范围并不能很好地预测学生的适应能力。因此，美国智力和发展障碍协会现在建议使用新的分类系统，根据个体要达到自身最佳表现水平所需的支持的量进行分类。这些支持包含间歇的支持（如在个体承受压力时提供支持），有限的支持（持续的支持，但时间有限制，如就业培训），广泛的支持（日常照顾，如生活在社区内的小型看护机构——团体之家（group home）中），以及全面的支持（对生活的所有方面提供持续的、高强度的照顾）（R. L. Taylor, Richards, & Brady, 2005）。

作为一名普通的教师，除非你所在的学校参与了全纳计划，否则你可能不太会接触到需要广泛或全面支持的学生，但你可能会接触到需要间歇性有限支持的儿童。在低年级，这些学生可能比同伴学得慢些，需要更多的时间和练习，很难将学习内容从一种情境迁移到另一种情境中，或是不能把小技能结合起来以完成更为复杂的工作。他们通常在元认知技能和执行功能上存在困难，这导致他们难以进行计划、监督，重新定向注意和使用学习策略（T. Simon, 2010）。因此，高度结构化和完整的教学与辅导会对他们很有帮助。下面的实践指南中列出了更多的建议，可供你参考。

| 实践指南 |

对存在智力障碍的儿童进行教学

（1）根据学生的长处和不足，确定具体的学习目标。不管学生先前有多少经验，必须确保他已经做好下一步学习的准备。

（2）根据成年生活的需求，培养学生的实践技能和对概念进行教学。

（3）分析学生的学习任务，识别出成功完成该项任务所需要的特定步骤。不要忽略教学计划中的任何一个步骤。

（4）简单地陈述和呈现目标。

（5）小步子、有逻辑地呈现材料。在进行下一步学习前进行大量的练习。在课堂上，可以使用计算机化的训练-实践练习等资源；在课后，可以请志愿者和家庭成员继续辅导学生练习。

（6）不要跳过步骤。智力正常的儿童能将一个步骤和下一个步骤联系起来，并形成元认知判断——自己是如何完成任务的；但存在智力障碍的儿童需要了解每一个步骤以及每个步骤之间的明确联系。帮助儿童找出联系，不要指望他们能自己"看出来"。

（7）做好准备，使用不同的表征方式（语言、视觉、动作等），借助不同的形式呈现相同的观点。

（8）如果感觉学生没跟上，就回到简单一点的水平。

（9）要特别注意激发学生的学习动机，维持学生的注意力水平。允许和鼓励学生使用不同的方式来表达自己的理解，如书写、画画、口头反应、手势等。

（10）寻找那些不会让学生感到被侮辱的恰当的教学材料。一个初中男孩可能需要低年级读物中的简单词汇，但如果和他讨论这些读物中人物的年龄和读物的内容，他可能会感觉自己被侮辱了。

（11）关注某些目标行为或技能，以确保你和学生有机会体验成功。每个人都需要积极的强化。

（12）请注意，与智力正常的儿童相比，存在智力障碍的儿童必须过度学习，进行更多的重复和练习。必须教会他们如何学习，他们也必须不断复习，并在不同的情境中练习使用新的学习技能。

（13）密切注意社会关系。只是将存在智力障碍的学生安排在常规班级中，并不能保证他们被同伴接受，交到朋友并维持友谊。

（14）创建同伴辅导项目，训练班上所有的学生，使他们都成为一个辅导小老师，并乐意接受别人的辅导（详见第10章）。

更多信息，请查看：www.aaidd.org。

多数9~13岁存在智力障碍的学生的学习目标包括基本的阅读、写作、算术，了解当地环境，社交行为和个人兴趣。到了中学阶段，学习目标的重点是培养职业与家政技能、生活所需的读写能力（阅读标牌、标签、报纸广告，填写求职申请）、与工作有关的行为（如谦恭和守时）、自我健康护理及公民技能。如今，教育者越来越强调**过渡计划**（transition programming），这类计划旨在为学生在社会中生活和工作做准备。正如你在本章前面所看到的，法律要求学校为需要特殊服务的儿童制定个别化教育方案，而个别化过渡计划是为存在智力障碍的儿童制定的个别化教育方案中的一部分（Friend, 2014）。

4.4.7 健康与感觉障碍

在教学中，你可能会遇到一些有健康障碍的学生，这类障碍包括脑性瘫痪（cerebral palsy）、发作性疾病、哮喘、艾滋病、糖尿病、视力障碍和听力障碍等。

1. 脑性瘫痪和多重障碍

大脑在出生前、出生时或婴儿时期受到损伤，会导致儿童在协调身体运动方面存在困难。这种困难可能是很轻微的，儿童只是看上去有点笨手笨脚；也可能是非常严重的，导致儿童几乎不可能随意运动。**脑性瘫痪**最常见的表现是**痉挛状态**（spasticity，肌肉过度紧绷或紧张）。很多患有脑性瘫痪的儿童还伴有其他障碍。在教室里，这些伴随性障碍往往更容易受到关注，一般也是普通教师最能给予帮助的。例如，很多患有脑性瘫痪的儿童会伴有视力障碍或言语问题，大约50%~60%患有脑性瘫痪的儿童有轻度智力障碍。但一般来说，很多患有脑性瘫痪的儿童在智力测验上的得分高于平均水平（Pellegrino, 2002）。

2. 发作性疾病（癫痫症）

发作指由大脑不正常的神经化学活动导致的一系列行为（Hardman et al., 2014）。**癫痫症**（epilepsy）患者会经常性发作，但不是所有的发作都由癫痫症造成，高烧、感染或停药等暂时性状态也会引起发作。不同形式的发作有着不同的长度、频率和动作。

大多数**全身发作**（generalized seizure，曾被称为大发作）伴随有不能控制的肌肉抽搐，一般持续2~5分钟，可能造成肠和膀胱失控，呼吸不正常，接着是沉睡或昏迷。恢复意识后，学生可能会感到非常疲倦、困惑，非常需要睡眠。多数发作都能通过药物治疗得到控制。如果学生在课堂上癫痫发作，并伴随抽搐，教师必须采取措施，以免学生受伤。癫痫发作时最危险的是在猛烈的抽搐中撞到坚硬的物体表面而受伤。

如果班上某个学生癫痫发作，教师应保持冷静并安抚班上其他学生。不要试图限制这个学生的运动，癫痫发作一旦开始，你就不可能让它停下来。把学生渐渐地放低到地面，远离家具、墙壁和坚硬的物体。松开丝巾、领带或其他可能妨碍呼吸的衣物。轻轻地将学生的头转向一侧，将柔软的外套或毛毯垫在他的头下。不要把任何东西放进他的嘴里——"癫痫发作时人们会吞掉自己的舌头"，这一观点是错误的。除非发作停止后学生没有呼吸，否则不要进行人工呼吸。询问学生的家长平时如何处理学生发作的情况。一旦出现下列某种情况，要立即寻求医疗帮助：一个发作紧跟着另一个发作，中间学生没有恢复意识；学生怀孕了或病历上未说明患有"癫痫症、发作性疾病"；学生已经受伤或发作已经持续5分钟以上（Friend, 2014）。

不是所有的发作都很明显，有时候学生只是短暂地失去了意识。他们可能在发呆，对问题没有反应，手里的东西掉了，不知道刚刚过去的几十秒内发生了什么。这些曾被称为小发作，现在一般被称为**失神发作**（absence seizure），而且这种发作不容易被发现。如果你班上的一个学生好像经常做白日梦，有时好像不知道正在发生的事情，问他的时候也不记得刚刚发生了什么，这时你应该去咨询学校心理学家或者医护人员。这些学生最大的问题是不能连续地参与课堂互动——失神发作发生的频率通常是一天100次左右。如果他们的发作频率较高，他们就会对课程内容感到很困惑。你可以经常提问这些学生，确保他们能理解上课的内容并且跟得上进度。同时，教师要不时地重复说过的内容。

3. 其他健康问题：哮喘、艾滋病和糖尿病

很多其他的健康问题也会影响学生的学习，其中相当一部分原因是这些学生不能去上学，失去了受教育和建立友谊的机会。哮喘是一种慢性肺病，它影响了美国五六百万儿童的健康，这种疾病在来自贫困家庭中的学生中更为常见。你可能听说过不少有关艾滋病的信息，这是一种慢性疾病，通常能通过药物治疗得到控制。值得庆幸的是，目前美国在预防儿童感染艾滋病方面已经取得了巨大的进步。

Ⅱ型糖尿病是一种慢性疾病，会影响体内糖（葡萄糖）的新陈代谢。必须认真对待这种疾病，因为它几乎会影响身体的每一个主要器官，包括心脏、血管、神经、眼睛和肾脏（Mayo Clinic, 2009）。对多数儿童而言，这种疾病可以通过食用健康食物、参与体育活动和维持健康体重等方式进行控制和预防。若改变饮食和运动习惯还不够，儿童则需要通过药物（如胰岛素）来控制他们的血糖（Rosenberg et al., 2011; Werts, Culatta, & Tompkins, 2007）。

遇到有健康问题的学生，教师需要与家长进行沟通，了解如何处理有关的问题，危险情形发生前可能会有哪些征兆，有哪些资源可以用来帮助学生。此外，教师需要将学生发生的每次意外都记录下来，这有助于学生的医学诊断和治疗。

4. 视力障碍

在美国，每2 000名6~17岁的儿童和青少年中约有一个存在严重的视力障碍（比率为0.05%），需要特殊的教育服务。在这个需要特殊服务的群体里，多数成员被划入**低视力**（low vision）群体，这些学生可以借助放大镜或大字号图书进行阅读。还有一小部分学生——大约每2 500名学生中会有一个，必须使用听觉和触觉作为自己主要的学习渠道。**法定失明**（legally blind）的定义关注视觉敏锐度（矫正后20/200或更少）和视野。符合法定失明标准的学生必须在20英尺处才能看到视力正常的人在200英尺①处看到的东西，并且周边视觉严重受限（Erickson, Lee, & von Schrader, 2013; Hallahan et al., 2012）。

有视力问题的学生常常把书拿得离眼睛特别近或特别远，他们可能斜视，经常揉眼睛，老闭着一只眼或老是眨眼，也可能经常抱怨眼睛感到灼热和发痒。在完成近距离的工作后，他们可能会抱怨自己头晕、

---

① 1英尺 = 0.3048米。

头痛或恶心。他们的眼睛可能真的会浮肿、充血或有血块。有视力问题的学生可能会读错白板或黑板上的材料，常说自己看到的东西模糊不清，对光线很敏感，或是将头歪成一个很奇怪的角度。要求他们在书桌上做功课可能会使他们变得易怒。如果要求他们参与一个发生在教室全域的活动，他们可能会没有兴趣（Hallahan et al.，2012；Hunt & Marshall，2002）。如果你发现学生有上述任何一条症状，都应该及时地报告给专业的学校心理学家。

一些特殊的材料和设备能帮助这些学生在常规班级里顺利地接受教育，其中包括大字号图书、将书面材料转换为语音或盲文的软件、个人备忘记事本（如谈话预约簿或通讯录）、特殊计算器、算盘、三维地图、图表、模型以及特殊的测量设备等。对有视力问题的学生来说，印刷的质量往往比文字的大小重要，因此应该尽量避免使用内容不易辨认的讲义和模糊的复印材料。

教室的布置也是非常重要的，有视力问题的学生需要了解什么东西放在哪里，因此教室布置应保持前后的一致性，即每个东西都有固定存放的地方，每个东西都在它该在的位置上。教室里要留出足够的空间，让学生可以走来走去。随时警惕可能的障碍物和安全隐患，如过道上的垃圾桶以及开着的柜门。如果重新布置了教室，要让那些有视力问题的学生有机会了解新的布局。同时，在进行消防演习或发生其他紧急事件时，应确保这些有视力问题的学生身边有同伴（Friend & Bursuck，2012）。

5. 耳聋

以后你可能会听到"听力受损"这一术语，它是用来描述耳聋学生的，但聋人团体（Deaf community）和研究者反对使用这一术语，因此我将使用他们喜欢的术语——耳聋（deaf）和重听（hard of hearing）。耳聋学生的数量在过去30年里已有所减少（现在，每750个6～17岁的学生中约有一个耳聋学生）。但当听力发生问题时，这些学生的学习结果会很糟糕。出现听力问题的迹象是把一只耳朵朝向说话者那边，交谈时喜欢用一只耳朵，或当看不到说话者的脸时，常常误解谈话的内容。其他一些迹象还包括不听从指令，有时看上去在走神或很迷惑，常常让别人重复说过的话，读错生词或新名字，不愿意参加课堂讨论等。要特别注意那些经常耳痛、鼻窦感染或过敏的学生。

过去，教育工作者曾讨论对耳聋和重听的学生是用口语教学好还是用手语教学好的问题。口语教学方式包括看话（也称唇读）和训练学生使用他们有限的听力；手语教学方式包括手势语与手指语。研究表明，学会一些手语交流方式的学生比那些只接受口语教学的学生在学业上表现得更优异，在社交方面也更成熟。现在的趋势是将口语和手语教学相结合（Hallahan et al.，2012）。

顺便说一下，上文提到的聋人团体中大写字母"D"代表的是，这一群体希望被承认他们拥有自己的文化和语言，就像其他少数语言群体一样（Hallahan et al.，2012）。根据这种观点，耳聋的人形成了另一种不同的文化，他们有着不同的语言、价值观、社会机构和文学。N. 亨特和马歇尔（Marshall）（2002）曾引用一位失聪专家的话："难道女人喜欢说自己有'男性障碍'，白人愿意被贴上有'黑人障碍'的标签吗？我没有障碍，我只是听不见！"（p.348）从这个观点来看，对耳聋儿童的教育目标是帮助他们成为双语和双文化者，使他们在两种文化中都能很好地适应。技术革新、电子邮件和网络等多种沟通手段已经扩展了每个人沟通的可能性。

4.4.8 自闭症谱系障碍与亚斯伯格综合征

你可能很熟悉"自闭症"这个术语。1990年《残疾人教育促进法》将**自闭症**（autism）纳入有资格接受特殊教育的残疾类别中，并将它界定为"一种发展性障碍，严重影响了个体的言语和非言语的交流和社会互动，一般在3岁前发病，对儿童的教育表现有不利影响"（《美国联邦法规》第34篇第300.7节）。在本书中，我使用了这一领域专业人员偏好的术语——**自闭症谱系障碍**（autism spectrum disorder），旨在强调自闭症包括从轻微到严重的一系列障碍。你可能也听说过**"广泛性发展障碍"**（pervasive developmental disorder，PDD）这一术语，尤其是当你与专业医护人员聊天的时候。对患有自闭症的儿童数量的估计差异很大，但其数量呈快速上升的趋势确实是公认的事实。美国疾病控制中心认为，每252名女孩中就有1名患有自闭症，患病男孩的比例则是1∶54（Centers for Disease Control，2013）。

美国精神病学会编写的《精神障碍诊断与统计手册（第五版）》（DSM-5，2013b）将患有自闭症谱系障碍的儿童描述为拥有"沟通障碍，如在谈话中做出不恰当的反应，误读非言语互动，或难以建立符合其年龄的友谊"；其他可能的特征还包括"过分依赖惯例，对环境变化高度敏感，或强烈关注不适当的物品"（p.2）。根据自闭症谱系障碍的标准，这些特征在患者处于儿童早期时就已出现了。患有自闭症谱系障碍的儿童可能存在社会关系方面的困难，他们不会与他人建立联系，会回避眼神交流，不会与他人分享自己的感受或对他人的兴趣等。这些儿童的沟通存在障碍，有一半左右是不说话的，没有或只有极少的语言技能；另一些则会"创造"出自己的语言。他们可能会过度地坚持环境的整齐和稳定——他们对变化非常恼怒。他们可能有着刻板的行为和狭隘的兴趣，例如一遍又一遍地看相同的DVD。他们可能对光线、声音、接触或其他感觉信息非常敏感，如某些声音可能会让他们很痛苦，或荧光灯的闪光就像持续的爆炸，会引起他们严重的头痛。他们能记住单词或问题解决的步骤，但一旦情境发生变化或问题以不同的方式呈现，他们就不能恰当地使用先前记住的信息，或会感到很困惑（Franklin，2007；Friend，2014；Matson，Matson，& Rivet，2007）。

亚斯伯格综合征（Asperger syndrome）是自闭症谱系障碍中的一种，患有亚斯伯格综合征的儿童会表现出上述多种特征，但他们最大的问题在于社会关系。这些学生的语言所受的影响相对较少，他们说话是很流畅的，但不太正常，例如会混淆代词"我"和"你"。很多患有自闭症的儿童也会有中度到重度的智力障碍，但患有亚斯伯格综合征的学生通常拥有平均水平或平均水平以上的智力（Friend，2014）。

研究表明，早期的、高强度的针对沟通和社会关系的干预，对患有自闭症谱系障碍的儿童来说是非常重要的。如果缺乏干预，他们对眼神交流的回避和怪异的言谈举止会随着时间推移日益增多（Matson et al.，2007）。随着他们进入小学，他们中有些可能会进入全纳的环境，有些可能会在特殊班级接受教育，而更多的是在两种模式结合的环境中接受教育。教师和家庭之间的合作尤为重要。规模更小的班级、结构化的环境、班级伙伴给予的支持、儿童面对压力时的安全"堡垒"、稳定一致的教学及过渡程序、辅助技术、视觉资料等，都可以成为合作性计划的一部分（Friend，2014；Harrower & Dunlap，2001）。对这些学生而言，在整个青少年期和过渡期，生活、工作和社会等方面的技能都是重要的教育目标。

4.4.9 干预反应模型

有严重学习问题的学生存在这样一个问题：在被识别、评估、归为《残疾人教育促进法》中的某一类残疾，接受个别化教育方案，并最终得到恰当的帮助之前，他们在低年级时往往不得不在学习中苦苦挣扎，与同伴的差距越来越远。这种现象被称为"等待失败"（wait for fail）模式。2004年《残疾人教育促进法》的修订者为教育工作者提供了一种新的方法，用于评估和教育可能存在严重学习问题的学生。这一程序被称为**干预反应模型**（response to intervention，RTI）。RTI的主要目的是确保学生尽早地获得恰当的、有研究基础的干预和支持。若有必要，学生在幼儿园阶段就能获得这种帮助，这样可以避免学生在获得帮助时已远远落后于同龄人。RTI的第二个目的是确保教师系统地记录下对这些学生使用了哪些教育干预以及每种教育干预的效果。此外，教育工作者放弃了以往通过智力测验分数与学业成就的差异来鉴别学生是否患有学习障碍的方法，转而利用RTI来判断哪些学生需要更密集的学习支持（Klinger & Orosco，2010）。但是利用RTI来鉴别学生是否患有学习障碍的有效性和可靠性受到了很多质疑，因为它无法全面而深入地描述学生的优势和劣势，包括记录学生可能出现的其他问题（Reynolds & Shaywitz，2009）。

为达到RTI的目标，常用的一种方法是使用三层系统（如图4-4所示）。第一层是针对所有学生使用有效的、有良好研究基础的教学方法（我们将在第14章具体介绍这些教学方法）。若通过持续的质性课堂评估，发现有学生在第一层教学中表现不良，就将他们送至第二层,接受额外的帮助和辅助性的小组教学。如果一些学生在这个过程中仍未有明显的进步,就将他们送至第三层,接受一对一的密集帮助,可能还需要进行对其特殊需要的评估(Buffum, Mattos, & Weber, 2010; Denton et al., 2013)。这种方法至少有两个好处:学生能及时地得到额外的帮助;如果学生进入干预反应模型的第三个阶段,从他们前期对不同教学干预的反应中得到的相关信息,将有助于个别化教育方案的制定。但想要从中受益,普通教育的教师,尤其是低年级的普通教师,必须能够使用高质量、以研究为基础的方法来进行教学和评估。

即便采用了密集的、高质量的第三层干预措施,一些学生可能还会继续挣扎,并需要更多的支持、教学和练习(Denton et al., 2013)。想要了解更多RTI的相关信息,请登录美国国家干预反应模型中心的网站(rti4success.org/)。

在本章的结尾,我们将介绍另一种有特殊需要的群体,他们没有被涵盖在《残疾人教育促进法》和504条款中。他们就是超常和天才学生。

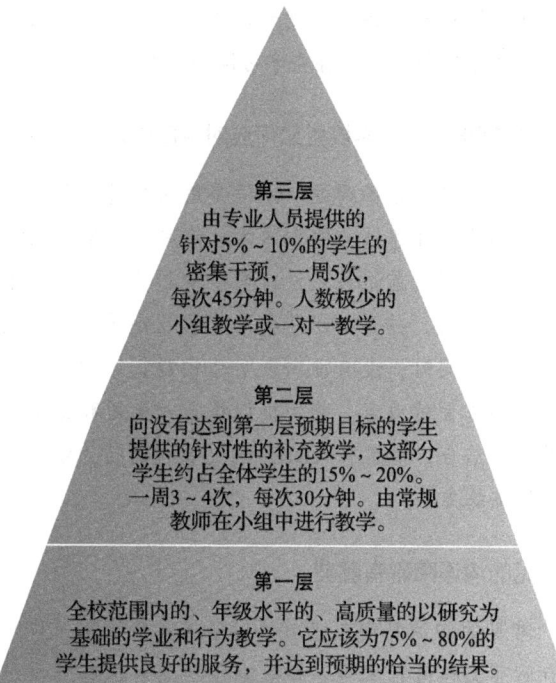

图 4-4　干预反应模型中的三层系统

资料来源:Based on Friend, M. P., & Bursuck, W. D. (2012). *Including students with special needs: A practical guide for classroom teachers (6th ed.)*. Boston, MA: Pearson Education.

模块 12 小结

描述有关残疾学生的法律政策

从"94-142公法"开始,随后的一系列相关的法律,如《残疾人教育促进法》,都详细地阐明了教育残疾学生的有关要求。每一个有特殊需要的学习者或学生(零拒绝)都应该根据个别化教育方案在最少受限制的环境中接受教育。这些法律也保障了有特殊需要的学生及其家长的权利。此外,1973年颁布的《职业康复法案》中的504条款要求残疾个体在所有接受联邦资助的计划中(如公立学校)不受到歧视。504条款要求,必须保证所有学龄儿童都有平等的机会参与学校活动。在504条款和《残疾人教育促进法》中,残疾的定义是非常宽泛的。

神经科学的研究有助于我们了解学习困难的哪些方面

针对存在学习障碍和注意缺陷的学生的大脑进行的研究发现,这些学生在大脑的结构和活动方面与正常儿童存在差异。存在学习障碍的学生在使用工作记忆系统方面存在困难,他们很难记住言语和听觉信息。由于存在学习障碍的儿童很难记住词汇和语音,他们很难将词语组合在一起去理解句子的意义或是弄明白某道数学应用题到底在问什么。这些存在学习障碍的儿童很难在加工新信息的同时(如增加下一组数字),从长时记忆中提取所需的信息。很多重要的信息都丢失掉了。

什么是学习障碍

学习障碍指与个体理解或运用语言(口头或书面语言)有关的一个或多个基本心理过程存在障碍,进而影响个体在听、说、读、写、推理或数学等方面的能力。这些障碍对个体来说是内在的,可能是中枢神经系统失调的结果,可能会持续终生。存在学习障碍的学生一旦相信他们不能控制或改善自己的学习,就可能成为"习得性无助"的牺牲品,也就无法成功。注重学习策略的教学,通常能帮助这些存在学习障碍的学生。

什么是 ADHD,在学校里如何应对 ADHD

注意缺陷多动障碍这一术语是用来描述任何年龄阶段有多动症和注意缺陷的个体的。使用药物治疗 ADHD 存在争议,但目前这种做法有增多的趋势。药物对很多学生有副作用,并且对于药物治疗的长期效果,我们还知之甚少。同时,没有证据表明药物能促进学业学习或同伴关系方面的改善。将动机训练与对学习和记忆策略的教学相结合,对患有 ADHD 的儿童进行行为矫正,是有效的训练方法。

最常见的沟通障碍有哪些

常见的沟通障碍包括言语障碍(发音障碍、口吃和声音障碍)和语言障碍。如果能在早期对这些障碍进行干预,会实现较大的改善。

帮助患有情绪和行为障碍的学生的最好方法是什么

应用行为分析以及直接对自我调节技能进行教学是两种有效的方法。对环境、日程、活动和规则进行结构化与组织,也能帮助这些患有情绪和行为障碍的学生。

自杀的预警信号有哪些

有自杀危险的学生可能会在饮食和睡眠习惯、体重、成绩、性情、活动水平或交友兴趣等方面发生一些变化。他们有时会突然扔掉自己心爱的东西,如 iPad、书、衣服或宠物。他们可能看起来很沮丧或亢奋,会逃课或不做作业。如果学生不但谈论到自杀,而且有了具体的实施计划,那就极其危险了。

智力障碍是如何界定的

智力障碍出现在 18 岁之前,存在智力障碍的人的标准化智力测验得分在 70 以下,他们在适应性行为、日常独立生活、社会功能等方面均存在问题。美国智力和发展障碍协会现在建议使用新的智力障碍分类系统,根据个体要达到自身最佳表现水平所需的支持的量进行分类。这些支持包含间歇的支持(如在个体承受压力时提供支持),有限的支持(持续的支持,但时间有限制,如就业培训),广泛的支持(日常照顾,如生活在团体家庭中),以及全面的支持(对生活的所有方面提供持续的、高强度的照顾)。

学校应如何满足有健康障碍的学生的需要

如果学校有必要的建筑设施,如斜坡、电梯和进出方便的休息室,教师也能考虑到学生的身体缺陷,那就不太需要改变常规的教育方案了。确定一个同伴来帮助有健康障碍的学生进行活动或过渡,这种方法会很有用。

在课堂上怎样处理癫痫发作

不要限制学生的运动,把他渐渐地放低到地面,远离家具、墙壁和坚硬的物体。将学生的头转向一侧,将柔软的外套或毛毯垫在他的头下,松开任何过紧的衣服。不要把任何东西放进学生的嘴里。询问学生的家长平时如何处理学生发作的情况。如果一个发作紧跟着另一个发作,中间学生没有恢复意识,或者该学生怀孕了或发作已经持续 5 分钟以上,要立即寻求医疗帮助。

视力障碍和听力障碍的迹象有哪些

学生常常把书拿得离眼睛特别近或特别远,斜着看东西,经常揉眼睛、读错黑板上的材料,把头歪成很奇怪的角度等,都是视力问题的迹象。出现听力问题的迹象是把一只耳朵朝向说话者那边,交谈时喜欢用一只耳朵,或当看不到说话者的脸时,常常误解谈话的内容。其他听力问题的迹象包括不听从指令,有时看上去在走神或很迷惑,常常让别人重复说过的话,读错生词或新名字,不愿意参加课堂讨论等。

如何区分自闭症与亚斯伯格综合征

亚斯伯格综合征是自闭症谱系障碍中的一种。很多患有自闭症的儿童也会有中度到重度的智力障碍,但患有亚斯伯格综合征的学生通常拥有平均水平或平均水平以上的智力,并且与其他患有自闭症的儿童相比,有更好的语言能力。

什么是干预反应模型

干预反应模型是一种能帮助有学习问题的学生尽早获得帮助,而不需要经过多年的评估、确诊和计划后才获得帮助的方法。干预反应模型的一种典型程序是三层系统:第一层是针对所有学生使用有效的、有良好研究基础的方法来进行教学;如果有学生在第一层的教学中表现不良,就将他们送至第二层,接受额外的帮助和辅助性的小组教学;如果一些学生在这个过程中仍未有明显的进步,就将他们送至第三层,接受一对一的密集帮助,可能还需要对其特殊需要进行评估。

模块 13　超常和天才学生

4.5　超常和天才学生

试想下面的情境,这是一个真实的故事:

拉托娅进入某个大城市市区的学校就读 1 年级时,已经是一个高水平的阅读者了。她的老师注意到她带到学校的书非常有难度,但她几乎能不费力地阅读。通过阅读评估,学校的阅读顾问确认拉托娅已经具备 5 年级的阅读水平。拉托娅的父母自豪地说,她 3 岁时就已经可以独立阅读,并且"她已经阅读了每一本她能拿到的书"(Reis et al., 2002)。

拉托娅就读的学校本身就面临许多难题,根本无法为拉托娅提供特别的教育。5 年级时,拉托娅的阅读水平仅仅比 5 年级的其他同学略高一点而已,而她 5 年级的老师甚至根本不知道她曾经是一个高水平的阅读者。

还有另一个真实的故事:

亚历克斯·韦德一直潜心于语言研究。他一直在寻找一种完美的语言,这一过程"很烦人",他用世界语说道。而在这个过程中,他创造出了 10 种不同的语言以及三四十个字母,其中还有一种没有动词的语言。目前他正在位于里诺的内华达大学学习巴斯克语以及其他语言学方面的课程。另外,他还在学习微生物学课程,因为他在科学方面也很有天赋。亚历克斯今年才 13 岁。(Kronholz, 2011)

拉托娅和亚历克斯并不是个案,他们是**超常和天才学生**(gifted and talented student)群体中的一员。然而,这个有特殊需要的群体常常被学校遗忘。现在,越来越多的人意识到,超常学生在大部分公立学校没有得到很好的教育。1990 年,美国一个全国性的调查发现,一半以上超常学生的学业成绩并没有达到与其能力相应的水平(Tomlinson-Keasey, 1990)。2008 年美国国家超常儿童协会(National Association for Gifted Children, NAGC)对各州进行的调查发现,至少有 12 个州不允许学生提前上幼儿园,哪怕学生已有很高的阅读水平;至少有 30 个州只允许 11 年级和 12 年级的学生选修大学课程。这些对拉托娅和亚历克斯这样的学生意味着什么呢?(Kronholz, 2011)

4.5.1　谁是超常和天才学生

关于超常学生有很多的定义,因为不同个体有很多不同方面的天赋。请回想一下加德纳(2003)提出的八种独立的智能和斯滕伯格(1997)的三元智力模型。伦祖利和赖斯(Renzulli & Reis, 2003, 2011; Reis & Renzulli, 2009, 2010)提出了天才的三成分概念:中等以上的智力,杰出的创造力以及高水平的任务承诺或实现目标的动机。美国国家超常儿童协会将超常个体描述为:

在一个或多个领域中表现出卓越的天资(非凡的推理和学习能力)或能力(有相关证明文件表明取得了前 10% 或更高的成绩或成就)。这些领域包括任何结构化的活动,这些活动有其自己的符号系统(如数学、音乐、语言等),或涉及一系列感觉运动技能(如绘画、舞蹈、运动等)。(NAGC, 2013, p.1)

威廉与玛丽学院超常儿童教育中心根据智力测验的得分,新增了一个划分标准:超常学习者的智力分数在 130 以上;高度超常学习者在 145 以上;特别超常学习者在 160 以上;极度超常学习者在 175 以上(Kronholz, 2011)。

真正的超常儿童不是那种只需付出很少努力就能

学得很快的学生，他们的重要特点是具有原创性，大大超出了现有年龄的水平，有潜在、持久的重要价值。这些儿童到了三四岁几乎不用教就能流畅地阅读；可能会像一个很有技巧的成年人那样演奏乐器；会把去杂货店变成一个数学游戏；当朋友还在为简单的加法发愁时，他们已经对代数着迷了（Winner，2000）。现代对"天分"的看法有所扩展，注意到了儿童的文化、语言和特殊需要（NAGC，2013）。这些新观念能更好地帮我们识别出拉托娅这样的儿童。

我们对这些出众的个体有多少了解？数十年前，刘易斯·推孟（Lewis Terman）和他的同事进行了一项关于学术型和智力型超常儿童特征的经典研究（Terman，Baldwin，& Bronson，1925；Terman & Oden，1947，1959；Holahan & Sears，1995；Jolly，2008）。这个大型课题也是迄今为止持续时间最长的追踪研究，追踪了1 528名白人和中产阶级的超常男性和女性的生活，并将一直持续到2020年。这些被试的IQ分数均位于智力分布顶端的1%（他们在斯坦福-比奈量表上的得分为140或更高）。他们是根据测验分数和教师的推荐确定的。推孟和同事发现，这些超常儿童比正常儿童更加高大、强壮和健康。他们通常走路很快，更活跃好动，情绪比同伴更稳定，成年后适应性更好，出现不良行为、情绪困扰、离婚、吸毒问题等的概率较低。当然，推孟的这项研究中负责提名的教师最初选择的可能就是适应得比较好的学生。另外，需要注意的是，推孟的研究仅以学术型的超常儿童为对象。事实上，还存在很多其他类型的超常儿童。

1. 天才的来源

对多个领域的神童和天才进行的研究表明，要达到某一技能的最高水平，必须进行深入的、长时间的练习。例如，牛顿用20年的时间才将他最初的想法变成最终的成就（Howe，Davidson，& Sloboda，1998；Winner，2000）。布鲁姆（Bloom）有关天才的早期报告中提到，他的研究团队访谈了世界级的钢琴演奏家、雕刻家、奥林匹克游泳选手、神经学家、数学家和网球选手（B. S. Bloom，1982）。为了解网球方面的才能，布鲁姆访谈了世界顶尖的网球选手，还有他们的教练、父母、兄弟姐妹和朋友。教练可能会说，只要他提出一个建议，几天后这个年轻的运动员就能熟练掌握这个动作。这个天才运动员的父母却会说，他们的孩子会花数个小时来练习这个动作，直至达到教练的要求。因此，专注、密集的练习是非常重要的。此外，"神童"的家庭倾向于以孩子为中心，会投入大量的时间支持孩子天赋的发展。布鲁姆的研究团队叙述了这些孩子的家人付出的巨大牺牲：天还没亮就起床开车送孩子到另一个城市的游泳教练或钢琴老师那里，他们做两份工作，甚至为了找到最好的老师或教练而举家搬迁到另一个城市。孩子会以更多的努力来回报家人的牺牲，家人则以更大的牺牲来回应儿童的努力——这就是投资和成就的双螺旋上升。

但是，仅仅依靠努力，我是不可能成为一个世界级网球选手或下一个牛顿的，先天因素也有很重要的作用。布鲁姆所做的研究表明，这些天才儿童很早就在日后发展的领域中表现出了不俗的才能。杰出的雕刻家幼年时就不停地画画，出色的数学家幼时就着迷于刻度盘、齿轮和计量器。一旦儿童早期表现出了高水平的成就，家长就会开始对他们进行投资（Winner，2000，2003）。近期研究表明，超常儿童，至少那些在数学、音乐、视觉艺术等方面有杰出能力的儿童，可能有与众不同的大脑结构——这可能有利有弊。数学、音乐、视觉艺术方面的天赋似乎与优异的视觉-空间能力以及大脑右半球的高度发展有关。有这些方面天赋的儿童不太可能是右利手，并可能存在语言方面的障碍。这些大脑差异表明"超常儿童、神童和大科学家的出现不是偶然的，而是因为他们生来就有不寻常的大脑，能让他们在特定领域中快速地学习"（Winner，2000，p.160）。

2. 超常儿童会面临什么问题

尽管布鲁姆（1982）和推孟（Terman，Baldwin，& Bronson，1925；Terman & Oden，1947，1959）的研究得出了一些积极的结果，但不是每一个超常儿童在适应和情感健康方面都表现优异。事实上，天才青少年，尤其是女孩，更容易抑郁；而且不论男女，天才青少年都很容易有厌倦、沮丧和孤独等情绪。当学校里的同伴热衷于棒球或为数学考试担心时，这些超常儿童却着迷于莫扎特，关注某个社会问题，或沉迷于电脑、戏剧艺术、地质学等。超常儿童可能会对和他们没有共同的兴趣和能力的朋友、父母，甚至是教师感到不耐烦（Woolfolk & Perry, 2015）。一位研究者曾要求美国7个州的13 000名超常学生用一个词语来描述自己的体验，结果最常出现的词语是"等待"："等待老师往下教，等待同学赶上来，等待学习新东西——总是在等待。"（Kronholz, 2011, p.3）

超常儿童的语言能力发展得很好。因此，有时即使他们只是想要表达自己，也可能被看成一种炫耀。他们对其他人的期望和情感很敏感，所以他们很容易因为批评和奚落而受伤。由于他们是目标取向的，并且很专注，因此他们可能看上去固执且不合作。他们强烈的幽默感可能是伤害教师和其他学生的武器，或是缓解被霸凌的痛苦的防御手段（Hardman et al., 2014; Peters & Bain, 2011）。对最有天赋的、学业能力最强的这些学生（如IQ分数在180分以上）来说，适应似乎是最大的问题。虽然任何一名教师在其40年的教学生涯中，遇上如此高智商的学生的概率只有1.25%，但如果你刚好遇到了，你会怎么做呢？（Kronholz, 2011）

4.5.2 超常和天才学生的鉴别

鉴别超常儿童并不容易，很好地教导他们可能更具挑战。很多家长会对他们的孩子进行早期教育。在初中和高中阶段，一些非常有能力的学生会故意考很低的分数，这使得他们的真实能力更加难以辨别。特别是女孩，她们更可能隐藏自己的能力（Woolfolk & Perry, 2015）。

一般而言，教师会对学生的学业成绩做出合理但不完美的预测（Südkamp, Kaiser, & Möller, 2012）。表4-10列出了识别超常和天才儿童时需要注意的一些特征。

表4-10 识别超常和天才儿童时需要注意的特征

阅读行为
- 很早就获得了有关字母的知识
- 通常会提前阅读或快速掌握阅读过程，有时候速度惊人
- 有感情地朗读
- 对阅读有浓厚的兴趣，极度渴望阅读

书写行为
- 很早就展现出了以书面形式写出语音与符号之间对应关系的能力
- 能流畅而详尽地撰写故事

（续）
- 使用高级的句子结构和模式
- 可能会对成年人的写作主题感兴趣，如环境状况、死亡、战争等
- 长时间围绕一个主题或针对一个故事进行写作
- 产生很多写作的想法，并且这些想法通常具有不同的性质
- 会使用精确的、描述性的语言来唤起他人脑海中的画面

说话行为
- 很早就开始学说话
- 接受性词汇量大
- 使用高级的句子结构
- 在日常对话中使用明喻、隐喻和类比
- 经常表现出高言语行为（说很多话，语速很快，表达清晰）
- 喜欢把故事事件和情境表演出来

数学行为
- 很早就对事物的量感到好奇，并能理解
- 能逻辑性地、象征性地思考量化关系和空间关系
- 认识并能概括数学模式、结构、关系和运算
- 能进行分析性、演绎性和归纳性推理
- 简化数学推理过程，以找到合理、经济的解决方案
- 在数学活动中表现出心理过程的灵活性和可逆性
- 记住数学符号、关系、证明和解决方法等
- 将学习迁移到新的情境和解决问题的过程中
- 在解决数学问题的过程中表现出活力和毅力
- 能像数学家一样地认知世界

资料来源：Friend, M. P. (2014). *Special education: Contemporary perspectives for school professionals*, 5th Edition, © 2014. Reprinted by permission of Pearson Education, Inc.

很明显，前文中的拉托娅很早就开始阅读，亚历克斯表现出了对发明文字的浓厚兴趣和创造性，他们都具有上述一些特征。此外，超常儿童可能更喜欢独自工作，对公平、公正很敏感，精力充沛，充满热情，对朋友信守承诺（他们的朋友通常比他们年长），追求完美。

团体成就和智力测验通常会低估非常聪明的儿童的智商。团体智力测验适用于筛选，但不适用于人员安置。一些证据表明，韦氏儿童智力量表等个别智力测验的分数，是预测超常儿童阅读和数学成就的最佳指标（E. W. Rowe, Kingsley, & Thompson, 2010）。韦氏儿童智力量表包含了对口语理解和工作记忆的考察。很多心理学家推荐使用个案研究方法来鉴别超常儿童，这也就意味着要收集该学生在不同情境下的各种信息：测验分数、成绩、作业样本、项目和作品集、社区或教会成员的推荐信或评估、自我评估以及教师或同伴的提名等（Renzulli & Reis, 2003）。特别是在鉴别艺术型超常儿童时，可以请这一领域的专家来评估儿童作品的价值。科学项目、展示、表演、面试和访谈都是可以使用的方法。创造力测验和自我调节能

力测验能鉴别出一些其他测量方法不能鉴别的超常儿童，尤其是那些可能在其他测验中处于不利地位的少数群体学生（Grigorenko et al., 2009）。由于超常儿童有着不同的定义，识别超常儿童的程序也很多样，因此在美国，每个州有1%~25%的学生会接受为超常儿童服务的课程，总计约300万人（Friend, 2014）。

请记住，在某个领域有杰出才能的学生可能在其他方面能力并不突出。事实上，美国学校里大约有18万学生既是超常学生，同时存在学习困难。另外，有两个群体在接受超常教育课程的学生中所占的比率过小：女孩和生活贫困的学生（Stormont, Stebbins, & Holliday, 2001）。表4-11列出了一些有助于识别和帮助超常和天才学生的观点，可供你参考。

表4-11　识别和帮助超常和天才学生，尤其是女孩和生活贫困的学生

识别和帮助有学习障碍的超常和天才学生（McCoach, Kehle, Bray, & Siegle, 2001）
• 通过长期观察学业成就来鉴别这些学生
• 针对学生的技能缺陷进行补救，同时发掘出他们的天赋和优势，并促进这些方面能力的发展
• 提供情感支持。情感支持对所有学生都很重要，但对这一群体尤为重要
• 帮助学生学会直接对他们的学习困难进行弥补，帮助他们"协调"自身的优势与困难
识别女性超常和天才学生
随着年轻女孩在青春期发展出她们的同一性，她们通常拒绝被贴上"天才"的标签——被接纳、受欢迎和"融入"群体，可能变得比获得成就更加重要（Basow & Rubin, 1999; Stormont et al., 2001）。教师如何与有天赋的女孩沟通呢？
• 及时注意到在中学的某些阶段，女孩的测验成绩会有所下降
• 鼓励所有学生更加自信，取得更大的成就，树立高远目标以及完成高难度的任务
• 通过听演讲、参与实习或阅读的方式为学生提供成功的榜样
• 寻找学业成就以外的其他天赋并帮助其发展
识别生活贫困的超常和天才学生
健康问题、资源匮乏、无家可归、关于安全和生存的恐惧、频繁的搬家及照顾其他家庭成员的责任，都使得生活贫困的超常和天才学生更难在学校中取得成就。为识别出这一群体中的超常和天才学生，建议：
• 选择其他的评估方法，如教师提名和创造力测验
• 对不同文化中有关集体成就和个人成就的价值观差异保持敏感（Ford, 2000）
• 使用多元文化的教学策略，促进学生学业成就和种族同一性的发展

4.5.3　超常和天才学生的教学

一些教育家认为超常学生应该加速学习进程，跳级或者加速学习某个学科；其他一些教育家更倾向于丰富教学内容，为超常学生提供额外的、更复杂的、更引发思考的课程，但让他们与同龄人一起上学。实际上，这两种方法都是可行的（Torrance, 1986）。一个具体的方法是压缩课程，即评估学生对教学单元中教学内容的掌握情况，然后只教授没有达到教学目标的那部分内容（Reis & Renzulli, 2004）。通过压缩课程，教师在对某些超常学生进行教学时，可以少讲日常课程一半左右的内容，但不会对这些学生的学习造成任何损害。节省下来的时间可用来实现一些丰富、复杂和新颖的学习目标（Werts et al., 2007）。

1. 加速

很多人反对加速学习，但最为严谨的研究表明，那些提早进入小学、初中、高中、大学甚至研究生院的真正的超常儿童，和那些按正常步骤读书的非超常学生做得一样好，通常还会更好一些。你可能还记得，我们在第1章中提到，有数学天赋并在小学或中学时跳级的学生更有可能继续攻读硕士和博士学位，并在科学期刊上发表被广泛引用的文章（Park, Lubinski, & Benbow, 2012）。这些超常学生在社会和情绪适应上并没有出现任何问题。超常学生更喜欢和年长的玩伴在一起（G. A. Davis, Rimm, & Siegle, 2011）。科兰杰洛、阿苏利纳和格罗斯（Colangelo, Assouline, & Gross, 2004）整理了相关研究，总结出加速学习的诸多优点，并出版了两卷本的《国家被骗：美国学校如何阻碍了高天资学生的发展》（*A Nation Deceived: How Schools Hold Back American Brightest Children*）。这两卷由艾奥瓦大学出版的著作，为加速学习提供了强有力的支持。

另一种方法是让学生在某一两个学科上加速学习，或允许学生参与更高一级课程或大学课程的学习，但其他时间和同龄人一起学习。对那些智力极高的学生（如在个别智力测验上的得分为160分或更高）来说，唯一可行的方法是加速他们的教育进程（G. A. Davis, Rimm, & Siegle, 2011; Kronholz, 2011）。

2. 方法和策略

针对超常学生的教学方法应该是鼓励他们采用抽象思维（形式运算思维），发挥创造性，阅读高水平或有原创性的课文，学会独立，而不仅仅是学习更多的事实性知识。对有数学天赋的学生进行的 25 年的追踪研究表明，那些中学阶段有更好、更丰富的机会学习科学和数学的学生，成年后在 STEM（科学、技术、工程和数学）领域会有更大的成就（Wai, Lubinski, Benbow, & Steiger, 2010）。

对有天赋的学生来说，组成混合能力小组进行合作学习似乎并不是一种好方法。虽然确实有研究发现，超常学生在与其他能力强的同伴合作学习时学到的更多（Fuchs, Fuchs, Hamlett, & Karns, 1998; A. Robinson & Clinkenbeard, 1998），并且超常学生在针对超常学生的课程中似乎不会那么无聊，因为他们是在和自己能力差不多的学生一起学习；但有意思的是，这种分组方式的代价是当他们与能力强的同伴分在一组时，他们的学业自我概念可能会不如以往积极，这就是我们在第 3 章中提到过的小鱼大池塘效应（Preckel, Goetz, & Frenzel, 2010）。

与超常和天才学生打交道，教师必须想象力丰富，富有灵活性，很包容，不被这些学生的能力吓倒。教师必须问自己："这些学生最需要什么？他们已经准备好学什么？谁能帮助我来挑战他们？"对所有学生来说，挑战和支持是不可或缺的。但挑战那些比学校里的其他人更了解历史、音乐、科学或数学的学生，这本身就是一个挑战！你可能可以求助于附近大学的教学人员、退休教授、书籍、博物馆、网络或年长的学生。最简单的策略可能是类似于让学生做高年级的数学题；还可以让超常学生参加一些暑假课程，或选修附近大学里的课程；让他们参加当地艺术家、音乐家或舞蹈家开设的课程；让他们独立研究一些课题；为年幼的学生选择高中课程；让他们上荣誉课程、参加兴趣小组等（Rosenberg, Westling, & McLeskey, 2011）。

当然，在提供挑战的同时，请不要忘记给他们提供支持。我们都看到过这些令人厌恶的情景：家长、教练或老师不顾超常儿童的兴趣，不断地要求他们练习和完善，使这些孩子失去了原本的快乐。我们不能阻止儿童发展他们的天赋（如"哦，米开朗琪罗，不要再傻傻地画画了，去外面玩吧"）；同样，我们也不要让沉重的压力和外在的奖赏破坏了儿童的内在动机。

至此，我们已经有针对性地对儿童的需要进行了简单的讨论。如果你认为你班上的学生可能需要某种特殊服务，那么接下来你需要做的第一件事就是转介。如何转介呢？表 4-12 将介绍转介的全过程。在第 14 章介绍差异教学时，我们将了解到更多满足每个学生需要的方法。

表 4-12　转介

（1）与学生的家长联系。在转介前与家长讨论学生存在的问题是非常重要的。
（2）转介前，检查学生所有的在校记录。了解该学生是否：
- 接受过心理评估。
- 具备特殊服务的资格。
- 已经参与其他特殊服务计划（如针对处境不利的儿童的计划，言语或语言治疗）。
- 获得了远低于平均水平的标准化测验得分。
- 留过级。

这些记录是否表明：
- 该学生在一些方面表现不错，在其他方面表现较差。
- 该学生有生理问题或疾病。
- 该学生正在接受药物治疗。

（2）与该学生的其他老师和负责帮助该学生的专业人员谈谈你对该学生的担心。其他老师是否也发现了这些问题？他们是否找到了成功教育该学生的方法？记录你为满足该学生的特殊需要而尝试的方法。你的记录非常有用，将有助于专业人士对这名学生进行评估，专业人士可能也会要求你提供这样的记录。用书面形式记录下你对该学生的关注。你的笔记应该包括以下内容：
- 清晰地说明你关注的是什么。
- 你为什么关注这些问题。
- 这些问题出现的日期、地点和次数。
- 准确记录为解决这些问题，你进行了哪些尝试。
- 谁帮助你制定了你的计划或策略。
- 策略成功或失败的证据。

请记住，只有当你能提供有说服力的证据，说明如果没有特殊服务，该学生就不能得到恰当的教育时，你才可以转介该学生。特殊教育的转介是一个耗时、费钱、充满压力的过程，可能会对学生造成伤害，并且会带来很多法律后果。

模块 13 小结

超常学生有什么特点

超常学生学得很轻松、很快，对学过的东西也记得很牢；会利用常识和实践性知识；知道很多其他学生不知道的东西；轻松、准确地使用大量单词；能够认清关系和理解意义；机灵，善于观察，反应很快；对某些任务很坚持，有很高的积极性；有创造性或能发现一些有趣的联系。教师应该努力采取一些特别的措施去帮助那些特殊的超常学生——超常的女孩、有学习障碍的超常学生以及生活贫困的超常学生。

加速学习对超常学生来说是一种有用的方法吗

很多人反对加速学习，但最为严谨的研究表明，那些加速学习的超常儿童能和按正常步骤读书的非超常学生做得一样好，甚至还会更好一些。超常学生更喜欢和年长的玩伴在一起，与同龄人在一起时，他们可能会觉得很无聊。跳级对某个特定的学生来说可能不是最好的方法，但对那些智力极高的学生（如在个别智力测验上的得分为160分或更高）来说，唯一可行的方法是加速他们的教育进程。

第4章复习思考题

多项选择题

1. 与欧裔美国学生相比，非裔美国学生更可能被鉴定为需要特殊教育服务，并被排除在常规教学系统之外。下列哪个原因不能解释非裔美国学生的这一现象？
   A. 高贫困率导致产前照料、营养和健康护理水平低。
   B. 教师没做好和少数族裔的学生相处的准备。
   C. 教师态度和课程中的偏见。
   D. 超常和天才学生中有80%是非裔美国学生。
2. 发展心理学家霍华德·加德纳提出的多元智能理论迄今仍对美国课堂有重要影响。以下哪个教学策略是根据多元智能理论提出的？
   A. 差异教学
   B. 斯滕伯格成功智力的三元理论
   C. 回归主流
   D. 干预反应模型
3. 在确定学生需要特殊教育服务后，下列哪一项不是《残疾人教育促进法》的要求？
   A. 相应调整必须在特定时间内进行，即各州对所有接受特殊教育服务的学生进行标准化测验期间。
   B. 这一法律要求美国各州为所有参加特殊教育的残疾儿童提供免费的、恰当的公立教育。
   C. 各州必须设计相应的教学程序，确保儿童在最少限制的环境中接受教育。
   D. 接受特殊教育服务的学生必须有相应的个别化教育方案。
4. 柯林斯先生是一名幼儿园教师。他班上有几个学生似乎存在能力缺陷，但学校要到明年才能为这些学生进行评估并提供相应的特殊教育服务。下列哪种解决方法是最好的选择？
   A. 柯林斯先生应当与这些需要特殊教育服务的学生的家长联系，鼓励他们在家里陪伴孩子一起学习。
   B. 学校应该明年再开始提供特殊教育服务。
   C. 柯林斯先生应该采用干预反应模型。
   D. 应当将这些存在问题的学生送到专门提供特殊教育服务的学校。

开放论述题

案例：当发现自己要面对很多有特殊需要的学生时，很多新手教师会崩溃。今年刚当上教师的佩吉·莫里斯也不例外。她的班上有25名学生，其中7名学生确定需要特殊教育服务。尽管她具有从事特殊教育和初等教育的资格，但她还是觉得自己能力不足，不足以完成那么多个别化教育方案的撰写和执行。更让她焦虑的是，其中3名学生被诊断为患有注意缺陷多动障碍。莫里斯小姐开始想象自己未来的处境：努力控制混乱的课堂，缺乏成功完成工作的工具。

5. 列出个别化教育方案中需要撰写的部分，并指出莫里斯小姐需要负责个别化教学方案中的哪些部分。
6. 在每个学生的个别化教育方案中，哪些部分能帮助莫里斯小姐在学年开始前对自己的学生有更多的了解？

Chapter 5 | 第 5 章

语言发展、语言多样性与移民教育

■ 教师的案例簿：你会怎么做

班里的文化冲突

你是一名高中教师，今年你班上美籍非裔、亚裔和拉丁裔学生的人数相近。每个群体内的学生似乎都非常团结，很少与"外面的"学生做朋友。当你要求学生自由选择项目伙伴时，学生的选择通常是以种族或语言为界限的。有时，不同种族的学生会相互辱骂，班级气氛也骤然紧张起来。亚裔和拉丁裔的学生常常用他们的母语彼此交流，而你不懂这些语言。你感觉他们是在拿你开玩笑，因为他们一直盯着你笑。你意识到自己不知道如何与这些有着截然不同的语言、文化和背景的学生建立积极的师生关系，而很多学生也注意到了你的不安，这使得你不由自主地想躲避他们。

想一想

:: 这个案例中真正的问题是什么？
:: 你会如何帮助学生（还有你自己），让大家彼此相处得更融洽？
:: 在解决这一问题的过程中，你的首要目标是什么？
:: 这些问题会如何影响你的教学效果？

■ 概览与目标

事实上，所有发达国家和很多发展中国家正变得日益多元化。很多教室里充斥着多种不同的语言。由于全球动荡等多方面的原因，很多家庭为了更好、更安全的生活，选择了移民，他们的孩子可能就在你的班级里。在本章中，我们将首先了解到全世界 6 000 多种语言是如何发展的，了解到文化的作用、语言发展的阶段以及读写萌芽等议题。接下来，我们将介绍语言发展的多样性和双语的发展。但语言的多样性不只是双语。因为我们每个人都会讲一种以上的方言，因此我们将探讨教师需要了解的有关方言和性别化语言（对我来说，这是个新的术语）的知识，并探讨学校在第二或第三语言学习中的作用。最后，我们将探讨对教师而言最为关键的一个主题：面对移民学生和将英语作为第二语言的学习者，如何成为有能力、有自信的教师？我们将围绕这一主题，探讨双语教育和掩蔽教学的作用是什么，情绪和焦虑会如何影响这些学生的学习，如何鉴别英语学习者中有特殊才能或特殊需要的学生等问题。

学完这一章后,你就能:

目标 5.1 理解语言如何发展以及如何促进读写萌芽。
目标 5.2 论述儿童同时发展两种语言的过程。
目标 5.3 判断方言的差异是否会影响学习,并阐述相应的教学对策。
目标 5.4 比较移民、难民、1.5 代学生的相似和不同之处,包括他们的学习特征和需要。
目标 5.5 讨论针对英语学习者的教学,包括浸入式英语教学、双语教学和掩蔽教学。
目标 5.6 论述当教师不懂学生的母语时,鉴别有特殊学习需要和特殊才能的学生的方法。

模块 14　语言发展与读写萌芽

5.1　语言的发展

除非遭到严重的刺激剥夺或存在生理缺陷,否则所有文化环境下的儿童都能掌握母语的复杂结构。这一知识系统极为惊人。要进行一次谈话,儿童必须学会协调声音、意义、词、词序、音量、声调、屈折以及话语权交替的规则。实际上,大部分儿童 4 岁时就已经掌握了数千个单词以及用于基本对话的语法规则知识(Colledge et al., 2002)。

5.1.1　语言发展与文化的差异

世界上有 6 000 多种语言(Tomasello, 2006)。一般而言,每种文化创造的词汇都用来表示对该文化情境有重要意义的概念。例如,你能说出多少种不同的绿色?薄荷绿、橄榄绿、祖母绿、蓝绿色、海泡石绿、铬绿色、松石绿、黄绿色、酸橙绿色、苹果绿……油画家还能说出钛钴绿、朱红绿、酞青绿、鲜绿色和其他绿色。英语中有 3 000 多个单词被用来表示不同的颜色。相反,生活在纳米比亚的辛巴人及生活在巴布亚新几内亚的一个以狩猎和采集为生的部落的成员,尽管能分辨出许多不同的颜色,但只用 5 个单词来表示不同的颜色。无论颜色术语的数量是多还是少,儿童总能逐步掌握适合他们自己文化的颜色类别(Roberson, Davidoff, Davies, & Shapiro, 2004)。

语言会随着时间不断发生变迁,这实际上反映了文化需求和价值观的改变。肖肖尼(Shoshoni)人(美国印第安人的一支)曾用一个单词来表示"走在沙上发出的嘎吱嘎吱的响声"。这个单词过去在有关打猎的交流中非常有用,但随着肖肖尼人不再过游牧生活,他们开始使用一些新的、表示技术工具的单词。如果你想听听 21 世纪使用的日常用具的单词,或许可以去听听工程师们关于计算机的讨论(Price & Crapo, 2002)。

在语言的发展过程中,很多因素可能起到了十分重要的作用,如生物因素、文化因素、经验因素等。为了掌握一门语言,儿童必须做到:①理解他人的意图,从而习得语言中的词汇、短语和概念;②了解他人是如何使用词汇和短语来建构语言的语法规则的(Tomasello, 2006)。重要的是,就像发展其他认知能力一样,儿童学习语言的过程是一个主动尝试的过程,理解所听的,寻找其中的模式,建立规则,并将所有这些整合在一起,才能习得语言。

在这一过程中,人类存在的各种关于语言的固有偏好、规则和限制会影响我们的想象,因此我们所能想到的,往往只是所有可能性中的一部分。例如,幼儿习惯性地认为一个新的名称代表一个完整的物体,而不是物体的一部分。他们也习惯性地认为一个新的名称代表一类相似的物体。因此,当儿童学习到"兔子"时,他会认为兔子指的是整个动物(而不只是动物的耳朵),并且其他看起来相似的动物也是兔子(Jaswal & Markman, 2001; Markman, 1992)。奖赏和纠正有助于儿童学会正确地使用语言,但儿童的思维在拼组这个复杂系统的各个环节时显得更为重要(Waxman & Lidz, 2006)。

5.1.2　语言发展的时间和方式

表 5-1 列举了西方文化中 2~6 岁儿童语言发展

的里程碑事件，以及促进语言发展的一些建议。

表 5-1　儿童早期语言发展的里程碑和促进语言发展的方法

年龄范围	里程碑	促进发展的策略
2～3 岁	能辨别身体部位；以"我"而不是名字称呼自己；连用名词和动词；词汇量达到 450 个；运用短句；知道三四种颜色对应的单词；知道"大""小"；喜欢重复听相同的故事；会变换一些词的复数形式；能回答"在哪里"这样的问题	通过一些简单的游戏帮助儿童学会聆听和跟随别人的指导 不断重复新的单词 描述你正在做的、计划做的和正在思考的内容 让儿童向你传递一些简单的信息 通过回答、微笑和点头等方式告诉儿童你了解他的意思 拓展儿童说的话。如果儿童说"更多果汁"，你就接着说"你想要更多果汁"
3～4 岁	会讲故事；能说出由 4～5 个词组成的句子；词汇量约为 1 000；知道自己的姓、街道的名字和一些童谣	与儿童讨论事物的相同点或不同点 帮助儿童学会用书和图片来讲故事 鼓励儿童和其他同伴一起玩 讨论你们曾经去过的或计划要去的地方
4～5 岁	能说出由 4～5 个词组成的句子；能使用过去时态；词汇量约为 1 500；认识颜色和形状；会问很多"为什么"和"谁"之类的问题	帮助儿童对事物进行归类（如食物、动物） 教会儿童用电话 让儿童帮你策划活动 不断谈论儿童感兴趣的事 让儿童讲故事和编故事
5～6 岁	能说出由 5～6 个词组成的句子；6 岁的孩子词汇量约为 10 000；能根据事物的用途给它们下定义；认识空间关系（如"在上面""远"）及其相对的概念；知道地址；理解"相同"和"不同"；会使用所有类型的句子	当儿童谈论感受、想法、愿望和恐惧时，称赞他们 与儿童一起唱歌、读诗 像面对成人一样跟他们说话
每个年龄		当儿童和你说话时，愉快地倾听 不断地和儿童交谈 提问题让儿童思考和讨论 每天读书给儿童听，随儿童年龄的增长增加故事长度

资料来源：Reprinted from LDOnLine.org with thanks to the Learning Disabilities Association of America.

1. 语音和发音

大部分儿童在 5 岁左右就已经掌握了母语中的大部分语音，但仍有少部分尚未掌握。正如第 4 章中提到的，英语中 l、r、y、s、v、z 等发出的辅音和 sh、ch、ng、zh、th 等辅音连缀是儿童最晚学会的（Friend，2014）。幼儿可能已经理解并能使用很多单词，但他们更喜欢使用那些容易发音的词。在学习区分不同的语音时，儿童喜欢读押韵诗、儿歌和有关语音的笑话。他们最喜欢苏斯（Seuss）博士的系列故事书，部分原因可能是书中内容的读音：从书名就能看出来，比如 *All Aboard the Circus McGurkus* 或者 *Wet Pet，Dry Pet，Your Pet，My Pet*。我朋友的小儿子打算给自己刚出生的妹妹起名叫"Brontosaurus"（雷龙），"就是因为这个名字念起来很有意思"。

2. 词汇和意义

正如表 5-1 所示，2～3 岁的儿童尽管已经能听懂很多单词——**接受性词汇**（receptive vocabulary），但实际只会使用 450 个左右的单词——**表达性词汇**（expressive vocabulary）。到了 6 岁，儿童的表达性词汇会增长到 2 600 个左右，而接受性词汇会达到惊人的 20 000 多个（Otto，2010）。一些研究者估计低年级学生每天能学会 20 个单词（P. Bloom，2002）。在小学初期，一些儿童可能没办法理解"公平""经济"这样的抽象词汇；他们也不能理解假设性情境（"如果我是一只蝴蝶"），因为他们缺乏推理非真实事件的认知能力（"但事实上你不是蝴蝶"）。这些儿童只能从字面上理解语句，因此会曲解讽刺或隐喻的真实意思。例如，寓言会被简单具体地理解成故事，而非道德教育。在青春期前，儿童一般难以分辨嘲弄和开玩笑，也难以理解讽刺性话语是不能只从字面上解释的。到了青春期，学生就能利用发展中的认知能力去学习抽象词汇，使用诗意的、比喻的语言了（Owens，2012）。

人们在幼儿时开始通过多种方式来让自己较为简单的语言变得复杂，如将名词变为复数形式，在动词后面加上 -ed 和 -ing，使用 and、but 和 in 等小词，使用冠词（a 和 the）和所有格（'s）等。琼·贝尔科（Jean Berko）在 1958 年所做的一个经典研究表明，即使从未看过特定单词的复数形式、所有格或过去式，儿童也能尝试应用这些规则。例如，向儿童展示一张写着一个"wug"的图片，当研究者说"现在还有一个，总共有两个，这里有两个——。"学前儿童能准确地回答出"wugs"。当然，在学习如何使用语言中类似的规则时，儿童也会犯各种非常有意思的错误。

3. 词法和句法

在一段很短的时间内，儿童就能学会正确使用特定单词的不规则形式，他们似乎听到过什么就会说什么。随后，开始学习规则时，他们会出现**过度规则化**的情况，即将规则应用到所有事情上。例如，儿童原本会说"Our car is broken"，后来则会坚持改成"Our car is broked"。原先儿童谈及自己的脚时会使用"feet"；但当她发现单词变成复数形式应该加s，她就可能会说"foots"；后来，她发现一些单词变成复数形式时加的是es（如horses，kisses），她又可能会说"footes"；不过，最终她会重新使用"feet"来表示她的脚（Flavell et al., 2002）。家长经常很困惑，为什么他们的孩子好像发生了"倒退"。实际上，这些"错误"正表明了在儿童试图将新单词同化到已有图式的过程中，他们是多么地富有逻辑和理性。很显然，这种过度规则化在所有语言中都会发生，包括美国手语，这是因为绝大多数语言都有许多不规则单词，相关的调整在掌握语言的过程中是非常必要的。约书亚·哈茨霍尔和迈克尔·厄尔曼（Joshua Hartshore & Michael Ullman, 2006）的研究表明，在使用动词时态时，女孩比男孩更容易过度规则化，因此她们可能会经常说"holded"，而非"held"。对此研究者进行了解释，他们认为女孩拥有更好的单词记忆能力，因此她们更容易想起相似词（folded, molded, scolded），并推论出"holded"。

儿童在母语学习的早期阶段就掌握了**句法**（syntax）的基本要素（词序）。但同样，掌握句法的过程中也会出现过度规则化现象。例如，英语中常见的语序是主谓宾，刚刚掌握了这种句法规则的学前儿童很难理解其他语序的句子。如果4岁的贾斯廷听到了一个被动句，如"一辆卡车被一辆轿车撞了"，他可能会认为是卡车撞了轿车，因为"卡车"先出现在句子中。有意思的是，那些被动式很重要的语言，如南非语言中的塞索托语的使用者，三四岁时就能使用这种结构（Demuth, 1990）。因此，和儿童聊天，至少在用英语聊天时，最好使用主动式。许多小学低年级学生都能理解被动语态的意思，但他们自己说话时一般不用这种结构，除非这种结构在他们的文化中非常普遍。

4. 语用学：社会情境中语言的使用

语用学（pragmatics）涉及如何在社会情境中恰当地使用语言——如何参与对话，讲笑话，打断别人，使谈话顺畅进行，或是根据听众调整自己的语言。例如，与比自己小的儿童聊天时会使用更简短的句子，命令宠物"到这来"时会使用更大、更低沉的声音，以及像前面提到的，向当时不在场的父母描述事件时会提供更多的细节——这些都表明儿童已经理解了语用学（Flavell et al., 2002; M. L. Rice, 1989）。因此，即使是幼儿也能根据情境使用适当的语言，至少是在面对熟悉的人时。

不同文化间恰当使用语言的规则有所差异。例如，雪莉·布赖斯·希思（Shirley Brice Heath, 1989）对美国白人中产阶级家庭和非裔贫困家庭进行了很长时间的观察，结果发现，成年人会询问儿童不同类型的问题，并鼓励不同类型的"谈话"。成年白人会询问测试型问题（有明确的答案），如："这里有几辆车？"或"哪辆车更大？"要是拿这些问题去问非裔美国学生，他们会觉得很奇怪，因为他们的家人不会问自己已经知道答案的问题。可能这些学生还会好奇："为什么我的婶婶会问我这里有几辆车？她明明看到了三辆啊。"非裔美国家庭会鼓励儿童讲述情节丰富的故事，他们也会故意捉弄自己的孩子，以磨炼他们的急智和果断的反应。

5. 元语言意识

5岁左右，儿童开始发展**元语言意识**（metalinguistic awareness），这意味着他们对语言和语言使用规则的理解变得外显了。他们已经具备关于语言本身的知识，并准备学习和拓展曾经处于内隐状态的规则。所谓内隐指他们能够理解这些规则，但还不能有意识地表达出来。这个过程将持续一生，他们也将随之学会越来越熟练地使用语言。阅读习得和书写习得会促进元语言意识的发展，而这两者是以读写萌芽为开端的。

5.1.3 读写萌芽

如今，对于绝大多数语言而言，阅读是学习它们的基石，而阅读的基础主要在幼儿早期形成。由于幼儿在有关阅读的知识和技能上存在很大的差异，因此研究者很想知道是哪些因素促进了这些新出现的读写技能——通常被称为**读写萌芽**（emergent literacy）的发展。图5-1中展示的是一个6岁儿童写的故事和购物清单，我们可以从中看出一些正在萌芽的读写技能。

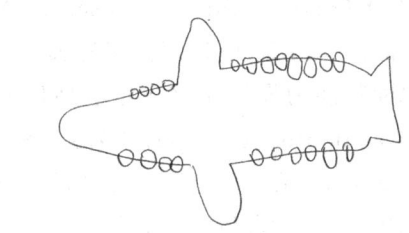

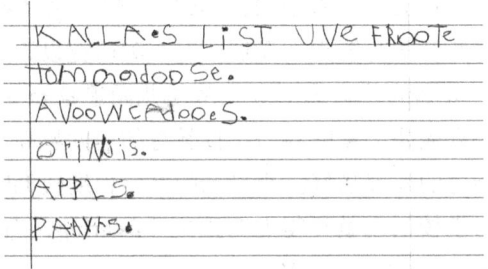

图 5-1　故事和购物清单

注：这个儿童对阅读和写作已经有了相当多的了解，他知道字母组合成单词后可以用来传递信息，写字应该从左到右写，列清单应该从上往下写，故事和购物清单应该用不同的方式表示。这个例子是由刚满6岁的卡拉·特彭宁提供的，向我们展示了正在萌芽的书写能力。

资料来源：Woolfolk, A., & Perry, N.E. (2015). Child and Adolescent Development. Reprinted by permission of Pearson Education, Inc.

虽然目前尚不明确哪项技能更能促进读写萌芽，但研究者发现有两大类别的技能对于后期的阅读有重要影响。其中类别1是与理解语音和编码有关的技能，如知道字母有名称，知道特定字母有特定的发音，知道单词是由语音组成的；类别2是口语技能，如表达性和接受性词汇、句法知识、理解和讲述故事的能力等（Dickinson et al., 2003；Florit & Cain, 2011；Storch & Whitehurst, 2002）。

类别1技能的一个范例是字母命名。在美国很多州和课程中，能命名10个字母是常见的幼儿园/学前班的基准目标。那这一技能能很好地预测儿童在多大程度上做好了英语阅读的准备吗？谢恩·皮亚斯塔（Shayne Piasta）及其同事（2012）在一项纵向研究中解答了这一问题，她们以371名儿童为对象，从幼儿园末追踪至1年级末，结果发现，更能预测所有阅读结果的指标是能命名18个大写字母和15个小写字母的能力。字母命名不是最重要的技能，但它很容易评估。

对于如何促进读写萌芽，有些教育工作者强调解码能力（如字母命名），有些强调口头语言。美国国家儿童健康与人类发展研究院（National Institute of Child Health and Human Development，NICHD）童年早期研究网络（Early Childhood Research Network, 2005b）进行的一项研究调查了1 000多个儿童，从3岁追踪到了小学3年级，得出以下结论："学前口语技能（如词汇量、运用句法的能力、理解和讲述故事的能力等）与编码技能一样，对预测学龄初期阅读能力有重要作用。"（p.439）这一结果表明解码能力（如字母命名）和口语技能（如词汇量）对儿童语言发展有重要作用，并且这些技能通常会相互促进。解码能力和口语技能同样重要，不应有所偏颇。不过，确实有证据表明，对英语而言，解码能力在早期阅读习得的过程中更为重要，原因在于学生需要学会快速、自动化地加工字母和词汇，才能有更多的心理资源用来理解他们阅读的内容。如果把所有的心理资源都用来识别字母和语音，那么用于意义理解的心理资源就所剩无几了。随着解码变得自动化，重点将转变成口语理解技能（Florit & Cain, 2011）。

1. 由内及外的技能和由外及内的技能

在思考读写萌芽这一议题时，一种方式是同时考虑解码能力和口语技能在其中的作用，这涉及**由内及外的技能**（inside-out skills）、**由外及内的技能**（outside-in skills）和相应的过程等概念，具体如表5-2所示。这一模型是由格罗弗·怀特赫斯特和克里斯托弗·洛尼根（Grover Whitehurst & Christopher Lonigan, 1998）提出的，包含相互依存的两组技能和过程。

读者必须将视觉书写单元解码为语音单元，再将语音单元解码为语言单元。这是一个由内及外的过程。但是能说出一个书面词语或一系列的书面词语只是阅读的一部分。流畅的阅读者还必须理解这些听觉词汇，也就是要将它们放进正确的概念和情境框架中。这是一个由外及内的过程（p. 855）。

例如，即便是理解一个简单的书面语句，如："她在亚马逊上订购了一本电子书？"读者也必须理解字母、语音、语法和标点符号。在读最后一个词语的时候，读者还必须记住他阅读第一个的词语。但仅有这些由内及外的技能是不够的。要理解这个语句的含义，读者必须有概念知识：什么是电子书？订购是什么意思？这个亚马逊（Amazon）是指亚马孙河（Amazon River）还是亚马逊网站（Amazon online）？为什么有问号？谁在问问题？这句话如何在整个故事情境中发挥作用？要回答上述问题，就需要借助由外及内的技能和知识。

2. 奠定读写萌芽的基础

怎样才能为这些正在萌芽的读写技能奠定坚实的基础呢？研究发现，有两种活动至关重要：①与成人对话，发展语言的相关知识；②亲子共读，即以书本为基础，就语音、词汇、图片和概念进行讨论（NICHD Early Childhood Research Network, 2005a）。特别是在幼儿时期，家庭阅读经验在儿童语言和读写能力发展中处于中心地位（Lonigan, Farver, Nakamoto, & Eppe, 2013；Sénéchal & LeFevre, 2002）。在一个家庭中，如果父母和其他成年人以读书为乐，家里到处都是图书和其他书面材料，那么儿童的读写能力将得到发展。父母可以读书给儿童听，带他们去书店和图书馆，限制家里每个人看电视的时间，鼓励家庭成员进行与读写能力相关的游戏（如假装在学校上学或写信等）（Pressley, 1996；C. E. Snow, 1993；Whitehurst, Epstein, Angell, Payne, Crone, & Fischel, 1994）。保育员和教师也能促进儿童读写能力的发展。有一项研究以近300个低收入家庭的儿童为对象，从幼儿园追踪至5年级。研究结果表明，家庭参与学校教育的程度越高，儿童读写能力的发展越好。当母亲的文化程度较低时，家庭参与学校活动就显得尤为重要（Dearing, Kreider, Simpkins, & Weiss, 2006）。

3. 当存在持续性问题时

事实上，并不是所有儿童在升入1年级时就已具备坚实的读写基础。学前班和1年级对由内及外的技能和由外及内的技能进行直接教学，能帮助很多学生"破解密码"，继续前行，但一些学生会有持续的阅读问题（Wanzek et al., 2013）。贝妮塔·布拉赫曼（Benita Blachman）及其同事（2014）对挣扎中的阅读者（struggling reader）的发展的相关研究进行了总结，结果并不乐观。在早期患有阅读障碍的学生中，约有70%到80%在十年后依旧落后。通过直接教学和阅读练习等密集的早期干预能让儿童发生显著的变化，但还有一个重要的额外因素需要考虑——需要持续的支持。即使多个月的优质干预也不是灵丹妙药，无法使落后的阅读者在其余生都是优秀阅读者。例如，布拉赫曼及其同事对58名在2年级或3年级

表 5-2 读写萌芽的要素

要素	简要定义	示例
由外及内的过程		
语言	语义、语法和概念知识	当儿童读到"bat"这一单词时，会联想到棒球或飞行哺乳动物的知识
叙事	理解和进行叙事	儿童能讲故事，知道书上有故事
书面文字的惯例	书面文字标准格式的知识	儿童知道，阅读英语书面文字应当从左到右，从前到后；知道图片与书面文字或图片封面与内页之间的差别
萌芽的阅读能力	假装阅读	儿童能选择一本喜爱的图书，复述"故事"，在这个过程中，儿童常常借助图片作为线索
由内及外的过程		
字母知识	字母名称的知识	儿童能识别字母，并进行命名
语音意识	识别韵母、音节，分清单个音位	儿童能说出与"hat"押韵的词；儿童能一边说出"cat"的语音，/k/、/ă/、/t/，一边拍手
句法意识	修改语法错误	儿童会说"不对，你应该说'I went to the zoo'，而不是'I goed to the zoo'"
形-音对应规则	字母-语音知识	儿童会问这样的问题："这些字母会发什么音？"
萌芽的书写能力	语音拼写	儿童会写"eenuf"或"hambrgr"
其他因素	读写萌芽还有赖于其他因素，如对语音和顺序的短时记忆、识别和命名字母串的能力、动机和兴趣等	

资料来源：Woolfolk, A., & Perry, N. E. (2015). Child and Adolescent Development. Reprinted by permission of Pearson Education, Inc.

参与过密集阅读干预课程的学生进行了追踪研究。这些学生一周5天每天接受50分钟的个别辅导，共持续了8个月。十年多后，也就是当这些学生都已经18到22岁的时候，研究者发现，他们与那些没有参与密集阅读干预课程的同类学生相比，在阅读和拼写技能上仅有轻微至中等水平的差异。对有持续阅读问题的学生而言，我们认为阅读干预更像是"胰岛素疗法，而不是像接种疫苗那样能使未来不遭遇阅读失败"（Blachman et al., 2014, p. 10）。就像持续需要胰岛素来维持健康的人一样，挣扎中的阅读者需要阅读方面持续的教学和支持——你不能"修复它，然后便将它抛之脑后"。

5.1.4　读写萌芽与语言多样性

无论儿童是使用一种语言还是多种语言，读写萌芽对入学准备都有着至关重要的作用（Hammer, Farkas, & Maczuga, 2010）。迄今为止，研究表明在所有语言中，由内及外的（字母－语音）技能和由外及内的（语言理解/意义）技能对学会阅读都很重要。但在英语之外的其他语言中，读写萌芽也是以同样的方式出现的吗？已有研究对此进行了调查，结果发现：存在差异。请你继续读下去！

1. 语言和读写萌芽

英语不是一门容易学会的语言。同一个字母可以有不同的发音（字母c有多少种发音？想想"cook"和"city"），同一个语音也可以有不同的书写方式，还有非常多不规则的拼写。因此不难理解，儿童必须变得能够快速、自动化地解码英语中这一复杂的系统，才能将他们的心理资源用于理解。但如果语言有更透明的字母－语音系统（如西班牙语、德语、意大利语和芬兰语），即字母和语音之间有着一致、可预测的关系，并且只有极少的例外或不规则的拼写，那么解码技能会更容易发展，因此早期学校教育可以相对较少地重视解码，而更加强调理解（Florit & Cain, 2011）。

2. 双语读写萌芽

虽然大多数学校课程希望所有儿童都能学会用英语阅读，但卡罗尔·哈默（Carol Hammer）及其同事的研究发现，可能并没有必要强调只用英语阅读。事实上，促进读写能力发展的一个关键因素是接受性语言的增长。你可能还记得，接受性语言是由你能理解的词汇和语言结构组成的，但你可能不会在表达性语言（你说话时实际使用的词汇和结构）中使用它们。

在一项研究中，哈默对88名参加开端计划的儿童持续追踪了两年（Hammer, Lawrence, & Miccio, 2007）。这些儿童的母亲都说着一口西班牙语中的波多黎各方言。这些学生被分为了两组：一组儿童自出生后就既要说英语，也要说西班牙语；另一组儿童则在3岁参加开端计划后才开始学习英语。研究者发现，仅儿童在开端计划过程中的接受性语言的增长能预测儿童早期的阅读成就，其他任何测验的分数均无显著预测作用。阅读成就与儿童是出生后既说英语，也说西班牙语，还是到了学校才开始学英语也没有任何关系。因此，研究者得出结论，"儿童在开端计划过程中英语接受性语言能力的增长，而不是他们在开端计划结束时达到的英语水平，能正向预测他们英语阅读能力的萌芽以及识别英语字母和词汇的能力。这一结果与儿童先前暴露在英语中的程度无关"（p. 243）。此外，西班牙语语言能力的增长也能预测西班牙语阅读的表现。

上述研究结论给教师和家长的一个启示就是：我们应当关注持续的语言发展，不必担心"得赶紧让儿童只说英语"。正如哈默及其同事所说，"如果双语儿童在幼儿园阶段，无论是西班牙语还是英语都得到了较好的发展，到了学前班，这些儿童就会发展出较好的英语和西班牙语的早期阅读能力"（p. 244）。这些发现与儿童发展研究协会（Society for Research in Children Development, SRCD）的意见一致："开发双语，替代仅有英语的教学课程，鼓励幼儿在上学前班之前就参与阅读活动，这样不仅能增加说西班牙语的儿童的学习机会，也会提高他们成功的可能性"（SRCD, 2009. p.1）。下面的实践指南会给出一些建议，可以供你参考。

| 实践指南 |

支持语言学习和提升读写能力

给家庭的建议

• 亲子共读。

例如：

（1）让孩子了解什么是阅读——书里有故事；想看几遍都可以；书里的图画是用来说明故事意义的；当他们读故事的时候，书里的单词是不会变的。这就是阅读！（Hulit & Howard，2006）

（2）养成晚上睡觉前阅读的习惯。

• 选择合适的读本和故事。

例如：

（1）选择故事情节简单、插图清晰的读本。

（2）确定与插图相关的文字在插图的前面，这有助于儿童学会预测下一步将发生什么。

（3）读本的语言应当是重复的、有韵律的、自然的。

给教师的建议

• 从故事出发展开对话。

例如：

（1）复述曾经和学生一起读过的故事。

（2）讨论读本中出现的单词、活动和物品。学生的家里或教室里有没有类似的东西？

• 找到并利用学生家庭的优势（Delpit，2003）。

例如：

（1）让学生画出或写出家人的经历、故事和技能。

（2）如果学生使用不同的语言，赞美他们使用的语言中的诗歌、歌曲，以示尊重。

• 提供家人都能参与的家庭活动。

例如：

（1）鼓励家长和孩子一起阅读食谱并进行简单的烹饪，玩一些语言游戏，记家庭日记、游记，参观图书馆。从家长或学生那里得到对这些活动的反馈。

（2）给家长反馈单，让他们帮忙评价学生的作业。

（3）给儿童列出一些当地能找到的优秀读物。你可以与图书馆、俱乐部和教堂合作，以找到合适的资源。

给学校辅导员和管理者的建议

• 和每个家庭交流你的教学目标和教学活动。

例如：

（1）从学区、社区找帮手，或者找一位高年级学生帮忙，把你计划交给学生家庭的所有文字材料翻译成学生在家庭中使用的语言。

（2）学期初，把班级课程要达到的目标送到学生家里，保证其清楚易懂。

（3）每个单元开始的时候，寄给家长一些教学内容方面的信息，告诉他们学生正在学什么。建议组织一些辅助学校教学的家庭活动。

• 让家长参与课程设置。

例如：

（1）不时地组织家庭所有成员加入某个团队任务，比如为年幼的弟弟妹妹提供托儿服务，让儿童和家人一起完成任务。

（2）把父母请到课堂上来为学生读书、听写故事、讲故事、做有声书或装订图书，并示范一些技能。

• 为家长来学校提供便利。

例如：

（1）为了方便需要照顾幼儿的家长来与教师见面，学校应提供托儿服务。

（2）考虑家长的交通需求，比如他们是否方便搭乘交通工具来学校？

想了解更多有关家庭读写合作关系的信息，请查阅 famlit.org/。

资料来源：Hulit, Lloyd M.；Howard, Merle R., *Born to Talk: An Introduction to Speech and Language Development*, 4th edition, © 2006. Reprinted by permission of Pearson Education, Inc., Upper Saddle River, NJ.

模块 14 小结

人类语言是如何发展的，文化和学习在其中起了什么作用

每种文化创造的词汇都用来表示对该文化情境有重要意义的概念。像发展其他认知能力一样，儿童学习语言的过程是一个主动尝试的过程，理解所听的，寻找其中的模式，建立规则，并将所有这些整合在一起，才能习得语言。在这个过程中，一些固有的偏好、规则会把这种寻找限制在一定范围之内，并引导模式识别。奖赏和纠正有助于儿童学会正确地使用语言，但儿童的思维过程也非常重要。

语言的要素是什么

5岁左右，大部分儿童已经掌握了母语中的大部分语音。在词汇方面，儿童理解的单词的数量比他能使用的要多很多。到了6岁，儿童能理解20 000多个单词，同时能使用2 600个左右的单词。对抽象词汇和假设情境的理解发展得相对较晚，需要儿童的认知能力得到一定的发展后才会出现。当儿童对语法有一定了解后，他们可能会将新的规则应用得过于广泛，例如将"broken"说成"broked"。在掌握了主动语态后，儿童开始理解被动语态。

语用学和元语言意识是什么

语用学是关于如何使用语言的知识——何时说、何地说、如何说以及对谁说。元语言意识是关于我们如何使用语言以及语言如何运行的知识。儿童从五六岁时就开始发展这种元语言意识，并且这一过程将持续终生。

哪项技能对于促进读写萌芽最为重要

研究表明，对后期阅读发展有重要作用的技能有两大类：①与理解语音和编码有关的技能，如知道字母有名称，知道特定字母有特定的发音，知道单词是由语音组成的；②口语技能，如表达性词汇和接受性词汇、句法知识、理解和讲述故事的能力等。在思考读写萌芽这一议题时，一种方式是同时考虑解码能力和口语技能在读写萌芽中的作用，这涉及由内及外的技能、由外及内的技能和相应的过程等概念。由内及外的技能指将视觉书写单元解码为语音单元，再将语音单元解码为语言单元的能力；由外及内的技能则指有能力将这些听觉词汇放进正确的概念和情境框架中。对母语为西班牙语的双语儿童而言，西班牙语或英语接受性语言的增长都能预测其早期阅读成就。家长和教师应当通过与儿童一起阅读、复述故事、和儿童讨论、限制看电视的时间等方式来促进读写萌芽。

模块15 语言的多样性

5.2 语言发展的多样性

很多儿童在成长过程中会同时学习两种语言。这意味着什么？

5.2.1 双语发展

如果你掌握了自己的母语，又学了第二种或第三种语言，那么这是一种附加性双语（additive bilingualism）现象，也就是说你学习了新的语言，同时保留了自己的母语。如果你在掌握第二语言的同时丧失了说自己母语的能力，那你就经历了一种削减性双语（subtractive bilingualism）现象（Norbert, 2005）。如果家庭成员和社会重视孩子的母语，那么孩子很可能会在掌握第二语言后仍然保留自己的母语；但如果这个孩子曾因为母语而受到歧视，那么他很可能在熟练掌握新的语言后抛弃自己的母语（Hames & Blanc, 2000；Montrul, 2010）。移民往往更可能遭受歧视，因此也会更倾向于"削减"自己的母语。

双语儿童（讲两种语言的儿童）从出生起就暴露在两种语言环境下，每种语言的发展历程与单语（monolingual）儿童（只学习一种语言的儿童）相同。最初，双语儿童可能在某一种语言上词汇量更大，这种语言是最经常和他在一起或者和他联系最紧密的人使用的。因此，一个整天和讲汉语的父母待在家里的儿童，很可能使用更多的汉语词语。但只要儿童很早就暴露在两种语言的环境中（5岁之前），两种语言都能出现在广泛而丰富的环境中，并且儿童在家里和社会中都系统、一致、持续地暴露在两种语言的环境中，那么随着时间的推移，这些儿童就能同等熟练地使用两种语言，成为完全的双语者（Petitto, 2009；Rojas & Iglesias, 2013）。不过, 第二语言的比重必须超过儿童语言输入总量的25%，少于这个比例, 儿童不可能学会第二语言（Pearson, Fernandez, Lewedeg, & Oller, 1997；Topping, Dekhinet, & Zeedyk, 2011）。双语儿童说话时可能会混用两种语言的词汇，但这不一定意味着儿童会混淆这两种语言，而是因为他们的双语父母经常有意识地混用两种语言，以选择最能表达自己意图的词语（Greese, 2009）。因此，一致、持续地参与两种语言活动，儿童就可能成为完全的双语者。

近期关于脑和双语的研究表明，5岁前学习两种语言的个体在加工两种语言时，其加工方式与只学习一种语言的个体相同，使用的脑区也相同（大部分在左半球）。但较晚学习两种语言的个体使用的脑区不同，他们需要使用大脑的两个半球、额叶和工作记忆，而且不得不付出更多认知上的努力。正如劳拉-安·佩蒂托（Laura-Ann Petitto, 2009）所言："晚期的双语暴露会改变与语言加工相关的大脑神经组织的典型模式，但早期的双语暴露不会。"（p.191）

1. 第二语言学习

如果儿童没有在成长过程中学习两种语言会怎么样？应该在什么时候，用什么方法学习第二语言？要回答上述问题，我们需要回忆一下学习的关键期与敏感期的区别。关键期意味着，如果学习没有在该时间段发生，以后也永远不会发生；敏感期则意味着我们在某些时间段内更容易对某些学习内容做出特定的反应。研究表明，没有什么关键期限制得了成年人学习语言的可能性（Marinova-Todd, Marshall, & Snow, 2000）。事实上，大一点的儿童能比幼儿更快地学会第二语言。成年人拥有更多的学习策略和语言知识，可以帮助他们掌握第二语言（Diaz-Rico & Weed, 2002）。但2009年关于脑和双语的研究表明，"的确存在双语语言和双语阅读最佳的暴露敏感期和掌握敏感期。第一次暴露在双语环境的年龄能预测儿童在双语中的每种语言上成为熟练的阅读者以及最终成为熟练阅读者的程度"（Petitto, 2009, p.192）。

尽管整体的语言学习不存在关键期，但似乎存在一个学习准确发音的关键期。越早学习第二语言的人，发音就越接近母语者。这是因为从出生到4个月左右，婴儿能分辨世界上6 000多种语言中任何一种语言的所有基本语音单元。但到了14个月左右，婴儿便会丧失这种能力，只能分辨他们正在学习的语言的语音。对于同时学习两种语言的儿童来说，这扇"发展的窗"似乎开得久一些，因此这些儿童到了14个月后仍能继续分辨不同语言的语音（Petitto, 2009）。

青春期以后才学习第二语言，就很难不带口音了（P. J. Anderson & Graham, 1994）。哪怕儿童只是偶然听到一种语言，并没有经过实际的正式学习，也会促进以后的学习。通过对学西班牙语的大学生进行研究，特里·奥（Terry Au）和他的同事总结道："尽管成年后学习语言，基本上都会带有口音，但幼年时若曾听过这种语言，则相当有可能避免口语较差的情况发生"（T. K. Au, Knightly, Jun, & Oh, 2002, p.242）。因此，通过暴露来自己学习双语（以及两种语言准确的发音）的最佳时机是童年早期（T. K. Au, Oh, Knightly, Jun, & Romo, 2008）。

2. 成为双语者的好处

一般而言，学习和使用两种语言并不会给儿童带来任何认知上的不利后果。事实上，双语学习对儿童发展大有益处。儿童的双语化程度越高，其概念形成、创造力、心理理论、认知灵活性、注意力和执行功能，以及对书面词汇作为语言符号的理解等认知能力就发展得越好（Kempert, Saalbach, & Hardy, 2011）。此外，双语化程度高的儿童的元语言意识发展水平更高。例如，他们更容易注意到语法错误。更惊人的是，来自只使用英语的家庭的儿童在就读双语学校并学习西班牙语后，与那些只接受单一英语教学的儿童相比，有更好的音位意识和阅读理解能力。回顾这一研究的诸多发现，佩蒂托（2009）总结道："早期就成为双语者不会给个体带来任何劣势。相反，年幼的双语者会有语言和阅读上的优势。此外，学会阅读两种语言能让来自单一语言家庭的儿童获得音位意识上的优势，而音位意识对阅读的成功有着至关重要的作用。"（p.193）此外，当学生毕业进入商业世界时，会讲两种语言也是一种财富（Mears, 1998）。

只要不用歧视的眼光看待双语者，且不强迫学生放弃他们对母语的学习，双语学习是有利于学生的发展的（Bialystok, 2001; Bialystok, Majumder, & Martin, 2003; Galambos & Goldin-Meadow, 1990; Hamers & Blanc, 2000）。劳拉-安·佩蒂托和尤利娅·科韦尔曼（Ioulia Kovelman）（2003）指出，人类进化出使用多种语言的能力，可能是因为这种能力具有生存价值，因此可能"在现代众多文明中，只说一种语言的文明是一种异常的变异。换句话说，可能我们的大脑在神经学上就已经被设定为多语言的"(p.14)。

3. 语言的丧失

尽管成为双语者的好处显而易见，但许多儿童和成年人正在失去他们的传统语言（heritage language）（Montrul, 2010）。**传统语言**指学生家庭或年长亲属使用的语言，而家庭之外的更大的社会使用的是另一种不同的语言（在美国就是英语）。通常，因父母或祖父母移民而在新国家出生的学生会丧失自己的传统语言，因为这些学生从未在每个人都说传统语言的国家里生活过。多年前，在一项针对迈阿密和圣迭哥地区8、9年级的第一代和第二代移民学生的调查中，波尔特和豪（Portes & Hao, 1998）发现仅有16%的学生能较好地使用传统语言，72%的学生表示自己更喜欢说英语。这种情况同样发生在美国印第安语的使用上，目前印第安语正在不断地消失，仅剩下1/3左右的语种，而这其中九成的语种已经不为儿童所使用（Krauss, 1992）。K. F. Wong和Xiao（2010）对两名在美国读大学的华裔学生进行了访谈，两名受访者表达了他们的忧虑：

我最害怕的是等我有了孩子，他们将完全不会说中文，因为我自己的中文水平已经不如我的父母了。我害怕我们将丧失这一语言。(p.161)

我的传统语言当然是泰山话，但即便如此，连我父母的泰山话说得都不流利，所以……我知道有朝一日在某些地方，我可能是最后一个说泰山话的人，我也似乎感觉它不再是我的传统语言。(p.165)

事实上，与其为学会一种语言而放弃另一种语言，还不如能同等流利地使用两种语言，成为**平衡的双语者**（balanced bilingualism）（V. Gonzalez, 1999）。这样，家庭语言能帮助学生与扩展家庭以及重要的文化传统建立联系，而在家庭之外，英语能帮他们获得学业、社交和经济方面的机会（Borrero & Yeh, 2010）。

在很多国家，都有一些学校致力于传承传统语言和文化。学生除了参加日常的公立学校教育外，还会在下午、周末或暑假参加这些学校的学习。在英国，这些机构被称为补习学校（supplementary or complementary school）；在澳大利亚，它们被称为社区语言学校或社区民族学校（community ethric school）；在美国和加拿大，这类学校多被称为传统语言学校（Greese, 2009）。表5-3列出了这些学校的部分案例及其办学宗旨。

表5-3 美国和加拿大支持传统语言的学校

语言	学校	简介
德语	新斯科舍省哈利法克斯市德语传统语言学校，german-language-school.ca/	为成年人和儿童提供课程，一周一次（周三下午），时间为2小时，内容为德语语言技能（读、写、说、听）
汉语	安大略省万锦市里德蒙特周六学校，rhls.ca/	补习性质的周六学校，为幼儿园小班到11年级的学生提供汉语（普通话和广东话）、中国历史、英语（语法和写作）、数学、科学、沟通和绘画等方面的课程
汉语	新泽西州蒙茅斯章克申汉语传统学校，chsnj2000.org/	除常规的语言课程外，也强调口语对话、中国文化和家庭价值观。学校的目的是创建一个有趣的环境，激发学生学习汉语的动机，会为自己是华裔而感到自豪
多种语言	美国传统语言发展联盟 cal.org/heritage/index.html	联盟的宗旨是为了个人、社区和社会的利益，促进传统语言的维持与发展
西班牙语	Grupo Educa（教育集团）elgrupoeduca.org/	Grupo Educa的宗旨是为已有一定西班牙语知识的儿童提供更多使用西班牙语的机会。这一机构成立于2003年，是由一群南加州的父母发起的，他们希望借此让他们学龄前的子女接触到双语（英语和西班牙语）教育
阿拉伯语和北印度语	加州大学洛杉矶分校阿拉伯语和北印度语传统语言班级，hslanguages.ucla.edu/	提供5周密集的课程，服务对象是那些在家里使用北印度语或阿拉伯语，希望提高自己的读写能力以及对南亚的历史文化和现代文化有更深刻了解的高中生。这个以项目为基础的课程会使用文化相关的主题作为听、写、说、读等任务的载体

作为英国伯明翰大学的教育语言学教授，安吉拉·克里斯（Angela Creese，2009）对教师如何了解自己所在区域的传统学校提出了一些建议，你可以借鉴。

（1）查明你所在区域的补习学校或传统学校的位置，并与它们联系。

（2）如果你的学生参加了补习学校或传统学校的学习，你可以参加他们的颁奖典礼和展示会，表现出对他们的双语和多元文化课程的支持。

（3）弄清楚是否有教师同时在补习学校或传统学校和主流学校任职，邀请他们为学校里的其他教师举办专业的发展工作坊。

（4）向补习学校或传统学校的主管教师提出聚会的请求，和他们面对面交流。

（5）鼓励利用补习与主流教育的内在联系，开展小规模的研究或实践项目。(p.272)

5.2.2 手语

能使用一种口语，还能使用一种手语，或能使用两种不同的手语，这样的个体也可以被看作双语者（Petitto，2009）。世界上的手语，如美国手语、手势英语（美国、爱尔兰、新西兰、澳大利亚、英国）、尼加拉瓜手语、澳大利亚土著手语和加拿大魁北克手语，与口语之间存在很复杂的平行关系。每种手语都是独一无二的，不是某种口语简单的衍生版本。例如，使用加拿大魁北克手语的个体与使用法国手语的个体是无法理解对方的意思的，尽管两地居民都使用法语作为口语常用的语言。

口语和手语都有大量的词汇和复杂的语法。劳拉-安·佩蒂托和尤利娅·科韦尔曼（2003）认为，口语和手语的语言习得机制是相同的。此外，手语发展的里程碑也与口语相同。例如，儿童大约会在12个月左右"说"出他的第一个单词，无论是口语还是手语（P. Bloom，2002）。事实上，对从婴儿期就学习手语和口语的儿童进行的研究表明，"从出生就暴露在两种语言下，尤其是从出生就暴露在一种手语和一种口语的环境中，并不会导致儿童语言发展滞后或语言混淆"（Petitto & Kovelman，2003，p.16）。如同口语说两种不同的语言一样，儿童也能成为使用一种口语和一种手语的平衡双语者。

20世纪70年代，尼加拉瓜建立了第一所聋人学校，语言学研究者从而得到了研究一种全新的、社会共享的手语如何形成的机会。研究发现，学生入校时都会使用自己创造的、独特的手语。多年后，在学生自己的手语的基础上，一种新的语言诞生了。在学生发展新的尼加拉瓜手语的过程中，这一语言变得更加系统，词汇量丰富了很多，语法也变得更加复杂。后来，新的学生将发展中的尼加拉瓜手语作为自己的母语来进行学习（Hoff，2006；Senghas & Coppola，2001）。

5.2.3 成为双语者的过程

从1995年到2005年，美国使用亚洲语言的学生几乎增加了一倍，说西班牙语的学生增加了65%。实际上，美国说西班牙语的人口数量已经在世界上排名第五（Lessow-Hurley，2005）。英语学习者人数最多的州有得克萨斯州、加利福尼亚州、佛罗里达州、纽约州和伊利诺伊州，但美国中西部、南部，内华达州及俄勒冈州的英语学习者人数正在急剧上升（Peregoy & Boyle，2009）。随着英语学习者人数的增加，人们对双语者也产生了很多误解，具体如表5-4所示。

表5-4 对双语者的谬见与误解

谬见	事实
学习第二语言不需要花费时间和精力	以将英语作为第二语言为例，掌握口语需要2~3年，掌握学术性语言则需要5~7年
所有语言技能（听、说、读、写）都会从第一语言迁移到第二语言	阅读是最容易迁移的语言技能
语码转换是语言障碍的一种迹象	语码转换表明个体在第一语言和第二语言上均拥有高水平的语言技能
每个双语者都能很轻松地保持运用这两种语言的能力	对于两种语言，个体都需要花很多的精力和注意力才能维持高水平的语言技能
儿童不会丧失自己的第一语言	丧失第一语言且第二语言没能发展好，是第二语言学习者常会遇到的问题（第一语言和第二语言成了"半语"）
只要暴露在第二语言的环境中就足够人们学习第二语言了	为学习第二语言，学生必须有动机去接触讲该语言的人，并与他们互动，获得支持与反馈，同时也需要时间去练习
为学习英语，学生的父母在家里要只说英语	儿童需要在很多情境中使用两种语言
阅读第一语言的材料不利于英语的学习	无论是第一语言或第二语言，营造尽情读写的环境都有助于儿童前阅读技能的发展
语言障碍必须用英语测验来鉴定	为鉴定语言障碍，儿童必须接受第一语言和第二语言的测验

资料来源：Brice, A. E. (2002). *The Hispanic Child: Speech, Language, Culture, and Education*. Reprinted by permission of Pearson Education, Inc.

到底什么样的人才是双语者？一些对双语的界定仅仅关注语言层面的含义，认为双语者就是说两种语言的人。其他一些定义则更加严格，认为双语者"有早期、集中、持续暴露在双语环境的经验，并在成年后的生活中使用这两种语言"（Petitto，2009，p.186）。但实际上这还不够。成为双语者和双文化者，还要求个体能熟练掌握两种文化中交流所必需的知识，也能应对潜在的歧视（Borrero & Yeh，2010）。请思考下面两位学生的谈话：

一位刚从墨西哥搬到加利福尼亚州的9年级男生说："我在这里受到了很多歧视，他们不喜欢我，甚至那些同样从墨西哥来的孩子也歧视我，可他们只不过早来一些罢了。他们不把我们当作兄弟，甚至更讨厌我们，这样做使他们觉得自己更像美国人。他们想成为美国人，他们不想和我们说西班牙语；他们已经学会了英语，也知道该如何表现。如果他们和我们一起玩，其他人就会把他们当作'湿背人'（对生活在美国的墨西哥人的蔑称，尤指非法进入美国的墨西哥人），所以他们总是想方设法地避开我们。"（Olsen，1988，p.36）

20年后，一位华裔美国大学生很矛盾："因为我出生在这儿，我的父母……认为英语是世界语言，（但）我告诉我妈妈，普通话很重要，然而她并不认同。她的想法有些老派……比如她认为只有在美国才能赚到钱……我感觉，作为一个华裔美国人……第二代华裔移民，我是第一个没有跟随以前人们的脚步生活的人。"（K. F. Wong & Xiao，2010，p.168）

这两个学生的经历告诉我们，作为双语者，你必须能在两种文化和两种语言中穿梭，同时仍能保持自身的同一性，因此双语也要求具备双文化（S. J. Lee, Wong, & Alvarez, 2008）。此外，成为一个成功的双语者还有一个要求——学习学术性语言。

5.2.4 情境性语言和学术性语言

熟练掌握第二语言涉及两个独立的方面：面对面的交流（基本语言技能或情境性语言技能）和语言的学术性运用（学术性语言），如阅读或语法练习（Fillmore & Snow，2000；E. E. Garcia，2002）。**学术性语言**指小学、中学和大学阶段教育中使用的所有语言。事实上，学术性语言应当被看作一种新的语言，想要在学校中获得成功，个体必须学习这种语言。因此所有学生，尤其是那些在家里不说正式英语的学生，都必须变成双语者和双文化者，他们必须学习一种新的、学校要求的说话方式和文化规则。学术性语言包括多种学科会使用的一般性的词汇和概念，如分析、评价和总结，也包括特定学科会使用的词汇和策略，如数学中的因式分解（factor the equation）或导数（derivative）、统计学中的因子（factor）、金融学中的衍生产品（derivative）等。你可以看到，实际情况很复杂，相同的单词在不同领域中意思差别极大。学术性语言往往与抽象、高级、复杂的概念有关（Vogt, Echevarría, & Short, 2010）。

一般而言，通过两三年的高质量培训，第二语言的学习者就可以使用基本的或情境性的语言来进行面对面的交流了。研究表明，基本或情境性的第二语言学习存在一些发展阶段，具体如表5-5所示。

表5-5 基本或情境性第二语言学习的发展阶段

发展阶段	常见错误与局限	成就
学习语言的第一年	根本不说话 一次只能理解一个单词 单词发音错误 省略个别单词 用一到两个单词的回应 严重依赖语境	使用手势、姿势和指向某物等方式进行交流 能使用"是的""不"或单个单词
学习语言的第二年	基本的发音和语法错误 词汇量有限	能使用整句进行交流 （语境中的）理解能力很好 能使用这种语言与他人进行良好的互动
学习语言的第三年及以后	一些复杂语法的错误	能讲述一个完整的故事 理解能力很好 开始理解并使用学术性语言 更大的词汇量

资料来源：Based on Miranda, T. Z. (2008). Bilingual Education for All Students: Still Standing after All These Years. In L. S. Verplaetse & N. Migliacci (Eds.), *Inclusive Pedagogy for English Language Learners: A Handbook of Research-Informed Practices* (pp. 257–275). New York, NY: Erlbaum.

掌握学术性语言技能（如阅读新语言的文本）则需要比3年更久的时间，一般为5~10年。具体的时间取决于学生掌握了多少母语的学术性知识。因此，那些说起话来似乎已经掌握第二语言的学生，在用第二语言完成复杂的学习任务时可能仍存在很大困难（Bialystok，2001；Verplaetse & Migliacci，2008）。一个来自西班牙语国家的国际学生已获得博士学位并在大学任教，她是这样描述自己在大学中努力钻研教科书的情景的：

我不懂为什么我做得这么差。毕竟我的语法和拼写成绩是很优秀的！我花了很长时间才明白用英语组织教科书的方式与用罗曼语族的语言（如西班牙语）组织教科书的方式截然不同。我的学习过程涉及截然不同的修辞规则，这些规则都是以文化的存在方式为基础的。我从来没有听说过论文观点、结构规则、衔接性、连贯性或其他的论述特征（Sotillo，2002，p.280）。

一个来自墨西哥的10年级学生讲述了她的教师是如何帮助她掌握学术性语言的：

我之所以喜爱我第二语言课程的教师，是因为她会向我们解释如何组织我们的想法以及如何用学校的方式来写作。她也教我们怎样成为一个好的、批判性的阅读者。这对我其他课程的学习很有帮助。我知道它也会对我的生活很有益处（Walqui，2008，p.111）。

文化差异可能会在很多方面干扰学术性英语的发展和对学术性内容的理解。例如，对很多亚洲学生而言，在他们原先的文化里，问教师问题是粗鲁且不恰当的行为，因为提问意味着教师的教学工作没有做好。在亚洲的课堂中，学生问问题可能会让教师在学生面前丢脸——这是绝对不允许发生的情形。因此，教师需要不断地问自己为什么我的英语学习者不问问题。再例如，在视教师为权威知识的来源的文化里，班级讨论会被认为是在浪费时间：从不是权威的其他学生身上，学生能学到什么？因此，由文化塑造的学习观念以及先前在不同类型的班级中的经验，也许可以解释为什么许多英语学习者在课堂上那么安静，不愿意说话。英语学习者可能会认为自己的老师不够好，因为他们没有把每一件事情都解释清楚。如果先前的学校强调记忆，那么这些英语学习者也会更偏爱记忆这种学习策略（感谢俄亥俄大学的艾伦·希尔韦莱（Alan Hirvela）博士指出这些关于学校和教师的观念可能存在的文化差异）。

下面的实践指南提供了一些促进语言学习的方法。在教学过程中，你也需要时刻牢记文化的差异。

| 实践指南 |

促进语言学习

提供结构、框架、支架和策略。

例如：

（1）在解决问题时采用"出声思维"，以此建构和澄清学生接收到的信息。

（2）使用视觉组织者、故事地图或其他辅助手段，帮助学生组织和关联信息。

教授相关的背景知识和关键概念。

例如：

（1）非正式地评估学生现有的背景知识，如果知识有缺失，直接对学生需要的信息进行教学。

（2）聚焦关键词，并一致性地使用这些词。

给予聚焦的、有用的反馈。

例如：

（1）针对语义进行反馈，而非语法、句法或发音。

（2）多次给予简短、清晰的反馈。如果可能，使用学生母语中的词汇。

（3）确保学生了解自己何时做对了。

（4）将作业和活动分解为更小的单元，每"咬"一口就给予"一小口大小"的反馈。

确保学生参与和投入。

例如：

（1）使用小组和配对学习的方法。

（2）创设情境，让学生可以详细地阐述自己的观点。

（3）用清晰的、高水平的问题挑战学生，允许他们花时间思考和写出答案。当然，也可以让学生配对解答问题。

真诚地尊重学生的文化和语言。

例如：

（1）了解学生的个人和语言背景。他在家里说哪种语言？他的家庭是什么时候搬到这里来的？他在美国生活了多长时间？他在其他国家接受了什么教育？

（2）了解学生的宗教背景、饮食偏好和限制、家庭习惯，将学生的经验融入写作和语言艺术活动。

（3）学习学生传统语言中的一些关键单词。

（4）将差异视为一种财富，反对文化缺陷的观点。

资料来源：Based on Peregoy, S. F., &. Boyle, O. F. (2009). *Reading, Writing, and Learning in ESL: A Resource Book for Teaching K–12 English Learners* (5th ed.). Boston, MA: Pearson；Echevarría, J., & Graves, A. (2011). *Sheltered Content Instruction: Teaching English Learners with Diverse Abilities* (4th ed.). Columbus, OH: Pearson；and Gersten, R. (1996b). Literacy Instruction for Language-Minority Students: The Transition Years. *The Elementary School Journal*, 96, 217–220.

5.3 班级中的语言差异

教学的核心是交流，但正如我们在本章所看到的，文化会影响交流。在本节里，我们将讨论两种语言差异——方言与性别化语言。

5.3.1 方言

— 停下来 想一想 —

当你想买一杯饮料的时候，你会怎么说？你认为美国其他地区的人会使用相同的单词吗？

在得克萨斯长大的我们往往会问："你想来一杯汽水（coke）吗？"如果答案是肯定的，下一个问题会是："要哪种？可口可乐（Coca-Cola）、根汁汽水、七喜还是橙汁？"搬到新泽西州后，我必须说"我要苏打水（soda）"，因为如果我说"我要一杯汽水（coke）"，那我只能喝到可乐（coke）。20年后，在我们庆祝搬迁到俄亥俄州的聚会上，一位从小就住在俄亥俄州哥伦布市的同事对我说"你要学会说美国中西部的语言，我们说'我要 bottlapop'"。不同地区有不同的说话方式，不仅包括口音，还包括使用的词汇。例如，在新英格兰，很多人把环岛称为"rotary"而非"traffic circle"，将冰激凌上的彩色糖屑称为"jimmies"而非"ice cream sprinkles"。

方言是特定群体使用的一种语言的变体。尤金·加西亚（2002）将方言定义为"一种语言的地域性变体，有自己独特的语法、词汇和发音"（p. 218）。方言是某个群体集体认同的一部分。实际上，读这本书的每个读者都至少会一种方言，有的可能还会几种，这主要是因为没有绝对标准的英语。英语有一些方言，如澳大利亚、加拿大、英国和美国等地的英语；每个地方的英语还有很多变体，如美国英语中就有南方方言、波士顿英语、路易斯安那州法裔英语、美国黑人英语等变体（E. E. Garcia, 2002）。

不同方言的发音、语法和词汇规则会有差异，但重要的是，请记住，这些差异并不是错误的。每一种方言都是有逻辑的、复杂的，并且遵循着一定的规则。双重否定的使用便是一个例子。在美国英语的许多变体中，"I don't have no more"这样的双重否定结构是错误的。但在很多方言，比如美国黑人英语的一些变体中，像其他许多语言（如俄语、法语、西班牙语、匈牙利语）一样，双重否定的表达方式在语法上是可以接受的。在西班牙语中，当我们想说"I don't want anything"（我什么都不想要）时，我们必须说"I don't want nothing"或"No quiero nada"。我的丈夫来自宾夕法尼亚州，他会省略一些句子中的"to be"，如"The lawn needs mowed"（应该是"The lawn needs to be mowed"，草坪需要修剪了）和"The car needs washed"（应该是"The car needs to be washed"，车需要洗了）。

1. 方言与发音

一般而言，不同方言存在发音上的区别，这可能会导致拼写错误。比如，在美国黑人英语的一些变体和美国南方方言中，人们很少会注意单词词尾的发音。但不发单词词尾的辅音，如 /s/，会导致不能明确表达标准英语中的所有格、动词的第三人称单数以及单词的复数形式。"John's book"可能会被读成

"John book"，thinks、wasps 和 lists 等单词的单数形式和复数形式听起来一样。当词尾不发音时，学生谈话中出现的同音异义词（发音相同但意义不同的词）会比教师预料的更多，例如，spent 和 spend 可能发音相同。当然，即使没有这些方言差异导致的混淆，英语中也存在很多同音异义词。通常在拼写课上，教师要特别注意这些单词。如果教师意识到学生方言中特殊的同音异义词，可以直接讲解它们的不同。

2. 方言与教学

教师在课堂上如何应对语言的多样性呢？首先，教师应该对自己对于说方言的儿童持有的可能的消极刻板印象保持敏感。其次，为确保学生理解教学内容，教师应该用不同的词语重复讲解，并请学生用自己的话复述或举例说明。从表面上看，教师的最佳教学方法是理解学生，接纳他们的方言，视他们的方言为一种有效和正确的语言体系。但实际上，还是应该把焦点放在让学生学会使用更加正式和书面的语言形式（或在本国占主导地位的语言）上，这样学生才会有更多的发展机会。琼·安扬（Jean Anyon, 2012）描述了她是如何在她的小学班级中自然地完成这项任务的：

的确，我认为我的学生使用的语言具有创造性，也很可爱。我让我的学生用自己的语言来写诗和故事，也会欣赏他们的歌声。然后，我们会就他们书写的内容与我的说话方式之间的差异进行讨论，因为我来自不同的文化背景——我属于白人中产阶级。我们也会来回翻译他们所说的内容和我所说的内容。通过这种方式，学生建立起了"语言模式是不同的，但没有好坏之分"的理念。通过我们的活动，对学习标准英语（以适应白人世界）的必要性的讨论会自然而然地出现，而不会成为一种强加式的讨论。

我们将在两种不同语言形式之间的切换称为**语码转换**（code-switching）。有时我们的确需要学习这样做。不同的语码有时是用于教育或专业交流的正式语言，有时是与朋友和家人聊天时使用的非正式语言，有时则指不同的方言。即使是儿童也能意识到语码的变化。德尔皮（Delpit, 1995）叙述了她第一次给1年级学生上阅读课时学生的反应。在她认真地说完她早已背得滚瓜烂熟的教师手册上的内容后，一个学生举手问道："老师，你说话的方式怎么那么像白人啊？和我妈妈讲电话时的样子好像喔！"

对大多数学生来说，只要有好的榜样、清晰明了的指导和贴近生活的练习机会，学会一种语言的另一种版本是很容易的。

5.3.2 性别化语言

根据对方言的了解，你可能会猜到**性别化语言**（genderlect）指男性和女性具有的不同的说话方式。男孩和女孩在言语上会有一些细小的差别：女孩往往会稍微健谈一些，说话更加亲和（用亲和的言语交谈是为了建立和维持关系）。但多数有关性别化语言的研究是以出生在白人中产阶级家庭中的儿童为对象的，其研究结果未必适用于其他群体和文化。例如，一些研究指出女孩更喜欢合作和谈论情感，而男孩更具有竞争性，喜欢谈论权利和公正；但另一些研究发现非裔美国女孩和男孩一样喜欢竞争，在聊天时常常谈论她们的权利（Leaper & Smith, 2004）。

和语言的大多数特性一样，性别化语言也具有文化差异性。打断别人说话就是一个很好的例子。在美国，男孩比女孩更喜欢打断别人说话；但非洲、加勒比海、南美及东欧等地区的女性比美国女性更喜欢打断男性的发言。而在泰国、夏威夷、日本及安提瓜岛，男孩和女孩的说话风格是非常相似的——他们不会打断别人的发言，而会合作和轮流发言（Owens, 2012）。

模块 15 小结

学习两种语言涉及哪些要点

如果拥有学习每种语言的充分的机会，儿童是能够同时学会两种语言的。学习一种以上的语言有利于认知发展，因此在学习新的语言时保留自己的传统语言是十分有价值的。学习纯正发音的最佳时间是童年早期，但在任何年龄段，人们都可以学习新的语言。童年时曾偶然听到过一种语言,将促进成年时对该语言的学习。尽管成为双语者的好处显而易见,但很多儿童和成年人正在失去他们的传统语言。与其为学会一种语言而放弃另一种语言,还不如能同等流利地使用两种语言,成为平衡的双语者。能使用一种口语,还能使用一种手语,或能使用两种不同的手语,这样的个体也可以被看作双语者。

真正的双语意味着什么

一些对双语的界定仅仅关注语言层面的含义,认为双语者就是说两种语言的人。其他一些定义则更加严格,认为双语者是能在成年后的日常生活中有效使用两种语言,并能熟练掌握两种文化中交流所必需的知识的成年人——他们在两种文化和两种语言中穿梭,同时仍能保持自身的同一性。熟练掌握第二语言涉及两个独立的方面:面对面的交流(情境性语言技能)和语言的学术性运用(学术性语言),如阅读或语法练习。如果儿童接受了高质量的教学,在2～3年的时间里就可以发展出情境性语言技能,而学术性语言技能则需要5～10年的时间来发展。双语学生也常常被有关双文化的社会适应问题所困扰。

文化差异如何影响双语学生

文化差异可能会干扰学术性英语的发展和对学术性内容的理解。例如,对很多亚洲学生而言,在他们原先的文化里,问教师问题是粗鲁且不恰当的行为,因为提问意味着教师的教学工作没有做好。因此,教师需要不断地问自己为什么我的英语学习者不问问题。由文化塑造的学习观念以及先前在不同类型的班级中的经验,也许可以解释为什么许多英语学习者在课堂上那么安静,不愿意说话。英语学习者可能也会认为自己的老师不够好,因为他们没有把每一件事情都解释清楚。如果先前的学校强调记忆,那么这些英语学习者会更偏爱记忆这种学习策略。

什么是方言

方言是特定群体使用的一种语言的变体。方言是某个群体集体认同的一部分。实际上,读这本书的每个读者都至少会一种方言,有的可能还会几种,这主要是因为没有绝对标准的英语。不同方言的发音、语法和词汇规则会有差异,但重要的是,请记住,这些差异并不是错误的。每一种方言都是有逻辑的、复杂的,并且遵循着一定的规则。甚至男性和女性的说话方式也存在一些差异,我们将这一现象称为性别化语言。

教师应如何应对方言

首先,教师应该对自己对于说方言的儿童持有的可能的消极刻板印象保持敏感。其次,为确保学生理解教学内容,教师应该用不同的词语重复讲解,并请学生用自己的话复述或举例说明。从表面上看,教师的最佳教学方法是理解学生,接纳他们的方言,视他们的方言为一种有效和正确的语言体系。但实际上,还是应该把焦点放在让学生学会更加正式和书面的语言形式(或在本国占主导地位的语言)上,这样学生才会有更多的发展机会。

模块 16 移民学生和英语学习者

5.4 移民学生的教学

费利佩·瓦尔加斯是一名5年级的学生,3年多前他与家人一起从墨西哥搬到了美国。他的父亲在一家鸡肉加工厂找到了工作。很多墨西哥人在这家工厂工作。在他们居住的佐治亚州的北部小镇上有一座讲西班牙语的教堂、一家墨西哥杂货店和一家墨西哥酒吧兼饭馆。费利佩的妈妈是一名家庭主妇,她不会说英语,而他的爸爸和哥哥恩里克都能说一点英语。哥哥恩里克来美国时已经15岁,他读了一年"母语非英语者的英语课程"后就不再上学了,现在也在鸡肉加工厂工作。哥哥因为自己能帮家里赚钱而感到自豪,但他的梦想是成为一名汽车修理工,他利用业余时间帮助邻居们修理汽车,并以此赚点外快。费利佩的姐姐今年15岁,和费利佩一样先学习了两年母语非英语者的英语课程,然后转入常规英语学校学习。父母已经帮姐姐在家乡挑了一位"新郎",姐姐打算一到16岁就退学,虽然她其实并不愿意嫁给父母选择的那个人。他还有两个妹妹,分别是8岁和4岁。最小的妹妹在"开端计划"学前班里学习英语,另一个妹妹则因为有阅读困难而留级,正在重读2年级。

费利佩在学校的成绩基本上都是刚刚及格。他在阅读课文方面也存在一些困难。但他在班上交了很多非拉丁裔的美国白人朋友,和他们讲英语完全没有问题。事实上,费利佩的爸爸只要能从工作中脱身,就会到学校参加家长会,费利佩常常为父母担任翻译。他在数学上具有天赋,每次考试都能得A,数学能力在班上十分突出,因此有一名教师常常给他进行额外辅导。那名教师叫他"菲利普",他说费利佩长大以后可能会成为一名会计师或工程师。费利佩希望能实现这个理想,但他爸爸说上大学太费钱,而且他们打算一赚够买一个小农场的钱就搬回墨西哥,那才是他爸爸的梦想。

如今,美国的学校里有很多像费利佩和他的兄弟姐妹一样的学生。在本章接下来的内容里,我们将探讨如何对这些学生进行教学,让他们无论最终生活在何处,都能实现自己的大学梦,从事自己梦想的职业。

5.4.1 移民与难民

2015年,13%生活在美国的人出生在另一个国家。这些儿童中有很多是移民,就像费利佩·瓦尔加斯和他的兄弟姐妹。**移民**指那些自愿离开自己的国家,迁往另一个国家永久定居的人。墨西哥人,如费利佩及其家人,是美国最大的移民群体(Okagaki, 2006)。**难民**是移民中的一个特殊群体,他们也是自愿迁移到新的地方的,但他们是因为安全问题而逃离自己的国家的。美国规定,个体要获得难民身份,必须有"因种族、宗教、国籍、特殊社会团体成员身份或政治见解等,存在被迫害的可能的充分证据"(U.S.Citizenship and Immigration Services, 2011)。从1975年至今,已有超过300万难民获得了美国的永久居住权,其中一半是儿童(Refugee Council USA, 2011);平均每年接收的难民人数为98 000人(Refugee Council USA, 2013)。

起初几十年里,社会期望这些新移民能够融入当地文化,即加入这个文化**熔炉**(melting pot),就像当地的那些早期移民一样。多年来,美国学校的教育目标一直是促进各种文化的融合,为文化熔炉添柴加火。这些移民儿童说着不同的语言,有着不同的宗教信仰和迥异的文化传统,人们希望通过学校教育帮助他们学习和掌握英语,成为美国主流社会中的一员。当然,多数学校针对的是欧裔美国中产阶级家庭的儿童。也就是说,人们期望移民的儿童去适应和改变,而非学校进行调整。非自愿的移民,如那些被迫移民到美国的奴隶们的后裔,通常不愿意加入这个文化熔炉。

20世纪六七十年代,一些教育家提出,移民学生、有色人种学生及贫困学生之所以在学校面临问题,是因为他们"在特定文化中处于不利地位"或出现"文化障碍"。这种**文化缺陷模型**(cultural deficit model)认为移民学生的家庭文化是次等的,因为它无法让儿童更好地适应学校。如今,教育心理学家反对这一观点,他们认为没有文化是有缺陷的,学生面临问题是因为学生的家庭文化与学校期望不一致(Gallimore & Goldenberg, 2001)。此外,越来越多的群体不愿完全被美国主流社会同化,相反,他们希望在成为社会中受尊敬的成员的同时,也能保留其自身的文化和身份。因此,多元文化主义便成为目标。多元文化主义反对熔炉的观点,认为注重多元化的社会更像是填满各色原料的色拉盘(J. A. Banks, 1997, 2006; Stinson, 2006)。

过去几十年里,绝大多数美国移民集中在大城市地区、加利福尼亚州、得克萨斯州、亚利桑那州及纽约州。但如今,很多其他城市和小镇都有了"新的爱丽丝岛"(爱丽丝岛是1892~1954年美国移民局所在地),尤其是美国中西部的几个州。对英语口语水平参差不齐的学生进行教学,对教师来说是一种挑战。此外,教师还需要满足问责制测验的要求。显然,每个地方的教师都承受着很大的压力(S. B. Garcia & Tyler, 2010)。更糟糕的是,只有不到1%的小学教师和中学教师做好了准备,能将英语作为第二语言进行教学(Aud et al., 2010)。

5.4.2 当今的课堂

英语学习者是美国人口中增长最快的部分。从 1994 年到 2004 年，在我任教的俄亥俄州，英语水平有限的学生的数量增长了 125%（Newman, Samimy, & Romstedt, 2010）。2008 年，近 21% 的美国学龄儿童会在家里使用英语之外的另一种语言，这个数字几乎是 1979 年的 3 倍（Aud et al., 2010）。一些研究者预测，到 2030 年，从学前班之前到高中，约 40% 的学生能说的英语会很有限（Guglielmi, 2012）。一些人估计，到 2050 年，仅拉丁裔就会占美国人口的 1/4（U. S. Census Bureau, 2011b）。可以说，在美国出生的移民家庭的孩子是另一个需要专门的语言教学的群体。这些学生占美国学校人口的 6% 左右，也是学校人口中增长最快的群体，尤其是在高中阶段。在这些在美国出生的学生中，有一半仍被认定为英语学习者；甚至在高中开始时，这些学生仍然缺乏学术英语方面的技能。而只有拥有这些技能，他们才有可能在通常很复杂、抽象的课程中获得成功（Dixon et al., 2012; Slama, 2012）。

当然，这些变化并不是美国所独有的。据推测，到 2031 年，每 3 个加拿大居民中就会有 1 个是有色少数族裔；每 4 个加拿大居民中就会有 1 个是在其他国家出生的。因此，很多加拿大居民不会使用官方语言——英语和法语，使用其他语言的人数会增加（Freisen, 2010）。事实上，所有发达国家都有很多移民学生。例如，荷兰阿姆斯特丹超过一半的 12 岁以下的学生来自移民家庭。在英国，2000 年至 2010 年，外国出生的学生人数增加了 50%；在澳大利亚，1/4 的人出生在海外（Crul & Holdaway, 2009; Martin, Liem, Mok, & Xu, 2012）。

移民家庭一般生活在特定的社区，所以这些社区的学校拥有的移民学生和英语学习者通常最多。在这些学生中，有一些甚至不会用母语阅读和写作。显然，为这些学生提供服务的学校需要额外的资源：雇用和培训能说他们母语的教师和助手，实施班级更小的教学方式，购买设计良好的教材，以帮助这些不精通英语的学生学习复杂的学术课程（Crul & Holdaway, 2009）。你也能想到，学校并不总能得到这些额外的资源。

研究表明，在当今的课堂中，有 4 种典型的英语学习者，具体如下所示（Echaevarria & Graves, 2011）。

（1）**平衡的双语者**。这些学生能很好地使用第一语言和英语进行听说读写。他们拥有继续学习两种语言所需的学术知识以及如此行动的技能和态度。对这些学生的教学可能并不是艰难的挑战，但他们需要维持自己在两种语言和两种文化下的技能。

（2）**单语且有读写能力的学生**。这些学生具有用母语读写的能力（用母语时，他们的成绩能达到年级水平或超过年级水平），但他们的英语水平有限。对这些学生进行教学，教师面临的挑战是帮助他们发展英语能力，并继续学习学术课程。

（3）**单语且无读写能力的学生**。这些学生几乎没有读写能力。他们不能用母语进行阅读或写作，或读写能力很差。一些学生从未上过学。此外，他们的英语很差。在学习学术课程和语言的过程中，这些学生需要的帮助最多。

（4）**有限的双语者**。这些学生能很好地使用两种语言进行对话，但由于种种原因，他们在学术课程方面存在困难。潜在的原因可能是学习障碍或情绪问题。进一步的测验通常有助于诊断他们存在的具体问题。

这些学生的剖面图的形态与我们在前面介绍的对话性语言和学术性语言的差异有关。你可能还记得，发展出较好的对话性语言需要 2～3 年的时间，但掌握学术性语言要用 5～7 年（甚至 10 年）的时间。对话性技能包括使用恰当的词汇和语句，提出和回答问题，开始和结束对话，聆听，以及理解与使用习语等。

学术性技能包括流畅地阅读和写作，语法和句法，专业词汇知识，在书面和口头的指引下与其他学生合作完成作业，理解不同类型的文章和写作格式（如小说、诗歌、数学问题、科学图表、历史大事年表），概述、总结和阅读理解等（Echevarria & Graves, 2011）。要成功学习课程内容，英语学习者必须将对语言的理解与特定学科（如数学或生物）的专门术语、概念和惯例等相关知识整合在一起。图 5-2 列出了在学校里成功学习需要整合在一起的语言领域。

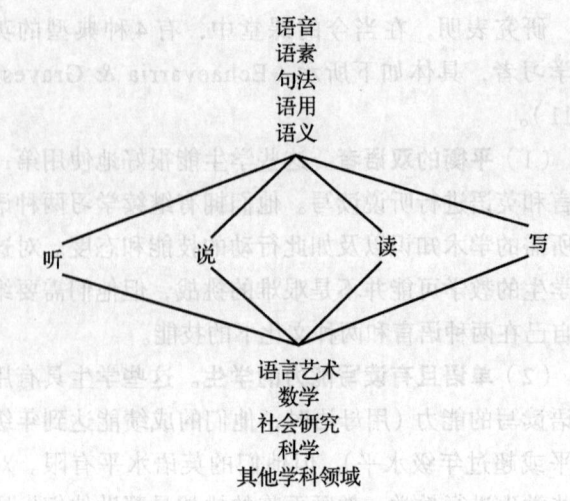

图 5-2 在学校里成功学习需要整合的语言领域

资料来源：Echevarría, Jana J.; Graves, Anne, *Sheltered Content Instruction: Teaching English Language Learners with Diverse Abilities*, 4th Edition, © 2011. Reprinted by permission of Pearson Education, Inc., Upper Saddle River, NJ.

如果你任教的学校里有很多英语学习者，学校可能会有专门的人事部门负责正式的评估，以便妥当地安置这些学生。

5.4.3 1.5代学生：生活在两个世界里的学生

> **停下来 想一想**
>
> 想象你是这样一个人：
>
> 1岁左右时，你来到美国。你和你的家人是非法入境的。你有一个弟弟、一个妹妹，他们出生在美国，是合法的居民，但你不是。你的父母和年长的兄弟姐妹很辛勤地工作，经常做两份工作，为的是让年幼的孩子受到良好的教育。你在你和你的家人生活的新社区里上了学前班、小学和高中。你以优异的成绩从高中毕业，希望能上大学。但很快，你发现你没有资格申请奖学金，你不得不按照国际学生的标准来缴纳学费，而这是你负担不起的。尽管事实上你几乎在美国生活了一辈子，并且能说一口流利的英语，甚至是一个勤奋、有前途的学生，但是你依然不能合法地工作、投票，甚至在很多州还不能驾车。

如果你是这样的学生，你就是"1.5代"这个大群体的一员。之所以称这些学生为"1.5代"，是因为这些学生的特点、教育经历和语言流畅度介乎出生于美国的学生和刚移民到美国的学生之间（A. L. Gonzalez, 2010）。这些学生出生在其他国家，但他们人生的大部分时间生活在美国，因为他们的家庭在他们年幼的时候就移民到了美国。他们在家里可能不说英语。虽然他们的学术性英语技能可能发展得不是很好，但他们通常能很流利地用英语进行对话。事实上，有很多不同类型的1.5代学生，杜巴里和利马（Dubarry & Lima, 2003）对此进行了描述：

- 来自波多黎各等美国属地的学生。他们有时也被称为"来自本国另一地区的移民"(in-migrants)。
- 在美国出生的移民后代，其父母是生活在社会关联紧密的社区的移民。在那里，传统语言因家庭成员和商业生活中的使用而得到保留。
- 为了接受美国教育而被富有的父母送出国，并与年长的兄弟姐妹生活在一起的学生。这些学生有时也被称作"降落伞儿童"。
- 家庭在不同国家间来回迁徙的儿童。
- 说其他"英语"，如牙买加英语、东印度英语或新加坡英语的移民。

仔细分析可以发现，这些学生有一些共同特点，也面临类似的挑战。他们可能没有在他们在家中使用的语言上发展出高超的读写技能，因为他们在接受学校教育时并不使用这种语言。他们使用的大部分英语可能是通过听朋友或年长的兄弟姐妹的谈话，与他们聊天，看电视或听音乐来习得的。有人称他们为"耳朵学习者"，因为他们是通过听周围的语言来建立自己对英语的认识的；但他们听到的常常是白话或俚语，因此他们可能在准确阅读和书写英语方面存在困难。我们大部分人在听到或读到英语时就知道它们的语法是否正确，因为在我们的生活中，我们听到的（绝大多数）英语内容的语法都是正确的，我们的耳朵很好地教会了我们。但对很多1.5代的学生来说，通过耳朵学习到的是不完美的，甚至是不准确的英语语法概念。因为他们是"耳朵学习者"，他们可能会使用不正确的动词和名词形式，读错复数形式的单词，或混淆读音相近的单词，如confident和confidence。他们需要依靠语境、手势、面部表情和声调来理解语言，因此阅读对他们来说更加困难。校正作业也很费劲，原因在于他们无法"听出"错误。复杂的学术阅读和写作任务更是极具挑战性的（Harklau, Losey, & Siegal, 1999；Reid & Byrd, 1998；Roberge, 2002）。相反，我班上很多国际研究生在学习英语时是"眼睛学习者"，通过阅读、写作、词汇和语法练习来学习英语。他们的写作能力很好，但他们在口语互动方面有更多的困难。了解学生的类型以及他们最初是如何学英语的，能帮助你理解他们犯的错误和他们面临的挑战。

5.4.4 对英语学习者的教学

有很多术语与双语教育有关。在美国，刚开始学习英语的学生有时被称为**"有限英语水平者"**（limited-English-proficient，LEP）。不过，这些学生更常被称为英语学习者，因为他们的第一语言或传统语言不是英语。**英语作为第二语言类课程**致力于教这些学生英语。很多人更喜欢"母语非英语者的英语课程"这一术语，原因在于学生可能把英语当作第三或第四种语言来学习。前面提到的费利佩·瓦尔加斯上的就是这种课程。英语水平有限在美国通常意味着更低的学业成就和更差的工作前景。因此，语言发展多样性的一个重要主题就是，我们应当如何对这些学生进行教学。

1. 英语语言学习的两种取向

几乎每个人都赞同，所有公民都应学习自己国家的官方语言，但究竟该何时以及如何开始学习官方语言呢？英语学习者应先接受以他们的母语进行的阅读教学比较好，还是应从一开始就接受英语阅读教学？先为这些儿童安排一些英语口语练习课程，会不会让随后的阅读教学更为有效？在学生能说流利的英语之前，是否应采用他使用的主要语言（他在家里使用的语言）教授其他科目，如数学和社会学？正如你将在正方观点/反方观点中看到的，关于这些问题的争论已经持续了很长时间。

正方观点 / 反方观点

教育英语学习者最好的方式是什么

针对这一问题，有两种不同的立场，导致了两种截然相反的教学取向：一种是将教学重心放在沉浸式的全英语教学上，以尽快让学生转换到说英语的状态；另一种则是在学生的英语技能完全发展起来以前，努力保留或提高学生的母语能力，并在教学时主要使用母语。

正方观点：对英语学习者来说，结构化的英语沉浸式教学是最好的方式

赞成"沉浸式"或"快速转换"的教学方式的人认为，应该尽可能早地让学生接触英语，并且越密集越好。他们认为如果用学生的母语进行教学，这些学生就会错失学习英语的宝贵时机。支持者引用了加拿大沉浸式教学计划来证明语言沉浸的有效性（Baker, 1998）。在一篇写给教育管理者的文章中，凯特·克拉克（Kate Clark）宣称："这些教学计划非常有潜力，能加速英语学习者英语能力的发展，并帮助他们为学习相应年级水平的学术内容做好语言准备。"（K. Clark, 2009, p.42）如今很多学校遵循这个思路开展了**结构化的英语沉浸式教学**（structured English immersion，SEI）。虽然有很多不同取向的结构化英语沉浸式教学，但它们通常有两个基本的特征：①教师在教学中尽可能多地使用英语；②课堂中学生的能力水平决定着教师如何使用和教授英语，英语的使用和教学必须适合学生的能力（Ramirez, Yuen, & Ramey, 1991）。至少有三个原因可以解释学校为何采用这种教学方式（K. Clark, 2009）：

（1）一些州通过法律强制执行这种沉浸式教学方式，并且限制了使用儿童母语进行教学的工作量。

（2）美国所有学区实行的问责制测验都必须使用英语。如果学生在这些测验上的得分很低，学校将面临处罚，因此让这些参加测验的学生尽可能快地掌握英语对学校很有利。

（3）学校担心，如果英语学习者没有得到密集、持续的英语教学，就算能学会足够的对话性英语，也发展不出中学以及高等教育所需的学术性英语能力。

沉浸在一种语言中,是学习一种新语言最好的方式,也是全球很多语言学习项目的基础(K. Clark,2009)。

反方观点:学生的母语应当被保留

用英语教授(teaching in English)不同学科的内容,并希望学生从中学会英语,这一过程与教授英语(teaching English)并不相同。建议保留母语的教学方式的支持者指出,前者存在以下四个重要问题(Gersten,1996b;Goldenberg,1996;Hakuta & Garcia,1989)。

(1)深层次地学习第一语言事实上能促进第二语言的学习。例如,一项全国性大样本研究持续追踪了8年级拉丁裔学生12年,结果发现,作为第一语言的西班牙语的熟练程度能预测英语阅读能力,英语阅读能力能预测学生在学校和职场的成就(Guglielmi,2008,2012)。学生在习得第一语言的阅读能力时发展出的元认知策略和知识,会迁移到第二语言的阅读中(van Gelderen, Schoonen, Stoel, de Glopper, & Hulstijin,2007)。因此维持和提高第一语言的熟练程度是很重要的。学生在学习母语时获得的学习策略和学科知识(数学、科学、历史等知识)是不会在他们学习英语的过程中被遗忘掉的。另外,一种语言的词汇的学习能促进另一种语言的词汇的学习(Goodrich, Lonigan, & Farver,2013)。

(2)强迫儿童用一门陌生的语言来学习数学或科学,他们一定会遇到困难。如果你才学了一个学期的第二语言,就被迫用这门语言来学习分数或生物,你觉得结果会怎样?一些心理学家认为,用这种方法教育的学生可能会成为半语者,对两种语言都不精通。成为半语者可能是导致社会经济地位低的拉丁裔学生辍学率居高不下的重要原因之一(Ovando & Collier,1998)。

(3)如果忽视第一语言,只强调英语,学生可能会因此形成他们的母语(连带着他们的家庭和文化)低人一等的认识。

(4)就像Kenji Hakuta多年前所引述的"一种自相矛盾的态度,一方面崇尚在学校习得双语,并为此自豪;另一方面,鄙视由于移民而在家庭里习得双语的人,并为他们感到羞愧"(1986,p.229)。具有讽刺意味的是,当学生升入中学,逐渐掌握了学术性英语,而母语能力开始衰退的时候,他们又被鼓励去学习第二语言。有时候,母语为西班牙语的学生会被鼓励去学习法语或德语,因此他们很可能在三种语言上都成为半语者(Miranda,2008)。

当然,在关于双语教育的争论中,我们很难将教育政策与教学实践完全剥离开来。很明显,高质量的双语教育课程会有积极的结果。研究发现,参与其中的学生在使用母语教学的学科和在英语的掌握程度上都有进步,同时他们的自尊也有所提高(Crawford,1997;Francis, Lesaux, & August,2006)。英语作为第二语言的课程似乎对学生的阅读理解有积极的影响(Procotr, August, Carlo, & Snow,2006)。但如今争论的焦点不再是一般的教学方式,而是有效的教学策略。正如你会在本书中经常看到的,结合清晰的学习目标和对所需技能的直接教学,似乎是行之有效的方法。当然,有效的学习策略与方法、从教师或同伴指导逐步过渡到学生独立练习、真实有趣的任务、参与关注学习内容的互动和对话的机会,以及教师温暖的鼓励等,也对学生的学习效果具有重要影响(Cheung & Slavin,2012;Gersten,1996b;Goldenberg,1996)。

2. 双语教育的研究

同时学习两种语言对个体而言是极为有益的。前面我们介绍过佩蒂托(2009)的研究,他发现只使用英语的儿童参加双语教育后,在阅读两种语言均需要的认知技能上有优异的表现。美国说少数族群语言的儿童与青少年读写能力委员会(National Literacy Panel on Language-Minority Children and Youth)回顾了有关英语沉浸式教学和保留母语的教学的研究,结果发现,接受保留母语教学的学生在多种不同测验上的表现更好(Francis, Lesaux, & August,2006)。一些研究者(Branum-Martin, Foorman, Francis, & Mehta,2010)选取了得克萨斯州和加利福尼亚州的128个班级，直接对比沉浸式教学和保留母语教学的效果，结果发现，教学类型不能预测教师在教学中使用英语和西班牙语的多少，语言的使用存在很多地方性的差异。一些采用英语沉浸式教学的教师会相当多地使用西班牙语；一些采用保留西班牙语教学的教师则会相当多地使用英语进行教学。另一个发现是，保留西班牙语教学对学生在英语上的表现有积极的影响。

由美国教育部资助的一项研究（Gersten et al.，2007）提供了五个关于如何对英语学习者进行教学的建议（Peregoy & Boyle，2009）：①教学前对英语学习者的阅读能力进行一次正式的评估（详见第15章），以便准确地判断英语学习者现在知道什么以及已做好准备学什么，并鉴别出那些在阅读方面需要更多帮助的学生；②采用小组的形式，针对评估中所确定的需求领域进行集中教学；③有目的地对课程内容中出现的基本词汇与课堂上的常见词汇、短语和表达方式进行教学；④直接对学术性英语进行教学，发展学生阅读文章、完成学术性作业，以及使用正式语言和论证的能力；⑤可要求学生在完成学术任务时广泛地采用同伴辅助学习，尤其是配对合作学习的方式。

3. 让所有学生都成为双语者：双向的沉浸

学生需要同时掌握对话性英语和学术性英语，并达到很高的水平，但这不应该以牺牲他们的母语为代价。学校教育的目标应该是培养平衡的双语者。为达到这一目标，一种行之有效的方法是将正在学第二语言的学生和以该语言为母语的学生编排在同一个班级中。这样做的目的是让两种学生都能熟练掌握两种语言（Peregoy & Boyle，2009；Sheets，2005）。我女儿曾在魁北克省参加过这样的项目，经过一个暑假的学习，她在法语课上的表现变得名列前茅。

为真正有效地对英语学习者进行教学，我们需要很多双语教师。你可能对某种语言有所涉猎，但为了教学，你可能需要更好地掌握它。目前，每100个英语学习者才有1个有资格进行双语教学的教师（Hawkins，2004）。促进语言的学习是绝大多数教师的责任。图5-3提供了很多教学策略，可用以促进不同年级学生语言和读写能力的发展。

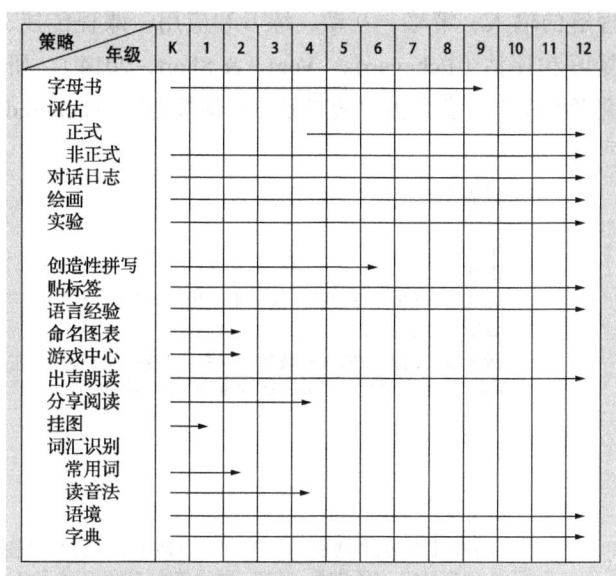

图 5-3　促进学生语言和读写能力发展的教学策略

注：在双语课程和英语作为第二语言的课程中，对学生进行有效教学需要整合很多策略——直接教学、借助媒介、辅导、反馈、示范、鼓励、挑战和真实的活动等，即为学生提供很多阅读、写作和说话的机会。

资料来源：Peregoy, Suzanne F.; Boyle, Owen F., *Reading, Writing and Learning in ESL: A Resource Book for Teaching K-12 English Learners*, 5th edition, © 2009. Reprinted by permission of Pearson Education, Inc., Upper Saddle River, NJ.

结束沉浸式或双语教学后，学生会掌握一些英语技能，但学习并没有结束。很多学生接下来将进入掩蔽教学阶段。

5.4.5　掩蔽教学

对大多数教授移民学生和英语学习者的教师来说，一个现实的挑战是在教授学科内容的同时发展学生的英语语言技能。**掩蔽教学**（sheltered instruction）这种教学方法已被证实能帮助教师成功达成上述两个目标。掩蔽教学通过将学科词汇和概念放在语境中，从而使学科内容更易理解的方式来向英语学习者教授相应的学科内容。这样的策略包括简化和控制语言表达，注意英语语法和形式——帮助学生"解开密码"，借助视觉和手势，以及现实生活的支持和实例。此外，在教学过程中，不再始终是教师在说话，取而代之的是强调学生的发言和讨论。为更清晰地了解什么是好的掩蔽教学，珍娜·埃切瓦里亚（Jana Echevarría）及其同事指出了八个关键要素：准备、建立背景知识、可理解的输入、策略、互动、练习和应用、课程传授、复习和评估（Echevarría, Vogt, & Short, 2014）。研究者开发出一套名为**"掩蔽教学观察报告"**（sheltered instruction observation protocol, SIOP）的系统，可用于检查每个要素是否都包含在教学中。图 5-4 列出了掩蔽教学观察报告可能包含的要素的一些范例。

观察者：_____
日期：_____
年级：_____
班级：_____
最高分：120（每回答一次"不适用"，减去4分）
总分_____

教师：_____
学校：_____
ESL水平：_____
课程：多天 单天（圈出）
百分数_____

指导语：请根据你从掩蔽教学课程中观察到的内容，在最能反映其的数字上画圈，进行评分，评分在0～4分之间。你可以在"评论"处描述你观察到的行为的实例。

	非常明显		有些明显		不明显	不适用
	4	3	2	1	0	

准备
1. 内容目标 必须清晰、确切，并清楚地向学生阐述和复述。 ☐ ☐ ☐ ☐ ☐ ☐
2. 语言目标 必须清晰、确切，并清楚地向学生阐述和复述。 ☐ ☐ ☐ ☐ ☐ ☐
3. 教学内容中的概念（content concepts）必须符合学生的年龄和教育背景。 ☐ ☐ ☐ ☐ ☐ ☐
4. 大量地使用辅助性材料（如计算机程序、图表、模型和可视教具），使课程清晰易懂。 ☐ ☐ ☐ ☐ ☐ ☐
5. 调整内容，以适应各种熟练程度的学生。 ☐ ☐ ☐ ☐ ☐ ☐
6. 设计有意义的活动，将课程中的概念（如访谈、写信、模拟、模型）与读、写、听、说的语言练习结合起来。 ☐ ☐ ☐ ☐ ☐ ☐

评论：

建立背景知识
7. 外显地将概念与学生的背景经验联系起来。 ☐ ☐ ☐ ☐ ☐ ☐
8. 外显地将过去的学习与新的概念联系起来。 ☐ ☐ ☐ ☐ ☐ ☐
9. 强调关键词（如介绍、板书、重复、突出关键内容，以便让学生看到）。 ☐ ☐ ☐ ☐ ☐ ☐

评论：

可理解性
10. 使用适合学生语言水平的语言授课（对初学者进行授课时，采用更慢的语速、清晰的发音和简单的句子结构）。 ☐ ☐ ☐ ☐ ☐ ☐
11. 对学业任务进行清晰的解释。 ☐ ☐ ☐ ☐ ☐ ☐
12. 采用各种手段（如示范、可视教具、动手活动、演示、手势和身体语言）帮助学生弄清学科内容概念。 ☐ ☐ ☐ ☐ ☐ ☐

评论：

策略
13. 提供充足的机会让学生使用学习策略。 ☐ ☐ ☐ ☐ ☐ ☐
14. 持续使用支架技术（如出声思维），以帮助和促进学生理解。 ☐ ☐ ☐ ☐ ☐ ☐
15. 设计各种问题或任务（如字面的、分析性的和解释性的问题），培养学生的高级思维技能。 ☐ ☐ ☐ ☐ ☐ ☐

评论：

互动
16. 多为学生提供互动和讨论的机会（师生、生生之间），激发学生对课程概念做出各种复杂的反应。 ☐ ☐ ☐ ☐ ☐ ☐
17. 采用多种分组方式，促进课程语言目标和内容目标的实现。 ☐ ☐ ☐ ☐ ☐ ☐
18. 始终为学生提供充足的反应时间。 ☐ ☐ ☐ ☐ ☐ ☐
19. 给予学生用第一语言澄清关键概念的充足机会，必要时可寻求助手、同伴或第一语言课文的帮助。 ☐ ☐ ☐ ☐ ☐ ☐

图 5-4 掩蔽教学观察报告范例

	非常明显 4	有些明显 3		不明显 2		1	不适用 0
评论：							
练习和应用							
20. 提供实践的材料和工具，以便学生练习应用新的内容知识。	□	□	□	□	□	□	□
21. 组织活动，让学生在课堂上同时运用内容知识和语言知识。	□	□	□	□	□	□	□
22. 把读、听、说等所有语言技能融入活动。	□	□	□	□	□	□	□
评论：							
课程传授							
23. 整个授课过程要确保内容目标的实现。	□	□	□	□	□	□	□
24. 整个授课过程要确保语言目标的实现。	□	□	□	□	□	□	□
25. 保证学生在90%~100%的课堂时间里能够积极参与课堂。	□	□	□	□	□	□	□
26. 根据学生的能力水平调整授课的速度。	□	□	□	□	□	□	□
评论：							
复习和评估							
27. 充分复习关键词汇。	□	□	□	□	□	□	□
28. 充分复习关键内容概念。	□	□	□	□	□	□	□
29. 经常对学生的产出（如语言、内容、作业等）提供反馈。	□	□	□	□	□	□	□
30. 在上课过程中评估学生对所有课程目标的理解和学习效果（评估方式包括现场抽查、小组反应等）。	□	□	□	□	□	□	□
评论：							

图 5-4 （续）

注：掩蔽教学观察报告共包含30个需要在观察中进行评估的特征。对每个特征的评定从4（高度明显）到0（不明显）不等，也可能为NA（不适用）。最终，这些评定将转化为一个分数。

资料来源：Echevarría, J., Vogt, M., & Short, D. J. (2014). *Making Content Comprehensible for Secondary English Learners: The SIOP® Model* (2nd ed.). Reprinted with permission from Pearson Education, Inc.

掩蔽教学究竟是什么样的？我们可以通过很多方式来设计课程，以使其满足图5-4中提到的标准。例如，表5-6介绍的七种不同的课程结构，就可用来帮助学生理解课程内容和发展语言技能。

表 5-6 用来帮助学生理解课程内容和发展语言技能的掩蔽教学的课程结构

结 构	范例 / 是什么样的	基本原理 / 为什么有效
思考-配对-分享	不是向全班提问，然后要求两三名学生做出回应，而是要求每个学生都思考答案或对提示做出回应，然后将它告诉自己的合作伙伴。接下来，教师邀请一些学生向全班同学分享他们的所得	所有学生都有机会思考和讨论某一主题的相关内容 教师能在课堂中监控学生对内容目标和语言目标的理解
组块与交谈	每10分钟，教师就会暂停一下，指导学生与同伴或小组成员讨论他们刚学过的东西。在掩蔽教学课程中，学生所说的话是由教师精心组织的，教师会借助特定的提示或句首，例如"如果我可以采访我们今年读过的所有书的作者中的其中一位，那么这个人会是……因为……"	通过将新的信息分解成"组块"，即可学习的、"一口大小"的片段，使学习变得更加容易（第8章将阐述这样做的重要性） 让学生有机会使用课程中的概念和内容进行交谈
漫步与总结	教师提出一个反思性问题（例如"今天你学到的最重要的东西是什么"或"今天我们的学习中什么让你感到惊奇"），学生安静地思考，然后站起来，在教室里漫步，与同学一起讨论他们的想法	学生可以将自己所学的知识综合起来，并以更具对话性的方式进行交流 学生可以练习交流
播客	学生就自己选择的或教师分配的某个主题准备一个2~3分钟的口头摘要。他们进行排练，然后将它记录在播客或音频文件中，存储在班上的计算机中	提供演讲、聆听和改进语言的机会 有听众会增强学生的动机，并激励他们认真准备
电视谈话节目	小组成员合作制做某个主题的谈话节目。在此之前，他们已对这一主题的多个方面进行过研究。其中一名学生担任主持人和采访者，其他人是嘉宾。例如，在研究极端天气现象之后，一个学生扮演飓风专家，一个学生扮演暴风雪专家，一个学生扮演地震专家，另一个学生扮演龙卷风专家	录下这个谈话节目的视频，以便教师和学生评估学生的演讲、关键词使用以及对主持人问题的回应等方面的情况 有观众会增强学生的动机，并激励他们认真准备

结　　构	范例 / 是什么样的	基本原理 / 为什么有效
写标题	学生通过写标题来捕捉一天的课程、读过的文章的章节、观看过的视频或听过的口头呈现的信息的精髓，然后分享他们的标题	鼓励学生使用描述性语言，并关注词语的选择，创作引人注目的标题
电子期刊和维基百科条目	学生每天或每周一次将他们学习的内容写在电子期刊中。在教学单元结束后，教师可能会要求学生写一个维基百科条目，这个条目要提供关于他们正在研究的主题的关键信息	鼓励学生对综合信息进行写作，并写出更长的篇幅

资料来源：Based on Echevarría, J., Vogt, M., & Short, D. J. (2014). *Making Content Comprehensible for Secondary English Learners: The SIOP® Model (2nd ed.)*, pp. 198–199. Boston, MA: Pearson.

5.4.6　情绪情感和社会性的考虑

> **停下来　想一想**
>
> 你刚走进教室，老师就走到讲台上说"Mina-san, ohayō gozaimasu. Kyō wa, kyō iku shinrigaku no jū gyō ja arimasen.
>
> Kyō wa, nihon no bangō, ichi kara jū made benkyō-oshimasu. Soshite, kono kyō shitsu wa Amerika no kyō shitsu ja arimasen. Ima wa Nihon no kyō shitsu desu. Nihon no kyō shitsu dewa, shinakerebanaranai koto wa mittsu mo arimasu. Tatsu, rei, suwaru. Mina-san, tatte kudasai. Doshite tatteimasen ka? Wakarimasen ka？"。
>
> 班上没什么变化，直到你拿到试卷，并且被告知"这次测验的成绩会占你总分的20%，要好好做"。你觉得难以置信！你会怎么做？

上面这种事情应该不太可能发生。事实上，我的一位博士生（Yough, 2010）在他的教育心理学课程中故意设计了这样一堂课（没有测验），因此他班上的学生可以体验到，当教师使用一种他们不擅长的语言进行重要内容的教学时，他们会有怎样的感受。有关英语学习者的研究发现，他们在学校里会经历严峻的挑战，承受巨大的压力。他们会没有归属感，认为其他人都在取笑他们，或干脆忽视他们。其他每个人都知道规则和正确的词语，但英语学习者需要很大的勇气和耐心来不断尝试与别人交流。尽可能少说话往往更轻松。因此，尽管这些学生极度需要沟通练习，但它基本上不会发生。

教师如何支持学生，让他们有勇气和耐心与别人进行交流？第一步是建立起一个充满关心和尊重的班集体。我们将在第13章中介绍相关的策略。在下面的实践指南中，埃切瓦里亚和格雷夫斯（Graves）（2011）提出了向英语学习者提供情感支持和提高他们自尊的其他方法，你可以参考。

｜实践指南｜

向英语学习者提供情感支持和提高他们自尊的方法

开展能提高阅读和写作能力的学习活动。

例如：

（1）每周与年幼学生进行一次个别对话，将他们复述的故事的内容记录下来。让学生校订和修改听写作业，将它读给同伴听。

（2）通过互动式日志与年长学生交流，每周收集一次学生的日志并且回信。

确保学生有充足的时间进行练习，并能得到详细而有针对性的校正。

例如：

（1）私下指出学生的书面作业中哪些是正确的，哪些接近正确，哪些是错误的。

（2）小心处理公开的口头纠正，以让学生知道什么是正确的为原则，但也不能接受明显错误的答案。

将教学与学生生活中的相关知识联系起来。

例如：

（1）要求学生调查家庭成员最喜爱的电影，利用电影人物去探讨文学的基本要素，如情节、观点等。

（2）让学生为建筑公司做企划方案，以此来学习数学概念。

让学习者参与课程。

例如：

（1）将历史课程中的时间轴与根据家庭历史制成的个人时间轴进行比较。

（2）让农村学生完成一些动物或农业方面的科学项目。

使用不同的分组策略。

例如：

（1）在写故事和练习口语陈述时采用学生配对的分组策略。

（2）在研究新近移民群体的文化和语言时采取小团队的分组策略。

提供母语语言支持。

例如：

（1）学习和尽可能多地使用学生的母语。他们能学会，你也可以。

（2）寻找网络翻译资源和当地使用该语言的志愿者。

（3）给班上准备一些用学生的母语编写的杂志和图书。

让家庭和社区参与进来。

例如：

（1）邀请故事作者、当地企业家、艺术家和工匠来班上开展活动。

（2）为你的班级创设一个"欢迎中心"。

对所有学生保持高期望，并清晰地和学生交流这些期望。

例如：

（1）当学生进入职场或大学后，保留他们以前的剪贴簿。

（2）不接受普通、平凡的作品。

（3）做学生的榜样——尊重多元化，抵制偏见。

资料来源：Echevarría, Jana J.; Graves, Anne, *Sheltered Content Instruction: Teaching English Language Learners with Diverse Abilities*, 4th Edition, © 2011. Reprinted by permission of Pearson Education, Inc., Upper Saddle River, NJ.

另一个问题与文化差异有关。正如我们前面提到的，初中或高中时才移民到美国的学生曾在自己的家乡接触过与美国教育截然不同的教育体系和教育观念。他们可能通过出色地记住了课程要求的内容而在那些体系中获得了成功。当他们面对一种不同的教育方式时，突然间他们会很挣扎，感觉自己只知道一点点或一无所知。作为教师，你需要学习这些学生的长处，了解他们的能力，并在他们已有知识的基础上进行教学。接下来我们就来聊聊这个话题。

5.4.7 与家庭合作：文化工具的使用

正如本章前面提到的，家长参与学校教育的程度越高，其孩子在学校就会越成功（Dearing et al., 2006）。现在让我们一起来考虑几种吸引家长参与学校教育的方式——以知识资金为基础、欢迎中心和学生主导的会议。

1. 知识资金和欢迎中心

路易斯·莫尔（Luis Moll）及其同事希望能找到一种更好的教学方式，来帮助美国亚利桑那州图森市的贫民聚居区学校里主要说西班牙语的墨西哥裔工人阶级家庭的儿童（Moll et al., 1992）。莫尔认为，与其改变学生的不足之处，不如从这些学生的家庭成员入手，找出并依靠他们的工具和文化**知识资金**（fund of knowledge）。通过对学生家庭成员的访谈，研究者发现他们拥有广博的农业、经济学、医学、家务管理、机械学、科学以及宗教等方面的知识。当教师根据这些知识资金设计作业时，学生会更加投入，教师也将因此重新认识这些学生的生活。例如，在参加了一个知识资金项目后，一位教师意识到，过去她总是认为自己的学生有缺陷或有问题——学业落后、不合群、有家庭问题以及贫穷。但现在，这位教师不再关注学生的局限，而是关注他们的资源，从而开始了解他们的家庭，也意识到自己原先常常曲解学生的行为。

强烈的家庭价值观和责任感是我访问的这些家庭的特点。通常，家长希望我的学生在家里做一些家务，比如打扫房间、保养汽车、准备食物、洗盘子以及照顾年幼的弟弟妹妹。当某个学生没能来参加学校戏剧社或合唱团的排练时，我认识到深入了解学生生活的意义。我用一本日记详细记录了自己参加项目的点点滴滴。例如，我记录了下面这个事件：

周三（1992年11月25日）音乐教师向我抱怨："你知道，莱蒂西亚已经缺席了两次合唱团的排练了。"我还没说话，学校的戏剧老师就接着补充道："哦，她很没有责任感。她参加了戏剧社，但每两次开会只会出席一次。"这时，我说："等一下，听我说……"接着我告诉她们，莱蒂西亚的弟弟正在医院接受一系列的手术，她妈妈不在家的时候，她负责在家照顾两个年幼的弟弟妹妹。她放学后没去参加排练，正是一种负责任的、孝顺的和对家庭忠诚的行为。(Gonzales et al., 1993)

通过与学生家庭的接触，这位教师了解到社区里有价值的认知资源，这也让她更加尊重她的学生及其家庭。美国西南部从幼儿园直至小学5年级的"欢迎中心"（Welcome Center）计划也是以莫尔的工作为基础的。从2005年到2009年，美国学校中拉丁裔学生的比例从12%上升到43%，其中大部分是新近的移民。欢迎中心可以说是"学校里一个社交和教学的空间。在这里，新近移民的家庭可以见面，交流各种专业知识，获取子女教育的相关信息，也可分享一些实际事务的一般信息"（DaSilva Iddings, 2009, p.207）。欢迎中心是一个明亮、舒适和非正式的空间，配有小厨房、野餐桌、电脑和打印机、西班牙语和英语图书及杂志、数学计算器、学生作品陈列柜及其他欢迎物品。5年级学生放学后将在中心辅导其他学生做家庭作业。使用西班牙语的家庭会为中心成员开设西班牙语、烹饪和跳舞等课程。中心还会提供一些英语读写活动，可供成年人和儿童一起学习。欢迎中心有很多成功的案例：教师与学生家庭建立联系，并逐步学会欣赏学生的语言及其所属文化的价值；一些移民家庭获得了公民身份，另一些则创办了企业和餐馆。教师与家庭的联系对移民学生的成功尤为重要。关于如何与移民家庭和社区建立合作关系，下面的实践指南提供了很多有益的建议。

| 与家庭和社区建立合作关系的实践指南 |

欢迎所有家庭

确保家长能理解所有的沟通内容。
例如：
（1）尽可能使用学生家庭使用的语言。
（2）尽可能采用口头交流的方式，如电话或家访。

平衡积极信息和消极信息的比重。
例如：
（1）将儿童的成就和善举记录下来，并送到家里。
（2）向家长解释相关的训练是为了帮助儿童成功。

建立欢迎新家庭的系统。
例如：

（1）指派更有经验的"伙伴"父母与新家庭沟通。
（2）与社区中的多语言媒体联系，以便发布与学校相关的公告。

确保信息通达。
例如：
（1）建立电话树或短信网络。
（2）让家长了解每周会有一张便笺送到家里，家长可以向子女询问上面的相关信息。
（3）建立有着多种语言版本的班级简报或网站。

2. 学生主导的会议

从我记事以来，家长-教师会议就一直在进行。这些会议可能是富有成效的，但也可能是令人失望或对抗性的。如何让学生对家长-教师会议更加投入，甚至对学习活动本身更加投入？一种方法是让学生主导会议，向父母展示他们的作品，解释他们学到了什么，以及他们是如何学习的。如此，学生会对自己的成功和失败负起更多的责任。他们可以如何改进？在下一个评分阶段，他们的目标是什么？当学生主导会议时，父母更可能出席和积极参与这个会议。通过精心的规划和准备，教师能够培养出一种为学生的利益而努力的团体意识（Haley & Austin, 2014）。

学生主导的会议有很多种筹备方式。多数教师会和学生一起为特定课程设定清晰的学习目标，也可能为学生提供评估准则，用以指导其自我评估（更多有关评估准则的信息请查阅第15章）。提前通知家长，这一点很重要，最好还能从家长那里收集有关他们对孩子的希望和担忧，他们的兴趣以及知识资金的信息。让他们知道他们的孩子将主导整个会议，并在必要时为他们翻译。同时向家长保证，会议结束后他们将有时间单独与你见面，在他们孩子不在场的情况下，与你分享他们的疑虑并提出问题。

在整个会议过程中，学生将主导讨论，展示他们的作品，也可能根据一些提示进行阐述，如"我喜欢这篇文章的……""我学到了……""如果能重新做一次，我会改进……""我的下一个目标是……"要很好地主导会议和解释自己的作品，学生需要一起练习。做好所有准备后，如果家庭成员没有到场，这会使人非常沮丧。因此你需要有一个后备计划，让另一个成年人坐在家长的位置上并与学生互动。表5-7呈现了一份学生主导会议的时间规划指南。

表5-7 学生主导会议的时间规划指南

何 时	做什么
评分阶段开始时	确定用于展示的学生作品——项目、短文、绘画、测验及报告等，这些将是评分阶段结束时学生主导的会议的重点。建立清晰的评估标准，可以的话，尽量给每个学生一份评估准则
评分期间	让学生使用评估标准或准则来练习自我评估，并和班上的其他人分享他们的评估
会议前几周	给家长发送通知，向他们解释什么是学生主导的会议，并询问孩子的相关信息，如孩子的兴趣、在家里承担的责任、喜欢和不喜欢学校的方面、看电视或玩游戏的时间、兄弟姐妹的数量和年龄，以及花在家庭作业上的时间。你也可以询问家庭成员最喜欢的集体活动、父母的兴趣和知识资金，以及父母对自己孩子的疑虑和期望
会议前一周	让学生就如何向家人展示自己的作品进行最后的说明，然后进行会议的角色扮演，轮流扮演父母和学生
会议结束后的一周	要求学生反思在准备和主导会议的过程中他们学到了什么，他们将如何利用这些经验指导自己今后的学习

5.5 特殊的挑战：有障碍和特殊天赋的英语学习者

前面我们曾介绍过四类不同的英语学习者，其中一类可能存在学习障碍，但由于英语水平有限而很难确诊。我们很难判断学生是否为有障碍的英语学习者，因此需要专业评估的帮助（S. B. Garcia & Tyler, 2010）。有时，学生被不恰当地安排去接受特殊教育，只是因为他们在英语方面存在问题；而有些时候，一些应当从特殊服务中受益的学生却被拒之门外，因为他们的问题会被认定为只是简单的语言学习问题（U. S. Department of Education, 2004）。此外，有特殊才能和天赋的学生也难以识别。

5.5.1 有障碍的英语学习者

作为教师，你会面临一个抉择：是否推荐一个在学业中苦苦挣扎的英语学习者去接受评估。当然，你首先要做的是使用最好的教学方法，整合掩蔽教学，促进学生学科内容的学习和英语语言的发展。但如果某学生的学习进程比寻常的水平慢得太多，你可能需要问一些乔治·德·乔治（George De George, 2008）推荐的问题：该学生的教育背景如何？他/她的家庭背景如何？这名学生是何时来到美国的？如果学生虽在美国出生，但家里使用的是另一种语言，或学生是在他很小的时候移民到美国的，那么该学生低年级时的学习将变得更加困难。有些学生移民前已经在故乡的学校里取得了成功，有一定的读写能力基础，他们知道一些学术内容，也知道自己能在学校里学习。相反，有些学生在家里使用另一种语言，也从未上过学，当他们学习书面英语的字母和语音时，他们没有任何口头英语可以利用。此时，双语教学是最好的策略。

在考虑将学生转介时，还需要思考一些问题：学生的母亲怀孕时是否有疾病或并发症？儿童是否经历过严重的伤害或疾病？儿童是不是经常搬家？儿童是否有足够的机会学习好的双语课程或英语作为第二语言的课程？儿童的教师是否受过英语作为第二语言的课程的教学训练？尽管落后于同龄人，但儿童是否仍在进步？儿童有没有什么才能或特殊的技能？这些问题将帮助你判断儿童的困难是因为缺乏学习机会、不恰当的教学，还是确实存在障碍。无论判断的结果如何，关心和恰当的教学都是必需的。英语上有困难的学生更可能辍学（U.S. Department of Education，2004）。

5.5.2 关注到每个学生：识别双语学生中的天才

由于双语儿童的学术性英语不够熟练，因此即便他们很聪明，他们也可能会被忽视，不会被纳入超常和天才教育课程的服务范围。一位来自墨西哥的10年级男生已在美国生活两年了。在访谈中，他用西班牙语告诉采访者：

我英语不好，所以高中的课程对我来说很难。很多时候我会感到有压力，因为我想说些什么，但我不知道怎么说。很多时候，老师问的问题我都知道答案，但我害怕别人会笑话我。（Walqui，2008，p.104）

这个学生可能很有天赋。为鉴别超常的双语儿童，你可以使用个案研究或档案袋的方法来收集各方面信息，包括对家长和学生同伴的访谈、正式和非正式的评估、学生作业和学业成绩、学生的自我评估等。卡斯蒂拉诺和迪亚兹（Castellano & Diaz，2002）开发的核查表是一种非常有用的工具（如表5-8所示）。

表5-8　用于鉴别超常和天才的双语学生的核查表

这里有一些用于鉴别超常和天才的双语学生的方法。请注意这样的学生。

____ 学英语学得很快
____ 勇于尝试用英语交流
____ 自发地练习英语技能
____ 主动与母语为英语的人交谈
____ 不容易受挫
____ 对生词或新短语感到好奇，乐于练习使用它们
____ 质疑单词的含义，例如：" 'bat' 怎么能既是一种动物，又是一种你用来打球的东西呢？"
____ 寻找母语和英语词汇的相似性
____ 在与英语能力较差的个体交谈时，有能力调整自己的语言
____ 能用英语展现自己的领导才能，例如用英语解决争端，促进学习小组成员间的合作
____ 喜欢独立工作，或与英语水平比自己高的人一起工作
____ 用有限的英语词汇表达抽象的口语概念
____ 创造性地使用英语，例如使用英语双关语，用英语作诗，讲英语笑话或是用英语自编一些故事
____ 很容易对常规的任务或一成不变的事情感到厌烦
____ 有很强的好奇心
____ 有恒心，能够坚持完成一项任务
____ 独立，自给自足
____ 注意力持久
____ 对自己选择的问题、主题或议题能全神贯注地投入
____ 记忆力好，很容易回想起以前的事情，并能使用新信息
____ 表现出很高的社会化程度，尤其是在家里或群体中

资料来源：Castellano, Jaime A.; Diaz, Eva, *Reaching New Horizons: Gifted and Talented Education for Culturally and Linguistically Diverse Students*, © 2002. Reprinted by permission of Pearson Education, Inc., Upper Saddle River, NJ.

模块16 小结

"移民"与"难民"有什么区别

移民指那些自愿离开自己的国家，迁往另一个国家永久定居的人。难民是移民中的一个特殊群体，他们也是自愿迁移到新的地方的，但他们是因为安全问题而逃离自己的国家的。

"熔炉"与多元文化主义有什么区别

统计数据表明，美国社会的文化日趋多元。过去的观点认为，少数群体成员应该放弃自身文化的独特性，完全融入美国社会这一"熔炉"中；或是认为少数群体成员的文化是有缺陷的。而这些观点正被新的观点所替代，新的观点强调多元文化主义、教育机会均等，主张维护文化多样性。

什么是1.5代

1.5代指那些特点、教育经历和语言流畅度介乎出生于美国的学生和刚移民到美国的学生之间的人。这些

学生出生在其他国家，但他们人生的大部分时间生活在美国，因为他们的家庭在他们年幼的时候就移民到了美国。他们在家里可能不说英语。虽然他们的学术性英语技能可能发展得不是很好，但他们通常能很流利地用英语进行对话。他们通常是"耳朵学习者"，因为他们是通过听周围的语言榜样说话以及与这些榜样进行互动来掌握语言的。

与英语学习者有关的术语有哪些

英语学习者有时被称为有限英语水平者。不过，这些学生更常被称为英语学习者，因为他们的第一语言或传统语言不是英语。英语作为第二语言类课程致力于为英语学习者提供教学。英语水平有限在美国通常意味着更低的学业成就和更差的工作前景。因此，语言发展多样化的一个重要主题就是，我们应当如何对这些学生进行教学。

有哪四类英语学习者

平衡的双语者能很好地使用第一语言和英语进行听说读写。单语且有读写能力的学生具有用母语读写的能力（用母语时，他们的成绩能达到年级水平或超过年级水平），但他们的英语水平有限。单语且无读写能力的学生几乎没有读写能力。他们不能用母语进行阅读或写作，或读写能力很差。有限的双语者能很好地使用两种语言进行对话，但由于种种原因，他们在学术课程方面存在困难。潜在的原因可能是学习障碍或情绪问题。

什么是双语教育

尽管什么教学方法能最有效地帮助双语学生掌握英语还存在争议，但研究表明，最好不要强迫学生放弃他们的第一语言。学生第一语言越熟练，掌握第二语言越快。

什么是掩蔽教学

掩蔽教学这种教学方法已被证实能帮助教师同时成功地教授英语和学术内容。掩蔽教学通过将学科词汇和概念放在语境中，从而使学科内容更易理解的方式来向英语学习者教授相应的学科内容。这样的策略包括简化和控制语言表达，注意英语语法和形式——帮助学生"解开密码"，借助视觉和手势，涵盖现实生活的支持和实例。此外，在教学过程中，不再始终是教师在说话，取而代之的是强调学生的发言和讨论。当然，掩蔽教学还需考虑英语学习者的情感和情绪。英语学习者在学校里会经历严峻的挑战，承受巨大的压力，他们会认为其他人都在取笑他们或干脆忽视他们，因而可能没有归属感。以知识资金为基础的教学方式以及学生主导的会议能让课堂更具支持性，教学也因此更加有效。

教师如何帮助有特殊需要的英语学习者

作为教师，你会面临一个抉择：是否推荐一个在学业中苦苦挣扎的英语学习者去接受评估。当然，你首先要做的是使用最好的教学方法，整合掩蔽教学，促进学生对学科内容的学习和英语语言的发展。但如果某学生的学习进程比寻常的水平慢得太多，你可能需要推荐学生去接受观察或评估。无论判断的结果如何，关心和恰当的教学都是必需的。英语上有困难的学生更可能辍学。由于语言能力发展的差异会掩盖学生的天赋，因此教师应当付出特殊的努力去识别双语学生和英语学习者中超常和有天赋的个体。

第5章复习思考题

多项选择题

1. 20世纪六七十年代，一些教育家提出，有色人种学生和贫困学生在特定文化中处于不利地位。文化缺陷模型认为，这些学生的家庭文化是次等的，因为它无法让学生更好地适应学校。关于学生家庭环境与学校之间的不匹配，教育心理学现在持什么样的观点？

    A. 学生的家庭文化与学校期望存在不一致的地方。

    B. 家庭文化和学校的缺陷可以通过特殊教育服务得到补偿。

    C. 在历史上，家庭环境与学校环境之间的隔阂不是很重要。

D. 人们越来越意识到，不同族群应该力求完全融入美国主流社会。

2. 卡尼女士决定去拜访班上来自墨西哥的英语学习者及其家人，以便能更好地理解他们的背景和文化。根据路易斯·莫尔的研究以及目前最成功的实践，你认为卡尼女士会如何处理她通过家访得到的新信息？

A. 她会将这些信息分享给她的上级领导，并继续改善学生的不足之处。

B. 她会对自己收集在学生累积档案（cumulative files）中的信息做一些注释。

C. 她会尝试找出并依靠学生家庭的工具和文化知识资金开展工作。

D. 她不会向她的上级领导报告这些信息，因为领导可能不赞成她去家访。

3. 赫尼先生意识到，他班上的亚裔英语学习者认为问老师问题是粗鲁的行为，因为向老师提问意味着教师的教学工作没有做好，那么他能基于这一认识推论出下列哪个假设？

A. 如果英语学习者不提问，他需要问他们原因。

B. 他应该经常抽查他的亚裔学生的学习成果，因为他们可能并没有理解。

C. 亚裔学生通常很有礼貌，但安静意味着他们并不尊重老师。

D. 赫尼先生不能做出任何关于文化和学习的推论。

4. 教师激发学生动机的一个重要途径是表现出对他们生活的兴趣。下列哪一个是不恰当的动机激发策略，不能体现出你对来自不同背景的学生生活的兴趣？

A. 将学生的传统融入写作和语言艺术活动。

B. 学习他们母语中的一些词语，表明对多元文化的尊重。

C. 要求学生用英语写三页文章来描述自己的家庭。

D. 询问学生过去在故乡的经验。

开放论述题

案例：尼克·塔基斯很兴奋，因为他的履历帮他获得了他的第一份教学工作，工作地点在得克萨斯州。尽管他从未去过这个州，但他仍然很兴奋，因为他要有自己的学生了。然而，8月，在他参加完两周的入职培训后，他的好心情消失了。他了解到，他班上有一些学生的英语不是很流利。为了迎接即将到来的挑战，他听从了他最喜爱的教授给出的建议："将大的任务分解为一小口、一小口的内容。确保你在做决定前已经获得了所有的信息。"

5. 尼克应当了解当今的课堂上可能存在哪四种不同的英语学习者？

6. 你会建议尼克·塔基斯采用哪些技巧来促进班级的语言学习？

Chapter 6 | 第 6 章

文化与多元化

■ 教师的案例簿：你会怎么做

白人女孩俱乐部

你所在的小学，学生相当同质。实际上，你教的大多数学前班和小学 1 年级的学生都是来自中产阶级和中上阶层的白人儿童。1 月，一名新生转来了你所在的班级。她是一位非裔美国教授的女儿，这位教授最近刚到附近的大学任职。几周以后，你发现你在很多活动中都看不到这名新生的身影。课间休息的时候，她总是一个人坐在图书角或独自玩耍，午餐时也没有人和她坐在一起。课间游戏时，任何一支队伍挑选队员都直到最后才会考虑她。情况已经够糟糕了，但更糟的是，一天你偶然听到班上两个成绩很好的女生在谈论她们的"白人女孩俱乐部"。

想一想

:: 你是否会进行一些调查，以便更了解这个"俱乐部"？你会如何调查？
:: 如果你发现你的学生真的创建了一个拒绝有色人种的俱乐部，你会怎么做？
:: 如果面对的是高年级的学生，你会如何处理这些用"谁不可能是我们的成员"来定义自己的学生团体？

■ 概览与目标

美国教室的文化构成正在发生变化。其他许多国家也是如此。著名教育心理学家弗兰克·帕贾瑞斯（Frank Pajares）曾在美国教育研究协会的演讲中指出："教育中最棘手的那些问题都不能用一种简单、通用的方法解决。要解决这些问题，就必须关注塑造我们生活的文化力量。"（Pajares, 2000, p.5）我赞同他的观点。在本章中，我们将探讨构成社会结构的多种文化。首先，我们将通过一些统计数据来了解学校中的多元化现象。然后我们将通过四个学生的故事来体会这些统计数据在生活中的意义（其实你在第 5 章已经读过另一个学生费利佩的故事）。接着，我们将考察学校对不同民族和文化群体的不同反应，以文化的广泛内涵为基础，探讨构成学生同一性的三个重要维度：社会阶层、种族/民族和性别。随后，我们将讨论多元文化教育。这是学校改革的普遍趋势，强调对多元文化的融合和包容。我们也将探讨如何创设具有文化兼容性和弹性的课堂。最后一部分内容是面向每个学生进行教学的三条一般性原则。

学完这一章后，你就能：

目标 6.1 阐述文化的定义以及当今美国学校中的文化多元化是如何影响学习与教学的。

目标 6.2 讨论什么界定了社会阶层和社会经济地位（socioeconomic status, SES），以及社会经济地位如何与学校成就相关。

目标 6.3 阐释种族、民族、偏见、歧视和刻板印象威胁如何影响学生的学习及其在学校中的成就。

目标 6.4 描述性别同一性的发展、性取向以及性别在教学中的作用。

目标 6.5 阐述多元文化教育的定义，并将多元化的相关研究应用到文化兼容课堂的创建中。

模块 17　社会和经济的多元化

6.1　当今的多元化课堂

在本书中，我们会对文化多元化进行全面的诠释，探讨多元化中社会阶层、种族、民族和性别等方面。让我们先看看什么是文化。很多人会将"文化"这个概念与报纸上的"文化事件"专栏联系起来，例如艺术展、博物馆、莎士比亚戏剧节、古典音乐会等。事实上，文化的含义更加广泛，它涵盖了特定人群的全部生活方式。

― 停下来　想一想 ―

现在请停止阅读，稍作休息。你可以打开电视，找出一个正在播放广告的频道（我想没有广告的频道更难找吧），欣赏15个左右的广告。注意看，在每个广告中，演员是年老还是年轻，是有钱人还是穷人，是男人还是女人，来自什么民族或种族？请快速估算每一类型的人的数量。

6.1.1　美国文化的多元化

文化存在多种定义。不过，大多数定义都认为文化是塑造和指导特定群体成员的信念和行为的知识、技能、规则、规范、惯例、传统、自我界定、（教育、法律、公共、宗教及政治等）制度、语言和价值观，以及被创作并流传于后世的艺术、文学作品、民间故事和手工艺品（A. B. Cohen, 2009, 2010; Pai & Alder, 2001）。群体创造了一种文化，亦即一种生活方式，并把这种方式传递给群体成员。群体的界定依据可能是地域、民族、宗教、种族、性别、社会阶层或其他标准。我们每个人都隶属于多个不同的群体，因此我们都会受到多种不同文化的影响。有时，不同的影响无法融合，甚至会互相抵触。例如，如果你是一名女权主义者，但同时又是一位天主教徒，你可能很难协调两种文化中关于女牧师地位的不同信念。你个人的信念将部分取决于你对每个群体的认同程度。

每个现代国家都存在多种不同的文化。以美国为例，在平原地区的某个小村镇长大的学生所属的文化群体，与在东北部的城市中心或得克萨斯州郊区长大的学生有很大区别。即使同在平原小镇，便利店职员的子女与镇医院医生或牙医的子女成长的文化也不同。在美国，非裔、亚裔、拉丁裔、印第安人和欧裔白人有着迥然不同的历史和传统。虽然他们生活在同一个国家，拥有许多类似的经历和价值观——尤其是在大众媒体的影响下，但他们生活中的许多方面仍受不同文化背景的影响。

我们可以将文化看成一座冰山（见图6-1）。冰山上部的1/3是可见的，其余部分则是看不见的、未知的。文化中可见的标志（如民族服饰、婚嫁习俗等）只能反映出文化差异中很小的一部分。

绝大多数的文化差异是"隐于水面之下"的。它们是内隐的、无法用语言表述的，甚至是无意识的偏见和观念（Sheets, 2005）。例如，不同文化有着不同的处理人际关系的规范。在某些群体里，倾听者应该一边听一边轻轻点头表示赞同，或者偶尔发出"嗯、嗯"的声音表示自己正认真倾听。但在另一种文化背景下的群体里，倾听者不应在倾听过程中表示赞同，应该双眼低垂，以表示对对方的尊重。在某些文化中，应该由地位更高的人开始话题并提问，地位更低的人只能回答。而在另一些文化中，情况则正好相反。

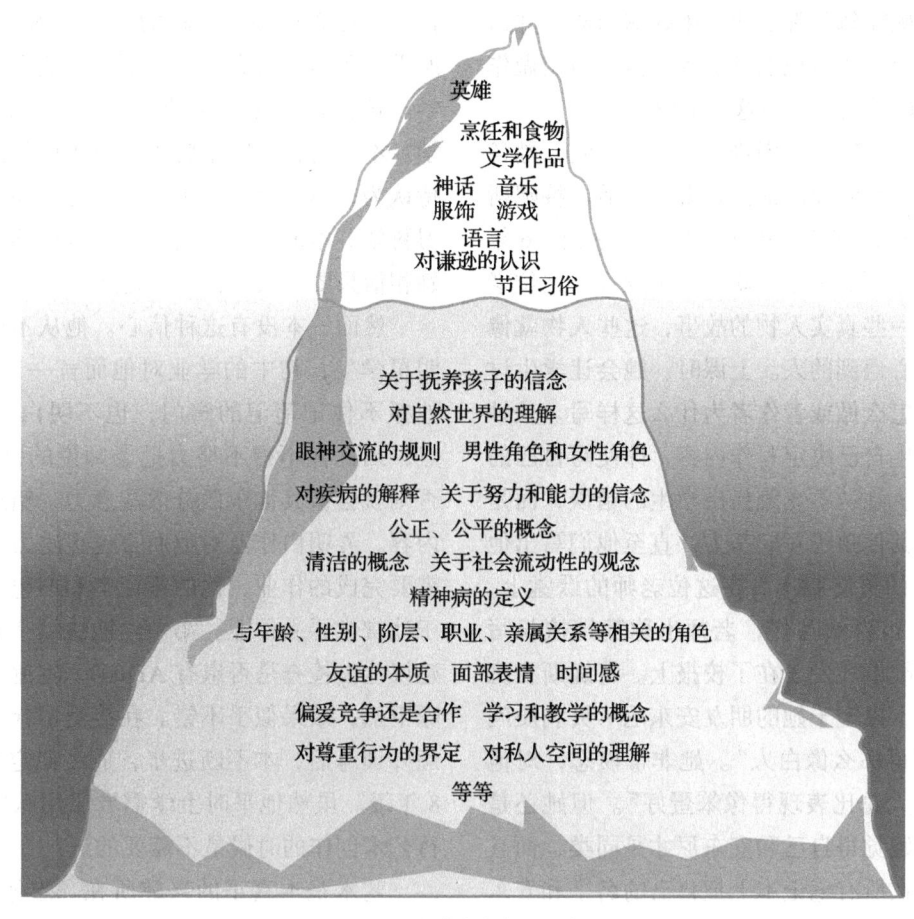

图 6-1 文化如同一座冰山

注：如同冰山的绝大部分隐于水面之下，我们是看不到的，绝大多数的文化差异我们也意识不到。正是这些意识不到的差异，常常导致误解和冲突。

文化的影响是广泛而深远的。有些心理学家甚至认为文化会决定智力。例如，在巴厘岛的社会生活中，"体态优雅"非常重要，因此在该地文化中，掌握肢体动作的能力是智力的标志；而西方社会认为使用词汇和数字很重要，因此在相应的文化中，这些技能才是衡量智力的指标（Gardner，2011）。就连心理障碍的症状和表现也会受到文化的影响。工业化社会文化背景下的人们关注洁癖，因此强迫症往往表现为不断洗手；而在巴厘岛，人们强调社会关系，因此强迫症往往表现为不断窥探亲朋好友，即他们的社会网络生活中的全部细节（Lemelson，2003）。

让我们看看一些学生的故事，以便更具体地了解文化的多元化。

6.1.2 四个学生的故事

在第 1 章中，我们看到了一些有关美国学生的统计数据。现在，只要再看看这些统计数据，我们就能了解当前和未来美国学生的概况。正如你所见，课堂正变得越来越多元化。但教师的工作对象不是统计数据，而是学生——他们每个人都是独一无二的个体，就像你在第 5 章中遇到的费利佩·瓦尔加斯。在这一节中，美国佐治亚大学的南希·纳普（Nancy Knapp）向我们描述了另外四个学生的案例。这些案例中的主人公并非真实存在，而是南希认识和教过的不同学生的特征的组合体。他们的名字和学校都是虚构的，但他们的生活是真实的。

案例 1：特妮斯的故事

特妮斯·马托克斯是一名 7 年级的学生，她和妈妈、三个弟弟妹妹一起住在美国东北部的一个大城市。妈妈白天在一家干洗店工作（早上 7 点到下午 3 点），晚上和周末则在办公楼做清洁，这样才能勉强糊口。因此，特妮斯每天都要叫弟弟妹妹起床，并送他们去学校，晚上还要帮他们做晚餐，监督他们做作业。她从十岁开始就一直在做这些事情。

学业对特妮斯而言并不困难，小学的时候，她各门功课常常拿 B，但老师们都说她太爱说话。特妮斯原本不太喜欢学校，直到去年才喜欢上了学校。6 年级时，她的英语老师似乎很喜欢让学生发言。这位老师会让学生阅读一些真实人物的故事，这些人物就像你每天会在市中心遇到的人。上课时，她会让学生讨论书里的人物会怎么做或者作者为什么这样写。最妙的是，她允许学生自己决定写作内容，即使写自己的生活琐事也可以。她从不立刻指出学生的错误，而是让学生和她以及其他孩子一起努力，直至他们写出他们可以引以为傲的最终版本。在这位老师的课堂上，特妮斯发现自己很喜欢写作，老师也称赞她擅长写作。她写的一个故事还发表在了校报上。特妮斯在班上表现得很活跃，以至于她的朋友安东尼·贝利质问她为什么"表现得那么像白人"。她非常愤怒，对他说"表现得像白人总比表现得像笨蛋好"。但她还是为此感到困扰。她觉得自己和安东尼才是同类，而且她很喜欢他。她在所有笔记本上把自己的名字和安东尼的昵称写在一起。

然而，今年她的英语课有些不尽如人意。她的老师从去年开始就一直希望她接受一些测试，看看她是否可以参加针对超常和天才学生开设的课程，但特妮斯还在犹豫。她担心即使她能考上，她也交不到朋友，因为参加这类课程的几乎都是白人孩子，少数的几个黑人孩子也是从其他城区来的。此外，她的朋友们会因此不高兴，尤其是安东尼，因为在学校里"聪明人"从不与"普通人"交往，"普通人"也从不与"聪明人"交往。特妮斯的妈妈希望她去试试，因为参加那个课程可能会前途无量，但特妮斯不想离开她的朋友们。她还是很希望多上一些去年那样的英语课。

案例 2：本的故事

本·惠特克和他的父亲住在美国科罗拉多州斯普林斯市的郊区。他的父亲是当地银行的副经理，也是当地一所医院的董事。他的父母离婚了，但他每隔两周会去看望一次母亲。他的姐姐今年上大学二年级，正在接受兽医预科课程的训练。本今年刚升入中学，所学课程包括代数、世界历史、法语、英语和初级化学。选择这些课程是他父亲的主意，尤其是初级化学。本觉得自己完全脱离了班级里的同伴，但父亲坚持认为，本以后要想考上医学院，现在就必须着手学习科学。本的妈妈也说学医学日后能赚很多钱，而且她相信只要本认真，就一定能学好这些课程。

然而，本没有这种信心。他从不像姐姐那样是个明星学生，初中的学业对他而言一开始就充满困难。他抓不住记笔记的窍门，也不明白哪些东西才是重点，因此他不得不努力把老师说的每句话都记下来，否则就会被其他东西分散注意力，错过整节课的所有内容。弄明白作业对他而言也很吃力，即使他记住了需要完成的作业，他的笔记本和书包也很混乱，以至于他常常弄丢作业。第一学期快结束的时候，班主任建议他去检查是否患有 ADHD，家庭医生让他服用了哌甲酯，效果似乎不错。在接受了针对组织性技能的额外训练后，本不断进步，成绩稳定在 B，并读完了 8 年级。虽然他平时上学需要服用哌甲酯，但周末进行艺术创作的时候是不需要的。

艺术是本真正的兴趣所在。当他还很小的时候，他就常常画人、动物和自己想象的场景。有时他作画太投入，会忘记时间。他妈妈称之为"定身术"，还调侃说，如果她不叫他，他甚至会忘记吃饭。后来，本开始尝试在电脑上使用绘图程序，创作了一些插图发布在自己的主页上。他只给一些朋友看过这些图，他们都觉得很有趣。不可思议的是，他在作画时从来不会出现注意困难。今年在学校学习时，尽管服用了哌甲酯，本还是越来越难集中注意力。他担心自己的成绩会不太好，化学甚至可能不及格。他觉得如果能减轻一点负担，他能学得更好；如果能跳出高压学习，参加一些艺术课程，那就更好了。但他的父母说，艺术只能被视作业余兴趣，不能被用作谋生手段。

案例 3：戴维的故事

戴维·沃克今年 2 年级，他担心自己会留级，但他不敢去问老师。他不喜欢任何方式的提问，因为提问时大家都会看着提问者，有时他们会笑提问者问了个傻问题。戴维的困难在于他无法像大多数孩子那样进行阅读。如果给他足够的时间，尤其是当旁边没有人听的时候，他倒是能阅读一些单词。但如果老师要求他们轮流大声朗读，他就很反感。似乎其他每个人都读得比他更好、更快，而他只会怯场和犯一些很愚蠢的错误。

去年秋天，老师和他的父母面谈了一次，告诉他们戴维需要增加阅读量。他的父母在他们居住的俄勒冈州的一个小城镇里经营着一家家庭饭馆，他们每天都得工作很长时间，就连姐姐周末也得去帮忙。有一段时间，他的妈妈尝试让他每天上床前读一点东西给她听，但这似乎不太有效。戴维厌倦了读那些他已经会读的幼儿故事书，但当妈妈要求他读一些更难的故事时，他的速度就会变得很慢，以至于妈妈会失去耐心，并最终放弃。戴维对此也无所谓。他打算长大后就接父亲的班经营饭馆。他已经学会擦桌子和把餐碟摞起来放进洗碗机，有时爸爸还让他帮忙收钱和找钱。等他再大一点，他还要学习收订单和使用烤箱。戴维认为，阅读与经营好饭馆没什么关系。

案例4：杰西的故事

杰西·金德凯德是威斯康星州Red Falls高中2年级的学生。她和母亲住在镇上的一座小房子里。她的母亲在一家诊所做接待员。她的父亲是福特汽车的代理商，与第二任妻子和3岁的小儿子（杰西的同父异母弟弟）住在城外不远的地方，因此他们经常见面。

杰西在学校学习职业课程，她大多数学科的成绩是C，少数几门得D。有时她会不及格，但她只关心明年毕业前她能否得到足够的学分。她的家政老师称赞她在烹饪上有才华，建议她提高成绩，以便申请到厨师学校就读。杰西喜欢烹饪，也知道自己擅长于此，但她不打算继续进修。她争取毕业只是为了取悦父母，她对自己的生活已经有所打算。毕业后她打算在城里找份工作，用两年时间赚些钱，然后嫁给沃尔特·艾肯。沃尔特比她高一个年级，杰西读高中一年级时，他们就开始交往了。沃尔特将在威斯康星大学攻读动物学，他们计划沃尔特毕业后就结婚。随后，他们将搬到艾肯家族农场的小房子里，直到三四年之后沃尔特的父亲退休。到时候他们就能接管农场，搬到大房子里。杰西希望那时候他们至少能有一个孩子。

因此，只要能毕业，杰西就一点也不在乎自己的成绩。她的父亲也认为不必浪费时间和金钱继续升学，反正她以后用不上那些东西。杰西的妈妈17岁就退学结婚了，她希望杰西再好好考虑考虑。她说，她只是希望杰西能"保留选择的余地"。

费利佩、特妮斯、本、戴维和杰西的故事只是成百上千个这样的案例中的其中五个，而且每个人都有着独特的能力和经历。他们说着不同的语言，有着不同的民族和种族背景，且生活在不同的社区。他们有的来自贫困家庭，有的来自有权势的家庭，但他们都面临着教育中的各种挑战。本章接下来的部分将考察当今学校中文化差异的不同维度。

6.1.3 解释文化差异的注意事项

我们在探讨文化差异时，需要注意以下两点。第一，我们需要分别考察社会阶层、民族、种族和性别等维度，因为已知的研究大多只集中于单个维度。当然，现实中的孩子不可能只是非裔美国人、中产阶级或男性。他们是复杂的生命体，是多个群体的成员，就像上述案例中提到的那五个学生一样。

第二，属于不同群体并不是文化差异的决定性因素。知道一个学生属于哪个特定文化群体，并不意味着我们能预判该学生的表现。每个人都是独特的个体。例如，你班上有个学生总是迟到，这可能是因为这个学生每天上学前还需要工作，必须步行很长的路，必须负责送弟弟妹妹上学（像特妮斯那样），也可能是因为他害怕上学。

1. 文化冲突和融合

不同文化的差异有时是显而易见的，例如节日风俗和服饰等位于冰山顶端的特点；有时又是很微妙且深入的，例如交谈中的发言顺序。当细微且不明显的文化差异引起碰撞时，就很容易发生误会和冲突。如果用主导的、主流的文化中的价值观和能力观去判断学校中的各种行为是否"正常"或合适，就会引发文化冲突，例如将那些生活在不同社会文化中的孩子的行为举止看作不恰当、不服从规则的，甚至是粗鲁和失礼的。

罗莎·埃尔南德斯·希茨（Rosa Hernandez Sheets, 2005）曾讲述过一个5岁墨西哥裔美国女孩的故事。女孩每天中午在学校食堂吃午餐时都会省下一份面包卷，带回家分给弟弟吃。她的父母很高兴她具有这种分享精神，但学校管理者命令她把面包卷扔掉，因为学校规定不允许把食物带出食堂。这个女孩面临着服从学校规则还是遵从家庭文化价值观的冲突。在这个案例中，老师解决这一问题的方法是：与食堂厨师沟通，让他们把面包卷装进一个小塑料袋里，然后把塑料袋放进小女孩的书包，方便她带回家。

当然，并不是所有文化差异都会在学校造成冲突。例如，与其他群体相比，亚裔美国人在高中、大学和研究院的毕业率都是最高的，因此，他们有时会被称为"模范的少数人"（S. J. Lee，2006）。这种想法合理吗？

2. 刻板印象的危险

习惯性地认为亚洲人和亚裔美国人就是模范学生——安静、勤奋且听话，这种想法是有问题的，因为这种做法会强化学生的顺从，扼杀他们的自信。斯泰西·李（Stacey Lee，2008）指出，人们对亚裔美国人还有另一种刻板印象：从外表看，他们永远是外国人。即使他们的家族已经在美国生活了几十年，即使他们已经是第四代或第五代移民，他们看起来都不是"真正的"美国人。这一研究发现，教师往往会叫他们"亚洲人"，而不是"亚裔美国人"或"美国人"。按照这种逻辑，他们会叫我德国学生，因为我的曾祖父是从德国来到威斯康星州的。我出生在得克萨斯州，我对德国文化的了解仅限于祖母制作胡椒坚果饼的秘方——顺便说一句，非常好吃。在大多数情况下，学生很介意这些刻板印象，这使他们感觉尽管自己出生在美国，却仍然是"外国人"。一个高中生曾告诉李（2008），"看 MTV 对我的行为方式影响非常大。我希望自己更美国化。我染了头发，戴彩色隐形眼镜"（p. 78）。在本章后面的部分，我们将探讨如何让学校与家庭文化相融合。但首先，我们需要讨论一下文化冲突和歧视对学生成就的影响。

6.2　经济和社会阶层的差异

尽管多数研究者认同社会阶层是人们生活中最有意义的文化特征之一，但这些研究者很难对社会阶层进行明确的界定（Liu et al.，2004；Macionis，2013）。研究者会使用不同的术语，如社会阶层、社会经济地位、经济背景、财富、贫困或特权等。有些人只考虑经济上的差异，也有些人同时考虑权力、影响力、流动性、对资源的控制和威信等方面的差异。

6.2.1　社会阶层和社会经济地位

现代社会中，财富、权力和威信这三者并不总是统一的。一些人，例如大学教授，是专业人士，因此理所当然地处于较高的社会阶层，但他们的财富或权力相对较少（相信我）。另一些人尽管并不富裕，却拥有一定的政治权力；还有一些人虽然已经身无分文，却是城镇社交名流中的一员。大多数人都能意识到自己的社会阶层，即能觉察出一些群体的社会阶层高于他们，而另一些群体的社会阶层低于他们。他们甚至会表现出一种"阶级主义"（类似于种族主义或性别歧视），认为自己比那些处于较低社会阶层的人"更优秀"，并尽量避免与这些人接触。例如，在一个民族志研究中（详见第 1 章），高中时属于最受欢迎和最有特权的小团体的玛丽莎，这样描述最不受欢迎的群体"乡巴佬"：

这些人很穷，我想他们中大部分人都住在乡下。我们，（很快自我纠正）哦，我的一些朋友管他们叫"乡巴佬"或"乡下人"。我猜他们大多生活在小镇西边的山上，那边都是贫民窟。那儿的人吸烟、嗑药，穿得很邋遢。他们有那些乡巴佬的口音，通常成绩都很差，他们不喜欢学校，所以我想他们已经落了很多节课了。他们没有真正地融入学校，老是惹麻烦。我常常看不到他们，我没和他们一起上过一节课（Brantlinger，2004，pp. 109-110）。

除社会阶层外，还有另一种思考差异的方式常被用于研究中。社会学家和心理学家将财富、权力、对资源的控制、威信等方面的变异综合成一个指标，称之为**社会经济地位**。与社会阶层不同的是，多数人并不了解自己的社会经济地位。研究者通常会用社会经济地位对人们进行分类，计算社会经济地位的公式不同，分类就可能不同（Macionis，2013；Sirin，2005）。没有一个变量能够单独、有效地测量社会经济地位,即使是收入也不行。多数研究者认为根据社会经济地位可以将人们分为四个阶级——上层阶级、中产阶级、工人阶级和底层阶级,表6-1总结了这四个阶级的主要特征。

表6-1 不同阶级的主要特征

	上层阶级		中产阶级	工人阶级	底层阶级
	顶层阶级	上层阶级			
收入	50万至数十亿美元	20万美元以上	11.4万~20万美元(1/2) 4.8万~11.4万美元(1/2) 但在生活成本非常高的地区,如旧金山,年收入至少要有15万美元才能算得上中产阶级	2.7万~4.8万美元	2.7万美元以下
职业/资金来源	家族财产、祖先遗产、投资	企业管理者、专业人员,以某种方式赚取收入	白领、高级蓝领	蓝领	获得最低工资的非技术性工种
教育	在家受教育,接受一对一辅导,在声望很高的私立学校和大学学习	毕业于名牌大学或研究生院	毕业于高中、大学或职业学院	高中毕业	高中及以下
房产	多处房产,以私人飞机为交通工具	至少有一处房产	通常有一处房产	50%左右有一处房产	大多没有房产
健康保险	拥有全面的健康保险	拥有全面的健康保险	一般都有健康保险	拥有有限的健康保险	大多没有健康保险
居住的社区	最高档的社区	高档或舒适的社区	舒适的社区	适中的社区	环境恶劣的社区
供子女上大学	容易	容易	一般可以	很少	大多不能
政治权力	国家(可能是国际)、州、地方层面的政治权力	国家、州或地方层面的政治权力	州或地方层面的政治权力	有限的政治权力	无政治权力

资料来源:Information from Macionis, J. J. (2013). Society: The basics (12th ed). Upper Saddle River, NJ: Pearson;and Macionis, personal communication, April 2, 2010.

6.2.2 极度贫困:无家可归和高度流动的学生

如果家庭极度贫困,学生甚至可能连一个稳定的家也没有。2011~2012学年,超过100万名学生无家可归,这一数字与2009年相比增加了24%(National Center for Homeless Education, 2013)。无家可归或搬家极其频繁的学生更可能面临一系列生理、社会和学习方面的困难。例如,即使在控制了收入水平和许多其他风险因素以后,一学年中搬家3次及以上的学生留级的概率依然比其他学生高出60%(Cutuli et al., 2013)。无家可归和高流动性会导致学校里的慢性风险和问题,而这些问题很难克服。

即使存在这些风险,这些学生中的很多人在面临问题时仍然有很好的复原力。J. J.库图利(J. J. Cutuli)及其同事(2013)对26 000多名3年级至8年级学生的数学和阅读测验分数进行了分析,发现尽管面临挑战,但经过一段时间,仍有45%无家可归和高度流动的学生,其成绩能达到平均或更好的水平。研究者认为,有效的教养方式、学生的自我调节能力(第11章)和学习动机(第12章)、教学质量和师生关系(整本书都涉及)都会提升这些学生的复原力。学校教育的早期阶段尤为重要。无家可归的学生如果能在低年级时发展出阅读技能和自我调节能力,就更有可能在学校教育中取得成功(Buckner, 2012)。自我调节能力对每个人都如此重要,因此我们将在第11章用比较大的篇幅来探讨如何帮助学生发展这些能力。

6.2.3 贫困与学业成就

正如第1章中提到的,在美国,几乎每5个18岁以下的儿童中就有一个生活在贫困家庭(四口之家的年收入为23 550美元及以下),这些儿童占全美儿童的 22%。事实上，有 10% 的儿童生活极度贫困，一天的生活费只有 2 美元左右。有段时间，这种情况有一定的改善。2000 年美国贫困家庭的数量是近 21 年来最低的，约为 620 万（Bishaw, 2013）。但此后，贫困家庭的比率再次持续增高，数量已超过 1600 万。如果再算上低收入家庭（一家四口的收入低于 46 000 美元），那么美国所有儿童中有 45% 生活在低收入或贫困家庭（Koppelman, 2011）。2013 年，美国学校中 3100 万学生有资格获得免费或减价午餐（U.S. Department of Agriculture, 2013a）。想要认识其中一些学生并了解他们的生活，你可以阅读乔纳森·科佐尔（Jonathan Kozol, 2012）写的《灰烬中的火焰：与美国最贫穷的儿童在一起的 25 年》（*Fire in the Ashes: Twenty-Five Years among the Poorest Children in America*）。该书讲述了生活在极度贫穷中的儿童的惊人故事、他们面临的考验及取得的胜利。每一位教师都应该读读这本书。

从绝对数量来看，生活在贫困中的非西班牙裔白人儿童、拉丁裔儿童和非裔美国儿童的人数很接近，分别是 500 万、600 万和 500 万。但就贫困儿童所占的比率而言，非裔、拉丁裔及印第安儿童更高：2012 年，38% 的非裔儿童和 35% 的拉丁裔儿童生活在贫困中，而亚裔和非西班牙裔白人的这一比率分别是 14% 和 12%（National Poverty Center, 2014）。与很多刻板印象相反，多数贫困儿童生活在郊区和乡村，而非大城市，虽然城市学校中贫困儿童的比率也非常高。

社会经济地位和学业成就呈中等相关，相关系数约为 0.30~0.40（Sackett, Kuncel, Arneson, Cooper, & Waters, 2009; Sirin, 2005）。总体而言，在所有群体中，社会经济地位高的学生的测验平均成绩要高于社会经济地位低的学生，前者接受教育的时间也更长，并且这种差异会随着学生的年龄从 7 岁增加到 15 岁而逐渐扩大（Berliner, 2005; Cutuli et al., 2013）。儿童生活在贫困中的时间越长，贫困对其学业的影响越大。例如，即使我们将家长的受教育水平也考虑在内，儿童生活在贫困中的时间每增加一年，他们被留级或转入特殊教育班级的概率就会增加 2%~3%（Ackerman, Brown, & Izard, 2004; Bronfenbrenner, McClelland, Wethington, Moen, & Ceci, 1996）。图 6-2 显示了处于几个收入风险组（无家可归/高度流动组、免费午餐组、减价午餐组）的学生从 3 年级到 8 年级的阅读成绩的发展趋势，参照标准为各年级的全国平均成绩以及不属于上述任何风险组的学生（在图 6-2 中标记为"普通组"）的情况。你可以看到，这些组别的学生阅读成绩的发展速率是相似的，但不同组别在 3 年级时的起点是不同的。这也从另一个方面说明，早期干预（学前和小学）对处于危险中的学生来说确实很重要。

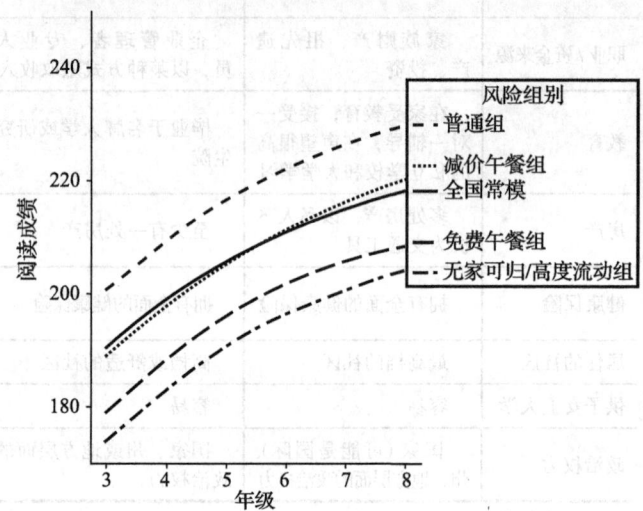

图 6-2 处于不同收入风险组的学生从 3 年级到 8 年级的阅读成绩的发展趋势

资料来源：Reprinted with permission from Cutuli, J. J., Desjardins, C. D., Herbers, J. E., Long, J. D., Heistad, D., Chan, C-K, Hinz, E., & Masten, A. S. (2013). Academic achievement trajectories of homeless and highly mobile students: Resilience in the context of chronic and acute risk. Child Development, 84, p.851.

一个令人不安的趋势是，来自优势家庭（收入在第 90 百分位）的儿童和来自贫困家庭（收入在第 10 百分位）的儿童之间的成就差距正在不断加大。与 1976 年出生的儿童相比，2001 年出生的儿童的这一差距增加了 30%~40%。富人与穷人之间日益显著的收入差异，导致了低质量学校中低收入儿童的更大的隔离。对标准化测验的重视可能会导致富有的父母愿意花钱为他们的孩子提供额外的辅导，做更好的准备，而这些都是贫困家庭无力承担的资源（Reardon, 2011）。关于如何为生活在贫困中的学生提供优质的教学，以下的实践指南提供了一些建议，你可以参考。

| 实践指南 |

教育生活在贫困中的学生

学习相关资料，了解贫困会如何影响学生的学习。

例如：

（1）阅读优质期刊上的文章。

（2）寻找可靠的资源，如埃里克·詹森（Eric Jensen）写的《以贫困为中心的教学：贫困对儿童大脑的影响及学校的应对之策》(Teaching with Poverty in Mind: What Being Poor Does to Kid's Brains and What Schools Can Do about It)。

设定并保持高期望。

例如：

（1）时刻注意不要为学生的贫困而感到遗憾，原谅他们低水平的作品，并对他们抱持高期望。不要怜悯，而要深入地了解他们，并在此基础上进行共情。

（2）与学生交流，让他们了解"通过努力，他们一样可以取得成功"。

（3）提供建设性的批评，坚信你的学生能高质量地完成作业。

（4）增加具有挑战性的科目和大学先修课程（AP class）。

与学生形成一种关怀的关系。

例如：

（1）使用包容性的语言，如"我们的班级""我们的项目""我们的学校""我们的努力"等。

（2）课后与学生聊天，发现他们的兴趣和能力。

（3）参与学生喜欢的运动或其他活动。

（4）为学生家庭创设一个"班级欢迎中心"（详见第5章）。

将学习技能和自我调节技能纳入教学内容。

例如：

（1）教会学生如何安排学习任务，集中注意力和寻找恰当的帮助。

（2）将冲突管理和解决社会性问题的技能纳入课程。

注意健康问题。

例如：

（1）注意那些经常缺席或迟到的学生。

（2）确认是否有学生听不见课堂讨论，或坐在教室后面看不到黑板。

（3）为学生做好健康饮食和体育锻炼的示范。

评估学生的知识基础，从他们已有的水平出发进行教学，但不要停滞不前（Milner，2010）。

例如：

（1）使用简短的、不定级的评估来检验每个单元的学习目标是否达成。

（2）根据评估的结果进行差异化的教学（详见第14章）。

资料来源：Jensen, E. (2009). Teaching with Poverty in Mind: What Being Poor Does to Kid's Brains and What Schools Can Do About It. Alexandria, VA: Association for Supervision and Curriculum Development.

至于低社会经济地位导致学生的低学业成就，这很难归咎于某个单一的原因（G. W. Evans，2004）。母亲和孩子缺乏良好的健康护理、危险或不健康的家庭环境、有限的资源、家庭压力、学业中断、遭受暴力、过度拥挤、无家可归、歧视和其他因素共同导致了学生的学业失败。这些低学业成就的学生成年后只能从事收入微薄的工作，又导致他们的下一代只能出生于贫困的环境。埃文斯（Evans，2004）、詹森（2009）和麦克劳埃德（McLoyd，1998）等提出了其他一些可能的解释。下面我们将逐一分析。

1. 健康、环境和压力

贫困对个体发展的消极影响甚至在儿童出生之前就已经存在了。贫困家庭无法为胎儿与幼儿提供良好的健康护理和营养，一半以上的未成年母亲从未接受过任何产前护理。贫困的母亲，特别是未成年母亲，更可能生下早产儿，早产儿在认知与学习上一般都有较多的问题。贫困儿童在出生之前更可能接触到各种合法（尼古丁、酒精）和非法（可卡因、海洛因）的药物。如果母亲在怀孕期间服用毒品，儿童会出现组织、注意和语言技能等方面的问题。

贫困儿童更可能经历由被驱逐、食物匮乏、过度拥挤、公共设施被切断造成的压力，这种概率是其他儿童的4倍。这种压力的增加可能会导致学生缺勤次数增多，注意力和专注力下降，记忆和思维方面出现问题，动机减弱，努力程度降低，抑郁情绪增多，以及神经形成（新的大脑细胞的生长）活动减弱（E. Jensen，2009）。在童年早期，贫困儿童会比中产阶级和富裕家庭中的儿童体验到更多的应激激素。这些高水平的应激激素会干扰大脑的血液流动，减少神经元联结的形成，消耗身体的色氨酸供应，而色氨酸是一种能抑制冲动和暴力行为的氨基酸（Hudley & Novak，2007；Richell，Deakin，& Anderson，2005；Shonkoff，2006）。在成长过程中，贫困儿童会接触到污染程度更高的空气和水。他们铅中毒的概率是非贫困儿童的两倍以上，铅中毒恰与较低的学业成就和长期的神经损伤有关（G. W. Evans，2004；McLoyd，1998）。

2. 低期望与低学业自我概念

由于贫困学生可能会穿旧衣服、说方言，对图书和学校活动不熟悉，教师和其他学生可能会认为这些学生不聪明。教师会避免在课堂上叫这些学生回答问题，因为他们认定这些学生不知道答案，也会为他们设定更低的学业标准，并接受他们低水平的作业。于是，低期望似乎成为常态，提供给这些学生的教育资源也会因此而不足（Borman & Overman，2004）。低期望和较差的受教育经历会导致学生产生习得性无助（我们在第4章中介绍过）。社会经济地位低的儿童，特别是那些还受到种族歧视的儿童，会逐渐认定学校是个死胡同。没有高中文凭，这些学生很难找到薪水不错的工作，很多工作提供的报酬连勉强糊口都很困难。

3. 同伴影响与抵抗文化

与所在学校的大多数学生都来自低收入家庭的学生相比，在大多数学生都来自中等收入和高收入家庭的学校就读的学生，更有可能考上大学，考取的概率甚至高出68%以上。格雷戈里·帕拉迪（Gregory Palardy，2013）认为，即使在控制了很多可能的原因后，同伴影响仍是最能预测大学入学率差异的指标。贫困学生比率高的学校的学生不太可能有打算上大学的朋友，但可能有很多辍学的朋友。

一些研究者提出，社会经济地位低的学生可能会成为**抵抗文化**（resistance culture）的一部分。对于这种文化的成员来说，在学校取得成功就意味着背叛和努力把自己变成"中产阶级"。为了保持他们的同一性以及在群体中的地位，社会经济地位低的学生必须拒绝那些会让他们在学校中取得成功的行为——学习、与教师合作，甚至是到学校上课（Bennett，2011；Ogbu，1987，1997）。约翰·奥格布（John Ogbu）发现，这种抵抗文化大多出现在贫困的拉丁裔美国人、印第安人以及非裔美国人等群体中，但同样的情形也出现在美国与英国当地贫困的白人学生以及巴布亚新几内亚当地的高中生身上（Woolfolk Hoy，Demerath，& Pape，2002）。这并不是说所有社会经济地位低的学生都拒绝获得高学业成就。父母重视学业成就的青少年倾向于选择有相同价值观的朋友（Berndt & Keefe，1995）。很多年轻人尽管经济状况不好或有消极的同伴影响，但仍然能取得很高的学业成就（O'Connor，1997）。当然，我们也不能忽视学校教育的某些方面会激发所有学生的抵抗，如竞争性的评分制度、公开训斥、造成巨大压力的测验和作业、过难或过分简单的重复性任务等（Okagaki，2001）。单纯关注学生的抵抗，只是一种用来责备学生低学业成就的方式，与其这样，还不如让学校成为一个包容的环境，避免引起学生的抵抗（Stinson，2006）。

4. 家庭环境与资源

多数贫困家庭无法为处于学前阶段的幼儿提供高质量照顾，以促进其认知能力和社会性的发展（G. J. Duncan & Brooks-Gunn，2000；Vandell，2004）。生活在贫困家庭中的儿童很少读书，却会花更多时间看电视；他们很少接触到书籍、电脑、图书馆和博物馆，也没有机会去旅行（J. S. Kim & Guryan，2010）。但同样地，不是所有的低收入家庭都缺乏资源。很多低收入家庭会为他们的孩子提供资源丰富的学习环境。不论社会经济地位如何，只要父母支持和鼓励孩子——读书给孩子听，为孩子提供书籍和教育性玩具，带孩子去图书馆，为孩子提供学习时间和场所，他们的孩子就可能更会阅读，也更乐于阅读（Peng & Lee, 1992）。在学校教育时间以外，比如暑假或学前阶段，家庭和社区资源对儿童学业成就的影响似乎是最大的。

5. 暑假中的退步

刚入学时，与家境较好的学生相比，贫困学生的阅读技能大约落后6个月。但到6年级，这一差距将扩大到3年左右。自20世纪70年代初以来，贫困学生和中产阶级学生在阅读技能上的差距一直在扩大。对于这种持续扩大的差距，一种解释是来自贫困家庭的儿童，尤其是那些母语不是英语的儿童，暑假一般没有学习的机会。即使来自贫困家庭的儿童在校期间的成绩与来自优越家庭的儿童相当，每一个暑假也会使前者的阅读成就落后3个月左右（J. S. Kim & Guryan, 2010；J. S. Kim & Quinn, 2013）。一项研究表明，2年级到6年级的4个暑假能解释来自贫困家庭的儿童与来自优越家庭的儿童学业成就上80%的差异（Allington & McGill-Frazen, 2003, 2008）。这实际上就是一种"马太效应"（穷人越来越穷，富人越来越富）。家境较富裕的儿童始终有更多的机会接触书籍，尤其是在暑假，他们会读更多的书。儿童读的书越多，他们就越会阅读。阅读量对阅读能力的提高有很重要的作用。不过，令人欣慰的好消息是：针对低收入家庭及其子女的高质量暑假阅读计划的实施，能有效地帮助他们提高阅读能力（J. S. Kim & Quinn, 2013）。

6. 分层教学：不良的教学方式

很多社会经济地位低的学生成绩较差的一个重要原因是他们都接受了**分层教学**（tracking），经历了不同的学业社会化过程。也就是说，他们实际上接受了不同的教育（Oakes, 1990）。如果他们被分到"低能力""一般""实践型"或"职业型"的班级中，他们只能学会如何记忆，做个听话的学生。中产阶级的学生在他们的班级中则更多地会被鼓励去思考和创造。分层教学有问题吗？请看下面的"正方观点/反方观点"。

正方观点 / 反方观点

分层教学是有效的策略吗

在很长一段时间里，将学生分到不同的班级或培养方向（大学预科、职业学校、补习班、超常班等）是很多学校采用的标准模式。但它真的有用吗？批评者认为分层教学是有害的，支持者则声称，即使面临着一些挑战，分层教学依然是有效的。

正方观点：分层教学是有害的，应该取消

布拉多克（Braddock）和斯莱文（1993）、卡耐基青少年发展理事会（Carnegie Council on Adolescent Development, 1995）、奥克斯（1985）及韦洛克（Wheelock, 1992）都认为分层教学是有害的。他们观点的依据是什么呢？令人吃惊的是，似乎没有清晰和直接的证据。例如，只有少数几项早期的、设计周密和精心完成的研究发现，分层教学通过降低低能力组学生的成绩、提高高能力组学生的成绩而加大了二者的差距（Gamoran, 1987；Kerckhoff, 1986）。加莫伦（Gamoran）还发现，高低能力组学生之间的成就差距，大于辍学学生和毕业学生之间的差距。成绩较差的学生、来自少数族裔的学生、生活在贫困中的学生，都更有可能被分配到新手教师的班级中，尤其是在中学阶段。一般而言，新手教师的教学最初往往不如经验丰富的教师有效。因此，分类和分层教学往往会导致那些面临最大学术挑战的学生总是和最没有经验的教师待在一起（Kalogrides & Loeb, 2013）。由于低收入学生和有色人种学生在低能力组所占的比率大，他们因分层教学受到的伤害最大，因而取消分层教学对这些学生最有利（Oakes, 1990b；Oakes & Wells, 2002）。真的是这样吗？接受玛吉·谢勒（Marge Scherer, 1993）的访谈时，乔纳森·科佐尔是这样描述分层教学残酷的预测性的：

> 分层教学具有准确的预测性：一个小女孩2年级时被编入低阅读能力组，到了8年级，教师可能会更鼓励她学美容而不是代数；到了10年级，如果她还没有辍学，那么她更可能选修职业课程，而不是与大学

有关的课程。（2012, p.8）

反方观点：取消分层教学对很多学生不利

密切关注分层教学的研究者认为，分层教学可能对某些学生而言在某些时候是有害的，但不是对所有的学生，也不是在所有情况下都如此。绝大多数人赞同，分层教学对能力强的学生有积极影响。超常班、荣誉课程和大学预科课程似乎是行之有效的（Fuchs, Fuchs, Hamlett, & Karns, 1998; A. Robinson & Clinkenbeard, 1998）。没有人（尤其是父母）希望消除这些措施带来的积极影响。

如果没有分层，学校将会怎样？洛夫莱斯（Loveless, 1999）指出了一些潜在问题。第一，一项大规模全国性研究的结果表明，那些在异质性班级就读的能力较差的10年级学生的成绩，会比进入低能力班级的同伴高5个百分点——到目前为止，一切都很好。但能力中等的学生一旦进入异质班级后，他们的成绩相较于一直处于中能力班级的学生下降了2个百分点；能力高的学生进入异质班级后成绩的下降则更加明显，相对于一直处于高能力班级的学生而言，他们的成绩下降了5个百分点左右。

成绩的差距的确变小了，但这显然是以牺牲能力一般和能力较强的学生为代价的，在美国10年级的学生中，这部分学生大约占70%。（Loveless, 1999, p.29）

第二，取消分层教学的另一个后果是聪明学生的流失——最聪明的学生会退学。非裔美国父母和美国白人父母都认为，混合能力班级不能满足其子女的需要（Public Agenda Foundation, 1994）。

研究表明，一些班级的混合能力结构似乎会对所有学生的成绩产生负面影响。例如，无论学生的能力水平如何，他们在异质性代数班级里学到的东西都不如在能力分层班级里学到的多（Epstein & MacIver, 1992）。对学生自尊的一项元分析表明，低能力班级的学生的自尊水平并不低于异质性班级的学生（Kulik & Kulik, 1997）。

那么，结论是什么？情况通常比简单的分层教学或不分层教学复杂得多。认真观察每个学生的成绩变化，可能会在不同的情况下得出不同的结论。

事实上，即使没有分层教学，家庭收入低的儿童也更可能就读于那些教育资源匮乏的学校，并且面对教学能力较差的教师（G. W. Evans, 2004）。例如，在学生贫困率很高的学校，超过50%的数学教师和超过60%的科学教师没有教学经验，或原先是教授其他学科的，他们没有接受过现在所教学科的相关训练（E. Jensen, 2009）。如果社会经济地位低的学生接受的是低水平的教育，那么他们的学业技能会比较差，改变生活的机会也会很有限，从一开始就不能为后续教育做好准备（Anyon, 1980; Knapp & Woolverton, 2003）。

模块 17 小结

什么是文化，文化多元化如何影响学习与教学

文化存在多种定义。多数定义都认为，文化是特定群体中指导人们行为的知识、技能、规则、传统、信仰和价值观，文化是一种生活方式。我们每个人都隶属于多个不同的文化群体，这些群体的界定依据可能是地域、国籍、民族、种族、性别、社会地位和宗教等。特定群体的成员身份并不能决定一个人的行为或价值观，只会使得某种价值观或某些行为更容易出现。每个群体内部都有着广泛的变异。就如前文中介绍的四个学生——特妮斯、本、戴维和杰西，从他们身上你可以看到文化的多样性。

不同文化的差异有时是显而易见的，位于冰山尖端；有时又是微妙且深入的，隐于水面之下。细微且不明显的文化差异引起碰撞时，就很容易发生误会和冲突。如果用主导的、主流的文化中的价值观和能力观去判断学校中的各种行为是否"正常"或合适，就会引发

文化冲突，例如将那些生活在不同社会文化中的孩子的行为举止看作不恰当、不服从规则的，甚至是粗鲁和失礼的。

什么是社会经济地位，它与社会阶层有什么区别

社会阶层反映了特定群体在社会中的威信和权力。大多数人都能意识到他们和与他们类似的同龄人属于同一个社会阶层。社会学家使用术语"社会经济地位"作为财富、权力、对资源的控制以及威信等方面的变异的综合指标。社会经济地位取决于多个变量，而不仅仅取决于收入。此外，社会经济对个体的影响力往往会超过其他文化差异。没有一个单一变量能够有效地测量社会经济地位，但多数研究者认为根据社会经济地位可以将人们分为四个阶级——上层阶级、中产阶级、工人阶级和底层阶级。表17-1总结了这四个阶级的主要特征。

社会经济地位与学业成就有什么样的关系

社会经济地位和学业成就呈中等相关。在所有群体中，社会经济地位高的学生的测验平均成绩要高于社会经济地位低的学生，前者接受教育的时间也更长。儿童生活在贫困中的时间越长，贫困对其学业的影响越大。为什么低社会经济地位会导致学生的低学业成就？这可能是因为社会经济地位低的学生会面临以下问题：缺乏良好的健康护理，教师对他们的期望较低，自尊较低，形成习得性无助，陷入抵抗文化，学校采用分层教学，家庭环境中缺少刺激，以及在暑假中退步等。其中最后一点让人感到惊奇：社会经济地位低的学生暑假没有学习的机会，同时社会经济地位高的学生却仍在不断地进步。

模块18 民族、种族和性别

6.3 教学中的民族和种族问题

美国是一个多元化的社会，到2023年，大约三分之二的学龄人口将由非裔、亚裔、拉丁裔或其他族裔的美国人组成（Children's Defense Fund, 2010）。在了解有关民族和种族的研究之前，让我们先来澄清一些相关术语。

6.3.1 何谓民族和种族

民族（ethnicity）通常指有着共同的历史、祖国、语言、传统或宗教等文化特征的人构成的群体。无论是意大利人、乌克兰人、苗人、中国人、日本人、纳瓦霍人、夏威夷人、波多黎各人，还是古巴人、匈牙利人、德国人、非洲人或爱尔兰人（这里仅举几例），都有一些自己的民族遗产。

种族（race）则被定义为"一个被社会性地构建起来的群体，群体成员拥有社会成员认为重要的生物遗传特征"，如肤色、发质等（Macionis, 2013, p. 274）。实际上，种族是人们依据外在特征对自己和他人进行的归类，在生物学上并没有血统纯正的种族。例如，随机地选择任意两个人，他们遗传密码排列上的差异中平均只有0.012%（约为1%的1%）来自种族（Myers, 2005）。如今，很多心理学家强调，民族和种族是社会建构的观念。然而，种族仍然是一个强有力的概念。就个体层面而言，种族是我们自我认同的一部分，通过理解种族，我们可以理解自己，并与他人互动；就群体层面而言，种族则与经济结构、政治结构联系在一起（Macionis, 2013）。

社会学家有时会使用"**少数群体**"（minority group）来指代受到不平等对待或歧视的群体。但严格来说，这一名词指相对于总体人口来说人数较少的群体。在某些情况下，称一些特定的民族或种族为少数群体，严格来说是错误的。因为在某些特定地区，所谓的"少数群体"可能是"多数群体"，如芝加哥或密西西比州的非裔美国人。这种根据种族或民族传统将特定群体称为"少数群体"的做法，常因其容易让人产生误解及其负面的历史含义而受到批评（Milner, 2010）。

6.3.2 民族和种族对学业成就的影响

学校里存在的一个主要问题是,某些群体成员的成绩总是低于全体学生的平均水平(Matthews, Kizzie, Rowley, & Cortina, 2010;Uline & Johnson, 2005)。这一现象存在于所有标准化测验中,但这一差距自20世纪80年代以来逐渐缩小,并且小于富裕学生和贫困学生之间的差距(Raudenbush, 2009;Reardon, 2011)。例如,如图6-3所示,美国国家教育进展评估(National Assessment of Education Progress, NAEP)显示,4年级白人学生和非裔学生数学成绩的差距从1996年的34分缩小到了2013年的26分,4年级白人学生和西班牙裔学生之间的差距则从1996年的25分缩小到了2013年的19分(National Center for Education Statistics, 2013)。

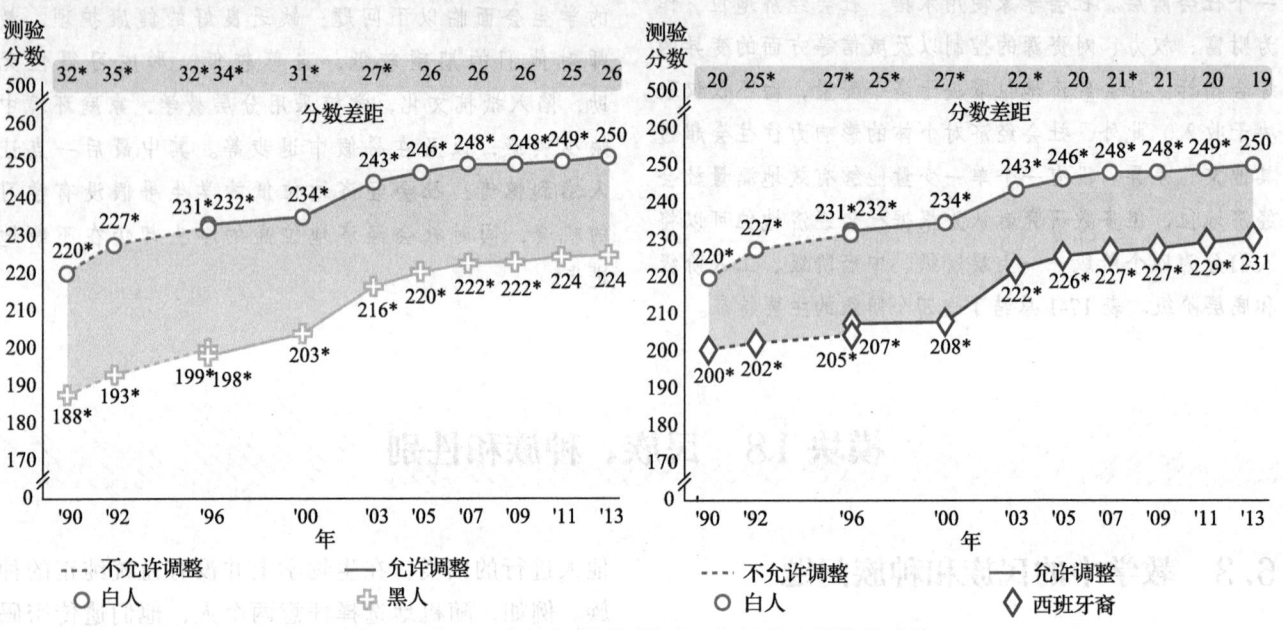

图6-3 美国国家教育进展评价中四年级学生的数学成绩

注:该图比较了1990年至2013年美国白人、黑人及西班牙裔4年级学生数学成绩的变化。其中黑人包括非裔美国人,西班牙裔包括拉丁裔,不包括从西班牙移民过来的人。这里的分数差距是根据未四舍五入的平均分计算得到的。

资料来源:National Assessment of Educational Progress. (2013). National Report Card. Retrieved from http://nationsreportcard.gov/reading_ma-th_2013/#/achievement-gaps.

目前,"成就差距"的支持者受到了众多批评。批评者认为,这一概念采用了一种狭隘的视角,将中产阶级白人学生的成绩作为标准,其他所有学生都必须以此为参照而被比较和被测量(Anyon, 2012)。多元文化学者理查德·米尔纳(2010, 2013)提醒教师,"有色人种经历的是另一种'标准的'生活,优秀有着多种多样的形式。事实的确如此,来自各行各业的有色人种都很成功"(p.9)。他认为,我们应该思考其他类型的"差距",如教师学历和资质上的差距、课程挑战性的差距、住房购买力和医疗保健上的差距、学校融合程度和资金实力上的差距、儿童保育质量的差距、数字鸿沟、财富和收入的差距、就业的差距——这些差距综合在一起,造成了很多有色人种学生面临的机会差距。格洛丽亚·拉德森-比林斯(Gloria Ladson-Billings, 2006)认为:"由于数十年来的投资不足和歧视,我们对有色人种学生和生活在贫困中的学生负有教育债务。"

机会差距和教育债务会造成学生毕业率的差距。2011年,全美约有76%的白人学生从高中毕业,非裔美国学生的这一比率为60%,西班牙裔学生为58%,亚裔和来自太平洋岛屿的学生为79%。不过,这是美国所有州的平均数据。如果单独看每个州,我们会发现一些有意思的差异。例如,内华达州总体的毕业率最低(62%),随后是新墨西哥州(63%)、佐治亚州(67%)、阿拉斯加州和俄勒冈州(均为68%)。艾奥瓦州的毕业率最高,达到了88%。威斯康星州、佛蒙特州、内布拉斯加州、印第安纳州、新罕布什尔州、北达科他州、田纳西州和得克萨斯州的毕业率都超过了86%。但不同族群学生的毕业率差异很大。白人学生的高中毕业率从俄勒冈州的70%到得克萨斯州的92%不等；非裔学生的毕业率从内华达州的43%到蒙大拿州和得克萨斯州的81%不等；西班牙裔学生的毕业率从明尼苏达州的51%到缅因州的87%以上不等，在得克萨斯州也超过82%；亚裔学生的毕业率则从南达科他州的45%到得克萨斯州的95%不等（Nhan，2012）。这些差异可能有多方面的原因。一些州所有族裔的学生数量均比其他州多，一些州可能有更多的贫困家庭、更多的城市学校，但对教育和应对其他挑战的支持更少。

尽管不同族群的学生在认知能力测验上存在稳定差异，但大多数研究者认为，这些差异主要是由歧视、文化不兼容、语言差异或贫困环境中的成长经历导致的。因为大部分少数群体的学生在经济上也处于不利地位，因此将这两种不同的影响区分开来是很重要的（G. Roberts，Mohammed，& Vaughn，2010）。例如，近期一项研究发现，即使控制了男生的社会经济地位、家庭环境和问题行为，学习技能和自我调节技能（专注、毅力、组织能力及学习自主性）仍能解释幼儿园至5年级非裔美国男生读写能力的发展情况（Matthews，Kizzie，Rowley，& Cortina，2010）。因此，至少对非裔美国男生来说，早期学习技能的发展有助于消除机会差距。这可能也适用于其他群体。

与关注不同群体学业成就上的差距相比，很多教育工作者呼吁加强对非裔和拉丁裔学生学业成功的研究。贝里（Berry，2005）对两名数学成绩优异的非裔中学生进行了研究，结果发现，他们拥有来自家庭和教师的支持和高期望，在学前和小学阶段有积极的数学学习经验，常常去教堂做礼拜，在课外活动中表现活跃，对自己"数学成绩优异的学生"这一身份有积极的认同感。贝里建议教育工作者和研究者"关注那些成功的非裔美国成年男性和男孩的故事，以便识别出能够促进个体成功的优势、能力以及其他重要因素"（p. 61）。

那些成功的非裔男孩身上还有一个决定性的特征：他们的家庭教会了他们如何理解和应对歧视。我们将在下文中谈到这一点。

6.3.3 歧视的后遗症

在探讨社会经济地位低的儿童在学校面临问题的原因时，我们说到了有限的教育机会、低期望，以及来自教师和同学的歧视。实际上，很多少数族裔的学生也在经历类似的歧视。例如，在1924年美国南方的一些地区，学校是实行种族隔离制度的，黑人学生和白人学生在各自的学校上学。在黑人的学校里，学生每年只能接受6个月的教育，因为他们需要在农场工作6个月；白人学生则能完整地接受9个月的教育。黑人学生最多只能上到8年级（Raudenbush，2009）。

> **停下来 想一想**
>
> 种族隔离制度直到1954年才宣告终结。想象一下，如果你回到了那个时候，下面故事中的小孩就是你自己，你会怎么做？
>
> 在堪萨斯州的托皮卡市，一位牧师牵着他7岁的女儿去离家4个街区的一所小学上学。琳达·布朗想升入2年级，但学校不允许，公立学校的官员要求她到2公里以外的另一所学校就读。这意味着琳达·布朗每天要步行6个街区到车站，有时还要等半个小时才能等到公交车。如果遇上下雨天，等公交车来的时候，她可能已经浑身湿透了。有一次站在车站实在太冷了，她就跑回家了。她问父母，为什么她不能在离家只有4个街区的那所学校上学？（Macionis，2003，p. 353）

琳达·布朗的父母的解决办法是，在其他有关家庭的帮助下对学校政策提起诉讼。众所周知，1954年布朗一家控告托皮卡教育局案的结果是：法院宣布，对黑人儿童采取"隔离但平等"原则的学校本身就是不平等的。尽管学校里的种族隔离在60多年前就已被视为违法，但仍有2/3左右的非裔美国学生就读在少数群体学生人数占学生总数一半以上的学校。这是因为住宅和社区方面还存在种族隔离现象，一些地区甚至有意划分了学校招生的区域界限，使学校可以招收特定种族的学生（Kantor & Lowe，1995；Ladson-Billings，2004）。

多年来关于消除种族歧视的研究表明，依靠法律硬性推行融合教育并不能马上解决数百年来种族不平等的历史带来的不利影响。部分原因是一旦有色人种学生增多，白人学生就会转学。现在很多市区学校的种族隔离程度比最高法院出台校车制和其他旨在消除种族歧视的措施之前还要高。洛杉矶、迈阿密、巴尔的摩、芝加哥、达拉斯、孟菲斯、休斯敦、底特律等地区的学校里只有不到11%的非西班牙裔的美籍白人学生。事实上，非裔和拉丁裔学生就读的学校中有2/3因为贫困学生高度聚集而遭受隔离，因此种族隔离也成了经济隔离（Ladson-Billings，2004；Mickelson，Bottia，& Lambert，2013；Raudenbush，2009）。

即使在实行融合教育的学校里，少数群体的学生通常也会被隔离到低能力班级中。简单地将人们放在同一栋建筑中，并不意味着他们将彼此尊重，他们甚至不会接受相同质量的教学（Ladson-Billings，2004；Mickelson et al.，2013）。

1. 偏见的概念

"偏见"（prejudice）一词与"预判"（prejudge）一词关系密切。**偏见**是对某一特定群体的刻板的、不公正的概括，是一种先入为主的判断。偏见由信念、情感和特定行为倾向组成。例如，如果你认为胖子都很懒（信念），对他们感到很厌恶（情感），不愿和他们约会（行为倾向），那么你实际上对胖子有偏见（Aboud et al.，2012；Myers，2010）。偏见可以是积极的，也可以是消极的，也就是说，你可能会对一个群体抱有积极或消极的非理性信念，但这一术语通常指的是消极的态度。偏见可能针对的是某个特定的种族、民族、宗教、政治立场、地理位置、语言、性取向、性别或外表特征。

种族偏见（种族主义）是普遍存在的，并不只针对某一群体。目前，公然表达种族偏见的现象已经有所减少。例如，1970年，50%以上的美国人会理所当然地认为少数群体应该远离自己的社区；1995年，这个比率下降到了10%（Myers，2005）。但微妙的、潜在的种族偏见仍然存在。针对多起美国警察枪击手无寸铁的黑人的案件，研究者开发了一种电子游戏。在这个游戏中会先后出现许多白人和黑人，他们可能有武器，如手里拿着一把枪；也可能没有武器，手里只拿着一个手电筒或钱包。实验要求被试"射击"游戏中拿着武器的人。在实验中，研究者并没有提到种族的问题。但结果发现，在射击有武器的目标时，被试射击黑人目标的速度更快，频率也更高；在决定不射击没有武器的目标时，被试对白人目标做出反应的速度更快，频率也更高（Greenwald，Oakes，& Hoffman，2003）。在另一个研究中，被试是真正的警察，研究发现，与错击没有武器的白人嫌疑人相比，他们错击没有武器的黑人嫌疑人的可能性更大（Plant & Peruche，2005）。心理学研究还表明，个体受到的偏见不利于他们的心理和生理健康、学业成就以及工作上的成功（McKown，2005）。

2. 偏见的发展

儿童在很小的时候就开始形成偏见了。世界各地对多民族地区的研究表明，偏见始于4~5岁（Aboud et al.，2012；Anzures et al.，2013）。目前有两个非常流行的观点：一个是儿童天生对肤色没有偏见；另一个是除非父母这样教他们，否则儿童是不会形成偏见的。尽管这些观点听起来很吸引人，但它们缺乏研究的支持。即使没有父母的直接教导，很多幼儿也会形成偏见。目前的观点是，偏见的形成涉及个人、人际及社会等方面的因素（Aboud et al.，2012；P. A. Katz，2003；McKown，2005）。

产生偏见的一个原因是人们倾向于将社会分为两类——我们和他们，内群体和外群体。这样的分类可能是根据种族、宗教、性别、年龄、民族，甚至是运动团队来进行的。我们往往认为外群体的人不如我们，与我们不同，但外群体成员之间是相似的——"他们看起来都一样"。事实上，如果没有与其他种族的人接触的经验，那么3个月大的婴儿会表现出对自己种族的面孔的偏好；到了9个月，婴儿将能更好地识别自己种族的面孔（Anzures et al.，2013）。另外，那些拥有更多财富、更高的社会地位和更高的威信的人会认为自己之所以有特权，是因为他们比那些"一无所有"的人更优秀，拥有更多的东西是理所当然的。这种想法导致人们将责任归于受害者：那些生活在贫困中的人或被强奸的女性会遭遇不幸，完全是他们自找的，"他们罪有应得"。情绪在偏见的发展中也有一定的作用。当有不好的事情发生时，我们往往会寻找某些人或某些群体来当替罪羊。例如，在

"9·11"悲剧发生后,一些人通过攻击无辜的美籍阿拉伯人来泄愤(Myers,2010)。

偏见不只是形成一种"内群体"的倾向、一种自我辩白或一种情绪反应,也是一套文化价值观。儿童会从家庭、朋友、教师和周围环境中学习那些被认为重要的特征和个性。回想你之前对广告的分析:广告里的女性或有色人种多吗?多年来,出现在书本、电影、电视和广告中的榜样大多是欧裔美国人。其他民族和种族背景的人很少饰演"英雄"(Ward,2004)。不过这种情形正在逐渐改变,2002年奥斯卡最佳男女主角都是美籍黑人,尽管丹泽尔·华盛顿(Denzel Washington)是以反派角色胜出的。2005年,杰米·福克斯(Jamie Fox)则凭借对雷·查尔斯(Ray Charles)这一英雄角色的出色表演荣获奥斯卡最佳男主角奖。另外,在我写作本书的时候,巴拉克·奥巴马已经成为美国总统了。

停下来 想一想

列出下列角色的三个主要特征:
- 大学新生。
- 政治家。
- 运动员。
- 佛教徒。
- 美国步枪协会的成员。

偏见是很难消除的,因为它已经是我们思维过程的一部分。正如第8章将提到的,儿童会形成图式——关于客体、事件和动作的有组织的知识体系。我们头脑中有组织有关我们认识的人和所有日常行为的知识的图式。同样,我们也会形成关于不同群体的图式。当我在"停下来 想一想"中要你列出大学新生、政治家、运动员、佛教徒以及美国步枪协会的成员的主要特征时,你可能会写出一大串,而这些特征透露出来的就是你对上述群体的**刻板印象**,一种图式。刻板印象是你对某一群体中所有成员的一种简化的描述。这些刻板印象实际上是组织你对该群体的认识、信念和感受的图式。刻板印象可能包括对某个群体的先入为主(刻板、不公正)的信念,但也可能不是这样(Macionis,2013)。

通过各种图式,我们用自己的刻板印象来理解世界。正如第8章将提到的,图式能够让你更快地、更有效地加工信息,但它也会扭曲信息,以使其更加符合你的图式,尤其是当你的刻板印象包括对某一群体的偏见时(Macrae,Milne,& Bodenhausen,1994)。我们会注意那些与我们的刻板印象一致的、甚至会强化刻板印象的信息,而忽视或排除那些不符合刻板印象的信息。例如,一个陪审员对亚裔美国人抱有消极的刻板印象,当被告是亚裔美国人时,他可能会更加负面地理解他听到的证据。实际上,这个陪审员甚至可能会忘记对被告有利的证据,记住更多不利的证据。研究发现,符合刻板印象的信息会被更快速地加工(S. M. Anderson,Klatzky,& Murray,1990;Baron,1998)。

3. 持续的歧视

偏见包括对某一群体刻板的、非理性的信念和情感(通常是消极的),也包括一种行为倾向,即歧视。**歧视**指不平等地对待特定群体。很显然,很多美国人每天都会遭遇微妙的或公然的偏见和歧视。比如,西班牙裔、非裔和印第安人占美国总人口的35%左右,但2012年,只有6%左右的博士学位被授予西班牙裔学生,5%被授予非裔学生,0.2%被授予印第安学生。相对地,35%的博士学位被授予非美国居民的国际学生(National Science Foundation,2014)。黑人和西班牙裔学生早在小学阶段就开始在科学和数学方面处于劣势,他们很少被选入超常班,也很少有机会参与加速课程或丰富化的课程,他们更可能被分到"基本技能班"。历经初中、高中和大学,他们的足迹离培养科学家的轨道越来越远。即便他们真的成为科学家或工程师,正如女性会受到不公平待遇,他们在同等职位上得到的报酬也会少于白人(Mendoza & Johnson,2000;National Science Foundation,2011)。

为保护自己的子女,少数族裔的学生家长常常不得不对歧视保持敏感。他们可能会教导儿童注意并反抗潜在的歧视。教师如果对可能被误解成歧视的信息不够敏感,就可能会不小心冒犯到这些家长。卡罗尔·奥林奇(Carol Orange,2005)叙述了这样一个故事:一位教师将印有全班学生姓名(按字母顺序排列)的假期工作表寄到每个学生家里,其中有三个学生的名字没有被打印出来,教师用笔将他们的名字写在了工作表的一侧,并没有按原先的顺序插入名单。

这三个学生中有两个是拉丁裔美国人，还有一个是非裔美国人。那个非裔学生的母亲感到很不舒服，觉得她的儿子在名单中被完完全全地"边缘化"了（名字被写在页面的边缘）。实际上，这三名学生是在名单初步完成之后才转学到这个班级里来的。但教师其实是可以避免这种无心的冒犯的——重新做一份名单，列出每一个学生的名字。这对教师来说只是举手之劳，却能表明她重视每一个学生。

刻板印象和偏见还会引起另一个问题，这个问题会降低学生的学业成就，那就是刻板印象威胁。

6.3.4 刻板印象威胁

刻板印象威胁（stereotype threat）指"个体对自己会验证自己所属群体的刻板印象的一种担心"（J. Aronson, 2002, p. 282）。它的基本观点是：当被刻板印象化的个体处在一种适用该刻板印象的情境中时，他们将承受额外的情感和认知负担。这种负担是：个体担心自己的表现会验证他人或自己视角下的刻板印象。例如，女孩被要求解决复杂的数学问题或非裔学生参加 SAT 测验时，这些个体就面临着证实被广泛持有的刻板印象的风险，即"女孩在数学方面不如男孩"或"黑人的 SAT 得分比较低"。事实上，这些个体是否相信刻板印象并不重要，重要的是，个体意识到了刻板印象，并且希望自己的表现足以反驳其贬低性的含意。对于那些认同被威胁（"我很自豪我是非裔美国人"）和认同该学科（"科学对我真的很重要"）的青少年来说，刻板印象威胁的影响似乎更糟糕（Appel & Kronberger, 2012; J. Aronson, Lustina, Good, Keough, Steele, & Brown, 1999; Huguet & Régner, 2007）。

1. 谁会受刻板印象威胁的影响

约书亚·阿伦森（Joshua Aronson）、克劳德·斯蒂尔（Claude Steele）及其同事通过一系列的实验发现：当非裔或拉丁裔学生处在会引发刻板印象威胁的情境时，他们的表现会比较差（Aronson, 2002; Aronson & Steele, 2005; Okagaki, 2006）。例如，在斯坦福大学的一项实验中，实验者告诉其中一组非裔和白人大学生被试，将要进行的测验会准确地测量出他们的口语能力；另一组相似的被试则被告知这个测验的目的是了解问题解决的心理过程，不涉及对个人能力的评估。被告知这个测验是用来测量口语能力的非裔美国学生完成题目的数量只有白人学生的一半；而在无威胁的情境中，非裔学生完成题目的数量与白人学生相当。

不仅仅是女性或少数群体的学生，所有群体都可能受到刻板印象威胁的影响。其他研究表明，刻板印象威胁不利于低社会经济地位的学生、老年考生、非常擅长数学但被告知亚裔学生在特定测验上的表现好于白人学生的白人男性大学生、学龄学生的表现（J. Aronson, Lustina, et al., 1999; Hartley & Sutton, 2013）。例如，邦尼·哈特利和罗比·萨顿（Bonny Hartley & Robbie Sutton, 2013）对年幼学生的刻板印象威胁进行了三项研究。在第一项研究中，他们发现女孩从 4 岁开始、男孩从 7 岁开始相信女孩在学校里的表现优于男孩，并且他们认为成年人也有这样的想法。在第二项研究中，7～8 岁的男孩和女孩参加了一个测验。实验组被告知"女孩在这个测验中表现得比男孩更好"，控制组则被告知"研究者只是想'看看你是怎么做的'"。结果如图 6-4 所示，男孩在刻板印象威胁下表现得明显更差，但女孩的测验成绩并不受影响。在第三项研究中，实验条件下的学生被告知"研究者预期男孩和女孩在这个测验中的表现一样好"，结果发现刻板印象威胁的作用消失了。

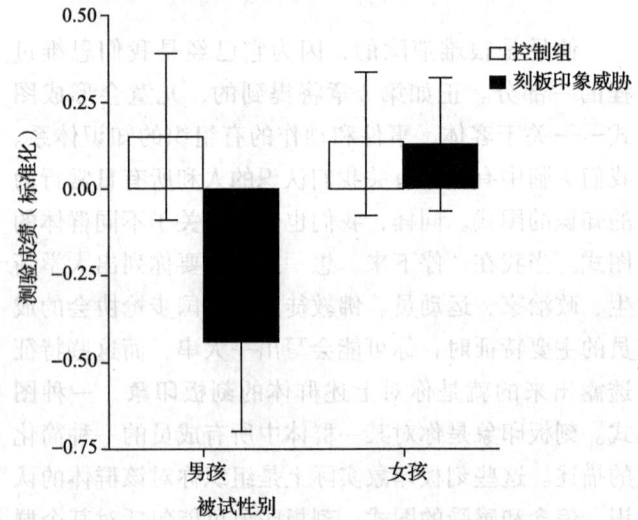

图 6-4 刻板印象威胁对学生成绩的影响

资料来源：Reprinted with permission from Hartley, B. L., & Sutton, R. M. (2013). A stereotype threat account of boys' academic underachievement. *Child Development*, 84, p.1724.

令人惊讶的是，五六岁的学生就会被刻板印象威胁影响。最易受刻板印象威胁影响的学生是那些对刻板印象最在意的和为取得好成绩投入精力最多的学生（Hartley & Sutton，2013；K. E. Ryan & Ryan，2005）。

那么，刻板印象威胁为什么会影响学习，又是怎样影响学习的呢？一些研究提供了所有教师都会感兴趣的答案。研究发现，刻板印象威胁与学业成就之间存在三个主要的联系，即经历刻板印象威胁不仅会使个体无法在测验和作业上最好地表现，干扰个体在某一学科（如数学）上的注意力和对该学科的学习，还会减少个体与该学科的联系，降低个体对该学科的重视程度（Appel & Kronberger，2012；Huguet & Régner，2007）。因此，刻板印象威胁可能是造成某些群体之间成就差距的原因之一，虽然它不是唯一原因（Nadler & Clark，2011）。现在，让我们来看看刻板印象威胁在学校中的影响。

2. 短期效应：测验成绩

回顾有关女性、数学以及刻板印象威胁的研究，我们不难发现，哪怕是极其细微的线索也可能引发焦虑。例如，在正式测验前要求受测者将性别写在答题纸上，会导致女性受测者取得更低的数学成绩，尤其是当测验很难，女性受测者对数学怀有中等程度的认同，但"做个好女人"是她自我同一性中很重要的一部分的时候。刻板印象威胁造成的测验成绩的平均差异并不大。一个能在 SAT 或 GRE 等测验中取得 500 分的具有中等数学能力的女性，往往实际上只能得到约 450 分。一项研究估计，若排除刻板印象威胁的干扰，通过高难度微积分测验的女性会多 6%（Nguyen & Ryan，2008；Wout，Dasco，Jackson，& Spencer，2008）。其他研究则发现，刻板印象威胁下的高中和大学女生的数学测验得分低于男生；而没有刻板印象威胁时，两者的成绩相同（C. S. Smith & Hung，2008）。因此，只需告诉女生她们参加的数学测验不能揭示性别差异，就足以消除不同性别间分数的差异。

凯瑟琳·赖安和阿莉森·赖安（Katherine Ryan & Allison Ryan，2005）提出了一个理论模型，用以解释刻板印象威胁是如何造成女性及非裔美国人在数学方面较差的表现的。在会唤醒刻板印象威胁的情境（如高压力测验）中，这些学生倾向于设定表现回避目标。我们将在第 12 章中详细介绍这种目标。简单来说，设定表现回避目标就意味着学生想要避免自己看上去很蠢。设定这些自我保护目标的学生坚持性较差，也不会使用有效的策略——他们只是想要自己看上去不那么蠢。但正是因为他们拖延学习、不努力尝试，他们在测验过程中会很焦虑，也缺乏准备。凯瑟琳·赖安和阿莉森·赖安如此概括她们的模型：

> 那些想在测验中表现优异的学生担心自己的表现会证实某种消极的刻板印象（如女性和黑人不擅长数学），这种担心会导致他们为测验情境设定一种表现回避目标。这种表现回避目标会使考试焦虑中的负面成分增加，降低自我效能感，导致认知紊乱或认知能力下降。（K. E. Ryan & Ryan，2005，p. 60）

另外，还有两种相关的解释。一种是刻板印象威胁会使工作记忆容量缩小，即会导致学生没办法在认知过程中容纳那么多信息（Okagaki，2006）；另一种是刻板印象威胁会减少学生对任务的兴趣和投入——为什么要在让自己看起来很蠢的事情上花心思呢（J. L. Smith，Sansone，& White，2007；Thoman，Smith，Brown，Chase，& Lee，2013）？

3. 长期效应：缺乏认同感

遭受刻板印象威胁的学生不太可能在威胁"悬而未决"的情况下感受到归属感和联结。当他们感觉受到孤立时，他们的动机和投入会受到影响（Thoman et al.，2013）。如果学生持续选择表现回避目标，为避免自己看上去很蠢而发展出自我妨碍策略——丧失兴趣、缺乏归属感、在测试情境中感到焦虑，那么他们会变得退缩，声称自己不在乎成绩，几乎不付出努力，甚至退学——他们在心理上逃避成功，声称"书呆子才会学数学""失败的人才去上学"。一旦学生认定学习一点都不"酷"，他们就不太可能付出真正的学习所需的努力。一些证据表明，与非裔女性学生和白人学生相比，非裔男性学生对学习更不认同，也就是说，他们会将自尊与自己的学业成就分离开来（Cokley，2002；Major & Schmader，1998；C. Steele，1992）。但其他研究质疑这种观点。历史上，非裔美国人是非常重视教育的（V. S. Walker，1996）。一项研究发现，与认同白人文化的非裔美国青少年相比，那些有着强烈非洲中心主义的非裔青少年有着更高的学业目标和自尊（Spencer, Noll, Stoltzfus, & Harpalani, 2002）。

在这里我们想要告诉教师的是，我们要帮助所有学生意识到学业成就是他们民族同一性、种族同一性及性别同一性的一部分。

4. 应对刻板印象威胁

约书亚·阿伦森、弗里德（Fried）和古德（Good）发现，改变能力观能非常有效地对抗刻板印象威胁的作用。研究者要求非裔美国大学生和白人大学生写信寄给"处境不利"的中学生，鼓励他们坚持学业。研究者向一些大学生提供了支持"能力可以提高"的证据，并鼓励他们将这样的信息写信告诉他们的中学生笔友；向另一些大学生提供了有关多元智能的信息，但并未提及这些多元智能是可以提高的。实际上那些中学生并不存在。研究发现，撰写有关能力增长观的劝说信的过程非常有用。在随后的一个学季，那些被"能力可以提高"的观点说服的非裔美国大学生和白人大学生平均成绩更高（白人大学生成绩提高的程度较小），更享受学校生活且更愿意参与学校活动。改变女生对智力的看法也能帮助中学女生取得更高的年终数学成绩（C. Good, Aronson, & Inzlicht, 2003）。因此，能力增长观可以帮助学生对抗刻板印象威胁。另一项研究则发现，重新建构威胁性测验的内涵，将其看作能"提高思维能力"的一种"挑战"，能降低刻板印象威胁对4～6年级非裔美国学生和普林斯顿大学学生（他们均来自那些鲜有学生考上常春藤联盟学校的高中）的影响（Alter, Aaronson, Darley, Rodruiguez, & Ruble, 2009）。

卡罗尔·德韦克（Carol Dweck, 2006）的著作《心态全新制胜：成功心理学》讨论了如何学习一种关于成长和进步的积极心态，这种心态又将如何成为个体一生的财富。其他有效的方法还包括使用角色榜样，以及强调如果一个男孩在数学上的表现比女孩更好，那么他可能是学习得更努力或坚持得更长久。遇到女孩擅长写作的情况时也是如此，需要强调这个女孩可能写得更认真或修改了更多次。此外，在学校完成自我肯定（self-affirmation）任务，如就个人价值观进行写作，似乎也能克服刻板印象威胁（Sherman et al., 2013）。

在第12章中，我们将介绍考试焦虑以及如何克服考试焦虑的消极影响。许多有助于克服考试焦虑的方法也可以用来帮助学生对抗刻板印象威胁。

6.4 教学中的性别问题

在本节中，我们将探讨两种相关的同一性——性认同（sexual identity）和性别角色认同（gender identity）的发展。我们将特别关注男女两性的社会化过程和教师在提供性别公平教育中的作用。

6.4.1 性和性别

性别（gender）一词通常指特定文化决定的适合男人或女人的特征和行为。相反，性（sex）指生物学上的差异（Brannon, 2002; Deaux, 1993）。个体在性别和性方面的同一性包括三个成分：性别认同、性取向和性别角色行为（C. Patterson, 1995; Ruble, Martin, & Berenbaum, 2006）。**性别认同**是个体对作为男性或女性的自我认同；性别角色行为是特定文化中与每个性别相关的行为和特征；性取向涉及个体对性伴侣的选择。

在实际生活中，上述三个成分之间的关系是极为复杂的。例如，一个女人可能会认同自己是女性（性别认同），但她的行为并不符合性别角色（如踢足球或摔跤），她的性取向可能是异性恋、双性恋或是同性恋。因此，**性认同**是一个复杂的结构，涉及信念、态度和行为。埃里克森和其他一些早期心理学家认为，识别自己的性别认同是非常简单的：认识到自己是男性或女性，然后做出相对应的行为。但现在，我们认识到有些人经历着有关性别的冲突。例如，变性人常常会说自己被困在错误的身体里，他们感觉自己是女性，但他们的生物学性别是男性，或是情况刚好相反（Ruble et al., 2006; Yarhouse, 2001）。

性取向是关于吸引力感受的"一种内在机制，可能在不同程度上决定着一个人对女性、男性或这两者的性欲"（Savin-Williams & Vrangalova, 2013, p. 59）。大约8%的青春期男孩和6%的青春期女孩报告自己与同性发生过性行为或受到了同性的强烈吸引。青少年阶段，男性比女性更可能拥有同性性伴侣。但在青春期后期，通常是在大学期间，女性更可能拥有同性性伴侣。不过，实际上，只有少数青少年是真正的同性恋者或双性恋者：大约4%的青少年确认自己是男同性恋者（选择男性伴侣的男性）、女同性恋者（选择女性伴侣的女性）或双性恋者（拥有男女两性伴侣的个体）。个体成年后，这个数字会增加到5%~13%（Savin-Williams，2006）。你可能见过一个首字母缩略词"LGBTQ"，它代表的是女同性恋者（Lesbian）、男同性恋者（Gay）、双性恋者（Bisexual）、跨性别者（Transgendered）和对自己性别认同感到疑惑的人（Questioning）。跨性别者是自身的性别认同，或者说作为男性或女性的自我同一性与其他人觉察到的他的性别不相符的人。跨性别者可能是异性恋者、同性恋者或双性恋者，因此跨性别不同于性取向。另外，"对自己的性别认同感到疑惑的人"指那些尚未确定自身性取向的人（J. P.Robinson & Espelage，2012）。

科学家对同性恋的来源进行了探讨。不过，大多数研究都是针对男性的，对女同性恋者的了解较少。迄今为止的证据表明，同性恋的形成涉及生物因素和社会因素。例如，同卵双胞胎性取向的相似程度比异卵双胞胎高，但不是所有的同卵双胞胎都拥有相同的性取向（Ruble et al.，2006）。

在心理学的研究历程中，只有极少的模型将性取向作为自我同一性的一部分，对其发展过程进行了描述。总体而言，这些模型包含下列或与之类似的阶段（Yarhouse，2001）。

（1）感觉不适。 6岁左右，大部分儿童对同性活动的兴趣会有所减少。而一些儿童可能会发现自己与其他人不同，因此感到焦虑并害怕被别人发现。其他儿童则不会经历这些焦虑。

（2）感到困惑。 当青少年发现自己被同性吸引时，他们会感到困惑、不安、孤独、不知所措。他们可能缺少角色榜样，会尝试改变自己的活动和约会模式，以符合异性恋的刻板印象。

（3）接受。 成年早期，大部分年轻人已经厘清自己的性取向，并认同自己是同性恋者或双性恋者。他们可能公开，也可能不公开自己的性取向，但会告诉身边的一些朋友。

不过，这些同一性发展的阶段模型存在一个问题，它们都假设同一性获得就是最终的结果。实际上，新近的模型强调性取向是灵活的、复杂的、多层面的，在人生中的任何时候都可能发生改变。例如，一些人可能在人生的某段时间与异性伴侣约会或结婚，但在随后的另一段时间内会受到同性的吸引或有同性伴侣（Garnets，2002）。

与异性恋学生相比，LGBTQ学生更容易遭受欺凌，缺课和尝试自杀的风险也更高（J. P. Robinson & Espelage，2012）。我们将在第13章中讨论欺凌以及教师在处理所有类型的欺凌事件中的作用。现在，让我们考虑一下，当学生向你倾诉他对性别认同或性取向的忧虑时，你可以做些什么。尽管父母或教师通常不是第一个知晓青少年的性认同困惑的人，但你可以做好准备。如果有学生向你寻求帮助，表6-2列出的一些援助建议可以供你参考。

表 6-2 如何援助存在性认同困惑的学生

这些建议来自 Attic Speakers Bureau——阁楼青少年中心的一个项目。阁楼青少年中心致力于训练同伴教育者来帮助年轻人，以及对在学校、相关组织、卫生保健机构中为青少年提供服务的人进行培训。

提供援助

当一个同性恋、双性恋、跨性别，或对自己的性取向感到困惑的年轻人直接找你寻求帮助时，请记住以下简单的五步法。

倾听　这个方法看起来很平常，但它是与这些年轻人交谈初期你最应该做的事情。通过聆听，你可以让他们尽情地宣泄和讲述他们的经历。

支持　告诉他们"你不孤单"。这一点至关重要！很多LGBTQ青少年感到孤独，缺乏与自己讨论性取向问题的同伴。让他们了解到有很多人也面临同样的问题，这对他们来说弥足珍贵。这样的陈述对交谈也是非常重要的，因为它不涉及对个人的评价。

求助　没必要把自己当成一个专家。把这些青少年转介给专门处理这些问题的专家。这是在帮助这些年轻人，而不是失职。

处理　应对骚扰者。不要忽视因性取向而引起的言语或身体的骚扰。创设并维持一个让所有青少年感觉舒适、愉快的环境是非常重要的。

随访　确保跟进这些个体的情况，看看情况是否有所改善，考虑未来你还可以做些什么来帮助他们。

除此之外，还有一些建议能够帮助你更好地为这些LGBTQ青少年提供服务，帮助他们更好地应对性取向方面的问题。
- 面对有关性取向和性方面的话题时，表现得坦然、放松。
- 参加相关培训，学习如何有效地呈现有关性取向的信息。
- 通过了解事实、分享信息等方式肃清有关性取向的谣言。
- 工作时要放下自己的个人偏见，以便更好地帮助学生解决性取向和性方面的问题。

资料来源：The Attic Speakers Bureau and Carrie E. Jacobs. Ph.D. Reprinted with permission.

6.4.2 性别角色

性别角色指对男性和女性应当实施怎样的行为的期望——什么是男性化，什么是女性化。不同文化、时代和地域背景下的性别角色有所差异。尽管女性仍被认为是儿童的主要照顾者，应负责家庭事务，但如今的社会对女性的期望显然与18世纪有所不同。

儿童是何时以及如何发展出性别角色的？早在2岁时，儿童就意识到了性别差异：他们知道自己是男孩还是女孩，知道妈妈是女性，爸爸是男性。到了3岁左右，他们意识到自己的性别是不能改变的，他们以后将一直是男性或女性。生物因素会影响性别角色的发展。在孩子很小的时候，激素会影响他们的活动水平和攻击性，因此男孩更喜欢剧烈的、粗犷的、吵闹的游戏。游戏模式使年幼儿童更喜欢与拥有相同游戏模式的同性玩伴一起玩，因此4岁儿童与同性玩伴玩耍的时间是与异性玩伴玩耍时间的3倍；到了6岁，这个比例会上升到11:1（Halim, Ruble, Tamis-LeMonda, & Shrout, 2013；M. Hines, 2004；Maccoby, 1998）。

但生物因素不是唯一的影响因素。人们对待男孩和女孩的不同方式也是重要的影响因素。研究发现，家长会给男孩更多的自由，允许他们在社区里闲逛；也会较早地允许男孩做一些具有潜在危险的活动，如独自过马路等。也就是说，与女孩相比，家长会更鼓励男孩表现得独立和主动。事实上，父母、同伴和教师可能会奖励那些符合性别角色的行为——女孩的温柔善良，男孩的坚强自信（Brannon, 2002）。

不仅如此，玩具也发挥了作用。走到任何一家商店的玩具区，你都可以看看哪些玩具是给女孩的，哪些是给男孩的。洋娃娃和厨房用品类玩具是给女孩的，玩具枪是给男孩的，几十年来一直如此。现在，我们的货架上还有给女孩的公主用品类玩具和给男孩的战斗类电子游戏。但我们不能只是指责玩具厂商，因为成年人在给儿童买玩具时也喜欢买那些具有性别特征的，爸爸不会鼓励自己年幼的儿子玩"女孩子的玩具"（Brannon, 2002）。

在与家庭、同伴、教师、玩具以及周围环境的互动中，儿童逐渐形成**性别图式**（gender schema）。所谓性别图式是一个有组织的知识网络，它与男性、女性分别意味着什么的相关知识有关。性别图式能帮助儿童理解世界，并引导他们的行为（如图6-5所示）。如果一个女孩关于女孩的图式包括"女孩应该玩洋娃娃，而不是卡车"或"女孩不可能成为科学家"，那么她会注意、记住这些准则，更多地与洋娃娃而不是卡车互动，或避免参加科学活动（Golombok et al., 2008；Leaper, 2002）。当然，这只是一般的情况，并非所有个体都符合这种情况。例如，如果女孩觉得"卡车是男孩玩的"这一性别图式与自己无关，而卡车又很吸引自己，那她就会玩卡车（Liben & Bigler, 2002）。

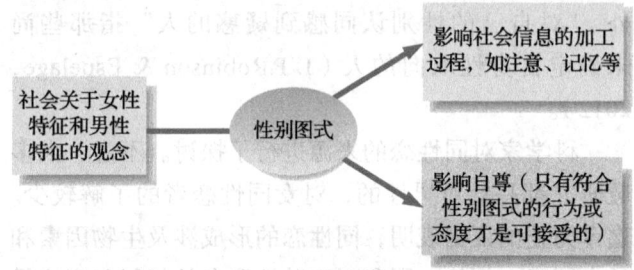

图 6-5　性别图式理论

注：根据性别图式理论，儿童和青少年将性别作为一个系统化的主题，用来区分和解释他们对世界的感知。

到了4岁，儿童开始意识到性别角色。5岁左右，他们已经发展出一般的性别图式，能够说出哪些衣服、游戏、玩具、行为和职业是适合男孩或女孩的，并且儿童的这些想法非常刻板（Brannon, 2002；Halim et al., 2013）。即使在现今这个"男女机会平等"方面有了很大进步的时代，一个学前女孩也更有可能告诉你她想成为一个护士，而不是工程师。我的一个同事曾教育她的小女儿性别刻板印象存在危害，然后她将小女儿带到自己的大学课堂。当学生们问这个小女孩"你长大后想做什么"时，小女孩立刻回答："医生！"她的教授妈妈骄傲地笑了。然后，小女孩偷偷地告诉前排的学生："我其实想做一个护士，但我妈妈肯定不让我做。"实际上，这是幼儿常见的反应。与大一点的儿童相比，学前儿童有更刻板的性别角色观念；与女性的职业相比，所有年龄的儿童对男性的职业都有更刻板、更传统的想法（Woolfolk & Perry, 2015）。随后，儿童进入青春期，他们变得更关注自己的行为是否表现得"像男人"或"像女人"，而这些标准是由他们的同伴文化决定的。总之，从生物因素到文化规范，很多因素都会影响性别角色的发展，不要失之偏颇。

当我忙着在长途火车上校对这本书前一个版本的这一页时，一位列车员在我身边停下来，说："对不起，打扰你做功课了，我能看看你的车票吗？"他这种性别歧视的态度（我确定他是无意的）让我笑了一下。我很怀疑他是否会用同样的问题询问那个坐在走道对面正在写东西的男人？就像种族歧视，性别歧视的信息可能很微妙，并可能出现在教室里。

6.4.3 教材中的性别歧视

不幸的是，学校经常用不同的方式助长**性别歧视**的观念。即使出版行业的从业者已经制定了一些准则，以避免学校教材中的性别歧视，但我们仍有必要检查教材中是否存在性别角色的刻板印象。例如，即使现在儿童书籍中男性和女性作为主角的次数相同，但标题和插图中男性出现的次数更多，并且书中的角色（尤其是男性）仍脱离不了刻板印象的框架。男孩多是好争斗、善争辩的，而女孩则是善于表达的、深情的。女孩有时会跨越性别角色的界限，变得更加主动，但男孩很少表现出"女性的"善于表达情感的特征（Brannon，2002；L. Evans & Davies，2000）。视频学习软件、虚拟世界、社会媒体网站及油管（YouTube）等不会像多数教材那样仔细地筛选有关性别、种族、民族、经济、宗教或年龄的刻板印象和偏见，因此它们也成了这些刻板信息的来源（Henry，2011）。同时，数字化的教学和测验资料、计算机程序中的人物也多以男孩为主，同时包含其他偏见。看看格斗类电子游戏中男性和女性的体格，它们在宣传多么不真实、不健康的身体意象！

学生正式入学前接触时间最长的"教材"便是电视。一项研究采用内容分析法对电视广告进行分析，结果发现，电视广告中的白人男性角色远远多于其他群体。（见前面的"停下来 想一想"，你看广告时是否也发现了这一点？）即使是在只呈现声音的情况下，由男性解说的广告的数量也是女性的十倍之多。这种将男性的声音当作"权威之声"的电视广告模式也普遍出现在英国、欧洲、澳大利亚和亚洲等国家和地区。女性比男性更容易被塑造成"依赖男性的"，而且其形象多以"家"为背景（Brannon，2002）。因此，无论是在上学前还是上学后，学生都可能会接触到男性出现比率过高的教材。

6.4.4 教学中的性别偏见

关于教师如何对待男女学生的研究有不少，但大多数研究关注的都是白人学生。因此，本节中提到的研究结果多针对白人学生。

很多研究证实，男性似乎得到了偏爱。过去30年来最具说服力的一项发现是：总体而言，教师与男生的互动比与女生的互动多，但这些互动主要包括更多的消极互动，而非积极互动（S. M. Jones & Dindia，2004）。这一情况从学前一直持续到大学。教师会问男生更多的问题，给男生更多的反馈（赞扬、批评和纠正），并且会给男生更多具体而有价值的建议。这些差异造成的影响是，从学前到大学，平均每个女孩得到的关注和指导比男孩少1 800小时（Sadker，Sadker，& Klein，1991）。当然，不是每个女孩都存在同样的差异。一些男孩，通常是成绩好的白人学生，得到的关注和指导会比平均水平更多；而成绩好的女孩受到的教师的关注则是最少的。

但并非所有男生都受到偏爱。21世纪以来，北美、西欧、澳大利亚和一些亚洲国家的教育工作者开始质疑学校是否为男生提供了良好的教育。他们之所以有这样的担心，是因为很多国家的数据似乎都表明男生的学业成绩不佳。事实上，男孩在学校的成绩欠佳被称为"当前最急迫的教育平等挑战之一"（Hartley & Sutton，2013，p. 1716）。更为惊人的指控还包括学校试图破坏"男孩文化"，并将"女性的、女孩的"文化强加给男孩。

对于男孩在学校里面临困难的情况，一种解释是学校教育的期望并不符合男孩的学习方式（Gurian & Henley，2001），尤其是那些非裔美国男生（Stinson，2006）；另一种解释是男生会为了"表现自己的男子气概，赢得尊重"，对抗学校的期望和规章制度，从而故意不认真学习（Kleinfield，2005，p. 86）。批评者认为，学校应该设置更小的班级、更多的讨论、更好的规则、更好的辅导课程，以满足男孩的需要。同时，学校里应该有更多的男性教师，而实际上90%的小学教师是女性（Svoboda, 2001）。

为使学校更有效地对男孩和女孩进行教育，一种通行的做法是男女分班。2008年《纽约时报》的一个封面故事就以此为主题（Weil, 2008），一些学区在英语、科学和数学等核心课程上试行单性别教室（Herron, 2013）。虽有一些研究表明男女分班的优势，但通常学生或学生的家庭会自主选择单性别或混合性别的学校。韩国的一项研究将学生随机分配到某一类学校（男校、女校或男女混校），采用国际科学和数学教育成就趋势调查（Trends in International Science and Mathematics, TIMSS）的工具来测查学生的成就，结果并未发现就读不同学校的8年级学生的成就之间存在差异（Pahlke, Shibley Hyde, & Mertz, 2013）。那么单性别学校或班级会促进学生的学习吗？答案是"取决于很多条件"。男女分班对男孩和女孩的学习、动机和投入均有积极影响，但前提是必须满足一些特定的条件：教师必须意识到没有什么针对男孩或女孩的特殊教学策略——好的教学就是好的教学。根据性别将学生分组并不会让教学变得更简单；实际上，男女分班会让班级更加难以管理。为达到好的教学效果，教师和学生都必须意识到男女分班的目的是营造出一种氛围，让每个学生更好地学习。这种氛围有助于课堂上更加开放的讨论，使学生较少担心会在同伴面前留下不好的印象（Younger & Warrington, 2006）。下面的实践指南会提供一些其他的方法，帮助你避免在课堂上对学生产生性别歧视。

| 实践指南 |

避免教学中的性别歧视

检查你使用的课本和其他教学材料，看看这些材料是否用比较公正的态度看待了男性和女性。

例如：

（1）在工作、休闲和家庭情境中，男性和女性是否都会被塑造成传统的角色和非传统的角色？

（2）与学生讨论你的分析，并邀请学生帮你找出其他材料中的性别角色偏见，例如杂志广告、电视节目、新闻报道等。

保持警惕，避免课堂活动中存在任何无心的偏见。

例如：

（1）关注自己是否会在某些特定的活动中用性别来分组。这样的分组合适吗？

（2）关注自己是否会特别叫某一性别的学生来回答特定的问题，比如数学方面的问题让男生回答，诗歌方面的问题让女生回答。

（3）小心你的隐喻。让学生解决问题时不要使用"tackle the problem"这个短语，因为"tackle"在一些俚语中指男性外生殖器官。

找出学校可能针对性别设置的限制。

例如：

（1）了解指导教师会在课堂和职业选择方面给学生什么样的建议。

（2）调查学校有没有提供男女生都适合参与的运动项目。

（3）了解女生是否会被鼓励参加高级科学或数学课程，男生是否会被鼓励参加英语和外语课程。

尽可能使用与性别无关的语言。

例如：

（1）用"law-enforcement officer"（执法人员）和"mail carrier"（邮递员）来替代"policeman"（警察）和"mailman"（邮差）。

（2）在称呼某个委员会的负责人时，用"head"（领导）来替代"chairman"（主席）。

提供性别榜样。

例如：

（1）要求学生阅读由女性科学家或女性数学家发表在专业期刊上的文章。

（2）邀请近期毕业的主修科学、数学、工程或其他科技领域的专业的女大学生，和你班上的学生聊聊大学生活。

（3）为男生和女生开设电子辅导课程，让学生有机会接触到自己感兴趣的领域中的相关从业人员。

确保所有学生都有机会从事复杂、技术性的工作。

例如：

（1）把相同性别的学生分在一组做实验，以避免女生老是当"秘书"、男生总是当"技术人员"的情况出现。

（2）在组内轮换工作，或随机分配任务。

作为师范生，如果目睹了性别偏见的情况，你该怎么办？想了解相关建议，请查阅 tolerance.org/teach/magazine/featuresjsp?p=0&is=36&ar=563#。

在本章中，我们已经讨论了很多方面的差异。教师如何才能为所有学生提供合适的教育呢？其中一种有效方法就是采用多元文化教育，创建文化融合的课堂。

模块 18 小结

民族和种族的区别

民族（成员有着共同的文化方面的传承）和种族（成员拥有生物遗传特征）是人们用以描述自己和他人的重要的社会类别。在美国，少数群体（数量上的或历史地位上的）的人口正在迅速增长。

教师和学生来自不同的民族会如何影响学生的学业成就

如果教师和学生来自不同的文化，那么他们以文化为基础的信仰、价值观和期望可能会有很大的区别，这些差异可能会引起冲突。文化冲突往往由深层的差异引起，当这些细微且不明显的文化差异引发碰撞时，就很容易发生误会。学生在某些特定文化中习得的态度和行为可能更符合学校的期望。不同族群学生的认知能力测验结果之所以有差异，主要是因为受到了种族隔离、持续的偏见与歧视的影响。

区分偏见、歧视和刻板印象威胁

偏见是对某一特定群体的刻板的、不公正的概括，是一种先入为主的判断。偏见可能针对某个特定的种族、民族，或是有特定宗教信仰、政治立场、地理位置、语言的群体；也可能针对某个个体的性别或性取向。歧视是对特定群体的不平等的对待。刻板印象威胁指个体承受的一种额外的情感和认知负担，即你担心自己的学业表现会强化其他人对自己持有的某种刻板印象。你可能并不相信这个刻板印象，但当你意识到它，并且希望自己可以表现得更好，以证明这个刻板印象是错的时，刻板印象威胁就已经发生了。短期来看，对自己可能证实消极刻板印象的害怕情绪可能会引发考试焦虑，影响考试成绩。长期来看，经历刻板印象威胁可能导致个体对学校教育和学业成就的不认同。

同性恋青少年识别自己的性取向的过程包含哪些发展阶段

同性恋青少年识别自己性取向的基本过程是：从感觉不适，到感到困惑，最终接受。一些研究者认为性认同并非固定的、一成不变的，会随时间而发生改变。

什么是性别角色，性别角色是如何发展的

性别角色指个体对自己男性特征或女性特征的印象，是自我概念的一部分。生物因素（激素）会影响性别角色的发展，父母和教师对待男孩和女孩的差别化行为也会影响儿童性别角色的发展。在与家庭、同伴、教师和周围环境的互动中，儿童逐渐形成性别图式，即一个有组织的知识网络，它与男性或女性分别意味着什么的相关知识有关。

性别歧视有哪些表现形式

在儿童书籍中，男性会更多地出现在标题和插图中，并且书中的角色（尤其是男性）仍脱离不了刻板印象的框架。女孩有时会跨越性别角色的界限，变得更加主动，但男孩很少表现出"女性的"善于表达情感的特征。电视广告中男性出现的次数也明显多于女性。教师与男生有着更多的积极互动和消极互动。近来，一些研究者认为，学校教育并不能促进男孩的发展，男女分班是一种解决办法。但关于男女分班的价值，研究结论尚不统一。

模块 19　多元化与教学：多元文化教育

6.5　多元文化教育：创建文化融合的课堂

多元文化教育是"一次涉及面广泛的学校改革，也是为所有学生提供的基础教育。多元文化教育反对学校和社会中的种族歧视和其他形式的歧视；接纳和支持学生、学生所在的群体以及他们的教师反映的民族、种族、语言、宗教、经济、性别等多元文化"。（Nieto & Bode, 2012, p.42）

詹姆斯·班克斯（James Banks, 2014）认为，多元文化教育存在五个维度：内容的整合、知识的建构过程、偏见的减少、赋权的学校文化和社会结构、平等的教学，具体如表图 6-6 所示。很多人只熟悉内容的整合这一维度，或是在教一门学科时会使用不同文化中的实例和内容。由于一些教师认为多元文化教育就是在课程上做些改变，他们甚至认为多元文化教育与数学、科学这样的学科无关。但如果你考虑其他四个维度——帮助学生理解知识是如何建构的，减少偏见，在学校创设一种能促进所有学生学习和发展的社会结构，以及实行平等的教学或能使所有学生受益的教学，你便会发现多元文化教育的观点与所有学生和所有学科都有关。

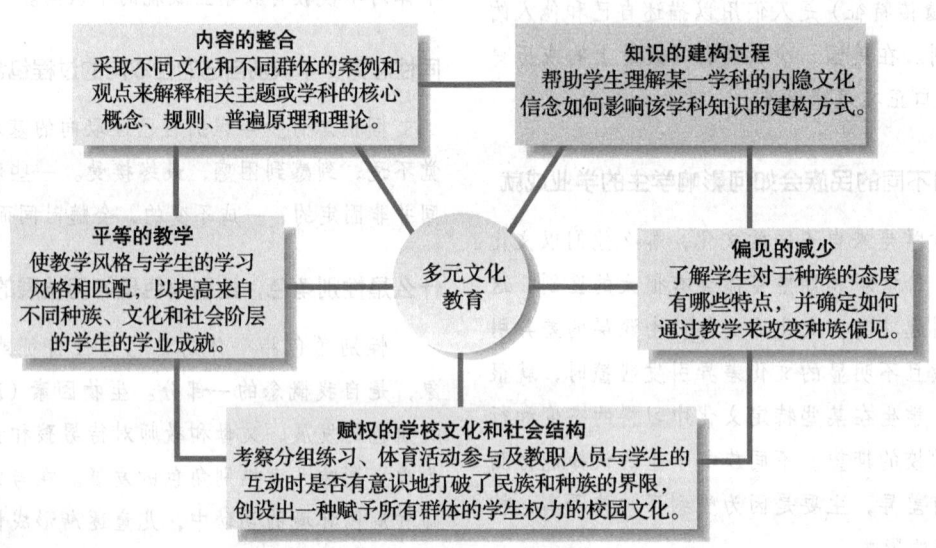

图 6-6　班克斯的多元文化教育的维度

注：多元文化教育不仅仅是在课程上做些改变。为使教育能满足所有学生的需要，我们必须同时考虑其他的维度。体育活动和咨询课程的结构化、教学方法的运用、有关偏见的课程、对知识观的探讨等共同构成了真正的多元文化教育。

资料来源：From James A. Banks (2014), *An Introduction to Multicultural Education (5th edition)*. Boston, MA: Pearson. Reprinted with permission.

是否存在比多元文化教育更好的教育方法？这已经超出了教育心理学教材的范围，但我们必须意识到，关于什么是最好的教育方法是没有定论的。很多教育学家认为**文化关联教学**（culturally relevant pedagogy）应该是多元文化教育改革中的一部分。

6.5.1　文化关联教学

一些研究者主要关注那些在教育有色人种学生和贫困学生方面取得成功的教师（Delpit, 1995；Ladson-Billings, 1994, 1995；Moll, Amanti, Neff, & Gonzalez, 1992；Siddle Walker, 2001）。格洛丽亚·拉德森-比林斯（1990, 1992, 1995）的研究便是一个很好的例子。研究者用三年时间研究了在加利福尼亚州为非裔美国人社区服务的优秀教师。她是请家长和校长来推荐这样的教师的。家长推荐的教师不仅尊重家长，能激发孩子的学习热情，而且能理解孩子需要很好地适应两种不同的世界——所在社区和外面的白人世界。在校长推荐的教师所带的班级里，学生较少违纪，出勤率高，并且标准化测验的成绩较高。在这项研究中，家长和校长共同提名了九位教师，深入研究了其中的八位。

根据研究，提出了优质教学的概念，她将这种优质教学称为**文化关联教学**，并指出文化关联教学必须符合下列三个原则。

（1）**学生必须体验到学业上的成功**。"尽管当前社会存在一些不公平的现象，课堂环境也不太友善，但学生仍然需要发展他们的学业技能。发展这些技能的途径是多样的，但所有学生都需要具备基本的读写、计算、技术、社会和政治方面的技能，以便成为民主社会的积极参与者。"（Ladson-Billings，1995，p.160）

（2）**学生必须发展或维持自身的文化能力**。随着学生学业技能的提高，他们仍需要维持自身的文化能力。"采用文化关联教学的教师会把学生的文化当作学习工具。"（Ladson-Billings，1995，p.161）例如，一位教师用说唱音乐来教授学生诗歌的字面含义和象征意义，以及诗歌中的押韵、头韵和拟声；另一位教师则将社区里一个因很会做红薯派而出名的人请进教室来指导学生的学习。后续的课程还可以包括：探究乔治·华盛顿·卡佛（George Washington Carver，美国著名的农业化学家、植物学家）关于红薯的研究，味道测试的数值分析，红薯派的市场销售计划以及成为一名厨师所需的教育准备等。

（3）**必须培养学生挑战现状的批判意识**。除了发展学生的学业技能、维持学生的文化能力外，优秀教师还应该帮助学生"发展一种广泛的社会政治洞察力，使他们能对滋生和助长社会不平等的社会规范、价值观、风俗、社会制度予以批判"（Ladson-Billings，1995，p.162）。例如，一所学校的学生对自己不得不使用过时的课本感到不满。于是，他们动员起来调查那些使中产阶级学生使用新课本的资助方案，然后给报社编辑写信，质疑这些不平等的现象，并通过其他渠道来获得最新的信息，写出新的文章。

拉得森-比林斯（1995）指出，很多人认为她提到的三个原则是教学的基本要求。她赞同这样的说法，但同时质疑"为什么这样的教学很少出现在非裔美国学生的课堂上"（p.159）。吉内娃·盖伊（2000）提出了一种与文化关联教学类似的教学方法——文化回应教学（cultural responsive teaching），这种教学方法利用"来自不同族群的学生的文化知识、先前经验、参照框架以及表现风格，让学习变得更有意义、更有成效。这种教学方法会利用学生本身的优势，并促使这些优势进一步发展。它是对学生的一种文化上的认可和肯定"（p.29）。

莉萨·德尔皮特（Lisa Delpit，2003）指出，采用文化关联教学方式对有色人种学生进行教学包含以下三个步骤。

（1）教师必须相信学生内在的智力特征、人性和精神特征，教师必须信任学生。在美国，很多学校都有阅读水平高于年级平均水平，数学成绩也非常优秀的来自低收入家庭的非裔美国学生。学生的学习成绩不好，责任不在于学生，而在于他们接受的教育。

（2）常常有教师会认为，学生测验成绩高就说明学生学得好，自己照本宣科地上课就是好的教学。这实际上是一种很愚蠢的观点，采用文化关联教学的教师必须摒弃这种错误的观点。成功的教学应该是"持续的、严谨的，能将不同学科的知识加以整合，与学生所处的文化相联系，与学生的智力遗产相联系，能够吸引学生，并能促进学生批判性思维和问题解决能力的发展，因为后者有利于学生适应课堂外的世界"（p.18）。

（3）教师必须从各方面了解学生，并了解他们有什么样的遗产。这样，学生才能不断发现自己的智力遗产，才能理解为什么要发展出卓越的学业、社会、身体及道德等方面的技能——学习不仅仅是"为了找到一份工作，还是为了我们的社会，为了我们的祖先，为了我们的后代"（p.19）。

迈克尔·普雷斯利（Michael Pressley）及其同事（2004）选取了一所在教育非裔美国学生方面很成功的学校（该校同时设有小学部、初中部和高中部），进行个案研究。研究者列出了该学校教师有效教学的一些特征，如表6-3所示。

表 6-3 经研究证实的与非裔美国学生学习成绩有关的学校和教师特征

学校的特征	教师有效教学的特征	其他特征
强有力的行政领导	教师有为教育献身的精神，并对学生的学习负责	学生总体上有充足的学习时间，每一天或每一周的时间都能得到有效利用。如教师利用上学前和放学后的时间与其他学生进行互动，对他们进行辅导；充分利用每一分钟的上课时间；为某些有需要的学生提供暑假课程等
经常评估学生的进步	教师会提供许多支架，鼓励学生自我调节	学生会帮助其他学生提高学习成绩
重视学习	课程和教学重视学生的理解	家庭和学校之间有牢固的联系
安全有序的环境	为学生提供指导，尤其是在申请大学等方面	捐赠者和提供有形支持的成功校友
对学生的学业成就期望很高，会选择性地招收和保留学生——淘汰那些不好好把握学习机会的学生（如行为不端的学生或没有达到学业标准的学生），再重新招收有良好学习意愿的学生	有意识地、大量地、频繁地激发学生的动机，包括使用以下方法： • 积极的预期 • 来自教师和管理者的明确的关心 • 对学生特定成就的赞扬 • 整体的积极氛围，鼓励学生将学习结果归因于努力 • 让学生体验合作学习 • 对成就给予有形的奖励	一些在学校里不太常见的动机激发方法： • 为学生的学业成功进行盛大的集体庆祝 • 鼓励学生将自己看作未来的大学毕业生和成功的专业人士 • 防止学生形成消极可能自我 • 提供事实和证据，使非裔美国学生为自己的文化传统和生活感到自豪
大多数课堂的课堂管理都非常好，因此教学时间大多花在学习任务上	教师为学生的学业成就提供坚强有力的教学支持（如提供学习指导，明确考试期望，对学生的作业给予明确的、信息性的反馈等）	开展很多课外活动，丰富课程内容。其中绝大多数活动都以促进学业发展为目的，或希望学生更加投入其学业追求
		学校建筑富有吸引力，并能提供很多的资源，以促进学生的学业追求

资料来源：Based on Pressley, M., Raphael, L., Gallagher, J. D., & DiBella, J. (2004). Providence St. Mel School: How a school that works for African American students works. *Journal of Educational Psychology*, 96(2), pp. 234–235.

过去，关于如何对来自少数群体（种族、民族或语系）的低收入学生进行教学的争论主要集中在补救或克服已有的障碍上；现在的观点则强调发挥学生的长处，培养他们的弹性。

6.5.2 培养心理弹性

每周有12%~15%的学龄儿童迫切地需要人际和情感上的支持，但他们并没有得到帮助。处于高危状态的学生常常得不到社会工作者和心理健康服务的帮助，但同时也有很多处于学业失败危机的学生不仅自己坚持了下来，而且还茁壮地成长了起来。他们是有心理弹性（resilience）的学生。我们能从这些学生身上学到什么呢？为培养学生的心理弹性，教师和学校应该做些什么呢？

1. 富有心理弹性的学生

那些即使经历严峻挑战也能茁壮成长的学生，平时都会积极地参与学校生活。他们有很好的人际交往技能，对自己的学习能力很自信，对学校有积极的态度，为自己的民族而感到自豪，对自己也有很高的期望（Borman & Overman, 2004；R. M. Lee, 2005）。另外，那些智商很高或有受重视的天赋的学生也能更好地应对危机。个性随和乐观的人，心理弹性更好。人际关系、社会支持等外部因素同样对学生的适应能力有重要影响。一些父母会对孩子抱有很高的期望，并在家中为孩子提供充足的学习空间和时间来促进他们学习。这样的父母通常会和孩子保持很好的亲子关系，而这也为孩子应对危机提供了良好的社会支持。即使没有这样的父母，但与其他重要他人，如祖父母、姑姑、叔叔、教师、辅导员或其他关心他们的成年人保持紧密的情感联结，也能为学生提供相应的社会支持。参加学校、社区或宗教活动可以使学生与相关的成年人产生更多的联系，学到更多的社会交往技巧和领导能力（Berk, 2005）。

2. 促进心理弹性发展的课堂

你没办法选择学生的个性和他们的父母。如果你处理不当，即使最有心理弹性的学生也会体验到压力。贝丝·多尔（Beth Doll）等人（2005）认为，我们要改变的不是学生，而是课堂，因为"只有当策略融入学生周围自然的、支持性的环境系统（如学校）时，这种策略才会更持久，并且发挥其最大效用"（p.3）。另外，有证据表明：与拉丁裔和白人学生相比，课堂的一些改变会对非裔美籍学生的学业成就产生更大的影响，这些改变包括减少学生人数，创设安全有序的环境，与教师建立支持性的关系等（Borman & Overman，2004）。那如何创设一种能促进学生心理弹性发展的课堂呢？

在详细阐述他们对创设富有弹性的课堂的建议时，多尔及其同事（2005）借鉴了教育学和心理学中有关如何最有效地对贫困儿童和残疾儿童进行教学的研究。他们认为，有两方面因素维系着学生和他们的课堂的联系：学生的自我管理和人际关系。

3. 自我管理方面

学业自我效能感是一种关于自身学习能力的信念，是预测学业成就最为稳定的一个指标。正如你将在第 11 章中看到的那样，在提供给学生成功所必需的支持的情况下，让学生处理有挑战性的、富有意义的任务，同时观察正在完成同样任务的他人的表现，有助于学生自我效能感的提升。教师正确的和鼓励性的反馈也有利于学生学业自我效能感的提升。

行为的自我控制也被称作学生的自我调节，是建立安全有序的课堂环境的必要条件。第 7 章、第 11 章以及第 13 章将会介绍一些帮助学生发展自我控制能力的方法。

学业自我决定是自我管理方面的第三个成分，包括做出选择、设定目标、持续付出等。正如你将在第 12 章中看到的那样，自我决定的学生有更强的学习动机，学习也更投入。

4. 人际关系方面

充满关怀的师生关系与学生良好的在校表现呈现出稳定的正相关，对那些正面临巨大挑战的学生而言更是如此。我们在第 1 章和第 3 章已经介绍了教师的关心对学生的影响，在本书的余下章节中我们将继续探讨这些关系的价值。

有效的同伴关系也是联结学生与学校的重要因素，正如我们在第 3 章中所见。

有效的家-校关系是为学生建立的充满关怀的联结网络的最后一个成分。詹姆斯·科默（James Comer）发现，在学校发展项目中，当家长持续积极参与子女教育时，其子女的学习成绩和测验分数会提高（Comer，Haynes，& Joyner，1996）。下面实践指南的内容选自爱泼斯坦（1995）有关与家庭和社区建立合作关系的论述，会给你一些如何与家庭建立联系的建议。

| 与家庭和社区建立合作关系的实践指南 |

建立学习共同体

教养伙伴：帮助所有家庭建立促进学生学习的家庭环境。

例如：

（1）提供工作坊、视频、课程、家长文化展览会和其他信息，帮助家长营造他们认为重要的教养情境。

（2）为家庭开设营养、健康和社会服务等方面的辅助性课程。

（3）寻找途径帮助家庭与学校分享一些与儿童有关的信息，如儿童的文化背景、天赋和需求等，引导学校向家庭学习。

沟通：设计"从学校到家庭"和"从家庭到学校"的有效沟通方式。

例如：

（1）确保沟通的内容符合家庭的需求。提供翻译、视觉辅助设备、大字体材料等有助于沟通有效进行的工具。

（2）在征得同意后进行家访。只有建立起彼此信任的关系，家长才会愿意到学校来。

（3）沟通时既要讨论学生存在的问题，也要报告学生取得的成就和其他好消息,保证沟通内容的平衡。

志愿者:招募和组织家长为学校提供帮助和支持。

例如:

(1)利用明信片进行一年一度的调查,了解每个家长的特殊才能、兴趣、空闲时间和对学校的建议。

(2)建立一个列有所有家长电话号码的系统(如电话树),以便必要时通知到所有家长。确保没有遗漏那些没有电话的家长。

(3)如果可能,提供一个专门的房间供志愿者开会和讨论项目。

在家里学习:向家庭成员传递信息和观念,使其了解如何协助儿童完成学校功课和学习活动。

例如:

(1)提供作业清单和有关作业的规定,并提供协助学生完成功课(而不是替他写作业)的建议。

(2)邀请家长参与课程计划,这样可以交流彼此的想法和做法。

(3)向家长发放学习资料,并开展一些寓教于乐的学习活动,尤其是在假日。

共同决策:邀请家庭参与学校决策,发展来自家庭和社区的领导者和代表。

例如:

(1)与家长代表一起组建学校的家庭顾问委员会。

(2)确保家长代表能代表所有家长。

与社区合作:发现并整合来自社区的资源和服务,以强化学校活动、家庭实践的效果,促进学生的学习与发展。

例如:

(1)请学生和家长调查现有哪些资源可以利用,并建立一个数据库。

(2)发现社区中适合学生的服务项目,探索服务性学习,即让学生在服务中学习。

(3)寻找社区中的校友,请他们参与学校项目。

资料来源:Excerpt from pp. 704–705, "School/Family/Community Partnerships: Caring for the Children We Share," by J. L. Epstein, Phi Delta Kappan, 76, pp. 701–712. Copyright. 1995 by Phi Delta Kappan. Reprinted with permission of Phi Delta Kappan and the author, Joyce L. Epstein.

6.5.3 学习中的多样性

许多年前,罗兰德·夏普(Roland Tharp,1989)认为课堂具有以下几个特征:社会组织、文化价值观、学习偏好以及社会语言学。这些特征都能反映出学生的多样性,并且能通过适当的调整更加符合学生的背景。他的建议如今仍然适用。

1. 社会组织

"教育设计的核心在于使教学、学习与行为表现等方面的组织结构符合特定的社会结构,在这样的社会结构中,学生最富有创造性、最投入,也最有可能学习。"(Tharp,1989,p.350)这里所说的社会结构(或社会组织)指人们为达成某一特定目标而进行互动的方式。例如,夏威夷的社会组织注重协同合作。儿童会和一群朋友、兄弟姐妹玩在一起,年长的孩子常常照顾年幼的孩子。在夏威夷的课堂上,如果将四五名男孩和女孩组成合作小组,学生的学习效率和参与程度都会有所提高(Okagaki,2001,2006)。在教师特别关注某一小组时,其他小组内的孩子会相互帮助。但同样的结构放在纳瓦霍的课堂上就不适用了,这些学生不会合作,因为纳瓦霍的儿童从小接受的观念就是要独立,不可以跟异性儿童一起玩。面对这样的儿童,教师可以通过将他们组成2~3人的同性别学习小组来鼓励他们合作。因此,如果你班上有来自不同文化背景的学生,你需要提供多种不同的分组方式供学生选择。

2. 文化价值观与学习偏好

一些研究的结果表明,西班牙裔学生很注重对家庭和群体的忠诚,这可能意味着这些学生更喜欢合作性的活动,而不喜欢与同伴竞争(E. E. Garcia,1992;Vasquez,1990)。很多拉丁裔学生有四种共同的价值观:①家庭主义,与家庭有很紧密的联系,讨论有关家庭的问题和事情会被他们视为对家庭的不忠诚;②和谐,重视人际关系的和谐,武断地发表自己的看法或争论在他们看来是不妥的;③尊重,非常尊重教师、政府官员等权威人士;④人际取向,重视亲密的人际关系,不喜欢疏远、冷淡、职业化的人际关系(Dingfelder, 2005)。

非裔美国学生的学习风格可能与美国多数学校的教育方式有冲突,他们的学习风格具有以下特点:喜欢视觉的/整体的学习方式,而不是言语的/分析的学习方式;喜欢随意的推断,而不是有条理的逻辑推理;关注人及关系;喜欢精力充沛地同时参与几项活动,而不愿意按部就班地学习;喜欢估算数字、空间和时间;喜欢更多地依赖非言语交流。与只有唯一正确答案的封闭性问题相比,那些认同自身传统文化的有色人种学生似乎在开放性问题(不只有一个答案的问题)上表现得更好;而且与关注细节的问题相比,他们更能创造性地回答强调意义理解的问题或概括性问题(Bennett, 2011; Gay, 2000; Sheets, 2005)。

美国印第安学生似乎也比较喜欢整体的、视觉的学习方式。例如,纳瓦霍学生喜欢在讨论故事情节前先把故事从头到尾完整地听一遍。对这些学生来说,教师中途停下来提问是一件很奇怪的事情,也会打断他们的学习进程(Tharp, 1989)。这些学生有时候会强烈希望通过试错的方式独自学习,他们不喜欢教师公开指出自己所犯的错误(Vasquez, 1990)。

很少有研究关注亚裔美国学生的学习风格,这可能是因为他们被人们视为"模范的少数人",正如前面提到的那样。一些教育家认为亚裔学生重视教师的赞许,当在结构化的、安静的学习环境中学习,同时伴有明确的目标和社会支持时,会取得较好的学习效果(M. L. Manning & Baruth, 1996)。其他研究则发现,亚洲的学习风格和西方文化的学习风格有着显著且深刻的不同。来自亚洲文化的学生更倾向于人际互赖,更重视与他人的共同学习,这也许能部分解释他们在学校里的成功。西方文化的价值观则更强调独立和个体化学习,这也许能部分解释美国在科学、技术和创新方面的成功(Chang et al., 2011)。但正如前面所提到的,对任何一个群体抱有刻板印象都是危险的,尤其是在不同文化的学习风格方面。

3. 谨慎参考有关学习风格的研究

在考虑有关学习风格的研究时,请牢记以下两点:首先,一些有关学习风格的研究的效度已经受到了严重的质疑(我们在第4章中已做过介绍);其次,"研究不同群体学习风格和学习偏好的差异是否是一种危险的、种族主义的或性别歧视的行为",如今已是争论的热点。在我们的社会中,我们常常会把"差异"当作"缺陷"或刻板印象(E. W. Gordon, 1991; O'Neil, 1990)。这里我介绍了一些有关学习风格差异的信息,因为我相信,只要明智地使用,它们能帮助我们更好地理解学生。但如果假定某个群体中的每一个个体的学习风格都是相同的,那就是极其错误和危险的了(Sheets, 2005)。给教师的最好建议是:敏锐地观察学生的个体差异,提供多种学习方式。永远不要根据先入为主的有关群体的假设而对学生的最佳学习方式抱有成见,应认真去了解每一个学生。

4. 社会语言学

社会语言学(sociolinguistics)是有关"不同文化中交谈的礼节和习俗"的研究(Tharp, 1989, p. 351)。社会语言学的知识能帮助你了解为什么课堂上有时会出现交流中断的情况。课堂是一个特殊的交流环境,它有自己的一套规则,规定了使用语言的时间、方式、对象和主题。有时候,学生的社会语言学技能并不符合教师或教育顾问的期望,正如前面所提到的。

为了成功地进行交流,学生必须了解交流规则。也就是说,他们必须理解课堂上的语用学——交流的时间、地点和方式。但这并非一件容易的事情,当课堂活动发生变化时,交流规则也在变化。有时你必须举手才能发言(老师讲课的时候),有时却不需要(当大家围坐在地毯上讲故事时);有时提问是合适的,例如讨论时;但在另外一些情况下,提问就不太适合了,例如老师批评你的时候。这些不同的活动规则被称为**参与结构**(participation structure),它们明确了每一种课堂活动的适当的参与方式,大多数课堂有很多不同的参与结构。要在课堂上进行有效的交流,学生有时需要理解那些非常微妙的、非言语的线索,以便了解何种参与结构是比较有效的。例如,当老师走向黑板时,学生应该抬起头看着黑板,做好认真听讲的准备。

5. 误解的来源

一些儿童之所以能比其他儿童更好地理解课堂情境，是因为学校的参与结构与他们在家庭学到的结构一致。大多数学校的交流规则与中产阶级家庭的规则接近，因此来自这些家庭的儿童通常看起来能更好地交流，他们了解那些不成文的规则。而那些来自非中产阶级白人家庭的学生可能并不了解这些规则。研究者发现，若教师给予学生更长的反应时间，那些印第安学生参与课堂的程度将是之前的两倍。教师等待的时间更长，也有助于女孩更自在地参与数学和科学的学习（Grossman & Grossman, 1994）。研究发现，来自不同文化背景的学生在家庭或社区学到的可能是与学校期望相冲突的参与结构。例如，夏威夷儿童在家里的交谈方式是你一言我一语地共同讲述一个故事，但在学校，这种方式会被看作"打断"别人说话。在教师意识到这些差异，使学生阅读小组的活动更像是他们家里的交谈后，这些年幼的夏威夷儿童的阅读能力就有了提高（K. H. Au, 1980; Tharp, 1989）。

即使学生和教师说同样的语言，这些学生在交流方面仍可能有困难，并因此遭遇学习上的问题。面对这种情况，教师可以做些什么呢？教师应该清晰、明确地说明交流规则，对低年级的学生尤其如此。不要假定学生知道该怎么做。一旦情境发生改变，记得给学生一些提示，解释并示范正确的行为。我曾见过教师向学生解释如何"默读""小声说话"及"轻声细语"，他先讲解，然后做示范："当我在和其他同学讨论时，如果你需要我的帮助，那么请你安静地站在我的旁边等，直到我可以帮助你为止。"对学生的反馈要保持一致。如果希望学生举手回答问题，就不要叫不遵守规则的学生回答。教师可以用这些方法教会学生该如何在学校里学习。

6.5.4 给教师的启示：教育每一位学生

正如本章一开始所说，本章的目的是让你意识到当今和未来学校的多元化，帮助你应对在多元文化课堂教学中遇到的挑战。你该如何理解学生的文化，并以此为基础开展教学？你该如何应对多种不同的语言？下面将介绍三条一般性的教学原则，以帮助你解答这些问题。

1. 了解学生

我们必须了解我们的学生是谁，携带着怎样的文化遗产（Delpit, 2003）。读完这一章有关文化差异的内容，并不足以让你了解所有学生的生活。我建议你参加一些大学的相关课程或阅读一些相关资料。但仅仅阅读和学习也还是不够的，你应该去了解学生的家庭和社区。埃尔巴·雷耶斯（Elba Reyes）是一位为有特殊需要的儿童服务的成功的双语教师，她介绍了自己的做法：

我发现，如果你真的想要了解一位家长，就要到他自己的领地中去了解他，这是与家长建立信任、理解家长观点的关键。首先，去了解他们所在的社区，熟悉当地的杂货店在哪里，学生放学后会干些什么。然后，在家长方便的时间安排一次家访。家庭环境并不总是充满了失败，有时我会发现孩子在家里表现得很好，比如骑车或帮忙做晚饭。（Bos & Reyes, 1996, p. 349）

试着与学生及家长一起做些课外活动，邀请家长到教室里来帮忙，或向其他学生介绍自己的工作、爱好或自己民族的历史和传统。学生低年级时，不要等到学生出现问题才和家长见面。观察学生在不同规模的团体中与他人互动的方式。让学生给你写信，并给他们回复。和一两个学生一起吃午饭。在教学之外，也要花一些时间与学生相处。

2. 尊重学生

对学生学习优势的尊重应该源自对他们的了解，了解他们面对的挑战以及他们克服的障碍。我们必须信任自己的学生（Delpit, 2003）。对一个孩子来说，得到真诚的接纳是发展其自尊的必要条件。在上学的最初几年，有些少数群体儿童的自我形象和职业抱负会受挫，可能就是因为学校过分强调主流文化的价值观、成就和历史。教师可以通过介绍某些群体特定成员的成就，或在课堂上介绍他们的文化（以文学、艺术、音乐或其他文化知识的形式），帮助学生保持对自己群体文化的自豪感。这种文化的融合绝不仅仅是做些表面功夫，例如品尝某个民族的饮食或穿他们的服饰，学生必须了解不同群体对社会与人类智慧发展做出的重要贡献。目前，有很多优秀的文献资料可供教师参考，以帮助教师更好地了解不同群体学生的背景信息、历史和相应的教学策略（如 J. A. Banks, 2002; Gay, 2000; Irvine & Armento, 2001; Ladson-Billings, 1995）。

3. 教育学生

对学生来说，教师能做的最重要的事就是通过持续的、严谨的、与学生所处文化相联系的教学，让他们学会读、写、说、计算、思考和创造（Delpit, 2003）。对学业的看重、高期望以及对学生充满关爱的支持是关键（Palardy, 2013）。有时候，出于对处于危险中的学生的体恤，或为了减缓他们的压力，教师会给他们很多的积极反馈，甚至比那些优势学生获得的积极反馈还要多。但是，这些出于好心但过度积极的反馈会降低他们的学业期望，并减少他们的学业挑战（Harber et al., 2012）。对社会经济地位低或来自少数群体的学生来说，教学的目标往往只停留在基本技能上。教师总是先教他们词语和读音，故事的意义往往会留到以后再讲。针对这种情况，纳普、特恩布尔和希尔兹（Knapp, Turnbull, & Shields, 1990, p.5）提出了如下建议：①应自始至终将教学的重点放在意义和理解上，例如，教学目标应该是阅读时能理解所读的篇章，写作时能表达重要的观点，或是能理解数据事实背后的概念；②学习一开始就注重常规的技能学习和新颖、复杂的任务之间的平衡；③为技能学习提供情境，以明确学习这些技能的原因；④不仅对技能和知识进行教学，还要引导学生建立起对学业课程内容的正确的态度和信念；⑤减少课程中不必要的冗余环节（如年复一年地重复对同一个数学技能的教学）。

最后，教师可以直接教学生如何做一个学生。对低年级学生，教师可以直接讲授课堂的礼节和行为规则：如何依次发言，何时和怎样打断教师，如何轻声说话，如何在小组中得到帮助，以及如何做出有用的说明。对中高年级学生，教师要传授适用于不同学科的学习技能。在不违背前面提到的第二条原则"尊重学生"的前提下，教师可以要求学生学习"在学校里我们该怎么做"。在学校里提问题的方式可能与围坐在家里的餐桌旁提问题不同，但学生可以同时学会这两种方式，而不必考虑孰优孰劣。当然，在学校里可能会出现更多不同的情况，你也可以自己尝试其他适当的方法。下面的实践指南会为你提供更多的建议，你可以参考。

| 实践指南 |

文化关联教学

尝试不同的分组方式，促进班级人际关系的和谐与合作。

例如：

（1）尝试结伴学习和配对学习。

（2）组成四五人的异质小组。

（3）让高年级学生建立较大规模的团队。

为不同学习风格的学生提供不同的学习方法。

例如：

（1）为学生提供不同水平的阅读材料。

（2）提供图表、模型等各种视觉材料。

（3）提供录音带和录像带。

（4）组织活动和学习项目。

直接教授课堂规程，即使是那些你认为每个学生都应该知道的行为方式。

例如：

（1）告诉学生该如何引起教师的注意。

（2）告诉学生当他们需要帮助的时候，何时以及怎样打断教师。

（3）说明哪些材料学生可以随意使用，哪些需要征得老师的同意。

（4）向学生示范如何适当地表达对其他同学观点的不赞同或质疑。

了解学生不同行为的含义。

例如：

（1）询问学生，当你肯定和表扬他们时，他们的感觉如何，为什么他们有此感觉。

（2）向家长、社会成员或其他教师询问那些你不熟悉的学生的表情、手势或其他反应的含义。

在教学中强调意义的理解。

例如：

（1）确保学生理解他们所读的内容。

（2）尝试讲故事以及其他不需要书面材料的教学模式。

（3）通过实例将抽象概念与日常生活经验联系起来，比如用账单透支来说明负数。

了解学生的风俗习惯、传统和价值观念。

例如：

（1）以节日为契机，探讨不同传统和风俗的由来与含义。

（2）分析爱、英勇等文学作品中常见主题的不同传统。

（3）参与社区集市和节日活动。

帮助学生觉察有关种族主义和性别歧视的信息。

例如：

（1）分析课程材料中的偏见。

（2）让学生当"偏见侦探"，报告媒体做出的带有偏见的评论。

（3）讨论学生会使用什么样的方式来表达自己对其他同学的偏见，以及遇到这种情况时应该做些什么。

（4）讨论偏见的表现方式，如反犹主义。

模块 19 小结

什么是多元文化教育

多元文化教育是一个旨在提升所有学生的教育公平的研究领域。根据多元文化教育的理念，美国应该转型成为一个重视多元化的社会。詹姆斯·班克斯认为多元文化教育包含五个维度，分别是：内容的整合，帮助学生理解知识是如何建构的，减少偏见，在学校创设一种能促进所有学生学习和发展的社会结构，以及实施实际能使所有学生受益的教学。

什么是文化关联教学

文化关联教学"是一种利用不同群体学生的文化知识、先前经验、参照框架以及表现风格，让学习变得更有意义、更有成效的教学方法。这种教学方法会利用学生本身的优势，并促进这些优势的进一步发展"（Gay, 2000）。格洛丽亚·拉德森-比林斯（1995，2004）指出，文化关联教学必须符合下列三个原则：学生必须体验到学业上的成功；学生必须发展或维持自身的文化能力；必须培养学生挑战现状的批判意识。

富有弹性的课堂有哪些组成成分

有两方面因素维系着学生和他们的课堂的联系，一方面强调学生的自我管理，即设定和追求目标的能力，包括学业自我效能感、行为的自我控制及学业自我决定；另一方面则强调学生与教师、同伴及家庭之间的充满关爱的紧密联系。

第 6 章复习思考题

多项选择题

1. 社会经济地位通常与学业成就相关。关于社会经济地位和成就水平的关系，下列哪个陈述是错误的？

   A. 儿童生活在贫困中的时间越长，贫困对其学业的影响越大。

   B. 贫困儿童并没有比非贫困儿童更经常在放学后被老师留下来补课。

   C. 在所有群体中，社会经济地位高的学生的测验平均成绩都高于社会经济地位低的学生，前者接受教育的时间也更长。

   D. 多数贫困儿童生活在郊区和乡村，而非大城市。

2. 教育工作者通常认为，学生之所以不聪明是由于家庭资源不够充足，这种不足主要表现为对学校相关活动的不熟悉。当这种情况发生时，会出现哪种后果？
   A. 为了向老师证明自己，这些学生会更加努力。
   B. 教师可能会对这些学生持有低期望，而这会给学生的学业造成负面影响。
   C. 这些学生的表现会非常糟糕，因为他们永远赶不上他们的同伴。
   D. 教师会意识到，并不是所有的学生都能获得学业上的成功。

3. 达蒙是一名非裔美国学生。在数学老师戴安娜·柯林斯的课堂上，测验开始没多久，达蒙就将卷子扔在一边，还说"这太蠢了，我不知道为什么我们要做这个"。面对这一情况，柯林斯老师该怎么做？
   A. 由于达蒙不服从命令，她应该把达蒙送到校长的办公室。
   B. 对非裔学生来说，这次测验可能太难了。下次她应该让他们进行更简单的测验。
   C. 达蒙的行为表明他正采用一种表现回避目标，因为他不希望自己看起来很蠢。
   D. 达蒙的自我效能感很高，以至于他认为测验是在浪费他的时间。

4. 为避免自己负责教授的4年级班级里出现性别偏见，邦纳先生做了很多努力，如使用与性别无关的语言，提供积极的角色榜样，要求学生轮流参与班级工作和活动以确保所有学生都有机会参与不同的活动等。他所在的学校也在尝试进行男女分班。明年，邦纳先生将有望执教男女分班的班级。下列关于男女分班的说法中，哪一项是错误的？
   A. 在满足一些特定条件的情况下，男女分班对学生的学习、动机和投入均有积极影响。
   B. 根据性别将学生分组并没有让教学变得更简单。
   C. 教师必须意识到，针对不同的性别会有一些特殊的教学策略。
   D. 单性别课堂里的学生通常较少担心给同伴留下不好的印象。

开放论述题

案例：5年级时，保罗·恩赞比离开家乡安哥拉，来到美国。尽管保罗的英语很好，也接受过恰当的学校教育，但是老师凯蒂·怀恩特仍然很担心他的社会适应问题。他安静的举止、温柔的声音，与班上的其他男同学截然相反。在与凯蒂老师沟通的时候，保罗总是很迟疑，好像他不知道该怎么做。随着这一学年渐渐过去，凯蒂老师发现保罗在适应课堂方面没有任何改善。凯蒂老师觉得自己应当积极主动地寻找解决问题的办法。

5. 为了使凯蒂老师更好地了解保罗，并让学校教育成为对他而言更加积极的体验，哪三种关系能帮助到保罗和凯蒂老师？
6. 凯蒂老师可以使用文化关联教学的哪些方面来帮助保罗顺利地过渡到美国课堂？

第 7 章 | Chapter 7
学习的行为主义观点

■ 教师的案例簿：你会怎么做

厌恶上课

你的班上有一名学生，每周至少两次向你请假去看校医。而据校医反映，他所说的大部分病症都没有依据。真实的情况是：每次他以患了流感作为请假理由，十之八九是无中生有。近来，你发现他总是在需要完成口头作业时或将要在全班同学面前发言时生病。你将采取什么措施来解决这个问题？

想一想

:: 这是一个经典性条件作用性质的恐惧症的案例吗？如果是，你该怎么做？
:: 这种行为发挥了什么样的功能？
:: 你会怎样支持这个学生做出更多的积极行为，并帮助他找到能满足他需要的其他方式？
:: 在这种情况下，给予奖励或实施惩罚是否有用？为什么？

■ 概览与目标

在本章中，我们将首先给出学习的一般定义，并介绍各种理论流派关于学习的不同观点。本章主要讨论的是行为主义，第8、9章将主要分析认知主义，第10章主要分析社会建构主义，第11章将主要介绍社会认知的观点。正如你将看到的，看待学习的方式有很多种，每一种都能为教育者提供了解学习的独特视角。

本章将着重讨论四种行为主义学习过程：邻近（contiguity）学习、经典性条件作用（classical conditioning）、操作性条件作用（operant conditioning）和观察学习，其中对后两个过程的阐述是重点。在探讨完应用行为分析对教学的影响后，我们还将讨论新近出现的行为主义学习方法——功能性行为评估、积极行为支持和自我管理。最后，我们将探讨班杜拉等对行为主义学习观的挑战、批判和警告，并介绍行为主义应用于教育时应遵守的伦理原则。

学完这一章后，你就能：

目标 7.1 从行为主义的角度界定学习，认识学习与神经科学的联系，了解邻近学习、经典性条件作用、操作性条件作用和观察学习涉及的过程。

目标 7.2 阐述早期的邻近学习、经典性条件作用对学习的看法及其对教学的启示。

目标 7.3 阐述操作性条件作用,尤其是正强化和负强化、呈现性惩罚和**撤除性惩罚**之间的异同,并了解**强化程序**如何影响学习。

目标 7.4 应用行为主义的方法来矫正学生在课堂内外的行为,如采用**应用行为分析**(applied behavior analysis)方法来鼓励和阻止某种行为、塑造(shaping)、积极练习、相倚契约(contingency contract)、代币强化、**团体后果**(group conseguence)以及恰当地使用惩罚。

目标 7.5 应用功能性行为评估、积极行为支持和自我管理技术。

目标 7.6 评价当代行为主义学习理论面临的挑战,并解决相关的应用问题。

模块 20 学习的行为主义解释

7.1 科学地理解学习

听到"学习"一词时,我们大多数人会想到学习和学校,想到需要掌握的学科课程或技能,如代数、西班牙语、化学或空手道。然而事实上,学习并不局限于学校,在生活中,我们每天都在学习:婴儿学习通过用脚踢,使床上的风铃动起来;年轻女孩学唱所有她喜爱的歌曲;像我一样的中年人则学着改变自己的饮食和锻炼习惯;每隔几年,我们就会发现曾经喜欢的旧衣服过时了,需要添置一款更时尚的新衣服——这些都是学习。尤其是最后这个例子,它说明学习并不总是有意而为之的,我们并不是故意喜欢新款式而讨厌旧款式,这一切似乎都是自然而然地发生的。再比如,当我们听到老师叫我们的名字或者是走上舞台的时候,我们本不想变得紧张,但事实是我们大部分人都会紧张。那么,这些被称为学习的现象究竟是什么呢?

从广义上说,学习指由经验(包含实践)引起的个体知识、行为或行为的潜能的相对持久的变化。这种变化可能是有意识的,也可能是无意识的;可能是好的,也可能是不好的;可能是正确的,也可能是错误的;可能是可觉察的,也可能是无意识的(Mayer, 2011; Schunk, 2012)。同时,这种变化必须是由经验(个体与环境之间的相互作用)引起的,那些由成熟导致的变化(如长高、头发变白等)不能被称为学习。当然,由疾病、疲劳、药物及饥饿等导致的暂时变化也不能被称为学习。一个两天没有进食的人不是"学习"到了饥饿,一个生病的人也不是因为"学习"才行动缓慢的。然而,不可否认的是,学习可以帮助我们应对饥饿和疾病。

上述定义指出,学习引起的变化发生在个体的知识、行为或行为的潜能当中。大多数心理学家同意这个看法,但也有部分心理学家更倾向于强调知识上的变化,还有一些则更强调行为上的变化。行为的潜能指虽然个体并不总是将变化付诸行动,但在情境或动机合适的情况下,学习是会发生的。潜能就在那里,即使行为没有发生。强调知识变化的认知心理学家认为,学习是内在的智力活动,是不能被直接观察到的。因此,在下一章中你将看到,研究学习的认知心理学家对观察不到的心理活动(如思维、记忆和问题解决)非常感兴趣(S. B. Klein, 2015)。

本章接下来将介绍的是**行为主义学习理论**(behavioral learning theory)。行为主义学习观认为学习的结果是行为的变化,并且很重视外部事件对个体的影响。早期的一些行为主义者,如华生(1919),持有激进的观点,认为思维、意志以及其他一些内在心理事件是看不见的,不能进行严格、科学的研究。他们甚至认为这些"心灵主义"的概念应该从学习的解释中剔除出去。

7.1.1 行为学习的神经科学

正如第 2 章中所说,我们对大脑相关知识的了解正在日益增加。进行动物和人类研究的研究人员已经发现,大脑的很多区域都参与了新行为的学习过程。

例如，有研究者发现，小脑的某一部分会参与简单的反射学习（如学习跟随特定的音调眨眼），大脑的一些区域则会参与学习如何避免痛苦情境，如休克反应（Schwartz, Wasserman, & Robbins, 2002）。还有一些研究者探讨了动物和人为何能以特定方式做出行为反应，以获得刺激和强化。研究发现，刺激老鼠大脑的相应部位会导致饥饿的老鼠忽视食物，并继续做任何能使刺激再次来临的事情。同样的大脑系统与人类通过进食、音乐等多种事物体验到的快乐有关。可能正是我们大脑内众多区域及其复杂的活动模式，促使我们去拥有各种经验，比如产生想要得到某个东西的期望，以及学习如何实现这些期望（Bernstein & Nash, 2008, p.187）。

在深入探讨行为主义学习观之前，让我们先进入一个真实的课堂情境，看一看学习可能产生什么样的结果。

7.1.2 学习并非尽如所见

跟随合作的教师进行了数周的见习后，伊丽莎白准备独立接管 8 年级的一个班级，讲授社会研究课。当她走向讲台时，她忽然看到她的大学导师罗斯先生正要走进教室。伊丽莎白脖子和面部的肌肉顿时变得非常紧绷。

"我是来听课的。你是今天的第一个。"罗斯先生说，"昨晚没能联系到你，所以没有提前告知。"

虽然伊丽莎白努力掩饰了她的紧张反应，但当她整理讲义时，她还是不禁双手颤抖。她转身面向她的学生，开始介绍今天的授课主题。

"今天，我们先做一个游戏。首先，我会说一些词语，然后请大家告诉我你们第一时间联想到了什么词语，我会将这些词语写在黑板上。当然，请大家一个一个地说，而且要等其他人说完后再说你想到的词语。好了，第一个词语：奴隶制。"

"南北战争""林肯""自由""独立宣言"……学生们回答得很快，伊丽莎白看到学生们领会了这个游戏，不由得松了一口气。

"好，非常好。"她说，"第二个词语是'南方'。"

"南卡罗来纳州""南达科他州""南方公园"……"不，是（美国南北战争时期的）南部邦联，你这笨蛋。""《冷山》（一部以美国南北战争为背景的电影）。""裘德·洛（英国著名演员，在《冷山》中扮演一名士兵）。"话音刚落，教室里响起了一阵笑声。

"裘德·洛！"伊丽莎白很吃惊，然后恍然大悟：上星期电视上放映了《冷山》。于是，她也跟着笑了，很快，全班哄堂大笑。"好了，安静下来。"伊丽莎白说，"下一个词语是'北方'。"

"Bluebellies（指美国南北战争中的北军，因为他们的军装是蓝色的），"学生们继续笑。"果冻豆（Jelly Bellies）。""肚皮舞演员（Belly-dancer）。"……他们笑得更大声了，有些还做起了不适当的手势。

"等会儿，"伊丽莎白说道，"这些可有点离题了。"

"'离题'（off base）？——棒球（baseball）！"第一个提起"裘德·洛"的男孩大叫起来。他站起来，模仿蒂姆·林瑟肯（美国著名棒球投手），将纸团扔给坐在教室后面的一个好朋友。

"旧金山巨人队（美国职业棒球队之一）。""不，是波士顿红袜队（美国职业棒球队之一）。""球赛。""热狗。""爆米花。""电影。""Netflix（一个会员订阅制流媒体播放平台）。""《冷山》。""裘德·洛。"……此刻学生们回答得很迅速，伊丽莎白根本来不及阻止他们。出于某些原因，当有人第二次提起裘德·洛的时候，班里爆发了更加热烈的哄堂大笑。伊丽莎白顿时意识到这堂课已经失去了控制。

"好吧，既然你们如此熟悉南北战争，请你们合上书，拿出笔。"伊丽莎白说。很显然，她非常生气。她将原打算让学生小组讨论并开卷完成的试卷发下去，说："请你们在 20 分钟内完成测验。"

"你没有事先告诉我们有测试！""这不公平！""我们还没有学过这些东西呢！""我们又没有做错什么！"学生们不停地抱怨并做鬼脸，甚至连那些最沉稳的学生也开始起哄。"我要告诉校长，这是侵犯学生权利的！"

学生们最后的这个反击击中了要害。这个班的学生在学习南北战争这个单元前，刚学习了关于人权的内容。伊丽莎白听着这些抗议，感到糟糕透顶。她该如何为这项"测验"评分呢？试卷的第一部分涉及南北战争期间发生的事件，第二部分要求学生制订一个计划，去采访普通人对战争的感想。

"好了，好了，这张试卷不作为测验了，但你们必须完成它。你们可以合作完成，不过你们今天的行为让我觉得你们还不具备小组学习的资格。如果你们能安静、认真地完成第一部分，就可以合作完成第二部分。"伊丽莎白知道她的学生喜欢一起写采访类的文稿。

伊丽莎白不敢回头看她的导师。他会在听课表上写些什么呢？

至少从表面上看，伊丽莎白的这堂课几乎没有产生任何形式的学习。事实上，伊丽莎白有一些很好的想法，但她在运用学习原理时犯了一些错误。在本章中，我们将多次回顾这个案例中的课堂情境，用以分析教学过程中可能发生的各种事情。让我们先挑出四件事情进行分析，其中每一件都涉及一个不同的学习过程：①学生能将"南卡罗来纳州""南达科他州""南方公园"与"南方"联系起来；②当大学导师走进教室时，伊丽莎白双手颤抖；③一个学生用不适宜的回答扰乱了课堂教学；④在伊丽莎白因一个学生的回答而发笑后，全班学生随之哄堂大笑。其实，这里描述的四个学习过程分别是邻近学习、经典性条件作用、操作性条件作用以及观察学习。接下来，我们将介绍这四种学习，先从邻近学习开始。

7.2 早期对学习的解释：邻近学习和经典性条件作用

最早的一种对学习的解释来自亚里士多德（前384—322）。他指出，当事物相似、相反或邻近时，我们就会同时记住这些事物。其中最后一条原则是最重要的，因为各种认为"学习通过联结发生"的观点都包含这一原则。邻近原则指出，如果两种或多种感觉连续发生的频率足够高，它们就会被联结在一起。随后，只要这些感觉中的一种（一个**刺激**）出现，其他感觉也会被记起（一个**反应**）（S. B. Klein, 2015; Rachlin, 1991）。例如，当伊丽莎白说起"南"时，学生们会联想到"卡罗来纳州"和"达科他州"，因为他们已经多次听到这些词语连在一起。当然，学生学习这些词语也涉及其他学习过程，但邻近学习是其中一个因素。邻近学习对另一种众所周知的学习过程——经典性条件作用，有着重要影响。

> **停下来 想一想**
>
> 闭上你的眼睛，聚精会神地想象：法国油炸薯条的香味、你在学校里最尴尬的时刻、巧克力软糖的味道、牙医钻头的声响。当你在脑海中进行着这样的想象时，你都注意到了哪些信息？

你是否和我一样，想象牙医钻头的声响时，脖子的肌肉就会绷紧；想到咸咸的油炸薯条和甜甜的巧克力时，真的会流口水，尤其是晚上6点我还没吃晚饭时。记得我在学校遇到的第一件尴尬的事情发生在高中，我当着全班同学的面翻跟头，结果失败了，每每想起这件事，我都感到有些退缩。**经典性条件作用**关注情绪或生理的不随意反应的学习，如害怕、肌肉紧张、唾液分泌或出汗等，这些有时也被称为**反射**（respondent）。它们是对刺激的一种自动反应。通过经典性条件作用过程，我们能训练人和动物对某种原本无意义或无关的刺激做出**不随意反应**。或者说，刺激会自动引发或导致反应。

经典性条件作用是20世纪20年代由俄罗斯心理学家巴甫洛夫发现的。巴甫洛夫试图确定"狗在喂食后多长时间内会分泌消化液"，结果发现，狗分泌消化液的间隔时间在不断发生变化。起初，如预期的那样，这些狗会在喂食时分泌唾液；接着，它们只要一看见食物就会开始分泌唾液；再后来，只要一听到科学家走进实验室的脚步声，它们就会开始分泌唾液。于是巴甫洛夫决定绕道而行，暂时放下他原先的实验计划，先好好研究一下这些意料之外的干扰因素，也就是最初被他称作"心理反射"的现象。

在他的第一批实验中，有一个实验是这样的：他先敲击音叉，然后记录狗的反应。如他所料，狗没有分泌唾液。在这种情况下，音叉的声音是一个**中性刺激**（neutral stimulus），因为它不会使狗分泌唾液。紧接着，巴甫洛夫给狗喂食，狗分泌了唾液。这时，食物就是**无条件刺激**（unconditional stimulus, US），因为食物引起的唾液分泌是自然发生的，二者之间的联系是自然建立的，不需要事先的训练或条件作用。相应地，唾液分泌是一种**无条件反射**（unconditional response, UR），因为它是自动发生的，不需要条件作用。

通过使用食物、唾液分泌和音叉这三个要素，巴甫洛夫证实：经过训练，狗可以形成条件作用，在听到音叉发出的声响后分泌唾液。为此，他不断地将声音与食物进行配对：在敲击音叉后，他很快会给狗喂食。如此重复几次后，狗在听到声音但尚未得到食物时就会开始分泌唾液。此时，声音就成了**条件刺激**（conditional stimulus，CS），能够单独引起唾液分泌；而听到声音后的唾液分泌则成为**条件反射**（conditional response，CR）。为什么会发生上述情况？一种解释集中在期望或可预测性上，狗学会了先前的中性刺激（音叉的声音）现在能预测无条件刺激（食物）的出现，因此动物以一种预期反应（分泌唾液）来回应声音——为食物做好准备或期待食物。只要声音能帮助狗预期"食物正在路上"的信息，那么声音与唾液分泌的联结或条件作用就会发生（Gluck，Mercado，& Myers，2014；Rescorla & Wagner，1972）。

如果你认为巴甫洛夫的条件作用已经过时了，那么你可以看看下面这段从《今日美国》中摘录的文字。它描写了一次以"Y一代"（指出生于1977—1994年的人）为目标群体的商品宣传活动：

"山露"（一种饮料）的经营者会用自己的术语来表示这种广告宣传策略，即"巴甫洛夫式的联结"。山露缔造者百事公司的高级市场管理者戴夫·伯维奇说，通过在冲浪、滑冰和滑雪锦标赛中派发一些该品牌的产品作为赠品，"商品品牌和愉快体验之间将建立起巴甫洛夫式的联结"。（Horovitz，2002，p.B2）

或许，我们也可以运用这种方法解决数学家庭作业的问题。下面的实践指南也许能激发你更多的想法。

| 实践指南 |

经典性条件作用的应用

将积极、快乐的事件与学习任务联结起来。

例如：

（1）强调团体竞争与合作，而不是个体竞争。许多学生对个体竞争存在消极的情感反应，这种消极的情感反应可能会泛化到对其他内容的学习中。

（2）让学生决定如何公平地分配茶点，然后让他们吃掉自己分配的茶点，以此让分配练习变得有趣。

（3）创造舒适的阅读角落，如摆放枕头、五彩缤纷的书籍、阅读道具（如玩偶）等，以此鼓励学生读书（想了解更多信息，请参阅 Morrow & Weinstein，1986）。

帮助学生自愿、成功地体验会引发焦虑的情境。

例如：

（1）指派一名害羞的学生，在学习地图时教其他两名学生如何分配学习材料。

（2）为实现较大目标，先设置一些小步骤。对于害怕考试的学生，先要求他们每天进行一次不评分的小测试，然后改为每星期进行一次。

（3）如果某学生害怕在全班同学面前发言，就让这名学生先坐着向一个小组的同学读报告，接着站着读，之后只报告重点而不逐字逐句读；然后逐步让学生走到讲台上，向全班同学做报告。

帮助学生辨认情境间的差异或相似之处，从而使他们能恰当地进行分辨和概括。

例如：

（1）向学生解释，让他们明白拒绝陌生人的礼物是正确的；但如果父母在场，那么接受这种好意就是安全的。

（2）让那些有高考焦虑的学生相信，这次考试和其他考试是一样的。

想要了解更多关于经典性条件作用的信息，请查阅 psychology.about.com/od/behavioralpsychology/a/classcond.htm。

事实上，我们会对各种情境做出不同的情感反应，其中很多反应可能是通过经典性条件作用习得的。内科医生用"白大褂综合征"这一术语来形容有些人在诊室接受检查时，只要看到给他们检查的人穿着白大褂，血压就会升高（一种不随意反应）的情况。另一个例子是伊丽莎白看到大学导师时双手颤抖，这

或许可以追溯到她过去接受评价时的不愉快体验，以至于现在仅仅是想到要被人评估就能让她心跳加快、手心冒汗。因此，经典性条件作用不仅对市场经营者有启示，对教师同样存在着深远意义。我们需要记住，学生在课堂中不仅会学习各种事实和观点，还将学到情感和态度。情感学习有时会干扰学业学习，而基于经典性条件作用设计的一些教学程序可以帮助人们学会如何更好地适应情感反应，正如上述实践指南中所建议的。

7.3 操作性条件作用：尝试新的反应

在上一节，我们关注的一直是不随意反应的自动化条件作用，比如唾液分泌和害怕。但是显而易见，并不是所有的人类学习都是无意的，也不是所有的行为都是自动化的。实际上，人们会积极地操纵环境，这些有意识的行为被称为**操作性行为**（operants）。人们把包含了操作性行为的学习过程叫作**操作性条件作用**，因为我们正是在对环境实施操作的过程中习得了特定方式的行为。

一般认为，操作性条件作用这一概念的提出与发展都应归功于斯金纳（B.F.Skinner，1953）。斯金纳一开始就坚信经典性条件作用的原则只能解释一小部分习得行为，人类的许多行为是操作性的，而不是被动的反射。经典性条件作用只能解释现有反应是如何与新的刺激匹配的，并不能解释新的操作性行为是如何被学会的。

与反应、动作等词一样，行为（behavior）是用来描述人们在某个情境中特定的所作所为的。从概念上讲，我们可以把行为看作一个三明治，夹在两种环境影响之间：行为前的**先行事件**（antecedent）以及行为后的**结果**（consequence）（Skinner，1950）。这种关系简言之就是先行事件 - 行为 - 结果，也被称为 A-B-C（Kazdin，2008）。另外，在行为进行的过程中，某一特定结果可能成为下一个 A-B-C 序列的先行事件。有关操作性条件作用的研究表明，操作性行为可能会随着先行事件、结果或者二者共同的变化而变化。早期的研究主要关注结果，且通常以老鼠或鸽子作为研究对象。

7.3.1 结果的类型

> **停下来 想一想**
>
> 回想以前教过你的老师使用过哪些奖励或惩罚措施。请先回忆不同类型的奖励方法。
> - 实物奖励（贴纸、食物、奖品、证书）。
> - 活动奖励（自由时间、猜谜游戏、自由阅读）。
> - "免除"式奖励（不布置家庭作业，取消每周测验）。
> - 社会性奖励（表扬、认可）。
>
> 那么有哪些惩罚措施呢？
> - 失去特别待遇（不能坐在你想坐的位置，不能和朋友合作学习）。
> - 罚"款"（扣分、降级、扣钱）。
> - 附加任务（增加家庭作业，绕着操场跑步，罚做俯卧撑）。

根据行为主义的观点，行为的结果在很大程度上决定了一个人是否会重复会导致该结果的这一行为，行为结果的类型与时间进程能加强或减弱行为。我们先看看能够加强行为的结果。

1. 强化

虽然人们普遍将**强化**（reinforcement）理解为"奖励"，但这个术语在心理学中有其特定的含义。**强化物**（reinforcer）指能够增强它跟随的行为的任何结果。因此，根据定义可知，受到强化的行为，其出现频率会增加，持续时间会延长。如果你看到一个行为持续出现，或随着时间有所加强，那么你可以假定这个行为的结果对个体而言是一个强化物（Alberto & Troutman，2012；S. B. Klein，2015；Landrum & Kauffman，2006）。强化过程如下所示：

结果　　　　　影响
行为 ⟶ 强物化 ⟶ 加强或重复的行为

我们能够确定食物是饥饿动物的强化物，但对人类而言呢？虽然我们现在还不清楚为什么有些事物能够成为个体的强化物，但已有许多理论尝试解释强化为什么能够起作用。例如，有些心理学家认为强化物是个体偏好的活动，或者能满足个体的需要；而另一些心理学家认为强化物可以降低个体的紧张程度，或者刺激大脑某个区域（S. B. Klein，2015；Rachlin，1991）。事实上，任何行为结果都可能起到强化作用，这取决于个体对事件的认知以及此事件对他的意义。例如，有些学生因为行为不良而多次被送进校长办公室，这似乎说明，有些结果虽然并不是我们想要的，但已成为正在强化他们行为的强化物。然而需要补充说明的是，斯金纳本人并没有探讨为什么强化物能够加强行为，因为他认为讨论意义、期望、需要以及紧张之类的"虚构的结构"是没有意义的。斯金纳只描述了特定的操作性行为会因为特定的行为结果而加强的这样一种趋势（Skinner，1953，1989）。

强化有两种类型。第一种是**正强化**（positive reinforcement）。当行为或反应导致新的刺激出现时，正强化意味着产生了。因此，正强化意味着反应之后必然出现刺激（Alberto & Troutman，2012）。在这里，我视"行为"和"反应"为同义词。正强化的实例包括当鸽子啄击红键时出现的食物颗粒，当你穿上新衣服时获得的赞美，以及当一个学生从椅子上摔下来时班上同学的欢呼和大笑。

值得注意的是，虽然有些得到强化的行为（如从椅子上摔下来）在老师看来并不是"积极"的，但正强化仍然在其中起着作用。对不恰当行为的正强化会在许多课堂上不经意地发生，有时教师甚至在无意中帮助和强化了这些问题行为。比如，当男孩第一次回答"裴德·洛"的时候，伊丽莎白笑了，这可能在无意中强化了课堂上的问题行为。当然，学生的问题行为也可能是由于其他原因而得以持续的，但伊丽莎白的笑的确起到了一定的作用。

若增强行为的结果是出现（增加）一个新刺激，这一情境被界定为正强化；反之，若增强行为的结果是撤除（减少）一个刺激，这一过程被称为**负强化**（negative reinforcement）。因此，负强化意味着某个反应发生后，**令人厌恶**（或不愉快）的刺激必然立即被撤除，而这将增加该反应未来的发生率（Alberto & Troutman，2102）。如果某个特定的行为能帮助我们避免或逃避一个令人厌恶的情境，那么，这个行为可能会在相似的情境中再次发生。一个常见的例子是汽车安全带的蜂鸣器：只要你系上安全带，刺耳的蜂鸣声就会停止。那么，以后你可能会重复"系好安全带"这个行为（这个过程就是强化），因为该行为会使令人厌恶的蜂鸣声的刺激消失（因此这种强化是负强化）。

现在想想本章开头的那个学生的案例，他每面临考试或发言时都会假装生病，然后会被送进医务室——假装生病这一行为使他逃避了考试这个令人厌恶的刺激，所以它在某种程度上通过负强化而得到了持续。由于假装生病能使令人不愉快的刺激（考试或发言）移除，所以它是负向的；促使刺激移除的行为（假装生病）在未来会有所增强或重复，因此是一种强化。当然，在这个过程中，经典性条件作用可能也起到了作用，学生可能曾体验过考试造成的不愉快的生理反应，所以产生了条件反射。

负强化中的"负"不意味着得到强化的行为一定是消极或不好的，其含义与"负数"更为接近，指一些事情减少了。也就是说，强化指一个行为发生了，其结果是某些东西增加了或减少了，而且这一结果会增加（强化）该行为。因此，请试着将正强化、负强化与行为的结果（某些东西增加了或减少了）联系起来。

2. 惩罚

负强化常常与惩罚相混淆。为避免这一错误，请牢记：强化（无论正强化还是负强化）过程总是与行为的增强有关，而惩罚则涉及削弱或减少行为。假如一个行为发生后，个体受到惩罚，那么以后在相似的情境中该个体就不太可能重复这个行为。再次强调，是结果产生的影响决定了结果是否是惩罚，而不同的人对什么是惩罚有着不同的理解。例如，一个学生可能认为在学校被留堂是惩罚，而另一个学生却根本不在乎。惩罚的过程如下图所示：

结果　　　　　　影响
行为 ⟶ 惩罚 ⟶ 行为削弱或减少

与强化一样，惩罚也有两种形式：一种被称为I型惩罚，但该术语包含的信息太过简单，因此，我把它称为**呈现性惩罚**（presentation punishment），即行为后呈现某刺激，且该刺激能削弱或减少行为，如教师斥责学生、布置额外的作业、让学生多跑几圈等；另一种是（II型惩罚，我称之为**撤除性惩罚**（removal punishment），即行为后撤销某刺激，如教师或父母在小孩表现出不良行为时,撤销他们受到的特别待遇。这两种类型的惩罚都是为了减少导致惩罚的行为。图 7-1 总结了强化和惩罚的过程。

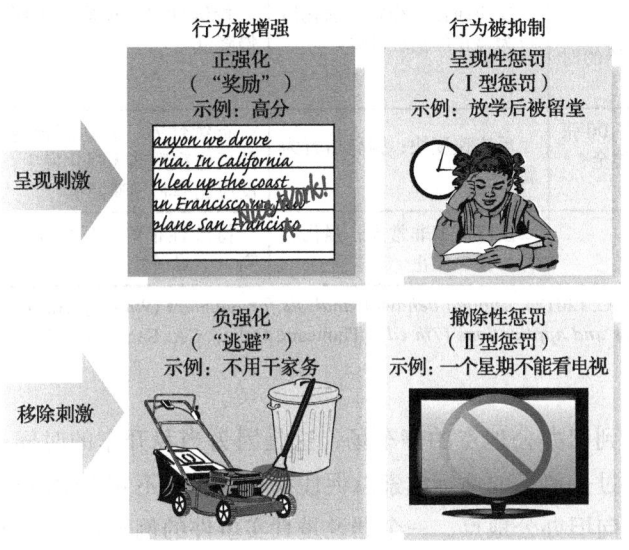

图 7-1 强化和惩罚的过程

注:人们常常将负强化与惩罚相混淆。上图可以帮助你记住,强化通常与行为的增强相联系,而惩罚通常是为了削弱或减少行为。

7.3.2 强化的程序

如果人们在学习新行为时,每一次正确的反应都得到强化,那么人们很快会习得这个行为,这就是**连续强化程序**(continuous reinforcement schedule)。然后,在人们掌握新行为后,对其进行间歇性强化(而不是每次都强化),该行为能得到最好的保持。**间歇强化程序**(intermittent reinforcement schedule)能帮助学生在没有连续强化的条件下维持技能的学习。

间歇强化程序分为两种:一种称为**间隔程序**(interval schedule),即以强化物两次出现之间的时长为基础;另一种称为**比率程序**(ratio schedule),以强化物两次出现之间学习者反应的次数为基础。间隔程序和比率程序既可以是固定的(可预测的),也可以是变化的(不可预测的)。

不同强化程序对行为有何影响呢?表现出某种行为的速度依赖于强化的可控制性。如果强化是根据你做出反应的次数决定的,那么你会感觉你能在较大程度上控制强化。例如,你做出正确反应的速度越快,强化就来得越快。一位教师说:"只要你们正确完成这 10 道题,就可以去听音乐了。"而另一位老师说:"在 20 分钟内完成这 10 道题目,然后我会检查,做对 10 道题的同学可以去听音乐。"相比之下,第一位老师更可能激发学生良好的表现。

行为的持续依赖于强化的不可预测性。连续强化程序和两种类型的固定间歇强化程序都是可以预测的,我们能够预测等待多长时间或进行多少反应后会得到强化。但是,当我们实际上并没有如我们所料地获得强化时,我们通常很快就会放弃该行为。然而,为了使行为持续下去,强化程序最好能有所变化。在一篇有关瓦洛里·刘易斯(Valorie Lewis,"美国教师团队"(《今日美国》主办的年度优秀教师评选)的获奖者之一)的文章中,有一个关于使用变化的强化程序,促使学生坚持不懈地学习的非常好的例子。刘易斯的同事描述了刘易斯所带的 3 年级班级,说:"该班学生总是担心自己由于缺席而不能上课,因为他们不想错过任何学习内容。刘易斯老师从来不把她精心准备的特别内容告诉学生,因此学生不得不每天都按时上课。"(S. Johnson, 2008, p.7D)事实上,如果强化程序渐渐地发生变化,直到变得让人觉得很罕见,即只有在很多次反应或间隔很长时间后,强化才发生,那么人们将可以在根本没有强化的条件下长时间地坚持该行为。看看那些玩老虎机的赌徒们,就会知道这种强化程序是多么有威力了!表 7-1 总结了五种强化程序(一种连续强化程序和四种间歇强化程序)。

表 7-1 五种强化程序

强化程序	定 义	示 例	反应模式	强化停止时的反应
连续强化	强化每一个反应	打开电视;用自动售货机购买苏打水	快速学会反应	持续性很差,甚至快速消失
固定间隔强化	在固定的时间间隔后给予强化	每周一次的小测验;洗碗周期(在特定时间段后清洗餐具)	随着强化时间越来越近,反应比率提高;强化后,反应比率降低	持续性差,若强化时间过去却无强化发生,反应将迅速消失

(续)

强化程序	定 义	示 例	反应模式	强化停止时的反应
变化间隔强化	在变化的时间间隔后给予强化	突击测验；发短信（收到回复的时间不确定）；观鸟（发现新的鸟类的时间不确定）	反应缓慢、稳定；强化后行为停止的情况较少	持续性好；反应比率缓慢降低
固定比率强化	在固定的反应次数后给予强化	电话推销员每登记100张信用卡就会得一笔奖金；卖蛋糕	反应速度快；强化后行为暂停	持续性差；若达到预期的反应次数却无强化发生，反应比率将迅速降低
变化比率强化	在变化的反应次数后给予强化	老虎机	反应速率非常高；强化后行为很少停止	持续性很好；反应比率高，下降缓慢

资料来源：Based on information in Alberto, P. A., & Troutman, A. C. (2012). *Applied behavior analysis for teachers* (9th ed.). Boston, MA: Pearson；Klein, S. B. (2015). *Learning: Principles and applications* (7th ed.). Thousand Oaks, CA: Sage；and http://en.wikipedia.org/wiki/Reinforcement#Schedules.

当强化暂停时，强化程序会影响我们是否坚持行为反应的决定。那么，如果强化完全停止，又会发生什么呢？那就是**消退**（extinction）。

在经典性条件作用中，当条件刺激出现而无条件刺激没有随之出现时（呈现声音，但不给予食物），条件反应就会消退（即消失不见）；在操作性条件作用中，如果通常出现的强化物长时间没有出现，人或动物就不会再坚持特定的行为，这一行为会慢慢消失。例如，你三番五次给一位教师发邮件，但从未得到回复，不久你就会放弃。因此，强化消失会导致消退，然而这个过程需要一段时间。正如不关注发脾气的孩子能让他们停止发脾气，而如果加以理会，没有采用消退策略，那么间歇性强化就会发生，这反而会纵容孩子以后继续发脾气。

7.3.3 先行事件与行为改变

在操作性条件作用中，先行事件指发生在行为之前的事件。要判断哪些行为会引起积极结果，哪些行为会引起令人不愉快的结果，我们需要依靠先前事件来提供一些信息。斯金纳的鸽子学会了在灯亮的时候啄击来获得食物，而灯灭时不啄击，因为灯灭的时候就算啄击了，食物也不会出现。换句话说，它们学会了使用先行事件（灯光）作为辨别啄击可能产生何种结果的一个线索。在这里，鸽子的啄击受到了**刺激控制**（stimulus control），即受到了不同灯光刺激的控制。其实我们人类也是这样的。例如，虽然我早已搬到了城镇另一头的新办公楼，但我曾不止一次把车开到旧办公地点的停车场，这是因为当我开车的时候，过去熟悉的地标线索总促使我自动地、不知不觉地开向旧办公地点。一个据说是真实事件的例子是：一个劫匪抢劫银行后开车逃亡时被警察抓住了，原因是她很守规矩地在红灯前停车了。红灯这个刺激对她来说已经成为一种自动化控制。

我们所有人都在学习辨别不同的线索，理解各种情境的含义。你会在什么时候向你的室友借车，在一场激烈的争执后还是在你们俩在派对上玩得很开心以后？站在走廊里的校长也可以作为一个线索，帮助学生判断是跑开还是砸开上锁的柜子。我们常在没有充分意识到先行事件影响行为的情况下就对先行事件做出了反应，但教师可以在课堂上有意识地使用这些线索。

1. 有效的教学传递

教学指导的类型是关乎增加学生课堂积极反应的一个重要先行事件。关于**有效的教学传递**（effective instruction delivery）的研究发现，简明扼要、清晰明确，以及能够传达期望的结果的教学指导，要比模棱两可的指导更为有效；陈述优于提问；你应该和学生保持较近的距离，从教室另一边大声喊出来的指导不太可能奏效。理想的情况是，首先和学生保持目光接触，然后给予学生指示（D. S. Roberts, Tinstrom, Olmi, & Bellipanni, 2008）。

2. 提供线索

从定义上看，**提供线索**（cueing）就是在某一行为发生前提供先行刺激的一种行为。提供线索特别有利于促成那些必须在特定时间发生却容易被遗忘的行为。在与年轻的学生打交道时，教师常常发现自己会在事情发生后纠正他们："你们什么时候才能记住……"这样的提醒往往会引来学生的愤怒。因为错误已经犯了，学生只有两种选择了：要么承诺下次努力，要么抱怨"你为什么不让我一个人待着"。两种反应都不怎么令人满意。给予学生非评价性的线索，可以帮助教师防止此类消极对抗的发生。在学生理解了线索并做出恰当的行为后，教师应该给予表扬来进行强化，而不是因学生的失败惩罚他们。

3. 予以提示

有时学生要学习以恰当的方式对线索进行反应，因此线索成了一个辨别性刺激。一种方式是在第一个线索后提供一个附加线索，这个附加线索被称为提示。教师在使用线索和提示进行新行为的教学时，要遵循两条原则：第一，确保将成为线索的环境刺激在使用提示前出现，这样学生将学会对线索做出反应，而不是仅仅依赖提示；第二，一有可能就渐隐（逐渐减少或延迟）提示，这样学生就不会变得依赖它（Alberto & Troutman，2012）。

结合线索和提示的一种方法是为学生准备一张工作清单或备忘录。图 7-2 是学生互助学习的步骤清单，两人一组合作是线索，清单则是提示。在学生熟悉整个程序后，老师可以让学生停止使用清单，只提醒学生各个步骤。当书面或口头的提示学生都不再需要时，他们就已经学会了如何在两人一组合作这个环境线索下做出恰当的反应，即学会了在互助学习情境中应该怎么做。然而，教师应该继续关注这个过程，对好的行为表现表示认可，并纠正其中的错误。开始互助学习之前，教师可以让学生闭上眼睛"看一看"清单，集中注意力想想每个步骤。在学生开展互助学习的过程中，教师要多聆听学生的互动，并在学生改善互相学习的技巧时不断提供指导。

记住：……

____1. 准备好需要教授的课程。

____2. 清晰地讲述。

____3. 友好相处。

____4. 同学回答正确时，告诉他。

____5. 停！改正错误。

____6. 如果作业完成得好，表扬对方。

____7. 让课程变得有趣。

____8. 不要给予过多帮助。

____9. 填写每日工作记录表。

____10. 你有其他建议吗？

图 7-2　书面提示：学生互助学习步骤清单

注：这张清单可以提示学生如何有效地进行互助学习。在学生可以更加熟练地开展互助学习后，他们将逐渐不需要这一清单。

资料来源：*From Achieving Educational Excellence: Behavior Analysis for School Personnel* (Figure, p.89), by B. Sulzer-Azaroff and G. R. Mayer, 1994, San Marcos, CA: Western Image, P.O. Box 427. Copyright © 1994 by Beth Sulzer-Azaroff and G. Roy Mayer. Reprinted by permission of the authors. Originally published as Achieving Educational Excellence: Using Behavioral Strategies in 1986.

那么，在实际生活中，我们该如何应用这些原则呢？我们将在下一个模块中一起探讨这一问题。

模块 20 小结

学习是什么

尽管理论家对学习的概念意见不一，但大部分人都同意这样的观点：学习指由经验引起的个体知识、行为或行为的潜能的变化。简单地由成熟、疾病、疲劳或饥饿引起的变化不属于学习的范畴。行为主义理论家强调环境刺激在学习中的作用，并关注行为——可观察的反应。行为学习过程包括邻近学习、经典性条件作用、操作性条件作用和观察学习。

中性刺激是如何变成条件刺激的

巴甫洛夫发现了经典性条件作用。在经典性条件作用中，一个中性刺激多次与能引起情感或心理反应的刺激匹配，并随后变得能够独自引起反应，也就是说，通过条件作用，该中性刺激变得能够引起条件反射，这时中性刺激就变成了条件刺激。

经典性条件作用有哪些日常生活中的例子

这里列举了一些例子，你可以再想想还有哪些：当你闻到自己喜爱的食物的味道时，你会分泌唾液；当你听到牙医电锥的响声时，你会感到紧张不安；当你登上舞台时，你会感到紧张。

将行为结果界定为强化或者惩罚的依据是什么

根据斯金纳操作性条件作用的概念，人们是通过有意识反应产生的影响进行学习的。对于某个个体来说，行为结果产生的影响可能是强化，也可能是惩罚。如果结果加强或维持了引起该结果的行为，那么我们可以将这个结果界定为强化；如果结果减少或抑制了引起该结果的反行为，那么我们可以将这个结果界定为惩罚。

负强化经常与惩罚相混淆，它们的区别何在

强化（无论正强化还是负强化）过程总是涉及行为的增强。比如，期望的行为一出现，教师就立刻通过撤除一些令人讨厌的事情来强化这一行为。其中，因为结果包括撤除或减少一个刺激，所以这种强化是负强化。而惩罚涉及削弱或抑制行为。比如，某个行为出现后，学生受到了惩罚，那么以后在类似情境中，学生就不太可能重复这个行为。

如何鼓励学生坚持某个行为

比率程序（以反应次数为基础）鼓励学生提高的反应比率，变化的强化程序（以变化的反应次数或变化的时间间隔为基础）则鼓励学生坚持反应。

提示和线索的区别是什么

线索指某个特定行为发生之前的先行刺激，提示指第一个线索之后的附加线索。确保将成为线索的环境刺激在使用提示前出现，这样学生将学会对线索做出反应，而不是仅仅依赖提示。然后，一有可能就渐隐提示，这样学生就不会变得依赖它。

模块 21　行为主义学习理论的应用

7.4　应用行为分析

行为主义学习观对课堂教学和班级管理产生了重要的影响，它提出：在班级教学中，应明确学习目标体系，进行直接教学（我们将在第 14 章讨论教学时再次涉及这一议题）；在班级管理中，可以应用团体后果、相倚契约和代币制等方法（Landrum & Kauffman, 2006）。尤其当学习目标是习得某些确定信息或改变某些行为，或者当学习材料呈现出序列性或明确性时，这些行为方法都非常有用。**应用行为分析**是运用行为主义的学习原理来改变上述情境中的行为的方法。我们有时也称这种方法为**行为矫正**（behavior modification）。但许多人认为这一术

语有消极含义，而且经常让人产生误解（Alberto & Troutman，2009；Kazdin，2001，2008）。

从严格意义上来说，应用行为分析应该包括：明确说明需要被改变的行为，认真测量行为的初始状态，分析维持不良行为或不受欢迎的行为的先行事件和强化物，以行为主义的学习原则为基础实施旨在改变行为的干预措施，以及仔细地测量行为的变化。在对应用行为分析的研究中，研究者常采用ABAB的研究范式（详见第1章）。也就是说，研究者先测量行为的基线水平（A）；接着实施干预（B）；然后停止干预，观察行为是否会回到基线水平（A）；之后再次引入干预（B）。

在实际的课堂教学中，教师通常不能严格遵守ABAB的所有步骤，但他们可以做到：

（1）明确说明需要改变的行为和改变的目标。例如，如果学生因为"粗心"而犯了很多计算错误，那么目标是每10道题只错1道还是每20道题只错1道？

（2）仔细观察并记录该行为当前的水平。现在学生每10道题或每20道题会错几道？出现错误的原因是什么？学生在限时测验、家庭作业或小组作业中犯的错误是否一样多？犯错与星期几或上下午有关系吗？

（3）使用先前事件、结果反馈或二者兼有，设计具体、详细的干预方案。例如，每道题多给学生一分钟的计算时间，让他们能正确完成。

（4）跟踪干预结果，根据需要修改计划。

现在让我们探讨一下完成第三个步骤——"干预"时可以使用的一些具体方法。

7.4.1 鼓励行为的方法

就像我们先前讨论的，鼓励行为就是强化行为。下面是一些鼓励学生继续做出现有行为或教授新行为的具体方法，包括教师的关注和表扬、普雷马克原理、塑造和积极练习。

1. 用教师关注和表扬进行强化

许多心理学家建议教师强调学生的积极方面，即表扬学生的良好行为，忽视其不良行为。事实上，一些研究者相信："系统的表扬和关注，可能是教师最有力的激励方式和课堂管理工具。"（Alver & Heward，1997，p.277；Alver & Heward，2000）一个相关的教学策略是差别强化（differential reinforcement），即适当的行为一出现就进行强化，忽视不适宜的行为。例如，如果一个学生提出的问题偏离了主题（"这周五的游戏时间是什么时候"），你可以忽略它，不予回答；但只要与主题相关的问题或回答出现，就应给认可（Landrum & Kauffman，2006）。

这种表扬和忽视并行的方法虽然有用，但并不能解决所有的课堂管理问题。一些研究显示，当教师将积极结果（大多是表扬）作为唯一的课堂管理策略来使用时，学生的捣乱等破坏性行为仍会持续不止（McGoey & DuPaul，2000；Pfiffner & O'Leary，1987；Sullivan & O'Leary，1990）。此外，如果学生的问题行为受到了同伴的关注，问题行为也会持续下去，此时教师的忽视就没有多大作用了。

使用表扬时还需要注意另一点。研究发现，当教师认真、系统地表扬学生时，学生身上会出现积极的结果（Landrum & Kauffman，2006），但仅仅说一些表扬的话并不能改善行为。要想行之有效，表扬还必须做到：①取决于被强化的行为；②清楚地说明正在被强化的行为是什么；③是可信的（O'Leary & O'Leary，1977），也就是说，表扬应该是针对良好行为的真诚认可。这样，学生才会明白他们因为做了什么而获得了认可。非常遗憾的是，没有接受过特殊训练的教师，往往无法满足这些条件（Brophy，1981）。综合布罗菲（Brophy）对该问题的全面回顾以及艾伦·凯斯丁（Alan Kazdin，2008）与家长、教师合作的相关经验，我们就如何有效地使用表扬提出了一些建议。具体内容详见下面的实践指南。

| 实践指南 |

操作性条件作用的应用——恰当地使用表扬

清晰且系统地给予表扬。

例如：

（1）让学生明确知道想要得到表扬，就应该做出适当的行为。

（2）让学生明确知道哪些行为或成就可以使他们得到表扬。如"小组中每个成员都能积极发言"，而不仅是"小组组长做得很好"。

表扬是认可而非评价（Ginott，1972）。

例如：

（1）表扬并赞赏学生的努力、成就和行动，特别是当学生实施了帮助他人的行为时。

（2）不要评价学生的性格或人格——表扬行为，而不是个人本身。

以每个人的能力和不足为基础设立表扬的标准。

例如：

（1）表扬学生因自己的努力付出而取得的进步或成就。

（2）让学生关注自身的进步，而不是与别人进行比较。

将学生的成功归因于他们的努力和能力，以使他们获得自信：我可以再次取得成功。

例如：

（1）不要给学生这样的暗示，即成功可以通过好运气、外在的帮助或简单的任务来取得。

（2）要求学生描述他们遇到的难题，并阐述他们解决问题的过程。

让表扬真正起到强化作用。

例如：

（1）不要企图通过表扬一些学生来影响班上的其他学生。这个策略经常适得其反，因为学生能看出你的意图。另外，这样做还可能让受到表扬的学生处于尴尬境地。

（2）不要仅仅为了让失败的学生心理平衡，就给予他们不应得的表扬。这并不能安慰学生，反而会提醒学生他们没有能力获得真正的认可。

（3）不要"狗尾续貂"，在表扬之后附加批评，比如："这个星期你很好地完成了家庭作业，但为什么你不能每个星期都这样做呢？"（Kazdin，2008）

认可真正的成功。

例如：

（1）奖励那些实现了特定目标而不只是参与其中的学生。

（2）不要奖励上课安静、不捣乱，却没有专心、投入的学生。

（3）对学生能力的提高或有价值的成就行为提出表扬，如："我注意到你把所有的题目都检查了两遍，从你的分数中，我能看出你的认真与细心。"

资料来源：想了解更多教师表扬的相关信息，请查阅interventioncentral.org/home and search for "teacher praise."

一些心理学家指出，使用表扬可能会使学生为了获得赞许，而不是学习本身而学习。所以也许最好的建议是，教师需要了解滥用或误用表扬可能带来的害处，更好地驾驭该方法。

2. 选择强化物：普雷马克原理

在大多数课堂上，除了教师的关注外，还有许多现成的强化物，如与其他同学谈话、玩电脑或者给班里饲养的小动物喂食等。然而，非常不幸的是，在实际生活中，许多教师倾向于以相当随意的方式给学生提供这些机会。不过，正如表扬一样，如果教师能根据学生的学习表现和积极行为给学生一些特别的待遇和奖励，就能极大地增强学生的学习动机，强化其良好行为。

以戴维·普雷马克（David Premack）的名字命名的普雷马克原理是帮助教师选择最有效的强化物的指南。根据该原理，一个高频行为（个体偏好的活动）可以成为一个低频行为（个体不太喜欢的活动）的有效强化物。有时人们称之为"祖母原则"，即"先做我想让你做的事情，然后做你自己喜欢做的事情"。例如，伊丽莎白就在课堂上使用了这个原理，她要求学生先安静地独自完成试卷第一部分的内容，然后他们就可以合作完成关于南北战争的采访活动了。

学生在非学习时间段会做什么呢？这个问题的答案让我们看到了多种可能的强化物。对大部分学生来说，聊天、在教室里走动、挨着好朋友坐、免除考试或作业、编辑班级网页、制作视频或者玩游戏，都是他们非常喜爱的活动。决定哪种强化物最适合学生的方法，就是观察学生在自由时间都喜欢干些什么。（想了解更多相关信息，请查阅 http://www.interventioncentral.org/home 并搜索关键词"rewards"，或查阅 jimwrightonline.com/php/jackpot/jackpot.php。）

想要普雷马克原理奏效，低频行为必须先发生。看看下面这段对话，注意教师是如何失去使用普雷马克原理的最好时机的。

学生：哦，不！我们今天必须继续学习语法吗？其他班级的同学都在讨论今天上午在礼堂看的戏剧呢！

教师：但是其他班级的学生昨天就学完了这些句子，我们还有一些没讲完。如果我们不学完这些内容，我担心你们会忘记昨天复习过的语法规则。

学生：为什么我们不在快下课时再学习这些句子，而现在先讨论戏剧呢？

教师：好吧，但你们要答应我等会儿努力学完这些句子。

讨论戏剧可以作为上完语法课的强化物。实际上，该班原本可以花整段时间讨论戏剧，但现在，这位老师不得不在讨论进行得如火如荼的时候打断它，然后想办法让学生回过神来学习语法规则。

3. 塑造

如果学生在学习的初始阶段迟迟无法掌握一项技能，因而一直得不到强化的机会，那情况会怎样呢？思考以下例子：

一个4年级的学生看着刚刚发下的数学试卷："又是差不多一半的题目连一分都没有得到，而每一道题，我都只是犯了一个很愚蠢的错误。我讨厌数学。"

一个10年级学生每天都找理由不去参加体育课的垒球运动，因为这个学生从未成功地接住过球，他拒绝再次进行尝试。

在这两个情境中，学生都没有获得学习上的强化，因为他们努力的最终结果都不够好。我们可以很肯定地预测，不久后，这些学生就会开始讨厌上课或者讨厌某学科，甚至可能讨厌任课老师和学校。防止这类问题发生的一种方法就是应用**塑造**策略，也称**连**

续接近技术（successive approximation）。塑造涉及对过程的强化，而不是等尽善尽美时才进行强化。

为了使用塑造策略，教师必须首先熟悉学生将要学习的复杂行为，然后将这个行为分解成许多小步骤。确定小步骤的方法叫**任务分析**（task analysis），该方法最早由米勒（1962）提出，用于帮助军队训练士兵。米勒首先界定了最后表现的要求，也就是士兵（或学生）在项目或单元结束时必须做到的事情；然后，他明确了通向最后目标的步骤，即把技能和过程分解为各种子技能或子过程，也就是通向成功的小步骤。

在下面这个任务分析的例子中，教师要求学生在研究的基础上写一篇表明自己观点与立场的论文。如果教师在布置论文前没有进行任务分析，会出现什么情况呢？一些学生可能不知道如何系统地搜索在线文献：他们可能会翻翻一两个维基百科条目，然后仅以这些简略的阅读为基础开始写他们的看法。另一组学生可能知道如何在线使用电脑和搜索引擎，而且也知道如何使用书目索引获得信息，但是他们不擅长整合这些信息并得出结论，于是最终交上一篇冗长的论文，列举了各种思想的要点，但没有任何整合的结论或个人观点。还有一组学生可能会得出结论，但他们写的文章内容混淆、语法错误，以致教师看不懂他们要表达什么。虽然每组学生受挫的原因各不相同，但他们都没能很好地完成这次作业。

任务分析让我们了解到，达到最终目标需要完成具有逻辑顺序的一系列小步骤。了解这个逻辑顺序可以帮助教师确保学生在进行下一步骤之前已具备了必要的技能。此外，当学生遇到困难时，教师能够精准地指出问题所在。许多行为都可以通过塑造得到改善，特别是涉及毅力、忍耐性、更高的正确率、更快的速度或扩展训练的技能。塑造是一个旷日持久的过程，因此，如果能通过更为简单的办法（如提供线索）获得成功，就不必使用塑造策略了。

4. 积极练习

在积极练习中，学生会用一种行为代替另一种行为，这种方法在处理学业上的错误时特别适用。若学生犯了错，他们必须尽快地改正，并练习正确的反应。教师也可以用相同的原则处理学生违反班级规章制度的行为。学生需要练习正确的反应，而不是接受惩罚，例如进入教室后立刻将书包放在指定的位置上。有时人们将这一过程称为"积极练习的矫枉过正（overcorrection）"，因为在正确行为成为自动化行为之前，个体需要持续练习（G. A. Cole, Montgomery, Wilson, & Milan, 2000; Marvin, Rapp, Stenske, Rojas, Swanson, & Bartlett, 2010）。下面的实践指南总结了鼓励积极行为的几种方法，可以供你参考。

| 实践指南 |

操作性条件作用的应用——鼓励积极行为

要以学生看重的方式认可他们的积极行为。

例如：

（1）说明班级规章制度时，解释遵守制度的积极结果和违反制度的消极结果。

（2）给予学生第二次机会，认可学生承认错误的诚实行为。例如："由于你主动承认你在考试时抄袭了书本，我将再给你一个机会重新考一次。"

（3）设置学生期望的奖励，如增加额外的休息时间、免除家庭作业或测验、给予主要课程附加分等，鼓励学生在学业上付出努力。

在学生学习新材料或尝试新技能时，给予大量的强化。

例如：

（1）在每个学生第一次绘画时，找出其做得好的地方并给予鼓励。

（2）强化学生之间互相鼓励的行为。"初学法语时，难免会出现发音困难和别扭的情况。当有同学大胆练习新单词时，其他同学不应取笑他，我们应该互相帮助。"

新行为模式建立起来后，使用不可预测的强化程序进行强化，以此鼓励学生不断坚持。

例如：

（1）给予参与班级活动且表现出色的同学"意外"的奖励。

（2）每节课开始时以书面形式给学生出一道简短的附加题。学生不一定要回答，但如果答对了，学期总成绩可以加分。

（3）确定好学生会不时地因为他们的优秀表现而获得表扬，不要让他们觉得表扬是理所当然的。

使用普雷马克原理找出有效的强化物。

例如：

（1）观察学生在自由休息时都做些什么。

（2）注意哪些学生喜欢与他人合作。与朋友合作的机会对他们来说就是一个很好的强化物。

使用线索帮助学生习得新行为。

例如：

（1）在教室里张贴幽默的标记，以提醒学生遵守班级制度。

（2）学期伊始，当学生走进教室时，让他们注意黑板上列出的物件，这些是他们来校时应带的。

确保所有学生，包括那些经常犯错的学生，只要表现得好就都能获得表扬、特殊待遇或其他奖励。

例如：

（1）不时翻翻学生名单，确定每个学生都得到了一定的强化。

（2）制定强化标准，让每个学生都有可能得到奖励。

（3）反思自己的偏爱。男生得到的强化机会会比女生更多吗？还是女生比男生多？不同种族的学生获得强化的情况又是怎样的？

提供各种各样的强化物。

例如：

（1）让学生自己提出他们想要的强化物，或者让他们从"每周特殊待遇"的强化物清单中进行选择。

（2）和其他老师或家长讨论强化物的提供和选择。

请记住，所有的行为学习方案中都包含着一个最重要的要素：反复练习正确的行为。与传统看法不同，我们认为练习并不能达到"熟能生巧"的目的；相反，练习会使行为持久、固化。因此，练习正确的行为至关重要。

7.4.2 相倚契约、代币强化和团体后果

上面我们介绍了如何将积极强化、普雷马克原理、塑造和积极练习融入你的课堂。在本节中,让我们再来看看相倚契约、代币强化和团体后果,它们也是有效课堂管理的重要工具。

1. 相倚契约

在**相倚契约**中,教师会与每个学生分别制定一份个人契约,契约明确描述了学生为获得特殊待遇或奖品必须做的事情。有时,也可以由学生提出期望得到强化的行为以及希望获得的奖励。契约协商的过程本身就是一种接受教育的过程,学生能从中学会建立合理的目标,并且学会遵守契约条款。此外,如果学生能参与目标的制定,他们往往会更热衷于实现这些目标(Locke & Latham, 2002;Schunk, 2012;Schunk, Pintrich, & Meece, 2014)。

图 7-3 是一个有关完成作业的相倚契约,它适用于中、高年级学生。它相当于一份合同、一张作业清单和一份进步记录。有关学业进步的信息能维持学生的学习动机。类似的东西甚至可以帮助你记录大学课程作业及其截止日期。

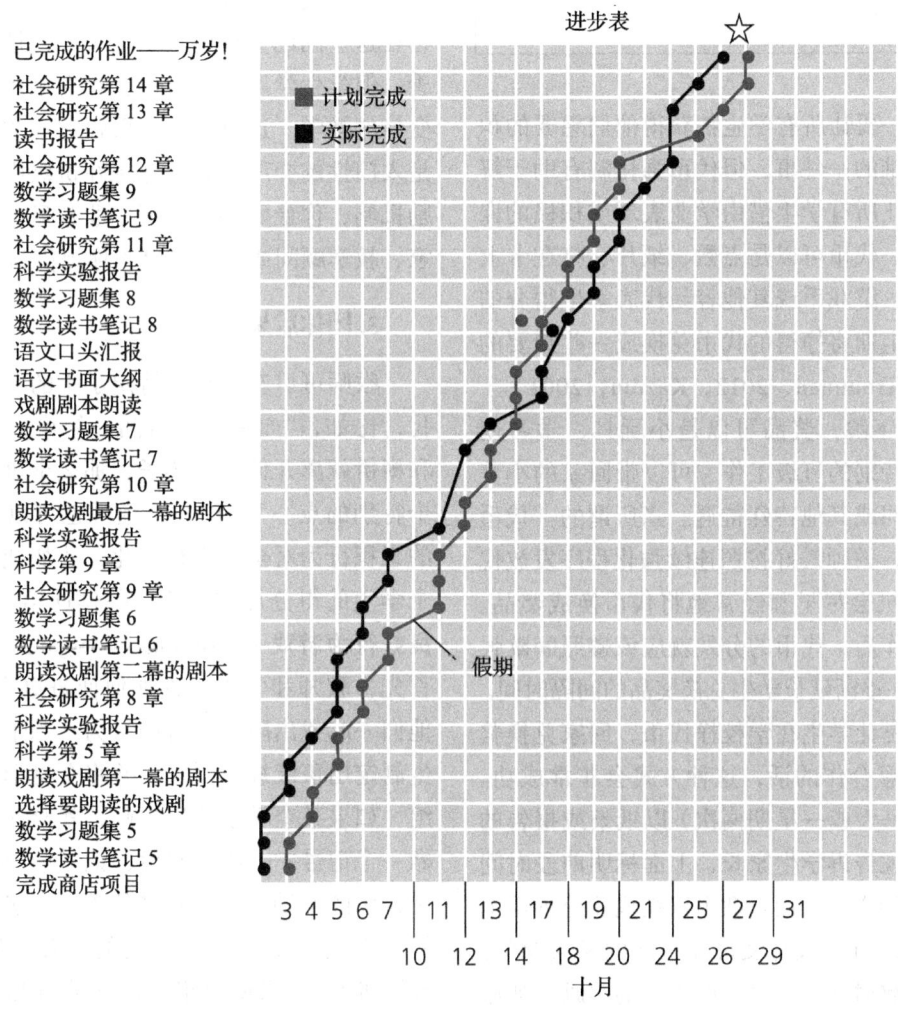

图 7-3 有关完成作业的相倚契约

注:教师和学生要就在哪个时间点前交作业达成共识,用彩色笔在契约中标出这个时间。每次作业提交后,用黑色笔标出实际完成的日期。只要实际交作业的时间点在计划的时间点之前,学生便可得到自由时间或其他契约内的奖励。

资料来源:From *Achieving Educational Excellence: Behavior Analysis for School Personnel* (Figure, p. 89), by B. Sulzer-Azaroff and G. R. Mayer, 1994, San Marcos, CA: Western Image, P.O. Box 427. Copyright © 1994 by Beth Sulzer-Azaroff and G. Roy Mayer. Reprinted by permission of the authors. Originally published as Achieving Educational Excellence: Using Behavioral Strategies in 1986.

2. 代币强化

> **停下来 想一想**
>
> 你参加过用点数或积分来换取奖品的活动吗？你是某个飞行常客俱乐部的会员吗？你的信用卡上有积分吗？你从"买十赠一"的活动中获得过免费的咖啡，或因为填写调查问卷得到过免费冰沙吗？这些活动方案会影响你的消费习惯吗？对我而言，答案是肯定的。我买任何东西几乎都会使用信用卡付款，因为这样可以得到积分；出于同样的原因，我也总是乘坐同一家航空公司的飞机——我正处于一个代币强化系统。

通常情况下，要让所有学生都获得他们想要的积极结果是非常困难的一件事，但**代币强化制**有助于解决这一问题，它让所有学生借由学业表现或积极的课堂行为赚得代币。代币可以是点数、纸片、打在卡上的洞、圆形筹码、游戏币或其他容易代表学生得分的东西。学生可以定期将挣得的代币兑换成一些想要的奖品（Alberto & Troutman, 2012; Kazdin, 2001）。

根据学生的年龄，奖品可以是小玩具、学习用品、自由时间、特别的班级工作、可以带回家的小奖状、听音乐的时间或其他特殊待遇。当所谓的"代币制"开始建立时，教师最好按照连续强化程序发放代币，并让学生有机会尽早和经常地将代币换成奖品。等代币制良好运作后，代币的分发就应该遵照间歇强化程序来进行，并逐渐延长学生兑换奖品的间隔时间。

另一种方式是让学生在学校挣代币，回家兑换奖品。如果父母愿意合作的话，这种方式会非常成功。学校定期（通常每天或一星期两次）以纸条或报告的形式把学生的表现告诉学生家长，上面标明前段时间学生在学校所挣的点数，而点数可以换成几分钟看电视的时间、特别的玩具或与父母在一起的私人时间。学生也可以把点数攒起来，以换取更大的奖励，如旅行。但是，如果你觉得孩子可能会因追求完美而感到压力很大，或者因表现不好而受到家长的严厉惩罚，就不要使用这种方法（Jurbergs, Palcic, & Kelly, 2007）。

但是，代币强化制复杂且费时，一般只在下列三种情境下使用：①需要激发那些对学习毫无兴趣的学生的学习动机，且其他方法均不奏效；②需要鼓励那些一直没有取得学业进步的学生；③需要处理失去控制的班级。有些群体的学生比另一些学生更容易从代币制中受益。对患有智力障碍的学生、经常失败的学生、缺乏学习技巧的学生、有问题行为的学生而言，接受具体、直接的代币强化似乎的确能使其表现有所起色。

在试着使用代币制之前，你必须确定你的教学方法和教材适合学生。有时学生捣乱或缺乏学习动机是因为教学方法不合适，或者班级规章制度不明确、前后执行不一致，又或者教学指导模糊不清，也可能是因为学习内容太容易、太难或教学节奏不对等。如果存在这些问题，代币制虽然可以使情况得到暂时的改善，但学生学习材料时仍会存在困难。所以首先要改变你的教学。这里有关代币强化和相倚契约的内容仅是入门性的介绍，如果你想在班级中大规模地设立奖励机制，你最好寻求一下专业意见。通常学校心理学家、教学顾问或校长可以为你提供帮助。

3. 团体后果

教师可以基于某些特定学生的行为对全班进行强化，比如，"如果午睡时间一结束，贾马克斯、埃文和梅伊就离开他们的垫子，那么全班学生都将得到一个特别的点心"。同样，教师也可以基于每一个学生的累积行为对全班进行强化，比如把全班或小组中每个学生的得分加到一起，并据此给予全班学生奖励。**良好行为游戏**（good behavior game）就是一个例子：首先，教师和学生讨论如何使班级变得更好；接着，他们一起找出阻碍学习的行为。基于讨论，教师和学生制定出班级规章制度，并将全班学生分成两组或三组，如果某个学生违反规则，就给该学生所在的小组做一个记号。一段时间后，记号最少的小组会得到一份特别的奖励或一个特殊待遇（如获得更长的休息时间，先去吃午餐，让小组的"太空船"更接近"月球"等）。如果所有组的记号数目都比预期的少，那么所有学生都能得到奖励。有时，班里还需要设立"不打小报告"的原则，这样学生就不会把时间都花在指出其他小组的成员所犯的错误上了。多数研究表明，尽管良好行为游戏对学生知识学习的促进作用比较小，但对他们良好行为规范的学习十分有益。此外，它还能预防学生多种行为问题的出现（Embry, 2002；Tingstrom, Sterling-Turner, & Wilczynski, 2006）。

研究已证实良好行为游戏的有效性，那如果我们将针对学业成就的干预措施添加到良好行为游戏的实践中，会发生什么呢？凯瑟琳·布拉德肖（Catherine Bradshaw）和她的同事刚好做了这样一个研究（Bradshaw, Zmuda, Kellam, & Ialongo, 2009）。他们对 678 名来自城市的非裔美国学生进行了从 1 年级到高中的跟踪调查。1 年级的时候，这些学生要么属于控制组，要么参加以下两个项目之一：①以课堂为中心的干预——将良好行为游戏与提升学业表现的课程（出声朗读、撰写日志、读者剧场、批判思维技能、数学游戏、小组活动等）相结合；②以家庭为中心的干预——提高父母对家庭阅读和数学活动的参与程度，并帮助他们掌握干预孩子的更好策略。研究发现，参加以课堂为中心的干预项目的孩子，12 年级时在标准成就测验中取得了更高的分数，较少被转介到特殊教育服务，高中毕业率和大学录取率都更高。而参加以家庭为中心的干预项目的孩子，虽然在这些测验中也有所进步，但是效果并不显著，仅阅读测试得分取得了较小的显著性成效。因此，早期投入时间和精力来帮助学生养成良好的行为和学习习惯，在未来数年内就可以看到成效。

当然，不将全班分组，你同样可以使用团体后果方法。也就是说，你可以基于全班学生的行为给予强化。此外，教师在使用小组方法时需要慎重：如果某个学生行为不当或犯了错误，但小组对这个学生并没有真正的影响力，那么这时整个小组就不应因此而受惩罚。我曾看到过这样一个情景：当老师宣布班上某个男孩将转学到其他学校时，班里所有学生都欢呼雀跃，整个教室充斥着"不用再被扣分啦、不用再被扣分啦"的叫喊声。"扣分"指的是每次有人违反了纪律，教师就会扣这个班 1 分。1 分意味着失去 5 分钟的休息时间，这个班曾因为这个转学的男孩失去了很多休息时间。同学们一开始就不喜欢这个男孩。虽然分数制度在维持纪律方面很有效，却让这名男孩受到了其他同学的排斥。

同伴压力并非都是负面的，支持和鼓励形式的同伴压力可以产生积极的影响。我们建议在学生关注同伴认可的情况下使用团体后果方法（Theodore, Bray,

Kehle, & Jenson, 2001）。如果有些学生的不良行为似乎是因为受到其他学生的关注和笑声鼓励而做出的，那么此时使用团体后果方法将更加有效。教师可以教学生如何给予同伴支持和建设性反馈。但是，对于少数几个似乎很享受破坏纪律带来的结果的学生，教师就需要单独安排与处理了，比如把所有的"破坏者"放在一个小组中。

在下面的章节中，我们将介绍两个案例，其中行为主义原理的应用成功推动了有特殊需要的学生行为的改善。

7.4.3　处理问题行为

不论你多么成功地增多了学生的积极行为，但总有些时候，你需要处理一些令人讨厌的行为，这要么是因为其他方法无效，要么是因为行为本身很危险，需要立即采取行动来应对。为了达成这个目的，我们有很多办法可以采用，如负强化、训斥、反应代价（response cost）和社交孤立（social isolation）。

1. 负强化

让我们先回忆一下负强化的基本原理：如果一个行为能避免一些不愉快的事情发生，那么这个行为就会在类似的情境中再次出现。伊丽莎白的课堂上出现过负强化。学生表达了不满后，他们躲过了测验。因此，负强化可能会提高未来学生抱怨的频率。

当然，负强化也可以用来加强学习。你可以将学生放置在适度不愉快的情境中，一旦他们的行为改善了，就允许他们"逃离"这个不愉快的情境。请看下面的例子。

教师对 3 年级的学生说："等你们把所有的东西放进柜子里，并且每个人都安静坐好以后，我们就出去休息。否则，我们就会错过休息时间。"

高中教师对一个很少完成课堂作业的学生说："只要你完成作业，你就可以到大礼堂和大家一起上课。如果完不成，你就必须待在自习室做作业。"

电影《舞动天地》（Take the Lead）里的安东尼奥·班德拉斯给一些完全不合作的学生上课。他给这些学生播放他们讨厌的音乐，直到全班学生都站好队，而且准备练习舞蹈动作时，班德拉斯才会关掉这些令他们讨厌的音乐。

事实上，真正的行为主义者也许会反对把这些称为负强化的例子，因为在这些例子中，要使负强化奏效，学生需要进行非常多的思考与理解。教师不能像对待实验室里的动物那样对待学生，不能让他们遭受噪音或处于寒冷的环境，直到他们做出正确反应。但是，教师可以确保当学生的行为改善时，他们所处的不愉快情境也将有所改善。

你可能会感到疑惑：为什么上面的例子中的负强化不能被认为是惩罚？毕竟，休息时间还要待在教室，不能和全班一起参加活动，听不喜欢的音乐等，都是惩罚。但重点是，上述几个例子关注的焦点都是加强某种特定的行为（如放好物品、完成课堂作业、站好队并与老师合作）。只要适当的行为出现，教师就会撤除一些令人厌恶的东西，从而强化该行为。因为这种结果包含某种刺激的消除或减少，因此，这种强化是负强化。

负强化同时给了学生练习自我控制的机会。错过休息时间或者听自己厌恶的音乐都是不愉快的情境，但在上述例子中，学生对不愉快情境最终是否会出现仍然保有控制权。只要他们表现出适宜的行为，不愉快的情境就会消失。反之，惩罚往往发生在事件之后，那时学生就不能如此容易地控制或阻止不愉快反馈了。

负强化有几条规则：以积极的方式描述你所希冀的改变；不要欺骗；确信你能创建不愉快的情境；尽管有抱怨，但仍要坚持到底；坚持以实际行动执行，而不只是给出语言上的承诺。如果因为学生答应了"下次会表现得更好"，你就终止了不愉快情境，那么你是在强化学生做出承诺，而不是在强化学生改变行为（Alberto & Troutman，2012；O'Leary，1995）。

2. 训斥

我女儿所在的小学有一份名为《联合报》的报纸。我在这份报纸上读到了一个题为《我为什么喜欢学校》的故事。该故事是一个4年级学生写的，他说："我喜欢我的老师，她帮助我领悟知识和学习。她对每个人都很好，就连她对学生生气的方式我也喜欢。她不会在全班同学面前斥责学生，而是选择私下找他们谈话。"

温柔、平和、私下的**训斥**（reprimand），比在公开场合大声训斥更能有效减少学生的捣乱行为（Landrum & Kauffman，2006）。研究显示，如果教师当着全班同学的面大声训斥学生，捣乱行为会增加或维持在一定水平上。这是因为有些学生希望他们的不良行为得到同伴的认可，或者不想让同学认为他们"输给"了老师。如果教师不经常训斥学生，班级气氛较为积极、温暖，那么学生通常会很快地对私下训斥做出反应（J.S. Kaplan，1991）。

3. 反应代价

曾交过罚款的人应该很熟悉**反应代价**的概念。由于某些违反制度的行为，人们会失去一些强化物——钱、时间、特别待遇等（J. E. Walker，Shea & Bauer，2004）。课堂上，教师有很多使用反应代价的方式。如，学生第一次违反纪律时，教师可以予以警告；第二次，教师就可以在评分本上给该生做一个记号，并规定，每画一个记号，学生就会失去两分钟的休息时间。对于年龄大一点的学生，一连串的记号意味着他将失去参与团体活动或玩电脑的权利。

4. 社交孤立

减少不良行为最惹人争议的方法就是**社交孤立**策略，通常也被称为强化**暂停**（time out）。社交孤立策略包括让非常捣蛋的学生离开教室5~10分钟，把他孤零零地关在空荡的、令人厌倦的房间里——这种惩罚就是暂时地与其他人隔离。学生被叫到校长办公室或者被罚坐在教室的角落，其效果与让他们单独待在空房间里是不一样的。但需要注意的是，如果短暂的隔离不能改善学生的情况，就不要让学生单独待更长时间了。艾伦·卡斯丁（2008）是一位数十年来致力于帮助教师和家长积极地与孩子合作的专家，他曾说："如果你让学生待在外面的时间越来越长，那么这意味着你的策略失败了。解决方案不是逐步增加时间，而是恰恰相反。经常并且长时间地让学生待在外面，表明你需要多下功夫在更积极地强化学生的良好行为，并让其用良好行为取代不受欢迎的行为上。"（p.10）这对于任何形式的惩罚来说都是一个好的建议。

5. 惩罚的注意事项

还记得我在介绍"团体后果"时描述的学生欢

呼"不用再被扣分啦"的场景吗？在这个案例中，教师实际上在使用一个以惩罚为基础的系统，准确地说，是以撤除性惩罚为基础的系统。每次有人违反了纪律，教师就会扣全班1分。1分意味着全班失去5分钟的休息时间。这一系统导致全班同学对常违反纪律的学生产生排斥。很不幸的是，教师和家长经常使用惩罚手段。我说"很不幸"，是因为一个又一个研究证实，无论是在家里还是在学校，惩罚本身都并不起什么作用。惩罚只能告诉学生不该做什么（这一点通常学生已经知道了），而不能教学生应该做什么（Kazdin，2008）。任何时候如果你想使用惩罚，都应该把它变成两个需要同时达成的目标的一部分：第一个目标是实施惩罚，抑制不良行为；第二个目标是明确学生应做的替代行为，并对那些教师期望的行为进行强化。这样，问题行为会得到抑制，积极行为也能得到强化。正如你将在下面的章节中看到的，新近的教学法更强调对积极行为的支持。

需要再次强调的是，惩罚本身不能导致任何积极行为的出现。粗暴的惩罚向学生传达的是"强权即公理"，而且可能引起学生的报复。此外，只有当惩罚者（如教师）在场的时候，惩罚的效果才是最好的：当教师在教室时，学生会表现得好一些；然而，当教师离开或仅代课老师在场时，这一系统就会坍塌、崩溃。惩罚倾向于让学生关注行动给自身带来的后果，而不会让学生思考行为对他人的影响，因此惩罚并没有教导学生同情与共情他人。最后，惩罚还会妨碍你和学生建立亲近的关系（Alberto & Troutman，2012；Hardin，2008；Kohn，1996a，1996b，2005；J. E. Walker et al.，2004）。以下的实践指南就如何使用惩罚策略来支持学生习得积极行为提供了一些很好的建议，你可以参考。

| 实践指南 |

操作性条件作用的应用——运用惩罚

设法创设可以运用负强化而非惩罚的情境。

例如：

（1）在学生达到一定能力水平后，允许学生避开不愉快的情境（如完成额外的练习作业、每周进行数学测验等）。

（2）坚决要求学生采取行动，而不是口头承诺。不要轻易被学生说服，从而改变协议的条款。

如果你使用了惩罚策略，那么请适度、短暂地使用它，并且最好与对"做正确的事情"的强化搭配。

例如：

（1）若对年幼的儿童进行社交隔离，那么时间在2~5分钟为宜。如果学生一天只能挣得5分，那么扣分就不要超过1分。

（2）将短暂、适度的惩罚与对学生做正确的事情的强化搭配起来。如果学生在洗手间涂鸦，那么你可以短暂地惩罚他，并让他洗掉涂鸦。

使用惩罚要前后一致。

例如：

（1）避免不经意地强化你本应惩罚的行为。私下与学生对质，这样学生就不会因在公共场合与教师争辩而成为"英雄"。

（2）让学生预先了解违反规章制度的后果。对低年级学生，需要把主要的班级制度张贴出来；对高年级学生，则可在课程大纲中简要说明班级制度及违反的后果。

（3）告诉学生受到惩罚之前只有一次警告机会。教师要以平静的方式进行警告，然后坚定地贯彻惩罚原则。

（4）在合理的范围内，尽可能地确保惩罚无法逃避，并及时实施惩罚。

（5）不要在生气时进行惩罚，因为你可能会过分苛刻，以至于随后不得不收回惩罚，显得前后缺乏一致性。

关注学生的行为，而不是学生的个人品质。

例如：

（1）用平静而坚定的语气斥责学生。

（2）避免使用带有恶意或讽刺的词汇或语调。否则，当学生模仿你时，你会听到自己生气时说的话。

（3）强调制止问题行为的必要性，避免表达出任何你不喜欢该学生的意思。

（4）清楚地知道你是否在不公平地惩罚有色人种的学生：留堂或将其赶出学校。你的做法公平吗？

调整对违规行为的惩罚。

例如：

（1）忽略不足以扰乱课堂的行为，或者用不赞赏的眼神制止这些不良行为，又或者只是朝那个学生踱过去。

（2）确保惩罚不会比学生犯的错误还恶劣，例如，不要因学生违反了一次班级制度就取消学生的所有休息时间（Landrum & Kauffman，2006）。只要能将惩罚不良行为与强化良好行为结合起来，就算惩罚并不重，也会十分有效。

（3）不要用家庭作业来惩罚学生的捣乱行为（如上课说话）。

（4）当学生为了获得同伴的认可而做出不良行为时，将他和那群朋友分开是有效的，因为这样才是真正地使其与强化情境隔离。

（5）如果问题行为仍在继续出现，分析一下情境并尝试新的方法。你的惩罚可能没有被视为惩罚，或者你无意中强化了不良行为。

资料来源：想了解更多有关惩罚的信息，请查阅 interventioncentral.org 并搜索"punishment"。

7.4.4 关注到每个学生：严重行为问题

对教师而言，最大的挑战是面对具有严重行为问题的学生。下面三个研究探讨了行为主义原理是如何帮助这些学生的。

2001年，莱亚·西奥多（Lea Theodore）和她的同事与一位老师合作，这位老师的班上有5名被诊断为患有严重情感障碍的青少年学生。他们共同制定了一份简短、明确的规则清单（如不说脏话、在5秒钟内执行老师的要求、不言语贬损他人），将其写在卡片上，并钉在每个学生的课桌上。教师桌上有学生的名单，用来记录违纪行为。每个人都可以很容易地看到这份名单，查看自己和其他人的表现。当45分钟的课临近结束时，一个学生会从玻璃罐中抽取一个"标准"，这个标准可能是整个团体的表现、分数最高的学生、分数最低的学生、分数中等的学生或随机抽取的学生。如果符合该标准的学生在整节课中违反规定的次数少于5次，那么全班同学都将得到奖励，这个奖品同样可以从玻璃罐中抽取，可以是一瓶汽水、一包薯条、一根棒棒糖或允许迟到一次。莱亚·西奥多和她的同事使用了ABAB设计：基线水平，干预两星期，撤除干预两星期和再次使用团体后果两星期。奖励机制启动后，所有学生都能更好地遵守规定了。学生们喜欢这个方法，教师也觉得它很容易实施。

在第二个研究中，卡拉·麦戈伊和乔治·杜保罗（Kara McGoey & George DuPaul，2000）与幼儿园老师合作处理了学生的问题行为。存在问题行为的4名学生来自3个班级，被诊断为患有注意缺陷多动障碍。教师尝试使用代币强化方案（学生若遵守班级制度，教师就在表格上添加1个小纽扣或大纽扣）和反应代价系统（每名学生最初都有5枚小纽扣，每天参加一个活动，学生可以得到1个大纽扣，每违反一次班级制度，学生就会被扣除纽扣）。研究发现，虽然两种方法对于减少违纪行为都有效，但反应代价系统似乎更便于实施。

行为干预也经常被用来治疗自闭症儿童（详见 S. M. Bartlett, Rapp, Krueger, & Henrickson, 2011；L. J. Hall, Grundon, Pope, & Romero, 2010；Soares, Vannest, & Harrison, 2009）。例如，萨拉·巴特利特（Sara Bartlett）和她的同事运用反应代价策略来帮助埃文解决乱吐口水的问题。埃文是一个8岁的自闭症男孩，几乎没有语言能力。当埃文在学校的治疗室里坐着的时候，研究者会让他听收音机。他的老师说收音机是他最爱的玩具。当埃文吐口水的时候，收音机会被拿走10秒钟，然后被放回原处。在这个训练阶段，埃文吐口水的行为出现的概率几乎降到了零。接着，研究者终止了反应代价策略的实施，即当埃文吐口水的时候，收音机不会被移除。结果，吐口水的行为出现的概率回升了。接下来，研究者重新启动了反应代价策略（拿走收音机10秒钟），埃文吐口水的行为出现的概率再次接近零（我们可以看到，这也是一项ABAB设计——基线水平、干预、回到基线水平、再次进行干预）。最终，研究者让埃文回到教室，并在教室里进行了干预训练。他们教会埃文的老师使用这个策略。在接下来整整4个月的课堂日常活动中，埃文吐口水的行为出现的概率基本为零。

7.5 当代应用趋势

教师们发现，有一种新的教学方法对常规教育和特殊教育都很有效。这种新方法首先会考虑学生能通过问题行为得到什么，也就是这些行为有什么功能。可见，该方法关注的焦点是某个行为为什么会产生，而不是行为本身是什么（Lane, Falk, & Wehby, 2006；Stage et al., 2008；Warren et al., 2006）。一般而言，问题行为产生的原因包含四个方面（Barnhill, 2005；Maag & Kemp, 2003），学生实施问题行为可能是为了：

（1）获得他人（教师、父母或同伴）的关注。
（2）逃避一些不愉快的情境，如学业或社交上的要求。
（3）获得喜欢的物品或参加喜欢的活动。
（4）满足感官的需要，如一些自闭症孩子通过摇摆或拍打手臂获得刺激。

如果能了解问题行为产生的原因，教师就可以帮助学生找出能发挥同样作用的积极行为，以此代替原有的问题行为。例如，我曾经和一位中学校长共事，他很担心学校里的一个男孩。这个男孩几年前失去了父亲，而且在一些学科（尤其是数学）上存在学习困难，他每周至少两次因为扰乱数学课堂教学而被叫到校长办公室。来到办公室后，他会得到校长的关注。校长训斥他后，会和他谈论体育，因为校长喜欢这个学生，并且担心他因为失去父亲而缺少男性角色榜样。我们很容易识别出这个男孩在课堂上捣乱的行为所起的作用：他的行为总能让他逃避数学课（负强化），继而与校长一对一地交流（小小训斥之后的积极强化）。于是，校长、教师和我制定了支持学生做出数学学习方面的积极行为的教学方案：给他进行额外的数学辅导；在他完成数学作业（而不是扰乱课堂）后，让他和校长待在一起。这些新的积极行为能提供很多与旧的问题行为相同的功能。

7.5.1 发现"为什么"：功能行为评估

理解一个问题行为为什么会发生的过程，就是大家所知的**功能行为评估**（functional behavior assessment, FBA）。教师可以使用各种程序来确定情境中的"A-B-C"（先行事件-行为-结果），以找出行为的原因（Barnhill, 2005）。图7-4总结了很多学生在学校中的问题行为可能具备的功能以及维持该问题行为的结果。

图7-4 某些问题行为可能具备的功能以及维持该问题行为的结果

资料来源：From Alberto, P. A., & Troutman, A. C., (2012). *Applied Behavior Analysis for Teachers*, *9th Edition*. Reprinted by permission of Pearson, Education, Inc., Boston, MA.

很多方法可以帮助你确定课堂中某个特定行为的功能。你可以先就学生的行为与他们本人进行交谈。在一个研究中，采访者要求学生描述是他们的哪些行为导致他们在学校陷入麻烦，他们行动之前发生了什么，行动之后又发生了什么。尽管学生并不总能清晰地说出他们为什么会这样做，但是与关心他们、努力理解他们处境的成年人谈话，而不是被成年人训斥，这本身就能让学生受益匪浅（S. G. Murdock, O'Neill, & Cunningham, 2005）。不过，你需要做的远不止与学生谈话，你可能还需要与学生的父母或其他教师谈话。你要带着下面的种种疑问去观察学生行为的先行事件、行为本身以及结果：问题行为是在什么时间、什么地点发生的？该问题涉及什么人或哪些活动？问题行为发生前发生了什么（别人做了什么或说了什么，目标学生做了什么或说了什么）？问题行为发生后发生了什么（你、其他学生或目标学生做了什么或说了什么）？通过实施该行为，目标学生得到了什么或逃避了什么（学生做出该行为之后，情况发生了什么变化）？

图 7-5 展示了一种更为结构化的方法——以简单的 ABC 分析为基础的功能行为评估的观察指南。通过这一结构化的观察，教师很快就可以发现：每当课堂教学活动转换时，学生的问题行为就会出现。同时，通过这样的分析，学生问题行为的强化资源也很容易明确。

学生姓名：R. 丹顿　　　　　　　　　　　　日期：2015年2月25日
地　点：B女士的代数II的课堂　　　　　　　观察者：D女士
开始时间：1:02　　　　　　　　　　　　　结束时间：1:15

A：先行事件	B：行为	C：结果
1:03 学生拿出书本，打开，准备上课。	丹顿拿出并戴上了他的帽子。	丹顿周围的学生开始大笑，并说"嘿"。
1:05 老师注意到了丹顿，要求他把帽子摘掉。	丹顿站起来，慢慢地将帽子摘掉，并且弯腰鞠躬。	学生们鼓掌。
1:14 老师提问丹顿。	丹顿说："我不知道。"	另一个学生说："是的，你很愚蠢。"其他人大笑。

图 7-5　以 ABC 分析为基础的功能行为评估的结构化观察指南

资料来源：Based on Friend, M. & Bursuck, W. D. (2012). *Including Students with Special Needs: A Practical Guide for Classroom Teachers*, 6th Ed. Adapted by permission of Pearson Education, Inc.

同样的行为对于不同的学生来说可能有着不同的功能。例如，有研究者对三个学前儿童进行了功能行为分析，发现其中两个学生表现出攻击或不合作行为是为了获得教师的关注，而第三个孩子是想要避免教师的关注（Dufrene, Doggett, Henington, & Watson, 2007）。通过功能行为分析得到相关信息后，教师就可以开发出有针对性的干预方案，包括支持每个学生做出积极行为。如对前两个学生，当他们的行为满足特定的标准时，教师可以给予他们想要的关注；对第三个孩子，当他的行为满足特定标准时，教师可以不再给予他关注。

7.5.2　积极行为支持

我们曾在第 4 章中讨论过《残疾人教育促进法》，该法案要求给予患有某种障碍的学生以及那些面临特殊教育安置风险的学生**积极行为支持**。所谓**积极行为支持**指旨在用具有相同功能的新行为取代问题行为的干预措施。

研究表明，积极行为支持可以帮助患有障碍的学生在全纳课堂上取得成功。有这样一个案例：一名患有智力障碍的 5 岁儿童，在接受了以由普通教育教学人员和特殊教育教师进行的功能行为评估为基础的积极行为支持干预后，其破坏性行为在较短时间内被消除了。该干预包括：分配难度适中的任务，为学生提供完成这些任务的帮助，教学生如何寻求帮助以及如何在任务进行期间主动要求休息（Soodak & McCarthy, 2006; Umbreit, 1995）。

事实上，这些方法不仅适用于有特殊需要的学生。研究显示，当整个学校对所有学生采用积极行为支持时，纪律转介（教师将学生转介给相关人员进行纪律处分的一种方式）减少了（T. J. Lewis, Sugai & Colvin, 1998）。由于大约 50% 的纪律转介发生在 5% 的学生身上，因此对他们进行干预是有意义的，以功能行为分析为基础的积极行为干预可以减少 80% 左右的问题行为（Crone & Horner, 2003）。我们鼓励教师在班级里使用**预先校正**（pre-correction）等预防性策略，包括确定学生不良行为发生的情境，明确可替代的期望的积极行为，改变情境以降低问题行为出现的可能性，例如为学生提供线索或转移会使其分心的具有诱惑性的事物；接着，在新的情境中练习期望的积极行为，并在积极行为出现时给予有力的强化物。在使用积极行为支持的过程中，教师需要维持学生的投入性、提供积极的关注、始终如一地执行校规或班规、预先校正破坏行为，并为使学生的行为平稳转变而制订计划（J. Freiberg, 2006）。

积极行为支持可以在全校范围内展开。从学校层面看，教师和管理者可以：①就使用同一方法支持积极行为和纠正问题行为达成共识；②制定几个采用积极陈述的、具体的行为期望，并向所有学生教授实现这些期望的步骤；③确定一系列方法（从小的、简单的方法到更为复杂和有力的方法），以鼓励学生做出适宜的行为，纠正其行为错误；④将积极行为支持融入学校在纪律方面的规定。

有关学校范围内的积极行为支持的研究有限，但目前的研究结果都是积极的。一项研究将参与了积极行为支持课程的初中生与没有参与该课程的学生进行比较，发现参与了积极行为支持课程的学生报告了更多因适宜行为得到的正强化，违纪行为以及言语和身体攻击的发生率显著下降。另外，参与了积极行为支持课程的学生在学校的安全感也提升了（Metzler, Biglan, Rusby & Sprague, 2001）。另一些针对在全校范围内开展的积极行为支持工作的研究也发现纪律转介的数量有所降低（Lewis, Sugai, Colvin, 1998, 1997; Soodak & McCarthy, 2006）。

尽管近年来操作性条件作用吸纳了很多新的方法（如积极行为支持），但大多数行为心理学家发现，操作性条件作用对于学习的解释还是太局限了。随着行为主义学习观的发展，一些研究者引入了一个新元素——对行为的思考。

7.5.3 自我管理

> **停下来 想一想**
>
> 在生活中，你需要对哪些方面进行自我管理？写下一个你想要增加的行为和一个你想要消除的行为。

贯穿本书始终的一个重要问题就是学生在管理自己学习的过程中扮演的角色，这也是当今心理学家和教育者普遍关注的问题。这个问题不局限于某个特定的群体或理论。不同领域的研究和理论都认同一个重要观念：学生要对自己的学习负责，学习能力取决于学生自身。学生必须积极主动——没有人可以替他人学习（Mace, Belfiore, & Hutchinson, 2001; B. Manning & Payne, 1996; Winne, 1995; Zimmerman & Schunk, 2004）。从行为主义的观点来看，学生可以部分或完全参与到一个基本的行为改变方案的制订中：他们可以帮助设置目标，观察自己的行为，做记录并对自我表现进行评价，最后选择并实现强化。

1. 目标设置

在自我管理中，目标设置阶段非常重要（Reeve, 1996; Schunk, Pintrich, & Meece, 2014）。有研究显示，制定具体的目标并将目标公开是自我管理计划的关键要素。例如，S.C. 海斯（S.C.Hayes）和他的同事曾找到一些有严重学习问题的大学生，并教他们如何制定具体的学习目标。结果发现，当测验内容涉及他们学习的材料时，那些制定了学习目标且将目标与实验者分享的大学生的测验成绩，显著好于那些私下制定学习目标且从未将目标告知任何人的学生（Hayes, Rosenfarb, Wulfert, Munt, Korn, & Zettle, 1985）。对20年来自我管理研究的回顾发现，成年人通常会为学生设定目标（Briesch & Chafouleas, 2009）。

一般而言，个体设置的目标越高，其表现越好（Locke & Latham, 2002）。然而不幸的是，在现实教学中，学生制定的目标却反映出他们对自己的期望越来越低的趋势。通过监督学生制定目标和强化学生的高目标，教师可以帮助学生维持较高的期望。

2. 监测和评价行为改变的进度

学生同样可以参与行为改变计划中的监测和评价环节。这在大多数情况下本就是由学生自己负责的自我管理要素（Briesch & Chafouleas, 2009; Mace, Belfiore, & Hutchinson, 2001）。适合自我监测的有：完成的作业量，练习一个技能所花的时间，图书阅读量，正确解答的题目数量，跑一公里所花的时间等。适合自我监测的对象还包括必须在没有老师的监督下完成的任务，如家庭作业或自习。学生可以通过绘制图表、写日记或对照核查表记录问题行为出现的频率及持续的时间。"进步记录卡"可以帮助高年级学生将学习任务分解成一些小步骤，决定完成这些小步骤的最佳顺序，并且通过制定目标记录每天的进步情况。在这里，记录卡本身是一个可以渐隐的提示。

比起简单的自我记录，自我评价要稍微困难一些，因为自我评价涉及对质量的判断。学生能较为准确地评价自己的行为，尤其是在他们学习了判断好的表现或作品的标准的情况下。学生正确进行自我评价的关键之一是教师要周期性地检查学生作业，并对学生的正确判断进行强化。高年级学生比低年级学生更容易学会正确进行自我评价。当学生和教师的评价一致时，教师要奖励学生（J. S. Kaplan, 1991）。自我纠正与自我评价可以共同进行：首先，学生进行评价；然后，改善他们的表现；最后，将改善情况与标准进行比较（Mace, Belfiore, & Hutchinson, 2001）。

3. 自我强化

自我管理的最后一步是自我强化。然而，大家就这一步是否有必要仍存在不同意见。一些心理学家认为设置目标并监测进度就已足够，自我强化产生不了什么影响（Hayes et al, 1985）；另一些则坚信因取得成就而奖赏自己，比单纯制定目标和记录进步更有助于实现更高水平的表现（Bandura, 1986）。如果你希望变得坚定，并在目标实现之前拒绝一些诱惑，那么奖励可能会为你提供额外的动机。知道了这一点，读完本章以后，你可以设想一些进行自我强化的方法。我也是使用这一方法不断鼓励自己完成本书的写作的。

有时，教学生进行自我管理除了可以帮助教师解决问题，还能带来一些其他好处。例如，游泳队教练很难说服9~16岁的游泳队队员保持较高的训练效率。针对这个问题，教练拟定了4张表，标明了每个成员必须完成的训练计划，然后将它们贴在了游泳池附近。每个队员负责在这些表上记录自己已经完成的圈数和每个训练单元的完成情况。因为记录是公开的，每个人都能看到自己和其他队员的进度，并能准确了解自己已完成的训练单元。采用这一策略的结果是，队员的训练量增加了27%之多。教练非常喜欢这个系统，因为有了这个系统，队员不再被动等待指导，而是开始主动训练了（McKenzie & Rushall, 1974）。

有时，家庭也可以参与进来，帮助学生发展自我管理能力。教师和家长可以通力合作，关注一些特定的目标，同时支持学生日益独立。下面与家庭和社区建立合作关系的实践指南给出了一些建议，相信会对你有所帮助。

| 与家庭和社区建立合作关系的实践指南 |

操作性条件作用的应用——学生自我管理

以积极的方式向学生父母和学生介绍自我管理。

例如：

（1）邀请家庭成员参与并强调所有家庭成员都能获益。

（2）考虑先与志愿者一起尝试这个方法。

（3）描述你是如何使用自我管理方法的。

帮助家长和学生建立可实现的目标。

例如：

（1）列举一些学生可以实现的自我管理目标，如晚上早些做家庭作业、记录已阅读的书目等。

（2）向学生的家庭成员展示如何设定目标及记录进步。鼓励每个家庭成员朝着同一目标努力。

将记录和评价孩子（或自身）的进步的方法教给家庭成员。

例如：

（1）将任务分解成容易检查的小步骤。

（2）对于那些较难提出明确判断标准的任务（如创造性写作），可以提供出色成品的样例。

（3）为家庭成员提供一张记录进步情况的记录表或清单。

鼓励家庭不时地检查学生的记录是否正确，并帮助孩子发展出不同形式的自我强化。

例如：

（1）学生刚开始使用这种方法时，经常检查一下其记录，以后则可以少些。

（2）让兄弟姐妹互相检查彼此的记录。

（3）在合适的时候检测学生在家发展起来的技能，并奖励自我评价与表现一致的孩子。

（4）让学生和家庭成员一起进行"头脑风暴"，探讨如何奖励自己的出色表现。

想了解更多关于自我管理的信息，请查阅 selfmanagementforkids.org。

7.6 挑战、警告与批判

在这一部分，我们将看到早期行为主义学习观遭遇的一些挑战，以及一些重要的批判和警告。

7.6.1 超越行为主义：班杜拉的挑战与观察学习

35 年前，班杜拉指出，传统的行为主义学习观有很多局限。虽然有时班杜拉被视为新行为主义的代表，但他对这一名号做出了修正：

在我读研究生期间，心理学领域的大部分观点都是行为主义取向的，研究的焦点几乎全集中在学习现象上。但是，我从未真正认同过行为主义的正统性。当时几乎所有有关学习的理论和研究都强调通过强化行为的结果来学习。在我自己开展的第一个主要研究中，我反对将条件作用看作首要的学习方式，而看重观察学习。在观察学习中，人们既不用做出反应，也不用接受强化。（引自 Pajares，2008，p.1）

班杜拉在早期的著作中将上述取向称为**社会学习理论**（social learning theory），并对直接学习和观察学习、学习和表现这两组重要概念进行了区分。

1. 直接学习和观察学习

班杜拉对直接学习和替代学习（观察学习）进行了区分。**直接学习**（enactive learning）是一种通过亲自实践和体验行动结果来进行的学习。这听起来也许有点像操作性条件作用，但实际上不是，二者的区别就在于对行为结果的作用的解释。持有操作性条件作用观点的人认为，行为结果会强化或者削弱行为。然而，在直接学习中，行为结果被看作信息的一个来源。班杜拉强调，强化不一定总能带来反应，然而它可以让个体产生对行为结果的预期：如果我实施了这个行为，会产生什么样的后果？班杜拉（1977）在其早期著作《社会学习理论》中对这一观点进行了阐述。换句话说，我们对行为结果的解释会引起某种预期，影响动机，进而形成个体的信念（Schunk，2012）。

替代学习（vicarious learning）指通过观察别人而进行的学习，因此又叫作**观察学习**（observational learning）。人和动物可以仅通过观察他人或其他动物来进行学习，这个事实对行为主义观点（认为认知因素在对学习的解释中是多余的）提出了挑战。如果人类能够通过观察学习，那么他们必须集中注意力、建构表象、记忆、分析并做出影响学习的决策。因此，在行为和强化发生前，人类大脑中已运行了很多心理过程。我们将在第 10 章讨论的"认知学徒制"就是替代学习的例子。

2. 学习和表现

为解释行为主义的局限性，班杜拉区别了知识获得（学习）和以知识为基础的可观察的表现（行为）。换句话说，班杜拉认为，我们每个人知道的可能比我们表现出来的要多。班杜拉（1965）早期的一项研究就证明了这一观点。他让幼儿园里的孩子观看了一部讲述"榜样人物"对充气玩具"波波"拳打脚踢的电影，其中一组孩子看到榜样人物的攻击行为得到了奖励，另一组孩子看到该行为受到了惩罚，还有一组则没有看到该行为引发任何后果。当这些孩子独自待在一个有充气玩具"波波"的房间时，看到电影中榜样人物的攻击行为得到了奖励的孩子对玩具的攻击性最强；看到榜样人物受到了惩罚的孩子对玩具的攻击性最弱。但是，当告诉孩子模仿攻击行为就能获得奖励的时候，所有孩子都能将他们刚才观察到的行为表现出来。

因此，诱因可以影响表现。尽管学习已经发生了，但情境不合适或没有诱因时，学习的成果也不会表现出来。这可以解释为什么一些学生没有表现出"坏行为"，如从成年人、同伴和媒体那里学来的咒骂或吸烟：行为结果制止了个体表现出某些行为。还有一些例子也能说明学生们的表现并不代表他们学到的东西，如儿童学会了如何书写字母，但他们写得很差，这是因为他们对精细运动的协调能力有限；又比如，儿童学会了如何简化分数，但考试成绩很差，这是因为他们考试时很紧张。在这些例子中，行为表现并不能代表他们的学习。

可以说，班杜拉提供了不同于当时的行为主义理论的另一种对学习的解释。是他发展出了社会认知理论，这是当今教育心理学领域中最具有影响力的理论之一。我们将在第11章对其进行详细的阐述。

7.6.2 对行为主义方法的批判

> **停下来 想一想**
>
> 假如在求职面试时，校长问你："去年有位教师用取消家庭作业的方式整顿班级纪律，结果却一团糟。你怎么看待在教学中使用惩罚和奖励的行为？"你会怎么说？

在本章中，我们概述了改变课堂行为的几种策略。然而，你应该意识到，这些策略只是工具，人们可以负责任地运用它们，也可以不负责地运用它们。那么你应该谨记的原则是什么？在思考"停下来 想一想"中的问题时，你可以看看针对"是否应该因为学业成就而奖励学生"这一议题而展开的讨论，以便从中了解两种不同的观点。如果教师能恰当地运用本章中的策略，就能有效地促进学生的学习，提高其自主学习的能力。然而再有效的工具也不会自动产生效果。非常遗憾的是，在实际生活中，人们往往会随意地、前后不一地、不正确地或肤浅地使用行为策略（Landrum & Kauffman, 2006）。事实上，即使是最好的工具，如果不加选择地使用，也会让你陷入困境。

正方观点 / 反方观点

是否应该因为学业成就而奖励学生

教师是否应该因学生的作业和学业成就而奖励他们？多年来，教育工作者和心理学家就这一问题争论不已。20世纪90年代初，保罗·钱斯（Paul Chance）和阿尔菲·科恩（Alfie Kohn）在 Phi Delta Kappan 期刊上进行了学术观点的交流（Chance, 1991, 1992, 1993; Kohn, 1993）。后来，朱迪·卡梅伦和 W. 戴维·皮尔斯（Judy Cameron & W. David Pierce, 1996）在《教育研究评论》（Review of Educational Research）上发表了一篇关于强化的文章，但遭到了广泛的批评，Mark Lepper, Mark Keavney, & Michael Drake（1996），Alfie Kohn（1996），Richard Ryan, & Edward Deci（1996）等人在同一刊物上对它进行了激烈的批驳。此后，他们当中的一些人又在1999年11月的《心理学通报》（Psychological Bulletin）中再次进行了辩论（Deci, Koestner, & Ryan, 1999; Eisenberg, Pierce, & Cameron, 1999）。他们争论的到底是什么呢？

正方观点：奖励会"惩罚"学生

阿尔菲·科恩（1993）认为："应用行为主义等于在说'去做这个，你将获得那个'，其本质就是控制人们的一种技术。在课堂中，它是一种操控学生的方式，而不是和学生合作的方式。"（p.784）他认为奖励是无效的，因为停止表扬和发放奖品后，行为也会停止。爱德华·德西、理查德·克斯特纳和理查德·瑞安（Edward Deci, Richard Koestner, & Richard Ryan, 1999）在分析了128个关于外在奖励的研究后，得出结论说：在明确了限制条件的情况下，物质奖励往往会对内在动机产生重大影响。即使把物质奖励视为表现良好的标志，这种奖励也会减少对原本有兴趣的活动的内在动机（pp. 658-659）。

奖励的问题还不止于此。科恩认为，因为学业成就而奖励学生实际上会减少他们对学习材料的兴趣：

> 学生会认为学习就是获得一个小物品、一颗星星或一个等级的过程，甚至更糟，是通过等级获得金钱或玩具的过程，这相当于用一个外部动机替代另一个。所有这些方式可能让学生将学习当作一种手段，而不是目的。学习变成了为获得奖励而必须完成的一个任务。遗憾的是，这种基于"如果儿童读了一定数量的书，就能获得吃比萨的资格"的逻辑的课程非常普遍。伊利诺伊大学的约翰·尼科尔斯（John Nicholls）

半开玩笑地说:"这种课程造就了许多不喜欢读书的胖小孩。"(1993,p.785)

反方观点:学业成就应该得到奖励

保罗·钱斯(1993)认为:

> 行为主义心理学家特别强调我们是在与环境的互动中学习的。正如斯金纳所说:"人们作用于世界,并改造世界。同样,人们也被他们行为的结果所改变。"与科恩不同,斯金纳认为,在反应性的环境中,人们学到的东西最多,教师对学生的表扬或奖励就提供了这样一个反应性环境……让学生知道他们正确地回答了问题,轻拍他们的背以对他们的努力表示赞许,为学生理解了概念而高兴,给学生一颗星星或一张证书来表达对他们目标达成情况的认可……如果这些都是不道德的,那么,我愿意成为一个罪人。(p.788)

奖励会破坏兴趣吗?卡梅伦和皮尔斯(1994)在对相关研究进行回顾后总结道:"如果教师根据学生的表现(不仅仅是参与)给予他们物质奖励(如星星、金钱),或者出乎意料地给予他们奖励,那么学生的内在动机能够得到维持。"(p.49)随后,R.艾森伯格及其同事(1999)在他们的一篇研究综述中补充说:"有些奖励要求学生高水平地完成任务,这会向学生传递'这项任务对个体或社会而言具有重要意义'的信息,因此这些奖励能增强学生的内在动机。"(p.677)即使爱德华·德西、马克·莱珀(Mark Lepper)等心理学家认为奖励会破坏内在动机,但他们也同意奖励是可以被积极运用的。当学生了解到奖励表明自己正在慢慢地掌握这门课程的内容,或者奖励表明他人对自己出色表现的欣赏时,奖励能使学生充满信心并对任务更感兴趣,对那些最初对任务缺乏能力或兴趣的学生而言,更是如此。没有任何东西能替代成功。正如钱斯所说,如果学生在奖励的支持下掌握了阅读或数学,那么即便表扬停止,他们也不会忘记自己所学的东西。那么,没有奖励后他们还会学习吗?一些人会,而另一些人可能不会。你会继续为一个不给你报酬的公司工作吗?反过来看,自由撰稿人阿尔菲·科恩会因为获得了稿酬和版税而失去写作兴趣吗?

只要你去询问任何一位有经验的教师,你都会发现奖励在课堂上是有一席之地的。事实上,课堂体验应该是"有收获的"。很多奖励会伴随着学习自然而然地出现,并成为课堂共同体成员的一部分。当一些学生需要借助额外的组织或诱因才能开始、坚持、练习或阻止自己分心时,奖励也有助于他们的学习。

资料来源: From "Sticking Up for Rewards," by P. Chance, June 1993, Phi Delta Kappan, pp. 787–790. Copyright © 1993 by Phi Delta Kappan. Reprinted with permission of Phi Delta Kappan and the author. From "Rewards versus Learning: A Response to Paul Chance," by A. Kohn, June 1993, Phi Delta Kappan, pp.783 and 785. Copyright © 1993 by Alfie Kohn. Reprinted from Phi Delta Kappan with the author's permission.

一些心理学家担心因为学业成就奖励学生会使学生对学习本身失去兴趣(Deci, 1975; Deci & Ryan, 1985; Kohn, 1993, 1996b; Lepper & Greene, 1978; Lepper, Keavney, & Drake, 1996; R. M. Ryan & Deci, 1996)。研究显示,如果对那些原本对学科课程有兴趣的学生使用奖励的方法,那么停止奖励后,学生对课程的兴趣会降低,就如你在"正方观点/反方观点"中看到的那样。另外,还有一些证据表明,如果教师在学生取得好成绩时表扬他们"聪明",那么若他们下次表现得不如这次,他们的兴趣就会大大降低。经历失败后,那些曾被标榜为聪明的学生与那些因为学习勤奋而受到表扬的学生相比,更不容易坚持下去,也更不容易享受成功带来的乐趣(Mueller & Dweck, 1998)。

正如你必须考虑奖励机制会对个体产生什么影响,你也必须考虑它对其他学生的影响。奖励个别学生或更加关注某个学生,可能会对班上其他学生产生不利影响。其他学生是否有可能为了参与奖励机制而故意变"坏"?关于这个问题,大部分证据表明,如果教师相信奖励机制的作用,并向那些没被表扬的学生解释获得奖励的途径,那么教师对个别学生的奖励不会对其他学生产生不利的影响。辛迪·富尔克和保拉·史密斯(Cindy Fulk & Paula Smith, 1995)通过访谈1到6年级的98名学生,得出了以下结论:"教师比学生更关心自己是否平等地对待了每个学生。"(p.416)如果一些学生的行为妨碍了其他同伴认真投入某项任务，那么我们在本章中讨论的一些方法将有助于他们恢复到先前适当的行为状态（Chance，1992，1993）。

7.6.3 行为主义的伦理问题

任何企图影响他人的过程都可能引起伦理问题，本章中探讨的策略一样面临伦理困境。行为目标是什么？这些目标是如何在总体上迎合学校要求的？特定的策略将对个体产生什么样的影响？教师（或成年人）是否把握了太多的控制权？

1. 目标

如果教师仅仅将本章中描述的策略用于教学生静静地站立、说话前举手，以及在其他时间里保持沉默（Winett & Winkler，1972），那么使用这些策略肯定是不道德的。诚然，教师可能需要通过某种组织和秩序来改善学生的行为，但行为的改善并不一定会带来学习上的进步。相反，在一些情境中，强化和学生学习技能的提升，会反过来导致行为的改善。所以无论何时，教师都应该将重点放在学生的学习上。学业上的进步比课堂行为的改变更有意义，更能成功地推广到其他情境中去。

2. 策略

惩罚会产生消极的副作用：学生会将惩罚当作攻击性行为的示范，同时惩罚会带给学生消极的情感体验。惩罚是不必要的，甚至是不道德的；而积极方法的潜在危险更少，且效果更好。如果更简单的、限制更少的方法失效了，再试试更复杂的方法。

选择策略还需要考虑策略对学生产生的影响。例如，一些教师会和家长合作，让家长根据孩子在学校的良好表现给予他们礼物或给他们举办特别的活动作为奖励。但如果一个学生曾因学校的负面报告而遭受家长严厉的惩罚，那么以家庭为基础的强化策略可能会对该学生产生不利影响。有关学生在校表现不理想的报告，可能会导致家庭虐待行为的增多。

7.6.4 行为主义学习观对教师的启示

每个学生的学习经历都存在巨大的差异。每个学生都是带着不同的担忧和焦虑来到你的班级的。一些学生害怕在公共场合讲话或输掉体育比赛，另一些学生在与各种动物相处时会感到焦虑。有些活动或事物可以作为一些学生的强化物，而对于另一些学生而言则没有效果。一些学生努力学习是为了取得好成绩，另一些学生则不怎么关注成绩。但几乎所有学生都会从自己的家人、邻居、教会或社区那里习得各种行为。

本章介绍的研究和理论能帮助你理解为什么有些学生会对考试做出自动反应，如手掌冒汗和心跳加速——这可能是经典性条件作用在起作用；有些学生的学习经历可能会强化其坚持或抱怨的行为——这是操作性条件作用在起作用。小组合作学习对一些学生来说是强化物，对另一些学生而言则是惩罚。请记住，对一个学生有效并不意味着对另一个学生也有效；还有一些学生已经得到某个"好东西"太多次了，如果教师过度使用这种强化物，它们可能会失去其效力。

尽管班上的学生拥有不同的学习经历，但还是可以找到一些相同之处，即一些适用于所有人的原则：

（1）没有人想重复曾被惩罚或被忽视的行为，感觉不到进展的事也很难让学生坚持下去。

（2）如果某些行动导致了积极的结果，那么这些行动被重复的可能性就会提高。

（3）教师经常未能通过强化来认可恰当的行为，反而对不恰当的行为做出反应，有时甚至会给予不恰当的行为强化性的关注。

（4）有效的表扬应该是对学生取得的真实成就的一种真诚的认可。

（5）无论学生当前处于何种水平，他们都能学会更好地进行自我管理。

模块 21 小结

应用行为分析的步骤是什么

应用行为分析的步骤为：①明确说明需要改变的行为和改变的目标；②仔细观察该行为的当前水平以及可能的成因；③使用先前事件、结果反馈或二者兼有，设计具体、详细的干预方案；④跟踪干预结果，根据需要修改计划。

教师如何有效地使用表扬和强化物

教师的关注是一种强有力的强化物。如果使用得当，表扬能促进积极行为。但非常遗憾的是，现实生活中的教师所用的表扬和忽视策略，常常不足以改变学生的行为。普雷马克原理指出，高频行为（个体偏好的活动）可以成为低频行为（个体不太喜欢的活动）的有效强化物。要为学生选择适当的强化物，最好的方式就是观察学生在自由时间都喜欢干些什么。大多数学生偏爱聊天、在教室走动、挨着好朋友坐、免除考试或作业、玩电脑或做游戏。

何时使用塑造比较合适

塑造帮助学生一次学一点，进而习得新的反应，所以它有助于形成复杂技能，朝着困难目标努力，提升毅力、忍耐力，提高准确度和速度。塑造需要花较长的时间，因此，如果通过更简单的方法（如线索）可以获得成功，那就没有必要使用塑造。

描述团体后果、行为契约和代币强化策略

使用团体后果策略时，教师基于全班学生的表现对全班进行强化。在相倚契约中，教师会与每个学生分别制定一份个人契约，契约明确描述了学生为获得特殊待遇或奖品必须做的事情。在代币强化中，学生通过学业表现和积极的课堂行为赚取代币（点数、纸片、打在卡上的洞、圆形筹码等）。一段时间后，学生可以用挣得的代币换取想要的奖品。教师使用代币强化方法时必须谨慎，要强调学习而不只是"好"行为。

使用惩罚时要注意什么

惩罚本身不能引起任何积极的行为或对他人的同情，而且惩罚会妨碍教师和学生建立良好的人际关系。因此，无论你何时考虑使用惩罚，都应注意将惩罚和对良好行为的强化相结合。首先，实施惩罚，抑制不良行为；其次，明确学生应做的替代行为，并对那些良好的行为进行强化。这样，问题行为会得到抑制，积极行为也能得到强化。

教师如何使用功能行为评估和积极行为支持来改善学生的行为

进行功能行为评估时，教师需研究问题行为的先行事件和结果，以此确定行为的原因或功能。然后，教师应设计积极行为，用新的行动取代问题行为。这些新行为同样符合学生的意图或目的，但不会引发相同的问题。

自我管理的步骤是什么

学生可以独立运用行为分析来管理自己的行为。教师可以让学生参与制定目标，记录进步情况，评价自己的成就，以及自主选择并给予自己强化物，通过这些方法来鼓励学生发展自我管理的技能。

区分直接学习和替代（观察）学习

直接学习指个体通过亲自实践和体验行动结果来进行的学习。替代学习（观察学习）指通过观察别人而进行的学习。观察学习的观点极大地挑战了行为主义秉持的"认知因素在对学习的解释中是多余的"这一观点。在行为和强化发生前，人类大脑中已运行了很多心理过程。在行为主义看来，强化和惩罚直接影响行为。而在社会学习理论中，观察他人或榜样人物被强化或惩罚会对观察者的行为产生类似的影响。后来的社会认知理论进一步拓展了社会学习理论，强调了认知因素（如信念、期望和自我知觉）对行为的影响。

区分学习和表现

社会学习理论认为学习和表现之间存在差异。换句话说，我们知道的比我们表现的要多。学到某些东西后，你只会在环境和诱因适宜的时候将其表现出来。即使学习已经发生了，它也有可能不会被表现出来，直到遇到合适的情境或者能引发行为表现的刺激物（诱因）。

对行为主义方法的主要批评是什么

误用或滥用行为学习方法是不道德的。行为主义方法的批判者指出，强化存在着一定的危险：如果教师过度强调奖励，那么强化会降低学生对学习的兴趣，并会对其他学生产生消极的影响。教师在使用学习的行为主义原理时，要注意科学和伦理。

第7章复习思考题

多项选择题

1. 春天发生了几起蜜蜂蜇人的事件,于是泰迪熊之穴幼儿园里的几个小朋友拒绝到操场上活动。幼儿园请专业人士移除了蜂巢之后,科克伦小姐立马向大家宣告:蜜蜂都飞走了。随后,她就让小朋友们排好队去操场。但令她没想到的是:几个小孩顿时大哭起来,请求不要去操场。下面哪一项可以解释这一事件?
   A. 操作性条件作用
   B. 连续接近技术
   C. 经典性条件作用
   D. 反应代价

2. 下面哪一条行为主义原理不适用于所有人?
   A. 没有人会主动重复那些会受到惩罚或被忽略的行为。如果感觉不到任何进展,人们很难坚持做某件事。
   B. 当行为能够为个体带来积极的后果时,该行为被重复的可能性就会提高。
   C. 只有一般性的表扬能发挥作用。
   D. 教师经常未能通过强化来认可恰当的行为,反而对不恰当的行为做出反应,有时甚至会给予不恰当的行为强化性的关注。

3. 坎普先生班上有几个学生总是不能好好地排队。他认为他已经对学生运用了强化策略:每当学生有序地排好队时,坎普先生就会发给学生一个代币。刚开始时,代币发挥了很大的作用,就像有魔力一样,但是现在学生又恢复了老样子。坎普先生本应在学生有序地排好队后采用什么样的强化程序?
   A. 塑造
   B. 间隔强化
   C. 连续强化
   D. 应用行为分析

4. 采用应用行为分析的方式改变行为,需要几个步骤。下面哪一个步骤不是必需的?
   A. 对需要改变的行为进行清晰的界定和准确的测量
   B. 对维持不恰当行为的先行事件和强化物进行分析
   C. 基于行为主义的学习原理来干预行为
   D. 对良好的行为进行具体的强化

开放论述题

案例:哈利·威廉姆斯再一次坐在了卡尔博士的办公室里,解释她为什么和数学老师关系不和:"我不知道她为什么要把我叫到教室前面。我唯一知道的就是,当她开始向我吼叫时,我的脾气就会失控。我甚至不知道我该怎么做!好像在肯普小姐眼里,我做什么都是错的。我知道我们已经讨论过要如何友好相处,我也知道这样做对大家都好。但是卡尔先生,我就是不喜欢肯普小姐,而且她也不喜欢我。我能转到另外一个班吗?"

5. 肯普小姐是不是做了什么,导致哈利产生了这种不良行为?请予以解释。

6. 如果哈利的不良行为没有减少的话,我们可以如何理解肯普小姐的训斥呢?

Chapter 8 | 第 8 章

学习的认知观点

■ 教师的案例簿：你会怎么做

记住基础知识

你刚刚对这学期的第一次大型单元测验进行了评分。你发现，大约 2/3 的学生已经掌握了学习内容，并理解了核心概念。然而，还有 1/3 的学生看起来完全不会。他们记不住基本的单词和事实——这是他们在下一单元进行更复杂学习的基础。这些学生在记忆重要信息方面常常遇到困难。

想一想

:: 你怎样帮助这些学生提取和记忆重要信息？
:: 除了死记硬背之外，你还有没有其他的记忆方法？
:: 你怎样利用学生已经掌握的知识来帮助他们更好地进行意义学习？
:: 这些问题将如何影响你将要教学的年级？

■ 概览与目标

在这一章中，我们将从学习的行为主义观点转向认知观点，这意味着从"把学习者和他们的行为看作环境刺激输入的结果"转变为"把学习者看作计划、意向、目标、思想、记忆及情绪的来源，从而注意、选择与建构来自刺激与经验的知识和意义"（Wittrock，1982，pp.1-2）。首先，我们将讨论学习和记忆的一般性的认知观以及知识在学习中的重要性。为了理解记忆，我们将考察记忆的早期信息加工模型，以及建立在认知科学新发现基础之上的该模型的新进展。这一新模型重视工作记忆、认知负荷和知识表征等核心过程。接着，我们将了解教师如何帮助学生成为更有知识的人。

学完这一章后，你就能：

目标 8.1 区分行为主义学习观和认知学习观，了解知识在认知学习观中的作用。

目标 8.2 解释记忆的早期信息加工模型和近期的认知科学模型，包括工作记忆、认知负荷和工作记忆的个体差异。

目标 8.3 描述当前有关长时记忆的观点，包括长时记忆的内容和类型，长时记忆的个体差异，以及长时记忆中信息提取的过程。

目标 8.4 描述成为有知识的人的策略。

模块 22 认知观的基础

8.1 认知观的构成要素

认知观既是心理学历史中最古老的思想之一，又是心理学大家庭中最年轻的成员之一。说它古老，是因为对知识的本质、推理的价值以及心理内容的探讨至少可以追溯到古希腊哲学家的思想（Gluck, Mercado, & Myers, 2008）。然而，从19世纪末到几十年前，认知研究从备受推崇走向了衰落，行为主义逐渐成为主流。如今，人们重新燃起了对学习、思维和问题解决进行研究的兴趣。其关注的焦点是对记忆和认知的科学研究。记忆和认知可以被广义地定义为"当我们识别一个物体、记住一个名字、产生一个想法、理解一句话或解决一个问题时，我们经历的心理过程"（Ashcraft & Radvansky, 2010, p.2）。尽管对异常思维（如精神分裂）的研究有时能帮助我们更好地理解认知，但认知主义关注的焦点还是日常的正常思维。**学习的认知观**（cognitive view of learning）可以被视为一种被普遍认可的哲学取向。更重要的是，认知心理学家假定心理过程是存在的，而且这些过程可以被科学地加以研究；同时，人类是他们自身认知行为的主动参与者。

21世纪以来，对记忆和认知的研究呈现出学科交叉的态势，且经常被称作**认知科学**（cognitive science）——对思维、语言，以及正逐渐增多的关于大脑的研究。认知科学将认知看作一种复杂而又协调良好的操作系统，这种操作系统由多重记忆成分构成，它们之间可以进行快速且及时的互动（Ashcraft & Radvansky, 2010）。我们将在第10章更详细地探讨认知科学。在更广义的层面上，认知科学有时也被称为"学习科学"。

8.1.1 认知观与行为观的比较

认知观与行为观的区别在于，它们对"究竟学到了什么"有着不同的假设。认知观认为人们学到的是知识和策略，知识和策略的变化有可能促使行为发生变化；行为观认为人们学到的是新的行为本身。行为和认知理论家都相信强化对学习的重要性，但理由不同。严格的行为主义者认为，强化会加强行为反应；认知理论家则认为，强化是一种信息来源，其传达的信息是：如果行为得到重复或改变，将会发生什么事情。

1. 学习观

认知观认为，学习是对我们已有理解的延伸和转化，并不是简单地在头脑中的白板上形成联结（Greeno, Collins, & Resnick, 1996）。人们并不是被动地接受环境事件的影响，而是在追求目标时主动选择、实践、注意、忽略、反省并做出许多其他的决策。传统的认知观强调知识的获得，新近的认知观则强调知识的建构（Anderson, Reder, & Simon, 1996；Mayer, 2011）。

2. 目标

行为研究者的目标是发现几种普遍的、能够应用到所有高级有机体（包括人类）的学习规律，而不管有机体的年龄、智力或其他个体差异如何。然而认知心理学家研究的是更为广泛的学习情境。因为他们关注认知的个体和发展差异，所以他们对普遍的学习规律没有太大兴趣，这也是没有单一的认知模型或学习理论可以概括该领域研究的原因之一。

8.1.2 脑与认知学习

纵观人的一生，大脑在不断变化，学习会影响这些变化。研究发现，出租车司机脑中的部分海马面积大于其他汽车司机，增大的面积与司机开车的时长有关。研究者对此的解释是，出租车司机在驾驶过程中让这些脑部区域得到了更多锻炼（Maguire et al., 2000）。在另一项研究中，人们学习读音符时产生了自动反应，仅需要看一眼乐谱，无须讲授，就可以读出，即人们的运动皮质已准备好读音符（Stewart et al., 2003）。观察与想象也可以支持学习，大脑可以自动地做出这些反应。例如，当观察某人的行动时，人们的观察过程涉及的大脑皮质也被激活了，大脑会预演观察者看到的他人行动。这些既能在观察行动时又能在做出行动时被激活的大脑区域，在猴子大脑中被称作**镜像神经元**(该区域首先在猴子这一种群中发现),在人类大脑中被称作**镜像系统**(mirror system),因为人类大脑中被激活的区域包含数百万个神经(Ehrenfeld,2011;Rizzolatti,Fadiga,Gallese,& Fogassi,1996)。当你看一个物体时,你大脑的特定区域就会被激活。仅仅在心里想象这个物体,就能激发大脑2/3的相同区域(Ganis,Thompson,& Kosslyn,2004)。

显然,无论何时,只要有学习发生,就会涉及大脑。正如布莱克莫尔和弗斯(Blakemore & Firth,2005)从神经科学研究的角度对教学课程进行的诠释:"我们相信大脑已经进化到可以教育与被教育的程度,而且这个过程往往是本能的,无须费力就能进行。"(p.459)大脑塑造认知加工活动,同时也被认知加工活动所塑造。在神经中枢层面,即使孩子没能成功地加工信息,几分钟后,新的突触也会形成。所以即使是不成功的信息加工过程,也能够促进大脑的发展(Siegler,2004)。

随着大脑的不断发展,特别是前额皮质的成熟,孩子将能更加轻松地将过去经验与先前经验整合起来。婴幼儿或初学走路的孩子会冲动地做出反应,8岁的孩子则能够记忆和反省。分析、控制、抽象、记忆容量、加工速度以及信息的相互联结等认知能力,使人们更有可能进行自我调节和持续的认知发展。很多认知能力的发展和大脑变化都涉及知识,它是认知观中的一个关键要素。

8.1.3 知识在认知中的重要性

> **停下来 想一想**
>
> 快速写出10个教育心理学专业术语,再列出10个与陶瓷工程学相关的术语。

如果你没有学过陶瓷工程学,那么你写出此领域的10个专业术语所花的时间,可能要比你写出10个教育心理学术语所花的时间更长。也许有人会问:"究竟什么是陶瓷工程学?"你的答案取决于你所拥有的有关陶瓷工程学的知识(提示:光纤、陶瓷牙和陶瓷骨头、计算机的陶瓷半导体、航天飞机的绝热瓦)。

知识(knowledge)和知道(knowing)都是学习的结果。当我们学习认知心理学历史、陶瓷工程产品的特点或网球规则时,我们会知道一些新东西。然而,知道不仅仅是先前学习的结果,它也可以指导新的学习。认知观认为,学习过程中最重要的因素之一就是个体是带着什么样的原有知识进入新的学习情境的。我们已知的经验是建构我们未来学习的基础和框架,已有的知识在很大程度上决定了我们会注意什么、感知什么、学习什么、记忆什么以及遗忘什么(Bransford,Brown,& Cocking,2000;Sawyer,2006)。例如,相比于对足球所知甚少的4年级学生,那些对足球很在行的同年级学生能够学到和记住更多新的足球术语,即使这两组学生在记忆非足球术语方面的能力没有差别。原因在于那些对足球很了解的学生会利用他们原有的足球知识对新的足球术语进行组织和归类,而这有助于他们的记忆(Schneider & Bjorklund,1992)。

研究表明,认知观所说的知识包括专门领域(数学、历史、足球等)的知识和一般的认知能力,如计划、问题解决和言语理解(Greeno,Collins,& Resnick,1996)。因此,知识具有不同的类型。有些知识是**特定领域知识**(domain-specific knowledge),适合特定的任务或主题。例如,游击手的站位在棒球场上的二垒和三垒之间,这是棒球领域的特殊知识。有些知识则是一般性的,适用于很多不同的情境。例如,关于如何读写或使用电脑的**一般知识**(general knowledge)在校内和校外都有用。

当然,一般知识和特定领域知识之间并没有绝对的界限。当你初学阅读时,你也许要学习许多有关字母发音的知识,这时字母发音的知识对于阅读领域而言就是特定领域知识,但现在你可以用更为一般的方法,即运用语音知识和阅读能力进行阅读(Bruning,Schraw,& Norby,2011;Schunk,2012)。在学校中的学习总体上既需要特定领域知识,又需要一般知识。例如,史蒂文·赫克特和凯文·维吉(Steven Hecht & Kevin Vagi,2010)对学生进行了为期一年的跟踪调查,从4年级跟踪到5年级,考察他们对分数的学习情况。研究发现,学生较难掌握分数,既可能是因为缺乏与分数相关的特定领域知识,也可能是因为缺乏关于如何在课堂上表现以及集中注意力的一般知识。

知道某一知识就是能长时间地记住它，并且在需要的时候能够找到它。认知心理学家对记忆进行了广泛的研究，而且获得了很多有关记忆过程的知识。下面就让我们看看他们的成果。

8.2 记忆的认知观

虽然记忆理论有很多，但最常用的是**信息加工**（information processing）（Ashcraft & Radvansky, 2010; Bruning et al., 2010; Sternberg & Sternberg, 2012）。我们将用这一得到了大量研究支持的理论框架来分析学习和记忆。

记忆的早期信息加工观点以计算机为模型。这一观点认为，与计算机一样，人类大脑首先接收信息输入，接着对输入信息进行操作以改变其形式和内容，进而储存信息，并在需要时提取信息，最后对信息做出反应。对于大多数认知心理学家来说，计算机模型仅仅是对人类心理活动的一个比喻。图8-1所示的就是记忆的早期信息加工系统（Atkinson & Shiffrin, 1968）。

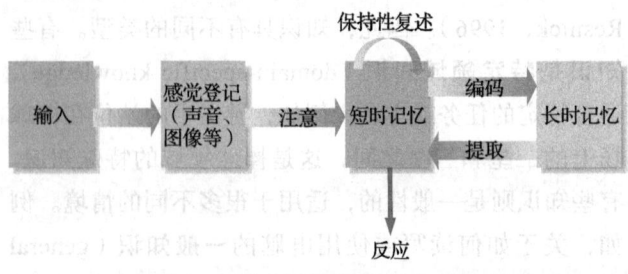

图 8-1 记忆的早期信息加工系统

注：信息在感觉记忆中得到编码，注意决定哪些信息会得到保持，进入短时记忆，以供进一步使用；在短时记忆中，新信息与长时记忆中已有信息的联结。得到充分加工并与长时记忆中的信息建立了联系的信息，将成为长时记忆的一部分。这部分信息能够被激活，并返回短时记忆。

从图8-1中可以看出，来自环境的刺激（输入）进入感觉登记，进入其对应的感觉通道（视觉、听觉、味觉等）。然后，一些信息被编码，进入短时记忆（short-term memory）。短时记忆只能非常短暂地保持信息，并与长时记忆中的信息相联系。经过加工，一些信息进入长时记忆，被存储起来。短时记忆也可以直接产生反应或输出。

大量研究证明：这个模型是有效的，但不完整。例如，在该模型中，信息在记忆系统中基本上是单向传递的，如从感觉登记到长时记忆。但研究表明，这个过程中有很多互动和联结。另外，该模型也无法解释意识之外的记忆或知识是如何影响学习的，以及几个认知过程是如何同时发生的，就像许多小型计算机处理系统并行运作。一个更新的认知科学信息加工模型保留了原有模型的一些特征，但是强调了工作记忆（working memory）、注意以及系统中各要素相互作用的重要性，如图8-2所示。事实上，这一模型建立在很多科学研究的基础之上（Ashcraft & Radvansky, 2010; Bruning et al., 2011; Sternberg, 2012）。

为了更好地理解这个模型，让我们来仔细研究模型的各个要素。

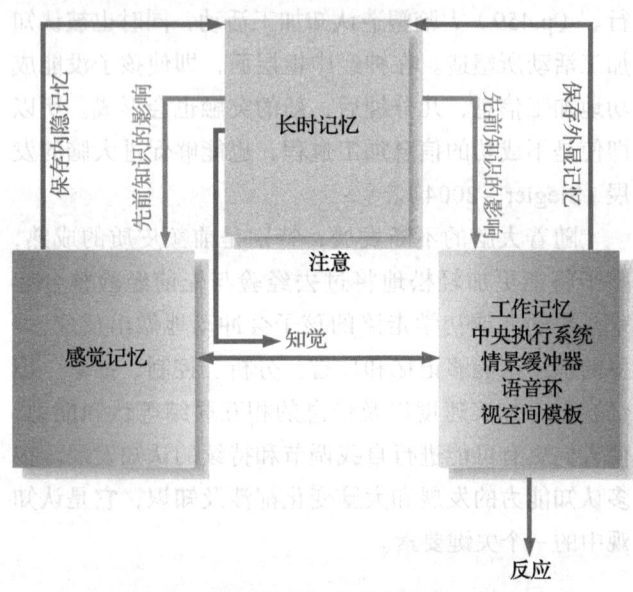

图 8-2 新近的认知科学信息加工模型

注：信息在感觉记忆中得到编码，知觉和注意决定哪些信息会得到保持，进入工作记忆，以供进一步使用；在工作记忆中，执行系统会对信息流进行管理，并将新信息与长时记忆中已有的信息进行整合。得到充分加工并与长时记忆中的信息建立了联系的信息，将成为长时记忆的一部分。这部分信息能够被激活，并返回工作记忆。内隐记忆不需要有意识的努力就可以获得。该系统中的三个要素之间相互作用，对知觉进行引导，对信息进行表征、组织和解释，对观点、概念、图像、图式以及策略加以运用和调整，建构知识和解决问题。注意在这三个记忆过程中都发挥作用，而且与它们有所互动。

8.2.1 感觉记忆

外界环境中的刺激（光、声音、味道等）不停地刺激着我们的视觉、听觉、味觉、嗅觉和触觉。**感觉记忆**（sensory memory）是信息加工的初级阶段，它把输入的刺激转化为信息，使得我们能够知道其含义。也有人将感觉记忆称为感觉缓存器、表象记忆（针对图像而言）或声象记忆（针对声音而言）。

1. 感觉记忆的容量、持续时间与内容

感觉记忆的容量巨大，它容纳的信息比我们能立即处理的信息要多得多。但是，感觉记忆中的这些信息持续时间很短，仅能持续1~3秒。

停下来 想一想

当你直视前方时，在你眼前来回晃动一支铅笔（或一根手指），你会看到什么？拧你的胳膊，然后松开手，松开后你会有什么感觉？

你刚刚经历了感觉登记中感觉记忆的短暂停留。真实刺激移走后，你还可以看到铅笔的痕迹；松开拧胳膊的手后，你还能感觉到疼痛。在真实的刺激消失后，感觉记忆中还短暂保留着刺激的信息（Lindsay & Norman, 1977）。

感觉记忆中的信息与原始刺激带来的感觉很相似。视觉信息在感觉登记中以图像的形式得到初步编码，就像照片。听觉信息以声音的形式得到编码，就像回声。其他感觉可能也有自己的编码方式。因此，在大约一秒钟内，从感觉经验得到的许多信息是完整的。为了进一步加工信息，此时我们可以对信息进行选择和组织。在这一阶段，知觉和注意很关键。

2. 知觉

觉察刺激并赋予刺激意义的过程被称为**知觉**（perception）。意义的建构不仅基于来自外界的物理表征，还基于我们已有的知识。如符号"13"，如果有人问你这个字母是什么，你会说"B"；如果有人问你这个数字是什么，你可能会说"13"。这个真实的符号没有变，但它的意义会随着你的期望（把它看作一个字母还是一个数字）以及你对阿拉伯数字和拉丁字母的知识而改变。对于孩子而言，如果他没有恰当的背景知识，这个符号就没有意义。情境也很重要。如果"13"出现在"A 13 C"中，它就是一个字母；但是如果它出现在"12 13 14"中，它就是一个数字（Bruning et al., 2011; Eysenck, 2012）。

从感觉输入到物体识别大概需要经历几个阶段。第一阶段是分解物体的特征，并进行大致的分析，这种特征分析又被称为**自下而上的加工**（bottom-up processing）或者是**数据驱动的加工**（data-driven processing）。这是因为刺激会被分解为各种特征或元素，并且"自下而上"地被整合为一个有意义的模式。例如，大写字母A是由两条成45度角的线段以及一条位于中间的水平线段组成的。无论什么时候我们看到这些特征或一些与之非常相似的表征，如A、A、𝐀、A、A、*A*，我们都会将其认作A（Anderson, 2010）。这就解释了为什么我们能够读出别人写的字，以及为什么人类能够写出"axq☺℃"这种伤脑筋的安全密码，而计算机却不能。

随着知觉过程的继续进行，特征被整合为模式。20世纪初，德国（以及随后美国）的心理学家对这些过程进行了研究，这些心理学家被称作格式塔理论家。**格式塔**（Gestalt）在德语中的意思是"模式或完形"，指人们倾向于将感觉信息组织为模式或在其间建立联系。图8-3展示了一些格式塔原理。

a. 对象与背景	b. 接近性	c. 相似性	d. 封闭性
你看到了什么，脸还是花瓶？两者中一个被视为对象，另一个则成为背景。	将接近的线条视为一组，共三组。	由于有的线条高度相似，你会认为这些线条是起伏的。	你察觉到的是一个圆环，而不是由短线组成的曲线。

图8-3 格式塔原理示例

注：格式塔的知觉原理解释了我们是如何将周围的世界知觉为不同的模式的。

如果所有的知觉都仅依赖于特征分析和格式塔原理，学习过程将非常缓慢。在知觉的最后阶段，人们会根据情境和已有的知识将觉察到的特征或模式组合起来，这可以被称作**自上而下的加工**（top-down processing）或**概念驱动的加工**（conceptually-driven processing）。为了快速识别模式，除了注意特征，我们还需要知道情境以及有关情境的知识，也就是我们对词语或画面的知识，以及对世界运转方式的了解。例如，如果没有关于拉丁字母的知识，你就不会把上述符号认作 A。因此，我们知道的东西会影响我们的感知。如图 8-2 所示，知识在知觉中的作用是用长时记忆、工作记忆和短时记忆之间的双向箭头来表示的。

3. 注意的作用

如果任何一种颜色、动作、声音、气味和温度等的变化都会引起我们的注意，那么生活将变得无法想象。所幸的是，注意具有选择性。通过选择性地注意某些刺激而忽略其他刺激，我们限制了我们将要知觉和加工的信息。我们会注意什么，在一定程度上取决于我们知道的以及我们需要知道的东西。因此，图 8-2 中的三个记忆过程都涉及注意，并且会对注意产生影响。注意还受到当时发生的其他事情、任务的类型和复杂性、你带入情境的资源，以及你控制或集中注意力的能力的影响。一些患有注意障碍的学生很难集中注意力或忽略竞争性信息。

但是注意需要付出努力，并且是一种有限的资源。我可以想象你正在费力地看这段话。我们一次只能注意一种需要认知努力的任务（Sternberg & Sternberg, 2012）。例如，当我们初学开车时，我们不能同时听音乐和开车；在练习一段时间后，我们就可以边听音乐边开车了；但当交通状况不太好的时候，我们必须把收音机关掉。经过几年的练习，我们的能力会有所提升，可以一边开车，一边听收音机和谈话。这很可能是因为许多早期加工过程需要注意，但由于练习的增加，注意变得自动化了。事实上，自动化很可能是一个程度的问题，我们无法实现完全的自动化。但是，我们的行为能或多或少地表现出自动化，这取决于我们练习的多少、所处的环境，以及我们是否有意识地集中了注意力来引导自身的认知过程。例如，再熟练的司机在视野模糊的雪天也会专心致志地开车，任何人都不应该在开车的时候发短信或打电话。但是，美国汽车协会旗下的交通安全基金会发现，即使已有研究表明开车时打电话的危险性等同于醉驾，但在美国，有一半以上的成年司机承认他们开车的时候使用过手机。每年，驾驶人员使用手机都会造成约 2 600 人死亡、330 000 人受伤、财产损失约 150 万美元（Cohen & Graham, 2003）。其他研究表明，开车时使用手机会使车祸概率提高 400%，即使使用免提也不会更安全（Novotney, 2009）。

4. 注意与多重任务处理

那些在开车时发短信或打电话的司机可能会说他们是在进行多重任务处理，而且通常他们自认为一切正常。青少年与以往相比拥有更多进行多重任务处理的机会，这也许是因为他们接触到了太多的技术。一项对 8~18 岁学生的调查发现，这些学生中约有三分之一的人边写作业边使用多媒体设备，进行着多重任务处理，他们每天平均花费 6~7 小时的时间使用多媒体设备（Azzam, 2006）。你现在也有可能正在进行着多个任务。例如，莫雷诺等人（2012）调查了年长青少年使用互联网的实际情况，并对大多数大学生做作业的情况做了这样的描述（这个场景很熟悉吧）：

> 一边做作业，一边在另一个窗口上登录着 Facebook，同时给教学助理发邮件请教某个不会的题目，再间歇性地浏览一下网页。总之，边学习边玩是大学生典型的多重任务处理形式。(p.1101)

多重任务处理好还是不好？来自密歇根大学脑、认知和行为实验室的戴维·迈耶（David Meyer）和他的同事们的研究表明，这需要看具体情况（引自 Hamilton, 2009）。事实上，有两种类型的多重任务处理：继时性多重任务处理，指逐个完成任务，注意的焦点每次只集中在一项任务上；同时性多重任务处理，每次聚焦多个任务，并且这些任务之间存在重叠。此外，任务的内容也有影响。有些任务，诸如走路和嚼口香糖，各自需要的认知和身体资源不同，且任务处理的自动化程度较高。但有些复杂任务，诸如开车和打电话聊天，需要某些共同的认知资源——注意交通状况以及注意电话中对方在讲什么。因此，多重任务处理的主要难点在于同时性复杂任务的处理。

面对非常复杂的任务，不管你之前多么擅长进行多重任务处理，你的表现都会受到影响（Hamilton，2009）。一旦你把注意力转向其他事情，大脑就会离开你正在思考的问题，例如你正在做的数学作业的第四道题。为了把注意力转回这个问题（激活所需信息），你需要重复之前所做的工作，那么花费在第四道题上的时间就会增加。实际上，如果你在写作业时进行多重任务处理，你可能需要花四倍多的时间才能完成作业（Paulos，2007）。特里·贾德（Terry Judd，2013）总结了多重任务处理对大多数人的影响："虽然有证据表明练习会使多重任务处理的效率提高（Dux et al.，2009），然而有得必有失，这种效率是以多重任务处理时编码进入短时和长时记忆系统的信息的减少为代价的。"（p.366）在复杂情境中，大脑会优先并集中处理一件事情。你可以在学习的时候听一些轻缓的器乐，但是听那些你最爱的带有歌词的音乐会分散你的注意力，而且要回到你现在所做的事情上，你需要耗费一些时间。

5.注意与教学

学习的第一步就是注意，学生不能加工他们没有识别或没有感知到的信息（Lachter，Forster，& Ruthruff，2004）。但是信息能否被成功地加工，取决于多方面因素，不仅仅是注意。有些任务是资源限制型的，只有分配更多的资源，才能取得更好的表现。例如，你需要关上 iPod，集中注意力听有难度的报告。有些任务是知识限制型的，这意味着能否成功地进行加工取决于已有知识的数量和质量。如果已有知识储备不足，那么不管我们怎样努力集中注意力，都不会取得成功。例如，如果你听不到报告或是对报告中使用的术语知之甚少，那么即使你注意力再集中，帮助也不大。我们之前谈到过的第三种任务，即自动化的任务，无须过多的注意力，因为我们已经练习过多次。比如，一个音乐家拨动吉他弦的方式就非常自动化（Bruning et al.，2011）。

课堂上，有很多因素会影响学生的注意。鲜艳的颜色、下划线、书面语或口语的强调、叫出学生的名字、令人惊讶的事件、引发好奇心的问题、任务和教学方法的多样性、声音的改变、灯光或照明以及走路的方式等，都可以用于吸引学生的注意力。同时，学生必须维持注意力——他们必须关注学习情境的重要特征。下面的实践指南提供了一些吸引和维持学生的注意的方法，你可以参考。

| 实践指南 |

吸引和维持注意

使用一些特定的信号。

例如：

（1）发出一个信号，告知学生停止手头正在做的事情，注意到你。有的教师会走到教室的某个地点，打开灯，敲敲桌子或按下教室里钢琴的琴键。一般而言，需要把视觉和听觉信号结合起来使用。

（2）避免分散学生注意力的行为，如在讲话时敲铅笔，这会干扰信号的传递和学生学习的注意力。

（3）在课堂内容发生转变之前，发出简短、清晰的信号。

（4）生动的语调、引人注目的帽子或拍手游戏对于小孩来说是十分有趣的（S. A. Miller，2005）。

走近学生而不是大声叫喊（S. A. Miller，2005）。

例如：

（1）走近孩子，看着他的眼睛。

（2）用坚定而不是威胁性的声音说话。

（3）叫孩子的名字。

确保学生清楚课堂或作业的目的。

例如：

（1）上课之前，在黑板上写下你的教学目标，并且与学生讨论，让学生总结或重述目标。

（2）解释学习的原因，要求学生举例说明他们是如何应用自己所学的知识的。

（3）把新材料与先前学过的功课联系起来——列出纲要或绘制概念地图，说明新的主题是如何与先前的材料以及即将学习的材料相联系的。

> **利用多样性、好奇心和惊奇感。**
> 例如：
> （1）用问题引发学生的好奇心，例如："如果……将会发生什么？"
> （2）在课堂上安排学生意想不到的环节来激发学生的学习兴趣。比如，在一节交际课前安排学生进行辩论。
> （3）通过移动教室内的物品等方式来改变教室的物理环境。
> （4）给学生上一堂融合触觉、嗅觉或味觉的课，以改变学生上课时常用的感觉通道。
> （5）使用动作、手势和声音变化——在教室里走动、指指某处、轻轻地说话，然后富有激情地讲话（我丈夫曾在他的大学课堂上，跳到桌子上指出一个重要的观点）。
>
> **提问并给出回答的框架。**
> 例如：
> （1）询问学生为什么材料很重要，他们准备如何学习，准备运用什么策略。
> （2）指导学生如何进行自我检查或自我修正，让他们发现常见的错误。考虑到学生有时很难看出自己的错误，可以让他们两人一组进行合作，以使彼此更好地学习。

8.2.2 工作记忆

工作记忆是记忆系统的"工作台"，是新信息暂时储存及将新信息与长时记忆中的知识进行整合以解决问题（如听懂一个演讲）的界面。工作记忆中的信息会使你的思维指向你从长时记忆中提取出来的知识，以理解和解决问题，因此工作记忆"包含"此刻你正在思考的东西（Demetriou, Spanoudis, & Mouyi, 2011）。与感觉记忆或长时记忆不同，工作记忆的容量非常有限。然而许多教授在快速讲课时，似乎会忘记这一点，即学生需要努力记忆并加工他所讲解的知识。

图 8-1 中提到了**短时记忆**。短时记忆与工作记忆不完全相同。工作记忆既能进行暂时储存，又能主动加工，它是"记忆的工作台"，在此，人们通过积极的心理努力加工新旧信息。但是，短时记忆通常仅能储存，而且对新信息的即时记忆通常只能保持 15~20 秒钟（Baddeley, 2001）。早期的实验认为，短时记忆的容量是一次 5~9 个（神奇的 7 加或减 2）独立的新项目（Miller, 1956）。接下来，我们会发现这种局限性可以运用形成组块或分组等策略来克服，但在日常生活中，确实存在 5~9 个项目的容量限制。人们通常能记住刚刚在网上查询到的电话号码。但是，如果你需要接连打两个电话，那会怎么样呢？人们一般不能同时储存两个新的电话号码（14 个数字）。

艾伦·巴德利（Alan Baddeley）和他的同事们提出的工作记忆模型，对我们理解人类的认知至关重要（Baddeley, 2007; Eysenck, 2012; Jarrold, Tam, Baddeley, & Harvey, 2011）。在这个模型中，工作记忆至少由四部分组成：①中央执行系统（central executive），该系统控制注意和其他心理资源（工作记忆中的"操作者"）；②语音环（phonological loop），负责保留口头和听觉信息；③视空间模板（visuospatial sketchpad），负责处理视觉和空间信息；④情景缓冲器（episodic buffer），整合来自语音环、视空间模板以及长时记忆的信息，并基于语音、空间和视觉信息建立表征。事实上，工作记忆的几个成分会与长时记忆系统发生交互影响，如视空间模板能够激活长时记忆中的视觉信息（语义），语音环能够激活长时记忆中的语音信息（语言），而长时记忆中的事件和情景则整合了这些视觉和语音信息，从而使我们能够理解这些信息的意义。

语音环和视空间模板会对图像和声音信息进行短时存储，因此它们有些类似于早期信息加工模型中的短时记忆。语音环、视空间模板和情景缓冲器负责为中央执行系统处理较为初级的工作——保持信息并对信息进行联结。巴德利指出，除了我们知道的语音环、视空间模板和情景缓冲器之外，可能还存在其他针对不同信息的较为初级的工作系统。图 8-4 向我们展示了工作记忆系统，下面就让我们来实际体验一下吧。

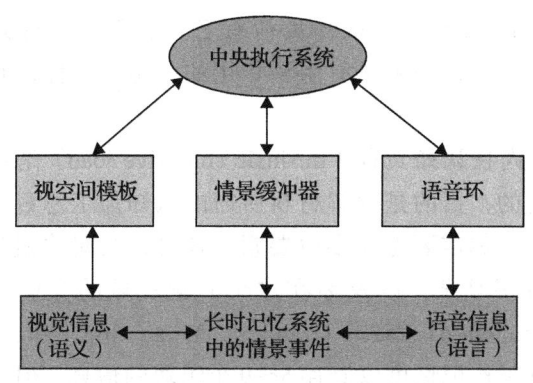

图 8-4 工作记忆系统的四个部分

注：中央执行系统是诸如集中注意力、推理和理解等各种认知活动的心理资源库。语音环保持话语和声音信息。视空间模板保持视觉和空间信息。情景缓冲器整合来自语音环、视空间模板以及长时记忆的信息。不过，这一系统是有限制的。如果信息过多或过难，它可能无法承受。

停下来 想一想

解答阿什克拉夫特和拉德万斯基（Ashcraft & Radvansky, 2010, p.161）提出的这个问题，并请注意解答时的加工过程。

$$\frac{(4+5) \times 2}{3+(12/4)}$$

---

1. 中央执行系统

当你解答上面这个问题时，你工作记忆中的中央执行系统会将注意力集中到你想要了解的事实（4+5是多少，12/4等于多少）。回想储存于你长时记忆系统中的运算规则：应该先进行哪步运算，如何做除法。中央执行系统监控注意、制订计划，并决定哪些信息需要提取以及如何分配资源。

2. 语音环

语音环是一个与言语和声音相关的系统，它能够保持和复述（刷新）短时记忆中的语词或声音。语音环可以短暂地存储声音信息，并且通过将其置于"环路"中，不断对信息进行复述和注意，以此使信息保持在活动状态。在你计算分数线下面的3+（12/4）时，你已经把"18"（4+5=9, 9×2=18）放在语音环中。巴德利（2001, 2007）认为，我们能在1.5~2秒钟内复述（自言自语）多少信息，语音环就能保留

多少信息，七位数的电话号码就满足这个限制性条件。但是，如果你试图在头脑中保留这7个单词：disentangle、appropriation、gossamer、anti-intellectual、preventative、foreclosure、documentation（Gray, 2011），会怎么样呢？这些单词不仅很拗口，而且复述它们所需的时间都要长于两秒，在工作记忆中保留这些单词比保留7个数字或7个短单词更为困难。此外，有些词你太不熟悉，很难进行复述。

请记住——放入你的工作记忆中，我们正在讨论的是新信息的暂时储存。在日常生活中，我们肯定可以一次保持5~9个组块或多于1.5秒的信息。当你拨打刚刚查到的7位数电话号码时，你的脑子里（记忆中）一定还有其他东西，例如如何使用电话、你要打给谁以及为什么打这个电话。你没有必要注意这些事情，它们并非新的知识，这些过程（如拨电话）已经变得自动化了。然而，当你身在国外，尝试使用一个陌生的电话系统时，由于工作记忆的有限性，你也许会在记忆电话号码时遇到麻烦，因为在这个时候，你的中央执行系统需要设法了解电话系统。如果新信息非常复杂，你需要在你不熟悉的情况下整合几个因素来理解这个情境，那么即使是很少量的新信息，也会让你觉得太多而无法记住（Sweller, van Merriënboer, & Paas, 1998）。

3. 视空间模板

现在请试着解决一下这个问题。

停下来 想一想

将小写字母 d 顺时针旋转180度，你得到的会是 b 还是 p 呢？

大多数人回答这个问题时会创建一个"d"的视觉表象并旋转它。视空间模板是你操作表象的地方（当然是在中央执行系统提取了"180度""顺时针"的意义之后）。视空间模板中的操作与实际观看一幅图画或一个物体时的操作有相同的地方。如果你一边看屏幕上的图像，一边解决"d"的问题，你的速度会减慢，就像你来来回回看两个不同的物体一样。但是，如果你一边诵读数字，一边解决"d"的问题，

你的速度就不会慢下来。你能够同时使用语音环和视空间模板，但它们很快就会被填满，而且很容易负荷过重。事实上，每一种口头和视觉任务似乎都发生在不同的脑区。就像我们随后将看到的，这些系统的容量也存在一些个体差异（Ashcraft & Radvansky, 2010；Gray, 2011）。

4. 情景缓冲器

如果工作记忆是记忆系统的工作台，那么情景缓冲器就是工作记忆的工作台。情景缓冲器能够在中央执行系统的监控下，汇聚、整合来自语音环、视空间模板以及长时记忆的信息，形成复杂的记忆，如存储一个电影演员的外貌、声音、话语和动作信息以构建一个完整的形象。

5. 工作记忆中信息的保持时间和内容

工作记忆系统中信息保持时间是短暂的，除非你不停地复述或用其他一些方式加工信息，否则信息只能保持5~20秒。你可能认为，有着20秒的限制的记忆系统并没有多大的用处。然而，如果没有这个系统，那么你将在读到句子中最后几个单词时，忘记前面读过的部分。显然，这样你将很难理解整个句子的意思。

工作记忆中的信息可能以声音和图像的形式存在，这类似于感觉记忆中的表征。当然，工作记忆中的信息也可能基于意义被更抽象地加以建构。

8.2.3 认知负荷和信息保持

前面提到，教授非常快速地讲课，会增加学生的工作记忆负担。实际上，比起其他任务，某些任务需要更多的工作记忆。**认知负荷**（cognitive load）指人的心理资源总量，通常指完成特定任务所需的工作记忆。2010年的《教育心理学评论》（*Educational Psychology Review*）曾用一整期特刊专门呈现认知负荷理论（van Gog, Paas, & Sweller, 2010）。

1. 三种认知负荷

任务的认知负荷并不是绝对的"重量"，在特定情境中，认知负荷的程度取决于多方面因素，包括对当前任务的了解及可获取的资源（Kalyuga, Rikers, & Paas, 2012）。认知负荷有三种类型：一种是不可避免的，一种是有阻碍作用的，还有一种是有价值的。

内在认知负荷（intrinsic cognitive load）是不可避免的，指的是理解材料所需的认知加工总量。它取决于你需要考虑多少要素，各要素之间的相互作用有多复杂，以及你在这个问题领域的专业水平（Antonenko, Paas, Grabner, & van Gog, 2010）。尽管工作记忆可以储存5~9个组块的信息，但一次只能加工2~4个。因此，如果你想了解单个要素在复杂系统中如何相互作用，如掌握DNA的结构和功能，那么除非你已经了解了一部分有关DNA的知识，如相关术语、概念和程序等（van Merriënboer & Sweller, 2005），否则你将陷入困境。内在认知负荷是任务本身带来的，不能消除。不过，有效的教学可以帮助学生管理内在认知负荷。

外来认知负荷（extraneous cognitive load）指用于处理与学习任务无关的问题，如设法让和你同处一室的人（配偶、孩子、伙伴）停止打扰你，努力学习一门组织混乱的课程或编写差劲的教材（当然不是这本教材）的认知容量。教师可以通过教学来帮助学生管理外来认知负荷，如提供支持、引导学生关注主要概念以及提供支架（见第2章中的介绍）。

好的认知负荷被称为"关联的"（germane），因为它直接关系到高质量的学习。**关联认知负荷**（germane cognitive load）涉及深度加工相关信息——组织和整合你知道的材料，并形成新的理解。教师可以通过教学来支持这一过程，如让学生向彼此解释（或自己给自己解释）学习材料的意义，让学生将自己的理解画出来或制成图表，让学生记有益的笔记，以及让学生使用我们将在接下来的章节中讨论的其他策略（Berthold & Renkl, 2009；Mayer, 2011；van God et al., 2010）。良好的教学设计和课堂教学的目标是帮助学生管理好内在认知负荷（使之与学生的能力，也就是最近发展区相符），减少外来认知负荷（尽量清除），并尽可能地提升关联认知负荷（以支持深层加工）。表8-1是对这三种认知负荷的总结。不过，需要说明的一点是：有些心理学家认为内在认知负荷和关联认知负荷之间没有实际的区别——学生学习时，这二者都会被使用到（Kalyuga, 2011）。

表 8-1 三种认知负荷

个体在学习过程中可能会用到三种认知负荷,它们有不同的成因,也会带来不同的后果。

认知负荷的类型	性　质	成　因	例　证	后　果
内在认知负荷	不可避免的:注意和表征材料所需的核心加工过程	任务内在的复杂性:任务越复杂,越需要基本的加工过程	在处理解二次方程等复杂任务时,需要更多的内在加工过程	集中注意力进行信息加工,管理学习过程,有可能采取死记硬背的学习方式
外来认知负荷	可避免的(可管理的):处理与学习任务本身无关的问题所需的无益的加工过程	不良的学习策略,注意力分散,缺乏指导,背景知识不足	学生来回浏览文本和图表,但是不知道该怎样读图表或怎样整合视觉和语音信息	不适宜进行信息加工,没有学习,可能产生挫败感
关联认知负荷	可取的:形成意义学习的深加工过程(组织、整合和联系先前知识)	学习者具有理解知识的动机,付出极大努力,第一次努力失败后又尝试了新的策略	学习者将问题涉及的各种关系以图表的形式呈现出来,将文本中的重要观点联系起来	适宜进行组织、精细加工和视觉化,以展开深度学习

资料来源:改编自 Bruning, R. H., Schraw, G. J.,& Norby, M. M.(2011). *Cognitive Psycholygy and Instruction* (5th ed.). Boston, MA: Pearson; Mayer, R. E. (2011). *Applying the Science of Learning*. Boston, MA: Pearson.

2. 工作记忆中信息的保持

工作记忆中的信息必须保持激活状态才能保存下来。只要你关注信息,就能使信息保持高度激活,但当注意力转移,激活状态就会快速地衰退或消失。工作记忆中信息的保持就像杂耍中盘子在几个竿子顶端不停地旋转。表演者让一个盘子旋转起来,接着旋转下一个盘子,然后再下一个,但是在第一个盘子旋转得越来越慢,并从竿子上掉下之前,表演者的注意力必须回到第一个盘子上。如果我们不让信息在工作记忆中保持"旋转"——保持激活状态,它就会"掉下来"(Anderson,1995,2010)。当激活状态消失,遗忘就会随之而来。

为了保持信息的激活,大多数人会在心里不停地复述信息。复述一般有两种类型:**保持性复述**(maintenance rehearsal)和**精细性复述**(elaborative rehearsal)。保持性复述既包括在你的语音环里不断重复信息,也包括在你的视空间模板中不断刷新信息。只要你重复信息,信息就能在工作记忆中被无限地保持。保持性复述对于那些你准备运用,但用完就可以忘记的信息来说是有用的,比如电话号码或地图上的一个位置。

精细性复述指的是将已知信息(长时记忆中的知识)与正试图记住的信息联系起来。例如,如果你在聚会上遇到了一个人,他与你的兄弟同名,那么你只需要在他与你的兄弟之间建立联结,而无须重复他的名字,就可以记住。这类复述不仅能保留工作记忆中的信息,而且能帮忙将信息转移到长时记忆中。复述是一个中央执行系统控制信息流穿过信息加工系统的过程(Ashcraft & Radvansky,2010)。

3. 加工水平理论

克雷克和洛克哈特(Craik & Lockhart,1972)曾提出加工水平理论(levels of processing theory)——这一理论有时也被称为深层加工理论(depth of processing theory),来取代短时-长时记忆模型。加工水平理论与先前提到的精细加工概念有着密切的联系。克雷克和洛克哈特提出,信息能被记住多久,取决于该信息被分析的深度,以及它与其他信息关联的广泛程度。信息加工越完全,信息被回忆起来的可能性就越大。例如,根据加工水平理论,如果我要求你根据狗的毛色将狗的图片分类,那么你也许记不住多少图片。但是,当我要求你估计图片上的每只狗在你慢跑时在后面追你的可能性时,你可能能记住更多图片。为了评价每只狗追你的可能性,你必须注意图片中的细节,把狗的属性与危险的特征相联系,等等。这种评价过程需要更深层次的加工,需要更多地关注图片的意义,而不是图片的表面特征。

工作记忆的容量有限,借助组块过程可以在一定程度上避免这一问题。由于信息块的数量(而不是每个信息块的大小)是工作记忆的一个限制,所以对单个信息进行组合能帮助你保留更多信息。你可以体验一下组块的效应。请尝试记住这些字母:HBOUSACIALOLATM。现在试一下这个:HBO USA CIA LOL ATM。你刚刚运用组块的方法将这个字母串组合成了更可记(有意义)的组块,这样你就可以记住更多的信息了。同样，你也可以运用其他领域的相关知识来进行组块式记忆。组块可以帮助你记住密码或社会保险号码。

4. 遗忘

由于**干扰**（interference）或**衰退**（decay）的作用，工作记忆中的信息可能会消失。干扰相当容易理解，就是指新信息的加工干扰或混淆了旧信息。当新信息累积到一定程度，旧信息就会从工作记忆中消失。信息也会随时间衰退，进而消失，如果你没有继续注意这些信息，那么信息的激活水平就会衰退（变弱），并最终降到最低，以至于信息不能被再次激活，直到全部消失。有些认知心理学家认为干扰是工作记忆中的信息被遗忘的最主要的因素：当你的思维开始加工其他信息的时候，先前的信息会逐渐失去其占据的位置（Sternberg & Sternberg, 2012）。

事实上，遗忘是有用的。没有遗忘，人类的工作记忆很快就会出现认知负荷超载的状况，学习也将停止。同样，如果你永远都记得读过的每一句话、听过的每一个声音、看过的每一幅画……这也是个问题。从知识的海洋中找出某个信息块几乎是不可能的。如果有一个系统能暂时储存信息并清除关于你经历的事件的一些信息，那么这将是很有帮助的。

8.2.4 工作记忆的个别差异

正如你可能认为的那样，工作记忆存在着发展性和个体性的差异，下面让我们来看一看。

1. 发展性差异

工作记忆的所有构成部分会在大约4岁时出现。在小学和初中阶段，工作记忆任务的表现会稳步提升，其中视空间模板会发展得更早一些。在中学阶段，工作记忆非常重要，与学业成就、数学计算、复杂的数学应用题均有关联（T. P. Alloway, Gathercole, & Pickering, 2006；Jarrold, Tam, Baddeley, & Harvey, 2011；H. L. Swanson, 2011），第二语言和第三语言的学习与工作记忆同样关系密切（Engel de Abreu & Gathercole, 2012）。事实上，工作记忆容量是诸多认知技能（包括语言理解、阅读和数学能力、流体智力等）的一个极好的预测指标，我们将在下一个部分对其进行讨论（Bayliss et al., 2005；H. L. Swanson, 2011）。

记忆包括三个基本方面，即记忆广度（储存在短时记忆或工作记忆中的信息量）、加工效率和加工速度。这三个方面的水平都会随时间提高。随着孩子慢慢长大，他们加工诸如口语、视觉、数学等很多不同种类的信息的速度会越来越快，因此加工速度的提高可能是一个一般性因素。另外，研究也发现，随着年龄的增长，美国和韩国儿童的加工速度同样会提高，因此加工速度随年龄增长而提高这一点可能具有普适性（Kail, 2000；Kail & Park, 1994）。

记忆的这三个基本能力是共同作用并相互影响的。例如，加工效率越高，储存在记忆中的信息量就越大（Demetriou, Christou, Spanoudis, & Platsidou, 2002）。在记忆 HBOUSACIALOLATM 时将这些字母分为 HBO USA CIA LOL ATM 这样的组块，你就体验了高效加工。更高效、更快速的加工可以扩展你的记忆广度。孩子拥有策略和知识较少，因此他们在记忆较长的信息时会遇到更大的困难。但是，随着孩子慢慢长大，他们会发展出更多记忆信息的有效策略。大概到5~6岁，大多数孩子都能自发地学会复述，并且不断使用此策略。大概6岁时，大多数孩子会意识到使用组织策略的价值；而到9~10岁，他们就能自发地使用这些策略了。现在，假设学生要学习下面这些词：

沙发、橘子、老鼠、灯、梨、羊、香蕉、地毯、菠萝、马、桌子、狗。

年龄较大的孩子或成年人可能会把这些词组织成三个类别：家具、水果和动物。也就是说，具有某个领域的专业知识能够帮助我们使用类别对信息进行组织和记忆，就像我们之前看到的那位专业的小学足球运动员一样。我们可以教年幼儿童使用复述或组织策略来提高记忆能力，但大人不得不提醒儿童运用这种策略。随着儿童的成长，他们更可能使用精细加工，但是这个策略在儿童晚期才会发展成熟。因此，小学高年级学生和青少年更可能使用创作图像或故事的方式记忆各种观念（Siegler, 1998）。

当小孩子采用新的策略或操作，如够玩具、数数或找单词时，信息的加工会占据很大部分的工作记忆。但是，一旦操作被掌握并变得自动化，就会有更多的工作记忆可用于新信息的短暂储存（A.Johnson，2003）。因此，随着大脑的变化、信息的快速加工、策略的发展和自动化，以及知识的增加，从 4 岁到青春期，儿童的工作记忆容量会不断增加（T. P. Alloway et al., 2006；Gathercole, Pickering, Ambridge, & Wearing, 2004）。直到 10～11 岁以后，儿童才会拥有像成年人一样的记忆（Bauer, 2006）。

2. 个体差异

除了发展性差异，工作记忆还有个体间的差异，这些差异对学习也具有重要的影响。请你试着完成下面"停下来 想一想"的任务。

停下来 想一想

大声读出下列句子和大写的词，只读一次。
- 我全家和我的朋友在农场工作了好多年。SPOT
- 因为房子不透气，鲍勃出去呼吸了一下新鲜空气。TRAIL
- 我们驶出 50 公里后，就见不到陆地了。BAND

现在遮住句子，然后回答问题（要诚实）。请说出所有大写的词，并回答：谁在不透气的房子里？谁在农场工作？

刚刚你做的是工作记忆广度测验中的几道题目（Engle, 2001）。该测验要求你同时进行加工和储存——在加工句子意义的同时储存单词。你做得怎么样？

教育心理学家越研究工作记忆，越意识到它对于每个年龄段的孩子的学习和发展都是多么重要（T. P. Alloway, Banner, & Smith, 2010；Welsh, Nix, Blair, Bierman, & Nelson, 2010）。对青少年和成年人来说，工作记忆广度测验的分数与 SAT 中阅读部分的分数之间的相关系数是 0.59。但是，SAT 和简单的短时记忆广度（重复数字）不相关。对小学生而言，工作记忆（而不是简单的短时记忆）的提升与其阅读能力和阅读理解相关；工作记忆上的问题和阅读障碍密切相关。工作记忆与小学生的学业成就、数学运算能力以及解决复杂数学问题的能力有关。对较小的孩子来说，学龄前工作记忆的发展和对注意力的控制，能够预测其将来的阅读和数学能力。

工作记忆广度和智力测验分数也相关。如果一个任务需要有控制的注意和高水平的思维，那么工作记忆广度很可能是影响任务完成的一个重要因素（Ackerman, Beier, & Boyle, 2005；Hambrick, Kane, & Engle, 2005；Unsworth & Engle, 2005）。有些人的工作记忆比其他人更有效（Cairiglia-Bull & Pressley, 1990；DiVesta & Di Cintio, 1997；Jurden, 1995），工作记忆的差异可能与数学和言语方面的天赋有关系。

接下来我们将转向长时记忆。由于长时记忆对教师来说是一个至关重要的问题，所以我们会多花点时间来讨论它。

模块 22 小结

比较学习的认知观和行为观对学习内容和强化作用的不同认识

认知观认为人们学到的是知识，知识的改变使行为的改变成为可能；行为观则认为人们学到的是新行为本身。行为派和认知派的理论家都相信强化对学习而言是重要的，但是二者的理由不同。严格的行为主义者主张是强化增强了反应；认知主义者则把强化当作一种反馈的资源，这种反馈的资源告诉我们，如果行为不断被重复或发生了改变（作为信息的来源），可能导致什么发生。

知识如何影响学习

学习的认知观认为，学习过程中最重要的因素之一就是个体带到学习情境中的知识。我们已有的知识在很大程度上决定了我们的注意、知觉、学习、记忆和遗忘。

大脑在认知中起着什么作用

人类大脑似乎影响着学习，同时也被学习所影响。例如，经常完成某种任务，如开出租车的个体，他们特定脑区的发展要多于那些没有参与这种任务的人。研表明，学习会改变神经元之间的信息传递，这些改变使儿童约 7 岁时就能够参与复杂的任务。

描述从感觉信息输入到物体识别的发展过程

第一阶段是特征分析或自下而上的加工，因为刺激必须先被分解成特征或要素，并且被组合为有意义的模式。格式塔原理是关于特征如何被组织成模式的一种解释。除了注意特征以及使用格式塔原理之外，为了迅速识别模式，我们还会运用与该情境有关的知识、情境信息以及有关原型或最好样例的知识。

什么是工作记忆

工作记忆既是语音环和视空间模板中的短时储存，也是由中央控制系统引导的加工，它是有意识思维的工作台。为了让信息在工作记忆中保持激活状态的时间超过 20 秒，人们需进行保持性复述（心理重复）和精细性复述（与长时记忆中的知识发生联系）。精细性复述也有助于新信息进入长时记忆。通过组块的控制性加工，工作记忆容量有限的问题可以得到一定程度的解决。工作记忆存在着个体差异，工作记忆广度与诸如智力测验、SAT 等需要高层次思维和有控制注意的任务的表现密切相关。

什么是认知负荷，它是如何影响信息加工的

认知负荷指认知资源，包括完成任务所需的知觉、注意和记忆的容量。这些资源不仅用于组织和理解任务，而且用于分析解决方法和忽略无关刺激。如果认知负荷过重，那么个体执行任务的能力会降低，甚至受到抑制。

模块 23　长时记忆

8.3　长时记忆

工作记忆保留着当前被激活的信息，例如你刚刚遇到的一个人的名字；长时记忆则储存着经过良好学习的信息，例如你知道的所有人的名字。

8.3.1　长时记忆的容量、持续时间与内容

工作记忆与长时记忆之间有许多不同之处。信息通常快速地进入工作记忆，但要使信息进入长时记忆并得到储存，则需要更长的时间和更多的努力。工作记忆的容量有限，但对所有实用目的来说，长时记忆的容量好像是无限的。另外，一旦信息被牢固地储存在长时记忆中，就能永远得到保持。我们工作记忆中信息的通达是即时的，因为此刻我们正在思考这些信息；但是我们长时记忆中信息的通达，则需要时间和努力。

一些心理学家指出，并不存在两个独立的记忆存储系统（工作记忆和长时记忆）。相反，工作记忆是长时记忆的一部分，负责加工当下被激活的信息。工作记忆和长时记忆的区别可能仅在于某个记忆内容被激活或未被激活的程度（J. R. Anderson, 2010; Wilson, 2001）。该系统认为记忆是由各种短时存储区域（语音环、视空间模板及其他短时存储区域）组成的网状系统，该系统嵌套在工作记忆中，而工作记忆又是长时记忆中被激活的部分，可以联结新旧信息（Sternberg & Sternberg, 2012）。

一般认为，长时记忆系统的内容包括陈述性知识（declarative knowledge）、程序性知识（procedural knowledge）和自我调节知识（self-regulatory knowledge）（Schraw, 2006）。与前文中我们讨论过的一般知识和特定领域知识不同，陈述性知识、程序性知识和自我调节知识实质上是另一种知识分类体系。

陈述性知识指可以通过各种文字和符号系统进行陈述的知识（盲文、手势语、舞蹈、音符、数学符号等）。陈述性知识回答的是"是什么"的问题。陈述性知识的范围很广，高度专业性的知识（金的原子质量是 196.967）、普遍的事实（有的树叶秋天会改变颜色）、个人喜好（我不喜欢吃青豆）或规则（分数除法，将除数转化为其倒数后再用乘法）都属于陈述性知识的范畴。小单元的陈述性知识可以组合成为更大单元的知识，如强化和惩罚原理可以被组织成行为主义学习理论。

程序性知识是关于"怎么做某事"的知识，例如进

行分数除法运算或网页设计的知识,它是关于行动的知识。程序性知识必须是可以示范的。请注意,当学生复述"分数除法,将除数转化为其倒数后再相乘"这个规则时,他们表现的是陈述性知识,因为学生在表述。要表现程序性知识,学生必须对分数除法进行操作。当学生把一篇文章翻译为西班牙文,正确归类几何图形或构思连贯的段落时,他们所表现出来的就是程序性知识。

自我调节知识是关于管理学习的知识:知道何时和如何应用陈述性知识和程序性知识(Schraw, 2006)。人们需要自我调节知识,以了解什么时候应该逐字阅读文段,什么时候应该略读,以及什么时候应该使用克服拖延的策略。自我调节知识也被称为"条件性知识"(Paris & Cunningham, 1996)。对许多学生来说,自我调节知识的缺乏是他们学习道路上的一块绊脚石。这些学生拥有丰富的陈述性知识,也能使用程序性知识,但不知道如何在适当的时候运用他们的知识。自我调节知识可以属于某一特定领域(如在几何中,如果周长未知,知道何时使用公式来计算面积),也可以属于一般领域(如总结要点或用图表组织信息的知识)。事实上,这三类知识——陈述性知识、程序性知识和自我调节知识,都既可以是一般性的,也可以是特定领域的,如表 8-2 所示(Schraw, 2006)。

表 8-2　知识的分类

	一般知识	特定领域知识
陈述性知识	图书馆开放时间 语法规则	直角三角形斜边的定义 诗歌《乌鸦》中的诗句
程序性知识	如何使用你的手机 如何开车	如何解氧化还原方程 如何在陶艺转盘上做罐子
自我调节知识/条件性知识	什么时候放弃一种方法而去尝试另一种方法 什么时候略读,什么时候精读	什么时候使用公式计算体积 打网球时什么时候到网前拦网

大多数认知心理学家把长时记忆分为外显记忆(explicit memory)和内隐记忆(implicit memory),每一种记忆又可以被细分为一些小的类别,如图 8-5 所示。**外显记忆**是可以被回忆和有意识思考的长时记忆中的知识,我们可以意识到这些记忆——我们知道我们记得它们。陈述性知识就属于外显记忆。相反,**内隐记忆**是我们不能有意识回忆的知识,但可以无意识地影响我们的行为或思考。这些不同类型的记忆与大脑的不同脑区有关(Ashcraft & Radavansky, 2010; Gray, 2011)。

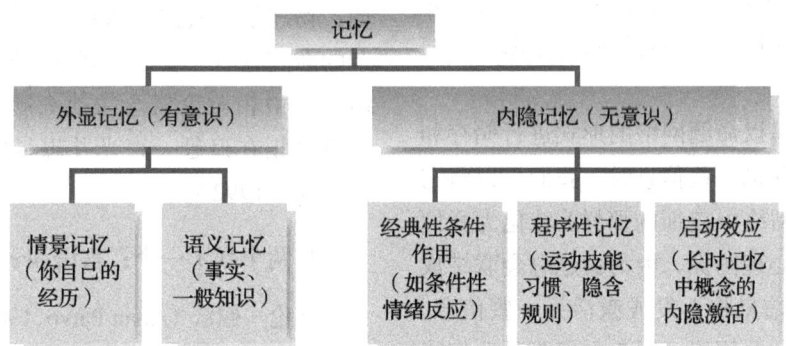

图 8-5　长时记忆:外显记忆与内隐记忆

注:外显记忆和内隐记忆遵循不同的规则,并与不同的脑神经系统有关。它们的子类型也可能涉及不同的神经系统。
资料来源:Psycholgy by Peter Gray. Publishers. Copyright @1991, 1994, 1999, 2002, 2011 by Worth Publishers. Adapted with permission from Worth Publishers.

不过,这种观点近来开始受到质疑。林恩·雷德(Lynne Reder)和她的同事们认为内隐记忆和外显记忆并非两个不同的记忆系统,而是一个记忆系统负责的不同类型的任务(Reder, Park, & Kieffaber, 2009)。让我们一起期待新的理论的形成吧。不过,现在让我们回到内隐和外显记忆系统的观点。让我们先了解一下外显记忆。

8.3.2 外显记忆：语义记忆和情景记忆

在图 8-1 中，你可以看到外显记忆既可以是语义的（基于意义），也可以是情景的（基于事件序列，例如你自己的经历）。

语义记忆（semantic memory）在学校中非常重要，它是对意义的记忆，包括词语、事实、理论和概念——这些都是陈述性知识，因此语义记忆有时也被称为陈述性记忆。这些记忆并不与特定的经验相联系，它们是以命题、表象和图式的形式进行表征的（J. R. Anderson, 2010; Schraw, 2006）。

1. 命题和命题网络

我们如何在记忆中表征句子和图画的意义？其中一个方式就是使用在网络中相互联结的命题。命题是知识的最小单位，并可以被判断为真或假。安德森（Anderson, 2010, p.123）列举了一个包含三个命题的陈述："林肯是美国总统，在残酷的战争期间，他解放了奴隶。"这其中的三个命题是：①战争期间林肯是美国总统；②战争很残酷；③林肯解放了奴隶。

共享某些信息的命题能相互联结，形成**命题网络**（propositional network）。储存在命题网络中的是意义，而不是确切的词或词的顺序。相同的命题网络也适用于这个句子："奴隶被林肯解放了，而林肯是残酷的战争期间的美国总统。"它的意义与上一句话完全一样。因此，储存在记忆中的是反映一组命题之间关系的意义。

大部分信息可能是以命题网络的形式进行储存和表征的。当我们想要回忆一些信息时，我们可以将它的意义（就像在命题网络中表征的那样）转化为我们熟悉的短语、句子或心理图像。因为命题总会联结成网络，因此回忆一些信息将引发或激活另一些信息。当然，我们意识不到这些网络，因为它们不是我们有意识记忆的一部分（J. R. Anderson, 2010）。同样，当我们用自己的语言建构一句话时，我们也意识不到这句话潜在的语法结构，我们不需要为了说出一个句子而用图表表示它。

2. 表象

表象（image）是基于信息的结构或外在形式而进行的表征（J. R. Anderson, 2010）。当我们形成表象时（如你解决前文中"d"问题的方法），我们设法记住或重新创造信息的物理属性或空间结构。例如，当被问及小镇某家星巴克咖啡旁边是什么商店时，许多人会用他们头脑中的"眼睛"找到咖啡店的位置，然后"看"咖啡店旁边是什么商店。然而，关于表象是如何储存在记忆中的，研究者有着不同的意见。一些心理学家认为表象是以图像的形式储存的；其他心理学家则认为我们在长时记忆中储存命题，只有必要时才会在工作记忆中将其转化为图像。这一争论目前还在继续（Sternberg & Sternberg, 2012）。

很可能每一种加工过程都有自己的特征：有些记忆加工图像，有些记忆加工与图像有关的言语或命题。在人们心中出现的东西与人们实际看到的图像并不完全一样，人们在心里进行复杂图像转换的过程要比现实中的图像转换困难得多。例如，你冰箱里有一个"d"形状的塑料磁铁，你可以快速旋转它，而心理上的旋转对于大多数人来说会花费更多时间。有一些词或概念比较容易形成表象，比如，也许对你来说，形成对星巴克的表象会比形成对某个法官的表象容易得多。表象有助于你做出许多与现实有关的决定。例如，你起居室里的沙发看起来怎么样？怎样排队等候击打高尔夫球？表象同样有助于抽象推理，如：物理学家法拉第和爱因斯坦报告，他们在解决复杂的新问题时，会通过创造表象来进行推理。爱因斯坦说，当相对论概念在他头脑中涌现时，他好像看到自己正在追赶一束光并想尽力抓住它（Kosslyn & Koenig, 1992）。

3. 两个好于一个：言语和表象

艾伦·佩沃（Allan Paivo, 1986, 2006; J. M. Clark & Paivo, 1991）的**双重编码理论**（dual coding theory）指出，信息在长时记忆中是以表象、言语的形式储存，或以表象与言语两种形式共同储存的。同意这一观点的心理学家认为，以视觉和言语这两种形式编码的信息最易于学习（Butcher, 2006）。这也许解释了为什么给学生解释词语概念，然后用手指进行视觉表征（我们在教材中用到的）会有助于学生的学习。

停下来 想一想

是什么使杯子成为杯子的？请列举杯子的特征。水果是什么？香蕉是水果吗？西红柿是水果吗？南瓜、西瓜、红薯、橄榄、可可果呢？你是怎样习得水果就是水果的？

---

4. 概念

我们知道的关于杯子、水果及世界的大部分知识都涉及概念及概念间的关系（Ashcraft & Radvansky，2010；Eysenck，2012）。然而，确切地说，概念是什么呢？概念是用来把相似的事件、观点、物体或人进行分组的类别。当我们谈论一个特定的概念，如"学生"时，我们所指的是彼此相似的一类人，他们都在学习某个学科。不论年轻还是年老，在校还是不在校，学习棒球还是巴赫的音乐，他们都可以被归类为学生。概念是抽象的，并不存在于真实世界，存在于真实世界的只是概念的单个样例。概念帮助人们把大量的信息组织成易于管理和储存的单元。例如，现实生活中存在 750 万种不同的颜色，我们可以把这些颜色分成大约 12 组，这样就能够较好地处理如此多样的颜色了（Bruner，1973）。

在早期研究中，心理学家们设想概念含有一组**定义属性**（defining attribute）或关键特征。例如，书是以某种方式订在一起的书页（但是电子"书"是什么呢？）。"猫"这个概念的定义属性包括小身体、圆脑袋、三角形耳朵、腮须、四条腿和皮毛。这个概念可以帮助你在面对不同类型的猫时，迅速地意识到那个动物是猫，而不需要每次都重新学习。概念的定义属性理论表明，我们是通过注意事物的关键特征识别出概念的具体样例的。

然而，自 1970 年起，定义属性理论受到了挑战（Ashcraft, & Radvansky，2010）。尽管有些概念（如等边三角形）有明确的定义属性，但大多数概念实际上并没有。就以"宴会"（party）这个概念来说吧，它的定义属性是什么？人们很难列出宴会的具体特征，但当人们看到宴会的场景或听到宴会的声音时，还是能识别出来的（除非我们讨论的是政党（political party）或诉讼当事人（party in a lawsuit），如果是这样，声音可能就无法帮你识别"宴会"了）。鸟的概念又是什么呢？人们最先想到的可能是鸟会飞。那么鸵鸟是鸟吗？企鹅和蝙蝠呢？

5. 原型、样例和理论范畴

当前的概念学习观认为，人们头脑中有宴会、鸟或者字母 A 的原型，这是对每个概念最本质特征的表象。**原型**（prototype）是一个类别的事物的最好代表。例如，对许多北美洲人来说，"鸟"类的最好代表可能是知更鸟（Rosch，1973）。这个类别中的一些成员可能与原型非常相似（麻雀），另一些成员可能与原型在某些方面相似，而在其他方面不同（鸡、鸵鸟）。判断处于类别边界的样例的所属时，人们会遇到困难。例如，电话是"家具"吗，电梯是"交通工具"吗，橄榄是"水果"吗？某个具体样例是否属于某一类别只是程度的问题，因此类别的边界是模糊的。某些事件、物品或观点比起其他的事件、物品或观点，仅仅是概念的一个更好的样例而已（Ashcraft & Radvansky，2010；Eysenck，2012）。

另一种概念学习观认为，人们通过指认具体样例来鉴别一个类别的成员。**样例**（exemplar）是我们对具体的鸟、宴会、家具等的实际的记忆，人们使用这样的记忆与不确定的事物进行比较，看它是否和人们指认的样例同属一类。原型可能源于经验中的许多样例。这一过程是自然而然地发生的，因为人们对具体事件的记忆（情景记忆）会随着时间而变得模糊，人们会从见过的所有沙发的样例中创造出一个一般或典型的沙发原型（E. E. Smith & Kosslyn，2007）。

当然，原型和样例理论也存在一些不足。比如，如果你事先没有"鸟"的概念，你怎么知道什么样的"关于鸟的经验"能够共同形成鸟这一概念？有一种解释是：我们对事物的分类从本质上是以我们对世界的理解和认识为理论基础的。所以，如果某一范畴的属性是"在没有锤子的情况下，可以用来敲钉子的东西"，那么砖块、岩石和蹄铁都可以归为同一范畴。我们对于哪些东西可以发挥作用的认识，是形成"可以用来敲钉子的东西"这一类别的基础。不过，有些基于理论、用于创造概念的知识常常是内隐的，是意识觉察不到的。例如，对于什么是"好的音乐"，只有当我听到它的时候，我才会知道（Ashcraft, &

Radvansky，2010；Sternberg & Sternberg，2012）。

雅各布·费尔德曼（Jacob Feldman，2003）提出了概念形成的最后一个方面——简单性原则。费尔德曼认为，遇到样例时，人类能够推导出涵盖所有样例的最简单原则。建立这样的简单规则有时很容易（三角形），有时却很困难（水果），但人类总是试图找出能够联结一个概念的所有样例的简单假设。费尔德曼认为，简单性原则与认知心理学中最古老的观点一致："有机体通过把输入的信息简化为更简单、更连贯和更有用的形式来试图理解他们身处的环境。"（p.231）这种观念是否使你想起知觉的格式塔原则？

6. 图式

命题、概念和单一的表象对于表征单个思想或关系而言是很合适的，但我们关于某个主题的知识往往是由多个概念、图像和命题结合而成的。为了解释这种复杂的知识，心理学家提出了图式的观点。图式是组织了大量信息的抽象知识结构，是引导我们知觉的心理框架，可以帮助我们在过去已知的以及对未来的期望的基础上理解经验的意义（Sternberg & Sternberg，2012）。例如，图 8-6 是有关"强化"知识的图式的部分表征。

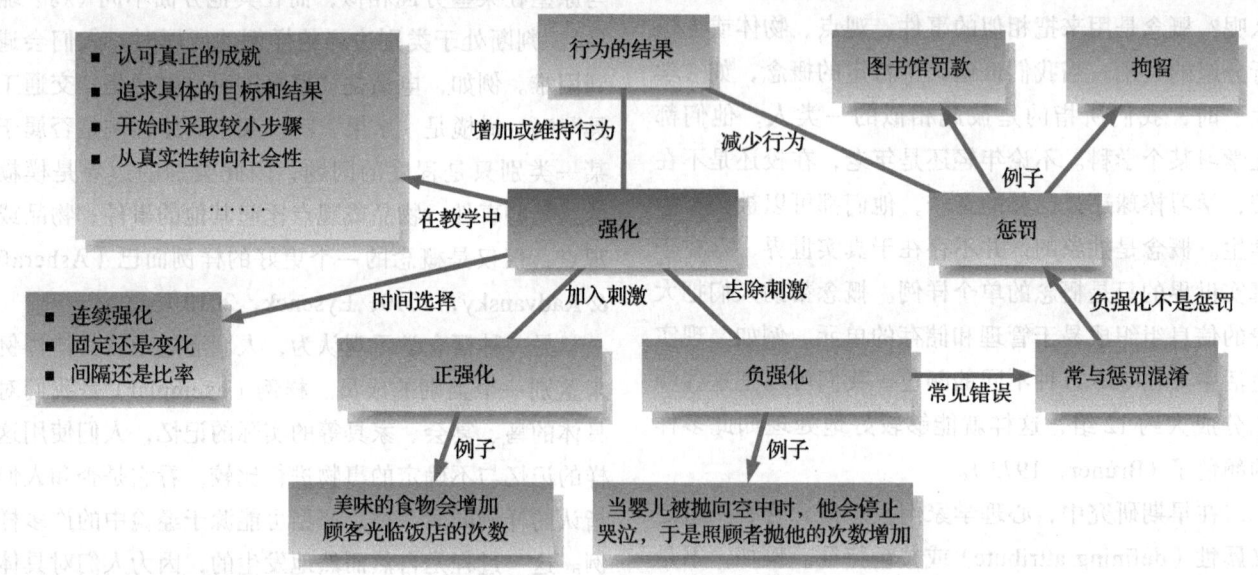

图 8-6　关于"强化"知识的图式

注："强化"概念属于"结果"这一范畴。根据不同的个人经验，强化可能与其他概念相关，如在饭店吃饭或将婴儿轻轻抛起。

图式会告诉你一个类别的典型特征是什么，你可以期待从一个实物或情境中看到什么。当我们在特定情境下应用图式时，它能够提供许多具体信息。而且，图式带有个人特征。例如，我的强化图式肯定不如斯金纳的图式发展得充分。在第 2 章讨论皮亚杰认知发展理论时，我们也曾遇到过一个非常类似于图式的概念。

当你听到"林肯是美国总统，在残酷的战争期间，他解放了奴隶"这句话时，你知道的不仅仅是句子中的三个命题。基于你的图式"残酷的战争"，你可能会推论战争后统一国家困难重重。有关"奴隶"的图式让你对他们的生活有一定了解，而这些信息在句子中没有得到明确的阐述。

图式知识帮助我们形成并理解概念。假币与真币的原型和样例相当吻合，看起来和真币一样，那么我们是如何辨认真币和假币的呢？我们经由假币的来历知道，邪恶的人印刷了假币。因此，对"钱"这个概念的理解就与犯罪、伪造罪、联邦财政等概念以及其他内容联系起来了。

有一种特别的图式叫**故事语法**（story grammar），有时也被称为文本图式或故事结构，这种图式能帮助学生理解和记忆故事。一般性的故事语法包含背景、起因、反应、目的、行动、后果和结局（van den Broek, Lorch, & Thunder, 1996）。一个更加具体的故事语法可能是这样的：发现谋杀案件，寻找线索，找出谋杀者的致命错误，设圈套让疑犯承认，谋杀者中计……然后谜团解开！要理解一个故事，我们要选择一个合适的图式。然后，我们要用这个框架来决定重视哪些细节，寻找什么信息以及记住什么内容。可见，图式就是一个关于故事将要如何发生的理论。图式在对文本的"质问"中引导我们，指出我们期望找到的某些信息，从而协助我们理解整个故事。如果我们激活了"谋杀谜团图式"，我们就可能对一些线索或者谋杀者犯的某个致命错误非常敏感。如果没有合适的图式，那么理解一个故事、一本书或一节课的过程将非常缓慢和困难，就像要在没有地图或GPS导航仪的情况下找到穿过一个新城镇的道路一样。

概而言之，命题、表象、概念及图式都属于外显的语义记忆。另一种外显记忆是**情景记忆**（episodic memory）。

7. 情景记忆

情景记忆指对特定的时间和地点信息的记忆，尤其是关于个体自身生活中的事件或情景信息的记忆。情景记忆指向我们经历过的事情，因此我们经常解释事情是何时发生的。相反，当我们获得语义记忆时，却常常不能描述出来。例如，你可能很难记住自己是何时获得对"不公平"这个词的语义记忆的，但是，你很容易记住你受到的不公平的对待。情景记忆也有助于你记住事情的顺序，因此，它是储存电影中笑话、故事或情节的好地方。

人们对生活中戏剧性或充满感情的时刻的记忆被称作**闪光灯记忆**（flashbulb memory）。闪光灯记忆生动、完整，仿佛你的大脑要求你"记录这一时刻"。在压力下，更多葡萄糖会为大脑的活动提供能量，同时，与压力有关的激素会向大脑发出信号：重要的事情正在发生（Myers，2005；Sternberg & Sternberg，2012）。因此，当我们有强烈的情绪反应时，记忆会更深刻、更持久。许多人对学校中发生的积极或消极的事情有着生动的记忆，尤其是获得奖励或被羞辱的经历。你也很可能记得"9·11"事件那天你在哪里以及在做什么。50岁以上的人会对肯尼迪遭到暗杀的那天记忆犹新：肯尼迪要搭乘飞机前往达拉斯，当他的汽车经过时，我们整个学校的人都已经步行到沃斯堡郊区的主街道鼓掌欢呼。当我回到学校上几何课时，我们听到了他在达拉斯被枪杀的消息。就在那一天，我的一个朋友曾和肯尼迪共进早餐，当他得知这一消息时，他沮丧极了。

8.3.3 内隐记忆

回顾图8-1，你会看到三种形式的内隐记忆或无意识记忆：经典性条件作用、程序性记忆和启动效应。就像我们在第7章中所看到的，在经典性条件作用中，一些无意识的记忆可能会让你在考试时产生焦虑，或者使你在听到牙医的电钻声时心跳加快。

第二种内隐记忆是对技能、习惯以及如何做事情的**程序性记忆**（procedural memory），即对程序性知识的记忆。也许你要花一些时间学习一个程序，比如如何滑雪、怎样进行因式分解或怎样设计教学方案等。但一旦学会，这种知识就可以长久地留存在记忆中。程序性知识通过脚本（script）和条件-行动规则来表征，后者有时候也被称为产生式（production）。

脚本指行动的顺序或储存在记忆中的行动计划（Schraw，2006）。我们都有关于某个事件的脚本，如在餐馆点菜的脚本。由于餐馆不同（如四星级酒店或快餐店），这些脚本也不尽相同。即使小孩子也有脚本，如在幼儿园的零食时间该如何表现，或者在朋友生日会上该如何表现，如图8-7所示。事实上，对于非常小的孩子来说，脚本似乎可以帮助他们组织和记忆自身世界中那些可以预知的事情。这样就释放了一些工作记忆，可以用于学习新东西或识别情境中怪异的事物。从人类生存的角度来说，记住可能继续发生的事情，并且注意到某些怪异的事物，可能是很有帮助的（K. Nelson & Fivush，2004）。

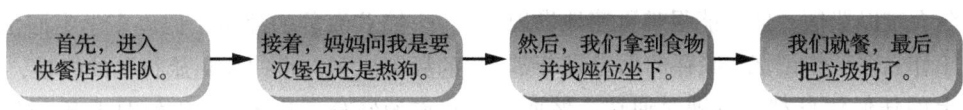

图8-7 一个孩子在快餐店就餐的脚本

产生式明确说明了在某种条件下做什么：如果A发生，那么就做B。比如："如果你想在雪地上滑得更快，那么就稍微向后倾斜。""如果你的目标是提高学生的注意水平，那么当一个学生集中注意力的时间比以前更长时，就表扬这个学生。"在现实生活中，人们往往说不出他们所有的脚本和条件——行动规则，甚至不知道他们正遵循着这些规则，却实实在在地在运用它们。程序性记忆被实践的机会越多，人们行动的自动化程度就越高，记忆也就更加内隐（J. R. Anderson, 2010; Schraw, 2006）。

停下来 想一想

请在空白处填写：mem____

最后一类内隐记忆涉及**启动**（priming）。所谓启动，就是通过一些无意识加工，激活已经储存在长时记忆中的信息的过程。上面的填空问题就体现了启动效应。如果你填写的是记忆（memory），而不是记录（memoir）、成员（member）或其他以 mem 开头的词，那就是启动在起作用，因为"记忆"这个词在本章前面出现了很多次。启动可能是信息提取的基本过程，因为启动会激活联结，并扩散到整个记忆系统（Ashcraft & Radvansky, 2010）。

8.3.4 长时记忆信息的提取

在本模块的最后，我们将深入探讨怎样通过创造外显和内隐记忆来将信息永久"保存"。在这里，让我们先来回顾一下关于长时记忆信息的提取和遗忘的几个普遍观点。当我们需要使用长时记忆中的信息时，我们会搜寻它。有时候，这种搜寻是有意识的，如你看到一个朋友正在走近，便在长时记忆中寻找她的名字；有时，从长时记忆中查找和使用信息是自动化的，如当你输入计算机密码时，或者当你看到"记____"，"记忆"这个词就浮现在你的脑海里时。长时记忆如同一个巨大的储存架，上面摆满了工具（技能、程序）和资源（知识、概念、图式），供你随时返回工作记忆的工作台完成任务。这个储存架（长时记忆）储存的信息多得令人难以置信，你可能很难迅速地发现要找的东西。工作台（工作记忆）储存的信息则非常少，但工作台上的任何信息都可以即时通达。然而，正因为工作台储存的信息很少，所以当它超负荷或者一些信息覆盖（干扰）了另一些信息时，工作记忆中的资源（一些信息）就会丢失（E. Gagné, 1985）。当

然，在进入工作记忆和长时记忆前，你必须先予以注意（Sliverman, 2008）。

1. 激活扩散

长时记忆中的网络是巨大的，但是每次只能激活其中一小部分。事实上，正像本章前面提到的那样，有些心理学家认为，长时记忆中被激活的那部分才是工作记忆。通过**激活扩散**（spreading activation），人们能够从这个网络中提取信息。当某个命题或表象处于激活状态——当我们正在思考它的时候，其他高度相关的知识也可以被启动或触发，激活从而可以在网络中得到扩散（J. R. Anderson, 2010）。因此，当我关注命题"我想开车去看落叶"时，相关的想法，如"我应该寻找落叶""车需要加油了"，就会浮现在脑海中。当激活从"开车旅行"扩散到"加油"时，原来的想法或处于激活状态的记忆就会因为空间的限制从工作记忆中消失。因此，长时记忆信息的提取在某种程度上是通过激活扩散实现的，即从一些知识蔓延到网络中的相关概念。

2. 重构

在长时记忆中，即使信息未被激活或当时你根本没有想到，信息也是可以通达的。如果激活扩散没有帮我们"找到"我们寻找的信息，那么我们可以采用**重构**（reconstruction）的方法。重构是一种认知工具或问题解决过程：通过填补缺失的内容，利用逻辑、线索及其他知识，建构一个合理的回答（Koriat, Goldsmith, & Pansky, 2000）。有时候，重构的回忆是不正确的。例如，1932 年，F. C. 巴特利特进行了一个关于记忆故事的著名研究，他让英国剑桥大学的学生读了一个复杂的、他们不熟悉的美国故事，并在间隔不同的时间段后，让学生回忆这个故事。结果，学生回忆的故事一般短于原来的故事，并且会被他们以他们熟悉的概念和语言讲述。例如，他给学生讲了一个捕获海豹的故事，但许多学生回忆（重构）起来的故事成了一个"捕鱼旅行"的故事，该活动更接近他们的经验，并且与他们的图式更一致。

3. 遗忘与长时记忆

一百多年前，一位研究言语信息记忆的先驱艾宾

浩斯（1885—1964）指出："所有的观念，如果置之不理，最终都会逐渐被遗忘。这一事实，世人皆知。"（p.62）由于时间衰减和干扰，信息会从长时记忆中丢失。例如，在结束西班牙语课程后的3年中，个体记忆的西班牙语单词会减少，然后会保持在一定的水平约25年，在接下来的25年中会再次减少。对这种下降趋势的一种解释是：神经联结与肌肉类似，长期不使用，就会逐渐减弱。虽然25年后记忆可能仍停留在大脑中的某个地方，但它们太微弱了，以至于不能被激活。此外，年龄带来的神经老化也是造成后期记忆衰退的一个因素，因为一些神经元会死亡（J. R. Anderson，2010）。最终，更新的记忆会使旧记忆变模糊，旧记忆也会干扰对新材料的记忆。

即使长时记忆会衰退并受到干扰，但它依然值得关注。短时记忆中存储的信息有可能丢失和遗忘，但是只要有合适的线索，长时记忆中存储的信息就可以保持很长时间（Erdelyi，2010）。鼓励学生投入，并引导他们对最初的学习进行高水平加工的教学策略，与学生更长久的知识保持有关。例如，不时地复习和考试、精细的反馈、设立高标准、掌握学习、积极参与各种学习活动，都是有效促进长期记忆的有效策略。

8.3.5 长时记忆的个体差异

影响长时记忆的主要个体差异是知识。就像我们之前提到的足球小专家的例子，当学生有更多专门领域的陈述性知识和程序性知识时，他们能更好地学习和记忆该领域的材料（Alexander，1997）。想象一下你阅读某个你不熟悉的领域的技术性书刊时的情景，你大概会觉得读每一行都很困难吧！你不得不停下来查生词或者翻回前文阅读你不理解的概念。因为你必须在理解的同时进行记忆，所以你很难记住你正在阅读的材料。如果你有良好的知识基础，学习和记忆就会变得容易；你知道得越多，就越容易知道得更多。这也许就是为什么你的专业课看起来比其他专业的选修课更容易一些。另一个与学习及记忆相关的因素是兴趣。要拥有专家一般的理解力和记忆力，需要技能（即知识）和刺激（即兴趣）不断相互作用（Alexander, Kulikowich, & Schulze, 1994, p.334）。

接下来，让我们进入一个非常重要的问题：教师如何促进学生所学知识的长久保持？

8.4 促进知识的深度理解和长久保存：基本原则与应用

我们如何最有效地使用几乎无限的记忆空间来促进学习和记忆呢？几十年来，认知心理学家一直在关注如何建构可长久保持的陈述性、程序性及自我调节知识。在这一部分，我们将分别探讨陈述性知识和程序性知识的发展，但是请记住：真实的学习是多种要素的联结和整合。在下一章讨论元认知时，我们还将探讨第三类知识——自我调节的知识。

8.4.1 陈述性知识的建构：形成意义联结

首先，让我们来考察几个可应用于所有学习情境的基本原则。你一开始学习信息的方式，也就是你在工作记忆中加工信息的方式，会强烈地影响随后你对信息的回忆。当你建构理解时，你需要将新信息与已经储存在长时记忆中的知识整合起来。在这里，精细加工（elaboration）、组织、形象化以及情境发挥着重要作用。

1. 精细加工

精细加工指通过与已有知识建立联系，赋予新信息意义。换句话说，我们用自己的图式和已经存在的知识建构理解。正如皮亚杰许多年前提到的，在这个过程中，我们通常会改变已有的知识。我们经常自动进行精细加工，如一段关于古罗马时期历史人物的描述会激活我们已经拥有的关于那个时期的知识，我们会用原有的知识来理解新的知识。

第一次学习就得到精细加工的材料，更容易被回忆起来。首先，就像我们在前文中看到的，精细加工是复述的一种形式，它能对信息进行全面分析，并将其与已有信息关联起来，从而实现深度加工（Craik & Tulving，1975）。此外，它能够激活工作记忆中的信息并使其保持足够长的时间，从而争取到更多机会把新信息整合到长时记忆中。其次，通过精细加工，新信息可以与已有知识建立额外的联系。信息或知识与其他信息或知识的联系越紧密，通达最初信息的路径就越多。换句话说，你将拥有可以用于获取或识别你正在找寻的信息的多个启动（提取）线索（Brunning et al，2011）。

学生越常对新观点进行的精细加工，就越能"把新观点变为自己的东西"。对新观点理解得越深，对该知识的记忆就越牢固。当我们要求学生用自己的话转译信息、举例、向同伴解释、以图表的形式呈现、厘清关系或应用知识解决问题时，我们都是在帮助学生进行精细加工。当然，如果学生用错误的解释加工了新信息，那么这些错误的观点也会被他们记住。

2. 组织

组织是改进学习过程的第二个因素。组织好的材料比零散的信息更容易学习和记忆，特别是当信息非常复杂或宽泛时。组块就是一种组织，它将细小、琐碎的信息组合成更大的、有意义的信息单元。把一个概念放在一个结构中，将有助于你学习和记忆它的一般定义和特殊例子。当你需要该概念时，这个结构将成为一个指引，使你重新记起这个概念。例如，表8-1有组织地列出了有关知识的分类的信息；图8-2有组织地列出了我的"强化"图式。下面的实践指南提供了一些有益的建议，从中我们可以知道如何和家庭合作，给学生提供更多的支持和练习机会。

| 与家庭和社区建立合作关系的实践指南 |

组织学习活动

为学生家庭提供具体的策略，帮助孩子练习和记忆。

例如：

（1）设计一套"超级学习者"的家庭作业，包括学习材料和"家庭指导卡片"，卡片上可以附上一种简单的记忆策略（与材料匹配），父母能教孩子使用这种策略。

（2）提供一些用于检查学生理解情况的题目，以便家庭成员帮助孩子复习家庭作业，并检查他们的理解情况。

（3）说明分散练习的意义，并且就何时及如何把技能练习融入家庭谈话和计划向家庭成员提出建议。

要求家庭成员分享他们的组织与记忆策略。

例如：

（1）建立家庭日历。

（2）鼓励家庭成员讨论计划。在讨论中，其他家庭成员需要帮助学生把大的任务分解成较小的工作，确定目标，并找到所需的资源。

讨论注意对学习的重要性。

例如：

（1）鼓励家长创造远离干扰的学习空间。

（2）确保家长了解布置家庭作业的目的。

---

3. 形象化

你可能还记得，我们在介绍双重编码理论时提到，以视觉和言语形式编码的信息最易于学习（Butcher，2006；Paivio，2006）。如果信息适合用图像呈现，那么形象化将有助于对它的记忆。例如，至少对我来说，将一辆小汽车形象化比将内燃发动机形象化容易得多。此外，构建表象（mental image）的能力存在个体差异，一些人完成这项任务的能力更强（Brunning et al, 2011）。那么，在教学中，一张图片是否胜过一千个文字呢？理查德·迈耶（2001，2005，2011）对这个问题进行了多年的研究，他发现将图片和文字恰当结合，至少能对高年级学生的学习产生显著影响。迈耶的多媒体学习认知理论包含三个你应当已经熟悉的概念：①双重编码，视觉和言语材料在不同的系统中得到加工（Clark & Paivio，1991）；②有限容量，储存视觉和言语材料的工作记忆有着严格的容量限制，人们需要管理认知负荷（Baddeley，2001；van Merriënboer & Sweller，2005）；③生成性学习，当学生关注相关信息并在它们之间建立起联系时，有意义学习就发生了（Mayer，2008，2011）。

但是，在工作记忆容量有限的条件下，应该如何建立复杂的理解，以整合视觉（图片、图示、图表、动画、影片）和言语（课文、讲座）资源呢？正确的做法是：保证信息同时可通达，或者通过集中的小组块呈现。迈耶和加利尼（Gallini）（1990）举了一个例子，用三类文本解释自行车打气筒是如何工作的。第一篇文本只使用文字；第二篇文本中有图片，图片呈现了打气筒的各个部分及其工作步骤；第三篇文本（这篇文本对学生的学习与记忆有所帮助）在图中每一个工作步骤旁对打气筒"开"与"关"的状态进行了简短说明，如图 8-8 所示。

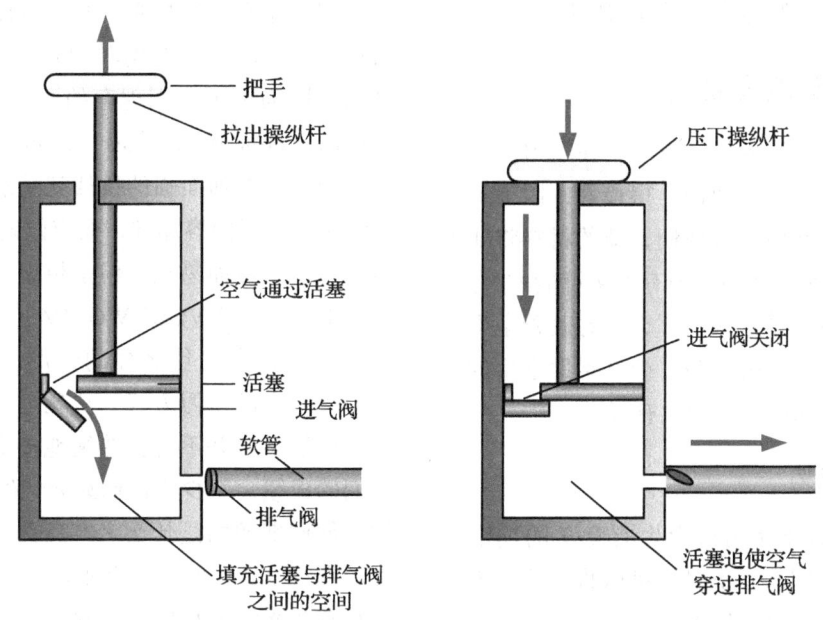

图 8-8　图像和文字有助于学生理解吗

注：在教学中，一张图片比得上一千个词吗？正如上面这个图解的效果显示的那样，图片与文字的正确结合对大学生的学习有显著影响。但是这些图片说明并未对中学生产生显著影响。图片和文字对学生的学习究竟会有哪些帮助？

然而，在教学中使用多种表征方式也需要慎重。首先，弗农·霍尔（Vernon Hall）及其同事在 1997 年的研究中发现，那些自己画打气筒工作原理图的学生和那些直接学习迈耶提供的原理图的学生表现一样好。其次，迈耶和霍尔的研究均以大学生为被试，而埃林·麦克蒂格（Erin McTigue，2009）在中学生的生命科学课和物理课上重复了该研究，发现图解对学生理解生命科学的文本有促进作用，但是对理解物理文本没有什么帮助。

因此，研究表明，仅仅使用多种表征方式（文字、图片、图形、表格、动画等）并不一定能更好地促进学生的理解。中小学生可能更需要颜色编码等辅助手段来帮助他们聚焦图片和图形的关系，或帮助他们不断地检查自己的理解，以及自己是否形成了错误概念等（Bertgild & Renkl，2009）。那么，上述研究结果告诉了我们什么呢？教师要鼓励学生以多种方式，如图片和文字解释，来帮助理解，但是不要让工作记忆超出负荷，要在记忆容量范围内将视觉和言语信息进行"打包"，并且要直接教学生如何理解图解以及如何自己画图。

4. 情境

情境（context）是影响学习效果的第四个因素。人们在学习信息的同时，也会习得获取信息时的物理环境和心境等方面的内容（如地点、空间、情绪、与谁在一起）。随后，当你设法回忆信息时，若现在的情境与当初的情境相似，信息将更容易被回忆起来（Ashcraft & Radvansky，2010）。情境是一种激活信息的启动。例如，一项经典研究在潜水员学习了一系列关于水下的单词之后对他们进行了测试，其中一部分人在水下进行测试，另一部分人在干旱的陆地上进行测试，结果前者记忆的内容比后者多（Godden & Badderley）。另一项研究发现，在特定空间内学习材料的学生在相似空间内接受测验的表现，会比在看起来不同的空间内接受测验的表现更好（S. M. Smith，Clenberg，& Bjork，1978）。因此，若学习和测验在相似的情境下（而不是在麦当劳之类的地方）进行，学生可能会有更好的表现。当然，你不可能总为了回忆一些事情而常常返回相同或相似的空间，但如果你能在脑海中勾画出当时的情境、具体的时间以及你的同伴，或许最终你可以通达你要提取的信息。

8.4.2 陈述性知识的发展

就像你所看到的，当人们在自己正在学习的某个领域有较好的知识基础时，他们学得最好，因为有许多精细的图式和脚本在引导着他们，新的材料将变得更有意义；而且，长时记忆网络中有许多可能的节点，它们可以将新旧信息联结起来。那么，想改善学生的学习过程，可能的策略有哪些呢？或许帮助学生的最好办法就是让每一节课都尽可能地有意义。

1. 使教学富有意义

有意义的课堂需要使用对学生有意义的词汇来呈现内容。教师在阐明新术语时，可以将这些新术语与学生更熟悉的词语及概念联系起来。有意义的课堂应该组织良好，不同知识点之间应有清晰的联系。同时，有意义的课堂能够通过例子和对比，自然地利用旧信息帮助学生理解新信息。

F. 史密斯（1975）提供的案例就强调了有意义教学的重要性。

停下来 想一想

看下面三行内容，先盖住其他行，只看第一行。看一秒钟，合上书，写下你记得的所有字母。然后以同样的方式看第二行和第三行。

（1）KBVODUWGPJMSQTXNOGMCTRSO
（2）READ JUMP WHEAT POOR BUT SEEK
（3）KNIGHTS RODE HORSES INTO WAR

每一行字母的个数相同，但是你记住第三行全部字母的概率更大一些，你也能记住第二行的许多字母，第一行字母记得最少。这是因为第一行的字母没有意义，只靠短时间的扫视是没有办法组织它的。工作记忆不能快速地保留和加工所有的信息。第二行比第一行有意义一些，你不必看每个字母，因为你的长时记忆会把你先前获得的关于拼写规则和词汇的知识提取出来，以完成目前的任务。第三行最有意义，仅仅扫视一下，你就可以记住所有的字母，因为你从长时记忆中提取出来的先前的知识，不仅包括拼写和词汇知识，还有句法规则，甚至可能有有关"骑士"的历史信息（他们没有驾驶坦克）。这个句子是最有意义的，因为你可以用现存的图式去同化它（Sweller, van Merriënboer, & Paas, 1998）。

因此，教师面临的挑战就是别让课堂学习的过程像记忆第一行内容那样，而应像记忆第三行内容那样。尽管这似乎显而易见，但是想想当你读到课本上或听到教授类似 KBVODUWGPJMSQTXNOGMCTRSO 的一句话时，会是什么样的情形？请注意，要设法改变学生过去的学习方式，从死记硬背转变为有意义学习，虽然学生并不总会热情地接受。学生也许只关心他们的成绩，至少当他们靠死记硬背得到 A 时，他们知道他们期望的是什么。有意义学习更有风险和挑战性。在第 9～11 章中，我们将讨论更多教师支持学生进行有意义学习与理解的方法。

当你的学生缺乏良好知识基础的时候，你会做些什么？**记忆术**（mnemonics）或许是一种可行的策略。

2. 记忆术

记忆术是提高记忆能力的系统程序（Rummel, Levin, & Woodward, 2003；Soemer & Schwan, 2012）。当信息缺乏内在意义时，记忆术通过把需要学习的信息与已存在于大脑中的词语或表象联系起来来建构意义。

位置法（loci method）的名字来源于拉丁语单词 locus 的复数形式，意思是"地点"。要使用位置法，你必须先想象出一个你非常熟悉的地点，如你的房间或公寓，然后找出一些特定的位置作为记忆的门闩。例如，假如你想去商店买牛奶、面包、黄油以及谷类食品，那么想象一瓶巨大的牛奶堵塞了走廊，一个懒懒的面包睡在客厅的沙发上，一大块黄油融化在整个餐桌上，谷物覆盖了厨房的地板。当你想记住这些物品时，你所要做的就是在你的房间里进行一次想象中的漫步。

如果你想要长时间地记住信息，或许你可以使用首字母缩写法。首字母缩写词（acronym）是缩写词中的一种，它是由一个短语中每个词的首字母组成的词。例如，HOMES 可以帮助你记住北美五大湖（Huron, Ontario, Michigan, Erie, Superior）。另一种方法是用每个单词或列表中每个项目的第一个字母来构成短语或句子。例如，Every Good Boy Does Fine 就是用来记忆高音谱表中五条线上的音符 E、G、B、D、F 的。因为作为一个句子，其中的单词一定有意义，所以这种方法具有**连锁记忆术**（chain mnemonics）的一些特征。连锁记忆术指用记住的第一个项目联结第二个，用第二个联结第三个，以此类推。一种连锁方法是通过一些视觉上的联系或故事，把清单上的每一个项目与下一个项目联系起来；另一种连锁方法是把所有要记住的项目整合到一句押韵的话中，如"i before e except after c"。

在教学中，被研究和应用得最为广泛的记忆术是**关键词法**（keyword method）。乔尔·莱文（Joel Levin）及其同事曾用 3R 记忆术来教关键词法：①把将要学习的词语重新编码（Recode）为一个自己更熟悉的、具体的关键词；②用一个句子把关键词与该单词的定义联系（Relate）起来；③提取（Retrieve）想要的定义。

关键词法已经被广泛应用于外语学习中。例如，西班牙单词"carta"（信件）读起来比较像英语单词"cart"（手推车）。在这里，cart 就成了关键词。你可以想象一辆装满了信件的购物手推车正被推往邮局；或者你可以造一个句子，如"装满信件的手推车翻倒了"（Pressley, Levin, & Delaney, 1982）。还有一个类似的方法可以帮助学生把艺术家和他们作品的某些方面联系起来。例如，让学生想象鲁奥（Rouault）油画中浓重、暗色的线条是用蘸了黑色油墨的尺子（ruler，发音与 Rouault 相近）画出来的（Carney & Levin, 2000, 2002）。图 8-9 呈现了一个使用图像记忆术学习日语单词的例子（Soemer & Schwan, 2012）。

图 8-9　使用图像记忆术学习日语单词
注：日语中的汉字（山）及相应视觉图像的例子。

如果教师仅给予学生关键词和图像，而不要求学生思考与自己有关的词和图像，那么利用关键词法记住的词是很容易被遗忘的。因为记忆联结是由教师提供的，这些联结可能并不适合学生已有的知识，可能随后就会被遗忘或发生混淆，从而导致记忆起来有一定的困难（Wang & Thomas, 1995; Wang, Thomas & Ouellette, 1992）。低年级学生难以形成他们自己的表象，对他们来说，依赖听觉线索来记忆更有效，如"Thirty days hath September"之类押韵的句子（Willoughby, Porter, Belsito, & Yearsley, 1999）。

总之，在我们获得一些指导学习的知识之前，运用记忆术在脑海中建构词汇和事实是有帮助的。

3. 机械记忆

需要通过死记硬背来学习的情况是非常少的。教师面对的最大挑战是帮助学生思考和理解，而不只是记忆。不幸的是，许多学生，包括我们在本章开头提到的那些学生，把**机械记忆**（rote memorizing）和学习画上了等号（Iran-Nejad, 1990）。

然而，在一些场合，你必须逐字记忆，比如记忆歌词、诗句或台词。那么你可以如何背诵？当你试着记忆一系列彼此相似的项目时，你会发现你容易记住开头和结尾的项目，忘记中间部分的项目。这个现象被称为**系列位置效应**（serial-position effect）。**部分学习**（part learning）能帮助你防止该效应发生，它要求将一系列项目拆分成较小的部分进行学习，因为把一个列表拆分成几个较小的部分意味着被遗忘的中间部分的项目更少。

记忆较长片段或列表的另一个策略是**分散练习**（distributed practice），它自 19 世纪 80 年代起就为教育心理学家所关注（Ebbinghaus, 1885/1964）。把背诵哈姆雷特独白的任务分散在周末的两天时间内完成的学生，比周日背诵了整晚的学生记忆效果更好。持续学习较长的一段时间，被称为**集中练习**（massed practice）。集中练习会导致认知负荷过重、疲劳、动机减弱。而分散练习有助于深入加工知识和强化大脑神经网络之间的联结，一段时间后遗忘的知识也能在下次分散练习中再次得到学习（Agarwal, Bain, & Chamberlain, 2012; Karpicke & Grimaldi, 2012; Son & Simon, 2012）。然而，需要注意的是，尽管相关研究一致显示分散练习有助于实现更好的学习和记忆效果，但大多数学生，包括成年人在内，都更偏好集中练习——这是"我们最喜爱的事物往往并不适合我们"的又一个例子（我正想着为明天看超级碗比赛准备干酪胡椒味玉米片）。为把分散练习融入课堂教学，莎娜·卡彭特（Shana Carpenter）和她的同事（2012）建议：①每隔几个星期复习一次重要知识，不断用最新的信息更新复习内容；②让学生能在家庭作业中再次接触重要知识点；③多进行小测试，激励学生自主复习。不过，就像你将在"正方观点/反方观点"中见到的，应在多大程度鼓励机械记忆仍然存在着争论。

正方观点 / 反方观点

机械记忆有什么错

多年来，学生依赖记忆来学习词汇、程序、步骤、名字和事实。这种做法不好吗？

正方观点：死记硬背产生惰性知识

一百多年以前，威廉·詹姆斯（1912）讲述了一个能够说明机械学习局限性的故事。通过这个故事，我们可以想象，如果学生只记忆而不理解，他们最终的学习效果将是怎样的。

我的一个朋友在参观一所学校时，被邀请去听低年级的地理课。他扫了一眼课本，问学生们："假设你在地上挖了一个几百尺深的洞，你觉得洞底会比洞顶热，还是比洞顶凉？"没有一个学生能回答他的问题。该班的老师说："我保证他们知道，但是你没有用正确的方式提问，让我问他们吧。"于是她打开书本，问道："地球的内部处于什么状态？"一半学生立刻直接说出了问题的答案："地球内部充满炙热的熔岩。"（p.150）

在这个案例中，学生记住了答案，但是他们并不理解答案的真正含义，也不理解"内部""地球"或"炙热的熔岩"的含义。只有在他们回答考试题目时，而且只有在题目的表述与他们的记忆完全一致时，这些知识对于他们来说才是有用的。当学生不能确切地理解这些术语，或者教师没有明确地解释这些术语时，学生往往会使用死记硬背的方式，以记住定义中的每一个词。

加德纳一直强烈批判机械记忆，支持"为理解而教"。在接受 Phi Delta Kappan（Siegle & Shaughnessy, 1994）采访时，加德纳说：

对于美国教育，我最担忧的是，即使在比较好的学校里，那些成绩较好的学生也仅仅是在走过场。在《未受学科训练的心智》（*The Unschooled Mind*）这本书里，我列举了大量的例子，它们都体现了一种对理解的缺乏：学生不能理解知识、技能和其他外在的成就，并且不能将知识成功地应用于新情境中。如此缺乏灵活性和适应性的教育是没有什么价值的。（pp.563-564）

反方观点：死记硬背是有效的

在学习几乎没有内在意义的新信息，比如外语单词时，死记硬背不是一个坏方法。以学习塔家路语（菲律宾的民族语言）为例，一些研究者比较了死记硬背和关键词法的学习效果（Alvin Wang, Margaret Thomas, & Judith Quellette, 1992），其中关键词法是一种在新词与已有单词和图像之间建立联结的学习方法。在他们的研究中，虽然采用关键词法能使个体在学习的开始阶段记得更快、更好，但时间一长，采用关键词法的学生遗忘的内容比死记硬背的学生更多。

一项对职前教师的调查发现：这些教师认为死记硬背对低龄儿童掌握基本技能是有价值的（Beghetto, 2008）。有些时候学生必须死记硬背，并且如果我们没有教学生这样做，那简直就是在虐待他们。例如，"低年级的简单数学运算和词汇阅读活动需要死记硬背，这有助于将来学生在学业上取得成功；建构主义和基于问题的学习本身，可能不如其与死记硬背结合起来更有效"。（Chang et al., 2011, p.25）

事实上，每一个学科都有自己的术语、名词、关注的事实和规则。作为成年人，我们想和这样的医生打交道：他们能够正确地记忆骨骼和器官的名字，还有对抗各种疾病的药物的名称。当然，他们在某些情况下可以查找某些信息或者进行研究，但是他们必须知道从哪里着手。我们想和这样的会计师打交道：他们能提供给我们正确的税率信息，为此，他们必须机械地记住这些信息，因为每年税率信息都在不那么理性和有意义地变化着。我们也想和这样的电脑销售员共事：他们清楚地记得库存量，确切地知道与我们的电脑匹配的打印机型号。也就是说，通过死记硬背学到的知识并不一定是惰性知识。真正的问题是，正如加德纳所指出的，你能否灵活而有效地使用这些信息去解决新的问题。

8.4.3 程序性知识的发展

在从文章阅读到医学诊断的各个领域，区分专家和新手的一个重要特征就是专家的许多陈述性知识已经"程序化"了。也就是说，专家的陈述性知识已经被纳入了常规，它们能自动化地被运用，而不会给工作记忆增加太多负担。专家的外显记忆也变成了内隐记忆，不再需要意识的控制。不需要意识控制就能运用的技能，叫作**自动化的基本技能**（automated basic skill），如标准变速器汽车的换挡。刚开始学习时，你必须思考每一步该怎么做，但当你变得熟练后，整个程序就会变得自动化。但是，并非所有程序都能变得自动化，即使对某个领域的专家来说，也不例外。比如，不论你的驾驶技术多么高超，你仍必须有意识地观察你周围的交通情况。这种有意识的程序被称为**专门领域策略**。研究发现，人们是以不同的方式来学习自动化的基本技能和专门领域的策略的（Gagne, Yekovich, & Yekovich, 1993）。

1. 自动化的基本技能

大多数心理学家认为，自动化技能的发展需要经历三个阶段：认知、联结和自动化（J. R. Anderson, 2010；Fitts & Posner, 1967）。在认知阶段，当我们第一次学习某一知识时，我们依赖陈述性知识和一般的问题解决策略来达成我们的目标。例如，学习组装一个书架时，我们会按照指导手册上所写的步骤，每完成一步就做一个标记，以便追踪整个进程。在这个阶段，我们必须"思考"每一步的做法，也许得参考一下各部件的图片，看看"4英尺长的带螺帽的金属螺栓"是什么样的。此时，工作记忆的负荷是很重的。例如，当我们选择的螺栓不合适时，我们可能需要进行很多次试错学习。

在联结阶段，程序里的单个步骤会被组合或"组块"，成为较大的单元。例如，我们会伸手去拿合适的螺栓，随即把它放进合适的孔。一个步骤自然地提示着下一个步骤。通过练习，我们会从联结阶段转化到自动化阶段。在这个阶段，整个程序不需要你投入很多注意力就能完成。所以，在你组装了足够多的书架后，你将可以一边组装一边轻松地谈话，几乎不用注意组装任务。不管哪个领域基本认知技能的发展，都会经历从认知到联结，再到自动化的转变。目前，研究者对科学、医学、象棋和数学领域进行的研究较多。可以明确的一个事实是：想让技能变得自动化，需要花费很长时间来练习。

为了帮助学生顺利度过这三个阶段并成为更加内行的学习者，教师需要做些什么呢？一般而言，有两个因素最为关键：必要的先前知识和有反馈的练习。首先，如果学生没有必要的先前知识（概念、图式、技能等），那么工作记忆的负荷会很大。其次，有反馈的练习能帮助你形成联结，自动认知线索，并把小步骤组合成较大的条件-行动规则或产生式。即使最早的认知阶段也应该包含真实情境中对整个程序进行简化后的练习。真实情境中的练习不仅有助于学生学习如何使用一个技能，而且有助于其学习为什么以及什么时候使用该技能（A. Collins, Brown, & Newman, 1989；Gagné, Yekovich, & Yekovich, 1993）。当然，正如每个体育教练都知道的那样，如果某个步骤、环节或者过程比较难把握，那么应该单独训练，直到熟练为止，然后把它放进整个序列中，这样就可以减轻工作记忆的负荷（J. R. Anderson et al., 1996；A. Ericson, 2011）。

2. 专门领域的策略

正如我们在前文中看到的，一些程序性知识（如开车时关注交通情况）不能实现自动化，因为其条件是不断变化的。当你决定变更车道时，你的操作可能是自动化的，但是根据周围的交通条件，你做出变更车道的决定时却是有意识的。**专门领域的策略**（domain-specific strategy）有助于人们在问题解决过程中有意识地运用某些技能以达成目标。为了支持对这种策略的学习，教师需要提供在许多不同情境中进行练习的机会，比如要求学生用包裹的标签、杂志、书籍、信函、操作说明、网页等来练习阅读。在下一章有关问题解决和学习策略的讨论中，我们将考察其他有助于学生发展专门领域的策略的方法。下面的实践指南总结了一些发展陈述性和程序性知识的方法。在下一章中，我们将详细讨论如何发展自我调节知识。

| 实践指南 |

帮助学生理解与记忆

确保课堂能够吸引学生的注意力。

例如：

（1）教师给出一个信号，告诉学生停止他们正在做的事情，将注意力转移到教师身上。确保学生对信号做出反应，不要使学生忽略信号。练习使用信号。

（2）绕着教室走动，使用手势，避免用单调的语调讲话。

（3）开始上课时，提出一个能激发学生对所学主题的兴趣的问题。

（4）通过走近学生、叫他们的名字或提问的方式来吸引学生的注意力。

帮助学生区分无意义的细节和要点，关注最重要的信息。

例如：

（1）概述教学目标，以提示学生该学什么，并将你正在呈现的教学材料和教学目标相联系。例如："为了达成黑板上所写的第一个教学目标——判断故事的情绪色彩，现在我将讲解如何寻找相关信息。"

（2）当你想指出重要信息时，你可以采用停顿、重复、让学生解释、在黑板上用彩色粉笔突显该信息、让学生在他们的笔记或阅读材料上进行标记等方式。

帮助学生在新信息和已有经验之间建立联系。

例如：

（1）复习的前提是帮助学生回忆他们理解新材料所需的信息："谁能告诉我们四边形的定义是什么？现在，告诉我们什么是菱形？正方形是四边形吗？正方形是菱形吗？今天我们将学习其他一些四边形。"

（2）用一个大纲或图表来说明新信息在你提出的知识框架中的位置。例如："既然你知道了FBI（美国联邦调查局）的职责，那你认为你可以在美国政府部门示意图的哪个位置找到它？"

（3）布置需要学生使用新信息与已知信息的作业。

提供复习所学信息的机会。

例如：

（1）开始上课前，快速复习家庭作业。

（2）频繁进行简短的小测验。

（3）在游戏中融入练习和复习的元素，或者让学生和同伴互相测验。

清晰、有组织地呈现材料。

例如：

（1）将课程目标清晰化。

（2）向学生提供一个简明的大纲，并用幻灯片播放该大纲，以提醒你不要偏离主题。当学生问问题或发表评论时，把他们所说的与大纲的相应部分联系起来。

（3）在课堂的中间环节和结束时进行总结。

关注意义，不要死记硬背。

例如：

（1）在教新单词时，帮助学生把新单词与他们已经理解的一个相关单词联系起来："敌意（enmity）与敌人（enemy）有着相同的词根。"

（2）在教余数时，让学生把12个实物分为2、3、4、5、6组，让他们算出每种情况下的"余数"。

模块 23 小结

比较陈述性知识、程序性知识、自我调节知识，以及外显记忆与内隐记忆

陈述性知识指可以被陈述的知识，通常以文字或其他符号的形式呈现，陈述性知识回答的是"是什么"的问题；程序性知识是关于"怎么做某事"的知识，它必须通过示范说明；自我调节知识意味着知道何时以及如何运用陈述性知识和程序性知识。记忆可以是外显的（语义记忆或情景记忆），也可以是内隐的（程序性记忆、经典性条件作用或启动效应）。

信息在外显长时记忆中是如何表征的，图式在其中有何作用

在外显（语义）长时记忆中，大量的信息通过命题网络、表象、概念和图式的形式储存或相互关联。双重编码理论认为，以言语和视觉（图像）两种形式进行编码的信息更易于记忆。大量信息是以概念的形式进行存储的。概念是用来把相似的事件、观点、物体或人进行分组的类别，它可以帮助人们鉴别某一类别的元素，比如书、学生或猫。概念提供了整合类别内具有多样性的元素的一种方式。人们经常用原型（理想样例）和样例（代表性记忆）来表征概念。概念也以我们对世界的理解和认识为理论基础。我们用图式来组织命题、表象和概念。图式是一种数据结构，借助图式，我们可以表征大量的复杂信息、做出推论，以及理解新的信息。在外显情景记忆中，信息以事件，尤其是个人经历的事件的形式进行储存，因此包含生动的闪光灯记忆。当今的一些心理学家认为工作记忆只是正处于激活状态的那部分长时记忆而已，是你此刻正在思考的内容。

什么是内隐记忆

内隐记忆是在意识范围之外但仍然影响我们思考和行为的记忆。内隐记忆主要有三种形式：经典性条件作用、程序记忆和启动效应。第7章中详细讨论了生理与情绪反应自动化的经典性条件作用。程序记忆包括技能、习惯，以及关于如何完成任务的脚本。换言之，程序记忆就是对于程序性知识的记忆。启动指通过一些无意识加工，激活已经储存在长时记忆中的信息的过程。启动可能是信息提取的基本过程，因为启动会激活联结，并扩散到整个记忆系统。

我们为什么会遗忘

工作记忆中信息的丢失说明该信息真的不见了，但只要有合适的线索，长时记忆中的信息还是可以通达的。随着时间的流逝，长时记忆中的信息似乎会衰退（与肌肉类似，如果不使用，神经联结会逐渐减弱）。此外，干扰也可能使长时记忆中的信息被遗忘（更新的记忆会使旧记忆变模糊，旧记忆也会干扰对新材料的记忆）。

哪些因素可以促进陈述性知识的发展

一开始学习知识的方式会影响后来其能被回忆起来的程度。促进陈述性知识发展的一个重要方式是通过精细加工、组织、形象化和情境的作用，把新材料与已经储存在长时记忆中的知识整合起来。双重编码理论认为，以视觉和言语两种形式编码的信息更易于记忆。只要组织合理且不使工作记忆超负荷，图片和文字的共同呈现将有助于知识的长久保持。记忆的另一个观点是加工水平理论，该理论认为对信息的回忆取决于它被加工的完成程度。

阐述发展陈述性知识的三种方法

当我们将新信息与已有理解整合起来时，陈述性知识就会得到发展。学习和记忆最有效的方法是理解和使用新信息。使信息以更有意义的方式被记忆很重要，而且通常这也是教师面临的最大的挑战。记忆术对记忆是有帮助的，包括位置法、首字母缩写词、连锁记忆术和关键词法。一个强有力但有局限性的方法是机械记忆，在部分学习和分散练习方法的辅助下，它可以提供最有力的支持。

描述发展程序性知识的基本方法

自动化的基本技能和专门领域的策略，也就是两种程序性知识，可以用不同的方法学习。自动化技能的发展需要经历三个阶段：认知（遵循陈述性知识提供的步骤或指导语），联结（把单个步骤合并为更大的单元）和自动化（不需要投入太多注意力即可完成整个程序）。必要的前提知识和有反馈的练习有助于学生顺利地度过这些阶段。专门领域的策略是人们有意识地运用的，能组织思想和动作以达成目标的技能。为了支持对这种策略的学习，教师需要提供在许多不同情境中进行练习和应用的机会。

第8章复习思考题

单项选择题

1. 雷切尔在学年标准化考试到来之前已经练习了数周的乘法表。她对这些知识掌握得非常熟练。雷切尔目前已经不需要对这一知识投入注意了。这一过程被称作什么？
   A. 陈述性知识
   B. "闪光灯"式记忆
   C. 自动化
   D. 图式

2. 精细加工发生在个体将新信息与已有知识联系起来，为新信息增加意义的时候。换句话说，我们运用图式和已有的知识建构对信息的理解。下列有关精细加工的阐述，哪一项是错误的？
   A. 精细加工可以自动发生。
   B. 第一次学习时，如果能够对学习材料进行精细加工，那么以后回忆起来会比较容易。
   C. 精细加工会限制与已经存储的知识建立的联结的数量。
   D. 学生越对新信息进行精细加工，他们对知识的理解就越深，记得就越牢。

3. 坎贝尔小姐想确保参加她驾驶培训的所有学生日后能在任何情况安全行驶。为了达到这一目的，她让学生练习在雨雪天驾驶汽车。同样，她还保证学生有充分的机会练习在交通拥挤的状况下和在高速公路上驾驶汽车。坎贝尔小姐在促进学生下列哪项策略的发展？
   A. 专门领域的策略
   B. 记忆术
   C. 陈述性知识
   D. 精细加工

4. 认知负荷是指完成特定任务所需的心理资源总量，主要是工作记忆。在三种认知负荷中，哪种认知负荷能够通过引导学生互相解释学习材料，以图表的形式展现自己的理解或者是做一些有用的笔记来促进教学？
   A. 内在认知负荷
   B. 外在认知负荷
   C. 关联认知负荷
   D. 工作认知负荷

开放论述题

案例：比奇先生回想起他第一年做老师时的事情，感到很羞愧，因为一开始教课的时候，他几乎对教与学的过程一无所知。他还记得在一场数学考试之后，他这样警告学生："教室里的每一个人都知道测验要在今天举行，我简直不敢相信居然没有一个人通过这一测验。你们最好在考试季到来之前掌握这些概念。标准化测验中30%的题目都是代数题。我知道我们快速学完了几章内容，也许你们不太习惯这样的速度，但是我们必须学完这本书。而且，我不会让你们补考的！"

5. 比奇的学生可能需要在代数测验中用到哪三类知识？
6. 除了避免学生学习新信息时认知负荷过重外，比奇今后还可以怎样帮助他的学生提升理解和记忆效果？

Chapter 9 | 第 9 章

复杂认知过程

■ 教师的案例簿：你会怎么做

不加批判的思考

今年你带的班级比你以往带的任何一个班都要差。你给学生布置研究论文作业时，发现越来越多的学生使用网络寻找素材。使用网络本身并不是坏事，但是学生似乎完全相信他们在网络上查找的信息，没有丝毫批判性。大多数学生认为网上的信息肯定是正确的。学生的初稿中充斥着倾向一方的引用，而且没有标明出处。这不仅仅是学生不知道如何引用参考资料的问题。更令你忧虑的是，学生不能对他们阅读的材料进行批判性的评价。他们阅读的全是网络上的信息！

想一想

:: 你会如何帮助学生评估他们在网络上找到的信息？
:: 除此之外，你还将如何帮助学生批判性地思考你所教的学科？
:: 当你支持学生进行批判性思考时，你将如何考虑学生的文化信念和价值观？

■ 概览与目标

在前一章中，我们探讨了知识的发展，即人们是怎样理解与记忆信息和观点的。本章我们将关注人们理解知识时的复杂认知过程。理解不同于记忆，也不仅仅是用自己的话重述记忆内容。理解涉及对知识、技能及观点的恰当迁移与使用。在目前普遍使用的教育目标系统中，这样的理解被视为"高水平的认知目标"（L. W. Anderson & Krathwohl, 2001; B. S. Bloom, Engelhart, Frost, Hill, & Krathwohl, 1956）。我们将特别关注认知理论对于日常教学实践的意义。

由于认知观是一种哲学取向，而非一个统一的理论模型，因此源于认知观的教学方法各式各样。在本章中，我们将首先讨论元认知这一复杂认知过程。所谓元认知，就是运用关于学习和动机的知识与技能，对自己的学习进行计划与调节。接下来，我们将探索认知理论家曾做出重贡献的四个领域——学习策略、问题解决、创造性、批判性思维与论证，以及认知理论家对这四个领域的学与教提出的有益建议。最后，我们将讨论如何鼓励学生将学习从一种情境迁移到另一种情境。

学完这一章后，你就能：

目标 9.1 论述元认知在学习和记忆中的作用。
目标 9.2 描述能帮助学生发展元认知能力的几种学习策略。
目标 9.3 了解问题解决涉及的基本过程及其主要影响因素。
目标 9.4 阐述创造性的基本内涵、主要评估方法及其激励措施。
目标 9.5 阐述影响学生批判性思维、论点形成和证据收集的因素。
目标 9.6 论述应如何、为何以及何时将在一个情境中学到的知识运用到新的情境和问题之中。

模块 24 元认知和学习策略

在第 8 章中，我们学习了基本的认知过程，如知觉、表征、记忆等。读完后，你可能会发现它们虽然基础，但并不简单。在本章中，我们会考察更复杂的认知技能，其中很多都属于**高阶思维**（higher-order thinking）。高阶思维指的是不再停留于记忆或重述事实和想法，而是在真正理解的基础上剖析和评价这些事实，甚至创造出新的概念，产生自己的想法。杰罗姆·布鲁纳（Jerome Bruner, 1973）曾写过一本与此相关的书，名叫《超越给定信息》（*Beyond the Information Given*）。超越给定信息确实是通达高阶思维的重要途径。布鲁纳（1996）随后指出：

> 超越给定信息去思考和解决问题，是生活中难得的、永不褪色的乐趣之一。学习（和教学）最大的成果之一就是在头脑中对事物进行良好的组织，从而使你知道的比你"应该"知道的更多。这就要求你时常反省和沉思你所知道的东西。(p.129)

在第 14 章中，你会遇到**高层次思维**（higher-level thinking）这个概念。我们使用布鲁姆的分类法将思维划分成了几个层次，其中较低层次的思维包括记忆、理解和应用，较高层次的则包括分析、评价和创造。当然，如果不知道每种思维的基础，就很难确切地判断学生在使用哪种思维。尽管一个鹦鹉学舌、死记硬背课本上的平衡原理的学生的思维水平，听起来比通过玩跷跷板发现了简单的平衡原理的孩子的思维水平更高，但是实际上后者使用了更高层次的思维。正如电影《心灵捕手》中一个非常经典的桥段：在酒吧里，一个自命不凡的研究生试图通过对某段历史的精彩解读，使威尔·亨延的一个朋友丢脸。这时，威尔出其不意地指出，这个研究生对历史"富有新意的"的解读其实完全来源于教科书的某些段落。干得漂亮！

9.1 元认知

在第 8 章中，我们讨论了许多执行控制过程（executive control process），包括注意、复述、组织、表象以及精细加工。执行控制过程有时也被称为元认知技能，因为人们可以有意识地运用它来调节认知过程。

9.1.1 元认知知识与调节

埃米莉·福克斯（Emily Fox）和米歇尔·里孔桑特（Michelle Riconscente）将元认知界定为人们"对作为获知者的自己的知识或意识"（2008, p. 373）。"元认知"字面上的意思是对认知的认知，或者对思维的思维，有些像威廉·詹姆斯 100 多年前的论述（尽管他当时并未提出此术语）。布鲁纳早前指出，元认知涉及对自己知道的内容进行反思，即思考你自己的思考。元认知是有关自身思维过程的高阶知识，也是运用这种知识来调节理解、问题解决等认知过程的能力（Bruning et al., 2011）。

元认知过程和技能涉及的范围很广，包括判断你是否有解决问题所需的知识，决定你要将注意力集中到何处，确认你是否明白所读的内容，制订和调整计划，使用记忆术等策略，判断你所学的知识是否足够通过测试，评估问题解决方案，决定是否寻求帮助，为实现目标而广泛地协调认知能力等（Castel et al., 2011；Meadows, 2006；Schneider, 2004）。例如，在第二语言学习中，你需要关注这门新语言的重要元素，忽略那些会分散你的注意力的信息，并抑制那些可能影响第二语言学习的母语知识（Engel de Abreu & Gathercole，2012）。

元认知包括我们前面讨论过的三种知识：①你作为一个学习者具有的陈述性知识，它是影响学习、记忆、技能、策略以及任务执行所需的资源的因素，即知道做什么；②程序性知识或知道如何运用策略；③保证任务完成的自我调节知识，即知道任务完成的条件，以及何时、为何应用程序和策略（Bruning et al.，2011）。元认知就是策略性地运用陈述性知识、程序性知识和自我调节知识来达成目标和解决问题（Schunk，2012）。元认知还包括知道在学习中运用认知策略的价值（Pressley & Harris，2006）。

元认知调节着思维和学习（Brown，1987；Nelson，1996），它包括三个基本技能：①计划，包括决定在一个任务上花费多长时间，使用哪种策略，怎样开始，收集什么资源，遵循什么顺序，略过哪些内容，以及特别注意哪些方面等；②监控，即对"我正在如何做"的即刻意识，包括"这个有意义吗""我的速度是不是太快了""我学得足够多了吗"等问题；③评价，即对思维和学习的过程和结果的判断，如"我应该改变策略吗""我需要求助吗""现在应该放弃吗""这篇论文（这幅绘画、这个模型、这首诗歌、这个计划等）完成了吗"。在实际教学过程中，教学反思——回想上课时发生了什么以及为什么会发生，思考下次发生时可以怎么做，是元认知的重要体现（Sawyer，2006）。

当然，我们不必每时每刻都使用元认知，因为有些行为我们已经习以为常。当任务具有挑战性，但又不是特别难时，元认知最有效用。此外，我们计划、监控和评价的过程不一定是有意识的，对成年人而言尤其如此。我们可能会在意识不到的情况下自动地使用元认知（Perner，2000）。计划、监控和评价可以说是专家的第二天性，但他们很难清晰地描述自己的元认知知识与技能（Pressley & Harris，2006；Reder，1996）。

9.1.2 元认知的个体差异

使用元认知策略的能力和容易程度因人而异。元认知能力的某些差异是发展的结果。比如，年幼的孩子可能意识不到一节课的目的——他们可能认为他们要做的就是上完它；他们也不擅长估计任务的困难程度——他们可能认为娱乐性阅读与科技书刊阅读是一样的（Gredler，2009b）。随着孩子长大，他们更可能进行策略执行控制方面的练习。比如，他们将更会判断自己是否已理解了指导语，或是否已能够记住一系列学习内容。元认知能力在5~7岁时开始发展，并会在整个中小学期间不断提高（Flavell, Green, & Flavell，1995；Woolfolk & Perry，2015）。然而，正如本书多次强调的，知和行不是一回事。学生可能知道日积月累式的学习更好，然而他们依然经常抱着"仅此一次"的想法，选择快速填鸭式的学习。

不过，并不是所有元认知能力的差异都与年龄和成熟程度有关（Lockl & Schneider，2007；Vidal-Abarca, Mañá, & Gil，2010），元认知能力的某些个体差异可能是由生理差异或学习经验的差异引起的。事实上，许多被诊断为患有学习障碍的学生在监控自己的注意方面存在困难（Hallahan, Kauffman & Pullen，2012），特别是在完成一些需要花费较长时间的任务时。教师对提升学生元认知技能水平的重视，对那些存在学业困难的学生来说尤为重要（Schunk，2012；Swanson，1990）。

9.1.3 元认知的发展

和其他所有知识或技能一样，元认知知识和技能也可以被习得或提高。

1. 年幼学生的元认知发展

在纽约皇后区达里克·德索泰尔（Daric Desautel，2009）所带的2年级班中，大部分学生是拉丁裔和非裔孩子。德索泰尔非常关注作为教学任务一部分的学生的元认知知识和技能，如设定目标、进行计划、评估成绩和自我反思，以此来帮助学生养成"向内"审视自己思维过程的习惯。在教学中，他还使用自我反思策略以帮助学生学会如何评估自己的写作，并获得读者和作者两个视角的观点。例如，一个完整的自我反思可以包括询问自己下列问题：

- 你是否选择了一个你所知甚多的话题？
- 你文章的开头写得有特色吗？读者会因此而想了解更多内容吗？

- 你是否组织好了自己的想法并整理成了目录?
- 你是否选用了能把内容阐释清楚的恰当的表达方式?
- 你是否重读了你的文章,并核查了语气、时态、语序和可能的错误?

事实上,通过发展学生的元认知能力,德索泰尔成功地帮助了他所有的学生,而不仅仅是那些语言能力强、学习成绩突出的学生。有位学生在他的反思中这样写道:"我尽了自己最大的努力来写这个作品。比起故事,我更喜欢非小说类书籍。下次,我要写一篇有关不一样的运动的文章。"

南希·佩里对1年级和2年级学生进行研究后发现,问学生这两个问题能帮助他们发展元认知能力:"今天,作为一个读者/作者,你觉得自己学到了什么?""你学到了什么值得以后再次采用的策略?"若老师定期询问班上的学生这些问题,即使低年级的学生也会发展出相当老练的元认知理解和行为(Perry et al., 2000)。

和我合作多年的许多教师都喜欢引导学生使用一个叫作KWL的策略来指导自己的阅读与提问。这个通用的模式适用于多个年级的学生,它的基本步骤包括询问自己:①K(Known),关于这个科目,我已经知道了什么;②W(Want),我想知道什么;③L(Learned),阅读或探究结束时,我学到了什么。

KWL策略鼓励学生审视和识别在某一学习情境中他们已经知道什么、想去哪里以及实际收获了什么,这对学习来说是一种重要的元认知策略。玛丽莲·弗兰德和威廉·布尔苏克(Marilyn Friend & William Bursuck, 2002, pp.362-363)描述了一个教师是怎样通过示范和讨论来教授KWL策略的。在带领学生明确了KWL的三个步骤之后,该教师示范了使用KWL学习"蜡笔"的相关知识的正面和反面例子。

教师:当我们学习一篇短文时,我们会怎样做呢?首先,我会进行头脑风暴,试着思考任何我已经知道的有关这个题目的事情,并把它们写下来。

教师在黑板上写出已知的蜡笔的属性,如"用蜡做的""有许多颜色""可以削""有几个不同的牌子"。

教师:然后,我会把这些我已经知道的信息进行分类,如"蜡笔的成分"和"蜡笔的颜色"。接下来,我会写出我希望通过阅读得到答案的问题,例如"谁发明了蜡笔""它是什么时候被发明的""蜡笔是怎样制成的""它是在哪里被制成的"。此时,我做好了阅读的准备。于是我开始读《蜡笔》这篇文章。读完之后,我必须写出我从这篇文章中学到了什么,写出任何可能可以解答我阅读之前所提问题的答案和其他有关信息。例如,我知道了彩色蜡笔最早是由埃德温·宾尼(Edwin Binney)和哈罗德·史密斯(Harold Smith)于1903年在美国制造的;我还知道了绘儿乐(Crayola)公司是最早制造魔术笔的公司。最后,我会把这些信息组织成一张示意图,好清楚地看到这篇文章的主要观点和支持性观点。

这时,教师在黑板上画了一张示意图。

教师:让我们来谈谈我刚才采取的策略的各个步骤以及我在阅读之前和之后所做的事情。

紧接着,教师组织了课堂讨论。

教师:现在我将再读一次这篇短文,我想让你们根据KWL及其延伸策略评价一下我的课文阅读技巧。

接下来,这位教师故意错误地展示了该策略。

教师:这篇短文是关于蜡笔的。好了,除了知道蜡笔有数百种颜色以及它们似乎容易从中间折断之外,关于蜡笔我们还知道什么呢?蜡笔是给小孩子用的,而我上初中了,所以我不需要知道很多有关蜡笔的事情。我会简单地浏览这篇短文,继续往后阅读,回答问题。在这里,我是否很好地进行了该策略的各个步骤呢?

然后,学生们讨论了教师对该策略的不恰当使用。请注意,教师恰当地提供了正面和反面的例子,这是有效教学的重要特征之一。

2. 大中学生的元认知发展

对年长的大中学生来说,教师可以把元认知问题整合到教学、讲座和作业中。例如,戴维·约纳森(David Jonassen, 2011)建议教学设计者把下列问题整合到多媒体学习环境中,以帮助学生更好地进行自我反思。这些问题包括:

- 在学习方面，我有哪些优点和缺点？
- 需要学习时，我如何激励自己学习？
- 我能否很好地判断自己理解得好不好？
- 如何重点关注新信息的意义和价值？
- 在任务开始之前，如何设定具体的目标？
- 在开始学习之前，应该就教学材料问些什么问题？
- 完成这部分学业后，我的学习目标实现了多少？
- 完成一项学习任务后，我是否学到了尽可能多的东西？
- 我是否考虑到了某一问题所有可能的解决方法？

元认知还包括使用学习策略的知识。这就是接下来我想讨论的话题。

9.2 学习策略

大多数教师会告诉你，他们想让学生"学会怎样学习"。多年的研究表明，好的学习策略有助于学生的学习，而且教师可以将这些策略教给学生（Hamman, Berthelot, Saia, & Crowley, 2000; Pressley & Harris, 2006）。但是，有人教学生"怎样学习"吗？直到高中甚至大学，教师才会直接教学生有效的学习策略和研究技能，所以学生练习运用这些策略的机会很少。相反，学生通常很早就自己探索出了简单重复和死记硬背的学习方法，因而广泛地练习了这些策略。非常不幸的是，很多教师认为学习就是记忆（Beghetto, 2008; Woolfolk Hoy & Murphy, 2001）。这就是许多学生坚持用抽认卡和记忆来学习的原因：他们根本不知道除了死记硬背外，还有什么别的方法（Willoughby, Porter, Belsito, & Yearsley, 1999）。

正如我们在第8章中看到的，一开始的学习方式会对我们随后的记忆和知识运用方式产生极大的影响。首先，为了学习，学生必须进行认知投入，把注意力集中在与材料相关的或重要的方面。其次，为了思考和深层加工，他们必须付出努力、建立联系、精细加工、转换、创造、组织和再认，练习和加工得越多，学习效果越稳固。最后，学生必须调节和监控自己的学习，知道什么是有意义的，以及什么时候需要

使用新方法，也就是元认知。下面我们就将重点探讨如何集中注意和努力，如何深度加工信息，以及怎样监控理解，以帮助学生形成有效的学习策略。

9.2.1 有策略地学习

学习策略是一种特殊的程序性知识——知道如何去做的知识。学习策略有上千种，有些是通用的，并可以在学校里学会，比如写概要或列提纲；有些适用于特定科目，比如使用记忆术记忆行星的顺序，用"My Very Educated Mother Just Served Us Nachos"（我那受过良好教育的母亲给我们吃墨西哥玉米片）来指代水星（Mercury）、金星（Venus）、地球（Earth）、火星（Mars）、木星（Jupiter）、土星（Saturn）、天王星（Uranus）和海王星（Neptune）；还有些策略可能非常独特，比如某人自己发明的学习中国汉字的策略。学习策略可以是认知的（写概要，提取中心思想），元认知的（监控理解，如询问自己"我理解了吗"），或行为的（使用在线词典，设置定时器）(Cantrell, Almasi, Carter, Rintamaa, & Madden, 2010)。所有这些学习策略都是在常规方法不起作用且需要付出策略性的努力时，有目的地加以运用以完成学习任务的方法（Harris, Alexander, & Graham, 2008）。随着时间的推移，你对策略的使用将更加老到，需要的有意识的努力将更少。最终，你将可以自如地运用这些策略。也就是说，在这些策略不再发挥作用，你不得不学习新的策略之前，它们都会是你完成学习任务的常规方式。

熟练的学习者可以自动地运用很多学习策略。研究表明，学习策略与技巧的使用与高中学生的GPA和这些学生在大学的持续良好表现相关（Robbins et al., 2004）。关于学习策略的使用，研究者提出了以下重要原则。

（1）向学生呈现几种不同的策略，不仅要有一般的学习策略，而且要有适用于特定科目的非常具体的策略，比如稍后将介绍的画图策略。

（2）要教给学生关于何时使用、在哪里使用以及为什么使用各种策略的自我调节（条件性）知识。尽管大家都知道应该这样做，但教师经常忽略这一步骤。如果学生知道何时、何处以及为何使用策略，他们更可能坚持运用它。

（3）学生可能已经知道何时和怎样使用一个策略，但如果他们没有使用这些策略的愿望，那么他们的学习能力也不会提高。因此，有关学习策略的培养计划往往包含动机培训。

（4）需要使学生相信他们能够学会新的策略，他们的努力付出会有收获，使用学习策略会让他们变得更聪明。

（5）学生们需要对所学领域的背景知识和图式有所了解，从而理解所学资料。例如，如果你对鱼不了解，那么对一个有关鱼类的段落进行概括，对你而言就会很困难。因此，学生需要获得关于图式知识的直接指导，这种指导通常是策略训练的重要组成部分。

至于具体的学习策略，表9-1对常见的几种学习策略进行了简要的总结。

表9-1 常见学习策略及示例

	例 子		例 子
制订计划和集中注意力	设定目标和时间表	理解	举例说明
	画下划线和用彩笔做标记		向同伴解释
	略读，寻找标题和主题句		预测内容
组织和记忆	制作组织结构图	认知监控	自我提问和自我测试
	创建流程图、维恩图		确认哪些内容自己没有理解
	使用记忆术和表象	练习	部分练习
理解	概念图、概念网络		整体练习
	写概要、列提纲、做笔记		

1. 确定哪些是重要的内容

你可以从表24-1中看出，学习是从集中注意力开始的，也就是要确定什么是重要的内容。但是，将不那么重要的信息与主要观点区分开来并不总是一件容易的事。学生往往更容易注意到诱人的细节或具体的例子，也许这是因为它们更有趣（Gardner, Brown, Sanders, & Menke, 1992）。上完一节课后，你可能会记住一个笑话或一个有趣的例子，但是并不清楚教授想用这些例子表达什么观点。如果你缺少某个领域的先前知识，而文章提供的新信息又很多，那么概括文章的中心思想对你而言会尤其困难。教师可以让学生通过课文中的标题、粗体字、纲要或其他标记来辨认关键概念和主要观点（Lorch, Lorch, Ritchey, McGovern, & Coleman, 2001）。

2. 写概要

写概要能够帮助学生学习，但是教师必须教会学生对学习材料进行概括的方法（Byrnes, 1996；Palincsar & Brown, 1984）。珍妮·奥姆罗德（Jeanne Ormrod, 2004）总结了帮助学生写概要的方法，它要求学生：①找出或写出每一个段落或部分的主题句；②明确涵盖几个具体观点的上位观点；③找出支持每一个上位观点的信息；④删去任何多余的信息或不必要的细节。

在实际的教学过程中，可以让学生从短小的、简单的、内容组织得较好的文章入手写概要，逐渐过渡到篇幅长、难度大、内容组织不佳的文章。刚开始时，若教师能给学生提供一个示例，那么可能会对学生很有帮助，例如，这个段落是讲述＿＿＿＿和＿＿＿＿的，这两者在＿＿＿＿这几个方面是相似的，但在＿＿＿＿这几个方面又是不同的。另外，教师可以要求学生将自己写的概要与他人写的概要进行比较，并讨论他们认为重要的观点是什么，他们的证据又是什么。

确定重要内容的另外两个学习策略是在课文重点下画下划线和做笔记。

停下来 想一想

你阅读的时候怎样做笔记？看一看前面的内容，你有用黄色或粉红色的笔标记书上的某些话吗？你会在空白处做记号或画图吗？如果你已经做到了这些，请再看看你的笔记做得合适吗？它们是否像杂货铺的货物清单那样凌乱？

3. 画下划线和用彩笔做标记

你会在课本上画下划线或用彩笔标记关键的短语吗？画下划线和做笔记可能是最常用的两种学习策略，但在大学生中的使用率并不高。一个普遍的问题是，学生画下划线或用彩笔标记的内容太多了。有选择性地标记要点会更好一些。有研究显示，限制学生画下划线的数量，例如要求学生每一段只能画一个句子，有助于学生学习成绩的提高（Snowman，1984）。除了有选择性地画下划线或做笔记，你还应该主动把书本上的信息转化为你自己的语言，不要依赖书本上的文字。关注你正在阅读的内容和你已经知道的其他事情之间的关系，你可以通过图表来说明它们之间的关系。最后，在材料中找出有条理的信息，并用它们指导你画下划线或做笔记。

4. 做笔记

做好课堂笔记不是一件容易的事情。首先，你必须将课堂上所讲的信息保存在工作记忆中；接着，在这些信息从工作记忆中消失之前，你必须对其中重要的观点或主题进行选择、组织和转化；然后，你得将这些重要的观点或主题写下来——所有这些事情都是你在听课的同时需要完成的（Bui, Myerson, & Hale, 2013；Kobayashi, 2005；Peverly et al., 2007）。当你在笔记本上奋笔疾书并设法跟上老师的讲课思路时，你可能很想知道做笔记到底有什么作用。研究发现，笔记做得好确实能够促进学习效果的提高。具体表现如下。

（1）做笔记能帮你在课堂上集中注意力。当然，如果做笔记妨碍了你听课和理解课程内容，它可能就不是有效的方法了（Kiewra, 1989, 2002；Van Meter, Yokoi, & Pressley, 1994）。栋·布伊（Dung Bui）和他的同事（2013）的研究发现，有条理地做笔记对拥有良好的工作记忆的学生而言效果很好；然而，对有着不那么好的工作记忆的学生而言，至少时间较短的课堂上，用笔记本电脑记录授课内容可能效果更好。

（2）做笔记能让你从所听、所看和所读的内容中建构出意义，从而帮助你对所学内容进行精细加工、深刻理解和记忆保持（Armbruster, 2000）。在一开始学习时做笔记可以帮助学生学习，即便学生考试前不复习笔记也是如此，对那些在某个领域缺乏先前知识的学生而言更是这样。

（3）笔记中储存的大量知识可以帮助你复习。经常做笔记的学生在测验中的表现较好，特别是当他们的笔记质量高时。所谓高质量的笔记，指笔记抓住了要点、概念和知识之间的关系，而不仅仅是记录了有趣的细节（Kiewra, 1985, 1989；Peverly, Brobst, Graham, & Shaw, 2003）。

研究发现，优秀学生会根据他们预期的使用知识的情境做笔记，并会在测验或作业之后调整做笔记的策略。他们会使用个人编码来标记他们不熟悉或对他们而言有些困难的材料。他们会利用相关资源（包括班上的其他学生）来填补学习上的漏洞。只有当每个字都是必需的时候，他们才会逐字逐句地记录信息。换句话说，优秀的学生有自己关于如何做笔记和使用笔记的策略（Van Meter, Yokoi, & Pressley, 1994）。

尽管有以上这些优势，但请记得前面的提醒：那些拥有良好的工作记忆的学生更容易抓住课堂的要点，有条理地做笔记；而那些工作记忆相对有限的学生可能需要专注于理解老师所讲的内容，只能用计算机进行记录。

尽管做笔记对大中学生都很有价值，但有学习障碍的学生往往不知道如何做笔记（Boyle, 2010a, 2010b）。对有学习障碍的中学生的研究表明，与使用传统方法记笔记的控制组相比，那些使用策略性笔记方法的学生，在科学课程的学习中能回忆和理解更多的关键观点（Boyle, 2010b；Boyle & Weishaar, 2001）。

表9-2展示的是做笔记的一个通用的形式，可以应用于学习的各种情境。这种给页面分区的想法来自康奈尔大学的沃尔特·波克（Walter Pauk）设计的康奈尔笔记。沃尔特·波克曾经在20世纪50年代写过一本《在大学如何学习》的经典指导书。给页面分区的笔记形式至今仍然非常有用（Pauk & Owens, 2010），对任何在记笔记方面需要额外指导的学生都是如此。

表 9-2　一种更有策略地做笔记的形式

主题	对于这个主题，我已经知道了什么
关键点/关键术语	笔记
概要（用三到五句话概括主要观点） 1. 2. 3. 4. 5.	
问题（还有什么令你感到困惑或不清楚的地方）	

资料来源：改编自 Pauk, Walter；Owens, Ross J. Q.（2010），*How to Study in College*（10th ed.）.（Original work published 1962）Florence, KY: Cengage Learning；and http://lsc.cornell.edu/LSC_Resources/cornellsystem.pdf.

9.2.2　视觉化组织工具

为了有效地使用下划线和做笔记，你必须确认课文的主要观点。另外，你必须理解课文内容的组织结构，也就是观点之间的联结和关系。目前，**概念图**（concept map）等可视化策略可以帮助学生做到这关键的一步（Van Meter, 2001）。概念图是组织和表示某一特定领域或给定主题的知识及其关系的图形工具（Hagemans, van der Meij, & de Jong, 2013；van der Meij, 2012）。图 9-1 所示的是一个用于制作概念图的网页的概念图，它是由美国佛罗里达人机认识研究院（Institute for Human and Machine Cognition, IHMC）的 Cmaps 工具制作的。Cmaps 工具是一个可以免费下载的创建概念图的工具。你也可以把这些相互联结的概念称为网。

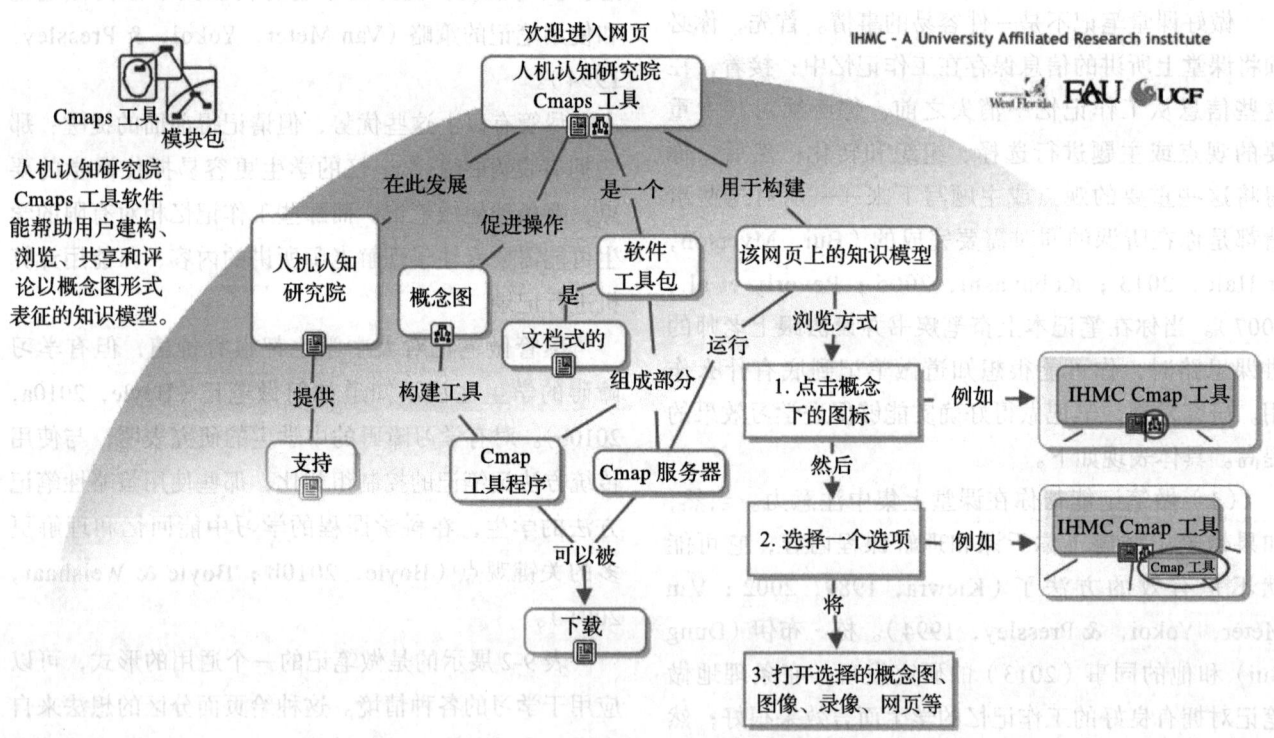

图 9-1　人机认知研究院 Cmaps 工具主页上的概念图

注：你可以从 http://cmap.ihmc.us 这个网页上下载概念图工具来建构、共享和评论任何学科的知识。

在对被试涵盖从小学 4 年级到研究生院的学生，研究主题涉及科学、统计学、护理学等学科的广泛主题的 55 篇相关研究进行综述后，约翰·内斯比特和奥卢索拉·阿德索普（John Nesbit & Olusola Adesope, 2006）得出了这样的结论："与朗读课文段落、听讲座以及参与讨论等活动相比，制作概念图能更有效地保持与迁移知识。"（p.434）研究表明，标明了因果关系、比较/对比关系以及例子的示意图都可以改善记忆。我在俄亥俄州的学生喜欢使用 Cmaps，有一位甚至用它来对自己的博士论文进行计划，并用它整理博士期间考试所需的阅读材料。由于计算机上的 Cmaps 可以连接到互联网，来自世界各地不同教室和学校的学生可以建立合作，也可以比较和讨论自己画的"示意图"与他人画的"示意图"。

教师提供的概念图可以作为学生学习的指南。米克·哈格曼斯（Mieke Hagemans）和她的同事（2013）发现，有颜色编码的概念图有助于高中生掌握复杂的物理概念。该概念图是计算机程序的一部分，当学生们完成某一部分的学习时，概念图的颜色会发生相应的变化。这样，学生就获得了一个指导他们阅读和完成作业的框架。这个计算机程序甚至还有提醒功能，例如，告知学生他们在学习"速度"的过程中，没有在"加速度"作业上花费足够的时间。

在实际教学中，还有一些其他视觉化组织工具可供使用。例如，维恩图（Venn diagrams）可用来表示观点或概念是如何重叠的；树形图可用来表示思想观点是如何分离和交织的；时间轴可用来组织有顺序的信息，在历史或地理课中非常有用。

9.2.3 阅读策略

正如我们在前文中了解到的，有效的学习策略可以帮助学生集中注意力、付出努力（如建立联结、精细加工、转换信息、组织材料、进行概括等），以深度加工信息，监控自己的理解。在阅读过程中，有几个策略可以支持这些加工过程，其中许多都涉及使用记忆术来帮助学生记忆。例如，小学之后的任何年级都适用的一个策略是 READS：R（Review），回顾标题和副标题；E（Examine），查看粗体字；A（Ask），问"我期望学到什么"；D（Do），做，去阅读；S（Summarize），用自己的话进行总结（Friend & Bursuck, 2012）。

阅读文学作品可以使用的策略是 CAPS：C（Characters），了解主人公是谁；A（Aim），理解故事的目的是什么；P（Problem），了解发生了什么问题；S（Solved），了解问题是怎样解决的。

上述策略效果显著，主要有以下几个原因。首先，按照这几个步骤进行阅读，能使学生更清楚地意识到所读的章节是如何组织的。例如，跳过标题可能会使你错过信息组织的主要线索，你经常这样做吗？其次，这些步骤要求学生分步学习新内容，而不是立即学习所有的内容。这样做需要学生进行分散练习。例如，回答与材料有关的问题可以促使学生更深层次、更精细地进行信息加工。

你必须教会学生使用这类策略的方法。直接的教导、解释、示范和有反馈的练习，都是必需的。对学习和阅读策略的直接指导，对有学习障碍的学生或以英语为第二语言的学生来说尤其重要。如果你对直接的教导、解释、示范和有反馈的练习的案例感兴趣，可以参看本章前面对 KWL 的讨论。

9.2.4 学习策略的应用

有关学习策略的研究有一个共同的发现，即"**产生缺陷**"（production deficiency），它指学生习得了策略，但在他们能够或应该应用时却没有应用（Pressley & Harris, 2006; Son & Simon, 2012）。研究表明，计划、组织、监控和调整等执行控制过程（也就是元认知策略）对患有学习障碍的学生而言非常重要。但事实上，这些患有学习障碍的学生的执行控制过程往往发展得不够充分（Kirk, Gallagher, Anastasiow, & Colemen, 2006）。因此，直接教授他们这些策略非常有意义。当然，要确保学生能真正使用他们知道的策略，必须做到以下几点。

（1）任务适当。要确保学生能真正使用他们知道的策略，首先学习任务必须恰当。当教师制定的任务是"学习和重现"课文中具体的单词时，学生还有必要使用复杂的学习策略吗？这样的任务适合使用记忆方法，最好的策略包括分散练习和记忆术（见第 8 章）。但是在现代教学中，我们希望教师少布置一些这样的任务。而面对理解性的任务，学生又需要采用什么策略呢？

（2）重视学习。使用复杂策略的第二个条件是学生关注学习和理解，他们必须有能通过使用有效策略达成的目标（Zimmerman & Schunk, 2001）。我记得有个学期，我教教育心理学这门课的时候，和学生们阅读了一篇刊登在《今日美国》上的关于学习技能的文章。文章的主旨是学生们应该不停地修改或重写他们某门课的笔记，最好到最后，他们理解的内容可以被浓缩到一两页纸上。显然，到了那个程度，学生们就可以记住所学知识的大部分内容，并且能够理解它们与其他知识的联系。"看！"我告诉那个班的学生，"这些观点可以应用于现实，而不仅仅是课文里的一句话。它们能够帮助你在大学里更好地学习。"经过热烈的讨论，班上最优秀的学生之一恼怒地说："我已经花费了18个小时——我没有时间学习这些东西！"她不相信通过坚持18小时重复抄写这样耗时的学习策略能够达到她的目标，她可能是对的。

（3）努力且自信。使用学习策略的第三个条件是学生必须相信使用学习策略所需要的努力和投入是合理的，且是有可能得到回报的（Winne，2001）。当然，学生也必须相信他们有能力使用学习策略，也就是说，他们必须拥有使用学习策略来学习相关材料的自我效能（Schunk，2012）。这又关系到另一个学习策略使用的条件：学生必须有所学领域的相关知识或经验。没有什么学习策略能帮助学生完成完全超出他们当前知识水平的任务。

下面的实践指南总结了一些关于如何有效应用学习策略的观点，你可以指导你的学生参照其进行实践。

| 实践指南 |

成为优秀学生

明确你的学习目标。

例如：

（1）阅读指定页码的材料，并列出提纲。

（2）写一篇论文引言。

确保你具备足够的陈述性知识（事实、概念、观点）来理解新信息。

例如：

（1）学习时，记住关键词的定义。

（2）运用自己的一般知识，如询问自己："我拥有____领域的哪些知识？"

（3）每天学习、积累2~3个新单词，并将其运用到日常沟通中。

了解教师测验时会采用什么题型（论述、简答），并在思考相应的材料。

例如：

（1）针对考察细节问题的测验，练习写出可能问题的答案。

（2）针对考察多项选择题的测验，使用记忆术来记忆关键术语的定义。

确保你知道要学习的材料是如何组织的。

例如：

（1）预习标题、前言、主题句和课文的摘要。

（2）对那些表明关系的词和短语保持敏感，如：另一方面、因为、首先、其次、然而、自从。

了解自己的认知技能，并有意识地使用它们。

例如：

（1）使用样例和类比把新材料与你关心并能很好地理解的事情（如运动、电影或其他爱好）联系起来。

（2）如果一个学习策略不起作用，就尝试另一个。这样做的目的是练习使用多个策略，而不是仅仅使用某个特定的策略。

（3）如果你开始开小差，可以站起来并在位置上不要动，目光离开书本一会儿，然后再坐下来学习。

用正确的方法学习正确的信息。

例如：

（1）确保你准确地了解了测验将涉及哪些主题和材料。

（2）把你的时间花在测验或作业会涉及的、重要的、有难度的和不熟悉的材料上。

（3）做一张表，列出课文中你认为难度大的部分，在那几页上多花点时间。

（4）通过使用记忆术、形成表象、创建样例、回答问题、用自己的话做笔记及对课文进行精细加工等方法来彻底加工重要信息。不要试图记忆作者的话，而要将其转化为你自己的话。

监控你自己的理解。

例如：

（1）通过提问来检视你的理解。

（2）当阅读速度慢下来时，确认你正在读的段落中的信息是否很重要。如果重要，就标注出来，以便重读或寻求他人帮助；如果不重要，就跳过去。

（3）和朋友一起学习并相互测验，以检查你的理解是否正确。

安排好你的时间。

例如：

（1）在学习效率最高的时段学习最困难的科目。

（2）单次学习时间宜短不宜长，除非你正全情投入或有了一定进展。

（3）清除任何让你分心又费时的干扰物。在一个没有室友和电视的房间里学习，而且最好关掉你的手机，甚至可以切断互联网。

（4）利用零碎的时间。比如，随身携带教育心理学笔记，当你在医院候诊或在洗衣店排队的时候，你可以将它拿出来阅读，这样时间就得到了充分的利用，而不是用在阅读那些旧杂志上。

资料来源：改编自 ucc.vt.edu/stdysk/stdyhlp.html；d.umn.edu/student/loon/acad/strat/；Wong, L.（2015）. *Essential study skills*（8th ed.）Stamford, CT: Cengage.

9.2.5 关注到每个学生：适合患有学习障碍的学生的学习策略

阅读是所有学习过程的核心，策略指导可以帮助存在阅读困难的学生。正像你所看到的，记忆术可以帮助他们记住阅读的步骤。例如，2010年，苏珊·坎特雷尔（Susan Cantrell）和她的同事筛选出862名阅读水平至少落后其他同学两年的6年级和9年级学生，这些学生来自23个不同的学校。之后，这些学生被随机分配到了学习策略课程组（Deshler & Schumaker, 2005）和传统课程组。学习策略课程重点关注单词识别、视觉表象、自我提问、LINCS词汇策略、句子写作、意义阐释等6个策略。其中，LINCS词汇策略使用故事和表象，引领学生学习如何识别、组织、定义和记忆单词，可以增强学生学习的主人翁意识。LINCS的步骤如下：L（list），"列出词汇"，识别出单词和关键信息；I（identify），"找到一个提醒词"，选择一个已知单词，以使学生回想起新学的单词；N（note），"用一个相关故事作为单词的注解"，讲一个能把已知单词和所学单词联系起来的故事；C（create），"创作一个相关图像"，画一幅画，代表这个故事；S（self-test），"自我测试"，通过复述LINCS的各个部分来检查词汇学习情况。

结果，一年后，学习策略课程组的6年级学生在阅读理解和策略使用上的表现比传统课程组的学生好，而9年级学生则没有显著差异。研究者们由此认为，也许当学生处于通过阅读"学习如何学习"的阶段，也就是小学和初中早期时，阅读策略教学更加有效（Cantrell, Almasi, Carter, Rintamaa, & Madden, 2010）。

当然，你需要做的不仅仅是将策略告诉学生，你需要教授策略。迈克尔·普雷斯利及其同事（1995）开发的认知策略模型可以指导教师教学生改进元认知策略。表9-3描述了教授这些策略的指导方针。

表 9-3　改进学生元认知策略的指导方针

这8个指导方针取自普雷斯利和沃洛申（Woloshyn）（1995）的专著，可以帮助你教授任何一个元认知策略。

- 在课程教学中，一次教少数几个策略，既可以分散教授，又可以集中教授。
- 示范和解释新的策略。
- 如果学生不理解策略的某些部分，就再次对策略使用中容易产生混淆或误解的方面进行示范和解释。
- 向学生解释在何处以及何时使用策略。
- 提供大量的练习机会，尽可能多地让学生在恰当的任务中使用策略。
- 鼓励学生监控当他们使用策略时是如何做的。
- 通过提高学生"正在获得有价值的技能"的意识——这些技能是在学习上取得成功的核心要件，来增强学生使用策略的动机。
- 强调反思性加工而不是快速加工；尽可能地采取策略来消除学生的高度焦虑；鼓励学生不要分心，将注意力集中到学习任务上。

注：想获取更多策略及其教学的信息，请点击 unl.edu/csi/bank.html。

资料来源：改编自 Pressley, M., & Woloshyn, V.（1995）. *Cognitive Strategy Instruction That Really Improves Children's Academic Performance*. Cambridge, MA: Brookline Books.

模块 24 小结

三个元认知技能是什么

用于调节思维和学习的三个元认知技能是计划、监控和评价。计划包括决定在一个任务上花费多少时间，使用哪种策略，怎样开始等。监控指意识到"我正在如何做"。评价则涉及对思维和学习的过程与结果进行判断，同时按照判断做出行动。

元认知的个体差异的来源是什么

元认知的个体差异可能源于发展的不同阶段（成熟程度）或学习者之间的生理差异。例如，年幼的学生可能不能像年长的学生那样理解课程的目标。

教师如何帮助学生发展元认知知识与技能

对年幼的学生而言，教师可以通过帮助他们"向内"审视自己的思维过程，促进他们阅读、写作和学习能力的提升。如果教师能进行适当的演示、解释和示范，KWL等策略将对他们很有帮助。对年龄大一些的学生而言，教师可以在作业环节和学习材料中设置更多的自我反思式问题，以发展学生的元认知。

什么是学习策略

学习策略是一种特殊的程序性知识——知道如何去做的知识。一个学习策略可能包括用于记忆关键词的记忆术，用于确认组织结构的略读，写出论述题可能的答案。学习策略的使用反映了个体的元认知知识。

学习策略有何重要功能

首先，学习策略帮助学生进行认知卷入——把注意力集中在材料的相关或重要方面。其次，学习策略鼓励学生为了深入思考而付出努力，建立联结、精细加工、转换、组织和重组，练习和加工得越多，学习越有成效。最后，学习策略帮助学生管理和监控自身的学习，追踪有意义的信息，并注意何时需要引入新的方法。

描述学习策略形成的基本过程

集中向学生呈现不同的学习策略，其中不仅要有一般的学习策略，而且要包含非常具体的技巧，如画图策略。要向学生传授关于何时、何地以及为什么使用各种策略的条件性知识。向学生展示他们使用策略后学习与成绩方面的进步，从而激发学生使用策略的动机。为了使学生能够有效地使用策略，教师还应给学生提供对相关知识的直接指导。

学生会在什么时候使用学习策略

如果学生对恰当的学习策略有所了解，那么他们会在下列情况下使用这些策略：需要采用良好的策略才能完成任务时；重视对任务完成质量的评价时；认为为使用策略而付出的努力是值得的，且相信自己能成功使用策略时。另外，自如地使用深度加工策略的前提是，学生必须持有这样的学习信念：知识是复杂的，必须花时间来学习，而且学习者需要主动付出努力。

模块 25　问题解决和创造性

9.3　问题解决

> **停下来 想一想**
>
> 你正在参加一个学校心理学家岗位的面试，负责面试你的地区主管以面试时出其不意的提问而出名。他递给你一沓纸和一把尺子，说："告诉我，一张纸的精确厚度是多少？"

这是一个真实的故事——若干年前，我在面试中遇到了这个问题。答案是先测量整沓纸的厚度，然后用这个厚度除以这沓纸的页数。幸运的是，我答对了，也因此得到了这份工作，但那是多么紧张的时刻呀！我猜测主管是想了解一下我在压力情境下解决问题的能力。

问题（problem）包含初始状态（当前情境）、目标（期望的结果）和达成目标的路径（包括朝目标方向努力的操作或活动）。问题解决者在达成目标之前通常需要建立次级目标，并完成该次级目标。例如，你的目标是开车去海滩，但你的刹车坏了，如果你要继续朝初始目标方向努力，那就应该先完成修理刹车这个次级目标（Schunk，2012）。另外，由于目标的清晰程度和可供解决问题的路径数量不同，问题可能结构良好，也可能结构不良。大多数算术问题结构良好，找到合适的大学专业则是一个结构不良的问题——它可能有许多不同的解决方法和途径。现实生活中有很多结构不良的问题（Belland，2011）。

问题解决（problem solving）通常被定义为提出新的方案，超越先前所学规则的简单应用，以达成目标。当问题没有明显的答案时，就需要问题解决，例如，"你买不起新刹车，那么当你的车滑向海滩时会发生什么"（Mayer & Wittrock，2006）。一些心理学家认为，人类的大多数学习过程都涉及问题解决，而如何培养学生成为更好的问题解决者正是教育教学中的重大挑战之一（J. R. Anderson，2010；Greiff et al.，2013）。解决复杂的、结构不良的问题的能力是国际学生评估项目（PISA）衡量的一项关键能力。PISA 是一个针对 15 岁青少年的阅读、数学和科学能力的全球性综合评估项目。2012 年，在 65 个国家中，美国的总分排在第 36 位（Organisation for Economic Co-operation and Development，2013）；若单看解决问题的表现，美国在 29 个国家中排名第 23（Belland，2011），所以提高美国学生解决问题的能力的空间是巨大的。

关于问题解决，至今仍存在许多争论。一些心理学家认为，有效的问题解决策略是具有领域特定性的。也就是说，数学中的问题解决策略只对数学起作用，艺术中的问题解决只对艺术起作用等。争论的另一方则认为，除了针对特殊领域的问题解决策略以外，还存在某些在许多领域都有用的通用问题解决策略。通用问题解决策略通常包含明确问题、设定目标、寻找可能的解决办法、行动和评估结果五个阶段。

实际上，争论双方的观点都有研究证据的支持。有研究者研究了 4 年级和 5 年级的学生，发现领域特定性因素和一般性因素都会影响被试解决分数问题的表现。具体来说，关于分数概念的特定知识和关于课堂行为的一般信息处理技能都会影响被试问题解决的成效（Steven Hecht & Kevin Vargi，2010）。另外一个对小学生的研究也发现，特定的算术知识和一般性的注意集中技能、工作记忆容量、口语表达能力，都与算术问题的解决有关（Fuchs et al.，2006，2012，2013）。

由于情境不同以及专业知识水平不同，人们似乎总会在一般和专门的方法之间徘徊。在早期，当我们对问题的范围或领域知之甚少时，我们可以依靠一般性的学习和问题解决策略来理解情境；在我们获得了更多专门领域的知识（特别是有关在这个领域中应该如何做的程序性知识）后，我们有意识地使用一般性策略的次数会越来越少，我们解决问题的过程也会变得更加自动化。但是，如果碰到了一个超出我们知识范围的问题，我们仍可能转而依靠一般性策略来攻克这个问题（Alexander，1992，1996）。

无论是一般的方法还是专门的方法，问题解决的第一步都是确认问题的存在（也许应把问题看作机会）。

9.3.1 确认与发现问题

确认问题的过程往往不是直截了当的。从前，有一群房客因为楼里的电梯太慢而感到特别恼火。受雇解决这个问题的顾问认真检测后报告说，这些电梯不比一般的电梯慢，升级改造的费用会很高。一天，这栋楼的主管看见人们正在焦急地等电梯，他意识到问题不是电梯太慢，而是人们太无聊了：他们在等电梯的时候无事可做。在明确了问题在于"无事可做"，并把它看成改善"等待时的体验"的机会后，主管在每层电梯旁安装了一面镜子，这个简单的解决方案消除了人们的抱怨。

明确问题是问题解决关键的第一步。然而，研究表明，人们经常匆匆完成这重要的一步，从而"跳"到对跃入脑海的第一个问题进行定义（"电梯太慢了"）的环节。研究发现，特定领域的专家更愿意花时间仔细考虑和界定问题的实质（Bruning, Schraw, & Norby，2011）。发现一个可以解决的问题，并且把它转化成一个机会，是许多成功发明，如圆珠笔、垃圾处理、定时器、闹钟、自清洁烤箱诞生的必经之路。

一旦确定了一个可解决的问题，那么下一步怎么做呢？

9.3.2 确定目标并表征问题

让我们来看一个真实的问题：用来摘番茄的机器会损伤番茄。对此，我们该怎么办呢？如果我们把问题表征为机器设计有误，那么我们的目标就是改进机器。但是，如果我们把问题表征为番茄品种不够好，那么我们的目标就是种出一种较硬的番茄。选择不同的表征和目标，会得到完全不同的问题解决路径（Nokes-Malach & Mestre，2013）。为了表征问题和制定目标，你不得不把注意力集中在相关的信息上，理解问题的表述，然后激活正确的图式来理解整个问题。

停下来 想一想

如果你的抽屉里有黑袜子和白袜子，它们是按照4:5的比例混合在一起的，那么你必须拿出多少只袜子才能保证拿出来的袜子中有两只颜色相同？
（改编自 Sternberg & Davidson，1982）

---

1. 集中注意相关的信息

表征问题通常需要注意相关的信息，忽略无关的细节。例如，对于上面的袜子问题，哪些信息与解决该问题有关？你意识到黑袜子和白袜子4:5的比例是一个无关信息了吗？只要你的抽屉里有两种不同颜色的袜子，你就必须拿出3只才能保证它们中的2只同色。

2. 理解对问题的表述

表征问题的第二个任务是理解用于表述问题的词语、句子和事实信息的意思。也就是说，问题解决需要理解用于表述问题的文字及其中上下文的关系。例如，数学问题就涉及数学运算符号（加法、除法等）之间的关系（Jitendra et al.，2010；K. Lee，Ng，& Ng，2009）。这些都对工作记忆提出了要求。例如，表征许多数学应用题和分数题的主要障碍是学生对部分-整体关系不够理解（Fuchs et al.，2013），学生较难确定哪些属于部分。这一点在以下教师和1年级学生之间的对话中表现得很明显。

教师：彼得有3个苹果，安有一些苹果。彼得和安一共有9个苹果，安有多少个苹果？

学生：9个。

教师：为什么？

学生：因为你刚才是这么说的。

教师：你能复述这个故事吗？

学生：彼得有3个苹果，安有一些苹果。安有9个苹果，彼得也有9个苹果。（改编自 De Corte & Verschaffel，1985，p.19）

这个学生把"一共"（altogether，即整体）解释为"每一个"（each，即部分）。

对大一点的学生来说，一个普遍的难题是理解比率和比例问题是基于乘法关系而非加法关系的（Jitendra et al.，2009）。所以在解决以下问题时：

$$2:14 = ?:35$$

许多学生会用减法来寻找2和14之间的差异（14-2=12），然后用35减12，得到23。这样，他们就得出了（错误）答案：

$$2:14 = 23:35$$

而真正的问题与2和14之间的比例关系有关。14是2的多少倍？答案是7倍。那么真正的问题其实是："哪个数字的7倍是35？"答案是5（7×5 = 35）。所以这个问题的正确答案是：

$$2:14 = 5:35$$

3. 理解问题的全貌

表征问题的第三个任务是把所有相关信息和句子汇编成对整个问题的精确理解或将其转换为另一个问题。这就意味着学生需要形成对这个问题的概念性模型——他们必须理解问题真正在问什么（Jonassen，2003）。看看下面这个例子。

停下来 想一想

两个火车站相距50英里，星期六下午两点，两列火车分别从两个车站出发，相向而行。在两列火车从车站出发之时，一只鸟刚好飞上了天，从第一辆火车的车头向第二辆火车飞去。当这只鸟到达第二辆火车的车头时，它再转身向第一辆火车飞。这只鸟不停地这样飞来飞去，直到两列火车相遇。如果两列火车都以每小时25英里的速度行驶，鸟以每小时100英里的速度飞行，两列火车相遇时，这只鸟已经飞行了多少英里（Posner，1973）？

当你对这个问题进行解释的时候，你实际上就在进行转换，因为你需要把问题转换成一个你能理解的图式。如果你把这个问题转换成距离问题（激活一个距离图式）并且制定一个目标（"我必须计算出这只鸟每次遇到开过来的火车并且转身时飞了多远，最后把来回飞行的所有路程加起来"），那么这就是一个非常难解决的问题。但是有一个更好的方法可以用来建构这个问题。你可以把它表征为时间问题，并把注意力放在鸟在空中飞行的时间上。这个方案可以这样陈述：

火车以每小时25英里的速度从两个车站相向而行，所以它们将在两个车站的中点相遇。这会花费一小时时间，因为它们每小时行驶25英里。鸟一小时能飞行100英里，因为鸟的飞行速度是每小时100英里。这样就太简单了！

研究表明，学生能够很快地确定问题是什么。一旦问题被归类——"啊哈，这是一个距离问题"，一个特定的图式就被激活了。该图式把注意力引向相关的信息，并使个体产生对正确答案的预期。例如，如果你激活的是距离图式，那么把多个短距离加起来，正确的答案似乎就浮出水面了（Kalyuga, Chandler, Tuovinen, & Sweller, 2001；Reimann & Chi, 1989）。

当学生缺乏表征问题的必要图式时，他们通常会依据情境的表面特征错误地表征问题，例如，一个学生对"琼有15个积分点，路易斯有24个，路易斯的积分点比琼多几个"这个问题的回答是"15 + 24 = 39"。该学生看到了两个数字和"多"这个词，就运用了加法。实际上，关注表面特征不利于学生对问题形成概念层面的理解，也不利于学生正确使用图式（Van de Walle, Karp, & Bay-Williams, 2010）。

若学生使用了错误的图式，他们就会忽略关键信息，使用无关信息，甚至读错或记错关键信息，以适应这个图式。但是，如果学生表征问题时使用了正确的图式，他们就很少被无关信息或欺骗性的词语所迷惑，如"多"字出现在实际需要用减法的问题里（Fenton, 2007；Resnick, 1981）。图9-2呈现了学生用不同的方法表征一个简单的数学问题的例子。用不同的方法表征和解决问题，有助于数学理解的发展（Star & Rittle-Johnson, 2009）。

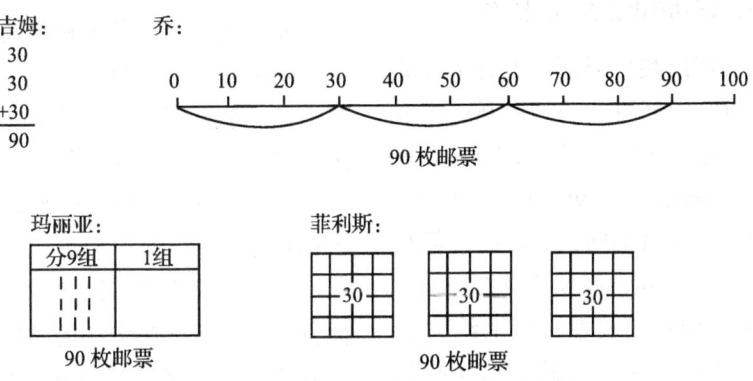

图9-2　4种不同的表征问题的方法

注：一位教师问，"简要在本子的其中3页上，每一页贴30枚邮票，那么简需要多少枚野生动物邮票"。教师给学生提供了一些辅助材料，如方格纸、数轴和位值估计框，鼓励他们想出尽可能多的问题解决方法。基于4种不同但都正确的表征，这里呈现了4种解决方案。

资料来源：Riedesel, C. A. & Schwartz, J. E.（1999）. *Essentials of Elementary Mathematics*, 2nd Ed.

缺乏良好知识基础的学生应该如何提升他们的问题转换能力和图式选择技巧呢？为了回答这个问题，我们通常需要从一般问题解决策略转向领域特定性问题解决策略，因为图式限于特定的内容领域。

4. 转换和图式训练：直接教授图式

对于领域特定性知识不足的学生，教师应首先运用示范、模拟和出声思考等方法直接教授学生必要的图式。正如我们刚刚看到的那样，下面这种比率/比例问题对许多学生而言是一个很大的挑战。

本周末，欧内斯托和道恩要完成他们社会研究课程的任务。欧内斯托花费的时间与道恩花费的时间的比例是2:3。如果欧内斯托花费了16个小时，那么道恩花费了多长时间？（Jitendra et al., 2009, p.257）

教师可使用出声思考的方式，使学生在解决这个问题时关注关键图式。例如，他可以这样说："首先，我认为这是一个比例问题，因为它在比较欧内斯托花费的时间与道恩花费的时间。这个问题和部分与部分的比例有关，欧内斯特和道恩花费的时间之间存在倍数关系（2:3）。"教师继续出声思考："下一步，我是这样表征信息的……""最后，我会用等值分数策略……"通过给学生提供许多成功的问题解决样例，教师可以使学生习得出声思考的策略。在学习数学和物理的早期阶段，学生似乎可以从对许多已经得到正确解答的不同种类的问题的观察中有所收获（Moreno, Ozogul, & Reisslein, 2011）。但在进入我们下一部分的讨论之前，请注意，当学生具备了一些知识，而不是当他们关注成功的问题解决样例时，他们解决新问题的能力会有所进步。对更为优秀的学生来说，这些样例事实上还会阻碍他们的学习。这一现象被称作"专家反向效应"，因为适用于专家的策略可能并不适用于初学者（Kalyuga & Renkl, 2010; Kalyuga, Rikers, & Paas, 2012）。

5. 转换和图式训练：成功的问题解决样例

成功的问题解决样例能反映出问题解决的所有阶段：明确问题，设定目标，寻找可能的解决办法，采取问题解决步骤，直至最后评估结果（Schworm & Renkl, 2007; van Gog, Paas, & Sweller, 2010）。成功的问题解决样例对许多领域的问题解决而言都非常有用。阿德里安娜·李和劳拉·哈钦森（Adrienne Lee & Laura Hutchinson, 1998）发现，如果给大学生提供化学问题解决方案的范例，尤其是当这些范例显示出专家型问题解决者采取的关键步骤的思维过程时，大学生会学到更多东西。在澳大利亚，斯拉瓦·卡柳佳（Slava Kalyuga）及其同事（2001）发现，对在电路领域没有多少经验的新手而言，成功的问题解决样例有助于他们学习关于电路的知识。还有学者使用视频样例来帮助师范生做出支持或反对某个观点的令人信服的论证，也得到了积极的结论（Silke Schworm & Alexander Renkl, 2007）。

样例为什么有效？部分是由于前面章节中讨论过的认知负荷。当学生缺少某些领域的特定知识，例如分数或比例的相关知识时，他们会运用一般性策略，例如寻找关键词或使用某种机械程序来解决问题。但是这些方法会对工作记忆造成极大的压力——学生需要立刻记住太多东西。反之，成功的问题解决样例把步骤组块化，提供线索和反馈，聚焦相关信息，对记忆的要求较少。这样，学生就能够运用认知资源去理解问题，而不是随机地寻找解决方法（Wittwer & Renkl, 2010）。当样例关注的是学生尚未掌握的问题的关键特征时，样例会格外有效（Guo, Pang, Yang, & Ding, 2012）。

然而，为了使从成功的问题解决样例中获得的益处最大化，学生必须积极卷入，只是表面上看看样例是不够的。认真思考一下到底是什么促进了学生的学习和记忆，你会意识到以上说法并不奇怪。你需要高度聚焦，深度加工信息，并在它和你已有的知识之间建立联结。学生应该将样例解释给自己听，这种自我解释很关键，它可以使学生更主动地向成功的问题解决样例学习，而不是被动学习。自我解释策略包括尝试预测下一步该怎么做，验证自己的想法是否正确，尝试总结和解释问题解决的基本原则。施沃姆和伦克尔（Schworm & Renkl, 2007）对师范生做了一个研究，要求他们思考并解释他们在录像带中看到的论证的一些要素，如"这一段包含哪些论点""它们与柯尔斯滕的叙述是如何联系的"（p.289）。学生需要通过心理卷入来理解这些例子，其中自我解释是学习卷入的一个关键（Atkinson & Renkl, 2007; Wittwer & Renkl, 2010）。

同时，学生还可以比较样例中得到正确答案的不同方法。这些解决方法的共同之处是什么，不同之处是什么？为什么？（Rittle-Johnson & Star, 2007）而且，成功的问题解决样例应当一次处理一种信息来源，而不是让学生来回翻阅文本、图表等。如果学生需要将不同来源的信息整合起来理解样例，那么学生的认知负荷就太大了（Marcus, Cooper, & Sweller, 1996）。

样例虽然可以为解决新问题提供样板，但是如果没有解释和指导，新手可能只能记住样例的表面特征，而无法记住其深层意义或结构。事实上，正是样例的意义或结构，而不是样例表面上的相似性，有助于解决新的、类似的问题（Gentner, Loewenstein, & Thompson, 2003; Goldstone & Day, 2012）。我听到过学生抱怨,他们在数学课上学的是有关船只和水流的问题,而考试题说的却是飞机和风速。他们抗议道:"考卷上没有船只问题!"事实上,考卷上有关风速的问题与船只问题的解决方法几乎是一样的,但学生关注的只是问题的表面特征。克服这种倾向的一种方法就是让学生进行样例或个案的比较,以此来发展他们基于个案的共同结构而非表面特征的一般性的问题解决图式(Gentner et al., 2003)。

学生还可以怎样发展用来表征特定学科领域的问题的其他图式呢?迈耶(1983)建议让学生进行以下练习:①识别不同的问题类型,并对它们进行归类;②用具体的图像、符号、图表或语言等表征问题;③识别问题中的相关信息和无关信息。

6. 问题表征的结果

问题表征有两种结果,如图9-3所示。如果你能立刻提出你表征的问题的解决方案,那么你的任务就完成了。在某种意义上,你没有真正解决一个新问题,你仅仅把这个新问题看成了老问题的一个"伪装"的版本,而那个老问题你知道该怎样解决。这一过程可以被称为**图式驱动的问题解决**(scheme-driven problem solving)。根据图9-3,此时你可以使用图式激活途径,直接向解决方案迈进。

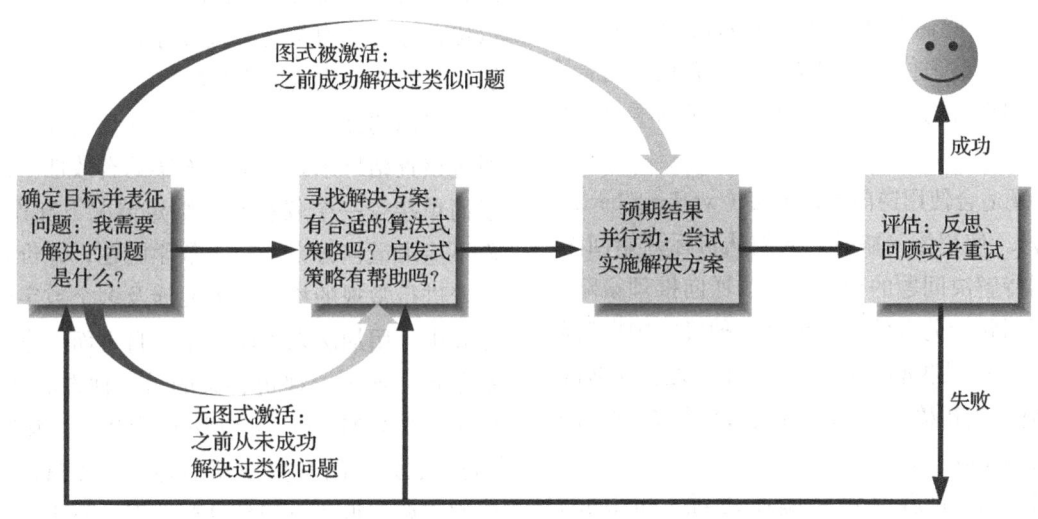

图 9-3 问题解决过程

注:寻找解决方案有两条路径。如果正确的图式被激活,那么解决方案会很明显,此时新问题是老问题的一个"伪装"版本。但是,如果没有图式可以利用,那么搜寻和检验将成为解决方案的另一条路径。

但是,万一你没有现成的问题解决方法或者你不能成功激活图式,那怎么办呢?寻找解决方案的时候到了!

9.3.3 寻找可能的解决策略

搜寻解决方案有两种通用的程序:算法式(algorithm)和启发式(heuristic)。它们是程序性知识的两种形式(Schraw, 2006)。

1. 算法式

算法式是为了达成目标而一步步尝试解决问题的方式。它通常具有领域特定性,也就是说,它依赖于特定的学科领域。在解决问题的过程中,如果你选择了一个恰当的算法(例如计算平均数,把所有数字加起来,除以数字的个数),并正确地实施它,就能得到正确答案。遗憾的是,学生通常不会系统地使用算法。他们往往先试试这个,再试试那个,碰巧得到了正确答案,却不知道自己是怎样得到这个答案的。对一些学生来说,偶然而随意地使用算法式,可能表明他们的形式运算思维和系统执行可行性方案的能力还没有形成(正如皮亚杰描述的那样)。此外,还有许多问题不能用算法式解决,那该怎么办呢?

2. 启发式

启发式是有助于找到正确答案的一般性策略(Schoenfeld, 2011）。因为生活中的许多问题（如职业选择、人际协调等）复杂曲折、表述含糊，也没有明确的算法，因此，发现或形成有效的启发式策略非常重要（Korf, 1999）。下面就让我们来看一些启发式策略。

在**手段-目的分析**（means-ends analysis）中，问题会被分解为几个中间或次级目标，然后个体需要找出解决中间或次级目标的方法。例如，对一些学生来说，写一篇 20 页的学期报告仿佛无法解决，压得人难受，他们最好把这个任务分成几个中间目标，如选定一个题目、查找资料、阅读和组织材料、制定提纲等。在他们力图攻克某个中间目标时，他们可能会发现有其他目标出现。例如，为了达成查找资料的目标，他们可能需要找人指导他们使用图书馆计算机检索系统。请记住，心理学家还没有找到适合那些在递交学期报告的前一晚才开始动手做的学生的启发式。

一些问题适合使用**逆向推理策略**（working-backward strategy）。使用该策略时，人们从目标开始回溯，直到回溯到待解决问题的初始状态。逆向推理策略有时对几何证明题十分有效。它也是一种确定中期时限的好方法。（"如果我必须在 4 个星期后交这章书稿，11 日我必须完成初稿。这意味着我最好能在 × 日前停止查找新的文献并开始写作。"）

另一个有用的启发式是**类比思维**（analogical thinking），它能把你对解决方案的搜寻限制在与你目前面临的情境有某些共同之处的情境中（Copi, 1961; Gentner et al., 2003）。例如，最初设计潜艇时，工程师必须弄清楚战舰怎样确定压力和藏在大海深处的船只的位置。对蝙蝠怎样在黑暗中飞行的研究成果使声呐得以发明。然而，为了更有效地使用类比，必须关注意义而不是表面相似性。只关注蝙蝠的外表对解决通信问题没有帮助。

由于经验和文化的影响，学生在课堂上使用的类比可能不尽相同。例如，Zhe Chen 和他的同事（2004）想知道大学生能否使用民间故事——一种文化知识，来类比解决问题。事实表明他们可以。中国学生较好地解决了给雕像称重的问题，因为这个问题与他们掌握的给大象称重（通过排水量）的民间故事类似；美国学生则通过美国的一个民间故事——"汉塞尔和格莱特"，较好地解决了寻找山洞出路（通过留下记号）的问题。

把你的问题解决计划总结成文字并且给出选择这种方法的理由，有助于成功地解决问题（A. Y. Lee & Hutchinson, 1998）。当你正向其他人解释一个问题，而一个方案跃入你的脑海时，你会意外地发现**言语化**（verbalization）过程的效用。

9.3.4 预期、行动与回顾

表征问题和探索可能的解决方案之后，下一步就是选择一个方案并预期结果。例如，若你决定通过生产一种较硬的番茄来解决番茄受损的问题，消费者会怎么反应呢？如果你花时间学习一种新的制图程序，以优化你的学习报告并提高你的成绩，那么你还有足够的时间来完成这篇报告吗？

在你选择了一个解决方案并且实施它之后，你要通过核查结果来评估解决方案的有效性。许多人倾向于简单接受一个仅在某些特定情况下起作用的方案，而不追求最佳方案。对于数学问题，评价答案可能意味着进行常规的检查，如在涉及多个数字的连减竖式运算中，用加法来检验答案，自下而上进行叠加，而不是自上而下。评价答案的另一种方法是估计答案，例如，11×21 的答案应该约为 200，因为 $10 \times 20 = 200$。如果有的学生得到的答案是 2 311、32 或 562，他们应该能很快意识到这些答案是不正确的。当学生是用计算器或计算机完成作业的时，估计答案尤其重要，因为他们无法检查之前数字中的错误。

9.3.5 阻碍问题解决的因素

1. 功能固着与反应定势

有时，成功的问题解决需要我们以新的方式看待原有的事物。人们不能成功地解决某一问题，可能是因为他们受制于材料的常规用途。这一现象被称为**功能固着**（functional fixedness）（Duncker, 1945）。日常生活中经常出现功能固着的情况。假如梳妆台抽屉把手的一颗螺丝钉松了，你会花 10 分钟时间寻找一把螺丝刀，还是会用尺子或一角硬币来拧紧它？

另外一种阻碍有效问题解决的因素是**反应定势**（response set），指固定地用一种方法表征问题。请试试这个问题：

下面有四个用火柴棒排列成的式子，对于其中的每一个，只移动一根火柴棒，让它变成真正的等式，如 V = V。

$$V = Ⅶ \quad Ⅵ = Ⅺ \quad Ⅻ = Ⅶ \quad Ⅵ = Ⅱ$$

你可能很快就找到了处理第一个式子的方法。你只需要从右边移动一根火柴到左边，得到 Ⅵ = Ⅵ。第二个式子和第三个式子也可以轻松解决：移动一根火柴把 Ⅴ 变成 Ⅹ 或反之。但是第四个式子（取自 Raudsepp & Haugh, 1977）可能会把你难倒。为了解决这个问题，你必须改变你的反应定势或转化模式，因为处理前三个式子的方法这次不起作用了。处理这个问题的关键在于把罗马数字变成阿拉伯数字，并且使用平方根的概念。通过克服反应定势，你可以从右边移动一根火柴到左边来形成平方根符号，调整后的式子读作 1 的平方根等于 1，即 $\sqrt{1}=1$。一位有创造性的读者读过本书后，通过电子邮件发来了一些其他答案。这位读者是贾迈勒·艾伦（Jamaal Allan），他当时是太平洋大学的一名研究生。他认为可以使用任何一根火柴把 = 变成 ≠，如将最后一个式子改为 Ⅴ ≠ Ⅱ，即 5 不等于 2。他认为也可以移动一根火柴把 = 变成 < 或 >，使式子成立。但他的解法与题目里规定的"让它成为真正的等式"不符。阿什兰大学的一名学生比尔·韦塔（Bill Wetta）提供了另一种解决办法，他使式子中同时存在阿拉伯数字和罗马数字。你可以移动一根火柴将第一个 Ⅴ 变成 Ⅹ。这时 Ⅵ = Ⅱ 就变成了 Ⅺ = 11，也就是罗马数字的 11 等于阿拉伯数字的 11。我还收到了来自俄亥俄州纽瓦克市正在选修教育心理学课程的学生雷·帕特洛（Ray Partlow）富有创造性的解决方案。他的方案是："移动左边 Ⅴ 中的一根火柴，把它直接放在剩下的另一根火柴上面，得到 Ⅱ = Ⅱ。"用一根火柴覆盖另一根，为我们开辟了解答这类题目的一个全新的可能。你还能想出其他的解决办法吗？发挥你的创造力吧！

2. 使用启发式的一些问题

我们经常自动地使用启发式来快速地进行判断。这样做确实可以在解决日常问题的过程中节约时间。我们的头脑能够自动地快速做出反应，但我们可能会为此付出高昂的代价：不能很好地解决问题。若用老想法对新问题进行判断，有时即便是聪明人也会给出愚笨的答案。例如，我们可能会使用**代表性启发式**（representativeness heuristic）——我们怎么看待一个类别的代表性特征，在原型基础上做有关可能性的判断。请思考下面这个问题：

如果我问，一个喜欢诗、身材瘦、小个子的陌生人更可能是卡车司机还是名牌大学的一流教授，你会怎么说？

你可能会倾向于根据卡车司机或教授的原型来回答这个问题。但是，考虑一下这种可能性：如果有大约 10 个名牌学校，每个学校有约 4 个一流教授，那么共有 40 个这样的教授。在这 40 个教授中，可能有 10 个既矮又瘦，他们中的一半喜欢诗——还剩下 5 个。但是美国至少有 400 000 个卡车司机。如果每 800 个卡车司机中有 1 个是矮瘦的诗歌爱好者，就有 500 个卡车司机符合这个条件。500 个卡车司机对 5 个教授，也就是说，题目中的陌生人是卡车司机的可能性是教授的 100 倍（Mayer, 2005）。

教师和学生都很忙，他们经常基于当下头脑中的东西做出判断。当我们根据记忆中可以利用的信息做出判断时，我们就使用了**可用性启发式**（availability heuristic）。如果事件的情境很容易跃入脑海，那么这时我们认为，这些事件经常发生；但这不是必然的，事实上，这种想法往往是错误的。人们会记住那些生动的故事，并且很快就相信它们是真实的，但很多时候他们错了。例如，如果你看了一部有关多子女贫穷家庭的电影，并且留下了生动的记忆，那么当你学习到平均每个贫穷家庭只有 2.2 个孩子（Children's Defense Fund, 2005a, 2005b）时，就会感到很惊讶。数据可能不支持某个判断，但是**信念固着**（belief perseverance）或者坚定信念的倾向，会使我们即使遇到矛盾的证据，也拒绝改变。

确认偏向（confirmation bias）是寻找信息以证实自己的观点和信念的倾向，它源于我们想要获得好的解决方案的强烈愿望。你可能经常听到"别用事实迷惑我"，这句俗语抓住了确认偏向的本质。大多数人会寻找支持他们观点的证据，而不会寻找可能驳倒他们观点的事实。例如，一旦你决定买某辆车，你可能会关注你所选的那辆车的优点，而不是你没有选择的车的优点。我们做判断时会自动使用启发式，我们乐于证实自己相信的事情，而且倾向于将失败解释为已经过去的事，这些综合起来就产生了过度的自信。学生们经常对自己过度自信，认为他们能快速写完论文，但研究发现，实际写作时间一般是估计时间的两倍以上（Buehler，Griffin，& Ross，1994）。不过，尽管他们低估了写作时间，他们仍然会自信地做出下一步的预期。

下面的实践指南给出了一些帮助学生成为好的问题解决者的方法，你可以借鉴。

| 实践指南 |

帮助学生成为好的问题解决者

问问学生们是否确定自己理解这个问题。

例如：

（1）他们能区分无关信息和有关信息吗？

（2）他们能意识到自己正在做的假设吗？

（3）鼓励他们用图表形式将问题形象化。

（4）让他们向其他人解释这个问题，问他们好的解决方案是怎样的。

鼓励学生尝试从不同的角度看问题。

例如：

（1）提出几种不同角度的看法，然后让学生也提供一些。

（2）让学生练习接受和捍卫针对一个问题的不同观点。

让学生思考，不要只是告诉他们解决方案。

例如：

（1）既布置问题供小组研讨，又提出问题供个人思考，以使每个学生都有机会练习。

（2）如果学生的答案错了，但他能给出好的解释，就不要扣掉全部的分数，给一部分分数。

（3）如果学生被问题难住了，不要给他们过多提示，让他们仔细思考这个问题。

帮助学生形成系统的思考方式。

例如：

（1）当你解决问题时，将你的思考说出来。

（2）问这样的问题："如果……会发生什么？"

（3）把各种建议做成一张列表。

教授启发式策略。

例如：

（1）用类比方法来解决市区停车场容量有限的问题。其他的"储存"问题怎样解决？

（2）使用逆向思维来筹划一个派对。

注：想了解更多关于问题解决的信息，请点击 hawaii.edu/suremath/home.html。

9.3.6 专家知识与问题解决

大多数心理学家都认为有效的问题解决是建立在对有关领域大量的知识储备的基础上的（Belland，2011；Schoenfeld，2011）。例如，为了解决火柴问题，你必须理解罗马数字、阿拉伯数字和平方根的概念，还必须知道1的平方根是1。因此，让我们花点时间来了解专家知识。

1. 知道什么是重要的

专家知道应把注意力集中到哪里。据说，知识渊博的棒球球迷会把注意力集中在游击手的移动上，以此来判断投手会掷出快球、曲球还是滑球。但那些对棒球几乎一无所知的人，也许从不注意游击手的移动，除非球被击打到他所在的区域（Bruning，Schraw，& Norby，2011）。一般而言，在判断奥运会跳水运动员表现如何或哪种精美的巧克力蛋糕可以获奖时，专家知道应关注什么；而对非专家而言，绝大部分高水平的跳水动作或不同式样的精美蛋糕，在他们眼中都是一样的。

2. 模式记忆和组织

对专家知识的现代研究起始于对国际象棋大师

的研究（Simon & Chase，1973）。结果表明，国际象棋大师能很快再认棋子的5万种不同的摆法。他们能够在几秒钟内找出一个排列模式，并且记住每一个棋子在棋盘上的位置。这就好像他们脑中有一个容量为5万的"模式库"。研究表明，3~8级国际象棋专家有类似的记忆棋子排列模式的能力。对国际象棋大师来说，棋子的排列模式就如同词汇。在几秒钟内向个体出示他词汇库中的任何一个词，他都能按正确顺序记住这个词中的每一个字母（假定他能够拼写这个词）。但是一串随机排列的字母很难记，就像你在第8章中看到的那样。国际象棋领域的情况也是如此。当棋子随机摆放在棋盘上时，大师和一般棋手对棋子位置的记忆就没有什么不同了。大师记忆的是有意义的或可能在比赛中出现的模式。

类似的现象也发生在其他领域。在识别模式和利用这些模式的基础上解决问题，也许要依靠直觉。例如，物理学专家围绕核心原理组织他们的知识（例如波义耳定律或牛顿定律），而新手则围绕问题陈述的具体细节组织他们少量的物理知识（例如杠杆或滑轮）(Ericsson，1999；Fenton，2007)。

3. 程序性知识

除了能很快地表征问题，专家们还知道下一步该做什么并有能力去做。他们储备了有关在各种情境下采取何种行动的大量的产生式或条件－行动图式。因此，他们能同时理解问题和选择解决方案，并且这一过程相当自动化（K. A. Ericsson & Charness，1999）。当然，这意味着他们必然有很多可以利用的图式。专家的一个重要特质是拥有大量专业领域的知识（Alexander，1992）。要成为专家，你必须大量接触那个领域的不同问题，看别人如何解决问题，并且自己尝试解决问题。有人估计说，对大多数领域而言，人们要花10年或10 000小时用心、集中和持续地进行实践，才能成为那个领域的专家（A. Ericsson，2011；K. A. Ericsson & Charness，1994；H. A. Simon，1995）。专家储存的丰富知识经过精细加工和大量实践，能在需要时被轻松地从长时记忆中提取出来（J. R. Anderson，1993）。

4. 计划和监控

在解决问题之前，专家会花大量时间分析问题，绘制图表，把大问题分解成小问题，以及制订计划；新手则可能马上动笔写物理问题的方程或论文草稿的第一段。在解决问题前，专家会做计划，并会在履行计划的过程中不断简化任务；在工作时，他们会监控整个进程，不会把时间花费在无用的尝试上（Schunk，2012）。

那么，我们可以得出什么结论呢？概括地说，专家：①知道把注意力集中在哪里；②能从给定的信息中感知到某种重要的、有意义的模式，而不会被表面的特征和细节所迷惑；③在工作记忆和长时记忆中存储了更多信息，这部分是由于他们把信息组织成了有意义的单元和程序；④会花大量时间分析给定的问题；⑤会运用已经自动化的程序来处理问题的各个部分；⑥能更好地监控自己的表现。当问题所属领域结构良好时，如国际象棋、物理或计算机程序等领域，那么问题解决专家会不断地借助这些方面的技能来解决问题。在这些领域中，即使学生的背景知识没有专家丰富，他们也可以像专家一样，花时间分析问题，关注关键特征，采用正确的图式尝试解决问题，而不是采用原有的并不合适的方法来解决新问题（Belland，2011）。但是，当问题所属领域结构不良，而且几乎没有清晰的基本原理时，如经济学和心理学领域的问题，那么专家和新手之间的差异就不是那么界限分明了（Alexander，1992）。

9.4 创造性

┌─ 停下来 想一想 ─────────────
一个学生有严重的阅读障碍，阅读和写作对他而言都极度困难。他把自己描述成一个"失败者"。别人花一个小时能完成的作业，他必须花两到三个小时。他知道他必须准备一张列表，把自己拼写错误率很高的单词写在上面，使他今后能尽量写对。他能够独自一人在房间待上数小时。你觉得他的写作会具有创造性吗？为什么？

上面描述的这个人是约翰·欧文（John Irving），他被评论家称为"富有创造力"的小说家，他的小说有《盖普眼中的世界》《心尘往事》《为欧文·米尼祈祷》等（Amabile，2001）。我们怎样理解他惊人的创造性呢？什么是创造性？

9.4.1 创造性的定义

创造性是进行原创性工作的能力，这里说的原创性工作必须是恰当和有用的（Plucker，Beghetto，& Dow，2004）。大多数心理学家认为，没有所谓的"通用的创造性"，人们有的是特定领域内的创造性，如约翰·欧文在写小说方面很有创造性。但是，创造性的前提是，"发明"必须是有目的的。颜料偶然溢出，形成了一个新颖的设计，这不是创造，除非这位艺术家早就看出了这个"事故"的潜力或是有意借"溢出"来创作新作品的（Weisberg，1993）。尽管我们常常把艺术与创造性联系起来，但其实任何学科都能以一种有创造性的方式来开展工作。

9.4.2 创造性的评估

— 停下来 想一想 —
你能列出一块砖的多少用途？思考一会儿并进行头脑风暴，能写出多少就写多少。

和作家约翰·欧文一样，保罗·托兰斯（Paul Torrance）也有学习障碍。当他还是高中英语老师时，他就对教育心理学产生了兴趣（Neumeister & Cramond，2004）。托兰斯以"创造性之父"著称，他编制了两种创造性思维测验：言语的和图形的（Torrance，1972；Torrance & Hall，1980）。在言语创造性思维测验中，指导语会要求你想出一块砖尽可能多的用途，或者问你怎样把一个玩具变得更有趣。在图形创造性思维测验中，你需要用30个圆圈创作出30幅不同的图画，其中每幅图画至少要包含一个圆圈。图9-4呈现了一个8岁小女孩在完成这个任务时表现出来的创造性。

图9-4 一个8岁儿童创造性的图画创作

注：她给她的画取了题目，从左到右分别是"德拉库拉""独眼怪物""南瓜""呼啦圈""海报""轮椅""地球""月亮""行星""电影镜头""悲伤的脸""图片""红绿灯""沙滩球""字母O""小汽车"和"眼镜"。

资料来源："A Graphic Assessment of the Creativity of an Eight-Year-Old," from The Torrance Test of Creative Thinking by E. P. Torrance, 1986, 2000.

这些测验需要**发散思维**（divergent thinking），它是创造性概念的重要成分。发散思维是提出许多不同观点或答案的能力。**聚合思维**（convergent thinking）是更普通的、只确定一个答案的能力。这些创造性任务的完成情况将在新颖性、流畅性和变通性这三方面被打分，它们正是发散思维的三个方面。新颖性通常是从统计角度进行确定的。任务完成得具有新颖性，意味着在参加测验的每100个人中，使用相同方式完成任务的不超过5个或10个人。流畅性指不同完成方式的总量。变通性一般通过测量不同完成方式的有多少个类型来衡量。例如，如果你列出了砖块的20种用途，每一种都是用它来建造某种东西，那么你的流畅性分数可能很高，但你的变通性分数会很低。在这三个测量指标中，流畅性，即答案的数量，是发散思维最好的预测因子，但现实生活中的创造性远不止发散思维（Plucker et al.，2004）。

学生创造性的几个可能的预测指标是好奇心、专注力、高适应性、充沛的精力、幽默（有时怪异）、独立、喜欢开玩笑、不墨守成规、敢于冒险、对复杂和神秘的东西感兴趣、喜欢幻想、不能忍受枯燥的工作、有独创性等（Sattler & Hoge，2006）。

9.4.3 创造性的价值

最近几天，读任何新闻都会使我对世界面临的问题感到沮丧。不论是经济问题、健康问题、能源问题、政治问题，还是暴力和贫困，问题不胜枚举。而无论在当下还是未来，这些复杂问题都需要创造性的解决办法。创造力对于个体的身体、心理、社交和事业成功都至关重要。此外，研究表明，创造性和批判性思维有助于防止人们或社会被意识形态和教条主义束缚（Ambrose & Sternberg，2012；Plucker et al.，2004）。艾琳·史塔克（Alene Starko，2014）讲述了她去中国访问的体验。中国各地的教育工作者问她如何帮助学生变得更有创造力和拥有更灵活的思维。在国际考试中，中国学生经常取得非常优异的成绩，然而这些学生往往过于重视学术知识的掌握，这甚至阻碍了其创造力和批判性思维的发展。实际上，很多老师表示他们在帮助学生准备高风险考试时面临着很大的问责压力，这使他们不得不放弃对创造性的培养和对创新的教学方式的使用。

但事实上，我们完全不需要在理解和创造性之间"二选一"。因为对知识的深度理解源于对知识多种方式的运用和对知识不同含义的了解，因此那些能促进创造性发展的策略也有助于学生对学校课程的深入理解。创造性会引发新奇感、激发兴趣，因此创造性有助于激发内在动机、鼓励参与和促使学生坚持学习（Starko，2014）。

9.4.4 创造性的来源

研究者研究了认知过程、人格因素、动机模式和背景经验，以解释创造性（Simonton，2000）。特雷莎·阿马比尔（Teresa Amabile，1996）提出了创造性的三成分模型，该模型认为，有创造性的个体或群体必须具备：①相关领域的技能，包括对该领域工作有价值的天分和能力，例如，米开朗琪罗的雕刻天分是他孩童时寄养在一个石匠家庭期间形成的；②与创造相关的特质，包括工作习惯和人格特点，如约翰·欧文有每天工作10小时的习惯，他不停地写作、重写、再写作、再重写，直到故事完美为止；③内在工作动机、强烈的好奇心和对工作的热情，创造性的这个方面受教师和父母的影响很大，若他们支持学生自主性的发展，激发其好奇心，鼓励其进行想象，并为其提供挑战等机会，学生的创造性将有望得到提升。

1. 创造性与认知

在某个领域有丰富的知识储备是创造性的基础，但仅有丰富的知识还远远不够。对许多问题来说，"更多的东西"是以新的方式看待问题——对问题进行**重组**（restructuring）的能力，这会引发**顿悟**（insight）。这种情况经常发生：若一个人已经就一个问题或一个项目努力了很久，他往往会暂时把它放在一边。一些心理学家认为，暂时从问题中脱离，进入一段酝酿时间，是一种无意识的问题解决过程。事实上，更复杂的是，酝酿对发散性思维任务的帮助比对语言或视觉任务的帮助更大。另外，酝酿对于那些在把问题放在一边之前努力了更长时间的人而言帮助更大（Sio & Ormerod，2009）。它更像是在通过回避问题一段时间来打破僵化的思考方式，借此你能重组对情境的看法，思维也会更加发散（Gleitman，Fridlund，& Reisberg，1999）。所以，创造性的产生需要广泛的知识、灵活性以及对观点的不断认识。而且，动机、坚持性和社会支持在创造性的发展过程中也扮演着重要角色。

2. 创造性与多样性

尽管对创造性的研究已经持续了好几个世纪，但正如迪安·西蒙顿（Dean Simonton）所说："心理学家在深入理解女性和少数族裔的创造性上，仍然有很长的路要走。"（2000，p.156）过去，关于创造性的研究和著作的焦点都是白种男性。其他群体的创造性模式是很复杂的，有时与传统研究中发现的模式一致，有时又不同。

关于创造性与文化之间的其他联系的研究发现，处于主流社会之外，能说两种语言或能接触到其他文化，有利于创造性的发挥（Simonton，2000）。事实上，真正的发明者经常打破规则。"创造者有动摇事物的愿望。"（Winner，2000，p.167）另外，研究发现，对那些处于主流社会的人而言，接触多元文化的经历也有助于培养创造性。一些学者（Angela Ka-

Yee Leung et al., 2008；Maddux, Leung, Chui & Galinsky, 2009) 对各种将被试置于含有其他文化的信息与映像之中的相关实验研究进行了综述。他们发现，多元文化经历不仅能支持创造性过程的推进，如从记忆中提取新颖的或非传统的观点，还鼓励创造性表现，如提出基于深刻见解的问题解决方案。当人们对发散性观点持开放态度，并且当情境不强调快速找出确定的答案时，人们会表现出更强的创造性。有着多元文化背景的个体特别愿意思考自己不熟悉的观点，容纳冲突性的选择，以及在观点之间建立不可能的联系 (Leung & Chiu, 2010；Maddux & Galinsky, 2009)。所以，即使你的学生不能去西藏或土耳其旅行，如果他们能了解不同的文化，他们仍然可以成为更好的富有创造性的问题解决者。

9.4.5 课堂中的创造性

―― 停下来　想一想 ――

请思考艾琳·史塔克（2014, p.3）描述的三个学生：

1年级时，米歇克拿到了一张画有巨大鲨鱼嘴轮廓的纸，纸上还写着："我们的鱼朋友接下来吃什么？"她认真地给几条鱼和几艘船涂上了颜色，然后写下："从前，有一条叫佩皮的鲨鱼。有一天，他吃了三条鱼、一只水母和两艘船。在吃水母之前，他给水母涂上了花生酱，做成了水母三明治。"

19岁时，胡安正在上高中，他成了无家可归的人。一个寒冷的夜晚，他认为学校暖和的地方是他目之所及的睡觉、休息最理想的去处。进入大楼很简单，但是一旦进去了，警报器就会响，这样他会立即被楼下的门卫发现。于是胡安小心翼翼地进了储藏室，移开一堆棒球棒。一番折腾以后，他找到了一个可以舒适地睡觉的地方。门卫以为是棒球棒的掉落引发了警报，没有去察看，于是胡安安然地睡到了第二天早上。

2003年，马克·扎克伯格（Mark Zuckerberg）入侵哈佛大学的网站，将学生证上的照片下载到了一个旨在比较学生照片"性感与否"的网站上。虽然这个网站只存在了几天，但四个月后，扎克伯格据此推出了名为"脸书"（Facebook）的社交网站。接下来的历史就众所周知了。

这三个学生有创造性吗？教师什么样的行为会抑制学生的创造性思维？教师又如何促进学生创造性思维的发展呢？在每天的课堂生活中，教师时常会扼杀学生的创造性观点，自己却没有意识到。教师能接受学生不同寻常的、有想象力的观点，就会鼓励学生创造性思维的发展，否则就会妨碍学生创造性思维的发展。

除了通过与学生的日常交往来培育其创造性之外，教师也可以尝试使用头脑风暴法。头脑风暴的基本原则是把学生形成观点的过程与对学生进行评价的过程分离开来，因为评价往往会抑制创造性的发展（Osborn, 1963）。评价、讨论和批评应该在所有可能的建议都提出之后再进行。在这种情况下，一个观点会激发其他观点，而且人们可以不害怕批评，把所有有创造性的解决方案都说出来。约翰·贝尔（John Baer, 1997, p.42）指出，头脑风暴应遵循四条基本原则：①延迟判断；②避免表明观点属于谁，当人们感觉一个观点是自己的，自我有时可能会阻碍创造性的发挥，当他们的观点遭到批评时，他们可能会表现出更强的防御性，而且更不愿意别人修改他们的观点；③任何时候都可以利用他人的观点，这意味着人们可以借用已经写在表格中的观点，或者对已经提出的观点稍做修改；④鼓励疯狂的观点，不可能的、完全不可行的观点可以使人们想到其他更可能的、更可行的观点。即使一个天马行空的观点不符合现实，它也可以被调整得适合现实的需要，这比将一个空洞乏味的观点调整为有趣的、富有启发意义的观点更容易。

个体和群体都有可能从头脑风暴中获益。例如，在写作这本书的过程中，我有时发现，把一章中的所有主题列出来，然后把这个列表放在一边，稍后再回过头来评价这些主题，对本书的写作很有帮助。

9.4.6　大C：革命性的创新

埃伦·温纳（Ellen Winner, 2000）描述了"大C创造性"，这是建立新领域或对旧领域进行变革的创新能力。即使一个儿童很早就表现出了天赋，但他成年后未必会成为发明者。天才往往很早就掌握了成熟领域的知识，但创新者将改变整个领域。加德纳（1993，pp.32-33）说，"最终做出创造性突破的个体往往早年就表现出了成为探险家、发明家和修补匠的趋势。虽然他们的冒险行为会被视为不顺从的表现，但比较幸运的是，他们提出的实验方法往往会获得老师或同伴某种形式的鼓励"。为鼓励这些有潜力的发明家，家长和教师能做什么呢？温纳（2000）列举了需要避免的四种危险的做法：①给予过多奖励，过多的奖励可能会促使儿童把掌握某领域的知识的内在热情变成对外在奖励的渴望；②要求太过苛刻，过高的要求可能会使儿童回忆童年生活时感到有所缺失；③限制学生的行为，要求他们遵守技术上安全、能有效获得奖励的行为准则，这会导致学生仅仅为了奖励而学习；④忽视那些儿时表现很完美，但成年后碌碌无为，没能继续创造新东西的人，这样的人应该被关注，以防后续遭受心理创伤。

最后，教师和家长要鼓励有突出能力和创造才能的学生回报社会。第10章将讨论的服务性学习就是回报的一种方式。

下面的实践指南借鉴了弗莱特（Fleith，2000）与萨特勒和霍格（Sattler & Hoge，2006）的观点，提供了一些促进创造性发展的方法，你可以借鉴。

| 实践指南 |

促进创造性发展

接受与鼓励学生使用发散思维。

例如：

（1）在课堂讨论时问："谁能提出对这个问题的不同看法？"

（2）对学生寻找不同的问题解决方案的行为进行强化，即使最终方案并不完美。

（3）允许学生选择研究项目的主题或呈现形式（书面、口头、视觉或图像、技术手段）。

允许有不同的意见。

例如：

（1）让学生支持不同的观点。

（2）保证不守常规的学生享有同样的课堂权利和获得奖励的机会。

鼓励学生相信自己的判断。

例如：

（1）当学生问你一些你认为他们能自己解答的问题时，你可以不直接回答他们，而是换一种问题表达的方式，或者使问题清晰化，让学生自己回答。

（2）不时地布置一些无须打分的作业。

强调每一个人都有某种形式的创造力。

例如：

（1）避免把伟大的艺术家或发明家描述成超人。

（2）找出每个学生作业中具有创造性的成分，对于某些作业，单独给其原创性打分。

提供时间、空间和材料，以支持学生的创造性项目。

例如：

（1）为抽象拼贴画和其他作品收集材料——纽扣、石头、贝壳、纸、织物、珠子、种子、绘画工具、黏土。试着去跳蚤市场和朋友那里收集。借助镜子和照片画脸。

（2）开辟一个光线很好的空间，在那里，儿童可以做项目，可以离开，也可以回来继续做。

（3）在一些值得纪念的时刻（如远足、新闻事件、假期）创造机会让学生画画、写作或制作音乐。

激发创造性思维。

例如：

（1）尽可能开展班级头脑风暴。

（2）通过对班级问题提出不寻常的解决方案，进行创造性问题解决的示范。

（3）鼓励学生延迟对问题特定解决方案的判断，直到所有可能性都被考虑到。

利用新技术（Starko，2014）。

例如：

（1）建议学生使用一些免费App来创建和分享他们的思维导图，比如Spider Scribe。

（2）在午饭或下课前，让学生花5分钟时间在自己的iPhone、iPod或iPad上用Genius on the Go锻炼发散思维。

（3）鼓励学生访问classtools.net/FB/home-page，用Fakebook为文学或历史人物创建一个Facebook页面。

（4）使用Wordle或tagxedo创建单词云（word cloud），查看特定文本或学生写作中特定单词使用的频次。图9-5就是用Wordle制作的本章的单词云。

注：欲了解更多信息，请点击ecap.crc.illinois.edu，并搜索"creativity"。

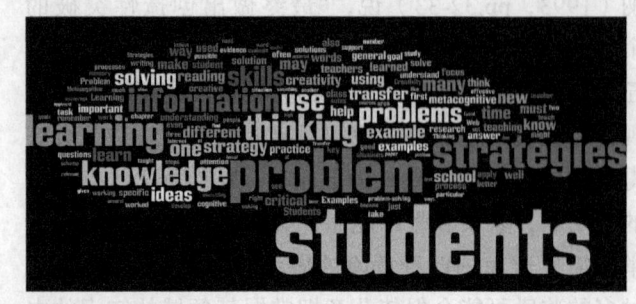

图9-5　本章单词云

注：在这个单词云中，本章中单词出现的频率由单词的大小表示，你能看到，students、problem和strategies是出现得最多的单词。

虽然我们的创造力不可能都具有革新性，但是我们所有人都可以成为批判性思维领域的专家。

模块25小结

什么是问题解决

问题解决既可以发生在一般领域，也可以发生在特定领域。另外，由于目标的清晰程度和可供解决问题的路径的数量不同，我们可以将问题从结构良好到结构不良进行分级。通用问题解决策略通常包括五个阶段：明确问题，设定目标，寻找可能的解决方法，行动，直至最后评估结果。一般领域和特定领域的问题解决都是有价值和必要的。

为什么问题解决的表征阶段如此重要

为了准确地表征问题，你必须既理解整个问题，又理解它的各个部分。图式训练可以提高这个能力。问题解决存在完全不同的路径，采用哪种路径取决于表征和目标的选择。如果你对问题的表征能使你即刻提出问题解决方案，那么你的任务就完成了；你实际上把这个问题看成了老问题的一个"伪装"版本，而那个老问题你早就有清晰的答案。但是如果你没有现成的问题解决方法或者你不能成功激活图式，那么你必须寻找一个解决方案。运用算法式和启发式，后者如手段-目的分析、逆向推理、类比思维和言语化，都可以帮助学生解决问题。

描述阻碍问题解决的因素

阻碍问题解决的因素包括功能固着与反应定势，它们限制了精确表征问题和洞察解决方法所必需的灵活性。此外，当我们做决定和判断时，我们可能会忽略重要信息，因为我们可能会基于一个类别的典型代表性特征（代表性启发式）或可利用的记忆（可用性启发式）来做出判断，然后只注意那些能够证实我们选择的信息（确认偏向）。所以即使面对矛盾的证据，我们仍可能坚持信念（信念固着）。

特定领域中专家和新手的区别是什么

专家往往储备着丰富的陈述性知识、程序性知识和条件性知识。他们围绕用于解决问题的一般原理或模式来组织这些知识。他们能够比新手更高效地工作，记住相关信息并监控整个进程。

什么是创造性，如何评估创造性

创造性是独立重组问题，用新的、有想象力的方式看待事物的过程。创造性很难测量，但是在相关测验中，发散思维可以从新颖性、流畅性和变通性等角度进行评价。新颖性通常是从统计角度进行确定的。创造性任务完成得具有新颖性，意味着在参加测验的每100个人中，使用相同方式完成任务的不超过5个或10个人。流畅性指不同完成方式的总量。变通性一般通过测量不同完成方式有多少个类型来衡量。

在课堂上，教师可以做什么来促进创造性的发展

多元文化经历有助于学生思维变通性和创造性的培养。教师可以在与学生的课堂互动中鼓励学生发挥自己的创造性，接受不同寻常的、有想象力的答案，示范如何运用发散思维，开展头脑风暴活动，并包容不一致的意见。

模块 26　批判性思维、论证和迁移

9.5 批判性思维和论证

在几乎每个生活情境中，批判性思维都能起到一定的作用，甚至可用于评估经常轰炸我们的媒体广告。当你看到一群衣着华丽的人正在赞美某一品牌橙汁的优点，同时他们正穿着暴露的泳衣嬉戏打闹时，你必须想一想性吸引是不是被用作了选择水果饮料的一个相关因素（或许你还记得第 7 章中提到的巴甫洛夫式的广告）。那么什么是批判性思维呢？批判性思维指通过观察、体验、反思、推理或交流，主动和娴熟地分析、综合、抽象、概括、应用和评价信息，并以此形成信念和指导行动的智力活动过程（Scriven & Paul, 2013）。表 9-4 呈现了批判性思考者的主要特征。

表 9-4　批判性思考者的主要特征

批判性思维是对相信什么或做什么的决断进行言之有据的反省的思维。批判性思考者能够：
（1）对不同的观点保持开放和友善的态度。
（2）乐意接纳各种新信息和新观点。
（3）准确判断信息来源的可信度。
（4）识别某种表述中的主要结论、理由，以及支持它的前提假设。
（5）准确判断论点的质量，包括支持论点的理由、前提假设和证据的可接受性。
（6）采取并维护合理的立场。
（7）提出合适的问题来进行澄清。
（8）形成合理的假设，做好实验设计。
（9）用术语进行表达时符合语境。
（10）小心审慎地得出结论。
（11）面临相信什么或做什么的决断时，能整合本列表中的所有内容进行思考。

资料来源：改编自 Robert H. Ennis: http://faculty.ed.uiuc.edu/rhennis/index.html。

大多数教育心理学家认为学校能够而且应该使学生的思维良性发展。发展学生思维的一种方法是在课堂上营造出一种思维的文化（Perkins, Jay, & Tishman, 1993）。这意味着教师应致力于培养学生的探究和批判性思维精神，它是理性思维和创造性的组成部分，并着力培养学生基于证据提出论点或者反驳不同论点的能力。

9.5.1 批判性思维的保罗和埃尔德模式

批判性思维涉及哪些因素？理查德·保罗和琳达·埃尔德（Richard Paul & Linda Elder, 2014, 2012）提出了一个具有重要影响的模型（见图 9-6），该模型描述了批判性思考者的行为方式。如图 9-6 所示，批判性思维的核心是推理。推理是从某些理由推导出结论的过程。我们推理时往往抱有某种目的和观点。并且，我们是基于某些假设来进行推理的，因此这些假设会对我们的结论产生影响。我们基于关键概念或观点，使用数据、事实、经验等信息进行推理和判断，旨在解答我们最初目的中存在的主要问题。然而，如图 9-6 所示，好的推理和批判性思考需要满足清晰度、准确性、逻辑性和公平性等标准的要求。按照这些标准不断练习推理，谦逊、诚实、坚毅和自信等智力特质就会慢慢发展起来。

那么，如何通过课堂教学发展学生的批判性思维呢？不管用什么方法来发展批判性思维，额外练习都是很重要的，仅仅一堂课是远远不够的。例如，如果你所在班级的学生考察了特定的历史文件，以确定该文件是否反映了某种偏见或仅仅是一种宣传的手段，那么随后你最好能要求他们也分析分析其他书面历史文件、同时代的广告或新闻故事等。只有思维技能得到充分的学习，并变得相对自动化时，它们才可能被迁移到新的情境中去（Mayer & Wittrock, 2006）。只有这样，学生才不仅能使用这些技能来完成社会研究，还可以借助它们评价朋友、政治家、玩具制造商以及饮食计划。

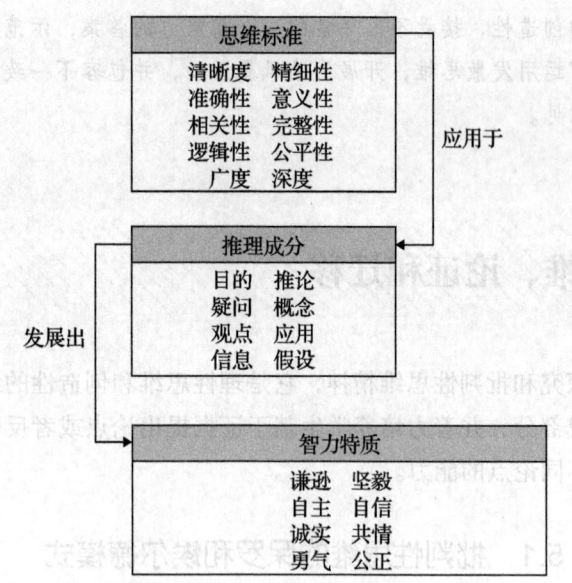

图 9-6　保罗和埃尔德提出的批判性思维模型

注：批判性思考者按照这些思维标准不断练习推理，最终发展出一系列智力特质。

资料来源：Paul, R., & Elder, L.（2012）. *Critical Thinking: Tools for Taking Charge of Your Learning and Your Life*（3rd ed., p.58）.Upper Saddle River, NJ: Pearson.

9.5.2　特定学科的批判性思维

表 9-4 中的批判性思考者的特征可以推广到任何一个学科。但是，有一些批判性思维技能只适用于特定学科。例如，杰弗里·诺克斯（Jeffrey Nokes）及其同事系统考察了使用传统教材与多种读物、直接教授批判性思维技能与不直接教授这些技能对历史学习的影响（Nokes, Dole, & Hacker, 2007）。其中多种读物包括历史小说、演讲摘录、政府文件、图表、历史数据和教材的简短摘录。可直接教授的历史批判性思维技能有：①考察资料来源，在阅读和使用信息进行解释和推论之前，考察一下文件的来源——资料来源是否有偏颇，我能否相信；②对信息进行证实，将不同文本中的信息联系起来，注意它们的相似性与矛盾之处；③将自己置于当时的情境，想象事件发生的时间、地点，涉及的人物、文化背景，以及所有可能起作用的政治和社会因素。研究发现，阅读多种读物的学生确实比那些学习传统教材的学生学到了更多的历史知识。而且，直接教授学生使用批判性思维技能能使他们学会并应用上述三个思维技能中的两个——考察资源来源和对信息进行证实。将自己置于当时的情境更难一些，因为学生缺乏填充情境信息的背景知识。因此，特定学科的批判性思维也可以在学科学习的过程中进行培养。但正如你将在"正方观点／反方观点"看到的，教育工作者对于在学校培养学生批判性思维的最好方式存在不同意见。

正方观点／反方观点

学校应该教学生运用批判性思维与进行问题解决的方法吗

关于学校应该注重教学过程还是教学内容、应该注重问题解决技能还是核心知识、应该注重高级思维技能还是学业知识等问题的争论，已经持续了很多年。一些教育者认为学生必须学会如何思考和解决问题，但其他教育者认为学生不可能学会抽象的东西——"思维"，他们必须针对具体的内容进行思考。那么，教师究竟应该注重传授学生知识，还是应该注重发展学生的思维呢？

正方观点：教师可以并且应该教授问题解决和高级思维技能

1995 年 4 月 28 日，《高等教育编年史》(*Chronicle of High Education*) 中的一篇文章写道：

> 批判性思维是有效的阅读、写作、口语和听力的核心。它使我们能够把对学习内容的掌握与自尊、自我约束、多元文化教育、有效合作学习、问题解决等不同的目标联系起来。它促使所有的指导者和管理者提高了他们自身的教学和思维水平（p.A-71）。

说些近点的，彼得·法乔恩（Peter Facione, 2011）认为批判性思维与大学生的 GPA 和阅读理解紧密相关。学生如何学习批判性思维呢？一些教育者认为，可以通过大范围运用技术，如产生式思维程序或认知研究基金（CoRT）技术来直接教授学生批判性思维。还有研究者认为，学习计算机程序语言可以促进学生的心智发展，可以教会他们如何有逻辑地进行思考。另外，由于专家型读者可以自动化地应用特定的元认知策略，因此，很多教育工作者和心理学家建议直接教新手或阅读困难的学生应用这些策略。迈克尔·普雷斯利的优良策略使用者模型（Pressley & Harris，2006）、帕林克萨和布朗的交互式教学模式（Palincsar & Brown，1984）都是直接教授学生元认知策略的成功典范。关于这些方法的研究普遍表明，运用过这些方法的所有年龄段的学生在学业成绩和阅读理解水平方面上都有进步（Pressley & Harris，2006；Rosenshine & Meister，1994）。

反方观点：思维和问题解决技能不能迁移

E.D.赫希（E. D. Hirsch）曾直言不讳地对批判性思维课程提出了批评：

> 直接教授批判性思维或自我监控方法究竟能否真正提高学生的成绩，是一个目前仍存在很多争论的研究课题。关于批判性思维的研究并没有消除人们的疑惑。关于批判性思维的教学已经在一些国家开展了100多年，但是研究者发现无论是来自以色列、德国、澳大利亚，还是来自菲律宾和美国的学生，尽管学习了批判性思维，但依然在犯荒谬的逻辑错误（1996，p.136）。

认知研究机构（CoRT）推出的课程已经在10个国家的超过5 000个课堂中实施了，但是波尔森和杰弗里斯提出："虽然这个课程已广泛应用了10年，但我们尚没有足够的证据证明它的有效性。"（Polson & Jeffries，1985 p.445）另外，迈耶和维特罗克（1996）指出，有关实际情境中学生问题解决能力的研究表明，学生往往无法把在学校学到的数学问题解决方法应用于杂货店或家庭事务等实际的问题解决情境中。

尽管教育者已经在教授元认知技能方面取得了很多成功，可是依然有批评指出，这种教学往往会阻碍而不是促进学习。罗伯特·西格勒提出，如果教那些学习成绩较差的学生使用自我监控策略，可能会阻碍他们运用真正适合他们的策略（Robert Siegler，1993）。强迫学生使用专家提出的策略，可能会给学生的工作记忆带来较大的负担，他们可能会很费劲地使用他们并不熟悉的策略，而无法顾及学习内容本身。比如，与其教学生从课文中提取某些词语的策略，不如教学生多学些单词来增加自己的词汇量。

当然，在这一问题上，我们也应谨防"非此即彼"的选择。当代学习研究达成的共识是：无论是领域特定性知识还是学习策略都非常重要。今天的学生需要成为能对所有知识进行批判性思考的消费者，但仅有批判性思维是远远不够的。学生们需要知识、词汇和概念，以理解他们所读、所看和所听的。最好的教师应同时教授数学知识和学习数学的方法，历史学科知识和批判性地评估历史知识来源的方法等。

9.5.3 论证

形成自己的观点并用证据来支持自己观点的能力，对科学、政治、议论文写作以及批判性思维而言必不可少。**论证**（argumentation）指建构和评论论据、争辩观点的过程，其核心是用证据和理智来支持你的立场，并反驳对方的观点和证据。儿童不善于论证，青少年好一点，成年人更加擅长，但做得并不完美。儿童很难注意到论辩中对方的观点和证据。青少年明白对方有不同观点，但他们花在表达自己观点上的时间比花在试图理解和反驳对方观点上的时间要多得多。青少年似乎相信赢得一场论辩意味着要更好地陈述自己的观点，而无须理解对方的观点，削弱对方观点的说服力（Kuhn & Dean，2004；Nussbaum，2011）。

儿童和青少年更关注自己的观点和立场，因为要同时记住并加工自己和对方的观点和证据，对他们来说要求太高了——认知负荷太大了。此外，论证技能并不是天生的，个体需要花费时间接受有效教学才能学会（Kuhn, Goh, Iordanou, & Shaenfield，2008；Udell，2007）。

那么，要发展出好的论证技能，必须学习什么？在理解和反驳对方的论据时，为了提出令人信服的理由，必须清楚自己在讲什么、对方在讲什么以及如何反驳对方的观点。这需要计划，评估计划的进展情况，仔细思考对方所讲的内容，以及根据需要调整策略，也就是关于论证的元认知知识和技能。迪安娜·库恩和她的同事（2008）设计了旨在发展学生论证的元认知技能的一套程序。他们给 6 年级学生呈现下列两难问题：

> 科斯塔夫妇从遥远的希腊搬迁到美国的城镇边缘地区，一起搬来的还有他们 11 岁的儿子尼克。在希腊时，尼克是一名好学生，他走读，还爱踢足球。搬家后，尼克的父母决定不让尼克去学校和其他孩子相处，而是让他在新居住地的家里陪着他们。尼克一家只会讲希腊语，他们认为坚持讲母语并且不学习英语对尼克更有利。他们认为他们可以在家教会尼克他需要的一切。尼克一家住在城镇，尼克却不得不待在家里，应该怎么办？是否应该要求尼克的父母像其他家庭一样把尼克送到镇上的学校？(p.1313)

根据学生在两难问题上的不同观点和立场，全班 28 名学生被分成了两组：一组认为尼克应该去学校，另一组则认为尼克应该在家接受教育。随后，两组学生再次分组，同性别的两名同学结对。所有认为尼克应该去学校的同学被领到了隔壁教室。拥有不同观点的两个两人小组需要使用即时通信（IM）工具辩论大约 25 分钟。之后，这个过程将重复多次，每次两人小组都会遇到不同的对手。这样的辩论共计 7 次。因此，几个星期之内，每一对支持"尼克应该去学校"的两人小组都会和每一对支持"尼克应该在家接受教育"的两人小组进行辩论。在第四次辩论结束时，研究者给每组成员提供了他们上次辩论的对话脚本和任务清单，其中提供任务清单是为了培养他们对自己论证或对对方论证的反思。在成年人的指导下，学生通过评价自己的论证活动来提高论证技能，反思共进行 3 次。

最后，学生会迎来一次"大决战"，即全体支持"尼克应该去学校"和支持"尼克应该在家接受教育"的学生都只通过一台电脑进行辩论。为了准备这次辩论，每组的一半同学会代表本组的立场，另一半同学需要代表对方的立场，模拟这场"决战"。寒假和春假过后，学生还会面对新的两难问题，多次重复这个过程。

在这里我们可以看到，这项研究使用了三项技术来帮助学生提高论证的元认知能力：首先，要求学生结对合作；第二，给学生提供了他们与对方辩论的对话脚本，这样学生就能对辩论进行反思；第三，辩论全程通过即时通信进行，因此拥有完整的纪录。

研究表明，对大多数学生而言，结对、即时通信和反思策略可以帮助他们考虑对方的立场和观点，并形成反驳对方论点、论据的策略。结对练习似乎尤其有效。青少年甚至成年人独自工作时，通常很难形成有效的反论和驳论（Kuhn & Franklin, 2006）。

9.6 为迁移而教

— 停下来 想一想 —

回想你上高中时的某节课，该学科你在大学里没有选修。想象一下当时的老师、教室和课本。现在回忆你在课堂上实际学到的东西。假如这是一节科学课，你学到了哪些公式？氧化还原还是波义耳定律？

如果你和大多数人一样，记得你学过哪些东西，但不能非常确定你学到了什么，那么那些学习时间是否被浪费了？这个问题与学习迁移紧密相关。接下来我们就来讨论这个重要的话题。首先我们来看看迁移的定义。

如果先前任何时候学过的东西正在影响当前的学习，或者先前的问题解决过程正在影响你解决新问题的过程，此时**迁移**（transfer）就发生了。埃里克·德·科尔特（Erik de Corte, 2003）称迁移是对"认知工具与动机的创造性使用"（p.142）。迁移的这一意义强调产生新东西（创造性），而不是重复使用先前的工具。如果学生在某节课上学了一个数学原理，并在几天或几个星期后的另一节课上用它解决了一个物理问题，那么这个过程中就发生了迁移。然而，过去的学习对现在学习的影响并不总是正向、积极的。功能固着和反应定势就是负迁移的例子，因为它们会促使你把熟悉但不恰当的策略运用到新情境中。

事实上，迁移有几个维度（Barnett & Ceci, 2002）。你可以跨学科（将数学技能用于解决科学问题）、跨物理情境（将学校所学的知识用在工作中）、跨社会情境（将通过独自学习获得的经验用于家庭或团队合作）、跨时间进程（大学学到的知识可以在数月或数年后使用）、跨学习作用（为学术而学的知识可用于兴趣或娱乐）以及跨模式（通过观看家庭花园频道的节目获得的知识可用于与建筑师讨论如何建造院子）地进行迁移。因此，迁移涉及超越地点、时间及学习方式等的多个情境。

9.6.1 迁移的多面性

迁移成为教育心理学研究的焦点已经100多年了。毕竟教育的一个基本目标就是使人能在一生中创造性地使用知识、技能和动机（Pugh & Bergin, 2006；Shaffer, 2010）。早期的研究关注技能的特殊迁移与从难度很高的学科（如希腊语和数学）中获得心智训练的一般迁移。但是，桑代克在1924年发现，学习希腊语并不能训练心智，它仅仅帮助学生学习了更多的希腊语。因此可以说，多亏了桑代克，美国高中生才不必学习希腊语了。

研究者区分了对可以直接使用的技能（如我们每天都在使用的阅读和写作技能）的自动化的迁移和对用于创造性问题解决的知识与策略的反省式迁移（Bereiter, 1995；Bransford & Schwartz, 1999）。不同情境的练习都可能有益于自动化的迁移，然而反省式迁移单单依靠练习是不够的。齐和科特·范莱恩（Chi & Kurt VanLehn, 2012）认为反省式迁移包含两个阶段：初步学习阶段和知识重复或应用阶段。因为只有当学生真正理解内在的原理或概念，而不只是表面过程或算法时，反省式迁移才能实现。因此，反省式迁移的关键是有意识地抽象内容，或有意识地确定原则、主要观点、策略和程序。这些往往不局限于某个特殊的问题或情境，而是可以运用到许多问题或情境中。这样的抽象成为元认知知识的组成部分之后，就可以被用来指导将来的学习和问题解决过程。此外，布兰斯福德和施瓦茨（1999）认为，丰富的、支持创造性与恰当迁移的资源环境也是影响反省式迁移的关键因素。表9-5总结了迁移的类型。

表9-5 迁移的类型

	直接运用	为将来的学习做准备
定义	高度熟练技能的自动迁移	• 将抽象知识有意识地运用到新情境 • 认知工具和动机的创造性运用
关键条件	• 广泛练习 • 在各种情境和条件下练习 • 过度学习，直到实现自动化	• 有意提取出能被用于许多情境的原理、主要观点或原则 • 在有效的教学环境中学习
例子	• 开各种不同的车 • 在机场寻找登机口	• 运用KWL或READS策略 • 在为学校报纸设计版面时运用数学程序

9.6.2 为正迁移而教

以下是戴维·珀金斯和加夫里尔·萨洛蒙（David Perkins & Gavriel Salomon, 2012）对迁移的解读：

> 学校应该是人生的中转站，而不是终点。学校提供的信息、技能和理解不局限于当下的使用，还可以用于迁移和转化。周一讨论的话题将明显有助于完成周二的习题作业、应对周五的测试，甚至有助于准备期末考试。甚至从原则上而言，这些话题的探讨是为了使学生成为更好的家庭成员、更好的公民，享受更好的文化和职业生活。(p.248)

多年的研究和经验表明，学生能够掌握新知识、问题解决程序和学习策略，但他们往往不会用，除非教师进行提示或提供指导。例如，研究发现，人们总是不能在家里或在百货商店解决实际问题时运用他们在学校学到的知识（Lave, 1988；Lave & Wenger, 1991）。发生这种情况是因为学习具有情境性，也就是说学习发生在特定的情境中。因为我们是将知识作为解决具体问题的工具来学习的，所以当我们遇到一个看似不同的、至少在表面上不同的问题的时候，我们可能意识不到解决其所需的知识与之前所学的知识相关（Driscoll, 2005；Singley & Anderson, 1989）。你如何确保你的学生能在不同情境中使用他们之前所学的东西？

1. 什么值得学习

首先，你必须回答这个问题："什么值得学习？"基本技能的学习，如对阅读、写作、计算、合作和演讲技能的学习，可以明确地迁移到其他情境中，因为这些技能在校内外的很多场景，如写求职信、阅读小说、支付账单、团队工作、评价卫生保健服务等中，都是必需的。之后的学习效果全取决于你能否将这些基本技能正向迁移到新的情境中。

其次，教师还必须知道，作为群体成员和个体，你的学生未来要掌握什么，社会对成年人有什么样的要求。作为20世纪五六十年代在得克萨斯长大的孩子，我没有上过任何计算机课程，尽管我的父亲是一个计算机系统分析师。然而，现在我每天都要花数小时在计算机上。那时我学的是计算尺的使用。现在，计算器和计算机已经使我荒废了使用计算尺的技能。我妈妈曾鼓励我高中时选修高等数学和物理，而不是练习打字。虽然数学和物理非常好，但是，我仍然每天在我的计算机上努力练习打字。毫无疑问，极端和未预料到的变化总是等待着你的学生。由此，原理、态度、学习策略、动机、时间管理技能和问题解决策略的一般迁移对学生而言，将会与基本技能的特殊迁移一样重要。

2. 教师怎样提供帮助

对基本技能的过度学习——已经掌握了一项技能，并多加练习，可以保证实现较大的迁移。学生在小学阶段学习许多基本事实，如乘法表的方式，就是传统的过度学习。过度学习可以帮助学生发展第8章中介绍过的自动化的基本技能。

为了实现高水平迁移，学生必须首先学习和理解。如果学生积极地卷入了学习过程，那么他们更可能把知识迁移到新情境中。学生应该学习一些可能会对其后续学习产生重要影响的抽象概念，这样他们才会明白迁移本身就是目的。教师可以让学生对比教师给出的两个例子，然后确定内在原则，又或者让学生单独或相互解释教师给出的例子，再者还可以让学生确认问题解决方案所需步骤的内在原则（Chi & VanLehn, 2012）。如果学生在新知识与先前的知识结构和日常经验之间建立起了深度的联结，那么这将有助于他们进行迁移（Perkins & Salomon, 2012; Pugh & Phillips, 2011）。埃里克·德·科尔特（2003）认为，如果教师能应用下列设计原则营造有效的教学环境，就能支持学生的迁移——认知工具和动机的创造性使用。

- 该环境应该支持所有学生进行建构性的学习。
- 该环境应该鼓励学生形成自我管理的习惯，使学生越来越对自己的学习负责。
- 学习应该包括互动学习和合作学习。
- 学习应该涉及对学生个人有意义的问题，以及他们将来可能遇到的问题。
- 课堂文化应该鼓励学生注意和发展他们的认知和动机。为了创造性地使用这些工具，学生必须知道这些工具并能对它们进行评价。

本书接下来的三章就将围绕上述问题展开深入讨论，并将重点探讨如何支持学生的建构性学习、成就动机、自我调节、合作学习和自我觉察等。

除此之外，还有一种迁移对学生而言尤其重要，那就是我们之前遇到过的学习策略的迁移。学习策略意味着可以应用到很广泛的情境中。

3. 策略迁移的阶段

加里·菲（Gary Phye, 1992, 2001; Phye & Sanders, 1994）描述了形成策略迁移的三个阶段：①在获得阶段，学生不仅要获得有关策略以及如何采取策略的指导，而且应该能复述这个策略并培养对何时以及如何采取该策略的意识；②在保持阶段，更多有反馈的练习能帮助学生熟悉采用该策略的方式；③在迁移阶段，教师应该给学生提供可以用相同的策略解决的新问题，即使这些问题看起来并不相同。为了强化策略迁移的动机，教师应给学生指出策略会怎么帮助他们解决很多问题并完成不同的任务。策略迁移的步骤可以帮助学生建构程序性和自我调节的知识——怎样使用策略、何时使用策略以及为什么使用这些策略。

对所有学生而言，学习策略的使用与学业成绩（如高中的 GPA）和在大学持续的良好表现存在正相关关系（Robbins, Le, & Lauver, 2005）。有些学生会自学创造性策略，但是所有学生都能够从对学习策略和研究技能的直接讲授、示范和练习中获得益处。这是所有学生为他们的未来做准备的最重要的一个方式。新近掌握的概念、原理和策略必须被用于尽可能多样的情境和问题中，才能实现迁移（Chen & Mo, 2004）。在真实情境中练习使用某种技能能促进正迁移的发生。通过与其他国家的笔友用电子邮件交流，学生能够学会写作。通过了解自己家庭的历史，学生可以学习历史研究的方法。不过，应尽可能用复杂的、难以界定的、结构不良的问题来进行这种练习，因为在今后的生活中（无论是校内还是校外），学生不可能在面对任何问题时都得到指导。下面的实践指南就如何获得家庭的支持以鼓励学生进行迁移提供了一些建议，你可以参考。

| 与家庭和社区建立合作关系的实践指南 |

鼓励学生进行迁移

让家长了解孩子的课程，以便支持孩子的学习。

例如：

（1）在单元或课程方案开始实施时，给家长寄一封信，概述课程的关键目标、主要作业，以及学生在学习课程材料时可能存在的一些共同的问题。

（2）让父母就如何将他们孩子的兴趣与课程内容相联系提出一些建议。

（3）邀请家长到学校参加"策略学习之夜"活动，让学生把他们在学校学过的策略教给家长。

告诉家长他们可以怎样鼓励孩子练习、扩展或应用在学校学到的东西。

例如：

（1）在扩展写作能力方面，让父母鼓励他们的孩子给公司或市民组织写信或电子邮件，询问信息或索要免费产品。父母要将信件结构和表达观点的基本模式教给孩子，还要告知孩子提供免费产品或信息的公司的地址。

（2）要求家长允许孩子参与一些需要测量、减半或扩充食谱、估计花费等的活动。

（3）建议学生与祖父母一起做一个家庭回忆录，把历史研究和写作结合起来。

让家长展示校内学习和校外生活的联系。

例如：

（1）让家长谈论和展示他们是怎样使用一些学习技能的，这些技能是孩子们正在通过研究、业余爱好或社区参与计划来学习的。

（2）让家长来教室演示他们怎样在工作中使用阅读、写作、科学、数学或其他知识。

让家庭成员搭档练习采用学习策略。

例如：

（1）一次关注一个学习策略——让家长提醒孩子这个星期做家庭作业时需要使用哪些具体策略。

（2）建立可以外借图书和视频的图书馆，教会家长使用有关的学习策略。

（3）根据学生所在年级的平均水平对前文中"成为优秀学生"的实践指南进行适当调整，并向家长介绍。

模块 26 小结

什么是批判性思维

批判性思维包括界定和阐明问题，判断与问题相关的信息是否一致且恰当，以及得出结论。不管你用什么方法来发展批判性思维，额外的练习都是很重要的。仅仅一堂课对于培养创造性思维是不够的。过度学习有助于学生在日常生活中使用批判性思维。

什么是论证

论证（与其他人争辩观点的过程）的核心是用证据和理智来支持你的立场，并反驳对方的观点和证据。论证技能并不是天生的，个体需要花费时间接受有效教学才能学会。对儿童和青少年更是如此，他们很难注意、理解对方的观点和立场，并用证据进行反驳。

什么是迁移

当在一个情境中学习到的规则、事实及技能被应用到另一个情境中时，迁移就发生了，例如在写求职信时遵循标点符号规则。迁移也包括把在其他情境，尤其是不相似的情境中习得的原理应用到对新问题的解决过程中。

迁移的维度有哪些

信息可以跨越多种情境进行迁移，例如从一个学科迁移到另一个学科，从一个地点迁移到另一个地点，或从一种作用迁移到另一种作用。正因为有这些不同类型的迁移，我们才能把在一个领域中学到的技能应用到许多其他任务中。

区分自动化的迁移与有意识、有意图的迁移

对通过良好训练获得的知识和技能的自发运用，被称为自动化的迁移。有意识、有意图的迁移涉及把在一个情境中学习到的抽象知识反思式和有意识地运用到新的情境中。这样的迁移通常发生在支持积极的建构学习、自我调节、合作、认知和动机过程的学习情境中。另外，学生应该处理对他们生活有意义的问题。还有，教师可以直接教授策略、提供有反馈的练习，然后让学生在新的、不熟悉的情境中应用策略，以此来帮助学生迁移他们的学习策略。

第9章复习思考题

单项选择题

1. 下列哪项高阶知识能使学生学得又快又好？
   A. 陈述性知识
   B. 机械知识
   C. 元认知知识
   D. 程序性知识

2. 由于认识到了元认知对学习的重要性，乔安娜·帕帕斯决定让她的年轻的学生们关注自己的思维技能。乔安娜知道，让学生不断思考自身的思维过程最终将提升他们的元认知技能。那么，乔安娜会使用下列哪一项策略来实现她的目标呢？
   A. 顿悟
   B. KWL 图
   C. 算法式
   D. 过度学习

3. 教师常常忽略教授学生何时、何地以及为何使用不同的学习策略。当教师直接教授下列哪一类型的知识时，他们会更倾向并合理运用某类策略？
   A. 陈述性知识
   B. 程序性知识
   C. 自我调节知识
   D. 机械知识

4. 理查德和布鲁斯是4年级学生，他们坐在学校外的门廊上。他们错过了校车，现在得决定是抄近路回家，还是等母亲发现他们没有回家再说。"我觉得我们现在就得走，也许在他们发现我们错过校车之前，我们就已经到家了。""我觉得我们应该等。如果我们自己抄近路回家，而我们的母亲正巧过来找我们，她们会找不到我们，会很着急的。发现我们错过了校车已经很糟糕了，如果再找不到我们，她们会发疯的！"这两个男孩面对的是哪种类型的问题解决？
   A. 启发式问题解决
   B. 图式-驱动问题解决
   C. 算法式问题解决
   D. CAPS

开放论述题

案例：卡伦·斯莱格尔在操场上和朋友们分了手。她刚刚和一个才赢得班长竞选的朋友争论了几句。

"我觉得我哥哥应该赢得这次竞选，他的朋友更多，获得的选票会更多。"

"哦，卡伦，不要太激动。学校有自己的政策和流程。"

"用不着管那些。去年瑞加娜·霍伊特能赢，就是因为她很受欢迎啊。真正要紧的只有你有多受欢迎。"

"但是因为她的竞选纲领只包含处理体育事务，她前年竞选足球队队长时就失败了。这你怎么看？"

"你的想法太愚蠢了！我们刚入学的那一年，那个很受欢迎的篮球明星不是赢得竞选了吗？"

5. 为什么卡伦·斯莱格尔的论证是证实偏见的一个范例？

6. 在她的论证中，卡伦·斯莱格尔并没有表现出批判性思维。一个批判性思考者应该运用哪些类型的策略？

Chapter 10 | 第 10 章

学习科学和建构主义

■ 教师的案例簿：你会怎么做？

学会合作

你打算让你教的初中学生尝试合作学习。尽管许多学生经常以小组的形式学习，但是几乎没有人真正参与过合作学习。当你询问班级成员参与小组学习的体验时，他们大多会表示不满和抱怨。你从中知道他们的体验并不是正向、积极的。这些学生的能力各异：有些真的很有天分，有些仅仅是在学习英语，有些非常害羞；还有一些学生一旦负责主持讨论，将主导全场。你坚信在 21 世纪，对所有学生而言，合作是一项重要的能力，在学生共同质疑、相互解释、建立自己的观点的过程中，他们对事物的理解会加深。不管怎样，你希望共同学习的体验能够帮助你的学生建立信心，并提升你作为一名教师的效能感。因此，你想取得真正的成功。

想一想

:: 你怎么向你的学生介绍合作学习？
:: 你会选择什么样的任务作为合作学习的开始？
:: 你如何建立小组？
:: 你将观察和倾听什么来确保学生高度重视这样的学习体验？

■ 概览与目标

在前面三章，我们已经分析了学习的不同方面。我们从行为主义、信息加工和认知科学的角度分析了人们学习什么以及如何学习；我们也了解了复杂的认知过程，如元认知技能和问题解决的过程。这些对学习活动的解释关注的是个体，是解释个体的"大脑"里发生了什么。本章我们将了解更多关于学习的研究，用新近被称为"学习科学"的交叉学科取向来理解学习。这一取向将许多学习研究领域整合起来，包括教育心理学、计算机科学、神经科学和人类学。学习科学的其中一个基础是建构主义，这一广阔的视角要求人们关注学习的两个关键方面：社会因素和文化因素。因此，本章我们将考察他人和文化背景在学习过程中的作用。社会文化建构理论由认知理论发展而来，但是很好地超越了早期的认知解释。我们将探讨与认知主义观点一致的一些教学策略和方法，如探究学习、基于问题的学习、合作学习、认知学徒制（cognitive apprenticeship）以及服务性学习。最后，我们将考察数字时代的学习，包括丰富的技术环境中的学习。

学完这一章后，你就能：
目标 10.1　描述使学习科学成为交叉学科的协同取向。
目标 10.2　从不同的视角解读作为学习与教学理论的建构主义。
目标 10.3　明确当代多数建构主义理论的共同点。
目标 10.4　将建构主义的原理应用在课堂实践中。
目标 10.5　评估基于社区活动的学习/服务性学习的运用。
目标 10.6　阐述技术在儿童及青少年学习和发展过程中产生的积极和消极影响。

模块 27　学习科学和建构主义概述

10.1　学习科学

在前三章，我们讨论的大多数有关学习的理论和研究都是来自心理学家，但是很多其他领域的专家也在研究学习。当今的学习科学领域存在着对学习的多种看法。

10.1.1　什么是学习科学

近来，心理学、教育学、计算机科学、哲学、社会学、人类学、神经科学以及其他有关学习的领域的研究，形成了学习科学这一交叉学科。你已经在第 8 章和第 9 章中了解了学习科学的一些基础观点，包括学习过程中记忆的组成和认知负荷的作用，信息是如何以复杂的结构（如图式）进行表征的，专家知道什么以及他们的知识与新手有何不同，元认知，问题解决，思维和推理，以及知识是如何从课堂迁移（或为何不能迁移）到其他情境等。

无论关注点是什么，学习科学领域的所有工作者都对人们是怎么学习科学、数学及文学等学科中的深度知识，以及这些知识是如何被科学家、数学家及作家在真实世界中进行应用的深感兴趣。在《剑桥学习科学手册》中，R. 基思·索耶（2006）对比了深度学习与数十年来在很多国家的学校教学中占据主导地位的传统课堂实践。请参照表 10-1，看看两者有什么不同。

表 10-1　深度学习与传统课堂实践

传统课堂实践	深度学习（来自认知科学的发现）
学习者认为课程材料与他们之前所学的内容无关。例如"火成岩是……"	学习者能将新的认识与先前的知识经验联系起来。例如，老师说："你们当中有谁在电视节目中看到过花岗岩柜台，或者可能你家中就有一个？花岗岩长什么样？"
学习者认为课程材料没有连贯性，只是一些知识片段。如"变质岩的定义是……"	学习者能将他们的知识相互联结、整合，进入更广的概念系统。"我们已经了解了两类岩石，通过上周的学习，我们也知道了几个世纪以来地球是如何运动的，以及一些海洋层是如何变成陆地的。今天我们将学习大理石和金刚石是如何……"
学习者记忆事实并执行程序，但不理解如何以及为什么这样做。"要想除以分数，需先将除数的分子、分母倒置，再与被除数相乘……"	学习者能够寻找、发现潜在的规律和原则。"告诉我除法是什么意思……那么，计算 1/2 除以 3/4 需要进行哪几个步骤……"
学习者较难理解那些不能从课本上直接获得或以不同方式阐述的观点。"你从课本上获得了什么……"	学习者能评估新的观点，即使这个观点可能没有出现在课本中，还能将新观点整合到他们的思想中。"昨天电视上说有一种新药对超过 1/8 的病例有效，那么这种新药起效的概率有多大？"
学习者认为事实和程序是一成不变、精确无误的，是从权威和专家那里传承而来的。"科学家认为……"	学习者认识到知识是人们建构出来的，因此需要对观点进行批判性的验证。"这是对上周主要争论的摘录，我们来思考一下：你是如何判断哪些论点更能得到论据支持的？"

(续)

传统课堂实践	深度学习（来自认知科学的发现）
学习者只进行机械的记忆，而不去思考学习的目标以及服务于这个目标的最佳学习策略。"这个有可能在考试中考到……"	学习者会思考他们为什么学习，并监控和反思他们的学习过程。"你将如何在生活中运用这一概念？你怎么判断你是否理解了这个观点？"

资料来源：改编自 Sawyer, R. K.（2006）. The new science of learning. In R. K. Sawyer (Ed.), *The Cambridge Handbook of the Learning Sciences* (p.4). New York: Cambridge University Press.

10.1.2 学习科学的基本假设

尽管研究者是用不同领域的视角研究学习科学的，但他们还是逐渐就学习科学的一些基本假设达成了一致（Sawyer, 2006）。

（1）专家具有深度概念性知识。专家知道很多事实和程序，但是仅仅学习事实和程序并不能让你成为专家。专家具有深度的概念性理解，这可以帮助他们将知识付诸实践。他们能够应用并修正知识，以适应每一种情境。深度概念性知识可以帮助专家发现问题并解决问题。

（2）学习来自学习者本身。良好的指导本身并不能保证学生从教师那里学到深度理解的方法。学习绝不只是接受和加工由教师或书本传授的知识。相反，学生必须积极主动地参与他们个人的知识建构过程，我们是知识的创造者，而非复制知识的机器（De Koek, Sleegers & Voeten, 2004）。

（3）学校必须创设有效的学习环境。学校有责任创设有效的学习环境。这样，学生才能积极主动地建构个人的深度理解，从而能够对真实世界中的问题进行推论，并把在学校学到的知识迁移到学校之外的生活之中。

（4）先前知识和信念是学习的关键。学生是带着有关世界是如何运作的知识和信念来到教室的。这些先入之见中有一些是正确的，一些部分正确，还有一些是错误的。如果教学不从学生已经"知道"的东西开始，那么学生只能学习一些用来应付考试的内容，他们有关世界的知识和信念将不会改变（Hennessey, Higley, & Chesnut, 2012）。

（5）反思对于发展深度概念性知识而言很有必要。学生需要通过写作、对话、绘画、学习项目、滑稽短剧、作业及报告等方式来呈现他们拥有的知识，但这些方式还远远不够。想要发展深度概念性知识，学生需要进行反思——充分分析他们的学习和进步情况。

10.1.3 具身认知

具身认知（embodied cognition）是认知和学习科学领域的一个新主题，认为"我们认识和表征信息的方式反映了我们需要与外界进行互动这一事实"（Ashcraft & Radvansky, 2010, p.32）。这种互动通过我们的感官和身体发生，并且为了达成目标，我们的身体与外界互动的方式会影响我们的认知。换句话说，认知来源于我们的身体与外界的互动，认知上的发展取决于我们与外界进行感觉运动的投入。根据这种认知观，身体而非心智居于主要地位，同时身体又需要心智，以成功实现与外界的互动。从某种意义上说，这一观点与皮亚杰认为早期思维发展源于婴儿与外界通过感觉运动进行互动的观点相似。我们的感官和运动反应在认知过程中起到了关键作用，而不仅仅是处理外界声音和图像刺激的通道。因此，要了解我们的心智，我们必须先认识我们的身体是如何与外界进行互动的（Wilson, 2002）。以观察学习为例，观察一个人做某个动作时被激活的脑区在个体自己做这个动作时也会被激活，就好像大脑是通过做这个动作来学习它的一样。这就解释了为什么榜样示范、手势动作、情景模拟、戏剧表演、事件重演等方式可以辅助学习（de Koning & Tabbers, 2011）。

在教育心理学中，基于学习科学的这些基本假设和具身认知的观点，我们可以得出这样一个结论：认识是建构性的。下面，我们将探讨认知建构主义和社会建构主义，你将在为教学做准备的过程中反复听到这些话题。

10.2 认知建构主义和社会建构主义

请你思考以下情境：

一个之前从未来过医院的小女孩正躺在儿科病床

上。这时,床头上方的对讲机中传来了值班护士的声音:"切尔西,你好吗?你需要什么帮助吗?"小女孩很迷惑,没有出声。护士重复了一遍,但小女孩还是没有回应。后来,护士一字一句地说:"切尔西,你在吗?请讲话。"小女孩试探着回答道:"墙壁你好,我在这儿。"

切尔西遇到了一个她之前从未遇到过的新情境——面对一堵会讲话的墙。而且,它不停地在问,就像活的一样。她知道不应该和陌生人讲话,但她不知道应该怎样对待墙。所以她只能利用自己所知道的以及当前的情境来建构意义并做出反应。

在另一个关于建构意义的例子中,凯特和她九岁的儿子伊桑在杂货店买东西,并共同进行了意义的建构。

伊桑:(跑着去拿购物篮)我们要拿那个大点儿的吗?

凯特:大的总比小的好。这是我们的购物清单,我们先去哪儿?

伊桑:我们要去买为聚会准备的冰激凌(伊桑走向冷冻食品区)。

凯特:哇哦!还记得你留在厨柜上的那盒冰激凌变成什么样了吗?

伊桑:融化了!它不能放在外面那么久!

凯特:对。我们可能要在商店里待一段时间,所以我们最好先买那些在我们购物的过程中不会融化的东西——我通常会先买农产品。

伊桑:什么是"农产品"?

凯特:就是农民们种出来的蔬菜和水果。

伊桑:好的。清单上写了黄瓜,它们在这儿。等等,有两种黄瓜,你要哪一种?那种小的是"当地的",什么叫"当地的"?

凯特:当地指离我们很近的周边地区。嗯,大黄瓜75美分一个,小黄瓜每磅[⊖]1.15美元,你来判断一下买哪种黄瓜更划算。

伊桑:我猜大黄瓜更划算,对吗?或者小的更好?

凯特:嗯,我想知道它们每磅的价格是否一样。你会如何计算?

伊桑:我不知道,大黄瓜没有标出每磅的价格,只给出了每个黄瓜的价格。

⊖ 1磅=0.454千克。

凯特:医生想知道你的体重的时候,会让你在体重秤上称一下。那么如果你想知道一个大黄瓜多重,是不是可以把它放在那边的食物秤上称一下?

伊桑:好的。它重0.5磅。

凯特:0.5磅大黄瓜卖75美分,那1磅大黄瓜需要多少钱?换句话说,两个0.5磅的大黄瓜一共需要多少钱?

伊桑:75美分加75美分是1.5美元,大黄瓜更贵一些。所以买小黄瓜更划算,而且他们还是"当地的"黄瓜——这也很好,对吗?

凯特:也许吧。我乐意支持咱们当地的农民。那些小黄瓜来自哪里?看一下标签上的字。

伊桑:弗吉尼亚。这个地方离我们近吗?

凯特:不太近,大概需要6个小时的车程。

让我们看一下这种被合作建构起来的知识都包括哪些方面:事先制订计划、词汇、数学、问题解决,甚至还有地理。学习的建构理论关注的是人们如何理解意义,人们既可以像切尔西那样自己建构意义,也可以像Ethan那样在与别人的互动中建构意义。

10.2.1　学习的建构主义观点

建构主义是一个被哲学家、课程设计者、心理学家、教育家等广泛应用的术语。恩斯特·冯·格拉斯菲尔德(Ernst Von Glasersfeld)称之为"当代心理学、认识论和教育界中一个广阔但尚不明晰的领域"(1997,p.204)。建构主义观点是以皮亚杰、维果茨基、格式塔心理学家、巴特利特、布鲁纳、罗格夫(Rogoff)、教育哲学家杜威及人类学家琼·拉韦(Jean Lave)等人的研究为基础建立起来的。当然,这里只提到了其中一些理论来源,为建构主义的发展做出贡献的学者还有很多。

虽然没有统一的建构主义学习理论,但多数建构主义者在以下两个核心观点上达成了一致。

核心观点1:学习者能够主动建构自己的知识。

核心观点2:社会互动在知识建构过程中起到了重要作用(Bruning, Schraw & Norby, & 2011)。

科学和数学教育、教育心理学、人类学及基于计算机的教育中的很多建构主义的取向，也包含这两个观点。不过，尽管心理学家和教育家都使用"建构主义"这一术语，但他们赋予了它不同的意义（Driscoll, 2005; McCaslin & Hickey, 2001; Phillips, 1997）。

整合建构主义观点的一个途径是讨论建构的两种形式：心理建构和社会建构（Palincsar, 1998; Phillips, 1997）。我们可以简单地认为，心理建构关注的是个体如何运用信息和资源，以及如何通过接受他人的帮助来建构和完善自己的心理模型和问题解决策略（参看核心观点1）。相反，社会建构把学习看作通过提高自己的能力，在具有某种文化意义的活动中更好地与他人合作（参看上面的核心观点2）（Windschitl, 2002）。下面就让我们更详细地考察一下不同建构主义流派的观点。

1. 心理/个体/认知建构主义

很多心理学理论包含某些建构主义的观点，因为这些心理学理论认为，当个体在特定情境下解释他们的经验时，他们在建构自己的认知结构（Palincsar, 1998）。这些心理建构主义者关心的是个体如何建立他们的认知或构造他们情绪系统的某些要素（Phillips, 1997, p.153）。这些建构主义者研究个体的知识、信念、自我概念或认同，所以他们有时被称为个体建构主义者或认知建构主义者，他们关注人的内在心理世界。前文案例中的切尔西对"墙壁说的话"做出回应，就是她在利用自身的知识和信念来理解当前的新情境，她先前的知识和信念中存在当别人（或其他事物）和你说话时你该如何回应的信息。她利用自己已知的经验来建构有关她的世界的心理结构（Piaget, 1971; Windschitl, 2002）。当孩子观察到大多数植物的生长需要泥土，并推论说这些植物"吃泥土"时，他们是在利用自己知道的有关饮食如何支持生命的信息来理解植物的生长（Linn & Eylon, 2006）。

从这一角度看，新崛起的信息加工理论也是建构性的，因为信息加工理论关注的是个体如何建构可被记忆和提取的内部表征（命题、表象、概念、图式）（Mayer, 1996）。外部世界被看作信息来源，但一旦感觉被觉察到并进入工作记忆，人们便会认为建构内部表征这项重要的工作是在个体的"头脑内部"进行的（Schunk, 2008; Vera & Simon, 1993）。然而，很多心理学家认为信息加工只存在"轻微或弱建构主义"性质，因为个体对建构的唯一贡献就在于它建立了关于外部世界的精确的内部表征（Derry, 1992; Garrison, 1995; Marshall, 1996; Windschitl, 2002）。

相反，皮亚杰的心理（认知）建构观较少关注"正确"的表征，而更多地关注个体建构的意义。正如我们在第2章中看到的那样，皮亚杰认为随着孩子的发展，他们的思维会变得越来越有组织性和适应性，与具体事件的联系不再那么紧密。皮亚杰特别关注逻辑以及不能直接从环境中学到的普遍性的知识结构如守恒或可逆性（P. H. Miller, 2011）。这些知识来自对我们自己的认知和思维的反思与协调，而不是对外部现实世界的映射。皮亚杰将社会环境看作儿童发展过程中的一个重要因素，但是他认为社会互动并非思维改变的主要机制（Moshman, 1997）。许多教育心理学家和发展心理学家都将皮亚杰的这种建构主义观点看作**"建构主义的第一浪潮"**（first-wave constructivism）或"个体"建构主义，它强调的是核心观点1，关注个体对意义的理解（De Corte, Greer, and Verschaffel, 1996; Paris, Byrnes, & Paris, 2001）。

个体建构主义的一个极端是**激进建构主义**（radical constructivism）。这个流派认为，这个世界根本不存在事实或真理，只存在个体的观念和信念。我们每个人都只能从自己的经验中建构意义，没有办法理解或知晓他人的现实。个体所知的仅仅是我们自己感知和自己确信的。因为我们试图解释我们感知到的一切，但无法理解或知晓他人建构的知识，甚至无法知道自己的知识是否"正确"，所以每个个体都是根据个人的经验建构意义（知识）的。激进建构主义者认为学习是一个不断更新建构的过程，个体总是用能更好地解释自己对当下现实的感知的建构来代替原有的建构（Hennessey et al., 2012）。这一观点遭遇的挑战是，按极端建构主义的说法，所有的知识和信念都是平等的，因为它们都是有效的个体知觉，这一点对于教育者来说是存在问题的。教师承担着帮助学生树立诚实、公正等价值观，阻止偏执、欺骗等价值观形成的责任，二者的重要性不能等同。作为教师，我们要求学生努力学习，但如果所有的观念都同样好，那么就算努力学习也不能增进理解，正如戴维·莫什曼

（David Moshman，1997）所言，"我们可能只能让学生继续相信那些他们相信的东西了"（p.230）。而且，很多知识，如数数或者一一对应关系，似乎不是建构性的，而是具有普遍性的。每个人都必须了解一一对应关系（Geary，1995；Schunk，2012）。

2. 维果茨基的社会建构主义

正如你在第2章中看到的，维果茨基强调前文中的核心观点2，即社会互动、文化工具及活动塑造了个体的发展和学习。正如案例体现的那样，伊桑和妈妈在杂货店中的互动及活动使他学到了预期可能的行为结果（从购物篮的容量和融化的冰激凌这两件事中）的方法、"农产品"和"当地"的含义、计算每磅黄瓜的价格的方法，以及一些地理学知识（J. Martin，2006）。通过与他人共同参与广泛的活动，个体能**内化**（appropriating）通过共同学习而获得的东西，包括新策略和新知识。内化指能够使用文化工具推理、行动和参与，例如使用诸如"力"和"加速度"的概念性工具来对物理进行推理（Mason，2007）。在心理（认知）建构主义看来，学习意味着个体性的信息加工；而社会建构主义认为，学习意味着从属于某一群体并参与知识的社会建构过程（Mason，2007）。将学习置于社会和文化背景中的取向形成了众所周知的"**建构主义的第二浪潮**"（second-wave constructivism）（Paris，Byrnes，& Paris，2001）。

由于维果茨基的理论多用社会互动和文化背景来解释学习，因此大多数心理学家将维果茨基归为社会建构主义者（Palincsar，1998；Prawat，1996）。然而，一些理论家将他归为心理建构主义者，因为他更关注个体的发展（Moshman，1997；Phillips，1997）。在某种意义上，维果茨基二者兼而有之。他的学习理论的优势是，他给我们提供了同时考虑心理和社会因素的一个途径：他联结了两大阵营。例如，维果茨基提出的最近发展区，即儿童借助成年人或更出色的伙伴的帮助（脚手架）来解决问题的领域，被视为文化和认知互生的一个领域（M. Cole，1985）。当成年人采用来自文化的工具和实践方式（语言、地图、计算机、织布机、音乐等）时，文化就创造了认知，并将引领儿童向文化价值目标（阅读、写作、编织、跳舞等）前进；而当成年人和儿童一起进行新的实践活动，找到新的问题解决办法，并使其成为文化的一部分时，认知就创造了文化（Serpell，1993）。所以人们既被自己所在的社会和文化创造，同时也创造着其所在的社会和文化（Bandura，2001）。整合个体建构主义和社会建构主义的其中一种方式就是将知识看作个体建构和社会建构的中介（Windschitl，2002）。

建构主义这个术语有时会被用于讨论公共知识是如何被创造出来的。尽管这不是教育心理学关注的主要问题，但也值得简单探讨一下。

3. 建构论

社会建构论者并不关注个体的学习，他们关注的是科学、数学、经济、历史等学科的公共知识是如何被建构的。除了学科知识，建构论者还对人们如何与社会文化团体中的新成员交流常识性观念、日常信念和对世界的普遍性理解感兴趣（Gergen，1997；Phillips，1997）。他们可能还会研究下列问题：谁来决定历史的内容，什么样的举止在公共场合是得体和恰当的，以及如何当选班长。社会建构论者认为，所有的知识都是社会建构的，更重要的是，有些人比别人更有能力决定用哪些内容来建构这些知识。教师、学生、家庭和社区之间及内部的关系，是社会建构论关注的中心问题。综合理解各种不同的观点是被鼓励的，而传统的知识体系常常会受到挑战（Gergen，1997）。建构论主要来源于雅克·德里达和米歇尔·福柯的哲学思想。维果茨基的理论关注认知如何创造文化，这与建构主义有很多相同点。

总之，虽然不同取向的建构主义的观点并不一致，但它们引发了人们对某些普遍问题的关注。也许这些问题永远无法得到真正的解决，但是不同的理论为此做出了不同程度的贡献。下面就让我们一起来思考一下这些问题。

10.2.2　知识是如何被建构的

存在于不同建构主义流派之间的一个核心的争论是人们是如何建构知识的。对此，莫什曼（1982）描述了以下三种取向的解释。

（1）外部世界的真实性与相关事实引导知识建构。个体通过建立精确的心理表征，如命题网络、概念、因果模式以及能够反映事物真实发展情况的条件-行为产生式规则，重新建构外部世界。个体学得越多，他的经验就越深入和广泛，个体的知识就越能反映出客观现实。信息加工观点就持这种知识观（Cobb & Bowers, 1999）。

（2）类似皮亚杰理论中组织、同化和顺应等的内部加工过程引导知识建构。新知识是从旧知识中抽象而来的。知识并非现实世界的镜像，而是随认知活动变化和发展的一种抽象。知识无所谓对与错，在发展的过程中，其内部会变得更具一致性和组织性。

（3）内外部因素共同引导知识建构。知识的发展是通过内部（认知）因素与外部（环境和社会）因素的交互作用完成的。维果茨基通过内化和文化工具（如语言）的使用来解释认知发展，与这个观点一致（Bruning, Schraw, & Norby, 2011）。与此观点一致的另外一个例子是第11章中将探讨的班杜拉关于人、行为和环境三者间交互作用的理论（Schunk, 2012）。

表10-2总结了以上三种有关知识建构的观点。

表10-2 有关知识建构的主要观点

观点	关于学习和知识的假设	代表性理论
外部建构	知识是人们通过建构对外部世界的表征而获得的。直接教学、反馈及解释都会影响学习。知识是对外部世界事物的本质的反映，从这个角度看，知识是精确的	信息加工理论
内部建构	知识是通过转化、组织和重组先前知识来建构的。尽管经验影响思维，思维影响知识，但知识并非外部世界的镜像，探索和发现远比教学更重要	皮亚杰的理论
内外共同建构	知识是基于社会互动和经验建构起来的。知识在反映外部世界的同时，还受到文化、语言、信念、与他人的交互作用、直接教学以及示范等因素的影响。有指导的发现、教学、示范和辅导以及个体的先前知识、信念和思维都会影响学习	维果茨基的理论

10.2.3 知识是情境性的还是普遍性的

有关建构主义观点的第二个分歧是：知识究竟是内在的、普遍的、可迁移的，还是局限于特定的时间和地点被建构而成的？强调知识的社会建构和情境学习的心理学家赞同维果茨基的观点，认为学习是社会的内在属性，并依存于特定的文化情境（Cobb & Bowers, 1999）。在某时某地被认为正确的事情，如哥伦布时代之前人们相信的"地球是平的"这一"事实"，在另外的时间和地点却会变成谬误。特定的观念可能只在特定的**实践共同体**（community of practice）中有用。比如，"地球是平的"这一观点对15世纪的航海而言有用，但在其他情境下可能就没用了。一个新知识的价值部分取决于它与当时被认可的实践吻合的程度。随着时间的推移，当前的实践可能会遭到质疑或被推翻，但在这种变更出现前，当前的实践都是有价值的。

情境学习强调真实世界中的学习不同于学校中的学习。前者更像一个新手在专家的引导和示范下所做的学徒工作：慢慢上手，直到可以独立工作。情境学习的支持者说，情境学习可以有效地解释发生在工厂、餐桌、高中礼堂、街道帮派、办公室以及绿茵场等情境中的学习。

情境学习常被描述为一种"文化适应"，或对特定共同体的规范、行为、技能、信念、语言及态度的适应。一个共同体可以是一群数学家、一个帮派的成员、一批作家、一些8年级学生或一支足球队。任何具有特定思维方式和行为方式的团体都可以算作共同体。知识不是个体的认知结构，而是共同体长期创造的结果。共同体的实践是共同体互动和做事的方式，同时也是共同体创造的用来建构这个共同体的知识的工具。学习意味着变得更有能力参与这些实践和使用这些工具（Greeno, Collins, & Resnick, 1996; Mason, 2007; Rogoff, 1998）。

从最基础的层面来看，"情境学习强调个体所学的多数观念特定于当时的情境"（J. R. Anderson, Reder, & Simon, 1996. p.5）。很多人可能会说，如果是这样，那么在学校学习算术只能帮助学生做更多算术题，而不能帮助他们应对账目收支平衡的问题，因为这些技能只能应用于当时的学习情境，即只能在学校使用（Lave, 1997; Lave & Wenger, 1991）。若你能够理解并计算你的税收账目（虽然你的高中课程并不包含税收计算知识），那么这说明知识和技能是可以跨越特定的学习情境并被运用到其他更广泛的情境中的（J. R. Anderson, Reder, & Simon, 1996）。

当然，学校情境中的学习并非都是死板的或者与现实无关的（Bereiter, 1997）。正如你在第9章中看到的，在教育心理学和更广泛的教育领域中，人们关注的一个主要问题就是知识怎样从一个情境迁移到另一个情境中。我们应该如何促进这种迁移呢？下文将讨论这一问题。

10.2.4 建构主义的共性：以学生为中心的教学

— 停下来 想一想 —

以学生为中心的课堂是什么样的？列举这种把学生置于中心地位的课堂的特点。

我们已经了解了不同建构主义流派之间的一些分歧，那么它们之间是否存在一些共性呢？所有的建构主义理论都认为，知识是学习者在试图理解他们经验的过程中发展起来的，切尔西和伊桑的案例就体现了这一点。"所以，学习者并不是一个被动等待灌输的容器，而是一个积极寻求意义的有机体。"（Driscoll, 2005, p.487）这些学习者建构了心理模型或图式，并不断修正这些模型或图式，以更好地理解自身经验。再次强调一下，我们是知识的创造者，而不是"档案柜"。虽然学习者的建构并不必然与真实的外部世界有联系，但它是学习者自己建构的独一无二的解释。就像在切尔西看来，与她对话的不是一面冷冰冰的墙壁，而是一面一如既往地保持友好的墙壁。然而，这并不意味着所有的建构都同等有效。学习者是通过自己的经验或他人对问题的理解来检验自己的理解的，就像伊桑和他母亲协商和共同建构意义那样。

不同的建构主义者对学习目标有类似的看法。他们都强调学习者要学习可以加以使用的知识，而不是仅利用储存在大脑内部的事实、概念和技能。学习目标包括发现和解决结构不良的领域的问题，运用批判性思维，探究，自我决策，以及保持对各种不同观点的开放心态（Driscoll, 2005）。虽然存在多种建构主义理论，但很多建构主义流派都认为学习应该具备以下五个条件：①发生于复杂、真实和相互关联的学习环境；②将社会协商（social negotiation）和责任共享视为自身的组成部分；③支持对同一内容的多种观点和多种表征方式；④培养自我觉察和对知识建构过程的认识；⑤倡导提升学习者的学习主体性。

在讨论具体的教学取向之前，我们先深入了解一下建构主义教学的一些维度。

1. 复杂的学习环境和真实任务

建构主义者认为，教师不应给予学生已经分解好的、简化了的问题和基础技能训练，而应该让学生面对复杂的学习环境，去解决模糊的、结构不良的领域的问题。因为学校以外的世界中很少有简单的问题或者有详细步骤的指示，所以学校应该尽力让每个学生体验解决复杂问题的过程。复杂问题并不仅仅是难题，它包含多种多样、互相制约的因素，并有着多种多样的解决方法，没有唯一的正确解决方案，每种解决办法都可能带来一系列新问题。

这些复杂的问题应该被置于真实的任务和活动中。在这些情境中，学生会把自己学到的知识应用到真实的世界中。在解决这些复杂问题时，学生可能需要支持，教师可以帮助他们查找资料，记录他们的进步情况，并帮助他们将大问题分解为小问题。在这一方面，建构主义和情境学习的观点一致：强调学习应该发生在知识能够被运用的情境中。

2. 社会协商

很多建构主义者赞同维果茨基的观点，认为高级心理过程的发展是通过社会协商和互动来完成的，因此合作学习很有价值。教学的一个主要目标是培养学生建立和维护自己观点的能力，同时尊重他人的观点，并与他人协商或共同建构意义。因此，在交流过程中，学生需要讨论和互相倾听。对于生活在美国注重个人主义且充满竞争的文化环境中的儿童来说，秉持所谓的**主体间态度**（intersubjective attitude）是一个极大的挑战。所谓主体间态度指的是通过发现共同基础和沟通解释而达成的一种共识。

3. 同一内容的多种观点和多种表征方式

如果学生仅能接触到理解复杂问题的一种模型、一个类比或一种方式，那么他们往往会过分简单地将一种方法应用于每一个情境。我就在我的教育心理学课堂中发现过这种情况。在课堂上演示指导性发现学习的案例时，六个学生几乎是在复述我早些时候讲过的案例，而且报告中还存在一些错误概念。看来，学生只了解一种表征发现学习的方式。所以课堂讲授应该通过不同的类比、举例和比喻，为学生提供关于**同一内容的多种表征方式**。这一观点与布鲁纳（1966）提出的**旋转式课程**（spiral curriculum）的观点是一致的，这种课程指的是，在学校学习早期，向学生介绍所有学科的基本结构和核心概念，随着时间的流逝，再以越来越复杂的形式重新学习特定学科。同一内容的多种表征方式的另一个例子是数学课上操作器的使用。学生们可以用不同的方法来表现数学中的数量和运算过程（Carbonneau, Marley, & Selig, 2012）。

4. 理解知识建构的过程

建构主义观点强调，要让学生明白自己在知识建构过程中的作用。我们的假设、信念和经历塑造了我们每个人了解的世界。不同的假设和经历会让我们获得不同的知识，就像我们在第6章里探究的知识形成过程中文化差异所起的作用。如果学生知道影响他们思维的因素，他们就能更好地以自我批判的方式去选择和发展自己的观点，为自己的观点辩护，同时尊重他人的观点。

5. 学生学习的主体性

"尽管关于建构主义理论的解释尚未达成一致，但大多数人认为这类理论掀起了一场巨大的变革，因为它主张学生是教学的焦点，处在教育的中心位置，教师应该让学生通过自己的努力来理解问题。"（Prawat, 1992, p.357）重视学生的主体性并不意味着教师要放弃教学的责任。教学设计恰恰是本书的一个中心问题。在本章后面的内容里，我们将讨论学习主体性的例子以及如何以学生为中心进行教学。

模块 27 小结

学习科学的基本假设是什么

学习科学的重要假设包括：专家具有深度概念性知识；学习来自学习者本身；学校必须创设有效的学习环境；先前知识和信念是学习的关键；反思对于发展深度概念性知识而言很有必要。这些假设使研究者能够从不同学科背景出发，以不同视角对学习科学中的相同问题进行解答。

描述两种建构主义并将其与建构论进行区分

心理建构主义者，如皮亚杰，关注的是个体如何基于自身的知识、信念、自我概念或认同来理解外部世界，他的观点也被称作"建构主义的第一浪潮"。社会建构主义者，如维果茨基，认为社会互动、文化工具和活动塑造了个体的发展和学习，他的观点也被称作"建构主义的第二浪潮"。通过与他人共同参与广泛的活动，个体能内化通过共同学习获得的东西，包括新策略和新知识。建构论者关注的是学科领域的公共知识是如何建构起来的，以及如何将日常信念传递给社会文化团体中的新成员。

建构主义者如何看待知识的来源、准确性和普遍性

建构主义者争论的焦点是知识是否对外部现实的镜像反映，知识是否对内部认知的调整和改变，知识是否通过外部世界和内部认知的相互作用建构起来。不过，大部分心理学家认为外部因素和内部因素都发挥着作用，只是强调的侧重点不同。此外，对于知识是在某个情境中被建构起来并可以应用于另一情境，还是根植于某个特定的情境，仅与这个特定情境相联系，也存在争议。

从文化适应的视角进行思考指什么

文化适应指一种宽泛的、复杂的获取知识和理解的过程，符合维果茨基的学习中介理论。就像我们的本土文化教我们如何使用语言，课堂文化会教我们怎样进行思考：为我们提供好的思考模式，在思维过程中给予我们直接的指导，鼓励我们通过与他人互动来练习思考。

不同的建构主义学习理论有哪些共同点

虽然存在多种建构主义学习理论，但很多建构主义流派都倡导：复杂且具有挑战性的学习环境和真实任务，社会协商和合作建构，对同一内容的多种表征方式，理解知识是建构而来的，学生的学习主体性。

模块 28　建构主义取向的教与学

10.3　建构主义理论观点的应用

建构主义学习理论应用广泛，我们能从教师和学生的活动中发现很多建构主义方法。马克·温希特尔（Mark Winschitl, 2002, p.137）就曾提出以下这些能促进学生有意义学习的活动。

（1）引出学生关于某一主题的先前想法和经验，然后改变学习情境，以帮助学生进行精细加工或重新建构他们当前的知识。

（2）多为学生提供机会，让他们参与复杂的、有意义的、基于问题的活动。

（3）为学生提供学习必需的各种信息来源和工具（包括技术性工具和概念性工具）。

（4）要求学生参与合作学习，并支持学生参与任务驱动的对话。

（5）将自己的思维过程外化并呈现给学生，鼓励学生通过对话、写作、绘画等表征方式进行实践。

（6）经常要求学生将所学知识运用在不同的真实情境中，利用所学知识解释观点、解析文章、预测现象，并基于证据建构自己的论点，而不是拘泥于获得"绝对正确的答案"。

（7）鼓励学生结合上述条件进行反思和自主的思考。

（8）采用多种不同的评价策略来理解学生的观点是如何变化的，并对他们的学习过程和思考结果进行反馈。（p.137）

另外，建构主义方法还包括提供支架等，它们有助于学生的专业发展。维果茨基认知发展理论的一个应用是，学生要获得深度理解，需要理解最近发展区内的问题。学生需要支架，以便在最近发展区内解决问题。对支架的一个较好的界定既强调其具有动态的相互作用的特点，又强调教师和学生拥有的知识——他们双方都是某些事情的专家："支架是一个重要的教学和学习概念，指的是教师将自身的文化知识和日常经验与学生的知识形成有意义的联结。"（McCaslin & Hickey, 2001, p.137）回过头来看本章开头伊桑和他母亲在杂货店里的谈话，也许你会注意到他的母亲正是以橱柜上融化的冰激凌与医生办公室里的体重秤为支架，帮助伊桑联系日常经验和知识来提升其理解的。

尽管对支架这一概念存在许多不同的看法，但大部分教育心理学家认同它具有三个特征（Belland, 2011; van de Pol, Volman, & Beishuizen, 2010）：①适当的支持，教师会根据学生的情况不断进行调整，给予学生不同的、有针对性的指导；②渐隐，随着学生认知和技能的提升，教师会逐渐停止对学生的支持；③转移的责任，学生承担起了越来越多对自己学习的责任。

另外，支架的设置应满足学生不断提升专业技能的需要。学生可以在学习过程中进行选择，可以考虑不同选择的后果，并选择合适的学习策略与行动路径。如果学生在进行选择时，能先考虑可能的结果，再决定行动路径，他们将越来越能对自己的学习负责（Belland, 2011）。

为此，我们将在本节中讨论三种将学生置于中心并提供支架的独特教学方法：探究学习与基于问题的学习、认知学徒制与合作学习，尤其是合作学习。

10.3.1　探究学习与基于问题的学习

杜威早在1910年就描述了**探究学习**（inquiry learning）的基本模式。这种教学策略虽然有很多变式，但其基本模式通常为（Echevarria, 2003; Lashley, Matczynski, & Rowley, 2002），在教师向学生呈现一个有难度的事件、问题或困境后，学生需要：①阐明可以解释事件或解决问题的假设；②收集数据验证假设；③得出结论；④反思原问题及解决原问题的思维过程。

不过，以上只是探究学习的大框架，具体该怎么做呢？埃琳·福塔克（Erin Furtak）和她的同事（2012）将探究学习的具体活动和过程分为程序活动（动手操作，提出科学问题，完成科学程序，收集数据，制表画图）、认知活动（根据证据得出结论，形成和修正理论）、概念活动（与已有知识相联系，激活思维模式和想法）和社会活动（参与课堂讨论和观点辩论，做报告，合作学习）。他们对1996~2006年的37项比较科学课程中探究学习与传统教学成效的研究进行了元分析，发现当探究学习包括认知活动，或认知、程序和社会活动三者兼具时，其最富成效。因此，与传统的以教师为中心的方法相比，让学生通过合作的方式完成科学程序、收集和表示数据、得出结论、辩论观点及进行汇报更为有效。但在探究学习的过程中，教师提供的指导和支架也很重要。若让学生完全自主地开展活动，探究学习的效果会大打折扣。

1. 探究学习示例

雪莉·马格努森和安妮玛丽·帕林克萨（Shirley Magnusson & Anemarie Palincsar）提出了一个倡导学生培育多元素养的引导性探究模型（Guided Inquiry Supporting Multiple Literacies，GisML），教师可借助该模型计划、执行及评价科学探究学习单元的不同阶段（Hapgood, Magnusson, & Palincsar, 2004; Palincsar, Magnusson, Collins, & Cutter, 2001; Palincsar, Magnusson, Marano, Ford, & Brown, 1998）。教师首先需确定好课程内容和一些一般性的、引导性的问题、难题或困境。例如，一个教师选择带领学生探究"交流"，那么相应的一般性问题是："人类和其他动物是如何进行交流的？为什么要进行交流？"然后，这位教师可以提出一些具体的聚焦性问题："鲸是如何进行交流的？大猩猩是如何进行交流的？"教师要谨慎选择特定的聚焦性问题，以引导学生更好地理解问题。理解动物沟通方式的一个关键点在于了解动物的生理结构、生存技能和生活习性之间的关系。动物具有某些特殊的身体结构，如大大的耳朵或回声定位器，这些结构的功能是帮助动物寻找食物、吸引异性同伴或辨认敌人。这些结构和功能都与动物的习性有关。这样看来，要了解动物的沟通方式，关键是要找出动物与众不同的沟通生理结构，它们赖以生存的生理功能，以及它们的生活习性。而那些关于某种动物与其他动物有何相似或相同类型的生理结构或习性的问题，不是好的引导性问题（Magnusson & Palincsar, 1995）。

接下来的步骤就是让学生投入探究过程中。教师可以通过模仿不同动物的叫声，让学生猜测这些动物的沟通方式，并询问学生的猜测及假设。然后要求学生着手调查相关的一手资料和二手资料。一手资料指直接经验和实验结果，如（借助图片或音像资料而不是蝙蝠本身）测量蝙蝠的眼睛和耳朵的大小与它们的身体之间的关系；二手资料指学生通过书籍、网络、专家采访收集到的特殊信息或相关的新观点。确认模型也是学生调查的一部分。图10-1中的曲线表示这样的阶段具有循环性。实际上，学生可能已经进行了多次"调查、确认模型、报告结果"的步骤，才着手整理对问题的解释，并形成最后的总结报告。另一种可能是，学生在做出假设并检验它之前对解释进行评价，也就是将解释置于新的情境中。

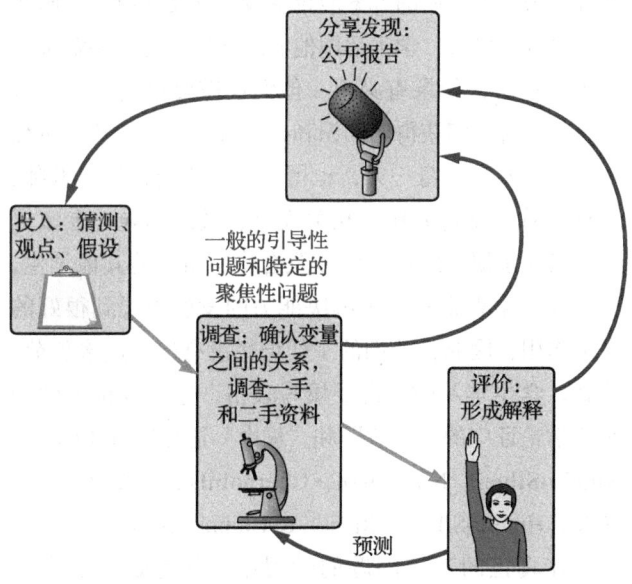

图10-1 引导教师思考探究性科学教学的模型

注：直线表示教学阶段的顺序，曲线表示教学过程中可能反复出现的过程。

资料来源：摘自"Designing a Community of Practice: Principles and Practices of the GisML Community," by A. S. Palincsar, S. J. Magnusson, N. Marano, D. Ford, and N. Brown, 1998, *Teaching and Teacher Education*, 14, p.12.

探究性教学使学生既能学习学科内容，又能体验探究过程。在上述例子中，学生学习了动物如何交流以及生理结构如何与生活习性相互关联。另外，他们还习得了探究过程本身——如何解决问题、评价解决方案、批判性地思维等。

2. 基于问题的学习

探究学习来源于科学学习实践，基于问题的学习则来源于对医学领域专家知识的研究（Belland, 2011）。基于问题的学习的主要目的是形成能够运用于很多情境的灵活性知识，而不是惰性知识。惰性知识只是被记在学生大脑中的信息，很少被应用于实际情境（Cognition and Technology Group at Vanderbilt, CTGV, 1996；Whitehead, 1929）。基于问题的学习的另一个目的是增强学生的内在学习动机，提高其问题解决、小组合作、基于证据进行决策、判断，以及自我指导的终身学习能力。

在基于问题的学习中，学生面对引发探究的问题，合作寻找解决问题的方案。学生基于某些情况确定并分析问题，然后提出问题解决方案的设想。提出各种设想后，他们会发现自己忽视了的信息：他们需要知道用什么方法来检测他们的方案能否奏效。这便开启了实施研究的阶段。接着，学生运用他们的新知识对问题解决方案进行评价，如果有必要，他们还需要重复研究。最后，学生对他们获得的知识和技能进行反思。整个过程中，学生不是孤身一人，也得到了相应的指导。教师、计算机软件支持系统、相关模型、教练辅导、专家提示、指导手册、组织支持以及合作小组中的其他学生，可以在学生思维和问题解决能力的发展中起到很好的支架作用，因此，他们的工作记忆没有出现过多负荷。例如，学生学习时，需要填写表格，这可以帮助他们对科学论证中的"观点"和"理由"进行区分（Derry, Hmelo-Silver, Nagarajan, Chernobilsky, & Beitzel, 2006; Hmelo-Silver, Ravit, & Chinn, 2007）。

在真正的基于问题的学习中，问题是真实存在的，学生的行动更是至关重要。例如，2010年墨西哥湾原油泄漏事件发生后，许多老师在教学中用它举例。学生们从规模、位置、起因和解决办法等方面，将此次石油泄漏事件和其他泄漏事件进行比较。可以采取什么措施？水流和潮汐对此产生过什么影响？哪些地区、商业类型和野生动物处在危险之中？此次石油泄漏会对经济和环境产生哪些短期和长期的影响？学生可以采取哪些有建设性的行动？后来，许多教师在博客中分享了将此次石油泄漏事件用于基于问题的学习的各种案例，并为其他教师提供了可以借鉴的资源（点击 edutopia.org/blog/oil-spill-project-based-learning-resources 获取相关信息）。

当然，还有一些问题虽然并不是直接影响学生生活的真实存在的问题，但学生同样乐于进行探究。例如，在一个叫作"生活挑战之河"的计算机模拟系统中（Sherwood, 2002），学生们遇到了比利和他的实验搭档叙兹，叙兹正在分析当地河流的水质，他担心比利的结论有疏忽之处。这时，由来自多族群的个体组成的遗产联盟（Legacy League）对比利提出了挑战，要求他进行更加深入的研究。这一组织提出问题并引导比利和叙兹查找资料，这样他们就能够深入研究其结论的合理性了。STAR 遗产循环中的挑战包含六个阶段：遇到挑战，产生观点，考虑多种观点，研究并修正你的观点，考验你的勇气（检验你的理解），将结论公开化。研究发现，使用这一模拟系统后，科学教育专业本科生的文章阅读能力有所提高，对一些主题（如空气的构成、河流生态系统中有机体的分类）的概念性理解有所加深（Kumar & Sherwood, 2007）。

下面让我们仔细看看这六个阶段，因为它们也可能出现在高阶科学课堂中（Klein & Harris, 2007）。

（1）循环始于提出一个能激发全班学生兴趣的**挑战性任务**。例如，在教授生物力学时，教师可以向学生提出这样的挑战："假设你是生物反应器中的一个活细胞，什么因素会影响你的寿命呢？"或"你奶奶患病的臀部正在康复，她该用哪只手扶拐杖来帮助她保持平衡呢？"这些问题的设计需要引导学生应用他们当前的知识和概念。

（2）接下来，学生借助个人、小组或全班的头脑风暴或其他活动产生观点，将他们当前知道和相信的内容组织到一起。

（3）通过各种外部专家意见（现场直播、录像、书本）、网页、杂志、报刊文章或播客等形式，在教学过程中加入**多种观点**与看法。例如，在上面提到的"生活挑战之河"中，遗产联盟就指导比利和叙兹探寻了多种视角。

（4）学生更为深入地进行**研究、修正**观点。他们需要查询更多资料或者聆听相关讲座，不断地修正自己的观点，并将其思维过程记录下来。

（5）学生通过其他学生或教师对其结论的反馈来**检验**自己的理解。某些形成性（不打分）测验可以用于检验他们的理解。

（6）学生可以通过口头报告、海报展示、项目成果或最终考试等形式，将他们最后的结论或解决方案**公开化**。

基于项目的科学（project-based science）是一个多媒体的学习环境，类似于针对中小学生的基于问题的学习（Krajcik & Czerniak, 2007）。其中 MyProject 就是一个在大学中使用的科学学习网络平台（Papanikolaou & Boubouka, 2010—2011）。教师在基于问题的学习中需要承担的任务是：确定要解决的问题和恰当的资源；通过描述目标和基本原理，引导学生认识问题；帮助学生设定目标、明确任务；当学生收集信息、制订解决方案和准备成果（模型、报告、录像、幻灯片、作品集等）时，给予支持、训练和指导；鼓励学生对其学习过程和结果进行反思（Arends & Kilcher, 2010）。

3. 关于探究学习与基于问题的学习的研究

采用探究学习与基于问题的学习就会获得更好的学业表现吗？人们已就这一问题争论了好多年。一些研究得出了肯定的结论（Furtak et al., 2012）。例如，有研究发现，比起那些在传统科学课堂学习的高中生，使用开放性的、用来探查基因的 GenScope 软件的学生学到的东西更多（Hickey et al., 1999, 2000）。在另一项针对某大城区近 20 000 名使用探究材料学习的初中生进行的调查发现，那些参与探究学习的学生标准化成就测验的通过率更高，尤其是非裔美国男孩，他们从探究学习中受益最多（Geier et al., 2008）。其他几个研究也显示，只要学习过程有支持并且学生有足够的背景知识，探究学习就能够提高学生的学习卷入程度，并增强学生探究学习的动机（Hmelo-Silver et al., 2007）。但是，并非所有教育心理学家都认同基于问题的学习对全体学生都有价值。关于这一点，你可以在后面的"正方观点/反方观点"中看到。

正方观点/反方观点

探究学习与基于问题的学习是有效的教学方法吗

探究学习、发现学习和基于问题的学习都非常吸引人，但它们是否真的有效？对大多数学生而言，基于问题的学习能否促进更加深入的理解？

正方观点：基于问题的学习被高估了

保罗·克施纳和他的同事曾在《教育心理学家》上发文，明确表达了对基于问题的学习等策略的批评。他们文章的标题是《为什么在教学中给予最少的指导是无效的：对建构主义教学、发现式教学、基于问题的教学、体验性教学和探究性教学失败原因的分析》。在该文中，他们明确指出：

尽管非指导性教学或者说指导最少化的教学方法非常流行，而且看上去更吸引人，但问题在于，这种教学方法忽视了人类认知结构的框架，同时忽视了已有的实证研究证据：在过去的半个世纪，研究一直表明与强调对学生认知过程进行引导的指导性教学方法相比，指导最少化的教学方法并不十分有效（Kirschner, Sweller, & Clark, 2006, p.75）。

一些广受尊重的研究者（以及近来的一些研究者）通过梳理过去数十年的研究指出，非指导性的发现或探究学习和基于问题的学习没有效果，对那些先前知识匮乏的学生而言尤其如此（Kalyuga, 2011; Klahr & Nigam, 2004; Tobias, 2010）。路易斯·阿尔菲里（Louis Alfieri）和他的同事（2011）对过去 50 多年的研究结果进行梳理后发现，外显的教学比不给予指导的发现式教学更有益，不少发表在高水平期刊上的研究都秉持这一观点。它们的结论是："不给予指导的发现式教学，基本不会促进学习。"（p.12）

那么，基于问题的学习的情况又怎么样呢？大部分关于基于问题的学习的研究都集中在医学院，研究结果各异。在一项研究中，接受基于问题的教学指导的学生在诊断技能上的表现更好，如确诊和推理能力有所提高，但在基本科学知识方面的表现更糟，似乎他们在科学知识方面准备不足（Albanese & Mitchell, 1993）。其他研究者在对医学院基于问题的学习课程进行总结后，也得出了如下结论：这种教学方法在促进学生获得更高层级的知识方面没有效果（Colliver, 2000）。

反方观点：基于问题的学习是一种有效的教学方法

基于问题的学习有一些优势。在一项研究中，采用基于问题的学习的学生在面对医学问题时能想出更多精准的、条理清晰的解决方案（Hmelo, 1998）。在一个在芬兰进行的基于问题的学习的大规模医学项目中，施密特和他的同事（2009）得出了这样的结论：参与基于问题的学习项目的学生在实际医学技能和人际互动技能上的表现比参加传统项目的学生更好，他们用于完成学业的时间更少，而且在医学知识和诊断推理能力方面有微弱的优势。相比于通过听课和讨论来学习新概念，采用基于问题的学习来应对新概念的MBA学生，能更好地解释这些概念（Kapon & Kuhn, 2004）。擅长自我管理的学生会从基于问题的学习中获益更多（Evensen, Salisbury-Glennon, & Glenn, 2001），而长期采用基于问题的学习有助于学生发展自我指导的学习技能。

辛迪·赫梅洛-西尔弗（Cindy Hmelo-Silver, 2004；Hmelo-Silver et al., 2007）对以往研究进行回顾后发现，已有证据表明基于问题的学习有助于学生建构灵活的知识体系、培养问题解决的能力和自我指导的学习技能，但是鲜有证据表明基于问题的学习能激发学生的内在动机或促进学生的合作学习。近来对高中经济学课程和数学课程的研究发现，在学习更复杂的概念和解决多层级的应用问题时，人们更倾向于采用基于问题的学习。

当然，在实际教学中，你不必在探究学习和聚焦于具体内容的学习之间"二选一"。在中小学里，最好的教学方法可能就是在内容掌握和探究学习（或基于问题的学习）之间保持一种平衡。例如，研究者在教4年级学生在科学课上使用控制变量策略设计出良好实验的过程中，对这种平衡的教学方法进行了检测（Eva Toth, David Klahr, & Zhe Chen, 2000）。这种方法包含三个阶段：①学生以小组的形式先进行探索性实验，以确定与小球在斜坡上滚动的距离相关的变量；②教师带领学生进行讨论，解释什么是控制变量策略，并示范如何对实验设计进行思考；③学生设计和实施应用性实验，以分离出那些与小球滚动距离相关的变量。提问、讨论、解释和示范的结合，能够有效地帮助学生理解概念。提供清晰明确的支架支持，也是探究学习和基于问题的学习获得成功的关键因素。

之所以存在上述差异，是因为完全的非指导性教学与有指导、有支持、有良好支架的探究性教学之间有所区别。阿尔菲里和他的同事（2011）总结道：

> 整体上看，非指导性的探究学习任务对学习的促进效果是有限的，而有引导的探究学习任务能够帮助学习者主动参与学习、建构知识，这似乎是最佳的选择。基于对目前研究的分析，最佳的教学策略应该至少包含下列三个特点中的一个：①有引导，而且会提供支架来辅助学习者；②学习任务要求学习者能够对自身的想法进行解释，并且通过及时反馈来保证这些想法是正确的；③能够提供有效的案例来说明如何有效地完成学习任务。(p.13)

然而，更复杂的是，有证据表明，指导和反馈的价值取决于学生的先前知识或年龄。例如，在探索可能的数学问题解决方案时，知识贫乏的学生能从反馈中受益，但拥有一些知识的学生更容易从在没有反馈和指导的情况下独立探索解决方案的过程中受益（Fyfe, Rittle-Johnson, & DeCaro, 2012）。另外，1年级学生能通过基于计算机的非指导性发现学习中学到一些基本的数学推理技能，这一方法的效果比直接教学的效果更好（Baroody et al., 2013）。

另一个主要基于支架思想的建构主义教学方法是认知学徒制。

10.3.2 认知学徒制与交互式教学

1. 认知学徒制

几个世纪以来，学徒式教学已经成为一种公认有效的教育形式。通过与师傅或其他学徒一起工作，年轻人能够学会很多技能，学会做生意或者学会一门手艺。知识渊博的引导者提供学习榜样、演示正确做法，也提供有利于提高学习动机的个人联结。学徒式教学要求学习者进行的操作一般很实际，也很重要，随着学习者的技能愈加娴熟，操作的复杂性也在提高（A. Collins，2006；Hung，1999；M. C. Linn & Eylon，2006）。随着实际任务中的引导性参与转变为参与性内化，学生不断内化知识、技能以及操作任务涉及的价值观（Rogoff，1995；1998）。另外，新加入的学习者与较早参与的学习者通过双方对技能的掌握和再掌握，共同促进实践共同体的发展——有时也能够在这个过程中提高自己的技能（Lave & Wenger，1991）。

艾伦·柯林斯（Allan Collins，2006）提出，学生在学校所学的技能与他们在校外需要的技能是割裂的。为了改变这种不平衡的状态，许多教育者建议学校采用学徒式教学。这并不是要让学生去学习雕塑、跳舞或做衣柜。学校中的学徒式教学应该关注认知目标，如阅读理解、写作、数学问题解决等。**认知学徒制**有很多种模式，其中大多数都具有以下六个方面的特征：①学生观察专家（通常是教师）示范操作；②学生通过教师的训练或辅导（包括提示、反馈、示范及提醒）获取外部支持；③学生借助概念性支架学习，随着他们对所学内容越来越精通，他们可以逐渐撤除支架；④学生不断清晰阐述他们获得的知识，将其对学习过程的理解以及学到的内容用文字表达出来；⑤学生反思自身的进步情况，将他们的问题解决策略与专家的做法和他们先前的做法进行比较；⑥学生要运用自己所学的知识探索师傅尚未示范过的解决问题的新方式。

学生学习时会面临很多挑战，他们需要掌握更为复杂的概念和技能，并需要在很多不同的情境下加以运用。

那么，如何在教学过程中构建认知学徒关系呢？导师制就是一个例子。另外一个例子是将不同年龄的学生组成一个小组。Key小学是印第安纳州某城市市内的公立小学，在这个小学里，不同年龄的学生每天会在固定的时间段内聚在一起，在专门设计的具有很多学徒情境的专题中共同学习。这些专题可能针对的是一项技巧，也可能针对的是一门学科，如园艺、建筑，甚至"如何赚钱"之类的内容。不同年龄的学生，其专业水平显然不同，所以学生可以在舒服自然的情境中学习，还能够从水平较高的同学的示范中获益。社区志愿者和很多父母都会去参观，并向学生示范与这类专题学习相关的技能。

认知学徒制教学模式的另一个例子是艾伦·舍恩菲尔德（Alan Schoenfeld，1989，1994）的数学问题解决教学。

2. 阅读中的认知学徒制：交互式教学

交互式教学（reciprocal teaching）的目标是帮助学生理解和深入思考他们阅读的内容（Palincsar，1986；Palincsar & Brown，1984，1989）。为了实现这个目标，学生要在阅读小组学习四个策略：总结一篇文章的内容，询问一个关于中心观点的问题，搞清材料中的难点，预期接下来会发生什么事情。熟练的阅读者可以几乎自动化地运用这些策略，而阅读困难者却很少用到这些策略，或者他们不知道如何运用。为了有效地运用这些策略，阅读困难者需要直接的指导、示范和在实际阅读情境中进行练习。

首先，教师要对这些策略进行介绍，可以每天只关注一个策略。作为专家，教师要解释并示范每个策略，并鼓励学生进行实践。接下来，教师和学生应一起默读短文。然后，教师应通过阅读基础上的总结、提问、阐述或预期，再提供一次示范。随后，每个人再读另一篇文章，学生逐渐开始充当教师的角色，而教师成为小组中的一员。学生接管教学任务后，教师最终将可以放手。通常情况下，学生第一次尝试这些策略时会犹豫不决，而且可能出现错误，教师可以通过提供线索、指导、鼓励、辅助完成部分任务（如提供题干）、示范以及其他支架形式来帮助学生。这样做的目的是让学生在阅读时独立使用这些策略，以理解课文。

3. 交互式教学的应用

尽管交互式教学看起来似乎对任何年龄的学生都有用，但大多数相关研究的被试都是年龄较小的青少年，他们能正确地大声朗读，但是阅读理解的能力远远低于平均水平。采用交互式教学法练习了20多个小时后，许多学业成就处在班上后1/4位置的学生在阅读理解测验中的表现达到了平均水平，甚至高于平均水平。帕林克萨确定了实现有效交互式教学的三个指导方针：①逐渐转变，从教师到学生的责任转换必须逐渐完成；②使要求和能力相匹配，任务的难度和责任必须与每个学生的能力相匹配，并随这些能力的发展而增加；③采取诊断思维，教师应该仔细观察每个学生是如何"教"的,从中了解学生是怎样思考的,以及学生需要什么类型的教学。

与试图教 40 个或更多策略的教学方法相反,交互式教学的好处是它会集中关注 4 个强有力的策略。不是所有的学生都能自发形成这些策略,教师必须把这些策略教授给学生。一个开展了 3 年多的交互式研究发现,提问是最常用的策略,但教师必须教学生提出高水平问题的方法,因为大多数学生提的问题都是字面化或表面化的(Hacker & Tenent, 2002)。交互式教学的另一个优点是,它强调在阅读文学作品和阅读课文等真实的阅读情境中练习实施这 4 个策略。最后,给学生提供支架并让学生逐渐学会独立、流畅地进行阅读理解的主张是交互式教学的关键成分(Rosenshine & Meister, 1994)。

10.3.3 协作与合作学习

尽管当今所有学校都在关注学业标准、学业水平测试以及学业成就的国际比较,但学校教学远远不止是学业学习。确实,学业成就是学校教育的主要指标,但是有效参与协作活动是 21 世纪的核心能力(Roschelle, 2013),教育也应该使学生为生存及与形形色色的人的合作做好准备。

绝大多数公司在招募职员时,不仅要求对方具备某一专业技能,还要求他在工作中表现出主动性、责任感和高效率,与其他员工合作,形成紧密、和谐的团队(Aronson, 2000, p.91)。

自 20 世纪 70 年代起,研究者已经对学校中学生的协作与合作进行了深入研究。尽管研究结果不一致,但大多数研究发现,真正的合作性小组给各个年龄段学生的共情、归属感、友谊、自信、高水平推理、问题解决、对差异性的宽容、对他人观点的意识以及出勤都带来了积极的影响(Galton, Hargreaves, & Pell, 2009;Gillies & Boyle, 2011;Solomon, Watson, & Battistich, 2001)。有报告指出,合作学习的经验能缓和和减轻儿童、青少年遭遇的社会交往问题(Gillies, 2003, 2004)。

1. 协作、小组工作与合作学习

人们经常混用"协作"(collaboration)、"小组工作""合作学习"(cooperation)等概念,好像它们是同一回事。当然,这三者的确有一些重叠之处,但也存在一些差异。首先,协作与合作学习确实较难进行清晰的区分。特德·帕尼茨(Ted Panitz, 1996)指出,协作是如何与他人一起学习与工作的哲学思想。在协作过程中,我们尊重差异,分享权力,也共享知识。合作则指为了达成某一共同目标而与他人一起工作(Gillies, 2003)。协作学习源于英国教师的工作,他们希望学生对其所学的文学著作进行积极的回应;合作学习则源于美国心理学家杜威和勒温的工作。当然,你也可以将合作学习看作在学校进行协作的一种方式。

小组工作仅指几个学生在一起学习,不管他们是否真的在合作。很多活动可以在小组中完成,如学生们一起开展一项当地调查。人们对建立新的购物商场持有怎样的意见?一方面,建商场会带来生意;另一方面,它又会使交通阻塞。社区住户是支持还是反对核电站的建立呢?如果学生必须在一节生物课上掌握 10 个新概念,那为什么不让学生把这些概念分组,并互相教授呢?当然,我们一定要确定小组中的每个人都能够完成任务。有时,仅仅一个或两个学生未能完成任务,也会导致前功尽弃。

小组工作是有用的,但真正的合作学习绝不只是将学生拼凑在一起那么简单。我在罗格斯大学的同事安吉拉·奥唐纳(Angela O'Donnell)和吉姆·奥凯利(Jim O'Kelly)提到了一个声称自己使用合作学习的方式进行教学的老师,他让学生结对写论文,各写一部分。不幸的是,该教师根本没有给学生提供一起学习的时间,也没有给出具体指导或者对合作学习中交往技巧的指导。学生会得到一个独立的个人分数,以及他所在小组的小组分数。某学生的个人分数可能是 A,但其小组分数可能是 C,这是因为他的同伴得了 F——后者从未参与任何活动。所以,一个学生可能会因为无法控制局面而得 C,而另一个学生什么都没做,也可能得 C。事实上,这不是合作学习,甚至连小组工作都算不上(O'Donell & O'Kelly, 1994)。

2. 超越小组的合作学习

戴维·约翰逊和罗杰·约翰逊(David Johnson & Roger Johnson, 2009a)作为美国合作学习的两位发起人，对正式的**合作学习**的界定如下：学生在一节课或几周内一起学习，以达成共同的学习目标或共同完成某项任务（p.373）。美国合作学习有着较长的历史，多年来有时被赞同，有时又不被接纳。当今，建构主义视角的引入使人们再次开始倡导要求精细加工、深入解释、清晰说明和严谨论证，也就是合作学习的学习情境（Webb & Palincsar, 1996, p. 844）。戴维·约翰逊和罗杰·约翰逊（2009a）指出：

合作学习从起初被忽略、不受重视，到现在稳步发展成为一种在全球范围内占据主导地位的教学实践之一，正被广泛地应用于各个学科领域和各级各类的教育活动之中（p.365）。

不同的学习理论流派对合作学习有着不同的解释（O'Donnell, 2002, 2006）。信息加工理论强调小组讨论的价值，认为小组讨论能够帮助成员复述、精细加工，并扩展他们的知识。当小组成员提出问题并加以解释时，他们必须组织相应的知识，形成联结，并进行总结——所有过程都支持信息的加工与记忆。皮亚杰流派的支持者认为，组内互动能够引发认知冲突和不平衡，导致个体重新思考自己的理解，并形成新的观点，正如皮亚杰所说的"超越现状，达到新的境界"（1985, p.10）。维果茨基理论的支持者认为，社会互动对学习非常重要，因为推理、理解和批判性思维等高级心理机能是在社会交往中得到发展，而后被个体所内化的。学生在能够独立完成心理任务之前，可以借助社会支持来完成任务。因此，合作学习为学生学习的深化提供了社会支持和支架。想要从合作学习中受益，那么小组成员之间必须开展真正的合作，所有成员都必须参与。但正如任何一位教师或家长所知的一样，将学生放在一个小组内并不能保证合作学习自动发生。

3. 小组学习的误用

如果缺乏教师的仔细计划和监控，小组互动可能会阻碍学习，恶化而非改善班级的社会关系。例如，如果一个小组内有从众压力——小组中奖赏不当或某个同学占据主导地位，那么互动就是没有收益的，而且不能带来反思。此外，错误概念可能受到强化，而且更糟糕的是，学生可能建构起非常肤浅的理解（Battistich, Solomon, & Delucci, 1993）。如果学生在小组内学习时得到了错误的答案，那么他们会更加确信他们的错误答案是正确的，因为他们相信"三个臭皮匠，赛过诸葛亮"（Puncochar & Fox, 2004）。同样，当高学业成就的学生的观点被接受或受到强化时，低学业成就的学生的想法可能会被忽略，甚至遭到嘲笑，不同观点的独特价值将被忽视（Anderson, Holland, & Palincsar, 1997; Cohen, 1986）。

玛丽·麦卡斯林和汤姆·古德（Mary Mccaslin & Tom Good, 1996）研究发现，小组学习还可能存在以下缺点：①学生往往重视过程和程序，而忽略了学习本身，对速度与尽快完成任务的关注先于深思熟虑与认真钻研；②学生没有对错误概念进行挑战与修正，反而支持和强化了错误的理解；③学生优先关注社会化和人际关系，而不是学习本身；④学生可能仅仅是把对教师的依赖转化为了对小组内的专家成员的依赖，他们的学习依旧是被动的，而且学到的内容可能是错误的；⑤组员之间的差异变大了，而不是缩小了。一些学生学会了虚度光阴，因为小组进步和他们没有什么关系；另一些学生则可能更加坚信没有小组的支持，他们是无论如何也没法弄懂那些问题的。

在下面的几个小节中，我们将具体考察教师应该如何避免这些问题的出现，以及如何鼓励学生进行真正的合作学习。

10.3.4 合作学习的任务

正如教学中的其他许多决策一样，合作小组的教学计划也始于目标的设定。教师期望学生完成哪些任务？对成功教师的访谈发现，他们强调必须对小组活动进行周密计划，学生需要做好开展小组学习的准备，老师必须明确地表达自己对任务完成的期望（Gillies & Boyle, 2011）。任务是什么？它是一个真正的小组任务，即基于若干个学生的知识和技能确立起来的任务，还是更适合个体的任务（E. G. Cohen, 1994; O'Donnell, 2006）？

真实生活中的学习任务，可能结构良好，也可能结构不良。高度结构化的任务一般有特定答案，这类任务包括训练、日常事务或程序、阅读题以及数学计算等。结构不良的任务通常有多个答案并且程序不明，需要主动发现问题以及高级思维的参与。真正的小组任务是解决这些结构不良的问题，也就是说，这些任务需要所有小组成员运用自身的资源（知识、技能、问题解决策略和创造性）来完成，而结构化的任务通常可以由个体完成。了解这些区别是很重要的，因为比起常规任务，结构不良的、复杂的小组任务需要学生进行更多且质量更高的互动（E. G. Cohen, 1994; Gillies, 2004; Gillies & Boyle, 2011）。

1. 高度结构化、复习性质的、技能构建型的任务

人们可以很好地使用学生小组成就区分法（STAD）等结构化技术来完成一项相对结构化的任务，比如复习先前学过的材料以准备考试。这一方法要求学生组成四至六人的小组，小组之间进行比赛，确定哪个小组的成员的成绩比起先前有了更大进步（Slavin, 1995）。教师给予学生表扬、认可或外在奖励，可以增强学生的学习动机，鼓励他们努力付出、坚持不懈，进而促进他们的学习。当学生面对需要练习或复习的任务时，让学生在小组中担任一些角色，并关注他们的对话，可以帮助学生保持对学习的投入。

2. 结构不良的、概念理解性的、问题解决型的任务

如果任务结构不良，而且在本质上需要更多认知活动，那么开放性的交流和精细化的讨论更为有益（E. G. Cohen, 1994; Ross & Raphael, 1990）。因此，当教师想要发展学生的高级思维以及问题解决能力时，鼓励学生进行扩展性和创造性互动的教学策略是非常合适的。在这种情况下，高度结构化的程序、为获得奖励而开展的组间竞争以及死板的角色分配等，都可能抑制学生互动，同时干扰达成学习目标的进程。使用开放性的技术，如循环提问（King, 1994）、交互教学（Palincsar & Brown, 1984; Rosenshine & Meister, 1994）、配对分享（S. Kagan, 1994）和拼图法（E. Aronson, 2000），则能使学生受到更大启发，因为当恰当使用这些技术时，教师能够鼓励学生在处理复杂材料时，进行更为广泛的互动和精细思考。在这些情况下，奖励可能会使小组将目标从完成深度认知加工转移到其他地方：若给小组提供奖励，学习的目标就变为尽可能高效地完成任务以获得奖励了（Webb & Palincsar, 1996）。

3. 社会技能与交流任务

当合作学习的目标是提升社会技能或增进组内理解与对多样性的认同时，给学生分配特定的角色及指定其在小组内的职责，可能会促进学生的交流（E. G. Cohen, 1994; S. Kagan, 1994）。在这些情况下，学生轮流担任领导角色将非常有益，这样来自少数群体的学生和女生就有机会展示和发展其领导才能了。此外，所有小组成员都能够体验每个个体的领导能力（N. Miller & Harrington, 1993）。这时，奖励可能没有必要，而且可能会起妨碍作用，因为此时学生关注的是建立一个共同体、获得被尊重的感觉以及使所有小组成员建立起责任感。

10.3.5 为合作学习做准备

戴维·约翰逊和罗杰·约翰逊（2009a）认为，真正的合作学习小组具备积极互赖、促进性互动、个人责任、协作和社交技能、小组共进等五个要素。

在真正的合作学习中，小组成员会体验到积极互赖的感觉。小组成员相信，只有小组的其他成员达成了目标，他们才能达成目标，因此他们会互相支持、解释和引导。促进性互动指小组成员鼓励并支持其他成员努力学习，他们通常会面对面或利用数字媒体聚集在一起互动，而不是分散在房间的不同位置。尽管小组成员会在一起学习并互相帮助，但他们最终还是必须依靠自己。他们个人也对学习负有责任，其学习成果通常可以通过个体测验或其他评估方式来衡量。协作和社交技能对有效的小组运作而言很有必要，通常在小组着手解决学习问题之前，教师必须教授或让学生练习这些技能，如给予建设性的反馈、达成共识以及让每个人都投入。最后，小组成员要监控小组运作过程及组内关系，以确保小组有效运作，并了解小组的动力。学生需要花时间询问："我们小组做得如何？每个人都和他人合作了吗？我们有哪些需要改进的地方？"

澳大利亚的一项对8～12年级学生的研究发现，与无结构的学习小组相比，要求积极互赖和互相帮助的结构化合作学习小组的学生，在数学、科学和英语方面的收获更多（Gillies, 2003）。此外，较之无结构小组的学生，结构化小组中的学生也觉得学习更有趣。

1. 设立合作学习小组

一个合作学习小组的规模应该多大呢？这取决于你的学习目标。如果小组的学习目标是复习、复述所学知识或练习,那么4~6个学生比较合适。如果小组学习鼓励每个学生参与讨论、解决问题或学习使用计算机,那么2~4个学生最合适。合作学习小组通常还需要平衡男生和女生的比例。一些研究揭示,如果一个小组女生太少,那么除非这些女生能力最强或最积极进取,否则她们往往并不参加讨论。与此形成对比的是,如果一个小组内只有一两个男生,那么他们往往能占据主导地位,而且女生总喜欢请他们拿意见,除非这些男生非常无能或非常害羞。一些对男女混合的小组的研究(当然不是所有的研究)发现,女生会避免冲突,男生则倾向于主导讨论(O'Donnell & O'Kelly, 1994; Webb & Palincsar, 1996)。不管在什么情况下,教师都必须监控合作小组,确保每个成员都对小组有所贡献并参与学习。

如果一个小组里有被认为特殊或者经常被排斥的学生,那么确保这个小组里有一些友善、包容的学生就很重要。吉利斯和波义耳(Gillies & Boyle, 2011)访谈的一位成功教师这样说道:

> 我试图确保每个小组里有一两个有包容心的学生。这样问题儿童至少会知道,尽管其他小组成员不会成为他的好朋友,但是他们也不会给他难看。我试着将一个不活泼的孩子与问题儿童安排在一个组。今年我遇到了两个非常善于和问题儿童相处的女孩。她们不会忍受荒唐的行为,但也不会反应过度,并且展现出了良好的社交技能(p.72)。

2. 给予与接受解释

从实践的情况来看,合作小组的学习效果各不相同,取决于小组中真正发生了什么以及有谁参与。如果只有少数几个人承担责任、完成小组任务,那么得益的将是这些人,而那些未参与的成员将获益甚微。提出问题、获得解答并尝试解释的学生,比那些不提问、不回答的学生更可能获益。事实上,有证据表明,如果一个学生能对小组内其他学生进行经过了深思熟虑的精细、详尽的解释,那么该学生学到的东西将更多。在学习过程中,"给出好解释"远比"接受解释"更重要(O'Donnell, 2006; Webb, Farivar, & Mastergeorge, 2002),因为为了给别人解释清楚,解释者不得不组织信息,把信息转换成自己的语言,思考恰当的例子或类比(这些例子有助于学习者将信息与已有的知识联结起来),以及通过回答问题来检验自己的理解等。这些都是高级的学习策略(King, 1990, 2002; O'Donnell & Kelly, 1994)。

好的解释总是适时地提供那些相关、正确、详尽的信息,以帮助听者修正错误的理解,最好的解释则能告诉人们为什么(Webb et al., 2002; Webb & Mastergeorge, 2003)。例如,在一节中学数学课上,学生以小组为单位解决下列问题:

> 假设打一个开头为239的电话,第一分钟要花费0.25美元,以后每多打一分钟要支付0.11美元,那么请计算打20分钟电话一共需要多少钱。

教师给学生提供讲解和帮助的水平与学生的学习显著相关。教师讲解的水平越高,学生学到的东西越多。最好的讲解是对如何解决问题和为什么这样解决的解释。例如,对于上面的话费问题,可以这样向学生解释:通话第一分钟需要0.25美元,后面的19分钟每分钟0.11美元,也就是0.11乘以19,结果是2.09美元,然后加上第一分钟花费的0.25美元,最后答案是2.34美元。而较低水平的解释可能是"0.11乘以19,再加0.25"或者直接给出答案"2.34美元"。如果教师说"0.11乘以19",接着学生就会问"为什么是19"或者"为什么要乘0.11"。提出好的问题并给出清晰的解释非常关键,通常教师需要教授这些技能。

3. 分配角色

在合作学习中,教师常常会给学生分配角色,以鼓励学生合作和全身心参与。表10-3描述了合作学习小组中的各种角色。当然,如果你要给学生分派角色,请确保这些角色有助于学生学习。如果你着眼于通过合作学习改善学生的社交技能,那么你分配的角色应该需要倾听、鼓励他人以及尊重差异性。如果你关注的是练习、复习或掌握基本技能,那么你分配的角色应能培养学生的毅力,鼓励他人参与。如果你重在培养学生高水平解决问题或进行复杂学习的能力,那么你分配的角色应该能促使学生缜密思考并讨论,互相解释和分享见解,开展大胆的探索,进行头脑风暴并发挥创造性。请确保你没有让学生认为小组的主要目标是按照指令完成任务。如果真是那样的话,学生只会表演他被分配的角色。当然,角色可以支持学生的学习,但角色本身不是最终目标(Woolfolk Hoy

& Tschannen-Moran，1999）。

表 10-3　合作学习小组中的角色

根据设立小组的目的以及小组成员的年龄，将以下角色分配给学生，能帮助学生进行合作和学习。当然，我们还要教学生如何有效地扮演每种角色。学生要轮流尝试扮演不同的角色，这样才能积极、有效地参与各种类型的小组学习。

角色	描述
鼓励者	鼓励那些不情愿或腼腆害羞的同学参与合作学习
赞赏者/拉拉队队长	对他人的贡献予以赞赏，表达对其成绩的认可
裁判员	平衡各成员的参与程度，防止形成个别成员的"一言堂"
辅导员	就学业内容提供帮助，解释概念
问题指挥官	确认所有成员均已提问并得到了回答
检查员	检查所有小组成员的理解情况
指挥官	保证小组活动围绕任务展开
记录员	写下小组成员的观点、决策和计划
反馈者	让小组成员知悉任务进展
噪声检测员	检测小组成员说话的声音是否干扰了他人
材料保管员	收拾并返还材料

资料来源：摘自 Cooperative Learning by S. Kagan. Published by Kagan Publishing, San Clemente, CA.

合作学习策略通常还包括小组向全班做报告这一环节。如果你听过班级汇报，你可能知道这些报告异常无趣、难以理解。为了令听众和报告者感到报告过程有价值，安玛丽·帕林克萨和雷斯利·赫伦科尔（Leslie Herrenkohl）（2002）教授了班级成员如何在听报告时充当一个理智和聪明的角色。这些角色以科学研究策略为基础，这样的策略包含进行预测和建立理论，总结结果，将预测和理论与结果联系起来。教师可以让一些班级成员检查报告中预测与理论之间的关系是否清晰明确；其他一些学生鉴别哪些结果是清楚凿的；剩下的学生则负责评价小组报告中的预测、理论与结果之间的逻辑关系。研究发现，给学生分配这些角色能很好地促进班级对话沟通、思维与问题解决以及概念性理解（Palincsar & Herrenkohl, 2002）。

10.3.6　合作学习的设计

在合作学习小组内发展深度理解，需要所有的小组成员参与高质量的讨论。有助于学习的讨论包括让学生进行说明、联结、解释以及使用证据来支持论点等要素。在这里，我们将讨论几种不同的策略，它们为学生的参与和高质量讨论提供了支持。

1. 交互式提问

交互式提问（reciprocal questioning）不需要特殊的材料或测试程序，且适用于不同年龄阶段的学生。当老师讲完课或做完报告后，学生可以两人或三人一组就学习的材料进行提问和回答（King，1990，1994，2002）。其中教师会先提供问题的框架（见图10-2），然后教学生如何根据本节课的内容，基于问题的框架生成具体问题。接下来，学生提出具体问题，然后轮流提问和回答。这一过程比传统的小组讨论更为有效，因为它鼓励学生对材料进行深度思考。比如，图10-2中的问题就能鼓励学生将课堂所学与先前的知识或经验联结起来，对学生的学习似乎最有帮助。

```
……平时如何应用？
你如何用自己的话来定义……？
……的优点和缺点是什么？
对于……，你已经有了哪些了解？
解释一下为什么……会被应用到……？
……是如何影响……的？
……的意义是什么？
做……的理由是什么？
你为什么支持……？为什么反对……？
关于……，你的第一选择和第二选择是什么？为什么？
最好的……是什么，为什么？
根据……，比较……与……
如果……，那么……会有所不同吗？
你是否认同……这种叙述？为什么？
```

图 10-2　交互式提问中老师提供的问题框架

注：在上完课或学习完材料后，学生以这些问题的框架为基础，相互提问、回答，并比较不同的答案，最终协作找出最佳答案。

例如，Garcia 先生在教 9 年级学生学习"世界文化"这一课时，其中一个小组就使用图10-2中的问题框架，对"文化"这一概念进行了如下讨论。

萨利：请大家用自己的话来谈一下什么是"文化"？

吉姆：加尔西亚先生曾在课堂上说，文化是全体社会成员的知识与理解。我认为，文化是全体社会成员共有的所有事物、信念和活动，包括宗教、法律、音乐、医疗实践等。

萨利：还包括舞蹈、美术和家庭角色。

巴里：知识包含语言，所以我认为文化还应包括语言。

吉姆：我也是这么想的。实际上，我有一个问题，文化如何影响一个社会的语言呢？

巴里：语言是由词语构成的，人们用这些词语来命名他们关心之事、所需之物及所用之物，因此这些词语对处于某种文化中的群体而言具有举足轻重的作用。不同的文化有不同的词语，一些文化中可能没有"电话"一词，这是因为该文化中本身就没有电话这样东西。但是，电话在我们的文化中却很重要，因此我们拥有大量与电话有关的词语，如移动电话、数字电话、车载电话、无线电话等。

吉姆（大笑）：我打赌沙漠文化中肯定没有关于雪花或溜冰的词！

萨利（转向巴里）：你有什么问题吗？

巴里：我有一个大问题。你们绝对回答不出来。你们设想一下，如果某一群体没有任何口头语言，那么会怎么样？或许这个群体的所有成员都天生不会说话，或者存在类似的情况。这将如何影响他们的文化？他们还有可能拥有所谓的文化吗？

萨利：哦，这意味着他们不能进行交流。

吉姆：他们也一定没有音乐，因为他们根本就不会唱歌。

巴里：等一下！为什么他们就不能交流了呢？或许他们可以创造一种非言语系统，正如有些人会使用手语或哑语等。（King, 2002, pp.34-35）

2. 拼图法

埃利奥特·阿伦森任奥斯汀得克萨斯大学社会心理学教授时（当时我还是一名学生），与他的研究生首创了**拼图式课堂**（Jigsaw classroom）。我的一些朋友在他的研究团队工作。阿伦森将这一方法进一步发展，他认为拼图式课堂绝对有必要，它可以化解突发的乃至危险的状况（E. Aronson, 2000, p.137）。那时候，奥斯汀的学校刚依照法庭命令废止了种族隔离制度，白人、非裔和西班牙裔学生第一次坐在同一间教室上课。相互敌视、互相对抗自然会引发各种冲突，阿伦森正是通过拼图式课堂来解决这一棘手问题的。

在拼图式课堂上，老师会给小组的每个成员提供部分材料，学生通过学习各自的材料而成为"专家"。因为每位同学必须学习全部材料并相互检测对材料的掌握情况，他们需要相互依赖，因此每个学生的贡献都很重要。第二代拼图式课堂增加了"专家组"，每个专家组是由来自不同小组但负责阅读材料的同一部分的学生组成的，这些学生首先要确认所在的专家组内的成员的确对自己阅读的部分进行了充分的理解，另外要讨论对所有小组成员进行教学的方法。随后，这些学生带着自己的意见和观点返回自己的小组。最后，每个学生都要接受相关知识的测验，为他们的小组赢得分数。小组成员可以为了赢得奖励而学习，也可以仅为了得到认可而学习（E. Aronson, 2000; Slavin, 1995）。

3. 结构性争论

建构主义强调的冲突问题的解决在课堂上是很必要的，因为冲突难以避免，甚至是学习过程中必不可少的。皮亚杰的理论告诉我们，知识的发展需要认知冲突。戴维·约翰逊和罗杰·约翰逊（2009b）曾有力地论证了认知冲突的价值：

冲突就像学生学习的内燃机。内燃机能用一个火星点燃燃料，产生移动和加速所需的能量。如果没有火星，燃料和空气就不会发生反应；同样，没有认知冲突这个火星，学生在课堂上学到的知识也会是惰性的。（p.37）

一项对10年级学生的研究发现，出于各种原因，学生常常得到错误答案，但让学生讨论他们各不相同的错误答案，有助于他们更好地修正他们的错误理解（Schwarz, Neuman, & Biezuner, 2000）。小组成员之间也会发生人际冲突，但如果利用得好，这些冲突也能促进学习。实际上，过去40年的研究表明，课堂上的结构性争论有助于实现更好的学习效果，使学生形成更包容的思想，帮助学生学会聆听他人的观点，提升他们的创造力、学习动机、参与感和自尊（D. W. Johnson & Johnson, 2009b；Roseth, Saltarelli, & Glass, 2011）。表10-4呈现了学业和人际冲突可能给学习共同体带来的积极影响。

表10-4 结构性争论：学业和人际冲突可能给学习带来的积极影响

冲突如果处理得好，可以促进学习。学业争论能引发批判性思考和概念的变迁；利益冲突是不可避免的，但如果处理得好，没有谁会成为失败者。

学业争论	利益冲突
一个人拥有的看法、信息、理论、结论和观点与他人有不同之处，双方希望达成一致	一方试图将利益最大化的行为妨碍或干扰了另一个人最大化自己的利益的行为

争论的程序	整合（问题解决）的协商
研究对方的观点，准备好自己的观点	描述自己的需求
呈现自己的观点，寻找支持这个观点的证据	描述自己的感受
驳斥反对意见，回应他人对自己观点的攻击	描述自己为什么有这样的要求或感受
转变视角	推己及人，从他人的视角看问题
综合分析和整合最好的证据，进行全面推理	找出三种协调利益的方案，选择一种，用文字记录下来，形成协议，并签署协议

资料来源：摘自 "The Three Cs of School and Classroom Management," by D. Johnson and R. Johnson. In H. J. Freiberg (Ed.), *Beyond Behaviorism: Changing the Classroom Management Paradigm*.

结构性争论（structured controversy）中的结构化部分指四人学习小组中的学生两两结对，研究某个具体的争议性话题，如是否应该允许木材厂砍伐国家森林里的树木。两对学生都就该话题进行研究，形成正面或反面立场的论点，随后将他们的论点和证据呈现给另一对学生，和他们一起讨论。接着交换立场并为相反的论点辩护。然后，小组做报告，总结每种论点最具说服力的论据，并达成共识（D. W. Johnson & Johnson, 2009b；O'Donnell, 2006）。

除了这些方法，斯宾塞·卡根（Spencer Kagan, 1994）还开发了很多合作学习框架，用于完成不同类型的学业和社交任务。下面的实践指南提供了将合作学习纳入课堂教学的有效方法，你可以试一试。

> **实践指南**
>
> ## 运用合作学习
>
> **根据目标确定小组规模与人员构成。**
>
> 例如：
>
> （1）如果小组以社交技能提升与团队建设为目标，那么小组成员人数宜为2~5人，可以按兴趣分组、混合分组或者随机分组。
>
> （2）如果小组目标是完成基于结构化事实和技能的练习和复习任务，那么小组成员人数宜为4~6人，可采用混合能力匹配分组，如高-中和中-低搭配，或者高-低和中-中搭配。
>
> （3）如果小组目标是完成高阶概念和思维任务，那么小组成员人数宜为2~4人，可以自由选择小组成员，鼓励成员互动。
>
> **分配合适的角色。**
>
> 例如：
>
> （1）如果小组以社交技能提升与团队建设为目标，应设置专门监控成员参与和矛盾化解的角色，并要求成员轮流担任小组领导。
>
> （2）如果小组目标是完成基于结构化事实和技能的练习和复习任务，那么需要设置专门监督大家是否踊跃参与并确保低学业成就学生也有所贡献的角色，就像在拼图式课堂中那样。
>
> （3）如果小组目标是完成高阶概念和思维任务，应设置特定角色负责鼓励成员彼此互动、发散思维，并进行扩展性的相关对话，就像辩论队或小组中的促进者。别让角色成为学习的障碍。
>
> **确保教师承担支持性的角色。**
>
> 例如：
>
> （1）如果小组以社交技能提升与团队建设为目标，那么教师要成为一个榜样和鼓励者。
>
> （2）如果小组目标是完成基于结构化事实和技能的练习和复习任务，那么教师应该成为一个榜样、指导者或辅导员。
>
> （3）如果小组目标是完成高阶概念和思维任务，那么教师应该成为一个榜样和促进者。
>
> **在教室来回走动并监控小组活动。**
>
> 例如：
>
> （1）如果小组以社交技能提升与团队建设为目标，那么教师应该注意学生是否倾听他人、是否轮流担任角色、是否给予他人鼓励，以及如何管理矛盾。
>
> （2）如果小组目标是完成基于结构化事实和技能的练习和复习任务，那么教师应该注意学生提问、给出多种详细解释、集中注意力及练习的情况。
>
> （3）如果小组目标是完成高阶概念和思维任务，那么教师应该注意学生的提问、解释、精细加工、探

究、发散性思维、提供的证据、综合分析，以及对不同来源的信息的使用和联结。

从简单的小任务开始，直到你和学生都知道该如何进行合作。

例如：

（1）如果小组以社交技能提升与团队建设为目标，那么应尝试先从一两个技能开始，如倾听与释义。

（2）如果小组目标是完成基于结构化事实和技能的练习和复习任务，那么可以尝试让学生两人一组，相互提问。

（3）如果小组目标是完成高阶概念和思维任务，那么可以尝试让两人小组的成员借助问题框架来进行交互式提问。

10.3.7 关注到每个学生：灵活使用合作学习

如果计划仔细，合作学习通常能有显著成效。另外，由于有时一些小组中有存在特殊需要的学生，因此教师必须额外关注合作学习的计划与准备。例如，在合作学习过程中运用脚本式提问和同伴辅导是有前提的，这样的合作结构取决于负责提问或解释的人能与回答问题或被教授的学生进行一种平衡的互动。在这些互动过程中，你希望看到并听到解释和教学，而不仅仅是将正确答案说出来。但有些患有学习障碍的学生在理解新概念方面存在较大困难，所以解释者和学生双方都会感到灰心、挫败，这时学生可能处于拒绝和否定的情绪之中。由于患有学习障碍的学生通常存在社交问题，将他们置于可能会引发更多拒绝情绪的情境之中，可能不是好的方法。因此，教授全新或较难掌握的概念时，合作学习对患有学习障碍的学生来说可能就不是明智之举了（Kirk et al., 2006）。事实上，研究发现，一般来说合作学习并不适合患有学习障碍的学生（D. D. Smith, 2006）。

对于天才学生来说，如果合作学习小组是按能力混合编排的，他们未必能从中受益。其原因在于小组成员学习速度太慢、任务太简单或有太多的重复。另外，天才学生往往在小组内担任"小教师"的角色，他们的工作似乎更多地体现在推进整个小组的学习上。如果你在分组时将天才学生和普通学生混合编排了在一起，那么你必须设置复杂的学习任务，让不同能力水平的学生都能参与小组活动，在保证天才学生积极卷入的同时，不降低其他学生的参与程度（D. D. Smith, 2006）。

然而，合作学习对英语学习者而言是最明智的选择。拼图式课堂的结构对英语学习者大有裨益，由于小组中的所有学生都掌握着小组需要的信息，因此他们必须对话、相互解释，并进行其他互动。事实上，拼图法就是为了使各种各样的小组成员之间形成高度互依的关系而产生的。在当今很多学校的课堂中，不同学生可能使用着四种甚至更多种语言，但是我们不可能要求教师掌握学生所说的每一种语言。合作学习小组可以帮助应对这一情况，使学生能够共同完成学业任务。在一个小组内，会说两种语言的学生可以为其他成员翻译或解释课堂所学。而且，对于正在学习另一种语言的学生来说，在一个更小的小组内进行表达，其焦虑程度也会低很多，因此英语学习者可能会在这些小组中获得更多带有反馈的语言练习的机会（D. D. Smith, 2006）。

当然，即使合作学习设计得再好，如果不能很好地执行，仍然不能发挥其有效功能。出现这种状况的部分原因是，要教会学生开展合作学习，教师需要花费大量的时间，并付出长期的努力（Blatchford, Baines, Rubie-Davis, Bassett, & Chowne, 2006）。

10.3.8 建构主义实践的两难困境

多年前，拉里·克雷明（Larry Cremin, 1961）提出，先进的、创新的教学方法需要由训练有素的教师实施。建构主义教学也是如此。我们知道，对建构主义的不同理解衍生出了不同的建构主义流派以及很多相应的实践操作。我们也知道，如今一切教学都处于严峻的应试情境中，教师担负着很大的责任，有着不小的压力。在这样的情境中，建构主义取向的教师确实面临着许多挑战。Mark Windschitl（2002）总结了教师在实践建构主义的过程中面临的四种两难问题，如表10-5所示。第一种是概念性问题，即究竟该如何理解建构主义的认知观和社会观，并将两者结合起来用于我们的教学。第二种是教学方面的问题，即如何真正地践行建构主义的教学方式，既鼓励学生积极思考，同时又保证学生能够学到真正的学科知识。第三种是文化方面的问题，即什么样的课堂活动、文化知识和沟通方式有助于在多元的课堂环境中建立起学习共同体。第四种是行政方面的问题，即如何使学生具备深刻的理解力和批判性思维，同时满足学生家长的需求以及《不让一个孩子掉队》法案的要求。

表 10-5　教师实践建构主义的两难问题

在实践建构主义教学的过程中，教师面临着概念性的、教学方面的、文化方面的和行政方面的两难问题。以下是对这些两难问题的具体解释以及教师面对的一些问题的具体形式。

教师面临的两难问题	常令教师疑惑的问题
概念性问题：抓住认知建构主义和社会建构主义的理论基础；将当前关于教学的理念与支持创设建构主义学习环境的理念结合起来	哪种建构主义教学法适合我的教学？ 我的课堂应该是一个每个同学都积极进行概念转变的集体，还是一个通过学习者参与真实课堂实践的情况来衡量其发展状况的学习者共同体？ 如果专家认为某些观点是正确的，那么学生应该直接将这些观点内化，而不建构自己的观点吗？
教学方面的问题：在鼓励学生独立思考的同时，正确地获取学科知识；获得相关主题的深度理解；掌握促进者行事的"艺术"；有效管理学生进行对话和合作学习	我的教学应该基于学生现有的观念，还是基于学习目标？ 成为促进者需要掌握哪些必要技能和策略是什么？ 如果学生交头接耳而不听讲，那么我该如何管理课堂？ 我是否应该限制学生建构自己的观念？ 什么样的评价方式才能体现出我想达成的教学目标？
文化方面的问题：留心课堂上的文化问题；让学生思考"什么样的活动是有价值的"；充分利用经验、对话模式以及来自不同文化背景的学生具备的地方性知识	如何摆脱传统但行之有效的课堂常规，而与学生就什么是有价值的以及如何奖赏达成共识？ 我对课堂的原有的印象如何限制了我看到另一种可能的学习环境？ 如何在传递我的课堂文化的同时，容纳不同背景的学生的世界观？ 我能相信学生能为自己的学习负责吗？
行政方面的问题：应对学校共同体中各方责任和义务的问题；与重要的当事人协商，让其支持为理解而教的理念	我如何才能让行政管理人员和学生家长支持我使用一种全新的方式进行教学？ 我应该采用不能满足学生需求但得到了正式批准的课程，还是应该自己开设一门课程？ 各式各样的基于问题的经验如何满足特定的地方标准？ 建构主义教学是否足以让我的学生为参加大学考试做好准备？

资料来源：M. Windschitl.（2002）. Framing constructivism in practice as the negotiation of dilemmas: An analysis of the conceptual, pedagogical, cultural, and political challenges facing teachers. *Review of Educational Research*, 72, p.133.

模块 28 小结

区分探究学习和基于问题的学习

使用探究学习策略时，首先教师会呈现一个疑难事件、一般性问题或难题，接着学生试着提出问题（有的探究学习只允许学生提以"是/否"回答的问题），然后形成假设来解释事件或解决问题。接下来，学生会收集证据来验证假设，并形成结论和推论。最后，反思最初的问题以及解决问题所需的思考过程。基于问题的学习虽然遵循了类似的路径，但是它始于一个真实的问题——对学生有意义的问题。其目的在于使学生在学习数学、科学、历史或其他重要科目时，能找到对真实问题的真实解决方案。

描述认知学徒制的六个特征

学生观察一位专家（通常是教师）示范操作；学生通过教师的训练或辅导获取外部支持；学生借助概念性支架学习，随着学生能力的增强和对所学内容的日渐精通，他们可以逐渐撤除支架；学生不断清晰阐述他们获得的知识，将其对学习过程的理解以及学到内容用文字表达出来；学生反思自身的进步情况，将他们的问题解决策略与专家的做法和他们先前的做法进行比较；学生要运用自己所学的知识探索解决问题的新方式。

描述交互式教学中对话的使用方法

交互式教学的目的是帮助学生理解和深入思考他们阅读的内容。为了实现这个目标,学生要在阅读小组学习四个策略:总结一篇文章的内容,询问一个关于中心观点的问题,搞清材料中的难点,预期接下来会发生什么事情。这些策略可以通过班级对话来练习。起初,教师担任对话的中心角色,然后随着讨论的进展,学生将越来越多地控制对话过程。

协作与合作的区别是什么

一种观点认为,协作是如何与他人一起学习与工作的哲学思想。在协作过程中,我们尊重差异,分享权力,也共享知识。合作则指为了达成某一共同目标而与他人一起工作。

合作学习的学习理论基础是什么

信息加工理论认为,复述和精细加工可以提升小组合作学习的效果。皮亚杰的理论认为,通过解决认知不平衡状态可以增强合作学习;维果茨基的理论认为,可以通过提供脚手架支持高级思维过程来增强合作学习。

描述合作学习的五个要素

学生面对面地进行互动,而不是分散在教室的不同位置。小组成员会体验积极互赖的感觉——他们需要彼此的支持、解释和指导。尽管小组成员会在一起学习并互相帮助,但他们最终还是必须依靠自己。他们个人也对学习负有责任,其学习成果通常可以通过个体测验或其他评估方式来衡量。协作和社交技能对有效的小组运作而言很有必要。通常在小组着手解决学习问题之前,教师必须教授或让学生练习这些技能,如给予建设性的反馈、达成共识以及让每个人都投入。最后,小组成员要监控小组运作过程及组内关系,以确保小组有效运作,并增强小组的动力。

如何设计合作学习任务

人们可以很好地使用结构化技术来完成一项相对结构化的任务。在这种情况下,外在奖励可以增强他们的学习动机,促使他们付出努力、坚持不懈。给学生分配角色,特别是那些关注任务完成的角色,也是有效的。另外,当想发展学生的高级思维和问题解决能力时,使用鼓励学生进行扩展性和创造性互动的教学策略是非常合适的。在这些情况下,使用奖励可能会将小组的目标从完成深度认知加工转移到其他地方。当同伴学习的目标是提升社会技能、增进组内理解和对多样性的认可时,给学生分派的角色及指定的小组职责应能促进学生的交流。这时,奖励可能是不必要的,而且可能会起到妨碍作用,因为此时学生关注的是建立一个共同体、获得被尊重的感觉以及建立所有小组成员的责任感。

合作学习的可能策略有什么

有效的合作学习策略包括交互式提问、拼图法、结构化争论以及斯宾塞·卡根开发的很多合作学习框架。

模块 29 课堂外的学习

10.4 服务性学习

服务性学习是将大中学生的专业学习与他们的个性和社会性发展整合起来的一种学习(Woolfork Hoy, Demerath, & Pape, 2002)。对服务性学习的一个更正式的界定是"将有意义的社区服务、教学和反思整合起来的一种教与学的策略,旨在丰富学生的学习体验、树立学生的公民责任感,并增强学校与社区的联结"(National Service Learning Clearinghouse)。差不多一半的美国高中都设置了一些服务性学习项目(Dymond, Renzaglia, & Chun, 2007)。教育改革中的服务性学习联盟(Alliance for Service Learning in Education Reform, 1993)总结了服务性学习的若干特征:①服务性学习是有组织的,且能满足社区的实际需求;②服务性学习能与学生的课程有机整合;③服务性学习给予时间让学生反思,并记录服务后的感受;④服务性学习强调让学生将新学到的知识和技能应用于实际;⑤服务性学习可以提高学生的专业学习水平,培育他们关心他人的情感。

服务性学习的活动可能包括直接服务(如担任

家庭辅导老师、给无家可归的人们提供膳食)、间接服务(如为救济机构募集食物、募款)或支持性宣传(如设计和分发食物募集海报、在报纸上发表文章)等(A. M. Johnson & Notah, 1999)。服务性学习也可以以基于问题的学习的方式进行。

参与服务性学习能够提升青少年的政治和道德意识。通过服务性学习项目,青少年能够体验自身的能力以及在危急之中与他人合作的价值,他们视自己为政治家、道德家,而不仅仅是好公民而已(Youniss & Yates, 1997)。除此之外,服务性学习能够帮助学生以一种新的方式重新思考如何与那些不喜欢自己的人相处,从而学会更宽容地对待差异性(W. G. Tierney, 1993)。此外,服务性学习经历能够培养学生关怀他人的道德素质,使他们能够持续不断地面对复杂的社会问题(Rhodes, 1997)。从这个观点来看,投身于服务性学习能够有效激发学生用批判性的眼光重新定位自己在社会中的角色(Woolfolk Hoy, Demerath, & Pape, 2002)。美国的许多学校已经将学生参与服务性学习视为高中毕业的一个必要条件,但也有教师质疑这种"必要"的公平性或合理性。至少有三所学校因此受到了起诉。时至今日,这种"必要"还不具备法律的强制性(A. M. Johnson & Notah, 1999)。

关于服务性学习的研究得到的结果是多方面的。一些研究发现,服务性学习使学生的社会责任感明显增强,他们对他人更为宽容、更加谦虚、对成人更为礼让,而且自尊感更强了(Solomon et al., 2001)。一项个案研究描述了一个城市某教区中学的一个成功的服务性学习项目(Youniss & Yates, 1999)。该项目是该学校初中学生必选的,是学年课程的一部分。在课上,学生审视了自己对当前一些社会现象在道德方面的认识,如无家可归、贫穷、对移民劳工的剥削和城市暴力等;然后,学生必须在市内的餐厅服务4次(接近20个小时)。研究者得出的结论是:通过该课程,学生对社会公正有了深刻的理解,能够正视不公正现象,对自己的能力更加自信(Yates & Youniss, 1999, p.64)。

你的学生可能想参与校内外的服务性学习,你可以参考下面的家庭与社区之间合作的实践指南来提供帮助。其中大部分资料取自理查德·萨戈尔(Richard Sagor, 2003)与埃利亚斯和施瓦布(2006)的研究。

| 与家庭和社区建立合作关系的实践指南 |

服务性学习方法的使用

服务性学习重在持续实践,不能止步于短期行动。

例如:

(1)取消班级轮流为无家可归者举办为期两周食物募捐活动,代之以让学生更长时间地为无家可归者烹饪并分发食物。

(2)与当地社区机构联系,确定真正的需求,以便学生进行服务。

考虑实际的志愿活动。

例如:

(1)将有关文件翻译为另一种语言。

(2)提供对多媒体技术,如PowerPoint、Hypercard、QuickTime等的使用方法的介绍。

(3)设计机构手册或编辑有关出版物。

(4)校对纸质和电子出版物的草稿。

(5)研究并撰写小册子、通讯稿或网页内容。

(6)设计服务机构或项目的标识,或做一些其他力所能及的事。

关注学校里的服务性学习项目,确保学习是服务性学习的核心。

例如:

(1)确保项目有清晰明确的学习目标。

(2)探讨科学、历史、健康、语文等科目的年级标准,了解如何通过服务性学习项目来实现这些标准,例如如何在为老年人或学前儿童设计营养教育项目的过程中习得生物学的概念。

(3)让学生不时地反思他们的经历,记日记、写下或画出所学的知识,并将学生的这些反思运用于课堂讨论。

确保学生在服务中发挥自己的天赋和才能,这对于他们而言是很有价值的,他们能在运用自身才能帮

助他人的过程中，获得成就感和价值感。

例如：

（1）具备艺术天赋的学生可以帮助装饰老年人活动中心的游戏房间。

（2）擅长讲故事的学生可以到日托中心或儿童诊所服务。

（3）会讲两种语言的学生可以帮助教师将学校的新闻手册翻译成学生家长使用的语言，或到当地诊所做翻译。

创造多样化的服务性学习机会，以满足不同群体的需求。

例如：

（1）考虑残疾学生的交通需求。

（2）将服务性学习项目与人们的生活技能联系起来，如有关工作、安全的技能及准时性等社交技能。

（3）监控服务小组中所有成员的互动情况，了解有特殊需要的学生是如何参与其中的。

10.5 数字世界中的学习

计算机、智能手机、iPods、iPads、iTouch、平板电脑、电子阅读设备、互动型电子游戏等数字化工具及 iCloud、Facebook、Twitter（推特）、Google、Yahoo（雅虎）等数字媒体已经深刻地改变了每个人的生活。家庭和学校里都充斥着各种数字媒体。调查显示，2012 年，在 0～8 岁孩子的家庭中，71% 拥有智能手机，42% 有 iPad 或其他品牌的平板电脑，35% 两者都有。在 6 个月～3 岁儿童的家庭中，35% 以上在卧室安放了电视机。在 4～8 岁儿童的家庭中，10% 拥有电脑。在所有参与调查的家庭中，40% 的家庭即使没有人在看电视，每天也会有一半的时间开着电视（Rideout et al., 2003；Rosen, 2010；Wartella, Rideout, Lajricella, & Connell, 2013）。事实上，儿童除了睡觉之外，在看电视上花费的时间是最多的。

— 停下来 想一想 —

你现在正在使用多少台数字设备？有多少台是属于你的？

学生做家庭作业时经常通过电子邮件、短信或电话与朋友交流信息，也会浏览网页或下载资料，而且他们几乎每时每刻都在用 iPod 听音乐或看电视（Roberts, Foehr, & Rideout, 2005）。今天的学生没有经历过没有数字媒体的时代，因此他们常被称为"数字原住民""千禧年生人""网络一代"或者"谷歌一代"（Kirschner & van Merriënboer, 2013）。

10.5.1 技术与学习

技术的使用能够支持学生的学业学习吗？答案很复杂，甚至有些令人惊讶。前人的一篇综述总结道，使用计算机辅助程序看似能够提高中小学生的测验分数，但是计算机模拟和强化项目（enrichment program）几乎无甚效果；或许只有当你自己教授和测试特定技能时，学生才会习得这些技能。然而，如果计算机有助于学习基本过程的推进，如积极卷入、有反馈的互动、真实性及与真实世界的联结、建设性的小组工作，那么计算机有可能提高学生的学业成就（A. Jackson et al., 2006；Roschelle et al., 2000；Tamim, Bernard, Borokhovski, Abrami, & Schmid, 2011）。研究发现，由于计算机程序可以给个人提供反馈，按适合每个学生的阅读节奏移动字符并提升其学习动机，因而可以辅助对基本阅读程序，如单词解码、语音意识或基本的数字感知的教授；精良的程序甚至有助于提升听力和阅读理解能力（Baroody et al., 2013；Potocki, Ecalle, & Magnan, 2013；R. Savage et al., 2013）。像任何一个教学工具一样，如果人们能有效地使用计算机，那么计算机是有用的；仅仅依凭计算机本身，学生的学业成就不会自动提高。

1. 技术丰富的学习环境

随着计算机技术的发展，人们对技术丰富的学习环境越来越感兴趣（technology-rich learning environment, TREs）。这些学习环境包括虚拟世界、支持基于问题的学习的计算机模拟（如前文提过的"生活挑战之河"）、智能辅导系统、教育游戏、音频、手提无线设备以及多媒体环境等。

在学校里，技术的使用主要有三种形式。首先，教师可以为课堂、虚拟学习环境或课堂与虚拟环境的混合模型设计基于技术的活动。其次，学生可以采用多种方式与技术进行互动，例如使用计算机或平板电脑完成作业，运用云计算（cloud computing）在虚拟环境中与其他教师或者学生进行合作。云计算允许计算机用户通过网络获取应用程序，如谷歌文档、微软电子邮件，以及计算资源，如在线数据存储和数据加工服务。最后，管理者可以通过技术追踪学校、社区或者全国系统内教师、班级和学生的信息。你的教学可能涉及上述任意一点或者全部。

将技术引入课堂的主要目的是辅助学生学习。然而，尽管具有巨大的潜力，多年来课堂对技术的使用一直很有限（Cuban, 2001）。比如，尽管维基百科的创建和维护有助于教师或学生协作、开发和编辑内容，并共享资源和产品，但实践效果并不理想。当然也有几个成功的实践，比如 Flat Classroom 项目（flatclassroomproject.org）。在该项目的指导下，世界各地的很多学生创建了维基百科页面，解释技术和社会的未来。另外，维基百科还有创建多媒体页面的新功能，上海的学生拍摄内容，他的搭档可以在维也纳编辑和发布他们拍摄的内容。然而，这种新功能应用得并不多。在学校创建的维基页面中，约有40%只使用了或是由教师共享的页面，34%呈现的是与教师相关的内容，25%呈现的是学生的个人成果，只有1%是学生协作的产物（Reich, Murnane, & Willett, 2012）。

创建技术丰富的学习环境，乍一看确实有些困难和烦琐，对于缺乏技术能力的老师而言更是如此。不过，你可以尝试着这样着手：研究你的学校或社区的技术政策和程序，确定内部资源，如技术整合团队，寻求培训资源，与那些已经开始在课堂中使用技术的教师合作。逐渐熟悉现有的技术资源能帮助你明确和使用新技术，这些新技术将提升你的教学。在任何课堂上进行技术整合的一条黄金法则就是不要做无用功，聚焦资源优势，并对其加以调整和使用。

2. 虚拟学习环境

虚拟学习环境（Virtual Learning Environments, VLEs）是一个宽泛的概念，用于描述在虚拟系统中学习的各种方式。最传统的虚拟学习环境是**学习管理系统**（Learning Management System, LMS）。学习管理系统使用诸如 Moodle、BlackBoard、RCampus 和 Desire2Learn 的应用程序协助学生开展网络学习。学习管理系统一般十分庞大、复杂和昂贵。我所在的大学使用一种叫作"Carmen"的系统辅助课程教学。我在 Carmen 系统的网站上有读书资料、讨论组、班级建立的维基网页、幻灯片、网站链接、日历以及其他资源。我们在没有这些资源的情况下进行了几十年的教学，但是学习管理系统的出现扩大了我们教学的选择。为了解决费用问题，一些机构使用免费的开源软件来建设虚拟学习环境。支持开源软件的工具包括 Moodle、Google Apps、Microsoft SharePoint 以及 PBWorks。

范德堡大学和斯坦福大学开发的 Betty's Brain（贝蒂的大脑）是一个很不错的虚拟学习环境系统。贝蒂是该系统设置的一名计算机"学生"。学生需要教授贝蒂某个科学话题。该系统可为学生提供文本资源，用于规划教学（以及学习正在学习的概念及过程）。生活实践不断告诉我，学习某样东西的最好方法就是教授它。合作学习的研究也表明，解释者比倾听者学得更多（O'Donnell, 2006）。像所有的好老师一样，学生需要问贝蒂问题和对贝蒂进行测试，以了解贝蒂的学习情况。该系统还设置了一名科学专家，名叫戴维斯先生。他会评估贝蒂的学业状况，指导学生更好地教授贝蒂。图 10-3 是 Betty's Brain 的一张屏幕截图。

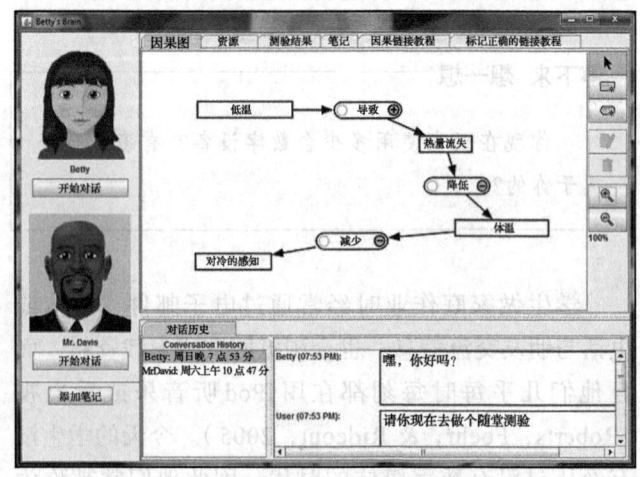

图 10-3 Betty's brain：一个虚拟学习环境

注：Betty's Brain 是一个以电脑为基础的学习环境，它通过教中学（learning-in-teaching）来吸引学生学习科学知识。

3. 个人学习环境

虚拟学习环境多种多样。**个人学习环境**（Personal Learning Environment，PLE）框架提供了支持个体在多种情境下学习的工具，学习者可以控制自己的学习如何发生以及在何时发生。学生可以在个人学习环境中从 Panera 网站上下载作业，在公交车上阅读材料，然后凌晨 4 点在房间里将他们的分析上传到网上的讨论区。学习是异步的，它可以发生在任何时间、任何地点。复杂的个人学习环境还包括一些工具，这些工具可以评估学习者对知识的掌握情况，进而调整接下来的学习内容，以满足学习者的需要。这些工具包括基于计算机的训练模块、电子书、认知导师、问答小测验以及自我检测工具。

个人学习网络（Personal Learning Network，PLN）是一个通过同伴在线互动建构知识的框架。PLN 包括使用互动网络会议、混合课堂或在线讨论的同步技术和异步技术。个人学习网络既可以服务于基础教育，也可以为专业发展提供资源。社交网络工具如 Facebook、Twitter、Edutopia 和 EdWeb，让教学可以走出学校、城市、甚至国家，走向全球范围内有共同兴趣的学习者。支持个人学习网络的工具包括：网络会议工具（如 Adobe Connect 和 Elluminate），互动录像或录音信息，社交网络，网站讨论区以及博客。

4. 沉浸式的虚拟学习环境

最复杂的虚拟学习环境是**沉浸式的虚拟学习环境**（Immersive Virtual Learning Environment，IVLE），它是对真实环境的一种模拟。其目的在于使学生通过对文化的适应来进行学习，例如让学生扮演热带雨林生态的探索者，或者报道当地一所学校的食品中毒事件的记者（Gee，2008；Gibson，Aldrich，& Prensky，2006；Hamilton，2011；Shaffer et al.，2009）。IVLE 因构建现实场景，适用于领域特殊性知识的学习（Bagley & Shaffer，2009；Shaffer et al.，2009）。IVLE 会让学生体验模拟任务，这种任务需要专业实践，例如，报道食物中毒事件需要采访食品供应方，追踪线索以明确问题的来源，创作出一篇表述精确、有吸引力的文章，最终将现实世界里的参与融入到虚拟场景中。沉浸式的环境通常也能起到认知导师的作用——它可以像导师一样与学生互动，如在分析学生的反应之后给出指点。

5. 游戏

有教育意义的游戏怎么样？毋庸置疑，很多学生课余时间会玩游戏。调查显示，大约 99% 的 12~17 岁的男孩和 94% 的女孩玩电子游戏（Ownston，2012）。许多研究发现，游戏提供了一种自然的、引人入胜的学习形式，"将游戏与教育目标相结合，不仅可以激发学生的学习动机，还可以为他们提供互动学习的机会"（Sung & Hwang，2013，p.44）。游戏产品包含由专家开发的知识库，以问答或角色扮演的形式设置的任务，以及数据库、报告、设计或问题解决方案等最终的产出。比如，一些研究者通过一个合作式教育游戏，为正在学习植物的小学生创造了一个沉浸式的学习环境（Sung & Hwang，2013）。学生需要通过角色扮演，共同完成一个关于不同植物及其特征的知识矩阵。游戏中，一个古老王国的百姓们喝了河水，中毒了。学生扮演国王的角色，任务是找出可能治愈百姓的植物。为找到这种植物，国王必须克服障碍，如迷宫和迷雾森林，收集和组织各种植物的详细信息，然后通过仙女测试。若要通过仙女测试，学生需要知道关于如何使用植物治愈百姓的知识。当学生收集到正确的信息并通过所有仙女测试后，他们就可以进入游戏的下一个阶段。结果表明，这款合作式教育游戏有助于提高学习成绩，激发学习动机，提升自我效能感。

然而，尽管有教育意义的游戏有很大的前景，但并不能保证学生能在游戏中学习，或者将他们在游戏中学到的知识迁移到游戏之外的环境（Ownston，2012；Roschelle，2013）。在荷兰，彼得·沃特斯（Pieter Wouters）和同事（2013）分析了 1990 年至 2012 年开展的 38 项关于严肃教育类电脑游戏的研究，发现相比传统教学，游戏在促进学习和记忆方面更有效，但在提升动机方面则不然。而我们以往一直认为提升动机是游戏的一大优势。此外，当游戏不是唯一的学习形式，而是辅以其他形式的指导时，当游戏有多个环节或学生可小组合作进行游戏时，学生会在游戏中学到更多。

大型多人在线游戏（Massive Multi-player Online

Games，MMOGs)是一种建立在虚拟世界中的互动游戏环境，学习者要扮演这个环境中的一个角色。包括MMOGs在内的虚拟世界仿真技术已经在医学领域的实践和教学中得到了广泛应用，并很快得到了中小学教育项目的关注。设计良好的游戏的教育价值在于可以通过示范、基于问题的学习场景以及其他教学方法来设计课程，进而创造出复杂的情境（Gee，2008）。例如，唤起项目（Project Evoke）是一个由世界银行设计的游戏。来自世界各地的青少年可以尝试共同解决一些诸如饥饿的重大的世界性难题。为了设计出更有趣味的学习世界，相关的设计人员一直在不断寻求新的突破。

10.5.2　开发适宜低龄儿童的计算机活动

数字媒体是很吸引人的，但它适合学前的孩子吗？这个问题一直以来都被人们激烈争论着。人们不应该让孩子用计算机做孤立的练习。适宜3～4岁儿童的使用电脑的方式与我们在小学使用电脑的方式是不同的（kidsource.com/education/computers.children.html）。随着适宜儿童的电脑游戏的发展，低龄儿童的认识能够有所受益，而不会丧失创造性（Haugland & Wright，1997）。适合孩子的软件应该使用简单的口头指导语，计算机活动应该具有开放性，并且鼓励发现、探究、问题解决以及对因果关系的理解。通过与计算机之间的互动，儿童应该能控制计算机的活动。最后，计算机上呈现的内容应该是适宜的，而且应考虑使用者不同的文化背景、年龄及能力（M. A. Fischer & Gillespie，2003；Frost，Wortham，& Reifel，2012）。琳达·桑蒂斯（Linda Tsantis）和她的同事建议，你可以就你关心的任何一个软件问这样一个问题："这个软件创造的学习机会是独一无二的吗？"（Tsantis，Berwick，& Thouvebelle，2003）

还需要考虑的一点是，软件的多媒体特征（如内置的录像、图像放大技术、音乐、音效和图像）是更加有助于学习，还是会让学生离学习更远？事实上，存在这样一种风险：那些含有吸引人的视觉或听觉效果的技术实际上会妨碍和干扰学生对一些重要概念的习得。例如，在一个"皮特鼠"讲故事的软件中，嘈嘈作响的拉锯声和树木倒下的音效会不会导致学生注意力分散，从而影响其对故事、情节和人物的理解？也许会吧（Tsantis et al.，2003）。

在多媒体世界中对刺激的处理确实可以帮助孩子同时完成多项任务，但孩子的观点采择能力以及对情节、主题及故事顺序的理解等深度思考过程却可能较差。这样，虽然学生一次做了好几件事情，但都只是表面的肤浅理解（Carpenter，2000）。

然而，荷兰的研究表明：多媒体故事书能够为来自低教育水平家庭且语言和识字能力落后的幼儿园儿童提供支持，以帮助他们理解故事、记住言语信息（Verhallen，Bus，& de Jong，2006）。之所以与前文的其他研究有一定差异，大概是因为该研究中故事书的多媒体特征可以提供意义建构的多种通道，呈现故事核心要素的视觉和听觉表征，聚焦重要信息以及强化核心思想，正是这些促进了学生的理解和记忆。这种额外的支架作用可能对语言和识字能力有限的儿童来说尤其重要。因此，适宜低龄儿童的计算机活动的一个基本原则是：多媒体元素应当关注意义，而不是仅仅提供吸引人的视听刺激。

10.5.3　计算机与高年级学生

一项使用实时事件抽样来评估互联网使用情况的研究发现，年龄较大的青少年平均每天上网约60分钟，具体上网时间因种族而异。有色人种青少年上网的时间比白人青少年长50%（平均每天100分钟左右）。学生上网最常做的事情是访问社交网站、完成学校作业、浏览网页、收发电子邮件和观看视频。令人惊讶的是，这项研究的参与者称自己每天上网3～4个小时，但实际上他们的自我报告高估了自己的上网时间（Moreno et al.，2012）。然而，尽管青少年在日常生活中会大量接触媒体，但这并不意味着他们能充分利用媒体技术辅助学习，他们需要帮助和指导。例如，学生可能擅长用谷歌来搜索自己感兴趣的内容，但常常受一个问题困扰——点进一个引人注目的链接后，他们会接着点下一个，常常忘记自己搜索的原始目的。因此，他们构建的知识仍是零碎、易忘的（Kirschner & van Merriënboer，2013）。即便如此，使用某种形式的技术还是很有吸引力的。在一项研究中，研究者要求学生用不同设备（台式电脑和移动设备）学习相同材料，并比较了学生的参与程度。结果发现，使用移动设备的学生参与程度更高，也更愿意继续学习（Sung & Mayer, 2013）。你可以在下面的实践指南中了解更多这方面的观点。

| 实践指南 |

计算机的使用

如果教室里只有一台计算机，教师应采取以下做法。

为学生提供便利的使用途径。

例如：

（1）如果在教学中需要用计算机来展示一些材料，尽量将计算机放在中心位置。

（2）选择一个最佳观看点，使学生坐着就能看到屏幕。当个人或小组使用计算机时，让学生不要拥挤或干扰其他同学。

做好使用计算机的准备。

例如：

（1）使用前检查计算机，以确认课程或任务所需的软件是否已安装并运转良好。

（2）确保指导学生使用软件或完成任务的指令清晰明确。

（3）提供需要完成的任务的清单。

训练一些学生来辅助其他学生使用计算机。

例如：

（1）将一些学生训练成"计算机专家"，让他们轮流训练其他学生。

（2）获取成人志愿者（如父母、祖父母、叔叔、阿姨和年长的兄弟姐妹等任何关心学生的人）的帮助。

编写计算机的使用说明。

例如：

（1）制定计算机使用时间表，确保每个学生都有同样的机会使用计算机，避免某些学生独霸设备。

（2）创建保存学生成果的标准步骤。

如果教室里有一台以上的计算机，教师应采取以下做法。

制定好符合你教学目标的计算机使用说明。

例如：

（1）安排好合作学习小组的计算机，以使学生更好地利用自己小组的计算机进行合作。

（2）如果不同的计算机小组进行的项目不同，则可以允许组别之间进行简单的轮换。

试验使用计算机的其他模式。

例如：

（1）浏览者模式——每四个学生使用一台计算机，一个学生控制键盘和鼠标，另外一个学生主要担当显示器的浏览者，坐在后面的一个学生负责管理小组的进度，坐在后面的另一个学生负责管理小组活动的时间进程。显示器浏览者要接受10~20分钟的关于完成任务所需软件的培训，并且他不可以碰触鼠标。其他三个学生可以轮换岗位。

（2）促进者模式——每六个学生使用一台计算机，其中促进者拥有更多关于计算机的经验、专业技能，或受到过更多的训练，其在小组中的作用相当于指导者或教师。

（3）合作小组模式——每七个同学使用一台计算机，将小组的最终目标分解为一些子目标，再将小组分解为一些次级小组，每个次级小组负责实现一个子目标。例如，一个次级小组负责写报告，一个次级小组负责画图，另一个次级小组负责通过计算机收集数据。

如果教室里计算机的数量不确定，教师应采取以下做法。

选择能够鼓励学生学习、激发学生创造性及促进社会互动的适宜程序。

例如：

（1）鼓励两个孩子合作，而不是让每个孩子单独学习。

（2）核查程序暗含的信息。例如，一些绘图程序允许学生擦掉自己不喜欢自己的作品，因此该程序实际上不能帮学生解决问题，而只是摧毁了问题。桑蒂斯等（2003）建议不要使用擦除程序，而可以重新利用。

（3）寻找能鼓励学生发现、探索、解决问题和多元反应的程序。

> **当学生使用计算机时，进行适当监控。**
> 例如：
> （1）确保计算机放在成年人观察得到的地方。
> （2）与学生讨论为什么一些程序或网页是禁止使用的。
> （3）适当平衡使用电脑的时间与动手做项目、堆积木、玩沙子、玩水、制作艺术作品等的主动活动时间。
>
> **当孩子使用计算机时，保证他们的安全。**
> 例如：
> （1）教育孩子不要在网络上公开自己的身份，并监控任何"朋友"与他们的交流。
> （2）安装过滤软件，让孩子远离不适宜的内容。

1. 计算思维和编码

科技在学习和生活中的应用已经变得如此普及，以至于一些教育工作者认为应该培养学生的计算思维。所谓**计算思维**（computational thinking），指使"问题的解决方案可以用计算步骤和算法来表示"的问题形成的思维过程（Aho, 2012, p.832）。换言之，拥有计算思维意味着能像计算机科学家那样思考。

计算思维的应用包括但不限于编程和编码。从20世纪80年代和90年代，也就是塞莫尔·帕普特（Seymore Papert, 1980, 1991）第一次向儿童介绍LOGO编程和海龟绘图起，人们就对教学生写代码越来越感兴趣。一些教育工作者认为编程能教会学生在各个领域进行逻辑思考，但也有人认为编程只能教会学生编程。即便如此，人们对作为一种培养计算思维的方法的编程依然兴趣依然不减，而且其价值依然得到了人们的肯定。如果你想了解更多有关编程课程的信息，请参阅计算机科学探索网站（exploringcs.org）。目前可用的简单编程语言包括Scratch、Alice、Game Maker、Kodu和Greenfoot。Scratch由麻省理工学院开发，甚至有一个新版本，名叫Scratch Jr.，可以辅助从幼儿园到2年级的孩子学习编程（Guernsey, 2013）。这些编程语言中有许多甚至允许非常年幼的孩子通过在计算机屏幕上将积木块进行拼凑和组合来构建程序。图10-4是Scratch的部分截图。积木块拼合的方式决定着电脑屏幕上不同角色的动作（Grover & Pea, 2013）。此外，还可以添加服装、声音、颜色等效果。为了让更多的女生参与编程活动，还有一些语言被专门设计出来，比如Lilypad Arduino等。

图10-4 Scratch：通过在屏幕上拼凑和组合积木块进行编程

注：Scratch和Scratch Jr.是一种允许孩子们将图中这样的积木块"合在一起"的系统，这样做可以控制角色的动作和设计完整的动画。

2. 媒体与数字素养

随着数字媒体的出现，人们开始关注一种新的素养——媒体素养，或称**数字素养**（digital literacy）。当今社会，有素养的人意味着能读、能写、能交流，因此，孩子需要通过媒体进行阅读和写作，而不仅限于印刷文字。电影、录像、DVD、计算机、图片、艺术品、杂志、音乐、电视、广告牌等，都是通过影像和声音来交流的。孩子如何理解这些信息呢？这是教育与发展心理学中一个新的研究和应用领域（Hobbs, 2004）。

你可以参考伊萨卡学院发展心理学家辛西娅·沙伊贝（Cynthia Scheibe）指导的"Look Sharp"（留心）项目（ithaca.edu/looksharp）。该项目的目的是促使教师将媒体素养和批判性思维整合进课堂教学，同时从各种媒介中获取材料、培训和支持。参与该项目的教师要帮助学生成为媒体的批判性阅读者。例如，一个名为"非洲导论"的小学项目，其目的是揭示对非洲的刻板观念，教授学生有关多样性的知识。在第一节课中，学生需要观看一系列照片，这将挑战他们对非洲的刻板印象。在讨论了这些照片之后，学生将研究关于非洲的媒体报道是如何影响他们对非洲印象的形成的。第二节课则以货币为媒介，探索非洲各国的建设（Sperry，2008）。

"Look Sharp"项目认为，以下问题有助于引导学生展开有关媒体的讨论：①这个节目是谁制作的、谁赞助的，其目的是什么；②信息的目标受众是谁，该信息是如何为受众量身定做的；③这个节目使用了哪些不同的技术来告知、说服、娱乐以及吸引注意力；④这个节目传达（或暗示）了什么信息，你怎么解释这些信息，为什么；⑤信息的流行性、准确性及可信性如何；⑥它遗漏了哪些可能对了解真实情况有帮助的信息。

下面的实践指南给出了更多来自沙伊贝与罗高（Rogow）(2004) 关于支持学生媒体素养发展的观点，你可以参考。

| 实践指南 |

促进媒体素养的发展

借助媒体来练习观察、分析、批判性思维、观点采择以及创造技能。

例如：

（1）让学生对广告、新闻节目以及教科书中呈现的信息进行批判性思考。不同的人会以不同的方式诠释信息吗？

（2）让学生根据所学的主题创建自己的媒体，以此来培养学生的创造性。

（3）让学生比较信息呈现的方式，如文件、电视新闻、广告、公共服务通告等。

（4）举例说明词语选择、背景音乐、拍照角度和颜色等是如何被用来渲染情绪或歪曲信息的。

使用媒体来激发学生对新的学习主题的兴趣。

例如：

（1）分析杂志上有关该主题的文章。

（2）阅读小说或观看电影中有关该主题的选段。

基于流行媒体上的内容，帮助学生了解他们对某一主题的理解和对相关信息的确信程度，帮助他们识别出自己的错误信念。

例如：

（1）学生对时光旅行有多少了解？

（2）学生从广告中了解了哪些生物学知识？

将媒体作为标准的教学工具。

例如：

（1）提供给学生关于某个主题的不同媒体来源的信息，这些来源可以包括网络、书籍、DVD、音频、在线报纸等。

（2）布置需要使用不同媒体的家庭作业。

（3）让学生表达观点或尝试使用不同的媒体，如图片、抽象拼贴画、录像、诗歌、歌曲、电影等。

分析媒体对历史事件的影响。

例如：

（1）艺术和电影是如何描绘美国土著人的？

（2）50年前有哪些信息来源？100年前呢？

模块29小结

服务性学习的关键特征有哪些

服务性学习活动应该是有组织的，且能满足社区的实际需求；服务性学习应与学生的课程有机整合；学生有时间反思并记录服务后的感受；学生有机会将新学到的知识和技能应用于实际；服务性学习有助于提升学生的专业水平，培养其关心他人的情感。服务性学习不应该成为学生常规活动的附属品，而应该是学生学习不可或缺的一部分。

技术可以怎样应用到教育领域

计算机、iPods、手机、电子阅读设备及互动性游戏系统等在年轻人中越来越流行。事实上，通过技术与他人进行交流和互动的很多新方式，甚至可能塑造学生对何谓社会化的思考。这些技术可以成为有用的教学工具，但它们确实也有局限性。最核心的是，当使用技术进行直接教学时，技术不能取代教师，也不是所有的程序都能促进学生学习。未来的课堂可以充分利用这种学习环境：让学生置身于数字世界中，他们可以独立或者合作解决问题、开发项目、模拟专家工作、访问历史网站、参观世界课堂"博物馆"或者玩一些可以教授或运用学业能力的游戏。有关数字技术对学习的影响的研究结果强调：技术本身并不能保证学业成就的提高。和其他任何工具一样，技术必须要由自信、有能力的老师来使用。

第 10 章复习思考题

单项选择题

1. 下面哪一项活动与建构主义者所说的环境不相符？
   A. 学生经常有机会参加复杂的、有意义的问题解决活动。
   B. 学生进行合作学习，并且在有关任务导向的对话中互相给予支持。
   C. 教师提取出学生关于重要话题的观点和经验，然后创设出有助于学生进行精细复述或者重构其已有知识的学习情境。
   D. 教师运用有限的测评工具，给出关于结果而非过程的反馈。

2. 在劳伦斯先生的课堂上，学生正在学习开车。他们观察劳伦斯先生的示范，从他的演示中获得提示，形成对自己表现的评价。劳伦斯先生鼓励学生将他们新学习到的技能用语言表达出来。这种学习方式与下面的哪项最相符？
   A. 交互式教学
   B. 认知学徒制
   C. 合作学习
   D. 图式建构

3. 小组活动必须经过精心策划。学生需要做好准备，教师需要明确说明他们的要求。下面哪一项不符合对合作学习的真正含义的表述？
   A. 积极互动和个人责任
   B. 小组过程
   C. 竞争
   D. 协作与社交技能

4. 研究表明，有建设意义的争论能够提升学习效果，使心态更加开放，并对个体洞悉他人观点的能力、创造性、学习动机和活动参与度等有着积极的影响。下面哪种活动设计有助于学生参与结构性争论？
   A. 学生在四人合作学习小组中两两配对，共同研究某一个议题。
   B. 每个学生都是小组的一部分，分配每个小组成员学习阅读材料的一部分，这样学生就会成为自己那部分学习材料的专家，然后将材料教授给小组的其他成员。
   C. 学生凭直觉理解那些能够帮助他们更深刻地思考所读材料的设计。
   D. 创设一种能促使大中学生学业学习与个人和社会性发展相整合的环境。

开放论述题

案例：布兰达·罗兹为了在她的班级中使用建构主义的策略，设计了几个基于问题的学习的情境。其中一个情境是要求学生为城市中无家可归的人找到一个应对当前处境的办法。在过去几年中，无家可归的人数以惊人的速度增长，城市的社会福利机构、收容所也在积极寻求应对之道。布兰达相信她的学生会觉得这个话题很有趣，并且认为这符合基于问题的学习的原则。

5. 布兰达·罗兹设计的这个情境符合基于问题的学习的基本原则吗？请给出你的解释。

6. 请列出几种能够帮助学生解决问题的支架。

Chapter 11 | 第 11 章
学习与动机的社会认知观

■ 教师的案例簿：你会怎么做

自我调节的失败

你知道班上的学生需要学会有条理地做事，他们需要对当前和未来的学习进行很好的自我调节。但是，很多学生似乎还不知道应该如何管理自己的学习；很多人总是处于被动等待的状态，不拖到最后期限不行动，因此他们很难完成大的学习任务；很多人不能有效组织自己的学习，没法决定什么是最重要的事情；有些学生甚至不能按时完成家庭作业；有的学生的书包永远一团糟，里面塞有未完成的家庭作业、上学期发的被揉烂的班级手册、外出活动的批准条。作为教师，你很担心，因为随着学生接受教育的时间越来越长，学生应该学会更加有序地处理生活中的事情，并熟练掌握学科知识。虽然你按照学区指导的要求给学生提供了很多材料，但他们正淹没在已有的大量任务之中。

想一想

:: 在你的课上或你教授的学科领域，学生需要具备什么样的技能才能取得成功？
:: 你将如何教授这些技能，同时又不耽误春季学业考试要求学生具备的学科知识？
:: 你准备怎样帮助学生形成自主学习的真实效能感？

■ 概览与目标

在前文中，我们站在多个理论视角分析了学习的不同方面。我们从行为主义和信息加工的角度，分析了人们学习的是什么以及是如何学习的；我们也考察了认知科学和复杂的认知过程，如概念学习和问题解决。不过，这些对学习活动的解释关注的仅仅是个体及其"大脑"里发生了什么。近来，研究者十分关注学习的另外两个关键方面——社会因素和文化因素。在前一章中，我们考察了社会建构主义和作为交叉学科的学习科学。在本章，我们将了解社会认知理论，即当前有关学习与动机的观点。这一理论关注的是学习和动机过程涉及的很多行为、个人及文化因素之间的动态交互作用。

社会认知理论源于班杜拉（1977，1986）早期对行为主义学习观的批判，我们在第 7 章已经对这些早期理论做了介绍。社会认知理论超越行为主义，认为人们是自我导向的学习者，能够做出选择并调配资源，以实现目标。社会认知理论的核心概念是自我效能感和自我调节学习，这些概念对理解动机也很重要。因此，为了方便读者理解，本章搭建了从学习过渡到动机（下一章的主题）的桥梁。在本章的最后，我们将回顾不同的教学模型，并基于不同的学习理论来考察这些教学模型的贡献，而不是争论每一种教学方法的优点。不要以为你必须选择所谓的"最佳"方法——其实根本不存在什么最佳方法。尽管理论家一直在争论哪种理论最好，但多数优秀教师并不热衷于对理论优劣的争论，而是重视如何恰当地综合运用这些方法。

学完这一章后，你就能：

目标 11.1 阐述学习与动机的社会认知理论的基本原理，包括三元交互决定论（triarchic reciprocal causality）、示范与观察学习、自我效能感和主体性。

目标 11.2 讨论观察和示范在学习中的作用，描述促进观察学习的因素。

目标 11.3 阐述自我效能感和主体性，将这两个概念与自我意识和自尊相区分，并讨论自我效能感对教学的影响。

目标 11.4 描述自我调节学习的构成要素。

目标 11.5 将自我效能感和自我调节学习应用到教学实践中。

目标 11.6 阐述四种基本学习理论的内容与应用。

模块 30　社会认知理论及应用

11.1　社会认知理论

正如第 7 章中所提到的，20 世纪 60 年代初期，班杜拉提出人们能够通过观察他人的行为以及这些行为的结果来进行学习。今天我们知道的大多数社会认知理论都是以 20 世纪 50 年代班杜拉在斯坦福大学所做的工作为基础的。在讨论该理论之前，让我们先了解一下班杜拉其人。

11.1.1　班杜拉：自我指导的一生

阿尔伯特·班杜拉一生的经历简直就是一部电影。你可能会说，他虽然来自加拿大，却生活在美国梦的时代。他的父母从东欧移民到北美，并选择了崎岖不平的北阿尔伯塔的土地，在这里经营起了家庭农场。虽然班杜拉的父母没有接受过教育，但他们非常重视教育。班杜拉的爸爸自学了三种语言，这给年幼的班杜拉树立了自我调节学习的好榜样——自我调节学习是当今社会认知理论中最突出的一个概念。在高中毕业前，班杜拉做过很多零工，包括在一家家具厂做木匠，以及在阿拉斯加高速公路上做道路维护工。大学期间，尽管班杜拉把所有课程都选在了上午，以便将下午的时间用于打工，但他仅仅用了三年的时间就获得了加拿大不列颠哥伦比亚大学的本科学历。由于班杜拉上午还有选修一门课程的时间，于是他选择了心理学导论，并由此发现了自己的职业兴趣所在（Bandura，2007，p.46）。随后的 1950 年，班杜拉来到了当时为数不多的心理学研究中心之———艾奥瓦大学研究生院。获得博士学位以后（也仅用了三年时间），班杜拉于 1953 年成为斯坦福大学的一名教员，当时他仅仅 28 岁。此后，他一直在斯坦福大学工作，至今已有 60 多年，现在甚至可以教授他以前那些学生的孩子了。

当我读班杜拉的自传（2007）时（参见 motivationlab.org，请参阅班杜拉的照片及简介），我被深深地触动了，因为班杜拉的理论很大程度上反映了他自己的生活，他就是一个成长在充满挑战的环境中，不断自我指导和自我调节的学习者。班杜拉在书中描述了他的高中学习经历，当时那所学校只有两名教师。他说：

我们不得不掌控自己的学习。自我指导的学习是学业自我发展的基本手段，而不是抽象的理论。教学资源的缺陷不是不能跨越的障碍，对我而言，极少的教育资源也能很好地供我使用。课程内容容易陈旧，

但是不管你追求的是什么，自我调节的技能都有永久的功能性价值。(p.45)

在接下来的小节中，我们将从以下四个主题来探讨班杜拉研究工作的关键特征以及社会认知理论：超越行为主义、三元交互决定论的概念、观察学习的作用与价值、主体性和自我效能信念。

11.1.2 超越行为主义

正如你在第 7 章中看到的那样，班杜拉发现虽然基本的行为原则是有用的，但其适用范围有限，对于复杂的人类思维和学习而言并不适用。班杜拉早期的**社会学习理论**强调示范及通过观察他人的行为受到强化或惩罚而习得某些特定行为。在他的自传中，班杜拉（2007）解释了行为主义的不足之处，认为需要将人们置于社会情境：

> 我发现行为主义理论观点不符合我们的社会现实，因为我们学到的大多数内容都是通过社会性示范习得的。我不能想象会有这样一种文化，它通过对每个新成员的试-误行为进行奖励和惩罚，逐渐形成该文化中的语言、道德、家庭风俗和习惯、职业能力和教育、宗教和政治实践（p.55）。

随着时间的流逝，班杜拉变得更加关注通过认知因素，如期望和信念等，来解释学习（Bandura, 1986, 1997, 2001）。他当前的观点被称作**社会认知理论**（social cognitive theory），既强调扮演榜样和教师角色的他人的作用（社会认知理论中的社会性部分），又包含思维、信念、期望、预测、自我调节、比较和判断等概念（社会认知理论中的认知性部分）。社会认知理论是一个用来解释人类适应、学习和动机的动态系统。该理论致力于了解人们如何发展社交、情绪、认知与行为能力，如何调节自己的生活，以及人们行为的动机是什么等问题（Bandura, 2007; Bandura & Locke, 2003）。事实上，本章的许多概念将帮助你理解下一章的动机议题。

11.1.3 三元交互决定论

我说过，社会认知理论描述了一个系统，这个系统叫作三元交互决定论。所谓三元交互决定论，指的是个人因素、环境因素和行为因素这三种影响因素之间的动态相互作用，如图 11-1 所示。个人因素（如信念、期望、态度、知识）、物理和社会环境（如资源、行为结果、他人、榜样、教师、物理情境）与行为（如个体的行动、选择、口头陈述）三者之间互相影响。

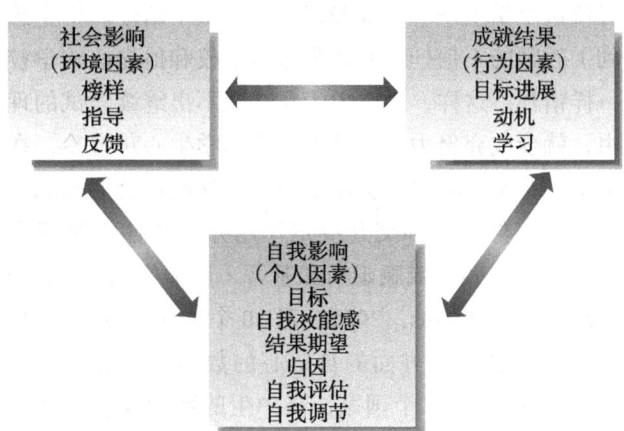

图 11-1 个人、环境、行为因素的动态相互作用

注：个人、环境以及行为这三个因素处于不断的相互作用中，它们影响着彼此。
资料来源：摘自 "Social-Self Interaction and Achievement Behavior" by D. H. Schunk, 1999, *Educational Psychologist*, 34, p.221.

图 11-1 显示了学习情境中的个人、环境和行为三个因素之间的交互作用（Schunk, Meece, & Pintrich, 2014）。外部因素，诸如榜样、教学策略或教师反馈（学生学习的环境因素），会影响学生学习的个体因素，如目标、对任务的自我效能感（下一节将进行描述）、归因（成功与失败的原因分析）以及自我调节过程（如计划、监控和控制干扰）。比如，教师的反馈会使学生要么更自信，要么更沮丧，这样学生就会相应地调整他们的目标。环境和个人因素会鼓励学生做出有益于学习的行为，如勤奋努力和坚持不懈，这些行为反过来也会影响个人因素。例如，当学生付出努力达成目标（行为）时，他们的自信心和兴趣会增长（个人）。同时，行为也会影响社会环境。例如，如果学生轻言放弃或没有理解教学内容，这时教师就会改变教学策略或学习小组的分配，从而改变学生的学习环境。

请花几分钟时间思考一下交互决定论在课堂中的作用。如果个体、行为和环境因素处于持续的相互作用状态，那么教学会处于持续不断的循环之中。试想，有个新转来的学生由于不熟悉环境，迷路并迟到了，该学生有文身，身上还有几个清晰可见的刺洞。第一天来学校，他本来就非常紧张，希望在新学校有好的表现。然而教师对他的迟到及外表表现出了轻微的敌意。这个学生觉得自己受到了伤害，因此以同样的方式回应了老师，随后老师也想好了自己要如何对待这个学生——更加警惕而且更加不信任。学生感到了教师的不信任，并认为这所学校和他先前的学校一样糟糕。这样，学生由于实在想不出继续尝试的理由，就会放弃努力。一旦教师看到学生心灰意冷，在他身上花费的心血就会越来越少，如此就会形成恶性循环。当然，这种交互决定作用并不是凭空臆想出来的。特雷弗·威廉姆斯和基蒂·威廉姆斯（Trevor and Kitty Williams, 2010）对30个国家高中生的数学成绩和在数学方面的自信心的数据进行分析后发现，在其中的26个国家，高中生的数学成绩和他们在数学方面的自信心之间存在交互作用，正如班杜拉预测的那样。你可以看到，如果教师的期望有效地传达给了学生（见第12章），这些期望将影响学生的信心，其成就也会受到影响。

社会认知理论有两个关键要素：观察学习和自我效能感。我们将对它们进行更加细致的考察，并着重分析它们对教学的启示。

11.2　示范：通过观察他人进行学习

通过观察他人进行学习是社会认知理论的一个关键要素。那么，是什么导致个体学习并表现出榜样的行为和技能呢？研究表明，若干因素在其中发挥了作用。第一个影响因素是观察者的发展水平。随着孩子不断长大，他们能更长久地集中注意力、使用记忆策略来保持信息，而且能激励自我去进行练习，正如你将在表11-1中看到的那样。第二个影响因素是榜样的身份地位。孩子更可能模仿那些看起来有能力、威力无比、名声远扬和热情洋溢的人的行为，所以，根据孩子的年龄和兴趣，父母、教师、哥哥姐姐、运动员、演员、影星或电影名人等可以充当榜样。第三个影响因素是，通过观察他人，我们能够了解与我们相像的人的哪些行为是适宜的，以及我们可以做些什么，因此，我们更容易模仿那些与我们相似的人的示范行为（Schunk et al., 2014）。不管学生的种族、社会经济地位或性别有何差异，所有的学生都希望看到与自己相像的成功的、有能力的榜样。班杜拉（2006）认为电视剧（如肥皂剧）提供了应对艾滋病预防、妇女权利以及印度、非洲、墨西哥和中国的人口过剩等社会议题的榜样作用。

表11-1　影响观察学习的因素

影响因素	对观察学习的影响
发展水平	随注意时间的增长以及加工信息、使用策略、比较记忆表征与行为表现、激发内部动机等能力的提高而提高
榜样的声望和能力	观察者更加关注有能力的、地位高的榜样；示范行为的结果传达了有关功能性价值的信息，观察者乐于学习那些他们认为自己需要表现的行为
替代性结果	示范行为的结果传达了有关行为的适宜性及可能的结果的信息。有价值的结果会激励观察者。观察者与榜样在性格或能力上的相似性会提升前者的行为表现和动机水平
结果期待	观察者更可能学习那些他们认为合适并会带来奖励结果的示范行为
目标设置	如果榜样展示了能帮助观察者实现目标的行为，观察者更容易注意这样的示范行为
自我效能感	当观察者相信他们有能力学习或实施示范行为时，他们就会注意示范行为。观察到与自己相像的榜样，也会影响自我效能感（"如果他们能做，我也能做"）

资料来源：摘自 Schunk, D. H.（2012）. *Learning Theories: An Educational Perspective*, 6th Ed.

从表11-1可以看出，影响个体学习并表现出榜样的行为与技能的后三个影响因素涉及目标和期待。如果观察者期待榜样的特定行为会引发特定的结果（如特定的练习方法使竞技水平得到提高），而且观察者看重这些结果或目标，那么观察者更可能注意榜样的行为，并试图再现榜样的行为。最后，如果观察者有较高的自我效能感，那么他更可能向榜样学习。也就是说，如果观察者相信他有能力实施达成目标所需的行动，或至少相信自己有能力学习如何实施这些行动，那么他更可能向榜样学习（Bandura, 1997; Schunk et al., 2014）。

11.2.1 观察学习的要素

> **停下来 想一想**
>
> 你在一所中学进行面试，目前进展顺利。接下来，你被问到了这样的问题："你心目中的榜样教师是谁？你会不会发现自己正在做一些其他老师已经做过的事情？你有没有想要模仿的电影或者书本中的老师？"

通过观察学习，我们不仅能知道该如何实施一种行为，而且能知道在特定情境中这一行为将带来什么样的后果。观察是一种非常有效的学习过程。根据儿童的肌肉发展和协调能力可知，当他们第一次拿起梳子、杯子和网球拍的时候，他们通常是为了模仿梳头发、喝水、摇摆球拍的动作。让我们进一步探究一下观察学习是如何发生的。班杜拉（1986）指出，观察学习包括注意、信息或印象的保持、动作产生以及激发行为复现的动机四个要素。

1. 注意

为了通过观察进行学习，我们必须集中注意力。在教学中，你需要通过清晰的呈现以及对重点部分的强调，保证学生的注意力集中在课程的核心部分。在展示一项技能（如给缝纫机穿线或操作车床）时，你可能需要让你的学生和你站在同一方向，认真观察你是如何操作的。从相同的角度观察你的手的动作，就像观察他们自己的手一样，这样能引导他们将注意力放在正确的情境特征上，也会使观察学习变得更容易。

2. 保持

为了模仿榜样的行为，你需要记住它。这就意味着你需要以某种形式进行心理表征，或是通过言语，或是通过表象，或者二者皆有。保持的效果可以通过心理演练（想象模仿的行为）或实际练习来提升。在观察学习中的保持阶段，练习能够帮助我们记住目标行为的要素以及各步骤的顺序。

3. 产生

即使我们已经知道一种行为是什么样的，并记住了它的构成要素或步骤，也可能依然不能熟练地实施它。有时，在我们能够再现榜样的行为之前，我们需要大量的练习、反馈和细微的指导。在产生阶段，反复的练习能够使行为变得更加流畅和熟练。当然，如果一个孩子还没有形成这种行为所需的身体或认知技能，即使广泛地练习和反馈也可能不够。要将行为练习到熟练的理想状况，需要将学习者和榜样的行为进行比较以获得反馈，例如老师的具体反馈、明确的行为指导和对行为录像的回顾等。

4. 动机与强化

如第7章所言，社会学习理论将行为的习得和表现区分了开来。我们可能会通过观察掌握一个新的技能或行为，但是如果没有动机或刺激物的激发，我们可能不会将其表现出来。强化在观察学习中发挥着多重作用。如果我们期待通过模仿榜样的行为而受到强化，那么我们可能会更有动力去注意、保持和再现行为。此外，强化对维持学习而言也非常重要。一个尝试新行为的人如果得不到强化，是不可能坚持下去的（Schunk，2012）。例如，如果一个不受欢迎的学生穿了追求流行的群体的服饰，却被忽视或者嘲笑，那么他的这种模仿很难持续下去。同样，学科学习也经常伴随着失败——对学习进步的强化有助于学习者继续关注自己的成长，而不是当前的失败。

班杜拉认为有三种可以促进观察学习的强化形式。首先，观察者模仿榜样的行为后，会得到直接的强化。例如，当一个体操运动员成功地完成一个前翻动作时，教练或是榜样会高呼："太棒了！"

当然，强化也有可能不直接，它可以是**替代强化**（vicarious reinforcement）。仅仅看到他人的某个特定行为受到强化，就可能激励观察者再现这种行为。例如，如果你夸奖了在实验报告中采用了图表的两位学生，那么其他看到这一幕的学生下次就有可能在实验报告中加入图表。大多数电视广告就期望形成这种效应。在商业广告中，当人们开着某种车或是喝着某种饮料时，会表现得异常兴奋，观众的行为从而会被演员表现出的明显的愉悦感替代性地强化。惩罚也可以是替代性的：当你在高速公路上行驶，看到前面有几个人领到了罚单时，你有可能会降低速度。

最后一种强化形式是**自我强化**（self-reinforcement），

也就是自己控制强化物,是后文将要阐述的自我调节的一个方面。自我强化既可能是内在的(例如工作做得很好时的满足感),也可能是外在的(例如在完成目标后给自己一个特殊的奖励)。这种强化对教师和学生都很重要。实际上,如果教育的目标之一是培养能够进行自我教育的人,那么学生就必须学会管理自己的生活,自己设置目标,并进行自我强化。在成年人的生活中,奖励有时是模糊的,而且目标通常需要很长一段时间才能实现。请想想要完成学业并找到第一份工作,需要经历多少个小步骤?作为一名教师,有时自我强化是推动你走下去的唯一动力。生活中充满了各种需要自我调节的任务,关于这一话题,我们会在本章的后面继续讨论(Rachlin,2004)。

社会认知理论对教学有很重要的启发意义。接下来我们将详细探讨观察学习在教学中的应用。

11.2.2 教学中的观察学习

— 停下来 想一想 —
你将如何把观察学习整合进你的教学?在教学中,你可以模仿什么技巧、态度和策略?

观察学习有五种可能的结果:吸引注意力,鼓励现有行为,改变抑制状态,教授新的行为和态度,以及唤醒情绪(Schunk,2012)。下面让我们来逐一考察这些结果在课堂上的表现。

1. 吸引注意力

通过观察他人,我们不仅能学会行动,还能注意到行动涉及的物体。例如,在学前班,当一个孩子很高兴地玩耍一个被忽视了多天的玩具时,其他很多孩子可能也会开始想要玩耍该玩具,即使他们玩耍的方式不同,或者只会把它拿在手上。之所以发生这种情况,部分原因是孩子的注意力被那个特定的玩具吸引了。

2. 微调习得的行为

我们所有人都有这样的经验:当发现自己处在不熟悉的情境中时,我们会从他人那里寻找线索。观察他人的行为可以帮助我们使用先前已学会的行为:吃沙拉时怎样使用叉子是正确的,什么时候离开聚会,使用哪种语言是恰当的,等等。采用电视或音乐偶像的着装和装饰也是该效应的一个例子。

3. 增强或减弱抑制

如果班上同学看到一个学生违反纪律而没有受到惩罚,那么他们可能会觉得违反纪律并不总会得到不好的结果。如果违反纪律的人是很受大家欢迎且有较高地位的班干部,那么榜样的增强作用甚至可能更强。教师可以利用这种**连锁效应**(ripple effect)并从中受益(Kounin,1970)。若教师有效地处理了违反纪律者,特别是违纪的班干部,看到这一情况的其他学生就可能抑制违反纪律的念头。这样做并不意味着教师一定要训斥每一个违反纪律的人,但一旦教师采取了某种特定的行为,就要坚持到底,这时优化连锁效应而言十分重要。

4. 教授新的行为

长期以来,人们一直通过示范来教授舞蹈、体育和工艺,以及食品科学、化学和焊接等学科的技能。教师也可以在课堂教学中有意地使用示范来教授心智技能和新的思维方式,开阔学生的视野。教师可以进行大量的示范,比如单词发音、对癫痫学生抓取的反应以及对学习的激情等。例如,教师针对学生的提问大声进行出声思维示范,以表现良好的批判性思维。又如,高中教师往往会担心女生对职业有刻板印象,因此,你可以邀请在非传统领域工作的女性来班级演讲或者为女生们提供接触科学、技术、工程和数学(STEM)方面的榜样的机会,例如访问 engineergirl.org。教师还可以通过介绍他们最喜欢的图书、电影、艺术家等来分享他们对阅读、音乐、艺术或历史的热爱。研究显示,当教师很好地使用了前文描述的观察学习的各个要素,特别是强化和练习时,示范就是最有效的教学方法(Schunk,2012)。对于那些怀疑自己能力的学生而言,有效的榜样就是那些学业成绩较差但一直坚持努力,并最终掌握了材料的人(Schunk,2012)。

5. 唤醒情绪

通过观察学习,人们可能会对自己从未亲身经历过的情境做出情绪反应。听到或读到有关某种情境的信息，也是观察学习的一种形式。听到关于鲨鱼袭击人的新闻报道，我们很多人会对在海里游泳充满焦虑。看到从秋千上摔下来并摔断胳膊的孩子，我们可能会对秋千感到很恐惧。电视上报道学校枪击惨案，会促使家长、教师和学生开始关注学校的安全问题。听说过"疯狂杀猫"游戏或看到过自杀报道的学生，可能会在校园中模仿这些恶性事件。当你的学生了解到和他们同龄或处于同样情境中的人们遭遇了恐怖事件时，你需要给他们提供机会，让他们表达自己的情绪。但并非所有的观察都会导致消极情绪。观看媒体对善行或英雄主义行为的报道，也会引发情绪，从而引发相关的模仿行为以及对人性的"信仰"。

下面的实践指南提供了一些关于如何促使学生在课堂中使用观察学习方法的建议，你可以参考。

| 实践指南 |

观察学习的使用

示范你希望学生学习的行为和态度。

例如：

（1）表现出你对所教科目的热情。

（2）乐于示范你期望学生完成的心理和现实任务。一次，我看到一名教师坐在沙盒里面，而她四岁的学生就注视着她演示"玩沙"与"掷沙"的不同。

（3）当为学生朗读时，示范好的问题解决思路。例如，停下来并说"我要看看我是否记得至今为止发生了什么"或"那个句子很难读，我要再读一遍"。

（4）示范好的问题解决技能——当你解决一个难题时，使用出声思维。

（5）成为坚持和努力的榜样——表现出即使你似乎走到了死胡同，也不放弃解决难题。

将同伴特别是班干部视为榜样。

例如：

（1）在小组学习中，让好学生与那些学习困难的学生配对学习。

（2）让学生演示"窃窃私语"与"安静、不说话"。

确保学生看到他人的积极行为受到强化。

例如：

（1）指出故事中积极行为与积极结果之间的关系。

（2）公平地给予学生强化。对问题学生和没有惹祸的学生应用同样的奖励规则。

获取班干部的支持，让他们给全班同学做示范。

例如：

（1）让很受学生喜欢的学生友好对待自闭、恐惧的学生。

（2）当你需要全班学生合作，但学生不情愿时，让较受欢迎的学生引导大家做活动。受欢迎的学生可以在外语课上示范如何做对话练习，或在生物课上第一个进行解剖练习。

除观察学习外，自我效能感也是社会认知理论中的关键要素，在教与学中尤其重要。

11.3 自我效能感与主体性

班杜拉（1986，1994，1997）指出，人们对行为可能造成的后果的预测会对学习产生关键的作用，因为这些预测会影响到人们的目标设置、努力付出、坚持不懈、策略使用以及学习韧性。"我会成功还是失败？""我会受欢迎还是被嘲笑？""这个新学校的老师会更愿意接受我吗？"学生的这些预测会受**自我效能感**（self-efficacy）的影响。自我效能感指的是在某一特定领域，人们对自己的能力或自己行为的效力的信念。班杜拉（1994）将自我效能感定义为"人们对于自己是否有能力达到指定的表现水平的一种信念，人们的这些表现会影响事关他们生活的事件"（p.71）。自我效能感对不同年级和不同领域的学生取得积极成果而言，都至关重要。研究表明，自我效能感高的学生在完成具有挑战性的任务时，会表现得更加努力，更富有毅力和弹性，压力和焦虑水平也会更低（Pajares，1997；Pajares & Valiante，1997）。一项针对初中升高中的学生的研究显示，对学业成绩有控制感（例如自我调节效能）的学生有更高的自我效能感。相比其他学生，这些学生对自己的学业能力更有信心、成绩更好，且毕业率更高（Caprara, Pastorelli, Regalia, Scabini, & Bandura, 2005）。

近来，班杜拉（2006）等许多研究者非常关注自我效能感对**人类主体性**（human agency）的作用。主体性包括有能力做出有益的选择和行动计划，有能力设计适宜的行动步骤，有能力激发并调整计划和行动的执行。这就是社会认知理论和行为主义之间的主要区别：在社会认知理论中，我们可以改变我们的环境，控制自己的行为，支持他人的行为，并掌控我们的生活。在后文对自我调节的讨论中，你将看到学生和教师可以如何变得更具有主体性，即更多地进行自我导向并更多地掌控自己的学习与动机。

11.3.1 自我效能感、自我概念和自尊

很多人以为自我效能感等同于自我概念或自尊，其实不然。自我效能感是针对未来的，是"在特定情境下，对个人完成某项特定任务的能力的评价"（Pajares, 1997, p.15）。自我概念更为宽泛，它是包含自我效能感在内的很多自我感知的集合。自我概念是通过内外世界的对比发展起来的，并会将他人或自我的其他方面当作参照框架；而自我效能感关注的是你能够成功完成一项特定任务的能力，无须进行什么对比——问题是你能否成功完成任务，而不是他人是否会成功。同时，自我效能感对个体的行为具有很强的预测力，但自我概念的预测力微弱得多（Anderman & Anderman, 2014; Bandura, 1997）。

自我效能感是情境特定性的，这就意味着自我效能感是变化的，会随主题或任务的变化而变化。例如，我在唱歌方面的效能感确实很低，但我对自己查看地图和方位导向的能力（除非在一些特定的城市）充满信心。即使年龄很小的学生，对不同的任务也有不同的效能感。一项研究发现，1年级时，学生就已经对阅读、写作和拼写等方面有了不同的效能感（Wilson & Trainin, 2007）。

自我效能感是对个人能力的判断，自尊则是对自我价值的判断。自尊在很大程度上取决于自己在自己看重的某个领域（如数学、外貌、歌唱、足球等）中的表现以及他人对我们能力看法的关注（Harter & Whitesell, 2003）。如果感觉自己不具备某个自己并不看重的领域的才能，自尊不会受到影响。因此，可以说二者之间并没有直接的关系。一个人可能在某个领域有较高的自我效能感，但未必有较高的自尊，反之亦然（Valentine, DuBois, & Cooper, 2004）。例如，像我前面说过的，我在唱歌方面的自我效能感很低，但这并不会影响我的自尊，这可能是因为唱歌在我的生活中并不是必需的。但是，如果由于某门课程没有上好，我的教学效能感下降，我想我的自尊也会受挫，因为教学是我所看重的。

11.3.2 自我效能感的来源

班杜拉确定了自我效能感可能的四个来源：**成功经验**（mastery experience）、**生理和情绪唤醒水平**、**替代性经验**（vicarious experience）以及**社会性劝说**（social persuasion）。成功经验是我们自身的直接经验，也是效能感信息的最有力来源。成功会提高效能感，失败则会降低效能感。唤醒水平也会影响自我效能感，不过这取决于人们如何解释唤醒。当你面临一个任务时，你会紧张、焦虑（降低效能感），还是会兴奋、激动（提高效能感）（Bandura, 1997; Schunk et al., 2014; Usher & Pajares, 2009）？

替代性经验指的是作为榜样的其他人成功完成的行为。学生对榜样的认同度越高，榜样对其自我效能感的影响就越大（Schunk et al., 2014）。当榜样做得很好时，学生的效能感会提高；当榜样做得不好时，学生的效能期待会降低。近来，教授技能的电视节目很受欢迎。有的节目示范如何烹饪，有的示范如何装修厨房、改进高尔夫挥杆或做瑜伽等，这些节目体现了替代性经验的影响。若你喜欢节目教授的内容，并认为"如果那个人能做到这一点，那我也能"，那么替代性经验就是富有成效的。尽管一般而言，人们公认直接经验是成年人效能感的主要来源，但凯泽和巴林（Keyser & Barling, 1981）的研究发现，孩子（研究被试都是6年级学生）更多依赖榜样的示范作为其效能感的信息来源。

社会性劝说（social persuasion）可以是"鼓舞人心的激励性言辞"，也可以是对特定行为表现的反馈。仅有社会性劝说无法持久提高自我效能感，但激励性

的言辞能够推动学生付出努力、尝试新的策略或竭尽全力去取得成功（Bandura，1982）。社会性劝说能够帮助学生抵抗突如其来的挫折，这些挫折往往会令学生产生自我怀疑，并且挫伤他们的毅力。社会性劝说能否产生效果，取决于劝说者的可靠性、学生对其的信任程度及其专业水平。若个体在类似的任务中积累了成功经验，确认好了短期目标，并关注努力的重要性，那么社会性劝说更有可能促进自我效能感的提高，进而获得成功的表现（Bandura，1997；Schunk et al.，2014）。表11-2总结了自我效能感的来源。这四个来源在促进法国3年级学生自我效能感发展的研究中也得到了确认（Joët, Usher, & Bressoux, 2011）。

表 11-2 自我效能感的来源

来 源	例 子
成功经验	个体感知到的过去在类似情境中的成功和失败经历；为了提高自我效能感，个体必须将成功归因于能力、努力、选择以及策略的使用，而不是运气或从他人那里得到的外在帮助
生理和情绪唤醒水平	积极或消极的唤醒，如兴奋感等。感到激动并进入准备好的状态，会提高效能感；感到焦虑与不祥，则会降低效能感
替代性经验	看到和你相像的人在任务中获得成功，或实现了与你的目标类似的目标
社会性劝说	鼓励，信息反馈，从可信赖的资源处（包括重要他人）获得有益的指导

11.3.3 学习中的自我效能感

> **停下来　想一想**
>
> 如果用1~100的量度来表示信心的程度，你对自己在今天内读完本章内容有多大的信心？

假设你对自己在今天内读完本章内容的效能感在90上下，那么，在面对挫折时，你将能付出更大的努力和坚持，即使你的阅读过程被打断了，你也很可能会回到任务中来。我相信今晚我能写完本节内容，所以即使我的电脑系统崩溃，我还是会重新开始我的工作，再多写几页。当然，我可能会工作到很晚，因为我今晚7点还要去旧金山市看一场棒球比赛，可能会在比赛结束后再完成本节的写作。

自我效能感也会通过目标设置影响动机。如果我们在某个领域有很高的效能感，我们会设置更高的目标，很少惧怕失败，即使已有策略不起效，也会积极寻找新的策略。如果你对在今天内读完本章内容的效能感很高，那么你很可能会设置较高的阅读目标，还可能会做一些读书笔记。然而，如果你的效能感很低，那么，你很可能难以坚持阅读，或者在遇到问题或有更好的选择时，会很容易放弃阅读（Bandura, 1993, 1997; Pajares & Schunk, 2001）。

研究发现，在以下三种情况下，学生的学习成绩和自我效能感会提高。第一种情况是学生设置了一些短期目标，可以轻而易举地对学习进程进行判断；第二种情况是教师教学生使用特定的学习策略，如概括或总结，来帮助他们集中注意力；第三种情况是学生由于学业成就而得到奖励，而不是由于简单的参与而获得奖励，因为学业成就的奖励标志着个人不断提升的能力（Graham & Weiner, 1996）。至于怎样促进学生自我效能感的提高，你可以参阅下面的实践指南。

| 实践指南 |

自我效能感的提高

强调学生在特定领域中的进步。

例如：

（1）复习先前学过的材料，并表示这些材料在现在看来很简单。

(2)当学生已经学习了较多内容时，鼓励他们改进项目。

(3)将做得特别好的作业保存在成长档案袋中。

为学生设置学习目标，并且为他们示范成功的方向。

例如：

(1)引导学生制定专注于提高能力或获得理解的目标。

(2)认可学生的进步和提高。

(3)分享你自己发展特定领域的能力的例子，并向你的学生讲述与他们相似的其他榜样人物的成就——不包含那些学生无法企及的超人的成就。

(4)给学生讲述那些克服了身体、心理或经济上的挑战的学生的故事。

(5)不要将学生在校外遇到的问题当作失败的托词，帮助学生在校内获得成功。

为学生的改进提出具体建议，在学生改进后修改其得分。

例如：

(1)要在学生的作业上标出哪些地方做得对，哪些是错的，以及他们为什么会出错。

(2)尝试让学生进行同伴之间的相互校正。

(3)向学生说明他们修改后所得的高分如何反映了他们的能力，以及这一进步提高了班级的平均分。

强调过去的付出与成就之间的关系。

例如：

(1)与学生开展个人目标设置及目标回顾讨论会，让学生反思自己是如何解决困难问题的。

(2)直接对抗学生自我挫败和避免失败的策略。

自我效能感最大的激励作用是什么？学生应该拥有怎样的预期，精确的、乐观的，抑或悲观的？有研究表明，高自我效能感能支持学生的动机；即使自我效能感被高估了，也是如此。无论儿童还是成年人，如果他对未来的态度积极、乐观，那么他的生理和心理会更加健康，他将很少感到沮丧、失落，并且会有更强的动机去完成任务（Flammer，1995；Seligman，2006）。在考察了近140项关于非裔美国人的动机特征的研究后，桑德拉·格雷厄姆总结道：即使在面对困境时，那些成功的非洲裔美国人也具有积极的自我概念、很强的心理韧性和很高的期望（S. Graham，1996；S. Graham & Taylor，2002）。同样，在学业中表现出心理韧性的学生，能够有效地管理学习生活中的压力和障碍，因而更有可能获得成功（Martin & Marsh，2009）。

你可以想象，如果教师低估学生的能力，那将是很危险的：学生将只付出很少的努力，而且很容易放弃努力。但高估学生的能力同样有危险，因为如果学生对自己阅读能力的评价高于实际水平，那么他们在阅读时就不会回头检查并修正错误的理解，直到最后，他们才会发现原来自己并未真正理解阅读材料，但为时已晚（Pintrich & Zusho，2002）。

我们对学生学习数学、写作、历史、科学、体育等学科的自我效能感，以及学生在应用学习策略和应对课堂中很多其他挑战时的自我效能感特别感兴趣。例如，对学生的研究发现，自我效能感与从小学3年级到高中阶段的数学学业成绩（Fast et al.，2010；Kenney-Benson, Pomerantz, Ryan, & Patrick，2006，Pajares，2002）、青春期学生的生活满意度（Vecchio, Gerbino, Pastorelli, Del Bove, & Caprara，2007）、大学生深层认知加工策略的使用（Prat-Sala & Redford，2010）、大学专业的选择（Pajares，2002）及大学高年级的表现（Elias & MacDonald，2007）等都密切相关。自我效能感似乎具有跨文化的一致性。例如，自我效能感与墨西哥裔美籍青少年数学和科学学习的目标或兴趣高度相关（Navarro, Flores, & Worthington，2007），与意大利中学生的在校学习时间（Caprara et al.，2008）、中学男生和女生的数学成绩关系密切（Kenney-Benson et al.，2006），与欧裔和韩裔加拿大籍中学生的数学成绩同样相关（Klassen，2004）。

由此，你可能会认为，高自我效能感一定与高成就相关，因为能力更强的学生自我效能感更高。但是，只有当我们将实际能力纳入考虑范畴时，自我效能感与学业成就之间的关系才能明朗。例如，研究发现，即使两个学生的实际能力相当，但是具有更高自我效能感的学生在数学上的表现更好一些（Wigfield & Wentzel, 2007）。自我效能感有助于学生树立更高的目标、对目标更加坚持、为目标付出更多努力，从而掌控自己的生活——拥有自主性。

11.3.4 教师效能感

你可能在第1章中注意到了，我的很多研究都特别关注教师效能感。**教师效能感**指一个教师相信自己"能够帮助学生，即使是学业成绩很差的学生进行学习"的程度。表现出一种能够让学生学有所成的难得的教师人格特质（Tschannen-Moran & Woolfolk Hoy, 2001; Tschannen-Moran, Woolfolk Hoy, & Hoy, 1998; Woolfolk Hoy & Burke-Spero, 2005; Woolfolk Hoy, Hoy, & Davis, 2009）。当教师需要为学生的成功或失败负责（而不是将责任推卸给学生的能力或外部障碍）时，教师会更"有意"地接触学生，也更有可能满足学生的学习需求（Putman, Smith, & Cassady, 2009）。教师效能感和学生的成就可能存在双向关系，相互影响。教师的效能感越高，学生学到的就越多；同样，学生学到的越多，教师的效能感越高（Holzberger, Philipp, & Kunter, 2013）。

当然，如果人们高估了自己的实际能力，任何一种效能感都是有利有弊的。积极乐观的教师可能会设置更高的目标，更加努力地工作，必要的时候会再次进行教学，遇到问题时也会坚持不懈。但是，很多好处藏在对你效能的疑问背后。下面的"正方观点/反方观点"就反映了对教师效能感的不同看法。

正方观点/反方观点

教师效能感高真的有益吗

基于班杜拉有关自我效能感的研究，我们可能会认为，教师效能感高是一件好事。但是并非每个人都同意这一观点。以下是关于这一观点的一些争论。

正方观点：教师效能感高比教师效能感低好

有关教师效能感的研究发现了很多与高教师效能感相关的积极结果，我的研究团队对这些研究进行了总结（Woolfolk Hoy, Hoy, & Davis, 2009）。效能感高的教师更热情，且会在那些他们有较高效能感的学科领域花费更多时间；而如果他们对某学科的效能感较低，他们会逃避教授该课。效能感高的教师对新观点更为开放，更愿意为了满足学生的需要而尝试新的方法，更可能使用那些很有用但较难实施的方法，如探究学习和小组合作，而较少采用简单但效果较差的方法，如讲授。效能感高的教师较少批评学生，更愿意坚持跟进答案错误学生的情况。有着较高效能感的教师还倾向于选择能够支持学生学习的策略，而不局限于课程涵盖的学习策略。与低效能感的教师相比，那些效能感更高的教师倾向于更积极地监控课堂作业完成情况并维持讲课的焦点，而且面对学生的不良行为，他们不会生气，也不觉得受到了威胁，而是会再次引导学生的注意力。那么，教师效能感对学生有何影响呢？除了与学生的学业成绩密切相关外，教师效能感还与学生的内在学习动机和学生自身的效能感等有关。

反方观点：高教师效能感会有一些问题

尽管有大量的文献描述了高教师效能感的积极影响，但也有一些研究者质疑高效能感是否总是很好。例如，卡尔·惠特利（Karl Wheatley, 2002, 2005）认为，在某些情况下，教师效能感可能是有问题的。一个问题是，新手教师的过分乐观会妨碍他们准确判断自身教学的有效性。卡罗尔·温斯坦（Carol Weinstein, 1988）对即将开始教学的师范生进行分析，发现这些学生有着强烈的不切实际的乐观感——相信他人遇到的问题不会在自己身上出现。有趣的是，这些不切实际的乐观在控制学生的活动（如维持纪律、建立与执行班级规则）中表现得最为明显。这些发现与埃默尔和希克曼（Emmer & Hickman，1991）的观察相一致，他们发现在管理班级方面有困难的师范生也会报告自己具备较高的班级管理效能。教师效能的另外一个问题是，一些效能感高的教师会抵触学习新的知识和技能，而倾向于坚持使用那些奏效的教学方法——这些奏效的方法使得教师在过去很有掌握感。如果实际任务比先前想象的更难，那么有着过高自我效能感的教师很快就会放弃。惠特利（2002）甚至认为，"低效能信念对于教师学习是必不可少的，怀疑会激发改变"（p.18）。

确实，在表现较差时仍怀有持续的高效能知觉（不切实际的乐观主义），会导致逃避而不是行动，并会妨碍教师的学习。但是我相信，学习如何教学的效能感可以帮助教师以积极的方式应对以上质疑。我们面临的挑战是培养一种真实的自我效能感，这种效能感是准确的或者稍微高估的。

自我效能感是进行自我调节的基础。接下来，我们将探讨如何帮助学生迈向自我指导的生活。

模块 30 小结

比较社会学习理论与社会认知理论

社会学习理论拓展了行为主义关于强化和惩罚的观点。在行为主义看来，强化和惩罚直接影响人们的行为；而社会学习理论认为，观察另一个个体或榜样的行为受到强化或惩罚，同样会对人们的行为产生影响。社会认知理论扩展了社会学习理论，纳入了信念、期望及自我概念等认知因素。当今的社会认知理论是一个用来解释人类适应、学习和动机的动态系统。该理论致力于了解人们如何发展社交、情绪、认知与行为能力，如何调节自己的生活，以及人们行为的动机是什么等问题。

什么是三元交互决定论

三元交互决定论指的是个人因素、环境因素和行为因素这三种影响因素之间的动态相互作用：个人因素（如信念、期望、态度、知识）、物理和社会环境（如资源、行为结果、他人、榜样和教师、物理情境）与行为（如个体的行动、选择、口头陈述）三者之间互相影响。

什么是示范

通过观察他人进行学习是社会认知理论的一个关键要素。示范受以下几个因素影响：观察者的发展水平，榜样的身份地位，示范行为的替代性结果，观察者对其观察的行为结果的期望（"我会受到奖励吗"），观察者知觉到的自身目标与示范行为之间的关联性（"像榜样那样做会得到我想要的吗"），以及观察者的自我效能感（"我能做到吗"）。

观察学习有哪些可能的结果

观察学习有五种可能的结果，包括吸引注意力、鼓励现有行为、改变抑制状态、教授新的行为和态度、唤醒情绪。通过吸引注意力的作用，我们能了解他人会如何做出反应以及他们行动涉及哪些对象。鼓励或微调现有的行为，可以帮助我们形成好习惯并且更高效地做事。观察他人也可以提示我们注意他人的注意力被聚焦在了何处，这可以促使我们或多或少地对自身行为产生"自我意识"。当他人做某事时，我们很容易做同样的事。小孩子特别会通过观察和仿效他人来进行学习，但是每个人都可以通过观察他人的行为来了解事情做得如何。最后，观察会使人们将情绪与特定的活动联结起来。如果观察者看到他人很享受某个活动，那么他也会学习享受该活动。

什么是自我效能感，它与其他自我图式有何不同

自我效能感与其他自我图式有所区别。一方面，与自我概念相比，自我效能感指个体对自己完成特定任务的能力的判断，而自我概念是一个更加宽泛的框架，它包含很多其他关于自我的概念，当然也包括自我效能感。另一方面，与自尊相比，自我效能感关注个体对个人能力的判断，自尊则关注个体对个人价值的判断。

自我效能感的来源是什么

自我效能感共有四个来源：成功经验（直接经验）、生理和情绪唤醒水平、替代性经验（作为榜样的其他人成功完成的行为）以及社会性劝说（激励性言辞或对特定表现的反馈）。

自我效能感如何影响动机

更高的自我效能感能够使个体付出更大的努力，在挫折面前更加坚持不懈，设置更高的目标，并能够在一个策略不起效的情况下继续寻找新的策略。如果自我效能感较低，人们就会逃避任务，或在遇到问题时轻易放弃。

什么是教师效能感

教师效能感是与学生学业成就有关的教师个体特征之一，指教师相信自己能够帮助学生，即使是学业成绩很差的学生进行学习的程度。具有较高效能感的教师工作更加努力，更有毅力，并且较少感到倦怠。在学校里，当其他教师和管理者对学生怀有很高的期望，而且校长能够帮助教师解决教学和管理中的问题时，教师的效能感会比较高。在你的职业生涯中，任何帮助你成功完成日常教学任务的经历和培训，都会成为你发展自我效能感的基础。当然，低自我效能感可能也有益处，因为它会促使教师去寻求专业上的发展和提高。

模块 31　自我调节学习与教学

11.4　自我调节学习

也许你还记得本章一开始所述的班杜拉的故事。班杜拉曾经说过，他早期在加拿大一所很小的学校上学的经历教会了他一个使他受益终生的自我调节技能。他还指出：

> 正式教育的一个主要目标就是让学生拥有有助于终生自我教育的智力工具、自我信念以及自我调节能力。技术日新月异，知识加速扩充，这一切使得自我指导学习能力的地位越来越突出。（Bandura, 2007, p.10）

如今，人们在退休之前大约要经历七次工作变换。很多工作变换都需要人们学习新内容，这些学习活动肯定是自我发起且自我引导的（Martinez-Pons, 2002）。因此，就像班杜拉所言，教学的一个目标是让学生摆脱对教师的依赖，这样学生终生都能独立学习。要让学生做到这一点，教师自己必须是一个自我调节学习者，也就是我们常说的"自我启动者"。如今，我们能即时地从互联网上获得几乎所有的知识，所以自我调节能力变得越来越重要。当你浏览大量信息时，你该如何长时间专注于你的目标，而不被信息、Twitter 和可爱小猫的迷人图片干扰呢？

停下来　想一想

想一想你使用这本教材上的一节课，并在 7 点量表上对以下问题进行打分，1 表示一点也不符合，7 表示非常符合。

（1）当我备考时，我尝试将课堂所学内容与书本上的知识结合起来。

（2）当我做家庭作业时，我尝试先记住老师在课上讲的内容，以便正确地回答问题。

（3）我知道我能学会这门课的内容。

（4）我期望学好这门课。

（5）我会进行自我提问，以确认我了解自己正在学习的材料。

（6）即使学习材料枯燥乏味，令我不感兴趣，我也会坚持学习，直到完成学习任务。

你刚刚做的是学习动机策略问卷（MSLQ）中的六个项目（Midgley, et al., 1998；Pintrich & De Groot, 1990），上百个研究都使用了该问卷来评估学生的自我调节学习和动机。你做得怎么样？其中前两个问题评估的是我们在第 9 章中讨论的那些策略的使用，中间的两个问题评估的是你对这门课的效能感，最后两个问题特别用于评估自我调节。巴里·齐

默曼和戴尔·申克（2011）将自我调节界定为人们用于激发并维持自身的思维、行为及情绪以实现目标的过程。班杜拉（2007）将自我调节总结为设置目标并动员达成目标所需的努力和资源。当目标涉及学习时，我们便称这一过程为**自我调节学习**（self-regulated learning）(Dinsmore, Alexander, & Loughlin, 2008)。

自我调节学习者"具有元认知，有动力去学习，且有策略"(Perry & Rahim, 2011, p.122)。自我调节学习者拥有综合性的学业学习技能及有益于学习的自我控制力，所以他们拥有更强的学习动机。换句话说，自我调节学习者有能力且愿意学（Murphy & Alexander, 2000; Schunk, 2005），他们会把自己的心智能力转化为学业技能和策略（Zimmerman & Schunk, 2011）。目前的许多研究都将自我调节策略的使用与不同的学业成就测验相联系，特别是有关中学生的研究（Caprara et al., 2008; Fredricks et al., 2004）。对于年龄更小的学生来说，对注意和情绪进行自我调节的能力与他们在校的学习和成就表现密切相关（Valiente, Lemry-Chalfant & Swanson, 2010）。事实上，一项研究发现，若一个1年级班级里的学生有着较好的自主学习能力，那么该班级的每个学生都将从中受益，获得较强的词汇学习和阅读理解能力。如果学生在班级里有自我调节能力强的同伴，其读写能力得到发展的可能性也更大（Skibbe, Phillips, Day, Brophy-Herb, & Connor, 2012）。

11.4.1 自我调节学习的影响因素

自我调节学习的概念整合了很多关于有效学习和动机的内容。正如你在上文中看到的，有三个因素会影响自我调节学习的技能和意向：知识、动机，以及自我约束力或意志力（will-power）。此外，学生之间还存在发展阶段上的差异。

1. 知识

要成为一个自我调节学习者，学生需要具备有关自己、所学科目、学习任务、学习策略及所学知识的用途等的知识。专家型学生很有自知之明，而且知道如何才能学得更好。例如，他们知道自己最偏爱的学习方法是什么，对他们来说哪些内容是简单的、哪些内容是困难的，如何应付难题，他们的兴趣点和特长是什么，以及如何发挥他们的长处等（Efklides, 2011）。这些学生还非常了解他们所学的科目，他们知道得越多，就越容易学到更多（Alexander, Schallert, & Reynolds, 2009）。他们了解完成不同的学习任务需要采取不同的学习方法。例如，面对简单的记忆任务，可能需要使用记忆术策略（参见第8章）；而面对复杂的理解任务，可能需要使用关键点的概念图方法（参见第9章）。同时，这些自我调节学习者也明白，学习往往是有难度的，知识不是绝对的，所以他们看待问题的角度和解决问题的方法一般是多种多样的（Greene, Muis, & Pieschl, 2010; Winne, 1995）。

这些专家型学生不仅知道每种任务需要何种策略，还能应用这些策略。他们能略读，也能精读；能使用记忆策略，也能对材料进行组织。随着他们在某一领域的知识越来越丰富，他们逐渐能够自动化地使用这些策略。简而言之，他们已经掌握并能灵活使用大量学习策略和技巧（参见第9章）。最后，自我调节学习者会思考他们所学知识的应用情境，即在什么时候应用所学的哪些方面的知识，因此他们会设置富有挑战性的目标，并把当前所学与将来的成就联系起来（Winne, 1995）。

2. 动机

自我调节学习者具有强烈的学习动机（参见第12章）。他们发现学校里的很多任务都很有趣，他们很看重学习，而不仅仅满足于在他人眼中自己表现得不错；他们坚信自己的智力和能力是可以提升的；即使不具备完成某个特定任务的内在动机，他们也会认真对待，希望有所收益；他们能集中注意力，将其他认知和情感资源聚焦于手头上的任务；他们知道自己为什么而学，因此他们的行为和选择是自我决定的，而不是受他人控制的（Zimmerman, 2011）。但是，仅有知识和动机还远远不够，自我调节学习者还需要意志力或自我约束力。"如果动机代表承诺，那么意志就代表坚持不懈的努力"(Corno, 1992, p.72)。

3. 意志

我已经落后我的写作计划一个月了。前段时间，我去中国台湾做了一系列的演讲。回来后，我每天早上5点开始写作。我非常想睡觉，但我还是会继续写作，因为距离我自己设定的写完本章内容的日期已经很近了，实际上肯定来不及了。我了解这些情况，但我仍有动机继续写。然而，想持续写作，我必须具有坚强的意志力。对意志的一种更为科学的描述是：它能保证个体抓住一切有利于达成目标的机会。

意志受个体对当前任务的控制感的影响（Efklides, 2011）。当人们有坚持完成任务、达成目标的经验时，他们更有可能借助意志控制来积极推动成功（Metcalfe & Greene, 2007）。我之所以可以坚持写下去，是因为我以前写过书，而且手头上正好有那本已经完成了的书。自我调节学习者知道如何保证自己在学习过程中不受外界干扰，也知道当自己紧张、焦虑、昏昏欲睡或懒洋洋时，自己应该怎么办（Corno, 2001; R. E. Snow, Corno, & Jackson, 1996）。而且，当他们面对停止工作、喝杯咖啡等外界诱惑时——我现在就面临着诱惑（在美丽的旧金山，阳光明媚，我忍不住想在自己的后院撒种，当你面对艰苦的写作工作时，撒种总是那么吸引人），他们知道应该如何应对这些诱惑。

塑造意志需要付出主观努力，但是通过反复的实践，它也可能变得更加自动化，成为一种习惯或一种"职业道德"（Corno, 2011）。威廉·詹姆斯早在100多年前就知道这一点。我最喜欢的一句詹姆斯的名言表达的正是如何让意志成为一种习惯。他说："每天或隔一天就做一件你不想做的事，这样，当考验意志的时刻来临，由于你接受过训练，你不会紧张，最终你将经受住考验。"（James, 1890, IV, p.126）

4. 自我调节的发展

与其他心理过程一样，自我调节的发展也存在差异。自我调节能力一般会随着时间的流逝而提高。在小学的低年级阶段，女孩的自我调节能力可能比男孩更强（Greene, Muis, & Pieschl, 2010; Mattews, Ponitz, & Morrison, 2009）。

那么，学生是怎样发展自我调节的知识、动机和意志的呢？研究表明，**共同调节**（co-regulation）和**共享调节**（shared regulation）是支持自我调节发展的两个重要社会过程。所谓共同调节，指学生通过教师、家长和同伴的行为示范、直接教学、结果反馈和辅导协助等，逐渐内化自我调节技能的过渡阶段。而当学生在共同学习的过程中，通过暗示、提醒和其他辅导手段来相互调节时，共享调节就发生了。

戴尔·申克（1999）提出了一种自我调节逐步发展的模式。在该模式下，控制权逐渐从示范者（如教师）处转移到个体学习者那里。在自我调节发展的最初阶段，学习者需要观察和模仿他人运用自我调节技能。当他们能越来越成功地运用这些技能时，他们开始表现出对个体技能的自我控制力，并最终获得独立的自我调节能力（也能实施自我强化策略，提高自我调节效能），可以在新环境中适应良好。在第14章中，你会阅读到林恩·科诺（Lyn Corno）适应性教学模式的相关内容。该模式可以帮助教师在教学计划中有意识地促进学生的自主发展。

发展成熟后的自我调节学习会是怎样的呢？下面我们就来具体考察。

11.4.2 自我调节学习模型与主体性

从高中毕业到任教斯坦福大学，班杜拉一直在应用着自我调节学习的知识和技能。但是，并不是所有学生都能像班杜拉那样养成坚持不懈的习惯。因此，一些心理学家认为，教师可以将自我调节学习的能力作为区分个体的一个重要指标（R. E. Snow et al., 1996）：在这一点上，一些学生比其他学生表现得更加出色。在学校里，你如何帮助更多学生成为自我调节学习者？自我调节学习涉及哪些方面呢？

自我调节学习的理论模型描述了与你类似的学习者应如何设置目标，以及如何动员实现目标所需的努力和资源。虽然有关自我调节学习的模型各有差异，但是它们都认同自我调节学习所需的认知过程要求学习者努力付出（Greene, Muis, & Pieschl, 2010; Puustinen & Pulkkinen, 2001; Winne, 2011）。下面让我们一起来考察一下菲·温和阿利森·哈德温（Phi Winne & Allyson Hadwin, 1998）提出的自我调节学习的循环结构（如图11-2所示）。这一自我调节学习模型刻画了很多方面，其核心主题是学生如何管理他们的学业生活。

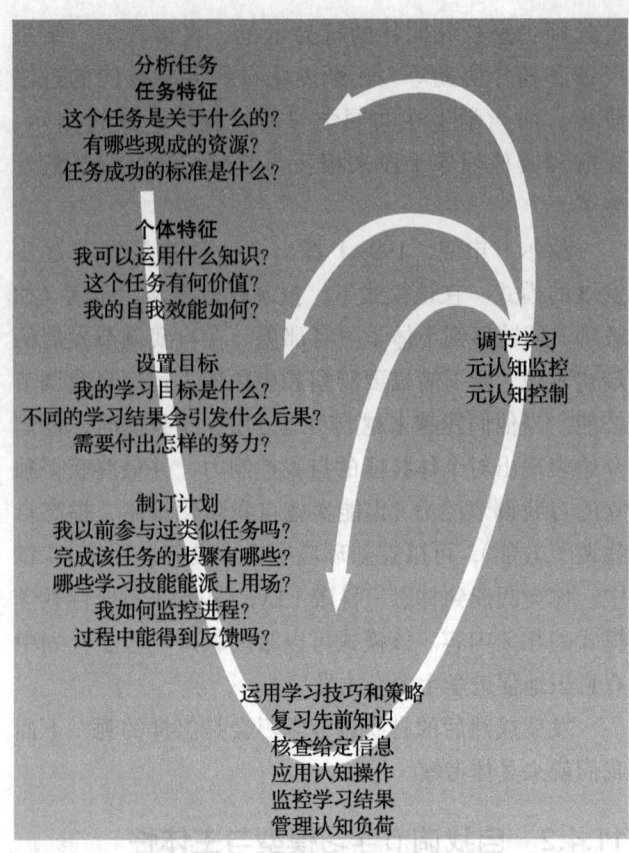

图 11-2　自我调节学习的循环结构

资料来源：摘自 *Educational Psychology*（3rd Canadian ed.），by A. E. Woolfolk, P. H. Winne, and N. E. Perry.

图 11-2 所示的自我调节学习模型是基于学习者是学习的主体这一认识而提出的。就像我们在前文中看到的，主体性指调整学习技能、动机和情绪以达成目标的能力（Bandura，2006）。主体并非由教师、教材作者或者网站设计者操纵的工具，相反，主体控制着很多影响学习的因素。自我调节学习者可以通过参与一个包含四个主要阶段的循环过程来增强自己的主体性：分析任务、设置目标和制订计划、运用学习技巧和策略以及调节学习。

1. 分析任务

这个阶段你可能比较熟悉。如果一个教授宣布某天要考试，你打算怎么做？你可能会询问一些你认为可能影响你备考的事情，比如考试形式是写一篇论文还是多项选择题，或你有最新参考材料的好朋友能否和你一起学习。一般来说，学习者会考察他们认为相关的各种信息，以此来理解任务是什么、有哪些参考资料以及他们对完成任务有何感觉：他们对任务感兴趣吗？有信心完成吗？是否感到紧张、焦虑？有足够的知识储备吗？是否无力完成？

2. 设置目标和制订计划

了解与任务相关的信息和条件有助于学习者制定学习计划；然后，人们可以制订计划并达成这些目标。如果某测验仅仅考察一章的内容，且这次测验的成绩仅占你本门课程得分的 3%，那么你打算为这次测验设定一个怎样的目标呢？如果测验考察的是最后六章内容，且成绩占你课程得分的 30%，那么你的目标会改变吗？你设定了哪些子目标，如复述定义，讨论教师如何把教材中重要的研究结果加以运用或者形成有批判性的理论观点？选择能够影响学习者学习计划的目标。填鸭式练习（集中练习）是否为最好的方法？每天学习半小时，而且每次复习一些前一天所学的内容（分散练习）是否更好？

3. 运用学习技巧和策略

在这个阶段，自我调节学习者会考虑有助于他们成功的一些已知或仍需了解的技巧和策略。他们特别警觉，因为他们要监控计划是否得到了良好的履行。他们会询问自己这样一些问题：我的认知负荷是否太大了？我是否无法应对？我要怎么处理这些复杂的信息？用我现在使用的方法达成想要的结果，是否过于费力？我达成目标了吗？为了保证在考前做好充分的准备，我的进度够快吗？

4. 调节学习

调节学习也就是元认知监控和控制（参见第 9 章）。在这个阶段，学习者会决定是否对前面的三个阶段进行一些调整。例如，如果学习进展太慢，学生会问：我应该与最好的朋友一起学习吗？我需要复习一下先前的资料，为现在所学的内容打好基础吗？我需要重新开始吗？换句话说，学习者需要确定任务究竟是什么，然后设置新的目标（高一些、低一些或不同的目标）。

11.4.3　一个自我调节学习的个案

当今社会，总有很多新奇的事物会让学生分心。巴里·齐默曼（2002，p.64）分享了一个叫特蕾西的高中生的故事，她沉迷于 Facebook 和 Twitter。

还有两个月就要数学期中考试了，她开始一边复习功课，一边听流行音乐"放松"。特蕾西没有设置任何学习目标——她只是告诉自己在考试中尽可能发挥得好一些。她没有使用任何特定的学习策略去提炼重要的学习内容并进行记忆，也从未规划过自己的时间。所以，每次考试前的几个小时，她都会临时抱佛脚地死记硬背一下。她只有含糊的自我评估标准，不能准确评估自己的学习和备考情况。特蕾西将自己的学习困难归因于她没有数学天分，始终不肯改进自己的学习方法。她从来不向别人求助，因为她怕别人觉得自己"看起来很蠢"；她也不去图书馆寻找辅助材料，因为她觉得已经有太多东西要学了。她觉得学习就是她焦虑的源头，对于取得成功，她几乎没有任何信心，甚至认为掌握数学技能没有什么实质性的价值。

显然，特蕾西不会在考试中取得理想的成绩。那么怎么帮助她呢？办法之一就是借助齐默曼的自我调节学习的循环结构。他提出的这个循环共包括三个阶段：前虑阶段、表现阶段、反思阶段，这与前文中温和汉德温的模型是一致的。在齐默曼所说的第一阶段——前虑阶段（类似于温和汉德温提出的第一阶段和第二阶段，分析任务并设置目标），特蕾西需要设置清晰合理的目标，并制定一些策略来达成这些目标。在这个阶段，特蕾西的动机信念至关重要。如果特蕾西对应用由她制定的策略有着较高的自我效能感，如果她相信这些策略能促进她的数学学习并帮助她顺利通过考试，如果她能意识到个人兴趣与数学学习之间有一些联系，如果她能够更努力地去掌握材料、打好基础，而不仅仅是希望"看起来还不错"或避免"看起来太糟糕"，那么她会走上自我调节学习之路。

当然，由前虑阶段过渡到表现阶段（类似于温和汉德温提出的第三阶段，运用策略）会带来新的挑战。现在，特蕾西必须拥有自控力（需要意志力）和学习策略，包括使用表象、采用记忆术、集中注意力以及在第8章和第9章中出现过的其他技术（Kiewra，2002）。她还要学会自我观察，即学会监控进展如何，这样她才能在需要的时候改变学习策略。确切记录所花的时间、解决的问题或读完的书页，这些都有助于她分析如何更好地利用学习时间。学习的时候关掉音乐也将有所帮助。

最后，特蕾西需要进入齐默曼所说的第三阶段——反思阶段（类似于温和汉德温提出的第四阶段，监控学习），她要回顾自己的行为表现并反思发生了什么。如果她将成功归因于不懈的努力和良好的策略，同时避免故意不那么努力、假装不在乎或声称自己不擅长数学，自我挫败，她的自我效能感将得到发展。

齐默曼的模型与温和哈德温的模型都强调了自我调节学习的循环特性：每个阶段都与下一个阶段紧紧衔接，学生不断遇到新的学习挑战，循环也就不断持续下去。两个模型都始于学生对学习任务的了解，因为只有这样你才能设定良好的目标。同时，两个模型都要求学生有一套学习技巧和策略。而且，在自我监控之后进行计划修正也非常关键。另外，学生对任务的理解方式以及他们完成任务的能力——他们的自我调节效能感，同样非常重要（Zimmerman，2011）。

11.4.4　两节自我调节学习的课例

学生在自我调节方面的知识和技能各不相同，但是教师必须面对全体学生进行教学，而且需要"满足每一个学生"。本节将呈现两个相关的真实案例，第一个例子是关于写作的，第二个例子是关于数学问题解决的。

1. 写作

卡罗尔是一个2年级学生，南希·佩里和林恩·德拉蒙德（2003）曾在文章中描述过她的情况。林恩小姐是卡罗尔的老师，她认为卡罗尔是一个"写作非常差的学生"。卡罗尔不知道如何寻找事实，也不能将事实转换为有意义的证据。她的写作技能同样比较薄弱，用林恩小姐的话讲就是"这拖累了她"。

林恩小姐要求2年级和3年级的学生在一年内完成三个关于动物的写作任务。她希望通过这些写作任务使学生学会以下几个技能：①如何做研究；②如何写说明性文章；③如何撰写并修改自己的文章；④如何使用计算机进行研究和写作。第一个写作任务要求由全班学生一起来研究一个有关花栗鼠的问题。学生需要寻找事实性材料并一起写作。之所以这样安排，是因为林恩小姐需要向学生展示如何做研究以及撰写研究报告。同样，作为学习者共同体，全班学生还制定了合作学习框架。当他们完成第二个写作任务，即写有关企鹅的报告时，林恩小姐给他们提供了更多选择，并鼓励他们更多地依靠自己和同学之间的互相帮助。完成第三个写作任务时，学生可以自由选择一种动物，进行自我调节的项目式学习，并撰写报告。这时，学生应该已经知道如何做研究以及如何写报告，他们能够独立工作或者与同伴合作学习，并能成功地完成这个复杂的任务。

卡罗尔与一个3年级学生合作（卡罗尔2年级），她俩的研究主题很相关。这个3年级学生向卡罗尔展示了如何使用目录，并就如何在报告中用短语表达她的意思提出了自己的建议。同时，卡罗尔标出了她觉得自己拼写不正确的单词，以便稍后与林恩小姐见面讨论自己的研究报告，这样，她就可以在那个时候核对这些单词。卡罗尔不像那些存在学习困难的学生那样无法学会自我调节学习的策略，她并不惧怕尝试那些具有挑战性的任务，而且她对自己成长为一个好的写作者的能力充满了信心。反思自己一年来在学校中的进步，卡罗尔说："我1年级时学到了很多东西，虽然那时我的确陷入了困境。"

2. 数学问题解决

林恩·富克斯（Lynn Fuchs）和她的同事（2003）对一些真实课堂教学进行了评估，以探讨怎样将自我调节学习策略整合到数学问题解决中。他们与24个教师进行了合作，这些老师在教3年级学生同样的内容。他们随机抽取了部分教师，这些教师按照原有的方法进行教学，而另一组教师需要在教学中运用一些策略来鼓励学生迁移相关问题的解决方法。所谓迁移，就是利用在一些课中学到的技巧和知识来解决其他课堂或真实情境中的问题。第三组教师则需要将迁移和自我调节学习策略都运用于他们的数学问题解决教学中。以下是教师教授的一些关于迁移和自我调节学习的策略：①学生对照答案，自己给家庭作业打分，并交给收集作业的同学（同伴）；②学生将自己的作业完成情况用图表描绘在班级报告中；③学生每天将个人的相关得分绘制下来，并保存在档案袋中；④在开始学习每一节内容前，学生反思之前图表上自己的得分情况，并设置新的目标，超越以前的分数；⑤学生与同伴讨论如何把问题解决策略运用到课外；⑥在上课之前，学生向全班报告他们是如何将问题解决策略运用到课外的。

研究表明，迁移策略和自我调节学习策略都有助于学生学习数学问题解决，也有助于他们将这些知识运用到新的问题情境之中。当学生面临与他们在课堂上所学的知识截然不同的问题时，加入了自我调节策略的相关内容的教学尤为有效。成绩水平各异的学生，甚至那些有学习障碍的学生也能从这些策略中受益。

11.4.5 技术支持与自我调节

在前一章中，我们了解了借助丰富的技术环境来学习复杂概念的一些例子。要在丰富的技术环境中学有所获，学生需要具备元认知和自我调节技能。这样，他们才不会迷失在信息的汪洋大海之中。如果学生学习的概念很有挑战性且较为复杂，那么教师需要给学生提供一些支架来支持他们的概念发展（Azevedo, 2005; Azevedo, Johnson, Chauncey, & Graesser, 2011; Kingsley & Tancock, 2014）。例如，罗杰·阿泽维多（Roger Azevedo）和他的同事（2004）研究了使用超媒体百科学习循环系统的本科生。这些学生所用的材料包括书本、图表、相片、视频短片以及呈现循环系统如何运作的例子。该研究设置了三种不同的学习条件。研究者告诉第一组学生尽可能多地学习有关循环系统的知识；第二组学生得到了同样的指导语，但研究者额外给了他们一张标有十个子目标的列表来引导他们学习；第三组学生不仅有一张子目标列表，还配备了一名负责自我调节辅导的教练，他会帮助学生制定学习计划、监控学生概念的发展、尝试不同的策略以及解决出现的问题。研究者要求三组学生在使用超媒体资料时出声思维，描述他们浏览材料时的想法。研究发现，得到教练支持的学生发展出了更加完善和复杂的关于循环系统的心理模型，因为对学生进行自我调节辅导的教练关注任务分析、目标设置、策略使用和进程监控。

你会如何给学生提供类似的自我调节教学和辅导呢？除同伴辅导外，或许寻求家庭的帮助也很有必要。

11.4.6 关注到每个学生：家庭与自我调节

孩子会在家庭中学习自我调节。家长可以通过示范、鼓励、促进、对目标设置进行奖励、使用好的策略及本章下一节将探讨的相应过程来支持自我调节学习（Martinez-Pons，2002）。下面的与家庭和社区建立合作关系的实践指南提供了帮助学生成为自我调节学习者的一些方法，你可以参考。

| 与家庭和社区建立合作关系实践指南 |

在家庭和学校支持自我调节

强调鼓励的价值。

例如：

（1）教学生互相鼓励。

（2）告诉家长哪些领域对孩子来说是最具有挑战性的——孩子最需要有关这些领域的鼓励。

示范如何进行自我调节。

例如：

（1）采用小步子教学法来提升学生的某项学业技能，制定符合学生当前学业水平的任务。

（2）与学生讨论你是如何设置目标并监控学习进程的。

（3）让家长和照料者向孩子展示他们是如何为一天或者一周设置目标、撰写行动计划以及预约图书借阅的。

让家庭成为良好策略和理念的发源地。

例如：

（1）写一份描述"每月策略"的简短材料，让学生在家里练习。

（2）为学生创建一个包含目标设置、动机激发、学习方法以及时间管理策略类书籍的图书阅览室。

（3）鼓励家长在孩子做家庭作业时，引导孩子关注问题解决过程，而不是立刻对答案。

提供自我评估指导。

例如：

（1）与学生一起制定自我评估标准（参见第15章），并示范如何使用这些标准。

（2）在年初为学生提供作业计分表，然后逐渐引导学生自己来制定。

（3）鼓励家长和照料者针对他们需要改进的方面为学生进行自我评估的示范。

（4）开家庭讨论会时，家长可以参考其他家庭记录进步过程的成功经验。

11.4.7　自我调节的另一途径：认知行为矫正

当一些心理学家正在研究如何通过强化和惩罚等方法来管理自己的行为（称为自我管理）时，唐纳德·迈亨鲍姆（Donald Meichenbaum，1977）已成功教授患有强迫症的学生使用自我言语来完成任务。迈亨鲍姆称他的这种方法为**认知行为矫正**（cognition behavior modification）(B. H. Manning & Payne, 1996）。认知行为矫正关注的是运用自我言语来调节行为。

你可能还记得第2章中提到的认知发展阶段理论。当孩子使用自我言语来引导自己完成任务时，他们正处于认知发展的某个阶段（Vygotsky，1987a）。他们自言自语，经常重复家长或教师的话。在认知行为矫正中，人们将直接教学生如何进行**自我指导**。迈亨鲍姆（1977）指出，自我指导教学的一般步骤包括：①成人榜样一边大声对自己说话，一边进行任务操作（认知示范）；②孩子在榜样指导语的引导下完成同一个任务（清晰的外在辅导）；③孩子一边大声指导自己，一边完成任务（清晰的自我辅导）；④孩子在完成任务的过程中低声对自己说指导语（微弱的、清晰的自我辅导）；⑤孩子通过内部言语引导自己进行任务操作（隐秘的自我指导）(p.32)。

布伦达·曼宁与贝弗莉·佩恩（Beverly Payne）（1996）列举了与学生学习有关的四种技能：听讲、计划、操作及核查。认知自我指导能够如何帮助学生发展这些技能呢？一种可能的方法是使用小册子或班级海报来提示学生通过自我言语谈论这些技能。例如，5年级的一个班级针对每一个技能都设计了一套提示，并把这些提示张贴在了班级的四周。针对听讲技能设计的提示包括："这一点有意义吗？""我明白这一点吗？""在我遗忘之前，我要问一个问题。""集中注意力！""我能照他说的做吗？"针对计划的提示有："我准备好所有东西了吗?""现在我需要朋友帮忙吗?""让我先来梳理一下。""我做这些事情的顺序是什么?""我知道这份资料。"图 11-3 呈现了针对这四种技能设计的用于提示学生的海报。设计这些提示的过程的部分作用是让学生参与思考,并形成他们自己的指南和提示。让学生讨论并将想法张贴出来,可以提升学生的自我觉察能力,并促进他们对学习的自我监控。

海报 1
听讲时:
1. 这一点有意义吗?
2. 我明白这一点了吗?
3. 在我遗忘之前,我要问一个问题。
4. 集中注意力!
5. 我能照他说的做吗?

海报 2
计划时:
1. 我准备好所有东西了吗?
2. 现在我需要朋友帮忙吗?
3. 让我先来梳理一下。
4. 我做这些事情的顺序是什么?
5. 我知道这份资料。

海报 3
操作时:
1. 我做得足够快吗?
2. 停止注视女朋友,回到学习上来。
3. 还剩下多少时间?
4. 我需要停下来,重新开始吗?
5. 这个任务对我而言有难度,但我能做到。

海报 4
核查时:
1. 所有任务都完成了吗?
2. 我还需要重新核查什么?
3. 我为此任务感到自豪吗?
4. 我写下所有单词了吗?数一下。
5. 我想我完成了,我有序组织了内容。我是在做白日梦吗?

图 11-3 提醒学生用自我言语进行学习的海报

注:这是 5 年级一个班级的学生设计的有关听讲、计划、操作和核查的四张海报,用来提示他们使用自我指导的方法。其中的某些提示语反映了这些处于前青春期的孩子的特殊世界。

资料来源:摘自 Manning, B.H. & Payne, B.D. Self-Talk for Teachers and Students: Metacognitive Strategies for Personal and Classroom Use, © 1996.

事实上,迈亨鲍姆与其他研究者和实践者都认为,认知行为矫正包含很多要素,而不仅限于教学生进行自我指导。迈亨鲍姆认为,认知行为矫正的方法还包括:教师和学生之间的对话与互动、示范、有指导的发现学习、动机性策略、反馈、任务与学生发展水平的有机匹配,以及有效教学的其他原则。不仅如此,学生还需要参与认知行为矫正课程的设计(Harris, 1990;Harris & Pressley, 1991)。考虑到这些,学生能够将通过认知行为矫正发展的技能推广运用到新的学习情境之中,也就不足为奇了(Harris, Graham, & Pressley, 1992)。

许多学校设立了基于认知行为矫正的完整干预计划。例如,"应对能力计划"(coping power program)包含对家长和孩子的训练。训练始于每学年的第二学期,并会持续到下一学年,其中学生调整自己的愤怒和攻击性行为的能力将得到集中训练。不同训练时段都强调设置个人目标,如学会觉察自身情绪(特别是愤怒)、学习放松并转移被放在愤怒情绪上的注意力、学习陈述问题的应对方式、学习有条理地整合问题、学会了解他人的观点、学习应对社会问题以及通过练习说"不"来处理同伴压力等(Lochman & Wells, 2003)。另外一个与此类似的方法叫作"融洽相处工具"(tools for getting along)(Daunic, Smith, Brank, & Penfield, 2006)。实践经验表明,这两个干预计划在帮助具有攻击性的初中生与同学及教师融洽相处方面是有效的。此外,在心理治疗中,基于认知行为矫正的方法也被证明是治疗抑郁等心理问题的最有效的方法之一。

应对能力计划和融洽相处工具都包含对情绪自我调节技能的训练。下面我们就来学习这方面的相关知识。

11.4.8 情绪的自我调节

社会与情绪能力以及自我调节,对于人们的学业和个性发展至关重要。能有效解释自己和他人情绪(如焦虑、愤怒、沮丧、兴奋)的个体,能够识别含有这些情绪信号的有效目标,并最终调节自己的情绪和行为,以最好地投入社会情境。这也被公认为是具有高情商的表现(Cassady & Boseck, 2008)。较好地处理情绪化状态的关键是制定有效的应对策略,确保在社会或学习情境中,情绪不会成为成功实现目标的障碍。这些应对策略可以是广泛的技能,比如情绪自我调节能力等(Matthews, Zeidner, & Roberts, 2002)。为了清楚地展现这些重要的策略,学业、社会及情绪学习联合会(The Collaborative for Academic, Social, and Emotional Learning, CASEL)列出了五种核心的社会与情绪能力:①**自我意识**,准确地评估你的情绪、兴趣、价值观、优势,保持良好自信;②**自我管理**,管理你的情绪,从而应对压力、控制冲动,坚持克服困难,设立个人及学业目标,监控自己实现目标的进程,并合理地表达情绪;③**社会意识**,具有观点采择的意识和同情他人的能力,可以意识到并接纳个体与团体之间的异同,认识和使用来自家庭、学校和社区的资源;④**社交技巧**,在合作的基础上建立和维持良好的、有意义的关系,抵制不良的社会压力,避免、管理和解决人际冲突,必要时学会求助；⑤**负责任地决策**，决策前要考虑伦理标准、安全性、社会规范、对他人的尊重以及各种行为可能引发的后果，将决策能力运用到学业和社交情境中，为学校和社区的健康发展做贡献。

许多对美国和意大利学生进行的多年的追踪研究发现，低年级学生的亲社会行为和社交能力与他们五年甚至多年后的学业成就以及在同伴中的受欢迎程度有关（M. J. Elias & Schwab, 2006）。培养情绪自我调节能力对于学生早期学会如何在学校学习是非常重要的。例如，卡洛斯·瓦林特（Carlos Valiente）及其同事（2010）对大约300名学生进行了跟踪调查，从他们读幼儿园时追踪起，以探究有效的自我控制、情绪与学业成就之间的关系。研究发现，学生愤怒、悲伤和害羞的情绪与学业成就呈负相关，而自我调节能力与学业成就呈正相关，尤其是对那些负性情绪水平较低的学生而言。因此，帮助学生对情绪进行自我调节能够为学生在校的学习乃至与同伴的社会交往奠定一个良好的基础。教师应该如何帮助学生发展这些技能呢？下面的实践指南给出了一些方法。

| 实践指南 |

培养学生情绪自我调节的能力

创建相互信任的班级氛围。

例如：

（1）避免听到学生闲谈的内容。

（2）始终对所有学生应用同一套奖惩标准。

（3）避免不必要的比较，并给学生改进的机会。

帮助学生识别并表达他们的感受。

例如：

（1）给学生提供情绪词汇表，并让学生注意人物及故事对情绪的描述。

（2）清晰地叙述自身的情绪。

（3）鼓励学生将自己的感受写入日记，并保护学生的隐私（参见上文谈到的信任因素）。

帮助学生识别他人的情绪。

例如：

（1）对于年幼的孩子，可以引导他们"看看钱德拉的脸，你认为当你说那些事时，她的感受是什么样的"。

（2）对于年长的孩子，可以通过分析文学作品、电影中的人物性格特点或各种反面角色来帮助他们识别他人的情绪。

提供应对情绪的策略。

例如：

（1）讨论并练习各种情绪管理方法和愤怒管理策略，如停下来思考他人的感受，寻求帮助，自我言语或离开使自己愤怒的情境。

（2）为学生示范如何使用这些策略，如谈论你是如何处理愤怒、失落及焦虑情绪的。

帮助学生识别情绪表达上的文化差异。

例如：

（1）让学生写下或讨论他们在家里是如何表达情绪的。

（2）教学生核查情绪——询问他人的感受如何。

11.5 以提高自我效能感和自我调节学习为目的的教学

教师压力是一线教师、学校领导和研究人员共同关注的一个领域。在教学的最初几年，由于教师还不能制定有效的应对策略来处理他们面临的巨大压力，高水平的压力会使他们产生职业倦怠（Chang, 2009）。教师若能非常有效地应对压力，说明他可能具备了前面讨论的高教学效能感及较强的情绪自我调节能力（Montgomery & Rupp, 2005）。根据调查，教师压力最常见的来源是学生的不当行为、人际关系的挑战及与工作相关的压力，比如达成工作指标（Cano-Garcia, Padilla-Munoz, & Carrasco-Ortiz, 2005; Griffith, Steptoe, & Cropley, 1999）。如果教师能够在不受情绪影响的情况下处理好职业压力因素（比如学生的干扰和来自父母的压力），智慧地看待问题，寻求同龄人的支持，他们就更有可能过健康的职业生活（Collie, Shapka, & Perry, 2012；Kyraciou, 1987；Wilkinson, 1988；Woolfolk Hoy, 2013）。

恰当地运用情绪调节策略可以促使教师采取更恰当的教学行为，进而减少外部压力的影响（Ramon, Roache, & Romi, 2011），避免职业倦怠的产生（Van Dick & Wagner, 2001），并缓冲教师因超负荷而产生的负面认知（Chan, 1998）。研究发现，为教师提供"正念训练"很有前景。这种训练可以帮助教师将注意力和情感资源迅速集中于当前情境，识别和释放那些不必要的期望和偏见，并发展出对自己和他人更大的同情（Roeser et al., 2013）。

> **停下来 想一想**
>
> 当前你是怎样学习的？你为今天的阅读设置了什么目标？你的学习计划是什么？你当前的学习策略是什么？你是如何学习这些策略的？

大多数教师承认，学生需要发展未来独立和终身学习（自我调节学习和学习的效能感）所需的技能和态度。幸运的是，越来越多的研究团队开始关注和指导教师如何设计教学任务和组织课堂互动，以此来支持学生发展自我调节学习能力并积极投入实践（Neuman & Roskos, 1997；Perry, 1998；Sinatra & Taasoobshirazi, 2011；Stoeger & Ziegler, 2011；Zimmerman & Schunk, 2011）。研究显示，当教师让学生完成复杂的、有意义的、耗时较长的任务（非常类似于第10章描述的建构主义活动）时，学生不仅能从中学会自我调节学习的技巧，而且其学习效能感会有所提高。同样，想提高自己的自我调节学习能力和学习效能感，学生需要控制自己的学习过程和学习结果——他们需要做出学什么、在哪儿学以及和谁一起学的选择，并控制任务的难度——决定读写多少内容、学习步调快慢、授受何种程度的支持等。因为自我监控和自我评估是有效的自我调节学习及高效能感的关键，因此教师可以让学生参与设定用于评价学习过程和学习结果的标准，然后给学生提供机会，让他们使用这些标准来评价自己的学业进步情况，以此来帮助学生在学习过程中进行自我调节。另外，让学生与同伴进行合作学习并互相给予反馈，也有助于学生进行自我调节学习。正如你在前文中看到的，这就叫作共享调节。在这整个过程中，教师通过"提供恰当的、及时的信息来促进共享调节，以帮助学生掌握和运用自我调节学习"（Perry & Rahim, 2011, p.130）。下面我们将详细地探讨这些过程。

11.5.1 复杂任务

教师不想给学生布置太难的任务，因为任务太难会让学生感到挫败，特别是当学生有学习困难或学习障碍时。事实上，研究表明，最能鼓舞学生而且对学生的学业最有帮助的，是那些富有挑战性但又不至于让学生束手无策的任务（Rohrkemper & Corno, 1988；Turner, 1997）。对学生而言，复杂任务不必过难。

"复杂"指的是任务设计得复杂，而不是任务难度高。从任务设计的角度看，复杂任务包含多重目标和大量的意义组块，例如项目和主题性单元。另外，完成复杂任务要花费较长时间，需要学生多种认知和元认知过程的参与，还会产生多元的学习结果（Perry, VandeKamp, Mercer, & Nordby, 2002）。例如，研究埃及金字塔，可能会产出书面报告、地图、图表、模型等成果。

更重要的是，复杂任务给学生提供了有关他们学习过程的信息。这些任务需要他们运用深层次的、精细的思维和问题解决的技能。在这个过程中，学生发展并完善他们的认知和元认知策略。另外，在这样的任务中取得成功，会提高学生的自我效能感，增强其内部动机（McCaslin & Good, 1996；Turner, 1997）。为此，罗尔肯帕（Rohrkemper）和科尔诺（1988）建议教师设计复杂的任务，提供机会让学生修正其学习条件，以此让学生应对挑战性的问题。事实上，学习应对并适应压力情境是教育的一个重要目标（Matthews, Zeidner, & Roberts, 2002）。正如第4章中斯滕伯格（1997, 2000）所言，智力很重要的一个方面就是选择并适应环境，以此获得成功。

11.5.2 自主控制

教师能够通过给学生选择权而与学生分享控制感。当学生有选择（如可以创作什么、如何创作、在哪里学、与谁一起学）时，他们更可能预期成功的结果（自我效能感提高），在遇到困难时，也会更加努力并试图坚持下去（Turner & Paris，1995）。而且，通过让学生自己做决策，教师可以促使学生主动、负责地制订计划、设置目标、监控进步并评价结果（Turner，1997）。另外，当学生感知到他们可以掌控他们的学习活动时，他们会如第 12 章（如 R. M. Ryan & Deci，2000）提到的动机理论所预测的那样，保持更高水平的完成任务的动机。这些都是高效的自我调节学习者所具备的品质。

教师为学生提供选择，也就为学生调节特定任务的挑战性水平创造了机会（例如，他们可以选择简单的或者更具有挑战性的阅读材料；可以决定用哪一种写作手法写报告以及写多长篇幅；可以用其他表达方法对写作进行补充）。但是，如果学生做了糟糕的学业选择，该怎么办呢？自身就是高效自我调节学习者的教师会谨慎地把握他们赋予学生的选择权。他们只有在确保学生具有独立完成某项任务并做出恰当决策所需的知识和技能后，才会给予学生一定的学业选择权（Perry & Rahim，2011）。例如，当学生学习新技能或常规知识时，教师可以给学生提供有条件的选择权（例如，学生至少要写出四个句子、四个段落或四页纸的内容，但他们可以选择写更多内容；学生必须将自己对动物的栖息地、饮食、繁殖方式的理解展示出来，不过他们可以选择用写作、绘画或者演讲等方式）。

高效的教师还会教学生如何做出好的决策。当然，教师需要对此进行示范。例如，当学生选择搭档时，教师可以让学生考虑他们希望从搭档那里获得什么（例如共同的兴趣和承诺，或者他们想发展的知识和技能）。当学生考虑如何更好地利用时间时，教师可以问他们："完成任务后，你会做些什么？等待我的帮助时，你会做些什么？"教师通常会将这些问题一一写下并张贴出来，这样学生就可以在学习过程中随时参考。此外，高效的教师会对学生做出的选择进行反馈，还会根据学生的独特之处向学生提供合适选项。比如，他们可能会鼓励一些学生选择研究主题，并提供给他们适合他们现有学习水平的研究资料。教师可能会鼓励一部分学生合作完成项目，同时鼓励另一部分学生单独完成任务，并确保他们能得到成功完成任务所需的支持。

11.5.3 自我评估

对自我调节学习的评估实践是非强迫性的，它们可以与正在进行的活动紧密结合在一起。它们重视活动过程，也强调活动结果，关注个体的活动进展，并且能帮助学生从错误中吸取经验。在这种情境中，学生会享受并主动寻找有挑战性的任务，因为参与的代价是很低的（Paris & Ayres，1994）。让学生参与评估标准的制定并对他们的学业进行自我评估，可以缓解学生的焦虑；这种焦虑往往是伴随着外在评价而来的，因为通常的评估会让学生觉得他们的学习情况如何似乎是老师说了算，自己没有控制感。学生可根据一系列被他们自己和老师认定为"好的"作业的特点为标准，来评估自己的学习情况。在自我评估的过程中，他们会考虑自己学习方法的有效性，并能从提高效率的角度来调整自己的学习行为（Winne，2011；Winne & Perry，2000）。

在进行自我调节学习的课堂中，学生有很多正式和非正式的评估自己学习情况的机会。例如，教师让 4 年级和 5 年级的学生交一份反思日志，描述他们在学习概率和统计这个单元的过程中，与合作伙伴共同设计的游戏（Perry，Phillips，& Dowler，2004）。学生的日志阐述了他们对团队工作进程及成果的贡献，以及他们参与其中的收获。教师在评估他们设计的游戏时，也会考虑这些反思日志。另外，教师可以通过一些非正式的方式直接问学生："今天你学到了哪些关于写作的知识？""优秀的研究者和作家都做些什么？""对于我们原先做不了的事情，我们可以怎么处理？"你可以问单个学生这些问题，也可以将它们穿插在班级讨论中，它们可以促进学生元认知、动机和策略性行为的发展，而这些恰恰是自我调节学习的内容。

11.5.4 协作学习

提升高中生学习动机委员会（Committee on Increasing High School Students' Motivation to Learn，2004）认为，当学生齐心协力同做一件事情时，他们会更愿意接受具有挑战性的任务——这是一种有助于提升学生自我调节能力的复杂任务。该委员会补充道：

> 协作还可以帮助学生发展合作的技能。而且，这种学习方式有助于创建大家对彼此负责的学习者共同

体，而不是会使很多学生（特别是那些学习成绩很差的学生）感到非常不自在的竞争性环境。(p.51)

合作或协作关系对自我调节学习最有效的支持作用在于，它们营造了学习共同体和共享问题解决的氛围（Perry & Drummond，2002；Perry，VandeKamp，Mercer，& Nordby，2002）。在这样的情境下，无论大家是单独学习、配对学习还是小组学习，教师和学生都可以真正意义上地互相调节对方的学习，并相互给予支持（McCaslin & Good，1996）。这种支持在个体的发展、元认知的使用、内部动机的激发以及策略性行为的发展（如分享观点、对比问题解决策略、确认每个人擅长的领域）方面都能起到重要作用。高效的教师会在每个学年伊始花些时间来安排教学工作，并建立学生活动参与的规范（例如如何提供建设性的反馈，如何解释和回应同伴的建议等）。正如你将在第13章中看到的，在学年伊始设计有益的管理与学习程序并做好常规教学活动的安排，的确花费时间，但花费这段时间是值得的。如果常规教学活动和师生互动模式能够建立起来并良好运转，学生就可以集中精力学习，教师也可以致力于教授学业技能和学科课程。

11.6　学习理论的整合

我们如何理解第7~11章中呈现的理论观点的多样性？我们已经探讨了行为主义、认知主义、（个体和社会）建构主义和社会认知主义对人们学习什么以及如何学习的解释。表11-3总结了这几种学习理论的观点。

表11-3　四种学习理论

	行为主义	认知主义	建构主义		社会认知主义
	应用行为分析 斯金纳	信息加工理论 J.安德森	个体建构主义 皮亚杰	社会/情境建构主义 维果茨基	社会认知理论 班杜拉
知识	一成不变的知识体系； 从外界获得	一成不变的知识体系； 从外界获得； 先前知识影响信息加工的方式	可变的知识体系； 在社会环境中进行个体性建构； 知识的建构基于学习者已有的知识	知识是由社会建构而来的； 知识的建构依赖于参与者的贡献，是共同建构	知识体系是可变的，是由个体、他人和环境互相作用而建构起来的
学习	事实、技能和概念的获得； 通过操练、指导性的练习产生	事实、技能、概念和策略的获得； 通过有效的策略使用而产生	在先前知识的基础上积极建构； 通过多种机会和不同过程将先前知识联结起来	将被社会性地界定的知识和价值进行合作性建构； 通过社会性建构的机会产生	基于观察，积极建构知识； 个体与物理和社会环境相互作用，并发展出主体性，即学会进行自我调节
教学	传授：通过讲课告知	传授：引导学生获得更加精确与完整的知识	挑战，引导学生思考，以获得更完整的理解	与学生共同建构知识	进行示范，演示，支持学生提升自我效能感与自我调节技能
教师的角色	管理者，监督者； 纠正学生的错误答案	教授和示范有效的策略； 纠正学生的错误概念	促进者，引导者； 听取学生当前的概念、观点和想法	促进者，引导者； 共同参与者； 共同建构对知识的不同解释； 听取被社会性地建构的概念	榜样，促进者，动机激发者； 自我调节学习的示范者
同伴的角色	经常不被考虑	被认为是不必要的，同伴甚至会影响信息加工	不必要，但同伴能激发思考并提出问题	通常是知识建构过程的必要部分	能起榜样作用； 通常是知识建构过程的必要部分
学生的角色	被动接收信息； 积极的听众，指导的追随者	积极的信息加工者、策略使用者； 信息的组织和再组织者； 记忆者	在内心积极建构知识； 积极的思考者、解释者、诠释者及提问者	与他人及自我进行积极主动的共同建构； 积极的思考者、解释者、诠释者及提问者； 主动的社交参与者	与他人及自我进行积极主动的共同建构； 积极的思考者、解释者、诠释者及提问者； 主动的社交参与者

面对上述不同的学习理论，我们无须争论每一种理论取向的优点是什么，而应思考这些理论在人们理

解学习和改进教学的过程中做出的贡献。不要认为我们必须选择一个"最好"的理论取向，事实上这是不可能的。就像化学家、生物学家和营养学家借助不同的理论来解释和改进人们的健康状况一样，教师也可以综合运用不同的学习理论，为不同的学生创建能有效促进其学习的环境。行为主义理论能帮助我们理解线索在行为发展中的作用，并让我们理解行为结果和练习对特定行为的鼓励或阻碍作用。但是，人类的生活和学习并不只是行为。语言和高级思维需要复杂的信息加工和记忆，而认知模型有助于我们理解这些。当然，人类不仅仅是信息的加工者，那些创造者和知识的建构者是什么样的人呢？建构主义观点能告诉我们很多这方面的内容。最后，社会认知观点强调主体性和自我指导的重要作用。生活恰恰需要我们具有自我调节学习的能力。

我常将表11-3中的四种主要的学习理论看作教学的四个支柱。学生首先必须理解材料（建构观），接着他们必须记忆他们理解的内容（信息加工的认知观），然后他们必须实践和应用（行为观），以更加顺畅和自动化地应用新的技能和理解，并将它们永久贮存在自己的行为库中。最后，学生必须自己掌控自己的学习（社会认知观）。如果不能充分考虑到学习过程的这些方方面面，我们的学习就只能是低质量的学习。

模块 31 小结

影响自我调节学习的因素有哪些

教学的一个重要目标就是为学生的终身学习做准备。要想实现这个目标，学生必须成为自我调节学习者。也就是说，他们必须把知识、动机和意志结合起来，使自己具备独立和有效学习所必备的技能和意愿。知识包括对自己、所学科目、学习任务、学习策略及应用情境等方面的认识。学习动机会促使学生做出承诺。意志则是最终让学生战胜三心二意的倾向并持续学习的毅力。

自我调节学习的循环是什么

自我调节学习有多个不同的模型。温与哈德温提出了一个四阶段模型：分析任务、设置目标并制订计划、运用学习技巧和策略、调节学习。齐默曼提出了类似的三阶段模型：前虑阶段（包括目标设置、计划制订、自我效能感及动机）、表现阶段（包括自我控制和自我监控）和反思阶段（包括自我评估、调整及回到前虑和计划阶段）。

如何将学生培养成自我调节学习者

自我调节学习者要参与四种类型的活动：分析任务、设置目标和制订计划、运用学习技巧和策略、调节学习。要将学生培养成自我调节学习者，教师需要为学生提供界定并分析手头任务的机会，学生则要自问：任务是什么？任务理想的结果是什么？另外，学生也能从目标设置练习中有所获益。在这样的练习中，他们可能需要问自己：我的短期目标是什么，长期目标又是什么？下一步就是要使用一定的学习策略，如确定重要细节和对材料形成全面理解。最后，学生需要反思自己是否成功完成了任务，并想出新的策略来克服自我调节过程中的不足之处。这时，他们可能会自问：哪方面我做得比较成功，哪方面还需要改进，以与未来的目标相吻合？

什么是认知行为矫正

认知行为矫正就是人们利用自我言语来调节行为的过程。认知行为矫正有很多种形式，包括帮助学生继续保持学习状态，以及帮助学生有效处理愤怒及攻击性。一些研究确定了对自我言语特别有帮助的四个技能：听讲、计划、行动及核查。认知行为矫正适用于各个年龄段的学生，但是帮助年幼的孩子和那些没有机会练习自我调节的人学习自我言语，可能需要更多成年人的帮助与指导。

情绪自我调节的技能有哪些

能进行情绪自我调节的个体，能意识到自身的情绪及他人的感受，也能意识到内在情绪是不同于外在表情的。他们能够以适合自身文化群体的方式谈论和表达自身的情绪。他们对悲痛的人感同身受，同时也能应对自身的悲伤情绪，能应对压力。他们可以采用各种问题解决策略来帮助他们管理个人和社会情绪刺激，以实现最佳表现。这些人知道，人们交流情绪的方式部分决定了人们的关系。综合使用这些技能，人们就能进行情绪的自我调节。

教师如何帮助学生提升自我效能感和自我调节学习能力

教师应当指导学生参与复杂的、有意义的、耗时较长的任务，并且监控他们的学习过程和学习结果。在这个过程中，学生也需要做出选择。此外，教师还应当让学生参与设计用于评估学习过程和学习结果的标准，然后给学生提供机会，让他们使用这些标准来评估自己的进步情况。另外，鼓励学生与同伴合作学习，并互相给予反馈，也是有效的策略之一。

四种主要的学习理论的价值是什么

四种主要的学习理论（行为主义、认知主义、建构主义和社会认知主义）是教学的四个支柱。学生首先必须理解材料（建构观），接着他们必须记忆他们理解的内容（信息加工的认知观），然后他们必须实践和应用（行为观），以更加顺畅和自动化地应用新的技能和理解。最后，学生必须自己掌控自己的学习（社会认知观）。如果不能充分考虑到学习过程的这些方方面面，就会导致低质量的学习。

第11章复习思考题

单项选择题

1. "我相信我会在英语课上取得好成绩。"克里斯对他的弟弟说，"我 SAT 的词汇部分得了满分，我在文学课上的表现也一直很优秀。"克里斯展示的是下面的哪一项特点？
   A. 高自尊
   B. 高共情水平
   C. 英语学习的高自我效能感
   D. 英语学习的低自我效能感

2. 观察学习指通过观察他人而引发自己在行为、认知或者情绪方面的改变。下面的哪一个理论及其提出者与观察学习有关？
   A. 行为主义理论，斯金纳
   B. 建构主义理论，皮亚杰
   C. 社会认知理论，班杜拉
   D. 社会文化理论，维果茨基

3. 赫顿小姐转过身，一脸怒容，冲一个2年级学生吼道："约翰尼，你以为你在做什么？我说过让你离开座位了吗？不要再让我抓到你在做一些不应该做的事情。"全班同学都安静地坐着，惊恐地看着这一幕。午餐铃声响起一小时之后，仍没有一个学生敢离开他们的座位。这个案例表现的是下面哪一个概念？
   A. 自我调节学习
   B. 自我效能感
   C. 交互决定论
   D. 替代性学习

4. 通过观察学习，个体能够了解到应该如何行动，以及在特定情境下进行某种行动会引发怎样的结果。观察学习是一种非常有效的学习过程，它包含哪四个要素？
   A. 注意、保持、产生和动机/强化
   B. 注意、认知、信念和价值
   C. 观察、渴望、发展的能力和适应性
   D. 观察、动机、抽象化和强化

开放论述题

案例："马库斯，你的拼写测试做得很棒！"邦纳先生笑着看着马库斯，马库斯也报之以微笑。"我知道在我们开始画进步表后，你会做得很好。在前面三次测验中，你都取得了很好的成绩。这表明你每晚都会学习，你的分数在不断地上升！我觉得我们在学年初制订的那张表真的有帮助。"

"邦纳先生，我想在数学学习中也采用同样的做法。我想如果我每晚都练习，并且将我的进步情况写在一张表中，我也会在数学测验中取得很好的成绩的。我打算做一张表，选一些我可以在家进行的数学游戏。"

5. 邦纳先生是怎样激发马库斯的自我效能感的？
6. 马库斯对邦纳先生所讲的自我调节学习的例子做出了怎样的反应？

Chapter 12 | 第 12 章

学习动机与教学

■ 教师的案例簿：你会怎么做

资源不足时，如何激发学生的动机

今年 7 月，你在一所学校找到了工作。尽管该校所在的地区不太理想，但工作机会的确难得，能在自己擅长的领域找到这样的职位，已经很令人满意了。但是你很快发现，除了必需的课本和练习册，你们学校的教学资源近乎零。你向学校提出要求，希望多配置一些教学软件、游戏程序、实体教具和其他教辅材料，但遭到了委婉的拒绝，他们告诉你："对不起，我们没有额外的预算来添置这些东西。"而当你翻阅学生的课本时，你发现它们不仅内容枯燥乏味，而且难度相当大，但是教学目标表明这些内容非常重要，而且明年春天将进行的全区统考会对这些内容进行考察。

想一想

:: 你怎样激发学生对学习内容的兴趣？
:: 你如何让学生认同这些学习内容的价值？
:: 你将怎样处理教材中难度较大的内容？
:: 为解决这些问题，你需要了解哪些与学习动机相关的知识？
:: 为了激发学生的学习动机，你需要了解他们的哪些信息？

■ 概览与目标

大多数教育者都认为激发学生的动机是教学的关键任务之一。只有对学习充满兴趣的学生，才会为了学习，积极地从认知、情感和行为等层面投入到富有成效的课堂活动中。在本章中，我们将首先回答"什么是动机"的问题，具体来说，我们将验证一些可能的答案，包括对内部动机和外部动机的论述，以及五种取向的动机理论——行为取向、人本取向、认知取向、社会认知取向和社会文化取向。当你思考这些动机理论时，请回想一下不同的学习理论。不同的学习理论适用于不同类型的行为或情境，不同的动机理论也可以促进不同情境下特定学习者的学习投入。对动机理论的理解有助于形成一套更多样的工具，以提升课堂学习的动机。

接着，我们将进一步探讨那些和动机有密切关系的个人因素，包括需要、目标定向、信念与自我图式、兴趣与好奇心、情绪、焦虑等。我们怎样把所有这些信息综合运用到教学中？我们又如何创设环境、教学情境和教学关系来激发学习动机?首先,我们要思考学生的个人因素对其学习动机的影响;其次,我们要考虑课堂中的学习活动、学习价值和学习环境等是如何影响学习动机的;最后,我们需要制定一些有利于激发并维持学生学习动机的教学策略。

学完这一章后,你就能:

目标 12.1 明确动机的含义,区别内在动机(intrinsic motivation)与外在动机(extrinsic motivation),辨析行为取向、人本取向、认知取向、社会认知取向和社会文化取向的动机理论对学生动机的解释。

目标 12.2 解释个人需要如何影响学习动机。

目标 12.3 描述不同的目标定向(goal orientation)及其对动机的影响。

目标 12.4 讨论学生的信念及学生对成功和失败的归因如何影响动机。

目标 12.5 描述兴趣、好奇心、情绪、焦虑等因素对动机有何影响。

目标 12.6 解释教师如何影响和激发学生的学习动机。

模块 32 动机基础与需要层次

在前面几章中,当我们探讨学生关于自身能力的信念(自我效能)时,我们涉及过动机的问题。本章我们将进一步深入探讨动机,因为它对学生的社会互动和学业成就都有直接而重大的影响。两个能力和知识水平都相似的学生,可能会因为动机不同而产生很不同的学业表现(Wigfield & Wentzel, 2007)。那么,动机是如何发挥作用的呢?下面就让我们从动机是什么这一基本问题谈起吧。

12.1 动机

动机通常被定义为一种激发、指向并维持某种行为的内部心理状态。心理学家研究动机时,通常把重点放在以下五个基本问题上。

(1)人们为什么选择做出不同的行为?例如,为什么一些学生选择集中精力做作业,另一些学生则选择看电视?

(2)人们需要花多长时间开始行动?为什么有些学生能立刻开始做作业,另一些学生则总是拖拖拉拉?

(3)开始行动后,人们的参与程度如何?一旦打开书本,学生会全神贯注地投入,还是三心二意、敷衍了事?

(4)什么因素决定了一个人会选择坚持还是放弃?学生会一口气读完整本莎士比亚的作品,还是翻几页就放下?

(5)在行动的过程中,人们有什么想法和感受?阅读莎士比亚的作品时,学生会享受阅读且很有成就感,还是会为即将到来的考试担忧(Anderman & Anderman, 2014; S. Graham & Weiner, 1996; Pintrich, Marx, & Boyle, 1993)?

12.1.1 学生动机的表现

学习动机受众多因素的影响。为了对这个问题的复杂性有所认识,让我们走进一所中学的科学课堂。老师对将要进行的实验活动进行讲解之后,学生表现各异。下面让我们一起来看看斯蒂佩克(Stipek, 2002)记录的学生个案。

绝望的热拉尔多像往常一样不打算学习。他总是说"我不懂""这太难了"。即使答对了问题,他也会说"我是猜的""我其实不知道"。他把时间都花在发呆上了,于是成绩越来越落后。

保守的苏梅追求完美,每做一步都要和你核对一下。她曾经绘制了一幅实验仪器的彩图,为此你额外给她加了分。从此,每次实验后,她都坚持画图。但她不愿采取任何冒险的行动,以免只得到B。对于考试要求以外的内容,她完全不感兴趣。

自满的斯宾塞则相反,他对学习内容很有兴趣。事实上,他知道的比你讲授的更多,显然他花了不少时间自学化学和做实验。但总体而言,他的成绩只能在 B- 和 C+ 之间徘徊，因为他从不完成家庭作业。对于自己不需要努力就能及格的现状，他已经很满意。

防御的达莱莎又没有带实验手册，所以不得不和其他同学同看一本。她假装正在做实验，但大部分时间都在开小差，还会趁你不注意的时候抄同学的答案。她不愿意尝试，因为她害怕如果自己努力却失败了，其他人就会笑话她是"笨蛋"。

焦虑的艾梅多数科目的成绩不错，但科学课的考试使她非常焦虑。在课堂上，她能够答对问题，到了考试中却会全部"忘记"了。她的父母都是科学家，他们希望她也能成为一名科学家，但她并不看好自己在这方面的潜力。

停下来 想一想

以上每个同学在动机的选择、启动、强度、坚持性、思想与情感等五个方面至少存在一个问题。你能识别这些问题吗？你可以在后面的内容中找出答案。

每个学生都面临着不同的动机障碍，而你需要激发全班学生的学习动机并进行教学。在下面的内容里，我们将更深入地探讨动机的含义，以便进一步理解这些学生的行为。

12.1.2　内部动机与外部动机

我们都曾有过强烈动机驱动下的体验：充满活力、直指目标、努力工作，甚至有时候即使我们觉得这个任务很枯燥，我们仍能全力以赴。是什么激发了我们的行为？我们可能会认为是驱动力、基本要求、自身需要、诱因、恐惧、目标、社会压力、自信、兴趣、好奇心、信仰、价值观、期望等。有些心理学家将动机视为一种个体特质或个人特征。例如，有人渴望成功，有人害怕考试，有人对机械很好奇，有人长期对艺术感兴趣，因此他们可能会努力工作以追求成功，努力逃避考试，成天在车库里修车，或沉迷于画廊。但另一些心理学家将动机视为一种暂时的状态。例如，如果你是因为明天的考试才努力学习的，那么你当下的动机其实是由特定情境引起的。当然，大多数时候我们的动机都会受到特质和状态的双重影响。例如，你之所以学习，既是因为学习内容很有价值，又是为了应对明天的考试。此外，你的动机特质可能会限定你的一般动机水平或范围，但是在某些情境或状态下，你的动机也可能突破这个范围。

对动机最经典的分类方式是将动机划分为无动机、内部动机和外部动机。**无动机**（amotivation）指完全没有采取行动的意图，即零参与。**内部动机**指当我们追求个人兴趣和能力提升时，产生的一种寻求并克服挑战的本能倾向。当我们的内部动机被激发时，我们不需要依靠外部诱因或惩罚来促使我们行动，因为活动本身就能给我们带来满足感和回报（Anderman & Anderman, 2014；Deci & Ryan, 2002；Reiss, 2004）。上文中自满的斯宾塞利用课外时间学习化学，完全是因为他自己喜欢学习化学，没有其他人强迫他。内部动机常常与在学校获得的学业成绩、创造力、阅读理解的能力、享受学业的程度及深度学习策略的使用等方面的积极结果相关（Corpus, McClintic-Gilbert, & Hayenga, 2009）。

相反，如果我们做一件事情是因为我们希望得到高分、避免惩罚、取悦老师，或者是出于其他与这件事情本身无关的目的，驱动我们的就是**外部动机**。我们并不是对这件事情本身有兴趣，我们只是为了得到某种东西才去做它。上文中保守的苏梅就是为了取得好成绩而学习的，她对学习内容本身并没有兴趣。外部动机与消极情绪、不良的学习成绩以及不当的学习方法有关（Corpus et al., 2009）。然而，外部动机也有积极的影响，它可以激励学生尝试新事物，给他们额外的动力，或者帮助他们坚持完成一项乏味的任务。请注意不要"非此即彼"。

支持划分内在动机和外在动机的心理学家认为，仅仅依靠观察外部行为是无法辨别驱动某一行为的究竟是内部动机还是外部动机的。区别两类动机的关键在于学生做出这一行为的原因，即该行为的**因果控制点**（locus of causality）对个体而言是内在的还是外部的。例如，学生之所以读书、练习游泳、画画，可能是出于个人兴趣，也就是自愿的选择（内部控制点／内部动机），也可能是因为受到了其他人或事情的影响（外部控制点／外部动机）（Reeve, 2002；Reeve & Jang, 2006a, 2006b）。

当我们反思自己的动机时，我们常常会感到内外动机的二分法过于绝对和简单。两种理论对这种二分法进行了调整。其中一种理论认为，我们的行为处于从完全的"自我决定"（内部动机）到完全的"外部决定"（外部动机）的连续体上。基于我们参与活动的不同的内部驱动水平，我们可以将外部动机分为四种类型，分别是完全的外部动机（完全为外部结果所控制）、内射的外部动机（为避免内疚或消极的自我图式而投入）、认同的外部动机（尽管缺乏兴趣，但由于有利于个人更大目标的实现而投入）和整合的外部动机（因为任务既有趣又有外在价值而投入）。例如，有些学生之所以愿意参与那些他们不怎么感兴趣的学习活动，是因为他们知道那些活动很重要，有助于他们达成有价值的目标，就像你愿意花很长时间学习教育心理学，为的是当一位称职的教师。这样的动机是内部动机还是外部动机？事实上，它介于两者之间：人们自愿选择接受某些外因（如需要取得资格证等）的影响，并尽量从中获得益处。这就是内化了的外部原因（Vansteenkiste, Lens, & Deci, 2006）。

另一种理论则认为，内部动机和外部动机不是一个连续体的两极，而是两个独立的维度。任何状态下，我们的动机都或多或少地同时包含了两者（Covington & Mueller, 2001）。教师固然可以将教学与学生的个人兴趣和能力增长相联系，从而激发学生的内部动机，但这一方法并不总能奏效。你见过能够不受外因干扰，长时间保持的"兴趣"吗？你见过能够维持对"不规则动词"的好奇心的学生吗？实际上，如果教师在任何时候、任何情况下都只依赖学生的内部动机，那么他一定会失望的。在一些情况下，教师需要借助诱因和外部支持来激励学生。教师要培养和激发学生的内部动机，也需要有效地利用外部动机来促进学生的学习（Anderman & Anderman, 2014; Brophy, 2003）。要做到这一点，我们需要进一步了解哪些因素会影响动机。

12.1.3　动机理论的五种基本取向

> **停下来　想一想**
>
> 你为什么阅读本章内容，是对动机这个主题感到好奇，还是不久的将来你需要应付一个考试？你是否需要通过这门课程的考试才能获得教师资格证书或毕业证书？也许你相信你能取得好成绩，是这种信心让你坚持学习的吗？还是说，上述理由都成立？究竟是什么激发了你的学习动机呢？

动机是一个内涵丰富而复杂的概念，有着很多不同的理论解释。有些理论是通过动物实验发展而来的，有些理论以对人们如何解决特殊任务（比赛、猜谜等）的研究为基础，还有些理论来源于临床和工业心理学领域的工作实践。这些理论非常丰富，我们只能选择其中最重要的一部分进行阐述。

1. 行为取向的动机理论

根据行为主义的观点，要对学生的动机有所了解，就必须深入分析课堂中存在的各种诱因和奖励。所谓**奖励**指在个体做出某种特定行为后，向其提供有吸引力的事物或事件。例如，当保守的苏梅画了一幅出色的图表后，教师额外给她加了分。所谓**诱因**则是

> **停下来　想一想的答案**
>
> 绝望的热拉尔多的问题在于无法"启动"（2），并且总是感到沮丧（5）。在活动的整个过程中他都感到受挫和绝望。
>
> 保守的苏梅能够做出正确选择（1），及时开始学习（2），并坚持下去（4），但她不能真正参与到活动中并体验到活动的乐趣（4和5）。
>
> 只要能遵循自己的选择（1），自满的斯宾塞就可以迅速开始学习（2），投入（3），坚持（4）并体验到快乐（5）。
>
> 防御的达莱莎做出了错误的选择（1），拖拖拉拉（2），不愿参与（3），轻易放弃尝试（4），因为她太在意别人对她的评价了（5）。
>
> 焦虑的艾梅的问题在于不知如何处理学习过程中的消极思想和负面情绪（5）。她的焦虑和担忧会使她退缩（1）和拖拉（2），而由此造成的不良表现又会加剧她的焦虑情绪。
>
> 注：1. 选择；2. 启动；3. 强度；4. 坚持性；5. 思想与情感。

激发或阻碍人们采取某种行为的事物或事件。对苏梅而言，得到 A 是一个诱因，也是一种奖励。事实上，获得分数本身就是一个奖励。通过给予分数、星星、小贴画及其他强化物来激励学生学习，或者惩罚不良行为，都是在试图通过诱因、奖励或惩罚等外部方法来激发学生的动机。

2. 人本取向的动机理论

20 世纪 40 年代，人本主义心理学的倡导者卡尔·罗杰斯指出，当时占据主流地位的行为主义或弗洛伊德精神分析理论，都不能很好地解释人们的行为及其背后的原因。人本主义观点认为，每个人都有"自我实现"的需要（Maslow, 1968, 1970）、天生的"实现趋势"（Rogers & Freiberg, 1994）或者"自我决定"的需要（Deci, Vallerand, Pelletier, & Ryan, 1991），而这些正是个体行为动机的内在源泉。因此，在人本主义看来，所谓的激发动机，就是发掘人们自身的内在动力——他们对胜任感、自尊、自主和自我实现的需要。我们将在后文中详细介绍两种最具影响力的人本取向的动机理论：马斯洛的需要层次理论以及德西和瑞恩（Ryan）的自我决定理论。让学生自主选择项目、自主设定目标、自由选择书籍或主题，都是人本取向的应用实例。

3. 认知取向的动机理论

在认知主义看来，每个人都是积极主动、充满好奇，并努力解决身边问题的个体。因此，认知主义很重视内部动机。认知取向的动机理论在许多方面与行为取向的动机理论针锋相对。认知取向的动机理论认为，人们的行为是思考的结果，而不是简单地由过去的奖惩经验决定的。特定行为之所以产生并改变，与计划（G. A. Miller, Galanter, & Pribram, 1960）、目标（Locke & Latham, 2002）、图式（Ortony, Clore, & Collins, 1988）、期望（Vroom, 1964）和归因（Weiner, 2010）等因素有关。之后我们将详细介绍目标、期望和归因对动机的影响。

4. 社会认知取向的动机理论

社会认知取向的动机理论可以归纳为**期望－价值理论**（expectancy-value theory）。这意味着动机是两种力量共同作用的结果：个体对达成目标的期望，以及对该目标价值的评估。换句话说，就是个体对两个主要问题——"如果我努力，我能成功吗"和"如果我成功了，有什么意义或好处"的回答。动机是这两个变量共同作用的结果，如果其中任何一个变量为零，指向该目标的动机就不会产生。例如，我相信自己有机会进入篮球队（高期望），而且加入篮球队对我而言很重要（高价值），那么我的动机就会很强烈。但如果其中一个因素不成立，如我不相信自己能进入篮球队，或者我根本不喜欢打篮球，那么我不会产生任何动机（Tollefson, 2000）。

后来，心理学家杰奎琳·埃克尔斯（Jacqueline Eccles）和艾伦·维格菲尔德（Allan Wigfield）在期望－价值的公式中加入了"代价"这一变量。也就是说，当我们评估某一目标的价值时，我们还得考虑为了实现这一目标需要付出什么样的代价：需要花费多少精力？有没有替代方案？如果失败了，我将面临什么风险？我会不会看起来很傻？（Eccles, 2009; Eccles & Wigfield, 2002）

5. 社会文化取向的动机理论

请试着将这个句子补充完整："我是一个_____。"你有着什么样的身份？你认为自己属于哪个群体？**动机的社会文化观**强调个体参与的社会实践。人们参与各种活动，以维持他们在社会中的身份和人际关系。因此，学生之所以有学习动机，是因为他们是课堂和学校中的一员，而这个社会团体很重视学习的价值。想象一下，我们是如何学会说话、穿衣或者在饭店点餐的？我们是通过观察和模仿比我们更有能力的社会成员来实现社会化的。同样的道理，我们是通过观察和模仿学校团体中的其他成员来学习怎样成为一名学生的。换句话说，我们的学习是在特定的社会团体中进行的（Eccles, 2009; Hickey, 2003; Rogoff, Turkanis, & Bartlett, 2001）。

当我们声称自己是一名足球运动员、雕塑家、工程师、教师或心理学家时，实际上我们确认了自己属于不同社会团体的身份。为了最终成为这个社会团体的一员，我们需要经历从**合法的边缘性参与**（legitimate peripheral participation）到核心参与的过渡。所谓合法的边缘性参与指新成员真实地参与社会活动，但是在这个过程中，他们可能能力不足、不够成熟，贡献也很少。例如，新手纺织工人在进行纺纱和编织之前，需要先学习染色；再如，新手教师在正式教授一个班级的学生之前，需要先练习一对一地辅导学生。无论是新手还是专家，都需要参与某个特定的社会团体，从而实现身份认同。维持社会成员身份的意愿，能够激发他们学习所在的社会团体的价值观和行为规则的动机（Lave & Wenger，1991；Wenger，1998）。学生动机和参与的社会文化模型还有另一个关键问题，即文化对应（cultural correspondence）问题，即学校的任务和活动是否适合学生的知识基础和先前经验（Lawson & Lawson，2013）。

表 12-1 对行为取向、人本取向、认知取向、社会认知取向和社会文化取向的动机理论进行了总结。虽然不同取向的理论就"什么是动机"存在争议，但每种取向都能从不同角度帮助我们完整地理解动机。

表 12-1 五种取向的动机理论

	行为取向	人本取向	认知取向	社会认知取向	社会文化取向
动机来源	外部	内部	内部	内部和外部	内部
重要影响因素	强化、奖励、诱因和惩罚	自尊、自我满足和自我决定的需要	信念、成败归因、期望	目标、期望、意图、自我效能感	积极参与学习共同体，在团体活动中获得身份认同
代表人物	斯金纳	马斯洛 德西	韦纳 格雷厄姆	洛克和莱瑟姆 班杜拉	莱夫 温格

那么，我们如何整合这些动机理论，从而有效地指导教学呢？让我们从四个领域来探讨。新近的研究认为，我们可以从需要、目标、信念、动机中与情绪相关的"热"因素，包括兴趣、好奇心、情感和焦虑等四个方面出发来进行尝试（Murphy & Alexander，2000）。

12.2 需要

早期的心理学研究将动机看作个体特质性的需要或稳定的人格特征。这些研究关注三种主要的心理需要：成就感、力量感、归属感（Pintrich，2003）。马斯洛提出的著名的需要层次理论成功地涵盖了所有这些因素。

12.2.1 马斯洛的需要层次理论

马斯洛（1970）指出，人们按照一定的顺序排列**需要层次**（hierarchy of needs），从最低层次的生存需要、安全需要，到较高层次的求知需要，以及最高层次的自我实现需要（见图 12-1）。**自我实现**最早由马斯洛提出，是自我满足和个人潜能实现的总称。只有在每种低层次的需要都得到满足后，人们才可能去考虑更高层次的需要。

马斯洛（1968）将四种低层次的需要——生存需要、安全需要、爱和归属的需要与尊重需要统称为**缺失性需要**（deficiency need）。在这些需要得到满足后，进一步满足它们的动机就会减弱。而三种高层次的需要——求知需要、审美需要和自我实现的需要，被统称为**存在性需要**（being need）。这些需要得到满足后，人们进一步满足它们的动机非但不会减弱，反而会更加强烈。与缺失性需要不同，存在性需要永远不会完全得到满足。例如，当你努力成为一名教师时，你体验到的成就感越强，越渴望更大的进步。

马斯洛的理论也受到了很多质疑。显然，我们并不总是像理论所说的那样行动。我们常常会在不同类型的需要之间摇摆，有时也会同时受到多种需要的驱动。例如，有些人宁愿放弃对安全和友谊的需要，也要去追求知识、理解和自尊。

尽管存在这些质疑，马斯洛的理论还是给了我们许多启示，它提醒我们要将学生看成一个整体的"人"，其生理需要、情感需要和智力需要是互相关联的。例如，如果一个孩子因为父母的离婚而缺乏安全感和归属感，他很可能没有兴趣好好学习。同样，如果学校变成一个恐怖且不可预测的场所，老师和学生都不知所措，那么师生会更关注对安全感的寻求，而无心教学。再比如，对学生而言，与同伴的社会关系和归属、自尊的需要非常重要，如果教师的要求与同伴团体有冲突，学生很可能会拒绝服从，甚至当众顶撞教师。

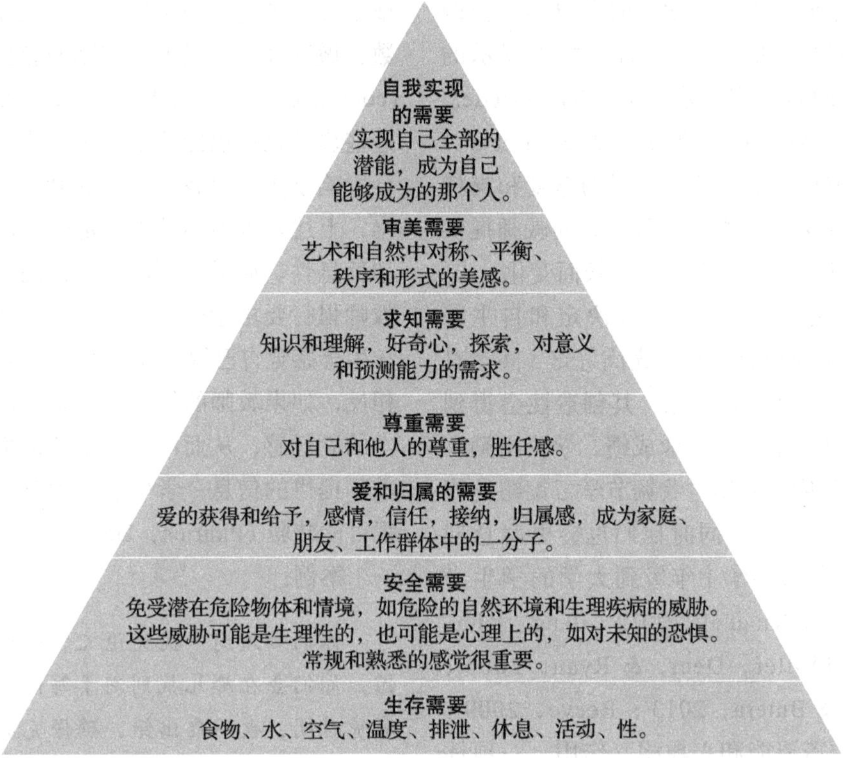

```
                    自我实现
                    的需要
                 实现自己全部的
                 潜能，成为自己
                能够成为的那个人。
                   审美需要
              艺术和自然中对称、平衡、
               秩序和形式的美感。
                   求知需要
             知识和理解，好奇心，探索，对意义
                和预测能力的需求。
                   尊重需要
            对自己和他人的尊重，胜任感。
                爱和归属的需要
           爱的获得和给予，感情，信任，接纳，归属感，成为家庭、
               朋友、工作群体中的一分子。
                   安全需要
        免受潜在危险物体和情境，如危险的自然环境和生理疾病的威胁。
         这些威胁可能是生理性的，也可能是心理上的，如对未知的恐惧。
                常规和熟悉的感觉很重要。
                   生存需要
           食物、水、空气、温度、排泄、休息、活动、性。
```

图 12-1　马斯洛的需要层次理论

注：马斯洛提出的四种低层次的需要——生存需要、安全需要、爱和归属的需要与尊重需要，被统称为缺失性需要，因为在这些需要得到满足后，进一步满足它们的动机就会减弱。而三种高层次的需要——求知需要、审美需要和自我实现的需要，被统称为存在性需要。这些需要得到满足后，人们进一步满足它们的动机并不会减弱。

除了需要层次理论，自我决定理论也很重视个体的内在需要（Deci & Ryan, 2002; Reeve, 2009）。

12.2.2　自我决定理论：胜任、自主和关联的需要

自我决定理论认为，我们每个人都有各种心理需要：与外界事物互动时能感觉自己有能力、足以胜任，对自己的生活拥有控制和选择权，与他人交流并从属于某个社会群体等。请注意，这些概念与早前的研究提出的基本需要很相似：**胜任需要**（need for competence）与成就感相似，**自主需要**（need for autonomy）与力量感相似，**关联需要**（need for relatedness）与人际归属感相似。因为不同的文化具有不同的自我概念，一些心理学家试图探讨胜任、自主和关联需要是否具有文化普遍性。在一系列研究中，一些学者发现，即使对于崇尚集体主义文化的韩国高中生而言，胜任、自主和关联需要的满足也和良好的学习体验密切相关（Hyungshim Jang et al., 2009）。也就是说，这些需要可能具有跨文化的普遍性。

在上述三种需要中，胜任需要指个人表现自己有能力掌控手头任务的需要。若这种需求得到满足，个体会产生成就感，提高自我效能感，帮助学习者为未来的任务树立更好的学习目标（J. Kim, Schallert, & Kim, 2010）。自主需要最为核心，指我们依据自身意愿（而非外部奖惩或压力）行事的需求（Deci & Ryan, 2002; Reeve, 2009; Reeve, Deci, & Ryan, 2004）。人们希望拥有对自己生活的支配权，能够对自己的行为负责。为此，我们会持续反抗外部控制，如他人强加的各种规则、规划、期限、命令或限制。有时候，我们甚至会拒绝别人的帮助，因为我们害怕丧失支配权（deCharms, 1983）。关联需要指与关心我们的他人建立亲密的情感联结和依恋关系的心理欲求。

1. 课堂中的自我决定

学生的自我决定会受许多因素影响。例如，在

美国和韩国学校的研究表明，学生的学习动机受课堂目标结构（教师提供的关于自主性和能力展示的信息）和家长提供的自主支持水平的影响（Friedel, Cortina, Turner, & Midgley, 2007；J. Kim et al., 2010）。然而，研究结果也表明，父母的态度和支持对年龄较大的学生的直接影响往往较小，而教师提供的信息的影响基本不会随学生年龄的增长而变化。

如果课堂环境能支持学生的自我决定和自主需要，那么学生会对学习更感兴趣、充满好奇（甚至对家庭作业也是如此）、更有胜任感，其创造性会得到提升，他们的概念学习能力、学业成绩、学校出勤率和满意度、课堂参与度、使用自我调节学习策略的能力、心理幸福感都会提高，同时他们也会更愿意迎接挑战。这一关系在从小学1年级到大学的学生身上，都得到了证实（Hafen et al., 2012；Jang, Kim, & Reeve, 2012；Moller, Deci, & Ryan, 2006；Pulfrey, Darnon, & Butera, 2013；Reeve, 2009；Shih, 2008）。自主需要能和兴趣相互作用。一项针对大学生的研究发现，只有在阅读的文章枯燥乏味的时候，自主选择才会提升学生的兴趣、能力感，并使学生更重视阅读任务（Patall, 2013）。因此，当阅读的文章本身就富有趣味和吸引力时，自主选择就没有那么重要了。但是，一般而言，当学生在某些事情上拥有选择的权利时，他们往往会认为这件事很重要，即使它做起来很枯燥。由此，学生能够对教育目标进行内化，并将它视为自己的目标。

与此相反，控制型课堂只能促进学生的机械记忆。当教师强迫学生学习时，学生会试图寻求最简单、快捷的途径。然而，尽管控制型教学的效果更差，但教师需要面对来自管理人员的压力、职责要求、"掌控学生"的文化期望以及家长对良好课堂纪律的期待。此外，学生在其中往往很被动，对学习不怎么投入，且总想挑战老师。不过，非常遗憾的是，部分老师将控制学生视为有效手段，且习惯了控制型教学（Reeve, 2009）。如果你不想这样，你会如何培养学生的自主性？在与学生互动时，你应该更多地关注提供信息，而非控制行为。

2. 信息提供与行为控制

每个学生都会在学校获得不同的经历：受到表扬或批评，被迫在规定期限内完成作业，得到不同的分数，做选择，接受关于规则的教育等。**认知评价理论**（cognitive evaluation theory）（Deci & Ryan, 2002）认为，这些事件之所以能改变学生的内部动机，是因为它们会影响学生的自我决定感和胜任感。认知评价理论指出，上述各种不同的事件都包含两方面特征：控制性和信息性。如果教师的行为是高控制性的，也就是说教师强行要求学生按照特定的方式学习和体验，那么学生会感觉自己缺少控制力，从而导致内部动机减弱；相反，如果教师的行为主要是提供信息，就会提高学生的胜任感，从而增强学生的内部动机。当然，如果教师提供的信息令学生感到太难，他们的内部动机也很可能减弱（Pintrich, 2003）。下面是高控制型沟通的一个案例：

你们必须周一提交论文。今天我们要去学校图书馆，你们会在那儿找到用于写论文的书和网址。不要浪费时间，也不要出错，确保完成自己的作业。在图书馆里，你可以独自查阅资料，也可以与同伴一起行动（Reeve, 2009, p.169）。

这位老师也许认为他给了学生选择权，也就支持了学生自主性的发展。但对比下面的沟通方式后，你会发现，为学生阐述去图书馆的价值，才是有效的信息型沟通。

你们需要周一提交论文。为了帮助你们写好一篇基于良好研究成果的论文，我们将去图书馆搜寻知识和信息。我们去图书馆的目的是通过书籍和互联网来查询信息。在那里，你们也许会开小差，但去过图书馆的学生都发现这是写好一篇论文很关键的一个步骤。为了尽可能写出一篇好文章，独自查阅资料或结伴行动皆可（Reeve, 2009, p.169）。

作为一名教师，怎样才能激发学生的自主需要和胜任需要？首要的一步就是尽量避免使用控制性指导，因为控制性词汇（如必须、应当、应该、非得）会破坏学生的内部动机（Vansteenkiste, Simons, Lens, Sheldon, & Deci, 2004）。相反，你应该尽量在你传达的信息中，突出学生能力不断增长的事实。下面的实践指南给出了一些相关建议，你可以参考。

| 实践指南 |

支持学生自我决定和自主性的发展

允许并鼓励学生做选择。

例如：

（1）针对学习目标，设计多种不同的教学活动（如写论文、做资料汇编、参加测验、画板报等），然后让学生选择其中的一种。鼓励他们谈论自己这样选择的理由。

（2）要求班委会自行提议并设计一些工作流程，例如如何照顾班级宠物、如何分配仪器等。

（3）留出时间让学生独立进行扩展性的学习活动。

（4）在有利于学生专心学习的前提下，允许他们自由选择合作学习的同伴。

帮助学生制订计划，从而实现自己选定的目标。

例如：

（1）尝试使用目标卡片。让学生列出自己的一系列长期和短期目标，并写下三四个有助于实现这些目标的具体行动计划。每个人的目标卡片都应只属于他个人，就像信用卡一样。

（2）鼓励初中和高中学生针对不同学科设定不同目标，并把它们记录在专门的笔记本上，定期检查自己的完成情况。

引导学生对自己的选择及其后果负责。

例如：

（1）如果学生选择与自己的好朋友一起学习，但总是开小差聊天，没能完成任务，你可以客观地评分，并帮助学生认识到分数低是因为他们浪费了太多时间。

（2）如果学生选择的学习主题激发了他们的想象力，你可以引导他们意识到这一事实——学习过程中的努力能提高学习质量。

向学生解释制定规则、设定限制和约束的原因。

例如：

（1）解释为什么要制定这些规则。

（2）以身作则，遵守规定和约束。

承认消极情绪是对教师控制的正当反应。

例如：

（1）通过与学生沟通，让他们明白在学习过程中偶尔感觉枯燥乏味是很正常的，没有关系。

（2）通过与学生沟通，让他们明白在学习过程中难免会感觉受挫、困惑和疲惫。

（3）当学生感觉"这个问题实在太难了"，你可以认同学生的感受，或者说"我能够理解为什么你会有这种感觉"。

使用非控制性的积极反馈。

例如：

（1）把学生的低分或问题行为看作尚待解决的问题，而不是批判的对象。

（2）避免使用控制性的表达方式，如"你应该……""你必须……""你非得……不可"。

3. 关联的需要

想想这些年来你遇到过的最好的教师。是什么特质使他们如此优秀？我敢打赌，你一定还记得那些关心你并与你建立了情感联结的教师。如果教师和家长对孩子的行为保持敏感，并且关心孩子的喜好、健康状况、快乐程度，孩子就会表现出较强的内部动机。那些感觉自己与教师、家长和同伴关系亲密的学生，往往更容易全心全意地投入学习（Furrer & Skinner, 2003；Lawson & Lawson, 2013）。每个学生都需要充满爱心的教师，尤其是那些处境不利的学生。与教师关系良好的小学生升入高中后的表现更好，上大学的可能性也更高（G. Thompson, 2008；Woolfolk Hoy & Weinstein, 2006）。此外，缺乏社会关联的人更可能患上饮食障碍等各种情绪和躯体问题，甚至更有可能自杀（Baumeister & Leary, 1995）。关联需要与第3章讲到的归属感很接近（Osterman, 2000），也和马斯洛提出的基本需要中的归属需要类似。

12.2.3 需要理论对教师的启示

从婴儿到老年，人们都希望自己拥有能力、良好的人际关系，以及控制感。学生更愿意参加那些能够提高他们能力的活动，而不愿意参加那些总是以失败告终的活动。这就意味着他们需要具有适当挑战性的任务——既不太容易，又不至于完全做不到。此外，当他们通过自我监控、成长档案等方式看到自己的能力有所提高时，他们也会受益。另外，为了与他人保持人际联系，学生希望能感受到学校里的其他人都关心他们，可以帮助他们学习。

那么，还有哪些因素会影响动机呢？很多理论都把目标视为动机的关键成分。下一节我们就将围绕目标来进行讨论。

模块 32 小结

什么是动机

动机是一种激发、指向并维持某种行为的内部心理状态。对动机的研究主要关注人们为何及如何启动指向具体目标的某个行动，开始该行动需要花费多长时间，对行动的参与程度如何，实现目标的坚持性如何，以及行动过程中的想法和感受如何。

内部动机和外部动机有何区别

内部动机指当我们追求个人兴趣和能力提升时，产生的一种寻求并克服挑战的本能倾向，它激励我们去做那些并非"不得不"做的事情。外部动机意味着做这件事情的原因与其本身无关，我们并不是对这件事情本身有兴趣，我们只是为了得到某种东西才去做它。

因果控制点如何影响动机

区别内外动机的关键在于人们采取行动的原因，也就是说，该行动的因果控制点对于个体而言是内在的还是外部的。如果是内部的，就会激发内部动机。当然，大多数时候，动机同时包含这两者。事实上，内外动机可能是两个独立的维度，在特定情境下可以同时存在。

根据行为取向、人本取向、认知取向、社会认知取向、社会文化取向的动机理论，动机的核心要素是什么

行为取向强调由诱因、奖励和惩罚引起的外部动机。人本取向则强调由个人的成长、自我实现和自我决定的需要引起的内部动机。认知取向强调个体寻求意义、理解和胜任的行为，以及个体归因和解释的重要作用。社会认知取向同时关注行为主义对行为及其后果的阐述与认知主义对个体信念和期望的重视。社会认知取向的动机理论可以归纳为期望-价值理论。社会文化取向强调对特定团体的合法参与和在团体中的身份认同。

什么是期望-价值理论

期望-价值理论认为指向某个目标的动机取决于我们对成功的预期和对目标价值的预期。如果两个变量中任何一个为零，那么我们的动机不会产生。

什么是合法的边缘性参与

合法的边缘性参与指新成员真实地参与社会活动，但是在这个过程中，他们可能能力不足、不够成熟，贡献也很少。新手和专家都需要参与某个特定社会团体，从而实现身份认同。维持社会成员身份的意愿，能够激发学习所在的社会团体的价值观和行为规则的动机。

区分马斯洛理论中的缺失性需要和存在性需要

马斯洛将四种低层次的需要——生存需要、安全需要、爱和归属的需要与自尊需要，统称为"缺失性需要"。在这些需要得到满足后，进一步满足它们的动机就会减弱。他将三种高层次的需要——求知需要、审美需要和自我实现的需要，统称为"存在性需要"。这些需要得到满足后，人们进一步满足它们的动机非但不会减弱，反而会更加强烈。

影响动机的基本需要是什么，自我决定如何影响动机

自我决定理论认为动机受胜任需要、自主需要、关联需要的影响。拥有自我决定的体验的学生会受到内部激励，他们会对学习更有兴趣，有更强的自尊感，并且能学到更多东西。学生能否拥有这样的体验，部分取决于教师与学生交流时采取的方式是信息性的还是控制性的。此外，教师必须接纳学生的观点，允许学生做选择，解释设置限制的原因，且将低分视为有待解决的问题而非批判的对象。

模块 33　目标与信念

12.3　目标定向

目标是个体要通过努力达成的结果或成就（Locke & Latham, 2002）。当一个学生努力阅读文章或力争得到满分时，他实际上就在进行一项目标导向的行为。在追求目标的过程中，学生通常明白目前的状况（如"我还没有开始读书"）、理想的状况（如"我已经理解了书中的所有内容"）以及两者之间的差距。目标激励人们采取行动，从而缩小"现在在哪儿"和"希望去哪儿"之间的差距。目标设定对我们来说通常很有效。当然，类似吃饭的常规任务不需要我们花费什么注意力，但是对于其他事情，我们每天都要设定目标。例如，今天我打算写完这一章、用跑步机锻炼身体、预约牙医、洗一堆衣服（我知道这很无趣）。如果已经计划好的事情不能完成，我会感到很不舒服。

根据洛克和莱瑟姆（2002）的理论，目标设定之所以能帮助学生提高成绩，主要有以下四个理由。

（1）目标能指引我们把注意力较长时间地集中在手头的任务上，避免分心。例如，每当我的心思离开本章内容，"写完这一章"的目标就会帮助我把注意力转移回写作上。

（2）目标能提供努力的动力。目标越具有挑战性，我们就越努力。

（3）目标能帮助我们坚持下去。当我们有明确的目标时，我们更不容易放弃目标，因为有难度的目标要求我们付出努力，时间紧迫的目标会促使我们加快速度。

（4）当旧的策略失效时，目标能促进新知识和新策略的形成。例如，如果你的目标是得到"优"，而第一次测验时你没有做到，那么下一次测验时你可能会尝试一种新的学习方法。

12.3.1　目标类型与目标定向

不同的目标类型，会影响我们动机的强弱。那些具体的、精心制定的、难度适中的，且在不久的将来可能实现的目标，会增强我们的动机和坚持性（Anderman & Anderman, 2014；Schunk, Meece, & Pintrich, 2014）。

具体的、精心制定的目标会为我们对自己行为表现的判断提供清晰的标准。如果我们的成绩没有达到目标，我们会继续努力。例如，拉尔夫·费雷蒂（Ralph Ferretti）和他的同事（2009）为 4 年级和 6 年级同学的论说文写作任务设定了总体目标（"给老师写一封信阐述是否该给学生留更多课外作业"），并将这个一般性的总体目标分解成了以下具体的子目标：①清楚说明你的观点；②列出两个以上的原因来支持你的观点；③说明为什么你选择这些原因（p.580）。研究发现，无论是正常的学生，还是有阅读障碍的孩子，获知这些具体的子目标都能使他们的论说文水平明显提高。

中等难度的目标也有利于动机的激发。所谓中等难度指任务既有挑战性，又并非不可完成。如果目标很快就能实现，我们就不会因为其他急迫的事情而把它搁置在一边。一些类似"匿名戒酒会"（Alcoholics Anonymous）的团体很明白短期目标的激励价值，总是要求成员"每次坚持一天不喝酒"。同样，将长期任务分解为短期步骤是一种用近期目标来激励个体的方法。

停下来　想一想

根据你的认同程度给下面的每个说法评分，分值为 1~5 分，其中 1 分代表非常同意，5 分代表非常不同意。

在学校，能让我感到高兴的事情有……

_____ 通过努力，我解决了问题。

_____ 我知道的比其他人多。

_____ 我不必努力学习。

_____ 我一直很忙。

_____ 我第一个完成了任务。

_____ 所有学习内容都很简单。

_____ 我学到了新的东西。

_____ 我是唯一得优的学生。

_____ 和朋友们在一起。

1. 学校里的四种成就目标定向

目标就是具体的靶子。**目标定向**指与学业成就相关的不同类型的目标信念。目标定向包含我们追求目标的理由和我们用以评估目标实现进展的标准。例如，你的目标可能是在这门课程的评定中得到优。那么，为了掌握教育心理学的内容，你会怎么做呢？是认真学习所有相关知识，还是尽量在朋友和家长面前表现得好一些？目标定向主要分为四种类型：**掌握目标**（mastery goal，学习）、**表现目标**（performance goal，表现好）、**回避努力**（work-avoidance）和**社会目标**（social goal）（Schunk et al., 2014; Senko, Hulleman, & Harackiewicz, 2011）。你能分辨出你刚刚在"停下来 想一想"中打的分数分别反映出了哪种目标定向吗？这些问题大多引自一项关于学生数学学习观的研究（Nicholls, Cobb, Wood, Yackel, & Patashnick, 1990）。

研究学生的目标时，研究者一般会将目标区分为掌握目标（也被称为任务目标或学习目标）和表现目标（也被称为能力目标或自我目标）。掌握目标的核心是提高能力、学习知识，不在乎表现如何。如果学生选择掌握目标，尤其是当他们觉得自己有选择权和自主性的时候，他们参与的积极性会更高，更愿意投入（Benita, Roth, & Deci, 2014）。持有掌握目标的学生倾向于寻求挑战，遇到困难时能够坚持努力，也更喜欢学习（Rolland, 2012）。他们能将注意力放在手头的学习任务上，而不会去担心自己的表现与班上其他人相比是否"合格"。我们常常形容他们是"沉迷于学习的人"。除此之外，他们也很愿意寻求恰当的帮助，更常使用深层认知加工策略，更愿意使用各种有效的学习策略，面对学习任务也更有自信（Anderman & Patrick, 2012; Senko et al., 2011）。

另一种目标是表现目标。持有表现目标的学生关注的是把自己的能力展现给别人看。他们很重视考试能否得高分，很关心自己能否获胜。那些重视自己在他人面前的表现的学生，会选择做一些使自己看起来聪明的事情。例如，为了"读最多的书"，他们会选择去读一些非常简单的书。对他们而言，重要的是别人如何评价他们的表现，而不是他们学习了什么。持有表现目标的学生的一些行为，实际上可能会妨碍学习。例如，为了完成任务，他们可能作弊或偷工减料，只对考试范围内的内容下功夫，沮丧地把考得不好的试卷藏起来，选择最简单的任务，面对没有明确评分标准的作业感到很不安（Anderman & Anderman, 2014; Senko et al., 2011）。

2. 表现目标一无是处吗

表现目标听起来相当低效，不是吗？早期研究发现，大多数时候，表现目标对学习有害，但就像外部动机一样，它并不是任何时候都没有益处。事实上，有些研究发现，无论是掌握目标还是表现目标，都能促使学生使用积极的学习策略，并提高他们的自我效能感（Midgley, Kaplan, & Middleton, 2001）。对于大学生来说，追求表现目标与高成就感密切相关。更为重要的是，与内外动机的关系类似，学生往往会同时追求掌握目标和表现目标（Anderman & Patrick, 2012）。

教育心理学家在区分掌握目标和表现目标的过程中，还增加了趋近和回避这一区分维度。也就是说，学生的动机可能趋近掌握目标，也可能是避免无知；可能是趋近表现目标，也可能是避免"看起来很傻"。表 12-2 中列举了每种目标定向的关注点和标准。你认为其中最大的问题在哪里？你是否认为真正的问题在于回避？那些害怕误解（掌握回避型）的学生可能会形成完美主义取向，追求确实的成功；那些试图避免自己"看起来很傻"（表现回避型）的学生可能会采取防御性的、回避失败的策略，正如前文案例中防御的达莱莎那样，装作漫不经心，表现出"我并没有真正尽力"的样子，或者作弊（Harackiewicz & Linnenbrink, 2005）。东西方文化的研究都表明，回避失败的策略与学生的无助感、逃学辍学行为和较低的学业成绩有关（De Castella, Byrne, & Covington, 2013; Huang, 2012）。

最后，我们还要警惕：如果学生希望表现得"聪明"，却没有成功，他们的表现趋近目标可能会转变为表现回避目标。变化的过程是从表现趋近目标（努力获胜）转变成表现回避目标（保住面子，不让自己看起来很傻），再转变成习得性无助（放弃）。因此，教师最好不要尝试用比赛和人际比较的方法来激励学生（Brophy, 2005）。此外，表现趋近目标和表现回避目标往往中度相关，因此学生可能同时拥有这两种表现目标（Linnenbrink-Garcia et al., 2012）。

表 12-2　目标定向

掌握目标定向和表现目标定向的学生都可能表现出趋近或回避的倾向。

目标定向类型	趋近型	回避型
掌握目标定向	关注点：较好地完成任务，学习，理解 标准：自我提高，进步，深入理解（任务卷入目标）	关注点：避免无知或无法较好地完成任务 标准：只求不出错，不犯错就是完美
表现目标定向	关注点：表现出众，获胜，成为最好的 标准：常模比较——得到最高分，在竞争中获胜（自我卷入目标）	关注点：避免看起来很傻，避免失败 标准：常模比较——不要成为表现最差的、分数最低的或速度最慢的（自我卷入目标）

资料来源：Pintrich, Paul R. and Daie H. Schunk. (2002). *Motivation in Education: Theory, Research and Applications* (2nd ed.). Boston: Allyn and Bacon.

3. 超越掌握目标与表现目标

有些学生既不想学习，又不在乎表现得聪明或笨拙，他们只希望马上结束任务或者干脆逃避学习。这些学生会尽可能用最快的速度完成作业，并且不付出任何努力（Schunk, Meece, & Pintrich, 2014）。约翰·尼科尔斯称这些学生为**回避努力学习者**（work-avoidant learners）——只有当他们不需要付出努力、任务很容易完成或可以游手好闲的时候，他们才会感到成功（Nicholls & Miller, 1984）。

还有一种目标类型是社会目标。随着学生年龄的增长，这种目标的作用日趋重要。当学生进入青春期以后，他们的社交网络会包含更多同伴。一些学业之外的活动，如体育运动、约会、闲逛等，都会和学校学习争夺时间。社会目标涵盖各种不同的需要和动力，它们有些有助于学习，有些则会妨碍学习。例如，为了避免伤害朋友的感情，在合作学习的过程中，青少年可能不愿意指出他人的错误答案或错误观念，这时维持友谊的目标就会阻碍学习进程（Tschannen-Moran & Woolfolk Hoy, 2000）。同样，"开心地和朋友们一起玩""不要成为令人讨厌的对象"等社会目标也会妨碍学习。但是，另一些社会目标，如"为家族带来荣耀""共同奋斗的团结精神""成为学习团体中的一员"等，则会促进学习（Pintrich, 2003；A. Ryan, 2001；Urdan & Maehr, 1995；Zusho & Clayton, 2011）。社会目标还与学生的情感健康和自尊有关。研究发现，重视社会关系的学生更有可能报告积极的情绪状况，如快乐，而回避人际关系的学生的恐惧、羞愧和悲伤程度更深（Shim, Wang, & Cassady, 2013）。

虽然我们分开讨论了不同的目标，但事实上学生总是同时追求多种目标的（Bong, 2009；Darnon, Dompnier, Gillieron, & Butera, 2010）。他们必须对自己的不同目标进行整合，从而决定究竟做什么、如何做。如果社会目标和学业目标发生冲突怎么办？例如，如果学生不明白学业成就与人生成功之间的关系——尤其是那些因为受到歧视而无法成功的人，他们就不可能将学业成就看作一个重要目标。这种"反学业"的学生群体可能存在于每所高中（Committee on Increasing High School Students' Engagement and Motivation to Learn, 2004；Lawson & Lawson, 2013）。有时，对于学生来说，在同伴团体中受欢迎，就意味着学业不能太优秀，而对他们来说，前者更加重要。维持人际关系的需要对大多数人而言是最基本，往往也是最重要的。

4. 社会情境下的目标

我们已从前面的章节中了解到，新近的教育心理学观点认为应该把人置于特定情境下研究，目标定向理论也不例外。人总是在特定社会情境下思考每个行动的意义的，例如，学生在生物课堂情境下完成某项作业，对这一行为的目标设定会反映出学生对"我们正在做什么"的不同理解。因此，置身于竞争激烈的课堂，学生更可能选择表现目标。相反，如果置身于支持型、以学习者为中心的课堂，那么即使自我效能感较低的学生，也会尝试着追求较高难度的掌握目标。根据社会认知理论，目标是"在个体、环境和行为的互动中形成的，是联结'意义''目的''自我'，从而指导和整合行为、思维和情感的中间环节"（A. Kaplan & Maehr, 2007；Zusho & Clayton, 2011）。

学生对他们的课堂的感知，决定了课堂目标结构

(classroom goal structure)，也就是学生认为的他们的课堂强调的目标（Murayama & Elliot, 2009）。一项研究发现，以掌握目标为导向（如成为一名优秀的教师）的教师，在教学实践中更有可能认为所有学生都能掌握课堂所学，并形成积极的掌握目标结构。与之相反，以表现目标为导向（如证明自己符合国家标准或职业标准）的教师往往提倡以表现目标为导向的课堂目标结构，并倾向于将学生的能力视为一种固定的特质，且这种特质一般不在教师的直接控制范围之内（Shim, Cho, & Cassady, 2012）。以掌握目标为导向的课堂目标结构对学生很重要。莉萨·法斯特和她的同事们（2010）发现，对于4至6年级的学生而言，如果他们觉得数学课堂是温暖的、富有挑战的和掌握目标定向的，他们就能拥有非常高的自我效能感，也会取得较好的数学成绩。所以，适度的挑战性、社会支持和对学习的关注，而不是"看起来不错"，似乎可以营造出一种积极的课堂氛围。

12.3.2 反馈、目标建构和目标认同

除了设定具体的目标、培育支持性的社会关系外，还有三个因素与课堂上目标设定的效率有关。第一个因素是反馈。为了让"现在在哪儿"和"希望去哪儿"之间的差异激发出动机，我们必须明确自己目前的状态以及需要做出怎样的努力。有研究表明，强调进步的反馈是最有效的。在一项研究中，研究者分别向两组成年人提供了不同的反馈，一组强调成功（"你完成了75%"），一组强调失败（"你还差25%才能达到标准"）。结果，得到较多强调成功的反馈的被试更自信，更愿意积极思考，且成绩显著提高（Bandura, 1997）。

第二个因素是目标建构。我们可以将不同的活动和任务解释或建构为有助于实现学生内部目标的活动，这些内部目标包括提升能力、自我决定、培育积极的师生关系和同伴关系、促进身心健康等内部目标；也可以将它们理解为有助于实现学生外部目标，如在考试中得到高分、符合他人要求、为下学期分班做准备等的活动。如果将学习与学生的内部目标（能力提升、自我决定和人际关系维持等）联系起来，学生会对学习内容进行更深入的加工，且更愿意花时间进行概念性理解，而非浅尝辄止。如果将学习与学生的外部目标（符合他人要求等）联系起来，那么学生将更倾向于机械学习，而不愿深入理解，且可能会缺乏坚持性（Vansteenkiste, Lens, & Deci, 2006）。

第三个因素是目标认同。认同感很重要，只有当人们认同这些目标时，它们才会对个人表现起到最大的促进作用（Locke & Latham, 2002）。如果学生拒绝他人为自己设定的目标，或者拒绝设定目标，他们的动机就会很弱。一般而言，学生更愿意接受那些实事求是、难度适中且有意义的目标，正如我们在上文中提到的。找出合理的理由，将学习活动与学生的兴趣相联系，能帮助他们认识到学习目标的价值，从而认同这些目标（Grolnick, Gurland, Jacob, & Decourcey, 2002）。因此，与其直接为学生确立目标，不如让学生参与制定目标的过程并促使他们积极投入实现目标的过程，例如让他们将目标写下来，并在达成目标后打钩，这样，教师就可以提升学生的目标认同感。

12.3.3 目标理论对教师的启示

学生喜欢清晰、具体、合理的目标，这些目标往往具有中等水平的挑战性，且能在较短时间内完成。如果教师比较重视学生的表现、分数，或希望他们在竞争中取胜，那么教师实际上是在鼓励学生设置表现目标。但是，这对学生的学习能力有害，会阻碍他们成为"任务卷入型学习者"，导致他们逃避学校学习，并最终形成习得性无助（Anderman & Anderman, 2014；Brophy, 2005）。如果学生还不擅长自己设置目标，也还不能完全专注于目标，那么鼓励和恰当的反馈非常有必要。如果需要使用奖励策略，要确保设定的目标是掌握知识和提升能力，而非取得好成绩或表现得聪明。此外，要注意目标不能太难。学生和成年人一样，面对总是令他们感到不安或沮丧的教师，他们不可能坚持学习或者认真回答问题。这一点与我们马上要讨论的"动机中信念的重要性"有关。

12.4 信念与自我图式

至此，我们已经讨论了需要、目标与动机的关系，但除此之外还有一个重要的影响动机的因素，

那就是学生对知识、学习、能力、成败等的认识。学生如何看待知识和学习,如何看待他们自己和自身的能力,如何看待造成自身成功或失败的因素等,都会深刻地影响学生的学习动机。下面就让我们从"学生如何看待知识"这个最基本的问题入手来展开讨论。

12.4.1 知识观:认识论信念

学生持有的知识观和学习观即**认识论信念**(epistemological belief),它会影响学生的学习动机,甚至会影响他们对不同学习策略的选择。

停下来 想一想

对C.K.尚和萨克斯(C. K. Chan & Sachs, 2001)提出的下列问题,你会怎样回答?

(1)学习数学的时候哪一项最重要?
a. 记住教师讲过的内容。
b. 大量地练习解题。
c. 理解需要解决的问题。

(2)学习科学的时候哪一项最重要?
a. 严格按照老师说的做。
b. 试着发现理论的意义。
c. 努力记住想要知道的一切。

(3)如果你想彻底了解某种事物(如动物),需要学习多长时间?
a. 如果努力,不超过一年时间。
b. 一两年时间。
c. 永远无法结束学习。

(4)你对某种事物了解得越多,你越会觉得……
a. 问题越来越复杂。
b. 问题越来越简单。
c. 所有问题都找到答案了。

研究者使用与上面的文字类似的问题,确定了认识论信念的多个维度(C. K. Chan & Sachs, 2001; Schommer, 1997; Schommer-Aikins, 2002; Schraw & Olafson, 2002):①知识的结构性——每个领域的知识是不同事实的简单组合,还是由不同概念和关系构成的复杂结构;②知识的稳定性与确定性——知识是固定不变的,还是在不断演进;③学习的能力——学习的能力是固定不变的(基于先天能力),还是可改变的;④学习的速率——知识可以在短时间内快速习得,还是需要靠长时间的付出缓慢发展;⑤学习的本质,学习是意味着背诵权威者传授的事实,将一个个孤立的知识点记住,还是指形成自己整合后的理解。

学生对知识和学习的信念会影响他们对学习策略的选择。例如,如果你相信知识能被快速习得,那么你会只尝试一两种耗时短的策略(如只读一遍课文,花两分钟时间完成拼写作业)就停止学习。如果你相信学习意味着形成整合后的理解,那么你会对学习材料进行更深入的研究,联系已有的知识,列举你知道的例子,绘制示意图,从而将新信息变为你自己的知识(Kardash & Howell, 2000; Muis & Duffy, 2013; Muis & Franco, 2009)。一项针对小学4、6年级学生的研究发现,与那些认为学习仅仅是复述知识的学生相比,认为学习需要建立在理解的基础上的学生对科学材料的加工更深入(C. K. Chan & Sachs, 2001)。研究者使用了上面"停下来想一想"中的问题来评估学生的信念。答案中的1c、2b、3c和4a对应的信念分别是:知识是复杂的、不断演进的、需要花时间理解的以及需要在学习过程中不断积累的。你的信念是什么?有研究发现,如果教师能够向学生示范如何使用批判性思维,将新信息与先前知识联系起来,并提供多种问题解决方案,那么教师就能帮助学生形成有利于深度扩展学习的信念(Muis & Duffy, 2013)。

在认识论信念中,有一个维度尤其重要,那就是学习的能力。

12.4.2 能力观

停下来 想一想

根据你的强度给下面德韦克(2000)量表中的说法评分,分值为1~6分,其中1代表非常同意,6代表非常不同意。

_____你的智力水平是固定的，你无法做出多少改变。

_____你可以学到新东西，但你无法改变你的智力水平。

_____无论你是谁，你都可以在很大程度上改变你的智力水平。

_____无论你的智力水平如何，它只能发生一点点的改变。

在学校里，最能强有力地影响动机的信念是关于能力的信念。人们对能力的两种基本认识是**能力实体观**（entity view of ability）和**能力增长观**（incremental view of ability）（Dweck, 2002, 2006; Gunderson et al., 2013）。能力实体观认为能力是一种稳定的、不可控的特质，是个体无法改变的特征。根据这一观点，某些人可能比另一些人更有能力，但每个人能力的总量是固定的。相反，能力增长观认为能力是不稳定的、可控的，是"无限扩展的技能和知识的总和"（Dweck & Bempechat, 1983, p.144），通过努力工作、学习或练习，知识会增加，能力也会随之提高。你如何看待能力？看看你在前面"停下来 想一想"中所打的分数吧。

研究表明，年幼的孩子倾向于能力增长观。在小学低年级阶段，大多数学生都相信努力和智力是一回事：聪明的人总是努力学习，努力学习也会让人变聪明；如果学业失败了，就说明你不够聪明，也不够努力（Dweck, 2000; Stipek, 2002）。到了十一二岁，孩子就能够区分努力、能力和成绩的不同了。在这一时期，他们开始相信那些不需努力就能成功的人才是真正聪明的人。他们关于能力的信念亦开始对其学习动机产生影响（Anderman & Anderman, 2014）。

持有能力实体观的学生倾向于设置表现目标，避免在别人眼里显得很差。他们会寻求能让自己看起来聪明、能维护他们自尊的情境，就像前文案例中保守的苏梅一样。他们总是选择做自己擅长的事情，而不愿付出更多努力，不敢承担失败的风险，因为无论是努力还是失败，对他们而言都是"低能"的标志。如果努力学习但仍然失败了，这样的结果对他们而言将是毁灭性的打击。那些有学习障碍的学生更可能持有能力实体观。

相反，持有能力增长观往往意味着更强的学习动机。对能力可以提高的信念，会帮助你专注于解决问题的过程，并采用良好的学习策略，而不是过分关注测验分数和成绩等级等结果（Chen & Pajares, 2010）。

持有能力实体观的教师一般会更快速地形成对学生的判断，而当这一判断与证据相冲突时，他们转变看法的速度却很慢（Stipek, 2002）。不同的是，持有能力增长观的教师倾向于设置掌握目标，创设能帮助学生提高技能水平的情境，因为学习进步就意味着变得更聪明；失败也并不可怕，它仅仅说明努力的程度还不够，而不会对能力造成威胁。持有能力增长观的个体倾向于设置难度适中的目标，从前文的阐述中我们已经知道，这种目标是最能激发动机的。一项有趣的研究发现，如果孩子两三岁时，父母因为他们的努力表扬了他们，那么等这些孩子七八岁时，他们更可能持有能力增长观（Gunderson et al., 2013）。对学生的努力和坚持进行表扬可能是一个很好的教学方法，因为有关能力的信念与其他一些信念密切相关，如对于学习中你能控制什么、不能控制什么的信念。

12.4.3　因果与控制观：归因理论

一种众所周知的动机理论认为，我们总是通过寻求各种解释和因果关系来弄清自己和他人行为的意义。为了理解我们的成功或失败，尤其是出乎意料的成败，我们常常问"为什么"。学生会问自己"为什么我期中考试没有及格"或者"为什么这个学期我考得这么好"。他们可能会把自己的成败归因于能力、努力、心境、知识、运气、兴趣、教学的明晰程度、他人的帮助、他人的干扰、不公平的政策等。为了理解他人的成功或失败，我们也会进行归因，例如认为他们的成功是因为聪明、幸运，还是因为努力。动机的**归因理论**（attribution theory）阐述了人们对自己和他人行为的解释、判断和辩解如何影响他们的动机这一问题（Anderman & Anderman, 2014）。

伯纳德·韦纳是把归因理论运用到学校教育中的主要心理学家之一（Weiner, 2000, 2010）。根据他的观点，大部分成败的原因可以归入以下三个维度：

①控制点（原因的控制点在个体的内部还是外部），比如，将一次成功的钢琴演奏归因于演奏者的音乐天赋或者努力就是内部归因，归因于教师的培养则是外部归因；②稳定性（引起事件的这个原因是否具有跨时间和跨情境的一致性），比如，天赋是稳定的，努力是可变的；③可控性（这个原因是否受个体控制），比如，努力和找到一个好教师是可控的，音乐天赋则不可控。

造成成功或失败的每种因素都可以根据上面的三个维度进行归类。例如，运气是一种外部的（控制点）、不稳定的（稳定性）、不可控（可控性）的因素。在归因理论中，能力通常被看作一种稳定而不可控的原因，这与能力增长观不同，能力增长观认为能力是不稳定且可控的。韦纳使用的控制点和可控性维度与德西提出的"因果控制点"概念密切相关。

韦纳认为，这三个维度对动机有重要意义，因为它们会影响个体的期望和价值评估。例如，稳定性维度可能与对未来的期望有密切关系。如果学生把失败归因于稳定的因素（如学习内容太难），他们就会预期以后遇到同样的内容时自己还会失败；但如果他们把失败归因于不稳定的因素（如心境、运气），他们就会期望下一次能取得更好的结果。内外控制点维度可能与自尊体验有密切关系。如果将成功或失败归因于内部因素，成功就会带来自豪感并增强动机，失败则会降低自尊。可控性维度与各种情绪相关，例如气愤、同情、感激、羞愧等。如果我们认为失败的责任在于自己，我们会感到内疚；如果我们认为成功是自己的功劳，我们会感到自豪；如果某项任务的失败是不可控的，我们会感到羞愧或气愤（Weiner，2010）。

对自己学习的控制感会促使学生选择更难的学习任务，付出更多努力，使用更好的学习策略，坚持学习更长时间（Anderman & Anderman，2014；Weiner，1994a，1994b）。而性别歧视、种族歧视、特殊人群歧视等因素，则会让这些人对于自己是否有能力掌控自身的生活产生怀疑（van Laar，2000）。

1. 课堂中的归因

如果人们对某项任务有很强的自我效能感（如"我很擅长学数学"），那么一旦失败了，他们更可能将失败归因于自己不够认真（"我应该多检查一遍"）、误解了指导语或不够努力。这些都是内部、可控的归因。因此，下一次，他们通常会把重心放在成功完成任务的策略上。这种模式往往能带来成就、自豪感和更强的控制感。那些自我效能感较低的人（如"我的数学学得一塌糊涂"）则倾向于将自己的失败归因于能力低下（"我很笨"）。这些归因倾向存在于各个年龄阶段、文化群体和学业主题（Hsieh & Kang，2010）。

如果学生把失败归因于稳定、不可控的因素，那么他们的动机会受到严重的损害。这些学生对失败采取听天由命的态度，感到沮丧、无助——我们通常称他们为"无动机者"（Weiner，2000，2010）。他们把错误归因于自己的无能，对待学习的态度也日益恶化。既然这些学生相信失败的原因是稳定、不可改变的，而且他们无力控制，那么他们对待失败的态度当然会越来越冷漠。此外，这样看待失败的学生也更不愿意寻求帮助，因为他们认为没有人能帮助他们。至此，就产生了一个失败与逃避的恶性循环——"越是缺乏动机的学生，越容易逃避困难，然后就更加缺乏动机了"（Marchland & Skinner，2007）。你会发现，如果一个学生持有能力实体观，认为能力是不能改变的，且自我效能感很低，总是把失败归因于自己缺乏能力（"我不会做，也学不会"），那么他动机的状况会很糟。研究发现，考试焦虑程度高、考试成绩差的学生，自我报告的无助感也很强。考试结束后，这些学生对自己的考试成绩不满意，但他们会将其归因于他们太焦虑了，认为是焦虑使他们无法在考试中实现最优表现（Cassady，2004）。这使得他们在未来的学习中更不愿意付出努力，因为他们认为他们不能掌控自己的表现。因而，接下来他们的学业表现也不会变得理想（Schunk，Meece，& Pintrich，2014）。

2. 教师行为与学生归因

我们也会对他人的成败进行归因。如果教师认为学生失败的原因是不可控的，那么他会对学生表示同情，而非惩罚学生。然而，如果教师认为学生失败的原因是可控的（如不够努力），他更可能表现出、愤怒的情绪，并斥责学生。这些倾向具有跨时间和跨文化的一致性（Weiner，1986，2000）。

学生会怎么理解教师的这些行为呢？桑德拉·格雷厄姆（1991，1996）给出的答案令人吃惊：有研究表明，当学生犯错时，如果教师表现出同情，表扬学生"有勇气"，或者主动提供帮助，那么学生更可能将自己的失败归因于不可控的因素，这个因素通常是"自己能力差"。这是否意味着教师的这种行为应该受到批判，教师不应该提供帮助呢？当然不是！但它提醒我们，过于热切的帮助会传达出人意料的信息。格雷厄姆（1991）指出，教师善意的同情会使很多来自少数群体、弱势群体的学生受到伤害。这些学生面临的真正困扰是：教师会"放松"对他们的要求，以使他们获得"成功体验"。但教师的同情、表扬和额外的帮助，也微妙地传达了类似"你没有能力完成这项任务，所以我不介意你失败"的信息。格雷厄姆认为："黑人孩子面临的一个问题就是，他们学业失败的经历使他们更可能成为教师提供同情性反馈的对象，并会因此接收到'低能'的暗示。"（1991，p.28）这种善意的反馈，即使是出于好心，其实质也属于一种微妙的种族歧视。

当然，教师还可以积极地影响学生的归因，从而提升学生的成就，增强学生的动机。例如，在物理课上，当老师鼓励有天赋的女生将成绩的提高归因于个人的努力和能力时，这些女生学习起来会更加投入，她们取得的进步也会进一步促进她们能力的提升（Ziegler & Heller, 2000）。此外，戴尔·申克（1983）发现，当年幼的学生在学习活动中获得归因性质的反馈时，无论他们的成就被归因于能力（"你擅长这个"）还是努力（"你一直在努力学习"），他们都会更加努力地解决问题，其问题解决能力也会有所提高。有趣的是，课程结束时，以能力为中心的归因反馈同样会使他们具有更高水平的自我效能感。因此，仅仅告诉学生他们擅长这项任务就能增强他们在特定领域的信心。

12.4.4 自我价值信念

虽然使用了不同的术语，但大多数理论家都认同自我效能感、控制感、自我决定对人们的内部动机具有关键性的作用。

1. 习得性无助

如果人们相信他们生活中的大多数事件是无法控制的，那么他已经形成了**习得性无助**（Seligman, 1975）。为了理解习得性无助的破坏力，让我们看看下面的实验（Hiroto & Seligman, 1975）。在实验的第一阶段，研究者让两组被试分别完成可破解和无法破解的字谜。在第二阶段，研究者给了所有被试一系列可破解的字谜。结果，那些在第一阶段面对的是无法破解的字谜的被试在第二阶段完成的字谜数量明显更少。他们似乎已经知道自己不可能得出答案，那又何必再尝试呢？

习得性无助会对个体的动机、认知和情感造成不良的影响。感到无助的学生会缺乏动机，不愿意学习。就像前文案例中描述的绝望的热拉尔多那样，他们预测自己会失败，因此甚至不愿意尝试——于是动机受损。同时，因为对学习很悲观，这些学生放弃了通过练习提高自身技能的机会，因此他们往往会出现认知缺损的情况。此外，他们还常常被沮丧、焦虑、倦怠等情绪困扰（Alloy & Seligman, 1979）。习得性无助的破坏力一旦形成，就很难逆转。

2. 自我价值

归因与能力观、自我效能感、自我价值之间到底有着什么样的关系？科温顿（Covington）及其同事认为，这些因素的共同作用形成了三种动机模式：掌握定向型、回避失败型和接受失败型，如表12-3所示（Covington, 1992; Covington & Mueller, 2001）。

表 12-3 掌握定向型、回避失败型、接受失败型学生

	对失败的态度	目标设定	归因	能力观	学习策略
掌握定向型	不畏惧失败	学习目标：中等难度且具有挑战性的目标	成功是因为努力、策略使用正确、知识丰富	能力增长观：能力可以提高	适应性策略，如转换方式、寻求帮助、增加练习
回避失败型	非常害怕失败	表现目标：非常难或非常简单的目标	失败是因为能力不足	能力实体观：能力是固定不变的	自我防御策略，如不努力、装作不在乎
接受失败型	预期自己会失败，沮丧	表现目标或无目标	失败是因为能力不足	能力实体观：能力是固定不变的	习得性无助，很可能放弃

掌握定向型学生（mastery-oriented student）重视成就，认为能力是可增长的（能力增长观），因此他们会设置掌握目标以提升自己的技巧和能力。他们不害怕失败，因为失败不会威胁到他们的胜任感和自我价值。因此，他们会设定中等难度的目标，敢于冒险，能够从失败中吸取经验。他们通常将成功归因于自己的努力，因此他们对自己的学习有责任感和很强的自我效能感。他们学得很快，更自信，更有活力，唤醒水平更高，喜欢针对性的反馈（这对他们来说没有威胁性），且渴望掌握"游戏规则"。因此，他们会成功。所有这些因素都有助于他们持之以恒地成功学习（Covington & Mueller，2001；McClelland，1985）。

回避失败型学生（failure-avoiding student）持有能力实体观，因此他们会给自己设定表现目标。他们缺乏独立于成绩之外的胜任感和自我价值感。也就是说，他们可能会仅根据最近一次考试的成绩衡量自己是否聪明，从而无法形成稳定的自我效能感。为了获得胜任感和自我价值感，他们必须保护自己，使自己远离失败。如果他们已经取得了成功，他们会像保守的苏梅那样，通过选择低风险和已经熟悉的任务来尽力避免失败。另外，只要他们体验到一点点失败感，他们就会像防御的达莱莎那样，采取各种自我妨碍策略，如不努力、设置过低或过高的目标、声称自己不在乎学习等。考试前，有些学生会说"我从不学习"或"我只要及格就好"。这样，只要分数高于及格线，他们就算成功了。拖拖拉拉也是一种自我保护策略。既然"考虑到我昨晚才开始复习，这样的成绩已经不错了"，那么低分就不意味着低能。事实上，这些都是自我妨碍策略。由于这些学生为自己的学业设置了种种障碍，他们往往无法进步。

不幸的是，回避失败往往恰恰会导致学生失败。如果不断地失败，借口变得越来越苍白无力，最终学生会认定自己很无能，他们的自我价值和自我效能感将荡然无存，他们甚至会选择放弃，最终成为**接受失败型学生**（failure-accepting student），将自己的所有问题归咎于能力不足。正如我们在前文中看到的，这些将失败归因于低能且认为能力无法改变的学生往往会变得沮丧、冷漠和无助。正如前面案例中提到的绝望的热拉尔多，接受失败型学生对能力的改变不抱希望。

为了防止回避失败型学生发展成接受失败型学生，教师可以帮助他们设定更现实的学习目标。从这个意义上说，每个孩子都有成功的机会，至少可以达成几个目标（L. H. Chen, Wu, Kee, Lin, & Shui, 2009）。同样，教师要帮助学生消除长期的性别歧视或种族歧视在他们内心留下的关于"能做好什么""不能做好什么"的刻板印象，并且帮助学生设定更高的期望。对这些学生而言，教师的帮助很重要。克劳德·斯蒂尔（1997）认为这些刻板印象（见第6章）在学校中非常常见，它们会使学生产生"不平等"信念，例如"女性不擅长数学"等。若学习者认同了这些刻板印象，他们的表现会受到影响，因为他们认为自己在该领域的能力取决于他们无法控制的稳定的个人特质。教师可以采取一些措施来帮助学生克服这些刻板印象（这在数学、科学和技术学科中很常见）的影响。例如，通过传达学习是可控的、刻板印象不准确等信息来最大程度地减轻学生的压力，形成积极的应对策略以实现目标（Osborne, Tillman, & Holland, 2010）。相比肯定个体差异，表达同情和理解、为学生的表现"开脱"似乎更加有效。但教师应该教会他们如何学习、如何对自己负责任，而不只是给予他们同情或谅解，这样才能帮助学生形成学习的自我效能感，避免习得性无助。关于如何培养学生的自我价值感，请参阅下面的实践指南。

| 实践指南 |

培养自我价值感

强调能力不是固定的，而是可以提高的。

例如：

（1）和学生分享你是如何在写作、运动或学习某种工艺的过程中增长知识、提高技能的。

（2）和学生聊聊你是如何通过尝试新策略或寻求帮助，扭转失败局面并获得成功的。

（3）收集学生在前一段学习过程中所做的第一份作业和最后的成果，从而帮助他们看到自己通过努力和互助实现的进步。

直接告诉学生掌握目标和表现目标之间的差异。

例如：

（1）鼓励学生针对每个单元制定一系列小目标。

（2）使用真诚的有针对性的表扬，帮助学生意识到自己的进步。

（3）把目标设定为每个人尽力做到最好，而不是与其他人竞争。

让学生明白在课堂上犯错并不可怕，错误能帮助我们找出需要改进的地方。

例如：

（1）如果上课时有学生回答错误，可以说，"我想其他人可能也会得出这个答案。让我们一起看看为什么这不是最好的答案。这是一个深入思考的好机会，真棒"。

（2）鼓励学生反思、改进，在需要重做时，也注意强调他们的进步。

（3）让学生明白认真复习与考试得高分之间的联系，特别强调在复习和考试的过程中，他们的能力会有怎样的增长。

鼓励学生互相求助、互相帮助。

例如：

（1）指导学生如何针对自己不明白的地方提出明确的问题。

（2）表扬那些帮助他人的学生。

（3）专门安排一些人负责操作指导、进度监控一类的任务。

12.4.5 信念与归因理论对教师的启示

如果学生认定自己没有能力学习高等数学，他们就会依据这个信念去行动，即使他们的实际能力远超平均水平。这些学生在学习三角函数或微积分时可能会缺乏动机，因为他们对自己在这些领域的成就的期望很低。如果学生相信失败就意味着愚蠢，那么他们可能采取各种自我妨碍（同时也是自我防御）的策略。而那些强调成绩、学分和竞争压力的教师，恰恰在无意识中鼓励着学生的自我妨碍（Anderman & Anderman，2014）。仅仅让学生"再努力一点"是没有用的，要用事实证据让他们相信：努力就会有回报，设置更高的目标不会导致失败，每个人都能进步，能力可以改变。学生需要真实的成功体验。

除了前面讨论过的需要、目标、信念之外，还有什么因素会影响学习动机？那就是后面将要讨论的情感因素。

模块 33 小结

什么类型的目标最能激发动机

那些具体的、难度适中的，且在不久的将来就可能实现的目标最能激发动机。

描述掌握目标、表现目标、回避努力和社会目标

掌握目标是获得知识和掌握技能的意愿，它使学生乐意寻求挑战，且在遇到困难时能够坚持努力。表现目标是获得高分或让自己显得比其他人更聪明、更能干的意愿，它会让学生专注于自己和自己的表现。学生可能趋近或回避这两种目标，其中回避倾向比较容易引起问题。回避努力学习者只想寻求解决问题的最简单途径。社会目标对学生的学习动机既可能有益，又可能有害，这取决于具体的目标（如与同伴玩乐或为家庭增光）。

如何使课堂中的目标设置有效

要使课堂中的目标设置有效，学生需要得到关于他们进度的精确反馈，且他们必须接纳这一目标设置。一般而言，学生更愿意接受那些实事求是、难度适中、有意义，且其价值能够得到合理说明的目标。

什么是认识论信念，它对动机有何影响

认识论信念指对思维和学习发生的方式的理解。个体的认识论信念会影响他们的学习过程、他们对自身和所学内容的预期，以及他们对学习任务的参与度。具体而言，认识论信念包括个体对知识的结构性、稳定性和确定性的理解。例如，如果认为所有知识可以构成彼此关联的网络，那么学生会尝试着通过有意义的途径将新知识与先前知识联系起来。如果学习任务太具挑战性，他们会认为这些新信息对他们毫无意义，不值得学习。

能力观如何影响动机

持有能力实体观的个体相信能力是固定不变的，他们倾向于设置表现目标，尽力避免失败，以求自保。然而，如果个体相信能力是可增长的，即持有能力增长观，他们会倾向于设置掌握目标，建设性地处理失败。

维纳归因理论中的三个归因维度是什么

根据维纳的理论，大部分成败的原因可以归入以下三个维度：控制点（原因的控制点在个体的内部还是外部）、稳定性（引起事件的这个原因是否具有跨时间和跨情境的一致性）和可控性（这个原因是否受个体控制）。

如果学生把失败归因于稳定、不可控的因素，那么他们的动机会受到严重的损害。这些学生对失败采取听天由命的态度，感到沮丧、无助——我们通常称他们为"无动机者"。

什么是习得性无助，它会造成什么不良影响

如果人们相信他们生活中的大多数事件是无法控制的，那么他已经形成了习得性无助，这会对动机、认知和情感造成不良影响。感到无助的学生会缺乏动机，不愿意学习；这些学生放弃了通过练习提高自身技能的机会，因此他们往往会出现认知缺损的情况；他们还常常被沮丧、焦虑、倦怠等情绪困扰。

自我价值如何影响动机

掌握定向型学生重视成就，认为能力是可增长的，因此关注掌握目标，敢于冒险，能够从失败中吸取经验。而自我价值感较低的个体往往会采取回避失败型或接受失败型策略，以使自己不受失败的伤害。这些策略短期内似乎有所帮助，但长期来看对动机和自尊都是有害的。

模块 34　兴趣、好奇与情绪

12.5　兴趣、好奇与情绪

你还记得自己刚入学的时候吗？那时的你是否对未来充满好奇？你是否为你即将进入新世界感到非常激动？你是否感到兴趣盎然，感觉未来的生活充满挑战？很多孩子都是这样的。但令家长和教师感到担忧的是，不久后，这种对学习的好奇和兴奋劲就会被枯燥感、无趣感取代，上学会变成一份不得不做的工作，学校也会变成不怎么有趣的工作场所（Wigfield & Wentzel，2007）。事实上，从小学到高中，学生对学校的兴趣会随时间的推移而下降，其中男孩兴趣下降的幅度比女孩更大。尤其是进入中学时，学生兴趣的下降非常明显。对在校学习的研究表明，兴趣与学生的注意力、目标、成绩和学习深度有关，所以兴趣的下降应该得到重视（Dotterer，McHale，& Crouter，2009；Renninger & Hidi，2011）。

12.5.1　激发兴趣

停下来　想一想

假设你希望到一所规模较大的高中工作，面试时校长问你："你怎样让学生对学习感兴趣？在教学中，你能激发他们的兴趣吗？"你会如何回答？

兴趣可以分成个体兴趣和情境兴趣两类，其中个体兴趣是特质性的，而情境兴趣是状态性的。个体兴趣或个人兴趣是使个体被语言、历史、数学等科目或者运动、音乐、影视等活动长久吸引的动力。对学习持有普遍性个体兴趣的学生会追求新鲜知识，对学习的态度也更积极。情境兴趣则是活动、课文或材料的某个方面对学生注意力的短时间吸引。无论是个体兴

趣还是情境兴趣，都会影响知识的学习效果：对学习越有兴趣，对学习材料的情感反应越积极，越能坚持学习，思考越深入，记忆材料的效果越好，学业成就也越高（Ainley, Hidi, & Berndorf, 2002; Hofer, 2010; Pintrich, 2003）。同时，当学生体验到胜任的感觉时，他们的学习兴趣会提高。也就是说，即使学生一开始对某部分学习内容或某项活动没有兴趣，也可能在体验到成功后慢慢形成兴趣。

安·伦宁格和苏珊·希迪（Ann Renninger & Suzanne Hidi, 2011）阐述了兴趣形成的四阶段模型：情境兴趣被激发→情境兴趣得以保持→产生个体兴趣→形成成熟的个体兴趣。希迪和伦宁格（2006）在文章中介绍过一个叫茱莉娅的大学毕业生的案例。当茱莉娅紧张地在牙医诊室外等待时，她百无聊赖地翻开了一本杂志。忽然，她的注意力被其中一篇文章吸引了（情境兴趣被激发），文章讲的是一个人放弃了工程师的工作，转而去做法律冲突协调员的经历。直到牙医叫她的号，她还在读这篇文章。等她看完牙，她又找出了这本杂志，读完了这篇文章（情境兴趣得以保持）。此后的几周，她对协调员这个职业进行了更详细的调查，做笔记、上网搜索、去图书馆查资料、向导师咨询（产生个体兴趣）。四年后，茱莉娅终于如愿成为一名协调员，在一家律师事务所处理了很多起仲裁个案（形成成熟的个体兴趣）。

在四阶段模型的早期阶段，兴奋感、愉悦感、趣味感和好奇心等情感扮演了重要的角色。当茱莉娅开始阅读时，积极的情感能激发情境兴趣。随之而来的好奇心帮助她在不断学习如何成为协调员的过程中保持积极性。随着茱莉娅为了满足好奇心而不断学习新知识，她的个体兴趣出现了，而积极情感、好奇心和知识的不断循环，使兴趣得到了持久的巩固。

无论什么时候，将学习内容与学生持久的个体兴趣联系起来，都会对学习很有帮助。但是，教师要讲授的内容是根据当前课堂中大多数学生的标准选定的，想根据每个学生的个人兴趣来安排课程是很困难的。为此，你需要更多地使用激发和保持学生情境兴趣的策略。对于教师而言，最困难的不是抓住学生的兴趣，而是保持兴趣（Pintrich, 2003）。例如，马修·米切尔（Mathew Mitchell, 1993）发现，在中学数学课堂上，教师可以使用计算机、分组学习、猜字谜等方式抓住学生的兴趣，但这些兴趣无法保持。而那些将数学与解决现实生活中的问题联系起来或者让学生积极参与实验教学的策略，则可以长久保持学生的兴趣。兴趣的另一个来源是想象。例如，科多瓦和莱佩尔（Cordova & Lepper, 1996）让学生用一套计算机程序学习数学，该程序要求中学生扮演正在进行星际航行的船长，通过接受挑战、完成各种数学题来实现航行。学生可以运用想象力，为自己的飞船起名字，往飞船上装载食物，给每个同伴分配代号。研究发现，这些学生学到了更多数学知识。另外，挑战、新奇的事物、与他人合作、扮演专家、参与团队项目也有助于兴趣发展（Renninger & Hidi, 2011）。杜里克和哈拉基维奇（Durik & Harachkiewicz, 2007）在研究了青春后期学生的数学学习后发现：使用有插图的彩色课本激发学生兴趣的方法，对原本没有兴趣的学生有所帮助，但对那些原本就有兴趣的学生起不到什么促进作用。对已经有兴趣的学生而言，让他们明白数学的实用性，是保持他们兴趣的一种更有效的方法。此外，只要学生相信他们可以有效地应对复杂的内容，复杂的内容就更有利于激发学生的兴趣（Sylvia, Henson, & Templin, 2009）。

请阅读下面的"正方观点/反方观点"，其中对如何培养学生兴趣的讨论，你可以借鉴。

正方观点 / 反方观点

让学习有趣就能让学习有效吗

很多新手教师在被问到如何激发学生的学习兴趣时，会提出很多让学习变得有趣的方案。但让学习有趣是不是必需的呢？

正方观点：教师应该让学习变得有趣

在Google上搜索"让学习有趣"（making learning fun），搜索结果10多页。显然，大家对如何让学习变得有趣这个话题很感兴趣。研究表明，文章中的段落越有趣，学生对其的记忆效果越好（Schunk, Meece, & Pintrich, 2014）。例如，学生会在自己感兴趣的书上花费更多时间和精力，阅读愉悦感也更强（Guthrie & Alao, 1997）。

玩游戏或模型也会使学习更有趣。举个例子，我女儿上8年级时，花了三天时间和全班同学一起玩了一个由老师设计的叫作"ULTRA"的游戏。在游戏中，学生要分成不同的小组，每个小组扮演一个"国家"。每个"国家"都要有自己的名字，选择不同的代表符号、国花和国鸟。他们还谱写并演唱了"国歌"，并选举了"政府官员"。老师给不同"国家"分配了不同的资源。为了获得多种资源，从而完成指派的工程，各个"国家"之间需要进行贸易往来。游戏中存在一个金融体系和一个股票市场。学生们需要与其他"市民"合作，完成各种合作学习任务。有些"国家"在贸易中"欺骗"了其他"国家"，造成了非常不好的后果，这促使学生探讨国际关系、信任与战争的关系。莉斯说她觉得很有趣，她学会了如何在没有老师指导的情况下进行团体学习，也对世界经济和国际冲突的形势有了深刻理解。

在另一项研究中，一位很会激励学生的3年级教师让她的学生建立了一个校内邮局。他们给学校的每个班级编写了地址，设定了邮政编码。学生在邮局工作，每个学生都可以利用邮局给同学和老师写信。他们自己设计邮票、设置投递频率。这位教师说，这个系统"在不知不觉中提高了学生创意写作的水平"（Dolezal, Welsh, Pressley, & Vincent, 2003, p.254）。

反方观点：趣味性会妨碍学习

早在20世纪初，就有教育者警告说，对学习趣味性的关注是有害的。杜威曾深入地阐述兴趣对学习的作用，但恰恰是他提出了警告：在原本枯燥的学习中加入一些有趣的成分并不能使学习变得有趣，这与你往坏辣椒里加辣酱来改善口味是不同的。杜威写道："'我们把事物变得有趣，是因为我们希望激发人们的兴趣——这句话本身就是一种误导。这个事物本身并不会因此变得比原来更有趣。"（Dewey, 1913, p.11-12）

目前，大量研究表明，靠加入一些吸引人的与内容无关的细节来提高趣味性，事实上反而会阻碍对重要信息的学习。这些"诱人"的细节会使人们的注意力从相对无趣但更重要的内容上转移开来（Harp & Mayer, 1998）。例如，阅读历史人物的传记时，学生记住的更多的是那些有趣但不重要的信息，而不是有趣而重要的观点（Wade, Schraw, Buxton, & Hayes, 1993）。

香农·哈普（Shannon Harp）和理查德·迈耶（1998）在针对高中生科学课本的研究中得到了同样的结果。研究中使用的课本在介绍闪电的发生过程时，加入了能激发情感兴趣且吸引人的细节——游泳运动员和高尔夫运动员被闪电击伤的故事。结果发现，"比较情感兴趣和认知兴趣，结论很清楚，为了提高情感兴趣而增加的内容，无法促进学生对科学解释的理解"（p.100）。吸引人的细节会打断学生理解科学理论的逻辑过程，从而妨碍学习。哈普和迈耶总结说："帮助学生享受阅读的最好方法就是帮助他们理解内容。"（p.100）

当然，我们希望我们的课程是吸引人的、有趣的，甚至好玩的，但这样做的前提应该是它可以促进学习。即使学习很艰苦，而且有时是乏味的，学生也需要学会坚持学习。努力学习是生活的一部分，一起努力学习本身就可以很有趣。

12.5.2　好奇心：新异性和复杂性

20世纪60年代，心理学家提出，每个人天生就具有追求新颖、惊喜和复杂事物的动机（Berlyne, 1966）。探究欲是一种天性，婴儿就是通过探索世界来进行学习的（Bowlby, 1969）。赖斯（2004）将好奇心列为16种人类基本动机之一，弗卢姆和卡普兰（Flum & Kaplan, 2006）更是提出学校应该把培养学生的好奇心和探究欲作为主要目标。

好奇心和兴趣密切相关。好奇心可以被界定为对广泛的不同领域感兴趣的倾向（Pintrich, 2003）。根据伦宁格（2009）的兴趣四阶段模型，当我们提出并试图解答"令我们感到好奇的问题"时，我们就开始萌生个体兴趣了。这些"令我们感到好奇的问题"有助于我们整理自己知道的关于某个主题的知识。为了将情境兴趣转化为更长久的个体兴趣，好奇心和探究欲就显得很必要。

乔治·罗文斯泰恩（George Lowenstein，1994）指出，当学生的注意力集中到某个知识缺口上时，他们的好奇心就会被激发。这种信息空白会造成一种缺失感，一种我们称之为"好奇心的求知的需要"。那幼童的情况又是怎样的？杰米·吉罗特和戴维·克拉尔（Jamie Jirout & David Klahr，2012）对幼儿科学好奇心的研究得出了类似的结论。他们将好奇心定义为"在引发探索性行为的环境中，学生产生预期的不确定性的程度"（p.150）。简单地说，就是幼童偏好的不确定性程度。孩子对不确定性的偏好程度越高，他们就越好奇，也就越有可能通过探索来处理这种不确定性。这种观点与第2章中皮亚杰提出的"失衡"的概念很相似。这种观点对教学有很多启示。首先，学生必须具备一定的基本知识，这样他们才有可能体验到某些知识空缺。其次，学生必须发现能使他们好奇的知识缺口。也就是说，他们要有自己知道什么、不知道什么的元认知意识（Hidi, Renninger, & Krapp, 2004）。要求学生进行猜测，然后提供反馈，是一种有效的办法。另外，可以恰当地运用他们犯的错误激起他们的好奇心，因为这会指出他们缺乏的知识。最后，我们对某个主题了解得越多，好奇心往往就越强。就像马斯洛（1970）所说的，求知的需要越是得到满足，就越会增强（而非减弱）。关于如何在课堂中培养兴趣和好奇心的更多内容，你可以参看下面的实践指南。

| 实践指南 |

培养学生的兴趣和好奇心

把学习内容与学生的经验联系起来。

例如：

（1）与其他学校的老师一起，使不同班级的学生结成笔友。通过写信的方式交流个人经验，分享相片、绘画、文章，互相提问和回答问题，例如"你学过书法吗""你们在数学课上都做什么""你读什么书"。为了节约邮费，可以把信件装进大信封一起寄出，或者发电子邮件。

（2）弄清班上拥有不同特长的人才。谁会用电脑画图？谁会上网搜索资料？谁会烹饪？谁会使用索引？

（3）安排"交换日"活动，让学生与学校教师或监护人互换角色。学生需要访谈教师，研究交换对象，进行工作准备，在"交换日"那天扮演好自己的角色，并在一天结束后评价自己的表现。

弄清学生的兴趣、习惯和课余爱好，将它们融合到教学中。

例如：

（1）让学生们自己设计并进行一次访谈或调研，了解彼此的兴趣爱好。

（2）确保班级图书室的藏书符合学生的兴趣爱好。

（3）允许学生根据兴趣进行选择，例如选择阅读什么故事或参与哪项科学实验。

用幽默表达、个人经历和趣闻逸事来丰富你的教学，展示出学习内容中人性化的一面。

例如：

（1）和学生分享你的兴趣、习惯和爱好。

（2）告诉学生将有一位意想不到的访客到访，然后装扮成故事的作者，向学生介绍"你自己"和你的文章。

使用内容有趣、细节丰富的原创性材料。

例如：

（1）历史上的信件或日记。

（2）达尔文的生物学手稿。

创造条件，让学生产生惊喜和好奇之感。

例如：

（1）实验中，先让学生预测会发生什么现象，然后让他们检验自己的预测是否正确。

（2）摘录一些历史上的名言，然后让学生猜猜它们分别是谁说的。

（3）使用带有积极/情感动词（clinging vs. walking）、不熟悉的词（orangutan vs. fox）、不常见的形容词（hairy vs. brown）和意外的结局等内容的新颖阅读材料（Beike & Zentall，2012）。

12.5.3 心流

你是否曾经"进入状态"或"陷入沉思"?你可能体验过**心流**(flow)——这是一种完全沉浸在一项具有挑战性的任务之中,高度专注和投入的心理状态(Csikszentmihalyi,2000)。身处心流的个体完成任务时会体验到更大的乐趣,在没有提示的情况下也能继续工作,其产出往往质量更高、更具创造性。当学习者做好了理解任务的充分准备,有较高的自我效能感和内在动机,并且在情境中有足够的控制力和自主性,以指导和驱动学习体验时,最容易出现这种心流状态。心流是环境、个人和任务相关因素之间的微妙平衡(Schweinle, Turner, & Meyer, 2008)。这一概念的相关研究表明,处于心流状态的乐趣很大程度上可以由个体从事任务时注意力的集中状态来解释(Abuhamdeh & Csikszentmihalyi, 2012)。为了在课堂上创造心流体验,教师可以为学生提供具有适度挑战性的任务。当然,这些任务本身需要有趣,能够吸引他们的注意力。

12.5.4 情绪与焦虑

你对学习有着怎样的感受,兴奋、枯燥、好奇还是害怕?当今的研究者强调,学习不只是推理和问题解决这类"冷认知"。学习和信息加工过程同样受情绪影响,因此"热认知"也扮演着重要角色(Bohn-Gettler & Rapp, 2011; Pintrich, 2003)。如今我们对情绪、学习和动机的研究日益丰富起来,某种程度上也是因为我们对大脑和情绪的了解更深入了。

1. 神经科学与情绪

对哺乳动物(包括人类)而言,只要大脑中一个叫杏仁核的小区域受到刺激,就会产生强烈的情绪反应,如或战或逃反应。这种反应在动物身上更明显。对于人类,情绪不只是大脑激发的生理反应的结果,还综合了人们对当前情况和其他一些信息的理解。因此,如果你在电影院观看动作片时,忽然听到一声惊叫,这只会引起你短暂的情绪反应;但如果你是在午夜走过漆黑的小巷子时听到那声惊叫的,那么它将引起你强烈且持久的情绪反应。虽然杏仁核在情绪反应中扮演了核心角色,但大脑中很多其他区域也与情绪有关。情绪是"认知评估、有意识的情感和身体反应这三者的持续互动,它们中每一个都能影响其他两个"(Gluck, Mercado, & Myers, 2007, p.418)。人们更容易注意和记住那些能引起自己情绪反应的事件、图像和文章(Cowley & Underwood, 1998; Murphy & Alexander, 2000; Reisberg & Heuer, 1992)。情绪能改变脑内多巴胺的水平,从而影响长时记忆,还能使注意力集中到问题的某一个方面,这些都会影响我们的学习效果(Pekrun, Elliot, & Maier, 2006)。有时,情绪也会占用注意资源和工作记忆空间,从而妨碍我们学习(Pekrun, Goetz, Titz, & Perry, 2002)。

教学中,我们尤其要注意一种特定的情绪——与学业成就相关的情绪。经历成功或失败会激发各种"学业情绪",例如自豪感、希望感、厌倦感、气愤感或羞愧感(Pekrun, Elliot, & Maier, 2006)。这些发现对教学有什么启示呢?

2. 学业情绪

除了对焦虑的研究外,过去我们很少关注情绪在学习和动机中的作用(Linnenbrink-Garcia & Pekrun, 2011)。但正如前文所述,神经科学研究已经发现,情绪既能影响学习过程,也受学习过程影响。莱因哈德·佩克伦(Reinhard Pekrun)和他的同事(2006, 2010)以美国和德国的青少年为对象进行了研究,以证明不同目标定向与厌倦及其他情绪的关系。这里的目标定向包含我们前义讨论过的三种类型:掌握定向、表现趋近定向和表现回避定向。

持有掌握目标的学生关注学习本身。他们认为学习是提升能力的有效途径,感觉自己对学习有控制力。他们不害怕失败,所以能集中精力完成当前的任务。研究者发现,掌握目标能预测学习中的愉悦感、希望感和自豪感。厌倦是学习过程中的一个很大的问题,因为它与难以集中注意力、缺乏内部动机、不够努力、学习不深入以及较弱的自我调节学习能力有关(Pekrun et al., 2010)。

持有表现趋近目标的学生希望自己看起来聪明,他们把注意力放在能否得到好成绩上。表现趋近目标与自豪感的关系最密切。持有表现回避目标的学生则害怕失败，害怕被视为笨蛋，这几乎占据了他们全部的注意力。表现回避目标能预测焦虑、绝望和羞愧情绪。表12-4对这些研究结果进行了总结。

表 12-4　不同目标定向对学生成就情绪的影响

不同目标定向与影响动机的不同情绪相关。

目标定向	学生成就情绪
掌握定向： 关注学习，可控性强，重视学习	提高：愉悦感、希望感、自豪感 降低：厌烦感、气愤感
表现趋近定向： 关注结果，可控性强，重视成绩	提高：自豪感、希望感
表现回避定向： 关注结果，可控性差，不重视成绩	提高：焦虑感、绝望感、羞愧感

资料来源：摘自Pekrun, R., Elliot, A. J., Maier, M. A.（2006）. Achievement goals and discrete achievement emotions: A theoretical model and prospective test. *Journal of Educational Psychology*, 98, 583-597.

如何在教学中使学生产生更多积极的成就情绪，减少厌倦情绪？如果学生认为自己对所学内容缺乏控制，并且认为学习没有价值，他们就会对学习感到厌倦。将学习任务与学生的能力水平相匹配，并给学生提供选择的机会，可以提高学生的控制感。除此之外，帮助学生建构学习兴趣并展现学习的价值，可以帮助学生克服厌倦情绪。请记住，成就情绪具有领域特异性。学生喜欢且擅长数学，并不意味着他们同样喜欢英语或历史（Goetz, Frenzel, Hall, & Pekrun, 2008；Pekrun et al, 2010）。除此之外，那些喜欢本学科的老师往往更有热情，也会鼓励学生享受学习。因此作为教师，你要尽可能确保自己对教学工作充满热情和兴趣（Brophy, 2008；Frenzel, Goetz, Lüdtke, Pekrun, & Sutton, 2009）。

3. 唤醒

我们都知道被激发出动机是什么感觉。同样，我们也知道被唤醒是什么感觉。唤醒包含心理反应和生理反应。生理反应包括脑电波模式、血压、心率和呼吸频率的变化，心理反应则包含警觉、非常清醒甚至异常兴奋的感觉。

为了理解唤醒对动机有什么影响，让我们先来思考两种极端情况。第一种情况是在深夜，你第三次尝试理解老师提供的阅读材料，但你实在太困了，你的眼皮睁不开，注意力也无法集中。你决定上床睡觉，第二天早点起床继续学习（其实你知道你很可能起不来）。第二种情况恰恰与之相反：你知道明天有一场非常重要的升学考试，你感到压力很大，因为其他同学成绩都很优秀。你知道你应该好好睡一觉，但你非常清醒，完全无法入睡。在第一种情况下，你的唤醒程度太低；在第二种情况下，你的唤醒程度又太高了。心理学家很早就发现，多数活动都有一个最佳的唤醒水平（Yerkes & Dodson, 1908）。通常来说，面对简单任务（如将衣服分类，以便清洗）时，唤醒水平偏高，任务完成的效果比较好；但面对复杂任务（如参加SAT或GRE考试）时，唤醒水平偏低，任务完成的效果反而较好。

4. 课堂中的焦虑

我们每个人都曾体验过焦虑、不安、自我怀疑和紧张。学业焦虑有许多形式，包括考试焦虑、数学焦虑、科学焦虑、公开演讲焦虑等。一项关于学业焦虑的研究表明，这些焦虑都可能引发不利于学业表现，且可能使学生放弃学习的信念和行为模式（Cassady, 2010）。焦虑对学业的影响很明显。焦虑是学业失败的原因，也是学业失败的后果——学生会因为焦虑而取得不理想的考试成绩，而考试失败会加剧他们的焦虑。焦虑既是一种特质，又是一种状态。有些学生在各种场合都会感到焦虑（特质焦虑），有些场合则尤其容易令人焦虑（状态焦虑）（Covington, 1992；Zeidner, 1998）。焦虑的附加模型（additive model of anxiety）表明，要准确地解释焦虑对学习表现的影响，我们必须同时关注特质焦虑和状态焦虑两种成分（Zohar, 1998）。对特定条件（状态）威胁的感知，决定了个体焦虑程度将超出标准特质水平多少（Spielberger & Vagg, 1995）。

焦虑既包含认知成分，又包含情感成分。焦虑的认知方面包括担忧和负面思维，例如总是想到失败会有多可怕，总是担心自己会失败；情感方面包括生理和情绪反应，例如手心冒汗、反胃、心跳加快、感到害怕等（Jain & Dowson, 2009；Schunk, Meece,

& Pintrich，2014）。任何时候，考试压力、失败的严重后果、学生间的竞争等，都会导致焦虑的产生（Wigfield & Eccles，1989）。针对学龄儿童的研究发现，睡眠质量（入睡速度和睡眠好坏）与焦虑有关：高质量的睡眠能促进积极的唤醒和对学习的渴望；相反，低质量的睡眠会导致焦虑令人虚弱，使个体的学业成绩下降。也许你做学生时就发现过这些联系（Meijer & van den Wittenboer，2004）。

5. 焦虑是怎样影响成绩的

两种被广泛使用的模型可以解释学业焦虑对成绩的影响，不过相关研究主要集中在考试焦虑上。第一个模型以一个经典论点为基础，即焦虑对成绩的影响主要在于考试时它会分散必要的认知资源。认知干扰模型（cognitive interference model）假设学生已经掌握了学习内容，但是焦虑"阻止"了适当的提取过程（Sarason，1986；Zeidner & Matthews，2005）。第二个模型源于基础研究。研究表明，即使没有评价压力，焦虑程度高的学生在信息组织、有效学习及考试方面的表现也不会很好（Cassady，2004；Naveh-Benjamin，1991）。

综合这两种观点，目前对学业焦虑的研究表明，在学习-考试周期的三个不同阶段，焦虑都影响着学生的信念和行为。这三个阶段分别是准备阶段、表现阶段和反思阶段。准备阶段包括上课、学习和准备考试等活动。当学生学习新内容时，他们必须全神贯注，而焦虑程度高的学生会因为担忧、紧张而注意力分散。他们无法集中注意力，总是因为自己胸口的紧张感而分心，总是想："我太紧张了，我无法学会这些内容！"焦虑的学生可能从一开始就会遗漏很多有用的信息，因为他们的注意力主要集中在自身的焦虑上。无论学习者是不善于学习，还是因焦虑不安而回避学习内容，抑或是仅仅因为考虑考试失败的后果而分心，他们的学习显然都是不完整的（Cassady & Johnson，2002；Jain & Dowson，2009；Zeidner & Matthews，2005）。问题并未到此为止。在表现阶段，焦虑会阻碍对所学知识（通常是贫乏的）的提取（Schwarzer & Jerusalem，1992）。最后，在反思阶段，焦虑型学习者对失败的归因方式将进一步恶化他们未来的表现，他们认为自己根本无法成功完成任务，没有控制感，并会为未来设定无效的目标。

12.5.5　关注到每个学生：应对焦虑

有些学生，尤其是那些存在学习障碍或情绪障碍的学生，在学校中更可能感觉焦虑。当学生面临考试等压力情境时，他们通常会采取三种应对策略：问题解决、情绪管理和回避。聚焦于问题解决的策略包括制订学习计划、借阅复习笔记、寻找安静的学习空间等。聚焦于情绪管理的策略主要用于缓解焦虑感，例如采取放松训练或向朋友倾诉。当然，后者可能会演变成一种回避策略，例如一起出去吃比萨或者忽然决定彻底清理书桌（清理完之前是无法学习的）。如果使用得当，不同的策略能在不同的时刻发挥作用，例如在考试前使用问题解决策略，在考试中使用情绪管理策略。同样，不同的策略也适用于不同的个体和不同的情境（Zeidner，1995，1998）。更多建议，请参考下面的实践指南。

| 实践指南 |

应对焦虑

谨慎使用竞争方法。

例如：

（1）注意观察学生，确保没有学生压力过大。

（2）开展竞争性比赛时，确保每个学生都有获胜的机会。

（3）尝试安排合作学习性质的活动。

避免让容易焦虑的学生在全班面前回答问题。

例如：

（1）向容易焦虑的学生提问时，使用那些他们能够用"是""否"或简单几个字回答的问题。

（2）让容易焦虑的学生在小组成员面前发言，借此锻炼他们。

由于不确定性会导致焦虑，确保指导语清晰、明确。

例如：

（1）把考试指导语写在黑板上或印在卷面上，而不是口头讲述。

（2）确认一下学生是否完全理解了。可以让几个学生说说他们打算怎么做第一道题或例题，如果有误解，及时纠正。

（3）如果你使用了新题型或新的作业类型，为学生提供一些样例或模型，帮助他们了解应该怎么做。

避免不必要的时间压力。

例如：

（1）偶尔给学生布置一些可以拿回家完成的测验。

（2）确保所有学生都能在指定时间内完成随堂考试。

降低重要考试带给学生的压力。

例如：

（1）教学生一些考试技巧，安排一些模拟考试，为学生提供学习指导。

（2）不要只根据一次考试的成绩确定学生的学期成绩。

（3）设置一些额外的作业，学生可以通过这些作业得到考试加分。

（4）在考试中采用不同的题型，因为有些学生对某些特定的题型并不擅长。

设置笔试之外的考核方式。

例如：

（1）尝试口试、开卷考试或分组测验等考核方式。

（2）让学生们做实验、写论文、进行口头报告或制作作品。

教给学生自我调节策略（Schutz & Davis，2000）。

例如：

（1）考试前，鼓励学生把考试看作一项他们有能力做好的、重要而富有挑战性的学习任务，帮学生把注意力集中在如何从考试中学到更多知识上。

（2）考试过程中，提醒学生考试很重要（但不至于生死攸关）。鼓励学生把注意力集中到任务上——找出题目的重点，放慢速度，保持放松。

（3）考试后，让学生反思一下哪些地方做得好，哪些地方没做好。让他们把焦点放在可控的因素上，如学习策略、努力强度、审题的细致程度、放松策略等。

为了帮助学生应对课堂上的学业焦虑，教师可以尝试采用本章讨论的几种动机策略。这些策略的核心是帮助学生制定有效的焦虑应对和自我调节策略，以缩小焦虑的负面影响。焦虑是一种情绪，但焦虑是在具体的情境中产生的。因此，情绪支持策略和认知支持策略都是必要的（K. L. Fletcher & Cassady，2010；也可参考第11章中自我调节的相关内容）。

首先，教师可以帮助焦虑的学生更有效地识别焦虑情绪的来源，并准确地解释焦虑。基于此，教师可以帮助学生改变归因方式，让他们意识到他们能对自己的学习和表现有所控制。这样，学生们就不会再一味地接受失败，而是会慢慢体会到曾经的成功，认识到他们可以在老师的支持和自己的努力下表现得更好。

其次，教师应帮助焦虑程度高的学生设定对他们而言更现实的目标，因为这些学生往往无法做出明智的选择。他们选择的任务不是太难就是太简单：如果太难，他们很可能会失败，这会加剧他们的绝望感和焦虑感；如果太简单，他们虽然会成功，但无法体验到满足感，不会因此受到鼓舞或减少对学业的担忧。使用目标卡、进步表或目标-计划日记，可能会对他们有帮助。除此之外，直接将自我调节学习策略教给学生并帮助他们提高自我效能感，可以帮他们更好地控制学习过程与学业焦虑（Jain & Dawson，2009）。

再次，教师可以通过教授学生更有效的学习方法来帮助他们提升学业表现。研究表明，焦虑型学生倾向于花更多时间学习，但他们采用的方法往往是低质量的重复（Cassady，2004；Wittmaier，1972）。教师帮助学生习得克服焦虑所必需的认知和情感技能后，学生需要观察自己的表现，看看自己是否有稳步的提升，并将有助于提升表现的策略合理内化。

最后，教师应尽量消除教室环境中可能引发焦虑的因素。教师可以尝试消除潜在的偏见（如减少刻板印象信息在班里的传播），促进以掌握目标为导向的课堂目标结构，以及积极为学生做示范，表现出对所学内容的适当的兴趣和兴奋感（而不是一开始就说"这非常难"之类的话），从而降低焦虑程度。然而，当教师被问责机制和州级考试"压得喘不过气来"时，他们会把这种焦虑感传递给学生。教师表现得越沮丧，或者越强调"这次考试有多重要"，学生越可能视这次考试为一种"威胁"，产生考试焦虑和其他负面情绪。

12.5.6 好奇、兴趣和情绪理论对教师的启示

教师应该尽力让学生保持与当前学习任务相匹配的唤醒水平。当学生昏昏欲睡时，教师可以通过引入变化、激发好奇心、让他们吃惊、让他们站起来活动一下等方法来提升他们的活力。教师要了解学生的兴趣，并把它们融入教学和作业。如果学生的唤醒水平过高，教师可以参考前面有关应对焦虑的实践指南来进行相应的处理。

那么，我们应该如何整合所有关于动机的知识？教师应该如何通过创设合适的环境、情境和人际关系来激励学生？接下来我们就来探讨这些问题。

模块 34 小结

兴趣和情绪如何影响学习

学习和信息加工过程会受情绪影响。学生更容易注意并记住那些能引起自己的情绪反应或与自己的个体兴趣有关的事件、图像和文章。然而，我们要谨慎地处理学生的兴趣。那些与学习无关的"诱人的细节"和有趣的插入信息，反而会妨碍学习。

好奇心如何影响学习，教师如何激发学生对特定学科领域的好奇心

好奇心可以被界定为对广泛的不同领域感兴趣的倾向。学生的好奇心受他们兴趣的指引，会激发出他们探索新观点和新概念的动机。因此，好奇心是学校中吸引和维持学生注意力的有力工具。教师可以通过各种方式培养学生的好奇心：激发学生的兴趣，说明学习材料与学生可能感兴趣的应用之间的联系，或者让学生自己去发现这两者的联系。例如，可以让学生探究滑雪板或过山车中应用的简单机械原理。

唤醒对学习有何作用

多数活动都有一个最佳的唤醒水平。一般而言，面对简单任务时，唤醒水平越高，学习效果越好；但面对复杂任务时，唤醒水平偏低，学习效果越好。如果学生唤醒水平太低，教师可以通过指出知识空缺、使活动富于变化等方法激发学生的好奇心。严重的焦虑是唤醒水平过高的表现，不利于学习。

焦虑如何影响学习

焦虑是学业失败的原因，也是学业失败的后果，它会妨碍对信息的注意、学习和检索。很多焦虑的学生需要获得有效应考与学习的技巧上的帮助。

模块 35 学校中的学习动机

12.6 学校中的学习动机：TARGET 模型

教师关心如何培养学生的**学习动机**。学习动机可以定义为"学生寻找学习活动的意义和价值，并努力从中获得预期的学业收益的倾向"（Brophy，1988，p.205-206）。拥有学习动机不仅指学生希望或愿意学习，还包含心理上的努力。例如，把课文反复阅读十几遍可能能体现出学生的坚持，但并不意味着该学生拥有学习动机。拥有学习动机意味着更多地思考，使用更积极的学习策略，如概括、阐述基本观点、用自己的语言转述、画主要人物关系图等（Brophy，1988）。

如果每个学生来上学的时候都拥有强烈的学习动机，这当然很好，但事实并非如此。因此，在培养学生的学习动机方面，教师主要有三个目标：第一个目标是让学生有效地参与到班级学习活动中，也就是说，抓住他们的兴趣，创设一种有动机的学习状态；第二个更长远的目标是培养学生相对持久的个体兴趣，将学习动机转化为一种个人特质，这样学生就能在今后的生活中坚持自我教育；第三个目标是引导学生的认知卷入，让他们深入地思考学习内容，即帮助他们养成勤于思考的良好习惯（Blumenfeld, Puro, & Mergendoller, 1992）。

在本章前面的内容中，我们重点探讨了内外动机、归因、目标、信念、自我概念、兴趣、好奇与情绪等因素对学习动机的影响。表12-5总结了这些因素及其对学习动机的作用。

表12-5　学习动机的影响因素及其作用

当以下五个要素共同作用时，学习动机会得到激发。

学习动机的影响因素	提升学习动机的特性	降低学习动机的特性
目标	内部目标：个人因素，例如需要、兴趣、好奇心、愉悦感等	外部目标：环境因素，例如奖励、社会压力、惩罚等
学业卷入类型	学习目标：通过迎接挑战和取得进步获得个人满足感；倾向于选择中等难度且具有挑战性的目标	表现目标：渴望在别人面前表现得更好；倾向于选择难度过高或过低的目标
	任务卷入：关注自己对学习内容的掌握程度	自我卷入：关注别人如何看待自己
成就动机	追求成功的动机：掌握定向	避免失败的动机：容易焦虑
归因	将成败归因于可控的努力和能力	将成败归因于不可控因素
能力观	能力增长观：相信能力可以通过努力学习、增长知识和技能而得到提高	能力实体观：相信能力是固定不变、无法控制的特质

那么，教师该如何运用学到的关于归因、目标、信念、自我概念、兴趣和情绪等的知识来提升学生的学习动机呢？为了有效地表达我们的观点，下面我们将通过TARGET模型来进行具体的阐述（Ames, 1992; Epstein, 1989）。该模型认为，教师在以下六个领域的抉择会影响学生的学习动机：①T，教师布置的学习任务（task）的特点；②A，教师在教学过程中给予学生的自主权（autonomy）和控制权；③R，表明对学生成就的认可（recognize）的方法；④G，分组（grouping）练习；⑤E，评估（evaluation）方式；⑥T，课堂时间（time）的安排。

12.6.1　学习任务

为了理解学习任务影响学生学习动机的方式，我们需要对学习任务本身进行分析。不同学习任务对学生而言具有不同的价值。

1. 任务价值

我们讨论过的很多理论都指出，动机的强度由我们对成功的预期和对成功的价值评估共同决定。学生对学习任务价值的理解能预测他们做出的选择，如是否学习前沿科学课程或是否加入田径队。学生对效能的预期则能预测其实际学习成就，如学生在前沿科学课程学习中或在田径队中的表现（Wigfield & Eccles, 2002）。

我们可以将学习任务的价值分为四个成分来探讨：**重要性、兴趣、实用性价值**（utility value）**和代价**（cost）（Eccles & Wigfield, 2002; Hulleman, Godes, Hendricks, & Harackiewicz, 2010）。重要性或达成价值（attainment value）指完成好这个学习任务的意义，它与个体的需要（如使自己看起来俊美、健壮的需要等）密切相关。例如，如果某个人很想表现得聪明一点，而且相信高分就代表聪明，那么对他而言，考试就具有很高的达成价值。兴趣或内在价值（intrinsic value）指个体能从活动本身中获得的愉悦感，正如有些人喜欢学习，有些人喜欢高强度的体育锻炼，有些人喜欢有挑战性的字谜。学习任务还有实用性价值，也就是说，它能帮助我们实现其他短期或长期目标，如获得学位。最后，完成学习任务要付出代价——执行任务的过程可能会造成一些消极后果，如没有时间做其他事情，或者使自己看起来很笨拙。

从我们对任务价值的探讨中可以发现，影响动机的个人因素和环境因素始终在交互作用。我们要求学生完成的任务是环境因素的一个方面，对学生而言是外部的。但对任务价值的理解却与个人的内部需要、信念和目标密不可分。既然对任务价值的评估能在很大程度上决定个人的选择，那么对学习任务价值的不同评估很有可能改变我们的整个生活，因为在高中阶段选择什么课程以及在大学选择什么专业会影响我们的整个职业生涯和生活（Durik, Vida, & Eccles, 2006）。

2. 超越任务价值的真正欣赏

杰雷·布罗菲（Jere Brophy, 2008, p.140）提醒老师，比实用性和兴趣更具价值的是知识本身的力量。"强有力的思想能够扩展和丰富学生的主观生活"，这些思想能给我们观察世界的透镜、做决定的工具，以及用词汇和图像欣赏美的框架。著名期刊《从理论到实践》（Theory Into Practice）曾专门用一期探讨布罗菲有关使学生看到学习的价值和发自内心地欣赏知识的思想（Turner, Patrick, & Meyer, 2011）。其中一种使学生欣赏知识的方法就是真实性任务（authentic task）。

3. 真实性任务

大量文献探讨了真实性任务在教学中的应用。**真实性任务**指与现实生活中发生的问题有某种联系，与学生现在和未来可能在校外遇到的情况相关的学习任务。如果你要求学生背诵那些他们永远不会用到的定义，学习那些单纯用于应付考试的材料，或者反复练习他们已经理解的内容，那么学生肯定没有学习动机。但如果学习任务具有真实性，学生更容易发现学习的实用价值，也更容易意识到学习任务的重要性和趣味性（Pugh & Phillips, 2011）。第10章中介绍的基于问题的学习和服务性学习，就是应用真实性任务进行教学的两个例子。例如，物理教师可以以"玩滑板"为背景，向学生提问并给他们举例，因为玩滑板对很多学生而言都是一项真实的任务（Anderman & Anderman, 2014）。请比较一下安德曼和安德曼（2014, p.11）研究中的两位低年龄学生的教师有什么不同：

罗德格里斯老师要上一堂新课，介绍1/2与1/4的概念。她将每三个学生分为一组，给每组发了两个蛋糕和一把塑料刀。她要求学生先把其中一块蛋糕切成大小相同的两块，然后把另一块蛋糕切成大小相同的四块。然后她提出了一个有挑战性的问题：如何利用蛋糕块来判断1/2与3/4哪个更大？罗德格里斯老师观察了每组学生的情况，要求每组学生把自己的学习过程说给她听。如果学生答对了，他们就可以得到蛋糕作为奖励。

杰克逊老师要上同样的一堂新课。他的方法是设计一份练习单分发给每个学生，上面列出了一些简单的题目，这些题目可以帮助学生学习分数。在解答这些题目时，杰克逊老师要求学生想象他们手里有若干张纸，他们要用剪刀把每张纸剪成数量不同的小纸片，例如将其中一张剪成大小相等的两小张，将另一张剪成大小相等的四小张。然后，杰克逊老师问学生，1/2和3/4这两个分数哪个更大。最后，他要求学生写下答案和简要的说明。

第一位老师向学生呈现的是更具真实性和吸引力的任务，包括让学生切食物、与他人合作并享受劳动成果（蛋糕）。此外，学生还能探索如何把两个半块蛋糕和四个四分之一大小的蛋糕平均分给小组的三个成员，这是更高水平的合作。

12.6.2 支持学生自主选择和认可学生的成就

1. 支持学生自主选择

TARGET模型的第二部分涉及学生有多少选择权和自主权。在学校，学生选择的空间一般很小。在青少年们待在学校的上千个小时里，他们的行为都是由别人决定的。但我们知道，自我决定感和因果控制点在内部的感觉对保持内部动机非常重要（Jang, Reeve, & Deci, 2010; Reeve, Nix, & Hamm, 2003）。那么，教师要怎么做才能促使学生自主选择而又不至于造成混乱呢？

教师必须提供大量可供选择的活动，这样学生才能根据自己的兴趣选出对他们而言重要的活动（I. Katz & Assor, 2007）。但是，教师提供的选项不能太多。就像没有指导的探索或缺乏主题的讨论一样，无结构和缺乏指导的选择反而会阻碍学习（R. Garner, 1998）。如果教师让孩子们按照自己喜欢的任何方式写出或画出任何一样东西，孩子们会感到焦虑和不安。我知道，如果我让班上的研究生自行设计一份结业研究，并据此打分，他们会感到惶惶不安。我也一样，如果有人要求我进行一场演讲，主题"随我定"，我也会感到恐慌的。

比较好的做法是让学生进行"有限制的选择"：设

定一些有价值的任务，要求学生从中进行选择。这样虽然有所限制，但也给学生留出了根据自己的兴趣选择的空间。自主和限制之间的平衡必须恰到好处，"太自主会让学生不知所措，而太过缺乏自主权会让学生感到厌烦"（Guthrie, et al., 1998, p.185）。学生可以参与对分组、座位安排、成果呈现方式、班级规则的决策。此时，教师对学生自主权的最重要的支持是对学生认知自主的支持——允许学生讨论学习中的不同认知策略、解决问题的不同方法以及对某些问题的不同意见（Stefanou, Perencevich, DiCintio, & Turner, 2004）。此外，学生还能练习自主地接受教师和同学的反馈。图12-2呈现了一种名为"核查表"的策略：学生将学习中涉及的需要他人进行评估的技能列出来，当一个单元的学习结束时，所有技能都要"核查完毕"，但学生可以自行选择每项技能在什么时候接受评估。

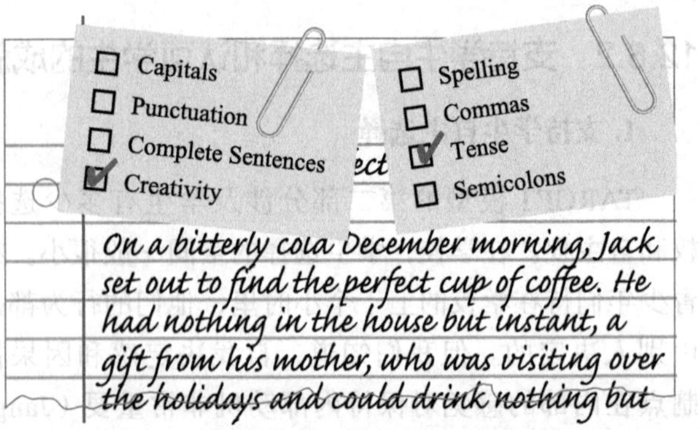

图 12-2 核查表

注：教师可以使用这种方法调动学生的自主性。教师将本单元中需要提高的各项技能列出来，学生自己决定每项技能根据哪次作业的成绩进行评估。当一个单元的学习结束时，所有技能都要"核查完毕"。上图中核查表的主人表示，她希望老师在这次作业中考察她的创造力和动词时态的使用情况。

资料来源：摘自 Raffini, J. P. (1996). 150 Ways to Increase Intrinsic Motivation to the Classroom. Pearson Education, Inc.

2. 认可学生的成就

TARGET 模型的第三部分是认可学生的成就。只要学生取得了个人进步，克服了困难，能够坚持不懈或表现出了创造力，我们就应该表示认可，而不是只有当他们的成绩比别人好时才认可他们。在第7章中，我们曾指出，就学生原本喜欢的活动对学生进行奖励会降低学生的内部动机。但在实际教学中，一切没有那么简单。有时，表扬也会带来意想不到的效果。什么样的认可能鼓励学生呢？露丝·巴特勒（1987）的研究给出了一种答案。在该研究中，5、6年级的学生完成了一些有趣的发散思维作业后，研究者分别以个性化点评、标准化表扬（"很好"）、评分或无反馈等四种方式对他们进行了反馈。结果，接受个体化点评后，学生的兴趣、成绩、努力归因和任务卷入程度都会提升；而接受评分和标准化表扬后，学生的自我卷入动机（希望自己看起来聪明或比别人强）会增强。

12.6.3 分组、评估和时间安排

你是否还记得某位老师，他上课非常生动，令你爱上了学习？或者，你是否还记得自己参加某个球队、乐队、唱诗班或戏剧社之后，拼命练习的那段时光？如果是，你就能体会到人际关系对动机的影响。

1. 分组和目标结构

我们的动机很大程度上会受那些与我们有共同目标的他人的影响。D. W. 约翰逊和约翰逊（2009a）将这种人际因素称为任务的**目标结构**（goal structure）。目标结构主要有三种类型：合作、竞争和个体化，见表12-6。

表 12-6 不同的目标结构

每种目标结构都与特定的人际关系相关，这些人际关系影响了实现目标的动机。

	合　作	竞　争	个体化
定义	学生们相信，只有当每个人都能达成目标时，他们的目标才能达成	学生们相信，只有当其他人都不能达成目标时，他的目标才能达成	学生们相信，自己能否达成目标与其他人能否达成目标之间无关
举例	团队的胜利——只有全队胜利才是每个队员的胜利，如在接力赛、交响乐演奏、戏剧表演等中获得成功	在高尔夫比赛、网球单打赛、百米赛跑、演讲赛等中获胜	减少打球时的失误、慢跑、学习新的语言、参观博物馆、增减体重、戒烟等

资料来源：*Learning Together and Alone: Cooperation, Competition, and Individualization* (5th ed.), by D. W. Johnson & R. Johnson.

当完成任务需要我们具有学习复杂内容与解决问题的技能时，合作的效果比竞争更好，尤其是对那些能力较弱的学生而言。在合作结构中，学生会学到设置合理目标和进行磋商的方法，他们会变得更为他人着想。这样，学生最喜欢的同伴互动就成了学习过程的一部分。最终，马斯洛所说的归属需要将得到满足，其学习动机也会提高（Stipek, 2002; Webb & Palincsar, 1996）。正如你在第 10 章中所看到的，同伴学习和小组学习有许多种不同的形式。例如，鼓励学生采用合作目标结构，依据学生的兴趣（而非能力）组建阅读小组且每月重新分组等，都可以激发学生的学习动机（Anderman & Anderman, 2014）。

2. 评估

教师越是强调竞争性评价和分数，学生越容易设定表现目标而非掌握目标，而那些既无望考高分又无望理解学习内容的差生，可能就会应付了事（Brophy, 2005）。教师怎样才能防止学生仅仅关注分数或者对学习"应付了事"呢？最直接的方法是不再在班上强调分数，而是强调学习。学生必须理解学习的价值。不要说"为了考试，你需要学会这个"，而要告诉学生他们所学的内容对解决他们面临的各种问题有何帮助，告诉学生课堂学习能解答一些有趣的问题，学会理解学习内容比完成学习任务更重要。不幸的是，很多教师并不是这样做的。

3. 时间安排

大多数有经验的教师都感到学校学习任务太重、时间太少。即使学生正在全神贯注地研究某个问题，当下课铃响起，或当教师要按照教学计划进入下一个主题时，他们也不得不停下来，把注意力转移到下一堂课或下一个主题上。此外，团体里的学生必须保持同一步调，即使某些人学习速度很快或者学习时间不够用，他们也不得不配合整个团体的进度。因此，教学计划常常使学生不得不以不适合的速度学习，或者打断学生的学习，从而妨碍学习动机的培养。如果学生不能坚持完成具有挑战性的活动，那么他的毅力和自我效能感是很难被培养起来的。作为一名教师，你是否知道如何安排时间，从而让学生开始并坚持学习？有些小学教师采用了 DEAR 法（Drop Everything And Read，即"放下所有事情，进行阅读"）安排时间，这样可以留出时间让每个人（包括教师）进行阅读。有些初中和高中采用了连堂上课的方法，将课堂"打包"，从而延长学习时间，由教师们合作备课。这些方法都是有益的尝试。

4. 整合

从上文中，我们可以看到影响动机的各种因素是如何在真实的课堂中共同发挥作用的。萨拉·多尔扎尔（Sara Dolezal）和她的同事观察和访谈了八所天主教学校里的 3 年级教师，并对他们学生的动机做出了高、中、低三个水平的评定（Dolezal, Welsh, Pressley, & Vincent, 2003）。表 12-7 总结了研究发现的促进与妨碍动机的教学策略之间的显著差异。在低投入的课堂里，教室布置得一片空白，没有吸引力，管理充满漏洞，教学过程也缺乏条理，课堂氛围总是很消极。当学生面对简单、轻松的学习任务时，他们会不停地开小差、聊天。而在中等投入的课堂里，教室布置看起来很"友好"，设置了阅读区、小组学习区、通知栏，并张贴了学生的绘画作品。在这里，教师显得温暖而有爱心，会将教学内容与学生的背景知识联系起来；课堂管理有条理，课堂氛围积极；教师很擅长抓住学生的注意力，鼓励学生进行自我调节，但他们不擅长将学生的注意力维持在一定水平，这主要是因为学习任务太简单了。高投入的课堂除了拥有前面描述的课堂的优点（积极的氛围、有条理的管理方式、能促使学生自我调节、高效的教学）外，还增加了很多具有挑战性的任务，同时能为学生克服挑战提供帮助。这些擅长激发学生动机的教师并不依赖于特定的一两种激励方法，他们会综合应用表 12-7 中呈现的各种策略。

表 12-7 课堂中激发或抑制动机的教学策略

激发动机的教学策略	实 例
表达对责任感的期望	要求学生家长检查某些作业并签字
说明学习活动的重要性	"我们至少要核对一分钟，这样才算认真检查过"

(续)

激发动机的教学策略	实 例
给出清晰的目标和指导语	详细解释学生应该如何分组，如何完成自己喜欢的图书的清单
进行跨学科的联系	把数学课中比率的概念与阅读课中比较/对照的技巧联系起来
让学生学习和练习表演	教授有关某个历史人物的知识后，可以让学生自编自演一部话剧
归因于努力	进行拼写游戏时，教师问一个学生："你昨晚复习了吗？"学生点头。老师问："你感觉到复习的好处了吗？"
鼓励冒险	"我想找个新面孔。有些人还没有回答过我提的问题，谁愿意来试试？"
用游戏或比赛辅助概念学习和复习	学生将自己最喜欢的玩具带到教授"平衡"的数学课上，然后用五分钟时间称它们的重量
建立家校联系	在教授数学科学那个单元时，要求家长配合完成一次回收活动：用图表记录家里人一周内回收的所有物品
采用多种任务形式	使用"神奇的倍数"、乘法表、卡片、"环球"游戏等四种方法教授乘法
采用积极的课堂管理方法，表扬学生	"准备好了就举手。第七组已经举手了。第七组同学很有耐心地等其他人，我很高兴"
激发创造性思维	"我们今天要试着运用想象力。我们要在头脑中展开一次剧院的想象之旅"
提供选择机会	学生写周记时，可以选择教师提供的主题，也可以自由发挥
让学生明白，他们可以战胜挑战，完成任务	"这份材料很难，你们做得很好。据我所知，有些大人都不会做"
重视学生之间沟通的价值	让新来的学生和他的好朋友坐在一起
抑制动机的教学策略	**实 例**
归因于智力而非努力	当有学生上课时说"我很笨"时，不给予任何反馈，只是接着说"让我们找个更聪明的人回答"
强调竞争而非合作	举行一次诗歌比赛：每个学生在班上朗读诗歌，然后全班同学举牌打分
教授新知识时不使用"脚手架"	当学生遇到困难时，大声批评"自己去查查术语表，不要因为犯懒就不去查"
给予无效或消极的反馈	"每个人都明白了吗？"只有一部分学生点头，但还是选择继续讲课
教学内容缺乏联系	在马丁·路德·金的纪念日，只是简短地介绍了一下他，就进入了对哥伦布相关知识的学习
任务太简单	布置的任务太简单，虽然有趣，但对教学没有帮助
课堂氛围消极	"对不起，我已经说过页数了。你不认真听，所以不知道"
教学方式具有惩罚性	如果学生不查阅词汇表，就给他打低分
任务太难	需要学生独立完成的数学作业只有一两个学生会做
进度太慢	根据学习进度最慢的学生的情况安排教学，因此其他已经完成任务的学生无事可做
强调完成，而非学会	告诉学生目标是完成课程，而不是理解或成功使用这些知识
教室管理随意，教室无吸引力	没有精美的板报，没有地图、图表，不展示学生作品
计划不周	学习材料准备得不够充分，迫使教师把小组学习改成大组学习
公开惩罚	所有学生站着，只有教师念到名字的完成了作业的学生才能坐下。教师还会当众对剩下的仍然站着的学生进行责任心教育

资料来源：摘自"How do nine third-grade teachers motivate their students?" by S. E. Dolezal, L. M. Welsh, M. Pressley, & M. Vincent. *Elementary School Journal*, 2003, 103, pp. 247-248.

12.6.4 学习动机的多样性

学生之间存在语言、文化、经济地位、个性、知识和经验上的差异，因此他们的需要、目标、兴趣、情绪和信念也会有所差别。在使用 TARGET 模型激发学生的学习动机时，在设计任务、支持学生自主选择、认可学生的成就、分组、评估和时间安排等各个环节,教师都必须考虑到这种多元性。以兴趣为例,根据文化背景设计作文题目是抓住并保持学生情境兴趣的一种方法(Alderman, 2004; Bergin, 1999)。对来自拉丁美洲的中学生移民而言,如果不必再进行规范的传统写作,而是围绕移民、双语现象、群居之类的对他们和他们的家庭而言很重要的主题进行写作,他们的文章会更长,质量也更高(Rueda & Moll, 1994)。

语言是把学生与学校联系起来的核心因素。如果双语学生在学校既可以使用英语,又可以使用他们的母语,他们的学习动机和参与热情都会提升。罗伯特·希门尼斯(Robert Jimenez, 2000)针对拉丁裔双语学生的研究发现,阅读能力强的学生会将阅读看作理解阅读材料意义的过程,他们会同时使用两种语言去理解阅读材料。例如,他们可能会在英语单词中寻找西班牙语单词的片段,以帮助自己进行翻译。阅读能力差的学生的目标则不同,他们认为阅读就意味着正确地用英语说出这些单词。因此,他们用英语阅读的兴趣和自我效能感也相对较低。

12.6.5 对教师的启示:激发学习动机的策略

要激发学生的动机,必须满足四个基本条件。第一,课堂教学要有一定的组织性,不会被随时打断或中断(我们会在第13章中详细探讨如何做到这一点)。第二,教师应该有耐心,能够支持学生,不会因为学生犯错而责骂他们。每个教师和学生都应该把错误视为学习的契机(Clifford, 1990, 1991)。第三,学习任务必须具有适宜的挑战性。如果学习任务过难或太简单,学生是不会产生学习动机的。他们只会在意如何完成任务,不会关注学习。第四,学习任务必须具有真实性。至于怎样的任务才算具有真实性,我们已经在前文中探讨过,这个问题的答案也与学生的文化背景有关(Bergin, 1999; Brophy & Kher, 1986; Stipek, 2002)。

如果上述四个基本条件都能得到满足,那么特定情境下影响学生学习动机的因素可以用以下四个问题表达:我能成功完成这个学习任务吗,我希望成功吗,为此我需要做些什么,我是孤军作战吗(Committee on Increasing High School Students' Engagement and Motivation to Learn, 2004; Eccles & Wigfield, 1985)。我们希望学生对自己的能力充满信心,这样他们才能积极热情地学习。我们希望学生相信只要运用正确的学习策略就能取得成功,没有必要运用自我防御、回避失败或保护面子的策略。我们希望学生遇到困难时能把注意力放在任务本身,而不是放在对失败的担忧上。同时,我们希望学生对学校有归属感,能感受到来自教师和同学的关心和信任。

1. 我能成功完成这个学习任务吗:建立自信和积极的期望

他人的鼓励(或"呐喊助威")发挥的作用并不能代替真正的成就。为了让学生取得真正的进步,我们应该让学生建立自信和对自己积极的期望,具体措施如下。

(1)从学生现有的水平开始,以小步调前进。一种可行的办法是:每次考试和布置作业时,同时安排一些很容易的题目和一些很难的题目。这样,每个学生都能获得成功,也都会感受到挑战。如果必须评分,要保证班上所有学生都能通过努力及格。

(2)确保学习目标清晰、具体,且有可能很快实现。如果学习周期很长,可以把总体目标分成若干个小目标,让学生不断体会到自己正朝着目标前进。如果可能,给学生设置一系列不同难度水平的目标,让他们自行选择。

(3)强调与自己比较,而不是与他人比较。提供反馈或纠正错误时要具体地告诉学生哪些地方做对了、哪些地方做错了,以及为什么这样做是错误的。同时,还可以周期性地让学生做一些曾经难倒过他们但现在看来很简单的题目,并指出学生进步的地方。

(4)让学生明白学习能力是可以提高的,而且每个人完成不同任务的能力是不同的。也就是说,代数学不好并不意味着几何也学不好。不要只在班级板报上张贴那些满分的试卷,这样不利于鼓励学生进步。

(5)示范如何尝试多种方法成功解题。让学生明白,即使老师的学习过程也不是一帆风顺的,老师也会犯错。

2. 我希望成功吗:发现学习的价值

教师可以运用各种内外动机策略帮助学生发现学

习任务的价值所在。

为了帮学生建立成就价值，我们必须将学习任务与学生的需要联系起来。首先，学习过程要能使学生的安全需要、归属需要和成就需要得到满足。教室不应该成为令人感到害怕或孤独的地方。很多学生默默地承受着来自教师言语和学校活动的伤害，它们令学生感到困窘，给学生贴上了标签，还会贬低学生（K. Olson, 2008）。其次，我们要让学生明白，无论男生还是女生都能在所有学科上取得高成就，没有哪个学科是专属于某个性别的学生的。数学、科学、机械和体育并非不适合女性，文学、艺术、音乐或法语也并非不适合男性。

激发内部动机（兴趣）的教学策略有很多，以下是布罗菲（1988）提出的一些方法。

（1）将课堂活动与学生的兴趣结合起来，如运动、音乐、时事、宠物、日常家庭冲突和同伴冲突、时尚、影视人物，或生活中的其他重要事件（Schiefele, 1991）。

（2）激发好奇心。帮学生认清自身信念与现实之间的差距。例如，斯蒂佩克（1993）描述过一个案例：5年级课堂上，教师问学生其他星球上是否有"人类"生存，学生回答"有"；她又问学生人类是否需要吸入氧气，因为学生刚学过相关知识，所以他们都回答"需要"；然后她告诉学生其他星球的大气层里没有氧气。于是，学生对氧气的认识与他们相信存在外星生命的信念之间的巨大反差，引发了他们对"其他星球的大气构成"的学习兴趣。

（3）使学习任务变得有趣。在前文的"正方观点/反方观点"中，我们可以看到，很多课堂都能通过模拟或游戏的方式使学习任务变得有趣。恰当地使用这些活动，可以使它们既能辅助学习，又能让学生感到有趣和有意义。

（4）利用新异性和熟悉性。不要总是使用有限的几种教学方法和激励策略，而要注意变化。你可以使用不同的教学媒体，也可以改变学习任务的目标结构（合作、竞争、个体化）。如果学习材料对学生而言太抽象或太陌生，试着把它们与学生已知的内容相联系。例如，在介绍雅典卫城的面积有多大时，你可以将其与足球场相比较。

不过，有些时候激发内部动机非常困难。因此，教师也需要依靠任务的实用性或"工具性"价值来激发动机。有些知识和技能在后续的学习或毕业后的生活中都可能会用到，因此对它们的学习是很重要的，这就是这些知识和技能的工具性价值。因此，如果学生没有认识到目前的学习与今后的学习或生活的关系，你应该向他们解释目前的学习的重要性（Hulleman, Godes, Hendricks, & Harackiewicz, 2010）。当然，在有些情况下，教师可以提供学习的诱因和奖励（见第 7 章）。但也要记住，对学生原本就感兴趣的活动进行奖励会降低其内部动机。教师可以在教学中使用非结构化的问题和真实性任务，将学生在学校学习的问题与现实生活中的问题相联系，例如购买第一辆车、挑选手机或者写求职申请等，这有助于学生发现学习的工具性价值。

3. 为此我需要做些什么：全神贯注于任务本身

学生在完成具有挑战性的学习任务时，难免会遇到困难，这时他们应该把注意力集中于学习任务本身。如果他们因为担心成绩、害怕失败、太在意别人的眼光而分散了注意力，他们的学习动机会减弱。促使学生全神贯注于任务本身的方法很多，下面是一些可行的方法。

（1）经常让学生回答问题、完成小作业、展示技能。教师应该检查学生的答案，一旦发现错误要及时纠正。不要让学生长时间地进行错误的练习。

（2）尽可能让学生创作完整的作品。如果学生感到成功近在眼前，他们将更能坚持，更专注于学习任务。我们都体验过对"完成"的渴望带给我们的力量。例如，在开始给房子刷油漆时，我往往希望只干一个小时，但最后总是一连干了几个小时，因为我很想看到油漆刷完后的样子。

（3）避免过于强调分数和竞争。过于强调分数会使学生自我卷入而非任务卷入。易焦虑的学生尤其容易受到竞争性评价的打击。

（4）降低任务的挑战性，但也不能使任务过于简单。如果完成学习任务是有风险的（有可能失败，并且失败的后果很严重），学生的动机会减弱。当学习任务很难、很复杂或含糊不清时，要给学生充足的时间、支持、资源、帮助和检查或改进的机会。

（5）以身作则，向学生示范你的学习动机。给学生讲讲你对这个学科的兴趣，以及你是如何应对遇到的学习困难的（Xu，Coats，& Davidson，2012）。

（6）有针对性地教学生掌握当前材料所需的学习策略。告诉学生如何学习与背诵，这样他们就不必退而使用自我妨碍或机械背诵的策略了。

4. 我是孤军奋战吗

最后这个问题不是只言片语能说清的，因此我们将用第13章的大部分篇幅来阐述如何创设学习共同体。当你为学生设计不同的策略时，家庭的支持也很有益。下面的实践指南提供了关于如何与家庭配合的一些建议，你可以参考。

| 与家庭和社区建立合作关系的实践指南 |

激发学习动机

了解家长为孩子设定的目标。

例如：

（1）在某个非正式场合（如喝咖啡、吃点心等的时候），与个别家长或一组家长座谈，听听他们为自己的孩子设定了什么目标。

（2）邮寄问卷或让孩子把反馈卡带回家，问问家长他们的孩子的哪些技能最急需提升。从中为每个孩子选择一个目标，并为达成这个目标制订校内外的学习计划。请家长阅读计划书，并询问他们的意见。

了解学生和其他家庭成员都有哪些与学习目标有关的兴趣。

例如：

（1）邀请学生的一位家庭成员展示某种技能或爱好。

（2）了解"家庭爱好"，如喜欢的食物、音乐、假期、运动、活动、诗歌、电影、游戏、点心、食谱、记忆等。将教学与这些爱好联系起来。

告诉家长如何跟进学生的进步情况。

例如：

（1）制作简单的"进步图表"或目标卡片，然后把它们贴在醒目的地方，如冰箱上。

（2）要求家长反馈你向他们的孩子提供的帮助是否有效。

与家长配合，树立家长对学生的信心和积极期望。

例如：

（1）与家长开会和讨论时，不要将一个孩子与另一个孩子比较。

（2）要求家长鲜明地指出孩子家庭作业的优点。他们可以在作业后附上评语，说明这份作业做得最好的三个方面和需要改进的一个地方。

要求家长合作，向学生展现学习的价值。

例如：

（1）邀请学生的家庭成员在课堂上讲述他们是如何在工作中使用数学或写作能力的。

（2）让家长找出那些适用于家庭生活，并对其十分有帮助的技能和知识，例如做记录、写投诉信或者调查度假场所的相关信息。

提供资源，使家庭成员掌握更多的激励策略，提升其帮助孩子学习的意愿。

例如：

（1）告诉家庭成员一些能够帮助孩子提高学习能力的简单策略。

（2）让高年级学生参与"家庭作业热线"活动，为低年级的学生提供帮助。

经常举办关于学习的庆祝活动。

例如：

（1）学完恐龙那个单元后，让学生在大礼堂、图书馆或自助餐厅里创建一个"博物馆"。邀请家长参观这个"博物馆"，并到教室里查看自己的孩子从这个单元中学到了什么。

（2）在当地的杂货店、图书馆或社区活动中心举办小型的学生作品展。

模块 35 小结

什么是学习动机

教师关心的是如何培养学生的某种特定的动机——学习动机。学生的学习动机既是一种特质，也是一种状态。它包括认真对待学习任务、努力从中获益，并在这个过程中运用合适的学习策略。

TARGET 代表什么

教师在以下六个领域的抉择会影响学生的学习动机，这六个领域英文名字的首字母合并起来就是"TARGET"：教师布置的学习任务（task）的特点，教师在教学过程中给予学生的自主权（autonomy）和控制权，表明对学生成就的认可（recognize）的方法，分组（grouping）练习，评估（evaluation）方式以及课堂时间（time）的安排。

任务如何影响动机

教师设置的任务会影响动机。如果任务与学生的兴趣有关，能激发学生的好奇心，或与现实生活情境相关，那么学生的学习动机会提高。这是因为任务对学生而言有达成价值、内在价值或实用性价值。达成价值指完成好学习任务的意义。内在价值指学生能从活动本身中获得的愉悦感。实用性价值的大小取决于它能在多大程度上帮助我们实现短期或长期目标。

有限制和无限制的选择有何区别

就像没有指导的探索或缺乏主题的讨论一样，无结构和缺乏指导的选择会对学习起阻碍作用。比较好的做法是让学生进行"有限制的选择"：为他们设定一系列有价值的任务，允许学生根据自身兴趣进行选择。自主和限制之间适当的平衡很重要，它能使学生既不因为选择太多而感到迷乱，又不因为选择余地太小而感到乏味。

教师的认可会对学生的动机和自我效能感造成什么影响

如果课堂上教师对学生的认可针对的是个体的进步，而非在竞争中获胜，那么认可和奖励将有助于培育学习动机。认可和奖励应该围绕学生的能力增长展开。很多时候，当学生把教师的表扬或批评视为自身能力高低的指标时，表扬会起到相反的效果。

列举三种目标结构，并说明它们的区别

课堂上学生与同伴的关系会受到活动目标结构的影响。目标结构主要有三种类型：合作、竞争和个体化。合作的目标结构有利于提升学生的学习动机，促使他们学习，尤其是对那些成绩较差的学生而言。

评估如何影响目标设置

教师越强调分数上的竞争性，学生越倾向于设置表现目标，越关注"看起来有能力"，也就是说，他们自我卷入的程度更高。当学生更关注成绩而非学习本身时，他们往往会将课堂任务的目标设定为简单地完成就好，学习任务较难时尤其如此。

时间安排对动机有哪些影响

为了提高学生的学习动机，教师在对课堂时间进行安排时应保持一定的灵活性。如果学生被迫以他们不适应的速度（更快或更慢）学习，或者刚投入某项工作就被打断，他们不可能培养起学习方面的毅力。

第 12 章复习思考题

单项选择题

1. 约翰逊小姐希望即使她不给她的学生额外的奖励或增加他们的休息时间，他们也能够自觉地完成作业。她希望她的学生具有哪种类型的动机？
   A. 外部动机
   B. 内部动机
   C. 内在控制

D. 关联需要
2. 为什么教育工作者需要关注马斯洛的需要层次理论？
   A. 学生的发展阶段在某种程度上决定了他们能否学好某门课程
   B. 学生的社会性和情感发展会影响他们与同伴的合作
   C. 学生生活中缺失的事物会影响他们的学业成就
   D. 教养风格是学生能否取得学业成就的决定因素
3. 有的教师会给学生布置各种作业，并且一再强调学生要独立完成作业。这些老师忽略了个体需要的哪些方面？
   A. 自主需要和胜任需要
   B. 自主需要和关联需要
   C. 关联需要和胜任需要
   D. 自主、关联和胜任需要
4. 下面有关外部动机的表述中，哪一项是正确的？
   A. 在任何情况下，我们都应该降低学生的外部动机，因为它会削弱学生的内在需求
   B. 外部动机与成绩和环境刺激无关
   C. 外部动机一开始可能会激发学生主动参与某些活动
   D. 随着教师对课堂的掌控能力的提升，应该更多地提高学生的外部动机而非内部动机

开放论述题

案例：斯特凡妮·威尔逊学生时代接受的是采用"古老的学校教育方法"的教育。她的老师要求学生一排一排地坐好，不准在课堂上讲话或者抱怨作业。尽管斯特凡妮·威尔逊在这种教育模式下获得了成功，但并不是她所有的同学都从这种僵化的教育中受益了。斯特凡妮·威尔逊现在成了一名新手教师，她想为学生营造一种更轻松的学习环境。她设想的课堂是这样的：学生能够在教学活动的激发下进行合作学习。"我希望我的学生能期待上学，希望学生成为学习过程的主体，而不是课程的被动接收者。"她想设计出能让所有学生都获益的学习环境，使他们可以一步一步地进行学习。随着学生的进步，她发现学生渐渐能够脱离教师的辅助，主动调节自己的学习过程。斯特凡妮·威尔逊认为，借助这种方式，没有一个学生会成为学业失败者。

5. 斯特凡妮准备为处于挣扎之中的学生提供一些早期的帮助。请解释这为什么是个好主意？
6. 斯特凡妮·威尔逊是怎样在她的课堂上促使学生自我决定，使其自主需要得到满足的？

第 13 章 | Chapter 13

学习环境的创设

■ 教师的案例簿：你会怎么做

欺凌者与被害者

两个男生正在恐吓你班上的一个学生。这两个男生看起来比你班上的那个孩子岁数更大，长得更强壮；你班上的那个孩子看起来年龄较小，比较腼腆。不幸的是，这两个欺凌他人的孩子在学校非常受欢迎，这也许是因为他俩是学校优秀运动员吧。每天上学前后、在体育馆、在走廊里或者吃午饭的时候，总会发生一点小事故，比如恐吓、抢钱、摔跤、冲撞、嘲讽等。虽然这两个欺凌他人的孩子不是你班上的学生，但你班上那个被欺凌的孩子开始频繁地逃课；并且，即使他来到了教室，他的课堂作业质量也大不如前。

想一想

:: 你将怎样处理这个问题？
:: 这个问题涉及哪些人？
:: 你将如何处理言语攻击的问题？
:: 如果这两个欺凌他人的孩子在你的班上，你应该怎么办？
:: 如果这些欺凌他人和被欺凌的孩子都是女生，你应该怎么办？

■ 概览与目标

本章的主要目的是探讨教师如何通过班级管理，为学生的学习创造良好的社会和物理环境——这是教师，尤其是新手教师主要关注的问题之一。班级氛围、教学活动和学生行为都是良好管理的重要组成部分。一般而言，成功的管理者能使学生拥有更多的学习时间，同时帮助更多学生养成自我管理的习惯。

积极的学习环境的创设和维持往往需要耗费数年时间，这一过程的关键在于防患于未然。可是，当问题出现时——当然，这些问题常常出现，必须以合理的方式去解决。如果有学生公开在课堂上挑战你，有学生向你询问关于个人成长的问题，或者有学生面对问题时总是退缩，你应该怎么办？本章我们就将探讨教师与学生如何在这样的情境中进行有效沟通。

学完这一章后，你就能：

目标 13.1 合理利用学业学习时间和学生之间的合作，创建与维持有利于学生学业成就和社会情绪健康的课堂氛围。

目标 13.2 理解规范/章程、流程/常规、后果/奖惩以及教室物理空间设计在课堂管理中的作用。在学期最初的几周内形成班级管理体系的过程中，尤需留意。

目标 13.3 讨论如何通过鼓励学生积极参与、防止问题出现、发展关怀联盟以及与学生相互尊重来维护积极的学习环境。

目标 13.4 确认能有效预防与应对学生不良行为（如欺凌他人）的策略。

目标 13.5 清晰描述良好的师生沟通和生生沟通的特征，描述沟通的方法，如积极倾听、冲突解决、同辈协商和恢复性正义。

目标 13.6 解释与文化相关的课堂管理需求和方法。

模块 36　积极的学习环境

13.1　课堂管理的内涵与价值

停下来　想一想

你对课堂管理有什么看法？在五点量表中，数字1~5分别代表从完全不同意到完全同意的五种认同的程度。请用数字对以下项目进行评定。

（1）在不监督的情况下，可以放心地让学生一起学习。

（2）教师与学生友好相处，往往会使学生变得与教师过于熟悉。

（3）如果学生批评教师的教学方法，教师应考虑加以改变。

（4）为了使教师难堪，学生经常胡作非为。

（5）有必要经常提醒学生，他们在学校的地位与教师不同。

"停下来　想一想"中的（2）（4）（5）是监管倾向的项目。如果你倾向于认同这些项目，你的管理哲学更可能是以教师为中心的，致力于维护班级的秩序和规则。如果你更倾向于认同（1）和（3），你的管理哲学可能更倾向于人本主义，对学生成为负责任和自我调节的学习者更为乐观。上面的五个项目来自学生管理意识（Pupil Control Ideology，PCI）问卷，这是我丈夫韦恩·霍伊和他的同事（Willower, Eidell, & Hoy, 1967）大约50年前开发的，现在仍被广泛使用着。如果你想用这个问卷做一个全面的调查，可以点击 waynekhoy.com/pupil_control.html。

另一个用于评估教师纪律哲学的工具是关于纪律信念的调查（Beliefs About Discipline Inventory, Wolfgang, 2009），如图13-1所示。当你回答这些问题的时候，你会看到你关于课堂管理的价值观是倾向于关系-倾听、面对-约定、规则-后果，还是某种结合。有些成功的教师会根据情况适当地使用所有策略。你的倾向是什么？让我们深入这个重要的课堂管理世界。

在众多影响学生学业成就的因素中，班级管理是影响最大的因素（Marzano & Marzano, 2003）。拥有丰富的班级管理知识和技能，是专家型教师的标志；而在班级管理中感到充满压力和疲惫，则是教师产生职业倦怠的前兆（Emmer & Stough, 2001）。那么，是什么让班级管理变得如此重要呢？

教室是一个特殊的环境。无论教室里的桌椅摆放得多么整齐，无论教师对教学的信念如何，教室对身处其中的每个学生都有着重要的影响（Doyle, 2006）。教室是复杂、多维的，教室内充满了人员、任务和时间的压力。所有有着不同目标、偏好和能力的个体，需要共享同样的资源，完成各种任务；甚至为了不造成浪费，还需要对一些资源进行再利用。另外，相同的行为也会产生不同的效果。比如，让成绩较差的学生回答问题可能会提高他们的参与度，鼓励他们积极思考，但如果这个问题学生不能回答，就会让整个讨论过程停滞，并会导致一些管理问题的产这份包含12个项目的调查可以加深你对自己的认知、你的人格特性及你对纪律的看法，划分到三种纪律哲学中的某一种中。每个项目都需要你在两个竞争性的说法中做出选择。对于某些项目，你会赞同其中的一种说法，而不同意另一种，这样做出选择相对容易一些；而对于另一些项目，你可能不会完全同意或完全不同意这两种说法，但你也必须做出选择，选择你更认同的那一个。请注意，没有"正确"或"错误"的答案——它们只是你个人的观点。

指导语： 圈出 a 或 b 两种说法中你更加认同的一种。你必须在每个项目的两个说法之间进行选择，也就是说，这是必须"二择一"的迫选。

1. a. 由于学生的思维能力是有限的，因此需要成年人为他们建立规则。
   b. 每个学生的情感需求都必须得到考虑，教师不应强加给所有学生一些预设的规则。
2. a. 在新学年的第一堂课上，教师需要给每个学生指定座位，并教导学生在一般情况下坐在自己的座位上。
   b. 学生小组可以通过班会来决定自我管理的规则。
3. a. 应该给学生选择项目主题的机会。一旦做出决定，就必须在大部分时间里遵守这个决定。
   b. 学生的学习材料和任务必须由教师决定，并遵循一定的教学顺序，以实现教学目标。
4. 书本和教室设备被滥用、弄脏，甚至被毁坏了。我极有可能：
   a. 开班会，向全班同学呈现被滥用或损坏了的书本，问他们如何解决，包括应对滥用书本的同学采取什么措施。
   b. 拿走部分书本，以限制书本的数量，并密切观察是谁在滥用书本。然后告诉那个学生，他的这种行为对其他学生有什么影响，并表达我对这些书本被损坏的感受。
5. 两个学习能力旗鼓相当的学生在有关课堂材料的问题上发生了口角。我会：
   a. 告诉他们课堂规则，并要求他们停止争吵，以防止事态失控。还要警告他们如果再不遵守规则，将受到惩罚。
   b. 避免干涉学生的行为，让他们自己解决。
6. a. 有学生表示今天非常不想在某个小组学习。我会同意，因为我感觉这个学生担心自己在小组中的体验。
   b. 有学生被拒绝参加小组活动。我会在班会上提出这个问题，并从该学生和小组两方面讨论出现这个问题原因和可能的解决方案。
7. 教室里的噪声太大，吵得我心烦。我会：
   a. 打开教室的灯，引起大家的注意，让同学们安静下来，并表扬那些轻声细语的同学。
   b. 将两至三个噪声最大的学生拉到一边，请他们想想（反思）他们的行为及对其他同学的影响，并与他们达成共识，即继续安静地学习。
8. 在开学的头几天，我会：
   a. 测试学生在新群体中相处的能力，在他们觉得需要规则之前，不预先建立规则。
   b. 立即建立班规，如果有学生违反，就公平地惩罚。
9. 我对学生骂人的反应是：
   a. 该学生可能是被另一个同学惹恼了，才做出了骂人的反应，所以我不会训斥这个学生，而是会鼓励他说出到底是什么在困扰着他。
   b. 我会让两个学生面对面站在一起，让他们自己解决这一冲突，而我站在一边问问题，并密切关注他们的交谈。
10. 如果有学生在我讲课时扰乱课堂，我会：
    a. 若可能，忽略这一行为，或者让该学生站到教室后部，作为对他不良行为的惩罚。
    b. 向该学生表达，我的教学被扰乱，这让我很不安。
11. a. 每个学生都必须认识到，有些学校规则是必须遵守的，任何违反这些规则的学生都将受到公平的惩罚。
    b. 规则从来不是写在石头上的，而是可以通过班级讨论来修改的，根据每个学生的情况，惩罚会有所不同。
12. 学生写完作业或用完材料后没有把它们收起来。我很可能会：
    a. 告诉学生，如果不把自己的东西收起来，会影响到后面的活动，这可能会给每个人都带来不方便。然后，把这些东西放回原处。
    b. 让学生反思自己的行为，思考这样的行为对其他人的影响，并告诉学生，如果他不能遵守规则，以后就不能再使用这些材料。

计分规则及解释
请在以下表格中圈出你的回答：

表 1	表 2	表 3
4b 1b	2b 4a	2a 1a
6a 5b	3a 6b	3b 5a
9a 8a	7b 9b	7a 8b
12a 10b	11b 12b	11a 10a

表1中圈出的回答数：_____
表2中圈出的回答数：_____
表3中圈出的回答数：_____

圈出的回答数最多的表格，体现的就是你最倾向的价值信念。

表1体现了关系－倾听，表2体现了面对－约定，表3体现了规则－后果。回答数次之的表格代表你的第二选择，最少的或许是你最不可能的选择。

如果你的回答相对平均地分布在三个表格中，那么一种可能是，你是一位兼收并蓄的老师；另一种可能是，此时你还没有形成自己的课堂管理哲学。

图 13-1　关于纪律信念的调查

摘自：Wolfgang, C. H. (2009). *Solving discipline and classroom management problems* (7th ed. pp. 6–7). Hoboken, NJ: Wiley & Sons.

生。由于很多事情会同时发生，并且每件事情似乎都瞬息万变，因此，教师和学生在一天中需要用大量的时间进行交流。

教室里发生的事情往往火急火燎，无法预测。就拿上课来说吧，就算你仔细拟定了计划，调试好了投影仪，准备好了讲稿，课堂进程仍然有可能被中断，比如出现某个技术故障，教室外面突然有人争吵等。由于教室是一个公共环境，教师对这些突发事件的处理会被大家观察和评判。学生常常留心教师行事是否"公平"，是否会偏袒，以及如果学生违反了规定，教师会怎么处置。另外，教室具有时间延续性。一个教师或学生的特殊行为的意义，在一定程度上依赖于此前发生了什么。比如，一个学生已经迟到 15 次了，所以这一次老师需要对这个行为做出与第一次不同的反馈。再比如，开始的几周学校生活可能会对整个学年的班级生活产生重要影响。

13.1.1 基本任务：赢得学生的合作

教师班级管理的基本任务就是通过班级活动，赢得学生的合作并保持这种氛围，以此实现班级的良好秩序与和谐状态（Doyle，2006）。由于班级具有多维性、同时性、快速性、不可预测性、公共性和时间延续性等特性，因此，班级管理相当具有挑战性。要赢得学生的合作，教师需要事先策划活动、准备材料，对学生有恰当的行为和学业要求，发出明确的信号，灵活地进行任务转换，预测可能出现的问题行为并及时制止这些行为，选择活动并让其按适当的顺序进行，让活动过程流畅而充满乐趣等。同时，不同的活动需要不同的管理技巧。比如，与熟悉、简单的活动相比，对班级管理而言，一个新的、较为复杂的活动往往意味着更大的挑战。

显然，赢得幼儿园学生的合作和赢得高中生的合作不是一码事。在幼儿园和小学低年级，直接教导班级规范和流程是很重要的。对小学中年级学生而言，班级规范和流程的运行变得相对自动化，可是一些新活动还需要直接指导，整个系统还需要教师的监控和维持。到了小学高年级，一些学生开始挑战权威，这一阶段的管理重点在于有效处理这些破坏行为，同时想方设法地激发那些不太关注教师意见而更多地沉迷于自己社会生活的孩子的参与热情。到了高中，管理的主要挑战是对课程的管理，让教材符合学生的学习兴趣和学习能力，帮助学生进行自我管理（Emmer & Evertson，2013；Evertson & Emmer，2013）。

13.1.2 课堂管理的目标

停下来 想一想

假如你正在一个以创新闻名的学区面试。校长助理看了你一会儿，然后问了一个问题："什么是班级管理？"你会怎么回答？

班级管理的目标是维持积极有效的学习环境。仅列举班级管理的好处毫无益处。正如我们在第 7 章讨论的，如果班级管理只是为了让学生保持温顺和安静，这种班级管理是不人道的。那么，我们为什么要努力地进行班级管理呢？我想至少有以下三个方面的原因。

1. 为所有学生创造学习途径

每一种课堂活动都有其特殊的参与规则。有的时候老师会明确地说明这些规则，但更多时候这些规则是含糊、不明确的。教师和学生可能都没有意识到自己在不同的活动中遵守了不同的规则（Berliner，1983）。比如，在一个阅读小组中，学生需要举手回答问题，但上展示讨论课时，学生接收到教师的眼神示意后就可以表达自己的观点。

正如第 6 章所言，规则规定了谁能说话、能说什么、什么时候说、对谁说和能说多久等，这样的规则被称为**参与结构**（participation structure）。为了成功地参与某一特定活动，学生必须明白其参与结构。虽然有的学生在家中通过与兄弟姐妹、家长或其他成年人的互动学会了某种参与结构，但这种参与结构可能与学校的活动不匹配，因此他们在学校的参与能力似乎不是很强（Cazden，2001）。我们从中能得出什么结论呢？为了达成成功管理课堂的第一个目标——为所有学生创造学习的途径，你需要确保每一个孩子都清楚应该怎样参与课堂活动。你的规则和期望是什么？来自不同文化背景和家庭环境的学生都能理解吗？班级中有哪些潜规则或潜在的价值观，它们会起什么作用？你是否有效地向学生发送了参与的信号？对于部分学生，尤其是那些有行为问题和情感问题的学生而言，对某些重要行为的直接的指导和实践是非常必要的（Emmer & Stough，2001）。

2. 增加学生的学业学习时间

我曾经用秒表记录了一个智力竞赛电视节目中的广告时间。我非常吃惊地发现这个节目的一半时间都用在了广告上。实际上，只有一点点时间被用于智力竞赛。如果你在课堂中运用相同的测量方法，测量一天中不同活动占用的时间，你可能也会很惊讶地发现每天实际上只有很少的时间被用于教学，一天中的大部分时间都被各种干扰、捣乱、磨蹭或不顺畅的沟通占据了。很显然，学生只能从他们参与过的活动中学到知识。几乎每一个关于时间和学习的研究都发现，在课程内容上所花的时间与学生的学习效果之间存在显著的正相关关系（C. S. Weinstein & Novodvorsky，2015）。一个学年似乎很长，以一个典型的高中班级为例，州政府规定每门学科每个学年有126小时（180天×42分钟/天）的教学时间。考虑到学生缺席及集会等导致的教学中断，理论上126个小时的教学时间中，实际上可能只有119个小时可供学习之用。因此，班级管理的一个重要目标就是延长学习的有效时间。

另外，在每个班级，无论是小学还是中学，都或多或少地存在教学干扰、材料收发、课堂点名、行为问题处理等事件。因此，用于教学的实际时间通常还得减少约20%，那就只剩下96个小时了。好的班级管理可以尽量减少上述无谓的时间浪费，从而获得更多的教学时间（instructional time）。

简单地分配更多的时间在学习上，并不能自动带来学业上的成功，高效利用时间才是导致学业成功的关键因素。正如你在认知学习的相关章节读到的那样，学生的信息加工方式是影响学生学习和记忆的关键因素，学生主要是在自己的实践和思考中进行学习的。主动花在特定学习任务上的时间，一般被称为**投入时间**（engaged time），有时也被称为**任务时间**（time on task）——我们估计这个时间大约是教学时间的80%。

然而，将时间花在学习上并不一定能保证学习的效果。若学习材料难度太大或者学生使用了错误的学习策略，学生可能会学得很费劲。如果学生学习的成功率很高，即真正达到学习和理解的程度，我们会把这样的时间称作**学业学习时间**（academic learning time）。我们估计这个时间大约是投入时间的80%——现在只剩62个小时了。如图13-2所示，虽然美国大多数州的学校要求126小时的学习时间，然而实际上有效的学业学习时间只有62个小时。所以，班级管理的第二个目标就是通过让学生积极参与有价值的、合适的学习活动，有效地增加学业学习时间。

让学生在求学早期就积极地投入学习，对于学生今后的发展非常重要。研究表明，教师对1年级学生任务完成能力和积极投入时间的评分，能有效预测学生4年级时的学业成就和辍学率（Fredricks，Blumenfeld，& Paris，2004）。

3. 促进学生的自我管理

班级管理的第三个目标就是促进学生的自我管理。如果教师过分关注学生的"服从"，那么他们会花更多的时间对学生进行行为监控和纠正。这样，学生只会把学校看作遵守规则的地方，而不会追求对知识的深层理解。然而，合作学习或基于问题的学习等复杂的学习模式，都需要学生进行自我管理。仅仅学会服从规则，并不能让这些复杂的学习模式发挥作用（McCaslin & Good，1998）。

从要求学生服从转向指导学生进行自我调节和自我管理，已经成为当今班级管理的重要转变（Evertson & Weinstein，2006）。汤姆·萨维奇（Tom Savage，1999）认为，"纪律最基本的目的就是发展自我管理。如果人们缺乏自我管理的能力，那么学业知识和技能也很难发挥真正的作用"（p.11）。通过自我管理，学生将学会负责——在不干扰他人行使权利、满足需求的情况下，满足自我的需求（Glasser，1990）。学生可以通过做决策、处理结果、设置目标和重点、管理时间、协作学习、调停争执、与老师和同学发展信任关系等方式来学习自我管理（Bear，2005；Rogers & Frieberg，1994）。

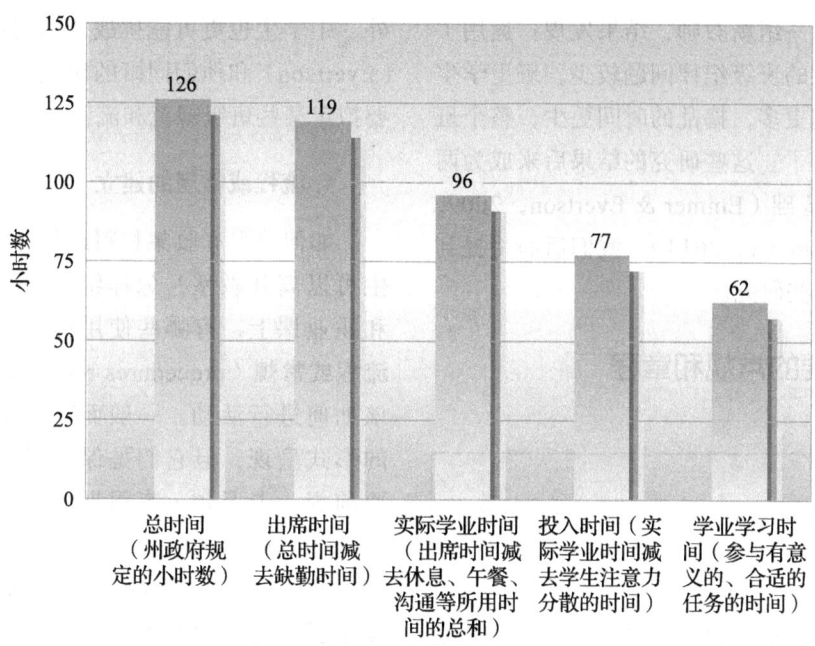

图 13-2　时间都到哪里去了

注：美国大部分州规定的 126 个小时的学习时间里，只有 60~70 个小时是高质量的学业学习时间。
资料来源：C. S. Weinstein & I. Novodvorsky (2015). *Middle and Secondary Classroom Management* (5th ed.). New York: McGraw-Hill, p.182.

当然，鼓励学生自我管理需要付出额外的时间。但是，为教会学生承担责任而付出的时间是值得的。一些研究很好地佐证了这一点。南希·佩里和丽贝卡·科利（Rebecca Collie）（2011）比较了指导师范生将学生培养成自我调节的学习者的职前培训课程与那些并不强调自我调节培养的职前培训课程。研究发现，相对于那些没有学习如何帮助学生自我调节的师范生而言，自我调节知识和技能等都得到提高的师范生在实习时更自信、压力更小，也更加投入。这很容易理解：如果你成功帮助你的学生管理好了自己的行为和学习，这反过来会提升你的教师效能感。一些小学和初中教师虽然拥有有效的班级管理策略，但是非常遗憾的是，他们没有将学生的自我管理作为培养目标。这些教师的学生往往会觉得，离开这些"管理得很好"的班级之后，他们很难独立工作或学习。

13.2　创设积极的学习环境

当你为班级制订计划的时候，你在本书中学到的一些知识会很有用。例如，考虑到第 2 至 6 章讨论的学生的个体差异，教师可以预防很多问题的发生。有的时候学生变得捣蛋，只是因为教师布置的任务难度太大；而对于有的学生来说，学习材料的难度太低，因此他们会感到很厌烦，以至于去寻找一些更刺激的活动来消耗时间。

从某种意义上说，只要教师用心激发学生的学习动机，就能防止一些纪律问题出现。一个投入学习的学生往往不会与教师或其他学生发生冲突。所有能够激发学生学习动机的计划，都能起到预防纪律问题的作用。

除此之外，教师还能做些什么呢？得克萨斯大学奥斯汀分校的教育心理学家深入研究了课堂管理问题（Emmer, Evertson, & Anderson, 1980；Emmer & Gerwels, 2006；Emmer & Stough, 2001）。他们采用的方法是对大量的课堂进行分析，在开学后不久大量地进行课堂观察，随后降低观察频率。通过几个月的观察，研究者注意到了班级之间的巨大差异，一些班级基本不存在管理上的问题，有的班级却有很多问题。可见，通过持续考察班级管理的质量和随后学生的学业成就，能对教师教学的有效性进行鉴别。

接下来，研究者通过回顾开学后不久的观察记录，研究了优秀教师是如何进行课堂管理的。他们将和谐、高成就的班级的教师与那些充满问题的班级的教师进行比较，总结出了班级管理的原则。随后，研究者将这些原则教给一组新教师,结果发现:运用了这些原则的教师所教的班级纪律问题较少,班里学生花费在学习上的时间更多,捣乱的时间更少,整个班级的学业成就也更高了。这些研究的结果后来成为两本课堂管理图书的基础(Emmer & Evertson, 2009, 2013; Evertson & Emmer, 2013)。我们后面将提到的很多观点都源于这些研究。

13.2.1 建立必要的常规和章程

> **停下来 想一想**
> 请给你未来的班级制定三四条重要的班级规范。

在小学,教师每天需要引领20~30个学习能力不同的孩子做很多不同的活动。如果没有有效的规范和流程,大量的时间就会被浪费在处理同样的问题上,比如:"我的铅笔坏了,我没法做数学作业了!""我实验做完了,老师,我还需要做什么呢?""卡洛斯打我!""我把作业锁在抽屉里了!"

在中学,教师每天需要和100多个学生打交道,这些学生会使用多种材料,并且常常更换教室。另外,中学生也更可能挑战老师的权威。埃默、埃弗森(Evertson)和他们同事的研究发现,有效的管理者需要拟定某些班级规范和流程来应对这些情形。

1. 流程或常规的建立

如何分发和收集材料或作业?在何种情况下,学生可以离开教室?怎样给学生评分?在科学、艺术和职业课上,有哪些使用设备和材料的特殊规定?**流程或常规**(procedures routines)描述了在课堂上应该如何进行活动。一般而言,课堂流程很少以书面的形式呈现,但它们是保证课堂活动顺利进行的重要前提。卡罗尔·韦恩斯坦及其同事(Weinstein & Novodvorsky, 2015; Weinstein & Romano, 2015)建议教师在以下领域内建立班级常规:①行为管理,如出勤记录;②学生活动,如进出教室或盥洗室;③环境维护,如给植物浇水或存储个人物品;④教学运行,如收发作业;⑤师生互动,如学生需要帮助的时候引起教师的注意;⑥学生交流,如给予他人帮助或开展人际交往。

你可能会将这六个领域作为建立班级常规的框架。下面的实践指南可能会对你有效制订班级管理计划有所帮助。

| 实践指南 |

建立班级常规

确定学生管理课桌、教室设备和其他物品的办法。

例如:

(1)设定每天或每周整理教室的固定时间。

(2)做示范,并让学生实践将椅子挪到桌子下,领取和归还架子上的物品,削铅笔,使用洗涤槽和自来水设备,摆放实验仪器等。

(3)设立值日班长,让大家轮流管理设备和其他物品。

确定学生进入或离开教室的规定。

例如:

(1)学生必须知道他们进入教室后应该做什么。一些老师有统一的规定,如上交家庭作业等待检查等。

(2)学生必须知道他们在什么条件下可以自由离开教室,什么时候必须经过允许才能离开教室。

(3)学生必须知道如果他们迟到了,应该如何得到教师的许可,才能进入教室。

(4)建立放学回家的规范。许多老师要求学生在放学回家之前坐在座位上并保持安静。教师宣布后才能下课,而不是以铃声为准。

建立信号系统,并教会学生理解信号。

例如:

(1)在课堂上,一些教师以开关灯光、钢琴音乐为信号,也有教师以类似卖场"服务铃声"的声音为信号,还有教师以特定的语句或行为为信号,如走到讲台前安静地站着,使用特定的说法——"请看""请拿出你们的记分册"等。

（2）在礼堂里，教师通过举手、击掌或其他信号表示"停止"。

（3）在操场上，教师通过举起一只手或者吹口哨发出站队的命令。

确定学生参与课堂活动的常规。

例如：

（1）你是要求学生一定要举手并获得允许才可以发言，还是允许他们等别人谈话结束后就发言？

（2）你如何表明所有的同学都要对问题做出反馈？有的教师会以手作杯状，举起并放到耳边，有的教师问问题时常常以"各位同学"开始。

（3）不同的活动有不同的流程，如阅读小组、学习中心、讨论、教师讲述、随堂作业、视频观看、同辈学习小组、去图书馆查阅资料等。

（4）明确一次可以有多少学生使用削笔机、问教师问题、去学习中心、使用水槽、来到书架前、前往阅读角或上厕所。

决定如何布置、收集和归还作业。

例如：

（1）划定一个专门用于布置作业的地方。有的教师会在黑板的一角布置作业；有的教师会用彩笔布置作业。对于岁数较小的学生而言，教师最好准备作业单或档案袋，用不同的颜色表示数学、阅读或科学等不同学科的作业。

（2）弄清楚收集作业的方式和地点。有的教师把作业存放在一个盒子或木箱里面；有的教师一边介绍接下来的活动，一边邀请一个学生收作业。

2. 规范或章程的制定

规范或章程（rule）不同于流程或常规，规范具体说明了在班级里哪些行为是被禁止的，哪些行为是被鼓励的，所以常常以书面的形式呈现，并会被张贴在墙上。在建立班级规范时，你需要考虑你想营造怎样的班级气氛，学生什么样的行为能够帮助你有效教学，学生的行为需要受到哪些约束。当然，你所制定的规范应该与学校的总体规范和科学的学习原则保持一致。比如，我们从研究中得知，同辈之间进行交流学习的这种小团体更能让学生受益，他们会在互相教学的过程中进行学习。如果你设定的班级规范阻碍了学生之间的相互交流，那么它就与良好的学习原则相冲突了。再比如，规定学生写作文时，"作文本上不要有修改的痕迹"，可能会使学生更注重不写错别字，而不是将主要精力用在将自己的思想通过语言表达清楚上（Burden, 1995; Emmer, & Stough, 2001; C. S. Weinstein & Romano, 2015）。

班级规范应该是积极的、可观察的，例如"有事请举手"。此外，提供一些与特定情境对应的规范，比列举出所有被禁止或允许做的事情更合适。但是，如果某些行为是被特别禁止的，如擅自离开校园或在厕所里抽烟，那么要在班级章程中严格规定清楚（Emmer, & Gerwels, 2006）。

3. 小学课堂管理规范

埃弗森和埃默（2009）列举了四条适用于小学课堂管理的规则。

（1）尊重他人，礼貌待人。教师需要对"有礼貌"做出详细解释，如不攻击、欺凌和戏弄他人。有礼貌的行为包括按秩序排队、说"请"和"谢谢"、不叫他人的绰号等。这条规则既适用于学生，也适用于成年人（包括代课教师）。

（2）积极学习，为学习做好准备。这条规则意在引起学生对学习的重视。无论在每天学习生活开始的时刻，还是在不同科目交替的过程中，学生都应保持积极的学习态度。

（3）他人说话时，注意倾听。无论是大班教学还是小组讨论，这条规则对所有教师和学生都适用。

（4）遵守学校规章制度。这条规则提醒学生，学校规范在班级生活中同样适用。这样，学生就无法以"你从来没告诉过我们"为由，在明知违反校规的情况下，公然在上课的时候咀嚼口香糖或听音乐。

无论规范是什么，学生都需要了解规范中哪些行为是被允许的，哪些是不被允许的。例如，在学习任务完成以前，练习和讨论都是必要的。

正如你所见，不同的活动需要不同的规范，但是学生在全面掌握这些规范以前，可能会把它们搞混。

为了避免混淆，你可能需要考虑对每个活动的规范做出不同的标记。在活动开始之前，你可以将这些标记张贴出来作为提示。这能为所有学生提供清楚、一致的参与信息，而不是只有表现好的孩子才清楚规则是什么。当然，在这些标记完全发挥作用之前，必须先对这些规范进行充分的解释和讨论。

4. 中学课堂管理规范

埃默和埃弗森（2009）也提出了六条适合中学课堂管理的规则。

（1）将所有可能用到的材料带到教室。教师必须明确规定所需的钢笔、铅笔、纸张、笔记本、课本或其他材料的类型或规格。

（2）上课铃响后，学生应该坐在座位上，并做好上课准备。在执行这条规则时，有些教师还会加入其他一些程序，比如一个热身练习，或者上课铃声敲响后，把需要的纸张放在合适的位置。

（3）尊重他人，礼貌待人。这一点包括禁止打架、骂人和一般性的捣蛋行为等。它适用于包括教师在内的所有人。

（4）他人讲话的时候，要在座位上仔细倾听。这一点适用于教师或其他学生谈话的时候。

（5）尊重他人的财产。这意味着明白哪些财产属于学校、教师或其他同学。

（6）遵守学校规章制度。和小学课堂规范一样，这一点囊括了很多行为和情境，所以你不必在班规里重复每一条学校规定。这一点也在提醒学生，你关注着他们在教室内外的行动。有些高年级学生很擅长向教师证明他们"并没有违反规则"，所以作为教师，你要确保自己对学校的相关规章制度非常了解。

当然，以上规则不仅仅是为了维护班级秩序。林赛·松村（Lindsay Matsumura）和她的同事（2008）通过对34个中学课堂的研究发现，在课堂上尊重他人这一规则，有效预测了参与课堂讨论的学生人数。由此可以推论，感受到尊重是学生投入知识学习和参与课堂讨论的必要条件。

5. 违反规范或流程的后果

在你确定好班级规范或流程后，必须马上考虑如果有学生违反了规范或没有按流程行事，你应该怎么办；如果在规范或流程被打破后才考虑处理办法，就为时已晚。面对很多违反规范的情况，教师会让学生重新进行刚才的行动，直到做对为止：在大厅乱跑的学生必须退回原处，姿态端正地走过去；如果作业没做好，需要再做一次；被放乱的材料必须放回原处。为了支持学生的情感和社会性发展，教师可以合理运用**自然/逻辑后果**（natural/logical consequence）来处理违反规范的行为（M. J. Elias & Schwab, 2006）：①你的反馈应该区分开行为和行为人——问题在于行为，而非学生；②对学生强调他们有选择自己行为的权利，但同时也要避免失去对学生的控制力；③鼓励学生反思、自我评估和解决问题，避免教条式的宣讲；④帮助学生认识到在相似的情况下，还可以有哪些不同的反应，并对自己的行为能力做出客观的评价。

其中最为关键的一点是，要尽早制定惩罚（或奖励）的规定。这样，学生就会明白，违反规范或不按流程行事，对他们来说意味着什么。我鼓励我的实习生将他所在的学校的校规和班规分别复印一份，并在此基础上，自己再拟定一份详细的班规。当然，有的时候，情况可能会更复杂。C. S. 韦恩斯坦和罗马诺（Romano）（2015）对四名专家型小学教师进行案例研究后发现，教师惩罚学生的方式主要有以下七种，如表13-1所示。

6. 谁来制定规范或流程

第1章提到了一位名叫肯的专家型教师，他与学生共同制定了一部"权利法案"，而没有生硬地宣布规则。这些"权利"涉及大部分需要规则的情境，同时能帮助学生学习自我管理。最新的班级权利法案包括当教师没有说话且没有要求学生安静的时候，学生可以小声说话；学生和教师均享有受到礼貌对待的权利；各项任务之间可以有两分钟的休息时间；学生有权在不同的日程安排中进行选择；学生有隐私权；没有经过本人允许，不得擅自动用他人的财物；可以咀嚼口香糖，但是不能吹泡泡等。如果你希望让学生共同参与制定规则或"法令"的过程，你应该等到班级里的学生形成一定的集体氛围之后再进行这项工作。只有当学生信任教师且熟悉目前的班级环境时，学生才能全身心投入制定班规的过程（M. J. Elias & Schwab, 2006）。

表 13-1　七种惩罚学生的方式

1. **显露出失望的表情。**如果学生喜欢或者尊重他们的教师,那么教师脸上显露出的严肃或悲伤的表情,可能会让学生停止捣乱,回过头来思考自己的行为。
2. **撤销学生的某些权利。**有问题行为的学生可能会失去自由时间。比如,如果学生没有完成家庭作业,他们就需要在自由活动时间完成作业。
3. **要求学生暂时退出小组活动。**干扰他人或拒绝进行小组合作的学生会被其他学生孤立,直到他们学会合作为止。有些教师会给学生10~15分钟的时间,让他到其他教室或大厅做好合作的准备,在这段时间内,教师和其他学生都不会理会这个违反了规则的学生。
4. **要求学生对问题进行反思,并写下来。**学生可以通过写日记、短文的形式来讲述自己做了什么,对他人造成了什么影响,也可以写道歉信,如果这种方式合适的话。另一种方式是让学生客观地写下他们做了什么,然后教师和学生在上面签名,并记录日期,以后家长或管理者询问学生行为时,它可以充当证据。
5. **要求学生去校长办公室。**一般而言,有经验的老师较少使用这一策略,但如果有正当理由,他们也会这样做。有些学校规定,如果学生出现打架等特定的攻击性行为,需要把他们送到校长办公室。如果你让学生去校长办公室而学生不去的话,你可以给校长办公室打电话,说这个学生已经出发了。这样,学生就只有两种选择了:要么去校长办公室,要么受到校长的惩罚。
6. **扣留学生。**扣留指放学后或午餐时间,针对发生的事件与学生进行简短的谈话。(在高中,扣留通常被用作一种惩罚手段,停学和开除可以被看作更加严厉的惩罚方式。)
7. **联系家长。**如果问题反复出现,许多教师就会与学生家长联系。这样做是为了寻求支持,以帮助学生,而不是为了责备家长或惩罚学生。

资料来源:摘自 C. S. Weinstein and M. E. Romano (2015). *Elementary Classroom Management* (6th ed.), New York: McGraw-Hill, pp.298–301.

对于学生而言,形成权利和责任意识比遵守规范更重要。"教育学生由于某些行为是错误的,所以必须设立规范来制止它们;而不是教育学生某些行为是错误的,因为它们与规范不一致——这两者是不一样的,要帮助学生明白为什么规范是这样的"(C. S. Weinstein, 1999, p.154)。学生应该明白正是由于形成了规范,大家才能在一起工作和学习。这里还需要提到一点,当肯遇到特别难管理的班级时,他会和学生一起采取"立法"的形式来保护学生自身的权利,你将在表13-2中看到这样的"法案"。

除了建立必要的班级常规和章程外,另一种创设积极的学习环境的方式是使包含教室内的桌椅板凳、教学材料和学习工具等的物理空间的设计,也符合学生的发展。

表 13-2　保护学生权利的"法案"

1. 每次都要遵守规则。
2. 谈吐得体、有礼貌,尊重他人情感和他人财物。遵照"权利法案"行事。
3. 学会在恰当的场合微笑。
4. 学会尊重他人权利,不要打扰他人,不要干涉他人,不要大声吼叫。
5. 学会在恰当的场合讲话,语气、语调、音量得体。
6. 行动的时候要镇定、仔细、安静,并且举止优雅。
7. 遵守学校和班级的所有规范和流程,比如使用卫生间、保管铅笔、午饭和休息时间、上学和放学等的相关规定。

资料来源:摘自 C. S. Weinstein & M. E. Romano. (2015). *Elementary Classroom Management* (6th ed.), New York: McGraw-Hill, p.103.

13.2.2　设计学习的物理空间

停下来　想一想

回过头来想一想你从小到大待过的教室,其中哪一间教室最让你兴奋,哪一间给你冷寂空旷的感觉?教师是否安排学生在教室内不同的地方做不同的事情?

好的学习空间可以让你设计的班级活动变得更有吸引力,并且让身处其中的每个个体都感到被尊重。这种被尊重感的创设,应该从引领年幼儿童根据"门"来认识自己的教室开始。有一个获得校舍设计奖的学校把每一个教室的门都涂上了不同的鲜艳色彩,所以年幼儿童可以很轻松地找到自己的"家"(Herbert, 1998)。教室内部环境的设计可以以适合学生安静阅读、小组合作或独立研究为目标,使学生能够轻松地在教室里取到自己需要的材料。1999年,在接受玛吉·谢勒的访谈时,贺伯·考尔(Herb Kohl)描述了他在班级中创设积极的学习环境的过程。

我所做的就是把我所知道的最有趣的东西张贴出来,比如海报、游戏、谜语或一些挑战性的活动,让学生知道这些都是对他们的激励。这些都是激励他们动脑筋的好办法。你创设的环境应该能使学生走进来并觉得,"我真的想看看这里有什么,我真的想看一下"。(p.9)

教室的两种基本的空间组织形式是个人区域和兴趣区域。

1. 个人区域

在被划分为多个区域的教室里，物理环境会影响教学吗？教室前面的座位似乎确实可以提高那些上课爱讲话的学生的参与度，后排的座位则会使学生更难参与学习，这些位置使学生更容易偷懒和上课睡觉（Woolfolk, & Brooks, 1983）。当然，学生参与度最高的**活动区**（action zone）也可以在教室的其他位置，比如教室的某一边，或某个特定的学习中心（T. L. Good, 1983a；Lambert, 1994）。C. S. 韦恩斯坦和罗马诺（2015）认为，为了"将活动区最大化"，教师应该尽可能地在教室内来回走动，经常性地变换学生座位，与后排的学生进行眼神接触，对他们进行提问。

座位的水平排列拥有许多传统行列位置排列的优点。不论是独立完成的作业，教师、学生的报告，还是多媒体展示，都适用这种设计；这种设计能让学生聚焦于报告人，同时可以使环境简单化。水平排列的设计便于学生两人一组一起学习，但是不太适合大组讨论。

四人一组或围成圆圈的设计最方便学生沟通。围成圆圈的设计适用于讨论的情况，也不影响个体独立学习。四人一组的设计有助于学生讨论、相互帮助、共享材料，或者共同完成小组作业。然而，这两种设计不适合针对全班同学的讲授和展示。

在鱼缸式或谷垛式的教室里，学生围绕注意焦点而坐（后排的学生可以站起来），这种形式只能维持较短时间，因为这样往往不太舒服，并且会引发纪律问题。另外，鱼缸式设计可以激发集体凝聚力，当教师希望学生观看一个演示，对一个班级管理问题进行头脑风暴，或观看一个视频时，这种设计往往能发挥较大作用。

2. 兴趣区域

兴趣区域的设计能影响学生对学习空间的利用方式。比如，卡罗尔·韦恩斯坦（1977）与一名教师共同努力，对一个兴趣区域做了一定的改变，使更多的女孩参与到了科学课的学习中，并且使学生在实验中利用了更多材料。在另一项研究中，研究者对图书角做了一定改动，使得班里很多学生都参与到了阅读活动之中（Morrow & Weinstein, 1986）。如果你要在教室里设计兴趣区域，可以参考下面的实践指南。

> **| 实践指南 |**
>
> ### 设计学习空间
>
> **注意教室内的固定装置，并在此基础上进行设计。**
> 例如：
> （1）注意电脑和视听设备都需要插座。
> （2）将美术用品放在水槽边，安排学生在黑板周围进行小组活动。
>
> **确保放置物品的平台便于学生拿取，并保持其整洁。**
> 例如：
> （1）确保学习材料放置在学生的视线范围内，并且便于学生拿取。
> （2）提供足够多的架子，这样学习材料才不会被乱堆乱放。
>
> **为学生提供干净、便利的学习环境。**
> 例如：
> （1）把书架安放在阅读区，在活动区内进行游戏。
> （2）避免因为空间拥挤而出现打架斗殴的情况。
>
> **避免教室出现死角和"跑道"。**
> 例如：
> （1）不要将所有的兴趣区域都设置在教室的四周，这样教室中间的一大片空地将处于无用状态。
> （2）避免将桌椅摆放在教室中间，这样会使教室的四周成为以桌椅为中心的"跑道"。
>
> **妥善放置物品，确保你能看到所有学生，所有学生也能看到教学演示。**
> 例如：
> （1）确保你的视线可以到达教室的每个角落。
> （2）妥善设计座位，使学生不用挪动桌椅就可以

看到教学演示。

确保活动空间的隐私性和安静。

例如：

（1）确保没有桌子或活动区堵住通道，学生不需要绕过一个区域去往另一个区域。

（2）将喧闹的活动区与需要安静的活动区分开。通过在区域之间或较大空间内安放一些分隔物，如书架或小钉板等，来营造隐私的感觉。

使学生能够进行一定的灵活选择。

例如：

（1）为个人的独立活动提供私密的小空间，为团体活动准备大桌子，为全班活动预备坐垫。

（2）为学生提供存放个人物品的空间。对于没有自己的桌椅的学生来说，这一点尤其重要。

尝试新的设计，并在使用中进行评估和改进。

例如：

（1）用两周的时间体验新设计，然后对其进行评估。

（2）吸纳学生参与设计。他们也需要在这个屋子里生活，自己设计教室空间会是一次很有挑战性的教学体验。

事实上，个人区域和兴趣区域并不矛盾，很多教师已经将这两种空间组织形式融合在了一起。以课桌为代表的学生个人区域位于中间，而兴趣区域被安置在教室的后面或者四周。这样的设计具有灵活性，能够满足大组活动和小组活动的不同需求。图13-3展示了一个中学教室的设计示意图，教室中既有课桌（个人区域），又能保证教师讲课、演示、小组活动、计算机使用和实验活动的顺利进行。

13.2.3 班级创建的起步阶段

设计教室的物理空间、制定班规和流程是成功的班级管理的第一步。但是，一个高效的教师怎样才能在班级创建后最初的几周里赢得学生的合作呢？有一项研究深入分析了高效的小学教师和低效的小学教师在开学后的几周时间内开展的活动，结果发现了巨大的差异（Emmer, Evertson & Anderson, 1980）。下面我们就花些时间来探讨这些差异。

1. 小学生的有效管理者

在高效的教师的班级里，开学第一天的班级活动就得到了有效组织。教师会提前准备好点名册，还会为学生设计一些有趣的活动。教师会将教学材料摆放整齐，精心设计活动的每个环节，以免学生分心。这些教师注重解决很多学生都关注的问题，如"我应该把东西放在哪里""我应该怎么称呼教师""我可以和邻桌的同学说悄悄话吗""厕所在哪里"。高效的教师会把自己的期望都说出来，他们会制定一套可行且便于学生理解的班规，并在开学第一天把其中最重要的部分教给孩子们。教授这些班规的方式和教授课程内容的方式一样，包括解释、举例，而且要让同学们实践。

开学后的几周内，高效的管理者会连续将大量时间用在对规范和流程的教学上。有些教师通过引导学生实践来教授流程；有些教师通过奖励来改变学生的行为；很多教师会教学生对铃声或其他注意信号做出反应。高效的教师总是将对班级规章制度的教学融入有趣的学习活动中，这些活动往往需要全班同学一起

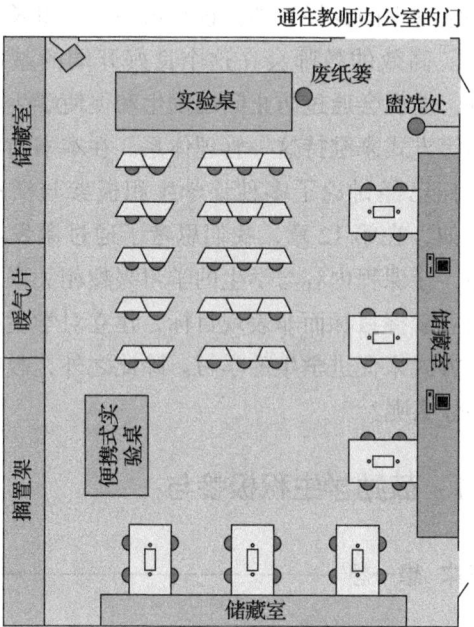

图13-3　一个中学教室的设计示意图

注：一位化学老师对教室进行了恰当的设计，在这个教室里，教师可以讲课、带领学生进行小组活动、使用电脑、开展实验活动，而不需要经常重新布置教室。

资料来源：摘自 C. S. Weinstein & I. Novodvorsky. (2015). *Middle and Secondary Classroom Management: Lessons from Research and Practice* (5th ed.), New York: McGraw-Hill, p.35.

开展，而不是小组学习或独立阅读。这种整班教学的方式有助于教师更好地监控学生学习班级规章制度的过程。教师应该快速而坚决地制止学生的错误行为，但不能采用粗暴的方式。

低效的教师的班级开学后几周内的情况和上述班级非常不一样。对前者而言，班规没有起到很好的作用；这些班规要么太含糊，要么太复杂。比如，一个教师设立了这样一条规定："在恰当的时间出现在恰当的场所。"教师没有告诉学生这是什么意思，所以学生的行为没有得到班规的引导。班规中没有明确界定积极行为和消极行为引发的不同后果是什么。学生违反规定后，低效的教师会给予其比较含糊的批评，比如"有的学生太闹了"，或者只是警告他们，却不实施任何具有威慑性的惩罚措施。

在管理不善的班级里，完成日常任务的流程每天都不一样，教师从来没有讲过或让学生实践过班级流程。低效的教师大多不关注学生的即时需求，却将大量的时间花在本可以稍后处理的事情上。例如，一名教师在开学第一天就教了学生如何开展火灾逃生训练，却没有解释日常流程和规范，学生在教室里不知道该做什么，所以相互询问需要做什么事情。学生们常常聊天，因为他们找不到更有价值的事情可做。低效的教师经常离开教室去批改作业或找个别学生谈话。他们没有想过怎样处理学生上课迟到或上课捣乱的问题。管理低效的教师也可能通过训练学生对某种铃声做出反应让学生集中注意力，但很快又让学生忽略铃声。总而言之，这种班级在开学后的几周时间里非常混乱，不仅学生，就连教师也常常遭遇意料之外的事情。

2. 中学生的有效管理者

在班级创建的起步阶段，教师能为中学生做些什么呢？如前所述，高效和低效的小学教师之间存在着很大的差异，这种差异在中学教师之间同样存在。此外，高效的中学管理者会在开学的第一天建立好规范、流程，并向学生传达明确的教学期望。同时，他们会在开学后的几周就学业要求和行为要求与学生深入沟通，并严格执行这些要求。学生的各种行为都得到了有效的监控，如果违反了规范，会迅速得到处理。对于学生比较欠缺学习能力的班级，教师每次解释规范、要求，都会缩短解释的时间，不会要求学生长时间不间断地进行某项任务；相反，在每一个时间段内，学生需要完成几个相关任务。一般而言，高效的教师能敏感地体会到每一位学生的进步。这样，学生就不会因为不想面对消极的结果而逃避学习了（Emmer & Evertson, 1982）。

你是否认为，为了对学生的行为进行监控，并让规范得到有效的执行，中学教师都应该是严肃且缺乏幽默感的？其实并不尽然。一项经典研究发现，在管理上做得很出色的教师，仍然能与学生有说有笑（Moskowitz & Hayman, 1976）。任何一个有经验的教师都会告诉你，当学生很合作的时候，教师更需要微笑。想了解更多关于班级创建起步阶段的信息，请参考黄绍裘和黄露丝玛丽（Harry and Rosemary Wong）的书——《如何成为高效能教师：美国教师培训第一书》（*The First Days of School: How To Be an Effective Teacher*）。

13.3 维持良好的学习环境

课堂管理的良好开端仅仅是这一"万里长征"的第一步。高效的教师会在这个良好开端的基础上继续前进，他们会通过防止问题发生和促使学生参与学习活动等方式来维持这一管理体系。在本书前面的章节，我们已经讨论了多种让学生积极参与活动的方法。比如，在第12章，我们思考了通过激发学生的好奇心，让课程内容与学生的学习兴趣相关联，帮助学生确立掌握目标而非表现目标，建立对学生的积极期望等方式来促进学生的学习。除此之外，教师还可以做些什么呢？

13.3.1 鼓励学生积极参与

> **停下来 想一想**
>
> 什么活动能让你全身心地投入，以至于忘记时间的存在？这些能吸引你注意的活动有什么特点？

一般而言，教师监督得越多，学生越可能参与实践。比如，一项研究发现，如果与教师直接合作，学生会将 97% 的时间用在完成任务上；如果完全独立学习，学生则只会把 57% 的时间用于完成任务（Frick，1990）。当然，这并不意味着教师应该减少学生独立学习的时间，它仅仅说明这种类型的活动需要教师悉心的策划和监督。

如果学生在活动中能够不断获得对下一步该做什么的提示，学生的卷入程度会更高。有明确步骤的活动更具有吸引力，因为活动环节环环相扣。如果学生拥有完成任务所需的全部材料，学生的参与程度会更高。如果学生的好奇心被激发，他们就会急切地去寻找答案。此外，如你所知，如果学生参与到有着真实情境的任务（即与真实生活相关的任务）中，他们的参与程度也会提高。同样，如果任务具有一定的挑战性和趣味性，学生会更多地参与进去（Emmer & Gerwels，2006）。

当然了，教师不可能随时监督学生或仅仅依靠学生的好奇心来吸引他们。为了培养学生独立学习的能力，还需要采取其他的措施。埃弗森、埃默和他们的同事通过研究中小学教师的课堂管理行为发现，无论是小学教师还是中学教师，作为高效的班级管理者，他们都拥有一套计划完善的鼓励学生进行自我管理的系统（Emmer & Evertson，2009，2013；Evertson & Emmer，2013）。下面的实践指南正是基于他们的研究结果总结而来的，你可以参考。

| 实践指南 |

使学生保持较高的参与度

基本的要求要明确。

例如：

（1）将一些日常任务的要求具体化，并张贴出来，如对标题拟定、纸张大小、钢笔或铅笔的使用、作业的整洁性等的要求。

（2）针对迟到、未完成作业和缺课现象做出要求，并进行解释。如果班里有学生不做作业，应该尽早制止，并在必要时与家长沟通。

（3）确定任务完成的合理期限，并坚持执行。除非学生有特殊情况，否则不得逾期。

让学生了解作业的特殊要求。

例如：

（1）对于低年级学生，教师在布置作业的时候应该遵循常规流程，比如每天在黑板上的同一位置写下作业有哪些。对于高年级学生，只需要口头布置或简要说明。

（2）提醒学生哪些作业需要尽快提交。

（3）对于一些复杂的任务，给学生发放清单，说明需要做什么，需要利用什么资源，提交作业的期限等。另外，需要告知高年级学生作业的评分标准。

（4）通过引导学生完成开始的几个问题，或提供作业样例，向学生演示作业应该怎么做。

监控作业完成进度。

例如：

（1）布置作业后，确保每位同学都清楚地知道作业有哪些。如果你只解答那些举手的学生所提的问题，就有可能忽视那些自认为自己知道应该怎么做而实际并没有理解的学生、由于害羞而不敢问问题的学生或根本就没打算好好做作业的学生。

（2）监控作业完成进度。学生讨论时，要确保每个学生都有机会发表个人观点。

经常对作业进行反馈。

例如：

（1）在小学生上交作业的后一天下发批改好的作业。

（2）每周在班上展示比较优秀的作业，并将评分后的作业交给学生家长。

（3）所有学生都可以记录自己的各项得分、任务完成情况及额外获得的学分。

（4）允许高年级学生将完成周期较长的作业分配到几个阶段来完成，并在每个阶段给予反馈。

若想了解更多信息，请查看：http://trc.virginia.edu/Publications/Teaching-Concerns/TC-Topic/Engagin-Students.htm。

13.3.2 预防是最好的良药

课堂管理最理想的方法就是把问题扼杀在萌芽阶段。在一项经典研究中，雅各布·库宁（Jacob Kounin, 1970）比较了高效教师和低效教师的管理方式，即那些班里几乎从不出现问题的教师和那些班级生活混乱、学生问题行为较多的教师分别采用了什么班级管理方法。通过观察两组教师的行为，库宁发现，当问题出现时，两组教师解决问题的方式几乎没有什么不同，不同之处在于成功的管理者能够更好地预防问题的发生。库宁的研究表明，能够有效管理课堂的教师在四个方面拥有娴熟的技巧："明察秋毫"（withitness）、一心多用（overlapping）、整体关注（group focus）和变换管理（movement management）。越来越多的研究成果证实了这四方面技巧的重要性（Emmer & Stough, 2001）。

1. 明察秋毫

明察秋毫意味着你应该让学生知道，你对教室里发生的所有事情了如指掌——你不会忽视任何事情。明察秋毫的教师似乎脑袋后面都长有眼睛。教师要避免只与少数学生交流，因为这样会使其他学生走神。教师应该经常在教室里走动，与每个学生眼神接触，以此让学生知道自己是被老师关注的（Charles, 2011; C. S. Weinstein & Romano, 2015）。

高效的教师会将学生的捣乱行为抑制在萌芽阶段。这些教师会对整个事件进行调查，找出始作俑者。也就是说，他们不会犯库宁所说的"时间性错误"（拖延太久才开始干预）或"目标性错误"（没有找对犯错误的学生，让真正做错事情的学生逃避了责任）。

如果两个问题同时发生，高效的教师会先处理较严重的那个问题。比如，如果教师让两个学生停止小声讲话，却忽视了一群正在削笔机前相互推搡的学生，那么学生会认为，只要自己足够聪明，犯点小错误也不会被发现。

2. 一心多用和整体关注

一心多用指同时跟踪或监控多个事件。比如，一个教师可以一边检查一个学生的作业，一边督促一个小组活动的进行，同时通过快速的一瞥或提醒来"叫停"另一个小组里的意外事件（Burden, 1995; Charles, 2011）。

整体关注指教师应该让尽可能多的学生参与活动，避免活动成为一两个学生的专利。所有的学生在课堂中都应该有事可做。比如，教师可以要求每个学生都写下问题的答案，然后让个别学生当众回答，剩余学生相互订正并进行沟通。当然，有时候集体回答也是必要的。此外，教师应该经常在教室内走动，以保证每个学生都参与活动。在一堂语法课上，教师可能会说："认为答案是'have run'的，请举红牌；认为答案是'has run'的，请举绿牌。"（Hunter, 1982）教师可以使用这种方式确保所有学生都参与活动，了解学生对学习材料的掌握情况。

3. 活动管理

活动管理指让课堂教学或活动以适当和灵活的节奏进行，活动有变化且过渡平稳。高效的教师不会突然转换教学或活动，比如在学生还没有完全注意到的情况下宣布新活动开始，或中途停止一项活动，转而进行另一项活动。如果仓促过渡，可能班里只有1/3的孩子会开始新的活动，有的孩子会继续原来的活动，有的孩子会问其他孩子自己该做什么，有的孩子会趁机玩耍，大部分孩子会不知所措。库宁提出，活动管理还可能出现过渡太慢、启动新活动花费的时间太长的情况。有的时候教师会给予过多指示。如果教师要求一次只有一个学生可以活动，其他学生不得不等待和观望，也会出问题。

4. 通过教授社会技能来进行预防

在教师进行有效管理的同时，学生应该做些什么呢？当学生缺乏社会交往和情感表达技能，比如不会共享学习材料、无法了解他人意图、不会应对沮丧等时，班级管理问题就很可能出现。为了防止班级管理问题出现，教师应该促进学生的社会性发展，并教会学生对情感进行自我调控。从短期看，教师可以教授和示范这些技能，进而给学生反馈，让学生在不同情境下实践这些技能。从长期看，教师应帮助学生形成合作协商而不是攻击的价值观（M. J. Elias & Schwab, 2006）。

黛布拉·斯蒂佩克和她的同事（1999）介绍了

将对社会技能的教授融入学校正规教育和非正式讨论中的方法。比如，在班级规范中强调尊重的重要性（如"没有愚蠢的问题"）；要求学生学习赞扬他人，不要轻易诋毁他人；要求学生通过了解历史人物的事迹，讨论怎样进行生涯选择和处理压力；帮助学生从冲突事件中学到东西。另外，送给每个学生一个"问题处理技巧工具箱"，里面包含了解决各种问题的具体方法。工具箱里有一个笔记本，它记录了学生担心的各种事情、令学生感到困扰的情境，以及应对它们的方法，这样能够让学生遇到的困难及时得到解决。工具箱中的"退出"标志提醒学生，应对某些情境的最好方法可能就是全力"退出"。"退到一个安全的环境，这是能保全面子甚至挽救生命的一条策略，这条策略每个孩子都需要明白。"（Stipek et al, 1999, p.443）作为教师，应该尽早让学生学会这些技能。

13.3.3 处理好学生与学校的关系

为了防止班级管理出现问题，建立积极的师生关系、提高班级凝聚力是很必要的。学生尊重那些能为学生维权的教师，这些教师以公正、真诚，而不是严厉、苛刻的方式对待学生，能够让学生透彻地理解学习材料，能够敏锐地感受到学生的不适并表示关心，总是让学习充满创造性和趣味性。当然，学生非常尊重那些在学业和生活上充满人性的教师（这些教师不总以教师的身份与学生相处），尊重那些敢于担当、很少操控学生的教师，尊重那些不断挖掘学生潜力、与学生真诚交流、关注学生学习和生活的教师（M. J. Elias & Schwab, 2006；Wentzel, 2002；Woolfolk Hoy & Weinstein, 2006）。

1. 让学生产生对学校的归属感

那些感到自己对学校有归属感的学生表现得更加开心，会更加积极参与学校工作，自律性更强，同时较少参与那些危险的活动，比如滥用毒品、暴力行为或早期性行为（J. Freiberg, 2006；McNeely, Nonnemaker, & Blum, 2002；Ponitz, Rimm-Kaufman, Grimm, & Curby, 2009）。事实上，杰弗里·科尼利厄斯-怀特（Jeffrey Cornelius-White, 2007）对在1948年到2004年间发表的119项研究进行综合分析后发现，师生间积极、温暖、支持的关系能够影响学生的多种行为反应，如提高课堂活动参与度，形成更好的批判性思维技巧，降低辍学率，提升自尊心，增强学习动机，减少破坏性行为，提高出勤率等。芭芭拉·巴塞洛缪（Barbara Bartholomew, 2008）对一位富有经验的特殊教育老师进行了访谈，访谈主题是"究竟什么能使学生的参与度和积极性保持在较高水平"。面对这一问题，这位教师毫不犹豫地回答："学生需要知道，无论发生什么，你都不会抛弃他们。"（p.58）

1年级的埃斯梅·科德尔（Esme Codell）老师就是一位尊重学生、关注学生生活的教师。"埃斯梅女士"（她很喜欢的一个称呼）每天早晨都会举行一个仪式。

> 我每天早上都会做三件事情。首先，我会快乐地对每个学生说声"早上好"，每个学生也会问候我。然后，我会用一个"烦恼包"将学生所有的"烦恼"收集上来。这是一个绿色的袋子，学生会把在家里遇到的困扰"放进去"，这样他们在学校就能够全神贯注地学习。有的孩子没有烦恼，有的孩子会把烦恼"放进去"，而我会扮演承担烦恼的角色。通过这种方式，我也可以观察学生进入教室时的心情。最后，学生进教室前需要对我说一句话，我会把它记下来放到一个信封里，这句话可以是任何话，不过最好是他们听到但不太理解的句子或者对他们有意义的句子。我会和学生在一对一的阅读小会上，就这句话展开讨论。（Codell, 2001, p.30）

如果学生把学校看作一个充满竞争的地方，每个人会由于不同的种族、性别和宗教而受到不同的待遇，那么学生更有可能表达不满或者变得不合群。可是，如果学生认为自己有选择权，而且教师注重的是个人进步，不会把自己和他人进行比较，学生能从教师那里赢得尊重和支持，那么学生将更容易融入学校生活（Osterman, 2000）。表达尊重和关爱的一种方式是建立与学生的家庭及家庭生活的联系。例如，中国学生认为他们的教师非常关爱他们，可能是因为中国教师在了解学生的家庭、家庭生活以及在校外给予学生帮助上花费了大量时间，教师尊重学生的家人和他们的文化，愿意拜访和帮助他们（Jia et al., 2009；Suldo et al., 2009）。

2. 为青少年创建关怀联盟

高中时期，维持互相关怀的师生关系特别重要。这个时期，学生会遇到更多教师，但师生间很少建立起亲密的关系，而且学生的情感、社会和学业压力将急剧升高。面对这个问题，一所拥有超过 2000 名学生的多元化的城市学校创建了小型的关怀联盟。这些关怀联盟都是跨学科的，成员是有着共同兴趣的学生和教师。他们在开学后的九周里参与了"关注新生"的课程，这个课程的目的在于帮助学生适应高中生活，熟悉学校环境，提升记笔记等学校生活技能，以及学习如何与父母相处等社会技能。研究发现，这些关怀联盟有助于提升教师对学生的积极信念，使师生关系更加亲近，并提升学生的学业和生活技能（Ellerbrock & Kiefer, 2010）。

对所有学生来说，高中时代的归属感都是很重要的。对那些由于语言或贫困而感到与学校中产阶级文化格格不入的学生来说，更是如此（R. I. Chapman et al., 2013）。一项研究对 572 名学生进行了追踪，从 9 年级追踪到了高中，发现 9 年级女生的归属感高于男生，但到了高中阶段，女生的这种归属感有所下降，而男生的归属感没有降低（Cari Gillen-O'Neel & Andrew Fuliqni, 2013）。一个可能的原因是，相比女生，男生参加课外活动，如体育运动更多，这些活动使他们能与学校紧密地联系在一起。因此，鼓励女生参加包括体育活动在内的学校活动，可能有助于她们建立对学校的归属感。此外，积极的师生关系也有助于建立归属感，特别是对拉丁裔学生和女生而言。另外，与学生建立积极的关系似乎有助于教师主观幸福感的提高。回想一下人们对关联性的基本需求——第 12 章中描述的其他人关心你的那种感觉，我们就能理解为什么学校中的关爱关系同时有助于学生归属感和教师幸福感的提升（Spilt, Koomen, & Thijs, 2011）。

有较强归属感的学生更可能觉得学校有趣、有用，无论他们成绩如何都是如此（Gillen-O'Neel & Fuligni, 2013）。教师可以通过强调共情他人、社交技能、合作共赢、责任担当、与人为善，并通过主动、积极和预防性的课堂管理策略，来培养学生的归属感。想获得更多信息，请参考下面的实践指南。这里的许多建议源于 V. 琼斯（V. Jones, 2015）和 M. 马歇尔（M. Marshall, 2013）的研究。

| 实践指南 |

建立积极的师生关系

了解作为个体的每一个学生。

例如：

（1）每天和不同的学生一起吃午饭。

（2）与俱乐部、课外活动团体或体育团体合作，参加学生活动。

（3）表现出你对每个学生个体的兴趣。

（4）安排时间与学生进行个别会谈。

表达对学生能力的尊重。

例如：

（1）"对多样性的尊重——对学生的双语能力表示钦佩，热情地解释课堂上出现了多少种语言，用多元文化的内容举例。"（C. S. Weinstein, Curran, & Tomlinson-Clarke, 2003, p. 272）

（2）私下向学生表达你对他们在课外活动中的表现的看法。

（3）鼓励学生将他们的个人兴趣作为写作的主题。

（4）每天在教室门口迎接学生。

坚持进行真诚而专业的沟通。

例如：

（1）将简短的个人记录发给学生，你可以在这份记录中认可学生的作业、努力和坚持，致以生日祝福，或表达对其缺勤的担忧。给生病的学生发作业时，附上一张康复心愿卡。

（2）分享一些自己生活中的事作为案例，向学生呈现自己对一门学科的兴趣、犯过的错误（及从中吸取的教训）、坚持克服困难的经历。

（3）不要在社交媒体上与学生结成"好友"，谨慎对待电子通信中的语言和图片——很多事情可能被误解。

创建与私人邮箱不同的学校邮箱。

（4）确认学校关于共享个人信息（如宗教、性取向或政治观点）的政策。

（5）需要单独与学生会面时，要将会面地点安排在别人可以看到的地方——很遗憾，当今的教师必须防止他们与学生积极的关系被他人误解。

寻求并尊重学生的建议，但不宜过于私人化。

例如：

（1）为年幼的学生设一个建议箱。

（2）倾听学生的意见和抱怨，不要采取防御性的态度。在询问他们建议的同时，也向他们分享你评价作业和打分的基本原则。

（3）使用简单的匿名调查问卷，了解他们在班级里是否获得了尊重和关心。

模块 36 小结

课堂管理面临的挑战有哪些

开始教学时，教师应该对自己的课堂管理哲学有一定的认识：你是更以教师为中心，还是更以学生为中心？你倾向于关系－倾听、面对－约定、规则－后果，还是它们的某种结合？课堂通常具有多维性，各种事件往往会同时发生，这些事件快速发展，具有即时性、无法预测性和开放性等，并受到学生及教师先前行为的影响。一个教师每天都必须处理这些事情，因此，高效的班级管理需要学生的合作。但是，不同年龄的学生的合作方式是不同的。低龄儿童需要学习怎样去上学和学校学习的一般流程；大一点的孩子需要学习不同科目的具体学习方法；在教育青少年学生时，教师需要了解同辈团体对学生的影响。

高效课堂管理的目标是什么

高效课堂管理的目标是让学生拥有更多的学习时间，鼓励学生积极参与学习、提高学习质量，确保课堂参与结构对所有学生而言是清晰、简单、稳定的，鼓励学生进行自我管理、自我控制，培养学生的责任感。

区分规范/章程和流程/常规

规范/章程确定了在教室里能做什么，不能做什么，通常有书面表达形式，教师常常将规范张贴在墙上。流程/常规涉及课堂管理任务、学生活动、教室卫生、课堂流程、师生互动和生生互动等多个方面。规范的目的是保护遵守者的权利，因此，如果学生遵守规范，就可以从中获利。在制定规则的同时，教师和学生必须明白违反规范和破坏流程的后果。

区分个人领域和兴趣区域

教室的空间组织形式主要有两种：按领域划分（传统的教室空间安排）或按功能划分（将空间划分为工作区和学习区）。空间的灵活性是教室空间设计的关键因素。教师在对教室空间进行设计时，需要考虑学生获取学习材料是否方便，活动空间是否有隐私性（在需要的时候），教师能否对整个班级进行监控，以及整个空间是否便于重新设计等。

对比高效教师与低效教师开学第一周的做法

刚开学时，高效的教师就会通过解释、举例和实践的方式教学生一些具有实践性且便于理解的规范和流程。学生通过参与有组织且令人愉悦的活动来学习团队合作。高效的教师对违纪行为的处理总是快速、坚定、清晰，并且具有一致性。这些教师总是计划周密，从不临时抱佛脚，因此学生都很信任老师。这些教师会处理好学生最紧急的需求。与之相比，低效的教师所在班级的规范或做事流程每天都在变，教师也从不将这些规范和流程教给学生，学生缺少实践这些规范和流程的机会。学生不停地在课堂上讲话，因为他们没有什么事情可做。低效的教师经常离开教室去批改作业或单独辅导一两个学生。他们没有针对迟到、上课捣乱等典型问题行为的较好方法。

教师应该怎样鼓励学生积极参与学习

一般而言，教师监督学生的时间越长，学生积极投入学习的时间就越长。如果学生在活动中能够不断获得对下一步该做什么的提示，学生的卷入程度会更高。有明确步骤的活动更具有吸引力，因为活动环节环环相扣。提出清晰明确的要求，提供充足的材料，以及教师对整个活动的监督，均能促使学生积极参与学习。

解释库宁提出的预防课堂管理问题的方法

为了创造积极的学习环境，同时防止问题发生，教师应该考虑到学生的个体差异，激发学生的学习动机，并对学生的积极行为进行强化。库宁认为，能够成功预防问题的教师在四个方面拥有娴熟的技巧："明察秋毫"、一心多用、整体关注和变换管理。当不得不执行惩罚时，教师应该冷静且私下惩罚。除了借鉴库宁的思想，教师还可以通过营造关怀的班级氛围、教授社会技巧和情感自我调控策略来防止问题发生。

教师应该怎样帮助学生建立与学校的联结

为了帮助学生建立与学校的联系，教师对学生的学业期望和行为期望应该是清晰的。对学生需求和权利的尊重应该被放在课堂管理的重要位置。如果教师试图使课堂变得有趣，对每个学生都公平、诚实，确保学生理解学习材料，并且能够尽力解决学生担忧的种种问题，那么学生会知道教师是关心他们的。

模块 37 预防问题和鼓励沟通

13.4 处理纪律问题

在讨论对纪律问题的处理之前，请记住，每个学校都有处理问题行为，尤其是非常严重的问题的政策和程序。在制订行为管理计划之前，一定要了解这些政策和程序。另外，还需要记住的是，成为一个高效管理者并不意味着公开纠正学生的每一个细小错误。事实上，正如我们在第 7 章读到的，这种公开的关注极有可能强化问题行为。要减少问题行为的发生，关键在于教师需要知道发生了什么以及什么是最重要的。

13.4.1 快速制止刚出现的问题行为

一般而言，如果教师发出了停止的指令，大部分学生都能够迅速服从，纠正自己的行为。当然，总有个别学生无视这些指令的存在。一项研究发现，那些捣蛋的孩子很少在老师发出第一次指令时就服从，他们总是消极对待老师的指令，老师需要发出 4~5 次指令才能使他们服从（J. R. Nelson & Roberts, 2000）。埃默和埃弗森（2009）、莱文和诺兰（Levin & Nolan, 2000）提出了七项快速制止问题行为的办法，这七种办法根据从轻到重的严厉程度排列如下。

（1）与违规学生**眼神交流**或走到他的身边。另外，一些非言语信号也可能有用，比如将学生应该做的事情指给他看。确保学生停止不恰当的行为，并把注意力放回到学习上。如果你不这样做，学生以后可能会忽视你发出的信号。

（2）尝试**言语暗示**，比如点名（在讲课过程中不时地提到学生的名字），向学生提问，以幽默（不是讽刺挖苦）的方式批评学生（如"我一定是幻听了，我好像听到有人说出了答案，但这是不允许的，因为我没有叫任何人回答问题"）。

（3）**询问**学生是否知道自己的行为会带来什么样的消极影响。

（4）如果学生没有按照正确的流程做事，教师可以**提醒**学生并要求他们改正。例如，你可以将与学习活动无关的玩具、梳子、杂志等悄悄地收走，并悄悄告诉学生课后你会把这些物品归还给他。

（5）以平和、没有敌意的方式**要求学生说出**正确的班级规范或流程，并按照班级规范行事。格拉塞尔（Glasser, 1969）就此提出了三个参考问题：你在干什么？你这样做是不是违反了规范？你应该怎么做？

（6）清晰、明确、坚定但没有敌意地要求学生**停止错误的行为**（在后面的章节，我们将详细讨论如何坚定地向学生传递信息）。如果学生"顶嘴"的话，只要简单重复你的立场就可以。

（7）**提供选择**的机会。比如，无论老师怎么制止，总有一个学生不断地说出答案，这时候老师可以说:"约翰,我给你一个选择的机会。要么你立刻停止擅自说出答案,举手回答问题;要么把你的凳子搬到教室后面去,下课后你找我单独沟通。你自己决定吧。"(Levin & Nolan,2000,p.177)

大多数教师倾向于使用本章之前讲到的逻辑后果来处理问题行为,而不太喜欢采取各种惩罚措施。比如,如果一个学生伤害了另一个学生,你可以要求伤人者立刻做出"道歉行为",这个行为不仅包含言语道歉,还包含一定的补偿。这样做可以帮助伤人者发展共情意识和观点采择能力,同时让他们知道什么是社会认可的适当的"补偿"(M. J. Elias & Schwab,2006)。

即使必须实施惩罚,教师也应慎重。除非教师认为降低学习层次(如让学生去低能力阅读组、给学生打低分、布置额外的作业等)的益处大于其带来的伤害,否则,教师应该避免使用这种方法来惩罚违规的学生。正如卡罗琳·奥林奇(2000)所言,"在管理方面富有成效的教师不会采用降低学习层次、扣分等方式来维持纪律,这些方法是不公平的,同时也是无效的。它们只会伤害学生"(p.76)。

如果你必须惩罚学生,那么我建议你参考下面的实践指南。其中的案例引自韦恩斯坦和诺沃茨基(Novodvorsky)(2015)、韦恩斯坦和罗马诺(2015)著作中有关专家型教师的内容。

| 实践指南 |

实施惩罚

直到你和犯错误的学生都恢复冷静、客观的时候,再进行讨论。

例如:

(1)平和地对违规的学生说"坐在那儿,想一想都发生了什么,我过几分钟再跟你谈"或者"我不太喜欢我刚才所看到的一切,今天的自由活动时间来和我谈一谈"。

(2)你也可以说"我对刚才发生的一切感到很生气。每个人都把日记本拿出来,把刚才的事情记下来"。写了几分钟以后,全班同学可以一起讨论事件的经过。

不公开惩罚学生。

例如:

(1)私下惩罚学生,而且要坚定地执行惩罚。

(2)避免公开提醒学生他们已经违反了规定。

(3)走近违反纪律的学生并提醒他,确保只有他一个人能够听到。

在对学生实施惩罚后,重新与他建立积极的师生关系。

例如:

(1)交给这个学生一项任务或者请求他们的帮助。

(2)学生的行为得到纠正后,要对他们提出表扬,或通过拍拍背等肢体语言来表示赞扬。要学会利用这样的机会。

(3)连续十天,每天花两分钟时间,就学生感兴趣的体育、游戏、电影等话题与学生进行个别谈话,努力了解他感兴趣的是什么。花在这上面的时间实际上可以使学生和整个班级获得更多学习时间。

建立不同等级的惩罚,以适用于不同的情境。

例如:

对于不交作业的情况,根据问题的严重程度,可采取不同策略:①提醒学生;②警告学生;③要求学生在放学之前交作业;④要求放学后留下来完成作业;⑤参加教师、学生、家长的三方会议,共同制订一个行为计划。

在惩罚的同时教授学生问题解决的策略,确保学生下次遇到相同问题时知道怎么做(M. J. Elias & Schwab,2006)。

例如:

(1)要求学生使用问题日记,在问题日记里记录他们的感受、他们对问题的认识和他们的目标,然后想想其他可能的解决问题和实现目标的办法。

(2)引导学生尝试用使自己保持平静的"5-2-5"法:在感到愤怒的第一时间,对自己说"停下来,镇定",然后进行几次深呼吸,5秒吸气,2秒屏住呼吸,再用5秒的时间呼气。

马文·马歇尔（Marvin Marshall, 2013）对于后果和惩罚有一个非常有趣的观点。他的关注点是提升学生的责任感。他认为，顺从教师强加的后果往往会导致反抗、怨恨、欺骗甚至蔑视，而责任则有助于课堂团体和学习文化的形成。他还认为，尽管课堂管理是教师的职责，但纪律确实是学生的责任。课堂管理是使课堂得以运行的策略，包括流程、规范和结构，这些是教师的职责。纪律则与人们如何行为有关，包括自我控制和情绪的自我调节，这些是学生的责任。学生必须把自己训练成自我调节的学习者，并最终成为富有创意、成功和快乐的成年人。

当然，任何做过涉及儿童或青少年的工作的人都知道，自律不是自发或天生的，和其他技能一样，自律也需要教授和实践。马歇尔提出了一些实现自律的策略：①以积极的方式沟通，使用"何时-怎么样"的策略（如"完成作业后，你可以听音乐"）；②提供选择机会并引导学生思考后果（"对于……，我们应该怎么做"）；③鼓励反思和自我评价。其中一个能将这三个策略进行整合的方法是：通过解释和范例，让学生明白行为具有不同的层次或水平。不同水平的行为如下所示。

水平 A：混乱——没有目标，一片混乱。

水平 B：命令/欺凌——打破规则，自行其是；只有在提出要求者富有权力或权威时才服从。

水平 C：合作/遵从——符合期望，服从要求。

水平 D：民主——自律，主动，对自己的行为负责。

C 和 D 水平上的行为表面上看起来一样，但动机不同。如果某个学生捡起了地板上的垃圾，是因为教师要求他这么做，那么他的行为是出于外部动机，行为水平为 C，即合作水平；但如果学生是主动捡起垃圾的，并不是因为教师的要求，那么他的行为是出于内部动机，行为水平是 D，即民主水平。当学生没有在 C 或 D 水平上行动，教师可以问学生"这一行为处于什么水平"。例如：

老师：你刚刚的行为处于什么水平？
学生：我不知道！
老师：同学们都在做什么？
学生：在黑板上解题。
老师：而你在做其他事，这是什么水平的行为？

学生：B。
老师：谢谢。

如果学生无法做出合作水平，即 C 水平的行为，教师可以要求学生进行自我反省，并让学生回答三个问题：我做了什么？我可以做些什么来防止它再次发生？我现在要做些什么？

图 13-4 总结了马歇尔（2013）的模型。在他的专著《无压力的纪律——惩罚还是奖励：教师和家长如何提升孩子的责任感、促使孩子学习》(Discipline Without Stress® Punishments or Rewards: How Teachers and Parents Promote Responsibility & Learning) 中，还有许多其他鼓励学生自律的策略。如果你感兴趣，可以参阅。

13.4.2　欺凌行为与网络欺凌行为

欺凌行为指以给受害者造成伤害为目的，以长期、反复的暴力滥用为特征的攻击行为（Bradshaw, Waasdorp, & O'Brennan, 2013）。虽然善意的交流与带有敌意的戏弄之间的界限表面上看起来并不明显，但在学校生活中，戏弄弱者或不合群者，或因为种族或宗教而诋毁他人，都是不能被容忍的行为。研究发现，在儿童和青少年群体中，10%～30% 的学生经常受欺凌，且全世界的情况都差不多（C. R. Cook, Williams, Guerra, Kim, & Sadek, 2010; Guerra, Williams, & Sadek, 2011）。研究表明，无论是欺凌者还是受害者，都长期面临着出现学业、心理和行为问题的风险（Patton et al., 2013; Swearer, Espelage, Vaillancourt, & Hymel, 2010）。关于欺凌的类型及其典型行为特征，请参看表 13-3。

1. 受害者

来自欧洲和美国的研究发现，大约有 10% 的儿童是欺凌的长期受害者，即持续的身体或言语攻击的对象。其中一类受害者自尊水平低，而且感觉焦虑、孤独、不安全和难过。这些学生容易哭泣和退缩，一般来说，当受到攻击时，他们不会保护自己。这类受害者相信自己有不可改变或不能控制的缺陷，因而总是被拒绝——难怪他们是那么抑郁、沮丧和无助！还有一种类型的受害者情绪不稳定，脾气暴

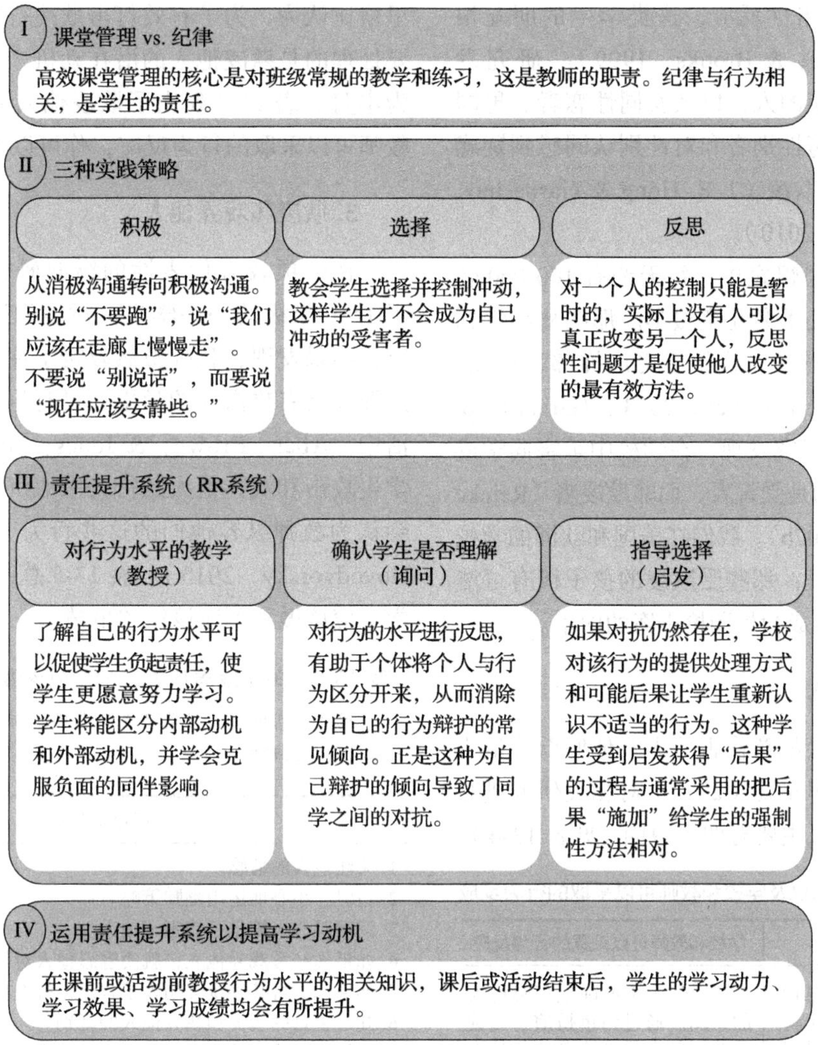

I 课堂管理 vs. 纪律

高效课堂管理的核心是对班级常规的教学和练习，这是教师的职责。纪律与行为相关，是学生的责任。

II 三种实践策略

积极

从消极沟通转向积极沟通。别说"不要跑"，说"我们应该在走廊上慢慢走"。不要说"别说话"，而要说"现在应该安静些。"

选择

教会学生选择并控制冲动，这样学生才不会成为自己冲动的受害者。

反思

对一个人的控制只能是暂时的，实际上没有人可以真正改变另一个人，反思性问题才是促使他人改变的最有效方法。

III 责任提升系统（RR系统）

对行为水平的教学（教授）

了解自己的行为水平可以促使学生负起责任，使学生更愿意努力学习。学生将能区分内部动机和外部动机，并学会克服负面的同伴影响。

确认学生是否理解（询问）

对行为的水平进行反思，有助于个体将个人与行为区分开来，从而消除为自己的行为辩护的常见倾向。正是这种为自己辩护的倾向导致了同学之间的对抗。

指导选择（启发）

如果对抗仍然存在，学校对该行为的提供处理方式和可能后果让学生重新认识不适当的行为。这种学生受到启发获得"后果"的过程与通常采用的把后果"施加"给学生的强制性方法相对。

IV 运用责任提升系统以提高学习动机

在课前或活动前教授行为水平的相关知识，课后或活动结束后，学生的学习动力、学习效果、学习成绩均会有所提升。

图 13-4 无压力的自律的教学模型

注：这里呈现的是马歇尔模型的核心概念。
资料来源：摘自 Marshall, M. (2013). *Discipline Without Stress Punishments or Rewards: How Teachers and Parents Promote Responsibility & Learning* (2nd ed.). Los Alamos, CA: Piper Press.

表 13-3 欺凌的类型及典型行为特征

欺凌类型	定义	典型行为特征	欺凌类型	定义	典型行为特征
身体欺凌	由于权力或力量不平衡，对受害者施加不必要的身体伤害	打、掐、猛击、踢、推、扣留/盗窃/毁坏财产	社会/关系欺凌	对他人社交、友谊或名誉的破坏	故意排斥某人，散布谣言，说服其他人不和某人做朋友，破坏某人的友谊或名誉，让某人看起来很愚蠢
言语欺凌	对受害者具有攻击性或威胁性的言辞	对他人的宗教、种族、性别、能力或残疾进行恶意的取笑、辱骂、批评、羞辱、威胁、贬损	网络欺凌	使用电子平台（如 Facebook、手机、互联网等）进行欺凌	通过 Facebook 散播谣言，发令人难堪的短信，发有损名誉的图片

资料来源：摘自 National Children's Study. (2012). What is bullying? 4 Types of bullying. Retrieved from childrensstudymaine.org/health/what-is-bullying-4-types-of-bullying/. PREVNet. (2013), Types of bullying: Bullying evolves throughout childhood. Retrieved from prevnet.ca/bullying/types.

躁，会激起同伴的攻击性反应，这类学生的朋友很少（Pellegrini, Bartini, & Brooks, 1999）。研究发现，肥胖、无友、残疾的人，以及女同性恋者、男同性恋者、双性恋者、跨性别者和对性别认同感到疑惑者等，更有可能受到欺凌（J. S. Hong & Garbarino, 2012；Swearer et al., 2010）。

由于处于持续的恐惧之中，每天约有160 000名儿童不愿意去学校，几千名儿童辍学。那些从小学到中学一直是受害者的孩子，成年后更加抑郁、沮丧，自杀的风险更高（Bradshaw et al., 2013；Garbarino & deLara, 2002）。还有研究发现，在学校中杀害同学或致人受伤的人，更多的是受害者，而非欺凌者（Reinke & Herman, 2002a, 2002b）。我们在美国和欧洲的学校中看到的悲剧性结果是：那些受欺凌的孩子极有可能把枪指向施暴者，从而成为校园枪击案的凶手。

2. 为什么欺凌他人

为什么有的学生会故意伤害他人？他们欺凌他人的原因是什么？肯·里格比（2012）对相关研究进行分析后发现，欺凌他人主要有四个原因（见表13-4）。

表 13-4　欺凌他人的原因以及学校和教师可以采取的行为反应

欺凌他人的原因	学校和教师可以采取的行为反应
欺凌者感到恼怒，觉得受到了侮辱，或者对受害者有一些不满，所以他们觉得自己有理由痛打受害者。他们感受到的委屈可能有，也可能没有合理的缘由	帮助学生更准确地理解他人的意图。通过角色扮演、阅读和戏剧等方式来培养他们从他人的角度思考问题的能力。尝试化解冲突或同辈调解
欺凌者只是喜欢让受害者承受压力，特别是当旁观者似乎觉得整个情况很"有趣"的时候。欺凌者往往声称自己是无辜的——"这没什么大不了的"	需要强调，除非被攻击的学生也觉得是在开玩笑，否则这种情况一点儿也不有趣。开展文学活动和班级社区建设，如围成圈讨论大家都关注的话题，以培养学生的共情意识
欺凌者相信，对受害者的侵犯能帮他获得或维持在他看重的群体中的某种地位	在课堂上及与学生的相处中，对学生强调做道德判断、独立思考、拒绝服从群体压力的重要性。此外，对歧视、同性恋恐惧症等敏感话题的讨论可以帮助学生抵御来自那些因他人的种族、民族、性别认同或文化而伤害他人的群体的压力
欺凌者为了从受害者那里获得一些东西，对他们施加伤害。这类欺凌者基本上是虐待狂——伤害他人让他们感觉很好	恢复性正义和社区服务实践可能会使欺凌者产生真正的懊悔。对于年龄较大的学生，如果其行为已经属于犯罪，应该让他受到法律制裁

里格比认为，为了有效打击欺凌行为，学校和教师需要处理的是欺凌他人的潜在动机，而不仅仅是欺凌行为本身。表13-4列出了欺凌他人的原因以及学校和教师可以采取的行为反应，你可以参考。

3. 欺凌和戏弄他人

在一项较有代表性的纵向研究中，研究者选取了1~6年级的一些学生，对他们进行了两年跟踪调查，结果发现，教师虽然教授了冲突管理的策略，但是那些具有攻击性的学生并没有将这些策略运用到生活中（Aber, Brown, & Jones, 2003）。如果教师对学生攻击和戏弄他人的行为采取沉默的态度，学生就会认为教师纵容他们的这些行为（C. S. Weinstein & Novodvorsky, 2015）。表13-5总结了关于戏弄他人，学生应该做和不应该做的事情。

表 13-5　关于戏弄他人，学生应该做和不应该做的事情

戏弄他人的行为可能会导致悲剧。作为教师，你应该告诉学生怎样做是正确的。

应该做什么
1. 关注他人的情感。
2. 适时、小心地运用幽默策略。
3. 询问某些玩笑是否伤害了他人。
4. 如果你经常戏弄他人，就要容忍他人对你的戏弄。
5. 如果你觉得某些玩笑伤害了自己，就把自己的感受告诉他人。
6. 知道善意的玩笑和戏弄他人的区别。
7. 就算他人感到被伤害，但没有告诉你，你也要学会读懂他们的肢体语言。
8. 如果有同学被戏弄，学着帮助这些弱势的同学。

不应该做什么
1. 在不了解某人的情况下开他的玩笑。
2. （如果你是男生）对女生开有关性的玩笑。
3. 取笑他人的身体。
4. 取笑他人的家庭成员。
5. 在他人请求你不要再开玩笑后，你仍然不停止。
6. 在某人焦虑不安或情绪不佳的情况下取笑他。
7. 对某些善意的玩笑耿耿于怀。
8. 隐瞒自己对被取笑的不满情绪——你应该尝试把自己的情绪用一种直接、清晰的方式告诉那些取笑你的人。

资料来源：摘自 *Middle and Secondary Classroom Management: Lessons from Research and Practice* (5th ed.), by C. S. Weinstein & I. Novodvorsky. Published by McGraw-Hill.

除了采用表13-5中给出的这些策略外，研究表明，班级凝聚力的形成与被欺凌的同学得到同情和关心，而不会受嘲笑，具有密切的关系（Gini, 2008）。

处理好学生之间的欺凌行为，是形成以公平和信任为基础的班级凝聚力的重要前提。在一项有来自59所学校的超过2500名学生参与的研究中，南然·格拉（Nancy Guerra）和她的同事（2011）发现，提供成功的机会、提升学业成就和自尊，以及改善师生关系，都有助于预防欺凌行为。

然而，不幸的是，许多全校性欺凌预防措施的效果并不理想。另一个令人沮丧的发现是，管理者倾向于使用从同事那里听来的反欺凌措施，而不是根据这些措施是否有科学证据来决定是否使用它们的。事实上，许多措施都没有科学依据（Swearer et al., 2010）。

4. 改变归因方式

美国加州大学洛杉矶分校的辛西娅·哈德利（Cynthia Hudley）和她的同事（2007）发起了一个项目，目的是减少小学生的身体攻击行为。该项目被称作"头脑的力量"（Brain Power），其理论基础是第12章讨论过的归因理论。该项目的主要目标是让具有攻击性的学生"学习对偶发事件的原因进行推测。如果两个学生之间发生冲突，并导致了消极结果的出现（如打翻饭盒、买饭时插队或忘记做家庭作业等），孩子要学习这样进行假设：这些事件都是偶然事件，对方不是故意这样做的"（brainpowerprogram.com/index-1.html）。这个项目要求教师教学生怎样对社会线索进行正确解读，这样学生就可以识别出无意的攻击行为和蓄意的攻击行为。在学生学会正确辨别社会线索后，他们就可以开始学习怎样做出正确的反馈并进行实践了，比如，他们可以问问题，增强个人警惕性而非攻击性，或者寻求成年人的帮助。该项目已开展了20多年，成功地改变了学生的归因方式和行为方式（Hudley, Graham, & Taylor, 2007）。

5. 网络欺凌行为

随着信息技术的发展，网络欺凌行为应运而生。现在已经有人通过邮件、短信、SnapChat、Instagram、Twitter、Facebook、手机、YouTube（油管）、博客、网络投票等方式对他人实施欺凌（C. S. Weinstein & Novodvorsky, 2015）。比如，16岁的丹尼斯与前男友分手后，她的前男友在一些与性有关的博客和网站上公布了丹尼斯的电子邮箱、手机号码，以此实施报复。此后的几个月时间内，丹尼斯不断收到骚扰、恐吓的电话和短信（Strom & Strom, 2005）。这种欺凌行为很难制止，因为欺凌者很隐蔽，但是这种伤害是长期的。表13-6给出了一些处理网络欺凌行为的办法，你可以参考。

表13-6　处理网络欺凌行为的办法

- 向学生介绍学校对正确使用网络的规定，并将这些规定写入学校手册或班级规范。这些规定需清楚解释网络欺凌行为的含义及其后果。
- 让学生知道欺凌他人会受到严厉的处罚。
- 实施网络欺凌的家长（或监护人）需要受到严厉的处罚。
- 告诉学生他们
  ——不应该让他人知道自己的个人信息、身份证号码、密码、电话号码等。
  ——不应该删除那些通过网络传送的带有欺凌性质的信息，而应把这些信息交给自己信任的成年人。这些信息可以充当对欺凌者采取行动的依据。
  ——不应该在自己不熟悉的人面前阅读信息。
  ——不要回复那些带有欺凌性质的信息。
  ——可以将那些传送欺凌信息的手机号、电子邮箱、Facebook账号、Twitter账号、Snapchat账号、WhatsApp账号等加入黑名单。
  ——可以将这些信息发送相应的网络运营商。
  ——应该将受到欺凌的事告诉你信任也信任你的成年人。
  ——如果这些信息给你或他人造成了身体上的伤害，可以把这些信息交给警方。
  ——应该公开反对网络欺凌。
  ——不应该在愤怒状态下发送信息。
  ——不应该在不希望他人看见的情况下发送信息。
- 关注班级中关于网络欺凌的讨论。例如，某所学校的学生在"耻辱之墙"上张贴了学校其他同学在Facebook上发布的不恰当言论（隐去了可识别的个人信息），这是需要关注的。Twitter或其他社交网站也是如此。
- 让家长知道哪些主要的网络运营服务商会提供一定形式的家长监控服务。例如，"美国在线"（AOL）开发了"美国在线监护人"（AOL Guardian）服务，它会向监护人报告儿童在与谁交流、访问了哪些网站，并监控13岁以下儿童的聊天内容。
- 鼓励家长把电脑放在家里的公共区域。
- 邀请当地警察来学校为家长和学生讲解怎样合理使用网络。
- 确保学校的电脑使用手册包含有关道德准则的内容。

资料来源：摘自 *Middle and Secondary Classroom Management* (5th ed.), by C. S. Weinstein and Novodvorsky, New York: McGraw-Hill. Copyright 2015 by The McGraw-Hill Companies, p.182.

13.4.3　中学生的特殊问题

一些中学生从来不完成作业。由于中学生的作业很多，而且一个教师需要教很多学生，因此，教师和学生都有可能忘记哪些作业交过了，哪些还没有交。教学生用纸张或电脑制作每日计划是很有必要的。除此以外，教师也需要对学生完成作业的情况进行正确的记录。教师还要重视建立应对学生未完成作业的情况的机制，不要因为有些学生"足够聪明"而放过他们，应让这些学生清楚自己面前的选择：要么完成作业，要么不做作业，接受惩罚。当然，你也可以私下询问学生，没有完成作业是否为个人能力的问题。

有的学生可能经常违反同一规定，比如总是忘记带学习材料，或者总是打架。教师应该怎么做呢？其中一个办法是：把这些学生和可能受他们影响的同学隔离开来，并尽可能地在前者违反规定之前就制止他们。可是，如果他们已经违反了规定，就不要轻易接受他们"不会再犯"的承诺，必须坚定执行处罚措施（Levin & Nolan, 2000）。教育学生如何监控自己的行为，对此，第11章介绍的自我调节技巧可能会有帮助。不过，教师也应注意与这些学生保持友好的关系，在恰当的时间与学生聊一聊违规行为以外的其他事情。

一个反叛的、充满敌意的学生会惹出许多麻烦。一旦发生冲突，要尽快采取措施制止，不然总会两败俱伤。你可以对学生说，"合作与否在于你的选择，你花几分钟的时间想一下吧"，以此给学生一个保全面子和冷静下来的机会。如果学生同意了，那么你们可以就怎样控制冲突展开讨论。如果学生拒绝，你可以让他先到大厅等着，你把班上的同学安顿好后，会私下和他交谈。如果学生拒绝到大厅去，你就得派另一个学生去把校长助理请过来。如果学生在校长助理来之前妥协了，也不要就此了事。如果类似的冲突经常发生，你可能需要与咨询师、学生家长或其他教师进行讨论。如果问题在于这个学生的性格与同学不可协调，可以把这个学生转到其他班级。

有的时候，在学生违规时，将违规学生的名字、言语、动作，违规行为出现的时间、地点，以及教师的反应等信息记录下来，是很有必要的。这些记录有助于鉴别违规行为的不同模式，也有助于教师与管理者、学生家长或相关人事部门进行沟通（Burden, 1995）。有些教师会要求学生在每份记录上签名，作为证明。

打架和破坏公物是非常严重和危险的违规事件。遇到这类事件时，教师需要马上申请帮助，并确认事件的参与者和目击者；然后要求围观的学生离开，因为围观只能让事情变得更加糟糕。不要尝试在没有帮助的情况下一个人去劝架，而应马上通知学校办公室，通常学校办公室都有处理此类事件的政策。你还能做些什么呢？在下面的实践指南中，C. S. 韦恩斯坦和诺沃茨基（2015）为你提供了多种用于处理这些具有潜在破坏性的事件的方法。

| 实践指南 |

处理具有潜在破坏性的事件

缓慢而谨慎地向事发现场靠近。
例如：
（1）步子放慢，小心谨慎。
（2）确保自己能够观察到整个事发现场。
尊重他人。
例如：
（1）保持合理的距离。
（2）不要推那个犯了错误的学生，不要让学生丢面子。
（3）说话时尊重他人，称呼学生的名字。
（4）避免用手指着他人或用一些不当的手势语。
说话简明扼要。
例如：

（1）避免教育学生时长篇大论。
（2）说话时抓住重点，解决当前问题。
（3）一些不太严重的问题过后再解决。
避免权力斗争。
例如：
（1）如果可能，与犯错误的学生私下交谈。
（2）不要陷入"我不能……，你可以……"的争论中。
（3）不要威胁学生，讲话不要太大声，避免过分激动。
告诉学生选择积极行为和选择消极行为的不同后果，并给学生留出时间，让他自己做决定。
例如：

（1）"迈克尔，你必须把桌子还回来，不然我就告诉校长。给你几分钟的时间，请你自己决定吧。"说完后，教师离开，或者开始处理其他学生的问题。

（2）如果迈克尔拒绝采取积极行为，就使用另一种方法："你选择了让校长来处理这件事情。"接下来教师还要跟踪事件的后续发展。

更多观点，请查看：njcap.org/templated/Programs.html。

资料来源：摘自 *Middle and Secondary Classroom Management: Lessons from Research and Practice*（5th ed.），by C. S.Weinstein & I. Novodvorsky. Published by McGraw-Hill.

此外，目前围绕对学生违纪行为的"零容忍"态度有许多讨论。零容忍是解决问题的好办法吗？下面的"正方观点/反方观点"收录了关于这一话题的讨论，你可以参考。

正方观点 / 反方观点

对违纪行为零容忍对吗

当今社会，校园暴力行为随处可见，因此一些学区制定了对违纪行为零容忍的应对政策。结果怎么样？在新泽西州，两个8岁的男孩在玩耍的时候，把用纸做的假枪指向了同学，因此他们被认为制造了"恐怖威胁"而被退学。这种零容忍的处理方式合适吗？

正方观点：零容忍意味着零常识

以"零容忍"和"学校"为关键词在网络上进行搜索，可以获得关于此政策的大量信息，但大多数人持反对意见。比如，在2009年11月2日的《今日美国》中，奥伦·多雷尔（Oren Dorrell）报道了这样一个事件：

最近引人注目的（零容忍）案件的当事人是扎卡里·克里斯蒂（Zachary Christie），今年6岁的他在把包含刀、叉和勺的野营用具带到特拉华州纽瓦克市唐斯小学后，于9月29日这天被勒令停学5天。学校领导认为这些工具十分危险，于是决定暂停这名男孩在该校的学业。之后他们又补充说，扎卡里至少需在另一个学校待上45天，才能回到唐斯小学。

研究表明，尽管大约70%的教师会在轻度欺凌事件中使用惩罚措施，但惩罚和零容忍政策在预防欺凌行为方面并不十分成功（Rigby, 2012）。那么研究还得出了哪些结论呢？2006年，美国心理学会建立了"零容忍特别研究小组"，试图回答这个问题（American Psychological Associatioin Zero Tolerance Task Force, 2008）。通过对十个研究的分析得出的结论是：①与实施零容忍政策之前相比，学校并没有变得更安全，对学生的管理也没有变得更有效；②零容忍政策导致的高停学率，并没有降低学生管理过程中的种族偏见；③实际上，零容忍政策导致了不良行为的增多，并由此导致了高辍学率。

此外，零容忍政策导致当学生计划实施危险行为时，他们不愿意通知老师。零容忍政策妨碍了师生之间的信任关系（Syvertsen, Flanagan, & Stout, 2009）。事实上，青少年在成长过程中既需要边界的限制，又需要得到支持。零容忍政策可以创建一个高限制性的、刚性的环境，却忽略了学生对支持的需求。许多基于零容忍的干预政策，如增加保安、楼道监控器的数量等，对于减少欺凌行为并没有明显作用（Hyman et al., 2006；NationalCenter for Education Statistics, 2003）。

反方观点：零容忍在现阶段是必要的

零容忍政策关注学校安全以及学校和教师的责任，以保护学生、学校和教师。一些新闻报道似乎表明，有些人对学生无心的错误过度反应了。那么学校负责人应该怎样区分无辜者和真正犯错误的人呢？比如，一度被热议的安迪·威廉姆斯（Andy Williams）在加利福尼亚州枪杀了两名男生），然而在他开枪之前，同学都误以为他只是在开玩笑而已。

2003年1月13日，我在《今日美国》上读到了一篇格雷格·托波（Gregg Toppo）撰写的文章，文章名为"校园暴力导致低学业成就：专家认为年幼儿童的暴力行为应归因于父母、避孕药物滥用和社会问题，教育者应该想办法解决这个问题"。这篇文章是从下列案例讲起的：在印第安纳州，一个2年级的小学生把鞋子脱下并将其扔向老师；在费城，一个上幼儿园的孩子击打一个怀孕教师的肚子；在马里兰州，一个8岁的孩子威胁说他要用汽油烧毁他所在的郊区小学（并且他非常精确地指出了应该把汽油泼向哪里）。托波认为，"小学校长和安全专家认为，现在学校里的暴力事件和攻击事件越来越多，是学生和教师对攻击和威胁越来越恐惧的直接原因"（p.A2）。托波还引用统计数据表明，虽然学校暴力事件的数量总体上有所下降，但小学教师被攻击的情况却增多了。

也许零容忍政策确实有利有弊。事实上，我们要求成年人在想在危险的情境中运用零容忍规则时保持良好的判断力，而不是当学生的行为并非出于伤害他人的意图也并不危险时，盲目采用零容忍规则。

13.5 沟通的必要性

> **停下来 想一想**
>
> 如果一个学生对你说："你让我们读的那本书傻死了，我不想读！"你应该怎么办呢？

当问题出现时，师生之间的沟通显得尤为重要。沟通不只有"老师说，学生听"这一种模式，也不只是学生和教师之间的话语互动，我们可以通过多种方式和学生沟通。比如，行为、动作、语音语调、面部表情或其他的一些非言语行为，都在向学生传递着不同的信号。非常遗憾的是，很多时候，我们希望发送的信息与学生接收到的信息是不一样的。

13.5.1 信息的发送与接收

教师：卡尔，你的家庭作业在哪里？

卡尔：我把作业落在爸爸的车上了。

教师：你怎么又这样啊？记得让你爸写个纸条证明你确实做了作业，否则我不会批改你的作业。

卡尔接收到的信息是：我不再相信你了。你需要证明自己确实做了作业。

教师：大家在自己的位置上坐好，把所有东西都放到抽屉里。简和劳雷尔，你们俩坐得太近了。其中一个坐远点！

简和劳雷尔接收到的信息是：我怀疑你们俩这次考试打算作弊。

一个学生来到林肯女士的幼儿园。这个小女孩身上很脏。林肯全身紧绷，并尽可能地远离这个孩子，只是将手轻轻放在她的肩膀上，然后说："欢迎你的到来。"

这个孩子接收到的信息是：我不喜欢你，我认为你不好。

在所有的交流中，总会有信息发出，也有信息接收。有的时候教师认为自己发出的是这个信息，可是教师的语音语调、身体动作、词语表达或一些手势却传达了另一个信息。

学生可能会听出教师的言外之意，并对之做出反应。比如，如果学生感到自己受到了老师（或其他学生）的侮辱，就会表现出敌意，但是他无法清楚地说明自己为什么会有这种感觉。有的时候，他们产生敌意是因为老师的语调，而不是因为话语本身。在这种情况下，教师可能会觉得自己无缘无故地受到了攻击。事实上，人际沟通的第一原则就是：人们总是根据自己对信息的理解而不是信息传递者的实际意图做出反应。

曾经有一个学生告诉我一个教师是用"释义规则"（paraphrase rule）来鼓励班里学生准确沟通的。在班级讨论中，包括教师在内的所有人发言前都需要概述之前的发言人所说的内容。如果总结错了，就表明之前的发言人的意图没有被很好地理解，这个发言人需要对自己的话语进行解释。然后，他后面的发言人需要再次概述。直到之前的发言人认为听者正确理解了自己的意思，这一程序才能结束。

释义规则不仅仅是一种课堂练习，它是与学生交流的第一步。在合理处理问题之前，教师必须明白真正的问题是什么。如果学生说"这本书真垃圾！为什么我们必须读它"，他们真正的意思可能是："这本书对我来说太难了，我读不懂，所以感觉书很烂。"

13.5.2 问题的后果由谁承担：判断问题的归属

作为教师，你可能会觉得有的学生的行为让人难以接受，这些孩子总是惹麻烦、不招人喜欢，因此对于教师而言，客观地看待问题行为并做出适当的回应似乎很难。如托马斯·戈登（1981）所言，维持良好师生关系的关键就是明白自己为什么会被特定的行为激怒，以及问题到底归属于谁。找出这些问题的答案是非常关键的。如果确实是归属于学生的问题，那么教师应扮演顾问和支持者的角色，帮助学生找出问题的解决办法；如果是归属于老师的问题，教师则有责任和学生一起找到解决问题的办法。

判断问题的归属并非易事。让我们通过三个情境来练习解决问题的技巧：

（1）一个学生在学校发的百科全书上写了一些猥琐的词句，并画了一些与性有关的图画。

（2）有一个学生告诉你他的父母有矛盾，在家里打架，因此他恨自己的父母。

（3）上课的时候，一个学生躲在教室的角落里看报纸。

为什么这些行为会带来麻烦？如果学生的行为严重影响你完成任务，你因此不能接受——也就是说，学生的某些行为会妨碍你达成教学目的，那么，这是归属于你的问题。你有责任和学生一同找到问题的解决办法。上述第一个情境中那个"年轻色情作家"的问题归属于教师，因为教师觉得教学材料被破坏了。

如果学生的行为并没有扰乱你的教学，只是学生执拗的行为阻碍了学生自己的学习，或者他们的某些行为让你替他们感到窘迫，那么问题的归属于学生。憎恨父母的那个学生不会妨碍你的教学，所以问题归属于他自己，他必须自己找到解决问题的办法。

第三个情境就比较棘手了。一种观点认为，教师的教学并不会因为这个学生而受到干扰，所以这是学生个人的问题。可是有的教师会觉得学生阅读报纸会让老师分心，因此这是归属于教师的问题，教师应该找到问题的解决办法。在类似的情境中，解决问题的关键在于教师如何真切地理解学生的行为。

确定了问题归属于谁，就需要采取行动了。

13.5.3 就学生的问题进行辅导

让我们重新看一下学生认为阅读材料很"愚蠢"那个案例。教师应该怎样做，才能积极地解决这个问题呢？

学生：这本书真蠢！为什么要我们读这本书？

老师：你好像有点不高兴。读这本书对你来说似乎是一件没有意义的事情。（教师对学生的话语进行释义，尝试从学生的话语中听出学生的情绪。）

学生：对啊！我认为它就是毫无意义。我的意思是，我根本就不知道这本书想说什么，我看不懂。

老师：你认为这本书太难了，以至于你读不懂，所以你才感到很烦。

学生：是的，我确实觉得很无聊。我想我可以写一篇与这本书无关的很好的报告。

老师：我觉得我可以给你一些提示，让你在读这本书的时候感觉轻松一点。你能在放学之后来找我吗？

学生：好吧。

在这里，教师是通过**共情式倾听**（empathetic listening）让学生找到解决问题的办法的（你可以看到，共情式倾听在很大程度上是通过释义的方式起作用的）。通过倾听学生的话，避免过快给出建议或解决办法，避免武断地批评或谴责学生，教师可以在整个交流过程中保持开放的态度。下面列举了面对同样的情况，教师可能做出的消极反应。

- 我选这本书，是因为这本书是学校藏书中最能代表这个作者风格的作品，你必须在明年英语二级考试之前读完它。（这名教师在证明自己选择的正确性的同时，没有给学生表达自己对书本难度的想法的机会。）

- 你真的读了吗？我敢打赌你根本就没有读，现在你必须把这本书读完。（这名教师在控诉，学生听到的言外之意是："老师根本就不相信我！"接下来，这名学生要么会为自己辩护，要么会拒绝接受教师的观点。）

- 你的任务是读书，不是问我为什么。我知道什么是最好的。（这名教师专横跋扈，学生听到的言外之意是："你不知道什么对你好！"这名学生可能会变得叛逆，或者消极地接受教师的观点。）

积极的共情式倾听并非简单地重复学生的话语，它能帮教师捕捉到学生话语背后的情感、意图和深层含义。索科洛夫、加勒特和萨德克（Sokolove, Garrett, & Sadker, 1986, p.241）总结了积极共情式倾听的四个要素：①排除外在刺激；②注意言语和非言语信息；③区分信息中包含的理性和情感成分；④推断说话人的感受。

如果学生感到自己的话语被教师正确地理解了，而且并没有因为自己的话语而遭到消极评价，那么学生会更加信任教师，以更开放的心态和老师交流。有的时候，真正的问题是由交流不当造成的。

13.5.4 面质与果断处罚

如果一个学生的行为严重干扰了教学的正常进行，教师应严令学生马上停止，因为这个问题的所有权在教师。此时，教师需要进行的是面质，而非辅导。

1. "我"信息

戈登（1981）建议教师通过发送**"我"信息**（"I" message）来干预或改变学生的行为。这意味着教师要直接、果断地以非评判的方式告诉学生他做了什么，他的行为对教学造成了什么影响，教师的感受如何。然后，由学生自己决定是否改变自己的行为。研究发现，一般情况下学生都会改变。下面是两个"我"信息的示例：

如果你把书包放在过道里，我会摔倒，可能还会受伤。

如果你们都讲话，我就不知道究竟是谁在讲了，那样我会觉得很沮丧。

2. 果断处罚

李·坎特和马琳·坎特（Lee and Marlene Canter, 1992；Canter, 1996）提出了解决教师自身问题的另一种方法。他们把这种方法叫作**果断处罚**（assertive discipline）。他们研究发现，很多教师对学生问题的处理没有效果，是因为这些教师有的优柔寡断，有的对学生总是持有消极或敌视的态度（Charles, 2011）。

消极被动的教师并不直接告诉学生应该做什么，而是常常让学生自己思考正确的解决方法。这些教师常常评价学生的行为，可是并不告诉学生正确的解决方法，他们总是说："你为什么要这样做呢？""难道你不知道有什么规定吗？""萨姆，你在干扰班上同学上课吗？"或者，教师可能会说明违反纪律的后果是什么，但是总本着"多给学生一次机会"的想法，从来没有执行过处罚。最后，教师可能会忽视他们本应给予反馈的行为，或者可能隔了太长时间才做出回应。

教师带有敌意的反馈会导致很多问题。这类教师总是使用以"你"开头的句子来谴责学生，但是并没有清楚地告诉学生应该做什么。比如，他们会说："你应该为你的恶劣行径感到羞耻！""你怎么总是这么不听话！"或者"你做事怎么总像个小孩一样！"有些教师总是恶狠狠地威胁学生，但很少真正地实施惩罚。这可能是因为教师的威胁过于含糊："当我骂你的时候，你就应该为你的所作所为感到羞愧！"也可能是因为教师口中的"惩罚"过于严厉，比如，一名教师在体育课上要求学生必须"在凳子上坐三个星期，不能活动！"几天以后，由于班里少了一个人，这名教师又让这个学生来参加活动了，没有再执行让他坐在板凳上的惩罚。通常，一位消极被动的教师遇到屡教不改的学生，会变得充满敌意和暴躁。

与消极被动和充满敌意的教学方式相比，果断处罚的方式能让学生感受到教师是关注他们的，在他们学习积极行为的过程中也容许他们犯错误。果断的教师会清晰地表达自己对学生的期望。为了达到最好的效果，教师总会在讲话的时候与学生进行眼神交流，并不时地叫学生的名字。这类教师的声音是平缓的、坚定的、自信的，他们不会因为学生说"你根本就不理解我"或"你根本就不喜欢我"而改变原来的话题。他们不会就规范的公平性与学生展开过多的争论。他们期待的是学生的改变，而不是一个许诺或道歉。

当然，并不是所有的教育者都相信果断处罚的方式是有效的。早期的批评者认为，这种以惩罚为导向的方式忽略了学生自我管理的能力（Render, Padilla, & Krank, 1989）。约翰·科瓦莱斯基（John Covaleskie, 1992）指出，"帮助学生端正品行的方法并不只是使他们了解规范的内容或者遵守规范，还需要对某种行为表现的深层原因进行讨论"（p.56）。应该说，这些批评已经产生了影响，果断处罚的支持者已经开始关注如何教学生做出负责任的行为，而且致力于建立相互尊重和相互信任的师生关系（Charles, 2011）。

3. 面质与协商

如果向学生发送"我"信息和果断处罚的方式都失败了，学生仍然坚持错误的行为，那么学生和教师可能会陷入一场冲突。这时往往会出现很多问题，教师和学生双方可能都无法正视对方的行为。研究发现，某人越令你生气，你就越会觉得他是错误的，而自己是无辜的。由于你总觉得对方是错误的，而对方总觉得冲突的责任在你，因此你们不可能彼此信任，此时想通过合作的方式来解决问题几乎是不可能的。事实上，这种讨论进行几分钟以后，就会陷入相互指责和自我防御（Baron & Byrne, 2003）。

这里有三种处理教师和学生之间冲突的方式。第一种方式是由教师提出一种解决办法。这种方式在一些紧急情况下是很必要的（比如一个目中无人的学生拒绝到大厅讨论刚才当众发火的事情），可是对于化解大多数的冲突而言并不是一个好方法。第二种方式是教师屈从于学生的要求。你可能会被一个能言善辩的学生说服。这种方法同样要少用，因为被说服并不是一个好方法，除非之前自己的立场就是错误的。不管是教师还是学生，如果完全屈从于对方，都会出问题。

戈登推荐使用第三种方式，他把这种方式称作"双赢策略"。通过这种方式，教师和学生的要求都会被顾及，没有一个人会完全屈从于对方；任何一方都能做到既尊重自己的意愿，又尊重他人。这种双赢策略包含六个步骤，是以问题解决为中心的策略。

（1）**认识问题**。这问题具体涉及什么行为？每一个人希望得到的是什么？（通过积极倾听的方式，让学生找到问题的症结所在。）

（2）**想出各种可能的解决策略**。通过头脑风暴的方式进行思考。请记住，不要对大家想出的策略做任何评论。

（3）**评估每一种解决策略**。任何参与者都可以否定任何一种解决策略。如果没有得出一致意见，再次进行头脑风暴。

（4）**做出决定**。根据大多数人的意见选出一种解决策略，不需要投票，最后要使每个人都对该策略满意。

（5）**确定如何实施该策略**。在策略实施的过程中需要注意什么？在每一项任务中，每个人承担的责任是什么？任务完成的进度如何把握？

（6）**评估这种解决策略的有效性**。实施该策略一段时间后，需要反思：我们对自己的决定满意吗？这个策略实施得怎么样？我们需要做出一些改变吗？

可以说，对于所有学生来说，化解发生在教室里的冲突都是一次重要的学习经历！

13.5.5 同辈调解与恢复性正义

哪怕对我们而言，化解冲突都是很困难的，让学生自己解决这类问题可能更加困难。20世纪70年代的一项大型研究调查了8000名中学生及500名来自三个大城市的大学老师，结果发现，学生之间90%的冲突是通过带有破坏性的方式进行处理的，而且大部分问题没有处理好（DeCecco & Richards, 1974）。此后，其他研究者进行的几项研究也得出了类似的结论。逃避、武力和威胁是学生处理与彼此的冲突时最常用的策略（D. W. Johnson et al., 1995）。实际上，还有更好的处理冲突的方式，比如同辈调解、恢复性正义等。这样的方式会让学生终身受益。

1. 同辈调解

戴维·约翰逊和他的同事（1995）为227名2～5年级的学生进行了冲突处理策略的培训。在培训中，学生学会了一种含有五个阶段的冲突调解策略：

（1）**共同认识冲突**。让冲突双方跳出冲突情境，避免"非输即赢"思想阻碍他们对问题的认识，让双方的问题解决目标变得清晰。

（2）**交换想法**。要求双方各提出一个解决问题的方案，并说明理由。同时，认真倾听对方的想法，保持灵活性和合作性。

（3）**换位思考**。站在对方的角度重新考虑问题，表达观点，并为这个观点辩护。

（4）**提出至少三个有助于实现双赢的建议**。通过头脑风暴、锁定目标、创造性思考等方式协商解决方案，相信每一个学生都有能力解决问题。

（5）**就解决方案达成一致**。此方案必须能使双方都实现目标。如果不行，就掷硬币决定，轮流采用自己的方案，或者让第三方介入，进行调解。

在培训中，除了教授学生处理冲突的办法外，约翰逊还对学生调解他人矛盾的能力进行了训练。协调人总是在变——每天教师都会选择两名学生担任班级协调人，要求他们穿上协调人的专用T恤。约翰逊和他的同事发现，通过学习，学生掌握了冲突处理策略和调解他人矛盾的策略，并且能将这些方法有效运用于解决学校和家庭情境中的冲突。

即使你的学校没有正规的同辈调解训练，你也可以通过其他有效的方式教学生处理冲突。比如，埃斯梅·柯德尔在正式参与教学之初就是一名优秀的新手教师，她向班上的5年级学生传授了处理冲突的"四步法"，并将其贴在了布告栏里："①告诉他人你不喜欢这种做法；②告诉他人你对这件事情的感受；③告诉他人你希望如何；④让他人对你的话语做出反馈。祝贺你！你现在已经成为处理冲突的高手了！"（Codell, 2001, p.23）

2. 恢复性正义

恢复性正义（restorative justice）指纠正冲突恶化时造成的错误（D. W. Johnson & Johnson, 2013）。也许恢复性正义最著名的例子是南非的真相与和解委员会，在该委员会上，受害方会描述他们经历的不公正的对待，甚至有时会直接面对曾经伤害过他们的人。在课堂上，恢复性正义着眼于过去和未来：通过化解过去的冲突，重建课堂共同体的合作，并为未来的长期合作创造条件。这一进程必须由大家自愿推进。冲突双方会见调解人（通常是教师），有时也会见他们的家庭成员。受害者和侵犯者会表达他们的观点并描述他们的经历，在此过程中，调解人的存在能使讨论富有成效。如果整个过程进行得很顺利，冲突双方会表达对伤害彼此的懊悔，恳请对方原谅自己曾经犯下的过错，并最终化解他们之间的冲突。戴维·约翰逊和罗杰·约翰逊（2013）指出：

> 和解通常包括道歉，表示正义占上风，承认行为的消极性，恢复对以前被贬损者的社会身份的尊重，确认和承认受害者和相关团体成员遭受过的痛苦，在受害者和侵犯者之间建立信任，并消除双方过去自认为正确、实则错误的理由（p.408）。

恢复性正义的结果通常是一项协议，内容包括如何在课堂共同体中重建合作和参与，如为自己的行动道歉、补偿，以及思考如何积极处理今后可能发生的冲突。

3. 4R法

4R法（Fusaro, 2011）是莫宁赛德社会责任教育中心（Morningside Center for Teaching Social Responsibility）开发的一种处理冲突的方案。这4个"R"指阅读（reading）、写作（writing）、尊重（respect）和解决（resolution）。在4R法中，对冲突处理策略的直接教学是嵌入在读写课中的。教师以高质量儿童读物阅读活动为基础，开展讨论和角色扮演等互动活动。这些活动集中在七个方面：建立团体、感受情绪、倾听心声、肯定自我、解决问题、接纳多元和合作共赢。研究结果显示，经过4R法的训练，学生的社交能力和自我调节能力都得到了提高，甚至最有可能不及格的高攻击性学生的学业成绩也有所提高。想了解更多信息，请参见 gse.harvard.edu/ 并搜索"fostering social responsibility"（培养社会责任感）。

虽然我们已经了解了关于班级管理的许多观点，但是在创造学习的物理环境和社会环境方面，没有哪种方法是万能的。那么，研究都告诉了我们什么？是否有某种方法比其他方法更好？

13.5.6 班级管理方法的比较

相关研究确实可以为此提供一些指导。埃默和奥斯克（Aussiker）（1990）曾对三种被普遍接受的管理取向进行元分析，这三种取向分别是：通过积极倾听和问题解决策略来**影响学生**（T. Gordon, 1981）；通过班级会议和学生讨论来进行**团队管理**（Glasser, 1969, 1990）；通过奖励和惩罚对学生进行**控制**（Ganter & Ganter,

1992）。虽然关于这三种方法对学生行为造成的影响，研究者没有得出一致结论，但相关研究发现，H.J.弗莱伯格（H. J. Freiberg, 2013；H. J. Freiberg & Lamb, 2009）的相倚性管理项目和其他一些使用奖惩的项目（R. Lewis, 2001）表现出了积极的成效。

1. 整合的观点

在澳大利亚，拉蒙·刘易斯（Ramon Lewis, 2001）发起的一项研究发现，通过识别学生行为并进行适当反馈、让学生参与对课堂纪律的讨论、对一些不被人接受的行为进行暗示等方式，教师能帮助学生对自己的学习形成更强烈的责任感。比较有意思的是，这些干预策略均体现出了埃默和奥斯克总结的三种管理取向：影响学生、团队管理和奖惩控制。在新加坡，Youyan Nie 和 Shun Lau（2009）发起的一项有超过3000名9年级学生参与的研究发现，关怀和控制都与学生的积极参与呈正相关，所以为了创建积极的学习环境，融合控制、影响、关怀和团队管理的干预策略是必要的。但这并不是一件容易的事情。刘易斯也认为，如果学生表现得攻击性很强的话，那么关怀、影响和团队管理等策略的运用都会比较困难，但正是这种时刻，更需要教师采用这些积极的方法。例如，如果一个教师感到自己受到了威胁，就会很难满足学生的需求，但此时教师采取积极的策略去化解矛盾就很有必要。

2. 与家长就班级管理事宜进行沟通

本书始终强调，家庭是教育过程的重要部分。这一点也适用于班级管理。如果家长和教师对学生拥有共同的期望，并且相互支持，就能为孩子营造更积极的班级氛围，争取更多的学习时间。下面的实践指南提供了通过家校合作促进班级管理的一些方法，你可以参考。更多信息参见哈佛家庭研究项目（hfrp.org/family-involvement）。

| 实践指南 |

家校合作促进班级管理

确保家长知道班级和学校对学生的期望以及相应的规章制度。

例如：

（1）让学生在家庭联欢会上通过小品的方式来表现学校规则——怎样遵守学校规则，以及如果违规，会受到什么处罚。

（2）在家里的冰箱上张贴画报，展示最重要的学校规范以及学校对学生的期望。

（3）对于高年级学生，可以给家长提供一份作业清单，在清单上列出合理安排进度的方法，以帮助学生提高作业质量。这样可以避免学生直到最后一刻才匆忙完成作业。

（4）以适当的方式交流。如果可能，使用学生家庭惯用的语言与家长进行交流。根据家长的阅读水平调整信息内容。

让学生的家庭成员了解怎样成为合格的公民。

例如：

（1）当学生（尤其是那些经常捣蛋的孩子）表现得好时，给学生家长写一封表扬信。

（2）告诉每个家庭，尤其是那些低收入家庭，如何庆祝学生的成功，比如为他准备一份美味的食物，允许他玩想玩的游戏，对特定的人表示感谢，如姑姑、爷爷或者牧师；允许他给弟弟妹妹讲故事。

利用学校所在社区的特点营造适宜的学习环境。

例如：

（1）要求学生给地毯店或家具厂写信，请他们捐献一些地毯的边角料来装饰教室的阅读角。

（2）请能做书架、屏风，会绘画、手工，能编故事或懂电脑技术的家长帮忙。

（3）和社区内的一些公司联系，请他们捐献电脑、打印机或其他上网设备。

当学生出现问题行为时，寻求家长的合作。

例如：

（1）通过电话或家访的形式与家长交流。记录学生的问题行为。

（2）倾听家长的想法，与他们一起商定解决方法。

13.6 多样性：文化回应管理

有关纪律的研究表明，非裔和拉丁裔美国人，尤其是男性，在学校中会比其他学生受到更多处罚，这些学生因为被留堂或停学而丧失了很多学习时间（Gay, 2006；Monroe & Obidah, 2002；Skiba, Michael, Nardo, & Peterson, 2000）。为什么会这样呢？

非裔学生和拉丁裔学生是因为更常违纪才受到更多处罚的观点，并没有得到数据的支持。事实上，这些学生仅因为很小的错误就会受到严厉的处罚——教师总是将他们在行为或言语方面轻微不当的地方看得很严重。对此的一种解释是，教师和学生之间缺乏文化沟通，"在许多教师和学校领导看来，学生（尤其是男生）的言语、走路姿态、眼神和穿着方式等，都会让他们感到恐惧、忧虑，以至于产生过度反应"（Irvine, 1990, p.27）。非裔美国学生可能因为一些行为而受到处罚，然而实际上这些行为并不是有意违纪或不尊重教师。如果教师能够更好地理解多元文化，就会为自己的工作带来便捷：一方面帮助学生学习怎样在主流文化和家庭文化间转换，另一方面教师也能由此了解学生言行背后的意义。这样一来，教师就不会因为误解学生而对学生的行为进行过重的处罚了（Gay, 2006）。

实际上，**文化回应管理**（culturally responsive management）是文化相关教学的一部分。蕾妮娃·盖伊（Geneva Gay, 2006）总结道：

对学生而言，如果教室是一个舒适温暖、开放积极，让学生感到被关注，同时鼓励参与和支持的环境，那么学生违反纪律的事情不会时常发生。在这种环境下，学校会对不同宗教、种族、语言背景的学生进行文化相关性教学，并让学生感受到个人价值。由此，班级管理就会得到改善，同时学生也能在学业上取得进步。

我曾经问过新泽西中学的一位极有天赋的教师，在与那些无法无天、不守秩序的学生相处时，什么样的教师最有效能。他给出的答案是"有两种"：一种教师不会被这样的学生吓到，也不会被愚弄，而会对学生的学习持有很高的期望；另一种教师有着对学生发自肺腑的关心。我接着问他"你是哪一种"，他回答"两种都是"。他就是所谓"温暖的要求者"的极好例子，这样的教师能够最有效地帮助那些边缘学生（Irvine & Armento, 2001；Irvine & Fraser, 1998）。有时候，这些**温暖的要求者**（warm demander）在外人看来是很严厉的（Bruke-Spero, 1999；Bruke-Spero & Woolfolk Hoy, 2002）。卡拉·门罗和珍妮弗·奥达（Carla Monroe & Jennifer Obidah, 2002）曾对担任 8 年级科学课教师的辛普森女士进行过案例研究。辛普森女士认为自己对班里的学生有很高的学业期望和行为期望，她多次向学生表达自己的想法，以此让学生知道自己是"认真的"。她常常使用幽默的方式或方言与学生进行交流。

辛普森（对全班说）：如果你今天想当个傻子，那你就过来对我说"我想在动员会上当个傻子"，我可以直接把你送到你该去的地方。[全班大笑。]

辛普森：我是认真的。如果你认为你今天要倒霉，你不希望任何人碰你、和你说话，或者一旦今天有人轻轻地撞你，你就会摔倒，那么你到我这里来告诉我"我今天可能会摔倒，所以我不能去动员会了"。[学生纷纷发表评论。]

辛普森：现在我想说的就是，我希望你们能表现出自己最好的一面，因为你们是这栋楼里最大的孩子……不要让我中断动员会，请一些 8 年级的学生离开。

爱德华：您的意思是我们吃午饭时也要保持安静吗？[全班大笑。]

辛普森：你不会想知道你将遇到什么情况的。[全班大笑。]好了，15 分钟热身开始。[学生开始热身。]

许多非裔美国学生在校外可能习惯了直接命令式的管理和约束方式。在家里，他们的家长可能会说"把糖果放下"或者"该睡觉了"，然而白人家长可能会说"我们在晚餐前吃糖果好吗"或"是不是到睡觉的时间了"。正如 H. 理查德·米尔纳（2006, p.498）所言："问题的关键并不在于哪种方式是正确的、哪种方式是错误的，而是哪种方式与学生的先前经验和认知方式相符。"

模块 37 小结

对问题行为进行干预的七个等级

首先，教师可以使用眼神接触或一些非言语的信号；然后给予言语暗示，比如在讲课的过程中不时地叫学生的名字；接下来，教师可以询问犯错误者是否知晓自己的行为带来的后果；然后提醒学生正确的行事流程是什么，并让学生按照规范重新做一次；如果这种方法不奏效，教师可以让学生复述正确的流程和规范，并按正确的方式做一次；随后以一种清晰、果断、不带有敌意的语气让学生停止错误行为；如果这也失败了，教师可以给学生一次选择的机会——要么停止行为，要么私下谈话，接受处罚。

教师应该怎样处理欺凌、戏弄和网络欺凌行为

教师往往低估了发生在学校里的同辈冲突或欺凌事件的数量。欺凌行为往往发生在两个力量不对等的学生之间，欺凌者不断地重复伤害受害者的行为。而且，欺凌行为可以发生在多种场合，包括那些并非面对面的场合。教师可以将欺凌看作一种暴力行为，将处理其他暴力行为的方式用于处理欺凌行为。比如，教师可以营造人人互相尊重的班级氛围，以防止欺凌事件发生。

中学课堂管理面临的挑战是什么

中学教师应该准备好处理学生不完成作业、重复违反同一规定或公开挑战教师等问题。当然，这个时期的学生往往正面临着一些全新而强大的压力源。此时，如果教师多给学生一次机会，或者向学生提供可以从中获取帮助和支持的资源，学生往往能够获益良多。教师也会发现，咨询师、家长或学生的监护人对自己的工作是很有帮助的。

什么是"共情式倾听"

当问题出现时，师生之间的沟通是非常重要的。人们之间的所有互动和交流，即使是无声的或消极的，也具有意义。当学生出现问题时，积极的共情式倾听非常重要。对于学生的倾诉，教师应该就自己听到的信息对学生进行反馈。这种反馈不仅仅是简单的重复词句；通过反馈，教师可以捕捉到学生话语背后的情感、意图及深层含义。

区分被动、敌意和果断三种不同的反馈模式

被动反馈有多种形式。采用被动反馈的教师不会直接告诉学生应该做什么，他们只会对学生的行为做简要评论，让学生自己思考正确的处理方式，或者只威胁学生，却不真正实施处罚。在带有敌意的反馈模式中，教师总是使用以"你"开头的句子来谴责学生，但是并不会清楚地告诉学生应该做什么。而在果断的反馈模式中，学生能感受到教师是关注他们的，在鼓励他们做出积极行为的同时，也容许他们犯错误。这种行事风格的教师会清晰地向学生陈述自己的期望。

什么是同辈调解

同辈调解是防止校园暴力事件发生的好方法。同辈调解的步骤是：共同认识冲突；交换想法；换位思考；提出至少三个有助于实现双赢的建议；就解决方案达成一致。

什么是文化回应管理，为何需要文化回应管理

非裔和拉丁裔美国人，尤其是男性，在学校中会比其他学生受到更多处罚，但这并不是因为他们更常违纪。事实上，这些学生仅因为很小的错误就会受到严厉的处罚——教师总是将他们在行为或言语方面轻微不当的地方看得很严重。对此的一种解释是，教师和学生之间缺乏文化沟通。采用文化回应管理的教师往往对学生的行为持有很高的期望，同时非常关注学生的发展。

第13章复习思考题

单项选择题

1. 课堂管理的目标是什么?
   A. 维持课堂的秩序
   B. 树立教师的权威
   C. 维持一个安静、纪律严明的环境
   D. 维持一个积极、富有成效的学习环境

2. 下列哪一项不是教学生自我调节的益处?
   A. 学生能够证明自己有能力满足自己的需求,同时不干扰他人的权利和需要。
   B. 教师遇到的管理问题会少一些,压力更小一些,有更多的时间可以用来教学。
   C. 学生希望教师更关注自己,因此会更加努力学习。
   D. 教师最初需要投入额外的时间,但未来将获得更强的自我效能感。

3. 鲁伊斯先生一直被学生在英语课堂上捣乱的情况困扰着,于是他决定加强对学生的控制。他采取了课后留堂、降低等级评定和贬低学生等手段。学期末,校长对他进行了各方面的评估,结果在班级管理技能上他得了低分。他的校长西蒙博士基于研究结论给予了他反馈。下列哪一项不符合处理鲁伊斯先生遇到的问题的理想方式?
   A. 教师应该在开始新的学年时给学生一个下马威,这样学生就能明白是教师在控制着课堂。
   B. 教师的目标应该是阻止问题发生。
   C. 教师应在活动中表现得明察秋毫和善于一心多用。
   D. 教师必须理解并践行变换管理。

4. 你建议采用下列哪一技术来接近和处罚有暴力行为倾向的学生?
   A. 迅速行动,尽可能接近问题学生
   B. 确保现场有几个见证者
   C. 尊重且简短
   D. 大声呵斥,以树立权威

开放论述题

案例:这样的事情每天都有可能发生——金妮·哈丁总是在班里训斥两个男生。金妮似乎不再是一位指导者,而像一个老太婆,絮絮叨叨的。她的训斥似乎不仅针对这两个男生,也针对她自己。其实男孩们并没有恶意,他们才3年级。金妮想起一句谚语:"当人不断重复做同一件事时,他不可能得到不一样的结果。"接下来的周末,金妮决定用一种更有效的方式来应对这个挑战。

5. 请列出几种可以立刻叫停男孩们问题行为的简单方法。

6. 常规和流程可以帮助学生从一项活动顺利过渡到另一项活动,从而减少问题行为的发生。请列出有助于建立良好课堂流程或常规的几项活动。

Chapter 14 | 第14章

为每个学生而教

▮ 教师的案例簿：你会怎么做

关注并教育每一个学生

你在家乡的一所高中找到了工作。到学校后，你发现学生的同质性很高——他们大多是白人，来自中产阶级家庭，都会说英语。事实上，学校还有一个特殊教育班，这个班里的孩子有严重的学习问题或发展问题。你真正开始在教室中展开教学后，才发现学生的阅读能力、家庭收入和学习能力参差不齐。班里除了两名学生有可能勉强升入大学外，其他学生中有好几个甚至无法完整地读完一篇文章，作文也写得乱七八糟。对班里的部分学生来说，虽然平时说英语没有什么困难，但阅读英语文章却是很大的挑战。

想一想

:: 你应该怎样针对班里的不同学生实施差异教学？
:: 对于上面的问题，基于不同的教育理念是否会得出不同的答案？
:: 如果你已经实施了差异教学，那应该怎样评估教学的效果？

▮ 概览与目标

本书已经讨论了很多有关学习和学习者的问题。在本章中，我们将重点关注教学和教师。首先，怎样区分高效教师和低效教师呢？一项针对整班教学的研究提出了一些区分教师能力的重要指标，我们将在本章进行讨论。

除此之外，关于教学我们还了解什么呢？教师是创设学习环境的设计师（Wiggins & McTighe, 2006）。在此过程中，他们为学生设定目标、制定教学策略、组织教学活动，并评估目标是否达成。我们将考察教师是如何制订计划的，包括如何以教育目标分类学为基础制订计划。在了解了设定目标、制订计划的方法和高效教师的特征的基础上，我们将考虑怎样实施以教师为中心的教学策略：布置课堂作业和家庭作业、提问、讲述以及小组讨论。然后，我们将用"通过设计来理解"模型将目标和策略结合起来。

在本章的最后一部分，我们将把焦点放在如何通过差异化教学、弹性分组以及自适应教学来匹配教师的教学与学生的需要和能力上。我们将探究教师对学生能力的信念——教师期望对学生学习和师生关系的影响。

学完这一章后，你就能：
目标 14.1 描述教学研究的方法及高效教师和有效课堂氛围的特征。
目标 14.2 运用布鲁姆教育目标分类学制定教学目标。
目标 14.3 探讨如何恰当使用直接讲授、布置家庭作业、提问和小组讨论等教学方式；使用"通过设计来理解"模型整合教学目标，达成教学目标的证据和教学策略。
目标 14.4 理解什么是差异教学和适应性教学，以及如何实施它们，以适应不同学生的需求。
目标 14.5 解释教师期望带给学生怎样的影响以及如何避免负向的影响。

模块 38　制订高效的教学计划

14.1　关于教学的研究

本章主要阐述有关教学的内容，我们将从几十年来教育心理学的相关研究发现开始。

你应该怎样评判一种教学方式的效果呢？一般而言，你可以咨询学生、校长、大学教育学教授或者有经验的教师，然后归纳出优秀教师的特征。你可以对少数课堂做长时间的、深入的案例研究，比如观察课堂，并就某些特质对教师进行评分，进而比较拥有哪些特质的教师能够让学生获得更高的学业成就或拥有更强的学习动机。当然，这需要你选择好评估学生学业成就和学习动机的指标。你可以通过比较这些教师所教学生的成绩来评估教师的工作成果。接下来，你可以观察那些更加成功的教师，关注他们做了什么。你也可以培训教师在教授同一单元的课程时使用不同的教学方法，进而比较各种教学方法的优劣。你还可以对教师的教学过程进行录像，并在课程结束后让教师观看录像，通过刺激回忆法来回溯教学过程中自己的所感所想。你甚至可以通过研究课堂对话的转录文本，探索影响学生学习的重要因素。你可以通过设计型实验来研究教与学之间的关系，以此为基础开发各种教学方法，并检验这些方法的可行性。

上文列举的这些方法已经被广泛地运用于教学研究中（Floden, 2001; Greeno, Collins, & Resnick, 1996; Gröschner, Seidel, & Shavelson, 2013）。下面让我们回顾一下从这些教学研究中得出的具体结论。

14.1.1　高效教师的特征

> **停下来　想一想**
>
> 回想一下你遇到过的最高效的教师，你从他的身上学到的知识肯定最多。这位教师有什么具体特征呢？究竟是什么因素使得这位教师的教学如此高效呢？

早期关于有效教学的研究关注教师的个人品质。研究发现，高效教师一般有三个特征：清晰性、热情和扎实的专业知识。最近的研究重点关注教师的专业知识，我们会在这个特征上多花些笔墨。

巴拉克·罗森辛和诺玛·弗斯特（Barak Rosenshine & Norma Furst, 1973）对50项教学研究进行回溯后发现，清晰的表达是非常值得未来的有效教学研究关注的教师行为。如果教师讲解清晰，那么学生就能学到更多的知识，对教师的评价也会更加积极（Comadena, Hunt, & Simonds, 2007; C. V. Hines, Cruickshank, & Kennedy, 1985）。这些教师在指导学生和解答问题的过程中，很少提供含糊的解释和指导，因此学生的收获更大（Evertson & Emmer, 2013）。

同样，正如你所知道的，有些教师在工作上投入了比其他教师更多的热情。一些研究发现，教师的工作热情与学生的学业成就相关（M. Keller, Neumann, & Fischer, 2013），热心程度、友好程度和理解程度是教师的重要特质，并且与学生对教师及班级的喜爱程度高度相关（Hamann, Baker, McAllister, & Bauer, 2000；K. Madsen, 2003）。对课堂情感氛围的研究发现，如果教师充分考虑学生的需求和观点，也不会很严厉地批评或讽刺学生，那么学生在这种充满温暖、关心、鼓励、友善的课堂中将收获更多。这可能是因为积极的情感氛围能使学生更加投入地学习，进而提升学习效果（Reyes, Brackett, Rivers, White, & Salovey, 2012）。也就是说，教师的热情与学生的学习之间有两个可能的联系：一是当教师热情时，他们更容易吸引和保持学生的注意力；二是热情的教师可以为学生树立投入学习和保持兴趣的榜样，而学生的注意力、兴趣和投入程度会影响学生的学习。当然，学生对学习的投入反过来也会极大地激发教师的教学热情（M. Keller et al., 2013）。

高效教师的另外一个重要特征——专业知识，又是怎样的呢？

14.1.2 有关教学的知识

正如你在第8章和第9章看到的，知识是评估专业技能的重要指标。**专家型教师**能够通过整合知识系统来理解教学问题。比如，面对学生在数学或历史考试中所犯的错误，新手教师会认为这些答案"都一样"——它们都是错误的。但是，对于专家型教师而言，这些错误答案可以构成复杂的知识系统，通过此系统，教师可以识别不同类型的错误，错误背后的信息缺乏或误解，帮助学生改正错误理解的最好方法，过去教学中有效的学习材料和教学活动，检验重新教学的有效性的方式。这类特定类型的教师知识，整合了教师对学科知识的掌握，这些知识的教授方法，以及使教学适应学生个体差异的策略，被称为**学科教学知识**（pedagogical content knowledge, PCK）。这类知识是非常复杂的，同时具有特定性，可能只适合特定情境（例如物理学习的初级阶段）、特定主题（例如"力"的概念）、特定学生（例如学习能力强的学生、学习有困难的学生或者英语是第二语言的学生），甚至特定教师。在特定的情境和主题下，专家型教师在为学生制订学习计划时具有清晰的目标，同时能够考虑不同学生的个体差异（Gess-Newsome, 2013；van Driel & Berry, 2012）。这些教师都是**反思型**（reflective）的

实践者，他们会不断尝试去理解和改进自己的教学（Hogan, Rabinowitz, & Craven, 2003）。

教师掌握更多的专业知识会对学生产生更加积极的影响吗？研究发现，这取决于教师所教的科目。H.C. 希尔、罗文和鲍尔（H. C. Hill, Rowan, & Ball, 2005）曾对美国的1年级和3年级教师进行研究，测量了他们拥有的关于实际教授的数学概念的知识，以及他们是如何教授这些概念的。研究发现，那些有着更丰富的学科教学知识和教学内容知识的教师所教的学生能够学到更多的数学知识。就高中数学来说，如果数学教师的学历高或者完成了优秀的教师文凭课程，那么他们所教的学生能够学到更多的数学知识（Wayne & Youngs, 2003）。在德国高中的研究发现，数学教师具备的学科教学知识越丰富，他们的学生学习得就越投入，得到的学习上的支持也越多，这种高质量的教学可以预测学生更高的数学成就（Baumert et al., 2010）。

在其他学科领域，当我们通过考试成绩来衡量教师对相关事实和概念的掌握程度时，研究结果表明，教师的专业知识与学生的学习之间的关系并不清晰，其关系也许是间接的。这里的间接关系可能是，具有丰富学科知识的教师对自己的专业领域了解得越多，其讲述越能清晰明白，他们也能够更好地处理学生的学业问题，不会对某些问题采取回避态度，也不会给学生一个含糊的答案。因此，掌握扎实的专业知识对于高效教师来说是很必要的，因为掌握更多的知识能使教师的表达更清晰、更有条理，还能使教师对学生的问题更敏感（Aloe & Becker, 2009）。我们发现，教师的专业素质——教师是否获得了资格证或他们所教的科目是否与自己的专业对口，与学生的学业表现相关。其他研究也发现，教师在获取教师资格证时的得分与学生的学业成就呈中度正相关，并且这种相关关系在数学学科中表现得尤为明显（Boyd, Goldhaber, Lankford, & Wyckoff, 2008；Darling-Hammond & Youngs, 2002）。

14.1.3 关于教学的研究

在第1章中，我们了解了夏洛特·丹尼尔森（2013）的教学框架、密歇根大学 TeachingWorks 的高阶教学实践，以及由比尔及梅琳达·盖茨基金会赞

助的有效教学测量项目。这些模型的开发者都把对教学和学生学习的研究视为良好教学理念的基础。在本章中，我们将更深入地了解罗伯特·皮安塔（Robert Pianta）和他的同事（Allen, Gregory, Mikami, Lun, Hamre, & Pianta, 2013；Crosnoe et al., 2010；Hafen, Allen, Mikami, Gregory, Hamre, & Pianta, 2012；Jerome, Hamre, & Pianta, 2009；Luckner & Pianta, 2011；Pianta, Belsky, et al., 2008；Pianta, LaParo, et al., 2008）进行的一项大规模追踪研究项目。这个研究项目是第1章中讲到的模型和框架的基础之一。

皮安塔发现，课堂气氛的三个方面与学前和小学儿童的学习及发展密切相关。这三个方面与早期教学研究发现的教师特征一致，分别是情感、行为和认知，如表14-1所示。皮安塔模型中的情感维度指教师的情绪支持，与早期研究中教师的热情相似。认知维度指教师的教学支持，包括促进学生对概念的理解（通过活动、课堂讨论等方式培养学生的高层次思维）和对学生的学习过程进行高质量的反馈。促进学生对概念的理解与进行高质量的反馈，对教学知识丰富的教师而言是比较容易的。第三个维度是课堂组织，指对活动内容与活动程序有着明确界定的课堂与课程管理行为，它可以保证学生有充足的时间学习并真正投入，与教师特征中的清晰性相似。

表14-1 课堂气氛的维度

教学要素	课堂气氛维度	成分	定义与举例
情感	情绪支持	积极氛围	热情、互相尊重、师生间积极的情感联结
		消极氛围（学习的负向预测因子）	无礼、愤怒、敌意
		教师的敏感度	对学生学业和情感需要的反应一致而有效
		尊重学生的观点	设置活动培养学生的自主性，尊重学生的兴趣、动机和观点
认知	教学支持	促进学生对概念的理解	组织活动和讨论，以促进学生高层次思维和认知的发展
		进行高质量的反馈	提供具体的、过程导向的反馈，多与学生交流，以扩展学生的学习范围
行为	课堂组织	行为管理	教师监控、预防和纠正学生的不良行为
		确保学生高效学习	明确界定活动内容和活动程序，做好教学准备，在不同的教学环节间有效过渡，将对学生学习的干扰降到最低，使学习效果最大化
		教学学习形式	合理利用教学材料、教学形式和教学活动，以保证学生投入学习

资料来源：基于 Brown, J. L., Jones, S. M., LaRusso, M. D., & Aber, J. L.(2010). Improving classroom quality: Teacher influences and experimental impacts of the 4Rs Program. *Journal of Educational Psychology*, 102, 153-167.

首先，让我们来关注教学的第一步——制订教学计划。

14.2 制订教学计划

停下来 想一想

请回答格丽塔·莫林-德希默（Greta Morine-Dershimer, 2006）提出的问题：下列有关教师制订教学计划的表述，哪些是正确的？
- 时间安排是很重要的。
- 计划是用来打破的。
- 不要回头检验你的计划。
- 小计划可以起到大作用。
- 你可以独立制订计划。
- 一个模式能适应很多情境。

14.2.1 关于教学计划的研究

看完本章开篇的案例后，如果你开始思考自己应该怎么做了，那么实际上你已经开始着手制订计划了。教育研究者对教师怎样制订计划很感兴趣，他们针对这个问题访谈了多位教师，让他们在制订计划时采用出声思维的方式，或用日记来记录制订教学计划的过程。就这样，研究者对教师进行了数月的深入研究。他们有哪些发现呢？

首先，教学计划会影响学生的学习内容。教学计划将学习时间和学习材料有效地转变为具体的互动形式和学习任务——这意味着时间安排很重要。如果在一周的教学时间内，教师将 7 小时用于语文，而只留 15 分钟时间给科学，那么学生学到的语文知识自然更多。在学年之初就制订计划非常重要，因为关于时间分配的班级规范需要尽早建立。如果我们能够充分考虑到教师应该教什么以及学生应该学什么，那么确实"小计划可以起到大作用"。

其次，教师应该制订不同时间段的教学计划——大至每学年、每学期的计划，小至每单元、每星期，甚至每天的计划，同时必须保证这些计划相互协调。完成学年计划是以完成学期计划为基础的，完成学期计划应以完成单元计划为基础，以此类推。当然，学年计划的制订也有赖于每周、每天计划的完成。对有经验的教师来说，单元计划的制订是最重要的，其次是周计划和日计划。随着教师教学经验的增长，教师将越来越擅长协调上述计划与州（地方）课程标准之间的关系（Morine-Dershimer，2006）。

再次，计划可以减少（但不能消除）教学中的不确定性，但是计划也应具有一定灵活性。有时，教师会"过度计划"——绝不浪费一分钟的教学时间，并且坚定不移地执行每一项计划，这类教师指导的学生学到的东西往往比采用灵活教学计划的教师指导的学生学到的东西少得多（Shavelson，1987）。所以虽然计划制订后不能随意打破，但执行计划需要一定的灵活性。

为了让计划具有创造性和灵活性，教师需要：掌握有关学生学习兴趣、学习能力的大量知识；熟悉所教学科，了解多种教学和评估方式；知道怎样使用和调整教学材料；了解怎样将多种知识融入教学活动。新手教师也会制订计划，但他们的计划往往得不到很好的执行，这是因为他们缺乏有关学生和所教科目的知识，比如他们不能估计学生完成一项活动需要的时间，也可能在解答学生的问题时结结巴巴（Calderhead，1996）。

你可以独立制订计划，但采取合作的方式会更好。与同事交换意见是积累教学经验的最好方式之一。在日本，教师合作制订计划的计划方式被称作"教研组"（Kenshu）或"研究型教学"，部分教育者认为这是日本学生在多项国际测试中表现出色的原因之一。教研组的基本流程就是教师形成小组共同商讨课程计划，然后对一名小组成员的教学过程进行录像；接着，所有小组成员观看录像，通过分析学生反应改进教案；然后其他教师再次进行实践，并对课程计划做进一步的优化。学年末，所有的研究小组都可以发表他们的教研成果。在美国，这一过程被称作"**课例研究**"（lesson study）（Morine-Dershimer，2006）。如果你想上网查找更多关于课程计划的知识，请搜索关键词"lesson plan"（教案）；如果你想了解关于学科或年级课程计划的信息，则可以搜索关键词"math lesson plans"（数学教案）或"4th-grade lesson plans"（4 年级教案）。

当然，即使你从最权威的教育网站上下载的教案，也需要根据班级情况进行适当的修改。其中有些需要在教学前进行修改，有些需要在教学后根据教学效果进行调整。事实上，有经验的教师都知道，很多修改发生在教学之后，需要基于自身的工作进行——这就是反思型教学。所以一定要回头检验你的计划，并在此过程中获得专业成长。在通过课例研究制订计划的过程中，合作型反思和修订教案是最主要的环节。

最后必须注意的是，有效教学不会只有一种模式。任何一种教学模式都不可能适用于所有的情境。对于有经验的教师而言，制订计划是一种创造性的解决问题的方式，他们知道应该怎样完成教学任务，同时让每部分教学都有效；他们知道自己期待的结果是什么，以及怎样实现这个目标。因此，他们制订计划时不会照搬在课例研究中学到的某种模式。教学计划往往是非正式的——"计划存在于教师的脑中"。然而，许多有经验的教师认为，制订详细的课程计划有助于未来工作的开展（C. M. Clark & Peterson，1986）。

无论你怎样制订计划，都必须以明确的教学目标为指引。下面我们就来讨论你可能拥有的各种不同的教学目标。

14.2.2　学习目标

如果你不知道要去哪里，就很难到达目的地。同样，如果你没有明确的学习目标，就很难对一个单元或一门课程进行计划。如今，我们对愿景、目标、结果、标准等词耳熟能详。社会为公立学校的毕业生设定的目标非常抽象,即"在大学和工作中获得成功,在全球经济中保持竞争力"(U.S. Department of Education, *Race to The Top*, 2009, p.2)。可是对于教学而言,过于抽象的教学目标是没有什么意义的。州立教育部门会将这些宏观的教学目标转化为标准或指标体系,如科罗拉多州制定的标准之一就是"学习预习、预测、推理、比较、反复阅读和自我监控、概括等相关技能,以帮助理解"。在这个层面上,指标体系与教学目标紧密相连(Airasian, 2005)。你可以在 educationworld.com/standards/state/index.shtml 上找到你所在州的标准。

1. 学生标准的范例:共同核心

美国有着悠久的地方控制教育的历史,这有很多益处,但也导致全国各地的学生学习内容差异巨大。美国学生在国际测试中表现不佳,这已经不是什么秘密了。国际学生评估项目是一项针对 15 岁学生阅读、数学和科学学习能力的全球性综合评估。在 2012 年的评估中,美国在全球 65 个国家中排在第 36 位(Organization for Economic Cooperation and Development, 2013),如果只看问题解决的情况,美国在 29 个国家中只排在第 23 位(Belland, 2011)。出于对不同的年级水平标准和令人失望的测试结果的担忧,2009 年首席中小学教育官员理事会(CCSSO)和全国州长协会最佳实践中心(NGA Center)带头在两大领域为每个年级——从幼儿园到 12 年级,制定了统一的国家标准,这两大领域是:①历史/社会研究、科学与技术领域中的英语语言艺术和文学,②数学。表 14-2 给出了这些领域共同核心标准的几个例子。

表 14-2 6 年级、11~12 年级阅读、写作和数学核心标准示例

技能	6 年级的核心标准	11~12 年级的核心标准
文学阅读:建构主要观点并呈现细节	引用文本证据来支持对文本中明确表述的分析和根据文本得出的推论	引用有力而全面的文本证据,以支持对文本中明确表述的分析和根据文本得出的推论,包括确定文本遗留了哪些不确定的内容
写作:开展建构与呈现知识的研究	开展简短的研究,以回答某个问题;利用多来源的信息,并在适当的时候重新聚焦在调查上	开展简短而持续的研究,以回答某个问题(包括自发产生的问题)或解决某个问题;在适当的时候缩小或扩大调查范围;综合关于该问题的多来源的信息,表明对调查对象的理解
数学:应用表达式和方程	能够对同一问题列出不同的表述式,以加深对问题的理解,并厘清问题中的数量关系。例如,$a + 0.05a = 1.05a$,表示"增加 5%"与"乘以 1.05"是一样的	从原始方程有解这一假设开始,根据前面步骤中已经证明了的数量相等,来解释解一个简单方程的每一个步骤。形成一个可行的论点来证明解决方法的正确性

观看 corestandards.org/about-the-standards/ 上的简短视频,你会发现共同核心标准的目的是"形成明确的目标"和"培养充满自信、准备充分的学生"。为达成这些目标,共同核心标准的设计强调了以下几点:①以研究和证据为基础;②明确、易懂、前后一致;③与大学和职业期望相一致;④以严谨的内容为基础,通过高阶的思维技能应用知识;⑤基于各州现行标准的优点和教训;⑥为了使所有学生在未来的全球经济和国际社会中取得成功做好准备,借鉴表现优异的国家的标准(corestandards.org/about-the-standards/)。

当我写作这段内容时,美国的 44 个州、哥伦比亚特区以及 4 个海外属地已经接受这些标准,并开始执行了。要了解你所在州的执行进度,请访问 corestandards.org/standards-in-your-state/。

关于共同核心标准的讨论仍在继续。当你阅读表 14-2 时,你可能已经注意到,人们对学生的期望很高,标准很严格。期望提高的另一个例子是,3 年级和 4 年级课本对学生阅读和理解能力的要求预计会比这些年级现行的课本要求更高。但这有可能导致学生在识别单词的流畅性和自动化程度方面出现问题,从而减少学生的阅读投入,并导致更高的失败率(Hiebert & Mesmer, 2013)。作为一名教师,你应该关注这一讨论,因为共同核心标准可能会影响你所教授的内容(课程材料、教科书、课程计划)以及每个年级的评估内容。

2. 教师标准的范例:技术

下面这个关于标准的例子与作为教师的你密切

相关。关于技术，你应该了解什么？一个广为采用的技术标准来自美国国际教育技术协会（ISTE）。根据 ISTE 开发的标准（iste.org/docs/pdfs/20-14_ISTE_Standards-T_PDF.pdf），教师应当：

（1）激励学生学习，激发学生的创造力。教师应运用他们的知识经验、教学和技术，在现实和虚拟的情境中促进学生学习、鼓励创造和推进创新。

（2）发展数字时代的学习经验，开发相应的评估工具。教师在发展与评价真实学习经验和评估工具时，应采用现代工具和资源，以最大限度地促进学生的学习，发展 ISTE 标准中提到的知识、技能和态度。

（3）对数字时代的工作和学习进行示范。教师应向学生展示全球化和数字化时代背景下具有创新力的专业人士拥有的知识、技能及其工作过程。

（4）培育数字时代的公民素养和责任感，并就此为学生做示范。教师应了解，在数字文化不断发展的背景下，当地及全球社会存在哪些问题与责任，并在专业实践中展示遵守法律和符合道德的行为。

（5）投入专业成长与领导力提升的过程。教师应通过推广与展示数字工具和资源的有效使用，不断提高专业实践技能，成为终身学习的榜样，在学校和社区中展示自己的领导力。

但你的教学怎么样？让我们走进教室，给你的学生谈谈明确而严格的目标。

3. 课堂教学目标

诺曼·格兰隆德和苏珊·布鲁克哈特（Norman Gronlund & Susan Brookhart，2009）将**教学目标**（instructional objective）定义为预期的学习结果。目标指教师教学后学生的学习表现。明确的目标能帮助教师避免出现格兰特·维金斯和杰伊·麦克泰（2006）所说的教学设计的"双重罪过"，即以活动为中心的教学（开展大量动手实践等有趣的活动，但没有目标）和以内容为中心的教学（强行学完课本，但没有目标）。不管哪种情况，如果教师不清楚学生为什么做活动或阅读，那么这样的学习都没有用。指导教学的核心思想是什么？是目标。

持行为主义观点的学者认为，目标与学习者身上发生的可以观察和测量的变化有关。**行为目标**（behavioral objective）常常使用列表、定义、累加和计算这些术语。而**认知目标**（cognitive objective）强调思考和理解，所以这一类型的目标常使用理解、再认、创作和应用这些术语。下面让我们先来考察发展得已经比较成熟的行为目标。

4. 从具体目标入手

根据罗伯特·马杰（Robert Mager，1975，1997）的观点，一个好的行为目标应该包含三部分：首先，应该描述预期的学生行为，即学生必须做什么；其次，应列举学生行为发生的条件，即这些行为应该如何被辨认和检验；再次，应指出测验中可接受行为的标准。比如，一个社会学研究的目标是："给学生一篇最近发布的政治博客上的文章[条件]，学生需要给文章中的每一句话做标注，用 F 表示事实，用 O 表示观点[可观察的学生行为]，标注的正确率应达到 75%[标准]。"由于强调最后的结果，马杰提出的体系需要对行为进行非常明确的描述。马杰认为，如果给予学生界定清晰的目标，学生通常可以进行自我教育。

5. 从一般目标开始

诺曼·格兰隆德和苏珊·布鲁克哈特（2009）提出了另一种方法，这种方法通常被用来制定认知目标。他们认为，应该首先使用一般术语（如理解、解决、评价等）来对目标进行陈述；然后，教师应该通过列举少量的行为样本来阐明目标的具体含义。请看表 14-3 列举的例子。这里的目标是理解一个科学概念。教师不能列举出所有表示"理解"的行为，但可以通过一些具体的例子来阐述这个一般目标。

表 14-3　综合使用两种方法制定目标

一般目标
理解科学概念。
具体例子
1. 让学生用自己的语言描述概念。
2. 举例说明该概念。
3. 基于概念提出假设。
4. 使用该概念解决新问题。
5. 区分两个相似的概念。
6. 解释两个相似概念之间的关系。

资料来源：摘自 Miller, M. D., Linn, R., & Gronlund, N. E. (2013). *Measurement and Assessment in Teaching*, 11th Ed. Upper Saddle River, NJ: Pearson Education, Inc.

14.2.3 运用教育目标分类学制订计划

> **停下来 想一想**
>
> 回顾一下你给某个班级的学生留的作业。学生做作业涉及哪些思考过程?
> - 记忆知识和术语。
> - 理解关键思想。
> - 运用相关信息解决问题。
> - 分析某个情境、任务或问题。
> - 做出评价或给出建议。
> - 创造或设计出新东西。

20世纪50年代,本杰明·布鲁姆组织了一批教育评估领域内的专家,着手改进大学的考试制度。后来,他们的工作对世界各地、各层次的教学都产生了深远影响(L. W. Anderson & Sosniak, 1994)。布鲁姆和他的同事提出了教育目标**分类学**(taxonomy)或分类体系,它涵盖认知、情感和动作三个领域。他们将这三个领域的目标写成小册子并出版。当然,在真实生活中,这三个领域的行为常常同时发生。学生写作(动作)时,他们也在记忆和推理(认知),同时他们还可能对这项任务产生某种情绪反应(情感)。

1. 认知领域

布鲁姆的**认知领域**(cognitive domain)分类学被认为是20世纪教育界最伟大的成就之一(L. W. Anderson & Sosniak, 1994)。认知领域的六个基本目标是知识、理解、应用、分析、综合和评价(B. S. Bloom, Engelhart, Frost, Hill, & Krathwohl, 1956)。

在教育领域内,人们通常把这六个目标看作具有层级的一个整体,其中每种技能的形成都建立在下一层技能的基础上。但是,这也未必完全正确。有一些学科,比如数学,就不太适合用这种结构解释(Kreitzer & Madaus, 1994)。同样,你也会听到关于低层次目标和高层次目标的说法。在此结构中,知识、理解和应用被认为是低层次目标,其他目标则被看作高层次目标。应该说,这种分类方式确实有助于对目标进行粗略的思考(Gronlund & Brookhart, 2009)。此外,这种分类也有助于制订评估计划,因为不同层次目标的具体的评估过程也不一样。你将在第15章中看到有关此问题的阐述。

2001年,一批教育学研究者对布鲁姆的认知领域的教育目标分类学做了第一次较大的修订,这就是今天我们所使用的版本(L. W. Anderson & Krathwohl, 2001):

(1)**记忆**:记忆或再认某事,不需要理解、应用或改变。

(2)**理解**:理解材料,但不需要将它与其他事物联系起来。

(3)**应用**:运用一般概念来解决特殊问题。

(4)**分析**:将需要理解的材料分成多个部分。

(5)**评价**:在特定情境中,判断某些材料或方法的价值。

(6)**创造**:综合不同的观点形成新的理解。

2001年新版本的分类法增加了知识这一新的维度,以表明认知过程必定涉及加工某些东西——你需要对某种形式的知识进行记忆、理解或运用。对此,表14-4中有清晰的呈现。现在,我们将认知过程分为六个过程——记忆、理解、应用、分析、评价和创造;这些过程作用于四方面的知识——事实性知识、概念性知识、程序性知识和元认知知识。

表14-4 修订后的认知领域的教育目标分类学

知识维度	认知过程维度					
	记忆	理解	应用	分析	评价	创造
A.事实性知识	列举	总结	分类	排序	分等	整合
B.概念性知识	描述	阐述	实验	解释	评估	计划
C.程序性知识	汇总	预测	计算	区分	总结	创作
D.元认知知识	合理运用	执行	选择策略	改变策略	反思	创新

资料来源:摘自Anderson, Lorin W., David R. Krathwohl, et al.(2001). *A Taxonomy for Learning, Teaching, and Assessing*. Boston, MA: Allyn and Bacon.

请思考修订后的认知领域的教育目标分类学能对社会课或语文课的目标设定起到怎样的作用。比如,分析概念性知识的目标可能是"在阅读完阿拉莫(Alamo)之战的历史记录后,学生可以解释作者的观点或偏见",而评价元认知知识的目标可能是"学生能够反思他们辨别作者偏见时所用的策略"。

想了解更多内容和具体案例，请参见 projects.coe.uga.edu/epltt/index.php?title=Bloom%27s_Taxonomy。

2. 情感领域

情感领域（affective domain）或情绪反应领域的教育目标分类学至今没有什么变化。目标根据情感卷入程度的高低被划分为不同的等级（Krathwohl, Bloom, & Masia, 1964）。情感卷入程度最低时，学生可能只是注意到某个观点；而情感卷入程度最高时，学生则可能接纳某个观点或价值观，并且依据这个观点行动。具体而言，情感领域包含下列五个基本目标。

（1）**接受**：察觉周围环境中的某个事物或参与某个活动。例如，我会去听这场音乐会，但我不能保证自己会喜欢它。

（2）**反应**：有所体验后的新表现。例如，一个人听完音乐会后可能会鼓掌，或者第二天可能会哼唱在音乐会上听到的曲子。

（3）**评价**：进行某种程度上的参与或承诺。例如，一个人可能会去参加音乐会，而放弃看电影。

（4）**组织**：将新的价值观整合到自身的价值体系中，并按照个人喜好赋予其一定的地位。比如，一个人可能会开始经常去听音乐会。

（5）**价值化并使之成为个人特征**：按照新的价值观念行动。比如，一个人成为坚定的音乐爱好者，且经常公开表达自己对音乐会的喜爱之情。

正如认知领域的基本目标，这五个目标也比较笼统。为了制定具体的学习目标，教师需要具体描述学生接受、反应、评价等时的行为。比如，在一节营养课上制定的评价目标可能是"学习完有关食品的单元后，至少有50%的学生承诺一个月不吃快餐，抵制垃圾食品"。

3. 动作领域

詹姆斯·坎杰洛西（James Cangelosi, 1990）提出了对动作领域的教育目标进行分类的一种有效方式，即将其分为以下两类：①有耐力、力量、灵活性或高速度的肌肉能力；②执行具体技能的能力。

以下是两个动作领域的目标示例：①在8分钟内跑完1英里后，休息4分钟，你的心率应该在120以下；②有效地使用鼠标"拖放文件"。

如果你正准备制定课程目标或作业目标，下面的实践指南或许可以给你提供一些帮助。

| 实践指南 |

运用教学目标

避免玩"文字游戏"——有些语句虽然听起来很重要，但几乎是空话，如"学生应该成为深刻的思想家"。

例如：

（1）关注学生在特定知识和技能方面的变化。

（2）让学生解释每个目标的含义。如果学生不能就每个目标举出恰当的例子，那么说明他们没有理解这个目标的意图。

为目标设置相应的具体活动。

例如：

（1）如果你的目标是让学生记忆单词，那么你应该教学生记忆方法，并要求他们进行实践。

（2）如果你的目标是发展学生深入思考的能力，就要考虑布置论文作业，开展辩论赛、方案拟定或模拟法庭等活动。

（3）如果你希望学生的写作能力能够有所提高，就多给学生提供写作和修改文章的机会。

确保测验和教学目标是有关联的。

例如：

（1）在制定教学目标的同时编制测验试题，并适时对目标和测验试题进行修订，确保两者最好地匹配起来。

（2）根据不同目标的重要性及实现目标所需的时间，赋予不同测验相应的权重。

更多信息参见：assessment.uconn.edu。

14.2.4 基于建构主义的视角制订计划

> **停下来 想一想**
>
> 你在前一小节的"停下来 想一想"栏目中分析了学生完成作业涉及的思考过程。那么，这些作业中包含了怎样的观念？除了通过做作业，你还能怎样学到这些观念？

在传统观念看来，制订教学计划是教师的责任。但是，一种新的制订教学计划的方式出现了，这就是建构主义取向的计划制订。在建构主义取向看来，计划是需要分享和协商的。教师和学生应该共同决定教学内容、教学活动和教学方法。教师不会以学生具体的行为和技能为目标，而会用更全面、更具概括性的目标来指导计划（Borich，2011）。当然，教师需要不断地理解这些更全面、更具概括性的目标。自20世纪90年代以来，主题教学和整合教学内容成为幼儿园（Roskos & Neuman, 1998）甚至高中各年级（Clarke & Agne, 1997）教师计划和设计课程和单元教学的主要方式。比如，伊莱恩·霍姆斯特德（Elaine Homestead）、凯伦·麦金尼斯（Karen McGinnis）（中学老师）和伊丽莎白·佩特（Elizabeth Pate，大学教授）合作设计了一个名为"人际互动"的单元的课程，这个单元的任务包括研究种族问题、世界性饥饿问题、环境污染、空气和水质量监测等。学生通过阅读课本和一些外部资料来研究这些问题，并需要在此过程中学习使用数据库，采访当地官员，邀请专家来班里做报告。学生需要增长科学、数学和社会研究等多个领域的知识。在此过程中，他们不仅能学习如何使自己的文章和演说具有说服力，还会为非洲正在饱受饥饿的人们募捐（Pate, McGinnis, & Homestead, 1995）。

当然，小学生也能从这种整合计划中受益。在这类计划中，我们不要求学生先学习拼写技能，再学习听写技能，接着学习写作技能，最后才能学习社会或科学的相关知识。在解决真实问题的过程中，学生能发展所有这些技能。适合孩子的整合性学习主题包括人类、友谊、沟通、栖息地和社区等。表14-5中列举了适合初高中学生的整合性学习主题。

表14-5　一些适合初高中学生的整合性学习主题

勇气	时间和空间
神秘	团体和机构
生存	工作
人际互动	动机
未来的社区	原因和结果
沟通/语言	可能性和预期
人权和责任感	改变和守旧
认同感/青少年成长	多样性和变化
相互依赖	自传

资料来源：基于 Clarke, J. H. & Agne, R. M. (1997). *Curriculum Development: Interdisciplinary High School Teaching*. Boston, MA: Pearson 和 Thompson, G.(1991). *Teaching through Themes*. New York, NY: Scholastic.

假定你已经明白学生需要学习什么，那么怎样才能让学生更好地理解呢？此时，你需要设计出与目标匹配的适当的教学方法。

模块38 小结

有哪些教学研究方法

多年来，研究者通过课堂观察、案例研究、访谈、实验、刺激回忆（教师观看教学录像，解释他们的教学）、对课堂文本进行分析以及其他方式来研究真实课堂中的教学。

优质教学的一般特征是什么

教师的才能大多与优质教学有关。研究发现，接受过适当训练且拥有教师资格证书的教师能够教出更多优秀的学生。虽然教师的专业知识很重要，但这对于优质教学而言是不够的。更多的知识储备能使教师的讲解更加清晰、更有组织性。讲解清晰的教师能让学生学到更多东西，并且能让学生对教师形成更加积极的印象。热心、友好和善解人意是与学生积极态度最相关的教师特质。

专家型教师都了解什么

成为专家型教师需要时间和经验的积累。专家型教师在许多具体的教学情境中积累了大量的系统性知识。这类知识是非常复杂的，同时具有特定性，可能只适合特定情境、特定主题、特定学生，甚至特定教师。在特定的情境和主题下，专家型教师在为学生制订学习计划时具有清晰的目标，同时能够考虑学生的个体差异。专家型教师也知道怎样做一个反思型的实践者——他们会根据自己的教学经历改善自己的教学方式。

关于教学的研究对我们有什么启示

大规模的追踪研究发现，课堂氛围有三个方面，这三个方面与学前和小学儿童的发展和学习密切相关。与早期教学研究发现的教师特征一致，它们分别是情感、认知和行为。情感维度指教师的情绪支持，与早期研究中教师的热情相似；认知维度指教师的教学支持，包括促进学生对概念的理解（通过活动、课堂讨论等方式培养学生的高层次思维）和进行高质量反馈（特定的、针对学习过程的反馈）；第三个维度是课堂组织，指对活动内容与常规有着明确界定的课堂与课程管理行为，它可以保证学生有充足的时间学习并真正投入，与教师特征中的清晰性相似。

教学计划包含哪些层面，它们是怎样影响教学的

教师应该制订不同时间段的教学计划——大至每学年、每学期的计划，小至每单元、每星期，甚至每天的计划，同时必须保证这些计划相互协调。计划决定了在学生活动中如何有效地利用教学时间和学习材料。计划不止有一种模式，所有计划都应该具有灵活性。对于有经验的教师而言，计划是一个创造性地解决问题的过程，它往往不是一个正式的过程，而是存在于教师的头脑之中。

什么是教学目标

教学目标是对教学意图清晰而明确的描述。马杰提出了很有影响力的行为目标系统。他认为，一个好的行为目标应该包含三个部分——预期的学生行为、行为发生的条件以及可接受行为的标准。格兰隆德提出了另一种方法：首先用一般术语对目标进行陈述，然后通过列举少量的行为样本来阐明目标的具体含义，这些行为可用于判定学生是否达成了目标。有关教学目标的最新研究更支持格兰隆德的方法。

简述教育目标的三个分类体系

布鲁姆和其他研究者提出了认知领域、情感领域和动作领域的目标分类体系。当然，在真实生活中，这三个领域的行为常常同时发生。教育目标分类学鼓励人们对相关目标和评估目标的方式进行系统思考。认知领域内有六个基本目标：记忆、理解、应用、分析、评价和创造。这个分类体系2001年的新版本增加了一些内容，即这六个目标可以在事实性知识、概念性知识、程序性知识和元认知知识四方面知识上实施。情感领域的目标按从低情感卷入到高情感卷入被分为不同等级。动作领域的目标一般包括从做出基本的觉察、反射动作到实现技能性、创造性的动作的多种目标。

简述建构主义视角的教学计划

在以学生为中心或建构主义取向的教学中，计划是可以分享和协商的。教师不会以学生具体的行为和技能为目标，而会用更全面、更具概括性的目标来指导计划。整合教学内容和开展主题教学通常是计划的一部分。教师和学生共同对学习情况进行评价，并且评价是持续进行的。

模块 39　教学方法

14.3　选择教学方法

为了让教学计划得到实施，本节将介绍一些基本的教学方法。你遇到的第一个挑战是将教学方法与教学目标匹配。让我们从怎样明确地向学生讲授知识和概念开始吧。

14.3.1　直接教学

很多人认为"教学"就是教师向学生介绍知识的

过程，也就是说，他们认为讲授是一种常规的课堂形式。20世纪七八十年代，教育心理学家进行了大量有关传统教学形式的研究。最终，在相关研究成果的基础上，一套能够改善学生学习的教学模式形成了，巴拉克·罗森辛和罗伯特·史蒂文称之为**直接教学**（direct instruction）或**显性教学**（explicit teaching），汤姆·古德（1983a）则用**主动教学**（active teaching）来表示这一方法。

由于直接教学源于一种特殊的研究取向，因此这种教学方法只适合在某些特殊情境中运用。研究者挑选出学习成绩高于平均水平的学生和低于平均水平的学生，将他们的老师进行比较，并以此来鉴别直接教学的关键要素。研究者关注了美国课堂已有的一些实践活动。因为这些活动属于传统的教学形式，因此没有比较成功的创新之处。一般而言，教学的有效性需要根据全班或全校学生标准化成就测验的平均得分来进行判断，所以研究结果一般针对的是大群体，而不是每个学生。就算一个班级的标准化成就测验平均分提高了，班里某些学生的得分也可能下降（Good，1996；Shuell，1996）。

因此，你可以看到，直接教学适用于教授基本技能，这些基本技能具有清晰的知识结构或核心技术，比如科学事实、数学计算方法、阅读词汇或语法规则（Rosenshine & Steven，1986）。直接教学的教学任务相对清晰，拥有既定的步骤，教学效果能够通过标准测验进行评价。弗兰兹·维纳特和安德列亚斯·赫尔姆克（Franz Weinert & Andreas Helmke，1995）认为直接教学有以下特征：①教师的课堂管理能力强，学生出现干扰行为的频率很低；②教师非常关注教学，同时能够有效利用教学时间推动学生参与学习活动；③教师确信，如果教师能选择适当的任务，清晰地呈现学科信息和问题解决策略，不断辨别学生学习上的进步和困难，同时通过辅导向学生提供有效帮助，那么大部分学生能取得学习上的进步。(p.138)

除此之外，马新（Xin Ma，音译，2013）还补充了两个要点，那就是教师在教室里轻快地走动以及温馨和接纳的课堂氛围。

那么，教师应该怎样通过直接教学将教学主题转化为实际的教学活动呢？

1. 六个教学事项

罗森辛和他的同事（Rosenshine，1988；Rosenshine & Stevens，1986）基于对有效教学的研究，提炼出了六个教学事项，它们可以被用作基本技能教学的核查表或框架。

（1）回顾和检查前一天的工作。如果学生没有理解知识点或对知识点理解错误，那么教师需要重新教一遍。

（2）呈现新材料。制定清晰的教学目标，采取小步子原则进行教学，提供所教概念的正例和反例。

（3）提供有指导的练习。向学生提问，给他们提供练习题，分辨学生理解错误的地方，必要时重新教一遍。然后继续提问，直到学生正确回答出80%的问题为止。

（4）根据学生的回答给予反馈或进行纠正。必要时重新教学（还记得皮安塔、拉帕罗（LaParo）和哈姆雷（Hamre）于2008年提出的课堂气氛要素中的教学支持就包括高质量的反馈吗）。

（5）提供独立练习的机会。让学生在课堂作业、小组合作或家庭作业中运用新学到的知识。学生独立练习的正确率应该达到95%。这就意味着学生必须通过教师讲述的内容和有指导的练习做好充分准备，并且作业难度不能太高。独立练习的主要目的是让学生主动练习，直到完全掌握某项技能并达到自动化，对此技能充满自信为止。还应让学生对自己的作业负责任，并学会进行自我检查。

（6）为了巩固学习成果，需要进行周复习和月复习。这里的复习包括复习家庭作业的内容，经常进行小测试，讲授学生不会的测试题等。

虽然这六个事项不需要按照特定的顺序按部就班地完成，但它们都是有效教学的重要组成部分。比如，反馈、复习和重新讲授应该基于学生的能力随时进行。直接教学应考虑学生的年龄和先前知识。学生的年龄越小或知识储备越少，教师的讲解就应该越详尽。多使用讲解、有指导的练习、反馈和纠正等方法，但每种方法的使用时间都不能太长，而且应交替进行。

2. 先行组织者

在课堂实践中，直接教学常以一个**先行组织者**

(advance organizer)开始。所谓先行组织者，是对后文涉及的所有信息的介绍性说明。一般而言，先行组织者有三个作用：直接告诉你后文中的哪些内容是最重要的，凸显后文提到的观点之间的关系，提示你已经拥有的与本章主题相关的信息。

先行组织者分为两种类型：一种是比较性组织者，一种是陈述性组织者（Mayer，1984）。比较性组织者会激活现有图式（即使其进入工作记忆）。它提醒你，你对此已有所知，只是不知道新旧知识之间的联系。在一堂有关革命的历史课上，比较性组织者可以是有关工业革命的一句陈述，例如将军队起义和工业革命带来的自然和社会变化进行对比，或比较法国、英国、墨西哥、俄罗斯、伊朗和美国革命的异同（Salomon & Pekins，1989）。

陈述性组织者则通过向学生提供新信息，让学生更好地理解新知识。在英语课上，为了讲述人生的重要阶段这个大主题，教师可以先就此主题进行大范围的陈述，并介绍此番陈述对理解这个主题而言有多么重要。比如，教师可以这样开始："青少年时期的一个重要特征就是人们开始了解自己，常常进行自我探索，他们特别想知道什么是社会接受或拒绝的行为。"这样的先行组织者应在阅读小说如《哈克贝利·费恩历险记》之前呈现。

研究发现，当学生不熟悉学习材料、理解起来比较困难的时候，先行组织者确实能促进学生的学习。但是，先行组织者要发挥作用，必须满足两个条件（Langan-Fox，Waycott，& Albert，2000；Morin & Miller，1998）。首先，先行组织者应该能被学生理解。丁纳尔和格洛弗（Dinnel & Glover，1985）研究发现，指导学生解释先行组织者，能够让先行组织者发挥更大的作用。其次，先行组织者应该起到组织的作用。它应该能表现出后文中一些基本概念或术语之间的关系。研究表明，一些具体模型、图表或类比都是很好的组织者（D. H. Robinson，1998；D. H. Robinson & Kiewra，1995）。

3. 直接教学的有效性

结构良好的讲述、清晰的解说、先行组织者的运用和适时的复习均能帮助所有学生了解观点之间的联系。如果这些方法运用恰当，那么直接教学课程能够成为学生建构个人知识体系的资源。比如，通过复习和使用先行组织者，教师可以激活学生的先前知识，为学生后面的学习做好准备；简要、清晰的陈述和有指导的练习能够防止学生信息加工系统超载，同时减轻学生工作记忆的负担；大量正例和反例能为学生建立概念网络提供多条通路和多种联系；有指导的练习能够让教师快速了解学生的思考过程和错误理解，因此学生所犯的错误不仅仅是给出了"错误答案"。

事实上，所有科目都需要直接教学，大学英语或化学也是如此。诺丁斯（Noddings，1990）提醒教师，学生需要直接教学告诉他们怎样运用各种不同的操作性材料，以真正从这些材料中学到知识（而不仅仅是玩耍）。进行小组合作学习的学生可能需要引导、示范和练习。为了解决复杂问题，学生需要通过直接教学获得有关的问题解决策略。

有研究表明，教师陈述的时间一般占课堂时间的1/6～1/4。一般而言，教师陈述这种方式在以下情境中比较有效：学生人数较多，同时需要在短时间内讲授大量材料；介绍新主题；介绍背景信息；激励学生自主学习等。因此，教师陈述比较适合布鲁姆分类学中的记忆、理解、应用等低级认知，以及接受、反应、评价等低级情感目标（Arends，2001；Kindsvatter，Wilen，& Ishler，1992）。

4. 对直接教学的评价

当然，如果教师陈述过多，直接教学也会出现问题。你可能会发现一些学生不能长时间集中注意力，一段时间后就不再理会老师的讲授了。如果教师陈述这种方式给学生增加了过多的认知负荷，让学生处于被动的学习状态，就会阻碍学生提出问题，甚至阻碍学生思考问题（H. J. Freiberg & Driscoll，2005）。**脚本式合作学习**（scripted cooperation）是将主动学习融入教师陈述中的一种方式。它指的是在教师陈述的过程中，适时组织学生两两配对讨论，其中一个学生做总结，另一个学生对他的总结进行评论，下一次练习时两名学生互换角色。这种方法能给学生提供机会，让学生测查自己是否理解了课上所讲的内容，同时帮助学生整理思绪，并用自己的语言阐述观点。其他方法见表14-6。

表14-6 主动学习和教师陈述

提问，让学生将问题的答案写下来：提出一个问题，让所有人都写下自己的答案，并鼓励学生分享他们所写的内容	**投票**：给出两种可能的解释，再问有多少人同意其中的一种（也许要求学生闭上眼睛投票是个好主意，这可以防止他们因为受到别人的影响而摇摆）
我曾经认为_____，但是现在我知道_____：课后，让学生填空，并将完成的句子与旁边的同学分享	**一起回答**：让全班同学共同陈述重要的事实或观点，如"在直角三角形中，$a^2 + b^2 = c^2$"
两两配对思考与分享：提出一个问题，让学生先自己思考，再和旁边的同学讨论，交换看法，随后鼓励学生分享他们的想法	**一分钟书写**：在课堂上，学完一部分后，要求学生用一分钟时间来总结并写下关键要点，或者就他们仍不清楚的地方提问

有批评者认为，直接教学的理论基础就是错误的。教师将学习材料划分为几个小的部分，对每部分进行清晰的陈述，然后强化对所学知识的记忆或者纠正错误理解，进而将正确的理解传递给学生。由此看来，学生似乎是一个"空容器"，等待着被填满知识，而不是去积极地建构知识（Berg & Clough, 1991; Driscoll, 2005）。这些对直接教学的批评实际上反映了对行为主义学习理论的不满。

然而大量研究表明，直接教学和解释能帮助学生积极学习，而不是上文所述的消极学习（Leinhardt, 2001）。对年龄较小或准备不太充分的学生而言，如果教师不直接指导，而让学生自己控制学习过程，学生学到的知识往往会缺乏系统性。没有教师引导，学生建构的理解往往是不全面的，甚至是错误的（Sweller, Kirschner, & Clark, 2007）。比如，哈里斯和格雷厄姆（1996）曾经描述过他们的女儿利娅在一所全语言/进步教育学校上学的经历。在这所学校里，教师成功地培养了利娅的创造力、思考能力和理解力，但是：

> 从另一方面来讲，技能学习对我的女儿和其他孩子而言都是一件比较困难的事情。幼儿园毕业时，利娅的阅读能力没有明显的进步，老师感觉利娅可能有感觉统合失调的问题，或者可能有学习障碍。利娅开始问自己到底怎么了，因为其他孩子都在读书，但是她没有。最后，老师给利娅做了一个测试。(p.26)

测试结果表明，利娅没有学习障碍，并且具有很强的理解能力，只是文字处理技能较差。值得庆幸的是，利娅的父母知道怎样处理这个问题。经过大约六周的直接教学以后，利娅成了一名积极的、有能力的阅读者。深层理解和流畅表达需要专业的示范和大量有反馈的练习——这一点无论对阅读、跳舞，还是对解决数学问题而言，都是有用的（J. R. Anderson, Reder, & Simon, 1995）。有指导的练习和有反馈的独立练习是直接教学的关键。正如迪安娜·库恩（2007）所说：

> 当然，直接教学有自己的一席之地。我们不需要每个学生都去重新创造已经存在的知识。问题在于我们想要怎样的直接教学。我们需要学生从这样的教学中建构意义，并且决定自己想学习的东西。(p.112)

下面的实践指南提供了有效的直接教学的一些做法，你可以参考。

| 实践指南 |

有效的直接教学

使用先行组织者。

例如：

（1）英语：莎士比亚运用了他所在时代的一些社会观念作为剧作的框架——如《恺撒大帝》《哈姆雷特》《麦克白》等。

（2）社会研究：对尚未实现工业化的地区或国家而言，地理环境决定了其经济的发展。

（3）历史：文艺复兴时期的重要理念是对称性，对古典时代的赞美和以人类心智为中心。

使用一些例子进行说明。

例如：

（1）在数学课上，让学生找出教室里的所有直角。

(2)在讲授关于岛屿和半岛的课程时，可以使用地图、幻灯片、模型和明信片。

认真进行课堂组织。

例如：

（1）告诉学生教学目标是什么，这有利于学生将注意力集中在课程目标上。

（2）上课前，在黑板上写下简短的课程提纲，或与学生共同制定课程提纲。

（3）如果可能，教师的陈述应该具有清晰的步骤或阶段。

（4）定期复习。

做好课程难点教学的计划。

例如：

（1）为学生做一个清晰的课程介绍，告诉学生他们将学习什么，以及应该怎样学习。

（2）要求学生做练习，并参考教师手册，预测学生可能遇到哪些问题。

（3）对新术语进行定义，并准备相关的例子，对该术语进行解释说明。

（4）多使用类比。类比可以让概念变得更容易理解。

（5）让整个课堂具有逻辑，比如将口头或书面问题具体化，并确保学生听懂了解说。

尽量将问题解释清楚。

例如：

（1）避免使用含糊的说法，比如，避免使用"某些人/事/物"或"不太多/好/难"等语义不清的说法，少用无特指的、补充性的说法，如大多数、一点也不、某种、等等、当然、正如你所知、我猜、事实上、无论如何、或多或少等。

（2）用具体的名词（尽可能多样化）替换指示代词它、她、他。

（3）避免使用口头禅，比如"你知道的""像……""好吧"。

（4）为自己的课堂录音，检查自己的表述是否清楚明白。

（5）对问题进行多层面的解释，确保所有学生都能听懂，而不是只有最聪明的那些学生才能明白。

（6）一次只关注一个问题，避免离题。

使用解释性的连词，如"因为""如果……那么""因此"等。

例如：

（1）因为北方以制造业为经济基础，所以北方在美国内战中占有优势。

（2）解释性连词也有利于进行书面材料（如段落划分、概念图或图示等）的标识。

当你需要从一个主题转换到另一个主题时，请发出过渡的信号。

例如：

（1）"下一部分""现在我们要讲……"或"第二步是……"。

（2）概括主要内容，列出关键点，在黑板上画概念图或使用投影仪展示概念图。

把你对这门课和这节课的热情传达给学生。

例如：

（1）告诉学生为什么这门课很重要，给出比"考试会考"或"你明年会用到这些知识"更好的理由。强调自主学习的重要性。

（2）确保与学生进行眼神交流。

（3）改变说话的速度和音量，或稍加停顿，以示强调。

14.3.2 课堂作业和家庭作业

1. 课堂作业

虽然有关**课堂作业**（seatwork）或独立的课堂任务的研究较少，但结论是比较清晰的：这种策略被教师过度地使用了。例如，有研究者对1975～2000年的相关研究进行总结，发现这些学习困难的学生花费了将近40%的时间来独立完成课堂作业，但没有得到教师的任何指导（Vaughn, Levy, Coleman, & Bos, 2002）。

课堂作业应该在讲完课后进行，需要有教师监督，并且不应成为教学的主要方法。遗憾的是，目前的许多作业和练习都与课程的重要目标脱节。教师在布置作业前应先问问自己："做这个作业确实能帮助学生学到重要的知识吗？"学生应该看到作业和课程的联系。教师应该告诉学生为什么他们需要做这个作业。在教学目标清晰的前提下，教师应该为学生提供所有可能用到的材料，且作业难度不应太大，以保证学生可以独立完成。作业的正确率应该很高，接近100%。如果课堂作业太难，学生为了完成作业，就会选择猜答案或抄袭。

有一些可以代替课堂作业和练习的方法，如默读或与同伴相互大声朗读；为"真实的读者"写作；给一个期刊写信；将对话内容写下来并正确使用标点符号；解决问题；做长期计划、做报告；解决难题、解开谜语；用电脑进行一些活动（Weinstein, & Romano, 2015）。我最喜欢的方法是集体创作故事：两个学生在电脑上写下故事的开头，然后另两名学生添加一个段落，此后每两名学生合作，为故事发展出一段情节。在此过程中，学生进行阅读、写作、编辑和改进。由于有这么多的同学合作，因此每个人都可以从其他人那里得到创作的灵感。

任何一项要求学生独立完成的作业都需要有效的监控。教师在学生做作业的过程中随时随地地提供帮助，效果比等学生求助了再去帮助他好得多。当然，时间较短但经常发生的接触效果最好（Brophy & Good, 1986）。有时候，你可能在指导一个小组的学生学习，而其余的学生在做课堂作业，在这种情况下，让学生知道应该怎样寻求帮助是很重要的。韦恩斯坦和罗马诺（2015）描述了一位专家型教师的做法，这名教师设立了一条规范——"先问三个同学，然后问我"，即学生需要求助于三个同学，如果问题仍未得到解决，再寻求教师的帮助。这位教师在开学之初就教会了学生怎样互相帮助——怎样提出问题，以及怎样进行解释。

> **停下来 想一想**
>
> 回顾一下你的小学和中学经历。你还记得自己做了多少家庭作业吗？你对这些作业记忆最深刻的是什么？

2. 家庭作业

与有限的有关课堂作业的研究相比，有关家庭作业的研究已有超过75年的历史（Cooper, 2004; Cooper, Robinson, & Patall, 2006; Corno, 2000; Trautwein, 2007）。

为了使学生从家庭作业中获益，首先必须保证学生能够理解教师布置的作业。在课堂上示范性地解决几个问题或消除学生的错误概念，可能会对学生理解作业有帮助。这一点对于那些在家做作业遇到困难却找不到人帮助的学生而言尤为重要。一个让学生主动做作业的方法是让学生对作业的正确性负责，而不仅仅是填满一张纸上所有的空。这意味着学生做完作业后需要检查，教师应为学生提供改正作业的机会，而作业的质量与最后的课程成绩挂钩。专家型教师通常会让学生互评作业，这样学生可以在上课前的几分钟内迅速改正作业中的错误。关于怎样才能让家庭作业更有效，你可以参考下面"正方观点/反方观点"中的讨论。

正方观点 / 反方观点

家庭作业真的有用吗

就像其他许多教育方法一样，关于家庭作业有效性的争论也进行了好几个回合。在20世纪初期，家庭作业被认为是智力训练的重要方法。可是到了40年代，批评者认为家庭作业被过度使用了，实际上它只适合低水平的学习。然后到了50年代，为了赶超苏联在科学和数学领域的发展，家庭作业被重新界定为有效的学习方法。进入"懒散"的60年代，人们又开始认为家庭作业是学生沉重的负担。进入80年代，家庭作业再次成为使美国儿童的学业成就在世界儿童中排名靠前的方法（H. M. Cooper, & Valentine, 2001）。现在，在小学初期的教学中，学生用在家庭作业上的时间有所增长（Hofferth & Scanberg，2000）。每个人都在做家庭作业，但这些时间真的有用吗？

正方观点：家庭作业根本不能促进学生的学习

戴维·柏林纳和吉恩·格拉斯（2014）直言不讳地说："家庭作业不能提高成绩。让狗吃了它！"无论一个活动是多么有趣，学生最终都会对它心生厌倦，所以为什么既要布置课堂作业，又要布置家庭作业呢？这样只会让他们逐渐对学习感到厌烦。更为重要的是，整天写作业也会让学生丧失进行社区交流和参加娱乐活动的重要时间，而这些交流和活动对于培养成熟的公民而言是很有帮助的。家长辅导学生做作业的弊往往多于益：有的时候他们会让孩子感到困扰，或者他们的解答可能根本就不正确。而且，来自贫穷家庭的孩子放学后要去打工，这样一来，他们会丧失做作业的时间，使得贫富学生学业成就的差距越来越大。另外，关于家庭作业有效性的研究结论并不一致。比如，一项研究发现，对于小学生而言，课堂作业对学习的促进作用比家庭作业大得多（Cooper & Valentine，2001）。在《家庭作业迷思：为什么我们的孩子有这么多作业》(*The Homework Myth：Why Our Kids Get Too Much of a Bad Thing*) 一书中，作者阿尔菲·科恩（2006）建议把不布置家庭作业定为学校的一项原则："学校不布置家庭作业会引起两个结果：作业数量的减少和作业质量的提升。我相信这两个结果都能代表教育质量的改善。"(p.168)

哈里斯·库珀和他的同事对多项关于家庭作业的研究进行分析后发现，对于年龄较小的学生而言，家庭作业和学业成就之间的相关性很小；但是，对于年龄较大的学生而言，家庭作业和学业成就之间的关系较为紧密。关于家庭作业的研究虽涉及多个学科，如数学、阅读或英语，但是针对社会、科学或其他学科的很少。

反方观点：合理的家庭作业对许多学生都有用

研究表明，做家庭作业更多（放学后花在看电视上的时间更少）的高中学生能够取得更高的分数，即使把其他的因素，诸如性别、年级、宗教、父母的社会经济地位和成年人监督的时间等排除在外，结果依然如此（H. M. Cooper, Robinson, & Patall, 2006；H. M. Cooper & Valentine, 2001；H. M. Cooper, Valentine, Nye, & Kindsay, 1999）。美国家长-教师协会（PTA）给出了和这些研究的观点类似的建议：

> 对于幼儿园至小学2年级的儿童，每天做家庭作业的时间为10～20分钟是最有效的；对于3～6年级的儿童，每天做30～60分钟家庭作业比较合适；初高中学生花在家庭作业上的时间可根据不同的学科而定。(Henderson, 1996, p.1)

许多研究检验了花在家庭作业上的时间和学业成就（学科成绩或成就测验分数）之间的关系。另一种方法就是用努力付出来代替花在作业上的时间。研究发现，学生自我报告在家庭作业上付出努力的程度与学生的学业成就呈正相关（Trautwein, Schnyder, Niggli, Neuman, & Ludtke, 2009）。"高努力程度意味着学生竭尽所能地完成任务。学生在完成作业时付出的努力和所花的时间不一定显著相关：一个学生竭尽所能，也许只需要花费5分钟的时间就能完成任务，但有的时候也许需要花费1个多小时。"(Trautwein & Ludtke, 2007, p. 432)

因此，问题可能不是是否布置家庭作业，而是如何布置适当的家庭作业。如果学生认为作业是有趣的、有价值的，对他们来说是合理的挑战，而不会引发他们的焦虑，那么学生会更愿意付出努力——当然，作业本身也应该具有差异性（Dettmers, Trautwein, Ludtke, Kunter, & Baumert, 2010）。所以，解决问题的核心在于教师应该鼓励学生尽力完成适当的家庭作业，而且应该高质量地完成。

如果学生做家庭作业时遇到困难，他们可能会去寻求家长的帮助。此时，家长应该为学生提供解决问题的支架，而不是答案（Pressley, 1995）。可是，很多家长都不知道应该怎样帮助学生学习（Hoover-Dempsey et al., 2001）。下面的实践指南为家长如何辅导孩子学习提供了很好的建议，教师进行家校合作时可以参考。

| 与家庭和社区建立合作关系的实践指南 |

家庭作业

确保家长知道学生的学习目标。

例如：

（1）在每个单元的学习开始之前，给每个学生的家长寄一张表格，表格内容可以包含主要学习目标、主要作业示例、交作业的日期、家庭作业"日历"，同时应该附上免费的图书馆和网上资源的使用方法。

（2）提供清晰、简洁的作业要求——家庭作业与学分的关系，迟交、忘记或不做作业的后果。

帮助家长成为孩子做作业的好帮手。

例如：

（1）提醒家长"辅导孩子做家庭作业"意味着鼓励、倾听、监督、表扬、讨论和头脑风暴——不必教孩子怎么做，也不要替孩子做家庭作业。

（2）鼓励家长在家中设立一个安静区域和固定的学习时间，方便家庭成员学习，并让这些成为家庭常规的一部分。

（3）应该布置一些具有趣味性的、全家都能参与的作业，比如猜谜语、制作家庭相册、共同观看一个电视节目并一起进行回顾。

（4）在家长会上，询问家长为了让孩子更好地完成家庭作业，他们还能做些什么——检查作业表格，进行背景阅读，在网络上查找资料，还是解释学习技巧？

倾听并采纳家长关于家庭作业的建议。

例如：

（1）了解孩子在家中需要做什么事情——孩子有多少时间可以用来做家庭作业。

（2）周期性地开通"家庭作业热线"，以收集问题和建议。

如果家里没有人能够为孩子完成家庭作业提供帮助，建立另外的支持系统。

例如：

（1）要求学生结成可以通过电话交流的学习伙伴。

（2）如果学生家里有电脑，告诉学生哪些网址对他有帮助。

（3）提供免费的公共图书馆资源。

利用家庭和社区的"知识基金"来建立家庭和社区之间的联系（Moll et al., 1992）。

例如：

（1）设计一节关于家庭成员怎样在缝纫和房屋建设中使用数学的课程（Epstein & Van Voorhis, 2001）。

（2）设计一种可以进行家庭互动的活动。在这一活动中，家庭成员共同评估需要购买的家庭必需品，例如判断买什么牌子的洗发水或纸巾是最好的选择。

14.3.3 提问、讨论和对话式教学

教师提问-学生回答这种教学形式已经伴随我们很多年了（C. S. Weinstein & Romano, 2015）。教师的提问往往是围绕着学科的学习框架进行的。这种基于教师观点的提问模式包括发起（教师问问题）、反应（学生回答问题）和评价/反馈（表扬、纠正、探寻或扩展）等环节，有时也被称作提问-回答-评价（IRE）模式（Burbules & Bruce, 2001）。在实际教学中，这几个步骤需要不断重复进行。让我们首先考虑一下IRE模式的核心，即提问环节。有效的提问技巧可能是教师上课时最有用的工具之一。当今教学的关键之一就是保持学生的高认知卷入，而这也是提问技巧能够发挥作用的地方。提问在认知过程中发挥着重要的作用，它能够帮助学生复习学过的内容，并进行有效的回忆。它可以呈现个人的知识缺陷，并能够激发好奇心，唤起学生的长期兴趣。提问也可以引发认知上的冲突，进而促使个人知识结构发生改变。提问作为学习的线索、小窍门或提示，就像专家一样引导着新手的学习。我经常告诉我的学生，做好研究的第一步就是提出好的问题。

现在，让我们具体讨论一下教师的提问。我接触到的许多新手教师都会很惊异地发现提出有价值的问题是多么重要，又是多么困难。

> **停下来 想一想**
>
> 回想一下你最近上过的一堂课。在课上，教授提了什么问题？为了回答这些问题，你需要进行怎样的思考，记忆、理解、应用、分析、评价还是创造？教授在给出答案之前，留了多长时间给学生思考？

1. 问题的种类

一些研究者估计，一名教师平均一个小时要提30~120个问题，教师在其职业生涯中一共会提大约1 500 000个问题（Sadker & Sadker, 2006）。这些问题都是什么呢？很多问题可以根据布鲁姆提出的认知领域的目标进行归类。表14-7列举了不同目标层次上的问题的实例。

表14-7　为实现认知领域的目标而进行的课堂提问

目标	预期的思维模式	例子
记忆	对学过的信息进行回忆或再认，不需要应用或改变	列出……的首都 ……的六个部分是 文中说你应该在这里使用哪种策略
理解	理解学过的材料，但不需要将它与其他事物联系起来	请用自己的语言概括…… 在这个句子中，……是什么意思 请预测下一步是什么
应用	利用相关信息解决只有一个正确答案的问题	给这些植物分类 请计算……的面积 为……选择最佳策略
分析	将需要理解的材料分解为多个部分；辨别原因和动机；基于具体数据进行推论；分析结论能否得到证据的支持	第一次突破是什么？第二次又是什么 为什么选择华盛顿 下列说法中哪些是事实，哪些是观点 根据你的实验，这是什么化学物质
评价	在特定情境中，判断某些材料或方法的价值；提供建议；应用标准	根据……的效力，对美国前十位参议员进行排序 你认为哪幅油画更好？为什么 在……中，哪种学习策略最适合你
创造	独创性的想法；原创性的思考；原创性的计划、提议、设计或故事	对……更好的命名是什么 我们如何将这两种想法结合起来 我们应该怎样为……筹钱 如果南方在内战中获胜，美国可能会变成什么样

另外一种分类方法将问题划分为只有一个答案的**聚合性问题**（convergent question）和有多种可能答案的**发散性问题**（divergent question）两类。对具体事实的提问是聚合性问题，比如"1540年谁在统治英国？""《彼得·潘》的作者是谁？"与观点或假设有关的问题属于发散性问题，如"在这个故事中，你最喜欢哪个角色，为什么？""在过去的100年中，最受人们尊重的五位总统是谁？"

2. 让问题适合学生

虽然各种类型的问题都可能有效（Barden, 1995），但不同模式的问题对特定类型的学生作用不同。对于年龄较小或者学习能力较差的学生而言，最好的模式就是简单的问题。学生回答这种问题的正确率很高；如果学生回答错误，教师应多鼓励、多帮助。对于那些学习能力较强的学生，教师需要在不同目标层次上提出具有挑战性的问题，同时提供更多批判性的反馈信息（Berliner, 1987; T. L. Good, 1988）。

无论年龄和学习能力如何，所有学生都应该尝试回答那些能引发人深入思考的问题。在必要的情况下，教师需要帮助学生学习如何回答这些问题。正如我们在第9章中了解到的，学生想掌握批判性思维或解决问题的技巧，必须有机会练习这些技能。他们也需要思考这些问题的时间。可非常遗憾的是，经典研究显示，教师等待学生回答问题的平均时间只有1秒钟（M. W. Rowe, 1974）。教师提问后，应该至少停顿3~5秒钟的时间。这样，学生才能进行更多的思考，才会有更多学生参与课堂提问，主动进行恰当的回答。在这种情况下，学生将经历更多的分析、综合、推断、预测等高级思维过程，并且回答问题时会显得更加自信（Berliner, 1987; Sadker & Sadker, 2006）。

这似乎只需要教师在教学中做出一点小改变，但实际上5秒钟的沉默并不那么容易掌控，而是需要大量的练习。教师可以试着让学生把答案写下来，或者让他与另一个同学讨论答案。这能让等待变得更自然一些，也能为学生提供思考的机会。当然，如果学生根本就不理解问题，那么再长的等待也无济于事。如果学生对问题感到困惑，教师就需要重新叙述一遍问题，或者问班里是否有同学可以清晰地表述这个问题。然而，研究表明，延长等待时间并没有对大学生的学习产生影响（Duell，1994）；对于高中学生而言，教师也需要自己把握等待学生回答问题的时间。

下面让我们简单讨论一下怎样选择学生回答问题这一话题。如果只叫举手的同学回答问题，那么你可能会错误地认为所有学生都理解了材料。而且那些举手的同学几乎每次都会举手。很多专家型教师有办法保证自己叫到所有人——他们从广口瓶中随机抽取写有学生姓名的卡片，或者在学生回答问题后就将他的名字从名单中划去（C. S. Weinstein, & Novodvorsky, 2015; C. S. Weinstein & Romano, 2015）。另一种可能的方法是，把每个学生的名字都写在卡片上，然后打乱这些卡片，当你需要叫学生回答问题时，一张张抽取卡片就好了。你还可以在每张卡片上记录学生回答问题的质量或可能需要的帮助。

3. 对学生的回答进行反馈

学生回答完问题后，教师需要做什么呢？最常见的教师反馈就是简单地表示接受，如"好的""嗯"。在大多数课堂中，50%的反馈都是这样的（Sadker & Sadker, 2006）。实际上，教师可以根据学生回答问题的正确程度，更好地进行反馈。如果学生回答得又快又好，教师简单地表示接受，接着问下一个问题就好；如果学生虽然给出了正确答案，但是有些犹豫，那么教师需要告诉学生为什么这个答案是正确的，比如"克里斯，你的答案是正确的，参议院是政府立法部门的一部分，因为参议院……"你可以借此再次对教材进行解释。如果学生的回答不确定，那么其他人也可能感到困惑。如果答案存在部分错误或者完全错误，但是学生认真地进行了尝试，那么教师应该探寻更多信息，给予提示，简化问题，回顾先前的步骤，或重新教授这部分内容。如果学生因为粗心给出了错误的答案，那么教师纠正错误后就可以进入下一部分的学习内容（T. L. Good, 1988; Rosenshine & Stevens, 1986）。

约翰·哈蒂和海伦·廷珀利（John Hattie & Helen Timperley, 2007）回顾了近几十年有关教师反馈的研究，就此建构了一个模型来帮助教师教学。这个模型包括三个反馈性的问题："我将去哪里？""我应该怎么去？""下一站是哪里？"第一个问题关于目标及其清晰性；第二个问题关于进程，即如何实现目标；第三个问题关于目标实现后的计划或目标未达成时对计划的修改。同时，哈蒂和廷珀利的模型考虑了反馈在四个层面上的关注点：任务、过程、自我调节和自我。下面是一些例子（p.90）。

任务性反馈："你需要更多地关注《凡尔赛条约》。"

过程性反馈："如果你运用我们先前讲到的策略，这一页可能更好理解。"

自我调节性反馈："你已经知道辩论开场部分的关键特征。检查一下你的第一段开场白是否很好地融入了这些特征。"

关于自我的反馈："你是一个很优秀的学生。""这是一个很不错的回答，做得好。"

哈蒂和廷珀利认为，过程性反馈和自我调节性反馈是最有力的反馈方式，因为这两种方式能促使学生深入理解、熟练掌握学习材料，便于学生在学习中进行自我指导。关于自我的反馈（常常是表扬）在课堂里比较常见。但是，除非这种表扬能表明学生是怎样通过努力、坚持和自我调节获得进步的，比如"你真棒，你一直在坚持，不断地修改，现在这篇文章已经很有说服力了"，否则往往不会太有效。

4. 小组讨论

小组讨论（group discussion）与上文的教师提问-学生回答的模式有些类似。在 IRE 模式中，教师提出问题，听学生回答并观察学生的反应，进而探寻出更多信息。但在真实的小组对话中，教师并不扮演主导角色，而是学生提出问题，相互解答问题，然后对彼此的回答进行反馈。其目的在于使学生通过对话和讨论，共同构建意义和深入理解（Burbules & Bruce, 2001; Parker & Hess, 2001; Reznitskaya & Gregory, 2013）。然而，这种以学生为中心的讨论比较少见。一项对64所中学的研究发现，每个60分钟的课堂平均只有1.6分钟被用在了这些讨论上（Applebee et al., 2003）。

小组讨论有很多优点。小组讨论给学生提供了直接参与学习活动的机会，能提升他们的学习动机和卷入程度。学生能够学会清晰地表达自己的观点，为自己的观点辩护，以及容忍不同观点。小组讨论也给学生提供了询问对方的观点，检验自己的思想和关注个人兴趣的机会，学生还能通过扮演小组领导人的角色来体验责任感。因此，小组讨论有助于学生对个人观点进行评价和整合。当学生尝试理解一些与日常经验相矛盾的概念时，小组讨论也很有用。通过共同思考、相互挑战、提出各种可能的解释并对每种解释进行评价，学生更有可能真正理解相关概念（Wu, Anderson, Nguyen-Jahiel, & Miller, 2013）。

当然，小组讨论也有缺点。这种讨论具有不可预测性，容易跑题，转向不重要的问题。在讨论前，教师需要精心准备，确保参与者储备了与讨论的问题有关的大量背景知识。参与这种讨论对有些小组成员来说比较困难，如果强迫他们发言，他们会感到焦虑。另外，大团体往往不好运作，很多研究发现，在小组中，往往是少部分学生在主导讨论，而其他学生并未完全参与（Arends, 2004; H. J. Freiberg & Driscoll, 2005）。

小组讨论是有效的学习工具吗？凯伦·墨菲（Karen Murphy）和她的同事（2009）回顾了1964年至2003年关于小组讨论提升学生阅读理解能力的研究，得出了几个令人惊讶的结论。他们检验了教学对话、好书分享、质疑作者、图书漂流、读书俱乐部、大组对话等讨论形式，发现这些讨论形式都能促使学生更多地发言，同时限制教师发言，提升学生对文本的文字理解。但是，让学生多发言并不必然促进他们批判性思维、推理或论证技能的发展。讨论对那些阅读理解能力较弱的学生更有效，也许是因为中等水平和高水平的学生已经具有理解文本的能力了。不过，长时间使用有些讨论形式（如好书分享），既能提升学生的文本理解能力，又有助于发展学生的批判性思维。研究者总结道："简单地把学生分成小组，鼓励他们发言，并不足以提高他们的理解能力和学习能力，它仅仅是此过程中的一步。"（p.760）下面的实践指南给出了使小组讨论更有效的一些建议，你可以参考。

| 实践指南 |

使小组讨论更有效

邀请害羞的孩子参与讨论。

例如：

（1）"乔，你怎么看？"或者"其他同学还有什么意见吗？"

（2）不要等所有人都沉默了，才让害羞的学生回答问题。大多数人都不喜欢打破沉默，就连很自信的人也是如此。

指导学生对另一名同学的观点进行评论，并向他提问。

例如：

（1）"史蒂夫，你的这个想法很新奇。金，你怎么看史蒂夫的观点？"

（2）"约翰，这是一个很重要的问题。莫拉，你认为应该如何回答这个问题呢？"

（3）鼓励学生评价他人的观点或与他人讨论，而不只是等待教师的反馈。

确保你听明白了学生的回答。如果你不明白，其他学生可能也不明白。

例如：

（1）让后一个发言的学生总结前一个学生的发言。当然，如果前一个学生认为其归纳不太准确，可以重述自己的观点。

（2）"凯伦，我认为你说的是……是这样吗？我没有理解错吧？"

探寻更多信息。

例如：

（1）"这是一个很有力的陈述。你有什么证据证明这个观点呢？"

（2）"你想过其他的可能性吗？"

（3）"告诉我们，你是怎样得出这个结论的？你都

> 经历了哪些步骤?"
>
> **使讨论回到主题上。**
>
> 例如:
>
> (1)"刚才我们讨论了……萨拉提出了一个建议。其他同学有不同意见吗?"
>
> (2)"在继续讨论之前,请让我对之前谈到的内容做一个总结。"
>
> **在让学生发言之前,给学生留一些思考的时间。**
>
> 例如:
>
> "请试想一下,如果电视机从来就没有出现过,我们的生活将是什么样子?在纸上写下你的想法,一分钟以后我们来分享一下各自的想法。"一分钟后,"裕美,你能告诉我们你写了些什么吗?"
>
> **一名学生说完后,教师环顾教室,看看其他学生有什么反应。**
>
> 例如:
>
> (1)如果其他学生感到困惑,问问他们为什么会感到困惑。
>
> (2)如果学生点头表示同意,让他们举例说明刚才那名学生讲了什么。

14.3.4 让教学方法与目标匹配

在关于教学方法的所有争论中,我们需要记住最重要的问题——"学生应该学习什么,以及现在哪些东西值得学生学习?"然后,我们才能让教学方法与教学目标匹配。

目前仍然没有公认的最好的教学方法。不同的目标和不同的学生需求,要求教师采用不同的教学方法。直接教学可以使学生在成就测验中取得更好的分数;开放的、非正式的教学方法,诸如发现学习或探究学习,与对创造性、抽象思维和问题解决能力的评估的结果更相关。另外,开放式的教学方法可以更好地改变学生对学校的态度,并能够激发学生的好奇心与合作精神,同时降低缺勤率(Borich, 2011; Walberg, 1990)。根据这些结论,我们可知,如果教学目标包括提升学生的问题解决能力、创造力、理解力和对流程的掌握,除直接教学以外,许多教学方法都是有效的。虽然为了达成一定的学习目标,每个学生都需要接受一定时间的、直接的、显性的教学和指导,但是所有学生也都需要更多地经历开放的、建构性的、以学生为中心的教学。

14.3.5 综合:通过设计来理解

从目标到教学策略,我们谈到了很多东西。格兰特·维金斯和杰伊·麦克泰(2006)的"**通过设计来理解**"(understanding by design, UbD)将这些内容结合到了一起——对高层次批判性思维的期待、目标、学习的证据和教学方法。UbD 的重点是深层理解,其特点是能够对某一主题的相关观点进行解释、阐述、应用,并提出观点、明确重点和形成己见。UbD 背后的核心思想是逆向设计(backward design)。教师首先需确认希望学生达成的重要的终极目标,也就是作为教学目标的关键性理解和核心思想。为了帮助学生理解(不仅仅是开展有趣的活动或传授课本知识),教师要问一些本质性的问题,这些问题需要触及思想核心,并使思考更加深入,比如"民主制度的最大问题是什么""谁有权拥有航空公司""是什么使一个数学论证令人信服"。接下来,教师要找出哪些证据可以证明学生具有深刻的理解(如通过表现任务、测验或非正式评估来判断)。这样,也只有这样,教师才会设计学习计划,也就是教学指导。他们的设计是逆向的,要从最终结果推回教学计划。事实上,在前述的各种不同的教学方法中,采用课程标准和特定目标的核心都在于根据明确的教学目标得出良好的教学计划。

维金斯和麦克泰提供了一个用于指导逆向设计教学计划的模板。你可以通过访问 www.jaymctighe.com/resources/downloads/ 或搜索 Understanding by Design template 来获取大量样例。图 14-1 呈现了一个使用逆向设计进行教学计划的过程。在这个案例中,教师或者设计人员从核心数学标准开始,向前设计,根据核心数学标准确定关键理解和本质问题;然后是评价设计,包括传统测验、课本作业及包含实际应用的表现任务;最后是使学生获得有助于理解的学习体验。你能看出这里涉及布鲁姆提出的教育目标层次有几个吗?

第一步 目标设计

应用勾股定理在现实世界及二维、三维数学问题中求解直角三角形中未知的边长。
核心数学标准见www.corestandards.org/Math/Content/8/G/B/。

关键理解
1. 以直角三角形的斜边为边长的正方形的面积等于以该直角三角形的其他两边为边长的两个正方形的面积之和。
2. 有多种证明勾股定理的方法。
3. ……

本质问题
1. 是什么使得勾股定理的数学论证具有说服力?
2. 勾股定理能应用于现实世界吗?
3. ……

学生将了解到什么
1. 直角三角形的斜边是什么?
2. 任意给出直角三角形两边的长度,求第三一条边的长度。
3. ……

学生将能做什么?
1. 通过图解说明勾股定理的正确性。
2. ……

第二步 评价设计

真实性评价
1. 能根据旗杆的阴影来计算旗杆的高度吗?怎样计算?
2. 某人有一个旧的电视柜,34英寸宽,34英寸高。现在他想买一台新的纯平电视,对角线至少要有42英寸。假设新电视的高度与宽度之比为3:5,那么旧柜子合适吗?为什么?
3. 如果棒球场的垒间距离是90英尺,那么从三垒到一垒的距离是多少?
4. ……

传统评价
1. 家庭作业。
2. 学完一章后进行自我提问,并给出答案和证明。
3. 单元测试。
4. ……

第三步 学习设计

1. 分组调查和计算教室周围的正方形、三角形和长方形的面积,并将不同小组计算的相同物体的面积进行比较。
2. 用纸板、剪刀、尺子和铅笔证明勾股定理。
3. 课本中的模块6和模块7。

图 14-1　使用逆向设计进行教学计划

注:一节教授勾股定理的课的计划过程。教师或设计人员从核心教学标准向前计划。更多信息请访问 http://questgarden.com/,并搜索"Pythagorean Theorem"。

到目前为止,我们已经讨论了教学的各个方面——教学目标、教学策略和教学计划。在今天多元化的课堂中,一种教学方法已经不可能适应所有的学生。在一般教学策略的基础上,教师必须根据学生的需求和能力适当改变教学方法——他们不得不实施差异教学。

模块 39 小结

什么是直接教学

直接教学比较合适教授基本技能和显性知识。它包含回顾、呈现新材料、有指导的练习、反馈和纠正(必要时对先前内容重新教学)、提供独立练习机会以及定期复习等多个教学事项。对于年龄较小或学习能力较差的学生而言,教师讲述的时间不宜太长,且教师最好能让他们进行多轮练习,并不断提供反馈。

区分聚合性问题和发散性问题,区分高目标层次问题和低目标层次问题

聚合性问题只有一个正确答案,发散性问题有多个可能的答案。高目标层次的问题需要分析、评价和创造——学生需要进行独立思考。对年龄较小或者学习能力较差的学生而言，最好的模式就是简单的问题。这种问题的正确率很高，如果学生回答错误，教师应多鼓励、多帮助。对于那些学习能力较强的学生，教师需要在不同目标层次上提出有挑战性的问题，同时提供更多批判性的反馈信息。无论年龄和学习能力如何，所有学生都应该尝试回答那些能引发人深入思考的问题。在必要的情况下，教师还需要帮助学生学习如何回答这些问题。

等待学生回答问题的时间会对学生的学习产生什么样的影响

教师提问后，应该至少停顿3~5秒钟的时间，这样学生才能给出较长的答案，才会有更多学生参与课堂提问，主动进行恰当的回答。在这种情况下，学生将经历更多的分析、综合、推断、预测等高级思维过程，并且在回答问题时会显得更加自信。

小组讨论有哪些优缺点

小组讨论给学生提供了直接参与学习活动的机会，能帮助学生学会清晰地表达自己的观点，为自己的观点辩护，并容忍不同观点。小组讨论也给学生提供了询问对方的观点，检验自己的思想和关注个人兴趣的机会，学生还能通过扮演小组领导人的角色来体验责任感。因此，小组讨论有助于学生对个人观点进行评价和整合。但是，这种讨论具有不可预测性，容易跑题，转向不重要的问题。

如何让教学方法与目标匹配

不同的目标和不同的学生需求，要求教师采用不同的教学方法。直接教学可以使学生在成就测验中取得更好的分数；开放的、非正式的教学方法，诸如发现学习或探究学习，与对创造性、抽象思维和问题解决能力的评估的结果更相关。另外，开放式的教学方法可以更好地改变学生对学校的态度，并能够激发学生的好奇心与合作精神，同时降低缺勤率。

如何使用"通过设计来理解"的方法来计划高质量的教学

UbD的重点是深层理解，其特点是能够对某一主题的相关观点进行解释、阐述、应用，并提出观点、明确重点和形成己见。UbD背后的核心思想是逆向设计。教师首先需确认希望学生达成的重要的终极目标，也就是作为教学目标的关键性理解和核心思想。为了帮助学生理解（不仅仅是开展有趣的活动或传授课本知识），教师要问一些本质性的问题，这些问题需要触及思想核心，并使思考更加深入。基于这些考虑，UbD模板可用来指导教学计划。

模块40 差异教学与适应性教学

14.4 实施差异教学

针对学习者的能力和需要进行**适应性教学**（adaptive teaching）的观点很早就有了。为了说明这一点，林·科诺（Lyn Corno, 2008, p.161）引述了公元前5世纪昆体良（Quintilian）的下列文字：

有些学生迟钝，需要鼓励；有些学生则需要有完全的自由才能学得更好。

有些学生在感受到威胁或恐惧时发挥得最好；有些学生则会在这种压力之下失去勇气。

有些学生需要学习很长时间才能学得很好；有些学生则需要保持高度专注，才能学得很好。

显然，昆体良强调的是能适应学生需要的教学。当教师面对着许多学生时，其中一个实施差异教学的方式就是进行合理的分组。

14.4.1 班内能力分组和弹性分组

在一个班级中，学生有3~5年的学习能力差异是很正常的（Castle, Deniz, & Tortora, 2005）。可是，很多教师只是按部就班地开展教学（与昆体良建议的做法不同），把同样的材料用相同的方式教给班里所有的学生。学生先前知识的差异是教师开展教学时面临的主要挑战，尤其是在教授与先前知识和技能息息相关的学科，如数学和科学时（Loveless, 1998）。对此，有一种解决办法是按能力对学生进行分组，但这有不少问题。

1. 班内能力分组

在很多学校和班级，老师都在按照学生的能力对他们进行分组。然而，目前并没有证据表明**班内能力分组**（within-class ability grouping）优于其他方法。对随机抽取的一组美国小学教师样本进行研究发现，63%的教师报告他们在阅读课上使用了班内能力分组策略。低学习能力小组的学生往往不会被抽到回答需要批判性理解的问题，自主选择读物的机会也更少（Chorzempa & Graham, 2006）。有些学校招收了来自低社会经济地位家庭的学生，学校往往会把这些学生划分到低学习能力小组中。据保罗·乔治（2005）所言：

> 我30多年的教学经历一直伴随着对这个话题的思考：以根据种族、宗教等进行的同质性分组为主要的分组策略，事实上带来了深刻的后果，比如它使学生之间基于种族、宗教、社会阶层的分裂变得更加残酷和显著。(p.187)

在数学和阅读课上，通过深思熟虑建构起来的按能力分组的方式应该是很有效的。但是，任何分组策略的关键都是为学生提供适宜的挑战和支持，也就是使学生进入他们的"最近发展区"（Vygotsky, 1997）。**弹性分组**（flexible grouping）就是一种可能的选择。

2. 弹性分组

在弹性分组中，学生的组别会依据学生的学习需求不断进行调整。对学习需求的评估是持续进行的，以保证学生的学习任务始终聚焦于他们的最近发展区。教师需要对各小组、小组成员、每个学生或者整个班级进行适时的调整，使分组能够支持每个学生对不同内容进行学习。弹性分组方法要求教师为所有小组提供高水平的指导，并对所有学生都抱持较高期望（Corno, 2008）。一项在一所城市小学进行了5年的有关弹性分组的追踪研究发现，在不同学科领域和年级水平要求的背景下，通过弹性分组，掌握相关知识的学生增加了10%~57%。在研究中，教师不断接受关于评估、分组和教学策略的培训，研究结束后，95%的教师学会了使用弹性分组的方法。参与研究的教师发现，学生要取得更高的学业成就，需要在弹性分组学习时更专心，也更自信（Castle et al., 2005）。

另一种使用弹性分组的方法可以运用到不划分年级的小学中。在这样的学校中，不同年龄（比如6、7、8岁）的学生会聚集到同一个教室，基于他们不同的学业成就、学习动机和对不同学科的学习兴趣接受弹性分组教学。虽然有不少研究表明，只要保证分组后教师能够给予所有小组足够的直接指导，这种跨年级的分组方式就会起效，但是我们仍然需要对跨年级分组保持理性的态度。基于学生的学习需求，将3、4、5年级的学生混合在同一个数学或阅读课堂中，听起来似乎很有道理，但是把一个4年级的学生放到2年级的班级中，这个4年级学生因为年龄更大、个头更高，必然显得非常扎眼，这样做的效果肯定是不好的。同样，如果组建跨年级的班级只是因为每个年级的学生太少，而不是为了满足学生的学习需求，那么其结果也不可能太好（Veenman, 1997）。正如我们在本书中反复强调的，为学生布置一项他们通过自己的努力和他人的适当支持能够完成的、具有挑战性的任务，往往更能激发他们的学习动机。

如果你决定在所教班级中使用弹性分组的方法，下面的实践指南可能会对你有所帮助（Arends, 2007; T. L. Good & Brophy, 2008）。

| 实践指南 |

使用弹性分组的方法

通过正确判断现阶段学生在不同学科上的学习表现，不断调整分组。

例如：

（1）根据最近一次阅读测试的成绩进行阅读教学分组。同样，根据最近一次数学考试的成绩进行数学教学分组。

（2）不断地测试。当学生的成绩发生改变时，及时调整分组。

保证每个小组都能得到不同的、适宜的指导，而不只是相同的材料。确保教师、教学方法和教学节奏符合不同小组的需求。

例如：

（1）不断改变教学方式，而非按部就班地教学，使教学与学生的兴趣和知识水平相匹配。

（2）所有小组的同学都需要做研究报告，有的报告要求采用书面形式，有的报告则需要以口头形式或借助幻灯片进行。

（3）对低成就小组的学生进行适当的额外指导，而不是简单重复一遍教材内容。低成就小组的学生人数应该尽量少一些，这样每名学生都可以得到更多关注。

（4）所有的工作都是有意义的，并且能够体现对人的尊重——当高能力小组的学生做实验或开展项目时，不要只是给低能力小组的学生一张作业单。

（5）尝试其他方法。比如，德韦恩·梅森（Dewayne Mason）和汤姆·古德（1993）发现，在学生需要时为全班学生补习的效果，好于根据学习能力把班里的学生分成两组，并分别对这两个小组进行教学。

不鼓励小组间的比较，培育班级凝聚力。

例如：

（1）不要在阅读课或数学课以后，仍然让学生按这种分组方式坐在一起。

（2）避免对按能力分组的小组进行命名，但可以对混合能力小组或班级进行命名。

根据学生在一两个学科上的学习能力进行分组。

例如：

（1）确保有足够的项目或课程可以使小组重新组合。

（2）对合作学习策略进行研究（第10章谈到过这一话题）。

（3）小组总数要少（最多两个或三个小组），这样可以保证教师能对每个小组进行直接指导。让学生自学太长时间，会导致学习效果下降。

14.4.2 适应性教学

林·科诺（2008）针对学习者的差异，开发出了适应性教学模型。这种方法强调"把学习者的差异视为教学过程中学习的机会，而不是需要克服的障碍"（p.171）。适应性教学强调为所有学生提供具有挑战性的教学，并在必要的时候提供支持；但当学生逐渐能够独立应对时，就会停止这些支持。图14-2给出了符合学生需求的支持连续体和教学类型。图的最左侧显示，当学生在某个领域还是一个新手或者没有太多的知识和技能时，教师会采用更直接的教学方式，并会精心设计激励策略来维持他们对学习的投入。同时，教师应教会学生如何运用适当的认知策略与技能来学习。教学、确认学生是否理解、重新教学，应构成一个循环。随着学生发展出某一领域的能力，教师会逐渐将直接教学过渡到示范性的、有指导的练习和训练。此时，学生的认知"技能"应该已经有所提升，所以此时的教学还应该关注学生的动机和意志——学生是否有学习的"意愿"。最后，当学生掌握了更多的知识和技能，教学方式可以转变为有指导的发现式学习、独立研究和同伴指导，此时需要特别强调自我调节学习——这是学生此后的人生中必需的一种学习。

适应性教学要求每个学生都将受挑战。例如，在一所极具吸引力的学校工作的一名教师讲述了他是如何选择那些即使对最优秀的学生而言也极具挑战性的课程的。他希望所有学生都经历一次那些很难的作业，他认为"在课堂中每个人都需要使自己的能力得到扩展"（Corno，2008，p.165）。

14.4.3 关注到每个学生：全纳课堂内的差异教学

停下来 想一想

如果你在一个全纳课堂内教学，你最关心什么？你接受足够的培训了吗？你能从学校管理者或相关专家那里得到你需要的支持吗？对有障碍的学生进行教育，会占用你的其他工作时间吗？

以上是一些很常见的问题，而且教师有这些顾虑也是很正常的。但事实上，对特殊学生进行教学

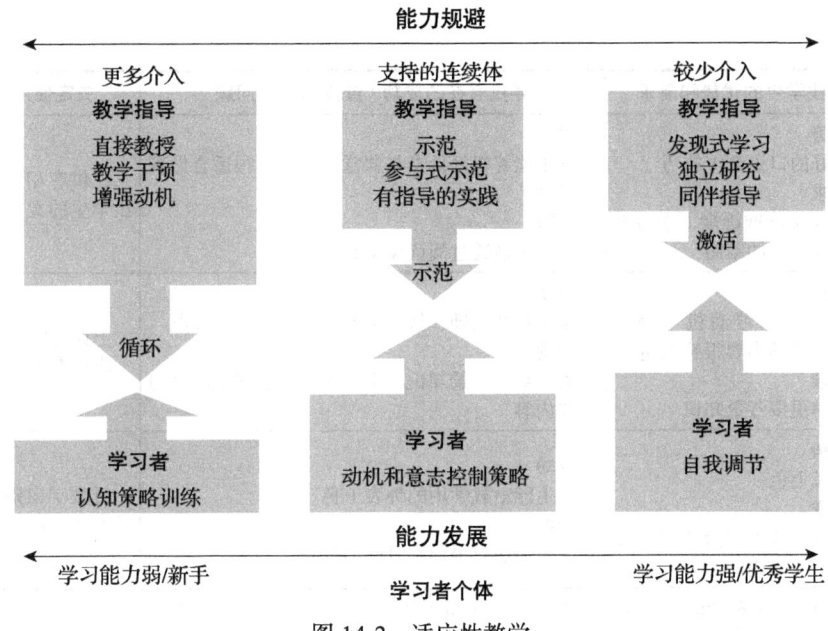

图 14-2　适应性教学

注：通过将教学支持与学生当前的能力和需要进行匹配，教师有能力引导所有学生朝自我调节学习的方向发展。

并不需要一套独特的技术。有障碍的学生既需要学习学业材料，又需要尽可能地参与日常的学校生活。因此，教师需要具有良好的教学经验，并对所有学生都保持敏感。

为了完成学业学习目标，有学习障碍的学生似乎可以从分散到每天、每周的扩展练习和先行组织者中获得帮助，先行组织者可以把学生的注意力集中到他们已经知道的内容或清晰的目标上（H. L. Swanson，2001）。

为了让有障碍的学生融入学校的日常生活中，玛丽莲·弗兰德和威廉·布尔苏克（2015）提出了INCLUDE策略：

（Identify）**确定**对班级环境、课程和教学的要求。
（Note）**关注**学生的学习优势和需求。
（Check for）**确认**学生有哪些成功的潜能。
（Look for）**寻找**潜在问题。
（Use）**使用**收集到的信息进行头脑风暴，以寻找合适的教学方法。
（Decide）**决定**尝试哪种方法。
（Evaluate）**评估**学生的进步情况。

表 14-8 总结了如何运用 INCLUDE 策略对有学习障碍和行为障碍的学生进行适应性教学。

表 14-8　运用 INCLUDE 策略对有学习障碍和行为障碍的学生进行适应性教学

确定课堂需求	关注学生的优势和需求	寻找潜在的成功/查找潜在的问题	决定使用哪种适应性教学方法
将每四张学生课桌放在一起	**优势** 良好的词汇能力 **需求** 很难参与任务，需要改善	**成功** 如果专心的话，学生就能理解教师教授的内容 **问题** 学生容易分心，比如当教师教学时，学生并不看他	要求学生换座位，让学生面对教师
让学生和同伴进行小组学习	**优势** 擅长书写 **需求** 存在用词问题，需要提高口语表达能力	**成功** 学生在小组合作中扮演秘书的角色 **问题** 学生在同辈小组学习中不能很好地表达自己的观点	指派学生担任小组秘书 让学生加入兼容性强的小组 对所有学生进行社会技能教学
学生全勤并按时上课	**优势** 良好的绘画技巧 **需求** 需要提升时间管理能力	**成功** 学生能在课堂上发挥其艺术天赋 **问题** 学生上课迟到，甚至有时候根本就不来上课	让"有个性"的学生签订准时上课的协议，如果准时上课的目标实现了，让他管理班级艺术事务

(续)

确定课堂需求	关注学生的优势和需求	寻找潜在的成功/查找潜在的问题	决定使用哪种适应性教学方法
理解难懂的课文	**优势** 良好的口语交流技巧 **需求** 提高阅读准确度,学习系统阅读文章的策略	**成功** 学生能够很好地参与课堂活动,也很适合做班级编剧 **问题** 学生不能通过阅读课文获取信息	提供有相应音频的课本,强调和突出学生的文本
给全班学生讲述妇女选举权运动	**优势** 学生的学习动机十分强烈,对所学内容很感兴趣 **需求** 了解更多背景知识	**成功** 学生坚持出勤、努力学习,以获得更高分数 **问题** 由于缺乏背景知识,学生不能理解课上所讲的重要内容	上课前安排学生看相关视频 将出勤率和努力程度纳入评分体系
教学生识别钟表时间的全班教学	**优势** 擅长上色 **需求** 需要学会辨别数字7~12及进行5以内的运算	**成功** 学生能给教学用的钟表上色 **问题** 学生无法习得识别时刻的技巧	对数字识别和5以内的运算进行额外的教学指导

资料来源:摘自Friend, M. & Bursuck, W. D. (2013). *Including Students with Special Needs: A Practical Guide for Classroom Teachers*, 6th Ed. Boston, MA: PearsonEducation, Inc.

如果学生有特殊的需求,可以推荐他们到儿童研究团队、学校心理学家或特殊教育老师那里进行评估(参见第4章中关于转介学生的指南)。正如第4章所描述的,这个评估的结果有时可以为个别化教育方案服务。图14-3摘录了一个不能很好控制自己的情绪且不听从教师指挥的男孩的个别化教育方案。事

学生: 库尔特	年龄: 15	年级: 9	日期: 1994年10月12日
独特个性/需求 社会需求:学习愤怒情绪管理技巧,特别是避免骂人;学习遵守要求 当前水平:当不能完成任务时,情绪激动,说脏话,同时拒绝成年人提供进一步的指导	**特殊教育、相关服务和行为矫正** 教师(或咨询师)咨询行为专家有关社会技巧(特别是愤怒情绪管理技巧)训练的信息 为库尔特提供愤怒情绪管理训练 设立同辈小组,开展角色扮演等活动。在小组中,库尔特能看到积极的行为模式,也能练习学到的愤怒情绪管理的新技能 为库尔特制订一份行为计划,让他对自己的行为负责 让一名教师或其他指导者与库尔特待在一起(可以聊天、玩游戏或进行体育运动) 针对库尔特的需求或目标,对指导者进行培训	**持续时间和频率** 每周3次,每次30分钟 每周2次,每次30分钟 每周2次,每次30分钟	**当前水平、短期目标和年度目标(目标应该包括过程、标准和时间表)** 总目标:在学年的最后一个学季,库尔特被留堂的次数少于2次 子目标1:在学年的第一个学季,库尔特被留堂的次数少于10次 子目标2:在学年的第二个学季,库尔特被留堂的次数少于7次 子目标3:在学年的第三个学季,库尔特被留堂的次数少于4次 总目标:教师和同学都认为库尔特能够以合理的、人们可以接受的方式控制自己的行为和语言 子目标1:2周后,60%的教师认为库尔特的语言可以接受 子目标2:6周后,2/3的教师认为库尔特的语言可以接受 子目标3:12周后,100%的教师认为库尔特的语言可以接受

常规事项的适应性调整:
- 在所有课堂中,库尔特都应该坐在教室的前排。
- 课上教师应该经常让库尔特回答问题,促使他多多参与学习活动和完成任务。
- 所有教师都应该在学习技能方面帮助库尔特,帮助其从拼写/语言专家和资源教师的训练中得到收获。
- 在项目开始的前几周或前几个月内,教师应该密切监控库尔特的学习。

图14-3 个别化教育方案示例

实上，教师可以为班里的学生制定这样的方案，设计良好的方案可以为教师的教学提供很大的帮助。

14.4.4 技术与差异教学

美国的《残疾人教育法》要求考虑为所有符合特殊教育条件的学生提供**辅助技术**（assistive technology）支持。辅助技术可以是一件产品、一个设备，也可以是可用来强化、维持或改善有障碍个体的功能的系统（Goldman, Lawless, Pellegrino, & Plants, 2006）。对于学习新概念需要小步和多次重复教学的学生而言，电脑是非常耐心的导师，只要学生需要，无论将课程和其中的环节重复多少次都可以。一个设计良好的电脑教学程序应该是有吸引力的和交互式的——这两点对于有注意障碍或缺乏学习动机的学生而言很重要。比如，一个数学程序或单词拼写程序应该运用图画、声音或类似游戏的方式来帮助有注意障碍的学生集中注意力。交互式的数字媒体程序可以教人们怎样使用手语。很多程序并不需要声音，所以有听力缺陷的学生完全可以从中受益。有阅读困难的学生可以触摸不认识的字，随后程序便会"说"出这个字。通过这些程序，这部分学生可以获得即时的帮助，找到适合自己的阅读练习，防止自己掉队。另外一些装置能将纸上的文本转化为音频，这对于失明儿童或其他需要听力辅助的儿童来说是有好处的。文字处理器可以帮助那些写字潦草的学生形成字迹漂亮的文章，将学生的想法更好地呈现在纸上。一旦学生的想法被记录下来，学生就可以在电脑上重新组织或改进这些文字，减少手抄的痛苦（Hallahan, Kauffman, & Pullen, 2009）。

然而，这样的新兴技术也造成了新的障碍。许多电脑都有图形界面，需要精确的"鼠标移动"（比如用鼠标点击文件）来操控程序。然而，这样的操作对于有运动困难或视觉缺陷的儿童来说往往很难，有视觉缺陷的学生无法从网上获取大量信息。研究者正在尝试解决这个问题，他们试图发明一种能使人不需要通过视觉获取信息的工具（Hallahan et al., 2009）。2010年，一款叫作"帆布"（Canvas）的学习管理系统由于对盲人和视力正常者同样有效，获得了美国盲人联合会（National Federation of the Blind）的非可视、无障碍金质水平证书（National Federation of the Blind, 2010）。目前的趋势是采用**通用设计**（universal design）——在设计新工具、新程序或新网页时考虑所有用户的需求（Pisha & Coyne, 2001）。

有特定天赋的学生可以用电脑访问大学、博物馆或一些实验室的数据库。网络可以帮助这些学生研究课题，和其他人共享信息，对于那些能为学生和教师编写程序的学生而言也是必不可少的。美国一小部分学校就是依靠学生自己研发的技术来保证学校技术网络顺利运行的，这就是技术辅助日常工作的案例。确认一下你所在的学区拥有的资源，看看它们对学校的工作有什么帮助。

14.4.5 差异教学的方法：辅导学生

确保所有教学活动适用且有效的方法之一就是了解你的学生，并与他们建立信任关系。了解学生有助于调整自己的教学，积极的师生关系有助于学生全身心投入学习。更多关于辅导学生的内容，参见下面的实践指南。

无论你怎样进行差异教学，对于所有学生而言，有一样东西是必需的，那就是你应对他们抱持适当的高期望。

| 实践指南 |

成为好的辅导者

当心自己思想和教学中的刻板印象。
例如：
（1）把每个学生看成一个独特的个体，并和他进行清晰、良好的沟通。

（2）分析课程内容中的偏见，并教学生发现偏见。

利用技术辅助教学。
例如：
（1）使用类似"展望未来"（Eyes to the Future）的

网络程序，让初中女生和所在学区的那些对数学和科学极有兴趣的高中学姐以及那些需要在工作中运用数学、科学和技术的职业女性保持联系，让这些女生看到她们在学校中学到的东西是如何与真实生活联系起来的。

（2）为学生建立电子邮件群组，请已经退休的人和成功的校友做他们的导师。

（3）从美国西北地区教育实验室国家指导中心下载资源，特别是校本辅导材料。

让学生知道你很信任他们。

例如：

（1）给学生设定高标准，给予批判性反馈，并支持和鼓励他们。

（2）向学生展示校友的成就。

花时间建立和维持与学生的关系。

例如：

（1）不要期待立刻建立信任关系，你需要用心去经营。

（2）与学生保持联系，始终乐于为他们的未来提供指导。

（3）除教学之外，花一些时间和学生在一起，可以在课前或者课后，也可以在俱乐部活动或课外活动中。享受与学生相处的乐趣，发现你们共同的兴趣。

建立一个正式的辅导系统，确保每个参与者都得到训练与检验。

例如：

（1）使用美国国家辅导小组（national mentoring group）的训练材料，比如来自 MENTOR 或国家辅导合作计划（http://www.mentoring.org/start_a_program/planning_and_design/）的关于有效实践元素的资料。

（2）定期提供持续性培训，并处理可能发生的问题。

14.5 教师的期望

马文·马歇尔（2013）描述了一名教师看到她新班级的学生名单时的情景。看到名单时，她很兴奋："哇，今年我的学生好聪明！看看他们惊人的智商——116、118、122、124……"这名教师设计了一系列具有挑战性的活动，她对学生寄予了很高的期望，并表达了她对学生克服挑战的信心。结果，他们真的做到了。过了很久，教师才发现学生名单旁边的数字实际上是他们的储物柜号码！

期望真的能带来差异吗？20世纪五六十年代，媒体很少报道心理学的研究结果，但1968年罗伯特·罗森塔尔和勒诺·雅各布森的一项研究却引起了国内外媒体的广泛注意。这项研究也在学术领域内引发了激烈的争论。对于该研究结果的意义的争论至今仍在继续（De Boer, Bosker, & van der Werf, 2010; Jussim, 2012; Jussim, Robustelli, & Cain, 2009; Rosenthal, 1995; R. E. Snow, 1995）。

罗森塔尔和雅各布森究竟说了什么，引发了如此的轰动？事情是这样的。他们在几个小学班级中随机抽取了一些学生，然后告诉教师，一年内，这些学生的学习成绩会有很显著的进步。一年以后，这些学生确实取得了很大的进步。这项研究的结果证明了教室里的"**皮格马利翁效应**"（Pygmalion effect）或**自我实现预言**（self-fulfilling prophecy）的存在。自我实现预言是一种没有根据的期望，但它产生的行为使这一期望成真（Merton, 1948）。这里有一个例子：某些人相信某家银行将会倒闭，于是大家都大量取款，最终这家银行如预期一样，确实倒闭了。

> **停下来 想一想**
>
> 回想一下你遇到过的最高效的教师，这位教师是否相信你或要求你做到最好？这位教师是怎样向你传递这种信念的呢？

14.5.1 两种期望效应

实际上，教室里可能存在两种期望效应。在上文提到的自我实现预言的案例中，教师对学生的期望事实上是没有任何依据的，可是学生的行为却符合了这种无根据的预期。另一种期望效应则指教师从一开始就能够正确评估学生的能力，因此能够对学生的行为做出适当的回应。有时，学生取得了一定进步，教师却没有考虑学生的进步，也没有改变原来对学生的期望，这会引发一些问题。这种效应被称作**持续性期望**

效应（sustaining expectation effect），因为教师不改变原有期望，所以学生的表现维持在了原来被期望的水平。这样，教师就丧失了一些机会，包括提高对学生的期望，提供更恰当的教学以及鼓励学生取得更好成绩。在实践中，自我实现预言的效果似乎在低年级学生中更显著，持续性期望效应更可能发生在高年级学生身上（Kuklinski & Weinstein, 2001）。

14.5.2 期望的来源

学生的智力测验得分（尤其是教师对这一得分的解释）和性别（男生的行为问题更多，女生的学业成就更高）、前任教师的评价、学生档案中医生或心理咨询师提供的报告、学生兄弟姊妹的学习成绩、学生的外貌（教师容易对外貌有吸引力的学生抱有较高期望）、先前的学业成就、家长的社会经济地位、种族和宗教、学生的实际行为等都可能是教师期望的来源（Van Matre, Valentine, & Cooper, 2000）。在年幼的学生中，那些认知能力较弱，表现出了更多行为问题，以及来自面对着贫穷等逆境的家庭的学生，不被教师期望的风险最大（Gut, Reiman, & Grob, 2013）。甚至学生的校外活动记录也能成为教师期望的来源。与放学后无所事事的学生相比，教师对有校外活动经历的学生抱有更高的期望。有研究发现，有些教师甚至会对特定班级的所有学生都抱有或高或低的期望（Rubie-Davies, 2010）。

有些学生更容易受到持续性期望的影响。比如，由于内向的学生不能很好地表达自己，因此教师更可能维持原来对这些学生的期望（M. G. Jones & Gerig, 1994）。此外，自我实现预言在来自低社会经济地位家庭的学生和非裔美国学生身上表现得更明显（De Boer, Bosker, & van der Werf, 2010）。哈利特·特南鲍姆和马丁·拉克（Harriet Tenenbaum & Martin Ruck, 2007）对 50 项研究进行综合分析后发现，比起非裔和拉丁裔美国学生，教师对欧裔美国学生抱有更高的期望，常常积极地鼓励和指导他们，而教师对亚裔学生的期望最高。幼儿教师似乎对那些社会能力更强的孩子有更高的期望（Hinnant, O'Brien, & Ghazarian, 2009）。例如，珍妮弗·阿尔维德雷斯和罗娜·韦恩斯坦（Jennifer Alvidrez & Rhona Weinstein, 1999）开展的另一项研究对 110 名学生进行了追踪调查，从学生 4 岁追踪到了 18 岁，结果发现，教师过高地估计了自认为独立和有趣的学前儿童的能力，而低估了那些看上去不成熟或焦虑的儿童拥有的能力。

期望和信念能够帮助人们集中注意力和组织记忆，因此教师会将更多注意力和记忆力放在符合他们原始期望的信息上（Fiske, 1993; Hewstone, 1989）。就算学生的成绩与预期不符，教师也会将其合理化，将其归因为学生不能控制的外部因素。比如，若学习能力较差的学生在某次考试中取得了较好的成绩，教师可能会认为这名学生考试作弊了；若学习成绩较好的学生某次考试成绩较差，教师会认为这是因为学生考试时太紧张了。在这两种情况下，与特征不相符的行为似乎都会被忽略。除此以外，还有很多证据表明，学生偶尔的行为表现会改变教师对其能力的一贯看法。因此，有关教师期望对学生的影响的例子经常彼此矛盾。

14.5.3 教师期望对学生成绩的影响

教师期望对学生的成绩到底有什么影响，这个问题的答案要比看起来的复杂得多。我们可以通过两种方式来研究这个问题：一种是使教师形成对学生的无根据的期望，并记录这些无根据的期望是否会起作用；另一种是确认教师自然形成了哪些对学生的期望，并记录这些自然期望的作用。教师的期望是否会影响学生的学习，答案部分取决于研究这个问题的方式。

罗森塔尔和雅各布森一开始采用了第一种方式——使教师形成无根据的期望，并记录这种期望的影响。对研究结果进行仔细的分析后，他们发现，即使 1～6 年级的学生都参与实验，自我实现预言的影响也只在 5 名 1、2 年级学生身上显著地显现了出来。通过回顾有关教师期望的研究，劳登布什（Raudenbush, 1984）发现这样的期望只对学生的智力测验分数产生了微弱的影响（这里的智力测验分数是罗森塔尔和雅各布森的测量结果），而且这些影响只发生在学生入学后的前几年——小学的前几年和中学的前几年。

那么，有关自然期望的研究又得到了什么结论呢？研究表明，教师确实形成了对学生能力的信念，其中的很多信念都是正确的，并且会根据新的信息做调整（Jussim & Haber, 2005）。但是，不正确的信念会造成很大的影响。尼科尔·索哈根（Nicole Sorhagen, 2013）进行的追踪研究发现，教师对1年级学生数学和语言能力的评估，可以预测学生15岁时数学、阅读理解、词汇知识和语言推理标准化测验的成绩，这一评估对低收入家庭的学生影响更大。也许对贫困儿童能力的低估是造成这些学生与他人成绩差距的一个因素。如果教师认为有些学生学习能力较差，并且教师缺乏教导低学习能力的学生的策略，那么学生可能会遭受双重威胁——低期望和不恰当的教学方式（T. L. Good & Brophy, 2008）。

尽管教师的期望确实可以影响学生的学业成就，但这种影响属于中等水平，并且会随着时间的推移不断减弱（Jussim, 2012）。期望效应能发挥多大作用，取决于学生的年龄（一般而言，年幼学生更具有易感性）以及教师对高期望和低期望学生的区别对待。研究发现，教师会根据对学生的期望，采用不同的教学策略，并与学生进行不同的互动（Kuklinski & Weinstein, 2001）。我们下面就来讨论这一问题。

1. 教学策略

由于不同的小组可以得到不同的指导，所以不同的分组方式可能会对学生产生不同的影响（De Boer et al., 2010）。一些教师几乎对学生不抱期望。比如，阿洛韦（Alloway, 1984）曾记录了下面这个教师指导低成绩小组的学生的方法："我会在一分钟后帮助你们这些做得较慢的小组。""蓝组会觉得这个问题有点难。"

这个教师不仅告诉学生他们缺乏学习能力，而且传递了这样的信息：他们只需要完成作业就好，不需要理解这些知识。

一旦教师根据能力对学生进行分组，他们通常会开展不同的学习活动。如果教师选择的活动确实有挑战性，能够提升学生的学业成就，那么这样的区分确实是有必要的。然而，当学生准备好完成更具挑战性的任务却得不到尝试的机会时，这样的活动就变得不适当了。这就是持续性期望效应的例子。

2. 师生互动

无论课堂上如何分组，也不管任务是什么，师生互动的次数和效果都可能影响到学生。相比寄予低期望的学生，教师会向寄予了高期望的学生提更多更难的问题，也会给其更多思考时间。同时，高期望学生较少受到干扰。教师还会给这些高期望学生一些线索和提示，表达自己相信他们有能力回答这个问题（T. L. Good & Brophy, 2008; Rosenthal, 1995）。教师常向高期望学生微笑，或向他们传递温暖的非言语信息，比如当学生说话或回答问题时，教师常常身体前倾，并点头表示赞同（Woolfolk & Brooks, 1983, 1985）。

相比之下，教师会问低期望学生一些简单的问题。教师只会给他们留较短的思考时间，给他们的提示也较少。即使学生的回答不太恰当，教师也有可能以同情甚至是赞扬的口吻来表示对学生回答的接受；但如果学生的回答完全错误，教师就会批评他们。当低成就的学生回答问题时，教师更有可能干扰他们，就算他们的答案与高成就的学生相似，也较少得到表扬。这种不一致的反馈会让低成就的学生感到困扰。试想一下，如果当学生给出错误答案时，教师可能会表扬他，可能会忽略他，也可能会批评他，而当学生回答正确时，却常常得不到教师的认可，那么这样的学习是多么不易啊（T. L. Good, 1983a, 1983b; Hattie & Timperley, 2007）！即便师生每天交流产生的作用是很小的，但经过多位教师的日积月累，教师期望的效果也会变得很大（Trouilloud, Sazzazin, Bressoux, & Bois, 2006）。下面的实践指南或许会给你一些启示。

| 实践指南 |

避免教师期望产生消极影响

小心使用从考试成绩、学生档案或其他教师那里获得的学生信息。

例如：

（1）避免过早阅读学生档案。

（2）以批判和客观的眼光看待其他教师的言论。

（3）灵活调整对学生的期望——也许你的判断是

错误的。

使用灵活的小组教学策略。

例如：

（1）经常确认学生的学习情况，并尝试新的分组。

（2）在不同学科的课上采用不同的分组方式。

（3）在合作练习中采用混合能力分组的方式。

既提供挑战，也提供支持。

例如：

（1）不要说"这很简单，我知道你能做到"。

（2）提供大量题目，并鼓励所有学生尝试做一些较有难度的题，这样可以获得附加分。寻找这一过程中的一些积极的东西。

（3）对学生抱有高期望的同时，给予他们学业和情感上的支持。"只有高期望而不提供温暖的环境，就是严苛；只有温暖的环境而没有高期望，学生会缺少决心。"（Jussim，2012）

在课堂讨论中，特别注意对低成就学生的回答进行反馈。

例如：

（1）在学生回答问题之前，给予其提示、线索和思考的时间。

（2）对于好的回答要积极给予表扬。

（3）让成绩较差和成绩较好的学生回答问题的比例相当。

使用不含种族歧视表述的材料。

例如：

（1）检查阅读材料和图书馆的图书，这些图书含有种族歧视的表述吗？

（2）让学生基于社区或家庭资源进行研究，形成适合自己的学习材料。

确保你的教学不包含种族、宗教或者性别刻板印象的元素。

例如：

（1）用特定的核查方式来确保你上课点名点到了所有学生。

（2）检查学生对你布置的特定任务的完成情况。男生到黑板前做较难的数学题的次数是否比女生多？你有没有给予那些英语能力有限的学生足够的进行口头报告的机会？

评价和训练程序要做到公平。

例如：

（1）确保相同的冒犯性行为会得到同样的惩罚。向学生征集匿名信息，看自己是否表现出了对某些学生的偏爱。

（2）尝试在不知道学生个人信息的情况下给学生打分。可以让另一个老师给你提供"第二意见"。

向所有学生真诚地表达你相信他们能学会。

例如：

（1）把没有达到标准的试卷返还给学生，同时提供具体的改进建议。

（2）如果学生不能立刻得出答案，等一等再询问，然后帮助他们想出问题的答案。

所有学生享有同等的参与学习活动的权利。

例如：

（1）使用一些程序确保你给了每个学生同样的阅读、表达观点和回答问题的机会。

（2）记录每个学生需要完成的任务。一些学生是否常常出现在你的记录上，而另一些学生却不常出现？

监控自己的非言语行为。

例如：

（1）你是否会在一些学生面前维持身体前倾的姿势，却习惯离另一些学生比较远？是否当一些学生来到你的办公桌旁时，你会微笑以对，而另一些学生过来时，你却常常皱起眉头？

（2）面对不同的学生时，你说话的语调会发生变化吗？

14.5.4 对教师的启示：表现出合适的期望

当然，并不是所有教师都会形成不恰当的期望，或者以一种不具建设性的方式将期望表现出来（Babad，Inbar，& Rosenthal，1982）。上文的实践指南或许能够帮助你避免一些这样的问题。可是，预防问题的发生比看起来的更困难一些。一般来说，低期望的学生往往是最具有破坏性的学生。（当然，低期望也会强化学生的破坏行为或不端行为。）教师一般不会在课上点名让他们回答问题；就算给他们机会，也不会给他们很长的思考时间；即使他们的答案是正确的,教师也很少给予表扬。教师这样做可能是为了避免回答过多错误或愚蠢的问题,这些问题常常打乱教学、拖延进度或把课堂上同学们的注意力引到别的主题上去。教师面对的挑战是不把低期望表现出来,传达给学生,或者不让学生对自己产生低期望,同时用正确的方式处理这些真实的课堂管理问题。但非常不幸的是,低期望有时候会演变为学校文化的一部分,特别是当教师和管理者一致如此时(R. S. Weinstein, Madison, & Kuklinski, 1995)。

模块 40 小结

按能力进行分组有什么问题

按能力进行分组对教师和学生而言优缺点并存。高学习能力小组的学生往往能够获益,而低学习能力小组的学生很多时候得不到回答需要批判性理解的问题的机会,他们自主选择阅读材料的机会更少。有些学校招收了来自低社会经济地位家庭的学生,按能力分组意味着这些学生即使在课堂上也可能被隔离。因此,按能力分组可能会导致那些有多元文化的学校出现种族隔离现象。

班级分组是否还有其他方式

通过跨年龄分组,将学习相同学科的学生分到一组,是应对学生学习能力差异的一种有效方式。在按能力进行分组的情况下,如果教师处理得比较灵活和富有弹性,也会产生积极的效果。不过,这仍然没有合作学习等方法的效果好。

什么是适应性教学

适应性教学强调为所有学生提供具有挑战性的教学,并在必要的时候提供支持;但当学生逐渐能够独立应对时,就会停止这些支持。

针对特殊学生进行的有效教学有什么特征

对特殊学生进行的有效教学并不需要特别的技巧,但需要良好的教学经验和对所有学生的敏感性。有障碍的学生既需要学习学业材料,又需要尽可能地参与日常的学校生活。

教师的什么资源能支持其对有特殊需求的学生进行有效教学

如果学生有特殊的需求,可以推荐他们到儿童研究团队、学校心理学家或特殊教育老师那里进行评估。正如第 4 章所描述的,这个评估过程的结果有时可以为个别化教育方案服务。此外,差异教学可以帮助所有学生取得学习上的进步。

教师期望的来源有哪些

学生的智力测验得分(尤其是教师对这一得分的解释)和性别(男生的行为问题更多,女生的学业成就更高)、前任教师的评价、医生或心理咨询师在学生档案中提供的报告、学生兄弟姊妹的学习成绩、种族和宗教、先前的学业成就、家长的社会经济地位、学生的实际行为等都可能是教师期望的来源。

期望效应有哪两种类型,它们是如何发生的

第一种是自我实现预言。有时,教师对学生的期望事实上是没有任何依据的,可是学生的行为却符合了这种无根据的预期。第二种是持续性期望效应,即教师从一开始就能够正确评估学生的能力,能够对学生的行为做出适当的回应。但是,当学生取得了一定进步,教师却意识不到学生的进步时,就无法相应地改变原来的期望。这样,教师僵化的期望会使得学生的成就始终维持在原来被期望的水平。在实践中,持续性期望效应比自我实现预言更常见。

教师向学生表达期待的方式有哪些

某些教师会根据他们对学生的不同看法,以不同的方式对待学生。教师可能会为低期望的学生安排难度较低的任务,更关注他们较低层次上的学习。教师提供给这些学生的选择范围一般较小,对他们的反馈也可能前后不一致,而且教师较少向他们表达尊重和信任。学生可能因此表现出相应的行为,实现教师的预期或停留在原有期望的水平上。

第14章复习思考题

单项选择题

1. 对下列哪方面教学而言，直接教学是最好的方式？
   A. 基本技能教学
   B. 让学生探索某一数学题的多种解法
   C. 激发学生艺术方面的创造力
   D. 进行批判性思维练习

2. 家庭作业一直是教育的重要部分。为了让学生从家庭作业中取得最大的收获，下列哪项建议是**不应该**遵循的？
   A. 确保学生理解作业内容
   B. 要求学生承担正确完成作业的责任
   C. 检查学生的作业，允许学生更正和修改
   D. 要求家长签名，与家长合作，共同促进学生的学习

3. 埃伦·贝克明白，中学工作需要她更深入地理解差异教学。在学校接受差异教学的学生更容易取得进步，并成功掌握所需的概念。她决定采用的一种技术是根据学生的学习需要分组。她将在分数测试中得分低的学生组成小组，并对他们进行特定的技能训练。她很喜欢这种差异教学，她认为这种教学可以让学生一直围绕着他们的最近发展区学习。埃伦使用的这种策略是下列选项中的哪一个？
   A. 弹性分组
   B. 拼图法
   C. 小组学习
   D. 同伴辅导

4. 有时候，教师对学生能力的判断是没有什么依据的。如果教师预测学生做得不会很好，结果学生的表现真的和教师的预测一致，这种效应是下列选项中的哪一个？
   A. 自我实现预言
   B. 最近发展区
   C. 专业许可
   D. 撤销支持

开放论述题

案例

虽然凯西·约斯特大学时表现优异，但在实习中遇到了困难。针对她不能正确制定教学目标，不得不仓促完成课程的情况，指导老师一直给予她帮助。凯西不明白她该如何做到既让课程清晰，又使课程能涵盖即将到来的标准化考试涉及的所有内容。"凯西，如果你的学生不能理解课程内容，那么你讲的所有内容就没有意义。我们先来看看下一节课的教学目标。'使学生理解分数'，这个教学目标太一般化了。该如何衡量学生是否'理解'了呢？你需要使用那些表示能够观察或者测量具体行为的词语。我们来设定一些更具体的教学目标吧。"

5. 怎样使凯西·约斯特的教学目标更具体一些？
6. 为了更有效地进行教学，请列出凯西在教学过程中可以使用的几种策略。

第 15 章 | Chapter 15

教学评估与测验

▇ 教师的案例簿：你会怎么做

有意义的等级评定

学校要求你对班里的学生进行等级评定，用字母A、B、C、D和F表示不同的等级。你可以使用任何一种评定方法。有些教师通过作业单、随堂考试、家庭作业或测验来进行评定，有的教师是根据档案袋和小组作业的情况来评定的。相比最终成绩，一些教师评分时会更多考虑学生的进步和努力程度，从而制订个性化的标准。有的教师试图与学生制定合约，通过长程项目对学生进行评估，而另一些教师则几乎完全依赖于日常的作业。两个通过小组作业进行评估的教师正在考虑给"优秀小组成员"加分，或者给得分最高的小组加分。还有的教师会对全班同学进行分数奖励，而不划分等级。而你仅有的经验是采用书面反馈和对学生掌握具体目标的进度进行评估。此时，你需要一个能够鼓励学生学习而不仅仅是评价学生成绩的可信、公平且易操作的评定系统，这个系统要能够给学生提供学习反馈，并帮助学生准备全州水平测试。

想一想

:: 你会选择将什么任务或项目作为等级评定的依据？
:: 团队参与或努力程度等分数会计入最后的得分吗？
:: 你应该怎样综合考虑所有因素，以便在每学期对每个学生进行评分？
:: 你应该怎样向校长和学生家长说明你这个评定系统的合理性，特别是在你们学校的老师使用了各种不同标准的情况下？
:: 你如何看待老师们使用的不同标准？它们对学生而言公平吗？
:: 这些问题会如何影响你所教科目的等级水平？

▇ 概览与目标

在这一章里，我们将考察评估、测验和等级评定的有效性。我们不仅会关注它们可能对学生产生的影响，还会研究在实践中如何开发更有效的测验和评定方法。

首先，本章会简要介绍有关评估的基本概念，比如信度和效度。接下来会介绍教师每年都需要准备哪些不同的测验，以及不依赖于传统测验方式的新的评估方法。然后我们会探讨分数可能对学生造成什么样的影响，教师应该怎样给出合理的分数，以及如何与学生和家长就分数进行沟通。最后，由于标准化测验很重要，我们会花一些时间来学习测验、测验分数的意义以及其他可以替代传统测验的方式。

学完这一章后，你就能：

目标 15.1 描述评估的基本含义，并比较测量和评估；区分常模参照测验和标准参照测验；了解如何用信度、效度和无偏性来理解和判断评估过程。

目标 15.2 描述两种传统的课堂测验，解释在教学中如何合理使用客观题和论述题；了解传统课堂测验的优势和不足。

目标 15.3 阐述如何设计和使用真实性评估，包括档案袋、成果展示、行为表现、非正式评估、日记；阐述如何形成评分准则。

目标 15.4 简述分数对学生的影响以及教师与家长沟通学生分数的策略。

目标 15.5 解释常见的标准测验分数，如百分等级、标准九分、年级当量和量表分数；了解当前高利害测验和标准化测验中存在的问题。

模块 41 教学评估

15.1 教学评估的基本含义

目前的一些常见的测试，比如大学入学考试和智力测验，都是20世纪的产物。这是否令你感到吃惊？20世纪初期到中叶，大学录取需要根据分数、论文和面试来决定。从那时开始，测验经历了长时间的发展。标准化测验之所以被称为标准化测验，是因为它们是通过一种标准化的方式来进行管理、评分和解释的：相同的目标、测试时间的限制和对所有学生进行评分（Popham，2014）。标准化测验意味着题目形成、测验管理、评分依据和结果报告都需要标准化。你任教的学校可能就使用标准化测验，以达到《不让一个孩子掉队》法案的要求。然而在大多数学校，教师对测验没有太多选择权。

另一方面，教师发展出了**课堂评估**（classroom assessment）。课堂评估有许多不同的形式——单元测验、小论文、档案袋、完成项目、动手操作、口头报告等。由于教学过程中你需要做出各种决策，因此评估是很重要的，比如"这个软件适合我的学生吗""雅各布再读一次1年级会好一些吗""应该给埃米莉的项目作业B−还是C+呢"。在这一章里，我们将主要介绍测量、测验、等级评定以及其他评估形式。我们主要关注课堂评估和标准化测验，但更重视前者，因为教师需要对课堂评估负责。在学习这两种评估形式之前，让我们先看一下测量和评估之间的区别。

15.1.1 测量与评估

测量（measurement）是量化的，即用数字对事件或特征进行描述。测量通过分数或等级告诉人们数量、频率或程度是多少。一名教师可能会说"莎拉做对了15道加法作业题中的2道"，而不会说"莎拉看起来并没有理解加法的概念"。在测量中，教师会运用具体的评定标准来比较学生在相同任务上的表现。

当然，并非教师做出所有决策都需要测量。有的决策需要基于无法用数字表现的信息，如学生的偏好、与家长的讨论、先前经验、个人直觉等。但是，测量在许多课堂决策中确实扮演着非常重要的角色。如果运用恰当的话，测量可以为决策制定提供无偏的数据。

目前，测量专家越来越多地使用"评估"这一术语来描述收集学生学习信息的过程。**评估**（assessment）的概念比测验或测量的概念都要广泛，因为评估包含抽样及观察学生知识、技能和能力的所有方法（R. L. Linn & Miller，2005）。评估过程可以是正式的，比如单元测验，也可以是非正式的，比如观察在小组学习中谁扮演了领导者的角色。评估可以由教师个人设计，也可以由学区或教育考试服务中心（ETS）等地方、州或国家相关机构来设定。今天，评估超越了传统的纸笔测试，主要基于学生的行为表现、档案袋、项目成果或手工作品等对学生进行评价（Popham，2014）。

1. 形成性评估和终结性评估

根据功能或用途，评估可以划分为两种形式——**形成性评估**（formative assessment）和**终结性评估**（summative assessment）。形成性评估发生在教学之前或教学过程中。形成性评估的目的是指导教师计划和改善教学，同时帮助学生改善学习。换一种说法就是，形成性评估帮助"形成"教学，并提供非评判的、支持性的、及时的和具体的反馈（Shute，2008，p.153）。通常，教师会在教学之前对学生进行形成性测验，这种**前测**（pretest）能够帮助教师了解学生已经知道了什么。有时候，教学过程中也需要进行测试，以发现学生还存在哪些弱项，这样教学可以更有针对性。这些形成性测验不会影响期末的等级评定，所以那些对"真"测验感到很焦虑的学生能在这种低压的测试中得到很多收获。此外，形成性测验的反馈还能帮助学生进行自我调节学习（I. Clark，2012）。

终结性评估发生在教学之后，目的是让教师和学生知道任务达成的情况。也就是说，终结性评估提供的是一个有关成果的"总结"。期末考试就是一个典型的例子。

形成性评估和终结性评估的主要区别在于运用评估结果的方式不同。任何一种评估方式——传统方式、行为表现、项目完成、口语表达、档案袋等，都可以用于实现形成性或终结性的目的。如果评估的目的是提高教学水平，帮助学生指导自己的学习，那么评估就是形成性的；如果评估的目的是评价学生的学业成就（同时决定其课程学分），那么评估就是终结性的（Nitko & Brookhart，2011）。事实上，相同的评估在课程开始时可以用作形成性评估，在课程结束时则可以用作终结性评估。表15-1提供了一些运用评估进行教学决策的不同案例。

表15-1 运用评估进行教学决策

评估是为制订教学计划、指导教学活动和检验目标是否达成而服务的。下表呈现了根据评估结果做出的决策。

决策种类	基于评估的典型策略	决策选择
首先应该教什么	在教学之前进行前测	是否需要针对具体的目标进行教学
应为特定教学目标安排多长的教学时间	在学生学习的过程中进行评估	对学生个体或全班学生而言，应该继续教学还是停止教学
教学序列效果如何	比较学生的前测和后测成绩	是否应该坚持、舍弃或调整现有的教学序列

资料来源：摘自 Popham, W. J.（2014）. *Classroom Assessment: What Teachers Need to Know*,（7th Ed.）. Boston, MA: Pearson Education, Inc.

在教学过程中，形成性评估是非常重要的。波帕姆（Popham）认为，"任何一名主要用测验来决定学生得分高低的教师，在教师课堂评估中肯定是F级的"（2008，p.256）。测验和其他所有的评估都应该用来帮助教师做出更好的教学决策。

任何测验本身是没有什么意义的，为了解释测验结果，我们需要进行一些比较。比较的两个基本类型是：第一种，对参加了同样测验的人的分数进行比较，这被称作常模参照比较；第二种，标准参照，在这种情况下，比较应以一个固定标准或最低通过分数为基础。事实上，同一测验既可以用常模参照的方式，又可以用标准参照的方式来解释。

2. 常模参照测验

在**常模参照测验**（norm-referenced testing）中，所有参加过该测验的人的成绩构成了常模，我们是以此来确定某一个体分数的含义的。你可以把常模想象为某一特殊群体的典型表现。将个体的原始分数（实际分数）与常模进行比较，我们就可以判断这个分数高于、低于还是接近这个群体的平均得分。教育领域至少有四种不同类型的**常模团体**（normal group），或称比较团体：班级（或学校）、学区、全国样本和国际样本。构成全国样本的学生需要参加在全国施测的大规模项目，参与项目的所有学生的得分将形成相应群体的常模分数，直至测验被修订或重新确定常模。常模团体需要有选择性，这样才能保证常模包含各社会经济地位水平个体的情况。来自高社会经济地位家庭的学生在很多标准化测试中得分较高，位于高社会经济地位学区的学校的得分往往也比常模高。

常模参照测验的应用非常广泛，那些只有少数顶尖人物才能参与的项目尤其适合采用常模参照测验。然而，常模参照测验也有一些局限性。常模参照测验的结果不能提供学生是否可以学习更高级内容的信息。比如，知道一名学生的代数测验得分位于班级前3%，并不能告诉你他是否可以学习更高级的数学知识。事实上，班里的每一个同学对代数概念的理解可能都存在局限性。

常模参照测验也不太适合测量情感目标或动作技能目标。为了测量个体的动作技能，你需要有一套描述清晰的标准。例如，即使是学校里最好的体操运动员，在某些项目上的表现确实比其他人好，也需要有关进一步提高的有针对性的指导。在情感领域，态度和价值观是个人化的，个体之间的比较是不合适的。比如，我们怎么测量某种政治价值观或观点的"平均水平"？最后，常模参照测验是对竞争和获得更高分数的鼓励。一些学生想通过竞争成为最好的学生，而另外一些学生认为，如果自己不可能成为最好的学生，则可能成为最差的学生。这两种情况都会对学生造成一定的伤害。

3. 标准参照测验

将测验成绩与某一给定标准或标准行为进行比较的方法是**标准参照测验**（criterion-reference testing）。判断谁可以开车，重要的是一个优秀驾驶员的标准行为是怎样的，你的测验成绩与他人相比怎么样并不重要。如果你的考试成绩在班上的前10%，但是你经常闯红灯，那么虽然你成绩很好，但你不能获得驾照。

标准参照测验测量的是对某些特定技能的掌握程度。标准参照测验的结果应该精确地告诉教师学生能够做什么，不能够做什么。比如，标准参照测验对于测量学生三位数运算的能力是很有帮助的，这个测验可以设计20道不同的题目，掌握的标准就是至少正确地回答其中的17道题目（当然，具体的标准有赖于教师的经验判断）。如果一个学生正确回答了7道题目，另一个学生正确回答了11道题目，这并不意味着后者做得比前者好多少，因为这两个学生都没有掌握，都需要额外的教学辅导。

在教授基本技巧的时候，很多例子表明，把个人成绩与事前确立的标准进行比较比与他人比较更重要。如果班里学生的阅读成绩都不及格，作为父母，就算知道自己孩子的阅读成绩比班里其他孩子好，也高兴不到哪儿去。有时候，标准需要100%达成。你绝对不希望外科医生切除阑尾后，却把手术刀留在了身体里面，即便这只有10%的可能性。

然而，标准参照测验也并非对所有情境都适用。许多学科内容无法被分解为一系列具体的目标。而且，即便标准制定在标准参照测验中非常重要，但正如你所见，标准制定有时候比较随意。判断一个学生掌握三位数运算的标准可以是正确回答16道题目，也可以是正确回答17道题目，但很难说哪一个更合理。所以有时你需要知道班里学生与当地或全国同年级其他学生相比成绩如何。由此，你可以看到每种测验在一定情境中都是有价值的，但每种测验都有其自身的局限性。

15.1.2 信度和效度

评估过程（尤其是测验）中最常见的一个问题就是对结果进行了错误的解释。这个问题之所以经常出现，是因为人们相信测验可以精确地测量学生的能力。事实上，没有任何一个测验能够完全正确地描述个体的能力，测验只测量了一小部分行为样本。在编制测验和解释结果时，信度、效度和无偏性是必须考虑的三个重要因素。

1. 测验分数的信度

假设一个人的能力是不变的，如果一个测验在两种情境下对个人能力的"解读"具有一致性和稳定性，就说明测验分数是可信的。比如，多次将一个测量精准的温度计置于沸水中，每次显示的温度都是100℃。因此，测量**信度**意味着稳定性，它也被称为重测信度。如果让一组人参加两个不同版本的同一测验，这两次测验的分数是可以比较的，其相关程度被称作复本信度。信度也可以表示一个测验的内部一致性或一个测验的精确性。这种类型的信度，比如分半信度，通常需要确认一半测验和另一半测验之间的相关程度。比如，如果一个人所有的奇数题都做得很好，而偶数题做得不好，我们就可以认为测验题目在测量目标时不具有一致性或者不精确。

信度有多种计算方式，但是所有信度的值都在0.0和1.0之间。信度值超过0.9，我们一般认为测验是非常可信的；信度值在0.8至0.9之间，那么测验信度良好；信度值低于0.8，对SAT、ACT等标准化测验而言并不是一件好事（Haladyna，2002）。一般而言，题目多的测验比题目少的测验信度更高。

2. 测量误差

所有测验都不能对它们希望测量的品质或技能进行完美的估计。每个测量情境都存在误差。这些误差的产生与学生的情绪、动机、考试技巧甚至作弊行为有关。有时候误差对你而言是有利的，能让你得到一个高于自身考试能力的分数；有时候误差对你是不利的。误差也和测验本身有关——测验目的不明确，题目要求的阅读水平太高，题目表述含糊不清，或者测验时长有误。

学生的分数总会存在一定的误差。应该怎样减小误差呢？正如你猜测的那样，这又回到了信度的问题。测验分数越可信，测量误差就越小。标准化测验的开发者会考虑测量误差，同时对学生重复测验时的分数波动进行估计。估计的结果被称为**测量的标准误**（standard error of measurement）。因此，一个可信的测验可以被认为是一个测量标准误很小的测验。

3. 置信区间

不要基于学生获得的某个确切的分数来估计学生的能力或成就。现在许多测量公司会用**置信区间**（confidence interval）或**标准误差范围**（standard error band）来报告标准化测验的分数，这个区间包含了学生的实际得分。这利用了测量的标准误，使教师能够了解分数的范围，这个范围可能包含学生的**真分数**（true score），即在测验完全正确、没有误差的情况下，学生的得分。

比如，假设班里有两名学生参加了西班牙语的标准化成就测验。测量的标准误是5，一名学生得到了79分，另一名学生的得分为85分。乍一看，这两个分数似乎完全不同。可如果你考虑了分数的标准误范围，而不仅仅是分数本身，就会发现它们的标准误范围存在重叠。第一名学生的真分数可能在74分至84分之间（也就是实际得分79±5分），第二个学生的真分数应该在80分至90分之间。两名学生都有可能获得80、81、82、83或84分，因为这些数字位于二人分数范围重叠的部分。当选择学生参加某些特殊的项目时，标准误范围是很重要的。不要因为得分比录取分数线少一两分而轻易拒绝任何一个孩子，因为这些学生的真分数可能在录取分数之上。你可以参见后文中的图15-5，该图包含分数范围的相关内容。

4. 效度

如果测验分数是可信的，下一个问题就是这些分数是否有效或者是否正确，基于这些测验分数得出的判断或决策是否有效。为了使测验有效，基于测验进行的决策和推论应该有证据支持。这就意味着**效度**与某个特殊的用途或目的有关，即与实际决定及做出该决定的证据有关。一个特定的测验对于某个目的可能是有效的，而对于另一个目的可能就无效了（Oosterhof，2009；Popham，2014）。

我们可以用不同的证据来检验一个具体的判断。如果测验目的是测量学生是否掌握了一门课程或者一个单元教授的技能，那么测验题目应覆盖这些章节的重要主题。这样我们就有了内容效度的证据。你是否遇到过试卷只包含课程少部分内容的情况？如果是这样，基于那次测验所做的决策当然缺乏内容效度的证据。

有些测验是用于预测结果的。比如，SAT的目的就是预测学生在大学的表现。如果SAT的得分与大学第一年学生各科成绩的平均分相关，那么我们在根据SAT得分做录取决定时就有了效标关联效度。

更多的标准化测验适用于测量一些心理特征或"构念"，如推理能力、阅读理解、成就动机、智力、创造力等。虽然收集构念效度的证据比较困难，但是构念效度非常重要——也许是最重要的。收集构念效度的证据需要几年时间，它往往会体现出某种分数模式。比如，岁数较大的孩子在智力测验中能够回答出来的问题比岁数较小的孩子多。这与我们的智力结构一致。如果在同一个测验中，5岁的孩子和13岁的孩子正确回答了同样多的问题，我们就该怀疑这个测验是否真的能用来测量智力了。如果一个测验的结果与另一个已被人们接受的同样结构的测验结果相关，这也证明该测验具有构念效度。

现在,许多心理学家认为构念效度的应用范围是最广泛的。它和内容效度、效标关联效度一起,构成了检验某测验是否真实地测量到了其希望测量的构念的证据。萨姆·梅西克(Sam Messick,1975)提出,在借助测验进行任何决策时,需要考虑两个重要问题:这个测验是否很好地测量了它想测量的内容?这个测验是否适合用来达成这个目的?第一个问题与构念效度有关,第二个问题与伦理道德和价值观有关。

一个测验要有效,首先必须是可信的。比如,在几个月间对同一个小孩进行两次智力测验,两次测验的结果不同,那么这个测验的结果就是不可信的。当然,这也肯定不会是有效的智力测量方式,因为智力一般被认为是很稳定的,至少在一小段时间内具有稳定性。然而,信度高并不能保证效度高。如果一个孩子多次接受这个智力测验,每次得到的分数都相同,但是这个分数不能预测他在学校的成绩、学习速度或其他一些与智力相关的特征,那么这个测验结果就不是智力的真实表现。也就是说,这个测验是可信的,但不是有效的。信度和效度是所有评估过程都需要考虑的问题,而不仅限于标准化测验。课堂测验也应该有可信的结果,尽可能地减小误差,同时应该有效度,即准确地测量到需要测量的内容。

5. 无偏性

评估一个测验好坏的第三个标准就是无偏性。**评估偏见**(assessment bias)指"评估工具因学生的性别、种族、社会经济地位、宗教和一些其他的群体特征而冒犯学生或不公平对待学生的性质"(Popham, 2014, p.127)。偏见指测验的某些方面(如内容、语言或案例)可能会扭曲特定群体的反应,无论是好还是坏。比如,阅读测验中的一篇文章讲的是拳击或足球的某些知识,那么我们可以预测,男生的平均成绩可能会比女生好。

评估偏见有两种表现形式:不公平性和冒犯性。包含大量体育知识的阅读评估就是不公平性的例子——女生可能会由于缺乏拳击或足球知识而处于劣势。如果特定群体因为评估内容而感到被侮辱,那么该评估具有冒犯性。如果受到冒犯,愤怒的学生就不会在评估中很好地表现自己了。

基于宗教或社会阶层而造成的偏见又如何呢?关于评估偏见的研究发现,大多数标准化测验在预测不同群体学生的学业成就时同样有效(Sattler, 2008)。可即便这样,许多人仍然相信测验对某些群体来说是不公平的,测验可能没有实现程序性公平。也就是说,一些群体可能没有与其他群体相同的机会来显示他们知道的内容。比如:①测验和施测者的语言与受测学生使用的语言可能是不同的;②支持中产阶级价值观的答案可能得分更高;③在个别智力测验中,善于表达者得分会更高。能在特定情境中放松心情的学生的得分也会偏高。

同样,测验内容也可能不公平,因为不同群体学习测验材料的机会是不同的。对少数特殊群体的学生而言,测验问题关注的大多是主流文化群体学生中常见的经历和熟知的事实。请看下面这个由波帕姆(2014, p.391)提出的4年级测试题目:

> My uncle's *field* is computer programming.

请看下面的句子。下面哪个句子中的 field 与题目中的 field 含义一致?

A. The softball pitcher knew how to *field* her position.
B. They prepared the *field* by spraying and plowing it.
C. I know the *field* I plan to enter when I finish college.
D. The doctor used a wall chart to examine my *field* of vision.

标准化测验和课本中有许多类似的题目,可是并非所有家庭都会把自己的工作归入一个专业领域。如果你的家长在一个专业领域内工作,如计算机、医学、法律或教育界,你会很容易理解这个题目,可是如果你的家长在杂货铺或汽车修理店工作呢?这些算是"领域"吗?课外经历对某些学生解答这道题是有帮助的,但对另一些学生没有帮助。

对测量中文化偏见的关心促使一些心理学家尝试发展**文化公平或无文化影响测验**(culture-fair/culture-free test),但目前还不太成功。在一些所谓的文化公平性测验中,来自低社会经济地位家庭的学生的成绩与标准韦氏智力测验或比奈智力测验的成绩一致,甚至更差(Sattler, 2008)。应该怎样将文化因素和认知因素区分开?每个学生的学习都嵌入在自身的文化中,并且每个测验问题都来自某种文化知识。

当今，许多标准化测验都认真核查了可能存在的评估偏见，可是由教师编制的测验的内容仍然可能存在偏见。教师应该让同事核查测验内容存在的偏见，新手教师尤其应该注意这一点（Popham，2014）。

在了解了形成性评估和终结性评估、常模参照测验和标准参照测验，并明确了信度、效度和无偏性等基本概念后，我们就可以准备进入教室了。在课堂上，教师需要使用累积性的问题不断地对学生进行评估，这些问题将引导学生运用和整合相关知识（Rawson & Dunlosky，2012）。

模块 41 小结

区分测量与评估

测量指用数字描述事件或特征；评估虽包括测量，但范围比测量更广，因为评估包含抽样及观察学生知识、技能和能力的所有方法。

区分形成性评估与终结性评估

在课堂上，评估可能是形成性的（不评分、诊断性），也可能是终结性的（需要评分）。形成性评估有助于制订教学计划，终结性评估可用于总结学生的学习成就。

区分常模参照测验与标准参照测验

在常模参照测验中，我们需要将一个学生的表现和其他学生表现的平均水平进行比较。在标准参照测验中，我们将学生的分数与事先制定的标准进行比较。虽然常模参照测验的应用范围非常广泛，但其结果并不能告诉你学生是否做好了学习高级知识的准备。另外，这种测验不适合测量情感目标和动作技能目标。标准参照测验可以测量对特定技能的掌握程度。

什么是测验信度

有些测验比其他测验更可信，也就是说，它们能够实现更稳定、更一致的估计。在解释测验结果的时候需要多加注意。每个测验都是在某一天对学生某些行为样本的测量，其分数只是对学生的假定真分数的估计。测量的标准误考虑到了存在误差的可能性，也是测验信度的一个指标。

什么是测验效度

一个测验需要考虑的重点之一是基于测验结果进行决策和判断的效度。效度的证据可以与内容、效标和构念有关。其中，构念效度的应用范围最广。为了让测验有效，测验首先需要达到信度要求，然而信度并不能保证效度。

什么是无偏性

评估应该具有无偏性。当测验材料对某些群体具有冒犯性或不公平时，偏见就会出现。这些群体包括不同性别、不同社会经济地位、不同种族和不同宗教信仰的学生。文化公平性测验并没有解决评估偏见的问题。

模块 42 课堂评估、测验和评分

15.2 课堂测验评估

> **停下来 想一想**
>
> 回想一下你最近参加的一次测验。测验的形式是什么？测量结果能正确反映你所掌握的知识和技能的情况吗？你是否设计过测验？一个好的、公平的测验是什么样子的？

许多人一想到课堂评估，就会想到测验。正如你所看到的，虽然现在的教师有许多其他选择，但是测验仍然是许多课堂中的重要活动。在这一节，我们将学习怎样评价一个与标准课程材料配套的测验，以及如何自己编写测验。

15.2.1 使用课本上的测验题

现在的小学和中学教材都有配套材料，比如教学手册和测验题。用这些测验题可以节约时间，可这是一种好方法吗？答案取决于你为学生设定的目标、你教授材料的方式及这些测验题的质量。如果这些测验题的质量很好，符合你的测验计划，也与你的教学目标一致，那么直接用这些测验题就是一个不错的选择。不过，你依然需要检查每道题目要求学生具备怎样的阅读水平，对不适当的题目进行修改（McMillan，2004；Russell & Airasian，2012）。表 15-2 列举了评价课本上的测验题时需要考虑的关键因素。

表 15-2　评价课本上的测验题时需要考虑的关键因素

1. 一个教师只有在确定了自己的教学目标和评估目标之后，才能决定是否要用课本上的测验题或已有的标准化成就测验。
2. 课本和标准化成就测验都是为典型的课堂而设计的，可是每个课堂都具有一定的特异性，因此为了适应学生的需求，绝大部分教师必须对课本和课本上的测验题进行或多或少的修改。
3. 课堂教学越偏离课本，课本上的测验题的有效性就越差。
4. 评价课本上的测验题或标准化成就测验时，需要考虑的主要因素是测验题和学生在课堂上学到的知识的匹配度：
   A. 题目与教师的目标和教学重点相似吗？
   B. 题目是否要求学生演示他们习得的行为？
   C. 题目是否涵盖了教学的所有或大多数重要目标？
   D. 题目需要学生具备的语言水平和术语储备是否符合学生的年龄特点？
   E. 每个教学目标对应的题目数是否与学生的学习表现有关？

资料来源：摘自 M. K. Russell & P. W. Airasian.（2012）. *Classroom Assessment: Concepts and Applications*（7th Ed.），New York: McGraw-Hill，p134.

如果没有现成的测验题适合用来考查你的教学内容，或者如果你的教师手册上的测验题不太适合学生，你应该怎么办呢？此时，你需要花时间自己设计测验。接下来，我们将主要介绍两种传统的测验题——客观题和论述题。

15.2.2　客观题

多选题、连线题、判断题、简答题和填空题都是**客观测验**（objective testing）。"客观"一词意味着"对测验的解释不具有开放性"或者"不是主观的"。与论述题相比较，这些测验题目打分相对简单，因为这些问题的答案比论述题更清晰。

对于特定的测验，你怎样确定哪种题型更加合适？你应该采用那个最能测量到你想知道的学生学习结果的题型（Waugh & Gronlund，2013）。也就是说，如果你想知道学生写信的能力怎么样，就让他们写一封信，而不要出一些关于写信的选择题。如果多种测验方式的效果一样，那么可以采用多选题，因为这种题型评分更加公正，同时能够涵盖不同的主题。如果编写多选题有难度或者不合适，就换其他题型。比如，如果你想知道学生能否将相关概念（如"术语"和"定义"）联系起来，那么连线题比多选题更合适。如果编写多选题的错误答案比较困难，就用判断题来代替。除此以外，可以让学生用简短的词语或短语填空，将句子补充完整。客观测验的多样性能够降低学生的焦虑水平，因为测验分数并不依赖于单一类型的题目，而这种类型的题目有的同学可能恰好不擅长。接下来，我们将对多选题进行探讨，因为这种题型运用得最为广泛，但也最难运用好。

1. 使用多选题进行测验

虽然 75% 的教育学者都反对用多选题的测验结果来决定学生的成绩，但一半的公立学校教师支持使用这样的测验方式（S. R. Banks，2012），所以你需要知道怎样才能运用好这种类型的测验。事实上，为了让学生做好参加全州水平测验的充分准备，很多学校都要求教师教学生多选题的回答技巧（McMillan，2004）。多选题可用于检验学生对事实性知识的掌握程度，但是，如果测验要求学生对概念和原理进行分析和运用，那么测验评估的就不仅仅是回忆和再认了（McMillan，2004；Waugh & Gronlund，2013）。比如，下面的多选题就是用于评估学生对未经证明的假设的再认能力的，这种能力属于观点分析技巧的范畴。

一位教育心理学教授说："测验中，得到 Z 分数 1 分与在百分等级中得到 84 分是一致的。"那么，教授做出的假设是下面哪一种？

1. 测验分数的范围是 0~100。
2. 测验分数的标准差为 3.4。
3. 测验分数呈正态分布。（正确答案）
4. 这个测验是有效且可信的。

如果你不知道正确答案是什么，不要着急，我们将在后面介绍 Z 分数，那时你就会理解这个题目了。

2. 编写多选题

所有测验题目都需要巧妙的构思，编写好的多选题更是一大挑战。有的学生开玩笑说，多项选择题就是"多项猜测题"——这就表明这些选择题设计得不好。你编写多选题的目标是用这些题目测量出学生的学业成就，而不是考试或者猜测的技巧。

题干（stem）是多选题中提出问题的部分，接下来的选择则被称为选项。错误选项被称作**干扰项**（distractor），因为它们的目的就是干扰那些对材料一知半解的学生。如果没有很好的干扰项，那么那些没有清晰理解材料内容的学生也能不费吹灰之力地找到正确答案。下面的实践指南能帮助你编写题干和选项，你可以参考。

| 实践指南 |

编写客观测验的题目

题干清晰明了，只问一个问题，省去所有不必要的细节。

例如：

（1）（不好的）有几种不同的标准分数或导出分数。智商得分特别有用是因为……

（2）（好的）智商得分的优点是……

以肯定形式提问，因为否定形式容易造成混淆。如果必须使用"不是""没有""除……之外"这样的说法，请给它们加下划线或者加粗显示。

例如：

（1）（不好的）下列哪一项不是标准分数？

（2）（好的）下列哪一项**不是**标准分数？

各答案的区别不要太小，不要期望学生对不同选项进行非常精细的区分。

例如：

标准差为 −1~+1 时，标准正态曲线下的面积大约是：

（1）（不好的） a. 66%　b. 67%　c. 68%　d. 69%

（2）（好的） a. 14%　b. 34%　c. 68%　d. 95%

保证题干和每个选项组成的句子都符合语法要求，没有明显的错误选项。

例如：

（1）（不好的）斯坦福 – 比奈测验可以得到

a. 智力　　b. 阅读水平

c. 职业偏好　d. 机械能力倾向

（2）（好的）斯坦福 – 比奈测验是一种什么测验？

a. 智力　　b. 阅读水平

c. 职业偏好　d. 机械能力倾向

避免两个干扰项的意思雷同或太接近。

如果只有一个正确选项，而两个选项的意思相同，那么这两个选项必定是错误的，这就大大缩小了选择范围。

避免使用带有绝对意义的词，如"总是""全部""唯一""决不"，除非所有的选项都是如此。

聪明的作答者知道带有绝对意义的选项往往是错误的。

避免使用原文中的词句。

一些学生不理解这些词句的意思也能找出这种正确答案。

避免过度使用"上述选项都正确"和"上述选项都不正确"。

这样的选项对那些靠简单的猜测做题的学生有利。此外，那些做题速度快的学生看到第一个选项正确，可能就不会再看其他选项是否正确了。

避免使测验题目只有一种模式，这样有助于学生进行猜测。

正确选项的编号和长度应该是多变的。

15.2.3 论述题

测量某些学习目标完成程度的最好方法就是让学生自己写下答案。论述题是这样一种方式。论述题答案的质量很难判断，可是编写出表述清楚的问题也非易事。接下来，我们将讨论如何编写论述题及如何评分。我们也会关注那些影响论述题评分偏见的因素，以及消除评分偏见的办法。

1. 编写论述题

由于每道题目的答题时间都比较长，真正的论述题测验涵盖的内容比客观题测验少。所以基于对效率的考虑，论述题主要用来测量重要的、复杂的学习结果。论述题的题目应清晰、精确地为学生布置任务，同时指明答案中应该包含的要素。学生应该知道怎样扩展答案，每个问题应该耗时多少。请评价波帕姆（2014，p.201）提出的下面两道论述题：

（1）在刚才你观看的视频中，出现了三段随处可见的电视广告。在这三段广告中，哪一个运用了经典的宣传技巧？（高中水平）

（2）请回顾过去12周的时间里，你上过的数学课和做过的家庭作业，你能得出什么结论？答案的篇幅不要超过一页纸。（初中水平）

问题1更清楚一些（你同意吗），但是给予一些额外的提示会更有帮助。

问题2给出了字数限制，可是你知道这道题问的是什么吗？具体问题究竟是什么？

另外，学生需要充足的答题时间。如果你在一节课中提出的论述题超过一道，那么你需要限制学生回答每个问题的时间。可是请记住，时间的压力会增加学生的焦虑，或许还会妨碍学生正确回答问题。无论你采用何种方法，都不要通过补充大量问题来弥补论述题测量范围小的缺陷。增加论述题测验的频率，比在一次测验中做许多道论述题要好。在测验中将论述题和一定数量的客观题相结合，是避免对课程材料有限抽样的一种方式（Waugh & Gronlund, 2013）。

2. 评价论述题

可能的话，第一步最好是建立一个评分标准或评分说明，并与学生分享；然后决定每个答案中应该包含哪种类型的信息。以下是一个来自滕布林克（TenBrink, 2003, p.326）的案例。

问题："内战对于一个发展中国家而言是必要的。"你是支持还是反对这一观点？请为你的观点提供理由，并引用历史案例来证明你的观点。

评分说明：无论立场如何，所有答案都应该包含：①对观点的清晰陈述；②至少五个符合逻辑的原因；③至少四个能支持你观点的历史案例。

一旦你设置了期望答案的模型，你就可以为论述题的各个部分设置分数，也可以为答案的组织性和内部一致性打分。你也可以用1~5或者A、B、C、D、F对试卷进行等级评定，并按等级对试卷进行汇编。最后，检查汇编后的每组试卷，看它们是否同质。这些技巧能够帮助教师确保评分时的公平性和准确性。

如果一个论述题测验包含多道题目，比较合理的方式是一次只关注一道题，给所有试卷上的这道题评完分后，再处理下一道题。这避免了学生对一道题的回答影响你对另一道题的评分。当你给第一道题评完分后，打乱试卷的顺序，这样就不会导致每开始处理新的一道题时，有学生总是第一个被评价（你可能会花更长时间对这份试卷的答案进行反馈或者对其采用更严格的评分标准）或最后一个被评价（你可能会因为感到疲惫而不提供任何反馈或采用更松的评分标准）。如果你让学生把名字写在试卷背面，那么你的评分可能会更加客观，因为整个评分过程都是匿名的。此外，为了确认你评分的公平性，你可以让另一位同样熟悉你的教学目标和所教学科的教师在不知道分数的情况下，对试卷进行抽查。这可以帮助你深入了解你评分过程中的偏差。

15.2.4 对传统测验的评价

1. 传统测验的价值

毫无疑问，得出正确答案是很重要的。尽管学生需要通过学校教育学习如何思考和解决问题，但也需要获得有关的知识。学生需要拥有可以进行思考的东西——事实、理念、概念、原则、理论、解释、论点、表象、观点。设计良好的传统测验能够有效地评估学生对知识的掌握情况（Russell & Airasian,

2012）。有些教育者认为传统测验应该发挥比现在更大的作用。教育政策分析家认为，与其他发达国家的学生相比，美国学生缺乏必备的知识，因为美国学校的教育强调过程——批判性思维、自尊、问题解决，而不重视内容。为了教授更多的内容，教师需要确认学生到底掌握了多少内容，传统测验恰好能提供有关内容学习的有效信息。测验对于激励和引领学生学习，也是很有价值的。有研究表明，一定频率的测验能够激发学习动机并使注意力维持在一定程度。事实上，经常参加测验可以提高学业成就，即使测验之后没有反馈——很糟糕的教学，但结果还不错（Roediger & Karpicke，2006）。

2. 对传统测验的批评

从 20 世纪 90 年代起，传统测验一直受到严厉批评。正如格兰特·维金斯（1991）的评论：

我们不会仅使用间接、简单的测验来评定施乐公司、波士顿交响乐、辛辛那提红人队或唐培里侬葡萄园的优劣。同样，如果将某些一般性的、传统的测验作为评定员工工作是否达到标准的唯一工具，那里的员工也不会生产出高质量的产品。无论是对学生还是对成年员工而言，想提高他们的成就，都需要根据其学习或工作来建立标准。（p.22）

在最近的几篇论文中，维金斯不断地为实现合理评估提供建议，强调知识应被应用到真实情境中。理解能力不能通过测验测量出来，而应该考查学生在课外运用技能和知识的能力。

你对传统测验的看法，是你教学理念的一部分。下面让我们看看课堂评估的其他形式吧。

15.3 真实课堂评估

15.3.1 真实性评估与表现性评估

真实性评估（authentic assessment）要求学生在真实生活中运用技能和能力。比如，他们可能会运用分数的知识来调整"食谱"。正如格兰特·维金斯（1989）所说：

如果测验决定了教师的教和学生的学，那么改革测验就是必然的选择！改革的第一步是：测验那些我们认为重要的能力和习惯，并在情境中进行测验。使测验具有可重复性，是每个学科面临的主要挑战。让测验变得真实吧。（p.41）

维金斯接着说，如果我们的教学目标包括写作、表达、倾听、创造、批判性思考、研究、问题解决或应用知识等多项能力，那么我们的测验应该让学生去写作、表达、倾听、创造、批判性思考、研究、解决问题和应用知识。怎样才能做到这一点呢？

很多教育者建议我们借鉴艺术和体育的教学和测验方法来解决这个问题。如果我们把测验想成吟诵、展览、游戏、模拟法庭审判或其他一些活动，那么我们会发现，好的教学是针对测验来进行的。所有的教练和艺术家都乐于"教授"这些"测验"，因为让学生在这些测验中表现优秀就是整个教学的重点。真实性评估就是让学生去表现。这种表现可能是思维表现、身体表现、创造性表现，也可能是其他形式的表现。而**表现性评估**（performance assessment）就是为了展现学习效果，要求学生开展一项活动或制作一个物品（Russell & Airasian，2012）。

把思维称作行为表现，看起来似乎很奇怪，但其实它们之间有许多相似之处。认真的思考是需要冒险的，因为真实生活的问题不能得到很好的定义。我们的思考结果常常是公开的——他人可以评价我们的想法。就像一个舞蹈演员参加百老汇的试镜，我们必须接受评价。就像一个做雕塑的人面对着一堆黏土，当学生面临困难的问题时，他们必须做实验，观察、想象、重复实验和检测结果，运用基本技术和创造性的技术，做出解释，决定怎样与观众交流研究结果，并经常接受批评、意见，改进原来的解决方法（Clark，2012；Eisner，1999）。

对真实性评估的关注，促进了多种基于情境表现目标的测量方法的发展。这种评估方式不要求学生寻求那些假设情境中的"事实性"问题的答案，而要求他们解决真实世界的问题。在真实的应用过程中，事实是寓于情境中的。比如，不需要问学生这样的问题："买玩具要花 69 美分，给营业员 1 美元，营业员会找你多少零钱？"直接让学生用真实的钱来结对进行角色扮演，向彼此购买东西；或者设立一个模拟商店，由学生来购买和找零等（Waugh & Gronlund, 2013）。

SRI 国际学习技术中心是一个非营利的科学研究单位，它提供了一些基于表现性评估的在线资源，这些资源与国家科学教育标准相符。这个资源库被称作 PALS（Performance Assessment Links in Science，科学学科的表现性评估）。你可以点击相关网站（pals.sri.com）查看幼儿园至12年级学生的表现性任务。你可以根据标准和年级水平选择不同的任务。下面是一个适合8年级学生的橡皮圈任务的简要介绍。想了解完整的任务内容、操作指南、评分准则以及学生作品样例，你可以点击 pals.sri.com/tasks/5-8/RubberBand/。

任务描述：

当越来越多的圆环被挂在橡皮圈上，请学生调查橡皮圈的长度会发生什么变化。

所需材料：

（1）带有橡皮圈的弹簧夹写字板。
（2）一个大的回形针，系在橡皮圈的一端。
（3）圆环，挂在大回形针上。
（4）30厘米的尺子。
（5）几张白纸。
（6）2张坐标纸或方格纸。

15.3.2 档案袋和成果展示

档案袋和成果展示是两种需要学生在一定情境中表现的评估方式。使用这种评估方式时，很难说清教学是什么时候停止的，评估是什么时候开始的，因为这两个过程是交织在一起的（Oosterhof, 2009；Popham, 2014）。

1. 档案袋

多年以来，摄影师、艺术家、模特和建筑师都是以档案袋的形式将他们的技艺展示给潜在的买家的。**档案袋**（portfolio）就是一个收集作品的系统，常常包含能表现学习进步的作品、学生的自我分析，以及对所学知识的反思。书面作业或艺术作品是档案袋中较常见的东西。当然，学生也可以给档案袋的潜在读者写信，告诉读者档案袋每部分的内容和重要性，还可以放入图表、图片、幻灯片、有说服力的文章或诗歌的草稿及最终版本、阅读书目、推荐网站、同辈评论、视频录像、实验室报告或电脑程序等——所有可以展现学生所学领域和需要评估的内容的材料，都可以放在档案袋中（Popham, 2014）。过程性档案袋和最终或最佳作品档案袋之间是有区别的，这个区别与形成性评价和终结性评价之间的区别类似。过程性档案袋记录的是学生学习进步的过程，而最佳作品档案袋展示的是学生最后的成果（D. W. Johnson & Johnson, 2002）。表15-3展示了个体和团体档案袋的一些案例。

表 15-3 个体与团体过程性档案袋和最佳作品档案袋的案例

	过程性档案袋	
学科	个体	团体
科学	使用科学方法解决一系列实验室问题的文字记录（程序记录）	使用科学方法解决一系列实验室问题的文字记录（观测核查表）
数学	用数学问题解决的两栏法对数学推理进行的记录（在左边进行运算，在右边对运算过程进行评论性的解释）	采用复杂问题解决和高级策略的记录
语文	提纲、研究笔记、对他人修改的回应和最后文稿等记录（以便从中观察作品的演变）	同辈修改作品的注释和流程记录
	最佳作品档案袋	
学科	个体	团体
语文	最佳作品具有多种风格——叙述性、幽默性、创造性（诗歌、戏曲或短篇故事）、新闻性（报告、社论、评论）和广告性	最好的戏曲作品、影视企划、电视广播节目、报纸、广告、展览
社会	最好的历史研究论文、对历史问题的观点、对现实事件的评论、原创的历史理论、对历史作品的回顾以及对学术观点的论述	最好的社区调查、学术报告、口述历史文献、对历史事件的多维分析、历史人物访谈录
艺术	最佳的创意性作品，如绘画、雕刻、陶艺、诗歌和戏曲演出等	最佳的创意性作品，如壁画、剧本和演出、创新发明的想法及其实现

资料来源：摘自 D. W. Johnson and R.T. Johnson. (2002). *Meaningful Assessment: A Meaningful and Cooperative Process*. Boston, MA: Pearson Education, Inc.

2. 成果展示

成果展示（exhibition）是一种表现性评估，并具有两种额外的特征。首先，它具有公开性，所以学生在准备过程中需要考虑观众的因素，交流和理解是很关键的。其次，展览品需要很长时间的准备，因为这是整个学习过程的最终呈现。托马斯·贾斯基和简·贝利（Thomas Guskey & Jane Bailey, 2001）认为，成果展示可以帮助学生理解好作品的品质和特点，并在自己的作品或表现中找到这样的品质。当学生选择展示作品并清楚地说明自己的选择理由时，他们也会获益良多。培养学生判断作品质量的能力，能够让学生设立清晰的目标，从而激发学生的动机。下面的实践指南给出了一些在教学中使用档案袋的建议，你可以参考。

| 实践指南 |

使用档案袋

让学生参与选择要放入档案袋的作品。

例如：

（1）在每个教学单元或一学期的时间内，让学生选取符合某个标准的作品，比如"我遇到过的最难的问题""我最好的作品""我进步最大的作品"或"解决……问题的三种方法"。

（2）在提交最后的作品时，让学生选择那个能够体现他们最佳学习成果的作品。

确保档案袋中含有能展示学生自我反思和自我批评的事物。

例如：

（1）要求学生说明他们选择这个作品的原因。

（2）让每个学生为档案袋写一份目录，解释档案袋中的作品所反映的他们学习上的优点和缺点。

（3）档案袋中的内容包括学生的自我批评和同辈批评，需要特别指出哪里做得好，哪里需要改进。

（4）基于自己的作品建立一个自我批评的模型。

确保档案袋反映了学生的学习活动。

例如：

（1）包含代表性的项目、文章、书画等。

（2）让学生把学习目的和档案袋的内容结合在一起。

档案袋在不同时期可以起到不同的作用。

例如：

（1）学年开始时，档案袋可以包含一些未完成的作品或"问题作品"。

（2）学年结束时，档案袋应该只包含学生愿意向公众展示的作品。

确保档案袋能够展现出学生的成长。

例如：

（1）让学生根据某些维度来展示自己学习上的进步，并通过一些具体的作品来说明自己的成长。

（2）让学生将能够反映个人成长的校外活动记录放入档案袋。

教学生如何制作和使用档案袋。

例如：

（1）把一些做得较好的档案袋作为范例，但要强调每一份档案袋都代表着每个人不同的表达方式。

（2）经常检查学生的档案袋，特别是学年开始，学生刚刚开始学习制作档案袋的时候。检查后，给学生提供建设性的反馈。

15.3.3 评价档案袋和行为表现评估

由于对行为表现、档案袋和成果展示的评估都是标准参照，而非常模参照，因此教师评价学生的实际表现时，核查表、等级评定量表和评分准则都是很有帮助的。也就是说，学生的作品和表现应该与现有的公众标准相比较，而不是通过与其他学生的作品进行比较来划分等级（Wiggins, 1991）。

1. 评分准则

核查表或等级评定量表能对行为表现的各项元素进行具体反馈。评分准则（scoring rubrics）是用来判断学生行为质量的规范，通常是四点计分量表——从"优秀"到"不恰当"，或者用分数代表不同等级，比如10分表示优秀、6分表示良好等（Mabry, 1999）。例如，在一项与团体有关的研究项目中，对优秀的

"负责任的受托"的表述可能是：团体中的每一名学生都能够清晰地解释团体需要的信息，明白自己对哪一项信息负有责任，团体什么时候需要这项信息。

这个准则是通过 Rubistar（http://rubistar.4teachers.org/index.php）指定的，这是一项提供给教育者的在线服务，教师可以选取一个教学领域及其下属分支，然后就此设计准则。我选择了写作这个领域——"小组计划和研究项目"，同时选择了下属分支"负责任的受托"。

詹姆斯·波帕姆（2014）建议，评分准则既不能太具体，又不能太笼统。如果评分准则非常具体，那么只能应用于一个任务。例如诗歌写作中关于树的两个段落，要使用四个形容词和两个副词这样的评分准则，就不适用于诗歌写作的一般技能评分。如果评分准则太笼统，就等于没有提供更多信息。例如，以优秀、良好、一般、较差作为诗歌写作的评分准则，就相当于给了A、B、C、D的等级评分，没有更多的信息了。评分准则的制定应该关注可以教授和评价的有价值技能。下面是一个以技能为中心的评价学生叙事文章的标准：

> 评价学生的叙事文章，要从整体结构和顺序两个方面进行。要获得最高分，一篇文章必须包含引言、正文和结论等结构。文章正文的内容必须以合理的方式进行排序，例如按时间、逻辑或重要性的顺序进行排序。（Popham，2014，p.219）

这种以技能为中心的评分准则，不仅可在写作教学中给教师和学生以指导，还可以应用于其他形式的叙事写作。在下面的实践指南中，古德里奇（Goodrich，1997）、D. W. 约翰逊和约翰逊（2002）及波帕姆（2014）为制定评分准则提出了一些建议，你可以参考。

| 实践指南 |

制定评分准则

（1）**确认所评估技能的重要性**。制定良好的评分准则需要花费大量时间，因此要确保所评估的技能是值得教授的。

（2）**列举范例**。向学生展示什么是好的作品和不好的作品，并告诉学生好作品有哪些特征，不好的作品有哪些特征。

（3）**提供标准**。和学生讨论范例，列举出高质量作品包含的要素。

（4）**清晰划分作品质量的不同等级**。描述质量最好和质量最差的作品的特点，然后通过你对常见问题和一般水平的作品的理解，找出中等质量作品所具有的要素。

（5）**运用范例进行练习**。让学生依据标准，评价你在第二步中给出的范例。

（6）**运用自我与同辈评估**。给学生布置任务，要求在他们工作的过程中，偶尔停下来进行自我评估和同辈评估。

（7）**修订**。基于第五步所得到的反馈，给学生时间修改自己的作品。

（8）**运用教师评价**。进行等级评定时，确保你运用了同样的准则来评价所有学生的作品。

注意：第二步只有当学生参与不熟悉任务的时候才是有必要的。第四步和第五步很重要，但是很耗费时间，你可以自己进行这两步，尤其是当你已经有了一段时间的评价准则使用经验时。如果一个班级已经熟悉了以评价准则为依据的评估方式，整个过程将更加简单：开始时先制定标准，然后教师标明作品质量的不同等级，并与学生确认，再做修改，最后就可以将这些准则运用到自我评估、同辈评估和教师评估中。

表现性评估要求教师认真做判断，并与学生沟通什么是好的行为，或者什么地方需要改进。在某种意义上，这种方法与比奈最初用于评估智力的临床诊断方法相似：需要对学生的一系列任务表现进行观察，并将其表现与某个标准进行比较。正如比奈绝不希望通过一个单一的数字来界定孩子的智力一样，使用真实性评估方

式的教师也不要试图用一个数字来代表学生的表现。即使我们需要排名、划分等级、给出分数，这些评判也不是终极目标——促进学习才是真正的目的。

让学生参与制定评分等级和评分准则，对学生的成长很有帮助。在这一过程中，学生需要判断在某个特殊领域内，什么样的作品才是高质量的。他们会提前了解到被期望的作品有哪些特质。在学生制定和应用评分准则的过程中，他们的作品和学习会随之得到改进。图 15-1 给出了三种评价口头报告的方式：数字、图形和描述性语句。

数字评定量表

指导语
当学生进行口头报告时，其表现出下述行为的频率如何？对于下列每一种行为，如果学生总是表现出该行为，请在 1 处画圈；如果经常表现出该行为，请在 2 处画圈；如果很少表现出该行为，请在 3 处画圈；如果从没有表现出该行为，请在 4 处画圈。

肢体表达
A. 笔直站立，面向观众。
   1 2 3 4
B. 随着语调的变化而改变面部表情。
   1 2 3 4

图形评定量表

指导语
当学生进行口头报告时，在最能准确描述学生每种动作频率的地方画 ×。

肢体表达
A. 笔直站立，面向观众。

| 总是 | 经常 | 很少 | 从不 |

B. 随着语调的变化而改变面部表情。

| 总是 | 经常 | 很少 | 从不 |

描述性评定量表

指导语
当学生进行口头报告时，在最能准确描述学生每种动作的地方画 ×。

肢体表达
A. 笔直站立，面向观众。

| 笔直站立，经常看着观众 | 身体摇摆，烦躁，眼神在观众和天花板间移动 | 漫无目的地不断移动，与观众没有眼神交流 |

B. 随着语调的变化而改变面部表情。

| 讲到内容重点时，面部表情有相应的变化 | 面部表情常常是合适的，但有时缺乏面部表情 | 语调和面部表情不一致，表达时会分心 |

图 15-1　三种评价口头报告的方式

资料来源：摘自 M. K. Russell & P. W. Airasian.（2012）. *Classroom Assessment: Concepts and Applications*（7th Ed.）. New York: McGraw-Hill, p.221.

2. 信度、效度和普遍性

由于教师的个人判断在评价学生行为表现时有着重要的作用，因此有关其信度、效度和普遍性的问题就是需要重点考虑的因素。一个教师的"优秀"可能只是另一个教师的"一般"。研究表明，随着评分者经验的增加和评分准则的完善，评分的信度可以得到提高（Herman & Winters, 1994；LeMahieu, Gitomer, & Eresh, 1993）。有时候，信度提高只是因为评分准则让评分者只关注了少数维度，同时限制了评定等级。如果评分者只能评定 1、2、3、4 这四个等级，那么与百分制的评定相比，前者的评分更容易趋同。所以，评分准则能提高评分的信度，并不是因为它们让评分者达成了一致，而是因为准则限制了评分的可选范围，从而也限制了分数的效度（Mabry, 1999）。

就效度而言，有证据表明，通过档案袋评估而被评为"优秀的写作者"的学生，在标准化写作测验中表现得并不那么优秀。哪种测验形式能更好地反映学生的能力呢？目前确实还不好下结论。另外，一个用来评估某种具体任务的标准，可能适用于相似的任务，但是并不能预测其他的行为。所以，我们不知道一个学生在某项具体任务上的行为表现是否代表了其更广泛的学习情况（Haertel，1999；Herman & Winters，1994；McMillan，2004）。

3. 表现性评估中的多样性和偏见问题

公平性是所有评估方式都需要考虑的问题，行为表现评价和档案袋评估也一样。对于一个公开的行为表现，即便使用昂贵的录音、录像或图像设备，由于学生的外貌、语言等因素，也会产生评分偏差效应。行为表现评估和其他测量形式一样，会潜在地不公平对待那些家境不富裕或来自不同文化背景的学生。额外的小组作业、同辈批改和档案袋制作时间，都意味着一些学生能够获得更多的网络支持和帮助。班里很多学生家里都有复杂图片处理和打印的设备，还有一些学生却很少从家里获得这方面的帮助。这些差异都能够成为偏见和不公平性的来源，特别是在档案袋和成果展示评估中。

15.3.4 非正式评估

非正式评估（informal assessment）是不给出等级评价，从多种渠道收集信息，以帮助教师做出决策的评估方式（S. R. Banks，2012）。在单元学习早期，评估应该是非正式的（提供反馈，而不是评定等级）；当所有学生都有机会学习材料的时候，也就是单元学习后期，再给出实际的等级评定（Tomlinson，2005a）。日记、观察、核查表、提问和让学生进行自我评估，都属于非正式评估。

1. 日记

日记是非正式评估中较具灵活性且应用非常广泛的一种形式。学生经常被要求按时写个人或小组日记。迈克尔·普雷斯利和他的同事（2007）的研究发现，优秀的1年级语文教师让学生写日记，主要有三个目的：①日记是一种交流工具，学生可以在日记中表达个人的思考和想法；②记日记为学生提供了应用所学知识的机会；③日记可以帮助学生提高语言流畅性和创造性。

为了更好地让教学符合学生的需求和兴趣，教师可以通过日记了解学生。教师也可以通过学生对某些问题的回答来了解学生的情况，从而促使学生关注学业学习。S. R. 班克斯（2012）记录了一位高中物理教师要求学生在日记中回答的三个问题：①如果你只知道斜坡的倾斜程度，你怎样确定摩擦力的相关系数？②比较磁场、电场和引力场的相同点和不同点；③如果要向你的好朋友介绍声音这个概念，你会选择什么样的音乐来表现这一概念？

阅读学生的日记时，这位教师意识到许多学生对摩擦力、加速度和速度的理解都来源于个人经验，而不是科学的推理。为了满足学生的需求，他需要改变教学方式。如果教师没有阅读学生的日记，他就很难知道应该对教学做出这种改变。

除日记之外，还有很多其他的非正式评估方式——做笔记、观察学生行为、评分量表和核查表。事实上，每次问问题或观察学生展示技能的时候，教师都在进行非正式评估。表15-4简要总结了针对不同目标进行评估的方法。在这里，我们要传递的核心信息是：尽量让评估方式与教学目标相匹配。

表15-4 针对不同目标进行评估的方法

评估目标	评估方法			
	选择性反应	论述题	行为表现评价	个人交流
知识掌握	多选题、判断题、连线题、填空题可以用于评价学生的知识掌握程度	论述题有助于学生理解知识体系各要素之间的关系	不是评价这一教学目标的好方式，推荐使用其他三种方式	学生能够提出问题，对答案进行评估，这可以体现出他们对知识的掌握程度，但较为耗时
推理水平	能够评估对基本推理模式的理解	学生对复杂的问题解决过程进行了记录，这有助于评估其推理的水平	能够观察学生解决问题的能力，并推测学生的推理水平	能够让学生出声思考，也可以通过不断提问来了解学生的推理过程

(续)

评估目标	评估方法			
	选择性反应	论述题	行为表现评价	个人交流
技能	能够评估对技能性表现先决条件的掌握程度，但不能评估技能本身	能够评估对技能性表现先决条件的掌握程度，但不能评估技能本身	能够在学生行动的过程中，对其技能进行观察和评估	如果需要评估的技能是口头交际能力，这种测量方式很好，也能测量对技能性表现先决条件的掌握程度
创作作品的能力	能够评估对创作高品质作品的先决条件的掌握程度，但不能评估作品本身的质量	能够评估对创作高品质作品的先决条件的掌握程度，但不能评估作品本身的质量	最佳的评估方式：①能够评估创作能力的发展水平；②能够评估作品本身	能够探索过程性知识以及与高品质作品有关的知识，但不能评估作品本身的质量

资料来源：摘自 R. J. Stiggins. (2002). Where is Our Assessment Future and How Can We Get There? In R. W. Lissitz, W. D. Schafer (Eds.), *Meaningful Assessment: A Manageable and Cooperative Process*. Boston, MA: Allyn & Bacon.

2. 让学生参与评估

让学生参与评估过程，一方面可以将教学和评估过程联系起来；另一方面，学生能够跟踪和评估自己的进步，这也是提高学生效能感的一种重要方式。下面是斯蒂金斯和查普伊斯（Stiggins & Chappuis, 2005）提出的其他一些观点。他们认为，在评估过程中，学生可以进行以下工作。

（1）通过与同伴核查并讨论优秀的、一般的和较差的作品或行为来了解判定标准是什么。然后选择一个较差的作品或行为来练习修改和提高。

（2）向教师或同伴描述（口头或者书面）完成任务的方式、遇到的问题、最终的选择和结果。

（3）在项目开始前分析其优缺点，然后和教师或同伴讨论如何在工作中有效利用优点、克服缺点。

（4）两人一组编制测验中可能会用到的问题，并讨论这些问题为何是好问题，然后一起回答。

（5）回顾之前的工作，并分析它是如何开展的。例如，可用这样的语句来描述："我曾经这样认为……但现在我知道……"经过多次这样的分析之后，可用这样的框架来总结："在开始之前，我了解什么？我从中学到了什么？接下来我还想继续学些什么？"

（6）在测验前几天，写下一些提示：测验中一定会考到什么？题型会是什么（多选题、论述题）？我会表现得怎么样？我还需要做些什么准备？

需要提醒的是，教师在根据具体的学习目标来组织测验题目的基础上，可以为学生准备一个测验分析图，图中应包含"我的优势""快速复习""未来学习"三个部分。批改完试卷后，教师把试卷返还给学生，学生则开始总结自己已经实现的学习目标，并将其写在"我的优势"框中。然后，学生把错误答案按照"简单的错误"和"未来学习"进行分类，并把"简单的错误"写在"快速复习"框中。最后，学生按照"未来学习"框中的提示写出下一步的学习目标。

当然，无论教师怎样评估学生，最终都需要给出分数。下面我们就来讨论这个问题。

15.4 评分

> **停下来 想一想**
>
> 回想一下你的成绩报告单及多年来的分数。你是否得到过比自我期望的分数更低的分数？当你得到低分时，你对自己、对老师、对这门学科的感受是什么？老师是通过什么方式来帮助你理解这段经历，并从这段经历中获益的？

在给出最后分数的时候，教师需要做出一个重要的决策——学生的分数是否应该反映学生在班级中的位置，或者这个分数是否反映了学生对知识的掌握程度？也就是说，这个分数应该是常模参照还是标准参照？

15.4.1 常模参照评分与标准参照评分

在**常模参照评分**（norm-referenced grading）中，分数主要受参加这门课程的其他学生表现好坏的影响。如果这名学生很努力，班里的其他学生也很努力，那么这名学生有可能只能得到一个比较令人失望的分数，也许是 C 或者 D。**曲线评分**（grading on curve）是一种常见的常模参照评分，你对这种评分方式的感受取决于你的分数在这条"曲线"的什么位置上。有证据表明，这种评分方式破坏了学生之间及师生之间的关系，同时降低了大部分学生的学习动机（Krumboltz & Yeh, 1996）。如果这条曲线武断地限制了高分的数量，那么在这场评分游戏中，大多数学生都是失败者（Guskey & Bailey, 2001; Haladyna, 2002; Kohn, 1996b）。30 多年以前，布鲁姆和他的同事（1981）就指出了曲线评分的谬误：

> 正态曲线没什么神奇的。它是对随机活动和概率分布最恰当的解释。教育是有目的的活动，我们需要让学生学会我们教授的东西。如果我们的教学是有效的，那么学生成绩的分布应该与正态分布不同。事实上，在某种程度上说，如果成绩分布曲线与正态分布差异不大的话，那么这只能说明我们在教育上付出的努力是不成功的。（pp.52-53）

在**标准参照评分**（criterion-referenced grading）中，分数代表着一系列的成就。如果课程有着清晰的目标，分数就代表着目标的达成数量。使用标准参照系统，需要事先设定每个分数的标准，然后学生需要按照标准获取相应的分数。理论上，在这个系统中，如果学生达到了标准，那么每个学生都能够获得 A。标准参照评分在判断学生是否实现了清晰的教学目标上是有优势的。有的学区已经建立起了成绩报告单系统，这个系统中含有教学目标以及学生在每个目标上的成果评估。每个教学单元结束的时候，该系统会报告一次。图 15-2 是一份成绩报告单，它展现了教学评估和单元目标之间的关系。

每个学校都有自己特殊的评分系统，所以我们不会花过多的时间介绍不同的评分系统。下面让我们来考虑另外一个问题，这个问题值得认真研究：分数到底给学生造成了什么样的影响？

15.4.2 分数对学生的影响

当我们考虑分数的时候，我们常常会想到竞争。竞争氛围浓厚的班级会使易焦虑、缺乏自信心、准备不充分的学生学习起来比较困难。所以，虽然高标准和竞争性与学习成就的提升有关，但是也需要在高标准和合理的成功概率之间寻求平衡。斯蒂金斯和查普伊斯（2005）观察到：

> 在学生早期的学习经历中，他们会从教师对他们的课堂评估结果中得出能影响自己生活的结论。随着时间的推移、证据的积累，他们会对自己成败的概率做出判断。他们会决定自己是否要做出继续学习的承诺，他们会决定……是否投资学校教育。这样的决定对于他们学业幸福感的获得非常关键。（p.11）

这样看来，似乎应该尽量避免在学校拿低分和失败。可是，情况并非如此简单。

1. 失败的价值

玛格丽特·克利福德（Margaret Clifford, 1990, 1991）从多个视角回顾了有关失败效果的众多研究后，总结道：

> 教育者现在应该让成功具有挑战性。我们必须鼓励学生发挥最大的潜能，允许他们犯错误，允许他们从错误中学习，把成功看作一个渐进而非连续的过程。（1990, p.23）

特别是当教师帮助学生发现努力学习和成绩改善相关联的时候，某种水平的失败对于大多数学生而言反而是有益的。事实上，使学生免遭失败，保证他们成功的思想，有时可能还会起到反作用。卡罗尔·汤姆林森是一个差异化教学的专家，对此，他认为："有的学生过去的学习经历让他们认为，即使付出最少的努力也能获取成功，这样的学生学习起来不会很努力，并且他们会觉得高分就是自己的权利。"（2005b, p.266）所以，也许并不是失败，而是准确和关键性的反馈，对那些习惯于轻易得 A 的学生来说尤其重要（Shute, 2008）。

2. 留级

至此，我们已经讨论了学生测验失败或某门课程失败的后果。那么留级（retention）会对学生产生什么影响呢？在北加利福尼亚州进行的一项研究发现，从 1992 年到 2002 年，学前班的留级率翻了一番，2002 年有超过 6% 的孩子留级。美国 16~19 岁

| 林肯小学 |
| 5 年级 |

学生 _____ 教师 _____ 校长 _____ 穆里尔·西姆斯 学期 2 3 4

E= 优秀　S= 满意　P= 有进步　N= 需要改进

阅读项目
使用材料 _____
_____
____ 读懂
____ 能写出文章大意
____ 能及时准确地完成阅读小组作业
____ 表现出对阅读的兴趣
阅读技能
____ 解码新词
____ 理解新词
独立阅读水平
低于平均水平 / 平均水平 / 高于平均水平
语言艺术
____ 有效进行口语表达
____ 仔细倾听
____ 掌握常用词语的拼写
写作技能
____ 理解写作的过程
____ 打草稿
____ 对草稿进行有意义的修改
____ 进行编辑加工，形成终稿
编辑修改技能
____ 大写字母
____ 标点符号
____ 使用完整的句子
____ 使用段落
____ 查字典的能力
写作技能水平
低于平均水平 / 平均水平 / 高于平均水平

数学
解决问题
____ 解决教师提出的问题
____ 解决学生自己提出的问题
____ 能够提出很多故事性的问题
解释问题
____ 能够使用合适的策略
____ 能够使用不止一种策略
____ 能以书面形式解释策略
____ 能够口头解释策略
数学概念
____ 理解十进制
初学 / 进步 / 精通
乘法、基本事实
初学 / 进步 / 精通
两位数乘法
初学 / 进步 / 精通
除法
初学 / 进步 / 精通
几何
初学 / 进步 / 精通
总体数学技能水平：
初学 / 进步 / 精通
态度 / 工作技能
____ 喜欢迎接挑战
____ 有毅力
____ 能够向他人学习
____ 倾听他人
____ 参与讨论
____ 它显示了
____ 它致力于 _____
目标：
____ 它致力于实现的目标是 _____

社会研究
____ 理解学科重要性
____ 有着好奇心和热情
____ 对课堂讨论有贡献
____ 具备使用地图的技能
____ 通过解释文章展示了其阅读技能
主题涵盖：个人文化、哥伦布——第一个英属殖民地
科学
____ 展现了对不同科学学科的好奇心
____ 提出好的科学问题
____ 展现了其与科学方法有关的知识
____ 利用科学方法的有关知识去建立和实施实验
____ 进行好的科学观察
____ 有科学研究主题
主题是 _____
我猜想
学生现在正在进行 _____
_____
学习技能
____ 仔细倾听
____ 遵守指令
____ 完成任务利索、仔细
____ 检查任务完成情况
____ 准时完成任务
____ 有效利用时间
____ 很好地独立学习
____ 很好地开展小组学习
____ 在学习中具有冒险精神
____ 喜欢迎接挑战

家庭作业
____ 自己选择家庭作业
____ 正确完成作业
____ 准时完成作业
报告 / 项目
_____
人际关系
____ 有礼貌
____ 尊重他人权利
____ 进行自我控制
____ 与同辈互动良好
____ 在班里具有合作和积极的态度
____ 当需要与他人一起学习时，具有合作的态度
____ 愿意帮助其他学生
____ 能与其他成年人（实习教师、家长等）良好互动

出席情况

	第一次	第二次	第三次	第四次
出席				
缺席				
迟到				

下一年的安置： _____

图 15-2　成绩报告单示例

资料来源：Lincoln Elementary School, Grade 5, Madison, WI.

的学生中，大约10%至少留级过一次（Wu, West, & Hughes, 2010）。研究发现，留级生中男生更多，大部分来自少数群体或贫困家庭，年龄较小，早期很少有机会参加与儿童成长相关的项目（Beebe-Frankenberger, Bovina, MacMillan, & Gresham, 2004；Hong & Raudenbush, 2005）。那么，留级是一项好政策吗？下面的"正方观点 / 反方观点"试图回答这个问题，你可以参考。

正方观点 / 反方观点

应该让孩子留级吗

在1～8年级的学生中，每年有将近450 000人留级（Warren & Salimba, 2012）。过去的一百年里，家长和教育者就留级与社会性升级（social promotion，让学生与同伴一起直接升入下一年级）的价值进行了广泛的争论。种种证

据说明了什么？有什么样的观点？

正方观点：留级是有意义的

对于幼儿园的小朋友来说，留级意味着还没为1年级做好准备，这是常识。与相对小一些的儿童（生于1~8月的儿童）相比，那些大一些的儿童（生于9~12月的儿童）在学校能取得更高的学业成就（Cobley, McKenna, Baker, & Wattie, 2009）。事实上，有些家长愿意让他们的孩子延迟入学，这样他们的孩子会比同一级的学生多一点优势——有时被称为"学术红衬衫"（academic red-shirting）。在20世纪60年代中期，美国96%的6岁儿童都进入了1年级；到2008年，这一数字变成了84%（Barnard-Brak, 2008）。"学术红衬衫"导致的结果令人喜忧参半，有些研究发现那些按父母的要求延迟入学的孩子从中获利，而有些研究并没有印证这一结论。

随着对高标准和问责制的日益强调，社会性升级的观点受到大量批评，而留级被视为更好的方式。洪光磊和斯蒂芬·劳登布什（Guanglei Hong & Stephen Raudenbush, 2005）总结了支持留级的多个观点：

> 一个被广泛认可的观点是，当成绩差的学生留级后，全班学生的学习水平会更加接近，教师的教学活动任务也会变得轻松（Byrnes, 1989；也参见Shepard & Smith, 1988的综述）。特别是，幼儿园的留级使得1年级教师的教学能保持在一个较高的水平，这对那些能够升级到1年级的孩子有利。同时，那些视留级为惩罚的学生也许会更努力地学习，以避免未来再留级。一些人认为，相比社会性升级政策，对那些学习吃力的学生而言，留级也许更能促进他们的发展，更有利于有意义的学习（Plummer & Graziano, 1987；Shepard & Smith, 1988）。如果以上这些观点都是正确的，那么留级对升级和留级的学生都有利，从而可以提高总体的学业成就。（p.206）

反方观点：留级没有效果

在总结了支持幼儿园学生留级的观点之后，洪光磊和斯蒂芬·劳登布什（2005）回顾了近一个世纪的研究，发现虽然有少量研究支持留级，但更多的证据却表明留级不仅没有帮助，甚至往往是有害的。很多研究发现留级与未来的退学、高犯罪率、更少的工作机会、低自尊等消极结果有关（Jimerson, 1999；Jimerson, Anderson, & Whipple, 2002；Jimerson & Ferguson, 2007；Shepard & Smith, 1989）。露西·巴纳德-布拉克（Lucy Barnard-Brak, 2008）在研究了986名被认为患有学习障碍的儿童样本后也认为，"幼儿园延迟入学并没有使那些患有学习障碍的儿童获得更好的学业成就"（p.50）。

洪光磊和斯蒂芬·劳登布什（2005）进行的一项研究检验了有11 843名幼儿园儿童参与的一项纵向研究的数据，该项研究一直追踪到他们1年级结束。研究者比较了留级生、那些应该留级却升级了的学生以及正常升级的学生的学业表现，结果发现，没有证据表明留级能够提高学生的阅读或数学成就。此外，留级虽然使同班学生的整体能力更为接近了，但并没有使教学水平提高。一年后，留级学生仍处于中等水平，而有证据表明，如果他们升级，他们会有更好的表现。研究者由此总结道："除某些高危儿童外，留级似乎限制了学生的学习潜能。"（p.220）另一项对留级和升级学生的四年的追踪研究发现，留级会对社会和行为技能产生短期的积极效应，而长期来看则会造成问题和缺陷。作者甚至认为，"挣扎-成功-挣扎"的模式会削弱留级学生的学习动机，也会影响他们的同伴关系（Wu, West, & Hughes, 2010）。

当然，不管怎样，学生遇到了困难就应该得到帮助，无论是升级还是留级。然而，简单地用相同的方式把相同的材料再重复一遍，并不能解决学生的学业问题或社会问题。正如珍妮·奥克斯（1999）所说，"明智的人不会拥护现在这种社会性升级制度——简单地把没有能力的学生送到下一个年级"（p.8）。最好的方法就是让这些学生与其他同学一起升级，但他们在暑假期间或下一学年必须接受一些特殊辅导（Mantzicopoulos & Morrison, 1992）。此外，集中注意力和自我调节极其重要（Blair, 2002），要帮助学生，应尤其关注这些方面。当然，更好的方法是在早期通过差异化教学阻止问题发生（McCoy & Reynolds, 1999）。

15.4.3 分数与学习动机

如果你想仅仅依靠分数来激励学生学习，那你最好再好好思考一下（J. K. Smith, Smith, & De Lisi, 2001）。你提供的评价应该支持学生的学习动机，而不只是要求他们为了取得好分数而学习。可是，为成绩而学习和为学习而学习之间真的有这么大的区别吗？答案部分取决于这个分数是如何得出的。如果你测验的是学生对简单且详细的知识的掌握程度，你可能会强迫学生在复杂学习和好分数之间做出选择。可是，如果分数能反映有意义的学习，那么为分数而学习和为学习而学习就是同一件事情了。作为教师，你可以运用分数来激励学生学习。最为重要的是，低分一般无法鼓励学生真正地参与学习。获得低分的学生会变得更加退缩，容易责备他人，认为学习是无意义的，或者虽然觉得自己应该为低分负责，但是不能做出改变，他们自己选择了放弃（Tomlinson, 2005b）。教师不能只给出一个失败的分数，还需要考虑学生学习上的不足，帮助他们改进。教师需要维持高标准，并给学生提供机会，让他达到这个标准（Guskey, 2011；Guskey & Bailey, 2001）。

另外一个影响高中生动机的因素就是毕业告别演说资格的竞争。有时，学生和家长会发现一些在竞争中领先的方式，但是这些方式都与学习无关。正如汤姆·贾斯基和简·贝利（2001）所说，如果告别演说者以1/1000的优势当选，那么这种差异背后的学习又有多大意义呢？一些高中学校现在会指派多名毕业告别演说者——他们一般都达到了学校的最高标准，因为学校相信教育者的工作"不是选择天才，而是培养天才"（Guskey & Bailey, 2001, p.39）。

下面的实践指南为使用公平合理的评分系统提供了相关建议，你可以参考。

|实践指南|

使用公平合理的评分系统

在课程早期就向学生宣布评分规则，并且经常提醒他们。

例如：

（1）给年龄较大的学生提供讲义，里面可以包括作业、测验、评分标准和课程表。

（2）以一种轻松的方式告知年龄较小的学生作业的评估方式。

评分必须依据具体、合理的标准。

例如：

（1）通过与学生讨论，形成准则，清晰地表述评分标准——从先前的作业中找出例子，表明什么是差的、良好的或者优秀的作品（这些作品需要以匿名的方式呈现）。

（2）多与有经验的教师讨论学业负荷和评分标准。

（3）在你进行评分测验前，进行几次形成性测验，以了解学生的能力。

（4）自己先做一次测验，以估计测验的难度和合适的测验时间。

评分需要尽可能多的客观证据支持。

例如：

（1）事先计划好测验以怎样的方式进行，什么时候进行。

（2）为学生的作品制作档案袋。这在学生会或家长会上可能有用。

确保学生都理解测验指南的内容。

例如：

（1）在黑板上写明指示。

（2）让几个学生对指示进行解释。

（3）事先带领学生练习一个测验问题。

尽快批改、返还测验试卷，并与学生讨论测验中出现的问题。

例如：

（1）让试卷做得较好的学生在班级里读出自己的答案，确保每次读答案的都是不同的学生。

（2）讨论错误的答案为什么是错误的，尤其是那些大多数学生都做错的题。

（3）测验结束后，立即公布答案，同时指明答案在书中的位置。

不要轻易改分。

例如：

（1）确保你第一时间给出的分数是合理的。

（2）只修正单纯因计算问题而造成的错误。

避免评分受偏见影响。

例如：

（1）让学生在试卷背面写上自己的名字。

（2）在批改论述题的时候，使用客观的计分体系或者样例。

让学生知道他们在班里的水平。

例如：

（1）测验之后，在黑板上写出分数的分布情况。

（2）定期举行会议，复习上一周的课程。

给学生怀疑的权利。所有的测验都存在误差。

例如：

（1）除非有很好的理由，否则尽可能在允许的范围内给学生尽量高的分数。

（2）如果大量的学生在同一个问题上犯同样的错误，那么需要修改或删除这一题目。

避免总是把高分给那些接近你个人想法或接近书本的答案。

例如：

（1）给予那些正确且有创意的答案额外的分数。

（2）坚持自己的观点，除非有充足的理由证明自己的观点是错误的。

（3）鼓励学生以理性的方式来表示怀疑。

（4）给予部分正确的答案适当的分数。

确保每个学生都拥有合理的成功机会，特别是在开始一项新的任务时。

例如：

（1）对学生进行前测，确保他们拥有学习的能力。

（2）在适当的情况下，给学生重测的机会，以提升他们的分数。要保证重测的难度与之前一致。

（3）把失败看作"未完成事项"，鼓励学生修正和改进。

（4）尽量到单元结束的时候再考虑分数，在单元学习开始时，布置一些不需要打分的任务。

平衡书面反馈和口头反馈。

例如：

（1）给予岁数较小的学生短小、生动的书面反馈；给予岁数较大的学生更全面的书面反馈。

（2）如果测验分数比学生预期的低，确保扣分的地方有确定的依据。

（3）给出符合学生行为表现的反馈，避免每次都写一样的反馈。

（4）记录具体的错误、错误的可能原因、改进的想法以及做得很好的地方。

让分数尽可能地有意义。

例如：

（1）把分数与重要学习内容的掌握程度结合起来。

（2）布置不需要评分的作业，鼓励学生探索。

（3）尝试进行行为表现评估和档案袋评估。

评分需要依据多个标准。

例如：

（1）在测验中交替安排论述题和多选题。

（2）给口头报告和班级参与度评分。

15.4.4 与家长沟通

没有一个分数或评分等级能够表现学生在课堂上的所有经历。不幸的是，学生、家长和教师有的时候太关注于最后的分数了。事实上，教师与家长的交流绝不是简单地告诉家长孩子的分数。与家长交流的方式多种多样，开学时给家长寄一封信或者学生手册，里面可以包含家庭作业、行为表现或评分准则等，这就是教师与家长沟通的方式之一。贾斯基和贝利（2001）还提出了其他一些教师与家长就学生表现进行沟通的方式：

- 对成绩单进行说明
- 打电话，尤其要报告好消息
- 学校提供开放时间
- 让学生主持会议
- 学生作品的档案袋或成果展示
- 成立家庭作业热线
- 学校或班级网页
- 家访

开家长会是中小学教师经常采取的与家长沟通

的一种重要方式。很显然，教师的交流技巧越高，在家长会上与家长沟通就越有效。第 13 章讨论的倾听和问题解决的技能，对于教师和家长间的沟通特别重要。当你准备和正处于愤怒或不安氛围的家庭或学生交流时，请确保你了解每个家庭成员真正关心的问题，而不仅仅是话语的表层含义。交流的氛围应该是轻松友好的。对学生的观察应该是基于事实的，应该通过观察或从作业中发现的信息来得出结论。同时，教师应该对从学生、家长或监护人那里得到的信息保密。

一般而言，家长对学生的标准化测验成绩也很感兴趣。下一节我们就来讨论标准化测验。

模块 42 小结

测验怎样促进学习

一定频率的测验能够促进学习，这些测验使用累积性的问题让学生运用和整合相关知识。专注于这些测验的目的，教师可以更好地设计这些测验或者评价课本上的配套测验。

描述两种传统的测验

两种传统的测验形式是客观题测验和论述题测验。客观题包括多选题、判断题、填空题、连线题，教师需要记住这些题目的编写规则。编写论述题需要仔细的计划，同时需要拟定评分标准，以避免评分的偏差。

什么是真实性评估

传统测验的批评者认为，教师应该使用真实性测验以及其他真实评估手段。真实性评估要求学生完成与真实校外生活情境相关的任务并解决问题。

简述档案袋和成果展示

档案袋和成果展示是真实性评估的两种方式。档案袋是对学生作品的收集，有的时候需要选择能体现学生成长和进步的作品，有的时候需要选择学生的"最佳作品"。成果展示是对学生理解程度的公开表现。档案袋和成果展示都强调在有意义的背景下完成与真实生活相关的任务。

档案袋和行为表现评估的信度、效度和公平性如何

真实性评估并不能保证信度、效度和公平性（无偏性）。使用准则是让评估更可信、更有效的一种方式。可是，基于准则的评估结果并不一定能预测与任务相关的行为表现。同样，评分者可能会基于个体的外貌、谈吐进行打分，也可能对来自少数群体或资源匮乏群体的学生抱有偏见，这些偏见会让这些学生在形成性评估中处于不利的地位。

教师应该怎样使用非正式评估

非正式评估是不需要评分的评估方式，主要用来收集多种信息，以帮助教师进行决策。非正式评估包括观察、核查表、提问、学生自我评估等。在非正式评估中，日记的应用非常广泛。学生往往需要按照一定频率完成个人或小组日记。

描述两种评分的方式

评分既可以是常模参照，也可以是标准参照。一种常见的常模参照评分是根据曲线分布进行评分，这种方式需要对学生的平均表现水平进行等级排序。一般不推荐这种方式。标准参照评分的成绩单，通常体现了每个学生每门功课学习得怎么样。

失败怎么对学习起促进作用

学生需要面对失败的经验，教师应该高标准要求学生，以鼓励他们努力学习。如果能够提供合适的反馈，那么偶尔的失败是具有积极意义的。从不知道如何面对失败的学生，一旦面临失败，往往会很快放弃。

"社会性升级"和"留级"哪一个更好

让一个学习有困难的学生简单地留级或升级，都不能保证使这个学生学习进步。除非因比班里其他学生岁

数小或情感上不成熟而不得不留级，一般而言，最好的方法是让学生继续升级，并在暑假给予他额外的教学支持。差异化教学能够阻止很多问题发生。

分数能够促进学习和提高动机吗

对错误本身或错误策略的使用进行具体的口头或书面反馈，提供给学生如何提高的建议，并对积极的行为表现进行表扬，这些方式都能够增强学习。如果分数与有意义的学习有关，那么分数也能够提高学生的学习动机。

与家庭的交流如何促进学生学习

并不是每一次教师谈话都需要传达有关分数的信息。教师与学生和学生家庭的交流非常重要，有利于教师理解学生，进而创造出一致的学习环境，进行有效教学。学生和家长有权利查看所有的学生档案信息，所以所有的文件内容都应该是合适的、正确的、有证据支持的。

模块 43　标准化测验

15.5　标准化测验概述

从我记事起，教育工作者和政策制定者就一直在关注美国学生的测验成绩。1983 年，美国国家优质教育委员会颁布了题为《国家处在危机之中：教育改革势在必行》（*A Nation at Risk: The Imperative for Educational Reform*）的报告。这份报告指出，学生的标准化测验分数处于 25 年以来的最低点。最近，1995 年、1999 年、2003 年、2007 年和 2011 年国际数学与科学教育成就趋势调查（TIMSS）的结果也表明，美国学生在科学和数学测验中取得的分数落后于其他很多发达国家（http://timss.bc.edu/timss2011/index.html）。当然，美国内部也存在着很大的群体性差异。例如，在最新的 TIMSS 测试中，如果把马萨诸塞州视为一个国家的话，其在科学测试中的表现将位于世界第二，仅次于新加坡。

对这些不理想的测试结果的一个反应，就是进行更多的测验。2002 年，布什总统签署了《不让一个孩子掉队》法案，要求每个州建立阅读、数学和科学领域的课程标准，同时创建相应的评估方式，评估与这些标准相关的学生学习情况和知识掌握程度（R. L. Linn, Baker, & Betebenner, 2002）。尽管奥巴马政府对此严格要求进行了一定的豁免和延期，但测试和评估将继续增加。特别是随着各州都开始执行第 14 章中介绍的数学和英语语言艺术的共同核心标准，今后可能会有更多的标准化测验。无论你教几年级，这些测验和评估方式都会对你产生影响。所以，教师应该具有关于测验的知识，理解标准化测验分数的真实含义，知道如何正确地使用这些分数来促进教学。我们先来看看从测验中获得的结果——测验分数。

15.5.1　测验分数的类型

> **停下来　想一想**
>
> 你第一次召开家长会，会上，有一对爸爸妈妈很关心他们孩子的百分等级（86）。他们说他们期望孩子"能够接近100，我们知道她能够达到这个分数，因为她的年级当量得分比她所读的年级高出半年"。你会说些什么呢？他们理解这些分数的含义吗？

为了理解测验分数，你需要了解不同类型分数的基本要素。为此，你首先需要了解一些（简单的）统计知识。

1. 集中趋势和标准差

你也许对**平均数**（mean）这个概念再熟悉不过了。平均数指一组数的简单的算术平均。为了计算平均数，你需要把各个数相加，再除以这些数的个数。平均数提供了一种测量**集中趋势**（central tendency）的方法，是对所有数分布的典型性和代表性的反映。

极大值和极小值都会影响平均分。另外两种测量集中趋势的方法是**中位数**（median）和**众数**（mode）。中位数就是将所有数进行排序后位于中间的那个数，这个数把所有数分成了两部分，一部分值较大，另一部分值较小。如果数据中有少数极大值或极小值，中位数可以更好地表示一组数据的集中趋势。众数就是一组数据中出现得最多的数。

集中趋势的测量结果能体现出整组数据的概况，可是它并不能告诉你这些数的分布情况。两组数的平均数可能都是50，但是具体数值却可能完全不一样：一组可能是50、45、55、55、45、50、50，另一组则是100、0、50、90、10、50、50。这两组数的平均数、中位数和众数都是50，但是分布却完全不同。

标准差（standard deviation）测量的是分数在多大程度上偏离了平均数。标准差越大，表示数据的分布范围越广；标准差越小，表示数值在平均数上下的数越多。比如，50、45、55、55、45、50、50这组数的标准差，就比100、0、50、90、10、50、50这组数的标准差小。换一种说法就是，数据的标准差越小，分数的**变异性**（variability）越小。

了解了一组数据的平均数和标准差的含义后，你就能理解某些个体数值的含义了。假设你在一次测验中得了78分，如果这次测验的平均分是70分，标准差是4分的话，那么你的这个分数还是比较让人满意的，因为你的分数比平均数高两个标准差。

如果这次测验的平均分是70分，但是标准差为20分，那么你78分的得分仅仅比平均数高不到1个标准差，换句话说，你的得分与团体平均数非常接近，虽然高于平均数，但只高出一点点。标准差能比**全距**（range）反映出更多信息。不管大多数同学得分多少，如果一两个学生的得分非常高或者非常低，就会让全距非常大。

2. 正态分布

标准差对于理解测验结果而言非常有用。如果测验结果符合**正态分布**（normal distribution），标准差就更加有用了。你之前可能已经听说过正态分布。正态分布是一条钟形曲线，因为它描绘了许多自然发生的物理现象或社会现象，所以它是最著名的频数分布。很多分数都落在这条曲线上，让这条曲线呈现出钟的

形态。越靠近曲线的两端，分布的数值就越少。统计学家对正态分布进行了深入研究。一个正态分布的平均数也是它的中点，一半的数在平均数之上，一半的数在平均数之下。在一个正态分布中，平均数、中位数和众数都是同一个点。

正态分布的另一个重要特征是，落入曲线每个区域的数所占的百分比都是已知的，见图15-3。得分距离平均数一个标准差的人是很多的，许多分数都堆积在这里。事实上，68%的分数都处于小于平均数一个标准差到大于平均数一个标准差的分数段。只有16%的分数低于平均数不止一个标准差，其中2%的分数低于平均数不止两个标准差。同样，只有16%的分数高于平均数不止一个标准差，其中2%的分数高于平均数不止两个标准差。在这条曲线上，高于或低于平均数两个标准差的分数已经很少了。

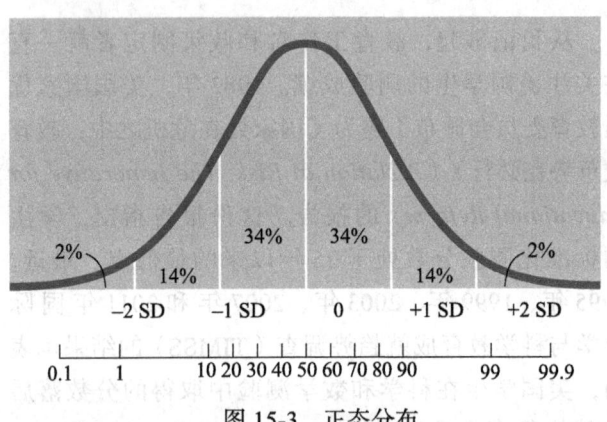

图15-3 正态分布

注：正态分布/钟形曲线拥有某些预测性的特征。比如，68%的分数处于小于平均数一个标准差到大于平均数一个标准差的范围内。

SAT考试的得分就是正态分布的一个例子。SAT的平均分是500分，标准差是100分。如果某人得了700分，你能意识到这个人的成绩是非常优秀的。只有2%的人能够做到那么优秀，因为只有2%的人的得分高于平均数两个标准差以上。再如，假如某测验的平均分是70分，标准差为4分，测验得分78分也在前2%内。

现在，我们来看一下不同类型的测验分数。

3. 百分等级

百分等级（percentile rank）是标准化测验中非常有用的一个分数。百分等级的基础是等级。在百分等

级中，每个学生的原始分数需要与常模样本中所有学生的原始分数进行比较。百分等级呈现了常模样本中得分低于某个特定原始分数的学生所占的百分比。如果一个学生的分数等于或高于常模样本中 3/4 的学生，那么这个学生的分数就处于 75% 分位上，或者说他的百分等级是 75。这并不意味着这名学生的原始分数就是 75 或者他答案的正确率是 75%，而意味着在这个常模样本中，有 75% 的人的分数等于或低于这名学生的分数。百分等级 50 表示一个学生的分数等于或高于常模样本中 50% 的学生，这个学生的分数已经达到了平均分。

在解释百分等级的时候，有一点需要注意，在曲线的中间和两端，即使百分等级差异一样，对应的原始分数的差异也可能是不一样的。比如，百分等级为 50 和 60 的分数，原始分数可能只相差 2；而在同一个测验中，百分等级为 90 和 99 的分数，原始分数可能相差 10。因此，如果你的分数靠近中间的话，多对一题或多错一题都可能在百分等级上表现出很大的差异。

4. 年级当量

年级当量（grade-equivalent score）一般从各个年级独立的常模样本中获得。常模样本中所有 10 年级学生的平均分数构成了 10 年级的年级当量。假设 10 年级常模样本的原始平均分为 38，那么一个在测验中得到 38 分的学生获得的年级当量分就是 10。年级当量通常是一列数字，如 4.5，7.6，8.3，11.5 等。所有数字都表示年级。小数点表示一年的十分之几，它们通常被解释为月份。

假设一个年级当量为 10 的学生正在上 7 年级。这个学生应该立刻升级吗？可能并不是这样。由于不同年级的学生使用的测验形式不同，所以 7 年级的学生可能不能回答 10 年级的题目。年级当量越高，意味着对 7 年级课程材料的掌握程度越好，而不意味着学生有能力做更高年级的功课。即使在这次测验中，一个普通 10 年级学生的成绩与 7 年级学生一样，10 年级学生了解的知识肯定也比这个针对 7 年级学生的测验涵盖的知识多。同样，年级当量在每个年级的意义是不同的。比如，一个阅读水平为 1 年级的 2 年级学生，遇到的困难可能比阅读水平为 10 年级的 11 年级学生更多。

由于年级当量有误导性，并且常常被家长错误解释，所以很多教育工作者和心理学家强烈主张不使用这种分数，认为其他几种分数更合适。

5. 标准分

百分等级存在一个问题，那就是难以进行比较。原始分数的差异一样，但在百分等级上差异却不一样。然而对于标准分而言，无论学生的分数处于什么位置，10 分差异的含义都一样。

标准分（standard score）以标准差为基础。最常见的标准分被称为 **Z 分数**（Z score）。Z 分数能告诉我们一个原始分数高于或低于平均分多少个标准差。在之前的一个例子中，我们谈到，一次测验的平均分为 70 分，标准差为 4 分，一个学生幸运地得到了 78 分，那么这个学生的 Z 分数就是 2，或者说他的得分比平均分高 2 个标准差。如果另一个学生在这次测验中得到了 64 分，那么他的分数就低于平均分 1.5 个标准差，或者说 Z 分数为 -1.5。Z 分数为 0 表示得分等于平均分。骨密度测试会采用与 Z 分数相似的测量方式。你的分数会与一个健康的 30 岁的人的骨密度进行比较，如果得分低于 -1，就说明你有患骨质疏松的危险；如果得分低于 -2，则说明你已经患有骨质疏松症了。

计算一个原始分数的 Z 分数，需要计算原始分数和平均数之间的差，然后再用这个差除以标准差，计算公式如下：

$$Z = \frac{\text{原始分数} - \text{平均数}}{\text{标准差}}$$

由于使用负数不太方便，学者设计了其他的标准分数。**T 分数**（T score）的平均数为 50，标准差为 10。因此，T 分数 50 代表了平均成绩。把 Z 分数乘以 10（消除小数），再加上 50（消除负数），这个数就是 T 分数。Z 分数 -1.5 对应的 T 分数是 35。

首先把 Z 分数乘以 10：$-1.5 \times 10 = -15$

然后加 50：$-15 + 50 = 35$

SAT 的分数也是通过相似的程序获得的，测验平均分为 500 分，标准差为 100 分。大多数智力测验的平均分为 100 分，标准差为 15 分。美国各州有不同的标准分计算方式。比如，加州标准测验（CSTs）每个年级和科目的测验得分转换为标准分后，范围是

150~600 分（star.cde.ca.gov/star2013/help_scoreexplanations.aspx）。

最后，我们再介绍一种使用较为广泛的标准分数——**标准九分**（stanine score）。标准九分只有九个分数，从 1 至 9，平均数为 5，标准差为 2，从 2 至 8 的每个数字之间相差半个标准差。

标准九分提供了一种为学生成就划定等级的办法，因为标准九分中的每个分数都代表了正态分布中某个具体的百分比范围。比如，在标准九分中，1 代表正态分布中得分最低的 4%；2 代表接下来的 7%。当然了，在这 7% 的范围内，有些人的原始分数会比另一些人高，可是它们在标准九分中的得分均为 2。

标准九分中的每一个分数，都代表了一定范围的原始分数。这便于教师和家长从大体上看待学生的成绩，而不是斤斤计较于分数之间的细小差异。图 15-4 比较了我们讨论过的四种类型的标准分数，在图中展示了每种分数在正态曲线上的分布。通过这幅图，你可以在各个标准分数之间进行换算。

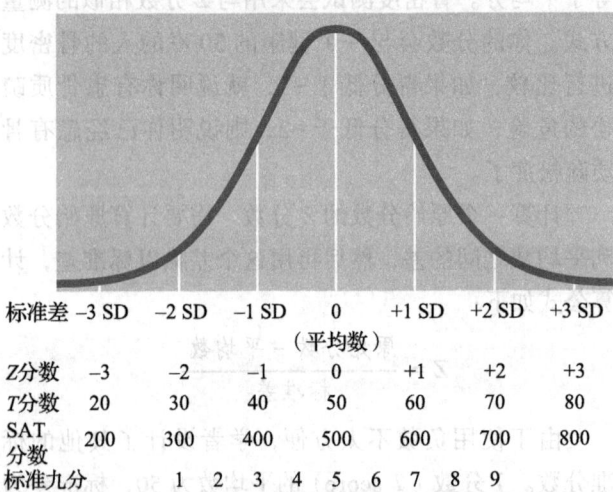

图 15-4　正态曲线上四种类型的标准分数分布

注：通过这幅图，你可以在各个标准分数之间进行换算。

15.5.2　解释标准化测验报告

— 停下来　想一想 —

请看图 15-5 所示的测验报告。这个学生的优势和弱势分别是什么？你是怎么知道的？

1. 教师如何解释标准化测验结果

从一个成就测验结果中，教师能够得到什么具体信息呢？测验编写者往往会为每个学生提供一份个人分数剖面图，显示个人在每个具体测验上的得分。图 15-5 就是 4 年级学生萨利·瓦伦苏埃拉的斯坦福成就测验结果。这个报告有三个部分。第一个部分（左上部分，学生成绩概况）对该生成绩进行了简要描述，包括根据学生阅读理解测验得分计算出来的蓝思阅读分级，这有助于教师了解萨利的阅读水平，更好地为她选择合适的文本。

第二个部分（右上部分，分为测验得分和总得分）显示了萨利在阅读、数学、语言、拼写、科学、社会、听力以及思维技能等方面的成就水平。这个部分还包括奥蒂斯-列侬学校能力测试（一种团体智力或学习能力倾向测试）的总得分。其中有的分测验会被再细分为更加具体的评估，比如，阅读细分为"词汇学习技能""阅读词汇"和"阅读理解"。挨着每个分测验的是以不同方式报告的萨利的测验得分。学校最终决定报告哪些分数，是从一系列可能的报告形式中选择的。该学校选择了下列类型的分数。

测验中正确回答的题目数。第二栏下面是萨利在每个分测验中正确回答的题目数（第一栏下面是每个分测验的总题目数）。

量表分数。这是用来计算其他分数的基本分数，有时候也被称为成长分数，它描述了随着年级的升高，学生在学业方面的成长。比如，3 年级学生的平均分是 585 分，10 年级学生的平均分是 714 分，12 个年级的分数范围为 0~1000 分。在计算量表分数时，经常需要考虑题目的难度。现在越来越多的学校在使用这个分数，因为这个分数便于不同年级、不同班级和不同学区的学校之间进行比较（Popham, 2005a）。

国家百分等级和标准九分（PR-S）。这个分数可以表明，与全国范围内同年级的学生相比，萨利的分数处于什么位置。

国家正态曲线当量（NCE）。这是根据百分等级算出的标准分数，分数范围为 1~99，平均数为 50，标准差为 21。

年级当量。这个分数表明，萨利的量表分数与萨利所在学校同年级的平均分相同。但要注意之前介绍过的有关年级当量的问题。

成就/能力比较（ACC）范围。这个分数比较了萨利与在奥蒂斯－列侬学校能力测试中和她能力相当的常模团体在每个分测试中的成就。萨利的ACC范围可以被分为高、中、低三类。从图中可以看到，萨利在大部分分测试中获得了中等成就。也就是说，与和她能力相似的学生相比，萨利的学业成就处于中等水平。

国家年级百分等级范围。这个分数可以表明萨利的真分数可能处于全国百分等级的什么范围。你可能还记得之前我们有关真分数的讨论，这个范围，或者说置信区间，应该在萨利实际分数的基础上加上或减去测验的标准误。萨利的真分数很可能在这个范围内。这些范围之间不重叠，表明成就之间存在差异。

图15-5的最下端（第三部分）把萨利的分测验再次分解成更具体的技能。我们可以看到对于每项技能，萨利可能能够回答的问题的数量（NP），实际回答的数量（NA），以及回答正确的数量（NC）。技能旁边的核查标志表明在这项技能上，萨利是处于平均水平、高于平均水平还是低于平均水平。需要注意的是，测量某些具体技能的题目可能只有3~8道。要记住的是：测试题目数越少，测试的信度就越低。

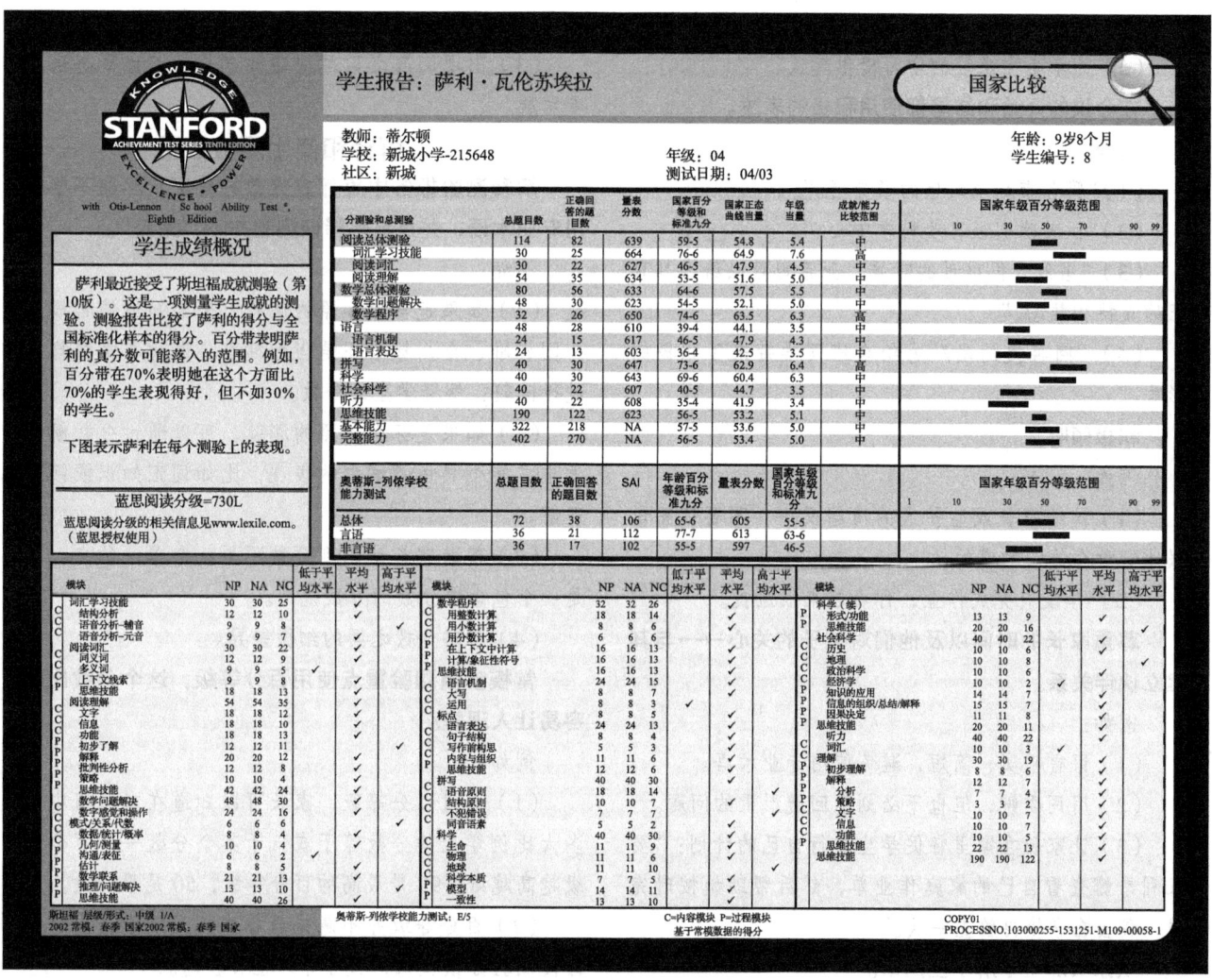

图15-5　一份典型的测验报告

资料来源：Sample Stanford Student Report in Score Report Sampler: Guide-Teaching and Learning Toward High Academic Standards for the Stanford Achievement Test Series, 10th Edition (Stanford 10). Copyright@2003 by NCS Pearson, Inc.

2. 与家长讨论测验结果

教师常常开正式的家长会，或者与家长或监护人进行非正式的谈话。谈话的主题常常是测验结果。你需要向家长解释或描述测验结果。下面的实践指南，可以给你一些建议。

| 与家庭和社区建立合作关系的实践指南 |

家长会和对测验成绩的解释

有关开家长会的建议

明确家长会的具体目标。

例如：

（1）收集有关学生的信息，便于教学。

（2）向家长解释分数或测验结果。

（3）让家长了解下一单元或下一学期要做什么。

（4）请求家长帮助。

（5）为学生在家里的学习提供建议。

在会议的开始和结尾都使用积极的表述。

例如：

（1）"雅各布是个天生的领导者。"

（2）"伊芙确实很喜欢科学中心。"

（3）"当他人很难过的时候，亚希姆可以给予其真正的支持和帮助。"

（4）"阿善提的幽默感给全班同学带来了积极的影响。"

积极倾听。

例如：

（1）接纳家长或监护人的情绪反应。不要试图说服他们放弃他们的感受。

（2）"李没有完成作业，你看起来很沮丧。"

尊重家长的时间以及他们对孩子的关心——与其建立伙伴关系。

例如：

（1）语言平实、简短，避免使用专业术语。

（2）用词委婉，但也不必刻意回避严重的问题。

（3）让家长在家里督促学生履行自己的计划："要求利昂娜查看自己的家庭作业单，然后帮助她按时完成。我会在学校再检查一次。"

从家长那里了解学生的事。

例如：

（1）从学生的爱好或课外活动中看到学生的优点。

（2）学生的兴趣是什么？

计划后续与家长的接触。

例如：

（1）寄送一份简短的感谢信，感谢学生家长参与家长会。

（2）通过记录单或电子邮件与家长分享孩子的成功。

（3）出现问题之后尽快通知家长，避免事态进一步发展。

解释和使用测验结果

解释测验报告中每部分分数的含义，尽量不要使用专业术语，并且要解释该测验并不"完美"。

例如：

（1）如果是常模参照的测验，需要知道该常模是全国标准、全州标准还是当地标准。通过与常模样本进行比较，解释学生的分数。

（2）如果是标准参照的测验，可以通过分数解释学生在某个具体领域内的表现，比如词汇知识或阅读理解。

（3）帮助家长认识到分数不是一个单一的点，而是一个包含该分数的分数范围。

（4）忽略分数之间的细微差异。

常模参照测验重点使用百分等级，这个分数比较容易让人理解。

例如：

（1）通过百分等级，家长可以知道在对照组中有多大比例学生的分数等于或低于某个分数——百分等级越高越好，99是最高的百分等级，50是平均数。

（2）百分等级并不意味着答案的正确率，有时候即使测验分数较低，百分等级也会较高。

避免使用年级当量。

例如：

（1）如果家长关注孩子的年级水平，告诉家长年级当量较高意味着孩子对当前年级所学的知识掌握得较好，并不意味着他有能力学习更高年级的内容。

（2）告诉家长同样的年级当量对不同的学科而言有着不同的含义，比如对阅读和对数学而言就不一样。

15.5.3 测验的责任性和高利害性

停下来 想一想

到目前为止，标准化测验对你的生活有何影响？你是否因测验成绩获得或失去了某些机会？你认为这样公平吗？

每一天，我们都会基于某些测验结果来做出有关决策。应该给罗素发驾照吗？8年级有多少学生？有哪些学生从科学促进计划中获益了？谁需要额外的教学辅导？谁拥有进入大学或职业学院的资格？事实上，测验分数会影响1年级学生的入学资格及各年级学生的升级，影响高中学生的毕业，影响个体参与特殊项目、特殊班级的机会，还会影响教师资格证的获取、教师的聘任和学校的基金申请等。

1. 做出决策

在做这些决策时，区分测验本身的质量和测验的使用方式是很重要的。即使是最好的测验，也可能被误用。比如，多年以前，曾经有人使用某些智力测验把学生错误地鉴定为智力落后（Snapp & Woolfolk，1973）。这些测验本身是可信的，问题在于测验使用者将测验分数当成了对学生进行分类的唯一工具。在做出分类决策前，需要参照其他更多的信息。

所有的统计数据和术语背后，都是有关价值观和道德观的问题。谁需要被测验？为什么要选择这个测验而不选择另一个测验，结果有何差异？测验会对学生造成怎样的影响？怎样给少数群体的学生解释测验结果？智力、能力和学术性向的真正含义是什么？我们的观点与我们使用的测验的结构相符吗？应该怎样将测验结果与其他个体信息进行整合，以做出决策？回答这些问题需要对价值观做出选择，同样需要清楚测验能够提供什么信息，不能够提供什么信息。当我们基于测验做决策的时候，应该时刻记住并回答这些问题。

由于基于测验做出的决策非常关键，因此许多教育工作者把这个做决策的过程称作**高利害测验**（high-stakes testing）。对测验结果的一种高利害的应用方式就是让教师、学校和管理者对学生的行为**负责任**（accountable），比如，使教师的奖金与学生的学业成就挂钩，或参考测验结果分配学校基金。

2. 教师们怎么想

我曾经接触过几个教师，他们经常抱怨测验结果出来得太慢，无法帮助他们制定教学目标或对某些学生进行补救性教学。当然，他们也会因为花在测验上的时间而困扰，他们需要不停地准备测验和实施测验。他们还抱怨测验涉及的材料与课程内容不相符。事实上，似乎全国各地的教师都对这些看法表示赞同。2012年，"新教师计划"（The New Teacher Project）调查了117位被认为"无可替代"的全国顶级教师。这些教师来自36个州和10个最大的学区，其中许多人都是各重要教学奖项的获得者。关于标准化测试，这些教师怎么看？大多数教师（81%）认为他们的学生在标准化考试中取得了不错的成绩，但50%的人认为，总体而言，这些考试弊大于利。他们的观点比较复杂：有的认为考试有用，考试提供了一个测量学生学业成就的客观尺度，并可以进行群体比较。其中一位教师说："我认为这是一种有用的方法，可以用来判断我们的学生是否有进步，但取得更好的测验成绩并不是学生学业成长的'终结'。"而另一位教师则认为："我相信我们的学生经历了太多测验，很多学校都对帮助学生应对考试感到有压力，测验成绩其实是一个很低的标准。"（The New Teacher Project，2013，p.9）教师们的观点对吗？高利害测验的问题到底是什么？

3. 高利害测验存在的问题

由于很多决策都需要依测验结果而定，所以你可能会认为测验实际上是对教学内容的反映。在过去相当长的时期内，测验和教学内容的匹配都是大问题。最近，教学内容与测验内容的匹配程度得到了一定的提升，可是仍然需要注意两者匹配不当的问题。本章前面所述的共同核心标准就旨在消除教学内容和测验内容的巨大差异。

测验时间是怎样的呢？研究发现，某些州80%的小学用近20%的教学时间来准备期末测验（Abrams & Madaus, 2003）。对高利害测验进行的行动研究也发现了一些令人困扰的情况：测验让课程内容变得很狭窄。事实上，检验了测验结果以后，莉萨·艾布拉姆斯和乔治·马多斯（Lisa Abrams & George Madaus, 2003）得出了这样的结论："在每一个使用高利害测验的地方，考试内容最终将决定课程内容。"（p.32）比如，得克萨斯学业能力测验的使用导致了课程的改变，现在的课程过分强调测验内容，而忽略了其他教学领域。另外，数学测验似乎也变成了阅读能力测验。阅读能力较弱的学生，特别是那些母语不是英语的学生，在数学测验中也会遇到困难。

小学生使用的"预警测验"无意中把一部分学生"排挤"出了学校，仅仅因为施测者相信这部分学生不会通过高中毕业考试。如果不能毕业，他们也就没有理由继续在学校学习了（McNeil & Valenzuela, 2000）。比如，在2000～2001学年，大约有1/3的英语学习者从纽约的高中退学，主要原因就是他们不能通过必需的测验（Medina, 2001）。无论一个测验本身有多么好，使用高利害测验往往也是不适当的。表15-5列举了高利害测验结果的一些不恰当的使用方式，其实测验原本不是为了这些目的而存在的。

表15-5　高利害测验结果的不恰当使用方式

做出通过/淘汰的决定	如果测验结果用于决定学生是否毕业，那么应该有强有力的证据表明测验是有效的、可信的和无偏的。比如，有一些测验，如得克萨斯学业能力测验，乃是经过检验后被证明符合这些标准的，但并非所有测验都足以作为做出通过或淘汰决定的依据
州与州之间的比较	不能用标准化测验分数在州与州之间进行比较。州与州在课程、测验、资源和挑战等方面的差异很大。就算进行了比较，我们也只能从中获得一些常识性的结论，如某些州拥有更多的教育基金、某些州的家庭收入更高或家庭受教育水平更高等
评价教师或学校	很多影响测验分数的因素，如家庭和社区资源，并不受学校和教师的控制。很多学生经常转学，有的学生在转学后不久就需要参加测试
确定在哪里买房	一般而言，学生测验分数最高的学校所在的地区，都居住着大量高教育水平和高收入水平的家庭。从教学、项目和领导水平来看，这些学校可能并不是"最好的学校"，只是幸运地拥有了"好"学生

资料来源：摘自 Y. H. Haladyna.（2002）. *Essentials of Standardized Achievement Testing: Validity and Accountability*. Boston, MA: Allyn and Bacon.

4. 有效使用高利害测验

一个有价值的测验应该是可信赖的，能够有效测量教师希望测量的东西，并且具有无偏性。除此以外，一个理想的测验还应该符合下列标准。

（1）符合学区的内容标准——这是效度的关键。

（2）成为大型评估计划的一部分。没有一个测验能单独提供有关学生成就的所有信息。学校要尽量避免根据单一测验结果做出决策。

（3）测量复杂的思维能力，而不仅仅测量对技能或事实性知识的掌握程度。

（4）对一些已经确认有学习障碍的学生提供其他测验方式。

（5）如果利害性太大，提供重复测验的机会。

（6）让所有学生都参与测验，但同时需对测验结果进行信息充分的报告。如果学生面临特殊的挑战（如学习障碍）或处于特殊的环境，该报告可对此进行清晰的描述。

（7）如果学生没有通过测验，需要采取适当的补救措施。

（8）确保所有参加测验的学生测验前都有适当的机会学习材料。

（9）考虑学生的语言水平。对于那些需要学生英语熟练的测验，如果学生的英语阅读能力或写作能力有限，那么他们在这个测验上也不能取得好成绩。

（10）测验结果的使用应该有利于学生的发展，而不是相反（Haladyna, 2002）。

我需要再次重复和强调的一个重要观点是：高利害的标准化成就测验需要测量实际在课堂中学到的知识，并且学生需具备必要的考试技巧。如果学生在一次科学测验上得分较低的原因不是缺乏科学知识，而是不能读懂问题、英语能力有限或者没有时间做题，那么对这些学生而言，这个测验就不是一个有效的成就测验。下面的实践指南也许可以帮助你和你的学生为参加高利害测验做好准备。

| 实践指南 |

让你和你的学生为参加测验做好准备

对教师的建议

确保测验题目涵盖了单元学习的内容。

例如：

（1）比较测验题目和课程目标，确保两者很好地重合。

（2）检查测验题目是否涵盖了所有重要的主题。

（3）关注学生测验时会遇到哪些困难，如时间不够、测验对阅读水平的要求太高等。如果学生在测验过程中遇到困难，与学校相关人员进行讨论。

确保学生知道怎样使用所有测验材料。

例如：

（1）测验前几天，让学生做几次与测验形式相同的练习。

（2）向学生展示答题纸的使用方法，尤其是机读卡。

（3）关注新同学、害羞的学生、反应迟缓的学生或者有阅读障碍的学生，确保他们理解了问题。

（4）确保学生知道在测验中使用猜测的方法是否恰当，以及在哪种情况下可以使用这种方法。

遵照考试准则办事，确保考试万无一失。

例如：

（1）在考试之前练习发放试卷。

（2）严格遵守时间要求。

让学生尽量舒适地参加考试。

例如：

（1）不要把考试看成一学年中最重要的事情，这样会制造紧张的气氛。

（2）在考试之前帮助学生放松，比如，可以给大家讲一个笑话或者让大家深呼吸。同时，教师自己不要紧张。

（3）确保教室是安静的。

（4）随时对教室进行监控，防止抄袭现象发生，不要只在讲台上做自己的事情。

给学生的建议

有效利用考试前的晚上。

例如：

（1）考试前一天晚上做好复习，最后看一下关键知识、概念，及这些知识、概念之间的关系。

（2）晚上睡好觉。如果你知道自己考试前容易失眠，那么你需要在考试的前几天晚上就开始补充睡眠。

做好基础的准备，以集中精力完成测验。

例如：

（1）考试之前留足时间吃饭和前往测验地点。

（2）不要坐在朋友旁边，否则你很难集中注意力。如果朋友提前交卷，那么你可能也会这样做。

确保你自己知道测验问的是什么。

例如：

（1）仔细阅读考试指南。如果你有不清楚的地方，监考老师会为你解释。

（2）仔细阅读题干，在关键词下画点表示强调，比如"不""除了""除此以外的所有内容"。

（3）在论述题测验中，首先阅读所有题目，这样你会提前知道你需要写多少内容，事先给每个问题分配好时间。

（4）在多选题测验中，即使有时候排在前面的选项看起来是正确的，也需要阅读每一个选项。

有效利用时间。

例如：

（1）当你的精力充沛时，做题的速度越快越好。

（2）先做简单题。

（3）不要纠结于一道题。如果你被一道题难住了，继续做其他题，然后再回过头来做这道题。

> （4）在多选题测验中，如果你知道自己没有时间完成剩余的题了，那么假如猜测不扣分，剩下的题全部选择同一个选项。
>
> （5）在论述题测验中，即使时间不够用，也不要留有空白。简要地写出答题的关键点，以此告诉阅卷人你是知道这个题目的答案的，只是时间不够用而已。
>
> **知道什么时候在多选题或判断题中使用猜测的技巧。**
>
> 例如：
>
> （1）如果只对正确答案计分，那么可以使用猜测的技巧。
>
> （2）当你可以排除一些选项的时候，你可以进行猜测。
>
> （3）如果试卷中标明了猜测会扣分，除非你有把握排除至少一个错误选项，否则请不要随意猜测。
>
> （4）正确的答案是会长一些、短一些，还是长度适中呢？正确的答案是否更有可能只包含一个字母？正确的答案总是比错误的答案多吗？
>
> （5）语法知识是否能帮你找到正确答案或是排除一些选项呢？
>
> **检查试卷。**
>
> 例如：
>
> （1）检查你的每一个答案，以确保没有笔误。
>
> （2）如果你用的是机读卡，检查题号和答案是否对应。
>
> **在论述题测验中尽量按要求直接作答。**
>
> 例如：
>
> （1）避免说很多废话，第一句就对问题进行简要回答，然后进行阐述。
>
> （2）在答题过程中，尽早写出自己最有把握的观点。
>
> （3）除非指导语要求你使用完整的句子，你可以使用数字标出要点，这会帮助你合理组织思路，并关注答案的要点。
>
> **注意积累测验经验。**
>
> 例如：
>
> （1）教师评讲试卷的时候要集中注意力。认真总结你做错的题的正确解题思路，相同的问题下次可能还会出现。
>
> （2）注意观察自己是否不擅长解答某一类型的题目。注意调整个人的学习方法，以更好地回答这种题目。

15.5.4　帮助有障碍的学生准备高利害测验

艾瑞克·卡特（Erik Carter）和他的同事（2005）设计了一个程序来帮助有学习障碍、轻微智力障碍或语言障碍的学生参加州政府的高利害测验。这些学生的年龄为15~19岁，其中50%以上是非裔美国人。虽然所有学生都拥有个别化教育方案，可以指导他们的教育（见第4章），但是没有一个人通过了州政府要求的成就测验。在六节课中，一名教育者试图使用多种策略来教育这批学生，这些策略包括：完成所有题目；根据难易程度对题目进行分类，测验时先完成简单题；通过凑整的方式来估算数学问题的答案；通过给关键词或短语画下划线的方式明确题目究竟在问什么；排除重复或极端选项。

值得高兴的是，完成了这个准备程序之后，学生的测验成绩显著提高，但是提高后的成绩仍然不能让大多数的孩子通过测验。作者认为，应该尽早开始帮这些有障碍的学生为测验做准备。参与这项研究的学生的平均年龄为16岁，这个年龄开始准备明显已经晚了。另外，教师教给他们的策略应该与具体问题紧密结合，并且这些问题应该被嵌入好的教学内容中。此外，这类学生经常因为得不到文凭或考不上大学等消极事件而感到焦虑。缓解这种焦虑的最好方式就是让这些学生拥有成功所需的学习能力（Carter et al., 2005）。

15.5.5　当前测验的发展方向：增值性评估和入学入职适宜程度评估

由于高利害测验确实存在问题，以教师所教学生的测验分数来对教师进行评价也不公平，因为有的学生开始学习时，其学业成就远远低于相应年级的水平，不同学区和州课程之间的差异也确实很大。近来出现了有关测验分数和测量的一些新观点。

1. 增值性评估

如果一位教师所带的学生，这学年开始时是 3 年级的阅读水平，到学年结束时达到了 5 年级的阅读水平，你会怎么看？听起来，这一年他的阅读水平有很大的进展，对吧？但是，如果这位教师所教的学生是 6 年级的学生呢？如果我们仅根据学生学年结束时的成绩来评价这位教师，我们可能会认为她不称职，她的学生已经 6 年级了，却仍然只有 5 年级的阅读水平。因此，没有人会给她颁发教学奖。但实际上这位教师的教学是非常有效的（假设全年都是她教的）。事实上，经过她一年的教学，学生们的能力提高了两个年级水平。**增值性评估**（value-added measure）的观点是，与预期提高相比，实际提高如何。如果预期提高一个年级水平，但实际提高了两个年级水平，这就超出了预期。增值性评估使用统计程序，根据学生某个科目前几年的学习成绩以及其他相关信息，预估学生应该学习到什么程度。如果实际成绩高于预期成绩，那么对教师或教学效果的评价就是正面的（价值增加了）。如果实际成绩如预期的一样，那么教学效果为零。如果实际成绩低于预期成绩，教学效果就是负面的。因此，对教师教学增值的一个简单定义就是"根据学生先前的学业分数等不同特点，进行调整后的学生测验分数的平均增长"（Chetty, Friedman, & Rockoff, 2011, p.1）。

可以想象，想通过增值性评估做出正确的决策，那么使用的测验必须是有效的和可信的，测验题目必须符合课程内容，并且测验分数的全距应足够大。教师还应该有一整年的教学时间。此外，关注的焦点越小（如只关注一个班级，而不是整个学校），对效果的估计就越不可靠。因此，同一位教师在某些年份的教学效果可能更好，而在其他年份的效果则不够理想。当然，这些测验也并不完美，因此，我们应利用这些测验识别学校或课程教学中的优势和劣势，指导专业发展，而不是评价教师个体（Battelle for Kids, 2011）。不过，如果你在一所使用增值性评估的学校供职，你会了解到它们是有意义的。具体使用指南参见 Battelle for Kids（battelleforkids.org/how-we-help/strategic-measures/studentgrowth-measures）。

2. 准备度评估

共同核心标准的一个目标是，确保所有美国学生高中毕业后能为在大学、职业和生活中取得成功做好准备（corestandards.org/read-the-standards/）。我们如何知道学生在朝着这一标准迈进呢？这就需要高质量的评估。入学入职准备度评估联盟（Partnership for Assessment of Readiness for College and Careers，PARCC）发展出了一套中小学英语和数学测验，其目的是评估高中毕业生为大学学习和职业、生活做了多大程度的准备（parcconline.org/about-parcc）。PARCC 是由 17 个州及哥伦比亚特区和美属维尔京群岛建立的，它共同开发了这一项目。到目前为止，参与 PARCC 的包括亚利桑那州、阿肯色州、科罗拉多州、哥伦比亚特区和美属维尔京群岛、佛罗里达州、伊利诺伊州、印第安纳州、路易斯安那州、马里兰州、马萨诸塞州、密西西比州、新泽西州、新墨西哥州、纽约州、俄亥俄州、宾夕法尼亚州、罗得岛州、田纳西州。测验的目标是有吸引力的和真实的。所有测验都不再是纸笔测验，而是全部在网上进行。因此，测验反馈更快，非常有助于教学指导。此测验旨在取代目前英语和数学共同核心标准中的各州成就测验。

15.5.6 质量评估对教师的启示

高质量的教学和高质量的评估遵循着相同的原则，并且这些原则对所有学生都是有用的。卡罗尔·汤姆林森（2005b, pp.265-266）认为，教学和测验的质量主要取决于教师能否：①意识到并对学生的差异做出反应；②明确学习结果；③使用前测和形成性评估监控学生的进步情况；④采用多样化的教学方式，确保每一个学生都能取得进步；⑤确保学生知道终结性测验成功的标准，并使这些测验的题目符合既定的学习目标；⑥提供不同的评估形式，确保学生有机会无障碍地展现自己学到的内容。

模块 43 小结

什么是平均数、中位数、众数和标准差

平均数（算术平均数）、中位数（位于中间的数）和众数（出现次数最多的数）都是用于测量集中趋势的。标准差反映了数据与平均数的离散程度。正态分布是一种呈钟形曲线的频数分布。很多数据都聚集在中间，越往两边，数据就越少。

描述分数的不同类型

有几种基本的标准化测验分数：百分等级表明有百分之多少的人的分数等于或低于某个具体的分数；年级当量能够衡量学生得分与某个年级常模样本的平均分的匹配程度；标准分是基于标准差得到的。T 分数和 Z 分数都是常见的标准分。标准九分也是一种标准分，整合了百分等级等元素。

当前测验存在的问题是什么

标准化测验的问题主要聚焦于以下几个方面：测验的作用及其解释，过多地通过测验来评估学校，对测验分数的不当解释以及对教师的测验。如果测验符合重要的课程目标，接受测验的学生在某个合适的阶段确实学习了这些课程，测验本身没有偏差，学生能够理解测验文字，施测方法正确，那么测验结果就能够提供一些有关教学质量的信息。可是对实际测验的行动研究发现了一些令人担忧的情况：测验可能会限制课程内容的扩展或逼迫学生尽早退学。专家型教师既看到了标准化测验的优点，又看到了标准化测验的问题，大约 50% 的专家型教师认为标准化测验弊大于利。教师应该运用测验的结果去改善教学，而不是对学生形成刻板印象或合理化自己对学生的低期望。

学生能变成更好的应试者吗，怎样做才能实现

如果学生拥有相应的测验经历或者接受过测验技巧和问题解决能力的培训，那么学生的标准化测验成绩可能会提高。很多学生都能够从有关如何准备和参加考试的直接教学中获益。让学生参与测验设计，也能够对学生有所帮助。很多学生在接受了全面的应试准备训练后，测验成绩都有所提高，尤其是当测验技巧与具体题目、学习内容、测验内容密切相关时。

当前测验的发展方向是什么

由于高利害测验确实存在问题，以教师所教学生的测验分数来对教师进行评价是不公平的，因为有的学生开始学习时，其学业成就远远低于相应年级的水平，不同学区和州课程之间的差异也确实很大。近来出现了有关测验分数和测量的一些新观点。其中，增值性评估指根据学生先前的学业分数等不同特点，进行调整后的学生测验分数的平均增长。由 17 个州、哥伦比亚特区和美属维尔京群岛建立的 PARCC 则开发出了一套中小学英语和数学测验，可用来评估高中毕业生为大学学习和职业生活做了多大程度的准备。

第 15 章复习思考题

单项选择题

1. 下列哪一项评估方法提供的反馈是非评判性的，可以在教学之前，也可以在教学之中进行，且有助于教师制定计划和改进教学？
    A. 终结性评估
    B. 标准参照评估
    C. 形成性评估
    D. 常模参照评估

2. 每年春天，泰勒先生班上的学生都要参加一年一度的标准化测验。夏天，学生就会收到邮寄来的分数。许多家长对孩子的成绩不满意，会与泰勒先生

联系："泰勒先生，我不明白为何我的女儿在荣誉班，但在标准化测验中只得到了 70 分。"

"哦，你女儿的分数高于全国平均分。平均分是 50 分。"

请问：泰勒先生班上的学生每年参加的标准化测验使用的是哪种类型的分数？

A. 标准参照　　　　　B. 常模参照
C. 原始分数　　　　　D. 真实得分

3. 尽管玛丽亚刚刚移民来美国，但在罗德斯先生的班上，她已经被视为一位好学生。所以当玛丽亚在一次测验中表现得很差时，罗德斯先生感到很惊讶。罗德斯咨询了一位也教玛丽亚的教师后，他觉得也许是测验题目有问题。他的这位同事解释说，玛丽亚来自一个还没有电视的相对原始的地区，她对那些建立在大量文化经验基础之上的概念接触得很少。这表明，罗德斯先生的测验对玛丽亚来说是不公平的。这种由学生缺少某种文化、资源或经验而导致的测验不公平，属于以下哪一种情况？

A. 归因有偏　　　　　B. 评估有偏
C. 信度有偏　　　　　D. 效度有偏

4. 下列哪种评估最适合用于评价学生的辩论能力？

A. 形成性评估　　　　B. 档案袋评估
C. 终结性评估　　　　D. 行为表现评估

开放论述题

案例：

"雷恩小姐，你会怎么给我们的口头读书报告进行等级评定呢？"

"会有两人分别进行等级评定。我们会设计出一个评分准则，里面有一些项目，你们在准备和进行读书报告时要重点注意这些。"

"我们能否参与制定评分准则呢？"

"你们可以帮助我们设计这个评分准则。你们认为口头报告应该包含哪些要点？"

"我认为应该有听众，否则就太无聊了！"

"好主意，特里。还有吗？"最后，班上的同学将评分准则扩展到了六个方面。

"同学们，你们也可以协助我们用评分准则来确定你们的成绩。通过设计评分准则并用它来做评定，你们会有巨大的收获的。"

莉萨叫道："哇，太神奇了！"

5. 除了列出的标准以及让学生自我评估外，请列出对雷恩小姐设计评分准则十分重要的其他指导意见。

6. 评分是一种外在强化的形式，既可以是奖励，又可以是惩罚。为了有效利用评分来增加学生成功的机会，雷恩小姐评分时应该注意什么？

参 考 文 献

Aamodt, S., & Wang, S. (2008). *Welcome to your brain: Why you lose your car keys but never forget how to drive and other puzzles of everyday life*. New York, NY: Bloomsbury.

Aber, J. L., Brown, J. L., & Jones, S. M. (2003). Developmental trajectories toward violence in middle childhood: Course, demographic differences, and response to school-based intervention. *Developmental Psychology, 39*, 324–348.

Aboud, F. E., Tredoux, C., Tropp, L. R., Brown, C. S., Niens, U., Noor, N. M., & the Una Global Evaluation Group. (2012). Interventions to reduce prejudice and enhance inclusion and respect for ethnic differences in early childhood: A systematic review. *Developmental Review, 32*, 307–336.

About.com Elementary Education. (2014). *Scaffolding instruction strategies*. Retrieved from http://k6educators.about.com/od/helpfornewteachers/a/scaffoldingtech.htm

Abrams, L. M., & Madaus, G. F. (2003). The lessons of high stakes testing. *Educational Leadership, 61*(32), 31–35.

Abuhamdeh, S., & Csikzentmihalyi, M. (2012). Attentional involvement and intrinsic motivation. *Motivation & Emotion, 36*(3), 257–267.

Ackerman, B. P., Brown, E. D., & Izard, C. E. (2004). The relations between contextual risk, earned income, and the school adjustment of children from economically disadvantaged families. *Developmental Psychology, 40*, 204–216.

Ackerman, P. L., Beier, M. E., & Boyle, M. O. (2005). Working memory and intelligence: The same or different constructs? *Psychological Bulletin, 131*, 30–60.

Adams, G. R., Berzonsky, M. D., & Keating, L. (2006). Psychosocial resources in first-year university students: The role of identity processes and social relationships. *Journal of Youth and Adolescence, 35*(1), 78–88.

Agarwal, P. K., Bain, P. M., & Chamberlain, R. W. (2012). The value of applied research: Retrieval practice improves classroom learning and recommendations from a teacher, a principal, and a scientist. *Educational Psychology Review, 24*, 437–448.

Aho, A. V. (2012). Computation and computational thinking. *Computer Journal, 55*, 832–835.

Ainley, M., Hidi, S., & Berndorf, D. (2002). Interest, learning, and the psychological processes that mediate their relationship. *Journal of Educational Psychology, 94*, 545–561.

Airasian, P. W. (2005). *Classroom assessment: Concepts and applications* (5th ed.). New York, NY: McGraw-Hill.

Alarcon, G. M., & Edwards, J. M. (2013). Ability and motivation: Assessing individual factors that contribute to university retention. *Journal of Educational Psychology, 105*, 129–137.

Albanese, M. A., & Mitchell, S. A. (1993). Problem-based learning: A review of literature on its outcomes and implementation issues. *Academic Medicine, 68*, 52–81.

Alber, S. R., & Heward, W. L. (1997). Recruit it or lose it! Training students to recruit positive teacher attention. *Intervention in School and Clinic, 32*, 275–282.

Alber, S. R., & Heward, W. L. (2000). Teaching students to recruit positive attention: A review and recommendations. *Journal of Behavioral Education, 10*, 177–204.

Alberto, P. A., & Troutman, A. C. (2012). *Applied behavior analysis for teachers* (9th ed.). Boston, MA: Pearson.

Alderman, M. K. (2004). *Motivation for achievement: Possibilities for teaching and learning*. Mahwah, NJ: Erlbaum.

Alexander, P. A. (1992). Domain knowledge: Evolving themes and emerging concerns. *Educational Psychologist, 27*, 33–51.

Alexander, P. A. (1996). The past, present, and future of knowledge research: A reexamination of the role of knowledge in learning and instruction. *Educational Psychologist, 31*, 89–92.

Alexander, P. A. (1997). Mapping the multidimensional nature of domain learning: The interplay of cognitive, motivational, and strategic forces. *Advances in Motivation and Achievement, 10*, 213–250.

Alexander, P. A., Kulikowich, J. M., & Schulze, S. K. (1994). How subject-matter knowledge affects recall and interest. *American Educational Research Journal, 31*, 313–337.

Alexander, P. A., Schallert, D. L., & Reynolds, R. E. (2009). What is learning anyway? A topographical perspective considered. *Educational Psychologist, 44*, 176–192.

Alexander, P. A., & Winne, P. H. (2006). *Handbook of educational psychology* (2nd ed.). Mahwah, NJ: Erlbaum.

Alferink, L. A., & Farmer-Dougan, V. (2010). Brain-(not) based education: Dangers of misunderstanding and misapplication of neuroscience research. *Exceptionality, 18*, 42–52.

Alfieri, L., Brooks, P. J., Aldrich, N. J., & Tenenbaum, H. R. (2011). Does discovery-based instruction enhance learning? *Journal of Educational Psychology, 103*, 1–18.

Allen, J., Gregory, A., Mikami, A., Lun, J., Hamre, B., & Pianta, R. (2013). Observations of effective teacher-student interactions in secondary school classrooms: Predicting student achievement with the Classroom Assessment Scoring System—Secondary. *School Psychology Review, 42*, 76–98.

Alliance for Service Learning in Education Reform. (1993). Standards of quality for school based service learning. *Equity and Excellence in Education, 26*(2), 71–77.

Allington, R. L., & McGill-Frazen, A. (2003). The impact of summer setback on the reading achievement gap. *Phi Delta Kappan, 85*(1), 68–75.

Allington, R. L., & McGill-Frazen, A. (2008). Got books? *Educational Leadership, 65*(7), 20–23.

Alloway, N. (1984). *Teacher expectations*. Paper presented at the meetings of the Australian Association for Research in Education, Perth, Australia.

Alloway, T. P., Banner, G. E., & Smith, P. (2010). Working memory and cognitive styles in adolescents' attainment. *British Journal of Educational Psychology, 80*, 567–581.

Alloway, T. P., Gathercole, S. E., & Pickering, S. J. (2006). Verbal and visuo-spatial short-term and working memory in children: Are they separable? *Child Development, 77*, 1698–1716.

Alloy, L. B., & Seligman, M. E. P. (1979). On the cognitive component of learned helplessness and depression. *The Journal of Learning and Motivation, 13*, 219–276.

Aloe, A. M., & Becker, B. J. (2009). Teacher verbal ability and school outcomes: Where is the evidence? *Educational Researcher, 38*, 612–624.

Alter, A. L., Aaronson, J., Darley, J. M., Rodriguez, C., & Ruble, D. N. (2009). Rising to the threat: Reducing stereotype threat by reframing the threat as a challenge. *Journal of Experimental Social Psychology, 46*, 166–171.

Altermatt, E. R., Pomerantz, E. M., Ruble, D. N., Frey, K. S., & Greulich, F. K. (2002). Predicting changes in children's self-perceptions of academic competence: A naturalistic examination of evaluative discourse among classmates. *Developmental Psychology, 38*, 903–917.

Alvidrez, J., & Weinstein, R. S. (1999). Early teacher perceptions and later student academic achievement. *Journal of Educational Psychology, 91*, 731–746.

Amabile, T. M. (1996). *Creativity in context*. Boulder, CO: Westview Press.

Amabile, T. M. (2001). Beyond talent: John Irving and the passionate craft of creativity. *American Psychologist, 56*, 333–336.

Amato, L. F., Loomis, L. S., & Booth, A. (1995). Parental divorce, marital conflict, and offspring well-being during early adulthood. *Social Forces, 73*, 895–915.

Amato, P. R. (2001). Children of divorce in the 1990s: An update of the Amato and Keith (1991) meta-analysis. *Journal of Family Psychology, 15*, 355–370.

Amato, P. R. (2006). Marital discord, divorce, and children's well-being. In A. Clarke-Stewart & J. Dunn (Eds.), *Families count: Effects on child and adolescent development* (pp. 179–202). New York, NY: Cambridge University Press.

Ambrose, D., & Sternberg, R. (Eds.). (2012). *How dogmatic beliefs harm creativity and higher-level thinking*. New York, NY: Taylor and Francis.

American Association on Intellectual and Developmental Disabilities. (AAIDD). (2010). Definition of intellectual disability. Retrieved from http://www.aamr.org/content_100.cfm?navID_21

American Cancer Society. (2010). Child and teen tobacco use: Understanding the problem. Atlanta, GA: Author. Retrieved from http://www.cancer.org/cancer/cancercauses/tobaccocancer/childandteentobaccouse/child-and-teen-tobacco-use

American Psychiatric Association. (2013a). *Autism spectrum disorders*. Washington, DC: American Psychiatric Publishing fact sheet. Retrieved from http://www.dsm5.org/Documents/Autism%20Spectrum%20Disorder%20Fact%20Sheet.pdf

American Psychiatric Association. (2013b). *Diagnostic and statistical manual of mental disorders* (5th ed.) *DSM-V*. Washington, DC: Author.

American Psychological Association. (2004). An overview of the psychological literature on the effects of divorce on children. Retrieved from http://www.apa.org/about/gr/issues/cyf/divorce.aspx

American Psychological Association Zero Tolerance Task Force. (2008). Are Zero Tolerance policies

完整版参考文献请参见 course.cmpreading.com，注册后搜索本书，可在相应页面下载。

心理学教材

《社会心理学（原书第14版)》
作者：[美]尼拉 R.布兰斯科姆 罗伯特 A.巴隆 著 译者：邹智敏 翟晴 等

版次最高的社会心理学教材之一！权威经典，生动有趣，前沿趋势，实用全面！非心理学专业读者的第一本社会心理学读物！顶级社会心理学家为普通读者经营的心理学百货商店！著名心理学家菲利普·津巴多热烈推荐！最时尚的思潮与久经考验的古老真理天衣无缝地结合在一起

《变态心理学（原书第3版）》
作者：[美]德博拉 C.贝德尔 辛西娅 M.布利克 梅琳达 A.斯坦利 译者：袁立壮

哥伦比亚大学等100多所美国大学采用教材
根据DSM-5标准全新改版
生动活泼，通俗易懂，案例丰富
国内广受欢迎的外版变态心理学教材

《心理学导论（原书第9版）》
作者：[美]韦恩·韦登 译者：高定国 等

中山大学心理学系主任高定国教授领衔翻译
中国著名心理学家、《普通心理学》主编彭聃龄教授推荐
美国心理学会颁发的卓越教学奖得主韦登教授撰写
心理学导论类优秀教材之一

《人格心理学：全面、科学的人性思考（原书第10版）》
作者：[美]杜安·舒尔茨 西德尼·艾伦·舒尔茨 译者：张登浩 李森

美国200多所高校使用教材；大量研究主题与不同理论流派相融合；发现什么使我们成为现在这个样子；探索什么决定了我们看待世界的方式；华中师范大学心理学院教授、博士生导师郭永玉倾力推荐

《人格心理学：经典理论和当代研究（原书第6版）》
作者：[美]霍华德·S.弗里德曼 米利亚姆·W.舒斯塔克 译者：王芳 等

全球名校学生喜爱的心理学教材，著名心理学家许燕推荐，北师大心理学部王芳教授团队翻译。阐述人格心理学8大理论取向和科学研究，启发读者对于人性的批判性思考

更多>>>　　《心理学入门：日常生活中的心理学（原书第2版）》 作者：[美]桑德拉·切卡莱丽 诺兰·怀特 译者：张智勇 等
《心理学史（原书第2版）》 作者：[美]埃里克·希雷 译者：郑世彦 刘思诗 柴丹 张潇涵
《变态心理学：布彻带你探索日常生活中的变态行为（原书第2版）》 作者：[美]詹姆斯·布彻 等 译者：王建平 等

心理学教材

《工程心理学与人的作业(原书第4版)》
作者:[美]克里斯托弗 D. 威肯斯 等 译者:张侃 孙向红 等

本书是当今西方使用广、影响大的一本工程心理学教科书,由美国知名专家所著,主要讲述工程设计、使用过程中人机交互的心理因素,意在从心理的角度关注并改善人类作业的绩效

《工业与组织心理学(原书第7版》
作者:[美]保罗·E.斯佩克特 译者:孟慧 等

全球名校学生喜爱的心理学教材,企业管理者、人力资源从业者必读。华东师范大学孟慧教授领衔翻译。理论与实践结合,对招聘、培训、绩效评估等有较大指导意义

《神经科学原理(英文版·原书第5版)》
作者:[美]埃里克 R. 坎德尔 等编著

诺贝尔奖获得者坎德尔领衔主编,多位神经科学泰斗级人物共同编著;国际上最权威神经科学教科书,被称为"神经科学圣经",全面更新至第5版

《认知心理学:理论、研究和应用(原书第8版)》
作者:[美]玛格丽特·马特林 译者:李永娜

简洁明了,通俗易懂;畅销30余年、注重科学思维和实验方法的经典认知心理学教材;认知心理学领域杰出教授马特林撰写

《认知心理学:认知科学与你的生活(原书第5版)》
作者:[美]凯瑟琳·加洛蒂 译者:吴国宏 等

美国著名认知心理学家加洛蒂代表作;涵盖了有关人类思维的基本问题;与日常生活结合紧密的教材;全面展现认知心理学对我们现实生活的重大意义